최신 산업배관공학

김동우 | 김선정 | 국정한 지음

세진사

머 리 말

세계화, 국제화,끝도 보이지 않는 무한경쟁시대에 각 국가들은 자국의 이익과 생존을 위해서 오늘날 지구촌 국가들은 총성없는 전쟁을 하고 있다.

처절한 경쟁속에서 승리할수 있는 일은 오직 남보다 한발 앞선 첨단 기술력의 확보와 배양에 있다.

우리나라도 무한경쟁의 대열에서 뒤떨어지지 않기 위해서 첨단 기술력 양성에 막대한 투자와 온갖 정성과 혼신의 정열을 쏟아 붓고 있는 실정이다.

이러한 생각에서 본 산업배관공학은 산업설비 일반에 대한 폭 넓은 이해와 설비계획 및 시공에 도움을 주고자 강단에서 강의 한 기본이론을 토대로 체계적으로 정립하여 발간하고자 노력 하였으며, 건축배관에 애하여는 산업설비 배관공학을 이해하는데 필요한 기본사항만을 언급하였다.

주요 내용으로는 배관 시방서 작성, 설비재료일반, 계측과 제어, 수송기계, 화학 배관, 가스 설비 등을 소개 하였으나 방대한 산업설비 전반을 다루고 이해하는데는 한계가 있음을 실토하는 바이다.

그러므로 본서는 전문대학과 대학의 건축설비과, 산업설바과, 기계과 학생들에게 교재로 활용함에 있어서는 각 단원별로 세분화하여 집필되었으므로 각 학과의 특성에 따라 선별하여 강의토록함이 좋을 것이다.

아무쪼록 미약하나마 본서가 산업배관설비를 이해하는데 하나의 주춧돌이 되었으면 하는 마음, 간절하다.

끝으로 본서가 출간되기까지 방대한 자료와 아낌없는 조언을 주신 여러 동료 교수님의 노고와 세진사 문형진 사장님 및 편집부 직원들에게도 심심한 감사의 말씀을 드립니다.

목 차

제11장 보일러(Boiler)설비

제12장 도시(都市)가스 설비

제 1 장

산업배관설비개론

제 1 장
산업배관설비개론

산업배관설비란 가스, 증기, 액체와 같은 유체나, 분말, 고체 등을 필요한 장소로 이송할 수 있도록 해주는 관의 제반설비를 말한다. 예로서 유틸리티(utility)의 상수도 시설, 급·배수 설비, 급탕설비와 열교환설비, 공기조화설비, 가스설비, 화학배관설비 대형의 생산설비, 에너지 발생설비 등을 말하는데, 우리가 문화생활을 영위하며, 또 공업이 발전하고 대규모화 됨에 따라 산업 배관설비의 중요성이 더욱 커지고 있다. 이것은 배관이 다른 수송방법에 비해 안전하고, 보수가 쉬우며, 경제성이 높기 때문이다.

배관의 장점으로서는

- 사용목적이 다양하다.
- 기후 변화에 관계없이 연속적으로 에너지 및 기타 물량을 공급하기 쉽다.
- 수송 도중에 물량의 손실이 거의 없다.
- 수송비가 저렴하다.

제1절 산업배관설비와 건축배관설비

배관은 사용목적에 따라 건축배관설비와 산업배관설비로 구분되는 것이 통념으로 되어 있다. 그러나 양자는 근원적으로 동일한 것이며, 배관이라는 개념아래서는 아무런 차이점이 없다.

다만, 용도상의 편의 때문에 양자를 구분하는 데는 나름대로의 이유가 있다. 크게는 사용목직에 따른 구별을 말할 수 있는데, 건축배관은 평시 상주 인원이 거주하는 건축물에 필요한 제반 설비배관으로서 생활용수를 공급하는 급수배관, 급탕배관, 냉·난방배관, 배수·배기배관 등을 말한다.

이에 반해서 산업배관이란 공장용 또는 공업용의 배관이라 할 수 있는데, 여기에는 원유수송 배관, 화학공장내 배관, 집진장치 배관, 발전소 배관 등 모두 산업목적을 위한 배관을 포함한다고 보아야 한다. 이러한 배관 사용목적의 차이로 인해서 양자간에는 배관의 성질이나 배관시공의 방법에 있어서, 다소의 차이를 나타나게 된다. 즉, 건축배관의 경우 이송 물체는 대체로 물, 증기, 기름, 도시가스 등으로 한정되어 있으며, 이들의 온도, 압력범위 등도 비교적 넓지 않다. 따라서 배관의 재질도 배관용 탄소강관이나 합성수지관, 주철관, 콘크리트관, 동관 등으로 별로 복잡하지 않으며, 선택할 종류도 그리 다양하지 않다고 말할 수 있다. 또한 관의 굵기도 산업배관에 비해 대체로 가는 편이어서 이음의 방법도 강관의 경우 나사이음을 많이 한다. 한편, 산업배관에 있어서는 그 중의 일부인 유틸리티(utility) 배관의 경우는 건축배관과 그 성질에 있어서 크게 다를바 없다고 하겠으나, 주종을 이루는 프로세스(process) 배관의 경우 이송물체가 각종의 산, 알칼리, 기타 유 · 무기물질 등의 액체나 기체의 상태이거나 때에 따라서는 그들의 두 종류의 상태일 수도 있다. 나아가 그들의 보유 온도나 압력의 범위도 매우 넓으므로 관의 재질은 탄소강관을 비롯하여 합금강관, 스테인레스(stainless)강관, 동관, 동합금관, 알루미늄관 및 그 합금관, 합성수지관, 연관 등 실로 다양한 가운데서 각각의 상황에 알맞은 것을 선택하여 시공하여야 한다.

관의 지름도 일부 예외가 있기는 하지만 대체로 큰 구경의 것을 사용하는 것이 보통이고 또한, 압력 등의 조건에 맞춰 이음을 보다 확실하게 하는 뜻에서 주로 용접이음에 의존하는 것이 현실이다.

이상에서와 같이 산업배관이 건축배관에 비하여 시스템(system)의 대규모화, 대용량화하므로 건축배관과 다른 이론과 시공상의 주의가 필요하다. 그러나 앞서 서술한 바와 같이 기본적인 배관 방법에는 별다른 차이가 없으므로, 종합적인 배관지식을 충실하게 이해함으로써 어떠한 상황의 배관에 직면하더라도 능숙하게 적응할 수 있는 능력을 길러주어야 할 것이다.

제2절 배관시방(配管示方)의 제작

2-1. 준비단계

배관시방을 결정하는데 있어서는 유체(流體)를 정확(正確)하게 파악하는 것이 필요하다. 이 때문에 라인인덱스를 제작한다. 이것은 단독으로 제작되는 것이 아니고 엔지니어링의 전개도상(展開途上)에 있어서 나온 결과를 자동적으로 일람표(一覽表)로 만든 것이다. 이 라인인덱스는 그 후의 설계, 재료조달 및 공사의 전반에 있어서 중요한 역할을 달성하게 된다. 특히, 배관시방(配管示方)의 작성에 있어서 귀중한 존재이므로 본장에서는 배관시방(配管示方)제작의 준비작업으로서 취급하고 이하에 그 제작순서에 대해 설명한다.

2-1-1. 라인번호(line number)를 붙이는 방법

라인번호는 그 라인의 이름과 같은 것이며, 표시하는 방법은 각 회사별로 다양하다.

기억하기 쉽고 더구나 한 눈에 어떤 유체(流體)인가를 곧 판명할 수 있는 고려가 필요하다. 그 명명(命名)에 대해서는 우선 크게 프로세스라인(process line)과 유틸리티라인(utility line)으로 구분하여 생각한다. 프로세스라인에 대해서는 원료에서 제품에로의 흐름에 따라 순차(順次)로 행한다. 하나의 라인의 도중에 브랜치(branch)나 바이패스라인(bypass line)이 있는 경우에는 그 라인의 다음 번호를 붙인다. 기기(機器)에 부속된 압력계(壓力計), 온도계, 액면계(液面計) 또는 드레인벤트 등은 기기마다에 한 개의 라인번호를 붙인다. 그러나 일부의 정유탑(精溜塔)과 같이 상부와 하부의 온도에 극단적인 차이가 있어서 설계조건이 다른 경우에는 다른 번호를 붙여두는 것이 좋다.

유틸리티라인은 우선 메인헤더(mainheader)에서 순차(順次)로 서브헤더(subheader)에로 번호를 잡는다. 다음으로 브랜치를 공급측(供給側)에 가까운 쪽에서 먼곳으로 향해 순차(順次)번호를 붙인다. 이 조작은 플로우시이트(flow sheet)에 기입(記入)하면서 행하고 거의 동시에 라인인덱스(lineindex)에 번호를 차례로 기입(記入)해 둔다. 또 이때 라인의 유체명(流體名), 소재(素材)및 라인사이즈(linesize)도 기입(記入)한다. (예: 1-2B-P38-R)

2-1-2. 라인(line)의 설계압력 및 온도의 결정

라인의 설계압력(壓力) 및 온도는 배관시방(配管示方)을 결정하는 가장 중요한 요소이다.

그 결정에 있어서 기준이 되는 것은 열(熱) 및 물질수지도(物質收支圖)이다. 이것은 정상인 운전상태에서의 주요부분의 압력(壓力), 온도(溫度) 및 유량(流量) 등이 기입되어 있는 것으로서, 화공(化工)계산에 의해 주어진 값이다. 이하에 그 방법을 기입(記入))한다.

배관계(配管系)의 설계압력(壓力) 및 온도(溫度)는 그 계(系)가 취급하는 유체(流體)가 도달(到達)할 수 있을 것으로 상정(想定)되는 최고의 압력(壓力) 및 온도를 기준으로 하여 결정하는 것이 타당한 방법이며, 다음의 각항 중에서 가장 높은 값을 채용한다. 그러나 상압(常壓), 상온(常溫)의 경우에는 최저치(最低値)를 각각 1기압 및 20°C로 한다.

(1) 설계압력(壓力)을 결정하는 방법

① 배관과 접속되는 기기(機器)의 설계압력(壓力)

② 배관계(配管系)를 보호하고 있는 안전밸브의 세트압력(壓力)

③ 원심(遠心)펌프의 토출배관계(吐出配管系)는 설계조건에서의 펌프의 최대 흡입압력(吸入壓力)에 펌프 차압(差壓)의 1.2배(倍)를 가(加)한 압력(壓力)

④ 왕복동(往復動)펌프의 토출배관계(吐出配管系)는 안전밸브의 세트 압력(壓力)

⑤ 대기압(大氣壓)이하로 운전하는 모든 배관계(配管系)는 완전 진공(眞空)으로 간주한다.

⑥ 상기(上記)의 어느 것에도 속하지 않는 배관계(配管系)는 조작 압력(壓力)의 변동의 최고를 고려한다.

(2) 설계온도의 결정방법

① 배관이 접속되는 기기(機器)의 설계온도

② 배관계(配管系)의 실제의 조작온도의 10%증가, 그러나 그 증가분이 25°C를 넘는 경우에는 25°C를 최대치로 한다.

③ 고온(高溫)의 배관계(配管系)에 있어서는 (2)의 ②항(項)의 25°C가 재료의 선정에 중대한 영향을 미칠것이 예상되는 경우에는, 실제로 상승되는 최고온도를 그대로 채용하는 경우도 있다.

이상의 방법에 의해 결정 된 설계 압력(壓力) 및 온도를 라인인덱스에 기입한다.

2-1-3. Line class의 결정방법

라인크라스의 분배는 1플랜트 1000본을 넘는 라인을 그 설계조건에 따라 몇개의 집단으로 구분할 수가 있다. 따라서 이 집단은 거의 유사한 유체성상(流體性狀)을 가진 것이라야 하며, 동일한 재료에 의해 구성될 수 있다는 것을 의미한다. 그 방법은 1회의 조작으로 간단히 결정될 수 없는 것으로서, 재료시방이 결정될 때까지 반복하여 체크되어 최종결정이 내려진다. 그 순서로는 다음과 같이 한다.

(1) 설계온도,부식성(腐蝕性) 등에서 종합적인 개략의 사용재료를 결정한다.

설계온도에 대한 실질적인 재료의 적용범위는 표1-1과 같으며, 내식재료(耐蝕材料)에 대해서는 과거의 부식데이타를 참고하든가 또는 실액(實液)에 의한 시험결과 등에서 알맞는 재료를 선정하는 것이 보통이다.

표 1-1

재질	적용온도
18-8 스테인리스	-250°F ~ -151°F
3.5 Ni 鋼	-150°F ~ -51°F
Al 킬드 鋼	-50°F ~ -21°F
炭素鋼	-20°F ~ 750°F
Cr-Mo 鋼	750°F ~ 1175°F
18-8 스테인리스	1175°F ~ 1400°F
高 Ni-Cr 鋼	1400°F 以上

(2) 그 재료에 대한 Flange rating을 결정한다.

플랜지 레이팅시 주의점은 압력-온도 레이팅을 단순한 생각으로 사용해서는 안된다는 것이다. 왜냐하면 열응력이나 진동 등의 외력이 고려되지 않고 있기 때문이며, 이것은 플랜지의 형상(形狀)에 따라 상당한 차가 있음에도 불구하고 동일한 레이팅으로 표시되어 있는데 문제가 있다. 또, -20°F이하의 저온에 대한 규정도 없다.

또한 표에서도 알 수 있듯이 동일한 조건이라도 생각에 따라서 여러 가지 재료를 사용할 수 있는 것이며, 이상의 것을 생각하면 이 문제는 상당히 어렵다. 그래서 각사(各社)에서는 압력(壓力)-온도레이팅을 기준으로한 그 회사독자(會社獨自)의 규준(規準)을 따로 만들어 방법의 통일을 도모하고 있다.

그런데 이상 두 종류의 조작을 행함으로써 필연적으로 라인이 몇 개의 그룹으로 분류(分類)되게 된다. 따라서 여기의 앞의 부식유체(腐蝕流體)도 포함하여 클라스를 결정한다. 이 클라스는 다른 기기(機器)설계부문에도 영향을 미치므로 그 결정은 보다 신중을 기해야 한다. 물론 여기서 결정된 클라스는 앞에서 기술된 바와 같이 최종결정은 아니지만, 일단 라인

(예1) 배관계통(配管系統)의 압력(壓力)범위는 특히 고압력계(高壓力系)와 저압력계(低壓力系)가 연결돼 있을 때 또한, 그 2계통(系統)이 클라스가 다를 경우에는 그 구분(區分)하는 위치를 그림과 같이 한다.

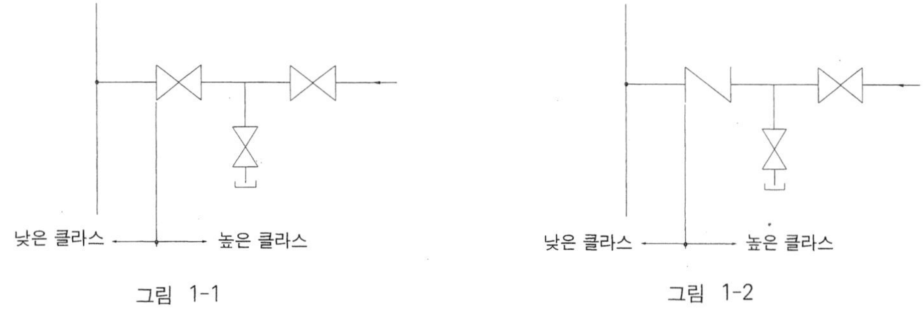

그림 1-1　　　　그림 1-2

(예2) 콘트롤밸브에서 압력(壓力) 및 온도가 변화할 경우에는 콘트롤밸브(下流側)의 블록밸브와 바이패스밸브는 고압(高壓) 또는 저온측(低溫側) 클라스로 한다.

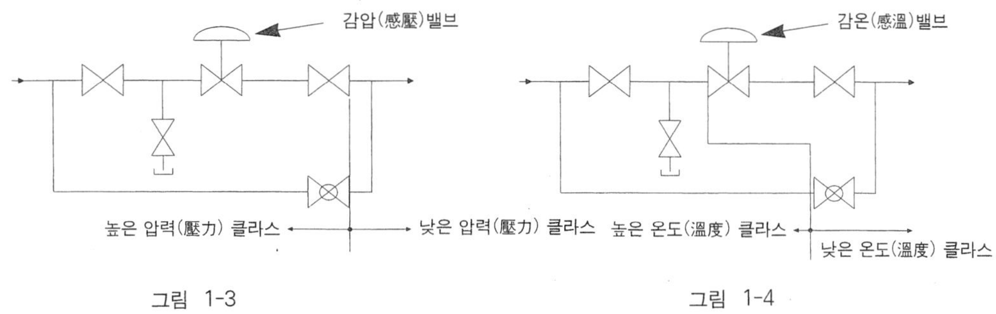

그림 1-3　　　　그림 1-4

인덱스에 부호(符號)(1, 2, 3, …A, B, C, … 등)로 기입된다. 또, 동시에 플로우시이트상(上)에도 그 클라스를 기입해 둘 필요가 있다. 또한 이 조작을 행하는데 있어서는 밸브의 전후(前後)에서 압력(壓力)이나 온도의 변화가 있는 것을 잊지말고, 이하와 같은 상세한 점까지 규정해야 한다.

2-2. 배관시방 결정시 주의사항

앞에서 라인인덱스가 제작되면 이에 따라 본격적인 배관시방 결정의 작업에 들어간다.

이 작업을 수행하는데 있어서는 다음과 같은 항목에 대해 충분한 검토가 필요하다. 그러나 이들 조건은 서로 상반되는 경우가 많아서 모든 것을 동시에 만족시키기는 불가능하다. 따라서 각기 조건에 따라서 완급(緩急)의 기술이 긴요하며, 일관된 필요도에 따라 총체적으로 밸런스가 취해져 있는 것이 최대의 요구사항이 될 것이다. 그러므로 우리는 항시 과거의 실적 데이터나 문헌을 항상 정리해 두던가, 시장조사를 충분히 할 필요가 있다. 일반적인 주의사항을 정리하면 다음과 같다.

- 경제적일 것
- 안전성을 만족 시킬 것
- 호환성이 있을 것

표 1-2

JIS	US	사용살두께	材 質
10K以下	150#以下	SGP	表1-1를 가늠으로해서 결정돼 있는 것을 再체크 한다.
10K~30K	150#~400#	SCH 40	
30K~60K	600#~900#	SCH 80	
—	1500#~2500#	SCH 160	

- 유체의 특성에 대응되어 있을 것
- 가공성이 좋을 것
- 시장성이 높을 것 등이다.

2-2-1. 관(管)의 시방결정

관(管)시방은 다음의 타설비배관의 시방결정에 있어서의 기초가 되므로 충분한 검토가 필요하며, 플렌지 레이팅을 규준(規準)으로서 결정한다.

우선 하나의 기준으로서 표 1-2를 이용하여 일단 결정하고 거기에 여러 가지 조건을 가미(加味)하여 최종 결정한다. 그러기 위해서는 한 클라스 중에서 가장 적절하다고 생각되는 배관(配管)에 대해서만 파이프의 살두께 계산을 행하여 확인하는 등의 주의력(注意力)이 필요할 것이다.

또한 16B 이상의 대구경 배관(大口徑配管)이나 SCH160의 살두께 배관에 대해서는 사소한 것이 그 코스트(cost)에 크게 영향을 주게 되므로. 배관마다 살두께계산을 행하는 노력이 필요하게 된다. 이것은 실적에서도 그와 같은 배관은 하나의 장치 배관내(配管內)에서 그다

표 1-3 브랜치의 방법 예

		주관												
		½B	¾B	1B	1½B	2B	3B	4B	6B	8B	10B	12B	14B	16B이상
지관	½B	T	T	T	B	B	B	B	B	B	B	B	B	B
	¾B		T	T	T	B	B	B	B	B	B	B	B	B
	1B			T	T	B	B	B	B	B	B	B	B	B
	1½B				T	M	M	B	B	B	B	B	B	B
	2B					M	M	M	N	N	N	N	N	N
	3B						M	M	M	N	N	N	N	N
	4B							M	M	M	N	N	N	N
	6B								M	M	M	M	N	N
	8B									M	M	M	M	N
	10B										M	M	M	N
	12B											M	M	N
	14B												M	N
	16B													N

備考 : 記號는 다음에 의함

B: 소켓 또는 나사 넣기 보스, T: 소켓 또는 나사 넣기 티이, M: 맞대기용접형 티이, N: 노즐웰드

지 많이 존재하지 않는데서 기인(起因)되고 있으며, 대단한 노력(勞力)이 필요한 것도 아니다.

2-2-2. 이음재(Fitting)의 시방결정

피팅(fitting)의 시방(示方)결정은 파이프를 베이스(base)로 하여 행해지며, 어려운 요소는 없다. 구태여 말한다면 다음과 같은 문제점이 있다. 대체로 파이프의 맞대기 용접에 대한 신뢰도(信賴度)는 1 $^1/_2$B정도로 생각된다. 그래서 1B이하는 끼워넣기용접으로 하는 것이 보통이다. 맞대기 용접형(熔接形)의 레듀서는 양(兩)사이즈에 대해 살두께가 두꺼운 쪽의 판두께를 채용하여 단면(端面)을 파이프에 맞춰서 가공한다. 이 경우 응력집중이 일어나지 않는 형상으로 하게끔 주의한다. 주관에 대한 브랜치는 기존 제품의 용접티를 가급적 사용한다. 그러나 파이프에 가스관을 사용하고 있는 라인은 예외이다. 보통 주관(主管)에 지관(枝管)을 직접 용접(熔接)하는 소위 노즐웰드방식을 채용하는 경우, JIS 10K 또는 ANSl 50클라스의 라인에 대해서 보강용패드는 필요가 없지만, JIS 20K 또는 ANSI 300클라스 이상에서는 무조건 레인호오싱패드가 사용된다. 이것은 내압적(內壓的)으로는 충분한 강도(强度)가 있는 것이 확인 되더라도 외력(外力) 등 기타를 고려한 결과이다. 표 1-3에 일반적인 브랜치의 방법을 표시한다.

2-3. 관의 3요소

2-3-1. 관의 종류

관은 강관이 주종(主種)을 이루고 있으나 비철금속 또는 비금속들로 제조되어, 재질 및 처리방법 등에 따라 다양한 종류의 관으로 나누어지며 날로 연구 개발되어 신제품의 관이 많이 생산되고 있다.

(1) 강관(steel pipe)

직선이음 용접 파이프와 나선용접 파이프는 판제(板製)로 만들고, 이음매가 없는 파이프(seamless pipe)는 고체 빌릿(billet)을 인발하여 제작한다.

탄소강 파이프는 경도가 크고 연성이며, 용접이 가능하고 가공이 쉬우며, 내구성이 좋고 다른 재료로 만든 파이프에 비해서 값이 싸다. 또한 탄소강의 선택은 자연스럽게 할 수 있다.

가장 쉽게 이용하는 탄소강은 Sch 40, 80, ST d와 XS 크기로 ASTM. A-53규정에 따라 만들고, 전기 저항용접(등급 A와 등급 B: 후자의 등급이 더 높은 인장강도를 나타냄)과 이음매 없이(등급 A와B) 제작한다. 보통 흑관이나 또는 아연 도금을 하여 수도용 관으로 사용한다.

A-53의 사양과 비교할 수 있으나, 더 엄격한 시험검사로 규정한 ASTM A-106에 따라 이음매 없는 파이프는 모든 크기와 중량에 대하여 사용이 가능하다. A-106내의 세 가지 등급이 유용하게 쓰이는데, 등급 A, B와 C는 등급 순서대로 인장강도도 증가한다.

(2) 합금관(Alloy pipe)

구리, 납, 니켈, 황동, 알루미늄과 다양한 스테인리스강으로 만든 파이프와 튜브(tube)는 쉽게 구할 수 있다. 이러한 재료는 값이 강관보다 비싼 반면 특유한 화학작용에 의한 부식 저항성, 양호한 열전도성, 고온에서의 인장강도 등에 따라 선택해서 사용한다. 동과 동합금은 보통 계측기 배관, 식품 가공과 열전달 장치에 사용하고 있으나 점차 스테인리스강이 이러한 목적으로 사용되고 있다.

(3) 합성수지관(Plastic pipe)

합성수지로 만든 파이프는 상당히 부식성이 있는 유체의 수송에 사용하고 특히, 부식성이 있거나 위험한 가스 또한 묽은 무기산을 수송하는데 좋다. 합성수지는 다음과 같은 세 가지 방식으로 사용한다. 합성수지 재료가 "충만된, 전체가 합성수지 파이프와 라이닝(lining), 또한 피복재료로 사용한다. 합성수지 파이프는 Polypropylene, PolyEthylene(PE), PolyButylene(PB), PolyVinyl Chloride(PVC), Acrylonitrile Butadiene-Styrene(ABS), Cellulose Acetate-Butyrate(CAB), Polyolefims, Polyesters로 만든다. 폴리에스터와 에폭시 수지로 만든 파이프는 보통 유리섬유가 첨가되고(FRP), 이런 상품은 마모와 화학제품에 강한 저항성을 갖는다.

2-3-2. 관의 지름과 길이

생산자들은 호칭직경으로 1/8(inch)에서 44(inch)까지 또는 그 이상의 큰 파이프를 제작할 수도 있다. 일반적으로 사용하는 크기는 1/2, 3/4, 1, 11/4, 2, 2 1/2, 3, 31/2, 4, 5, 6, 8, 10, 12, 14, 16, 18, 20, 24(inch)이나 1¼, 2½, 3½, 5(inch) 크기의 파이프는 사용을 잘하지 않는다. 1/3, 1/4, 3/8, 1/2(inch) 파이프의 사용은 계측기 배관 또는 다른 장치와 짝을 이루는 써어비스 배관과 다른 배관에만 제한하여 사용한다. 증기 트레이싱(Tracing)과 펌프 등의 보조 배관용으로 1/2(inch) 파이프가 광범위하게 사용되어 진다.

또한 파이프의 길이는 임의의 길이(6m 또는 12m)로 또는 필요시 그 배의 임의의 길이(38ft~48ft)로 공급한다. 이러한 길이의 파이프의 끝은 보통평면(PE)이나 용접하기 위한 베벨가공이나(BE) 나사로 되어 있고, 단위 길이당 1개의 커프링과 함께 공급된다(나사로 만든 것과 Coupling한 것(T & C)). 만약 파이프를 "T & C"로 주문하는 경우에는 커프링의 비율을 명시한다. 특수한 커프링의 홈과 같은 다른 형태의 끝부분은 주문에 따라서 생산된다.

파이프의 치수	체계(體系)	예(例)
호 칭 경	밀리미이터系 인치系	100A 150A 200A 250A 4B | 6B | 8B | 10B
외 경	JIS 系(가스管外徑) ANSI系(US外徑)	114.3(4B), 216.3(8B), 318.5(12B), 14B以上은 인치 114.3(4B), 219.1(8B), 323.9(12B),호칭경과 같다.

2-3-3. 관벽(Wall thickness)의 두께

지름이 같은 관의 두께를 모두 같게 할 수만 있다면 매우 편리할 것 같지만, 관재료의 강도와 성질 또는 접촉유체의 성격 등이 다양하고 사용할 장치들도 복잡 다양함에 따라, 관의 두께를 한 가지로만 통일시킨다는 것은 여러 면으로 볼 때 불가능한 일이다.

또한 필요시 마다 관두께를 계산하여 주문 생산한다는 것도 역시 비경제적이기 때문에 굵기와 종류에 따라 몇 가지의 두께를 규정하여 놓고 그 중에서 알맞은 것을 선택하여 사용하도록 되어 있다. 주철관과 합성수지관은 한 규격에 대해 한 호칭지름 마다 1종의 두께를 규격화 되고 있으나, 다른 관에 있어서는 대체로 2종 이상의 두께를 지정하고 있다. 일반적으로 관의 두께를 나타내는 방법으로는 다음의 세 가지의 원칙에 따라 설정한다.

- 미국 표준협회(ASA)의 "Schedule Number"
- ASME와 ASTM의 "STD", "XS"과 "XXS" 이것은 제작자가 설정한 크기법으로, 이런 명칭은 제작자의 중량계(weight)이라 한다.
- API의 표준규격 5L과 5LX, 이러한 크기는 대부분 크기와 두께에 대한 기준이 없다.

또한 파이프의 치수체계는 일본 미국의 영향을 받아 상당히 복잡하게 되어 있다.

살두께에 대해서는 장치가 복잡하고 대형화됨에 따라 적당한 파이프살두께를 정하는 작업은 매우 번잡하게 되어, 살두께의 계열화가 작업의 간소화 및 재료창고의 보관의 점에서 큰 도움이 된다. 일본의 살두께 체계는 다음표와 같다.

SGP 系		일본 독자(獨自)의 것이다.
스 케 줄 系	노어멀스케줄(normal)	SCH. 10, 20, 30, 40, 60, 80, 100, 120, 160
	시인스케줄(thin)	SCH. 5S, 10S, 20S, 30S, 40S, 80S

(1) 스케줄 넘버(schedule-number)

우리는 배관용 강관이나 열교환기강관에서 대부분 만나게 되는 Schedule number라는 것에 주의하지 않으면 안된다. 이것은 강관의 두께를 계열화해서 작업상, 경제상의 도움을 주기위한 것으로 Sch로 약기(略記)하는바, 유체의 사용압력 (P)와 그 상태에 있어서 재료의 허용응력 (σ_w)와의 비에 의해서 파이프의 두께의 체계를 표시한 것이다. 이 때 파이프 두께(t)와 Sch번호는 다음 식으로 주어진다.

$$t = \frac{PD}{175\sigma_w} + 2.54, \quad Sch\ No = 10 \times \frac{P}{\sigma_w}$$

여기서 t: 파이프의 두께(mm) σ_w: 재료의 허용응력(kgf/mm^2)
P: 유체의 사용압력(kgf/cm^2) D: 파이프의 바깥지름(mm)

그런데 Austenite계 stainless강관은 그 인장강도가 매우 크므로, 탄소강과 같은 Sch 번호로는 너무 두꺼워서 비경제적이므로, 동일한 Sch No이더라도 약간 얇게한 thin series를 만들어 쓰되, 번호뒤에 S자를 붙여 양자를 구별한다.

〔예제〕 최고사용압력 P = 65kg/cm²의 배관에 SPPS-38을 사용하는 경우, 스케줄 번호를 산정하시오(단, 안전율을 4로함).

〔풀이〕 $S = 38 \times \frac{1}{4} = 9.5kg/mm^2$

$$\text{Sch No} = 10 \times \frac{P}{\sigma w} = 10 \times \frac{65}{9.5} = 68$$

∴ Sch No 80을 선정함

표 1-4는 파이프 연결제품의 압력 범위에 따라 사용되는 파이프의 스케줄 번호를 표시하였다.

표 1-4. 압력 범위에 따른 파이프의 스케줄 번호

밸브및 관연결류(fittings)의 ANSI 압력등급(증기등급)	파이프의 스케줄 번호 (Sch number of pipe)
250Psi 이하	40
300~600	80
600~900	120
900~1,500	160
1,500~2,500	½″~6″-XXS(double extra strong) 8″이상 160

(2) MSS(Manufactures Standardrization Society)가 제시한 파이프 두께 표시방법

스케줄에 의한 표시법 이외에 흔히 사용되지는 않지만 간간이 볼 수 있는 weight계라는 것이 있는데, 이 방식은 파이프 단위길이당의 무게를 기준으로 한 두께의 체계이다. 다음 3종류로 규정하고 있으나 대체로 10B이상, 2B이하에 사용되며 다만, Sch번호 체계의 보충이나 수정용인 듯한 느낌이 있다.

Standard Weight ; STd.

Extra Strang or Extra Heavy ; X.

Double Extra Strang or Doudle Extra Heavy ; XX.

주로 저압용관 및 기계 구조용의 용도에 사용된다.

(3) A.P.I 표기법

여기에는 5C 및 5CX의 2종류가 있다.

(4) mm계 (O · DXI · D)

이외에 드물게 체계화(體系化)되지 않은 파이프들이 있는데, 이는 초고압관 등의 경우이며 그때마다 경제적인 두께를 계산해서 배관하며, 표시의 방법은 (바깥지름)×(안지름)을 mm로 나타낸다.

2-3-4. 일반고압가스 보안규칙의 관두께 계산식

(1) 외경과 내경의 비가 1.2 미만의 것

$$t = \frac{pd}{200f/s - p} + C$$

(2) 외경과 내경의 비가 1.2 이상의 것

$$t = \frac{d}{2}\left(\sqrt{\frac{100\,f/s+p}{100\,f/s-p}}\right) + C$$

단 t : 살두께(mm)
f : 재료의 인장강도 규격의 최소치 또는 항복점의 규격최소치의 1.6배 (kg/mm^2)
P : 상용압력(kg/cm^2)
d : 내경(mm)
s : 안전율
C : C_1(부식여분) + C_2(제작오차)

(3) 보일러 압력용기구조 규격

$$t = \frac{PD}{200\sigma\eta + \gamma p} + C$$

여기서 P : 최고사용압력(kg/cm^2), D : 외경(mm), σ : 허용 응력(kg/cm^2), η : 긴쪽이음효율, Y : 정수로서 炭素鋼은 0.8로 하고 특수강에 대해서는 다음표에 의한다.

페라이트특수강

온도(°C)	480이하	480~510	510이상
Y	0.8	1.0	1.4

오스테나이트특수강

온도(°C)	565이하	565~590	590이상
Y	0.8	1.0	1.4

(4) Petroleum Refinery Piping(ANSI B31.3)

$$t = \frac{P \cdot D}{2(SE + PY)}$$

여기서 P : 설계압력(psi), D : 외경(in), σw : 허용응력, E : 긴쪽이음효율, Y : 정수로서 비철(非鐵) 0.4, 주철은 0으로 하고 기타는 다음 표에 의한다.

온도(°F)	900이하	950	1000	1050	1100	1150이상
페라이트鋼	0.4	0.5	0.7	0.7	0.7	0.7
오스테나이트鋼	0.4	0.4	0.4	0.4	0.5	0.7

이들 계산식을 보면 일반 고압가스 보안규칙관계 기준에서 D/d가 1.2이상인 경우 Lame의 살두께(圓筒)의 식을 채용하고 있으나, 다른 것은 Barlow의 식의 2P의 값을 다소 변형하여 실제적인 것으로 하고 있다. 따라서 어느 계산기라노 동일한 계산소선이넌 그 결과는 큰 차이가 없을 것이다. 그러나 내압(內壓), 허용응력, 안전율 및 긴쪽이음효율의 값을 살두

께에 직접 영향을 미치므로 충분히 주의하여 안전성을 확보한 경제설계와 연결시켜야 한다.

2-4. 관(管)의 내역 표시방법(內譯表示方法)

우리가 사용자의 입장에서 파이프를 발주하려 할 때는 다음과 같은 점에 주의 할 필요가 있다.

- 필요한 관이 어떤 것인가를 바르게 파악한다.
- 관에 대한 해당규격을 잘 읽고 규격의 내용을 완전하게 이해한다.
- 규격내 선택조건이라든가 규격외 요구조건 등을 감안하여 상호간에 어긋남이 없도록 완전하고도 빠짐이 없이 의사를 전달해야 할 것이다.

예로서, 배관용 탄소강관(100A, 204m), 보일러 열교환기용 304L종 스테인리스강관 외경 34mm, 길이 4m의 것 53본이 필요할 때 다음과 같이 내역서를 작성한다.

No.	품명	규격	단위	수량	단가	금액	비고
1	배관용 탄소강관	SPP-100A	본	34			Plain end
2	스테인레스 강관	STS-304LTB ϕ34×4M	본	53			

(주) ① 배관용 탄소강관의 1본의 길이는 6m로 규정되어 있으므로 200m로 발주함은 부적당하다.
② 관단가공에 대해서는 선택조건을 규격에 명시하였으므로 규격 또는 비고란에 기입하여야 함.

2-5. 표준규격(standard)과 코드(code)

표준규격과 코드는 모두 제작과 시험용으로 만든 문서이다. 이 문서는 그 구성원이 산업, 정부, 대학, 단체, 전문학회, 무역협회 등의 위원회에 의해서 지켜지고 보존된다.

표준규격(standard)과 코드(code)로 부터 실제 기술적인 문제가 증명되고 배관 시스템의 안전을 위하여 자재, 치수, 설계, 건축, 시험과 검사의 선택을 하는 최소한의 필요사항을 표준규격과 코오드로 구체화 하였다. 정기적인 개정판에다 산업에서의 발전을 반영하게 만든다. 표준규격과 코오드는 서로 교체할 수 있으나 넓은 범위를 다루거나 정부의 허락이 있으며, 법적 의무의 기본을 형성할 때는 문서는 코드라고 한다. "권고사항"문서는 실제로 권할 만한 문서이다. 표준규격과 코드에서의 사용어 "해야한다"(shall)는 필요사항과 의무를 나타내고 "하는 것이 좋다"(should)는 권고를 의미한다.

2-5-1. 표준규격과 코드(code)를 사용하는 4가지 이유

(1) 표준규격에 따라서 만든 하드웨어(hard ware) 품목은 교환이 가능하고, 그 치수와 특성을 알 수 있다.

(2) 관계되는 코드(code)나 표준규격을 준수하여 성능, 신뢰성, 품질을 보증하고, 계약협상과 보증 등을 얻는 기본이 된다.

표 1-5 강 관 치 수 표

呼稱徑		外徑			SCH 10				SCH 20				SCH 30			
		JIS	ANSI		살두께		內徑	重量	살두께		內徑	重量	살두께		內徑	重量
B	A	m/m	인치	m/m	인치	m/m	m/m	kg	인치	m/m	m/m	kg	인치	m/m	m/m	kg
⅛	6	10.5	0.405	10.3												
¼	8	13.8	0.540	13.7												
⅜	10	17.3	0.675	17.1												
½	15	21.7	0.840	21.3												
¾	20	27.2	1.050	26.7												
1	25	34.0	1.315	33.4												
1¼	32	42.7	1.660	42.2												
1½	40	48.6	1.900	48.3												
2	50	60.5	2.375	60.3						3.2	54.1	4.52				
2½	65	76.3	2.875	73.0						4.5	47.3	7.97				
3	80	89.1	3.500	88.9						4.5	80.1	9.39				
3½	90	101.6	4.000	101.6						4.5	92.6	10.8				
4	100	114.3	4.500	114.3						4.9	104.5	13.2				
5	125	139.8	5.563	141.3						5.1	129.6	16.0				
6	150	165.2	6.425	168.2						5.5	154.2	21.7				
8	200	216.3	8.625	219.1					0.250	6.4	203.5	33.1	0.277	7.0	202.3	36.1
10	250	267.4	10.75	273.1					0.250	6.4	254.6	41.2	0.307	7.8	251.8	49.9
12	300	318.5	12.75	323.9					0.250	6.4	305.7	49.3	0.330	8.4	301.7	64.2
14	350	355.6	14.000	355.6	0.250	6.4	342.8	55.1	0.312	7.9	339.8	67.7	0.375	9.5	336.6	81.1
16	400	406.4	16.00	406.4	0.250	6.4	393.6	63.1	0.312	7.9	390.6	77.6	0.375	9.5	387.4	93.0
18	450	457.2	18.00	457.2	0.250	6.4	444.4	71.1	0.312	7.9	441.4	87.5	0.438	11.1	435.0	122
20	500	508.0	20.00	508.0	0.250	6.4	495.2	79.2	0.375	9.5	489.0	117	0.500	12.7	482.6	155

呼稱徑		外徑			SCH 40				SCH 60				SCH 80			
		JIS	ANSI		살두께		內徑	重量	살두께		內徑	重量	살두께		內徑	重量
B	A	m/m	인치	m/m	인치	m/m	m/m	kg	인치	m/m	m/m	kg	인치	m/m	m/m	kg
⅛	6	10.5	0.405	10.3	0.068	1.7	7.1	0.369		2.2	6.1	0.450	0.096	2.4	5.7	0.479
¼	8	13.8	0.540	13.7	0.088	2.2	9.4	0.629		2.4	9.0	0.675	0.119	3.0	7.8	0.799
⅜	10	17.3	0.675	17.1	0.091	2.3	12.7	0.851		2.8	11.7	1.00	0.126	3.2	10.9	1.11
½	15	21.7	0.840	21.3	0.109	2.8	16.1	1.31		3.2	15.3	1.46	0.147	3.7	14.3	1.64
¾	20	27.2	1.050	26.7	0.113	2.9	21.4	1.74		3.4	20.4	2.00	0.154	3.9	19.4	2.24
1	25	34.0	1.315	33.4	0.133	3.4	27.2	2.57		3.9	26.2	2.87	0.179	4.5	25.0	3.27
1¼	32	42.7	1.660	42.2	0.140	3.6	36.5	3.47		4.5	33.7	4.24	0.191	4.9	32.9	4.57
1½	40	48.6	1.900	48.3	0.145	3.7	41.2	4.10		4.5	39.6	4.89	0.200	5.1	38.4	5.47
2	50	60.5	2.375	60.3	0.154	3.9	52.7	5.44		4.9	50.7	6.72	0.218	5.5	49.5	7.46
2½	65	76.3	2.875	73.0	0.203	5.2	65.9	9.12		6.0	64.3	10.4	0.276	7.0	62.3	12.0
3	80	89.1	3.500	88.9	0.216	5.5	78.1	11.3		6.6	75.9	13.4	0.300	7.6	73.9	15.3
3½	90	101.6	4.000	101.6	0.226	5.7	90.2	13.5		7.0	87.6	16.3	0.318	8.1	85.4	18.7
4	100	114.3	4.500	1143.	0.238	6.0	102.3	16.7		7.1	100.1	18.8	0.33	8.6	97.1	22.4
5	125	139.8	5.563	141.3	0.258	6.6	126.6	21.7		8.1	123.6	26.3	0.375	9.5	120.8	30.5
6	150	165.2	6.625	168.2	0.280	7.1	151.0	27.7		9.3	146.6	35.8	0.432	11.0	143.2	41.8
8	200	216.3	8.625	219.1	0.322	8.2	199.9	42.1	0.406	10.3	195.7	52.3	0.500	12.7	190.9	63.8
10	250	267.4	10.75	273.1	0.365	9.3	248.8	59.2	0.500	12.7	242.0	79.8	0.593	15.1	237.2	93.9
12	300	318.5	12.75	323.9	0.406	10.3	297.9	78.3	0.562	14.3	289.9	107	0.687	17.4	283.7	129
14	350	355.6	14.00	355.6	0.438	11.1	333.4	94.3	0.593	15.1	325.4	127	0.750	19.0	317.6	158
16	400	406.4	16.00	406.4	0.500	12.7	381.0	123	0.656	16.7	373.0	160	0.843	21.4	363.6	203
18	450	457.2	18.00	457.2	0.562	14.3	428.6	156	0.750	19.0	419.2	205	0.937	23.8	409.6	254
20	500	508.0	20.00	508.0	0.593	15.1	477.8	184	0.812	20.6	466.8	248	1.031	26.2	455.6	311

(3) 시스템이 코드(code)나 표준규격에 따라 기술적인 처리를 하고, 사용된다면 어느 한 부분의 시스템 손실로 인한 설비 재난에 따른 소송에서 징계판결을 덜 받는다.
(4) 코드는 종종 연방정부, 주정부, 지방자치시의 안전규칙의 본질적인 요지를 제공한다.

표 1-6 표준규격의 분류

기 호	이 름
AIA	American Institute Association*
ANSI	American National Standrds Institute+
API	American Petroleum Institute
ASME	American Society for Mechanical Engineers
ASTM	American Society for Testing and Materials
AWS	American Welding Society
AWWA	American WaterWorks Association
FCI	Fluid Controls Institute
GSA	General Service Administration
ISA	Instrument Society of America
MSS	Manufacturers Standardization Society of the Valve and Fittings Industry
NFPA	National Fire Protection Association
PFI	Pipe Fabrication Institute
USDC	United States Departement of Commerce

* standads fomerly issued by Undewriters' Laboratories Inc.
\+ formerly, United States of America Standards Institute, and American Standards Association

표 1-7 압력배관에 대한 ANSI CODE B31

정유 Plant 배관	B31.3-1966	Piping for refineries and petrochemical plants conveying petrochemicals, chemicals, water and steam.
발전소 배관	B31.1.0-1967*	Piping for industrial applications. State law may require adherence.
화학 Plant 배관	B31.6-7	Still in preparation. Usually chemical plant piping complies with the power piping code.
천연 Gas 배관	B31.2-1968	Piping for conveying and handling combustible hydrocarbon gases.
Refrigeration	B31.5-1966	Principal application is the piping of package units.
Piping 원자력발전소 배관	B31.7-1969	More stringent design and inspection requirements than other B31 codes. To be applied to pressure piping where escape of jluid from the system would incur a radiation hazard.

* B31.1-1955 is out of print. The Power Piping Code will eventually be designated B31.1-1967

제2장

산업설비재료

제 2 장
산업설비재료

산업설비재료 선정의 문제는 설비비(設備費)에 미치는 영향력 및 장치운전에 대한 안전성이라는 두 가지 점에서 중요한 것이다. 일반적으로 이 두가지는 상반되는 문제이므로 이것을 어떻게 조합시겨 만족하는가 하는 것이 그 우열(優劣)을 결정 지우는 것이 된다. 본장에서는 일반적으로 사용되고 있는 관재료에 대해 기술하고자 한다.

제1절 철강재료(鐵鋼材料)

우리가 사용하고 있는 금속재료 중에서 철과 강은 다른 금속 재료에 비하여 강도, 경도, 연성 등의 기계적 성질이 우수하고, 열처리를 하여 이들 성질을 용도에 맞도록 변형시킬 수도 있으며, 가격도 저렴하기 때문에 기계 재료로서 옛부터 널리 사용되어 왔다.

1-1. 철과 강의 분류

철과 강은 철광석으로부터 직접 또는 간접으로 제조된 것인데, 철광석 또는 제조 과정으로부터 여러 가지의 원소 즉, 탄소, 규소, 망간, 인, 황 등이 들어가게 되며, 그 중에서도 탄소는 함유량이 많을 뿐만 아니라 철의 성질에 미치는 영향도 대단히 크다.

철과 강은 탄소 함유량에 따라 아래와 같이 순철, 강, 주철로 구분한다.

- 철강
  - 순철 0.02%C이하
  - 강
    - 아공석강 ....0.02 ~ 0.77%C
    - 공석강 0.77%C
    - 과공석강 ....0.77 ~ 2.11%C
  - 주철
    - 아공정 주철 ....2.11 ~ 4.33%C
    - 공정주철 4.3%C
    - 과공정주철 ....4.3 ~ 6.68%C

순철은 탄소 함유량이 0.02% 이하로서 전해법 등으로 제작되며, 상온에서 연성, 전성이 크므로 소성 가공이 쉬우나, 강도가 작아 기계 구조용 재료로 사용되는 일은 거의 없고 전기 재료로 많이 이용된다.

표 2-1 탄소량에 따른 철강의 분류

연강	경강	탄소공구강	표면경화강	주철
0.02%C	0.30%C	0.70%C	1.5%C	

아공석강	과공석강	아공정 주철	과공정 주철
	0.8%C (공석강)	2.0%C	4.3%C (공정주철)

1-2. 철강의 제조 및 강괴(鋼傀)

1-2-1. 철강의 제조

철분이 40%이상 함유된 철광석을 용광로에서 코우크스, 석회석 등과 기타 원료와 함께 넣고 정련하여 만들어진 철을 선철이라 한다.

선철은 탄소 함유량이 높고 규소, 망간 등의 불순물이 많아 경도가 높고 취약하므로 압연이나 단조 등 소성 가공은 할 수 없다. 그러나, 주조성이 좋기 대문에 용선로에서 용해하여 주철로 사용된다. 또한, 선철 중의 불순물을 제거하고 탄소량을 0.02~ 2.11%로 감소시킨 재료를 강(steel)이라 한다.

강을 제조하는 방법에는 평로 제강법, 전로 제강법, 전기로 제강법 등이 있으며, 제강로를 통하여 나온 재료를 강괴라 한다.

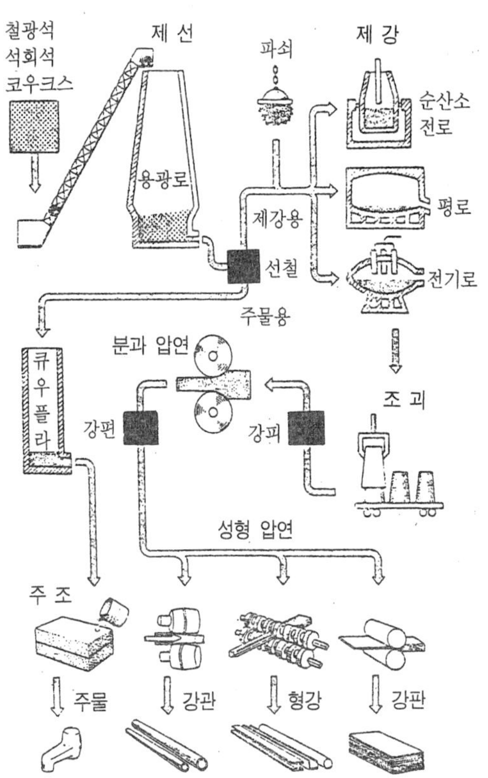

그림 2-1 철강재의 제조 공정 모형도

1-2-2. 강괴(ingot)

제강로에서 정련된 용강을 탈산시킨 다음 주형에 주입하여 강괴를 만들며, 이 때 탈산된 정도에 다라 림드강, 킬드강, 세미킬드강으로 분류된다.

(1) 림드강(rimmed steel)

탈산 및 가스 처리가 불충분한 상태의 쇳물을 그대로 주형에 주입하여 응고시킨 것이다.

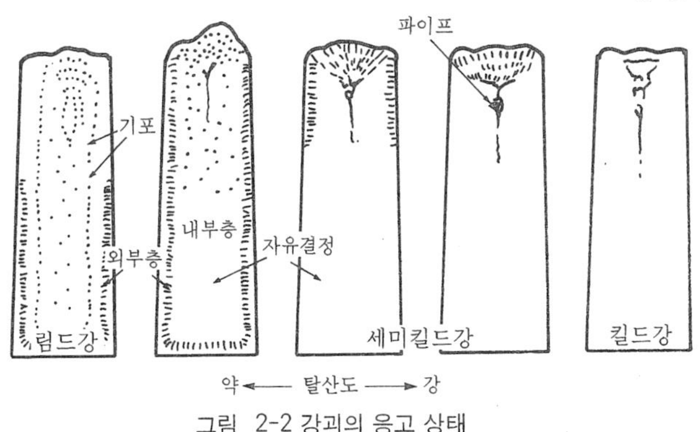

그림 2-2 강괴의 응고 상태

(2) 킬드강(killed steel)

노 안에서 페로실리콘(Fe-Si), 페로망간(Fe-Mn) 또는 Al 등으로 충분히 탈산시킨 것으로서, 기포, 편석은 없으나 상부에 수축공이 생기기 쉽다.

(3) 세미 킬드강(semi-killed steel)

킬드강의 품질은 좋으나 가격이 비싸기 때문에 탈산의 정도를 적당하게 하여 그 강질을 킬드강과 림드강의 중간 정도로 하여 저탄소강에 많이 이용된다.

표 2-2 각 원소가 강의 성질에 미치는 영향

원소명	기호	강의 성질에 미치는 영향
탄소	C	탄소량이 많아짐에 따라 경화하며 용융점이 낮아진다.
규소	Si	규소를 많이 함유하면 주조성이 좋아지고 탄성이 커진다. 너무 많으면 압연가공이 곤란하므로 강재에서는 0.03% 이하를 포함시킴이 바람직하다.
망간	Mn	경도, 강도, 내충격성이 커지면 자경성(自硬性)을 주어 담금질 효과를 좋게 하나 0.7% 이상 함유하면 용접하기가 어려워진다.
인	P	경도는 커지지만 취약해지면 강도를 감소시킨다. 상온 이하에서는 취약하다.
황	S	유황성분이 많으면 적열가공시 고온 취성, 즉, 균열되기 쉽다.

1-3. 금속 재료의 기계적 성질

금속 재료의 소성 가공법은 인장, 압축, 전단, 굽힘 또는 이것들을 적절하게 조합한 힘에 의해 소재를 변형시키고 있으며, 금속의 일반적인 기계적 성질을 열거하면 다음과 같다.

- 강도(strength) : 재료를 파단시키려는 하중에 저항하는 재료 내부의 능력을 강도라 하며 인장 강도, 압축 강도, 굽힘 강도, 비틀림 강도 등이 있다.
- 탄성(elasticity) : 재료에 하중을 가한 후 제거하면 원래 상태로 되돌아오는 성질이다.
- 소성(plasticity) : 재료에 하중을 가했을 때 파괴되지 않고 영구 변형되는 성질을 말한다.
- 연성(ductility) : 인장 하중을 받은 금속이 파괴되지 않고 영구적으로 신장되는 성질,

즉, 금속의 늘어나는 성질을 연성이라고 한다.

- 전성(malleability) : 압축 하중을 받은 금속이 파괴되지 않고 박상(箔狀)으로 영구 변형할 수 있는 성질, 즉, 금속이 평평하게 펴질 수 있는 성질이다.
- 점성 강도(toughness) : 금속의 강도와 파괴되지 않고 영구 변형하는 능력을 합친 말로서 직접 측정하기는 어렵다. 때로는 충격 강도를 점성 강도로써 표시할 때도 있다.
- 충격 강도(shock resistance) : 충격 하중에 저항하는 금속의 성능이다. 이 때 충격에 대한 재료의 저항하는 성질을 인성이라 한다.

제2절 배관재료

파이프의 사용목적은 유동매체(流動媒體)를 수송하거나 압력을 전달할 뿐만아니라, 관내외면(管內外面)에서 열교환 및 구조물의 보강용으로 사용되었다. 관의 소재(素材)로는 철, 동, 황동, 구리, 납, 알루미늄, 유리, 고무 또는 여러 가지의 합성수지제품등이 사용되고 있다.

2-1. 관 재료의 선택

적당한 관 재료를 사용하여 설비의 성능을 충분히 발휘시킨다는 것은 매우 중요한 일이다. 관 재료는 사용 목적에 따라 내식성 · 내구성 · 내압성 · 내열성 등이 요구되며, 관재질에 따라 저마다 특성이 다르므로 관 재료를 선택할 때에는 재료의 특성을 이해하여야 한다.

관 재료를 선택할 때 고려해야 할 사항은 다음과 같다.

- 관의 진동 또는 충격 · 내압 · 외압에 견딜 수 있는지의 여부
- 유체의 온도가 재료에 미치는 열 영향
- 유체의 부식성과 관의 내식성
- 관의 외벽에 접하는 환경 조건이 관의 내구성, 내식성에 미치는 영향
- 지중 매설관의 경우 외부 압력, 충격에 견디는 강도의 유무
- 접합 · 굽힘 · 용접 등의 가공성
- 관의 중량과 수송 조건 등이다.

2-2. 배관용 강관

2-2-1. 배관용 탄소강 강관(carbon steel pipes for ordinary piping) : SPP

비교적 사용 압력이 낮은 증기, 물, 기름, 가스 및 공기 등의 배관에 사용되며, 내식성을 주기위해 용융 아연도금을 하게 되는데 이를 백관(白管)이라고 하며, 흑관과 구분하고 있다.

관단(管端)의 형상은 300A(12B)이하는 T · E(Threaded End) 또는 P · E(Plain End)

표 2-3 관의 종류

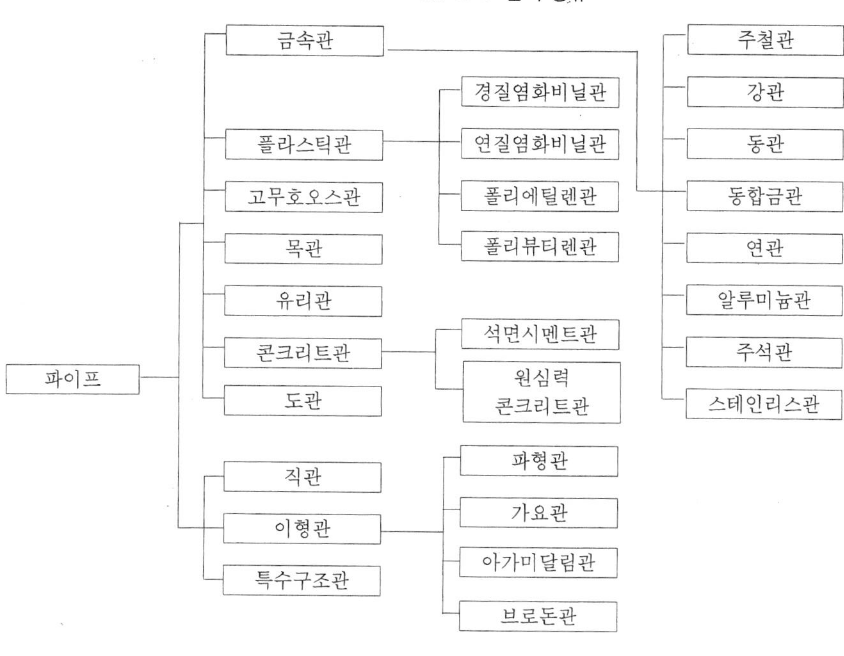

로 하고 350A(14B) 이하에서는 P · E로 함을 표준규격으로 하고 있으나, 요구에 의해 B · E (Beveled End)로 할 수도 있다. 이 때 T · E인 경우에는 KSB 0222에 규정된 관용테이퍼 나사(tapered thread for piping)로 가공하게 되어 있다.

배관용 탄소강관의 화학적 조성 및 기계적 성질은 표 2-4와 같으며 25kg/cm^{2}의 수압을 가하여 누수 및 결함이 없어야 한다.

백관의 용융아연도금은 450°C정도의 연욕(鉛浴:zinc bath)에서 매회 1분씩 5회 이상에 걸쳐서 아연의 부착량이 400g/m^2 이상이 되도록 규정하고 있으며, 표준 길이는 6m로 하고 있다.

표 2-4 배관용 탄소강관의 화학성분과 인장 강도(KS D 3507)

종류	기호	화학성분(%)		인장강도 (kg/mm^2)	구분
		P	S		
일반배관용 탄소강관	SPP	0.040	0.040	30이상	흑관(아연 도금을 하지 않은 관) 백관(아연 도금을 한 관)

2-1-2. 배관용 아크 용접 탄소강 강관(electric arc welded carbon steel pipes):SPW

이 강관은 비교적 사용압력이 낮은 증기, 물, 기름, 가스 및 공기 등의 수송용으로서, 10kg/cm^2 이하의 도시가스나 15kg/cm^2 이하의 수도용 배관으로 널리 사용되고 있다.

KS에서는 SPW 41만을 규정하고 있으며, 화학적 조성 및 기계적 성질은 표 2-6과 같다.

표 2-5 배관용 탄소강관의 치수와 중량(KS D 3507)

관의 호칭		바깥지름	바깥지름의 허용차		두께 (mm)	두께의 허용차	소켓을 포함하지 않는 무게(kg/m)
A	B		테이퍼 나사관	기타관			
6	1/8	10.5	±0.5mm		2.0		0.419
8	1/4	13.8	±0.5mm		2.35		0.664
10	3/8	17.3	±0.5mm		2.35		0.866
15	1/2	21.7	±0.5mm		2.65		1.25
20	3/4	27.2	±0.5mm		2.65		1.60
25	1	34.0	±0.5mm		3.25		2.46
32	1 1/4	42.7	±0.5mm		3.25		3.16
40	1 1/2	48.6	±0.5mm		3.25	+규정하지 않음	3.63
50	2	60.5	±0.5mm	±1%	3.65		5.12
65	2 1/2	76.3	±0.7mm	±1%	3.65		6.34
80	3	89.1	±0.8mm	±1%	4.05	-12.5%	8.49
90	3 1/2	101.6	±0.8mm	±1%	4.05		9.74
100	4	114.3	±0.8mm	±1%	4.5		12.2
125	5	139.8	±0.8mm	±1%	4.85		16.1
150	6	165.2	±0.8mm	±1%	4.85		19.2
175	7	190.7	±0.9mm	±1%	5.3		24.2
200	8	216.5	±1.0mm	±1%	5.85		30.4
225	9	241.8	±1.2mm	±1%	6.2		36.0
250	10	267.4	±1.3mm	±1%	6.40		41.2
300	12	318.5	±1.5mm	±1%	7.00		53.8

주) 1. 관의 호칭 50A 이하에서 열간 가공 이음매가 없는 강관의 두께 허용차는, 표기(+)는 규정하지 않으며, - 0.6mm로 한다.

2. 무게의 수치는 1cm^2의 강을 7.85kg으로 하여, 다음 식에 따라 계산하고, KS A 0021에 따라 유효 숫자 세째 자리에서 끝맺음 한다.

$$W = 0.02466t(D-t)$$

여기서, W:관의 무게(kg/m) t:관의 두께(mm) D:관의 바깥지름(mm)

표 2-6 SPW의 화학적 조성 및 기계적 성질

종류	기호	화학성분(%)		기계적 성질			
		P	S	인장강도 kgf/mm^2	항복점또는내력 kgf/mm^2	연신율 (%)	비교
배관용 아크용접 탄소강관	SPW 41	0.050 이하	0.050 이하	41이상	23이상	18이상	

2-2-3. 압력 배관용 탄소강관(carbon steel pipes for pressure services):SPPS

사용온도 350° 이하의 일반 압력배관에 사용되는 탄소강으로 사용압력이 10~100kg/cm^2 범위의 보일러, 증기관, 급수관, 흡출관 및 유압관 등에 사용된다.

이 강관의 호칭방법은 호칭지름×호칭스케줄번호로써, 각 관경에 따라 외경은 동일하면서 살두께가 다르게 규정되어 있다.

$$t = \left(\frac{PD}{175\sigma_w}\right) + 2.54 \cdots\cdots\cdots\cdots (1)$$

여기서 t : 관의 살두께(mm)　　σ_w : 허용인장응력(kg/mm^2)

p : 사용압력(kg/cm^2)　　D : 관의 외경(mm)

$$\text{스케줄번호} = 10\times\frac{P}{\sigma_w} \cdots\cdots (2)$$

표 2-7 압력배관용 탄소강관의 화학성분과 인장시험(KS D 3562)

종류	기호	화학성분(%)					인장시험	
		C	Si	Mn	P	S	인장강도 (kg/mm^2)	항복점 (kg/mm^2)
2종	SPPS 38	0.25이하	0.35이하	0.30~0.90	0.040이하	0.040이하	38이상	22이상
3종	SPPS 42	0.30이하	0.35이하	0.30~1.00	0.040이하	0.040이하	42이상	25이상

〔예제〕 최고사용압력 80kg/cm^2, 관경 50A, 사용온도 250° C에 적합한 강관을 선정하시오.

〔풀이〕 최고사용압력이 10~100kg/cm^{2}의 범위내에 있고, 사용온도가 350° C이하이므로 압력배관용 탄소 강관을 사용하는 것으로 하고 3종을 택하면, 인장 강도가 42kg/mm^{2}이므로 안전율을 4로 하여 허용인장응력 σ_w는

$$\sigma_w = \frac{\sigma_t}{S} = \frac{42}{4} = 10.5(\text{kg/mm}^2)$$

(1) 식에 의한 계산

$$t = \left(\frac{PD}{175\sigma_w}\right) + 2.54 = \frac{80 \times 60.5}{175\times 10.5} + 2.54 = 5.174(\text{mm})$$

따라서 호칭지름이 50A이고 살두께가 5.174mm이상이 되는 규격을 표에서 찾으면 50A×Sch#80이 된다.

(2) 식의 계산

$$\text{Sch. No.} = 10\times\frac{P}{\sigma_w} = 10\times\frac{80}{10.5} = 76.19$$

따라서 50A×Sch#80을 선정할 수 있다.

표 2-8 고압 배관용 탄소강관의 화학성분(KS D 3564)

종류	기호	화학성분(%)					
		C	Si	Mn	P	S	Cu
1종	SPPH 35	0.08~0.18	0.10~0.35	0.30~0.60	0.035이하	0.035이하	0.20이하
2종	SPPH 38	0.25이하	0.10~0.35	0.30~0. 90	0.035이하	0.035이하	0.20이하
3종	SPPH 42	0.30이하	0.10~ 0.35	0.30~1.00	0.035이하	0.035이하	0.20이하
4종	SPPH 49	0.33이하	0.10~0.3	0.30~1.00	0.035이하	0.035이하	0.20이하

2-2-4. 고압 배관용 탄소강 강관(carbon steel pipes for high pressure service) : SPPH

고압배관용 탄소강 강관은 사용온도 350° C이하에서 사용압력이 100kg/cm^{2}이상의 매우 높은 압력을 갖는 암모니아 합성배관용, 내연기관의 연료분사관, 화학공업에서의 고압배관에 응용된다.

소재로는 킬드강(killed steel)을 사용하여 이음매 없이 제조되며, SPPH38(2종), SPPH 42(3종) 및 SPPH49(4종)의 3종류를 KS에서 규정해 놓고 있다.

표 2-9 고온배관용 탄소강관의 치수와 중량

호칭지름		바깥 지름 (mm)	호칭두께																			
A	B		스케줄10		스케줄 20		스케줄 30		스케줄 40		스케줄 60		스케줄 80		스케줄 100		스케줄 120		스케줄 140		스케줄 160	
			두께 (mm)	무게 (kg/m)	두께 (mm)	무게 (kg/m)	두께 (mm)	무게 (kg/m)	두께 (mm)	무게 (kg/m)	두께 (mm)	무게 (kg/m)	두께 (mm)	무게 (kg/m)	두께 (mm)	무게 (kg/m)	두께 (mm)	무게 (kg/m)	두께 (mm)	무게 (kg/m)	두께 (mm)	무게 (kg/m)
6	1/2	10.5							1.7	0.359			2.4	0.479								
8	1/4	13.8							2.2	0.629			3.0	0.799								
10	3/8	17.3							2.3	0.851			3.2	1.11								
15	1/2	21.7							2.8	1.31			3.7	1.64							4.7	1.97
20	3/4	27.2							2.9	1.74			3.9	2.34							5.5	2.94
25	1	34.0							3.4	2.57			4.5	3.27							6.4	4.36
32	1 1/4	42.7							3.6	3.47			4.9	4.57							6.4	5.73
40	1 1/2	48.6							3.7	4.10			5.1	5.47							7.1	7.27
50	2	60.5							3.9	5.44			5.5	7.45							8.7	11.1
65	2 1/2	76.3							5.2	9.12			7.0	12.0							9.5	15.6
80	3	89.1							5.5	11.3			7.6	15.3							11.1	21.4
90	3 1/2	101.6							5.7	13.5			8.1	18.7							12.7	27.8
100	4	114.3							6.0	16.0			8.6	22.4			11.1	28.2			13.5	33.6
125	5	139.8							6.6	21.7			9.5	30.5			12.7	39.8			15.9	48.6
150	6	166.2							7.1	27.7			11.0	41.8			14.3	53.2			18.2	66.0
200	8	216.3			6.4	33.1	7.0	36.1	8.2	42.1	10.3	52.3	12.7	63.8	15.1	74.9	18.2	88.9	20.6	99.4	23.0	110
250	10	267.4			6.4	41.2	7.8	49.9	9.3	59.2	12.7	79.8	15.1	93.9	18.2	112	21.4	130	25.4	152	28.6	168
300	12	318.5			6.4	49.3	8.4	64.2	10.3	78.3	14.3	107	17.4	129	21.4	157	25.4	184	28.6	204	33.3	234
350	14	356.6	6.4	55.1	7.9	67.7	9.5	81.1	11.1	94.3	15.1	127	19.0	158	23.8	196	27.8	225	31.8	254	35.7	282
400	16	405.4	6.4	63.1	7.9	77.6	9.5	96.0	12.7	123	16.7	160	21.4	203	26.7	246	30.9	286	36.5	333	40.5	366
450	18	457.2	6.4	71.1	7.9	87.5	11.1	122	14.3	155	19.0	206	23.8	254	29.4	310	34.9	363	39.7	409	45.2	459
500	20	508.0	6.4	79.1	9.5	117	12.7	155	15.1	184	20.6	248	26.2	311	32.5	381	38.1	441	44.4	508	50.0	565

2-2-5. 고온 배관용 탄소강 강관(carbon steel pipes for high temperature service) : SPHT

고온 배관용 탄소강 강관은 과열 증기관과 같이, 사용온도가 350°C를 넘는 고온배관에 사용되며 SPHT38(2종), SPHT42(3종), SPHT49(4종)의 세 가지 종류가 있으며, 열간가공된 제품은 제조한 그대로 냉간가공된 제품은 저온풀림(annealing)처리를 실시하도록 규정되어 있다.

소재로는 입자가 거치른 킬드강을 사용하여 이음매 없이 제조되거나 또는 전기 저항용접에 의해 제조되며, 다만 4종은 이음매 없이 제조된다.

2-2-6. 배관용 합금강관(alloy steel pipes) : SPA

표 2-10 저온 배관용 강관의 화학적 조성 및 기계적 성질

종류	기호	화학성분(%)						기계적성질	
		C	Si	Mn	P	S	Ni	인장강도 kgf/mm² (N/mm²)	항복점 또는내력 kgf/mm² (N/mm²)
1종	SPLT 39	0.25이하	0.35이하	1.35이하	0.035이하	0.035이하		39이상(382)	21이상(206)
2종	SPLT 46	0.18이하	0.10~0.35	0.30~0.60	0.030이하	0.060이하	3.20~3.80	46이상(451)	25이상(245)
3종	SPLT 70	0.13이하	0.10~0.35	0.09이하	0.030이하	0.030이하	8.50~9.50	70이상(686)	53이상(520)

주) 여기서 1종의 사용온도는 -45°C 정도까지이며, 2종은 -100°C 정도까지, 3종은 -196°C 정도까지 사용할 수 있으며, 치수 및 중량은 고온 배관용 탄소강 강관과 동일하다.

표 2-11 배관용 스테인레스강관의 고용화 열처리(KS D 3576)

종류 및 기호	고 용 화 열 처 리(°C)
STS 304 TP	1010 이상에 급랭
STS 304 HTP	985 이상에서 급랭
STS 304 LTP	1010 이상에서 급랭
STS 321 TP	920 이상에서 급랭
STS 321 HTP	냉간(冷間)피니싱인 경우 1095 이상, 열간(熱間)피니싱인 경우 1050 이상 급랭
STS 316 TP	1010 이상에서 급랭
STS 316 HTP	985 이상에서 급랭
STS 316 LTP	1010 이상에서 급랭
STS 309 STP	1030 이상에서 급랭
STS 310 STP	1030 이상에서 급랭
STS 347 TP	980 이상에서 급랭
STS 347 HTP	냉간피니싱인 경우 1095 이상, 열간피니싱인 경우 1050 이상에서 급랭
STS 329 J_1TP	950 이상에서 급랭

배관용 합금강관은 고온도에서 높은 강도와 내산화성 및 내식성이 요구되는 배관에 적합한 강관으로 특히, 6,7종은 고온강도는 4,5종에 비하여 뒤지나 Cr 함유량이 많으므로 S를 함유하고 있는 석유에 대해 고온에서의 내식성, 내산화성이 크므로 석유정제공정의 배관에 널리 이용된다.

또한 탄소강 강관에 비하여, 모두 고온강도가 크므로 고압보일러의 증기관에서도 사용된다. 1종은 Mo-강, 2~7종은 Cr-Mo 강으로 7종류를 KS에서 규정하고 있으며, 이음매 없이 제조된다.

2-2-7. 배관용 스테인레스강 강관(stainless steel pipes) : STSXT

배관용 스테인레스 강관은 고온용으로 사용될 뿐만 아니라 특히, 내식성이 요구되는 화학공장, 실험실, 연구실 및 폐수시설 등에 널리 이용되고 있다. 이 강관에 해당되는 종류 중 STS 329 J_1TP를 제외하고는 극히 저온(-100° C이하)배관에도 사용된다.

관은 이음매 없이 제조하든가 대강(帶鋼:strip) 또는 강판을 자동 아아크 용접이나 전기 저항용접으로 제조하여, 표 2-11과 같이 고용화열처리(固溶化熱處理)를 행하도록 하고 있다.

2-2-8. 저온 배관용 강관(steel pipes for low temperature services) : SPLT

표 2-12 배관용 아아크 용접대구경 스테인리스 강관의 기계적 성질 및 화학적 조성

종류의 기호	화학성분(%)									인장강도 kgf/mm² (N/mm²)	내력 kgf/mm² (N/mm²)
	C	Si	Mn	P	S	Ni	Cr	Mo	기타		
STS 304TPY	0.08 이하	1.00 이하	2.00 이하	0.040 이하	0.030 이하	8.00~10.50	18.00~20.00	—	—	53이상 (520)	21이상 (206)
STS 304TPY	0.030 이하	1.00 이하	2.00 이하	0.040 이하	0.030 이하	9.00~13.00	18.00~20.00	—	—	49이상 (481)	18이상 (177)
STS 309TPY	0.08 이하	1.00 이하	2.00 이하	0.040 이하	0.030 이하	12.00~15.00	22.00~24.00	—	—	53이상 (520)	21이상 (206)
STS 310TPY	0.08 이하	1.00 이하	2.00 이하	0.040 이하	0.030 이하	19.00~22.00	24.00~26.00	—	—	53이상 (520)	21이상 (206)
STS 316TPY	0.08 이하	1.00 이하	2.00 이하	0.040 이하	0.030 이하	10.00~14.00	16.00~18.00	2.00~3.00	—	53이상 (520)	21이상 (206)
STS 316TPY	0.030 이하	1.00 이하	2.00 이하	0.040 이하	0.030 이하	12.00~15.00	16.00~18.00	2.00~3.00	—	49이상 (481)	18이상 (177)
STS 321TPY	0.08 이하	1.00 이하	2.00 이하	0.040 이하	0.030 이하	9.00~13.00	17.00~19.00	—	Ti×5 C% 이상	53이상 (520)	21이상 (206)
STS 347TPY	0.08 이하	1.00 이하	2.00 이하	0.040 이하	0.030 이하	9.00~13.00	17.00~19.00	—	NbtTa 10×C %이상	53이상 (520)	21이상 (206)

주) 수압 시험기준압력은 Sch. No. 5S일 때 15kg/cm²(14.7bar), 10S일 때 20kg/cm²(19.6bar) 20S 및 40S에서는 25kg/cm²(24.5bar)으로 한다.

저온배관용 강관은 0°C 이하의 특히 낮은 온도에서 사용하는 강관이다. 일반적으로 탄소강이나 저합금강은 저온도에서 취하하는 성질이 있으므로 저온에서도 강의 인성(靭性)이 유지되는 강관을 사용할 필요가 있다.

최근 석유화학 공업 등의 각종 화학공업, 기타 LPG탱크 등에는 저온 배관용 강관이 많이 사용된다. 저온 배관용 강관에는 1종(SPLT39), 2종(SPLT46) 및 3종(SPLT70)이 있으며, 1종은 0-25%C의 세립(細粒)의 킬드강으로 이음매 없이 제조되거나 전기저항용접으로 제조하고 2, 3종은 Ni강으로 이음매 없이 제조된다.

2-2-9. 배관용 아아크 용접 대구경 스테인리스 강관 (arc welded large diameter stainless steel pipes) : STSXXXTPY

배관용 아아크용접 대구경 스테인레스 강관은 내식성이 요구됨과 동시에, 사용 온도가 매우 높거나 낮은 배관에 사용되는 대구경(350mm 이상)용 강관으로 냉간 또는 열간가공된 강판이나 대판(帶板)을 사용하여 적당한 용가재를 사용, 자동아아크 용접으로 제조된다.

2-3. 수도용 강관

2-3-1. 수도용 아연도금 강관(galvanized steel pipe for water services) : SPPW

수도용 아연도금 강관은 정수두(靜水頭) 100m 이내에 주로 급수용으로 사용되며, 배관용 탄소강관의 흑관에 용융 아연 도금에 의한 방청처리를 한 것이다. 아연도금 강관은 배관용 탄소강관을 나사 가공전에 샌드브라스트(sand blast) 또는 산(酸)으로 세척한 후 아연도금을 한 것인데, 배관용 탄소강관의 백관(아연도금 부착량 400g/m² 이상)보다 내식성 및 내구성을 증가시기키기 위해 아연도금량(600g/m² 이상)을 많이 하여 도금층을 두껍게 한 것으로, 강관의 표준 길이는 6m이다.

표 2-13 SPP의 백관(白管)과 SPPW의 비교

항목	SPP(百管)	SPPW
아연도금 전(前) 처리	산세정(酸洗淨) 또는 Sand blasting	알카리세정, 수세, 산세, 플러스처리
아연부착량	400gr/m² 이상	평균 600gr/m² 이상
침지회수(侵漬回數)	1분간 5회 이상	1분간 8회 이상

2-3-2. 수도용 도복장(塗覆裝) 강관(coated and wrapped steel pipes for water services) : STPW

이 강관은 최대사용 정수두 100m 이하의 수도에 사용하는 것으로, 도장방법에 따라서 STPW-A(아스팔트 도복장 강관), STPW-C(콜타르 에나멜 도복장 강관)의 2종류로 분류된다. 호칭지름 300A 이하는 배관용 탄소강관의 나관(裸管)을 사용하며, 350A 이상은 배관용 아크용접 탄소강 강관의 나관을 사용한다. 단, 350~500A의 관은 전기저항용접강관 사용도 무방하다. 관의 표준길이는 6m이며, 관단의 형상은 300A 이하는 T · E(Threaded End), P · E(Plain End), B · E(Beveled End) 및 Bell End로 제작되며., 350A 이상은 P · E, B · E 및 Bell End로 되어 있다.

2-4. 열교환기용 강관

2-4-1. 열교환기용 이음매 없는 니켈(Ni) · 크롬(Cr) · 철합금관 (seamless nickelchromium-iron alloy heat exchanger tubes)

이 강관은 관의 내외면에서 열의 수수(授受)를 목적으로 하는 장소 예를 들면, 화학공업, 석유공업의 열교환기용, 콘덴서관, 가열로관, 원자력용의 증기발생기관 등으로 사용되며, 이음매 없이 제조되어 냉간가공으로 마무리한다. 또한, 이 강관은 70kg/cm^{2}의 수압시험을 하도록 되어 있다.

2-4-2. 보일러 및 열교환기용 탄소강 강관(carbon steel boiler and heat exchanger tubes) : STH

보일러의 수관, 연관, 과열관, 공기예열관과 화학공업, 석유공업의 열교환기관, 콘덴서관, 촉매관 등과 같이 관의 내외면부에서 열의 접촉을 목적으로 하는 장소에 사용하는 탄소강관을 말한다.

보일러 및 열교환기용 탄소강 강관에는 2종(STBH33), 3종(STBH35), 4종(STBH42) 및 5종(STBH52)이 규정되어 있으며 3,4,5종은 킬드강을 사용하고, 2종관의 수압시험은 최대 70kg/cm^2, 3,4,5종은 100kg/cm^{2}까지 하도록 되어 있다.

2-4-3. 보일러 열교환기용 스테인리스 강관(stainless steel bolier and heat exchanger tubes) : STSXXXTB

보일러의 과열관, 화학공업, 석유공업의 열교환기관, 콘덴서관, 촉매관 등과 같이 관내외면에서의 열의 수수를 목적으로 하는 배관에 쓰인다.

우리 나라에서는 15종류를 규정하고 있으며, 이 중 STS329 J_1TB, STS410TB, STS430 TB를 제외하고는 저온 열교환기용 강관으로도 사용이 가능하다.

2-5. 특수용 강관

2-5-1. 이음매 없는 유정용(油井用) 강관(seamless steel oil well casing tabing and drill pipe) : STO

이 관은 유정(油井)의 굴착 및 채유(採油) 등에 사용하며 평로, 순산소전로(純酸素電爐)

또는 전기로에서 얻어진 강괴(鋼塊:ingot)로부터 이음매 없이 제조되고, 관단에는 둥근머리 나사를 내며 전기아연도금이 되어 있다.

2-5-2. 고압가스 용기용 이음매 없는 강관(seamless steel tubes for high pressure gas cylinder) : STHG

이 관은 KSD 3575에 규정한 강제고압(鋼製高壓) 가스용 이음매 없이 제조되며, 1종, 2종, 3종이 있어서 1종은 수압 50kg/cm^2 이상이고, 2, 3종은 100kg/cm^{2}이상의 수압에 견딜 수 있어야 한다.

2-5-3. 가열로용(加熱爐用) 강관(steel tubes for fired heater)

기호 : 탄소강관 : STF
합금강관 : STFA
스테인리스강관 : STS TF
니켈-크롬-철합금강 : NCF TF

이 강관은 석유정제공업, 석유화학공업 등의 가열로에 있어서 프로세스유체(process fluid)를 가열하는데 사용되며 탄소강관, 합금강관, 스테인리스강관 및 니켈-크롬-철합금 강관이 있다.

2-6. 구조용 강관(構造用鋼管)

2-6-1. 일반 구조용 강관(SPS)

이 강관은 토목, 건축, 비계, 발판, 철탑, 울타리, 난간 기타의 구조물에 사용하는 강관이며,

표 2-14 일반 구조용 탄소 강관의 종류별 용도

관의 종류		용 도
1종	SPS30	일반 구조물, 외등의 기둥, 난간, 선반
2종	SPS41	비계, 지주, 구축물, 말뚝, 가설 건축물, 철탑, 외등의 기둥
3종	SPS51	비계, 지주, 가설 및 간이 건축물
4종	SPS50	구축물, 철탑, 말뚝, 비계

표 2-14와 같이 4종류가 있으며, 일반 구조용 탄소강관의 치수 및 중량을 나타낸 것이다.

2-6-2. 기계구조용 탄소강관(SM)

이 강관은 기계, 항공기, 자전거, 가구, 기구, 기타 기계부품에 사용하는 탄소강관으로 비교적 정밀다듬질이 필요한 것이나, 기계 부품으로서 절삭 가공하여 사용하는 경우가 많다.

표 2-15 일반 구조용 탄소 강관의 치수 및 중량

바깥지름 (mm)	두께 (mm)	중량 (kg/m)	바깥지름 (mm)	두께 (mm)	중량 (kg/m)	바깥지름 (mm)	두께 (mm)	중량 (kg/m)
21.7	1.9	0.928	139.8	4.5	15.0	508.0	9.5	117
27.2	1.9	1.19	165.2	4.5	17.8		12.7	155
34.0	2.2	1.73		5.0	19.8	558.8	9.5	129
42.7	2.4	2.39	190.4	5.3	24.2		12.7	171
			216.3	5.8	30.1		16.0	214
48.6	2.4	2.73		8.2	42.1	609.6	9.5	141
	3.2	3.58	267.4	6.6	42.4		12.7	187
60.5	2.3	3.30		9.3	59.2		16.0	234
	2.8	3.98	318.5	6.9	53.0	711.2	9.5	164
	3.2	4.52		10.3	78.3		12.7	219
76.3	2.8	5.08	355.6	6.4	55.1		16.0	274
	3.2	5.77		7.9	67.7	812.8	9.5	188
89.1	3.2	6.78		11.1	94.3		12.7	251
	3.5	7.39	406.4	6.4	63.1		16.0	314
	4.2	8.79		7.9	77.6	914.4	9.5	212
101.6	3.2	7.76		9.5	93.0		12.7	282
	3.5	8.47		12.7	123		16.0	354
	4.2	10.1	457.2	6.4	71.1	1016.0	9.5	236
114.3	3.5	9.56		9.5	105		12.7	314
	4.5	12.2		12.7	139		16.0	395
139.8	4.0	13.4	508.0	6.4	79.2			

2-6-3. 구조용 합금 강관(STA)

이 강관은 자동차, 항공기, 기타구조물에 사용하는 합금강관으로 Cr-Mo 강이 2종류, Cr-Ni-Mo 강이 2종류, 스테인리스강이 6종류, 모두 10종류가 있다.

2-6-4. 용접 구조용 원심력 주강관

압연강재, 단강품 또는 주강품과 용접하여 구조재로 사용하는 경우의 관으로서 특히, 용접성이 우수하고 관 두께도 8mm 이상 60mm 이하이다.

관은 4종류가 있으며 고장력이고 용접성이 우수한 토목건축용의 기둥재, 석유화학용의 고온 고압관, 가열로관 등에 사용한다.

2-6-5. 일반 구조용 각형 강관

각형강관은 토목, 건축, 기타 구조물에 사용되며, 제조방법은 이음매 없이 또는 용접에 의하여 제조된다.

표 2-16 강관의 온도에 따른 사용범위

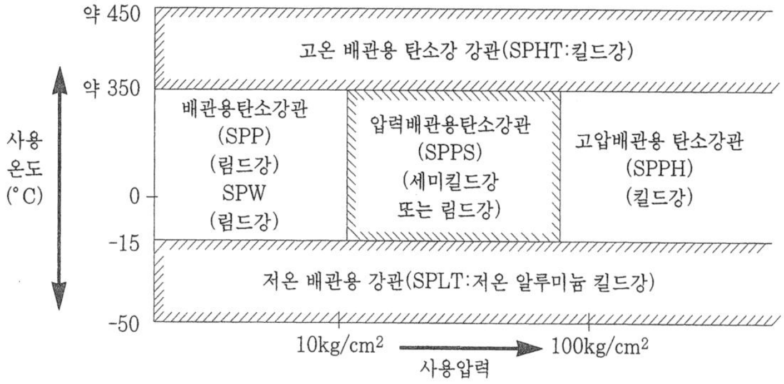

약 450
고온 배관용 탄소강 강관(SPHT:킬드강)
약 350
배관용탄소강관 (SPP) (림드강) SPW (림드강)
압력배관용탄소강관 (SPPS) (세미킬드강 또는 림드강)
고압배관용 탄소강관 (SPPH) (킬드강)
사용 온도 (°C)
0
-15
저온 배관용 강관(SPLT:저온 알루미늄 킬드강)
-50
10kg/cm2 → 100kg/cm2
사용압력

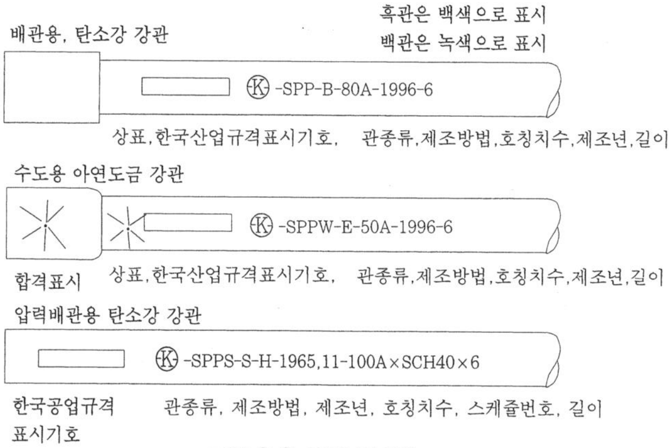

배관용, 탄소강 강관
흑관은 백색으로 표시
백관은 녹색으로 표시
Ⓚ-SPP-B-80A-1996-6
상표,한국산업규격표시기호, 관종류,제조방법,호칭치수,제조년,길이

수도용 아연도금 강관
Ⓚ-SPPW-E-50A-1996-6
합격표시 상표,한국산업규격표시기호, 관종류,제조방법,호칭치수,제조년,길이

압력배관용 탄소강 강관
Ⓚ-SPPS-S-H-1965,11-100A×SCH40×6
한국공업규격 표시기호 관종류, 제조방법, 제조년, 호칭치수, 스케쥴번호, 길이

그림 2-3 관의 표시법

표 2-17 일본과 미국의 규격 비교표

KS	JIS	ANSI	ASTM	명칭
SPP	SGP	B 36.20	A 120-68	配管用炭素鋼管
SPPS	STPG	B 36.1	A 53-68	壓力配管用炭素鋼管
SPHT	STPT	B 36.3	A 106-68	高溫配管用炭素鋼管
SPW	STPY	B 36.4	A 134-68 A 211-68(스파이럴)	配管用아크熔接炭素鋼管
		B 36.11	A 155-68	配管用아크熔接炭素鋼管
SPPH	STS			高壓配管用炭素鋼管
SPA	STPA	B 36.42	A 335-65	配管用合金鋼管
SPLT	STPL	B 36.40	A 333-67	低溫配管用鋼管
STSXT	SUS-TP	B 36.26	A 312-64	配管用스테인리스鋼管

2-7. 주강관(鑄鋼管)

2-7-1. 고온 고압용 원심력 주강관(centrifugaly cast steel pipe for high temperature and high pressure service) : ScpH-CF

이 주강관은 고온, 고압용으로 사용되는 원심력 주강관으로서 수평이나 수직원심력 주조법(鑄造法)에 따라서 금형(金型) 또는 사형(砂型)으로 주조된다. 품질이 균일하고 흠 또는 기공(氣孔:blow hole)이 없어야 한다.

2-7-2. 용접구조용 원심력 주강관(centrigugally cast steel pipes for welded structure) SCW-CF

이 강관은 압연강재나 단강품(鍛鋼品) 또는 다른 주강품과의 용접구조에 사용되는 것으로 특히, 용접성이 우수하다. 이 강관의 살두께는 8mm 이상 60mm 이하로써 원심력 주조품에 따라 금형 또는 사형(砂型)에 의해 주조되며, 용접 등의 방법으로 기계적 성질의 허용한계내에서 보수가 가능하다.

2-8. 라이닝 강관

2-8-1. 모르타르 라이닝 강관

모르타르 라이닝 강관은 수도용 도금강관, 배관용 아크 용접강관 등의 부식을 방지하기 위하여, 관의 내면에는 시멘트 모르타르를 엷게 부착시키고, 외면에는 아스팔트 피막을 입힌 관이다. 호칭지름 75~300A까지 사용된다.

2-8-2. 플라스틱 라이닝 강관

이 강관은 배관용 탄소강관의 내외면에 폴리에틸렌 등의 합성수지를 라이닝(lining)한 새로운 부식 방지용 강관으로서 내식성, 내약품성, 내한성 등이 우수하다.

2-9. 주철관(cast iron pipe)

주철관은 내압성, 내마모성이 우수하고 특히, 강관에 비하여 내식성, 내구성이 뛰어나므로 수도용 급수관, 가스 공급관, 광산용 양수관, 화학 공업용 배관, 통신용 지하매설관, 건축물의 오수배수관 등에 광범위하게 사용된다.

관의 제조방법은 수직법과 원심력법의 2종류가 있다. 수직법은 주형을 관의 소켓쪽 아래로 하여 수직으로 세우고 여기에 용선(溶銑)을 부어서 만드는 방법이며, 원심력법은 주형을 회전시키면서 용융선철을 부어 만드는 방법이다.

주철관은 접합부의 모양에 따라 소켓관, 플랜지관, 기계식 이음(mechanical joint) 등으로 구분된다.

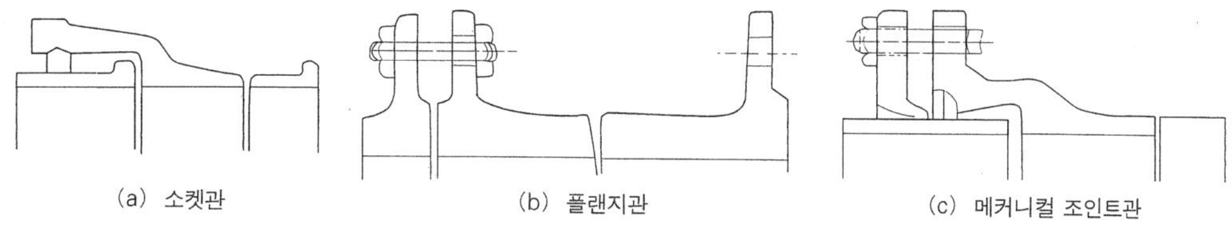

(a) 소켓관 (b) 플랜지관 (c) 메카니컬 조인트관

그림 2-4 주철관 접합부 모양

(관의 표시 방법)

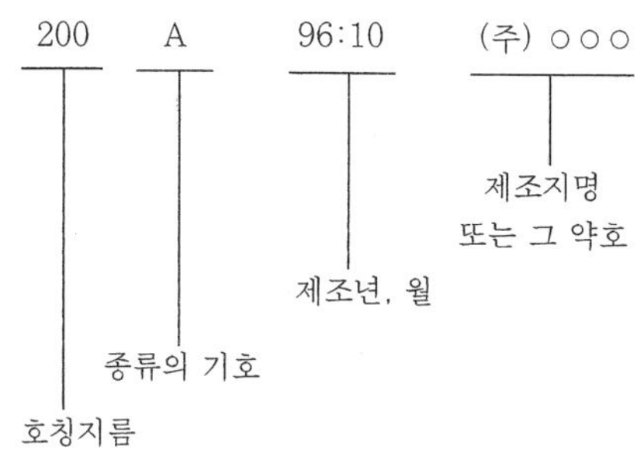

표 2-18 수도용 입형 주철관의 수압시험(KS D 4310)

종류	최대사용정수두 (m)	시험수압	
		호칭지름(mm)	수압(kg/cm²)
보통압관 (A)	75	450 이하	17.5
		500 이하	14.0
저압관 (LA)	45	600 이하	12.5
		700 이하	10.5

2-9-1. 수도용 입형 주철관(cast-iron pit-cast pipe for water works)

수도용 입형 주철관은 양질의 선철 또는 여기에 강(鋼)을 배합한 것을 사용하여 주형을 수직으로 세워 놓고 주조한 관이다. 관의 종류에는 최대사용 정수두 75m 이하에 사용되는 보통압관과 45m 이하에 사용하는 저압관의 두 종류가 있다.

수도용 입형 주철관은 위의 두 종류를 명확히 구별하기 위해 수도용의 수, 제조사의 약호, 제조년과 그밖에 보통압관에는 A, 저압관에 LA의 기호를 관 표면에 양각(陽刻)으로 표시한다.

2-9-2. 수도용 원심력 사형 주철관(cast-iron pipe centrifugally cast in sandlined molds for water works)

표 2-19 수도용 원심력 사형주철관의 최대사용정수두와 시험수압

종류	최대사용정수두 (m)	수압시험	
		호칭지름(mm)	수압(kg/cm²)
고압관 (B)	100	600 이하	20
		700 이하	20
보통압관 (A)	75	600 이하	25
		700 이하	20
저압관 (LA)	45	600 이하	20
		700 이하	15

주물사로 관의 바깥지름을 기본으로 하여 만든 주형을 회전시키면서 용융 선철을 주입하여 원심력을 이용하여 만든 주철관이다. 관은 원심력의 작용으로 수직관에 비하여 재질이 치밀하고 두께가 균일하며, 강도가 높기 때문에 관의 두께를 얇게 만들 수 있다. 원심력 사형 주철관에는 최대사용 정수두 100m 이하에 사용하는 고압관과 75m 이하에 사용하는 보통압관 45m 이하에 사용하는 저압관의 3종류가 있다.

표 2-20 수도용 금형 주철관의 최대사용정수두와 시험수압

종 류	최대사용정두수(m)	시험수압(kg/cm²)
고 압 관(B)	100	23.0
보 통 압 관(A)	75	17.5

2-9-3. 수도용 원심력 금형 주철관(cast-iron pipe centrifugally cast in metal molds for water works)

수냉식 금형에 선철을 부어 회전시키면서 원심력을 이용하여 관을 주조한다. 관의 종류에는 최대 사용 정수두 100m 이하에 사용하는 고압관과 75m 이하에 사용하는 보통압관의 2종류가 있다. 또한, 이음부의 모양에 따라 소켓관과 기계식이음관이 있다.

2-9-4. 수도용 원심력 덕타일 주철관(KSD4311)

원심력 덕타일 주철관(구상 흑연 주철관)은 양질의 선철에 강을 배합하여 용해하고, 회전하는 주형에 주입한 다음 원심력을 이용하여 주조한 후 다시 주형에서 관을 빼내어 노(爐)속에 넣고 고르게 가열하여 730°C 이상에서 적당한 시간동안 풀림(燒鈍:annealing) 처리를 한 것이며, 주철 중의 흑연이 구상화하여 관의 질(質)이 균일하게 되므로 강도가 크다.

(덕타일 주철관의 특징)

- 보통주철(회주철)과 같이 관의 수명이 길다(100년 이상).
- 강관과 같이 고압에 견디는 높은 강도와 인성을 지니고 있다.
- 보통 주철과 같은 좋은 내식성이 있다.
- 변형에 대한 높은 가요성이 있다.
- 충격에 대한 높은 연성을 가지고 있다.
- 우수한 가공성을 가지고 있다.

덕타일 주철관은 최대 사용 정수두에 따라 고압관, 보통압관, 저압관의 3종류로 나누고, 이음부의 모양은 기계식 이음관으로 제조된다.

2-9-5. 원심력 모르타르 라이닝 주철관(centrifugally mortar lining cast-iron pipe)

주철관의 부식을 방지하기 위하여 삽입구를 제외한 관의 내면에 시멘트 모르타르를 라이닝한 관으로 주로 수도용에 사용한다. 라이닝을 실시하는 관은 수도용 원심력 사형 주철관,

원심력 금형 주철관, 원심력 구상 흑연 주철관 등이다. 라이닝을 실시한 관은 철과 물의 접촉이 없기 때문에 물이 관속을 침투하기가 어렵고, 마찰저항이 적으며 수질의 변화가 적은 장점이 있어 많이 사용되고 있다.

라이닝 방법은 시멘트와 모래의 혼합비를 1:1.5~1:2.0(중량비)로 하여 원심력을 이용하여 두께와 질을 균일하게 라이닝한다. 관의 삽입구 부분에 부착된 모르타르를 전부 제거한 다음 7~14일 동안 습기가 있는 상태로 양생하거나 높은 온도의 수증기로 양생시켜 건조한다. 라이닝을 실시한 주철관은 낮은 온도, 건조, 하중, 충격 등의 해로운 영향을 받지 않도록 취급한다.

2-9-6. 배수용 주철관(cast-iron pipe for drainage)

배수용 주철관은 오수 · 잡수 배관용으로 사용되며, 내압이 작용하지 않으므로 급수용 주철관보다 두께가 얇은 것이 사용된다. 관의 호칭지름은 50~200mm까지의 7종이 있고, 각각의 기준 길이는 1.6m, 1.0m, 0.8m, 0.6m, 0.4m, 0.3m, 이다.

관의 두께에 따라 1종(두꺼운 것)과 2종(얇은 것)으로 나뉜다. 표시기호는 1종 ⊘, 2종 ⊘, 이형관은 ⊗ 표로 나타내고, 표시기호 및 제조회사의 약호를 각기 높이 2mm이상으로 양각(陽刻) 주조를 한다.

표 2-21 수도용 주철관

규격번호	명칭	최대사용정수두와 관의 구경(mm)			비고
		고압관(100m)	보통압관(75m)	저압관(45m)	
KS D 4310	수도용입형 주철 직관	없음	소켓관 75~1500 플랜지관 75~1500	소켓관 150~900 플랜지관 150~900	현재는 거의 사용되지 않는다.
KS D 4306	수도용원심력사형주철관	75~500	75~ 900	75~900	
KS D 4321	수도용원심력금형주철관	75~300	75~ 300	없음	
KS D 4309	수도용주철이형관	500 이하시용기	75~1500	없음	
JWWAG 102	수도용미캐니컬 조인트주철직관				
	1종	—	75~1500		
	2종	75~900	75~ 900	75~1500	
	3종	75~300	75~ 300	75~ 900	
JWWAG 103	수도용미캐니컬 조인트주철이형관	75~500	75~1500 —	— —	
KS D 4311	수도용덕타일주철이형관	관종의 결정은 사용정수두, 충격수압 및 매설깊이에 의해 결정한다.			
	1종관	A형(고무 1개 사용하는 형) 75~1500			
	2종관	B형(고무 2개 사용하는 힘) 1200~1500			
	3종관	C형(스피커트형) 75~1500			
KS D 4311	수도용원심력덕타일주철관	직관과 같음			

제3절 비철재료(非鐵材料)

3-1. 비철금속관

3-1-1. 동 및 동합금관(copper-pipes and copper alloy pipe)

동(銅)은 전기 및 열의 전도율이 좋고 내식성이 뛰어나며 전성, 연성이 풍부하여 가공도 용이하다. 판, 봉, 관 등으로 제조되어 전기재료, 열교환기, 급수관 등에 널리 사용되고 있다.

순도가 높은 동은 지나치게 연하여 기계적 성질이 강하지 못함으로 경질 또는 반경질로 가공 경화시켜 사용한다. 동관에는 이음매 없는 인성(tough pitch)동관, 무산소동관, 인탈산동관이 있다. 동에 아연, 주석, 규소, 니켈 등의 원소를 첨가하여 기계적 성질을 개량시켜 내열성, 내식성을 증가시킨 황동, 청동, 니켈, 동합금 등의 동합금(銅合金)관이 많이 사용 있다.

동 및 동합금관은 다음과 같은 특징이 있다.

- 담수(淡水)에 내식성은 크나 연수에는 부식된다.
- 경수에는 아연화동, 탄산칼슘의 보호피막이 생성되므로 동의 용해가 방지된다.
- 상온공기 속에서는 변하지 않으나 탄산가스를 포함한 공기 중에는 푸른 녹이 생긴다.
- 아세톤, 에테르, 프레온가스, 휘발유 등 유기약품에는 침식되지 않는다.
- 가성소다, 가성칼리 등 알칼리성에 내식성이 강하다.

표 2-22 동관의 분류

구 분	종 류	비 고
사용된 소재에 따른 분류	인탈산동관(phosphorous deoxidized copper) 타프피치 동관(tough pitch copper) 무산소동관(oxygen free copper) 동합금관	일반 배관재료 사용 순도 99.9% 이상으로 전기기기 재료 순도 99.96% 이상 용도 다양
질별 분류	연질(O) 반연질(OL) 반경질(1/2H) 경질(H)	가장 연하다 연질에 약간의 경도 강도 부여 경질에 약간의 연성 부여 가장 강하다
두께별 분류	K type(Heavy wall) L type(Medium wall) M type(Light wall) N type	가장 두껍다 두껍다 보통 두께 얇은 두께(KS 규격은 없음)
용도별 분류	water 튜브(순동제품) ACR 튜브(순동제품) condensor 튜브(동합금 제품)	물에 사용, 일반적인 배관용 열교환용 코일(에어콘, 냉동기) 열교환기류의 열교환용 코일
형태별 분류	직관(15~150A=6m, 200A 이상=3m) 코일(L/W:300m, B/C:50, 70, 100m P/C=15.30M) PMC-808	일반 배관용 상수도, 가스등 장거리 배관 온돌난방용

- 암모니아수, 습한 암모니아가스, 초산, 진한 황산에는 심하게 침식된다.

(1) 동관의 분류

① 인탈산동 이음매 없는 관(phosphorus-deoxidized copper seamless pipes and tubes)

인탈산 동관은 전기동을 인으로 탈산처리한 동괴(銅傀)를 냉간 인발법 또는 수압 압출기에의해 만든 것으로, 수소여림현상이 없으므로 수소용접 가공에 적당하다.

1종과 2종으로 분류되며, 모두 보통급과 특수급이 있으나 이것들의 종류, 등급은 화학성분이 다를 뿐 칫수, 용도는 동일하다. 또한 관 길이는 직관 또는 코일상(狀)으로 되어 있다. 인탈산동 이음매 없는 관은 주로 수도용 급수관에 사용되며, 급탕관, 냉난방기기관, 열교환기용, 송유관 등에도 많이 사용된다.

② 터프피치동 이음매 없는 관(tough-pitch copper seamless pipes and tubes)

터프피치동 이음매 없는 관은 산화환원에 의해 정련한 동괴로 만든 것으로 특히, 열의 전도성과 전기전도성이 우수하며 또, 내식성이 좋아 전기재료에 적합하고, 열교환기용, 급수관, 압력계용 및 급유관으로 사용된다.

화학성분에 따라 1종과 2종으로 나뉘고 다시 치수 허용차의 정도에 따라 보통급과 특

표 2-23 터프피치동 이음매 없는 관의 화학성분(KSD 5501)

종류	등급	기호	화학성분 Cu(%)	특징
1종	보통급 특수급	$TCuP_1$ $TCuP_1S$	90.90 이상	전기 · 열의 전도성이 좋고 전연성 · 내식성 · 내후성이 좋음. 전기 부품 등에 사용됨
2종	보통급 특수급	$TCuP_2$ $TCuP_2S$	90.8 이상	

표 2-24 터프피치동 이음매 없는 관의 기계적 성분(KSD 5501)

종류	질별	기호	인장시험			
			외경 (mm)	두께 (mm)	인장강도 (kg/mm²)	연신율 (%)
이음매 없는 터프피치 동관1종	연질	$TCuP_1$-0 $TCuP_1S$-0	5 이상	0.5 이상	20 이상	40이상
	1/2 경질	$TCuP_1$-1/2H $TCuP_1S$-1/2H	5 이상	0.5 이상	25~33	10이상
	경질	$TCuP_1$-H $TCuP_1S$-H	5 이상	0.5이상 6미만 6이상	28이상 26이상	— —
이음매 없는 터프피치 동관 2종	연질	$TCuP_2$-0 $TCuP_2S$-0	5 이상	0.5 이상		40이상
	1/2 경질	$TCuP_2$-1/2H $TCuP_2S$-1/2H	5 이상	0.5 이상	25~33	10이상
	경질	$TCuP_2$-H $TCuP_2S$-H	5 이상	0.5이상 6미만 6이상	28이싱 26이상	— —

수급으로 각각 나뉘며, 재질에 따라서 연질, 반경질, 경질 등으로 나뉜다.

③ 무산소동 이음매 없는 관(oxygen-free copper seamless pipes and tubes)

무산소동 이음매 없는 관은 전기 · 열의 전도성, 전연성이 우수하고 용접성, 내식성이 좋으므로 전기용 및 화학공업용에 적합하다. 화학성분은 Cu 99.96% 이상으로 거의 순수한 구리라 할 수 있다.

표 2-25 동관의 규격(KS D 5301)

호칭경		실외경	두께(mm)			중량(kg)			상용압력(kg/cm²)						주용도
(A)	(B)	(mm)	K형	L형	M형	K형	L형	M형	K형		L형		M형		
									경질	연질	경질	연질	경질	연질	
8	1/4	9.52	0.89	0.76	-	0.216	0.187	-	111.0	71.6	95.4	61.7	-	-	K형:
10	3/8	12.70	1.24	0.89	0.64	0.399	0.295	0.217	123.0	79.7	81.7	52.8	57.2	37.0	의료배관
15	1/2	15.88	1.24	1.02	0.71	0.510	0.426	0.302	95.3	61.6	74.5	48.1	51.5	33.3	L.M형:
-	5/8	19.05	1.24	1.07	-	0.620	0.540	-	78.7	50.9	65.3	42.2	-	-	의료급배수
20	3/4	22.22	1.65	1.14	0.81	0.953	0.675	0.487	90.8	5.8.7	60.1	38.8	39.6	25.6	냉난방
25	1	28.58	1.65	1.27	0.89	1.25	0.974	0.692	69.7	45.1	52.6	34.0	34.4	22.2	급탕
32	1.1/4	34.92	1.65	1.40	1.07	1.54	1.32	1.02	56.6	36.6	47.9	31.0	35.0	22.6	가스배관
40	1.1/2	41.28	1.83	1.52	1.24	2.03	1.70	1.39	53.7	34.7	43.3	28.0	35.1	22.7	
50	2	53.98	2.11	1.78	1.47	3.07	2.61	2.17	46.1	29.8	38.5	24.9	30.7	19.8	
65	21/2	66.68	2.41	2.03	1.65	4.35	3.69	3.01	43.2	27.9	35.5	22.9	28.4	18.3	
80	3	79.38	2.77	2.29	1.83	5.96	4.96	3.99	42.4	27.4	34.1	22.0	26.8	17.3	
90	3.1/2	92.08	3.05	2.54	2.11	7.63	6.38	5.33	39.8	25.7	33.0	21.3	26.7	17.3	
100	4	104.78	3.40	2.79	2.41	9.38	7.99	6.93	38.7	25.0	31.5	20.4	26.6	17.2	
125	5	130.18	4.06	3.18	2.77	14.40	11.30	9.91	37.2	24.0	28.8	18.6	25.1	16.2	
150	6	155.58	4.88	3.56	3.10	20.70	15.20	13.30	38.1	24.7	27.3	17.6	23.3	15.1	
200	8	206.38	6.88	5.08	4.32	38.60	28.70	24.50	41.2	26.6	29.7	19.2	24.5	16.0	

주) ① KSD-5301은 ASTM.B88, JIS.H3300 규격과 동일함 ② 외경의 산출식 : 외경 = 호칭경(인치)+1/8(인치)
예) 20A의 외경 3/4×25.4+1/8×25.4=22.22(mm)

3-1-2. 동합금관(copper-alloy pipe)

동합금관은 다음 표 2-26과 같은 종류와 용도로 한국공업규격에서 규정하고 있다.

3-1-3. 스테인리스 강관(austenitic stainless pipe)

수도 원수(原水)의 오염으로 인하여 배관의 수명이 짧아지고, 내구성 등에 기인하는 여러 가지 사고가 각처에서 발생하고 있다. 그 때문에 내식성이 우수한 스테인리스 강관의 건축설비 배관에 이용도가 날로 증대되고 있다.

보통 스테인리스강이란 절대 녹이 슬지 않는다고 생각하는 사람이 많으나, 사실은 글자대로 스테인(stain:녹 또는 더러움)이 리스(less:보다 적은)한 것으로 비교적 녹이 잘 슬지

표 2-26 동합금관의 종류 및 용도

규격명칭	KS규격	기호	적 요
이음매 없는 황동관	D 5510	BsST	압광성, 굴곡성, 성형, 가공성, 도금성이 좋고 강도가 크므로 열교환기, 위생관, 기타 기기부품에 사용되고 또, 난간봉 등의 구조 재료로 사용된다.
이음매 없는 단동관	D 5525	RBsP	굴곡성, 드로잉성 및 내식성이 좋으며 표면색과 광택이 아름다우므로 급배수관, 이음쇠 등에 쓰인다.
이음매 없는 제지롤 황동관	D 5527	BsPp	표면이 평활하고 굽힘이 없는 것을 제지용 롤로 쓴다.
이음매 없는 복수기용 황동관	D 5537	BsPF	내식성이 좋으며, 내해수성(특히 2,3,4종)이 좋아서 복수기, 급수 가열기, 증류기, 유냉각기 등의 열교환기에 쓴다.
이음매 없는 규소 황동관	D 5538	SiBP	강도가 높고 내식성이 좋아 화학공업용 등에 사용한다.
이음매 없는 니켈 동합금관	D 5539	NCuP	내식성 특히 내산성이 좋으며 강도가 높고 고온에 적합하여 급수 가열기, 화학공업용 등에 사용한다.

않는 강을 말한다. 따라서 스테인리스강이라 하여도 농도가 짙은 염화물 용액에 접촉시킨다든지 특이한 부식 환경에서는 녹이 나는 경우가 있지만, 스테인리스강의 특성을 잘 파악하는 올바른 사용방법을 따른다면 수도물이나 100°C의 열탕과 같은 조건하에서는 거의 녹이 슬지 않는다. 즉, 스테인리스강 자체가 내식성이 있는 것이 아니고 스테인리스강에도 여러 가지 종류가 있어 강의 종류에 따라 각각의 특정 환경에 있어서 우수한 내식성을 가지고 있다. 이것은 그 재료가 환경에 있어서 부동태화(passivity)했다고 한다.

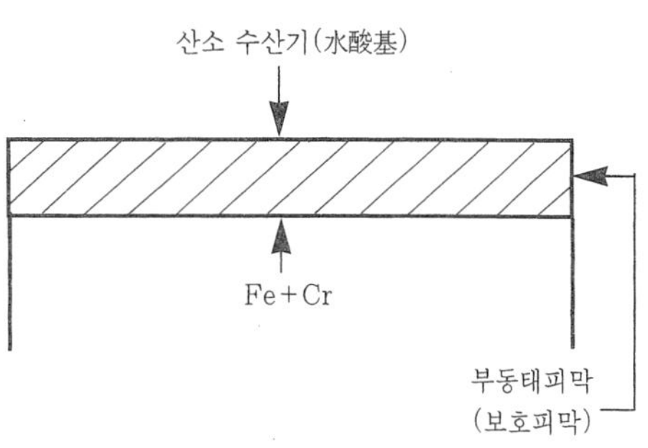

그림 2-5 스테인리스강의 부동태화

이같은 스테인리스강은 철에 12~20%정도의 크롬을 함유한 것을 바탕(base)으로 만들어졌기 때문에, 크롬이 산소나 수산기(-OH)와 결합하여 강의 표면에 얇은 피막을 형성한다. 이는 대단히 강하며 만일 보호막이 파손되더라도 주위의 산소(O_2)와 수산기(-OH)가 있으면 곧 재생되어 부식을 방지한다.

(1) 스테인리스 강관의 특성

① 내식성이 우수하여 계속 사용시 내경의 축소, 저항증대 현상이 없다.

② 위생적이어서 적수, 백수, 청수의 염려가 없다.

③ 강관에 비해 기계적 성질이 우수하고 두께가 얇아 운반 및 시공이 쉽다.

④ 저온 충격성이 크고 한랭지 배관이 가능하며 동결에 대한 저항은 크다.

⑤ 나사식, 용접식, 몰코식, 플랜지 이음법 등의 특수 시공법으로 시공이 간단하다.

(2) 화학성분, 기계적 성질 및 물리적 성질

① 화학성분

강종	성분(%)								비고
	C	Si	Mn	P	S	Cr	Ni	Mo	
STS 304	≦0.08	≦1.00	≦2.00	≦0.040	≦0.030	18:00 ~20:00	8.00 ~10.50	-	일반 배관용
STS 316	≦0.08	≦1.00	≦2.00	≦0.040	≦0.030	16.00 ~18.00	10:00 ~14:00	2.00	매설 배관용

② 기계적 성질

스테인리스강관의 인장강도는 강관의 약 2배, 동관의 약 3배이며, 이와 같은 스테인리스강관은 강도적으로 우수하므로 스테인리스강관은 두께를 대폭적으로 얇게 하여 경량화하고 있다.

항목	Stainless 강관	아연도 강관	동관	경질염화비닐관	내열염화비닐관
인장강도 σ_B(kgf/mm2)	76.7	35.5	24.7	5.3	5.5
신율 δt(%)	48.2	46.4	53.0	100	30
경도 (MHv-1kg)	190	110	64	120	140

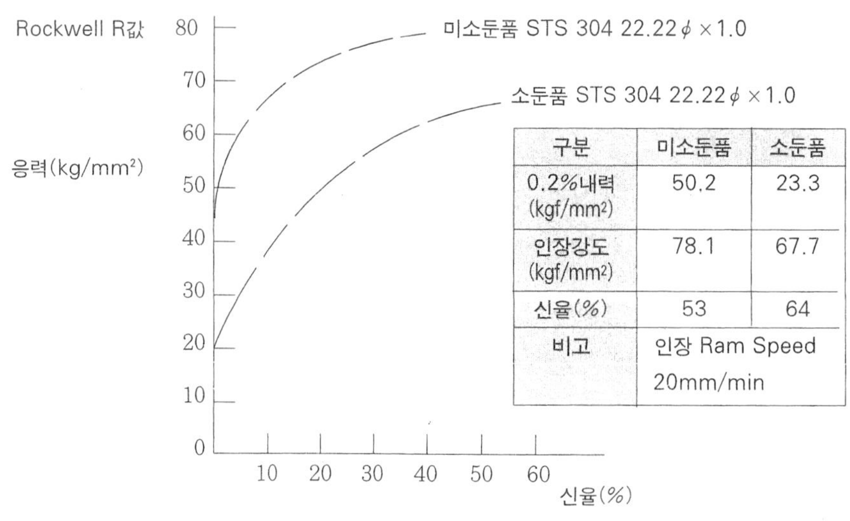

구분	미소둔품	소둔품
0.2%내력 (kgf/mm2)	50.2	23.3
인장강도 (kgf/mm2)	78.1	67.7
신율(%)	53	64
비고	인장 Ram Speed 20mm/min	

그림 2-6 Stainless 강관의 응력-신율곡선

표 2-27 스테인리스강관의 물리적 성질

성질	Stainless 강관 (STS 304 TPD)	아연도 강관	동관	경질염화비닐관	내열염화비닐관
비열 (cal/gr ° C)	0.120	0.115	0.092	0.35	0.25
열전도율 (cal/cm · sec° C)	0.039	0.142	0.934	0.12×10^{-3}	0.11×10^{-3}
열팽창계수 10^{-6} mm/m° C	17.3	11.6	17.6	70	70
고유저항 ($\mu\Omega$-cm)	72	14.2	1.71	10^{15}이상	10^{15}이상

(3) 물리적 성질

스테인리스강관의 열전도율은 동관의 1/25, 강관의 1/4밖에 되지 않으나, 다른 관재에 비교하여 따뜻해지기까지는 시간이 걸리나 일단 따뜻해지면 다른 관재에 비하여 천천히 식는 것이 특징이다. 열팽창계수는 동관과 거의 같으나 강관의 1.5배, 경질염화 비닐관의 1/4이다. 따라서 동관과 같은 열팽창에 의한 신축을 고려할 필요가 있다.

(4) 스테인리스강관의 용도별 분류

스테인리스 강관은 용도별로 분류하면 배관용, 보일러의 열교환기용, 일반 배관용, 기계구조용 위생용, 구조 장식용 스테인리스 강관 등으로 구분하며, 각각의 특성 및 용도는 다음과 같다.

① 배관용 스테인리스강관(stainless steel pipe:KSD 3576:STS xxx TP)

배관용 스테인리스강관은 오스테나이트계, 페라이트계, 마르텐사이트계 등이 있으며, 내식용, 저온용, 고온용 등의 배관에서 사용된다. 제조는 이음매 없이 제조, 또는 자동아크용접, 전기저항용접으로 제조하여 고용화 열처리 및 풀림을 한다. 관의 종류는 19종이 있으며, 관경은 6~650A까지 생산되고 스케줄 번호는 5S, 10S, 20S, 40S, 80S, 120S, 160S 등 7종이 있다.

② 보일러 열 교환기용 스테인리스강관(stainless steel boiler and heat exchanger tubes : KSD 3577:STS XXX TB)

관 내외에서 열의 전달을 목적으로 한는 경우 사용되는 것으로, 보일러의 가열관, 화학공업 및 석유공업의 열교환기관, 콘덴서관 등에 사용하며 STS 329C_1 TB, STS410TB, STS430TB 이외의 관은 저온 열교환기용으로 사용한다. 관의 종류는 15종류가 있으며 제조방법은 배관용과 같다. 관의 규격은 외경 기준 15.9~139.8mm까지 관 두께는 1.2~12.5mm까지 제조한다.

③ 위생용 스테인리스강관(stainless steel sanitary tubing:KS D3585:STS XXX TBS)

낙농 식품공업 등에 사용되며 특히 표면 마무리가 좋은 스테인리스 강재 위생관이라고도 한다. 관의 제조는 이음매 없는 관, 자동아크용접, 전기저항용접을 하여 고용화 열처리(1010~1150° C급냉)를 한다.

관의 종류는 4종류가 있으며 관경은 25.4~101.6mm*8종)가 있고, 관의 두께는 1.2~2.6mm까지 있다. 관의 표준길이는 2m, 4m, 6m이다.

④ 배관용 아크용접 대구경 스테인리스 강관(arc welded large diameter stainless steel pipe:KS D3588:STS XXX TPY)

내식용, 저온용, 고온용 배관에서 사용하며 용기재를 사용이 자동 아크용접에 의하여 제조한다. 관의 종류는 8종류가 있고 관경은 350~1,000A까지 13종이 있으며, 스케줄 번호는 4종류(5S, 10S, 20S, 40S)가 있다.

⑤ 일반 배관용 스테인리스강관(light guage stainless steel pipes for ordinary piping : KSD 3595:STS XXX TPD)

급수, 급탕, 배수, 냉온수의 배관 및 기타 배관에 사용되며 관의 종류는 2종류가 있으며, 자동아크, 전기저항 용접으로 제조한다. 관경은 8Su~300Su까지 생산되며 몰코접합 배관재로 많이 사용되고 있다.

표 2-28 일반 배관용 스테인리스강관의 치수 및 중량(KSD 3595:STS 304 TPD)

호칭방법			바깥지름 mm	바깥지름 의허용차	두께 mm		무게 (kg/m)				최대허용압력 kg/cm²	
Su	A. Su				K	L	K		L		K	L
	동관	강관					STS 304 TPD	STS 316 TPD	STS 304 TPD	STS 304 TPD		
8	8		9.52		0.7	0.5	0.154	0.155	0.112	0.113	162.3	116.0
10	10		12.70		0.8	0.6	0.237	0.239	0.181	0.182	179.2	104.4
13	15		15.88	+0	0.8	0.6	0.301	0.303	0.228	0.230	111.3	83.5
17	5/8B		19.05	-0.37 mm	0.8	0.6	0.364	0.366	0.276	0.278	92.8	69.6
20	20		22.22		1.0	0.7	0.529	0.532	0.375	0.378	99.4	69.6
25	25B		28.58		1.0	0.8	0.687	0.691	0.554	0.557	77.4	61.8
30		25	34.0	±0.20 mm	1.2	1.0	0.980	0.986	0.822	0.827	78.0	65.0
40		32	42.7		1.2	1.0	1.24	1.25	1.04	1.05	62.1	51.7
50		40	48.6		1.2	1.0	1.42	1.43	1.19	1.19	54.6	45.4
60		50	60.5	±0.25 mm	1.5	1.2	2.20	2.21	1.77	1.78	54.8	43.8
75		65	76.3		1.5	1.2	2.79	2.81	2.24	2.26	43.4	34.7
80			89.1		2.0	1.5	4.34	4.37	3.27	3.29	49.6	37.2
90			101.6		2.0	1.5	4.96	4.99	3.74	3.76	43.5	32.6
100			114.3	±1%	2.0	1.5	5.59	5.63	4.21	4.24	38.6	29.0
125			139.8		2.0	1.5	6.87	6.91	5.17	5.20	31.6	23.7
150			165.2		3.0	2.0	12.1	12.2	8.13	8.18	40.1	26.7
200			216.3		3.0	2.0	15.9	16.0	10.7	10.7	30.6	20.4
250			267.4		3.0	2.0	19.8	19.9	13.2	13.3	24.8	16.5
300			318.5		3.0	2.0	23.6	23.8	15.8	15.9	20.8	13.8

주) 상용압력은 다음 식에 의해 산출된다.

$$P = \frac{200 \times \sigma w \times \eta \times t}{D}$$

P : 상용압력(kg/cm²) D : 관의 외경(mm) t : 관의 두께(mm)

σw: 허용응력(인장강도 53kg/mm² 최저치의 1/4,13kg/mm²) η: 용접효율(0.85)

3-2. 연관(鉛管)

연관은 오래 전부터 급수관 등에 이용 되어온 관이며, 재질이 부드럽고 전성, 연성이 풍부하여 상온가공이 용이하며, 다른 금속관에 비하여 특히 내식성이 뛰어난 성질을 지니고 있다.

연관은 건조한 공기속에서는 침식되지 않고, 해수나 천연수에도 관표면에 불활성 탄산연막(不活性炭酸鉛膜)을 만들어 납의 용해와 부식을 방지하므로 안전하게 사용할 수 있다. 그러나 납은 초산, 농염산, 농초산 등에는 침식되고 증류수에도 다소 침식된다. 연관은 콘크리트 속에 직접 매설하면 유리 생석회에 침식되기 때문에 방식피막을 만들어서 매설한다.

연관의 종류에는 연관, 수도용 연관, 경연관의 3종류가 있고, 그 밖에 배수용 연관이 있다. 또 연관은 용도에 따라 1종(화학공업용), 2종(일반용), 3종(가스용)으로 나눈다.

표 2-29 연관의 용도 및 화학성분(KS D 6702)

종류	기호	화학성분 (%)
		pb
연관1종(화학공업용)	PbP_1	99.9 이상
연관2종(일반용)	PbP_2	99.5 이상
연관3종(가스용)	PbP_3	

3-3. 알루미늄 관(aluminium pipe)

알루미늄은 동 다음으로 전기 및 열전도성이 양호하고 비중은 2.7로서 실용금속 중에서는 Na, Mg, Ba 다음으로 가벼운 금속이다. 동이나 스테인리스보다 값이 싸며 전성, 연성이 풍부하고 가공도 용이하여 판, 관, 봉, 선으로 제조하여 건축 재료와 화학 공업용 재료로 널리 사용하고 있다.

알루미늄은 활성 금속이기 때문에 순도가 높은 것은 내식성이 뛰어나 대기 중에서 표면에 엷은 산화 피막이 생긴다. 이 산화 피막은 극히 엷으며, 그 이상 침식되지 않고 오히려 부식을 방지하는 작용을 함으로써 더욱 내식성을 높여 준다. 알루미늄은 공기와 증기 · 물에는 강하며, 아세톤 · 아세틸렌 · 유류에는 침식되지 않으나 알칼리에는 약하다. 특히, 해수 · 염산 · 황산 · 가성 소오다 등에 약하다.

관 재료로는 알루미늄 합금 이음매 없는 관과 알루미늄 합금 용접관 등이 있다. 알루미늄 합금 이음매 없는 관은 알루미늄, 동, 마그네슘, 규소, 망간 등 몇 종류의 원소를 첨가하여 내식성과 강도를 개선한 관으로서 화학 성분에 따라 압출관 17종류, 인발관 14종류로 대별되고, 용접관에는 6종류가 있다. 어느 것이나 치수 허용의 정도에 따라 보통급과 특수급으로 구분된다.

3-4. 규소 청동관(silicon-bronze pipe and tube)

규소(Si)를 2.5~3.5% 섞은 청동관은 내산성이 우수하고 강도가 높아 화학 공업용으로 사용된다. 냉간 인발법 또는 압출법으로 이음매 없이 제조된다.

관의 화학 성분 및 인장시험 규격은 다음과 같다.

표 2-30 규소 청동관의 화학 성분 및 기계적 성질

Si	Sn	Cd	불순물 Fe+Pb	Cu	인장강도 kg/mm^2	연신율 %
2.5~3.5	0.5~1.5	0.15 이하	1.0 이하	잔부	37이상	50이상

3-5. 니켈동관(nickel bronze pipe)

니켈 동합금 이음매 없는 관은 내식성, 내산성이 우수하고 강도가 높아 고온에 사용한다. 급속가열기, 화학 공업용 배관에 적당하다.

3-6. 티탄 관(titan pipe)

배관용 티탄 관은 내식성이 우수하고 열 교환기용 티탄 관은 관의 내외면에서 열을 전달하는 장소에 사용한다. 화학 공업용이나 석유 공업용의 열 교환기, 콘덴서 등에 사용된다.

3-7. 주석 관(tin pipe)

주석은 연관과 마찬가지로 냉간 압출제관기로 제조된다. 주석은 상온에서 물 · 공기 · 묽은 산류에도 전혀 침식되지 않는다. 비중 7.3, 용융온도 232°C이며 납용융온도 327°C보다 저온도에서 용융한다. 주로 양조공장 · 화학공장에서 알코올, 맥주 등의 수송관으로 사용된다.

주석은 고가이므로 연관의 내면에 주석을 도금한 주석도금연관, 동관에 주석도금한 주석도금동관 등이 만들어지고 있으며 병원, 제약 공장의 증류수(극연수), 소독액 등의 수송관에 사용된다.

제4절 비금속관(非金屬管)

4-1. 합성 수지(synthetic resin)

외력을 가하여 그 모양을 변화시킬 수 있는 성질을 가소성(可塑性)이라 하며, 유기 물질로 합성된 가소성이 큰 물질을 플라스틱(plastic) 또는 합성수지(synthetic resin)라 한다.

합성 수지는 1909년 베이크라이트(bakelite)가 발명되면서 쓰이기 시작했고, 최근 고분자 공업의 눈부신 발전에 따라 차차 새로운 제품이 만들어졌다.

특히, 합성 수지는 금속관의 취약점인 산 · 알칼리 · 유류 · 약품 등에 강하고, 가볍고 가공성이 우수하여 내열성과 강도 등을 향상시키면 배관을 비롯한 모든 구조물 재료의 전환기를 가져올 수 있는 재료이다.

합성 수지는 열경화성 수지와 열가소성 수지의 두 종류이며, 현재 배관에서는 열가소성의 염화비닐과 폴리에틸렌을 이용해서 배관용 관을 제작하여 사용하고 있다.

4-1-1. 염화비닐관(polyvinyl chloride pipes for industry)

염화비닐은 석회석, 석탄, 소금 등을 원료로 하므로, 다른 공업 재료와는 달리 원료의 자급이 쉽다. 내산, 내알칼리성이 풍부하고, 황산, 염산, 수산화나트륨 등의 약품이나 바닷물에 녹거나 부식되는 일이 없으며, 기름이나 흙에 파묻혀도 침식되지 않는다.

배관용 관으로 사용할 때는 제품의 안쪽과 바깥쪽이 매끈하므로 마찰 계수가 작아 유체의 수송에 적합하다.

〈장점〉

① 내식성이 크고 염산, 황산, 가성소다 등 산과 알칼리 등의 부식성 약품에 대해 거의 부식되지 않는다.

② 비중은 1.43으로 알루미늄의 약 1/2, 철의 1/5, 납의 1/8정도로 대단히 가볍고 운반과 취급에 편리하다. 인장력은 20°C에서 500~550kg/cm^{2}으로 기계적 강도도 비교적 크고 튼튼하다.

③ 전기 절연성이 크고 금속관과 같은 전식작용(電蝕作用)을 일으키지 않으며, 열의 불량도체로 열전도율은 철의 1/350 정도이다.

④ 관절단, 구부림, 접합, 용접 등의 가공이 용이하다.

⑤ 다른 종류의 관에 비하여 값이 싸다.

〈단점〉

① 열에 약하고 온도 상승에 따라 기계적 강도가 약해지며, 약 75°C에서 연화한다.

② 저온에 약하며 한냉지에서는 외부로부터 조금만 충격을 주어도 파괴되기 쉽다.

③ 열팽창률이 크기 때문에 (강관의 7~8배) 온도변화의 신축이 심하다.

④ 용제에 약하고 특히, 방부제(크레오 소트액)와 아세톤에 약하며 또, 파이프 접착제에도 침식된다.

⑤ 50°C 이상의 고온 또는 저온 장소에 배관하는 것은 부적당하다. 온도변화가 심한 노출부의 직선 배관에는 10~20m 마다 신축 조인트를 만들어야 한다. 표 2-31은 경질염화비닐관의 치수를 나타낸 것이다.

표 2-31 경질 염화비닐관(Vp. Vu관)의 치수 (KSM 3401)

호칭지름 mm	평균 외경 mm	일반관(VP관)			박관VU관)		
		두께(mm)	내경(mm)	중량(g/m)	두께(mm)	내경(mm)	중량(g/m)
10	15	2.5	10	140	—	—	—
13	18	2.5	13	174	—	—	—
16	22	3.0	16	256	—	—	—
20	26	3.0	20	310	—	—	—
25	32	3.5	25	448	—	—	—
28	34	—	—	—	2.0	30	287
30	38	3.5	31	542	—	—	—
35	42	3.5	35	605	2.0	38	359
40	48	4.0	40	791	2.0	44	413
50	60	4.5	51	1122	2.0	56	521
65	76	4.5	67	1445	2.5	71	825
75	89	5.8	78	2168	3.0	83	1159
100	114	7.0	100	3365	3.5	107	1137
125	140	7.5	125	4464	4.5	131	2739
150	165	8.5	148	5975	5.5	154	3941
200	216	10.0	196	4254	7.0	202	6572
250	267	10.0	247	11544	8.5	250	9870
300	318	—	—	—	10.0	298	13835

4-1-2. 폴리에틸렌관(polyethylene pipe)

폴리에틸렌 수지는 무색, 투명하며, 내식성, 전기 및 열의 절연성이 좋다. 더구나 산이나 알칼리에도 강하고, 120~180°C로 가열하면 끈끈한 액체가 되므로 사출(injection)성형이 쉬운 성질을 가지고 있다.

폴리에틸렌은 비중이 0.92~0.96으로, 염화비닐보다 가볍고, 유연성이 있으며, -60°C에서도 경화되지 않으며, 내화성도 고무나 염화비닐보다 좋다.

표 2-32 수도용 폴리에틸렌관의 치수 (KSM 3402)

호칭지름 (mm)	외경 (mm)	길이 (m)	1종(연질관)			2종(경질관)		
			두께 (mm)	내경 (mm)	중량 (kg/m)	두께 (mm)	내경 (mm)	중량 (kg/m)
10	17.0	120	3.0	11.0	0.123	2.5	12.0	0.108
13	21.5	4	3.5	14.5	0.184	2.5	16.5	0.142
20	27.0	4	4.0	19.0	0.269	3.0	21.0	0.215
25	34.0	4	5.0	24.0	0.423	3.5	27.0	0.318
30	42.0	4	5.5	31.0	0.586	4.0	34.0	0.453
40	48.0	4	6.5	35.0	0.788	4.5	39.0	0.584
50	60.0	4	8.0	44.0	1.210	5.0	50.0	0.820

표 2-33 염화비닐관과 폴리에틸렌관의 규격

구 분	규격번호	명칭	비고
경질염화 비닐관	KS M 3501	경질염화비닐관	일반관 VP 10~200MM 박육관 VU 28~300mm
	KS M 3401	수도용경질염화비닐관	급수관 10~50mm
	KS M 3402	수도용경질염화비닐이음관	급수관용 10~50mm 열간용 · 냉간용(H식, TS)
	KS C 8431	경질비닐전선관	VE8~82(일반), VC14~22(살두께)
	KS C 8432	경질비닐전선관용 부속품시험방법	
	KS C 8439~41	경질비닐전선관용 부속품	
	KS C 4311	수도용경질염화비닐관	75mm, 100mm
폴리에틸렌관	KS M 3407	일반용 폴리에틸렌관 (수도용)	3/8~12B(10~50mm) (제1종, 제2종)

〈장점〉

① 염화 비닐관보다 가볍다.

② 상온시에도 유연성이 풍부해 긴 관의 운반도 가능하다.

③ 내충격성 및 내한성이 좋다.

④ 내열성, 보온성이 염화비닐관보다 우수하다.

〈단점〉

① 화력에 극히 약하다.

② 유연하여 관면에 외상을 받기 쉽다.

③ 장기간 일광에 바래면 노화된다.

④ 인장강도가 작다.

4-1-3. 경질 염화비닐관(Hi 염화 비닐관)

경질 염화비닐관은 충격에 대해 약하며 특히, 저온에서는 쇼크에 대해 약한 것이 최대의 결점이기 때문에 한냉지에서의 배관에는 부적당하다.

이와 같은 미비점을 개량하여 내충격성이 풍부한 것이 Hi염화비닐관이다. Hi염화비닐관은 저온에서도 내충격성이 일반 염화비닐관의 4~6배가 되며, 상온에서는 20~30배로서 대단히 크다. 이외의 물리적 성질은 일반 염화비닐관과 같으며 수도용과 전선용의 2종이 있고, 일반 치수는 경질염화비닐관과 동일하다.

표 2-34 경질 비닐전선관의 치수

관의 호칭법 (mm)	바깥지름 (mm)	바깥지름 허용차	두께 (mm)	두께의 허용차	근사 안지름	길이 (mm)	길이의 허용차
8	11.0	±3	1.2	±2	8.6	4000	±10
12	14.0	±3	1.2	±2	11.6	4000	±10
14	18.0	±4	2.0	±2	14	4000	±10
16	22.0	±5	2.0	±2	18	4000	±10
22	26.0	±6	2.0	±2	22	4000	±10
28	34.0	±8	3.0	±3	28	4000	±10
36	42.0	±1.0	3.5	±3	35	4000	±10
42	48.0	±1.2	3.5	±4	41	4000	±10
54	60.0	±1.5	4.0	±4	52	4000	±10
70	76.0	±1.9	4.5	±5	67	4000	±10
82	89.0	±2.2	5.5	±6	78	4000	±10

표 2-35 중소규모 건물의 관재사용 구분

종류	명 칭	규격번호 KS	사용구분											구경 (mm)	비고
			급수	급탕	오수	잡배수	통기	가스	냉온수 밀폐	냉온수 개방	냉각수	증기	기름		
강관	수도용아연도금강관	미제정	○	○		○	○		○	○	○			10~350	정수두 100m 이하의 상수도의 송배수
	배관용탄소강관(백)	D 3507					○	○	○	○	○			6~350	상용 10kg/cm^2 이하, -15~350°C
	배관용탄소강관(흑)	D 3507							○			○	○	6~350	상용 10kg/cm^2 이하, -15~350°C
	라이닝(백,흑)		○	○	○	○								20~350	원관은 KSD 3507, 라이닝재는 경질 PVC 등
	코우팅강관(흑)		○		○	○	○							20~350	원관은 KSD 3507, 코우팅재는 염화비닐수지 등
주철관	배수용주철관	D 4307			○									50~200	
동관	인탈산동이음매없는관	D 5522	○	○				○	○	○			○	(외경) 6~150	
연관	수도용연관	D 6703	○											10~50	정수두 75mm 이하의 급수
	연관	D 6702				○		○						10~300	2종(일반용)과 3종(가스용)이 있다.
합성수지관	수도용경질염화비닐관	M 3401	○											10~150	정수두 75m 이하의 급수
	경질염화비닐관	M 3501			○	○	○							10~300	일반관과 박육관이 있다.
흄관	원심력 철근콘크리트관	F 4403			○	○								75~1800	보통관과 압력관이 있다.
도관	도관	L 3208				○								50~900	보통관과 후관이 있다.

4-1-4. 경질 비닐전선관

관 자체가 절연성이 우수하므로 옥내외의 전선관으로 사용되고 있으나 폭발성 먼지가 있는 곳, 가연성 가스가 존재하는 곳, 화약류의 제조소에 있어서 분말이 비산하는 곳, 광산 등에는 사용 제한을 받는다.

4-1-5. PP-C 관

PP-C(Poly Propylen-Copolymer)이란 폴리프로필렌 공중합체로서, 1978년 세계 굴지의 합성수지 회사인 서독의 Huls와 Hoechest사가 8년간의 연구끝에 개발한 첨단 소재이다.

서독 에스트로리트사의 기술지원으로 생산되는 PP-C파이프는 폴리프로필렌에 Olepin계 탄성체를 공중합체하여 기존의 폴리프로필렌보다 내충격성 및 내구성, 내압성, 내연성 등이 매우 뛰어나 난방용, 급탕, 급수용, 공업용 등 파이프 소재로서의 강력한 특성을 갖고 있으며, 수명이 반영구적이므로 혁신적인 배관 시스템이 될 것이다.

(1) PP-C 파이프의 우수점

① 완전한 무공해이다.
② 반영구적 수명과 간편한 시공이 된다.
③ 높은 경쟁성과 공사비 절감이 된다.
④ 완벽한 연결과 중간 마감이 불필요하다.
⑤ 우수한 내 약품성과 탁월한 내압, 내열성을 지니고 있다.
⑥ 탁월한 난방효과가 있다.
⑦ 용도에 따라 주문생산이 가능하다.

(2) 주요 용도

① 주거용 급수 · 급탕 및 난방:아파트, 빌라, 오피스텔 등
② 공공건물 위생배관:은행, 병원, 도서관 등
③ 스포츠 레저시설 등 위생배관:골프장, 수영장, 체육관, 사우나 등
④ 농업 · 축산용 배관:동물원, 식물원, 양어장 등
⑤ 기타 공업용 배관:화학, 식품가공 공장, 종합병원 등

(3) PPC 관의 종류 및 규격(2종/온수 난방용)

(KSM 3362)

호칭이름 m/m	비깥지름(m/m)		두께(m/m)		침고무게 kg/m
	치수	허용오차	치수	허용오차	
6	10	+0.3	1.8	+0.4	0.047
8	12	+0.3	1.8	+0.4	0.058
12	16	+0.3	1.8	+0.4	0.082
15	20	+0.3	1.9	+0.5	0.110
20	25	+0.3	2.3	+0.5	0.167
25	32	+0.3	3.0	+0.5	0.273
30	40	+0.4	3.7	+0.6	0.421
40	50	+0.5	4.6	+0.7	0.652

(4) PP-C pipe의 물성(物性)

① 기계적 특성

물 성	시 험 방 법	중밀도	고밀도
밀 도	BS.3412:1976 A B 2 B2	940KG/M^3	950~960KG/M^3
수 지 흐 름 도	BS.3412:1976 (2,16KG LOAD)	0.2g/10MIN	0.3~3g/10MIN
항 복 인 장 응 력	BS.2782:320A (100mm/min ±10%)	>19MIN/m^2	>22MIN/m^2
파 단 신 율	BS.2782:320A (100mm/min ± 10%)	>600%	>300%
충 격 강 도	BS,2782:306A SPECIMEN C	930J/m NOTCH	400J/m NOTCH
연 화 점	BS.2782:120A (1 KG LOAD)	118°C	120°C
취 화 온 도		<-80°C	<-80°C
환 경 응 력 균열시험(F 50)	ASTM D1693-70	>1000 HOURS	>1000 HOURS

② 전기적 특성

물 성	시 험 방 법	중밀도	고밀도
역 율	BS.2067	0.002	0.002
유 전 율	BS.2067	2.4	2.3
파 괴 전 압	BS.2782 METHOD 201A	16MV/m	16MV/m
표면저항율	BS.2782 METHOD 203A	10^{17}OHM	10^{17}OHM
체적저항율	BS,2782 METHOD 202A	10^{19}OHM -M	10^{19}OHM -M

③ 열 안전성

물 성	시 험 방 법	결 과
선팽창계수	AVERAGE VALUE 20°C~70°C	1.5×10^{-4}mm/mm/°C
열전도도	BS.874 (GUARDED HOT PLATE)	0.25W/m°C

④ 화학적 특성

PPC 파이프는 화학약품에 대한 저항성이 우수하여 화학약품용 배관재로써 최적이다. 배관시에는 사용온도,압력,설계응력,약품저장성 등 약품별로 개별시험하여 사용해야 하지만 대체적인 사용가부는 아래와 같다.

가스 및 가스상태의 시약	
사용에 적합한 가스 ▶	• 천연가스 • 도시가스 • 부 탄 • 모노에틸렌그리콜(MEG) • 디에틸렌그리콜(DEG)
용제 및 세척제	
사용에 적합한 용제 ▶	• 아세톤 • 이소프로파놀 • 케톤류 • 파라핀 • 알코올
부적합한 용제 ▶	• 테트라클로라이드 • 세 제 • 비누용액

⑤ 난방재별 물성 비교표

구분		단위	강관	동관	PE	PP-C	비 고
재 질			탄소강관	Cu	Poly Ethylene	Poly Propylen Coplymer	
내 구 성		년	5~10	부식요인에 민감하여 수명측정이 어려움	50	90	독일연방합성 수지검사소시험치
인장강도		KG/CM²	2800	2400	95~105	295	80°C
파괴수압		〃	50		25	45	80°C
융 점		°C	900~1400	1083°C	200	260	
신 장 율		%	40	55	70	56	270
몰탈강도		KG/CM²	50	50	50	270	몰탈약액혼합
열전도율	파이프	KCAL/MH°C	38	332	0.32~0.33	0.32~0.33	
	몰 탈	〃	1.2	1.2	1.2	1.828	바닥전체가1.5배상승 (약액혼합)
스 케 일			생긴다	생긴다	거의없다	거의없다	
부 식 성			심하다	심하다	없다	없다	

● 위생관용

표 2-36 경질 염화비닐관(Vp. Vu관)의 치수

호 칭 (mm)	외 경 (mm)	두 께 (mm)	중 량 (kg/m)	길 이 (m)	호 칭 (mm)	외 경 (mm)	두 께 (mm)	중 량 (kg/m)	길 이 (m)
50	60	2.0	0.348	6~9	300	318	6.5	6.074	6~9
65	76	2.3	0.508	〃	350	370	9.02	10.084	〃
75	89	2.8	0.724	〃	400	420	10.2	12.3	〃
100	114	3.0	0.999	〃	450	457.2	11.2	14.986	〃
125	140	3.5	1.433	〃	500	508	12.4	18.288	〃
150	165	4.0	1.932	〃	550	558.8	13.6	22.244	〃
200	216	5.0	3.165	〃	600	609.6	14.9	26.583	〃
250	267	6.0	4.698	〃					

● 수도용, 일반관용

구분	수도용1종(KSM3408) (KS표시허가 제4332호)						수도용2종				수도용3종				일반관(KSM3407) (KS표시허가 제4563호)				
단위	외경		두께		길이	중량	외경	두께	길이	중량	외경	두께	길이	중량	호칭	외경	두께	길이	중량
호칭	최소	최대	최소	최대	(M)	kg/m	m/m	m/m	M	kg/m	m/m	m/m	M	kg/m		m/m	m/m	M	kg/m
13	17	17.5	2.5	3.0	120	0.108									10	17	2.0	120	0.90
16	21.5	22	2.5	3.0	120	0.143									13	21.5	2.4	120	0.137
20	27	27.6	3.0	3.5	120	0.216									20	27	2.4	120	0.177
25	34	34.7	3.5	4.1	90	0.320									25	34	2.6	90	0.245
30	42	42.8	4.0	4.7	90	0.456									30	42	2.8	90	0.329
40	48	48.9	4.5	5.2	60	0.587									40	48	3.0	60	0.405
50	60	61.1	5.5	6.3	40	0.899									50	60	3.5	40	0.593
65	76	77.3	6.6	7.5	6-40	1.374	76	5.6	6-40	1.182	76	4.9	6-40	1.183	65	76	4.0	6-40	0.864
75	89	90.5	8.1	9.2	6-40	1.966	89	6.6	6-40	1.631	89	5.7	6.40	1.424	75	89	5.0	6-40	1.260
100	114	115.9	10.4	11.7	6~9	3.232	114	8.4	6~9	2.661	114	7.4	6-9	2.367	100	114	5.5	6~9	1.790
125	140	142.3	12.7	14.2	〃	4.850	140	10.4	〃	4.043	140	9.0	〃	2.537	125	140	6.5	〃	2.603
150	165	167.6	15.3	17	〃	6.871	165	12.2	〃	5.592	165	10.6	〃	4.910	150	165	7.0	〃	3.318
200	216	218.8	19.5	21.7	〃	11.496	216	16	〃	9.6	216	13.9	〃	8.428	200	216	8.0	〃	4.992
250	267	270.1	24.3	26.8	〃	17.694	267	19.8	〃	14,684	267	17.2	〃	12.890	250	267	9.0	〃	6.966
300	318	321.3	28.9	32.2	〃	25.066	318	23.6	〃	20.084	318	20.5	〃	18.296	300	318	10.0	〃	9.240
350	370		33.6		〃	33.911	370	27.4	〃	28.162	370	23.9	〃	24.815	350	370	14.2	〃	15.157
400	420		38.2		〃	43.757	420	31.1	〃	36.284	420	27.1	〃	31.943	400	420	16.2	〃	19.625
450	457.2		41.6		〃	51.870	457.2	33.9	〃	43.050	457.2	29.5	〃	37.851	450	457.2	17.6	〃	23.211
500	508		46.2		〃	64.010	508	37.6	〃	53.174	508	32.8	〃	46.760	500	508	19.5	〃	28.577
550	558.8		50.8		〃	77.424	558.8	41.4	〃	64.261	558.8	36.1	〃	56.462	550	558.8	21.5	〃	34.656
600	609.6		55.42		〃	92.144	609.6	45.2	〃	73.377	609.6	39.3	〃	67.238	600	609.6	23.4	〃	41.151

비고: 1. 관의 길이의 허용차는 ±2%이다.
2. 무게는 비중을 0.955로 계산하며 파이프의 중량 감소는 8%이하로 한다.
3. 관의 절단 길이는 당사간의 협의에 따를 수 있다.
4. 수도용 1종 13φ ~300φ KS 제품 임
5. 대형(350φ 이상)은 KWWA 규격제품 임

4-2. 기타 비금속관

4-2-1. 석면 시멘트관

석면(asbestos)과 시멘트를 혼합하여 제조한 관으로써 에테니트관(eternit pipe)이라고도 한다. 내식성이 크며, 특히, 내알칼리성이 우수하고, 강도가 비교적 커서 수도관, 가스관, 배수관, 공업용수관 등에 사용된다.

4-2-2. 원심력 철근 콘크리이트관

철재 형틀 속에 원통형으로 조립된 철근망을 넣고, 원심력을 이용하여 제조한 관으로 흄관(hume pipe)이라고도 한다.

관은 용도에 따라 보통관과 압력관으로 나누는데, 보통관은 공공 하수도, 기타 내압이 작용하지 않는 곳에 사용되며, 압력관은 상수도관 등의 내압이 작용하는데 사용한다.

4-2-3. 도관(vitrified clay pipe)

점토를 주 원료로 하여 구워서 만든 관으로 두께에 따라 보통관, 후관, 특후관의 세종류가 있다. 관의 길이가 짧아서 이음 부분이 많아지므로 오물이 많이 흐르는 긴 배수관에는 부적당하다.

제5절 관 이음재료(Fittings)

관 이음재료는 관을 계속해서 접합시켜 나갈 때, 하나의 관 통로를 2개 또는 그 이상으로 나눌 때, 통로의 방향을 바꿀 때 등에 사용하는 것이다.

관의 재질에 따라 강관용, 주철관용, 동관용 및 플라스틱관용 등 그 종류는 다양하다. 배관용 탄소강, 강관 등 일반 배관에 사용되는 강관이음에는 접합방법에 따라 나사결합용 이음쇠와 용접용 이음쇠가 있고 압력 배관, 고온 배관, 저온 배관 및 기타 특수한 배관에는 특수배관용 이음쇠가 사용된다. 또한, 신축 이음쇠란 관속을 흐르는 유체의 온도와 관에 접하는 외기의 온도차가 클수록 관은 팽창과 수축하는 양이 커지므로 , 직선거리가 긴 부분의 배관 도중 설치하여 관의 파손과 손상을 방지하기 위한 이음용 재료를 말한다.

5-1. 강관 이음쇠

강관용 이음쇠(steel pipe fittings)에는 이음 방법에 따라 나사식, 용접식, 플랜지식이 있다.

그림 2-6 관 이음쇠의 종류

5-1-1. 나사식 이음쇠

물, 증기, 기름, 공기 등의 저압용 일반 배관에 사용하되 심한 마모, 충격, 진동, 부식 및 균열 등이 생길 우려가 있는 곳에는 나사식 이음쇠를 사용하지 않는 것이 좋다.

KS에서는 가단 주철제(KS B 1531), 강관제(KS B 5133), 배수관용(KS B 5132) 이음쇠 등으로 구분된다.

(1) 가단 주철제 관 이음쇠

배관용 탄소강관을 나사이음할 때 사용하는 이음쇠로써 흑심가단주철 1종으로 만든다.

이음쇠의 나사는 KS B 0222에 규정한 관용 테이퍼나사로 하며, 멈춤 너트(lock nut)는 KS B 0221에 규정한 관용평행나사로 한다. 이음쇠의 모양에 따른 종류는 그림 2-6과 같고 사용목적에 따른 분류는 다음과 같다.

① 관의 방향을 바꿀 때 : 엘보(elbow), 벤드(bend) 등

② 관을 도중에서 분기할 때 : 티(tee), 와이(Y), 크로스(cross) 등

③ 동경의 관을 직선 연결할 때 : 소켓(socket), 유니온(union), 플랜지(flange), 니플

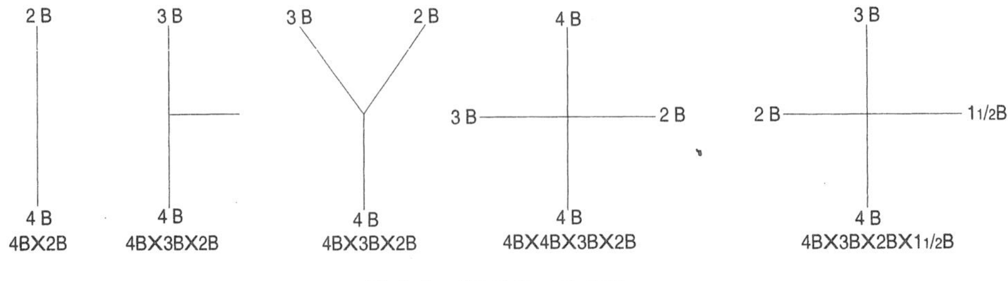

그림 2-7 이음쇠의 크기 표시

(nipple) 등

④ 이경관을 연결할 때 : 이경엘보, 이경소켓, 이경티, 부싱(bushing) 등

⑤ 관의 끝을 막을 때 : 캡(cap), 플러그(plug)

⑥ 관의 분해 수리 교체가 필요할 때 : 유니언, 플랜지 등

이음쇠는 제조한 후 25kg/cm2의 수압시험과 5kg/cm2 공기압 시험을 실시하여 누설이나 기타 이상이 없어야 한다. 이음쇠의 크기를 표시하는 방법은 그림 2-7과 같이 한다.

① 지름이 같은 경우는 호칭지름으로 표시한다.

② 지름이 2개인 경우는 지름이 큰 것을 첫 번째, 작은 것을 두 번째 순서로 기입한다.

③ 지름이 3개인 경우는 동일 중심선 또는 평행 중심선상에 있는 지름이 큰 것을 첫 번째, 작은 것을 두 번째, 세 번째로 기입한다. 단, 90° Y인 경우에는 지름이 큰 것을 첫 번째, 작은 것을 두 번째, 세 번째로 기입한다.

④ 지름이 4개인 경우에는 가장 큰 것을 첫 번째, 이것과 동일 중심선산에 있는 것을 두 번째, 나머지 2개 중에서 지름이 큰 것을 세 번째, 작은 것을 네 번째로 기입한다.

(2) 강관제 관 이음쇠

배관용 탄소강관과 같은 재질로 만든 이음쇠로 물, 증기, 기름, 공기 등의 일반 배관에 사용된다. 강관제 관 이음쇠에는 그림 2-8과 같은 소켓, 90° 벤드, 배럴닐플 등이 있다.

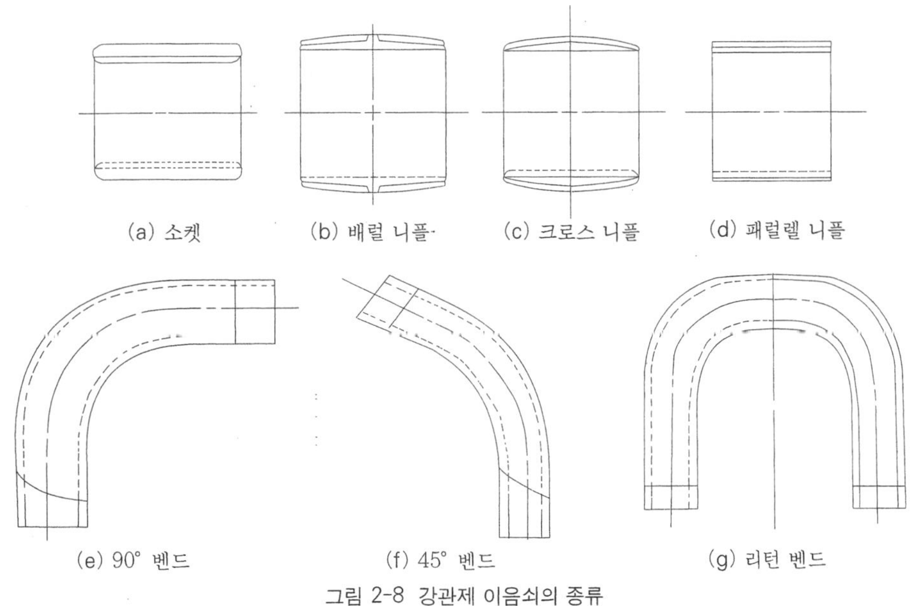

그림 2-8 강관제 이음쇠의 종류

5-1-2. 용접식(熔接式)관 이음쇠

나사이음에 의한 단이 없으므로 유체의 저항손실이 적고, 단열재 피복시 돌기가 없어 단열재의 절약과 시공이 양호하며, 강도가 크고 배관상 공간 효율화와 중량이 비교적 가벼우므로

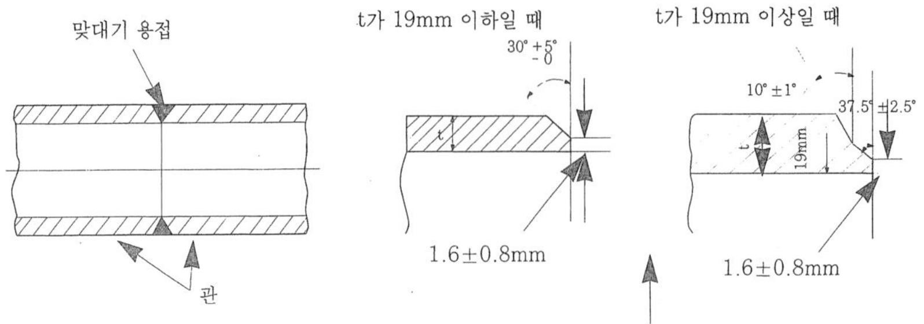

유지비 및 설비비를 절약할 수 있는 장점이 있어서 널리 사용된다.

용접이음에는 산소 용접과 전기 용접으로 나누고, 다시 1/8B~3B관에 적용하는 슬리이브(소켓) 용접형과 보통 1½B 또는 2B이상의 배관에 가장 많이 사용되고 있는 맞대기 용접형을 들 수 있다.

(1) 맞대기 용접식 관 이음쇠

배관용 탄소강 강관을 사용한 일반 배관에 맞대기 용접으로 부착하는 강재의 관 이음쇠로 관의 재질과 같은 것이나, 이에 상당하는 강재를 열간 또는 냉간, 소성 가공으로 제조한다. 이음쇠 끝은 30°로 개선 가공하며, 25kg/cm²의 수압 시험 압력에 견디고 누설이 없어야 한다. 모양에 따른 종류 및 그 기호는 다음 표와 같다.

표 2-37 모양에 따른 종류 및 기호

모양에 따른 종류		표시기호	모양에 따른 종류		표시기호
대분류	소분류		대분류	소분류	
45° 엘보우	롱	45E(L)	T	동경	T(S)
90° 엘보우	롱	90E(L)		이경	T(R)
	쇼오트	90E(S)	캡	—	C
180° 엘보우	롱	180E(L)	45° 벤드	—	45 B
	쇼오트	180E(S)	90° 벤드	—	90 B
리듀우서	동심	R(C)	180° 벤드	롱	180 B(L)
	편심	R(E)		쇼오트	180 B(S)

(2) 삽입 용접식 관 이음쇠

배관 구경이 작은 경우는 곡률반경이 작고 두께가 얇기 때문에 맞대기 용접은 적합하지 않다. 이러한 단점 때문에 삽입 용접식이 이용된다.

이 이음쇠는 주로 압력 배관, 고압 배관, 저온 배관, 합금 배관, 스테인리스강 배관에 이용되고 그 재질은 탄소강, 스테인리스강, Cr-Mo강 등이며, 열간 혹은 냉간, 소성 가공 또는 절삭 가공 중에 풀림 · 불림 등의 열처리를 행하여 제조한다.

(3) 특수형 관 이음쇠

① 티이(TEE)

② 삽입(STUB-IN)형 : 주관에 직접 지관을 용접하는 것을 말하며, 이 방법은 일반적이고 또한, 가장 적은 비용으로 2B와 2B 이상의 파이프에 같은 크기의 지관이나 작은 지관을 용접하는 방법이다.

③ 용접(WELDOLET:WOL)형 : 직선 파이프에서 90° 각도의 같은 크기 또는 줄임되는 지관을 만들 때 사용된다. 티이를 사용하는 것보다 더 짧게 할 수 있다.

④ 엘보렛(ELBOLET:EOL)형 : 엘보렛 지관 연결방법은 대구경과 소구경의 엘보우에 접선방향의 구경지관을 만드는 데 사용한다.

⑤ 두레박(SWEEPOLET)형 : 웰도렛과 유사하나 특징은 배관의 주관에서 90° 소구경지관을 만들 때 사용한다. 본래는 기름과 가스용 배관에서 고수율 파이프용으로 개발되었다. 이 이음을 하면 유동의 흐름형태가 좋고 응력을 적절하게 분포시킬 수 있다.

⑥ 소켓(SOCKOLET:SOL)형 : 출구쪽이 소켓용접 할 수 있도록 되어 있고, 기타는 웰도렛과 동일하다.

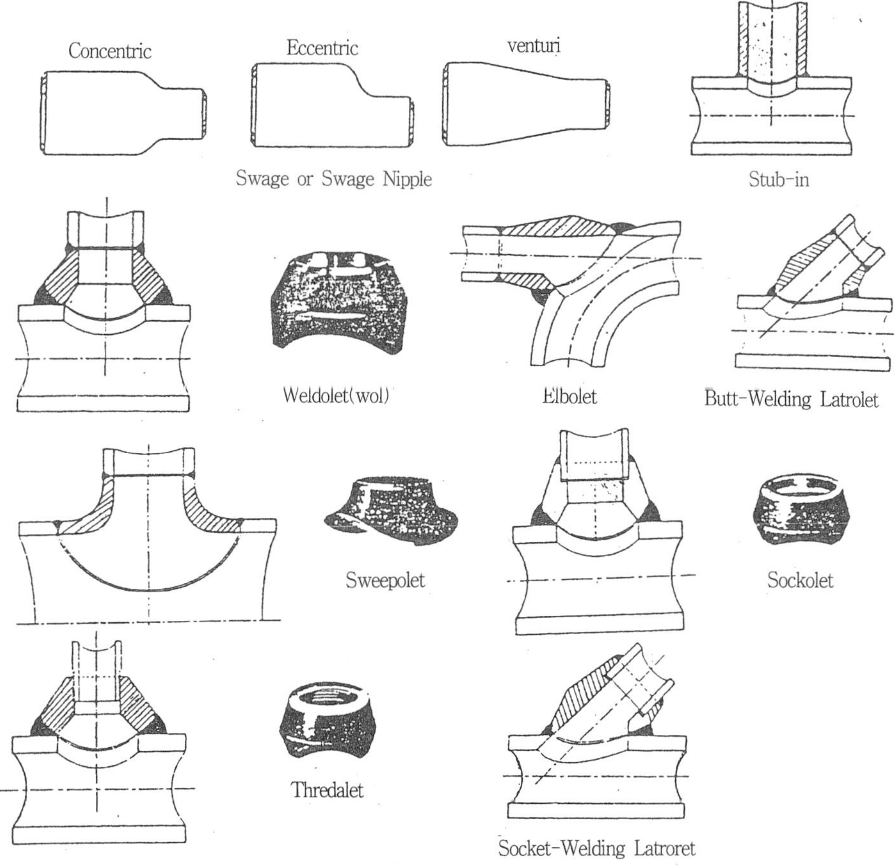

그림 2-9 분기관 이음재의 종류

⑦ 나사(THREADOLET:TOL)형 : 직선 배관상에 같은 크기의 지관 또는 축소형 지관을 90° 각도로 만들 때 사용한다. 평면 기초면의 쓰레도렛은 파이프 캡과 저장 용기의 헤드를 이음할 때 사용하는 것이 좋다.

⑧ 레터렛(LATROLET:LOL)형 : 직선파이프에서 45° 각도의 소구경 지관을 만드는데 사용한다.

5-1-3. 플랜지 관 이음쇠

플랜지식 이음쇠는 고체나 유체를 수송하는 파이프 라인이나 밸브, 펌프, 열 교환기 등 각종 기기의 접속 및 관을 자주 해체 또는 교환할 필요가 있는 곳에 사용한다. 플랜지식 이음쇠는 볼트나 너트로 플랜지를 접속시키며 재료로는 강, 주철, 주강, 단조강, 청동, 황동 및 스테인리스 등이 사용된다. 모양은 보통 원형이나 지름이 작은 관에는 타원형, 4각형 등이 사용된다. 플랜지 종류는 시트(seat)의 형상에 따라 전면, 대평면, 소평면, 삽입형, 홈꼴형 시트로 구분한다. 플랜지 사이에는 개스킷(gasket)을 넣어 유체가 새는 것을 방지해야 한다.

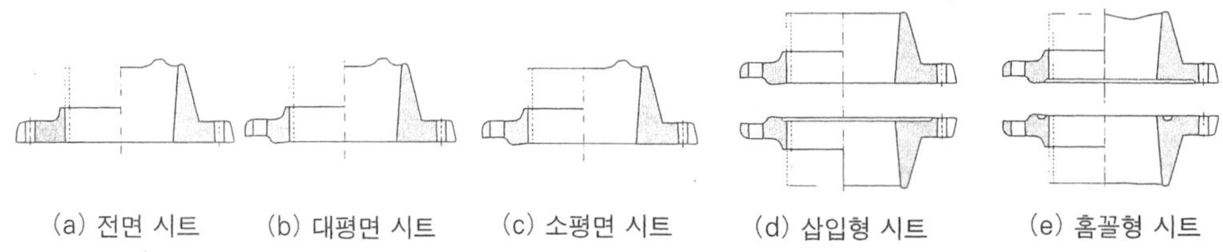

그림 2-10 플랜지 시트의 형상

표 2-38 플랜지 시트 형상에 따른 호칭 압력 및 용도

플랜지 종류	호칭압력(kg/cm²)	용도
전면시트(flat face)	16이하	주철제 및 구리합금제 플랜지
대평면시트(raised face)	63이하	부드러운 패킹을 사용하는 플랜지
소평면시트(raised face)	16이상	경질의 패킹을 사용하는 플랜지
삽입형시트(male & female)	16이상	기밀을 요하는 경우
홈꼴형시트(tongue & groove)	16이상	위험성 유체배관 및 기밀유지

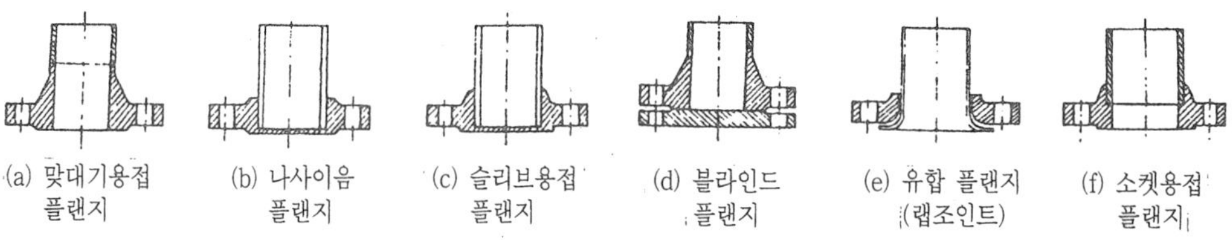

그림 2-11 플랜지의 이음방법

그림 2-10은 플랜지 시트의 모양을 나타낸 것이며, 플랜지를 관과 이음하는 방법에 따라 분류하면, 그림 2-11과 같이 나사 이음형(threaded joint), 삽입 용접형(slipon welding type), 소켓 용접형(socket welding type), 랩 조인트형(lap joint type), 블라인드 형(blind type) 등이 있다.

표 2-39 각 국별 플랜지 레이팅(rating)

국명	규격	단위	호칭압력									
한국 일본	KS JIS	kg/cm^2	2	5	10	16	20	30	40	63		
독일 스웨덴	DIN	kg/cm^2	2	5	10	16	25	40	64	100		
미국	ANSI	PSI (kg/cm^2)	125 (8.8)	150 (10.5)	250 (17.6)	300 (21.1)	400 (28.2)	600 (42.2)	900 (63.3)	1500	2500	
영국	BS	PSI (kg/cm^2)	30 (2.1)	50 (3.5)	100 (7.0)	130 (9.1)	150 (10.5)	250 (17.6)	350 (24.6)	450 (31.6)	600 (42.2)	900 (63.3)

5-2. 주철관 이음재

주철관 이음재를 통칭하여 이형관(異形管)이라 한다. 이형관은 강관에서의 이음쇠에 해당되는 것으로 주철관에서는 이형관이라고 부르며, 수도용과 배수용으로 구분된다.

5-2-1. 수도용 주철 이형관

수도에 사용되는 주철 이형관은 접합부의 형상에 따라 소켓관과 플랜지관으로 구분한다.

이형관은 주철직관을 배관할 경우 관로의 굴곡계량기 등의 기기를 접속하는 부분에 사용되며, 최대 사용 정수두(靜水頭)는 75m 이하이나 관지름 500mm 이하의 것은 최대 사용 정수두 100m의 고압관에도 사용할 수 있다.

5-2-2. 배수용 주철 이형관

표 2-40 배수용 주철관의 종류(KS D 4307)

구분	종류
곡관	90° 단곡관, 90° 장곡관, 60° 곡관, 22.5° 곡관
Y관	Y관, 양Y관, 이형Y관, 이형양90° Y관, 90° 양Y관, 이형 90° Y관, 이형90° 양Y관
T관	비누 T관, 이형배수 T관, 통기T관, 이형통기T관
연관이음용	Y관, 이형Y관, 배수T관, 이형배수T관, 이형관의 플랜지
기타	확대관, U트랩, 이음관

배수용 주철 이형관은 배수관 속의 오수가 원활하게 흐르고, 이음관 부분에서 찌꺼기가 쌓이는 것을 방지하기 위해서 분기관이 Y자형으로 매끄럽게 만들어져 있고, 이음 부분은 주로 소켓이음관으로서 여러 종류가 있다. 배수용 주철관과 배수용 연관을 쉽게 접합할 수 있도록 플랜지관으로 제조된 것도 있다. 최근에는 기계식 이음형의 배수형 이음관에도 있다.

5-3. 동관 이음재

동관용 이음재에는 관과 동일한 재질로 만들어진 것과 동합금 주물로 만들어진 것이 있다. 접속 방법에 따라 땜접합(납땜, 황동납땜, 은납땜)에 쓰이는 슬리브식 이음재와 관 끝을 나팔끝 모양으로 넓혀 플레어너트(flare nut)로 죄어서 접속하는 플레어식 이음재가 있다.

5-3-1. 순동 이음재

순동 이음재는 주물 이음재의 결점을 보완하기 위하여 1938년 미국에서 처음으로 개발되었다. 이것들은 모두 동관을 성형 가공시킨 것으로 주로 엘보, 티, 소켓, 리듀서 등이다. 명칭과 표기는 그림 2-12와 같다. 순동 이음재는 냉온수 배관은 물론 도시가스 의료용 산소 등 각종 건축용 동관의 이음에 널리 사용되고 있으며 특징은 다음과 같다.

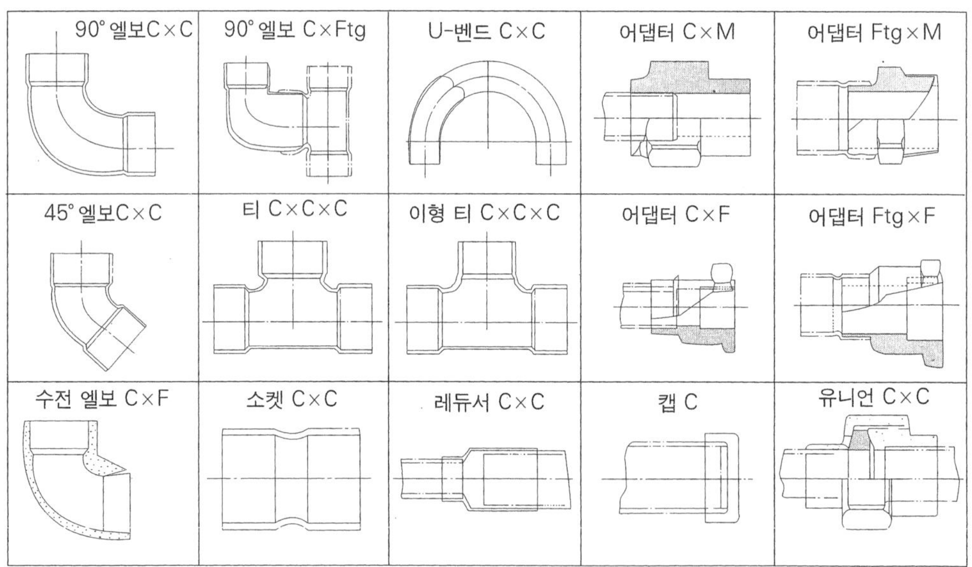

주) C: 이음쇠내로 관이 들어가 접합되는 형태(FEMALE SOLDER CUP)
Ftg: 이음쇠외로 관이 들어가 접합되는 형태(MALE SOLDER CUP)
F: ANS I 규격 관형나사가 안으로 난 나사 이음용 이음쇠(FEMALE NPT THREAD)
M: ANS I 규격 관형나사가 밖으로 난 나사 이음용 이음쇠(MALE NPT THREAD

그림 2-12 동관 이음재의 종류와 기호 표시

① 용접시 가열시간이 짧아 공수절감을 가져온다.
② 벽 두께가 균일하므로 취약 부분이 적다.
③ 재료가 동관과 같은 순동이므로 내식성이 좋아 부식에 위한 누수의 우려가 없다.
④ 내면이 동관과 같아 압력 손실이 적다.
⑤ 외형이 크지 않은 구조이므로 배관 공간이 적어도 좋다.
⑥ 다른 이음쇠에 의한 배관에 비해 공사 비용을 절감할 수 있다.

동관의 이음은 모세관 현상을 이용한 야금적 접합 방법을 사용하므로 겹친 부위의 틈새를 일정하게 유지하는 것이 가장 중요하다

그러므로 외경과 내경의 기준 치수는 규격 이상으로 공차를 규정하고 있다. 표 2-40는 KS D 5578에서 규정하는 접합부의 치수를 표시한 것이다.

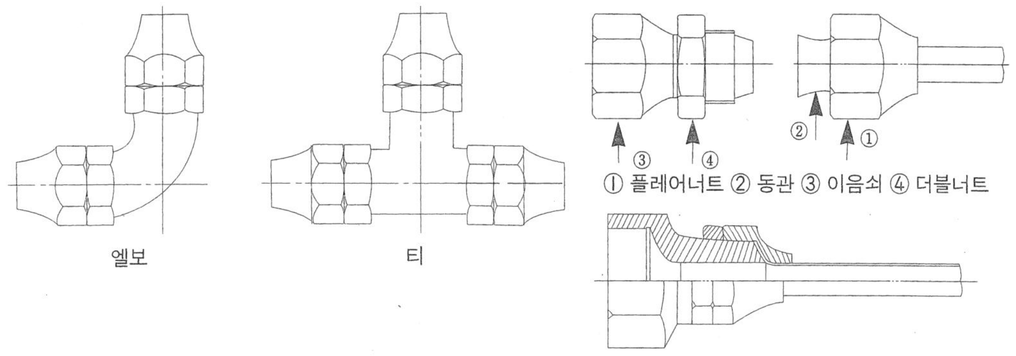

그림 2-13 나팔관 이음재의 종류 및 접합 모양

표 2-41 동관 접합부의 치수(KS D 5578)

호칭경 (B)	접합부		호칭경 (B)	접합부	
	수관	암관		수관	암관
	기준외경 (mm)	기준내경 (mm)		기준외경 (mm)	기준내경 (mm)
1/4	9.52	9.62	1 1/4	34.92	35.11
3/8	12.70	12.81	1 1/2	42.28	41.50
1/2	15.88	16.00	2	53.98	54.22
5/8	19.05	19.19	2 1/2	66.68	66.96
3/4	22.22	22.36	3	79.38	79.66
1	28.58	28.75	4	104.78	105.12

5-3-2. 동합금 이음재

동합금 이음재(bronze fitting)는 나팔관식 접합용과 한쪽은 나사식, 다른 한 쪽은 연납땜(soldering)이나 경납땜(brazing) 접합용의 주물 이음재로 대별한다.

(1) 나팔관식 접합용 이음재(flared fittings)

나팔관 이음재는 주로 나팔관 접합에 이용되며 분해·재결합이 용이하다. 용도는 사용도중 분해 결합이 필요한 곳, 수분 및 물을 제거할 수 없어 용접 접합이 어려울 때나 화재의 위험이 있어 용접 접합을 할 수 없는 곳에 이용된다.

표 2-42 동관 이음재의 호칭법

구경수	호 칭	호 칭 법
2	큰 경 A. 작은 경 B의 순	A×B
3	동일 또는 평행한 중심선상에 있는 큰 경을 A. 작은 경을 B. 나머지 C의 순	A×B×C
4	최대 경을 A. 이것과 평행한 중심선 상에 있는 것을 B. 남은 2개 중 큰 것을 C. 작은 것을 D의 순	A×B×C×D

(2) 동합금 주물 이음재(cast bronze fitting)

청동 주물로 이음쇠 본체를 만들고 관과의 접합부분을 기계 가공으로 다듬질한 것이다.

이음쇠와 접합하는 동관 부분을 정확하게 다듬질하면 이들 사이의 틈새를 맞추는 것은 어렵지 않다. 그러나 순동 이음쇠를 사용할 때에 비하여 다음 점을 특히 고려해야 한다.

① 동합금 주물 이음재와 용접재와의 친화력은 동관과는 많은 차이가 있다.
② 순동 이음재 사용에 비하여 모세관 현상에 의한 용접재의 응용 확산이 어렵다.
③ 동관과 이음재의 두께가 다르기 때문에 열용량 차이에 의하여 온도 분포가 불균일하게 될 경우는 냉벽 즉, 용접재의 융점 이하 부분이 발생될 수 있다.
④ 열 팽창의 불균일에 의하여 부정적 틈새를 만들 수가 있다.

이와 같은 결점때문에 될 수 있는 한 순동 이음쇠를 사용하는 것이 좋으나, 특별한 형태의 이음쇠는 순동 이음재로서의 제작이 불가능하므로 주물 이음쇠에 의존하게 된다.

5-4. 스테인리스 강관 이음재

스테인리스강이 우리 나라에 보급되기 시작한 것은 불과 30년의 역사를 가지고 있다. 보급 당시의 스테인리스강은 녹슬지 않는 귀금속으로써 화학장치, 의료기기, 원자력 배관 등 특수한 정도에만 쓰였으나, 근래에는 대중화되어 주방기기, 난간, 지하철 및 건물의 내외 장재, 냉난방 위생용배관재 등으로 우리 생활과 밀접한 관계를 가지고 있다.

5-4-1. 몰코 조인트(molco joint) 이음재

몰코 조인트 이음쇠를 스테인리스 강관에 삽입하고 전용 압착 공구(press tool)을 사용하여 접합하는 방법으로 급수·급탕, 냉·난방 등의 분야에서의 용접이나 현장나사 접합, 작업을 생략하고 단시간에 배관을 할 수 있는 최신 배관 이음쇠이다.

몰코 이음쇠의 특징은 다음과 같다.

① 파이프를 몰코 이음쇠에 끼우고 전용 공구로 약 10초간 압착(press)해 주면 작업이 완

료되어 배관 시공 단가를 줄일 수 있다.

② 작업에 숙련의 필요가 없다.

③ 화기를 사용하지 않고 접합을 하므로 화재의 위험성이 적다.

④ 경량 배관 및 청결 배관을 할 수 있다.

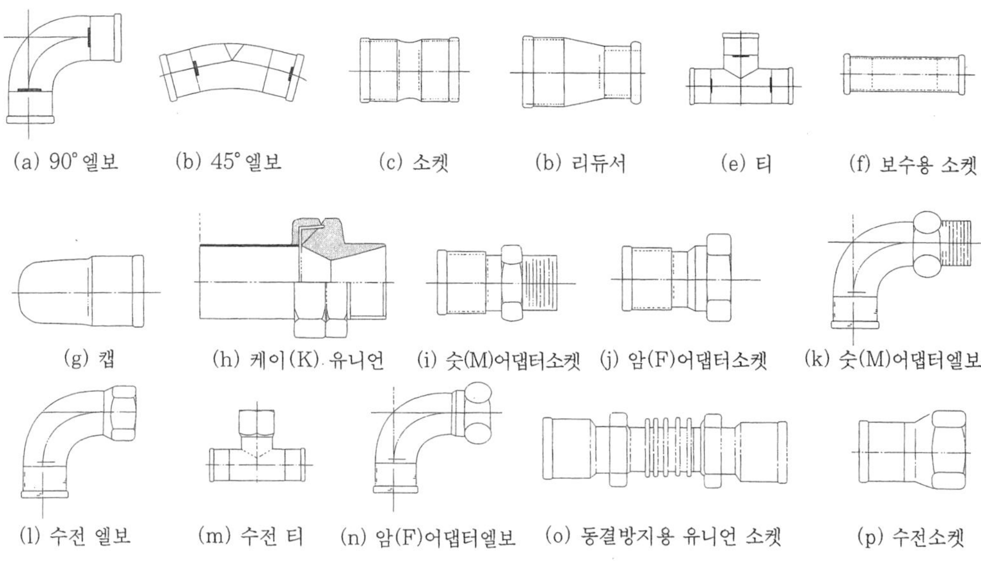

그림 2-14 몰코 조인트 이음재의 종류

5-5. 비 금속관 이음재

비금속관 이음용 재료에는 석면 시멘트관용, 도관용, 합성수지관용이 있다.

5-5-1. 석면 시멘트관용 이음재

그림 2-15와 같은 것으로 주철제 칼라(collar) 이음관, 기볼트이음관, 심플렉스이음관 등이 사용된다.

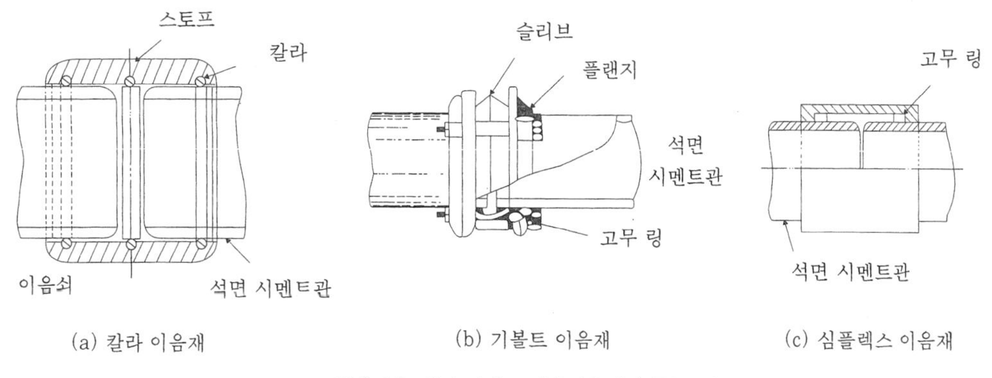

그림 2-15 석면 시멘트 관용이음재의 종류

5-5-2. 도관용 이음재

도관용 이음재는 도관과 같이 점토를 주원료로 하여 만든 것으로써 보통관용과 후관용이 있다. 그림 2-16은 도관용 이음재를 나타낸 것이다.

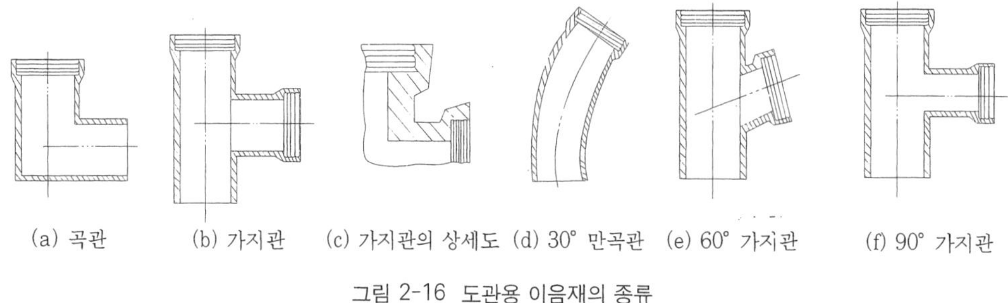

그림 2-16 도관용 이음재의 종류

5-5-3. 합성수지관용 이음관

합성수지관용 이음관은 크게 경질 염화 비닐관용과 폴리에틸렌관용으로 대별 된다.

(1) 수도용 경질 염화 비닐 이음관

수도용 경질 염화 비닐관의 이음관에는 열간이음관과 냉간이음관이 있으며, 염화비닐수지를 사출 또는 압출 성형기 등으로 성형하여 제조한 것으로서 소켓, 엘보, 티, 수전소켓, 수전엘보, 수전티, 밸브 소켓, 캡 등 그림 2-17과 같이 용도에 따라 여러 종류가 있다.

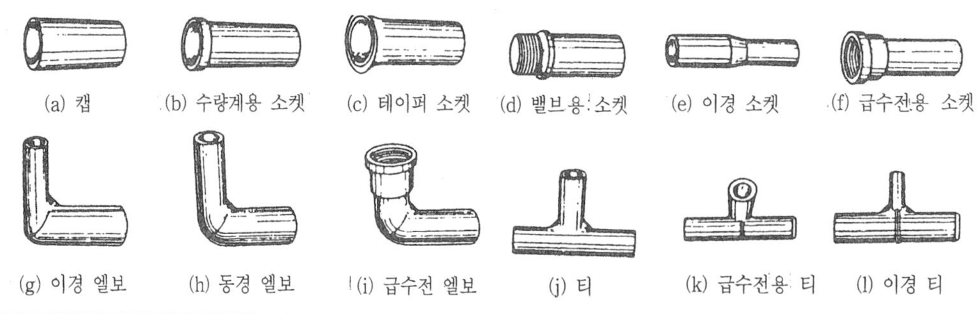

그림 2-17 합성 수지관용 이음관의 종류

또한, 열간이음관과 냉간이음관은 각각 A형과 B형으로 구분하며, 현재는 A형이 많이 사용되고 있다(그림 2-18 참조).

열간이음관은 관 또는 이음관을 가열하여 접합하는 것이고, 냉간이음은 상온에서 관과 이음관을 접착제로 접합하는 것이다.

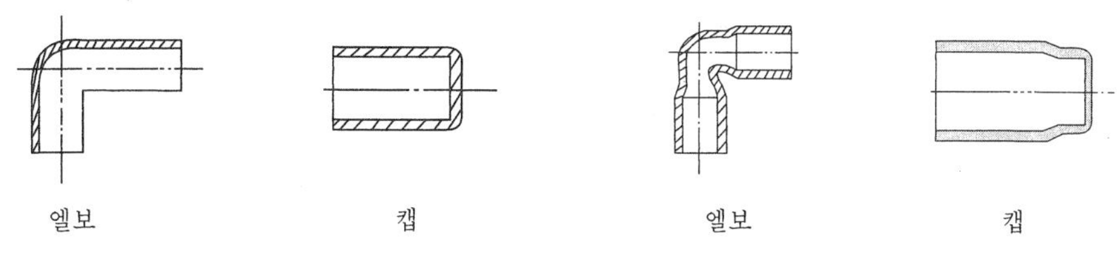

그림 2-18 합성수지관 이음관의 A형과 B형

(2) 배수용 경질 염화 비닐 이음관

배수용 경질 염화 비닐 이음관은 냉간 삽입식 이음관이다. 배수 및 통기관에 사용되므로 이음관은 오수가 잘 흐르도록 오물이 막히지 않도록 곡률반경을 크게 한다. 또한 분기 및 합류부분에 90° Y를 사용하며 배수가 잘 되도록 되어 있고, 이음을 하였을 때 이음관 안쪽에 턱이 생기지 않으므로 배수의 흐름을 원활하게 할 수 있다.

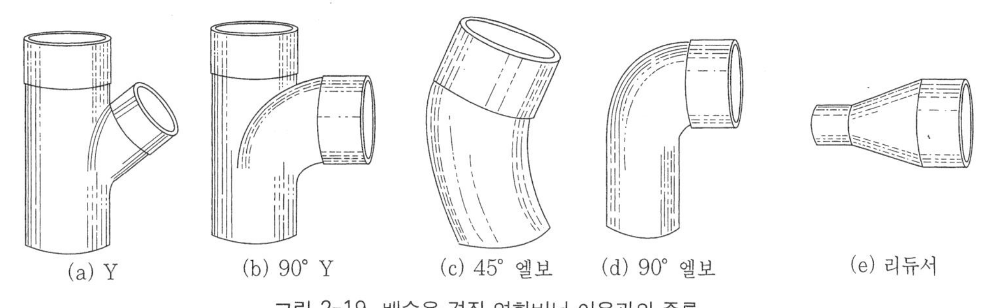

그림 2-19 배수용 경질 염화비닐 이음관의 종류

(3) 폴리에틸렌(PE) 이음관

폴리에틸렌관 이음관은 사출 성형기에 의해 제조되며, 수도용 폴리 에틸렌관 1종과 2종에 사용하는 이외에 일반용 폴리 에틸렌관에도 공용으로 사용할 수 있다. 관과 이음관의 접합은 가열용 금형으로 이음관의 안쪽면과 연결관 바깥면을 동시에 가열 용융시켜 즉시 삽입 접합한다.

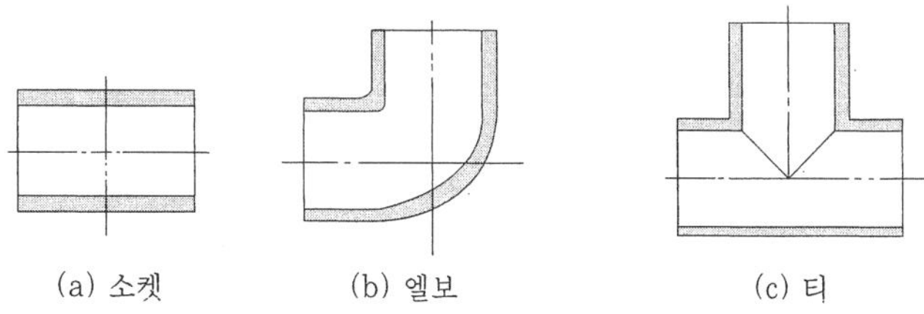

그림 2-20 폴리에틸렌 이음관의 종류

5-6. 신축 이음쇠(Expansion joints)

관 속을 흐르는 유체의 온도와 관 벽에 접하는 외부 온도의 변화에 따라 관은 팽창 또는 수축한다. 이 때에 신축의 크기는 관의 길이와 온도의 변화에 직접 관계가 있으며, 관의 길이 팽창은 일반적으로 관 지름의 크기에는 관계 없고 길이에만 영향이 있다. 철의 선팽창계수($\alpha = 1.2 \times 10^{-5}$)이므로 강관인 경우 온도차 1°C일 때 1m당 0.012mm만큼 신축하게 된다.

따라서 직선거리가 긴 배관에서는 관 접합부나 기기의 파손이 생길 염려가 있다. 이러한 사고를 예방하기 위하여 배관의 도중에 설치하는 이음용 재료를 신축이음쇠라 한다. 신축이음쇠의 종류에는 슬리브형, 벨로즈형, 루프형, 스위블형 등이 있다.

5-6-1. 슬리브형 신축 이음쇠(sleeve type expansion joint)

슬리브형 신축 이음쇠는 호칭경 50A 이하일 때는 청동제 이음쇠이고, 호칭경 65A 이상일 때는 슬리브 파이프는 청동제이며, 본체는 일부가 주철제이거나 전부가 주철제로 되어 있다. 슬리브와 본체 사이에 패킹을 넣어 온수 또는 증기가 누설되는 것을 방지하며, 패킹에는 석면을 흑연 또는 기름으로 처리한 것이 사용된다.

용도는 물 또는 압력 8kg/cm²이하의 포화증기, 공기, 가스, 기름 등의 배관에 사용되며, 특징은 다음과 같다.

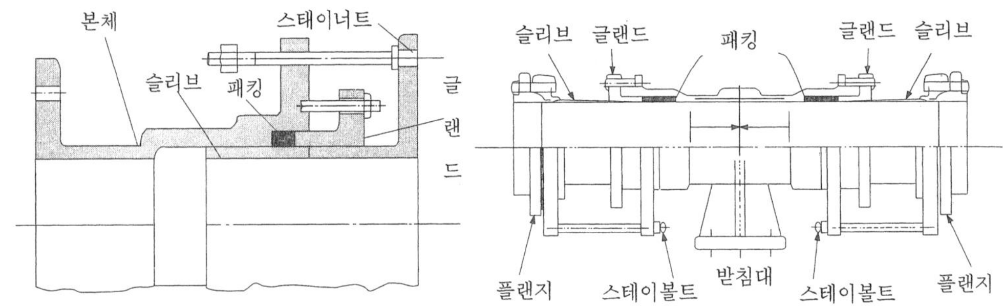

그림 2-21 슬리브 이음쇠의 구조

① 신축량이 크고 신축으로 인한 응력이 생기지 않는다.
② 직선으로 이음하므로 설치 공간이 루프형에 비해 적다.
③ 배관에 곡선 부분이 있으면 신축 이음쇠에 비틀림이 생겨 파손의 원인이 된다.
④ 장시간 사용시 패킹의 마모로 누수의 원인이 된다.

5-6-2. 벨로즈형 신축 이음쇠(bellows type expansion joint)

일명 패클리스(Packless) 신축이음쇠라고도 하며, 인청동제 또는 스테인리스제가 있다. 이음방법에 따라 나사이음식 및 플랜지 이음식이 있다. 벨로즈형은 패킹 대신 벨로즈로 관

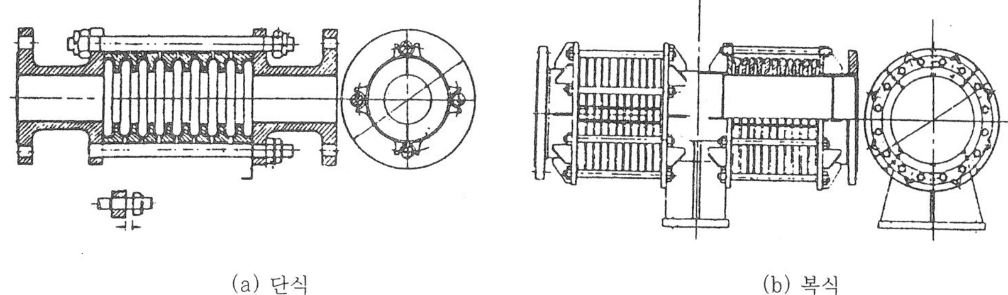

(a) 단식 (b) 복식

그림 2-22 벨로즈형 신축 이음쇠 종류

내유체의 누설을 방지한다. 신축량은 벨로즈의 산수 피치 등의 구조에 따라 다르며, 특징은 다음과 같다.

① 설치 공간을 넓게 차지하지 않는다.

② 고압배관에는 부적당하다.

③ 자체 응력 및 누설이 없다.

④ 벨로즈는 부식되지 않는 스테인리스, 청동제품 등을 사용한다.

5-6-3. 루프형 신축 이음쇠(loop type expansion joint)

신축곡관이라고도 하며 강관 또는 동관 등을 루프(loop) 모양으로 구부려, 구부림을 이용하여 배관의 신축을 흡수하는 것이다.

구조는 곡관에 플랜지를 단 모양과 같으며 강관제는 고압에 견디고 고장이 적어 고온 고압용 배관에 사용되며 곡률반경은 관 지름의 6배 이상이 좋다(그림 2-23 참조).

특징은 다음과 같다.

① 설치 공간을 많이 차지한다.

② 신축에 따른 자체 응력이 생긴다.

길이 계산 : $l = 74\sqrt{d_0 \cdot \Delta l}$

- l = 필요 곡관 길이(cm)
- d_0 = 관의 외경(cm)
- Δl = 흡수하여야 할 관의 신장(伸張)(cm)

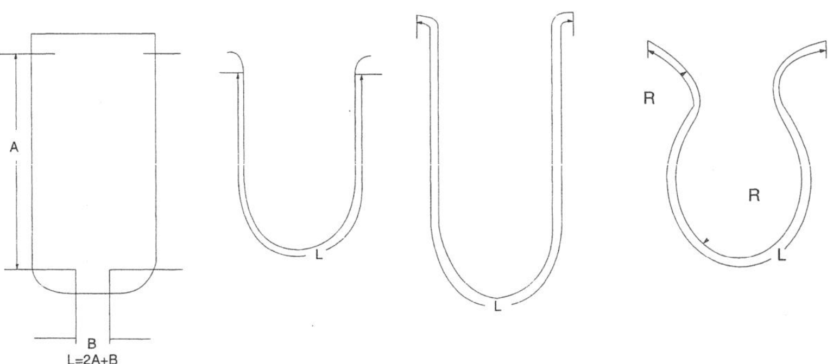

그림 2-23 루프형 신축 이음쇠

③ 고온 고압의 옥외 배관에 많이 사용된다.

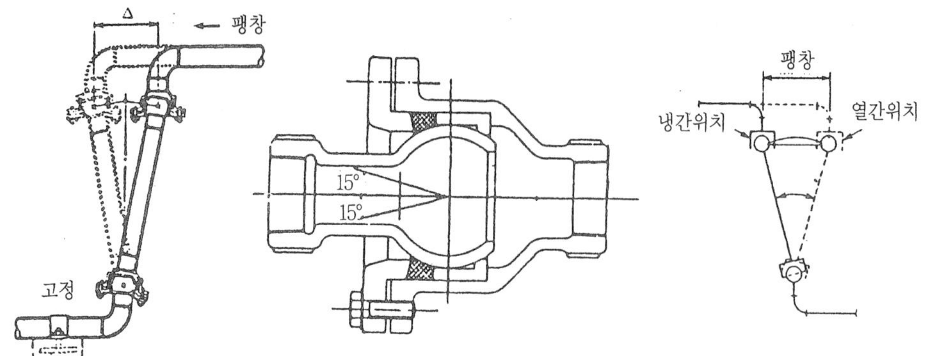

그림 2-24 볼조인트를 사용한 오프셋 배관

그림 2-25 볼조인트의 구조

5-6-4. 볼 조인트(ball joint)

그림 2-24과 같이 보올 조인트와 오프셋 배관을 이용해서 관의 신축을 흡수하는 방법이며, 증기 · 물 · 기름 등 30kg/cm²×220°C 정도까지 사용되고 있다.

볼 조인트는 평면상의 변위뿐 아니라 입체적인 변위까지도 안전하게 흡수하므로, 어떠한 현상에 의한 신축에도 배관이 안전하며 설치 스페이스가 적다. 그림 2-25은 볼조인트 단면도로 각부 구성을 보여주는 것이다.

5-6-5. 스위블형 신축 이음쇠(swivel type expansion joint)

지불 이음 또는 지웰 이음이라고도 하며, 주로 증기 및 온수 난방용 배관에 사용된다. 그림 2-26과 같이 2개 이상의 엘보우를 사용하여 이음부의 나사회전을 이용해서 배관의 신축을 이 부분에 흡수시킨다.

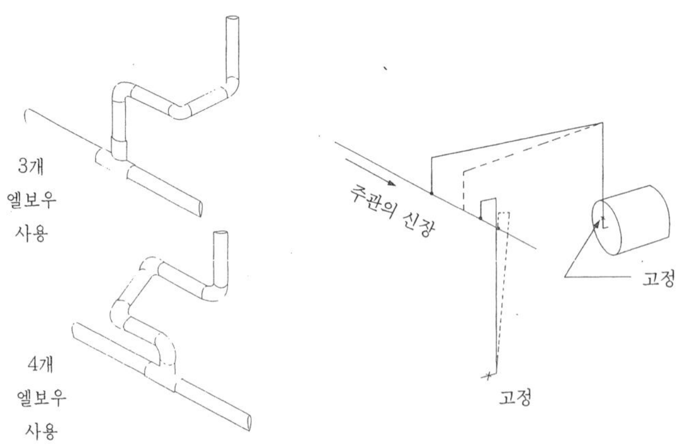

그림 2-26 스위블형 신축이음방법

스위블 이음의 결점은 굴곡부에서 압력 강하를 가져오는 점과, 신축량이 너무 큰 배관에서는 나사 이음부가 헐거워져 누설에 우려가 있는 점이다. 그러나 설치비가 싸고 쉽게 조립해서 만들 수 있는 장점이 있다.

스위블 이음으로 흡수할 수 있는 신축의 크기는 회전관의 길이에 따라 정해지며, 직관의 길이 30m에 대하여 회전관 1.5m 정도로 조립하면 된다.

제6절 밸브(valve) 및 트랩(trap)

밸브는 유체의 유량조절, 흐름의 단속, 방향전환, 압력 등을 조절하는데 사용하는 것이 궁극적인 목적이라 할 수 있으며, 스트레이너는 배관에 설치되는 밸브, 트랩, 기기 등의 앞에 설치하여 유체에 섞여 있는 이물질을 제거하여 기기성능을 보호하는데 목적이 있다. 또한 증기트랩은 방열기의 환수구나 증기 배관의 말단에 징착하여 응축수나 공기를 분리하여 자동적으로 환수관에 배출하는 역할을 한다.

6-1. 밸브의 종류와 용도

밸브는 배관 도중에 설치하여 유체의 유량조절, 흐름의 단속, 방향전환, 압력 등을 조절하는데 사용한다. 밸브의 구조는 흐름을 막는 밸브 디스크(disk)와 시트(seat) 및 이것이 들어있는 밸브 몸체와 이를 조정하는 핸들의 4부분으로 되어 있다.

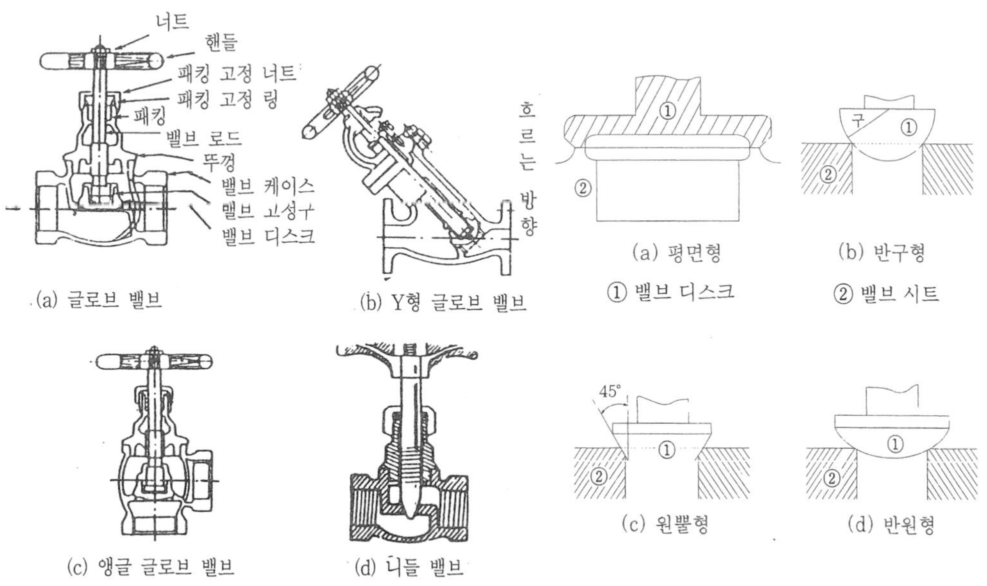

그림 2-27 글로브 밸브의 종류

그림 2-28 글로브 밸브 디스크의 형상

6-1-1. 정지 밸브(stop valve)

(1) 글로브 밸브(glove valbe)

글로브 밸브는 밸브가 구형이며 직선 배관 중간에 설치한다. 이 밸브는 유입 방향과 유출 방향은 같으나,그림 2-27과 같이 유체가 밸브의 아래로부터 유입하여 밸브시트의 사이를 통해 흐르게 되어 있어, 유체의 흐름이 갑자기 바뀌기 때문에 유체에 대한 저항은 크나 개폐가 쉽고 유량조절이 용이하다. 보통 50A 이하는 포금제 나사형, 65A 이상은 밸브디스크와 시트는 청동제, 본체는 주철(주강) 플랜지 이음형이다. 밸브 디스크의 모양은 평면형, 반구형, 원뿔형 등의 형상이 있다.

(2) 슬루스 밸브(sluice valve)

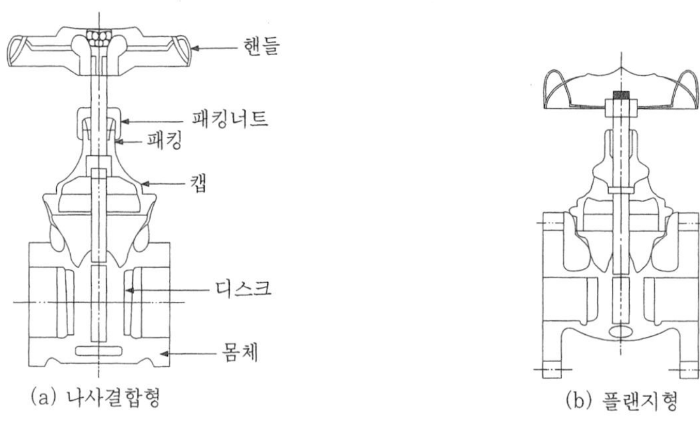

그림 2-29 슬루스 밸브

게이트 밸브(gate valve)라고도 하며, 유체의 흐름을 단속하는 대표적인 밸브로써 배관용으로 가장 많이 사용된다. 밸브를 완전히 열면 유체 흐름의 단면적 변화가 없어서 마찰 저항이 없다. 그러나 리프트(lift)가 커서 개폐에 시간이 걸리며, 더우기 밸브를 절반 정도 열고 사용하면 와류(渦流)가 생겨 유체의 저항이 커지기 때문에 유량 조절이 적당하지 않다. 일반적으로 65A 이상의 스템은 강재, 동체는 주철재, 디스크 및 시트는 포금제이다. 50A 이하는 전부 포금제 나사 이음형이 보통이다.

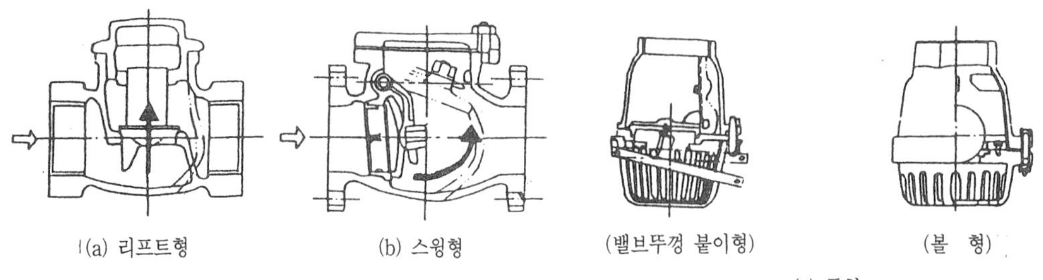

그림 2-30 체크 밸브의 종류

(3) 체크 밸브(check valve)

유체를 일정한 방향으로만 흐르게 하고 역류를 방지하는데 사용한다. 밸브의 구조에 따라 리프트형, 스윙형, 풋형이 있다.

① 리프트형 체크 밸브(lift type check valve)

글로브 밸브와 같은 밸브 시트의 구조로써 유체의 압력에 밸브가 수직으로 올라가게 되어 있다. 밸브의 리프트는 지름의 1/4 정도이며 흐름에 대한 마찰저항이 크므로 구조상 수평배관에만 사용된다.

② 스윙형 체크 밸브(swing type check valve)

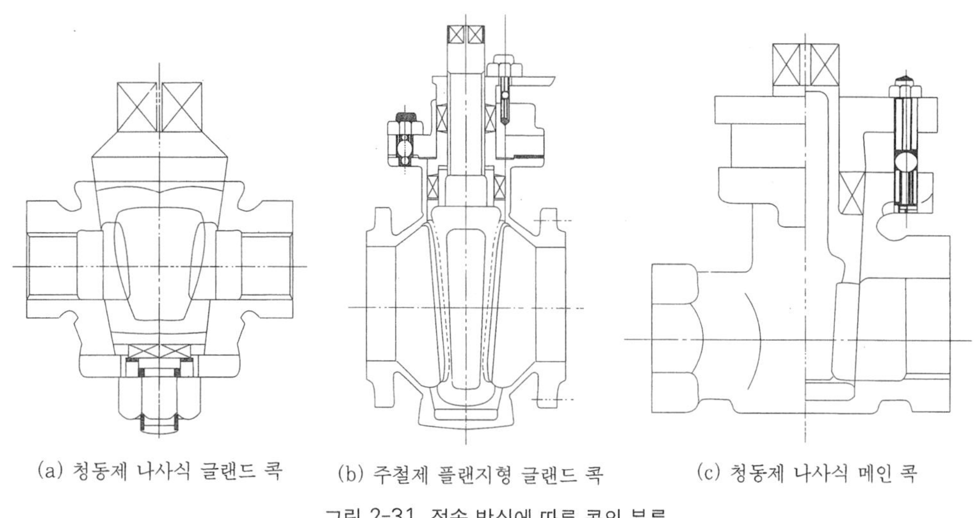

(a) 청동제 나사식 글랜드 콕 (b) 주철제 플랜지형 글랜드 콕 (c) 청동제 나사식 메인 콕

그림 2-31 접속 방식에 따른 콕의 분류

시트의 고정핀을 축으로 회전하여 개폐되므로 유수에 대한 마찰저항이 리프트형보다 적고 수평 · 수직 어느 배관에도 사용할 수 있다.

③ 풋형 체크 밸브(foot type check valve)

개방식 배관의 펌프 흡입관 선단에 부착하여 사용하는 체크 밸브로써 펌프 운전 중에 흡입관속을 만수상태로 만들도록 고려된 것이다.

(4) 콕(cock)

콕은 원뿔에 구멍을 뚫은 것으로, 90° 회전함에 따라 구멍이 개폐되어 유체가 흐르고 멈추게 되어 있는 일종의 간단한 밸브이다. 유로의 면적이 단면적과 같고 일직선이 되기 때문에 유체의 저항이 적고 구조도 간단하나, 기밀성이 나빠 고압의 유량에는 적당하지 않다.

(5) 버터 플라이 밸브(butter fly valve)

버터 플라이 밸브는 원통형의 몸체 속에서 밸브봉을 축(軸)으로 하여 평판이 회전함으로써 개폐된다. 저압에 널리 사용되고 있으며 완전폐쇄가 어려운 단점이 있으나, 최근 개발되어 배관장치에 대형화에 따라 많이 사용된다. 작동 방법에 따라 록레버식, 웜기어식, 압축조작식, 전동조작식 등이 있다.

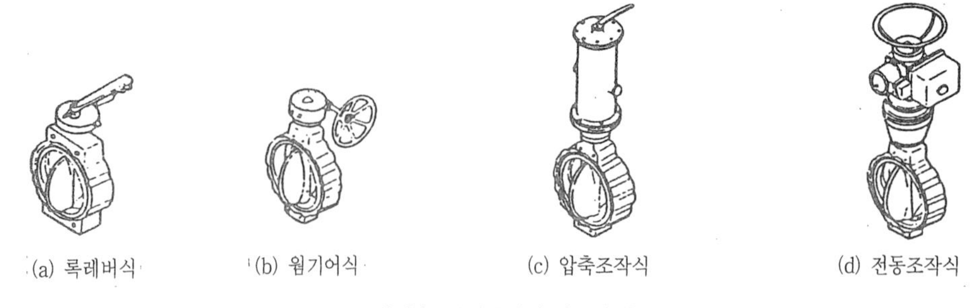

그림 2-32 버터플라이 밸브의 종류

(6) 볼 밸브(ball valve)

구형 밸브라고 하며 구멍이 뚫리고 활동하는 공 모양의 몸체가 있는 밸브로써 비교적 소형이며, 핸들을 90°로 움직여 개폐하므로 개폐시간이 짧아 가스 배관에 많이 사용한다.

(7) 다이어프램 밸브(diaphram valve)

산 등의 화학약품을 차단하는 경우에 내약품, 내열 고무제의 다이어 프램을 밸브 시트에 밀착시키는 것으로, 유체의 흐름에 대한 저항이 적어 기밀용으로 사용한다.

6-1-2. 조정 밸브

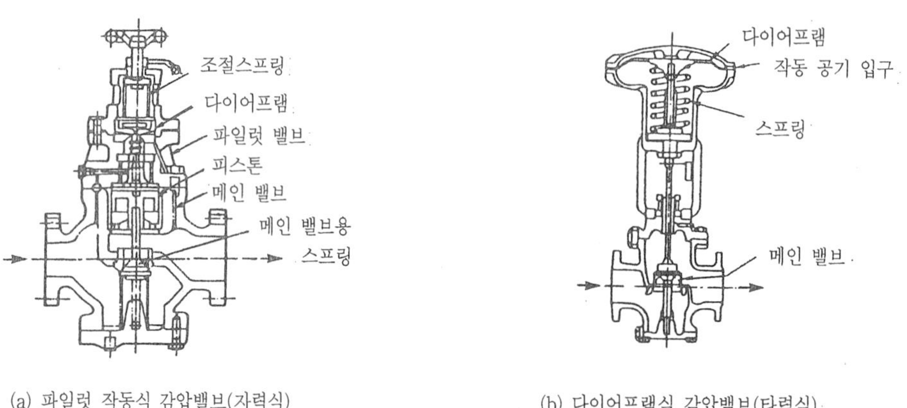

그림 2-33 감압밸브

(1) 감압 밸브(pressure reducing valve)

이 밸브는 고압관과 저압관 사이에 설치하여 고압측 압력을 필요한 압력으로 낮추어 저압측의 압력을 항상 일정하게 유지시키는 밸브이다. 감압 밸브는 고압측과 저압측의 압력비를 2:1 이내로 하고, 초과할 경우는 2개의 감압 밸브를 직렬로 사용하여 2단 감압시키는 것이 바람직하다. 압력제어 방법에 따라, 그림 2-33과 같은 자력식과 타력식 밸브가 있다.

① 감압밸브 선정시 고려할 사항

- 밸브의 치수(口徑) 또는 배관경(配管徑).
- 1차측 증기 압력(최대, 상용, 최소).
- 1차측의 증기 온도.

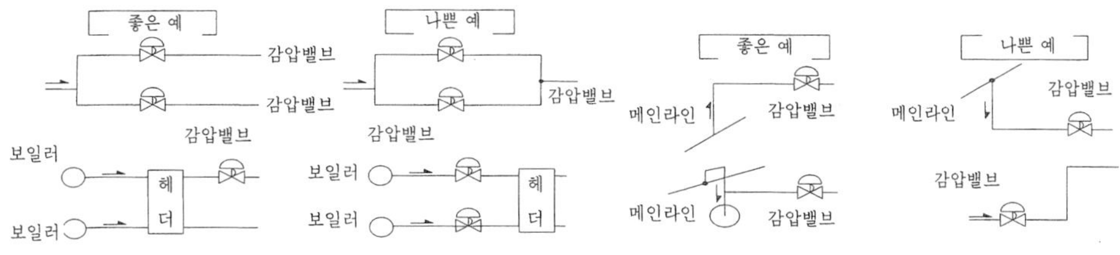

그림 2-34 감압 밸브 장착 방법

- 소요 2차 압력과 필요한 조절범위.
- 증기 유량(최대, 상용, 최소).
- 본체 및 주요부의 재질.
- 플랜지 규격.
- 기타 요구 사항

(2) 온도 조절 밸브(temperature regulating valve)

온도 조절 밸브는 열교환기와 가열기 등에 사용하는 것으로서, 기기속에 유체 온도를 자동

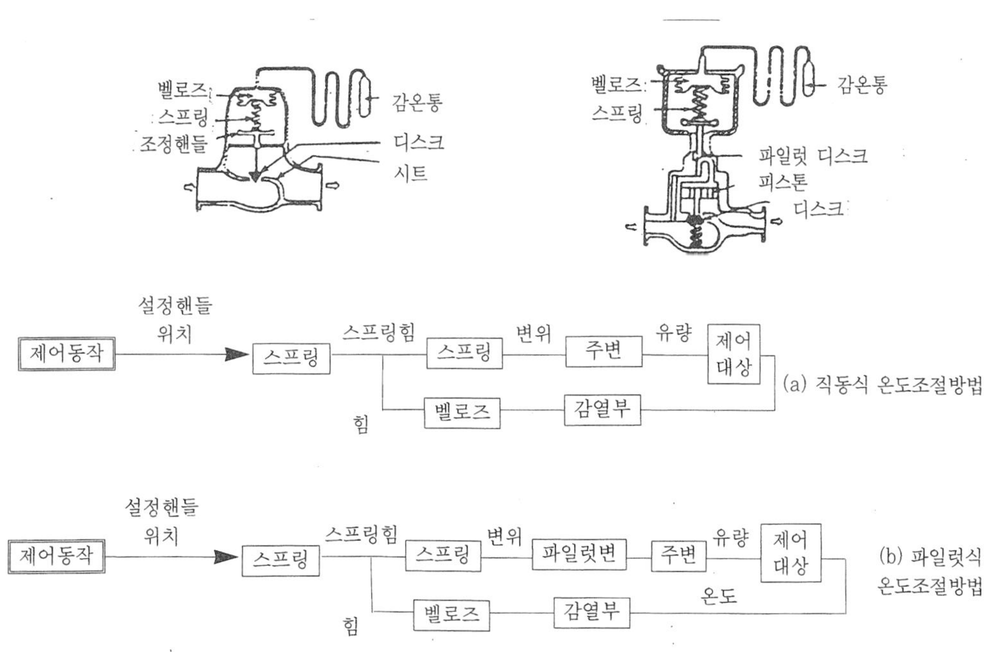

그림 2-35 온도조절 밸브의 온도 제어방법

적으로 조절하는 자동 제어 밸브이다. 온도에 의한 유량 조절 장치를 밸브에 부착한 것으로 벨로즈 또는 다이어프램과 감온통(感溫筒)이 도관에 연결되어 있다. 감온통은 열 교환기 등에 직접 설치하여 기기속의 온도에 따라 감온통 내의 유체가 팽창한다. 이 압력을 받아 벨로즈나 다이어프램이 작동을 하여 밸브의 개폐가 이루어지고, 기기속에 유입되는 기체 또는 유체의 유량을 조절한다.

① 온도 조절 밸브 선정시 고려할 사항

- 밸브의 구경(口徑) 또는 배관경(配管徑)
- 밸브를 통한 액체의 종류, 입구압력온도(入口壓力溫度)와 유량(최대, 상용, 최소).
- 최대 액량시(液量時)에 밸브의 허용압력 손실
- 조절할 온도(상용온도 필요 조절 범위) 또한 허용할 수 있는 조절온도 오차.
- 가열 또는 냉각되는 유체의 종류와 압력.

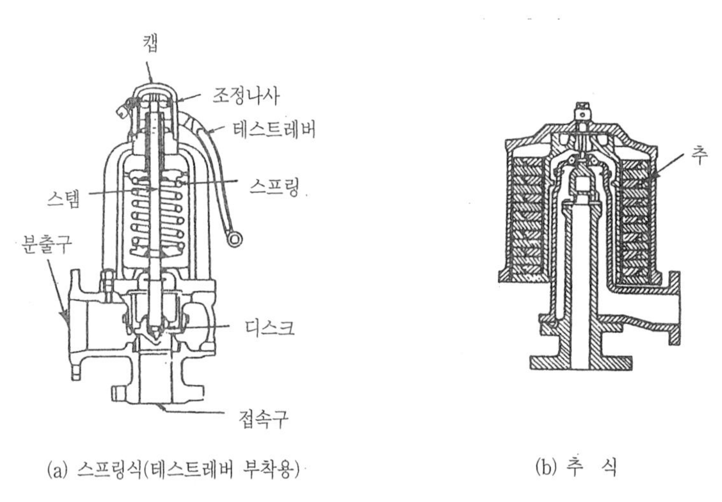

(a) 스프링식(테스트레버 부착용)　　(b) 추 식

그림 2-36 안전 밸브의 종류

- 특히, 요구조건이 있으면 본체 주위의 재질 플랜지 규격 감열통(感熱筒)의 재질과 이동관(移動管)의 길이 등

(3) 안전 밸브(safety valve)

보일러나 압력용기 등 고압의 유체를 취급하는 배관에 설치하여 관 또는 용기안의 압력이 규정한도 이상으로 되면, 자동적으로 외부로 방출하여 용기속의 압력을 항상 안전한 수준으로 유지해 주는 밸브이다. 작동방법에 따라 구분하면 스프링식, 추식, 지렛대식 안전 밸브가 있다.

① 스프링식 안전밸브

- 저양정식 : 밸브의 양정이 변좌구경의 1/40이상, 1/15미만의 것
- 고양정식 : 밸브의 양정이 변좌구경 1/15이상, 1/7미만의 것
- 전양정식 : 밸브의 양정이 변좌구경의 1/7 이상이고, 1/7 열렸을 때의 증기통로 면적보다도 다른 부분의 증기최소 통로면적이 10% 이상일 것

- 전량식 : 변좌구경이 목구경의 1.15배 이상이고, 열렸을 때 증기통로 면적이 목부 면적의 1.05배 이상이고, 변외 입구 및 관대의 증기통로 면적이 목부 면적의 1.7배 이상의 것

(주) 안전밸브 면적은 보일러의 전열면적에 정비례하고 증기압력에 반비례한다.

② 안전밸브의 분출 총면적 계산식

- 최고사용압력 $1kg/cm^2$ 이상의 증기보일러

$$A = \frac{22E}{1.03p+1}$$

A : 최소분출 총면적(mm^2)
E : 보일러의 최대증발량(kg/hr)
P : 분출압력(kg/cm^2)

- 최고 사용압력 $1kg/cm^2$ 이상의 고양정식 안전변

$$A = \frac{10E}{1.03p+1}$$

- 최고 사용압력 $1kg/cm^2$ 이하의 증기보일러이며 로우스터 면적이 $0.37m^2$ 이상인 경우

$$D = 27.3G+15$$

D : 안전판의 최소경(mm)
G : 로우스터 면적(m^2)
로우스터 면적이 0.37 이하인 경우 D = 68G 이다.

③ 안전밸브의 분출용량 산정식

- 저양정식 : W = (1.03p+1)S/22
- 고양정식 : W = (1.03p+1)S/10
- 전양정식 : W = (1.03p+1)S/5
- 전 량 식 : W = (1.03p+1)A/2.5

W : 분출용량(kg/h)
A : 목부의 단면적(mm^2)
P : 분출압력(kg/cm^2)
S : 밸브시트의 단면적(mm^2)

④ 증기 압력에 대한 스프링의 장력 T(kg)은 다음과 같다.

$$T = 2\times\frac{\pi d^2}{4}\cdot P$$

단, d:안전밸브의 직경(mm)

⑤ 지렛대식 안전밸브

안전밸브에 가해지는 전압력이 600kg을 넘을 경우 사용할 수 없다.

- 추의 중량 산출식

$$W = \left(\frac{\pi d^2}{4}\cdot P-W_1\right)\frac{l_1}{L} - \frac{W_2\, l_2}{L}$$

또는 $W = \frac{\pi d^2}{4} \cdot P \frac{l}{L}$

W : 추의 중량

W_1 : 안전판의 중량(kg)

W_2 : 레버의 중량(kg)

l_1 : 지지점과 판과의 거리(cm)

l_2 : 지지점과 레버의 중심과의 거리(cm)

d : 판의 지름(cm)

L : 지지점과 추의 거리(cm)

P : 분출압력(kg/cm²)

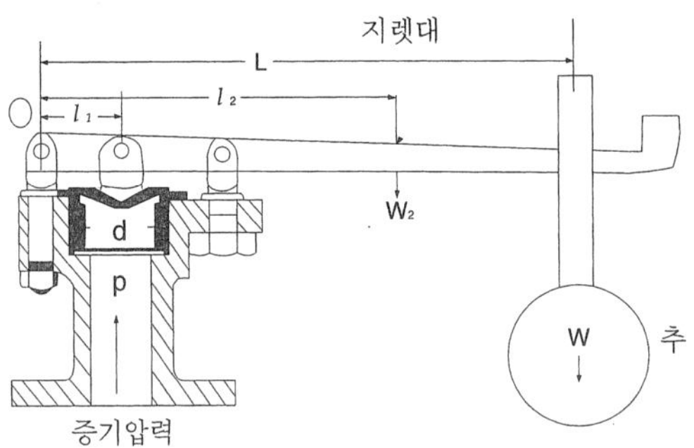

그림 2-37 지렛대식 안전변

- 설치기준

증기 보일러에는 안전밸브 2개 이상(전열면적 $50m^2$ 이하의 증기 보일러에서는 1개 이상)을 비치하여, 각 부의 압력이 당해부의 최고 사용 압력의 6%(이 값이 $0.35kgf/cm^2$ 미만일 때는 $0.35kgf/cm^2$)를 초과하여서는 안되며, 최대증발량을 분출할 수 있도록 그 크기와 수를 정해 수직으로 부착한다.

6-1-3. 밸브 디스크(disk)의 형상 및 작동법의 분류

그림 2-38 유체를 제어하는 디스크의 형상 및 구동방법에 의한 분류 참조

6-2. 트랩의 종류와 용도

6-2-1 증기 트랩(steam trap)

증기 트랩은 방열기의 환수구나 증기 배관의 말단에 설치하고, 응축수나 공기를 증기와 분리하여 자동적으로 환수관에 배출시키고 증기를 통과하지 않게 하는 장치이다.

(1) 열동식(熱動式) 트랩

열동식 트랩은 실리폰 트랩, 방열기 트랩이라고도 한다. 본체 속에 인청동 또는 스테인리스강의 얇은 판으로 만든 벨로즈가 들어있고, 이 벨로즈 안에는 휘발성이 높은 액

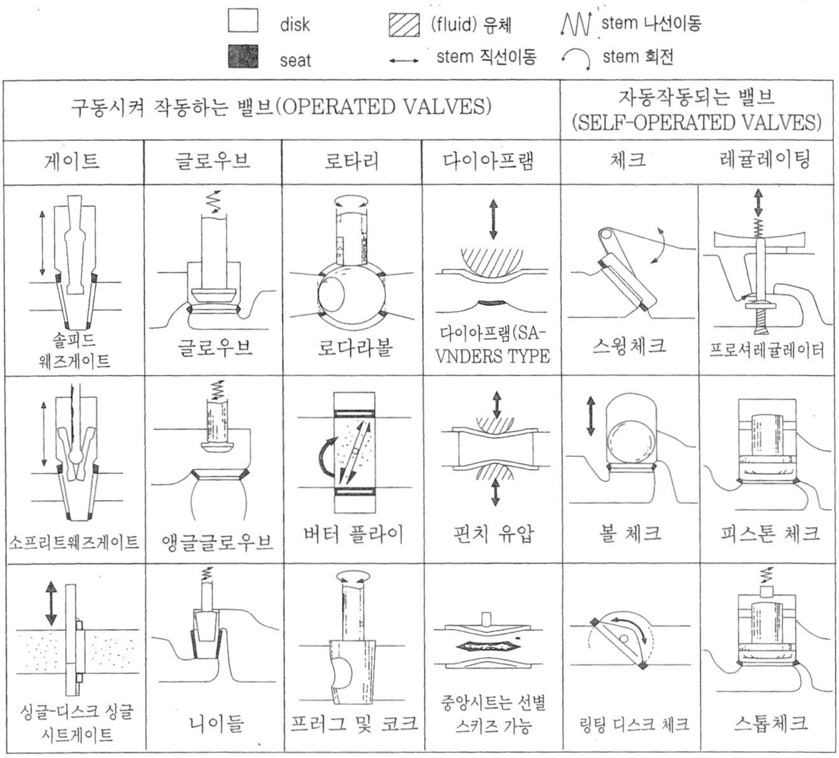

disk　(fluid) 유체　stem 나선이동
seat　stem 직선이동　stem 회전

구동시켜 작동하는 밸브(OPERATED VALVES)				자동작동되는 밸브 (SELF-OPERATED VALVES)	
게이트	글로우브	로타리	다이아프램	체크	레귤레이팅
솔피드 웨즈게이트	글로우브	로다라볼	다이아프램(SA-VNDERS TYPE	스윙체크	프로셔레귤레이터
소프리트웨즈게이트	앵글글로우브	버터 플라이	펀치 유압	볼 체크	피스톤 체크
싱글-디스크 싱글 시트게이트	니이들	프러그 및 코크	중앙시트는 선별 스키즈 가능	링팅 디스크 체크	스톱체크

그림 2-38 유체를 제어하는 디스크(Disk)의 형상 및 구동방법에 의한 분류

표 2-43 증기트랩의 종류

대분류(大分類)	동작원리(動作原理)	중분류(中分類)
기계적 트랩 (mechanical trap)	증기, 드레인(drain)의 비중 차	Bucket 형 상향(上向) bucket 하향(下向) buckot Float형 lever 부 float 형 자기조절식 orifice 형
온도조절 트랩 (thermostatic trap)	증기, 드레인의 온도 차	금속팽창형, 액체팽창형 증기팽창형, (bellows 형) 바이메탈형 (단책형 원판형
열역학적 트랩 (thermodynamic trap)	증기, 드레인의 열역학적 특성 차	임펄스형 디스크형 외기냉각식 공기보온식 증기가열복수냉각식 자동블로우프장치부

체(에테르)가 봉입되어 있다. 벨로즈의 주위에 증기가 인입하면 휘발성 액체는 증발하여 벨로즈가 수축하여 밸브가 열리며, 응축수나 공기가 자동적으로 환수관에 배출된다. 종류에는 앵글형과 스트레이트형이 있다.

(2) 열역학적 트랩

① 디스크형(disk type)

그림 2-39와 같은 구조로 되어 있는데, 운동에너지의 차이로 디스크를 작동시킨다. (b)의 증기 보온실은 변압실의 냉각을 지연시킴으로써 작동을 늦도록 한 구조이다. 디스크 트랩은 과열 증기에 사용가능하고 수격작용(water hammer)에 견디며 배관이

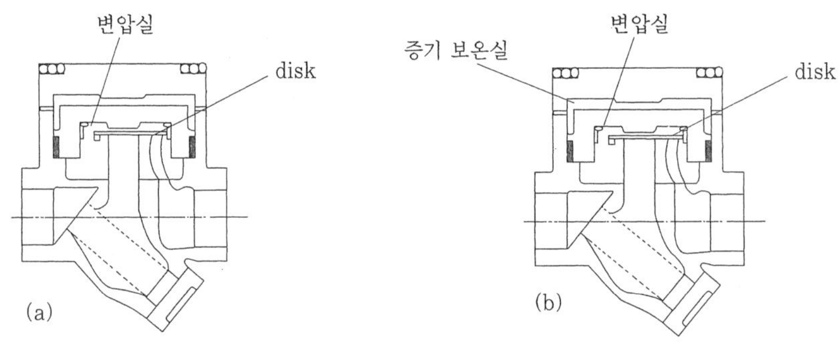

그림 2-39 디스크형 트랩

용이하나, 수평이 짧고, 낮은 입구압력(0.3kg/cm² 이하)이나 높은 배압(50%)에서는 작동되지 않으며, 소음발생, 공기장해, 증기누설 등의 단점을 가지고 있다.

② 오리피스(orifice)형

충격식 트랩(impulse trap)이라고도 하며, 응축수가 연속적으로 둘 또는 그 이상의 오리피스를 통과할 때 생성된 재증발 증기(flash steam)의 교축효과(throttling effect)를 이용한 것이다. 가장 단순한 것이 구형(舊形) 크랙밸브(cracked valve or drilled cock)이며, 더욱 개량한 것이 충격식인데 소형 경량이고, 연속 부하일 때는 가장 우수하나 일반적으로 증기누설, 정밀부품에 따른 고장, 배압제한의 단점이 있다.

(3) 기계식 트랩

① 바키트형(bucket type)

그림 2-40(a)는 상향 바키트형(open top bucked)인데, 바키트 내부의 응축수가 배출되면 바키트 외부 물의 부력에 의해 밸브가 닫히고, 바키트 그림(b)는 하향바키트(inverted bucked)이고 증기가 작동공으로 분출되어 응축수와 혼합됨에 따라, 바키트 내부의 수위가 점점 상승하여 바키트가 내려가면 밸브가 열려 바키트내의 증기가 들어오면 닫히도록 되어 있다.

이들 바키트 트랩은 견고하여 심한 수격작용이나 과열증기에 사용가능한 반면, 부피가 공기장해를 일으키기 쉽고(상향식), 최소한 바키트 체적 만큼의 증기 손실이 일어나는 (하향식) 단점이 있다.

② 부자형(float type)

그림(c)가 레버플로우트(lever float)형이고, 부자의 무게와 레버의 길이를 곱한 것이 밸브를 닫는 힘이고, 부자의 자중을 제외한 부력이 여는 힘이다. 연속 배출, 신뢰성, 부하 한계가 높으나 대형이고 수격작용에 약하며, 설계압력(設計壓力) 이상에서는 배출이 되지 않는다.

그림 (d)는 자유부자형(free float type)인데, 트랩내 응축수의 수위에 따라 부자의 위치가 결정되어 배출여부가 결정된다. 연속 배출이 되고 비교적 소형이며 부자의 마모가 잘되어 증기누설이 쉽고 수격작용에 약하다.

그림 (e)는 대용량을 위한 것이고, 그림 (f)는 소용량에서 대용량까지 쓸 수 있는 개량형이다.

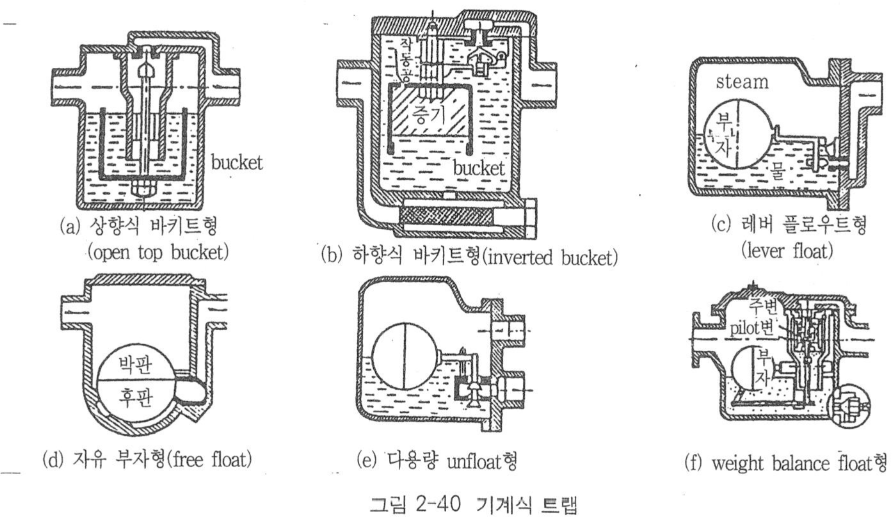

그림 2-40 기계식 트랩

6-2-2. 배수(排水) 트랩

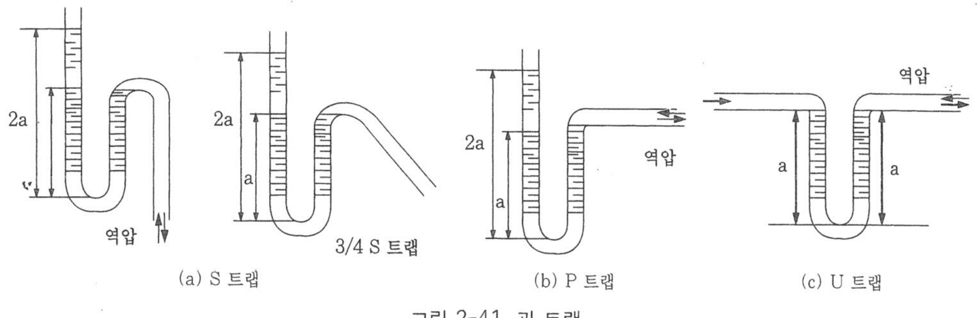

그림 2-41 관 트랩

하수관 또는 옥내배수관에서 발생하는 유해가스를 차단하기 위한 50~100mm의 봉수 깊이를 유지하는 기구인데 다음과 같은 종류가 있다.

(1) 관 트랩(pipe trap)

배수관의 일부에 물을 고이게한 사이펀(siphon)식인데 모양에 따라 S, P, U 트랩이 있다.

(2) 상자 트랩(box trap)

그림 2-42의 그림 (a)는 주로 바닥배수에 사용되는 벨(bell)형이며, (b)는 개숫물의 찌꺼기를 거르는 드럼(drum)형이고, 그림 (c)는 지방질을 제거하기 위해 조리대에 사용하는 그리이스(grease) 트랩이고, 그림 (d)는 배수에 기계유나 가솔린을 분리시키는 가솔린(gasoline) 트랩이다.

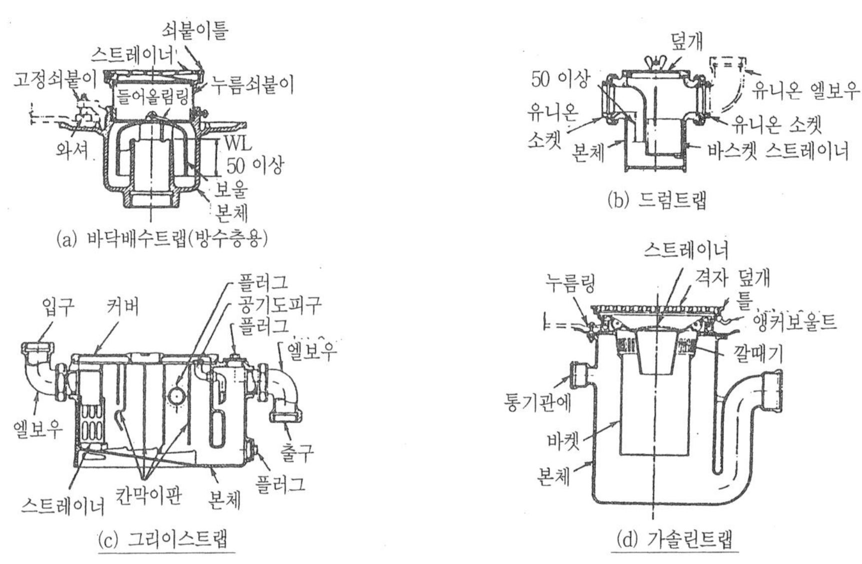

그림 2-42 상자 트랩

(3) 여과기(strainer)

여과기는 배관에 설치되는 밸브, 트랩, 기기(機器) 등의 앞에 설치하여 관속의 유체에 섞여 있는 모래, 쇠부스러기 등의 이물질을 제거하여 기기의 성능을 보호하는 기구이며 스트레이너(strainer)라고도 한다.

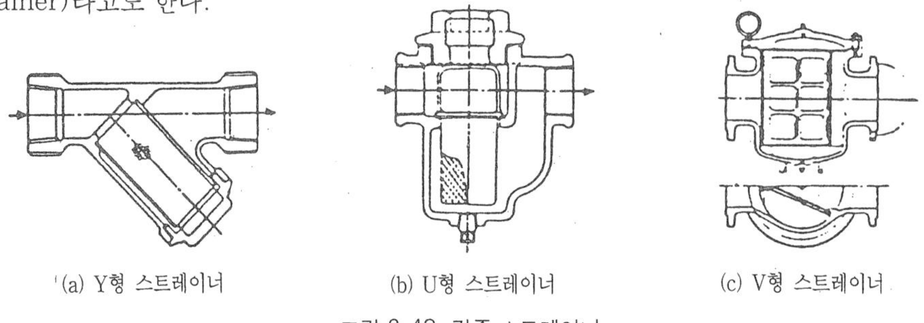

그림 2-43 각종 스트레이너

모양에 따라 Y형, U형, V형 등이 있다. 몸체 속에는 유체에 섞여 있는 이물질을 거르기 위한 철망이 있으며, 이 철망은 자주 꺼내어 청소하지 않으면 눈이 막혀 저항이 커진다.

제7절 단열재료, 패킹 및 도료

단열(斷熱)은 열절연이라고도 하며, 고온도의 유체에서 저온도의 유체로 열 이동을 차단하는 것을 말한다.

또한 패킹은 기계의 작은 일부를 차지하는데 불과하지만, 그 기능상의 결함은 장치 전체에 막대한 영향을 초래하며 유체의 종류, 특성, 압력, 온도 등은 매우 광범위하게 패킹에 영향을 미친다.

배관의 도장은 미관을 주목적으로 하는 것과, 방식을 주목적으로 하는 것, 색깔 분별에 의한 식별을 목적으로 하는 것 등을 들 수 있다.

7-1. 단열재의 종류와 용도

단열은 열절연이라고도 하며, 고온도의 유체에서 저온도 유체로의 열 이동을 차단하는 것을 말한다. 단열재는 그 사용 목적에 따라 보온재, 보냉재, 단열재 등으로 구별해서 부를 때도 있으나 일괄해서 보온재라 부를 때가 많다.

한편, 시공을 표시할 때에는 보온공사, 보냉공사, 방로공사 등으로 구별해서 표현한다.

보온재의 종류에는 유기질 보온재와 무기질 보온재로 나누며 유기질 보온재는 펠트, 탄화코르크, 기포성 수지 등이고 무기질 보온재는 석면, 암면, 규조토, 탄산 마그네슘, 유리섬유, 슬래그 섬유, 글라스울, 폼 등이 있다. 무기질은 일반적으로 높은 온도에서 사용할 수 있으며, 유기질은 비교적 낮은 온도에서 사용한다.

7-1-1. 유기질 보온재

(1) 펠트(felt)

재료에는 양모, 우모 등의 동물성 섬유로 만든 것과 삼베, 면 그 밖의 식물성 섬유를 혼합하여 만든 것이 있다.

동물성 펠트는 100°C 이하의 배관에 사용하며, 아스팔트와 아스팔트 천을 이용하여 방습가공한 것은 -60°C 정도까지의 보냉용으로 사용한다.

(2) 코르크(cork)

천연 코르크를 압축 가공하여 만든 것으로 액체 또는 기체의 침투력을 방지하며, 보온·보냉 효과가 좋다. 탄화 코르크는 판형, 원통형의 모형으로 압축한 다음 300°C로 가열하여 만든 것인데, 재질이 여리고 굽힘성이 없어 곡면에 사용하면 균열이 생기기 쉽다. 냉수·냉매배관, 냉각기, 펌프 등의 보냉용에 사용된다.

(3) 기포성 수지

합성수지 또는 고무질 재료를 사용하여 다공질 제품으로 만든 것이다. 이것은 열 전도율이 낮고 가벼우며, 부드럽고 불연성이기 때문에 보온 · 보냉 재료로서 효과가 좋다.

7-1-2. 무기질 보온재

(1) 석면

석면은 아스베스토스(asbestos)를 주원료로 하여 만든 것인데, 400°C 이하의 파이프, 탱크, 노벽 등의 보온재로 적합하다.

400°C 이상에서는 탈수 분해하고 800°C에서는 강도와 보온성을 잃게 된다.

석면은 사용 중에 부서지거나 뭉그러지지 않아서 진동이 있는 장치의 보온재로 많이 사용된다.

(2) 암면

안산암(andesite), 현무암(basalt)에 석회석을 섞어 용융하여 섬유 모양으로 만든 것이다. 석면에 비해 섬유가 거칠고 굳어서 부서지기 쉬운 결점이 있다. 암면은 식물성 내열성 합성 수지 등의 접착제를 써서 띠모양, 판모양, 원통형으로 가공하여 400°C 이하의 파이프, 덕트, 탱크 등의 보온재로 사용하다.

(3) 규조토

규조토는 광물질의 잔해 퇴적물로 좋은 것은 순백색이고 부드러우나, 일반적으로 사용되고 있는 것은 불순물을 함유하고 있어 황색이나 회녹색을 띠고 있다. 단독으로 성형할 수 없고 점토 또는 탄산 마그네슘을 가하여 형틀에 압축 성형한다.

규조토(diatomaceous earth)는 다른 보온재에 비해 단열 효과가 떨어지므로 두껍게 시공해야 하는데 500°C 이하의 파이프, 탱크 노벽 등의 보온에 사용한다.

(4) 탄산 마그네슘($MgCO_3$)

염기성 탄산 마그네슘 85%, 석면 15%를 배합한 것으로 물에 개어서 사용하는 보온재이다. 열 전도율이 가장 낮으며 300~320°C에서 열 분해한다. 방습 가공한 것은 옥외나 암거 배관의 습기가 많은 곳에 사용하며, 250°C 이하의 파이프 탱크 등의 보냉용으로도 사용한다.

7-2. 패킹의 종류와 용도

패킹의 결함은 기계의 원활한 운전을 저해할 뿐만 아니라 공장내의 오염, 화재, 열손실 재해의 원인이 되므로, 적절한 패킹을 선정 사용한다는 것은 매우 중요하다고 할 수 있다.

오늘날 산업의 발전은 관내 유체의 종류, 특성, 온도 등을 더욱더 광대하게 하여 패킹에 주는 영향을 한층 더 복잡하게 만들고 있다.

패킹 재료를 선택할 때 고려해야 할 사항은 다음과 같다.

- 관 속에 흐르는 유체의 물리적인 성질 : 압력, 온도, 밀도, 점도 상태를 알아본다.
- 관 속에 흐르는 유체의 화학적인 성질 : 부식성, 용해 능력, 휘발성, 인화성, 폭발성 등을 알아본다.
- 기계적인 조건 : 교체의 난이, 진동의 유무, 내압과 외압을 알아 본다.

7-2-1. 가스케트 패킹(gasket packing)

가스케트는 흔히 소홀히 하기 쉬우나 플랜지면의 정밀도를 보증 하는데 있어서 매우 중 요한 구실을 한다. 가스케트를 선정하는데 있어서는 ① 가스케트의 경도 ② 시일면의 형상, ③ 플랜지의 형상 및 레이팅, ④ 재료의 내식성 등에 대해 종합적으로 검토한다. 가스케트는 그 성질에 따라 여러 가지의 고유의 값을 가진다. 그 하나로서 최소유효 죔압력 (Y)가 있다. 유체압에 관계 없이 가스케트면과 플랜지면을 적응시키는데 필요한 면압이며, 이 이하의 값으로는 가스케트는 플랜지에 밀착되지 않아 시일은 보증될 수 없다. 이 값은 그 성질상 당연히 연질이고 치밀한 재료일수록 작다. 다음으로 중요한 인자로서 가스케트 계수 (m)이 있다. 이것은 유체압력과의 관계를 표시하는 것이며, 내압이 P_1의 경우 필요 잔류 압축응력을 P로하면 $m=P/P_1$, $P=mP_1$의 관계가 되어 P 이상의 잔류면압이 없으면 유체는 시일되지 않는다. m의 값은 경질의 것일 수록 크며 시일에 필요한 면압은 커진다. 따라서 m의 값이 클수록 시일면을 좁게 한다. ANSI에서는 이 값에 따라 가스케트를 그룹으로 나눠서 가스케트 폭을 규정하고 있다. 이것은 또 플랜지의 레이팅과도 관계가 있어서 지나치게 (m) 및 (y)가 큰 가스케트를 낮은 레이팅의 플랜지에 사용하면 플랜지가 변형하게 된다. 이상에서 저압서어비스의 경우에는 (y)가 고압서어비스의 경우에는 m이 가스케트 선정의 기준이 되는 것을 알 수 있다.

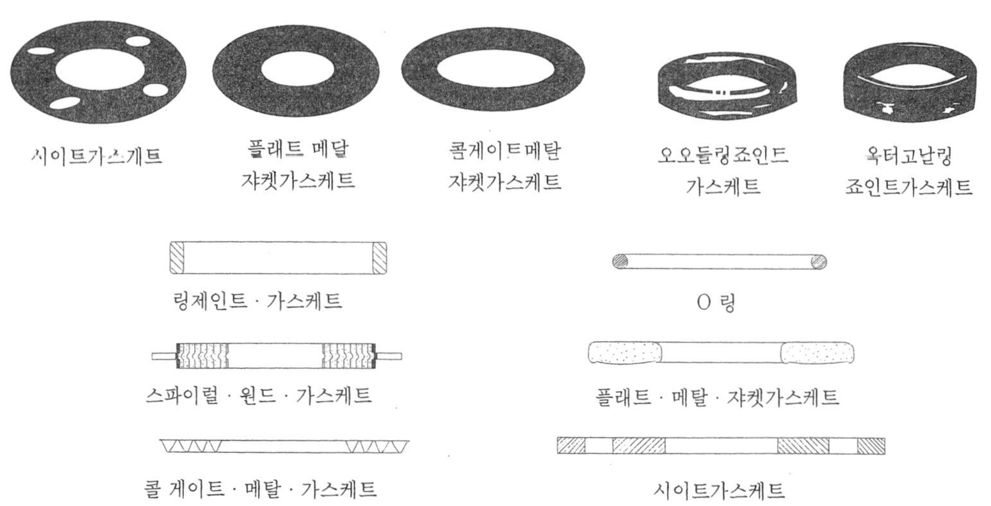

그림 2-24 가스케트 종류

표 2-44 가스케트 재료 및 접촉면

운항상태일 경우의 가스케트 계수(m) 및 면압력 최소설계치 y(kg/cm²)				
가스케트 재료		가스케드 계수 (m)	면압력최소설계치 y(kg/cm²)	형태
고무(직물 또는 다량의 아스베스트파이버를 함유치 않은 것)				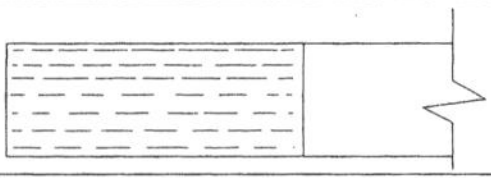
쇼어 경도계 75 미만		0.50	0	
쇼어 경도계 75 이상		1.00	14	
운항 조건에 적당한 바인더를 넣은 아스베스트	두께 3.2	2.00	113	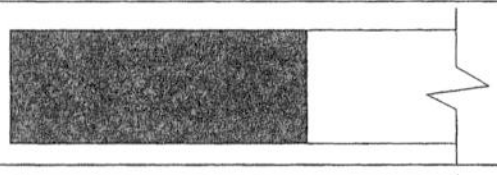
	두께 1.6	2.75	262	
	두께 0.8	3.50	460	
선직물이 들어간 고무		1.25	28	
아스베스트직물이 들어간 고무 (와이어의 보강유무에 관계없음)	3층	2.25	156	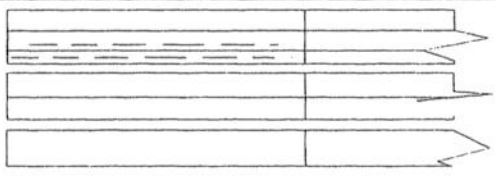
	2층	2.50	205	
	1층	2.75	262	
직물 파이버		1.75	78	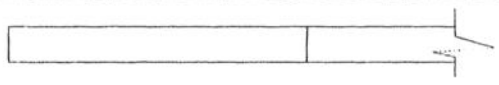
금속을 소용돌이상으로 하고 아스베스트 충분한 것	탄소강 스테인레스	2.50	205	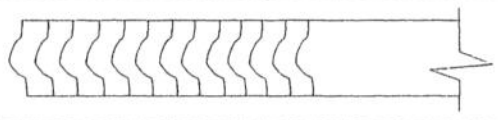
	또는 모델	3.00	318	
파형금속이고 아스베스트를 넣은 것 또는 파형금속이고 아스베스트를 충분한 쟈켓을 가진 것	연질알루	2.50	205	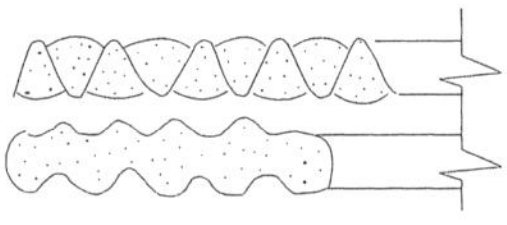
	연질강 또는 황동	2.75	262	
	철 또는 연강	3.00	318	
	모넬 또는 4~6% 크롬	3.25	388	
	스테인레스강	3.50	460	
파형금속	연질알루미늄	2.75	262	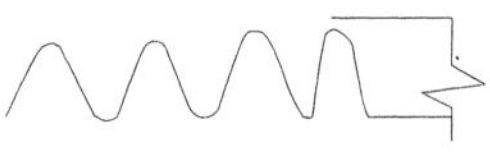
	연질강 또는 황동	3.00	318	
	철 또는 연강	3.25	388	
	모넬 또는 4~6% 크롬	3.50	460	
	스테인레스 강	3.75	538	
평평한 금속이고 아스베스트를 충분한 쟈켓을 가진 것	연질알루미늄	3.25	388	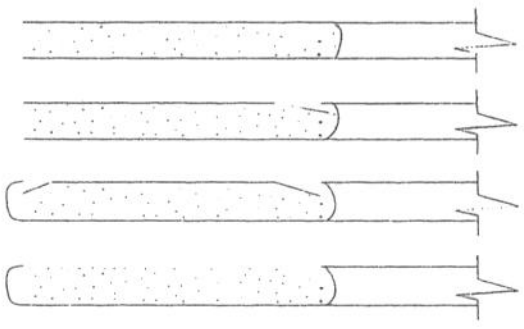
	연질강 또는 황동	3.50	460	
	철 또는 연강	3.75	538	
	모넬 또는	3.50	565	
	4~6% 크롬	3.75	636	
	스테인레스 강	3.75	636	
홈을 낸 철 또는 연동메달 (쟈켓의 유무에 관계없음)	연질알루미늄	3.25	388	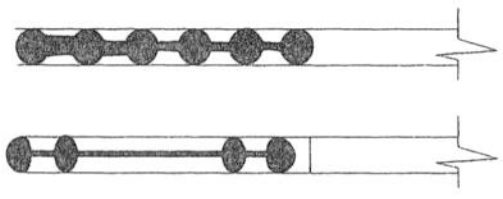
	연질강 또는 황동	3.50	460	
	철 또는 연강	3.75	538	
	모델 또는 4~6% 크롬	3.75	636	
	스테인레스 강	4.25	712	
솔리드가 평평한 금속	연질알루미늄	4.00	622	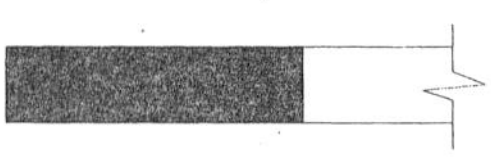
	연질강 또는 황동	4.75	918	
	철 또는 연강	5.50	1270	
	모넬 또는 4~6% 크롬	6.00	1540	
	스테인레스 강	6.50	1840	
링죠인트	철 또는 연강	5.50	1270	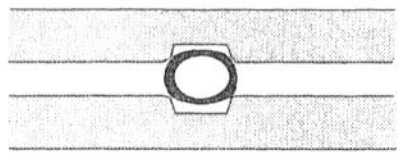
	모넬 또는 4~6% 크롬	6.00	1540	
	스테인레스 강	6.50	1840	

7-3. 배관 도장 재료

도장 공사는 도장면의 미관이나 방식을 목적으로 하는 것, 색깔 분별에 의한 식별을 목적으로 하는 것, 기타 방음, 방열, 방습 등 특별한 목적을 갖고 있는 것들이 있다. 방식을 주로 해서 고려하는 도장을 방청공사, 미관이나 식별을 고려한 도장을 도장 공사라 흔히 부른다.

7-3-1. 도료의 종류와 용도

(1) 광명단 도료

연단(minium)을 아마인유(Inseed)와 혼합하여 만들며 녹을 방지하기 위해 페인트 밑칠 및 다른 착색 도료의 초벽(under coating)으로 우수하다. 밀착력이 강하고 도막(途膜)도 단단하여 풍화에 강하므로 방청도료로서 기기류의 도장 밑칠에 널리 사용된다.

(2) 합성수지 도료

① 프탈산(phthalic acid) : 상온에서 도막을 건조시키는 도료이다. 내후성, 내유성이 우수하며 내수성은 불량하고 특히, 5°C 이하의 온도에서 건조가 잘 안된다.

② 요소(尿素) 멜라민(melamine) : 내열 · 내유 · 내수성이 좋다. 특수한 부식에서 금속을 보호하기 위한 내열도료로 사용되고, 내열도는 150~200°C 정도이며 베이킹 도료로 사용된다.

③ 염화 비닐계 : 내약품성, 내유 · 내산성이 우수하여 금속의 방식도료로서 우수하다. 부착력과 내후성이 나쁘며 내열성이 약한 결점이 있다.

④ 실리콘 수지계 : 요소 멜라민계와 같이 내열도료 및 베이킹 도료로 사용한다.

(3) 알루미늄 도료

알루미늄 분말에 유성 바니스를 섞어 만든 도료로서 알루미늄 도막은 금속 광택이 있으며 열을 잘 반사한다. 400~500°C의 내열성을 지니고 있어 난방용 방열기 등의 외면에 도장한다. 은분이라고도 하며 수분이나 습기가 통하기 어렵기 때문에 내구성이 풍부한 도막이 형성된다.

(4) 산화철 도료

산화 제2철에 보일유나 아마인유를 섞어 만든 도료로써 도막이 부드럽고 가격은 저렴하나 녹방지 효과는 불량하다.

(5) 타르 및 아스팔트

관의 벽면에 타르 및 아스팔트를 도포해 내식성 도막을 형성하여 물과의 접촉을 막아 부식을 방지하나, 노출시에는 외부적 원인에 따라 균열이 생기거나 박리하는 등의 결점이 있다. 철관 등에 도장할 때는 130°C 정도로 가열해서 사용하는 것이 좋다.

(6) 고농도 아연도료

최근 배관 공사에 많이 사용되는 방청도료의 일종으로서, 도료를 칠했을 경우 생기는 핀홀(pin hole) 등의 곳에 물이 고여도 주위의 철 대신 아연이 희생 전극이 되어 부식되므로, 철을 부식으로부터 방지하는 전기 부식 작용이 생기는 특징이 있어 오랫동안 미관을 유지할 수 있다.

7-4. 배관의 식별표시(配管識別表示)

배관의 식별표시는 공장 · 광산, 기타의 사업장 · 선박 · 차축 및 일반 건축물 등의 배관에 식별색 · 기호, 그 밖의 표시를 함으로써, 안전의 증가를 도모하고 관 계통의 취급을 용이하게 하여 배관의 보수관리를 능률적으로 하기위한 것이다.

7-4-1. 색채에 의한 식별 표시방법

표 2-45 물질의 종류와 식별색

종 류	식 별 색
물	청
증기	어두운 적
공기	백
가스	황
산 또는 알카리	회자
기름	어두운 황적
전기	연한 황적

주) 기타의 물질에 관해서 식별색이 필요할 때는 여기에 규정된 식별색 이외의 것을 사용한다.

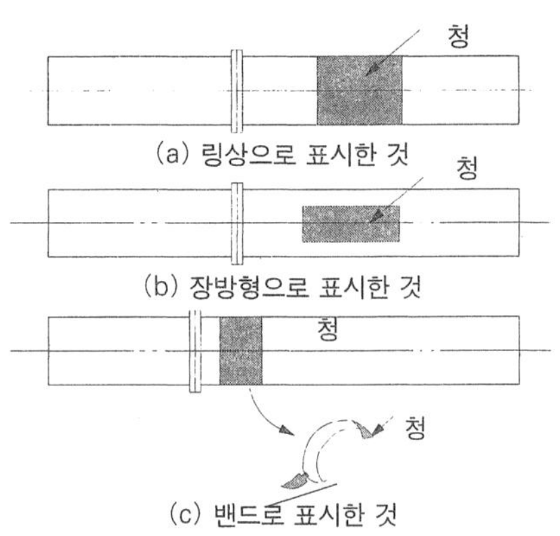

그림 2-45 식별색의 표시(물의 경우)

7-4-2 기호에 의한 식별 표시방법

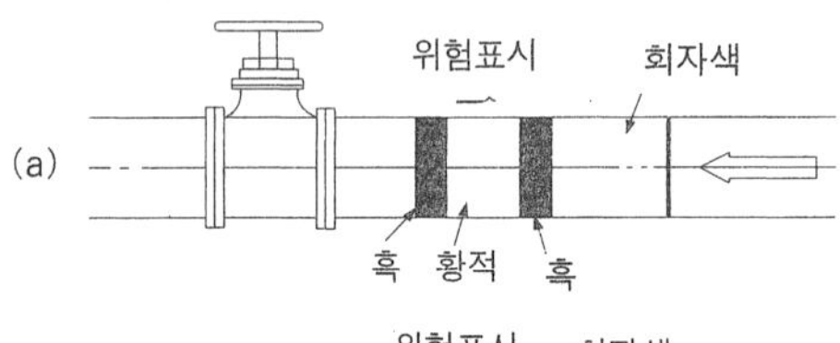

그림 2-46 식별기호와 위험표시의 예 (황산의 경우)

표 2-46 식별기호

식별기호	예
생략 안된 명칭에 의함	음료수, 황산
화학기호에 의함	H_2O, H_2SO_4
숫자기호에 의함	10, 15

제8절 관의 부식작용과 방식법

8-1. 부식의 발생기구

자연 환경에서 물이 금속표면에 접촉하는 것은 금속이 부식하는 조건이 된다. 이같은 습식부식의 발생기구는 물과 금속의 전기 화학적 반응으로 설명된다. 그 예의 설명은 그림 2-47과 같다.

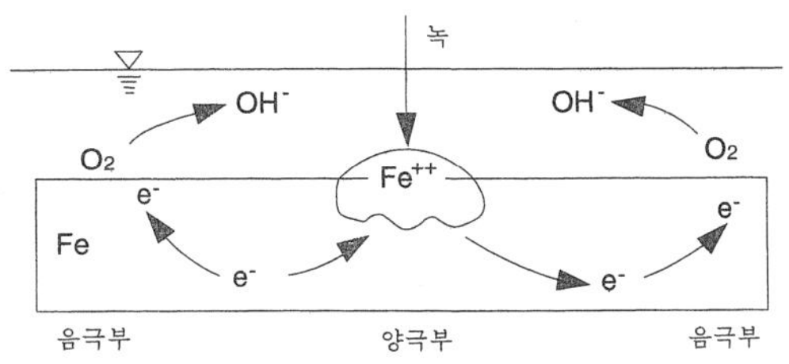

그림 2- 47 부식의 발생기구

철은 양극부에서 Fe 이온(ion)과 전자로 나누어진다.

$Fe \rightarrow Fe^{++} + 2e^{-}$

이와 같이 전자를 방출하는 반응을 산화반응(Anode 反應)이라 한다. 그래서 철은 Fe 이온이 되어 물속으로 녹아 들고, 전자는 금속체를 통해서 음극으로 이동한다. 물속이 중성 또는 알칼리(alkali)이면 음극부는 물속에 녹아 있는 산소에 의해 수산이온을 만든다.

$O_2 + 2H_2O + 4e \rightarrow 4OH^{-}$

또, 산성용액 중에서는 pH에 따라 다음의 반응이 일어난다.

$2H^{+} + 2e^{-} \rightarrow 2H \rightarrow H_2$

$2H^{+} + \frac{1}{2}O_2 + 2e^{-} \rightarrow H_2O$

즉, 수소기스를 발생시키거나 물로 만든다. 이런 반응을 환원반응(cathode 反應)이라 하며, 산소가 환원되어 수산 이온이 되고 철 이온이 수산이온을 끌어 당겨 제1수산화철 $Fe(OH_2)$가 된다.

$Fe^{++} + 2OH^{-} \rightarrow Fe(OH)_2$

다음에 물 속에 있는 산소에 의해서 제1수산화철은 산화되어 수산화 제2철 $Fe(OH)_3$이 된다.

$4Fe(OH)_2 + O_2 + 2H_2O \rightarrow 4Fe(OH)_3$

이 화합물은 불안정해서 붉은 녹($Fe_4O_3 \cdot 3H_2O$)으로 변한다.

금속 표면은 결정조직, 미소원소의 불균일, 표면조도, 내부잔유 응력 등에 의해 물이 접촉하고 있는 곳의 전위는 국부적으로 달라져 상호간에 전지를 형성하고 있다. 이 전지를 국부전지라 부르고 전위가 높은 부분이 음극부, 전위가 낮은 부분이 양극부가 되어 철이 4이온이 되어 물속에 유출하는 양극부가 부식이 된다. 다음은 금속의 이온화 경향의 순서를 나타낸 것이다.

K 〉Ca 〉Na 〉Mg 〉Al 〉Zn 〉Fe 〉Ni 〉Sn 〉Pb 〉H 〉Cu 〉Hg 〉Ag 〉Pt 〉Au

8-2. 전기 화학적 부식의 예

8-2-1. 대기부식(大氣腐蝕)

대기 중에 노출된 재료의 물과 산소에 의한 부식도 전기 화학적인 반응에 의한 부식이다. 실제 배관에서 도장하지 않고 사용하는 예는 특수 재료를 제외하고는 거의 없으며, 도장이 완전하다면 부식이 되지 않는다고 봐도 된다. 도장하지 않는 탄소강의 부식속도는 해안 지대라든가 공업지대라든가에 따라 다르지만 연간 100~300μ 정도이다.

배관에서는 일반적으로 관 외부의 부식값은 무시된 실정이고 내부 유체의 온도에 따라 보온, 보냉하는 경우 도장하지 않는 것이 보통인데, 이것은 보온 보냉제가 대기부식을 방지한다고 생각되기 때문이다. 또, 도장하기 어려운 곳이나 외적 미감 때문에 도장하지 않는 곳에는 내후성강(탄소강에 Cu, P, Cr, Ni, Mo 등을 소량 첨가한 저합금강)을 사용하기도 하는데, 초기의 부식은 탄소강과 같지만 녹이 치밀하게 밀착되어 더 이상 녹이 슬기가 어렵기 때문이다. 탄소강과 비교하여 보면 대기환경에서의 내후성은 2~4배 정도이다.

8-2-2. 땅 속 부식

흙 속에 있는 금속 재료의 부식도 전기 화학적 반응으로 설명되는 부식이며, 물의 pH,통기성 토질에 따라 다른데 바닷물, 담수 대기 환경에 비해 일반적으로 복잡한 현상이 일어난다. 한편 부식 속도면에서 보면 바닷물, 담수 등에 비해 느리다. 땅속에 매설된 관은 그 길이가 길고 각종 토질 속을 지나므로 관은 국부적으로 부식된다.

(1) 미주 전류에 의한 부식

흙 속에 있다는 매설관의 일부에 전류가 유입하면 그 전류가 다시 흙속으로 유출되는데, 이 때 유출부의 매설관이 금속 이온이 되어 부식한다. 이것을 전식(電蝕)이라 한다. 이와 같은 미주전류(迷走電流)에 의한 전식을 방지하는 데는 그림의 B부분 관과 레일(rail)을 전선으로 연결해서 귀류시키는 선택 배류법(選擇排流法)을 쓰고 있다.

(2) 거대 전지 작용(macro-cell)에 의한 부식

매설된 관은 흙속에 산소나 물의 공급량이 전 길이에 걸쳐 균일하지 않기 때문에 광범위하게 걸

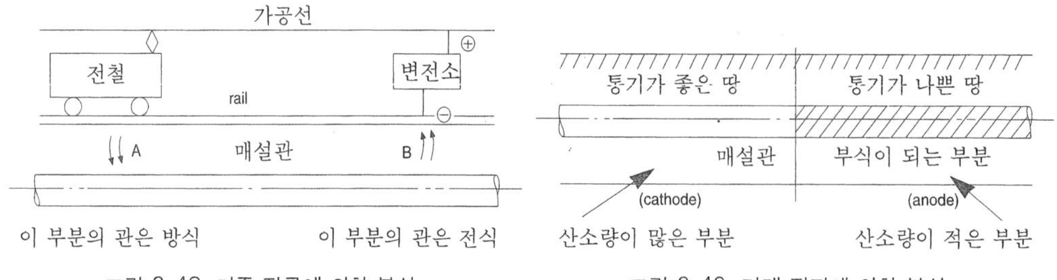

그림 2-48 미주 전류에 의한 부식

그림 2-49 거대 전지에 의한 부식

친 거대전지가 형성된다. 그림 2-49와 같이 산소가 많은 곳이 음극, 적은 곳이 양극이 되어, 산소 농염전지(通氣差電池)가 된 양극 부분이 부식된다. 특히, 음극이 넓고 양극이 좁으면 국부부식이 격심해져 부식 속도가 빠르다. 거대전지 작용에 의한 부식을 방지하는 데는 페인트나 콜타르 등으로 피복하는 방법과 전기 방식법이 있는데, 어느 한쪽보다 양자를 병용하는 것이 좋다.

(3) 국부 전지 작용(micro-cell)에 의한 금속 재료의 성분이 불균일하거나 접촉하고 있는 외적환경이 불균일하므로, 금속 표면에 국부적인 산소 공급이 달라져서 산소 농염전지를 형성하여 부식된다. 외관상 전면적으로 녹이 덮여 있어서 전면 부식처럼 보이나 실제는 그림 2-50과 같이 국부전지가 다수 생긴 것이다. 이의 방지법은 거대 전기 작용에 의한 부식 방지법과 같다.

(4) 이종 금속의 접촉에 의한 부식(galvanic corrosion)

두 이종 금속이 그림 2-51과 같은 환경이 되면 전위차가 존재하게 되고, 이들 사이에 전자의 이동이 일어난다. 따라서 귀전위(貴電位)를 가진 금속의 부식은 감소되고 활성전위(活性電位)를 가진 금속의 부식은 촉진된다. 갈바니(galvanic) 부식을 방지 또는 감소시키는 방지책은 다음과 같다.

① 이종 금속을 피할 수 없을 때는 가능한 갈바니 계열에서 방식측에 가까이 위치하고 있는 것을 선택한다(표 2-45 참조).

② 소양극 - 대음극의 위험 원리를 기억하여 피한다.

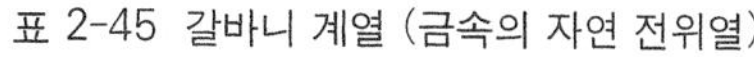
표 2-45 갈바니 계열 (금속의 자연 전위열)

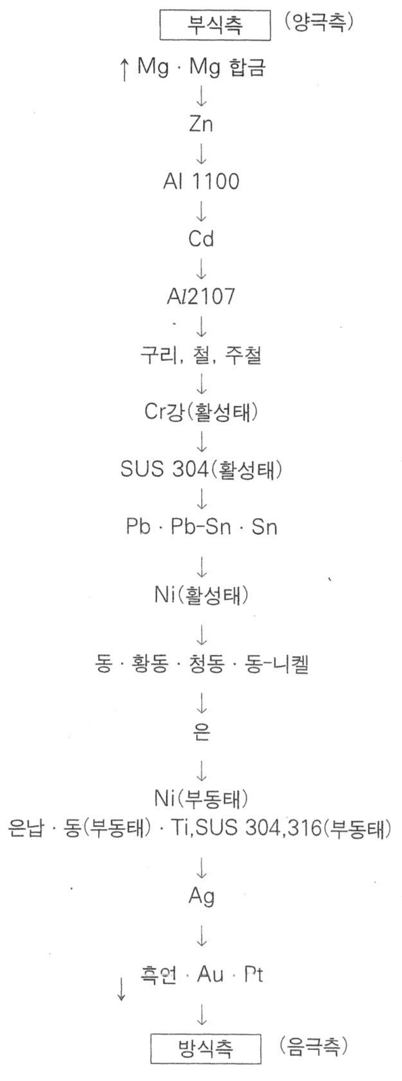
부식측 (양극측)
↑ Mg · Mg 합금
↓
Zn
↓
Al 1100
↓
Cd
↓
Al2107
↓
구리, 철, 주철
↓
Cr강(활성태)
↓
SUS 304(활성태)
↓
Pb · Pb-Sn · Sn
↓
Ni(활성태)
↓
동 · 황동 · 청동 · 동-니켈
↓
은
↓
Ni(부동태)
은납 · 동(부동태) · Ti,SUS 304,316(부동태)
↓
Ag
↓
↓ 흑연 · Au · Pt
↓
방식측 (음극측)

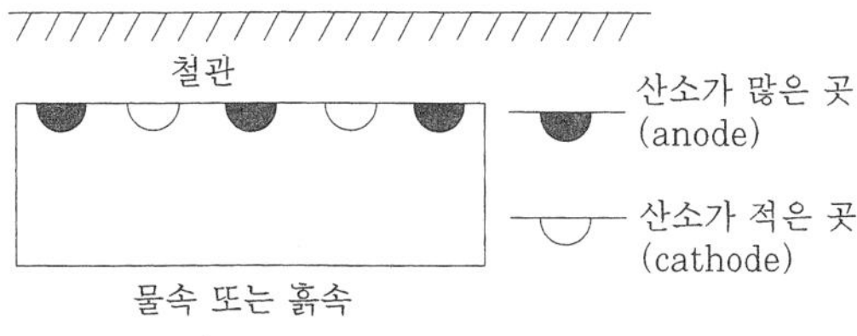

그림 2-50 국부 전지에 의한 부식

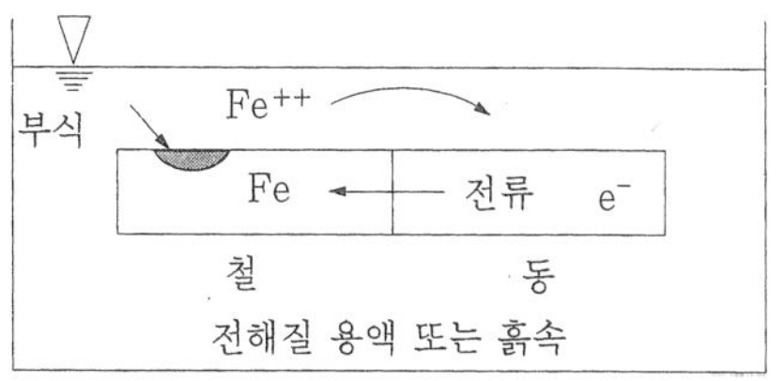

그림 2-51 갈바니 부식의 예

③ 가능하면 이종 금속간의 절연을 완전하게 차단한다(그림 2-52 참조).
④ 도장은 신중을 기하여 완전하게 한다.
⑤ 부식 억제제(corrosion inhibtor)를 첨가한다.
⑥ 양극부분은 쉽게 대치할 수 있게 또는 양극부를 보다 두껍게 한다.
⑦ 갈바니 접촉을 이루고 있는 두 금속보다 전위가 덜한 제3의 금속(희생양극)에 Zn 피복을 하여 설치한다.

8-3. 기타 부식

8-3-1 응력 부식 균열(stress corrosion cracking)

금속 재료에 정적응력과 부식작용을 동시에 받고 있을 때는 표면에 균열이 발생하는 수가 있다. 이것을 응력부식균열(S.C.C)이라 한다.

8-3-2 고온 부식

온도의 상승이 많은 경우에 부식을 촉진시키고, 금속 재료가 공기나 산소가스, 수증기 등을 포함하는 연소 가스의 분위기 속에서 고온으로 가열되면 산화해서 표면이 산화 스케일을 생성하는 고온 산화라든가, 고온에서 금속 재료가 수소와 접촉해서 일어나는 수소 침식 등으로 부식된다. 이런 것을 총칭해서 고온 부식이라 한다.

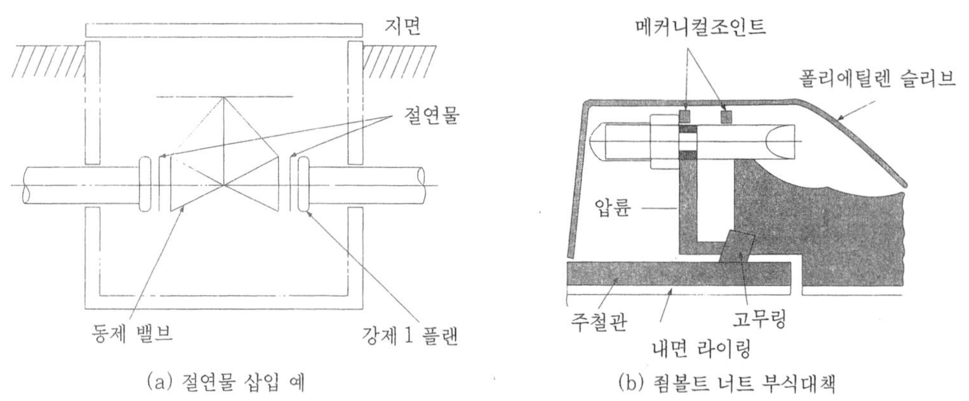

그림 2-52 절연물 삽입 및 좀볼트 너트 부식 대책

제3장

관공작 일반

제 3 장

관공작 일반(管工作一般)

배관은 관의 공작으로부터 시공되며, 또한 관의 공작은 절단, 나사내기, 벤딩(bending), 확관, 접합 및 접속 작업으로 구분할 수 있다. 이들 공작은 관의 사용 목적에 따라 적합한 가공을 하여야 하며, 사용관(管)의 종류와 용도에 따라 알맞는 공구 및 기계 등을 선택하여 가공하여야 한다.

제1절 강관 공작용 공구 및 기계

1-1. 강관 공작용 공구

1-1-1. 파이프 커터(pipe cutter) : 관을 절단할 때 사용되며, 1개의 날에 2개의 로울러가 있는 것과 3개의 날이 있는 것이 있다. 크기는 관을 절단할 수 있는 관경(管徑)으로 표시한다.

1-1-2. 쇠톱(hack saw) : 관 절단용 공구로서 피팅홀(fitting hole)의 간격에 따라 200mm, 250mm, 300mm의 3종류가 있다. 톱날의 산수(山數)는 14산/in, 18산/in, 24산/in, 32산/in의 것을 용도에 따라 선택 사용한다.

1-1-3. 파이프 리이머(pipe reamer) : 관절단 후 관단면의 안쪽에 생기는 버어(burr)를 제거하는 공구이다.

1-1-4. 파이프 렌치(pipe wrench) : 관 접속부의 부속류 분해 조립시 사용되며, 보통형과 강력형 및 체인형 등이 있다. 크기는 죠우(jaw)를 최대로 벌린 전길이로 표시하며 호칭(呼稱) 치수가 사용된다.

1-1-5. 파이프 바이스(pipe vice) : 관의 절단과 나사절삭 및 조립시 관을 고정하는데 사용된다. 일반 작업대에 쓰는 고정식과 이동식이 있으며, 크기는 고정 가능한 관경의 치수로 나타낸다. 대구경관(大口徑管)에는 체인을 이용한 체인바이스를 사용한다.

1-1-6. 나사 절삭기 : 오스터형 나사 절삭기(drop head type) 등이 있는데, 일반적으로 소구경관(小口徑管)의 나사절삭에 이용된다.

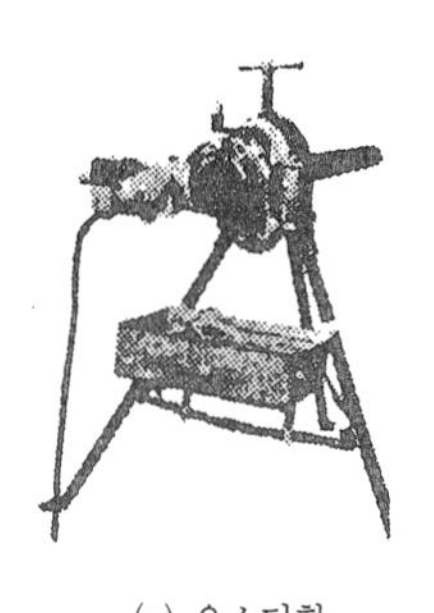

(a) 오스터형

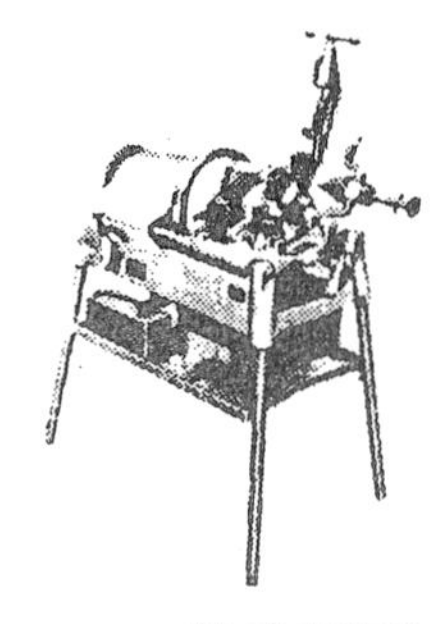

(b) 다이헤드형

(c) 호브형

그림 3-1 동력나사 절삭기의 종류

1-2. 강관 공작용 기계

1-2-1. 관 절단기 : 관을 절단하는 데는 연삭 절단기(abrasive cut off machine), 기계톱(hack sawing machine) 및 자동 가스 절단기 등이 사용되며, 주관(主管)에서 분기관을 이어 낼 때는 주관의 구멍을 뚫는 T- 드릴 등이 있다.

1-2-2. 동력 나사 절삭기 : 오스터형(oster type), 다이헤드형(die head type), 호브형(hob type) 및 만능나사 절삭기(universal pipe threading & cutting machine) 등이 있다. 특히, 다이헤드형은 절단, 나사절삭 및 리밍(reaming) 등의 작업을 연속적으로 할 수 있기 때문에 최근 현장 작업용으로 많이 이용되고 있다.

1-2-3. 관 구부리기용 기계 : 동력으로 관을 구부리는 기계에는 유압식 기계가 사용되며, 램식과 로우터리식의 2종류로서 램식유압파이프밴드(ram type hydraulic pipe bender)는 배관공사 현장에서 지름이 작은 관을 벤딩하는데 편리하며 수동식은 50A, 동력식은 100A 이하의 관을 냉간 벤딩함이 가능하다. 벤더(bender)의 주요부분으로는 보디(body), 램실린더(ram cylinder), 센터포오머(center former) 등으로 되어 있다.

로터리파이프 벤딩기(Rotary pipe bending machine)는 공장 등에 설치하여 동일치수의 모양을 다량으로 구부릴 때 이용되며, Sch No. 80을 관의 호칭지름 100A까지 구부릴 수 있다.

벤더의 주요 부분으로는 굽힘형, 클램프형, 압력형, 심봉 등으로 되어 있다(그림 3-2).

1-2-5. 벤더에 의한 관 굽히기의 결함과 원인

(1) 관이 미끄러질 경우

① 관의 고정이 잘못 되었다.

② 클램프 또는 관에 기름이 묻었다.

③ 압력형의 조정이 너무 빡빡하다.

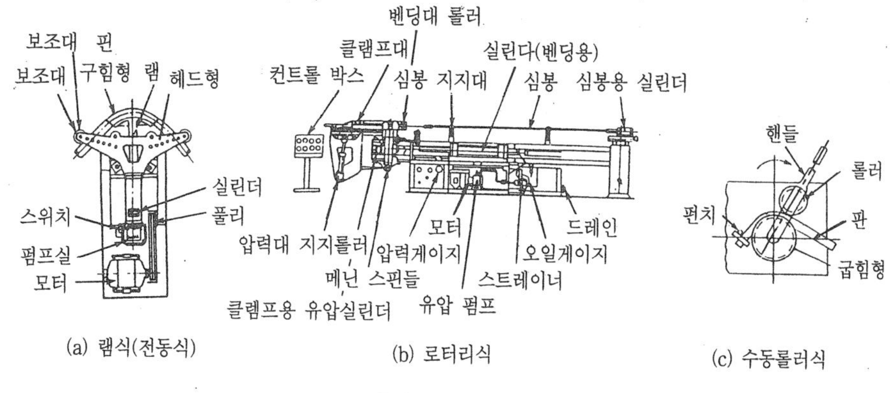

그림 3-2 파이프 벤딩기의 종류

(2) 주름이 생길 경우

① 관이 미끄러진다.

② 받침쇠가 너무 들어 갔다.

③ 굽힘형의 홈이 관지름보다 작다.

④ 바깥지름에 비하여 두께가 얇다.

⑤ 굽힘형이 수축에서 빗나가 있다.

(3) 관이 타원형으로 될 경우

① 받침쇠가 너무 들어가 있다.

② 받침쇠와 관의 안지름이 간격이 크다.

③ 받침쇠의 모양이 나쁘다.

④ 재질이 부드럽고 두께가 얇다.

(4) 관이 파손 될 경우

① 압력형이 주정이 세고 저항이 크다.

② 받침쇠가 너무 나와 있다.

③ 곡률 반지름이 너무 작다.

④ 재료에 결함이 있다.

1-3. 기타 배관용 공구와 기계

1-3-1. 주철관용 공구

(1) 납 용해용 공구 세트 : 납남비, 화이어포트, 납국자, 산화납 제거기 등이 있다.

(2) 클립(clip) : 소켓이음 작업시 용해된 납물의 비산을 방지하는데 사용한다.

(3) 링크형 파이프 커터(link type pipe cutter) : 주철관 전용 절단 공구로서 75A

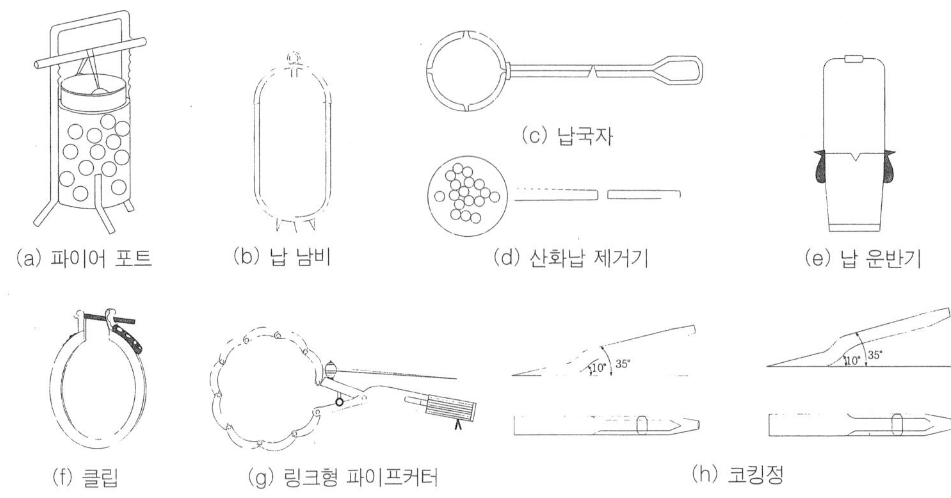

그림 3-3 주철관용 공구

~150A용은 8개의 날, 75A~200A용은 10개의 날로 구성 되어 있다.

(4) 코킹정(chisels) : 소켓 이음시 얀(yarn)을 박아 넣거나 다지는 공구로 1번 세트에서 7번 세트가 있고, 얇은 것부터 순차적으로 사용한다.

1-3-2. 동관용 공구

(1) 사이징 툴(sizing tool) : 동관의 끝 부분을 진원으로 정형하는 공구

(2) 나팔관 확관기(flaring tool set) : 동관의 끝을 나팔형으로 만들어 압축이음시 사용하는 공구

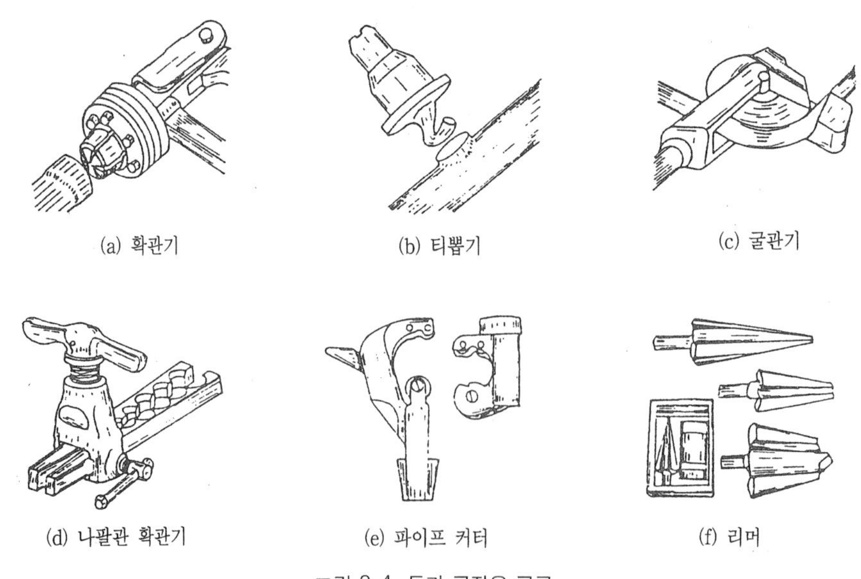

그림 3-4 동관 공작용 공구

(3) 곡관기(bender) : 동관의 전용 굽힘 공구
(4) 확관기(expander) : 동관 끝의 확관용 공구
(5) 파이프 커터(pipe cutter) : 동관의 전용 절단 공구
(6) 티뽑기(extractors) : 직관에서 분기관 성형시 사용하는 공구
(7) 리이머(reamer) : 파이프 절단 후 파이프 가장자리의 거치른 거스러미(burr) 등을 제거하는 공구

1-3-3. 연관용 공구

(1) 토치 램프(torch lamp) : 납관의 납땜, 구리관의 납땜이음, 그리고 배관 및 배선공사의 국부 가열용으로 많이 사용되는데 연료에는 휘발유, 등유용으로 구분한다.
(2) 연관 톱(plumber saw) : 납관을 절단하는데 사용하는 톱이다.
(3) 봄 볼(bome ball) : 주관에서 분기관을 따내기 작업시 구멍을 뚫을 때 사용
(4) 드레서(dresser) : 연관 표면의 산화물을 제거하는 공구이다.
(5) 벤드 벤(bend ben) : 연관을 굽힐 때나 펼 때 사용한다.
(6) 턴핀(turn pin) : 연관의 끝 부분을 원뿔 형으로 넓히는데 사용하는 공구이다.
(7) 맬릿(mallet) : 턴핀을 때려 박거나 접합부 주위를 오므리는데 사용하는 나무해머이다.

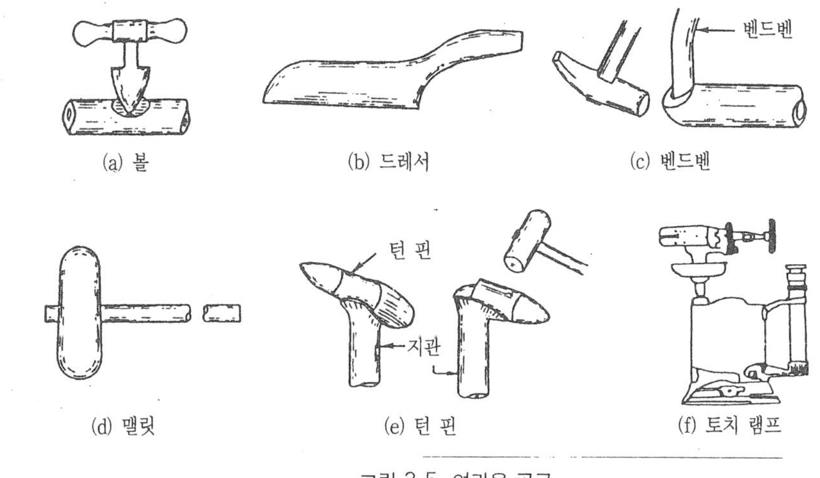

그림 3-5 연관용 공구

1-3-4. 합성수지관 접합용 공구

(1) 가열기(heater) : 토치 램프에 가열기를 부착시켜 경질 염화 비닐관, 폴리에틸렌관 등을 이음하기 위해 가열할 때 사용한다.
(2) 열풍 용접기(hot jet) : 경질 염화 비닐관의 접합 및 수리를 위한 용접시 사용한다.
(3) 커터(cutter) : 경질 염화 비닐관 전용으로 쓰이며 관을 절단할 때 쓰인다.
(4) PP-C용접기 : PP관 용착 이음에 사용된다.

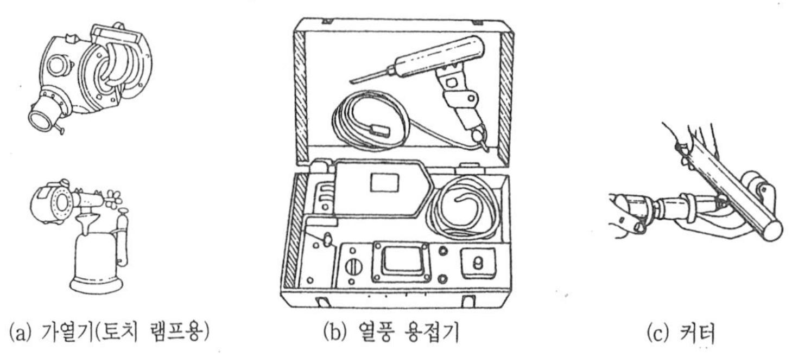

그림 3-6 합성 수지관용 공구

제2절 철관 공작(鐵管工作)

2-1. 강관 이음

2-1-1. 관용 나사(pipe thread)

관용 나사관, 주로 배관용 탄소강 강관을 이음하는데 사용되는 나사로서, 나사산의 형태에 따라 평행나사(PF)와 테이퍼 나사(PT)가 있다.

평행나사는 배관 계통의 이음에서 기계적 결합을 주목적으로 하고, 테이퍼 나사는 1/16의 테이퍼를 가진 원뿔 나사로 누수를 방지하고 기밀을 유지하는데 사용된다. 나사산의 각도는 55°이고 나사산의 크기는 25.4mm 당 나사산수로 표시하며, 호칭지름 6A(1/8B)일 때는 28산, 8A(1/4B)~10A(3/8B)일 때는 19산, 15A(1/2B)~20A(3/4B)일 때는 14산, 25A(1B) 이상일 때는 11산의 4가지 종류가 있다.

2-1-2. 이음방법

강관에 나사 이음을 할 때에는 나사 부분에 패킹을 감고 파이프렌치를 사용하여 규정 위치까지 체결한다. 이때 주의할 점으로는 이음쇠가 헐거운 경우 누수가 되며, 빡빡한 경우 이음쇠가 파손되므로 나사길이를 정확히 내는 기능이 필요하다(그림 3-8)는 불완전 나사부가 1~2산 정도 남도록 하는 것이 가장 바람직한 이음상태를 나타낸 것이다.

2-1-3. 강관 나사내기

강관을 파이프 바이스에서 150mm정도 나오게 하여 단단히 고정시킨 후 리머작업을 하여 나사를 낸다. 이때, 관경 15~20A 강관은 나사를 1회에 내고, 25A 이상은 2~3회에 걸쳐 나사를 낸다.

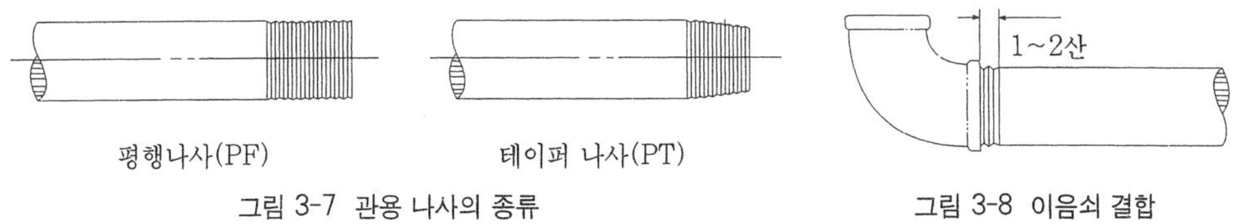

그림 3-7 관용 나사의 종류

그림 3-8 이음쇠 결합

표 3-1 관지름에 따른 나사부 길이와 나사가 물리는 길이

관지름(A)	15	20	25	32	40	50	65	80	100	125	150
나사부 길이(mm)	15	17	19	21	23	25	28	30	32	35	37
나사가 물리는 길이(a)	11	13	15	17	19	20	23	25	28	30	33

2-1-4. 관의 나사부 길이 산출 방법

배관 도면에는 일반적으로 중심선만 표시되어 있고 나사 부분의 길이는 표시되어 있지 않다. 그러므로 나사이음을 할 때에는 나사부의 길이를 알아야 하는데, 나사부의 길이는 관의 지름에 따라 다르다. 표 3-1은 관의 지름에 따른 나사부의 길이는 나타낸 것이다.

(1) 직선 길이 산출

그림 3-9와 같이 배관의 중심선 길이 L, 관의 길이 l, 이음쇠(joint)의 중심선에서 단면까지의 치수 A, 나사길이를 a라 하면 다음과 같은 식이 성립된다.

$L = l + 2(A-a)$

$l = L - 2(A-a)$

$l' = L - (A-a)$

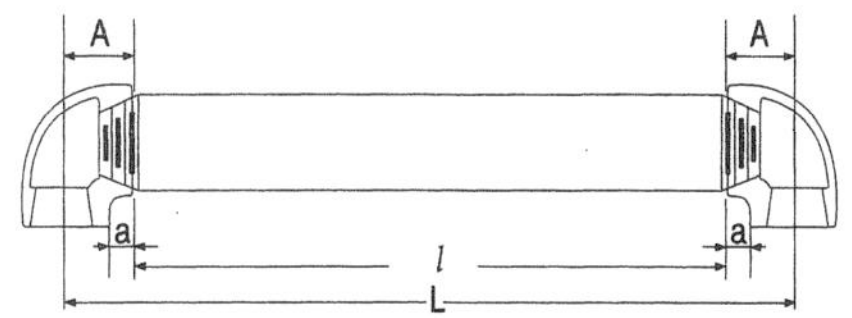

(2) 빗변 길이 산출

그림 3-9에서 길이 l_1, l_2를 알고 빗변 길이 l을 미지수로 하면 피타고라스의 정리를 응용하면 간단히 구할 수 있다.

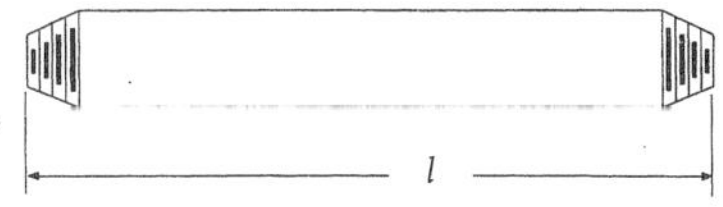

$l^2 = l_1^2 + l_2^2$

$l = \sqrt{l_1^2 + l_2^2}$

예를 들면 $l_1 = 100$, $l_2 = 200$일 때 l의 길이는

$l = \sqrt{l_1^2 + l_2^2}$ 의 공식에 길이를 대입하여

$l = \sqrt{100^2 + 200^2} = 223.6$mm가 된다.

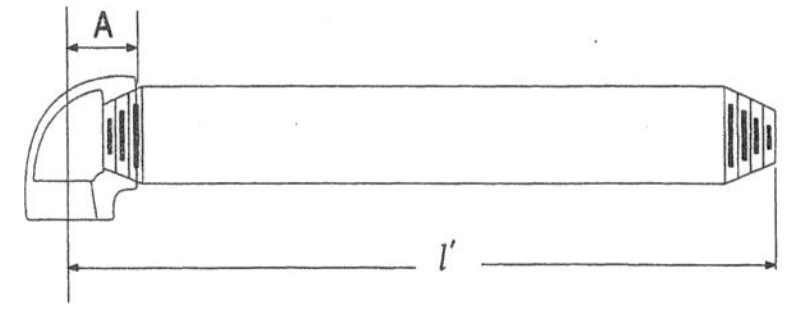

그림 3-9 나사이음시 치수(직선)

(3) 대각선 관의 길이 산출

그림 3-10과 같이 직육방체의 가로, 세로, 높이의 길이를 각각 l_1, l_2, l_3라 하면 l_1과 l_2의 빗변의 길이 L은 다음과 같다.

$L = \sqrt{l_1^2 + l_2^2}$

따라서, 대각선 길이 l을 다음 식으로 구한다.

$l = \sqrt{L^2 + l_3^2} = \sqrt{l_1^2 + l_2^2 + l_3^2}$

예를 들면, l_1을 200mm, l_2를 300mm, l_3를 100mm라 하면,

$l = \sqrt{l_1^2 + l_2^2 + l_3^2} = \sqrt{200^2 + 300^2 + 100^2}$

= 374.2mm와 같이 산출할 수 있다.

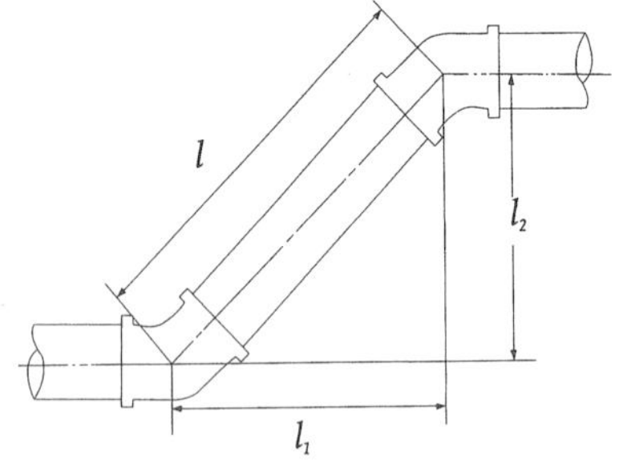

그림 3-10 빗변길이 계산

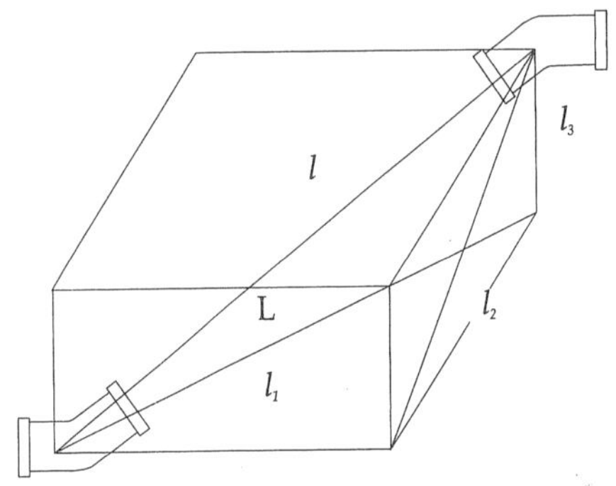

그림 3-11 대각선 길이 산출

(4) 굽힘길이 산출

곡관에서 직선 부분의 길이를 그림 3-12와 같이 l_1, l_2 곡관 부위의 길이를 l이라 하면, 관의 전체 길이 L은 다음식으로 계산한다.

$L = l_1 + l_2 + l$

여기서, $l = \dfrac{2R\pi\theta}{360}$ 이므로

$L = l_1 + l_2 + \dfrac{2R\pi\theta}{360}$

(그림 3-12)의 θ는 90°, R은 100mm, l_1은 75mm, l_2는 85mm라 하면,

$L = l_1 + l_2 + \dfrac{2R\pi\theta}{360}$

$= 75 + 85 + +2 \times 100 \times 3.14 \times 90/360$

$= 317$mm이다.

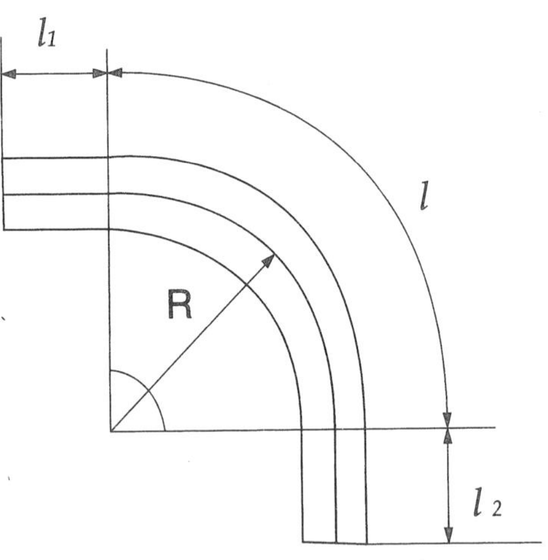

그림 3-12 굽힘 길이 산출

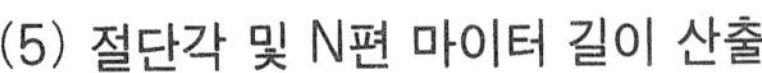

(5) 절단각 및 N편 마이터 길이 산출

① N편 마이터의 길이 산출법

파이프의 곡률 반지름을 R, 마이터의 회전 각도를 θ, 마이터의 절단각을 α라 하면 마이터의 길이 A, B는 다음과 같이 구한다.

$\alpha = \frac{\theta}{2(n-1)}$ 이므로

$A = R \times \tan\alpha = R \times \tan \frac{\theta}{2(n-1)}$

$B = 2A$

또한, 내며 길이 A_2와 외면 길이 A_1의 길이는 다음 식으로 구한다.

$A_1 - A_2 = D\tan\alpha \qquad A_1 = A + \frac{D}{2} + \tan\alpha$

$A_2 = A - \frac{D}{2}\tan\alpha \qquad B_1 = 2(A + \frac{D}{2}\tan\alpha)$

$B_2 = 2(A - \frac{D}{2}\tan\alpha)$

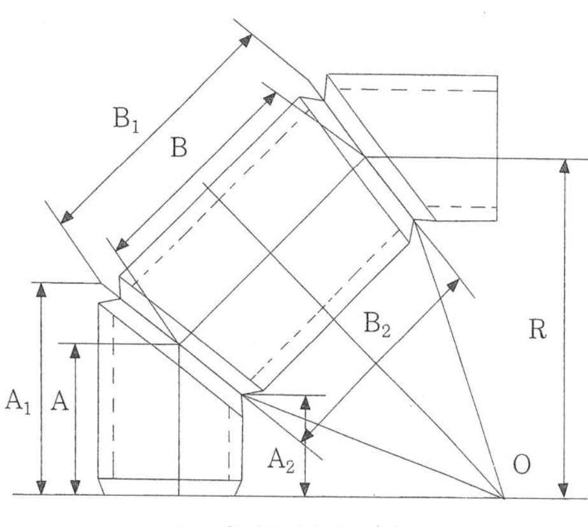

그림 3-13 N편 마이터

그림 3-13의 곡률 반지름 R=300mm 인 3편 90° 마이터로 할 때에 A와 B의 중심선 사이의 길이를 구하라

$\alpha = \frac{\theta}{2(n-1)} = \frac{90}{2(3-1)} = 22.5^{\circ}$

$A = R \times \tan 22.5 = 300 \times 0.4142 = 124mm$

$B = A \times 2 = 124 \times 2 = 248mm$

②마킹 테이프로 절단선을 그을 때 업셋(upset)길이 산출

그림 3-14와 같이 절단선을 그을 때 업셋의 길이는 다음과 같이 산출 할 수 있다.

BC=관의 외경×tanα (그림 3-14의 외경이 18mm라 하고 2편 90° 엘보를 만든다면,

$\alpha = \frac{\theta}{2(n-1)} = \frac{90}{2(2-1)} = 45^{\circ}$

$BC = 118 \times \tan 45^{\circ} = 118 \times 1 = 118mm$

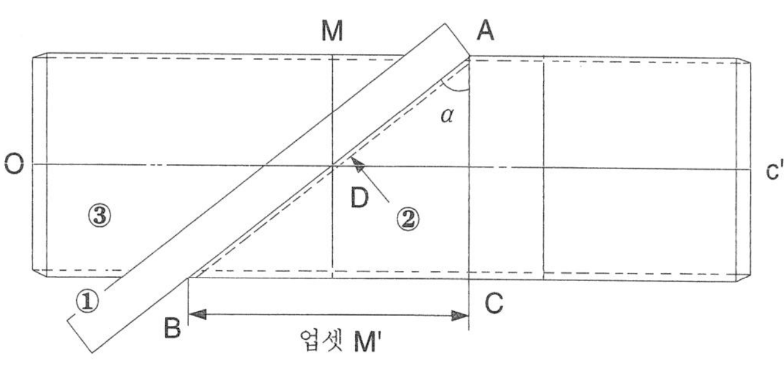

그림 3-14 절단선

표 3-2 엘보우의 여유 치수

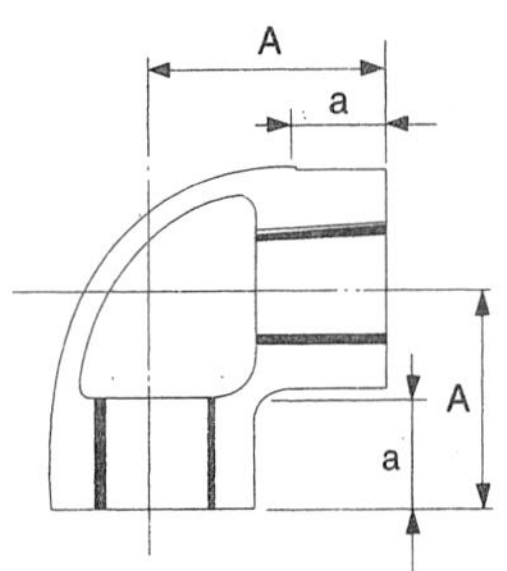

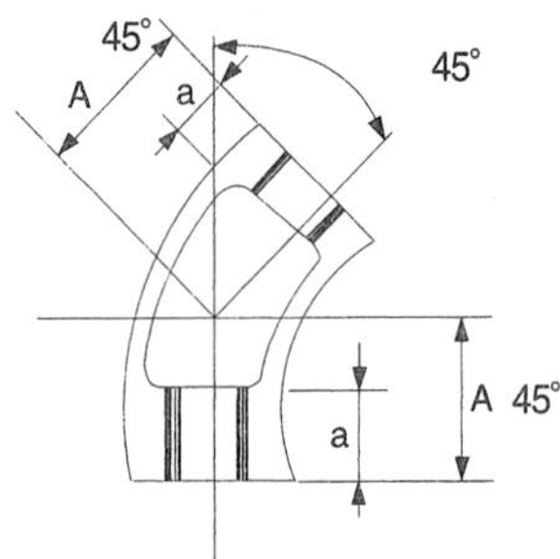

호칭지름	중심에서 단면까지의 거리(mm)		90° 엘보우	45° 엘보우
	A(90°)	A(45°)	A-a(mm)	A-a(mm)
15	27	21	16	10
20	32	25	19	12
25	38	29	23	14
32	46	34	29	17
40	48	37	30	19
50	57	42	37	22

표 3-3 지름이 다른 엘보우의 여유 치수

호칭지름 (mm)	중심에서 단면까지의 거리(mm)		여유치수(mm)	
	A	B	A-a	B-b
20×15	29	30	16	19
25×15	32	33	17	22
25×20	34	35	19	22
32×20	38	40	21	27
23×25	41	45	23	30
40×25	41	45	23	30
40×31	45	48	27	31

표 3-4 소켓의 여유 치수

호칭지름(mm)	L(mm)	여유치수(mm)
		L-2a
15	35	13
20	40	14
25	45	15
32	50	16
40	55	19
50	60	20

표 3-5 지름이 다른 소켓의 여유 치수

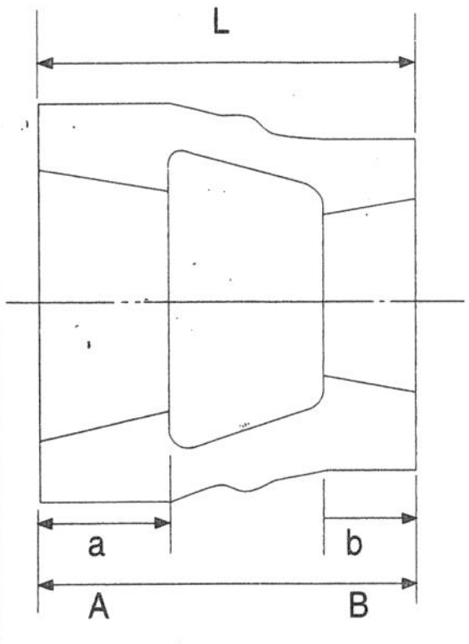

호칭지름 (mm)	L(mm)	여유치수(mm)		
		A	B-b	L-(a+b)
20×15	38	7	7	14
25×20	42	7	7	14
32×20	48	9	9	18
32×25	48	8	8	16
40×25	52	10	9	19
40×32	52	9	8	17
50×32	58	11	10	21
50×40	58	10	10	20

표 3-6 티이의 여유 치수

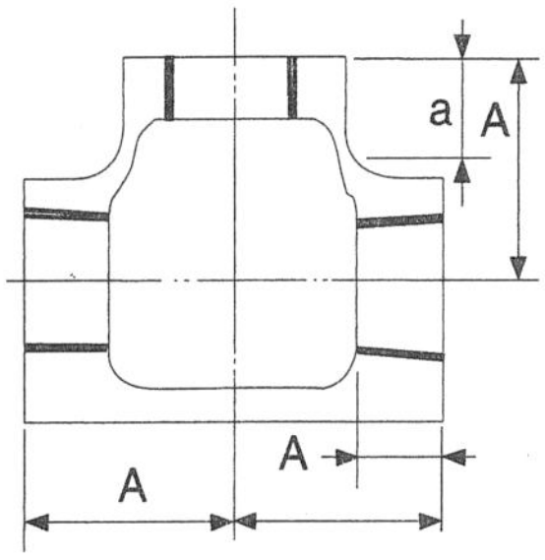

호칭지름 (mm)	중심에서 단면까지의 거리(mm) A(mm)	여유치수(mm) A-a(mm)
15	27	16
20	32	19
25	38	23
32	46	29
40	48	30
50	57	37

표 3-7 지름이 다른 티이의 여유 치수

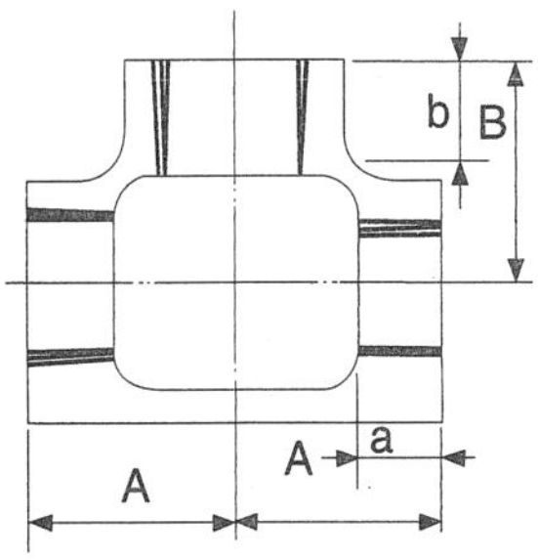

호칭지름 (mm)	중심에서 단면까지의 거리(mm)		여유치수(mm)	
	A	B	A-a	B-b
20×15	29	30	16	19
25×15	32	33	17	22
20×20	34	35	19	22
32×25	38	40	21	27
32×20	40	42	23	27
40×25	38	43	20	30
40×32	41	45	23	30
40×20	45	48	27	31
50×25	41	49	21	36
50×32	44	51	24	36
50×40	48	54	28	37
50×40	52	55	32	37

위의 표에서는 이음쇠의 나사이음에 필요한 치수를 나타낸 것이다.

〔예제〕 호칭지름 15A의 관으로 그림 3-15와 같이 나사 이음할 때, 중심간의 길이를 300mm로 하려면 관의 절단 길이 l은 얼마로 하면 되는가?

〔풀이〕 l=L-2(A-a)

=300-2(27-11)

=300-32

=268(mm)

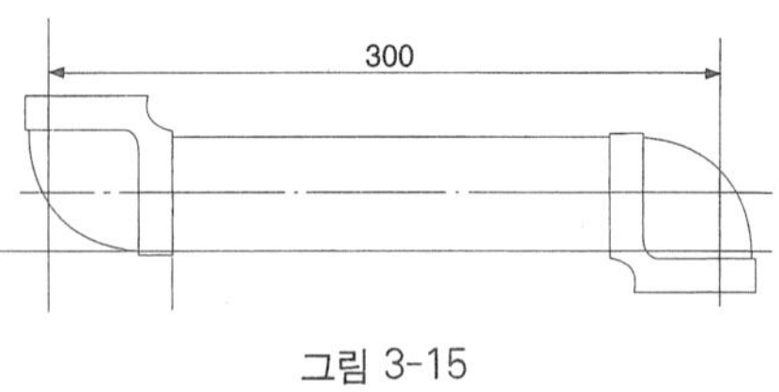

그림 3-15

〔예제〕 호칭지름 20A의 관을 그림 3-16과 같이 나사이음 할 때 중심간(中心間)의 길이를 각각 300mm와 200mm라 하면, 관의 절단길이 l은 얼마인가?

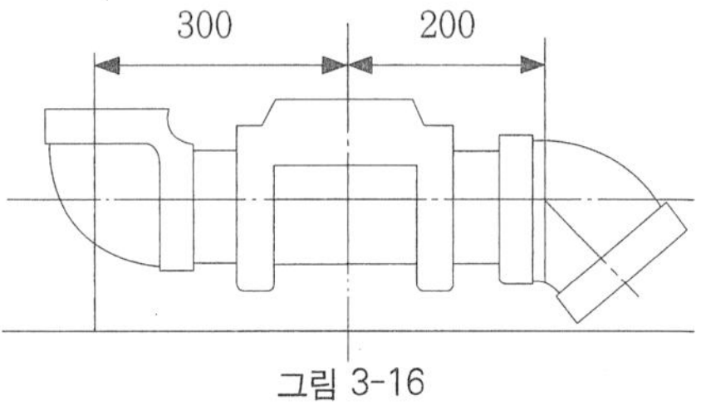

그림 3-16

〔풀이〕 (1) 300mm간의 관의 길이,

l=L-2(A-a)

=300-2(32-13)=262(mm)

(2) 200mm간의 관의 길이

l=L-[(A-a)+(A′-a)]

=200-[(32-13)+(25-13)]

=200-31=169(mm)

〔예제〕 그림 3-17과 같이 45° 엘보우 2개를 사용하여, 대각선에서의 관의 절단길이는 얼마인가? 단, run 또는 offset는 300 mm로 하며, 20A로 사용한다.

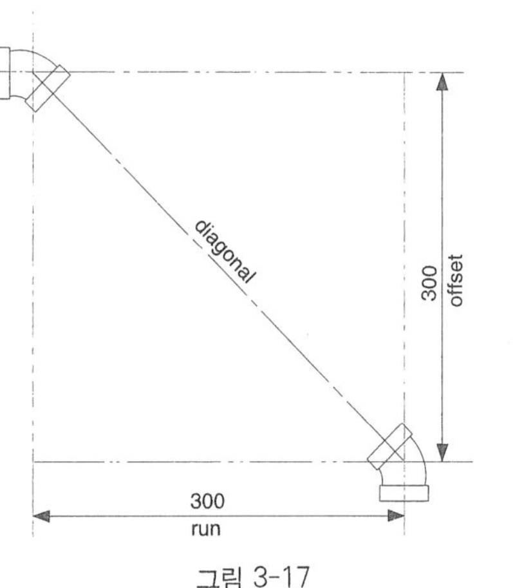

그림 3-17

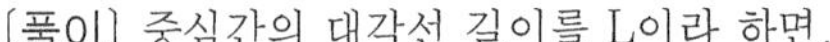

〔풀이〕 중심간의 대각선 길이를 L이라 하면,

$$L = 300 \times \frac{1}{\sin 45^\circ (\cos 45^\circ)}$$

=300×1.414=424.2(mm)

또는 $L = \sqrt{300^2 + 300^2}$

=424.2(mm)

그러므로 대각선에서의 관의 절단길이는,

l=L-2(A-a)=424.2-2(25-13)

=424.2-24=400.2(mm)

2-2. 전개도에 의한 철관제작

2-2-1. 3편 마이터 제작

(1) 현도를 작성한다. 3편 마이터이므로 A, C의 절단각은 22.5°이다. 먼저 각을 등분하고 곡률 반경점을 잡아 양측에 관외경의 1/2치수를 부가하여 수직선을 그어 절단선과 만나는 점에서 연결한다.

(2) 원둘레를 12등분하여 만나는 점 a, b, c … 8을 찾는다.

(3) A, B에 수평되게 원둘레 12등분선을 긋고, a, b,c … b, a를 수평으로 이동시켜 A′, B′의 12등분선과 만나는 점 a′,b′, c′ … b′, a′를 찾아 그림 3-18과 같이 곡선으로 연결한다.

(4) 위와 같은 방법으로 B′를 완성하고 전개도를 절단하여 관에 마아킹하여 제작한다. C는 A와 동일하므로 전개도는 A′B′만 작성하면 된다.

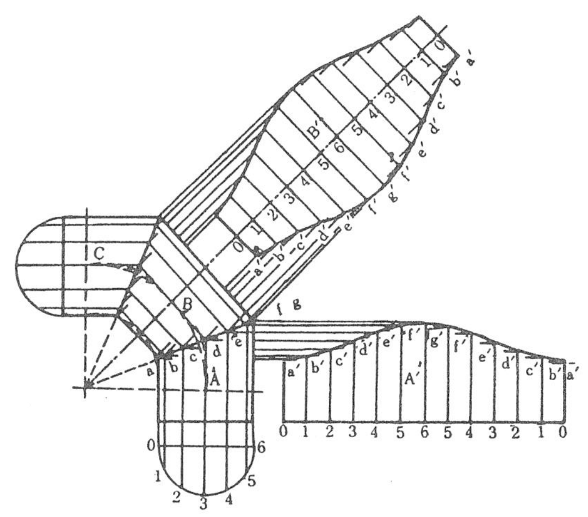

그림 3-18 3편 마이터의 전개도

2-2-2. 레듀샤(reducer) 제작

(1) 현도를 작성한다.

(2) 원주 πd를 4등분한 다음 필요로 하는 길이만큼 선분을 수평으로 긋는다.

(3) 레듀샤의 실제 길이인 ab의 선분을 기준선으로 옮긴 다음, $\overline{ab}=\overline{ab}$와 같게 표시한 후 전개도로 옮긴다.

(4) 4등분된 2, 4의 중심선을 긋고 ab 값을 디바이더로 구한 다음, 전개지에 옮겨 선분을 긋는다.

(5) $\overline{ab}$를 연장한 점이 c점이 되며, c점에 디바이더 끝을 대고 a점을 c′ a′ c″ a″에 맞추고 원호를 그리면 Da′f호와 Ga″H호가 형성된다.

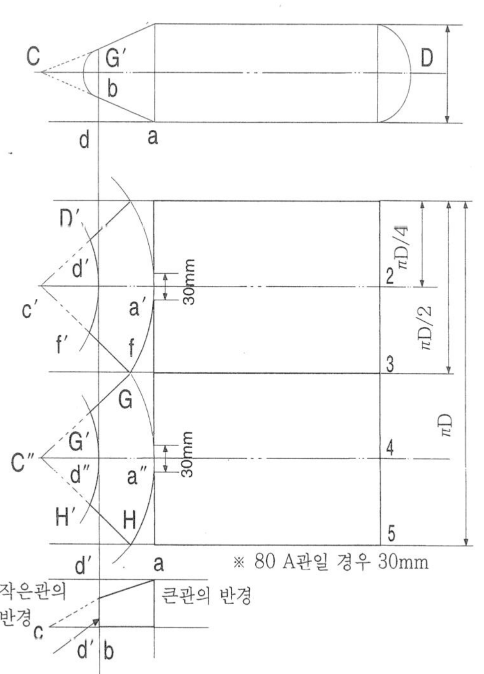

그림 3-19 동심 레듀샤 제작 전개도

(6) c′점에 디바이더 끝을 대고 d′원호를 그리면 D′f′가 형성된다(G′, d″, H′ 동일).
(7) DD′ f′f 선분을 그리고 GG′ $\overline{H'H}$ 선분을 그리면 전개도가 완성된다.

2-3. 용접 이음

2-3-1. 맞대기 용접 이음

관을 맞대기 용접하려면 먼저 관 끝을 그림 3-20과 같이 베벨가공을 한 다음, 관을 롤러 작업대 또는 V블록 위에 올려 놓고 양쪽 관끝의 루트 간격을 정확히 잡는다.

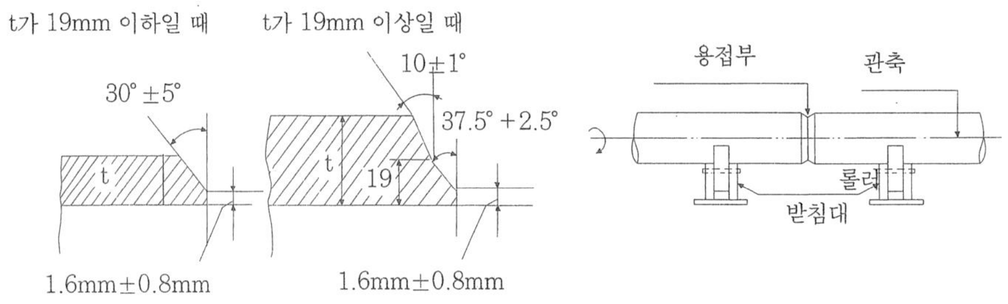

그림 3-20 맞대기 용접

이음 가스에 관의 안지름과 관축이 일치되게 조정하여 검사한 후, 3~4개 부위를 가접한 다음에 관을 회전시키면서 아래보기(flat position) 자세로 용접한다.

공사 현장에서 맞대기 용접 이음을 할 경우에는 클램프(clamp)를 사용하여 관축을 일치시키고, 3~4개소 가접을 한 후 클램프를 해체하여 본 용접을 하면 작업이 쉽다(그림 3-21).

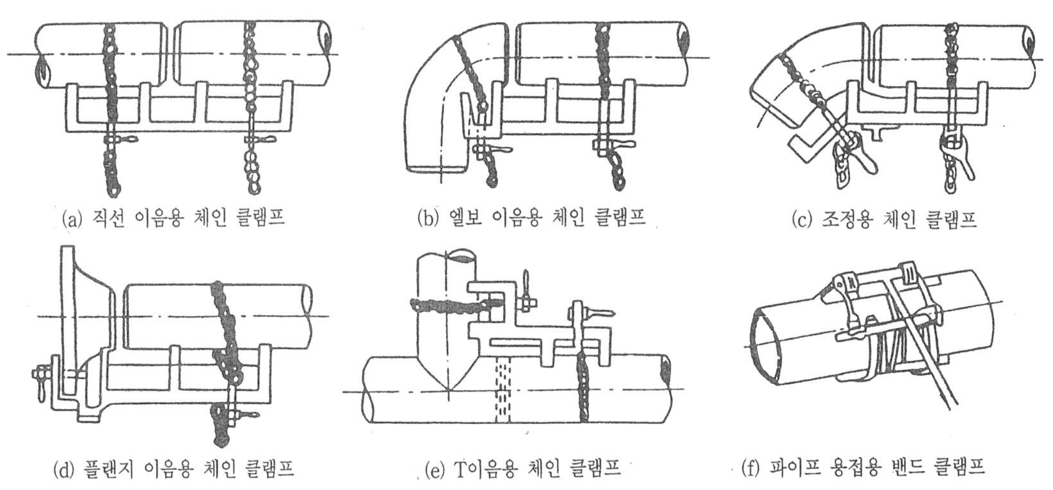

그림 3-21 용접용 파이프 클램프의 종류

2-3-2. 플랜지 용접이음

플랜지 이음은 나사 이음에서의 유니온 이음과 같이 배관의 점검이나 보수를 위해 관을 해체할 필요가 있는 장소에 사용한다. 유니온 이음은 50A 이하의 관에 사용하는 반면 플랜지 이음은 65A 이상의 관에 많이 사용된다. 플랜지 위치를 볼트로 죄거나 풀기 쉬운 위치로 배치하되, 관을 여러 줄로 나란히 배치할 때는 플랜지 고정 부분이 서로 어긋나게 배관한다.

2-3-3. 슬리브(sleeve) 용접이음

슬리브 용접이음은 주로 특수 삽입 용접 이음쇠를 사용하여 이음하는 방법이다. 압력배관, 고압배관, 고온 및 저온배관, 합금강배관, 스테인리스강 배관의 용접이음에 채택되며, 누수의 염려가 없고 관 지름의 변화가 없는 것이 특징이다.

시공할 때 위보기 자세로 용접하여야 할 부분은 공장에서 하며, 공사 현장에서는 가능한 아래 보기 용접 자세로 용접할 수 있는 부분을 용접한다. 슬리브의 길이는 관 지름의 1.2~1.7배로 한다.

2-3-4. 용접 이음의 장점

① 용접이음은 나사이음보다 이음부의 강도가 크고 누수의 우려가 적다.
② 나사 이음처럼 관 두께에 불균일한 부분이 생기지 않고 유체의 압력 손실이 적다.
③ 배관을 단열재로 보온 피복하는 경우 돌기부가 없으므로 단열재료를 절약할 수 있고 피복공사도 용이하다.
④ 가공이 쉬워 시간이 단축되며 이음 재료비가 절약 된다.
⑤ 용접이 잘 되었을 때 누수가 없고 시설의 유지 보수비가 절약 된다.
⑥ 돌기부가 없으므로 배관상의 공간 효율이 좋고 중량도 비교적 가볍다.

2-4. 주철관 이음

주철은 순철에 탄소가 1.7~6.67% 함유되어 있는 것을 말하며, 공업적으로는 탄소가 2.3~4.5%정도 함유된 것이 많이 쓰인다. 주철은 용접이 어렵고 절단성이 불량하므로 주철관을 이음할 때는 소켓이음, 플랜지이음, 기계식 이음, 빅토릭이음, 타이톤이음, 노—허브이음 등을 한다.

2-4-1. 소켓 이음(socket joint)

연납이음(lead joint)이라고도 하며, 주로 건축물의 배수관 및 지름이 작은 관에 많이 사용된다. 주철관의 소켓(hub)쪽에 삽입구(spigot)를 넣어 맞춘 다음 마(yarn)를 단단히 꼬아 감고 코킹 정도로 박아 넣는다. 마는 납과 물이 직접 접촉하는 것을 방지하고 납은 접합부에 굽힘성을 부여하여 준다. 마를 다져 넣은 양(量)은 급수관인 경우 틈새의 1/3, 배수관인 경우 2/3 정도 넣는다. 납은 충분히 가열하여 표면의 산화물을 완전히 제거한 다음 이음부에 충분한 양을 단 한번에 부어 넣는다.

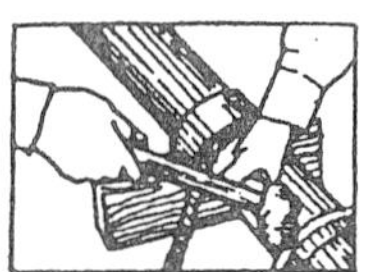

(a)야안을 채워 넣는다.

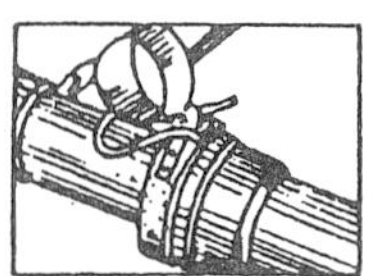

(b)납물을 부어 넣는다.

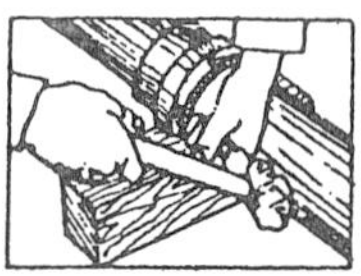

(c)코오킹을 한다.

(d)완성된 이음

그림 3-22 소켓 이음 방법

2-4-2. 기계식 이음(mechanical joint)

이 방법은 그림 3-23과 같이 고무링을 압륜(押輪)으로 죄어 보울트로 체결한 것인데, 소켓이음과 플랜지 이음의 장점을 채택한 것으로서 다년간 개발한 결과 요즘에 와서는 150mm 이하의 수도관에도 사용하게 되었다. 이 이음법의 특징은 다음과 같다.

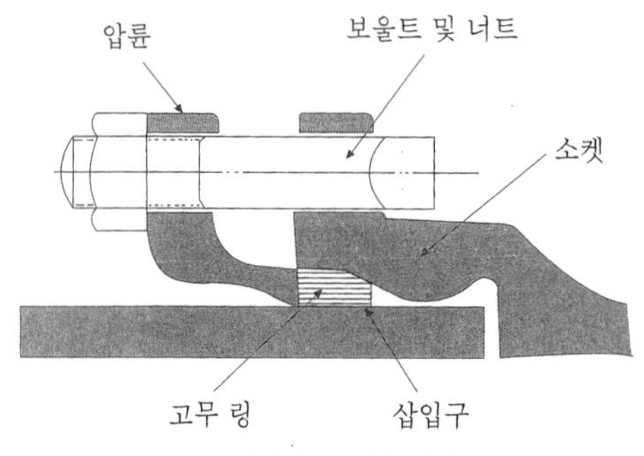

그림 3-23 기계식 이음

(1) 기계식 이음의 특징

① 기밀성이 좋다.
② 물속에서도 작업이 가능하다.
③ 고압에 대한 저항이 크다.
④ 간단한 공구로 신속하게 이음이 되며 숙련공이 필요하지 않는다.
⑤ 지진, 기타 외압에 대하여 굽힘성이 풍부하므로 이음부가 다소 구부러져도 물이 새지 않는다.

(2) 기계식 이음의 시공순서

① 주철재 압륜과 고무링을 차례로 끼운다.

② 수구(hub)에 삽입구(spigot)를 끼워 넣는다.

③ 수구와 삽입구 사이 틈새에 고무링 압륜으로 누르고 보울트와 너트로 균등하게 죄어 고무링을 밀착시킨다.

2-4-3. 타이톤 이음(tyton joint)

이 방법은 미국 US파이프 회사에서 개발한 세계 특허품으로서 현재 널리 이용되고 있는 새로운 이음 방법이다. 그림 3-24와 같이 고무링 하나만으로 이음된다. 고무링은 단면이 원형으로 되어 있으며, 그 구조와 치수는 견고하고 장기적으로 이음에 견딜 수 있도록 만들어 졌다. 소켓내부의 홈은 고무링을 고정시키고 돌기부는 고무링이 있는 홈속에 들어 맞게 되어 있으며, 삽입구의 끝은 쉽게 끼울 수 있도록 테이퍼로 되어 있다.

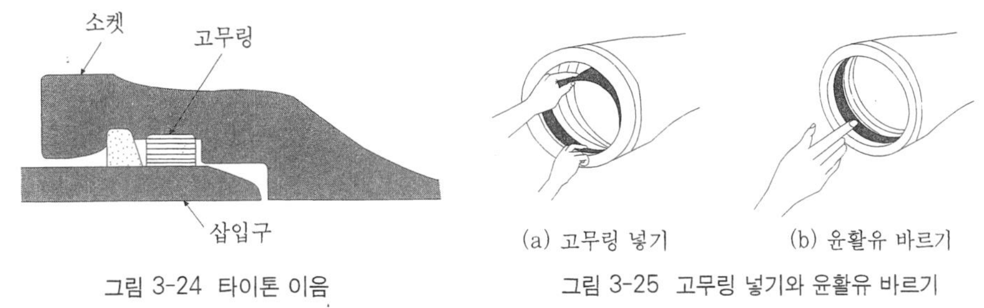

그림 3-24 타이톤 이음

그림 3-25 고무링 넣기와 윤활유 바르기

2-4-4. 빅토릭이음(victoric joint)

특수 모양으로 된 주철관의 끝에 고무링과 가단 주철제의 칼라(collar)를 죄어 이음하는 방법으로 수도용, 또는 가스용 배관에 이용되며, 빅토릭형 주철관을 사용한다.

칼라는 호칭지름 350mm 이하이면 2분할하여 칼라를 2개의 볼트로 죄고, 400mm 이상이면 4분할하여 원형을 짝지어 4개의 볼트로 안쪽의 안고무링과 관을 밀착시킨다. 특징은 관속의 압력이 높아지면, 고무링은 더욱 관 벽에 밀착하여 누수를 막는 작용을 한다.

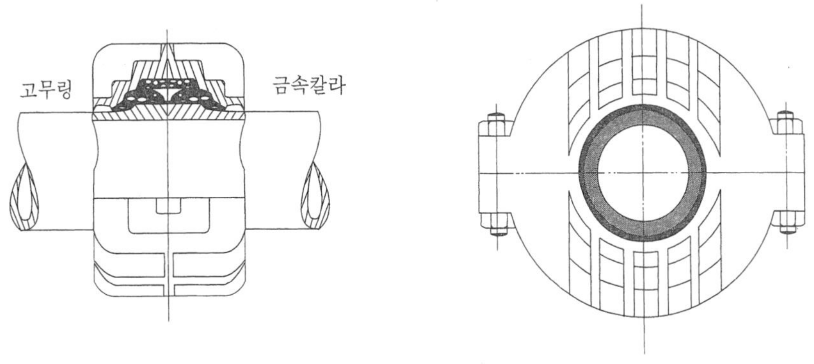

그림 3-26 빅토릭 이음

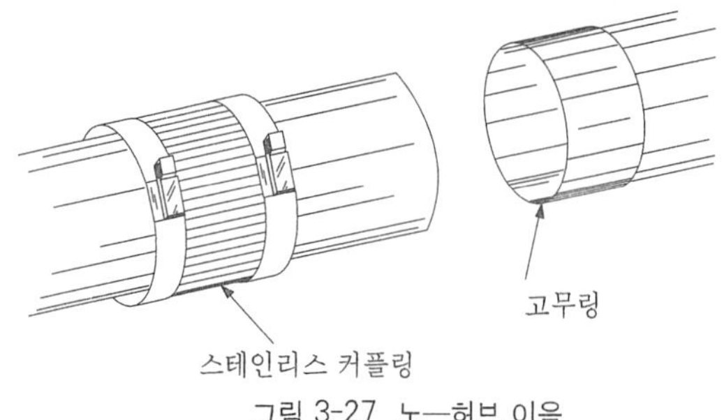

그림 3-27 노—허브 이음

2-4-5. 노—허브 이음(No-hub joint)

노—허브 이음은 종래 사용하여 오던 소켓이음을 혁신적으로 개량한 것으로, 스테인리스 커플링과 고무링 만으로 쉽게 이음할 수 있는 방법이다. 시공이 간편하며 경제성이 있어 현재 고층 건물의 배수관 등에 많이 사용되고 있다.

제3절 비철 · 비금속관 공작

3-1. 동관(銅管)이음

3-1-1. 납땜이음(soldering joint)

납땜이음은 황동제의 납땜용 이음쇠를 이용하며 동관을 이음쇠의 슬리이브에 끼우고 틈새를 납땜으로 이음하는 방법이다. 납땜재료는 봉납 또는 와이어 플라스탄(wire plastan)이 사용되며, 강도를 요하는 곳은 은납, 황동납 등의 경납이 사용된다.

(1) 납땜이음 순서

① 사이징 투울(sizing tool)로 파이프 끝을 둥글게 가공한다.
② 이음부의 간격이 0.1mm 정도 되게 관의 지름을 넓힌다.
③ 이음부의 안팎을 샌드페이퍼로 닦아 산화물을 제거한다.
④ 이음부에 용제 페이스트(paste) 또는 크림 플라스탄(cream plastann)을 칠한 다음 관을 끼워 비틀어 맞춘다. 이때 틈새는 1/10mm 정도가 가장 적당하다.
⑤ 토오치 램프로 접합부 주위를 고르게 가열한 다음 봉상(棒狀) 땜납이나 와이어 플라스턴을 용해하여 틈새에 가득차게 주입한다.

납땜 작업을 할 때 불꽃으로 가열하려면 불꽃사용 잘못으로 인한 접합부의 더러워짐과 산화 등을 방지하기 위하여 그림 3-30과 같은 요령으로 가열한 후 이음부에 연납을 접촉시켜 녹여서 틈새로 스며들게 하여 납땜한다.

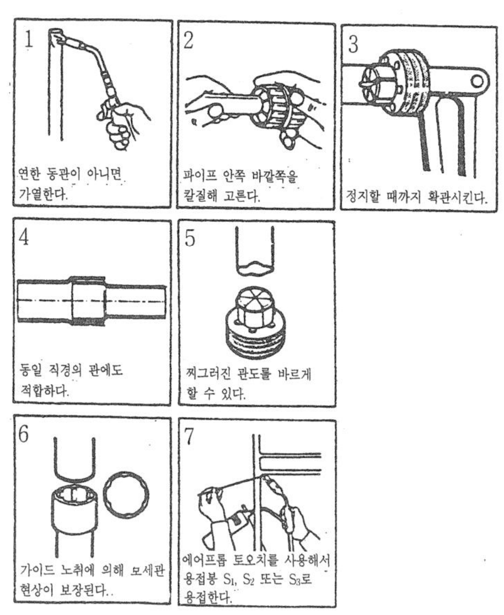

그림 3-28 납땜이음의 시공순서

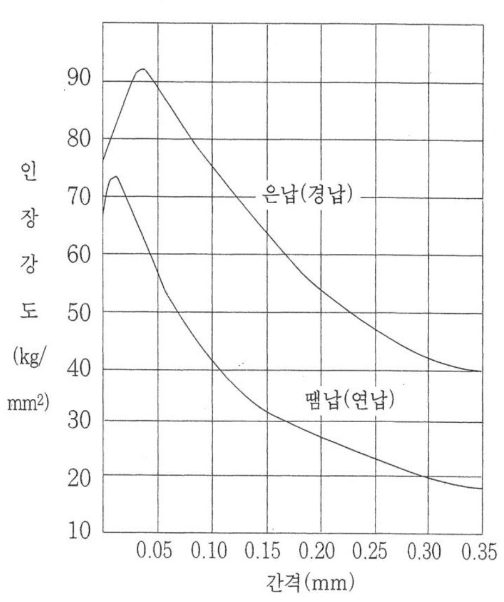

그림 3-29 납땜 간격과 인장강도

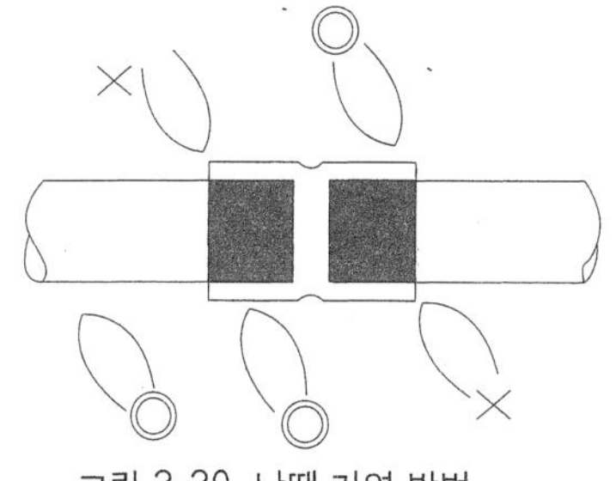

그림 3-30 납땜 가열 방법

표 3-8 연납용 용재

종류	용도
염산(HCl)	아연, 아연도금철판
염화아연(ZnCl)	주석도금강판, 구리, 합금판
염화암모늄(NH_4Cl)	철강계 금속
로진	납
인산	구리, 구리합금판

3-1-2 압축이음(鉛compressed joint)

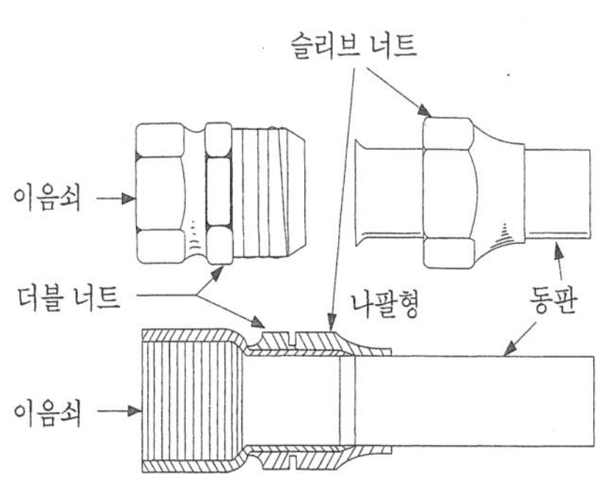

(a) 압축이음 방법

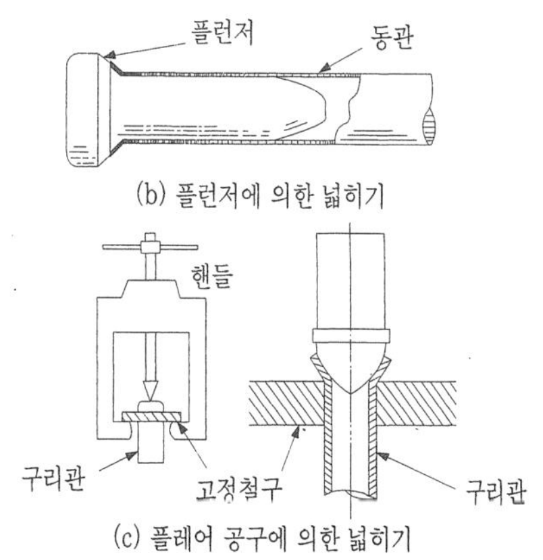

(b) 플런저에 의한 넓히기

(c) 플레어 공구에 의한 넓히기

그림 3-31 압축이음

한 쪽 동관의 끝을 나팔형으로 넓히고 압축 이음쇠를 이용하여 체결하는 이음방법이다. 압축이음을 플레어 이음(flare joint)이라고도 하며, 관지름 20mm 이하의 동관을 이음할 때 기계의 점검 보수 등의 필요한 장소에 압축 이음 방법을 사용한다.

① 압축이음 방법

관을 관 축에 대하여 직각으로 절단한 다음 슬리브 너트를 관에 끼우고 플런저(plunger) 또는 플레어 공구(flare tool)를 사용하여 나팔 모양으로 만든다.

3-2. 연관(鉛管)이음

수도용 연관에는 1종(성분순도 납 99.8% 이상)과 2종의 합금 연관이 있다. 연관의 사용 압력은 상용 압력에서 7.5kg/cm² 이하, 수압시험은 17.5kg/cm²이다. 납은 알칼리 성분에 약하므로 콘크리트 배관을 할 때는 아스팔트, 주트테이프 등으로 충분히 감아 시공한다. 연관의 이음 방법에는 플라스탄 이음, 살올림 납땜이음, 용접이음 등이 있다.

3-2-1. 플라스턴이음(plastann joint)

플라스탄 이음은 비교적 용융점이 낮은 플라스탄 합금에 의한 이음 방법으로서, 특수한 기술이나 숙련이 없어도 간단하게 작업할 수 있기 때문에 최근에는 널리 사용되고 있다. 플라스턴이란 주석(Sn) 40%와 납(Pb) 60%의 합금을 말하며, 용융점이 232°C이다.

(1) 직선이음

한 쪽 관의 끝을 넓혀 슬리이브를 만들고 여기에 다른 관을 끼워 일직선으로 이음하는 방법이다.

(2) 맞대기 이음

관에 전단면을 서로 맞대어 이음하는 방법이다.

(3) 수전 소켓이음

연관과 급수전, 지수전 또는 계량기의 소켓을 이음할 때 이용되는 방법으로, 수전 소켓이란 수도꼭지를 달기 위해 한 쪽 끝에 암나사가 달린 포금제 소켓을 말한다.

(4) 만다린 이음

만다린 이음은 기둥속이나 벽속에 배관된 연관의 끝에 수도꼭지를 달거나 수전 소켓을 이음하려는 경우에 이용되는 방법으로, 관 끝을 90°로 구부려서 가공하기 때문에 어느 정도의 숙련이 필요한다.

3-2-2. 살올림 납땜이음(over-cast solder joint)

살올림 납땜은 이음자리에 용해된 땜납을 끼얹거나 녹여 붙여서 이음하는 방법으로 성금 납땜, 옥형 납땜, 문지르기 이음 또는 구(球)이음(round joint) 등 여러 가지 이음으로 불린다. 이 이음은 연관이 완전히 접속되고 수압에 견디기 때문에 수도관 등의 이음에 많이 사용되어 왔으나, 플라스탄 이음의 보급으로 현재에는 점차 줄어들고 있다.

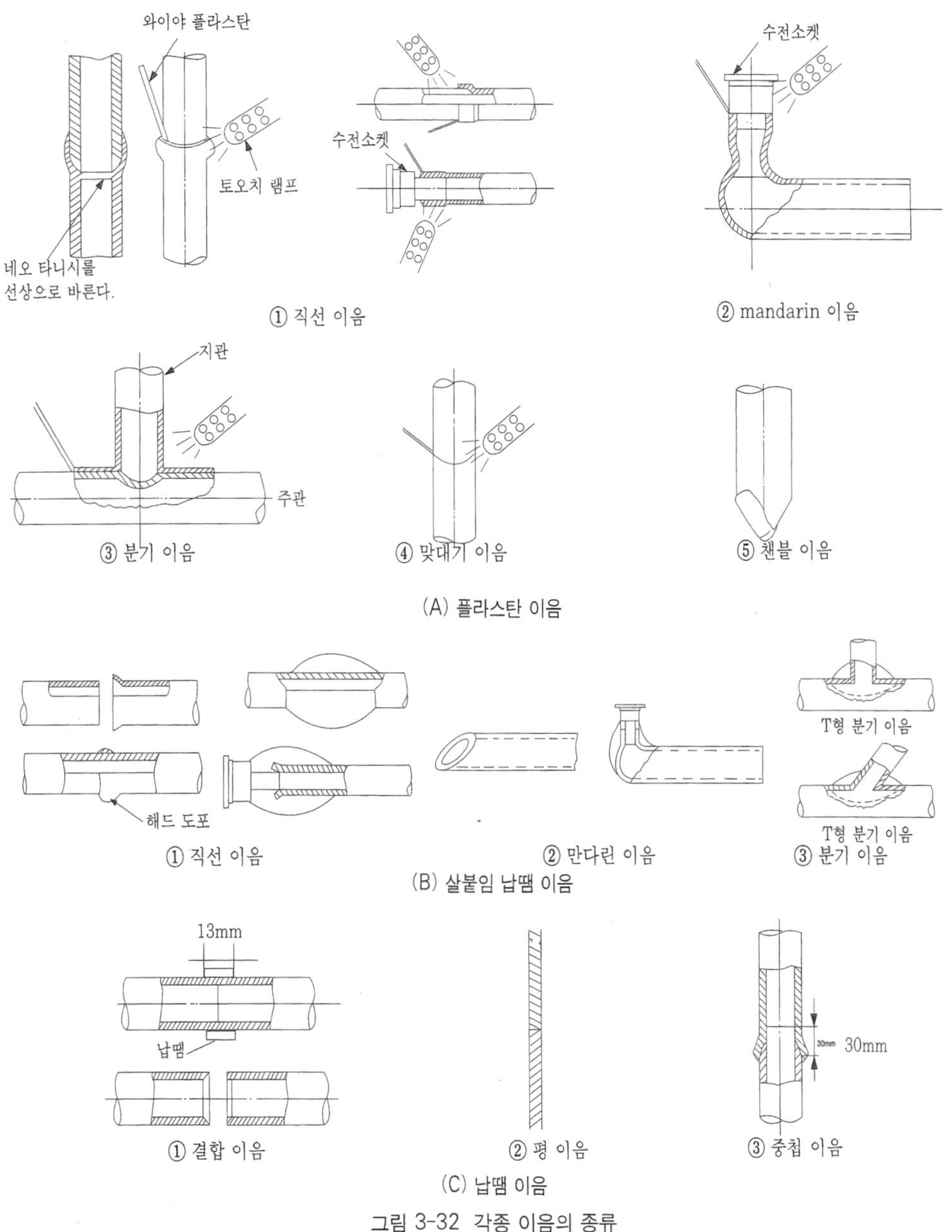

그림 3-32 각종 이음의 종류

3-3. 경질 염화비닐관의 이음

경질 염화비닐관의 이음 방법에는 냉간이음, 열간이음, 플랜지이음, 용접이음, 나사이음 등이 있다. 비닐관을 가열하면 연화되는 성질이 있어 이 성질을 이용한 열간 이음법이 채택되어 왔으나, 최근에는 상온(常溫)에서 접착제만 바르고 이음할 수 있는 TS이음법이 개발되어 주로 사용되고 있다.

3-3-1. 냉간이음법

(1) TS식 이음법

일정한 테이퍼로 만들어진 TS이음관에 접착제를 바른 관에 삽입하여 잠시동안 그대로 잡아두면 충분한 강도를 가지는 이음 방법이다. 접착부가 이음관의 찜형으로 인하여 단위면적당 이음부 강도가 다른 이음 방법보다 월등히 크다. 특별한 숙련이 필요하지 않으며 간편하고, 경제적이며, 안전한 이음 방법이다.

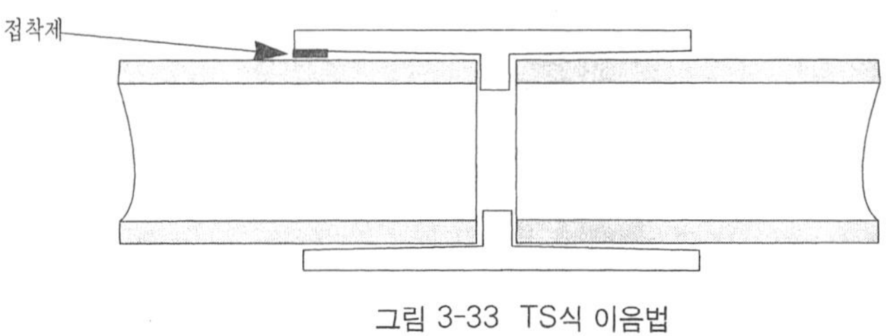

그림 3-33 TS식 이음법

(2) TS이음의 원리

TS이음관은 관의 크기에 따라 1/25~1/37의 테이퍼로 되어 있다.

관의 바깥쪽과 이음관의 안쪽에 접착제를 바르면 접착면에 약 0.1mm의 팽윤층(膨潤層)이 생긴다. 바르기 전과 비교하면 관의 바깥지름은 0.1mm 작아지는데, 이음관의 안지름은 0.1mm 커진 것과 다를 바 없으므로 접착제를 바르지 않고 삽입할 때보다 더 깊이 들어간다. 이것을 유동삽입(流動挿入)이라 하며, 그림 3-34과 같이 더욱 힘을 주어 삽입하면 염화비닐 수지의 탄성에 의해 관은 다소 오므라 들고 이음관은 다소 넓혀지므로 더욱 깊이 삽

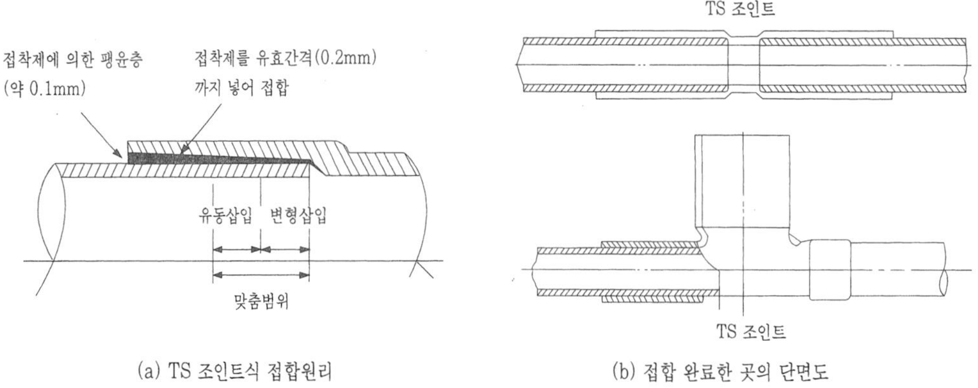

(a) TS 조인트식 접합원리 (b) 접합 완료한 곳의 단면도

그림 3-34 TS이음관 이음

입된다. 이것을 변형삽입(變形挿入)이라 한다. 다음에 이음관 입구부는 관과 이음관의 틈새가 0.2mm까지는 넘쳐나온 접착제에 의해 접착효과를 더욱 발휘할 수 있다. 이것을 일출접합(溢出接合)이라 한다. 이상의 세 가지 접속효과에 의해 이음강도가 유지된다.

TS관 규격(KSM-3401)

호	칭	외	경	1/T	접합부길이(*l*)	두께(t)
호칭지름	표 시	표 준	허용차		〈mm〉	〈mm〉
50	vp 50	60.0	±0.30	1/37	63	4.5
65	vp 65	76.0	±0.30	1/41	69	5.2
75	vp 75	89.0	±0.30	1/43	72	5.9
100	vp100	114.0	±0.35	1/44	92	7.1
125	vp125	140.0	±0.40	1/45	112	8.3
150	vp150	165.0	±0.50	1/45	140	9.6
200	vp200	216.0	±0.50	1/50	200	13.4
250	vp250	267.0	±0.60	1/50	250	13.4
300	vp300	318.0	±0.70	1/50	300	16.1

비고: 1.TS란 Taper Size Solvent Welding method의 약자임.
2.관의 표준길이는 4m 혹은 6m+접합부 길이임.
3.외경(D), 두께 및 길이의 허용칭는 직관과 동일함.
4.*l* 의 허용오차는 -0.5~+4m/m로 한다.
5.슬라이브 가공부분의 두께는 직관두께의 최소값 이상이어야 한다.

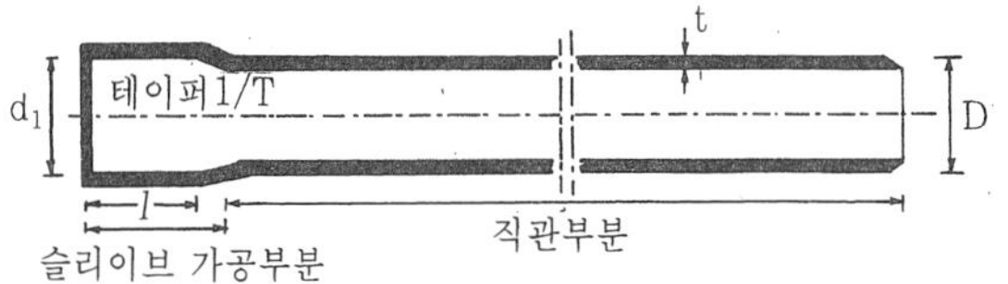

3-3-2. 열간 이음법

경질 염화비닐관을 가열하면 75°C 정도에서 연화하여 변형하기 시작한다. 이것을 열가소성이라고 한다. 연화변형된 관에 열을 제거하면 그 상태로 경화된다. 이 상태를 다시 열화온도에서 가열하면 본래의 모양으로 돌아간다. 이것을 복원성(復元性)이라고 한다. 복원성은 온도가 낮을 수록 크므로, 이 성질을 이용하여 관을 이음하는 경우에는 가능한 한 낮은 온도에서 작업하는 것이 바람직하다.

관을 단속가열하면 180°C 정도에서 용융된다. 200°C 이상이 되면 열때문에 분해하여 염산가스가 발생하며, 더욱 가열하면 다갈색으로 변하고, 300°C 이상으로 가열하면 탄화하여 흑색으로 변한다. 그러나 불꽃을 내면서 연소하지는 않는다. 이러한 성질을 난연성(難燃性)이라 한다. 이상의 열가소성(熱可塑性), 복원성(復元性), 융착성(融着性)을 이용하여 열간이음을 한다. 열간이음은 갑형 또는 을형 이음관을 사용하거나 동일지름의 관을 서로 이음할 때 소켓을 사용하지 않고 삽입이음하는 방법이 있다. 이음 방법에 따라 1단법과 2단법으로 나눈다.

3-4. 폴리에틸렌관의 이음(polyethylene pipe)

폴리에틸렌관은 용제에 잘 녹지 않으므로 비닐관에서와 같은 방법으로는 불가능하며 인써트이음, 반전 플랜지이음, 테이퍼코어 플랜지이음 등의 기계적으로 압축하는 방법과 관 자체를 가열 용융하여 용착하는 방법 또는 강관의 나사이음과 동일하게 나사를 내어 이음하는 방법이 있다. 그러나 이음 강도가 가장 확실하고 안전한 방법은 관 자체를 용융해서 이음하는 용착 슬리이브 이음법이다. 테이퍼 이음도 이음 강도면에서 믿을 수 있는 비교적 확실한 이음 방법이다.

3-4-1. 용착 슬리이브 이음법

용착 슬리이브 이음은 관 끝의 바깥쪽과 이음관의 안쪽을 동시에 가열 용융하여 이음하는 방법으로, 이음부의 가열온도에 충분히 주의하면서 작업하여야 한다.

(1) 이음 순서와 방법

① 관을 관축에 대하여 직각으로 절단하고 관의 안쪽을 모따기로 한다. 모따기 하는 이유는 이음관에 관을 끼웠을 때 이음관에 생기는 응력을 분산 시키기 위해서 이다.

② 이음관과 관끝을 동시에 가열할 수 있는 지그를 토오치 램프 또는 가열기 등으로 약 220°C 정도로 가열한다. 용착가능온도 범위는 180~240°C이다. 이때 지그에 장치된 온도계로 측정하여 240°C 이상 과열되지 않도록 주의한다.

③ 이음관과 관의 안팎 및 지그의 가열부 표면을 깨끗이 닦은 다음 그림 3-35(a)와 같이 이음관과 일직선이 되도록 삽입하여 균일하게 용융시킨다. 용융에 필요한 가열 표준시간은 표 3-9와 같다.

표 3-9 용융 가열 표준시간

호칭지름 (mm)	가열시간(sec)	
	조인트 및 경질관	연질관
10~13	5~20	5~15
20~25	10~25	10~25
30이상	25~45	15~30

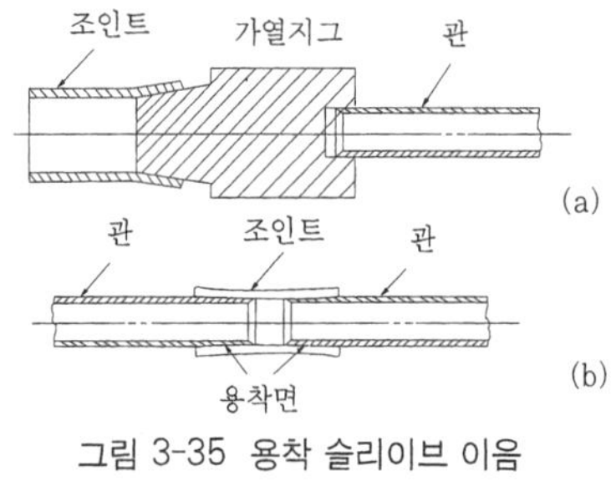

그림 3-35 용착 슬리이브 이음

④ 용융상태가 균일하게 되었으면 이음관과 관을 지그에서 빨리 빼내어 그림 3-35(b)와 같이 일직선이 되도록 끼워 용착이음 한다. 이때 약간 비트는 기분으로 끼우면 용착면이 잘 어울리어 용착 효과가 좋다.

⑤ 용착면이 냉각하여 굳기까지는 1~3분 걸린다. 빨리 냉각시키기 위해서는 물 또는 젖은 걸레로 냉각시킨다.

(2) 용착 이음시 주의사항

① 용융가열에 사용하는 지그는 이음관 및 관의 치수에 맞는 것을 사용한다. 지그의 재료는 열전도율이 큰 알루미늄 합금을 사용하는 것이 좋으며, 용융한 폴리에틸렌이 지그에 달라붙지 않게 테폴논 가공을 한 것이 좋다. 철이나 구리로 만든 지그는 산화되기 쉬우므로 사용하지 않는 것이 좋다.

② 지그의 가열에는 토오치램프, 숯불, 전열기, 프로판가스, 기타 어떤 것이라도 좋지만, 240°C 이상으로 과열되지 않도록 주의한다.

③ 경질관과 이음관은 동질재료로서 동일한 용융속도이므로 동시에 지그에 삽입해도 되지만, 연질관은 용융하기 쉬우므로 이음관보다 좀 늦게 관을 끼워서 가열하는 것이 좋다.

④ 이음관과 관을 가열하는 지그 치수는 허용차를 ±5 정도로 한다. 관과 지그의 사이가 넓으면 균일한 상태로 가열하기 어려우며, 반대로 너무 좁아 무리하게 끼우면 모따기 한 것이 변형된다.

3-4-2. 용접 이음법

경질 염화비닐관(rigid polyvinyl-chloride pipe)의 용접이음은 지름이 큰 관의 분기관이나 조각내어 구부리기(turn) 또는 부분적으로 수리할 때 많이 사용한다. 플라스틱의 용접법은 가열방법에 따라 열풍용접, 직렬용접, 고주파용접, 마찰용접 등이 있으나, 경질 염화비닐관이나 폴리에틸렌관에는 주로 사용하는 열풍용접은 모재와 용접봉 사이에 뜨거운 바람을 불어 넣어서, 모재 이음부의 표면과 용접봉을 미는 것만으로는 가압력이 균일하지 않으므로, 그림 3-36과 같은 가압 로울러를 사용하면 균일하게 가압되어 용접이음의 효율이 좋다. 열풍용접에 사용하는 열풍분사장치(hot jet gun), 전열조절기, 에어콤프레서, 공기조절밸브 등으로 구성되어 있다. 이 용접기는 니크롬선에 의해 온도 200~250°C의 뜨거운 공기를 만들고 소형 콤프레서에서 0.25~0.4kg/cm^2 정도의 압축공기를 보내어 노즐끝에서 열풍을 분사한다. 용접봉은 지름 2~5mm의 염화비닐 수지봉을 사용한다.

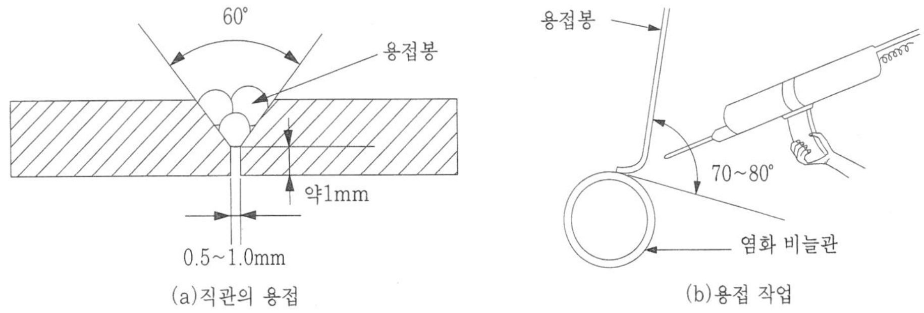

그림 3-36 용접 이음법

3-4-3. PP-C 배관의 융착 이음 방법

PP-C관은 내식성, 유연성, 내한성, 위생성, 작업성, 완벽한 이음으로 배관재의 새로운 혁명이 되고 있다.

내식성으로는 어떠한 토질에서도 전식, 부식이 없으며 특히 해수나 습지 배관으로서는 최적이다. 또한, 유연성이 뛰어나 여하한 지형에도 배관이 용이하고 지진이나 지반 침하의 경우에도 파열되지 않고 지형에 따라 휘어지며,무거운 하중에도 일단 압착되었다가 다시 복원된다.

영하 80°C까지는 물성 변화가 없으며, 동파되지 않는다. 위생적으로는 수질에 의한 오염이 전혀 일어나지 않으며 무독, 무취함으로 음료나 식수 공급에 아주 적합하다.

작업성으로는 중량이 강관의 1/7, 연관의 2/3로 운반과 취급,시공이 간편하다.

(1) 융착 기자재의 종류

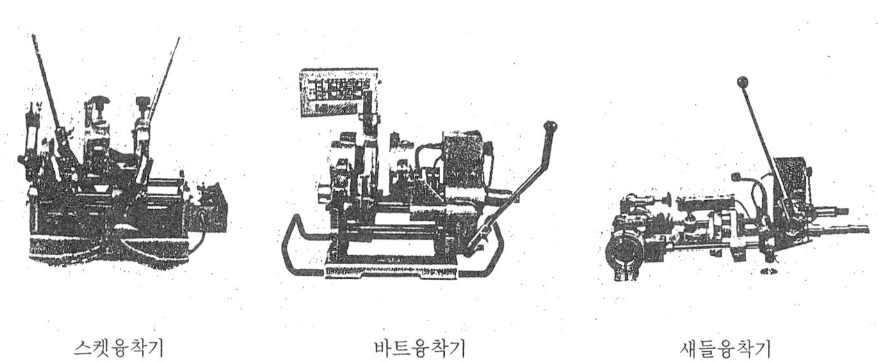

스켓융착기　　바트융착기　　새들융착기

그림 3-37 융착 기자재의 종류

(2) 융착 이음 방법

① 소켓융착

1. 클램프에 관과 이음관을 고정시킨 후 깨끗한 천으로 융착면을 닦아 낸다.
2. 히터를 사용하여 260°C±10°C에서 약 20초간 가압 용융한다.
3. 히터를 5초 이내에 분리시킨 다음 일정압력으로 40초간 용융압착 한다.
4. 180초 이상 냉각후 융착 상태 확인한다.

② 바트융착

1. 클램프에 관을 고정한 다음 면취기를 사용하여 면을 고르게 절삭 한다.
2. 면취기를 제거후 관의 접합면에 틈이 있는가를 확인한다.
3. 히터를 사용하여 210°C±10°C에서 30초간 가압용융 후 히터를 제거하고 40~90초간 용융압착 한다.

③ 새들융착

1. 이음관을 윈도우 클램프에 고정하고 관의 표면과 이음관 하부를 칼로 긁어낸다.
2. 히터를 사용하여 260°C±10°C에서 50초간 가압용융 시킨다.

3. 히터를 5초 이내에 분리후 60초간 용융압착 시키고 5분이상 냉각한다.
4. 소켓융착법에 의거 40cm의 관을 연결후 기밀시험한다.
5. 지관의 20cm지점에 스퀴즈오프 도구를 설치 후 드릴로 구멍을 뚫고 드릴을 제거하지 않은 상태에서 스퀴즈오프 도구로 흐름을 차단한다.
6. 소켓융착법에 의거 지선을 연결하고 리라운딩 도구로 제거한다.
7. 지점에서 "스퀴즈오프 적용"이라는 테이프로 부착한다.

④ 서비스 티이 부착

1. 새들융착법과 동일하다.
2. 서비스 티이에 지관과 연결한다.
3. 서비스 티이키를 회전시켜 본관을 관통하여 흐름 공급한다.

소켓융착

바트융착

새들융착

서비스 티이 부착

그림 3-38 융착 이음 방법

3-5. 도관 및 이종관의 이음

3-5-1. 도관의 이음

도관에는 보통관, 후관, 특후관의 3종류가 있으며, 주로 오수 및 잡배수, 빗물배수 계통의 옥외 배수관에 사용된다. 관의 길이가 짧아서 이음개소가 많이 생기므로 이음할 때에는 특히 주의를 요한다.

도관의 이음 방법에는 관과 소켓 사이에 야안을 넣고 모르타르를 채우는 방법과 모르타르만을 사용하는 방법이 있다. 일반적으로 모르타르만을 채워서 이음하는 방법이 많이 사용되며, 야안을 사용할 때에는 단단히 꼬아서 소켓속에 약 10mm 정도로 삽입한다.

3-5-2. 이종관(異種管)이음

강관과 연결 가능한 관은 주로 동관, 경질 염화비닐관, 주철관, 연관 등이다. 주철관과 연결 가능한 관은 경질 염화 비닐관, 연관, 콘크리트관, 석면 시멘트관 등이고, 경질 염화비닐관은 동관, 연관, 도관, 기타 금속관 등과 연결 가능한데, 이러한 이종관끼리의 접합시에는 특수한 연결 부속을 사용하거나 특수한 시공법을 채택해 주어야 하며, 시공상 작업자의 충분한 숙련이 필요하다.

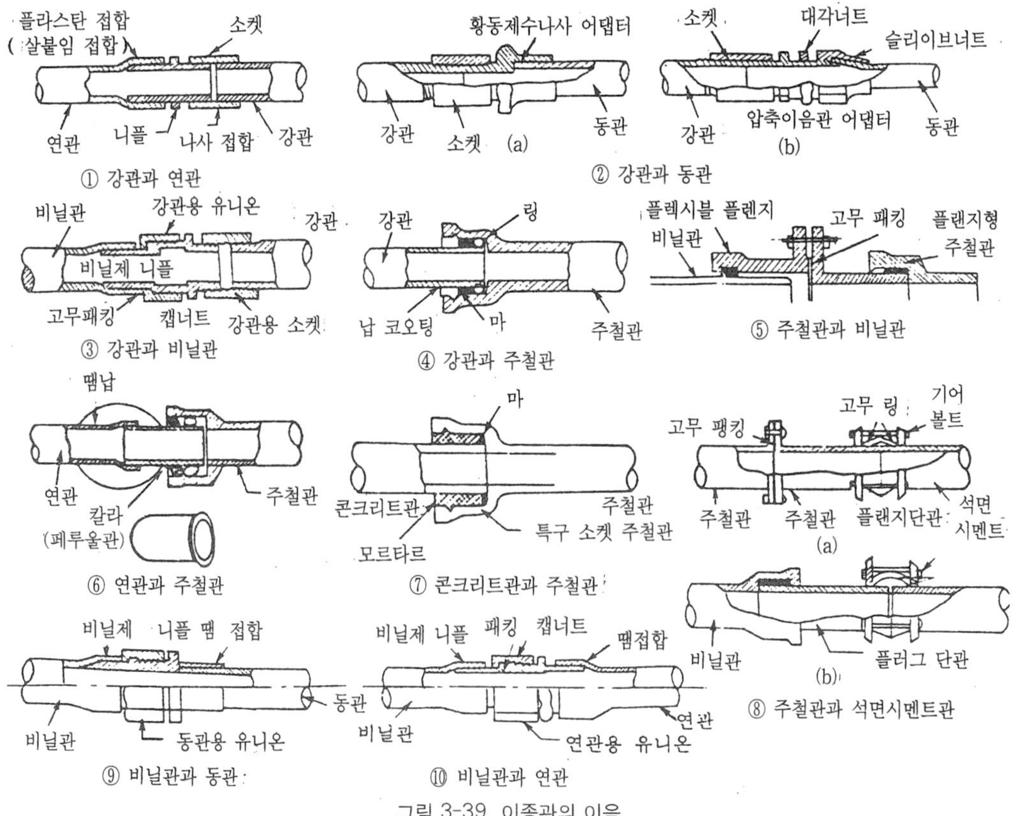

그림 3-39 이종관의 이음

제4장

용접일반

제 4 장
용접일반(熔接一般)

제1절 용접개요

1-1. 용접법의 종류

용접법을 분류하면 융접(Fusion Welding), 압접(Pressure Welding)과 납땜(Soldering & Brazing)이 있으며, 융접은 접합하려는 두 금속부재 즉, 모재(母材)의 접합부에 용융금속을 생성 혹은 공급하여 용접하는 방법으로, 모재도 용융되나 가압은 필요하지 않다. 저항용접(抵抗溶接)은 국부적으로 모재가 용융하나 가압력이 필요하며, 납땜은 모재가 용융하지 않으나 땜납이 녹아서 접합면의 사이에 표면장력의 흡입력이 작용되어 접합된다.

표 4-1 용접법과 절단법의 종류

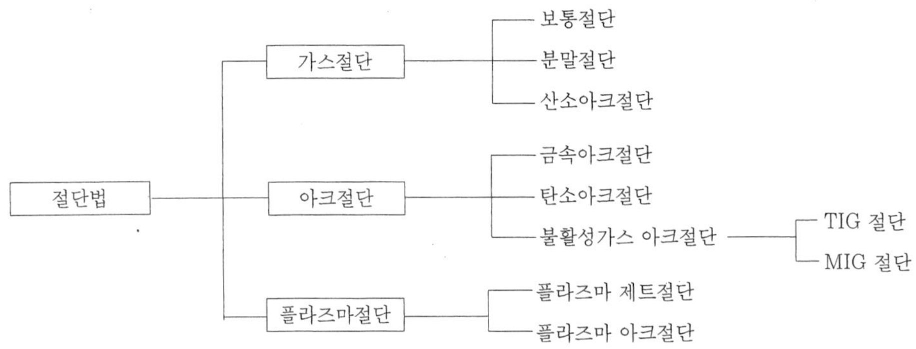

1-2. 용접법의 특성

1-2-1. 용접의 응용

용접 기술은 모든 산업 현장에서 쓰이지 않는 곳이 없으며 철강, 비철, 비금속에 이르기까지 급속한 발전이 계속되고 있는 현실에 있어서 용접의 중요도는 계속 높아가고 있다.

(1) 각종 구조물(철탑, 교량, 석유화학 탱크, 건물, 테라스 등)
(2) 운반기계(선박, 자동차, 탱크, 장갑차, 항공기, 중장비, 철도, 차량 등)
(3) 기계장치류(보일러, 압력용기, 기계 부품, 배관, 기계 설비 등)
(4) 가정 용품(난로, 주방기기, 가전 제품 등)
(5) 기타(원자로, 로켓, 우주선 등)

1-2-2. 용접의 장점

(1) 재료가 절약되고 중량이 가벼워진다.
(2) 작업 공정이 단축되며 경제적이다.
(3) 두께의 제한이 없다.
(4) 기밀성, 수밀성, 유밀성이 우수하며 이음효율이 높다.
(5) 제품의 성능과 수명이 향상되며 이종 재료를 접합할 수 있다.
(6) 용접 준비 및 작업이 비교적 간단하고 작업의 자동화가 쉽다.
(7) 소음이 적어 실내에서의 작업에 지장이 적으며 복잡한 구조물 제작이 쉽다.
(8) 보수와 수리가 용이하며 제작비가 적게 든다.

1-2-3. 용접의 단점

(1) 품질 검사가 곤란하고 변형과 수축이 생긴다.
(2) 재질의 변형 및 잔류응력이 존재한다.

(3) 저온 취성이 생길 우려가 많다.

(4) 용접사의 기술과 성의에 따라 용접부 결과가 좌우된다.

1-3. 용접 자세

용접 작업을 할 때 모재를 놓는 위치와 작업자의 자세에 따라 ① 아래보기 자세(F) ② 수평자세(H) ③ 수직 자세(V) ④ 위보기 자세(OH)로 분류할 수 있다.

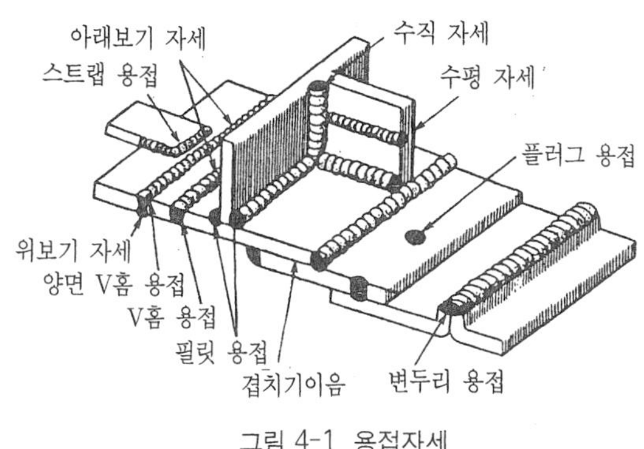

그림 4-1 용접자세

1-4. 용접 이음의 종류

아아크 용접, 가스 용접 등과 같이 녹여서 용접을 하는 것에는 그림 4-2와 같이 여러 부재(部材)를 조합해서 용접을 한다.

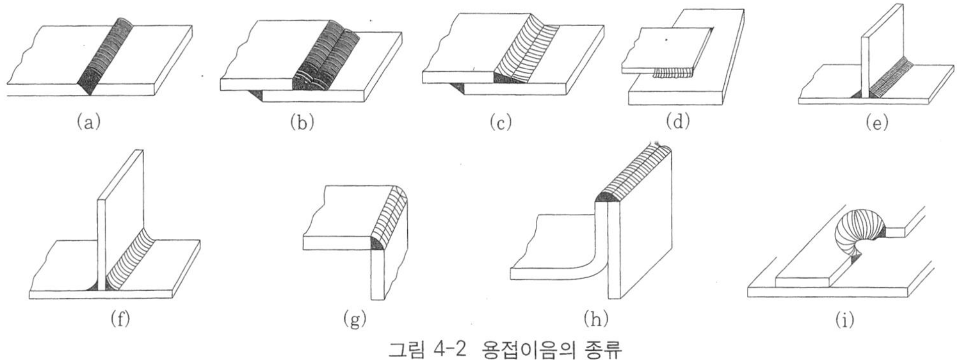

그림 4-2 용접이음의 종류

ⓐ는 버트용접(butt welding), ⓑ ⓒ ⓓ는 겹침용접 또는 랩용접(lap welding)이라고 한다. ⓔ ⓕ는 T형부분의 용접으로 모서리를 용접하므로 필릿용접(fillet welding)이라 한다. ⓖ와 같은 용접은 모서리용접(corner welding)이라 하고, ⓗ는 끝단을 용접하므로 변두리용접(edge welding)이라고 한다. ⓘ는 한쪽 모재 구멍을 이용하여 구멍 안쪽과 다른 모재의 표면을 용접하는 것으로, 일종의 리벳 접합 같은 형식이 된다. 이것을 플러그 용접(plug

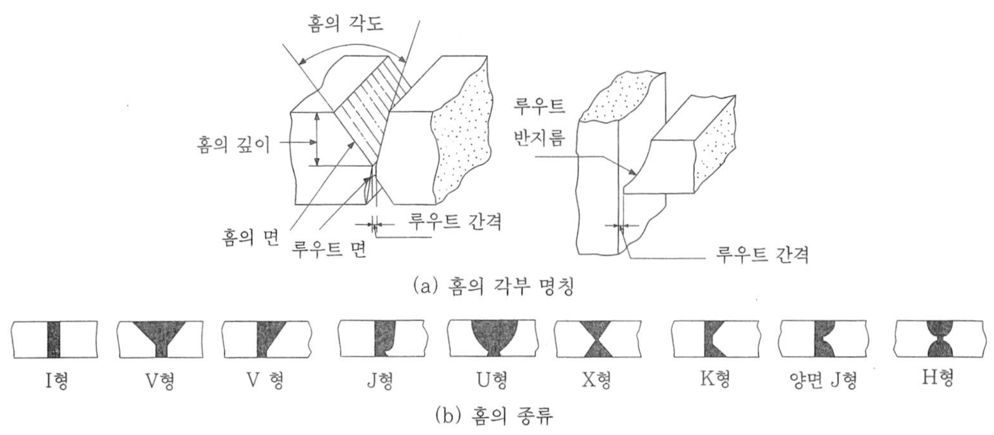

그림 4-3 맞대기 이음의 홀 형상과 각부의 명칭

welding)이라고 한다. 표면에 같은 재질의 용접을 하여 본래 치수로 만드는 것을 덧살 용접(surfacing)이라고 하며, 현장에서는 흔히 빌트업 용접(built up welding)이라고 부른다.

1-5. 용접 작업의 구성 요소

용접을 하기 위해서는 용접 대상이 되는 재료, 열원, 용가재, 용접기와 용접기구, 용접사 등이 필요하며 이들을 적당히 조합 사용함으로써 용접이 이루어진다.

표 4-2 용접 작업의 주요 구성 요소

구성 요소	구성 요소의 설명	구성 요소의 예	쓰이는 곳
용접모재	용접 대상이 되는 재료	철강, 비철금속, 플라스틱 등	모든 용접에 사용됨
열원	용접모재, 용가재를 용융시키는데 필요한 열을 발생시키는 것	산소-아세틸렌 전기	가스용접 아크용접
용가재	용접모재에 삽입, 용융시켜 용접 모재를 접합시키는 재료	용접봉 땜납	아크용접 납땜
용접기구	용접에 사용되는 기구	아크용접기 토치 인두	아크용접 가스용접 납땜

1-5-1. 용접 재료

용접 재료는 주로 철강, 비철금속을 사용하며 모재의 재질에 따라 적당한 용접 방법을 선택하여야 한다. 예를 들면 연강이나 저합금강에는 거의 모든 용접법이 일반적으로 적용되며 구리, 알루미늄과 그 합금에는 불활성 가스 용접으로 우수한 용접 결과를 얻을 수 있다.

1-5-2. 열원

용접에 사용되는 열원은 표 4-4와 같다.

표 4-3 용접재료와 적용 용접법

재료 / 용접법	연강	저합금강	고합금강	구리합금	알루미늄합금
피복아크용접	○	○	○	△	△
서브머지드아크용접	○	○	○		
탄산가스아크용접	○	○			
불활성가스아크용접	○	○	○	○	○
산소-아세틸렌가스용접	○	○	○	○	○

(주) ○은 일반적으로 적용
△은 적용예는 있으나 일반적이 아님

표 4-4 용접열원의 종류

열원	구체적인 열원의 예	사용되는 용접법
화학반응 에너지	1. 가스의 연소에너지 2. 금속의 반응열 에너지 산화철 - 알루미늄	가스용접 테르밋용접
전기 에너지	1. 아크의 에너지 2. 플라즈마 아크 에너지 3. 줄(Joule) 열 에너지 금속의 접촉저항에 의한 발열 슬래그의 전기저항에 의한 발열 4. 전자선	피복 금속아크용접 서브머지드 아크용접 불활성가스 아크용접 탄산가스 아크용접 플라즈마 제트용접 저항용접 일렉트로슬래그용접 전자빔용접
전자파 에너지	1. 저주파 및 고주파의 특수 가열 2. 레이저 에너지	고주파용접 레이저빔용접
기계적 에너지	1. 기계적 압력 화약 폭발에 의한 충격 기계적 압력 2. 마찰열 3. 진동에너지 초음파 진동	 폭발압접 냉간압접 마찰압접 초음파용접

제2절 관절단(管切斷)

2-1. 가스절단의 원리

가스 절단은 강철을 산소 절단기류의 산화반응에 의하여 절단하는 방법이다.

이 산화반응은 강철을 800~1000°C 이상 가열하여 산소 중에 방치하면, 강철이 연소 하는 것을 도와서 산화철로 변하면서 강렬한 반응열을 발생하는 것이다. 즉, 강철을 미리 800~1000°C로 예열하여 이곳에 절단 토오치의 팁중심에서 순도가 높은 산소를 분출시키면서 강철에 접촉하여 급격한 연소작용을 일으켜 강철은 산화철이 되며, 이 때 산소기체의 분출력에 의해 산화철이 밀려나므로 2~4mm의 부분적인 홈이 생긴다.

이와 같은 작업을 반복하면 절단이 되는 것이다.

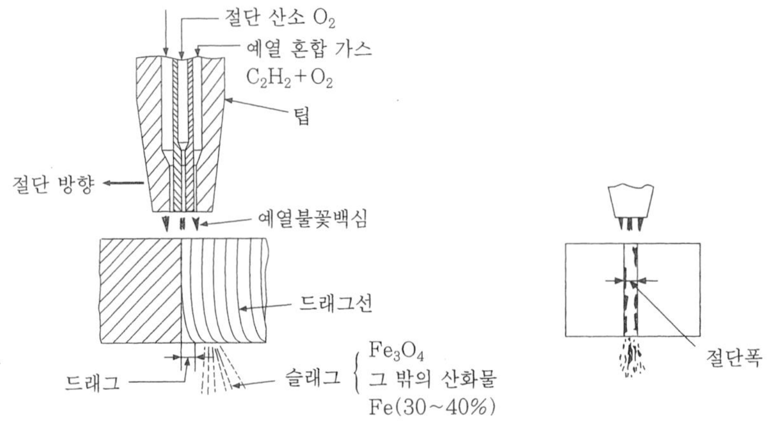

그림 4-4 가스 절단의 원리

절단시의 화학반응은 다음과 같다.

$Fe+\frac{1}{2}O_2=FeO+64.0$ kcal(제1반응)

$2Fe+\frac{3}{2}O_2=Fe_2O_3+190.7$ kcal(제2반응)

$3Fe+2O_2=Fe_3O_4+266.9$ kcal(제3반응)

절단조건으로서는

① 모재의 산화연소하는 온도가 그 금속의 용융점보다 낮을 것.

② 생성된 금속 산화물의 용융온도는 모재의 용융온도보다 낮을 것.

③ 생성된 산화물은 유동성이 좋아야 하며, 그것이 산소 압력에 의해 잘 밀려 나가야 할 것.

④ 금속의 화합물 중에서 불연성 물질(不燃性物質)이 적을 것.

2-2. 가스 절단장치

가스 절단 장치는 가스 용접 장치와 거의 같으나 다만 토오치(torch)의 형태만 다를 뿐이며, 수동가스 절단 방법과 자동가스 절단 방법이 있다.

2-2-1. 수동 가스 절단기

절단 토오치는 예열용 아세틸렌의 압력을 기준으로 하여 저압식(0.07kg/cm^2 미만), 중압식(0.07kg/cm^2 이상)으로 분류되며, 내부구조도 다소 다르게 되어 있다. 저압식 토오치는 그림 4-5와 같이 산소와 아세틸렌을 혼합하여 예열용 가스를 만드는 부분과 고압의 탄소만을 분출하는 부분으로 되어 있다.

또한 팁은 동심형(프랑스식)과 이심형(독일식)이 있으며, 동심형(concentric type) 팁은 전후 좌우로 곡선을 자유로이 절단할 수 있으나, 이심형(decentric type)은 가열팁과 절단팁이 분리되어 있어 작업을 하면 절단면이 아름답기 때문에 직선, 곡선 절단에 많이 사용되었으나 작은 곡선 등은 절단이 곤란하다.

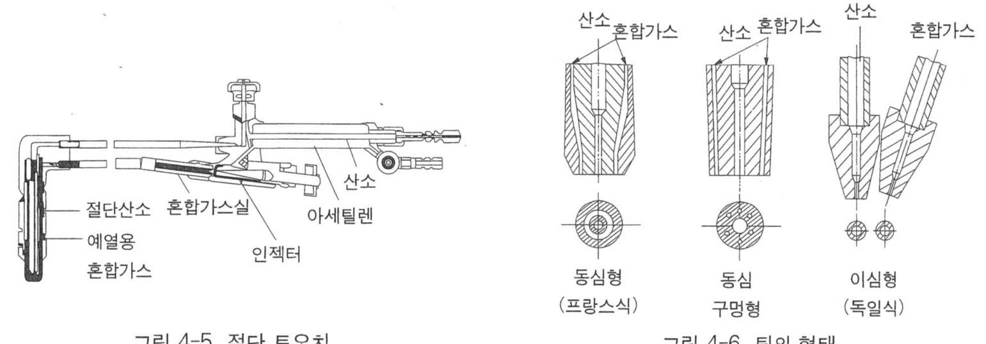

그림 4-5 절단 토오치

그림 4-6 팁의 형태

표 4-5 동심형 토오치의 팁과 절단 모재의 두께

팁의 종류	팁의 번호	팁의 구멍지름(mm)	가시(可視) 산소 분류(噴流)의 길이(mm)	산소압(kg/cm^2)	절단 모재 두께(mm)
1호	1	0.7	50	1.0	1~7
	2	0.9	60	1.5	5~15
	3	1.1	70	2.5	10~30
2호	1	1.0	80	2.0	3~20
	2	1.3	90	3.0	5~50
	3	1.6	100	4.0	40~100
3호	1	2.0	100	5.0	50~120
	2	2.5	110	7.0	100~120
	3	2.7	120	8.0	180~260

2-2-2. 자동 가스 절단기

자동 가스 절단기는 절단 토오치를 자동적으로 이동시키는 주행대차(走行臺車)에 설치된 것인데, 절단 방향을 손으로 조작하는 반자동식과 모든 조작이 자동적으로 되는 전자동식이 있다. 반자동식은 이동만을 자동화한 것이고, 손의 조작으로 절단 토오치를 어떤 방향으로도 절단이 될 수 있도록 움직이는 것으로 주로 작은 물체나 곡선의 절단에 쓰이고 있다. 전자동식에는 용도에 따라 직선 절단과 형 절단 전용의 기기가 있다.

2-3. 가스 절단

가스 절단에 있어서 양호한 절단부를 얻기 위해서는 ① 산소순도와 소비량 ② 절단 속도와 효율 ③ 절단면 외관과 드래그(drag) ④ 강판의 예열 온도와 예열 불꽃 ⑤ 팁의 형상 등을 고려하여야 한다.

2-3-1. 가스 절단 조건

(1) 팁에 관계되는 요소

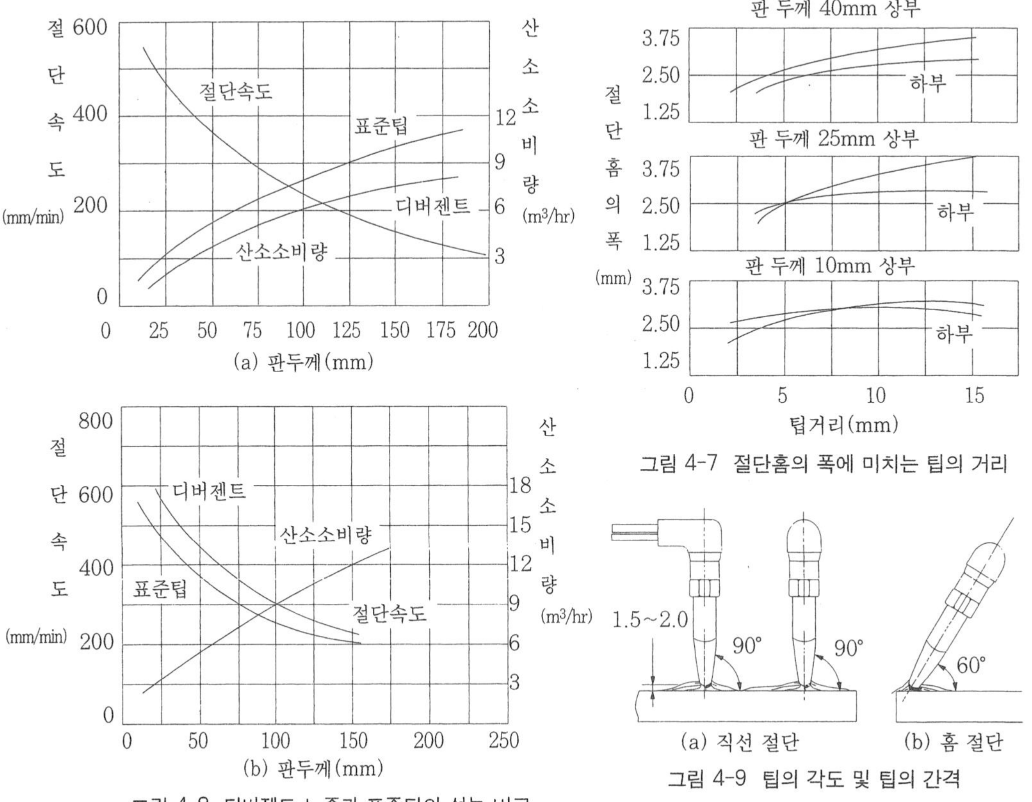

그림 4-7 절단홈의 폭에 미치는 팁의 거리

그림 4-8 디버젠트 노즐과 표준팁의 성능 비교

그림 4-9 팁의 각도 및 팁의 간격

디버젠트 노즐은 고속분출 시기에 가장 적합한 것으로, 그림 4-8(a)에 나타냄과 같이 보통 팁에 비하여 절단 속도가 같은 조건에서는 산소 소비량은 20~40%가 절약되며 또, 산소 소비량이 같을 때는 그림 4-8(b)와 같이 절단 속도는 20~25% 증가한다.

한편 팁의 외부에서 모재 표면까지의 간격 즉, 팁에서의 거리는 예열 불꽃의 불꽃 흰색부분(cone) 끝이 모재 표면에서 1.5~2.5mm 떨어질 정도면 좋고, 너무 가까우면 위쪽 기슭이 녹는다. 그림 4-7은 팁의 거리와 절단홈과의 관계를 나타낸 것으로 팁의 거리가 크면 폭은 점차로 커지는 것을 알 수 있다.

(2) 드래그(drag)

가스 절단을 일정한 속도로 실시하면 절단홈 하부에 가까워 질수록, 슬래그의 방해, 산소의 오염, 산소 속도의 저하 등에 의하여 산화 작용, 즉 절단이 지연되고 절단면을 보면, 일정한 간격의 나란한 곡선들을 볼 수 있다.

표 4-6 표준 드래그 길이

관두께(mm)	12.7	25.4	51	51~152
드래그 길이(mm)	2.4	5.2	5.6	6.4

※ 드래그(%) = $\frac{\text{드래그 길이(mm)}}{\text{강판 두께(mm)}} \times 100$

표 4-7 자동 가스절단 조건

강판두께 (mm)	팁지름 (mm)	산소 압력 (kg/cm²)	절단 속도 (mm/min)	가스소비량(m³/hr) 산소	가스소비량(m³/hr) 아세틸렌	드래그 (%)
6	0.8~1.5	1.1~2.4	510~710	1.0~2.6	0.17~0.31	-
9	0.8~1.5	1.2~2.8	480~660	1.3~3.3	0.17~0.34	-
12	0.8~1.5	1.4~3.8	430~610	1.8~3.5	0.23~0.37	15~20
19	1.0~0.5	1.7~3.5	380~560	3.3~4.5	0.34~0.43	15~20
25	1.2~1.5	1.9~3.8	350~480	3.7~4.9	0.37~0.45	12~16
50	1.7~2.1	1.6~4.2	250~350	5.2~7.4	0.45~0.57	10~15

표 4-8 수동 가스절단 조건

강판두께 (mm)	팁지름 (mm)	산소 압력 (kg/cm²)	절단 속도 (mm/min)	가스소비량(m³/hr) 산소	가스소비량(m³/hr) 아세틸렌	드래그 (%)
3	0.5~1.0	1.0~2.1	510~760	0.5~1.6	0.17~0.26	-
6	0.8~1.5	1.1~1.4	410~660	1.0~2.6	0.19~0.31	-
9	0.8~1.5	1.2~2.1	380~610	1.3~3.3	0.19~0.34	-
12	1.0~1.5	1.4~2.2	305~560	1.9~3.6	0.28~0.37	15~20
19	1.2~1.5	1.7~2.5	305~510	3.3~4.1	0.34~0.43	15~20
25	1.2~1.5	2.0~2.8	230~460	3.7~4.5	0.37~0.45	12~16
50	1.7~2.0	1.6~3.5	150~330	5.2~6.5	0.45~0.57	10~15

이 곡선을 드래그 라인(drag line)이라 부르며, 진행방향으로 측정한 하나의 드래그 선의 처음과 끝양단의 거리를 드래그 또는 드래그 길이(drag length)라고 한다. 드래그 길이는 주로 절단속도, 산소 소비량 등에 의하여 변화한다.

(3) 절단 산소

절단용 산소는 절단부를 연소시켜서 그 산화물을 깨끗이 떨어내는 역할을 하므로 산소의 압력과 순도가 절단속도에 큰 영향을 미친다. 산소의 순도(99% 이상)가 높으면 절단 속도가 빠르고, 절단면이 아름다우나, 반대로 낮으면 절단속도도 느리고, 절단면도 거칠게 된다. 산소 중에 불순물이 있으면 절단면에 생긴 불순물의 슬래그가 산소의 확산을 방해하며, 철과 산소의 반응이 매우 느리게 되어 절단속도가 낮아진다.

2-3-2. 산소—LP가스에 의한 절단

수년전부터 아세틸렌가스 대신 LP가스를 사용하는 비율이 점차 많아지고 있다. LP가스는 일반적으로 말하는 프로판 이외에 프로피렌, 부탄, 에틸렌 등을 상당히 내포한 액화석유가스(L,P,G)로 석유 정제시 부산물로 분류된 것이다. LP가스가 절단용으로서 사용하게 된 것은 석유공업의 발전으로 다량의 LP가스가 생산되며, 다음과 같은 특성을 지니고 있기 때문이다.

①액화되기 쉽고, 액화한 것은 용기에 충전하여 수송하기가 쉽다.
② 액화된 것은 쉽게 가스 상태로 기화되며 발열량도 높다.
③ 폭발한계가 좁으므로 안전도가 높고 관리도 용이하다.
④ 열효율이 높은 연소기구의 제작도 용이하다.

(1) 프로판 가스

프로판 가스(C_3H_8)는 오래전부터 절단이나 가열에 사용된 것으로 아세틸렌(C_2H_2) 가스와 비교하면 다음과 같은 성질을 가지고 있다.

(2) 산소—프로판 가스의 혼합비

산소와 프로판 가스의 혼합비는 프로판1에 대하여 산소 약 4.5의 비율로서 산소, 아세틸렌의 1:1에 비하여 4.5배의 산소를 필요로 한다. 이것은 프로판 가스 절단에 대한 절단팁의

표 4-9 아세틸렌과 프로판 가스의 비교

아 세 틸 렌 (C_2H_2)	프 로 판 (C_3H_8)
1. 점화하기 쉽다. 2. 중성 불꽃을 만들기 쉽다(불꽃의 조정이 쉽다). 3. 절단할 때까지의 예열 시간이 짧다. 4. 강판의 표면 상태의 영향이 적다. (표면의 녹이나 스케일 등). 5. 얇은 판 절단의 경우 프로판보다 절단 속도가 빠르다.	1. 절단면 윗모서리가 잘 녹아 내리지 않는다. 2. 절단면이 거칠지 않고 곱다. 3. 슬래그가 쉽게 떨어진다. 4. 중첩 절단을 할 때에는 아세틸렌보다 절단 속도가 빠르다. 5. 두꺼운 판 절단을 할 때에는 아세틸렌보다 절단 속도가 빠르다.

설계나 연구에 가장 중요한 일이며 또, 그 선정에서도 충분한 주의를 요한다.

(3) 프로판 가스용 절단팁

프로판 가스에 의한 절단은 산소를 다량 필요로 하므로 아세틸렌 팁을 그대로 사용할 수는 없다.

다량의 산소를 완전히 혼합하여 연소를 잘 시키기 위하여 팁은 여러 가지 연구가 되고 있다.

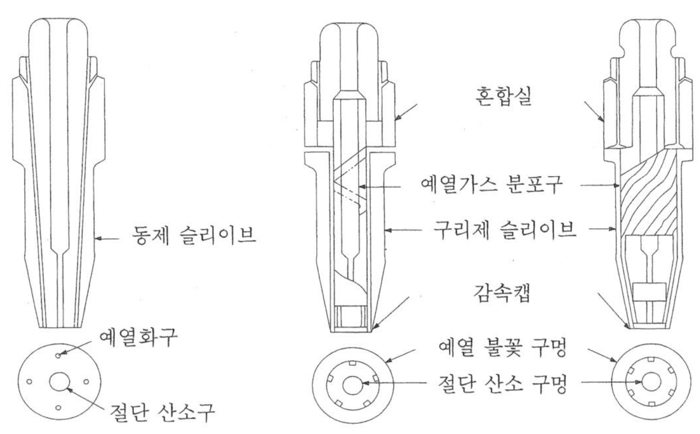

그림 4-10 프로판팁과 아세틸렌팁과의 비교

2-3-3. 아크절단

(1) 탄소 아크 절단(carbon arc cutting)

탄소 아크 절단은 탄소 또는 흑연 전극봉과 금속 사이에서 아크를 일으켜 금속의 일부를 용융 제거하는 절단법이다. 전원으로는 직류 정극성(DCSP)이 주로 쓰이며, 교류는 많이 쓰이지 않는다.

절단은 용접과 달리 대전류를 사용하고 있으므로 산화를 방지할 목적으로 전극봉 표면에 구리 도금을 한 것도 있으나, 흑연 전극봉이 탄소 전극봉보다 전기 저항이 작기 때문에 많이 사용된다.

(2) 금속 아크 절단(metal arc cutting)

탄소 전극봉 대신 특수 피복제를 씌운 금속 전극봉을 써서 절단하는 방법이다. 피복에서 다량의 가스를 방출시켜 절단을 촉진한다. 피복용은 절단 중에 3~5mm의 보호층을 만들어 모재의 단락을 방지하고 동시에 아크를 집중시킨다.

(3) 산소 아크 절단(oxygen arc cutting)

전극의 중앙에 빈 전극봉과 모재를 사이에서 아크를 발생시켜 모재를 가열하고, 봉의 중앙에서 절단용 산소가 분출되어 절단하는 방법이다.

이와 같이, 모재는 아크의 예열 효과 외에 산소에 의한 산화 발열 효과 등에 의하여 단순한

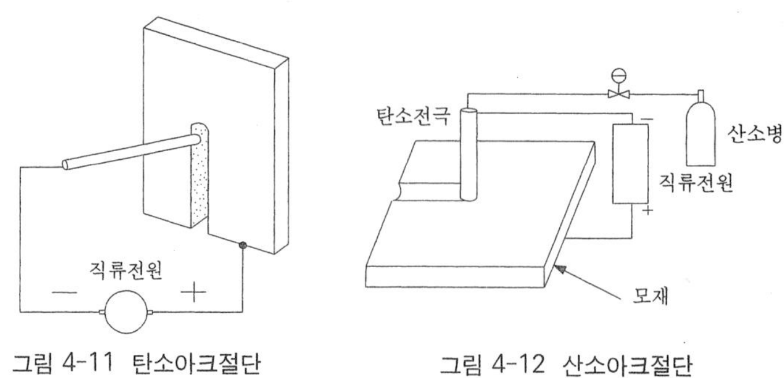

그림 4-11 탄소아크절단

그림 4-12 산소아크절단

아크 절단 때보다 높은 절단 속도를 얻을 수 있다. 또한 전원은 보통 직류 정극성이 이용되나 교류로서도 절단된다.

(4) 티그 절단(TIG cutting)

티그 용접법과 같이 텅스텐 전극과 모재 사이에서 아크를 발생시켜 불활성 가스와 수소를 혼합 공급하여 절단하는 방법으로, 텅스텐 아크 절단법이라고 한다. 특수한 토치를 사용하여 아크를 냉각시켜 고온 · 고속의 기류에서 얻어지는 플라즈마 제트를 이용한 절단법이다. 주로 알루미늄, 구리, 구리 합금, 스테인리스강 등에 이용된다.

(5) 미그 절단(MIG cutting)

미그 절단은 미그 용접의 원리와 같이 절단부를 불활성 가스로 포위하고, 금속 전극에 대전류를 흐르게 하여 절단하는 방법으로 알루미늄과 같이 산화에 강한 금속에 이용된다.

(6) 플라즈마 제트 절단(Plasma jet cutting)

기체를 가열하여 온도가 상승하면 기체의 운동이 활발해진다. 이 때, 기체의 원자가 원자핵과 전자로 분리되어 양 · 음이온 상태로 되는데 이것을 플라즈마라고 부른다.

이 원리는 노즐 속에 텅스텐 전극봉을 넣어 노즐과 전극봉 사이에 아크를 발생시키고 가스를 보내면, 아크가 발생된 부분에서 가스가 가열되어 팽창하므로 고온의 가스가 좁은 노즐 구멍으로 빠른 속도로 분출되어 플라즈마가 된다. 이것을 이용하여 절단하는 방법을 플라즈마 절단이라고 한다. 동작 가스는 아르곤 가스와 수소의 혼합 가스가 되는데, 열원의 온도는 1,000~3,000°C 정도이고 내화물의 절단에도 이용된다.

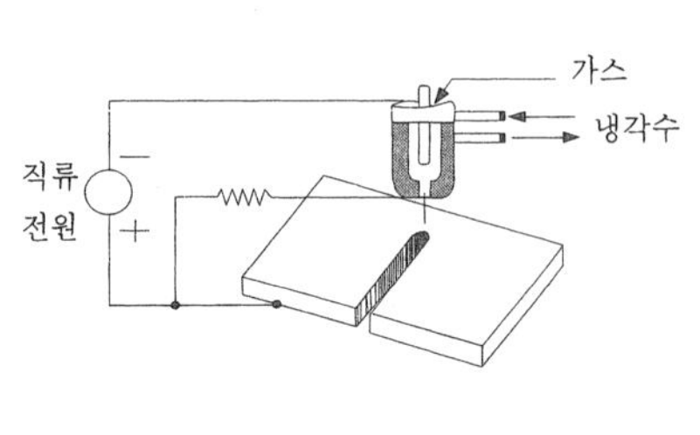

그림 4-13 티그 절단

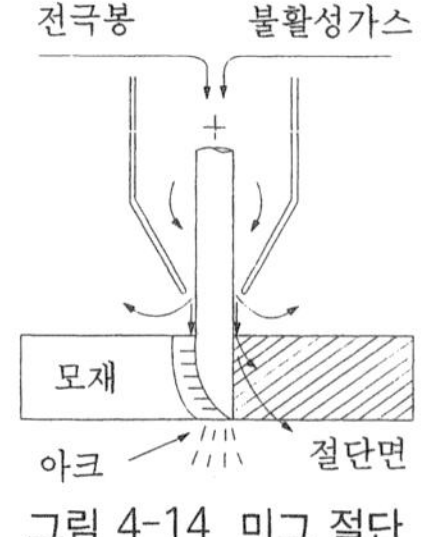

그림 4-14 미그 절단

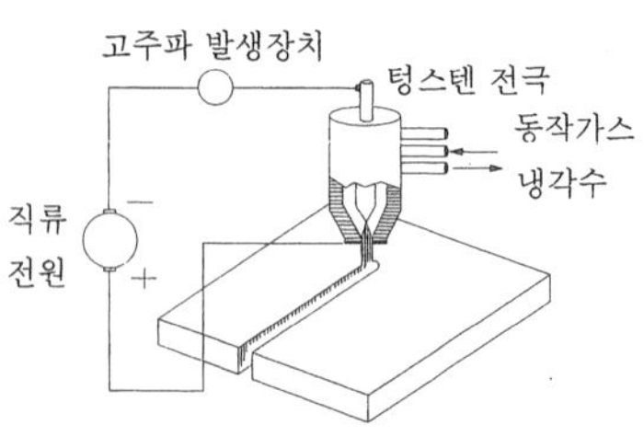

그림 4-15 플라즈마 제트 절단

2-3-4. 가스 가공

(1) 가스 가우징(gas gouging)

가스 가우징은 가스 절단과 비슷한 토치를 이용하여 모재의 표면에 둥근 모양의 홈을 파내는 방법이다. 가스 가우징은 가스 파내기라고도 하여, 용도로는 용접의 결함, 뒤따내기, 가접 제거 등과 압연 강재, 단조, 주강의 표면 결함의 제거에 사용된다.

(2) 스카핑(scarfing)

스카핑은 각종 강재 표면의 탈탄층 또는 홈을 제거하기 위하여 사용되며, 가우징과 다른 점은 될 수 있는 대로 얇게 그리고 넓게 표면을 깎는 것이고, 그 밖의 점은 근본적으로 차이가 없다.

(3) 아크 에어 가우징(arc air gouging)

아크 에어 가우징법은 탄소 아크 절단에 압축 공기를 병용한 방법으로서, 용접부의 가우징, 용접 결합부의 제거, 절단 및 구멍 뚫기 등에 적합하며, 특히 가우징용으로 많이 이용하며, 가스 가우징이나 치핑(chipping)법에 비하여 다음과 같은 장점을 가지고 있다.

① 작업 능률이 가스 가우징에 비해 2~3배가 높다.
② 용융 금속을 순간적으로 불어내므로 이동 속도가 빨라 모재의 가열 범위가 좁으며, 가스 가우징과 같은 변형이나 균열이 생기지 않는다.
③ 소음이 없으며 조작이 간단하다.
④ 경비가 저렴하며 용융 범위가 넓다.

제3절 가스용접

3-1. 가스용접 개요

3-1-1. 가스용접의 원리

가스용접은 아세틸렌가스, 석탄가스 등의 가연성가스와 산소 또는 공기를 혼합시킨 혼합가스에 의한 연소성을 이용하여 금속을 용융시켜 접합하는 용접법을 총칭하는데, 본장에서는 가스용접에 가장 광범위하게 이용되고 있는 산소—아세틸렌 용접에 대하여 주로 설명하기로 한다. 산소—아세틸렌 용접은 다른 가연성 가스를 쓰는 용접에 비하여 고온을 얻을 수 있고 열을 집중시키며, 불꽃 점화가 용이하다는 이점이 있기 때문에 많이 사용된다.

3-1-2. 용접용 가스의 종류

가스용섭에 사용되는 연료가스로시는 아세틸렌기스(C_2H_2)가 가장 많이 쓰이며, 수소가스(H_2)도 필요에 따라서는 사용된다. 이 밖에 도시가스(석탄가스), LP가스(액화석유가스, 프로

표 4-10 각종 연료 가스의 성질

가스의 종류	분자식	비중 공기=1,000 온도(15.5°C)	비용적(m^3/kg) 압력(760mmHg) 온도(15.5°C)	밀도(kg/m^3) 압력(760mmHg) 온도(15.5°C)	발열양($kcal/m^3$) 압력(760mmHg) 온도(15.5°C)		공기와의 이론 불꽃 온도(°C)	정압 생성열($kcal/m^3$)
					총발열량	실제 발열량		
아세틸렌	C_2H_2	0.9056	0.901	1.109	13204	12759	2632	2025
메탄	CH_4	0.5545	1.475	0.677	9010	8120	2066	918
에탄	C_2H_6	0.0494	0.778	1.283	15688	14353	2104	1210
프로판	C_3H_8	1.5223	0.537	1.862	22340	20559	2116	1488
부탄	C_4H_{10}	2.0100	0.406	2.460	29035	26801	2132	1800
수소	H_2	0.0696	11.776	0.084	2899	2448	2210	-

판, 부탄 등), 천연가스, 메탄가스(CH_4) 등이 있다.

이상의 가연성가스가 가스용접이나 절단에 쓰이려면 다음과 같은 성질을 가져야 한다.

① 불꽃의 온도가 높을 것

② 연소속도가 빠를 것

③ 발열량이 클 것

④ 용융금속과 화학반응을 일으키지 않을 것

(1) 수소가스

수소가스는 아세틸렌가스보다 일찍 실용되었으나, 수소—산소 불꽃은 산소—아세틸렌 불꽃과는 달리 백심(inner cone)이 있는 뚜렷한 불꽃을 얻을 수가 없고, 청색의 겉불꽃에 싸인 무광의 불꽃이므로 육안으로는 불꽃을 조절하기가 어렵다. 현재는 납(Pb)의 용접에만 사용되고 있다.

(2) LP가스

주로 프로판가스(C_3H_8)로서, 대표적인 LP가스(프로판, 부탄 등)는 석유나 천연 가스를 적당한 방법으로 분류하여 제조한 것이다.

공업용 프로판외에 에탄(C_2H_6), 부탄(C_4H_{10}), 펜탄 등이 섞여 있는 혼합기체이다. 상온에서 안전한 기체로, 발열량도 많고, 폭발의 위험성도 적다. 또한 상온에서 가압하면 쉽게 액화되고, 가스 상태로 있을 때의 1/250의 체적비로 압축할 수 있어 간단히 운반, 저장할 수 있는 잇점이 있어, 근래에 와서는 점점 그 용융범위가 확대되고 있다. 프로판 가스의 연소는 다음과 같다.

$$C_3H_8 + 5O_2 = 3CO_2 + 4H_2O + 488kcal$$

(3) 도시 가스(석탄가스)

도시 가스의 주성분은 수소, 메탄, 일산화탄소, 질소 등을 포함하고 있으며 납땜의 열원(熱源)으로 잘 사용한다.

표 4-4 연료 가스의 연소 상수

가스 종류	완전 연소 화학 방정식	발열량 (kcal/m³)	불꽃온도 (°C)
아 세 틸 렌	$C_2H_2+2\frac{1}{2}O_2=2CO_2+H_2O$	12,753.7	3,002.0
수 소	$H_2+\frac{1}{2}O_2=H_2O$	2,448.4	2,982.2
도 시 가 스	혼합가스	2,670~7,120	2,537.8
천 연 가 스	혼합가스	7,120~10,680	2,537.8
코우크스로가스	혼합가스	4,450~4,895	2,537.8
메 탄	$CH_4+2O_2=CO_2+2H_2O$	8,132.8	2,760.0
에 탄	$C_2H_6+3\frac{1}{2}O_2=2CO_2+3H_2O$	14,515.9	2,815.6
프 로 판	$C_3H_8+5O_2=3CO_2+4H_2O$	20,550.1	2,926.7
부 탄	$C_4H_{10}+6\frac{1}{2}O_2=4CO_2+5H_2O$	26,691.1	2,926.7
에 틸 렌	$C_2H_4+3O_2=2CO_2+2H_2O$	13,417.0	2,815.6

3-2. 카아바이드와 아세틸렌

3-2-1. 카아바이트(CaC_2)

Carbide는 oxy-acetylene 용접에 쓰이는 calcrum carbide를 일반적으로 부르는 명칭이다. 1892년 카나다에서 처음 공업용으로 제조되었는데, 제조법으로는 생석탄(CaO)이라 하는 석탄석($CaCO_3$)을 구운 것에 탄소를 섞어서 전기로에 넣어 3,000°C 이상으로 가열하면 용융화합된다. 이것에 강철재로 된 통에 넣어 냉각시킨 후에 적당한 크기로 만들어 용기에 넣어서 시판하고 있다. 순수한 CaC_2는 무색투명한 돌 모양의 성질이며, 이것에 물을 작용시키면 이론적으로 양질의 카아바이드 1kg에서 348 l 의 아세틸렌가스를 발생한다. 그러나 실제로 시판되고 있는 것은 수%의 불순물을 포함하고 있으므로 습기가 있는 공기 중에서 악취를 낸다. 비중은 2.2~2.3이며, 순도가 나쁘면 비중이 증가한다. CaC_2의 일반적인 성질을 살펴보면 다음과 같다.

(1) 색은 무색투명하거나 빨강이나 파란색을 띠는 것도 있다.

(2) 조직은 일반적으로 괴상결정(塊狀結晶)이나 때에 따라서는 해선모양으로 된 것도 있다.

(3) 돌처럼 단단하며 비중은 약 2.2~2.3 정도이다.

(4) 물이나 수증기와 작용하면 acetylene gas를 발생하고 생석탄(生石炭)이 남는다.

$$CaCo_2 \rightarrow CaO+Co_2,\ CaO+3C \rightarrow CaC_2+CO$$

$$\underset{(64g)}{CaC_2}+\underset{(18g)}{H_2O} \rightarrow \underset{(56g)}{CaO}+\underset{(26g)}{C_2H_2}$$

64g의 카바이드에 18g의 물을 넣으면 생석회 56g과 아세틸렌 가스 26g이 발생한다. 그러나 실제로는 발생기 내에는 물이 많이 있으므로 생석회는 물을 흡수하여 소석회(消石

灰:Ca(OH)2)가 된다.

$$CaC_2 + 2H_2O \rightarrow C_2H_2 + Ca(OH)_2 + 29.95kcal$$
(64g) (36g) (26g) (74g)

이와 같이하여 순수한 카아바이드 1kg은 이론적으로 348 l 의 아세틸렌 가스를 발생하게 되지만, 순수한 카아바이드가 존재하지 않으므로 보통 사용하고 있는 카아바이드 1kg은 아세틸렌 가스가 230~300 l 발생하는 것으로 계산한다.

3-2-2. 아세틸렌(acetylene)

아세틸렌(C_2H_2)은 탄소 24, 수소 2의 중량비(重量比)를 가진 탄화수소로 다음과 같은 성질을 가지고 있다.

① 순수한 것은 냄새가 없고 무색이나, 보통 불순물 인화수소(H_2P), 유화수소(H_2S), 암모니아(NH_3)을 포함하고 있어 악취가 난다.

② 공기보다 가벼우며(공기의 0.906배) 1 l 의 무게는 15°C 기압에서 1,176g이다.

③ 아세틸렌은 각종 유체에 잘 용해된다.
(보통 물에 대해서는 같은 양, 석유에는 2배, 벤젠에는 4배, 알콜에는 6배 특히 아세톤에는 25배가 용해되며 용해량은 온도를 낮추고 압력을 높이며 증가한다.)

④ 아세틸렌은 거의가 탄소이고 수소를 비롯하여 약간의 불순물을 포함하고 있다. 산소와 적당히 혼합하여 연소시키면 높은 열을 낸다(3,000~3,500°C).

3-2-3. 산소

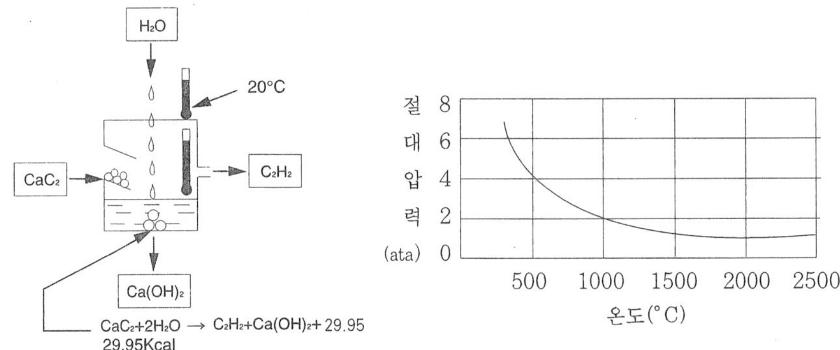

그림 4-16 아세틸렌의 발생

그림 4-17 분해 폭발에 대한 압력과 온도의 관계

산소는 공기 중에 용적으로 약 21%가 존재하며, 일반적인 연소를 일으키기에는 충분하나 가스용접과 같은 강렬한 연소를 필요로 할 때에는 공업적으로 제조된 순도 99.5% 이상의 것이 쓰인다.

(1) 산소의 성질

① 무미, 무색, 무취의 기체로 비중 1.105, 비등점 -182°C, 용융점 -219°C로서 물에 조금 녹기 때문에 수중 생물의 호흡에 쓰인다.
② 산소 자체는 타지 않으며 다른 물질의 연소를 도와주는 조연성 가스이다.
③ 금, 백금 등을 제외한 모든 원소와 화합시 산화물을 만든다.
④ 액체 산소는 보통 연한 청색을 띠지만 연한 빨간색이나 파란색을 띠는 것도 있다.
⑤ 1 l 의 중량은 0°C, 1kg/cm^2에서 1,429g으로 공기보다 무거우며 타기 쉬운 기체에 산소를 혼합하여 점화하면 폭발적으로 연소한다.

(2) 산소의 종류

① 액체산소(liquid oxygen)

공기는 대체로 중량비로 질소(N_2) 4, 산소(O_2) 1의 비율로 혼합되어 있는 기체다. 이 공기 중에 포함되어 있는 먼지, 탄산가스, 수분 등을 제거 청정한 공기를 대단히 낮은 온도 즉, 임계온도(약 -200°C) 이하로 냉각하는 동시에 가압하면 공기는 기체에서 액체로 된다.

여기서 액체 질소의 비점은 -196°C이고 액체 산소의 비점은 -182°C이다.

액체 질소는 액체 산소보다 비점이 낮다. 이 성질을 이용해서 액체 질소와 액체 산소와의 혼합체인 액체 공기를 증발시키면, 액체 질소는 -196°C에 도달할 때 증발하기 시작하여 기체로 되고 액체 산소만 남게 된다. 이 액체 산소를 기화시켜 압축기로 압축하여 산소 용기에 넣어 시판하고 있다.

② 기체 산소

산소는 일반적으로 강철제 고압 용기에 충전한 압축 산소로서 공급되며, 충전 압력은 35°C에서 150kg/cm^2이다. 용기의 크기는 보통 충전되는 산소의 대기압 환산 용적을 l 로 표시한다.

③ 산소 용기 내의 산소량 산출식

$L = V \times P(l)$

L: 용기내의 산소량(l)

V: 용기내의 용적(l)

P: 압력계에 지시된 용기내의 압력(kg/cm^2)

3-2-4. 아세틸렌 발생기의 종류(acetylene generator)

(1) 압력에 따라 분류

① 고압식: 1.3kg/cm^2 이상
② 중압식: 0.07~1.3 kg/cm^2
③ 저압식: 0.07kg/cm^2 이하

(2) 물을 첨가하는 방식에 따른 분류

3-2-5. 안전기와 청정기

형식 \ 항목	구조와 취급	발생된 아세틸렌	안전성
침지식	비교적 간단하다.	과열되기 쉬우므로 불순 가스를 발생시키게 되며, 자연 가스 발생 상태를 일으키기 쉽다.	안전성이 크다.
투입식	취급이 불편한다.	온도가 낮고 불순 가스가 적어 발생량의 조정이 쉽다.	안전성이 매우 크다.
주수식	가장 간단하다.	가장 온도가 높고 불순 가스가 많이 발생된다. 또 자연 가스 발생, 중합 작용 등을 일으키기 쉽다.	카아바이트를 바꿀 때 기종에 손이 닿게 되어 충격에 의한 폭발 위험이 크다.

(1) 안전기(safety device)

안전기는 아세틸렌과 산소에 역류(back flow), 역화(back fire)를 방지하기 위하여 사용하는 것으로 수봉식 안전기는 청정기로부터 아세틸렌 가스가 입구 1의 도관을 통하여 수중을 통과하여 출구의 토오치로 나가게 된다. 만약, 가스의 역류가 생기면 그림(b)와 같이 안전기 내의 압력이 높아져서 안전기 내의 수면을 밀어내리어 도관4에 있는 물을 대기 중으로 배출시키면서 가스가 배출된다. 그러므로 가스가 가스 입구 1의 역류를 방지하게 된다. 3은 안전기내의 수위를 정상적으로 보존시키기 위한 검수(儉水)밸브이다.

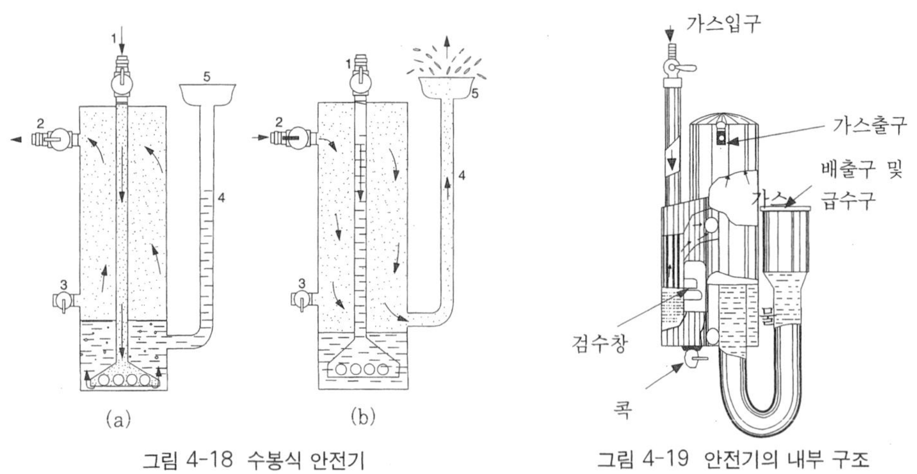

그림 4-18 수봉식 안전기

그림 4-19 안전기의 내부 구조

(2) 청정기

카아바이드에 의하여 발생한 아세틸렌은 석탄미분말(石炭微粉末) 인화수소(H_2P), 황화수소(H_2P), 질소(N_2), 수소(H_2), 물(H_2O) 그 밖의 불순물을 포함하고 있어 이것을 그대로 사용하면 용접부에 악영향을 주게 되므로, 청정기를 통과시켜 이들의 불순물을 제거하고 사용하여야 한다.

3-3. 압력 조정기(壓力調整機)

산소 용기와 아세틸렌 용기 내의 압력은 고압이므로 실제로 작업을 할 때는 이에 필요한 압력으로 감압하여야 한다. 보통 작업을 할 때에는 산소 3~4kg/cm^2이하, 아세틸렌 0.1~0.2kg/cm^2 정도로 한다.

이와 같이 용기 내의 높은 압력 가스를 임의의 압력으로 감압하면, 용기 내의 압력은 변화할지라도 조정된 압력은 일정하게 필요한 양을 공급할 수 있게 하는 역할을 하는 것으로 감압 조정기(reducing valve) 혹은 압력 조정기라고 부른다.

압력전달 방법으로는 브르돈관(bourdon tube)→ 캘리브레이팅 링크(calibrating link) → 섹터기어(sectorgear)→ 피니언(pinion)→ 지침(needle) 순으로 되어 있다.

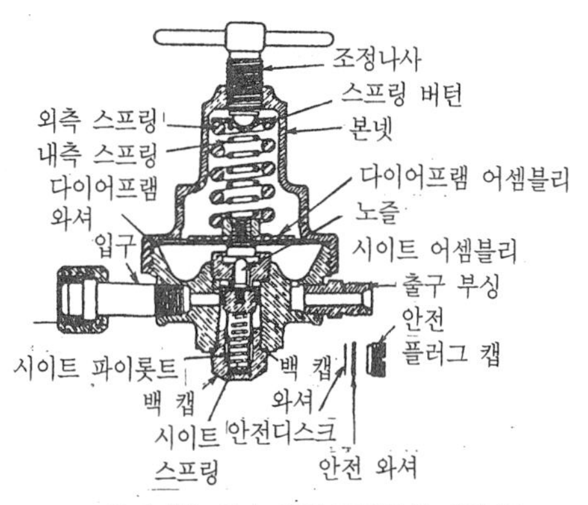

그림 4-20 산소 압력 조정기의 내부 구조

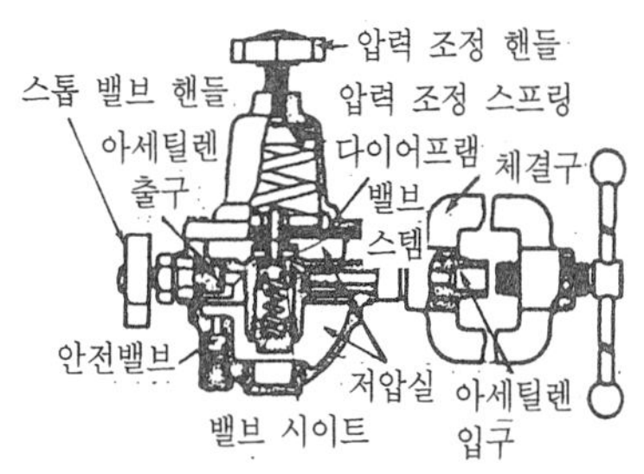

그림 4-21 아세틸렌 압력 조정기의 내부 구조

3-4. 용접 토오치와 팁

3-4-1. 가변압식(加變壓式) 토오치(B형)

B형 토오치는 아세틸렌 발생기의 압력 0.07kg/cm^2 이하의 용해 아세틸렌의 압력 0.2kg/cm^2이하일 때에 많이 사용되는 것이다. 토오치의 구조는 인젝터 노즐(injector nozzle)과 니이들 밸브를 가지고 있으며, 인젝터의 중심에서 산소를 분출시켜 노즐의 주위에서 아세틸렌을 흡수하여 혼합실에서 2가지 가스를 혼합하도록 되어 있다. 산소 조정 니이들 밸브는 팁의 크기에 따라서 산소 유량을 조절할 수 있으므로 가변압식 토오치라고 한다.

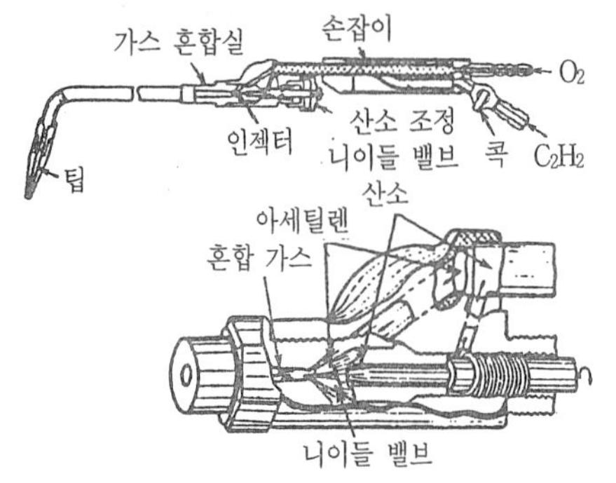

그림 4-22 B형 토오치의 인젝터 부분 단면

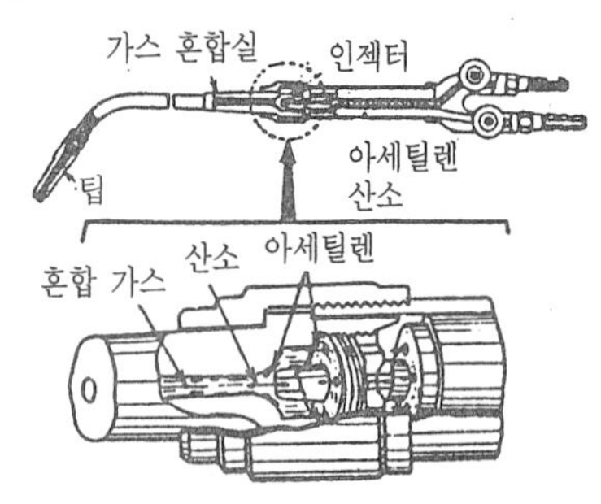

그림 4-23 저압 불변압식 토오치의 인젝터 단면

3-4-2. 불변압식(不變壓式) 토오치(A형)

아세틸렌 발생기 혹은 용해 아세틸렌 압력 0.2kg/cm^2 이하인 C_2H_2를 산소의 압력 1~5kg/cm^{2}로 분출되는 인젝터 속에서 흡인시켜 2가지 가스가 혼합할 수 있는 구조를 가지고 있다.

3-4-3. 팁(tip)

팁은 일반적으로 번호(number)로 표시하고 있다. 독일식 토오치의 팁의 번호는 연강판

표 4-12 토오치의 사용압력(A형)

형식	팁번호	산소압력 (kg/cm^2)	아세틸렌 압력 (kg/cm^2)	판두께 (mm)
A1호	1	1.0	0.1	1~1.5
	2	1.0	0.1	1.5~2
	3	1.0	0.1	2~4
	5	1.5	0.1	4~6
	7	1.5	0.15	6~8
A2호	10	2.0	0.15	8~12
	13	2.0	0.15	12~15
	16	2.5	0.2	15~18
	20	2.5	0.2	18~22
	25	2.5	0.2	22~25
A3호	30	3.0	0.2	25이상
	40	3.0	0.2	25이상
	50	3.0	0.2	25이상

주) · A형 팁의 번호는 모재(母材)의 두께를 표시한다.
· B형 팁의 번호는 1시간에 소비하는 아세틸렌의 양을 *l* 로 표시한다.

표 4-13 토오치의 사용압력(B형)

형식	팁번호	산소압력 (kg/cm^2)	아세틸렌 압력 (kg/cm^2)	판두께 (mm)
B0호	50	1.0	0.1	0.5~1
	70	1.0	0.1	1~1.5
	100	1.0	0.1	
	140	1.0	0.1	1.5~2
	200	1.0	0.1	
B1호	250	1.0	0.1	3~5
	315	1.5	0.1	
	400	1.5	0.1	5~7
	500	1.5	0.15	
	630	1.5	0.15	7~10
	800	2.0	0.15	
	1000	2.0	0.15	9~13
B2호	1200	2.0	0.15	
	1500	2.5	0.15	12~20
	2000	2.5	0.2	
	2500	2.5	0.2	20~30
	3000	3.0	0.2	
	3500	3.0	0.2	25이상
	4000	3.0	0.2	

(軟鋼板)의 용접 가능한 두께를 표시하는데, 10번은 10mm의 연장판이 용접 가능한 것을 표시하고 있다.

프랑스식 토오치는 산소 분출구에 니이들 밸브(needle valve)를 가지고 있으며, 산소 분출구의 크기를 팁에 맞추어서 어느 정도 조절할 수 있게 되어 있다. 더구나 산소 분출구가 토오치에 설치되어 있으므로 팁이 소형 경량으로 작업하기가 쉽다. 프랑스식 팁의 번호는 팁에서 불꽃으로 되어 유출되는 아세틸렌 유량(l /h)을 표시하고 있으며 가령, 연강판의 용접 가능한 판 두께는 팁 번호의 1/100에 해당하므로 1000번은 10mm의 연강판을 용접할 수 있다. 저압식 용접 토오치의 팁은 KS규격으로 규정되어 있다.

3-5. 가스 용접의 불꽃 · 용접봉 및 용제

3-5-1. 산소 아세틸렌 불꽃(flame)

토오치에 점화하면 아세틸렌과 산소가 화합되어 수소와 일산화탄소가 되며 ($C_2H_2+O_2=H_2+2CO$), 수소는 다시 산소와 화합되어 수증기로($2H_2+O_2=2H_20$), 일산화탄소는 또 산소와 화합되어 탄산가스($2CO+O_2=2CO_2$)가 된다. 불꽃이 최고 온도부분 3000～3500° C까지 달한다.

(1) 탄화불꽃(excess acetylene flame)

산소의 양이 아세틸렌 양보다 적어 이루어진 불완전 연소로 인해 불꽃의 온도가 낮아 스테인리스강, 스텔라이트, 모넬메탈, 알루미늄 등의 용접에 사용된다.

(2) 표준불꽃(neutral flame:중성불꽃)

산소와 아세틸렌의 혼합비율이 1:1로 된 일반 용접에 사용되는 불꽃(실제로는 대기 중에 있는 산소를 포함 산소 2.5대, 아세틸렌 1의 비율이 된다)

(3) 산화불꽃(excess oxygen flame)

표준불꽃 상태에서 산소의 양이 많아진 불꽃으로 구리 합금 용접에 사용되는 가장 온도가 높은 불꽃이다.

표 4-14 산소 아세틸렌 불꽃과 피용접 금속

금속 및 합금	용접불꽃	금속 및 합금	용접불꽃	금속 및 합금	용접불꽃	금속 및 합금	용접불꽃
알루미늄	C	크롬강	N	납	N	주강	N
황동	O	청동	O	납파이프	N	강관	N
주철(회선)	N	구리	N	가단철	SO	연강판	N
가단주철	SO	동관	N	망간강	SC	연강박판	N
주철관	N	아연도금철판	N	모넬메달	SC	아연	N
니켈크롬강	N	고탄소강	N	니켈	SC		

주) N:중성 불꽃, C:탄화 불꽃, O:산화 불꽃, SC:약한 탄화 불꽃, SO:약한 산화 불꽃

3-5-2 불꽃 변화의 원인과 대책

표 4-15 불꽃 변화의 원인과 대책

현 상	원 인	대 책
불꽃이 자주 커졌다 작아졌다 한다.	① 아세틸렌 도관 속에 물이 들어간다. ② 안전기의 기능 불능	① 가스중의 수분이 모여져서 호스 속에 괴므로 때때로 청소를 한다. ② 안전기의 수위를 알맞게 맞춘다.
점화시에 폭음이 난다.	① 혼합 가스의 배출이 불완전하다. ② 산소와 아세틸렌 압력의 부족 ③ 가스 분출 속도의 부족	① 토치 속의 혼합비를 조절한다. ② 발생기의 기능을 검사한다. ③ 호스 속에 물을 없앤다. ④ 불구멍의 변형을 수정하고 노즐을 청소한다.
불꽃이 거칠다.	① 산소의 고압력 ② 노즐의 불결	① 산소의 압력을 조절한다. ② 노즐을 청소한다.
작업 중에 탁탁 소리가 난다.	① 노즐의 과열 및 불결 ② 가스압력의 조정 불량 ③ 팁과 용접 재료가 접촉	① 토치의 불을 끄고 산소를 약간 분출시키면서 물 속에 넣어 식히고 팁을 깨끗히 한다. ② 아세틸렌 및 산소의 압력 부족을 조사한다. ③ 노즐을 모재에서 조금 뗀다.
역류(contra flow)	① 팁의 막힘 ② 팁과 모재의 접촉 ③ 산소압력의 과대 ④ 토치의 기능 불량	① 팁을 깨끗이 한다. ② 팁을 모재에서 뗀다. ③ 산소압력을 용접 조건에 맞춘다. ④ 토치의 기능을 점검한다.
역화(back fire)	① 가스의 유출 속도 부족 a. 팁구멍의 불결 b. 팁과 모재의 접촉 c. 팁구멍의 확대 변형 d. 작업 중 불꽃의 역행 e. 팁이 막힘, 파손 ② 가스 연소 속도의 증대(팁의 과열)로 혼합가스의 연소 속도가 분출 속도보다 높다.	① 아세틸렌을 차단한다.(호스를 꺾어서 끊어도 된다.) ② 팁을 물로 식힌다. ③ 토치의 기능을 점검한다. ④ 토치의 기능을 점검한다. ⑤ 발생기의 기능을 점검한다. ⑥ 안전기에 물을 넣고 다시 사용한다.

3-5-3. 가스 용접봉

가스 용접봉은 피복이 없는 맨 용접봉이 많이 사용되며 그 외, 아크 용접봉처럼 피복된 것, 용제를 중앙에 넣은 복합 심선을 사용할 때도 있다. 지름은 1.0, 1.6, 2.0, 2.6, 3.2, 4.0, 5.0, 6.0 등 8종류가 있으며 길이는 1,000mm이다.

가스 용접봉의 규격 표시법 및 그 의미는 다음과 같다.

가스 용접에서의 모재와 용접봉 지름과의 관계식은 다음과 같다.

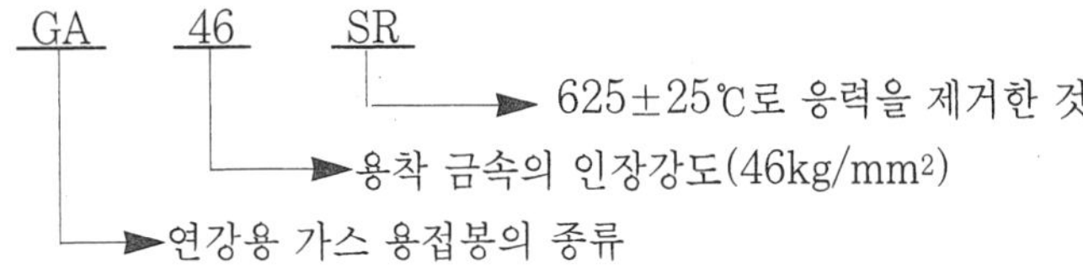

$$D=\frac{T}{2}+1$$

D=용접봉의 직경(mm) T:모재의 두께(mm)

표 4-16 연강판의 두께와 용접봉의 지름(mm)

모재의 두께	2.5이하	2.5~6.0	5~8	7~10	9~15
용접봉의 지름	1.0~1.6	1.6~3.2	3.2~4.0	4~5	4~6

3-5-4. 용제(flux)

용접하는 금속은 용접중 고온에서 공기와 접촉하여 산화가 잘 일어나므로 산화물을 제거하기 위하여 용제를 사용한다.

표 4-17 여러 금속과 용제

금 속	용 제
연강	사용하지 않음
반경강	중탄산나트륨+탄산나트륨
주철	붕사+중탄산나트륨+탄산나트륨
구리합금	붕사
알루미늄	염화리튬(15%), 염화칼륨(45%), 염화나트륨(30%), 불화칼륨(7%), 염화칼륨(3%)

3-6. 가스용접법

산소—아세틸렌 용접에서의 용접법은 용접의 진행 방향과 팁이 향하는 방향에 따라 전진법(foreward method)과 후진법(back \ward method)으로 나눌 수 있다. 토오치를 오른손에 용접봉은 왼손으로 잡고 작업을 한다.

3-6-1. 전진법(좌진법)

용접봉이 앞에서 먼저 가고 토오치가 뒤에서 가는 방식으로 얇은 판 용접에 이용된다.

3-6-2. 후진법(우진법)

토오치가 앞에서 먼저 가고 용접봉이 뒤에서 가는 방식으로 두꺼운 판 용접에 이용된다.

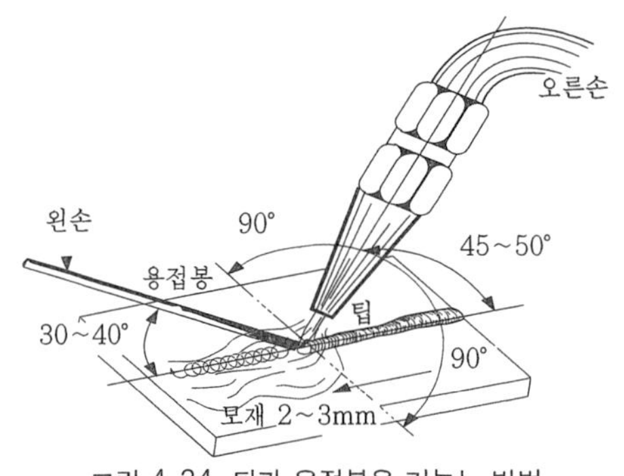

그림 4-24 팁과 용접봉을 겨누는 방법

표 4-18 전진법과 후진법의 비교

항 목	전 진 법	후 진 법
열 이용율	나쁘다	좋다
용접 속도	느리다	빠르다
비이드 모양	매끈하지 못하다	보기 좋다
요소 홈각도	크다(80°)	작다(60°)
요소 변형	크다	작다
용접 가능 판 두께	얇다(5mm)	두껍다
용착 금속의 냉각도	급냉	서냉
산화의 정도	심하다	약하다
용착 금속의 조직	거칠다	미세하다

3-7. 납땜(soldering & Brazing)

납땜에 사용되는 땜납의 종류는 용융온도에 다라 연납땜과 경납땜으로 구분된다.

3-7-1. 납땜과 흡착성

납땜의 난이도는 용해된 땜납재와 고체상태의 모재 사이 흡착력에 따라 결정된다. 이 흡착성의 적부는 용융납이 모재의 붙는 정도를 비교하는 것으로, 용융납이 모재의 표면에 넓게 퍼지기 쉬운 것을 흡착성이 좋다고 한다.

용융납과 모재와의 접착 상태를 조사해 보면 흡착력이 좋은 것일 수록 각 θ는 작게 된다. 일반적으로, 각 θ가 90° 이하일 때 납땜재는 모재를 붙이는 것이 된다. 각 θ가 90° 이상일 때에는 접착이라고 할 수 없으며, 이 각도 θ를 접촉각이라고 부르며 친화력의 정도를 나타낸다.

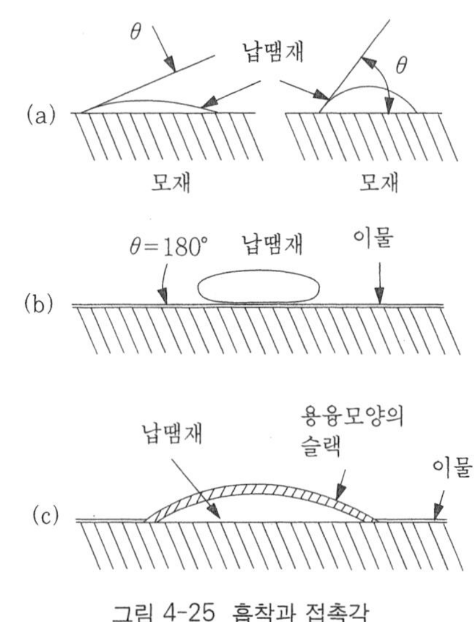

그림 4-25 흡착과 접촉각

3-7-2. 납땜재

납땜재는 모재보다 융점이 낮아야 하며 모재를 결합하기 위해서는 유동성이 좋아야 하며, 이음에 요구되는 모든 성질을 만족하게 해야 한다.

(1) 연납(soft solder)

용융 온도가 450° C 이하인 납땜재를 연납이라 하며, 보통 기계적 강도가 크지 못하므로 강도를 필요로 하는 부분에는 부적당 하나, 용융점이 낮고 거의 모든 금속을 접합시킬 수 있고, 조작이 쉬워 널리 쓰이며 수밀, 기밀의 유지도 우수하다.

① 땜납

주석과 납의 합금으로 연납중 가장 많이 사용되는 것이다.

② 납과 카드뮴의 합금

아연과 카드뮴의 합금으로 된 것도 있는데 구리, 황동, 알루미늄 등의 접합에 이용된다.

(2) 경납(hard solder)

용융 온도가 450° C 이상인 납땜재를 경납이라 하며, 여러 종류가 사용된다.

① 은납(Ag+Cu+Zn)

은, 구리, 아연을 주성분으로 한 합금으로서 융점이 낮고 유동성이 좋으며, 강도도 좋고 은백색의 아름다운 색을 띠기 때문에 철강, 스테인리스강, 구리 및 구리 합금 등의 납땜에 널리 쓰인다.

표 4-19 은납의 화학성분

종류	화학성분(%)							납땜온도
	Ag	Cu	Zn	Cd	Ni	Sn	Pb+Fe	
BAg-1	44~46	14~16	14~18	23~25	-	-	0.15이하	620~760
BAg-1A	49~51	14.5~16.5	14.5~18.5	17~19	-	-	0.15이하	635~960
BAg-2	34~36	25~27	19~23	17~19	-	-	0.15이하	700~840
BAg-3	49~51	14.5~16.5	13.5~17.5	15~17	2.5~3.5	-	0.15이하	690~815
BAg-4	39~41	29~31	26~30	-	1.2~2.5	-	0.15이하	780~900
BAg-5	44~46	29~31	23~27	-	-	-	0.15이하	745~845
BAg-6	49~51	33~35	14~18	-	-	-	0.15이하	775~870
BAg-7	55~57	21~23	15~19	-	-	4.5~5.5	0.15이하	650~760
BAg-8	71~73	27~29	-	-	-	-	0.15이하	780~900

② 구리납과 황동납(Cu+Zn)

구리납은 구리 86.5% 이상의 납을 말하며 철강, 니켈 및 구리와 니켈 합금의 납땜에 쓰인다.

황동납은 구리와 아연을 주성분으로 한 합금으로서 철강, 구리 및 구리 합금의 납땜에 널

표 4-20 황동납의 화학성분

종류	화학성분(%)										
	Cu	Sn	Fe	Ni	Pb	Al	Mn	Ag	P	Si	Zn
BCuZn-0	32~36	-	0.10	-	0.50이하	-	-	-	-	-	나머지
BCuZn-1	58~62	-	-	-	0.50이하	0.01이하	-	-	-	-	〃
BCuZn-2	57~61	0.5~1.5	-	-	0.50이하	0.02이하	-	-	-	-	〃
BCuZn-3	56~60	1.0이하	0.251.001.25	1.0이하	0.50이하	0.01이하	1.0이하	-	-	0.25이하	〃
BCuZn-4	48~55	-	0.10이하	-	0.50이하	-	-	-	-	-	〃
BCuZn-5	50~53	3.0~4.5	0.10이하	-	0.50이하	-	-	-	-	-	〃
BCuZn-6	46~50	-	-	9~11	0.50이하	0.02이하	-	-	0.25이하	0.25이하	〃
BCuZn-7	46~49	-	-	10~11	-	-	-	0.30~1.00	-	0.15이하	〃

리 사용되나, 과열되면 아연이 증발하여 다공성 이음이 되므로 주의해야 한다.

③ 기타 납땜재

구리를 주성분으로 하고 소량의 은, 인을 포함한 인동납, 알루미늄을 주성분으로 하고 규소, 구리 등을 첨가한 알루미늄납 등이 있다.

3-7-3. 납땜용 용제

용제는 납땜과 모재 표면의 산화물을 제거하고 산화를 방지하며 납땜의 유동성을 좋게 하여 납땜과 모재와의 결합을 좋게 하기 위해 사용된다.

(1) 연납용 용제

① 염산(HCl)

같은 양의 물로 희석하여 아연 도금강의 납땜에 사용된다.

② 염화 아연($ZnCl_2$)

연납땜에 가장 많이 쓰이는 용제로서, 납땜 완료 후 깨끗이 씻어 내지 않으면 모재를 부식시키기 쉬우므로 주의해야 한다.

③ 염화 암모늄(NH_4Cl)

납땜인수의 청정용으로 사용된다.

④ 송진(pine resin)

송진은 80~100°C에서 녹고, 산화막의 제거 작용은 약하지만 부식성이 없으므로 구리, 황동, 함석판 등의 납땜에 쓰인다.

⑤ 페이스트(paste)

염화아연, 송진, 글리세린 등을 혼합하여 만든 풀과 같은 용제이다.

(2) 경납용 용제

① 붕사($Na_2B_4O_7$, $10H_2O$)

경납땜에 가장 많이 쓰이는 용제로서 금속 산화물을 녹이는 능력은 있으나 Cr, Be, Al, Mg 등의 산화물은 녹이지 못한다.

② 붕산(H_3BO_3)

붕사에 비해 산화물의 용해 능력이 적어 보통 붕산 70%, 붕사30%로 혼합하여 사용한다.

③ 기타

붕산염, 불화물, 염화물, 알칼리 등이 사용되고 있으며, 특히 불화물과 염화물은 크롬합금, 알루미늄합금에 필요 불가결의 용제이며, 알칼리는 몰리브덴합금의 납땜에 유용하다.

제4절 아크용접

4-1. 아크용접의 원리

아크용접법(arc welding process)은 사용하는 전극(electrode)의 종류에 따라 피복 아크용접봉을 사용할 때를 피복 금속아아크 용접(shielded metal arc welding), 탄소전극을 사용할 때를 탄소아아크 용접(carbon arc welding)이라 하는데, 보통 아크용접의 의미로서는 피복 금속 아크용접을 말하고 있다. 이 용접법은 모재(base matel)와 금속 전극과의 사이에 아아크를 발생시켜, 이 강한 아아크열에 의하여 용접봉과 모재를 융해융합(融解融合)시켜서 용착금속(deposited metal)을 만들어 모재와 모재를 접합시키는 방법이다.

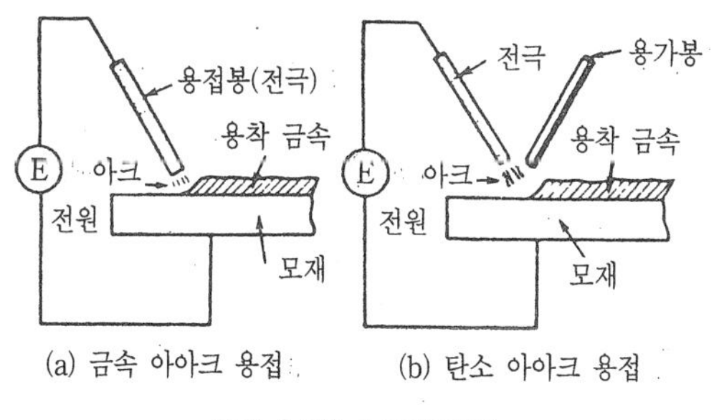

그림 4-26 아크용접법

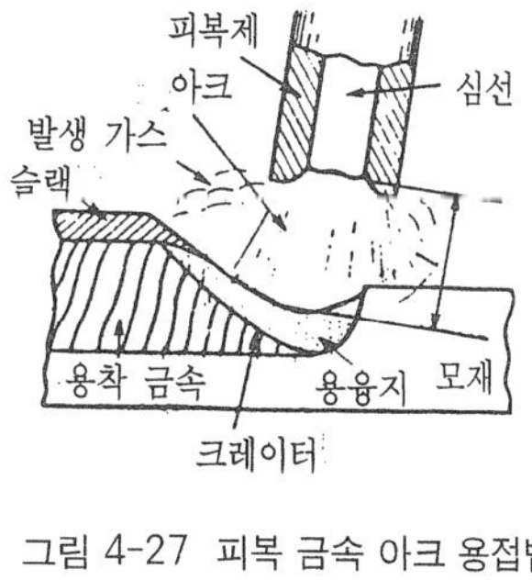

그림 4-27 피복 금속 아크 용접법

4-2. 아크의 성질

4-2-1. 아크의 온도

아크는 대단히 강한 빛과 열을 내므로 직접 눈으로 보아서는 안된다. 아크의 온도가 가장 높은 부분은 아크코어 부분으로 보통 3500°C 정도이다. 직류 아크의 경우는 두극을 어떻게 연결하느냐에 따라서 다르다. 보통 양극(+)측에서 발하는 열량은 음극(-)측에서 발하는 열량보다 높아 전체 60~70%의 열량이 양극(+)측에서 발생된다.

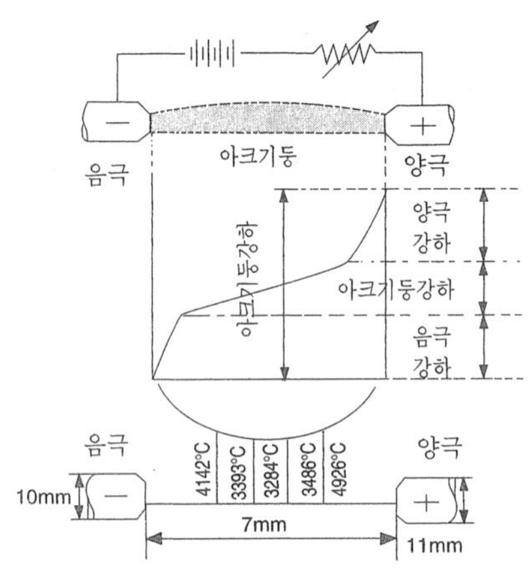

그림 4-28 직류아아크의 전압과 온도분포

4-2-2. 극성(polarity)

교류 아크용접에서는 60Hz의 전원일 때 1초에 60번 극이 바뀌므로 문제는 없지만, 직류 아크에서는 양극 쪽이 음극쪽보다 발열량이 크기 때문에 용접시에 모재, 용접봉을 양극, 음극을 어느쪽에 연결시키는가가 문제이다. 즉, 모재, 용접봉을 양극, 음극 어느 쪽에 연결하는가 하는 변화를 극성의 변화라 한다.

표 4-27 직류 용접의 극성

극성의 종류	전극의 결선상태		특징
정극성 (DCSP)	− + − +	모재가 ⊕극	① 모재의 용입이 깊다. ② 봉의 녹음이 느리다. ③ 비이드 폭이 좁다. ④ 일반적으로 널리 쓰인다.
역극성 (DCRP)	+ + −	모재가 ⊖극	① 모재의 용입이 얕다. ② 봉의 녹음이 빠르다. ③ 비이드 폭이 넓다. ④ 박판, 주철, 합금강, 비철금속에 쓰인다.

4-2-3. 아크의 길이(arc length)

아크가 발생될 때 모재에서 전극봉까지의 거리를 말한다. 대개, 모재와 용접봉과의 사이에 길이는 2~3mm 또는 사용하는 용접봉 심선의 직경만큼이 적당한 아크의 길이라고 할 수 있다.

아크의 전압은 아크의 길이에 비례해서 변하므로 아크의 길이를 적당하게 유지하는 것은 매우 중요한 것이다.

(1) 아크의 길이가 길면

① 아크가 불안정해 진다.

② 용입이 나빠진다.

③ 재질이 약해진다.
④ 기공 균열이 생긴다.

(2) 아크의 길이가 짧으면
① 아크가 불연속되기 쉽다.
② 발열량이 작다.
③ 용입이 불충분하다.

4-2-4. 용접 전류

용접에 필요한 전류를 조정하는 것은, 용접에 앞서 가장 중요한 것으로, 전류의 조정은 모재 및 용접봉의 종류, 크기, 형상 등에 의해서 달라진다. 대체로 용접봉 심선의 단면적 $1mm^2$당 10~11A 정도의 전류가 좋다. ϕ4.0의 용접봉의 경우 120~180A의 전류가 적합하다.

4-3. 아크용접봉

4-3-1. 용접봉

용접봉(welding lod)은 용접에서 가장 중요한 역할을 담당하고 있다. 옛날에 비피복 용접봉을 사용할 때에는 직류 용접만이 가능했으나 요즈음은 피복제의 발달로 피복 용접봉을 사용하므로, 직류 용접은 물론 교류 용접까지 가능하게 되어 많은 편리한 점을 갖게 되었다.

현재에는 직류 용접에서도 피복 용접봉을 사용하고 있다.

(1) 피복 아크용접봉

연강용 피복 아크 용접봉의 심선은 림드강으로 만들며, 용접 금속의 균열을 방지하기 위하여 극히 저탄소이며, 특히 황(S)이나 인(P) 등의 불순물을 적게 제조한다.

피복제는 여러 가지 성분이 혼합된 것으로서 용접 중 아크 열에 의해 가스나 슬랙으로 변하여 아크를 안정시키고, 용융 금속을 보호하거나 용착 금속의 탈산 정련 작용을 한다.

피복제는 앞에 쓴 어느 것의 계통에도 속하지 않는 것으로 사용 특성상 또는 용접 결과가 특수하게 제작된 것이며, 용접 자세는 메이커에서 장려하는 자세에만 사용해야 한다. 앞에 쓴 연강용 피복 용접봉 KSD7004 규정의 기호는 E. 43△□와 같이 나타내는데, 다음과 같은 의미를 가지고 있다.

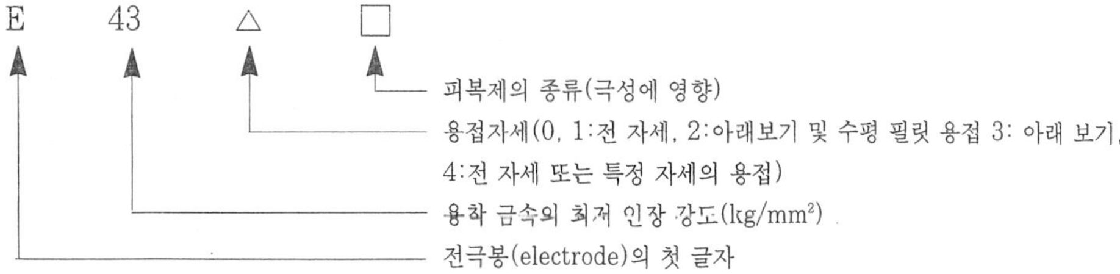

표 4-22 연강용 피복 아크 용접봉의 작업성과 특성

용접봉 종류	피복제 계통	X선성능	작업성	주용도	용착금속 보호방법
일미나이트 계	E 4301	우수	용입이 깊으며 비드가 깨끗하고 일반용접에 가장 많이 사용	조선, 건축, 교량, 차량 및 강 구조물	슬랙생성식
라임티탄계	E 4303	양호	용입은 중간이며 깨끗하고 박판에 좋다.	일미나이트와 같은 용도의 박판용	슬랙생성식
고셀룰로오스계	E 4311	양호	용입이 깊으며 비드가 거칠고 스패터가 많다.	슬랙이 적어 배관공사에 적당	가스생성식
고산화티탄계(루틸계)	E 4313	양호	용입이 얕으며 슬랙이 적고 인장강도가 크며 박판에 좋다.	주로 다듬용접 및 박판용 경구조물	반가스 생성식
저수소계 (라임계)	E 4316	비드시작부 불량 나머지 우수	스패터가 적으며 유황이 많고 고탄소강 및 균열이 심한 부분에 사용	기계적 성질이 우수하여 내균열성 및 후판 중고탄소강에 사용, 특수운봉법 사용	슬랙생성식
철분산화 티탄계	E 4324	양호	스패터가 적으며 비드가 깨끗하다.	외관이 양호하며 능률이 좋은 용접을 할 수 있다.	슬랙생성식
철분 저수소계	E 4326	우수	용입은 중간이며 비드가 깨끗하다.	기계적 성질 및 내균열성이 대단히 우수 후판, 중고탄소강 용접에 적합	슬랙생성식
철분 산화철계	E 4327	양호	용입이 깊으며 비드가 깨끗하며 작업성이 우수하다.	아래보기, 수평 필렛 용접 전용, 조선, 건축	슬랙생성식
특수계	E 4340		지정작업	용도에 따라 다르다.	

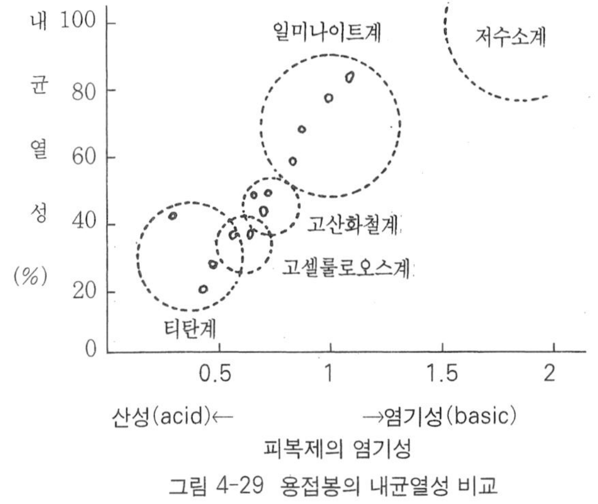

그림 4-29 용접봉의 내균열성 비교

한편, 일본은 E대신에 D(devki)를 사용하며 최저 인장 강도의 단위는 우리 나라와 같다. 미국은 우리 나라와 같이 첫 글자는 E로 표시하나, 최저 인장강도 43kg/mm² 대신에 1b/in² 단위의 60,000psi의 첫 글자를 써어 E6001 E6016 등으로 부른다.

한국		일본		미국
E4301	———	D4300	———	E6001
E4316	———	D4316	———	E6016

4-4. 아크 용접기

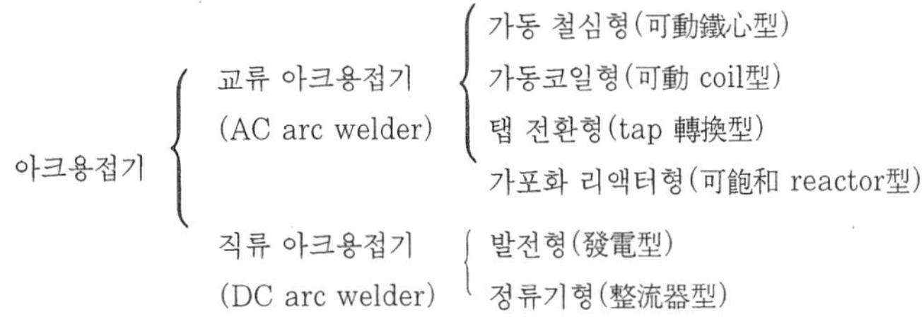

4-4-1. 전원

아크용접법에 사용되는 전원에는 직류(DC)와 교류(AC)가 있다.

(1) 직류(DC)

항상 ⊕측에서 ⊖측으로 일정한 전압, 일정한 전류로 흐르므로 용접에 사용하기가 편리하며, 안정된 아크를 얻을 수가 있어 오래전부터 많이 사용되어 왔다.

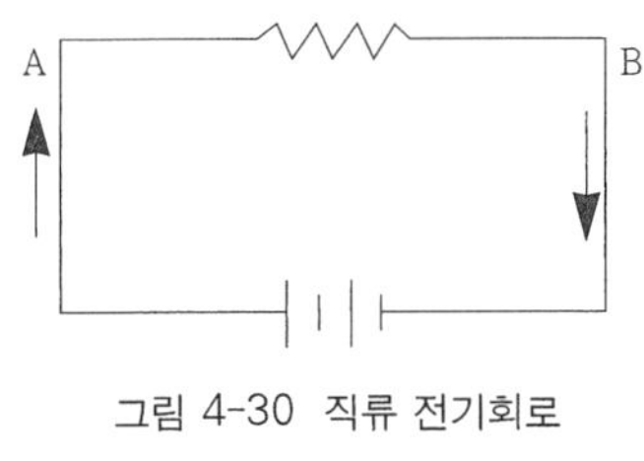

그림 4-30 직류 전기회로

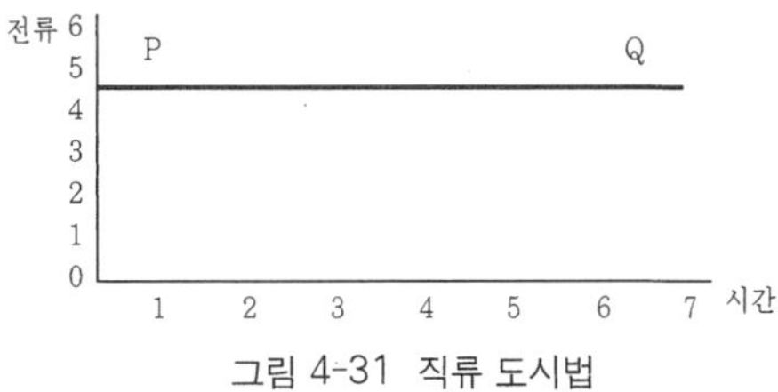

그림 4-31 직류 도시법

(2) 교류(AC)

균일한 자기장 속에서 코일을 회전하면 코일이 자기력선을 끊게 되므로 코일에 유도 기전력이 발생한다. 기전력의 유도 방향은 코일이 180° 회전할 때마다 바뀌며, 그 세기는 싸인곡선(sine curve)을 그리게 된다. 이 때 기전력의 최대값을 Vo라 하고, 코일의 각 속도를 w라 하며, 코일이 자장에 수직인 위치에 있을 때부터의 시간을 t라 하면 다음 식과 같이 된다.

$$V = V_o \sin wt$$

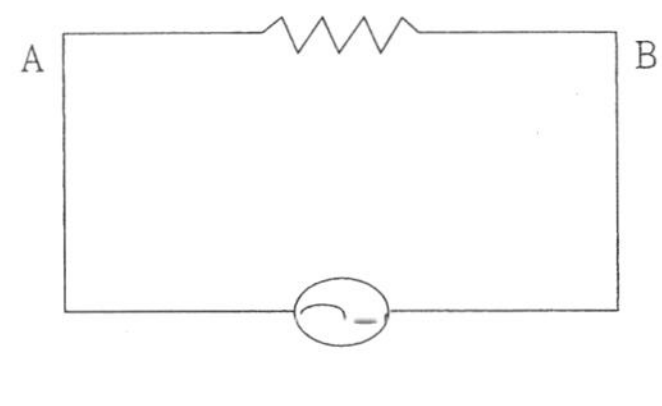

그림 4-32

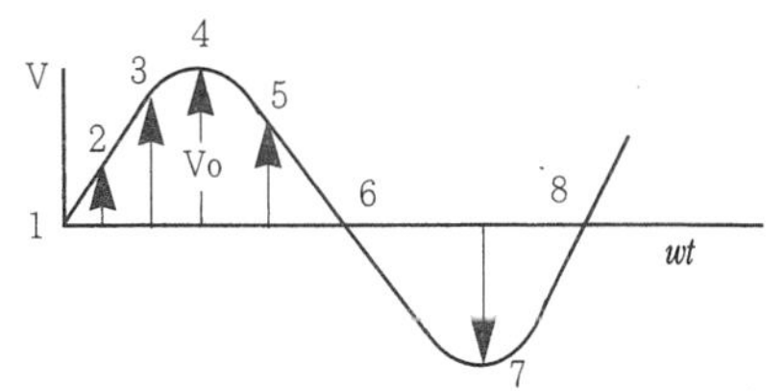

그림 4-33 교류 기전력의 변화

이와 같이 크기와 방향이 주기적으로 변하는 기전력을 교류 기전이라 하고, 이 때 흐르는 전류도 주기적으로 변하므로 교류전류 또는 교류라 한다. 또, 단위 시간의 회전수를 f라면 $w=2\pi f$ 이므로

$V=Vo \sin 2\pi ft$

가 되며 f 를 교류의 주파수라 한다.

그러므로 실제 교류 전류는 1분에 120번 전류의 흐르는 방향이 바뀌게 된다.

4-4-2. 용접기

(1) 직류용접기

아크가 안정되어 용접 작업이 쉬우나 아크의 길이가 길어지면 용입이 불량하다. 이것을 사용할 때에는 반드시 극성을 고려하여야 하며, 소음이 나고 고장이 많은 결점이 있다. 직류 전원을 발생시키는 방식에 따라 크게 나누면 엔진 구동형, 전동 발전형, 정류기형 등이 있다.

전압이 낮을 수록 능률이 높아지지만 실제로는 60V의 전압을 사용한다.

① 발전형

발전형의 특징은 다음과 같다.

- 완전한 직류를 얻는다(전동 발전형, 엔진 구동형).
- 옥외나 교류 전원이 없는 장소에서 사용한다(엔진 구동형).
- 회전하므로 고장나기 쉽고 소음을 낸다(엔진 구동형).
- 구동부, 발전기부로 되어 고가이다(전동 발전형, 엔진 구동형).
- 보수와 점검이 어렵다(전동 발전형, 엔진 구동형).

② 정류기형

정류기형의 특징은 다음과 같다.

- 소음이 나지 않고 취급이 간단하다.
- 교류를 정류하므로 완전한 직류를 얻지 못한다.
- 정류기 파손에 주의해야 한다.
- 보수 점검이 간단하다.

③ 정극성과 역극성

표 4-23 직류용접기와 교류용접기

항 목	직 류 용 접 기	교 류용 접 기
아아크의 안정	안정	불안정
구조	복잡	간단
고장	많다	적다
보수	힘들다	쉽다
소음	많다	적다
가격	비싸다	싸다
극성의 변화	가능하다	불가능
무부하전압	낮다	높다
자기쏠림	있다	없다

직류 용접기에는 모재와 용접봉에 연결하는 전극에 따라 정극성과 역극성으로 나누며, 양극에서 70%, 음극에서 30% 정도의 아크열이 발생된다.

(2) 교류 용접기

일종의 변압기로서 동력선으로부터 받은 전기를 최저 한도의 전압인 80V 정도로 변환하여 강한 전류를 얻는다. 용접 전류는 살 두께에 따라서 조정할 수 있고 또, 연속적으로 이루어져야 한다. 전류 조정을 위한 구조에는 가동 철심형, 가동 코일형, 리액턴스형이 있으며, 현재 가동 철심형이 많이 사용된다.

표 4-23에서 직류용접기와 교류용접기의 특성을 비교하였다.

① 탭 전환형 교류 용접기

그림 4-34는 탭 전환형 교류 용접기의 원리를 나타낸 것이다. 그림에서 보면 1차 코일 n_1에 접근해서 감은 2차 코일 n_2와 떨어져서 감은 n_{22}가 있는데, 여기에 각각 탭(tap)을 부착하여, n_{21}과 n_{22}와의 권수의 비율을 변화시켜 전류를 조정한다. n_{21}을 많이 하고 n_{22}를 적게 하면 전류가 증가하고, 그와 반대일 때에는 전류가 감소한다.

② 가동 철심형 교류 용접기

가동 철심형 교류 용접기의 원리는 변압기 철심 M_1과 M_2외에 제3의 철심 M_3을 두고, 이것을 움직일 수 있도록 하여 누설 자속을 가감함으로써 전류의 크기를 조절한다. 가동철심형의 경우에는 2차 코일 n_{21}과 n_{22}의 탭을 전환하여 큰 단계로 전류를 조절하고, 그 단계 내에서의 세부 조정을 가동 철심 M_3로써 하도록 되어 있다.

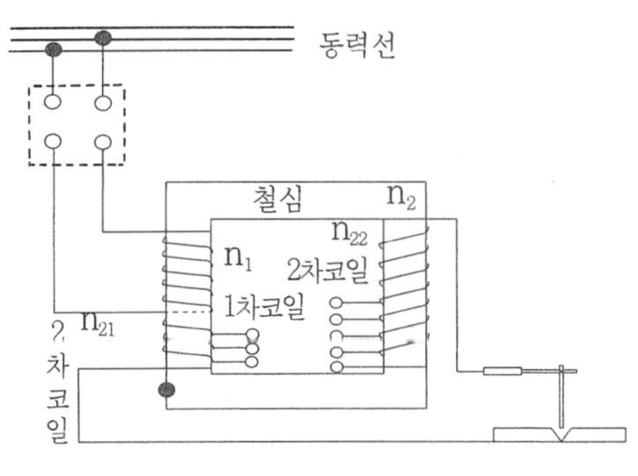

그림 4-34 탭 전환형 교류

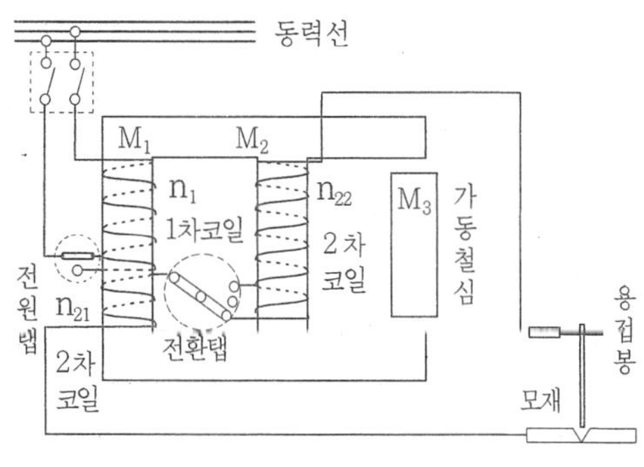

그림 4-35 가동 철심형 교류

③ 가동 코일형 교류 용접기

가동 코일형 교류 용접기의 원리는 용접기 케이스 내에 1차 코일과 2차 코일이 있고, 1차 코일을 이동시켜 누설 리액턴스의 값을 변화시킴으로써 전류 조정을 하는 것이다. 즉, 양 코일을 접근시키면 전류가 커지고, 멀리 하면 전류가 작아진다.

④ 가포화 리액터형 교류 용접기

가포화 리액터형 교류 용접기의 원리는 변압기와 가포화 리액터를 조합한 것으로, 직류의 여자 코일이 가포화 리액터 철심에 감겨져 있다. 용접 전류의 조정은 이 직류의 여자

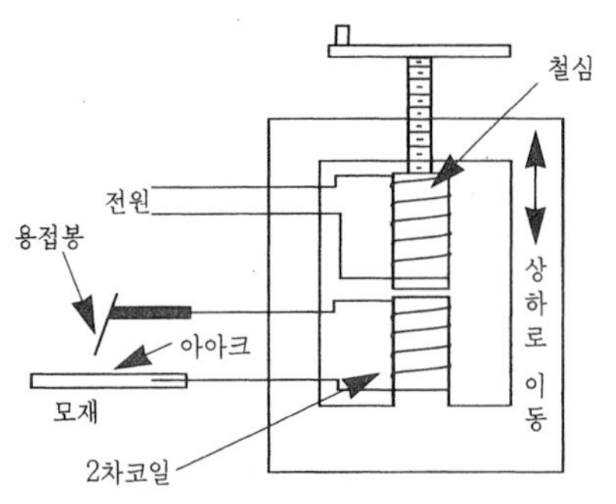

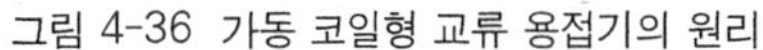
그림 4-36 가동 코일형 교류 용접기의 원리

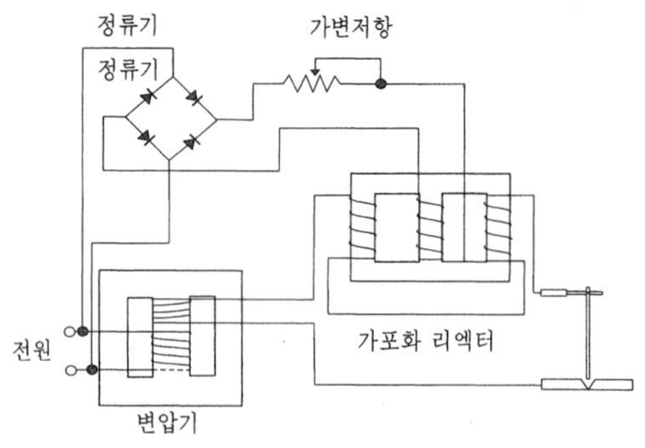

그림 4-37 가포화 리액터형 교류 용접기의 원리

표 4-24 교류 아크용접기의 종류별 특징

용접기의 종류	특 징
가동 철심형 (moving core arc welder)	1. 가동 철심으로 누설자속을 가감하여 전류 조정 2. 광범위한 전류조정이 어렵다. 3. 미세한 전류조정 가능 4. 현재 가장 많이 사용한다. · 일종의 변압기 원리를 이용한 것
가동 코일형 (moving coil arc welder)	1. 1차, 2차 코일 중의 하나를 이용해서 누설자속을 변화하여 전류 조정 2. 아크안정도가 높고 소음이 없다. 3. 가격이 비싸며 현재 사용이 거의 없다.
탭 전환형 (tap bend arc welder)	1. 코일의 감긴 수에 따라 전류 조정 2. 적은 전류조정시 무부하 전압이 높아 전격의 위험이 크다. 3. 탭 전환부 소손이 심하다. 4. 넓은 범위는 전류 조정이 어렵다. 5. 주로 소형에 많다.
가포화 리액터형 (saurable reactor arc welder)	1. 가변 전항의 변화로 용접 전류 조정 2. 전기적 전류 조정으로 소음이 없고 기계 수명이 길다. 3. 원격조작이 간단하고 원격 제어가 된다.

전류를 조정함에 따라 증감한다. 여자 전류가 적으면 리액턴스는 크고 용접 전류는 적어진다. 반대로 직류 여자 전류가 크면 리액터 철심은 포화하여 리액턴스는 적어져 전류는 커진다. 이 형식의 것은 전류 조정을 전기적으로 행하므로 기계적으로 마멸되는 부분이 없으며 원격 조작도 간단하다.

4-5. 용접기에 필요한 조건

아크용접기는 아크의 안정을 도모하기 위하여 여러 가지 전기적 특성을 지니고 있다. 이들의 특성을 열거하여 보면 다음과 같다.

4-5-1. 아크의 부특성

보통 전기 회로에서는 오옴의 법칙(Ohm's law)에서 알 수 있는 것과 같이, 동일 저항을 가진 회로에 흐르는 전류의 크기를 세게 하면 이것에 비례하여 전압도 크게 되는 특성이 있으나, 아크의 특성은 이것과 반대로 전류가 증가함에 따라 저항이 작아져 전압도 작게 되는 특성을 갖는다. 이것을 부특성(負特性)이라 하며 이들의 관계를 표시하면 그림 4-38과 같다. 따라서, 용접에 필요한 전원(電源)을 쓰는 용접기는 이러한 부특성을 만족하는 것이 아니면 안된다.

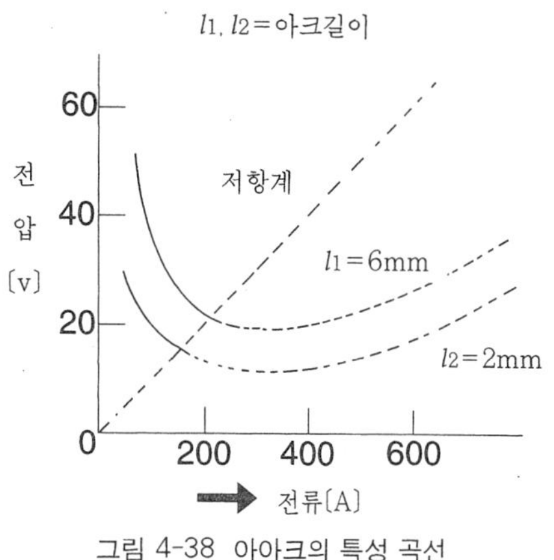

그림 4-38 아아크의 특성 곡선

그러나, 이 부특성은 작은 전류의 경우이고, 그림과 같이 파선 부분과 같이 전류가 100A 이상일 때는 아크의 길이가 일정하면 아크전압은 아크전류의 증가와 함께 약간씩 상승하는 경향이 있다.

4-5-2. 수하특성(垂下特性, drooping characteristic)

부하 전류가 증가하면 단자 전압이 저하하는 특성으로서, 피복 아크용접에 필요한 특성이다. 이 수하 특성은 아크를 안정시키는데 필요한 것으로서, 아크용접전원의 현저한 특징이다.

아크길이를 일정하게 유지한다고 생각하면, 아크특성 곡선과 전원의 수하특성 곡선이 만나는 점 S는 두 곡선의 전압, 전류를 동시에 만족시키게 된다.

즉, 아크가 필요로 하는 전압과 전류와 전원이 공급하는 전압과 전류가 일치하여 아크가 발생하는 점이다. 이 때, 어떤 원인에 의하여 전류가 약간 증가하거나 감소하였다고 가정하면, 아크가 요구하는 전압이 변화하여 전류가 다시 S점으로 되돌아간다. 그러므로 S점은 아크가 안정되는 점이 된다.

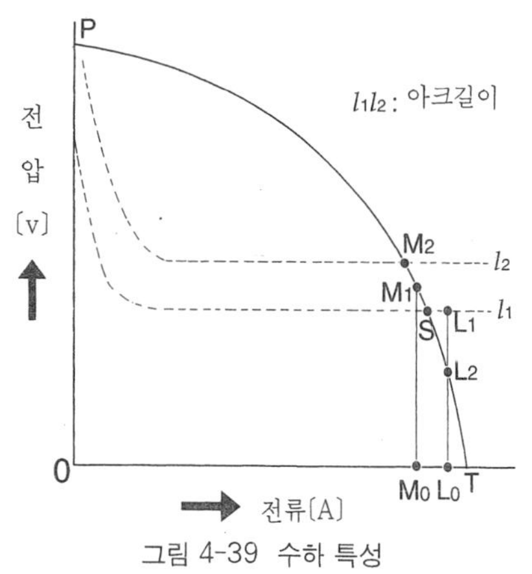

그림 4-39 수하 특성

4-5-3. 정전류 특성(定電流特性, constant current characteristic)

수하 특성 중에서도 전원 특성 곡선인 P, S, T의 곡선 경사가 상당히 급격한 것을 정전류 득성이라고 한다.

이 정전류 특성은 아크의 길이가 l_1에서 l_2로 상당히 크게 변해도 전류값은 많이 변하지 않는다.

실제로 피복 아크용접을 할 때에는 아크길이는 시시각각으로 변한다. 그러나, 정전류 특성의 용접기를 사용하면 아크길이가 변해도 아크전류는 별로 변하지 않는다. 이와 같이, 아크전류의 변동이 적으면 용접 품질이 좋아진다.

즉, 전류의 변동이 적다는 것은 용접입열 및 용접봉의 용융 속도 변동이 적어 용접 조건이 좋다는 것이다.

그러므로, 수동 아크용접기는 모두 수하 특성인 동시에 정전류 특성으로 설계되어 있다.

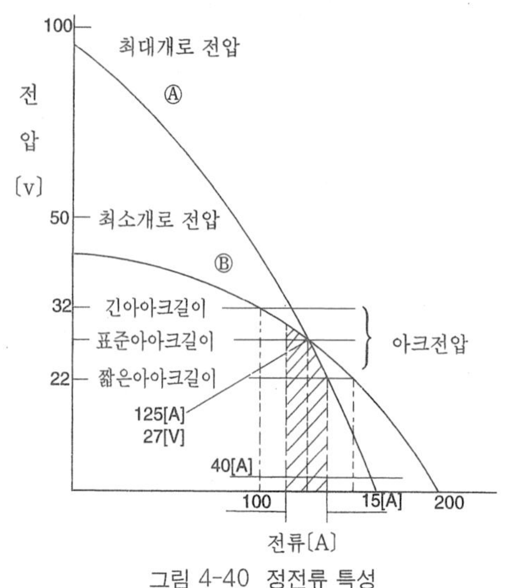

그림 4-40 정전류 특성

표 4-25 용접봉 지름과 모재 두께에 대한 표준 용접 전류

모재 두께〔mm〕	용접봉 지름〔mm〕	전류값〔A〕	모재 두께〔mm〕	용접봉 지름〔mm〕	전류값〔A〕
3.2	2.0	40~60	7.0	4.0	130~150
	2.6	50~70		5.0	160~180
4.0	2.6	60~80	9.0	4.0	140~160
	3.0	80~100		5.0	170~190
5.0	3.0	90~110	10	4.0	150~170
	4.0	110~130		5.0	180~200
6.0	3.0	100~120	12.0 이상	5.0	200~220
	4.0	120~140		6.0	240~280

4-6. 교류 아크용접기의 작동원리

4-6-1. 역률과 효율

용접기의 입력 즉, 전원입력(2차 무부하전압×아크전류)에 대하여 아크의 입력(아크전압×전류)과 2차측, 내부손실에 합의 비율을 역률(力率:power factor)이라하고 또, 아크의 입력과 내부손실과의 합에 대하여 아크의 입력의 비율을 효율(效率:efficiency)이라 한다.

〔예제〕 무부하 전압 80V, 아크전압 30V, 아크전류 300A, 내부손실을 4kW라 할 때 역률을 구하시오

〔풀이〕 아크전압 : 30V×300A=9kW

전원입력 : 80V×300A=24kVA

$$효율 = \frac{출력(kW)}{입력(kW)} = \frac{9}{9+4} \times 100 = 69\%$$

$$역률 = \frac{입력(kW)}{입력(kVA)} = \frac{9+4}{24} \times 100 = 54\%$$

교류 용접기에서는 역률을 개선하기 위하여 1차측에 적당한 용량의 콘덴서를 용접기에 병렬로 설치하는데, 이 방법은 다음과 같은 이점이 있다.

① 1차 전류의 감소로 전원입력이 작으므로 전기 요금이 적게 든다.

② 배전선의 재료가 절감된다.

③ 전압 변동률이 적다.

④ 전원 용량이 적으면서 같은 용량에 여러대의 용접기를 설치할 수 있다.

4-6-2. 용접기의 사용률과 안전

용접작업을 하는 도중 아크를 발생시켜 용접을 하는 시간과 아크를 발생하지 않는 휴식시간이 있다. 이 때의 용접하는 시간과 하지 않는 시간의 비율을 사용률이라고 한다. 사용률 40%는 10분을 기준으로 하여 40% 즉, 4분 용접을 하고 나머지 60%는 휴식을 취한다는 것이다.

$$사용률(\%) = \frac{아크시간}{아크시간+휴식시간} \times 100$$

그러나 실제 용접기의 사용에 있어서는 허용사용률을 사용하고 있다. 용접기의 정격 2차 전류보다는 실제 용접에서는 낮은 전류를 사용하고 있기 때문에 더욱 높은 사용률을 유지할 수 있게 되기 때문이다. 이 때의 사용률을 허용사용률이라고 한다.

$$허용\ 사용률(\%) = \frac{(최대정격\ 2차전류)^2}{(실제의\ 용접전류)^2} \times 정격\ 사용률$$

즉, 허용사용률이 높은 용접기 일수록 많은 시간 쉬지 않고 용접할 수 있고, 허용사용률이 100% 이상이면 쉬는 시간없이 용접을 해도 좋다.

〔예제〕 정격 2차 전류 200A, 정격 사용률 40%인 아크용접기로 180A의 용접 전류를 사용하여 용접할 경우, 허용 사용률은?

〔풀이〕 $허용\ 사용률 = \frac{200^2}{180^2} \times 40 = \frac{40000}{32400} \times 40 = 49.38\%$

4-7. 아크 용접부의 결함과 원인

결함의 종류	결함의 보기	원인	방지대책
언더컷 (under cut)		① 전류가 높을 때 ② 아크길이가 너무 길때 ③ 용접봉 취급의 부적당 ④ 용접 속도가 너무 빠를 때 ⑤ 용접봉 선택 불량	① 낮은 전류 사용 ② 짧은 아크길이 유지 ③ 유지 각도를 바꾼다. ④ 용접 속도를 늦춘다. ⑤ 적정봉을 선택한다.
오우버랩 (over lap)		① 요접 전류가 너무 낮을 때 ② 운봉 및 봉의 유지 각도 불량 ③ 용접봉 선택 불량 ④ 용접 속도가 너무 느릴 때	① 적정전류를 선택한다. ② 수평필릿의 경우는 봉의 각도를 잘 선택한다. ③ 적정봉을 선택한다.
기공 (blow hole)		① 용접 분위기 가운데 수소 또는 일산화탄소의 과잉 ② 용접부의 급속한 응고 ③ 모재 가운데 유황 함유량 과대 ④ 강재에 부착되어 있는 기름, 페인트, 녹 등 ⑤ 아크길이, 전류 또는 조작의 부적당 ⑥ 과대전류의 사용 ⑦ 용접속도가 빠르다.	① 용접봉을 바꾼다. ② 위어빙을 하여 열량을 늘리거나 예열을 한다. ③ 충분히 건조한 저수조계 용접봉을 사용한다. ④ 이음의 표면을 깨끗이 한다. ⑤ 정해진 범위안의 전류로 풀린 아아크를 사용하던가 용접법을 조절한다. ⑥ 전류의 조절 ⑦ 용접속도를 늦춘다.
슬래그혼입 (slag inclusion)		① 슬래그 제거 불완전 ② 전류과소, 운봉조작 불완전 ③ 용접이음의 부적당 ④ 슬래그 유동성이 좋고 냉각하기 쉬울 때 ⑤ 봉의 각도 부적당 ⑥ 운봉 속도가 느릴 때	① 슬래그를 깨끗이 턴다. ② 전류를 약간 세게, 운봉조작을 적절 히 한다. ③ 루우트 간격이 넓은 설계로 한다. ④ 용접부의 예열을 한다. ⑤ 봉의 유지 각도가 용접방향에 적절하게 한다. ⑥ 슬래그가 앞지르지 않도록 운봉속도를 유지한다.
핏트 (pit)		① 모재 가운데 탄소, 망간 등의 합금 원소가 많을 대 ② 습기가 많거나 기름, 녹, 페인트가 묻었을 때 ③ 후판 또는 급랭되는 용접의 경우 ④ 모재 가운데 유황 함유량이 많을 때	① 염기도가 높은 봉을 선택한다. ② 이음부를 청소하고 예열을 하고 봉을 건조시킨다. ③ 예열을 한다. ④ 저수소계 봉을 사용한다.
스패터 (spatter)		① 전류가 높을 때 ② 용접봉의 흡습 ③ 아크길이가 너무 길 때 ④ 아크블로우가 클 때	① 모재의 두께 봉지름에 맞는 낮은 전류까지 내린다. ② 충분히 건조시켜 사용한다. ③ 위어빙을 크게 하지 말고 적당한 아크길이로 한다. ④ 교류 용접기를 사용한다. 아아크의 위치를 바꾼다.
용입불량		① 이음설계의 결함 ② 용접속도가 너무 빠를 때 ③ 용접전류가 낮을 때 ④ 용접봉 선택 불량	① 루우트 간격 및 치수를 크게 한다. ② 용접속도를 빠르지 않게 한다. ③ 슬래그가 벗겨지지 않는 한도내로 전류를 높인다. ④ 용접봉의 선택을 잘한다.

4-8. 용접부의 시험

4-8-1. 비파괴 검사

(1) 육안 검사

가장 간편하게 널리 쓰이는 방법으로서 용접부의 신뢰도를 외관에 나타나는 비이드 형상에 의하여 육안으로 판단하는 것이다.

비이드의 파형과 균등성의 양부, 덧붙임의 형태, 용입 상태, 균열, 핏트, 스패터 발생, 비이드의 시점과 크레이터, 언더컷, 오우버랩, 표면 균열, 형상 불량, 변형 등을 검사한다.

(2) 누설 검사

수밀, 기밀, 유밀을 필요로 하는 제품에 사용되는 검사법으로서 일반적으로 정수압 또는 공기압을 이용하지만 별도로 화약지시약, 할로겐가스, 헬륨가스 등을 이용하기도 한다.

(3) 침투 검사

제품 표면에 나타나는 미세한 균열이나 구멍으로 인하여 불연속부가 존재할 때에, 이곳에 침투액을 침투시킨 후에 세척액을 사용하여 씻어낸 다음 현상액을 사용하여서 결함의 불연속부에 남아있는 침투액을 비이드 표면으로 노출시키는 것이다.

침투 검사에는 형광 침투 검사와 연료 침투 검사가 있다.

(4) 자기 검사

자기 검사는 검사 재료를 자화시킨 상태에서 결함부에서 생기는 누설자속 상태를 절분 또는 검사 코일을 사용하여 검출하는 방법이다.

(5) 초음파 검사

수정의 결정이 전기력에 의해 커졌다 작아졌다 하는 현상을 이용하여 초음파 발생 장치를 개발한 이후로 사용되는 방법으로 투과법, 임펄스법, 공진법 등이 있다.

(6) 방사선 두과 검사

방사선 투과 검사란 X선 또는 r선을 이용하여 용접부의 결함을 조사하는 방법으로서, 현재 사용하고 비파괴 검사법 중에서 가장 신뢰도가 높다.

(7) X선 투과 사진 촬영법

X선은 직진하며 전기장이나 자기장에 의하여 굽어지지 않으면서 화학 작용(사진필름의 감광), 형광 작용(형광물질의 발광)이 있으며 특히, 투과 작용이 강하기 때문에 용접부의 결함 검사에 이용되는 것이다. X선 투과법에 의하여 검출되는 결함은 균열, 융합 불량, 용입 불량, 기공, 스랙섞임, 언더컷 등이다.

(8) r선 투과 검사

X선으로는 투과하기 힘든 두꺼운 판에 대해서 X선보다 더욱 투과력이 상한 r선이 사용된

다. 이 방법은 장치도 간단하고 운반도 쉬우며, 취급도 간단하므로 현장에서 널리 사용된다.

4-8-2. 화학적 시험

(1) 화학 분석

모재 · 용착 금속 또는 합금중에 포함한 각 조성을 알기 위한 금속 분석, 금속 중에 포함된 불순물, 가스 조성의 종류 양에 대한 것도 분석에 의해 알 수 있다.

(2) 부식 시험

부식 시험에는 용접물이 청수, 해수, 유기산, 알칼리 등에 접촉되어 받는 부식 상태에 대하여 시험하는 습부식 시험과 고온의 증기, 가스 등과 반응하여 부식하는 상태를 알 수 있는 고온 부식 시험 및 어느 응력하의 부식 분위기에 노출하였을 때 받는 부식 상태를 아는 응력 부식 시험 등이 있다.

(3) 수소 시험

용접부에 용해된 수소는 기공, 비이드 균열, 선상 조직, 은점 등 결함의 큰 요소가 되므로 용접 방법, 용접봉에 의한 용접 금속 중에 용해하는 수소량을 측정하는 시험법이다.

제5절 특수용접

5-1. 불활성 가스 아크용접(shielded inert-gas arc welding)

5-1-1. 원리

불활성 가스 아크 용접은 이너트 가스 아크용접이라고도 하며, 특수한 토오치를 사용하여 전극의 주위에서 아르곤이나 헬륨 등과 같이 금속과 반응이 잘 일어나지 않는 불활성 가스를 유출시켜, 텅스텐 전극 또는 모재와 같은 계통의 비피복 금속선을 전극으로 하여 모재와 전극 사이에서 아크를 발생시켜 이 아크열에 의해서 용접하는 방식이다.

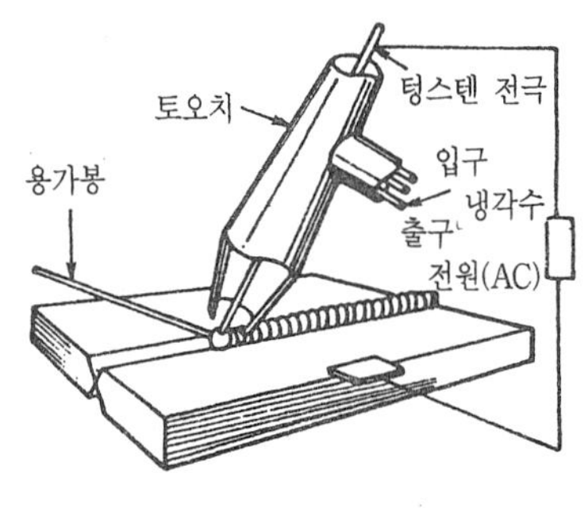

그림 4-41 TIG 용접

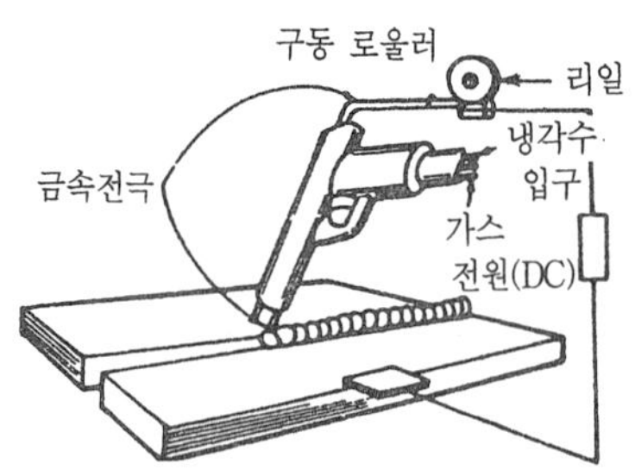

그림 4-42 MIG 용접

5-1-2. 종류

불활성 가스 아크용접에 사용하는 전극에 의하여 TIG 용접과 MIG 용접으로 나누어진다.

(1) TIG 용접

용접에 필요한 열은 비소모성의 텅스텐 전극과 모재 사이에서 발생하는 아크열에 의해 공급된 비피복 용가제를 용해해서 용접을 하는 방법으로, 텅스텐 전극은 거의 소모되지 않으므로 비용극식 불활성가스 아크용접이라 한다.

(2) MIG 용접

텅스텐 전극 대신에 용가재의 전극 와이어를 자동적으로 연속 공급하여 모재와의 사이에서 아크를 발생시켜 용접을 하는 방법으로, 그림 4-42와 같이 전극선을 연속적으로 소모하여 용착금속을 형성하는 것이므로 용극식 불활성 가스 아크용접이라고 한다.

5-1-3. 불활성 가스 아크용접

- 불활성 가스 아크용접
  - TIG 용접
    - 수동식
    - 반자동식
    - 전자동식
    - 아크스포트 용접
  - MIG용접
    - 반자동식
    - 전자동식
    - 아크스포트 용접

슬랙과 잔류 용제를 제거하기 위한 작업이 필요하며, 아크가 극히 안정하고 용착부가 연성, 강도 및 내열성이 우수하다.

5-2. 써브머지드 아크용접

유니온 멜트(union melt)라고도 하며, 자동용접의 일종이다. 용접이음의 표면에 용제 송급관을 통하여 용제를 용접부에 쌓아 올려, 그 안에서 연속된 선상의 전극 선재를 넣어 봉끝과 모재사이에 아크를 발생시켜 선제의 공급속도를 조정함으로써 일정한 아크의 길이를 유지하면서 연속 용접을 하게 된다.

이 용접법의 특성은 열에너지의 방산이 방지되고, 열에너지가 크며, 용입이 깊게되므로 끝벌림이 적어도 좋으며, 두꺼운 것이나 얇은 것도 용접할 수 있다. 또, 능률이 높고 응용범위가 넓어 선박, 강관, 압력탱크, 차량 등의 용접이 이용되며 탄소강, 저합금강, 스테인레스강 및 최근에는 비철금속 분야에 이용되고 있다.

5-3. 이산화탄소 아크용접(CO_2 gas arc welding)

MIG 용접의 불활성 가스 대신에 이산화탄소(CO_2)를 사용한 소모식 용접법으로서, 연강

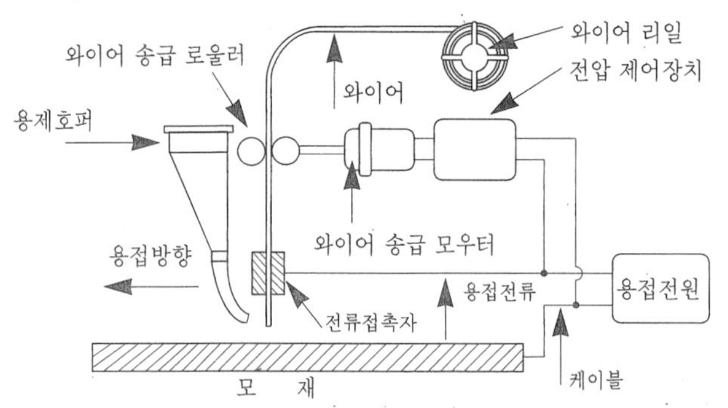

그림 4-43 서브머어지드 아크용접의 원리

용접에 많이 사용되고 있다. 이 용접의 잇점은 다음과 같다.

① 산화나 질화가 없어 우수한 용착금속을 얻을 수 있다.

② 용착금속 중에 수소 함유량이 적어 수소로 인한 결함이 거의 없다.

③ 용입이 깊다.

④ 값싼 이산화탄소를 사용할 수 있으며, 가는 선재의 고속도 용접이 가능하여 용접비용이 수동용접에 비해 비싸다.

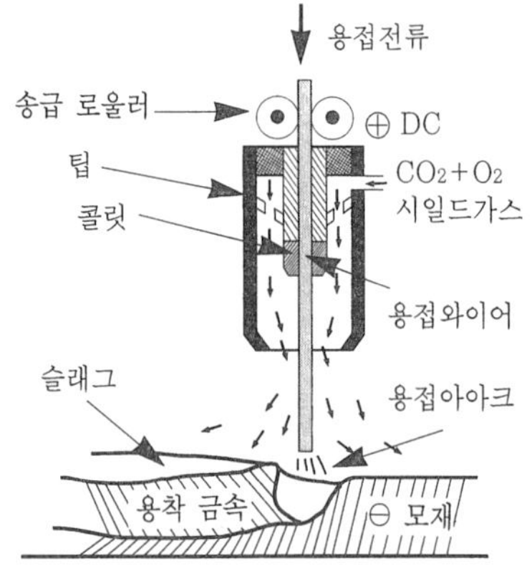

그림 4-44 탄산가스 아크용접의 원리

5-4. 플라즈마 제트 용접

플라즈마 제트 용접(plasma jet welding)은 기체를 가열하면 기체원자는 전리되어 양이온과 음이온으로 나뉘어진다. 이와 같이 양이온과 음이온이 혼합되어 도전성(導電性)을 띤 가스체를 플라즈마(plasma)라 한다. 10,000~30,000°C의 고온 플라즈마를 적당한 방법으로 한 방향으로만 분출시키는 것을 플라즈마 제트(plasma jet)라 하며, 이것을 각종 금속의 용접, 절단 등의 열원으로 이용하는 용접법을 플라즈마 제트 용접이라 한다.

5-5. 테르밋 용접

테르밋 용접(thermit welding)은 알루미늄 분말과 산화철을 1:3의 중량비로 배합한 혼합물에 점화제(과산화 바륨, 마그네슘 등의 혼합물)를 가하여 약 1,200°C에서 점화시키면, 강력한 발열반응이 일어나 알루미늄은 산화철을 환원하여 철을 유리하고, 알루미나(Al_2O_3)가 된다. 이때, 3,000°C의 고온이 되며, 용액상태의 철은 가라앉고 알루미나는 위로 뜨므로, 이 용액상태의 철을 모재 사이에 주입하면 모재를 용융하여 용접이 된다. 주로 레일, 주강물, 파이프 등의 접합에 이용된다.

$Fe_2O_3 + 2Al \rightarrow 2Fe + Al_2O_3 + 189.1kcal$

5-6. 저항 용접

5-6-1. 저항 용접의 원리

압접법의 일종으로 접합하고자 하는 금속을 접촉시켜 대전류를 통하면, 금속 자체의 저항과 접촉면의 접촉 저항에 의해 접촉면과 그 부근에 열이 발생하여 온도가 높아지게 된다. 이 때, 큰 힘으로 압력을 가하면 접합이 이루어진다.

이 때, 발생하는 발열량은 주울의 법칙에 의해 다음과 같이 계산된다.

$H = 0.238\ I^2RT$

H: 열량(cal)　　I: 전류(A)

R: 저항(Ω)　　t: 통전시간(sec)

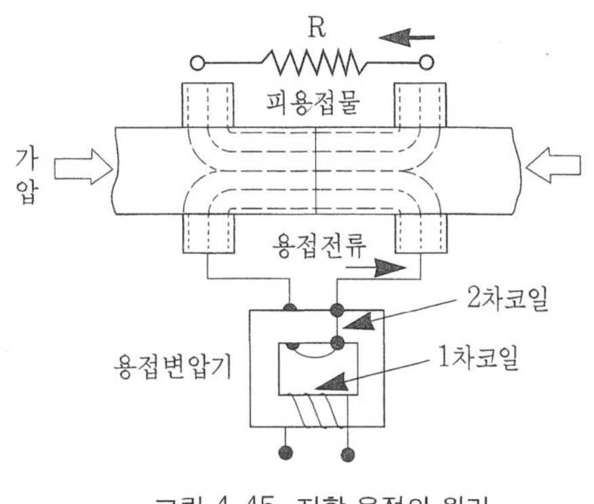

그림 4-45 저항 용접의 원리

5-6-2. 저항 용접의 특징

저항 용접의 종류는 일반적으로 용접 방법에 의해서 분류하며, 그 내용은 다음과 같다.

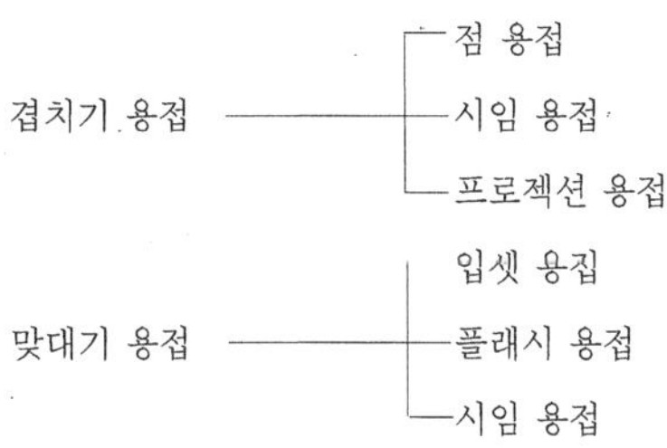

5-6-3. 저항용접의 종류

저항 용접은 용접봉이나 용제가 불필요 하고 작업과 조작이 간단하며, 짧은 시간에 대량생산을 할 수 있다는 장점이 있으나 서로 다른 금속의 용접이나 열전도가 큰 금속의 용접이 곤란하다는 단점도 있다.

표 4-26 각종 금속 상호간의 저항 용접성

금속종류	연강	도금연강	스테인레스강	니켈합금	알루미늄합금	마그네슘합금	티탄	구리	황동	인청동
연강	A	C	C	C	D	D	X	D	D	D
도금연강		C	D	D	X	X	X	D	D	D
스테인레스강			A	B	X	X	X	D	D	D
니켈합금				A	X	X	X	D	D	D
알루미늄합금					B	B	X	C′	C′	C′
마그네슘합금						A	X	C′	D	D
티탄							A	X	X	X
구리								D	C	D
황동									C	A
인청동										B

(주)
A=우수
B= 양호
C= 가
C′= 특수장치로 가함
D= 불량
X= 불능

5-6-4. 점 용접

(1) 원리

접합하고자 하는 두 개의 금속을 겹쳐서 두 개의 전극 사이에 끼워 넣고 전류를 통하여 저항열에 의해 접합부가 가열 되었을 때 압력을 가하여 접합한다. 용접부는 작은 바둑알 모양의 단면을 갖게 되는데 이것을 너깃(nugget)이라 한다.

점용접을 비롯한 저항 용접의 결과에 가장 큰 영향을 비치는 요인은 용접 전류, 통전시간, 가압력의 세 가지가 있는데 이것을 저항 용접의 3요소라 한다.

① 용접 전류

모재의 두께나 종류에 따라 달리 조절되어야 하나 보통 저전압 대전류를 사용한다.

② 통전 시간

모재의 두께나 열전도도 등을 고려해서 결정해야 하며 근래에는 타이머에 의해 자동제어 하는 방법이 많이 사용되고 있다.

③ 가압력

가압력이 너무 세면 용접개시 때의 발열이 적고, 너무 약하면 용접결과가 좋지 못하다. 따라서, 모재의 재질이나 치수에 따라 알맞게 조절되어야 한다.

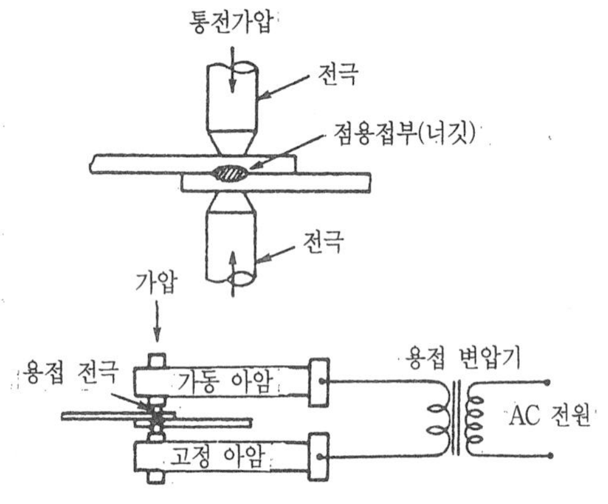

그림 4-46 점 용접의 원리

(2) 점 용접의 종류

각종 저항 용접 중에서도 가장 많이 이용되고 있는 것이 점 용접으로서, 그 종류도 많아

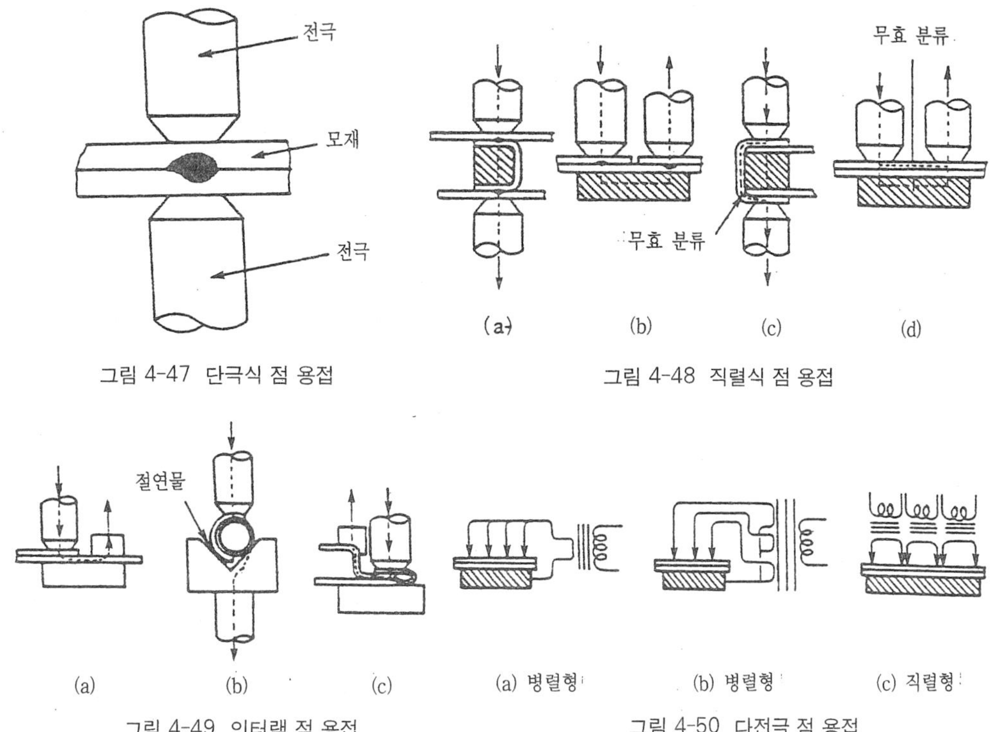

그림 4-47 단극식 점 용접

그림 4-48 직렬식 점 용접

그림 4-49 인터랙 점 용접

그림 4-50 다전극 점 용접

서 목적과 용도에 따라 다음과 같은 것들이 있다.

단극식 점 용접, 맥동 용접, 직렬식 점 용접, 인터랙 점 용접, 다전극 점 용접

5-6-5. 시임 용접(seam welding)

로울러 전극을 사용하여 연속적으로 저항 용접을 행하여 연속된 선 모양의 접합부를 만들게 되므로서, 주로 기밀성을 필요로 하는 곳의 용접에 사용된다.

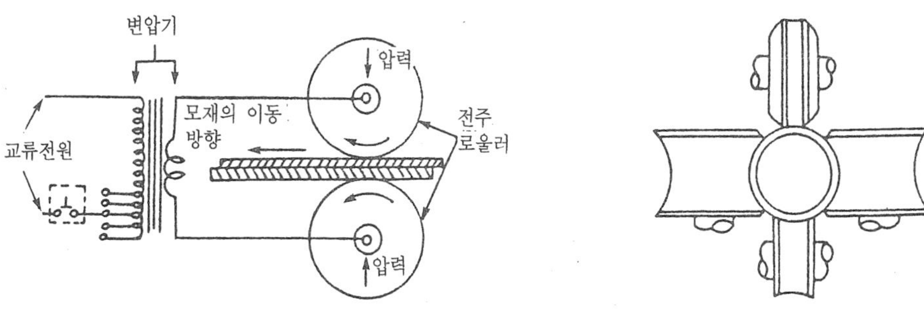

그림 4-51 겹치기 시임 용접

그림 4-52 맞대기 시임 용접

5-6-6. 프로젝션 용접

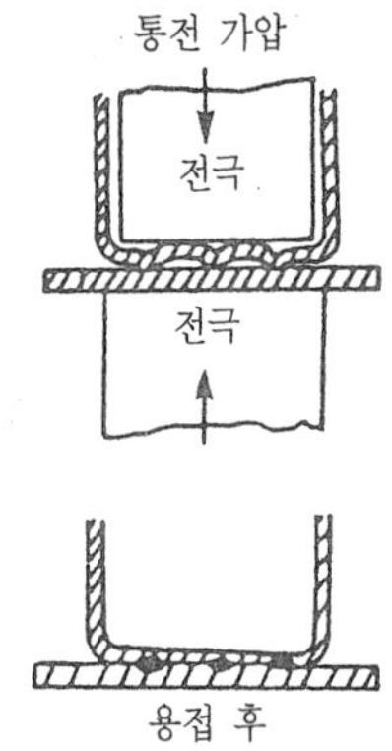

그림 4-53 프로젝션 용접의 원리

제품의 한쪽 또는 양쪽에 작은 돌기를 만들어 이 부분에 용접 전류를 집중시켜 압접하는 방법으로서, 용접이 완료된 후에는 마치 점 용접과 같은 형태의 너깃이 만들어진다. 또, 이 용접에서는 제품에 돌기부를 만들지 않고 모재의 각, 모서리, 끝, 돌출부 등을 돌기 대신으로 이용하는 방법도 있다.

또한, 점 용접과는 달리 동시에 여러 점을 용접하기 때문에 능률이 좋아 널리 이용되고 있다.

5-6-7. 업셋 및 플래시 용접

업셋 용접과 플래시 용접은 서로 비슷한 방법으로서 접합할 모재를 서로 맞대어 놓고 용접하는 것으로서, 업셋 용접은 맞대어진 부분을 밀착시킨 상태에서 통전하여 용접하는 것이고, 플래시 용접은 맞대어진 부분을 약간 떼어 놓은 상태에서 통전하여 서로 가까이 접근시켜 불꽃을 일으킨 후 용접하는 방법이다.

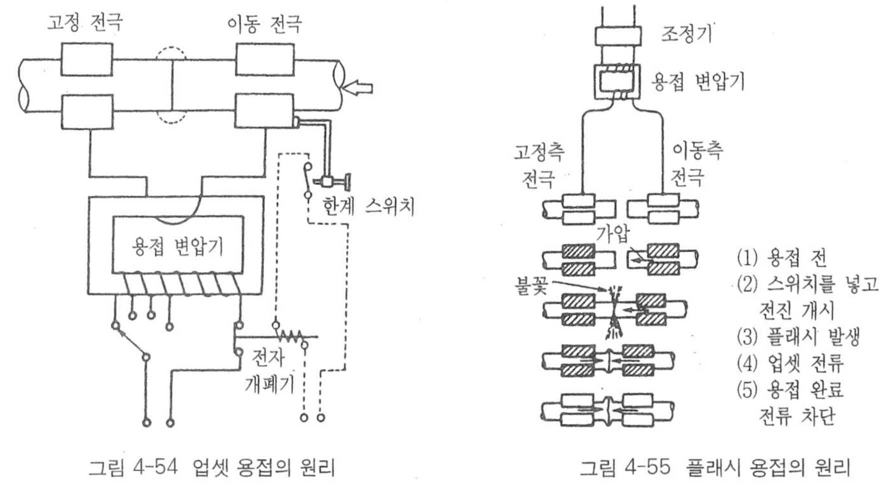

그림 4-54 업셋 용접의 원리

그림 4-55 플래시 용접의 원리

5-7. 전자 비임 용접(electron beam welding)

전자 비임 용접은 1938년 독일에서 전자 비임을 이용하여 물질을 용해하는 것으로 부터 시작되어, 1950년 독일 자이스(Zeiss)사의 스타이켈 발드(Steiger Wald)가 고압(7,500V)의 전자 비임을 써서 시도하였으며, 그 후 1957년 프랑스의 스토어(J.A. Stohr)가 원자로 연료봉을 피복용으로 지르코 늄(ZR)의 용접을 성공한 이후 그 실용화와 응용이 급속히 발전되었다. 이 용접법은 고진공(高眞空: 10^{-4}~10^{-6}mmHg)속에서 적열된 필라멘트에서 전자 비임을 접합부에 조사(照射)하여, 그 충격열을 이용하여 용융용접하는 방법이다.

제6절 용접 시공

6-1. 용접 순서

용접순서란 용접선을 완료시키는 순서를 말하며, 제품의 조립이 쉽도록 선정 해야 된다.
① 조립이 진행됨에 따라 용접이 곤란하거나 불가능한 곳이 없도록 한다.
② 수축이 될 수 있는 한 자유롭게 일어날 수 있도록 중앙에서 바깥쪽으로 용접한다.
③ 물품의 중심에 대하여 항상 대칭으로 용접한다.

6-2. 예열

급냉경화에 의하여 비이드 균열이 일어나기 쉬운 재료나 열전도가 좋은 금속은 예열을 한 다음 용접한다.

(1) 연강
두께 25mm 이상의 판을 용접할 때나 기온 0°C 이하에서 용접 할 때에는 균열이 발생하기 쉬우므로 이음의 양측 약 100mm, 나비를 약 40~75°C로 예열한다.

(2) 주철, 고급내열합금
균열의 방지를 위해 400~600°C 정도의 예열이 필요하다.

(3) 후판의 알루미늄합금, 구리, 구리합금
열전도가 좋아 이음부의 가열이 부족하게 되어 융합 불량이 생기기 쉬우므로 약 200~400°C 정도의 예열이 필요하다.

6-3. 용접 후 처리 작업

용접 후의 처리로는 응력 제거, 변형 교정, 결함의 보수 등이 있다.

6-3-1. 응력 제거

용접시에 발생한 잔류 응력을 제거하는 방법에는 여러 가지가 있다.

(1)노내 풀림법
응력 제거 열처리 방법 중 가장 효과가 큰 방법으로, 제품 전체를 노내에 넣어 적당한 온도(보통 약 600~650°C)로 일정시간 유지한 후에 노내에서 서냉하는 방법.

(2) 국부 풀림법
제품이 너무 크다든지, 현장 용접된 것이든지 노 내 풀림법을 사용할 수 없을 경우에 사용

표 4-27 노내 및 국부 풀림의 유지 온도와 시간

강재	기호(KS)	유지온도	유지시간
보일러용 압연 강재	SBB	625±25℃	판 두께 25mm에 대해 1h
용접 구조용 압연 강재	SWB	625±25℃	판 두께 25mm에 대해 1h
일반 구조용 압연 강재	SB	625±25℃	판 두께 25mm에 대해 1h
탄소강 단강품	SF	625±25℃	판 두께 25mm에 대해 1h
탄소강 주강품	SC	625±25℃	판 두께 25mm에 대해 1h
보일러용 강관	STH 1~5 종	625±25℃	판 두께 25mm에 대해 1h
	6~8 종	725±25℃	판 두께 25mm에 대해 2h
고온 고압 배관용 강관		625±25℃	판 두께 25mm에 대해 1h
		725±25℃	판 두께 25mm에 대해 2h
화학 공업용 강관		625±25℃	판 두께 25mm에 대해 1h
		725±25℃	판 두께 25mm에 대해 2h

하는 방법으로, 용접선의 양측을 각가 250mm의 범위로 또는 판두께의 12배 이상의 범위를 표 4-27에 표시된 온도와 시간을 유지한 후 서냉하는 방법이다.

(3) 저온 응력 완화법

용접선의 양측을 일정한 속도로 이동하는 가스 불꽃으로 너비 약 150mm에 걸쳐서 150~200°C로 가열한 다음 곧 수냉하는 방법으로서, 주로 용접선 방향의 인장 응력을 완화한다.

(4) 기계적 응력 완화법

잔류 응력이 있는 제품에 하중을 주어 용접부에 약간의 소성 변형을 일으킨 다음 하중을 제거하는 방법으로서, 실제의 큰 구조물에서는 한정된 조건하에서만 사용할 수 있다.

(5) 피이닝법

피이닝은 끝이 구면인 특수한 피이닝 해머로 용접부를 연속적으로 타격하여 용접 표면층에 소성 변형을 주는 방법으로서, 용착부의 인장 응력을 완화하는 효과가 있다. 피이닝은 잔류 응력의 완화 외에 용접 변형의 경감이나 용착 금속의 균열 방지 등을 위하여도 가끔 쓰인다.

피이닝으로 잔류 응력을 완화시키는 데는 고온에서 하는 것보다 실온으로 냉각한 다음 하는 것이 효과적이다.

산업설비제도

제 5 장
산업설비제도

제1절 기본제도일반

1-1. 규격(規格)

한국산업규격(KS)으로 정해진 제도 관계는 표 5-3과 같은 것이 있다.

표 5-1 KS 의 분류

A	기본	H	식료품
B	기계	K	섬유
C	전기	L	요업
D	금속	M	화학
E	광산	P	의료
F	토건	V	조선
G	일용품	W	항공

표 5-2 각국의 산업규격

표준규격기호	명 칭
KS	한국산업규격(Korean Industrial Standards)
ANSI	미국산업규격(American National Standards Institutes)
BS	영국산업규격(British Standards)
DIN	독일산업규격(Deutsche Industrie Normen)
JIS	일본산업규격(Japanese Industrial Standards)
ISO	국제 표준화 규격(International Organization for Standardization)

표 5-3 설비공업제도 관계의 KS규격

번 호	명 칭	번 호	명 칭
KS A 0005	제 도 통 칙	KS B 0161	표 면 거 칠 기
KS F 1501	건 축 제 도 통 칙	KS C 0102	전 기 용 기 호
KS B 0001	기 계 제 도	KS B 0052	용 접 기 호
KS B 0003	나 사 제 도	KS B 0051	배 관 도 시 기 호
KS B 0002	기 어 제 도	KS A 3002	공 정 도 시 기 호

이상에서 보는 바와 같이 KSA0005 제도통칙은 일반 공업 전반에 적용할 수 있게 공통적이고 기본적인 사항에 관하여 규정하고 있으나, 이것만으로 불충분하여 한국 산업규격(KSB0051)에 배관도시기호가 상세히 규정되어 있다.

배관도는 건축물 등에 설비하는 상태를 도시하는 것이 보통이며, 용도에 따라 관 계통도(系統圖)와 관 장치도(裝置圖)의 2가지로 대별된다.

1-2. 제도통칙(KSA 0005)

1-2-1. 적용 범위

우리 나라에서는 1967년에 공업표준화법(工業標準化法)이 제정되어 정식으로 한국산업규격(KS:Korean industrial Standards)이 제정되었으며, 그 중 제도통칙(KSA0005)을 기본으로 일반 기계제도에 대하여 규정한다.

또한 나사제도, 기어제도, 스프링제도, 구름 베어링제도, 치수 공차 및 끼워 맞춤방식, 보통 치수차(보통 치수 허용차), 표면 거칠기, 용접 기호, 평면도, 진직도, 직각도, 진원도, 원통도, 평행도 등은 각각 다음 규격에 따른다. 또 철 및 강의 기호, 비철금속의 기호, 열처리 가공기호 및 보울트, 너트, 워셔, 핀, 작은 나사 그밖에 부품의 호칭 방법에 대하여도 한국공업규격에 규정되어 있는 것은 전부 그 규격에 따른다.

1-2-2. 도면의 크기

도면의 크기는 그의 마무리 치수로 KSA5201(종이의 재단 치수)의 A_0~A_5에 따른다. 다만, 특히 긴 도면을 필요로 하는 경우에는 길이 방향으로 연장하여 사용할 수 있다. 배관도에서는 일반적으로 A_1~A_2 용지를 사용하고 있다.

표 5-4 종이의 크기와 윤곽 치수(KS A 5201)

(단위:mm)

크기의 호칭			A0	A1	A2	A3	A4	A5
a×b			841×1189	594×841	420×594	297×420	210×297	148×210
도면의 윤곽	c (최소)		10	10	10	5	5	5
	d (최소)	철하지 않을 경우	10	10	10	5	5	5
		철하는 경우	25	25	25	25	25	25

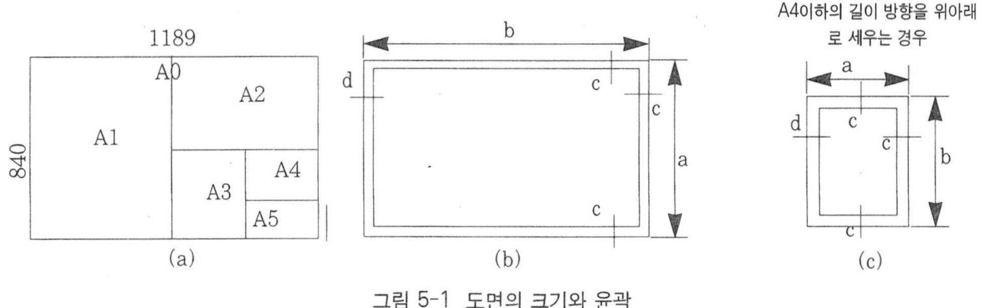

그림 5-1 도면의 크기와 윤곽

1-2-3. 투상도 법

투상이란 어떤 물체의 한 면 또는 여러 면을 한 개의 평면위에 그려 나타내는 것을 말하며, 직사하는 평행광선에 의해 물체가 투상면에 비춰 나타나는 투상을 정투상도(正投像圖)라고 한다. 화면에 나타내는 방법에 따라 제1각법과 제3각법이 있다.

(1) 제3각법과 제1각법의 이론

그림 5-2의 화살표에서 보고 투상하려고 할 경우 제1각에서 제4각까지 구분된다.

그 중에서 제2각 제4각은 사용되지 않는다.

그림 5-3과 같이 제3각내에 물건을 놓고 화살표의 방향에서 유리를 통해 본 물건을 유리에 그린 것을 제3각법이라 하며, 제1각내에 물건을 놓고 스크린에 복사하여 그린 것을 제1각법이라 한다.

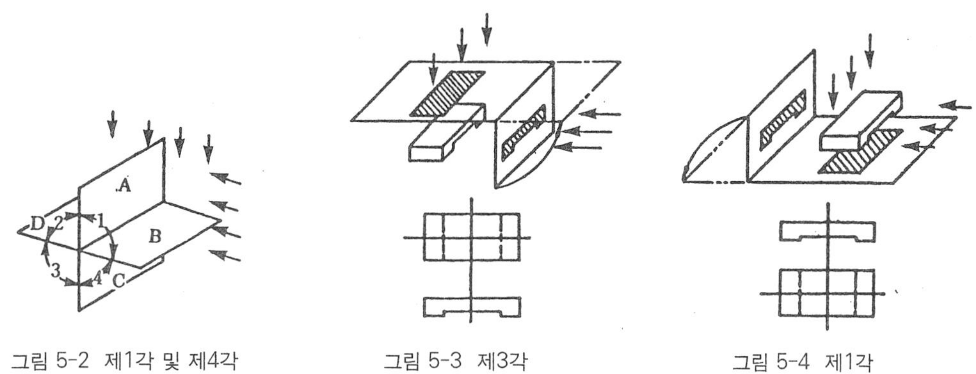

그림 5-2 제1각 및 제4각 그림 5-3 제3각 그림 5-4 제1각

(2) 제3각법과 제1각법의 배치

그림 5-5 및 그림 5-6은 물체를 우측 방향에서 본 것을 제1각법과 제3각법으로 표시한 것이다.

제1각법은 눈→물체→투상면이 되고, 제3각법은 눈→투상면→물체로 된다.

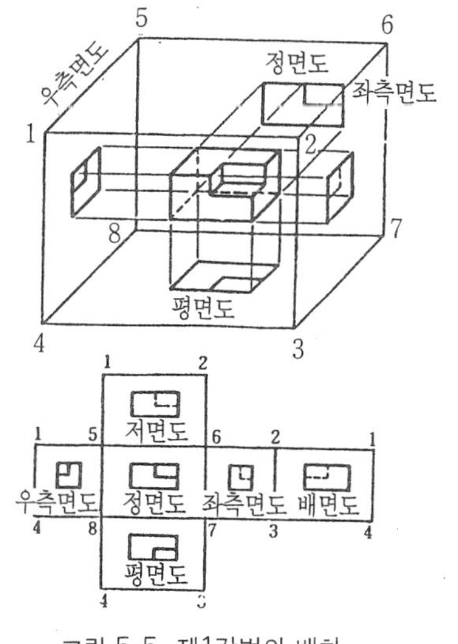

그림 5-5 제1각법의 배치

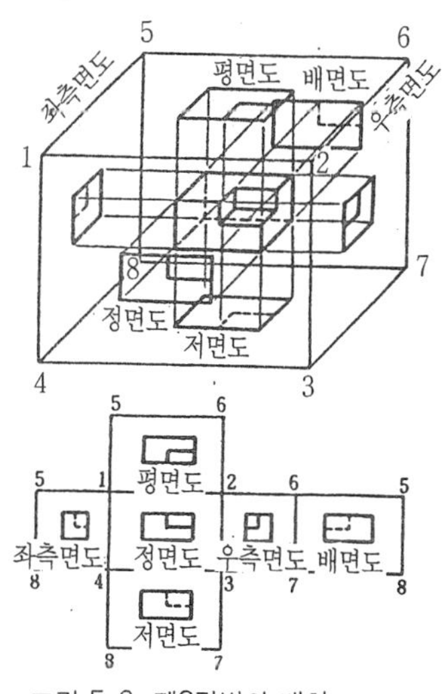

그림 5-6 제3각법의 배치

1-2-4. 척도(尺度)

물체를 도면에 표시하려면 여러 가지의 크기로 그린다. 이 크기의 비율을 척도라 하며 척도에는 현척(現尺, full scale), 축척(縮尺, contraction scale), 배척(倍尺, enlarged scade)의 3종류가 있다.

배관도 중 배치도에서는 전체의 크기에 따라 1/200~1/600이 사용되고 배관도에서는 일반적으로 1/100, 시공도에서는 1/20, 탱크, 보일러 등의 관 제작도에서는 주로 1/10이 사용되고 있다.

표 5-5

현척	1/1									
축척	1/2	1/2.5			1/5		1/10		1/15	1/20
		1/25	(1/30)	(1/40)	1/50		1/100			1/200
		(1/250)	(1/300)		1/500	(1/600)	1/1000	(1/1200)		
		(1/2500)	(1/3000)		1/5000					
배척	2/1				5/1		10/1			

비고 : ( )를 한 척도는 가급적 사용하지 않는다.

1-2-5. 선(線)

(1) 모양에 의하여 분류한 선의 종류는 원칙으로 다음의 4종류로 한다.

실　　선 ―――――――― 연속된 것

파　　선 -------------- 짧은 선을 약간의 간격으로 나열한 선

1점 쇄선 ―·―·―·―·―·― 선과 1개의 점을 서로 섞어서 나열한 선

2점 쇄선 ―··―··―··―··― 선과 2개의 점을 서로 섞어서 나열한 선

(2) 굵기에 의하여 분류한 선의 종류는 다음 3종류로 한다.

- 굵은 선 : 굵기는 0.7~2mm 인선(가는선의 4배정도)
- 중간 굵기 선 : 같은 도면에 사용되는 굵은 선과 가는 선의 중간 굵기(0.35~1mm인선)
- 가는 선 : 굵기가 0.18~0.5mm 인선

같은 도면에 있어서는 선의 종류마다 굵기를 고르게 한다.

1-3. 관용(管用)나사

주로 배관용 탄소강 강관을 이음하는 대에 사용되며 피치를 작게 하고 나사산을 낮게 한 것이다. 관용나사의 호칭치수는 관의 호칭치수(관의 안지름과 거의 같음)이며, 나사의 바깥지름을 의미하는 것이 아니다. 나사산의 형에는 평행나사(PF):KSB0221와 테이퍼 나사(PT):KSB0222가 있다. 테이퍼나사는 특히 누수를 방지하고 기밀을 유지하는데 사용된다. 나사산의 각도는 55°이고 크기는 1인치당(25.4mm) 나사산수로 표시하며 호칭지름

6A(1/8B)일 때는 28산, 8A(1/4B)와 10A(3/8B)일 때는 19산, 15A(1/2B)와 20A(3/4B)일 때는 14산, 25A(1B) 이상일 때는 11산의 4가지 종류가 있다.

1-3-1. 각종 나사의 종류

나사의 표시방법 KSB0200의 규정에 의하면, 나사의 호칭은 나사의 종류를 표시하는 기호나사의 지름을 표시하는 숫자 및 피치 또는 25.4mm에 대하여 산수를 사용하여 다음과 같이 구성한다.

(1) 피치를 mm로 표시하는 나사의 종류

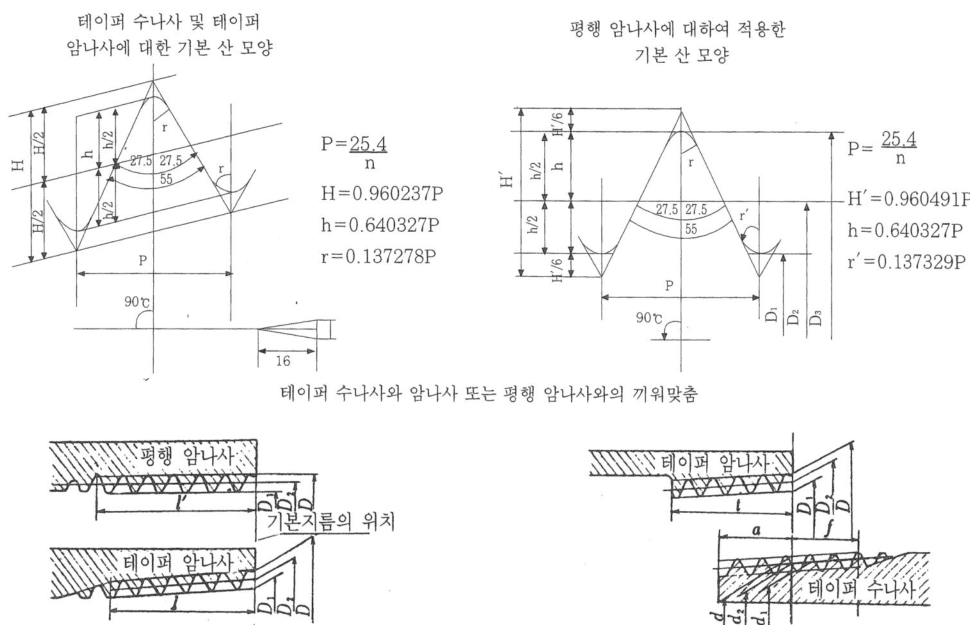

테이퍼 수나사와 암나사 또는 평행 암나사와의 끼워맞춤

다만 미터 보통나사(2)와 같이, 같은 지름에 대하여 피치가 단지 한 개 규정되어 있는 나

나사의 종류를 표시한 호칭	나사의 지름을 표시하는 숫자	×	피치

사에서는 피치를 생략한다.

예) M3, M4, M5에 대하여는 다음과 같이 피치를 붙여서 표시한다.

M3×0.5, M4×0.7, M5×0.8

(2) 피치를 산수로 표시하는 나사(유니파이 나사를 제외)의 경우

나사의 종류를 표시하는 기호	나사의 지름을 표시하는 숫자	와	산수

단, 관용나사와 같이 같은 지름에 대하여 산수가 단지 한 개 규정되어 있는 나사에서는 원칙으로 산수를 생략한다.

예) W $\frac{3}{4}$ -16

(3) 유니파이드(unified)나사의 경우

나사의 지름을 표시하는 숫자 또는 번호	—	산수		나사의 종류를 표시하는 기호

예) $\frac{3}{8}$ 16UNC, $\frac{1}{4}$24UNF, NO, 8-36UNF

표 5-6 나사의 종류를 표시하는 기호 및 나사의 호칭에 대한 표시 방법의 보기(KSB 0200)

구 분	나사의 종류		나사 종류의 표시기호	나사의 호칭에 대한 표시방법의 보기	관련 규격	비 고
일반용	미터 보통 나사		M	M8	KSB 0201	metric
	미터 가는 나사			M8×1	KSB 0204	
	유니파이 보통 나사		UNC	3/8-16UNC	KSB 0203	unified coarse
	유니파이 가는 나사		UNF	No. 8-36 UNF	KSB 0206	unified fine
	30° 사다리꼴 나사		TM	TM 18	KSB 0227	trapezoidal metric
	29° 사다리골 나사		TW	TW 20	KSB 0226	trapezoidal whitworth
	관용 데이퍼 나사	테이퍼 나사	PT	PT 3/4	KSB 0222	pipe taper
		평행 암나사	PS	PS 3/4		pipe staight
	관용 평행 나사		PF	PF 1/2	KSB 0221	pipe fastening
특수용	박강 전선과관 나사		C	C 15	KSB 0223	conduit tube
	자전거 나사	일반용	BC	BC 3/4	KSB 0224	bicycle
		스포우크용		BC 2.6		
	미싱 나사		SM	SM 1/4 산 40	KSB 0225	sewing machine
	전구 나사		E	E 10	KSB 7702	Edison, electric lamp
	자동차용 타이어 공기 밸브 나사		TV	TV 8	KSB 8434	tire valve
	자전거용 타이어 공기 밸브 나사		CTV	CTV 8산 30	KSB 9422	cycle tire valve

(주) 특별히 가는 나사임을 뚜렷하게 나타낼 필요가 있을 때에는, 피치 또는 산의 수 다음에 "가는 눈"의 글자를 ( )안에 넣어서 기입할 수 있다.
보기 : M8×1(가는 눈)
이 평행 암나사는 테이퍼 수나사에 대해서만 사용한다.

표 5-7 나사의 등급 표시 방법(KS B 0200)

나사의 종류	미터 나사			유니파이 나사						관용 평행 나사	
등급	1급	2급	3급	3A급	3B급	2A급	2B급	1A급	1B급	A급	B급
표시방법	1	2	3	3A	3B	2A	2B	1A	1B	A	B

1-4. 배관라인의 투상법

배관라인이나 배관요소 부품은 도시할 때 특별한 경우를 제외하고는 하나의 굵은 실선으로 그려진다. 배관라인을 구성하고 있는 이음 재료 및 기기들은 투상방향에 따라 다르게 도시되기 때문에 만약 잘못 도시하였을 경우에는 실제로 배관하려고 하는 의도와는 전혀 다르게 배관될 수 있으므로, 투상 방향에 따른 도시법을 확실히 익혀 둔다는 것은 무엇보다도 중요한 일이라 할 수 있다. 따라서 도면을 판독할 때나, 그릴 때에는 배관의 방향에 대하여 세심한 주의를 기울이지 않으면 안된다.

1-4-1. 배관 이음쇠 접속부의 투상법

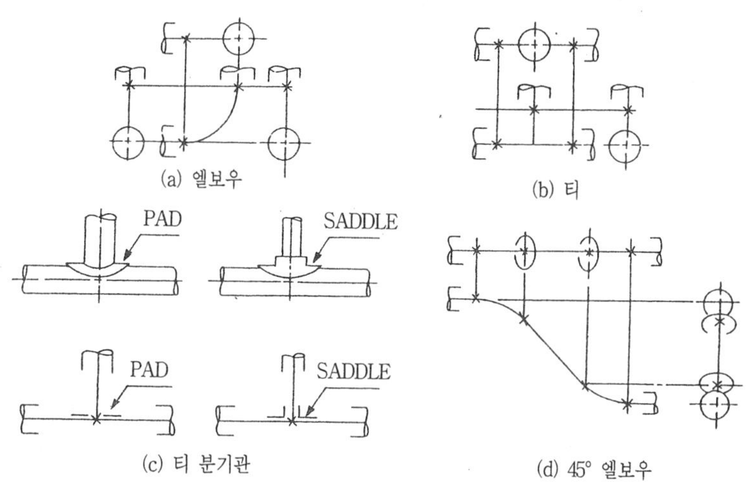

그림 5-7 이음쇠의 투상법

1-4-2. 배관 라인의 입체 투상법

대부분의 배관도는 평면도로 시공되고, 부족한 부분은 단면도 및 상세도를 그려 주므로써 보충되지만, 복잡한 부분의 배관이나, 여러 가지의 배관 라인이 서로 중복되어 나타나는 배관 라인은 평면도 및 단면도 만으로 부족한 투상일 수가 있으므로, 특히 플랜트(plant) 배관

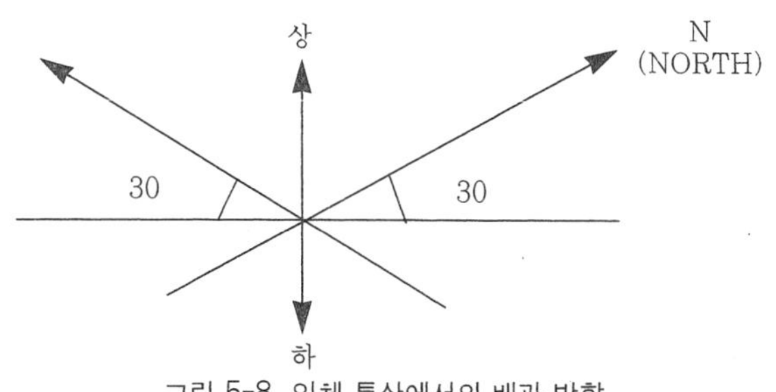

그림 5-8 입체 투상에서의 배관 방향

을 할 때, 부분 배관(spool piping)을 제작하기 위하여 입체 배관도(isome DRG)를 작도하는 경우가 많다. 입체 투상법에 의한 입체 배관도를 작도하면 경사 배관 부분이 불명확해지는 단점이 있지만, 초보자라도 쉽게 이해될 수 있는 이점이 있다.

1-4-3. 입체 투상도의 작도법

그림 5-9와 같이 평면도 및 단면도로 표현된 배관도를 입체도로 작도하기 위해서는 우선 그림 5-8에서와 같이 배관 라인의 방향을 바르게 설정하고 각 부분의 방향 변화와 이음쇠의 도시기호를 먼저 그리고, 라인을 굵은 실선으로 도시하면 그림 5-10과 같은 입체 배관도를 얻게 된다.

1-5. 관의 높이 표시 및 치수기입법

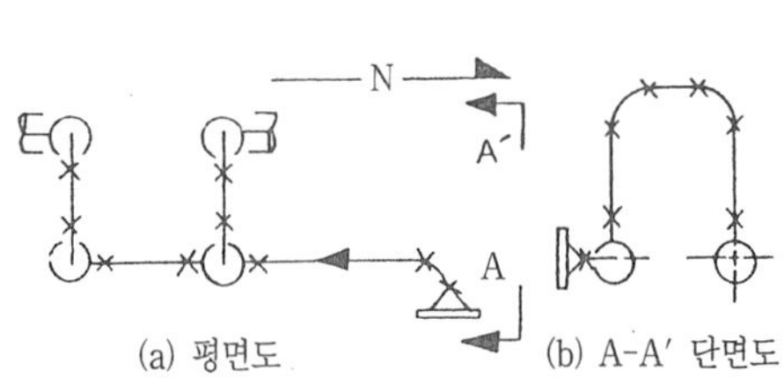

그림 5-9 평면도와 단면도의 도시

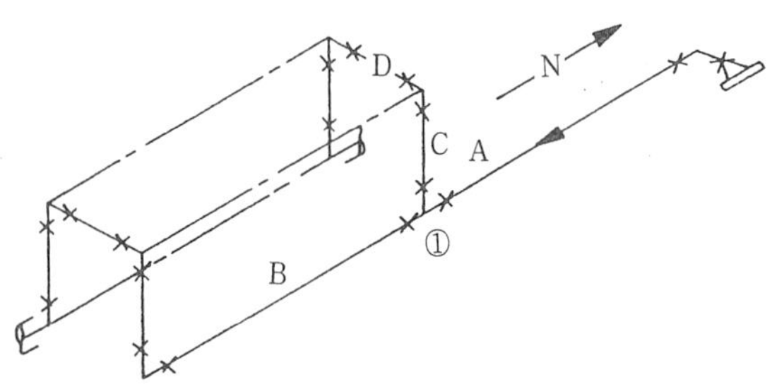

그림 5-10 입체 투상도법에 의한 도시법

1-5-1. 관의 높이 표시 방법

관의 높이 표시는 공장 전체 높이에 대해서 하나의 기준선(base line)을 설정하고, 이 기준선에서 높이를 표시한다. 그림 5-11(b)와 같이 단순히 EL만으로 표시할 경우에는 관의 중심 높이를 나타내고, 그림 (a)의 B.O.P는 관의 경우 아랫면(bottom of pipe)을 파이프 랙(pipe rack) 등에서와 같이 정열시킬 때 잘 사용되며, 그림 (c)의 T.O.P는 보의 아랫면을 이용해 관지지를 하는 경우 또는 지하 매설관 등 관 윗면(top of pipe)의 높이를 명확히 할 경우에 쓴다.

① EL(elevation line) : 기준면 넓은 부지에 배관하게 되는 경우, 높이의 기준면으로 하기 위해서 지상 200~ 500mm

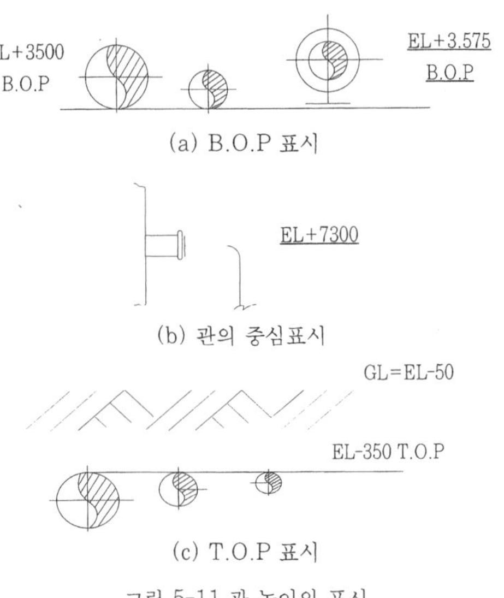

그림 5-11 관 높이의 표시

공간에 기준면을 정하고 기준면(EL)으로부터 높이를 기입한다. 기준면보다 높을 때는 EL 다음에 치수를 기입하고, 기준면보다 낮을 때는 (-)부호를 붙인 치수를 기입한다.
예) EL 500, EL -300

② GL(ground level) : 지면의 높이를 기준으로 할 때 사용하고 치수숫자 앞에 기입하며 도시법은 EL과 같다.
예) GL - 500

③ FL(floor level) : 건물의 바닥면을 기준하여 높이를 표시할 때 사용한다.
예) CL, FL 2500

④ CL, EL(center line of pipe EL) : EL에서 관의 중심까지를 높이로 나타낼 때 사용한다.
예) CL, EL 1500

⑤ T.O.P.EL(top of pipe EL) : EL에서 관 외경(外徑)의 윗면까지를 높이로 표시할 때 사용한다.
예) T.O.P.EL 1500

⑥ B.O.P.EL(bottom of pipe EL) : EL에서 관 외경의 밑면까지를 높이로 표시할 때 사용한다.
예) B.O.P.EL 2000

⑦ T.O.B.EL(top of beam EL) : EL에서 관의 지지대 윗면까지의 높이를 표시할 때 사용한다.

1-5-2. 관의 치수 기입법

(1) 치수기입법

거듭 되풀이하게 되지만 배관도는 매우 많은 선이 복잡하게 되므로 치수기입도 요령있게, 보기쉽게, 정확하게 기입해야 한다. 바꿔말하면 치수기입의 요령하나로 배관도의 판독을 쉽게도 하고 힘들게도 한다고 할 수 있다. 따라서 치수기입에 있어서 우선 고려할 것은 배관도에 기입하는 치수중에 관상호(管相互)간격, 관지지(管支持)간격, 밸브 · 이음류의 제원(諸元) 등은 특수 사정이 없는 한 미리 통일 규정된 표준치수를 사용하고, 배관도(配管圖)에는 다만 충실하게 축척(縮尺)에 따른 작도만을 하며 치수는 기입하지 않는 것이다. 표 5-8은 표준치수표의 일예이다.

그 다음 레이아우트에 따라 배치된 기기 및 부대시설에 대해 반드시 관계치수를 기입하고 관배열(管配列)에 관한 치수는 기기 및 부대시설의 중신선 또는 접속위치를 기준으로 수차 설정하는 것을 원칙으로 한다. 또한 이 경우 치수선긋기는 모두 0.2mm 이하의 실선으로 하고 배관선과 명확히 구별되게끔 해야 하며, 더우기 가급적 기기명칭이나 배관시방번호 등의 문자와 교차되는 것을 피하고 어디까지나 도면을 판독하기 쉽게 해야 한다.

또 평면 배관도의 배관선에는 각각 반드시 관의 높이치수로서 B.O.P.EL(Bottom of pipe elevation의 약자) 또는 ℄ EL(Center line of pipe elevation의 약자)의 기호를 붙인 숫사를 기

표 5-8 표준파이프의 관열간격표[mm]

플랜지외경(mm)		108	127	152	178	190	216	228	254	280	344	506	482
관외경(mm)		34.0	48.6	60.5	76.3	89.1	101.6	114.5	139.8	165.2	216.3	267.4	318.5
호칭관경		1B	1½B	2B	2½ B	3B	3½ B	4B	5B	6B	8B	10B	12B
호칭관경	12B	280	290	300	305	310	320	325	335	350	375	405	430
	10B	240	255	260	265	275	280	285	300	320	335	360	
	8B	215	220	230	235	240	250	255	270	280	305		
	6B	180	190	195	205	210	215	220	235	250			
	5B	165	180	185	190	195	205	210	220				
	4B	150	165	170	180	185	190	195					
	3½B	150	160	165	170	180	185						
	3B	140	145	150	160	165							
	2½B	130	140	145	150								
	2B	115	130	135									
	1½B	100	115										
	1B	95											

間隔25～21mm

표준플랜지의 半徑

표준파이프의 半徑

파이프芯

図表指示의 管間隔 치수

입해야 한다. 또한 B.O.P.EL과 ℄ EL의 선택기준은 경우에 따라 결정하지만, 대략 하기 기준을 참고로 하는 것이 보통이다.

— B.O.P.EL.(Botton of pipe elevation)

① 두 개 이상의 관이 공통가대상에 병렬배관되는 경우

② 보온, 보냉시공(保冷施工)되는 관으로서 가대상에 배관되는 경우(다만, 이 경우에는 보온재의 보호 철구(鐵具)를 기준으로 하여도 좋다).

— ℄ EL.(Center line of pipe elevation)

① 펌프흡입측배관, 기기노즐에 직접 접속시키는 배관 등에서 그 접속대상이 이미 관심(管心)에서 규정되어 있는 경우

② 증기배관 등에서 단독으로 조철구(吊鐵具)로 매달려 있는 경우

③ 기타의 단독 배관의 경우

입면배관도(立面配管圖)에는 아래의 사항을 고려함이 바람직하다.

㉮ 높이치수는 모두 고저측량기준선 (지표면을 EL.±0으로 하는 것이 보통이다)을 기준으로 하여 산출하고 탑조(塔槽)의 노즐높이, 바닥높이 등 배관에 관계되는 부대시설 높이에도 반드시 그 높이 치수를 명시한다.

㉯ 입면배관도(立面配管圖)에 있어서의 관의 높이표시는 평면배관도에 기입한 B.O.P.EL. 또는 ℄EL.과 반드시 일치되는 표기법을 사용하고, 부대시설과의 관계치수의 지시는 특히 필요하다고 인정되는 경우 이외에는 표시하지 않는 것이 좋다(조작빈도가 많은 밸브의 핸들과 조작바닥면의 거리 또는 운전자에 통행에 지장을 가져올 것 같은 경우에만 표시한다.

㉰ 높이치수는 EL. 기호로 통일표시하였지만, + -의 부호는 혼돈되기 쉬운 경우 이외는 특히 사용하지 않는 것을 원칙으로 한다.

1-6. 계장용도면(計裝用圖面)

계장(instrumentation)이라 함은 유량, 압력, 온도, 레벨(level) 등을 측정 · 기록 · 조절하는 배관라인의 계기 장치를 말한다. 계장 기호는 증기, 화학, 정유, 철강 등을 제조하는 장치 및 배관장치에 많이 사용되며, 기호는 계장의 사항 및 계측 설비의 형식기능에 개요를 그림으로 나타낸다. 기호의 종류에는 문자기호와 도시기호로 분류되나, 계기를 표시할 때는 이것을 종합하여 나타낸다.

1-6-1. 문자기호

① 이산화탄소(CO_2), 산소(O_2) 등과 같이 잘 알려진 화학기호는 이것을 조성의 문자, 기호로 사용되며, pH는 수소이온 농도의 문자기호로 사용하여도 좋다.

② 비율을 표시하는 데는 소문자 r을 차(差)로 표시하는 데는 소문자 d를 다음 표의 문자기호 뒤에 삽입 사용하여도 좋다. 예로서, Fr은 유량비율, Td는 온도차, Pb는 압력차의 문자기호가 된다.

표 5-9 문자 기호(첫째 문자)

문자기호	변량 또는 동작	문자기호	변량 또는 동작	문자기호	변량 또는 동작
A	조성	M	습도	V	점도
D	밀도	P	압력	W	무게
F	유량	Q	열량	X	기타변량
H	수동	S	속도		
L	레벨	T	온도		

1-6-2. 문자기호의 표시방법

① 모든 문자 기호는 대문자를 원칙으로 한다.

② L.M.W의 문자기호는 두 자 이상이라도 하나의 문자로 보며, 변량 또는 동작은 한 자로 표시한다.

③ 조절(C), 적산(S), 경보(A)의 기능을 함께 지닌 계기의 표시는 C,S,A의 순으로 배열한다.

④ 계측설비, 요소 형식은 둘째 자(字) 이하로

그림 5-10 문자기호(둘째 및 세째 문자 이하)

문자기호	계측 설비 요소의 형식 또는 기능
A	경보
C	조절
E	계기에 접속하지 않은 검출기
I	지시
P	계기에 접속하지 않은 측정점 또는 시료 채취점
R	기록(계기)
S	적산
V	밸브

표 5-11 문자 기호의 배열순

계측 설비 요소의 형식 또는 기능	문자기호	계측 설비 요소의 형식 또는 기능	문자기호
지시계	XI	(지시) 기록 조절계	XRC
(지시) 기록계	XR	(지시) 기록 적산계	XRS
(무지시)조절계	XC	(지시)기록 경보계	XRA
적산계	XS	(지시)기록 조절 경보계	XRCA
(무지시)경보계	XA	(지시)기록 조절 적산계	XRCS
지시 조절계	XIC	검출기(계기에 접속되어 있지 않을 때)	XE
지시 적산계	XIQ		
지시 경보계	XIA	측정점 또는 시료 채취점 (계기에 접속되어 있지 않을 대)	XP
지시 조절 경보계	XICA		
		자력식 조절 밸브	XCV

표시한다. 그 중에서 지시의 I, 기록의 R, 검출기의 E, 측정점 P는 둘째 문자에만 사용된다.

⑤ 문자의 사이 또는 문자의 조합된 사이에는 점이나 하이폰(hipon)을 사용하지 않는다.

⑥ 문자 기호의 배열순은 다음 표와 같다.

1-6-3. 계장용 표시기호

계장용 도시기호는 프로세스의 플로시트에 계측제어 시스템을 기록할 경우 또는 기타 설계도, 사양서류 등에 널리 사용되며, 이것은 크게 기본기호와 상세기호의 2가지로 분류된다.

(1) 기본 기호의 그림 기호

기본 기호는 계측 설비마다 그 목적과 기능의 개요를 표시하는 기호로서 계장의 개략만 표시하면 되며, 세밀히 표시할 필요가 없는 경우에 이 기본 기호의 그림 기호로 각종 계기, 배관 · 배선, 조절 밸브 등의 계측 제어 장치를 표시한다.

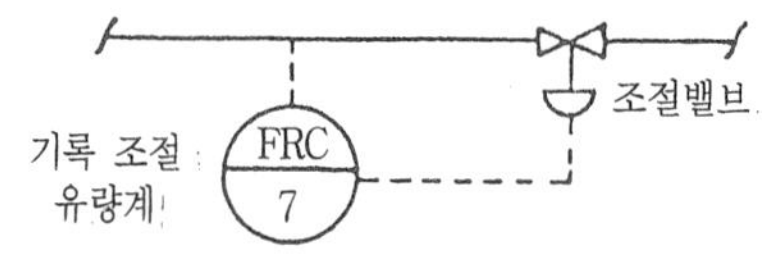

그림 5-12 계장 계통도의 예

표 5-12는 계장 도면에 사용하는 기본 기호의 그림 기호이며, 그림 5-12는 이와 같은 기본 기호의 그림 기호에 의한 계장 계통도를 나타낸 것이다.

계기 기호는 정리용에 불과하나 공정의 구분 순서에 따라 붙이면 편리하고, 원으로 표시된 그림 기호에 번호를 기입할 경우에는 원 내의 상반부에 계기의 종류를 표시하는 문자 기호, 하반부에 계기 번호를 기입한다. 또한, 배관 · 배선 등을 원으로 표시된 계기에 접속하여 기입할 경우에는 입력 신호를 표시하는 선은 원의 상반부에 넣고, 출력 신호를 표시하는 선은 원의 하반부에서 기입한다.

표 5-12 계장 도면용 기본 기호의 그림 기호

종류		그림기호	사용방법
계기	계측 설비일반(현장설치)	○	구별하지 않을 때에는 ○을 사용한다.
	계측 설비 일반 (패널 설치)	⊖	
배관·배선	표시 계기, 조절기 또는 전송기 등 까지의 배관 및 기계적 결합	————	구별하지 않을 때에는 ————를 사용한다.
	공기압배관	—//—//—//—	
	유압배관	—/—/—/—	
	전기배선	- - - - - - -	
	세관	—×—×—×—	
	전자파, 음향, 방사선 등의 신호	—∿—∿—∿—	
조절밸브	조작부	⚲	
	조절단	⋈	
	조절부	⚲⋈	
	검출기, 측정점 또는 시료 채취점	×	차압 검출기 —╫— 도 사용된다.

(2) 상세 기호

기본 기호로 표시할 수 없는 상세한 내용을 표시하기 위한 기호이다.

표 5-13은 상세 도면용의 그림 기호, 표 5-14는 조절 밸브 및 조작부의 상세 그림 기호를 나타낸 것이다. 또 상세 기호는 다음과 같은 4가지로 되어 있다.

① 요소 기호 : 계측 설비 요소 또는 부속품 등을 식별할 필요가 있을 경우에 사용되는 문자 기호이다.

② 개별 번호 : 계측 설비의 개별 번호를 사용하는 방법에는 몇 가지가 있으며, 대표적인 방법으로는 3가지가 있다.

㉮ 변량마다 일련 번호 부여

㉯ 공장 또는 계통마다 일련 번호 부여

㉰ 동일한 측정 개소 등에 대해서는 동일한 개별 번호 부여

㉱ 보족 기호 : 변량 기호, 기능 기호, 요소 기호 및 그림 기호의 각각 설명을 보충하기 위한 기호이다.

표 5-13 상세 도면용의 그림 기호

종류	그림기호	종류	그림기호
트렌드 계기		로우터 미터	
데이터 로거, 시퀸스제어장치, 제어용 계산기 등		피토관	
원내에 문자 기호 및 개별 번호를 기입하지 않는 경우의 전송기	패널 부착	용적식 유량계	
연산기	패널 부착	벤투리 관 또는 플로 노즐	
부속품 또는 부품	패널 부착	터빈식 유량계	
전압-공기압 변환기(현장부착)	V/P	전자 유량계	
아날로그 디지털 변환기 (패널부착)	A/D	외통식 액면계	
공급 공기용 감압 밸브		내통식 액면계 (정부취부)	
필터			
필터부 감압 밸브 (에어 세트)		측온체	
밸브(일반)		자력 밸브(내부검출형)	
앵글밸브			
3방밸브		안전밸브	
버터플라이 밸브, 댐퍼 또는 루퍼		파괴판	

③ 변량 기호 : Ei, Ev는 전류와 전압을 표시하며, 이 경우 E는 전기적량(변량 기호)을 의미한다.

④ 기능 기호 또는 요소 기호 : 알파벳을 사용해서 기능 기호 뒤에 ( )를 붙여 기입한다. 예를들면, A(H)는 고위에서 동작하는 경보기, R(t)는 트렌드 기록계의 표시이다.

⑤ 계측용 배관 · 배선 등의 그림 기호 : 배관 · 배선의 사양, 목적 등 또는 그것을 표시하는 보족 기호를 첨가하여 표시한다.

표 5-14 조절 밸브 및 동작부의 상세 그림 기호

종류	그림기호	종류	그림기호
① 조작부의 동력에 의한 구별			
다이어프램 또는 벨로스식		전자식	
다이어프램식 (압력 밸런스형)		피스톤식	
전동식		수동식	
② 조작부의 부속품에 의한 구별			
포지션부		밸브개도 전송기부	
메뉴얼 핸드 호일부 (톱 핸들의 경우)		메뉴얼 핸드 호일부 (사이드 핸들의 경우)	
리밋 스위치부			
③ 동작 방향을 도시하는 방법			
동력원이 0일 때 여는 밸브	FO 또는	동력원이 0일 대에 개도가 정 · 역 동작하는 밸브	FI
동력원이 0일 때 닫는 밸브	FC 또는	동력원이 0일 대에 아래로의 입구가 닫히는 밸브	FC
동력원이 0일 때 그 직전에 개도를 유지하는 밸브	FL 또는	동력원이 0일 때에 아래로의 출구가 열리는 밸브	FO

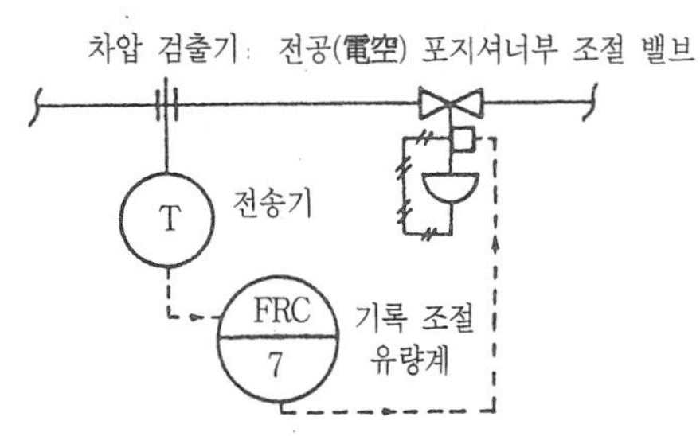

그림 5-13 상세 기호의 그림 기호에 의한 계장 계통도

⑥ 조절기 또는 표시 계기 등의 그림 기호

그리고 연산기의 내용을 표시하는 것 등 여러 가지 보족 기호가 규정되어 있다.

그림 5-13은 상세 기호의 그림 기호로 그린 계장 계통도를 나타낸 것이다.

1-6-4. 문자 기호

문자 기호(변량 기호와 기능 기호)와 개별 번호를 조합해서 계장 기호가 완성되면 그 기입 방법은 다음과 같이 표시한다.

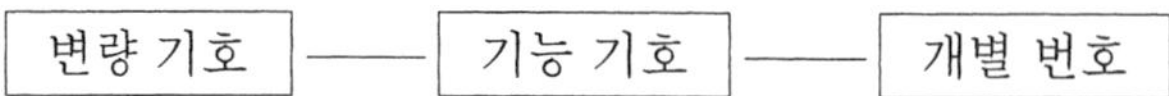

예를 들면, 지시 유량계는 FI-1, 지시 조절 레벨계는 LIC-12, 기록 조절 온도계는 TRC-103으로 표기한다.

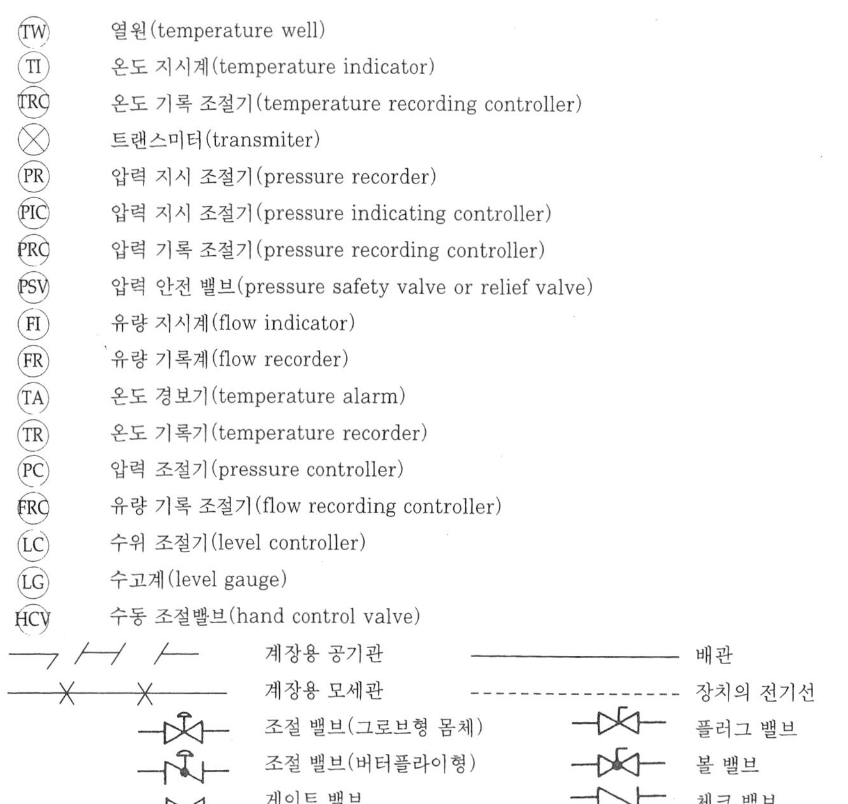

그림 5-14 계통도에서의; 배관 도시기호

표 5-15 계통도와 배관도의 장치 도시법

계통도 도시법	배관도 도시법	비고
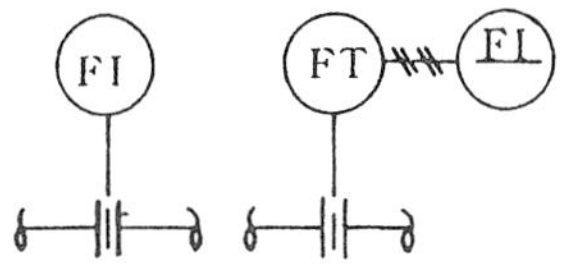 FI, FT, FI	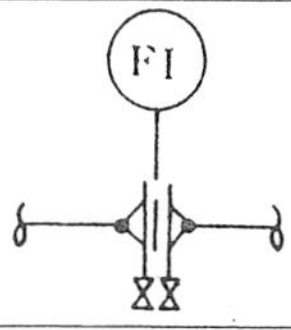 FI	FI:지시 유량계로서 유유체의 흐르는 속도 또는 비율을 나타낸다.
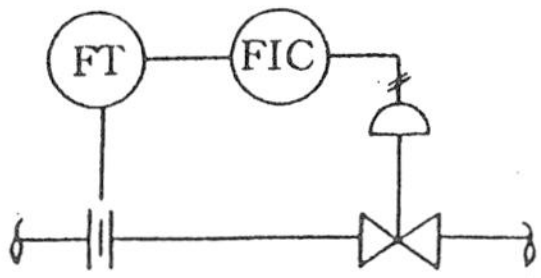 FT, FIC	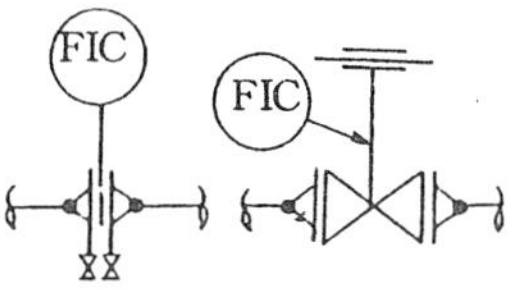 FIC, FIC	FIC: 지시조절 유량계로서 얍축 공기를 이용한다.
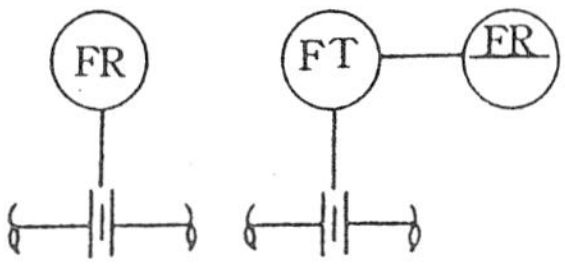 FR, FT, FR	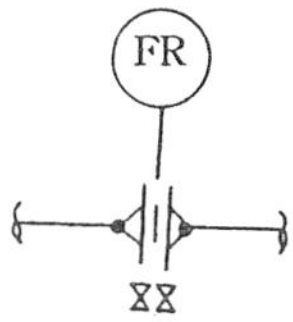 FR	FR:기록 유량계
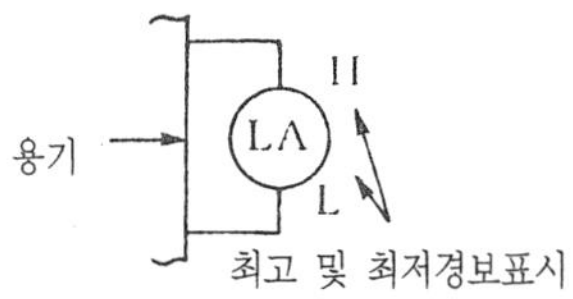 용기, LA, H, L, 최고 및 최저경보표시	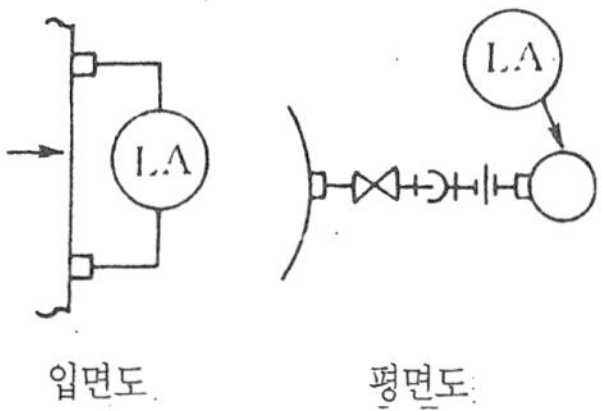 LA, LA, 입면도, 평면도	LA: 경보 액면계 용기내의 수위의 위험을 알려준다.
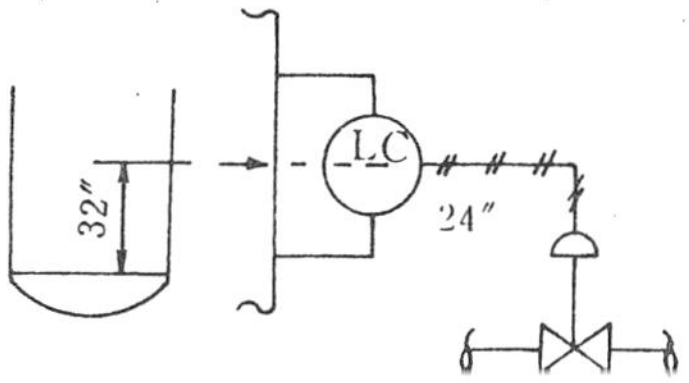 32″, LC, 24″	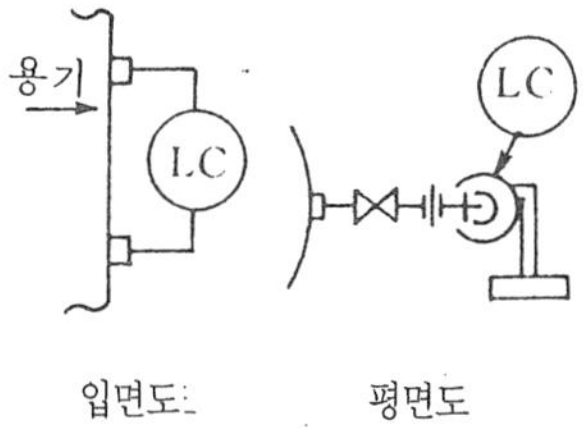 용기, LC, LC, 입면도, 평면도	LC: 조절 액면계 압축 공기의 신호에 의해 조절 밸브가 작동하여 수위 조절
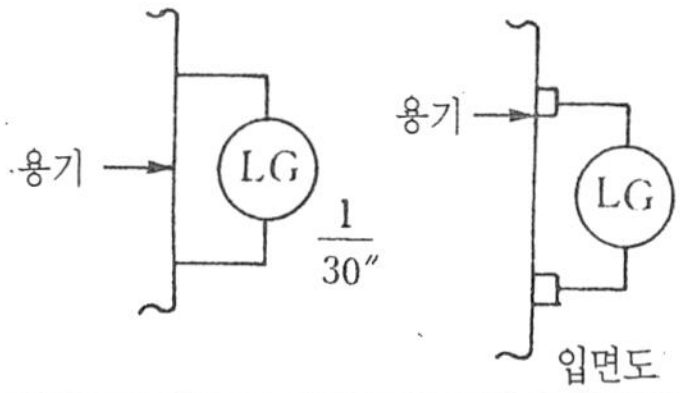 용기, LG, 1/30″, 용기, LG, 입면도	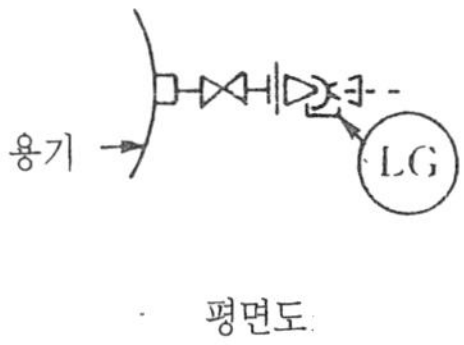 용기, LG, 평면도	LG: 액면계 용기내의 액체의 높이를 나타낸다.
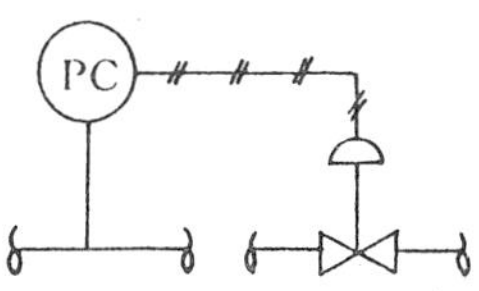 PC	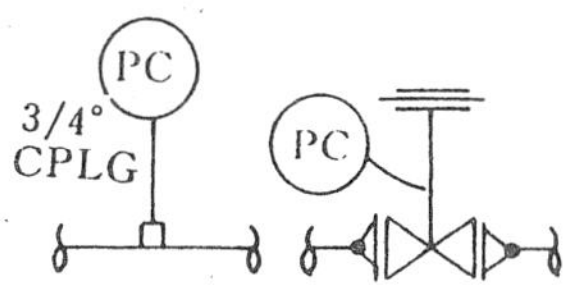 PC, 3/4°, CPLG, PC	PC : 조절 압력계 용기 또는 배관내의 압력을 압축 공기의 신호로 조절

제2절 설비 배관시공도(施工圖)

2-1. 배관도의 종류

배관 도면을 작성하려면 계통도, 배관 시방서, 배치도 및 배관에 접속하는 기기, 설비류의 주요 치수도를 준비하여 도면 계획을 세워야 한다.

표 5-16 배관도의 종류

구 분	설 명
평 면 배 관 도 (plan drawing)	위에서 내려다본 모양을 나타낸 도면으로써, 배관과 직접적인 관계가 있는 것을 주로 나타낸다.
입면 배관도(side view drawing)	측면의 모양을 나타낸 도면으로써 측면도라고 하며, 높이나 간격은 EL로 표시한다.
입체 배관도(isometric piping drawing)	모든 것을 알기쉽게 입체적으로 표시하고, 높이는 EL로 표시하며 평면 치수는 기재하지 않는다.
부분 배관도 (spool drawing)	배관 라인(line) 한 개에 대한 상세도로써, 각부의 치수와 높이를 자세히 기입하며 공장 제작에 편리하다.
공정도 (block arawing)	제작과정 상태를 나타내는 제작 공정도와 제조 공정을 나타내는 제조 공정도가 있다.
계통도 (flow diagram)	배관의 계통, 장치의 운전, 조작에 필요한 계장류의 설치 장소, 종류 등을 상세히 기재한다.
배치도 (plot plan)	여러 가지 장치와 기기 및 기계를 설치하는 위치를 표시하는 도면

1-1-1. 계통도(flow diagram 및 P&I diagram)

배관 계통도는 단순히 배관의 계통만 표시하는 것이 아니고 장치의 운전, 조작에 필요한 계장류의 설치 장소, 종류 등을 상세히 기재한 것으로서, 이것을 상세 작업 계통도(pipe & instrument diagram, PID)라 하며, PID에는 프로세스(process) PID와 유틸리티(utility) PID가 있다.

이 상세 배관 계통도는 장치의 설계와 건설 또는 운전 조작에 관한 프로세스설계의 기본 계획을 각 전문 기술자에게 정확하고 바르게 이해시키기 위한 도면이다.

이 도면으로 장치의 조작, 건설, 안전 대책, 보존 방법 등을 검토하는 것이므로 일정한 방법과 약속에 따라 다음 사항을 기입한다.

① 주요 기기의 외관, 내부 구조의 개요

② 배관계의 구배, 관의 번호, 관 및 밸브 등의 호칭 치수

③ 배관의 재질 구분과 보온의 필요성 유무

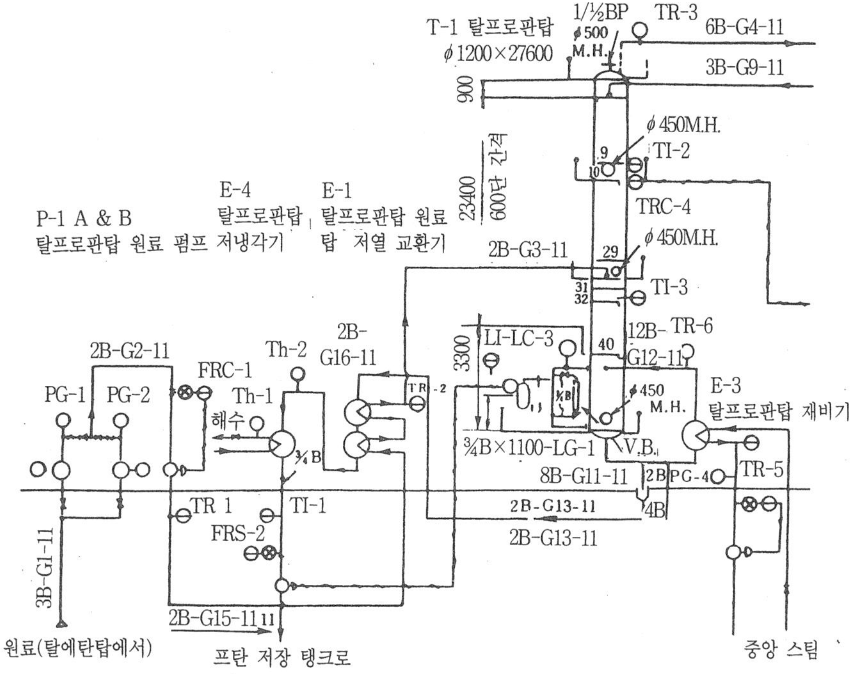

그림 5-15 프로세스 PID 도면

④ 물, 기타 유체에 의한 부식 방지제와 반응 억제제의 주입 방법

2-1-2. 공정도(block diagram)

공정도에는 제작 공정의 상태를 표시하는 제작 공정도와 제조 공정을 나타내는 제조 공정도가 있다. 배관에서는 제조 공정도를 플랜트 공정도라고 한다.

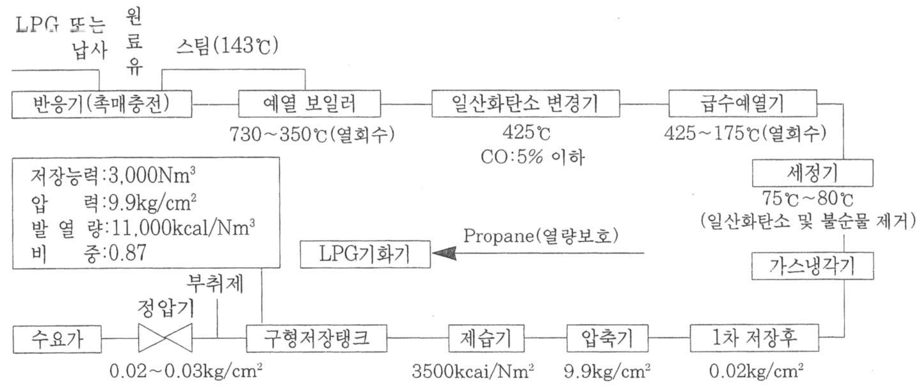

그림 5-16 도시 기스 제조 공정도

2-1-3. 배치도(plot plan)

배치도는 여러 가지 장치와 기기 및 기계를 설치하는 위치를 표시하는 도면이다. 장치 시공에 사용되는 배치도는 설계, 시공, 운전, 보수, 경제성, 안전성, 미관 등을 종합적으로 검토하여 기기류의 설치 위치를 평면적으로 표시한다.

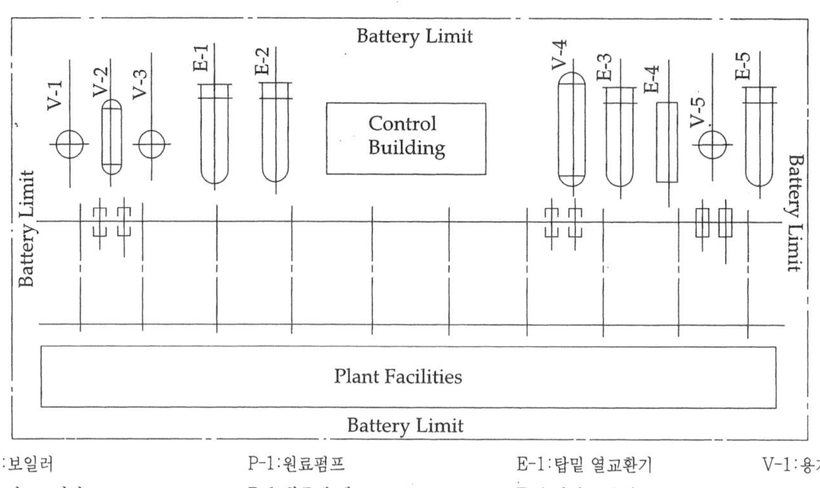

그림 5-17 배치도

배치도를 작성할 때에는 다음 사항을 결정한다.

① 부지면적의 확정
② 기구류의 높이와 넓이
③ 계단, 사다리 등의 위치
④ 열교환기, 가열로의 내장물의 교환, 펌프, 압축기 등의 대형 회로 기계의 분해와 조립을 위한 공간 확보 및 구조물 배치

2-1-4. 평면 배관도(plan drawing)

배관의 장치를 그림 5-18과 같이 위에서 내려다 보고 나타낸 도면이며, 배관과 직접 관련이 없는 것은 대략적인 외형만 그리고 배관 접속과 직접 관련이 있는 기기는 전부 표시하며, 파이프 받침대(pipe rack), 비임(beam) 등의 부대 시설도 기재한다.

평면도에서는 배관이 중복되는 것을 피하기 위하여 임의의 높이에 따라 부분 공간으로 분할하여 표기하는 방법이 쓰이고 있으며, 2~3개의 배관이 중복되는 경우는 그림 5-19와 같이 표기한다.

평면 배관도의 높이 표시는 관의 높이 치수 표시 BOP EL 또는 ℄ EL의 기호를 붙인 숫자로 기입해야 한다. 또한, BOP EL과 ℄ EL의 선택 기준은 경우에 따라 다르지만 아래와 같은 기준을 사용한다.

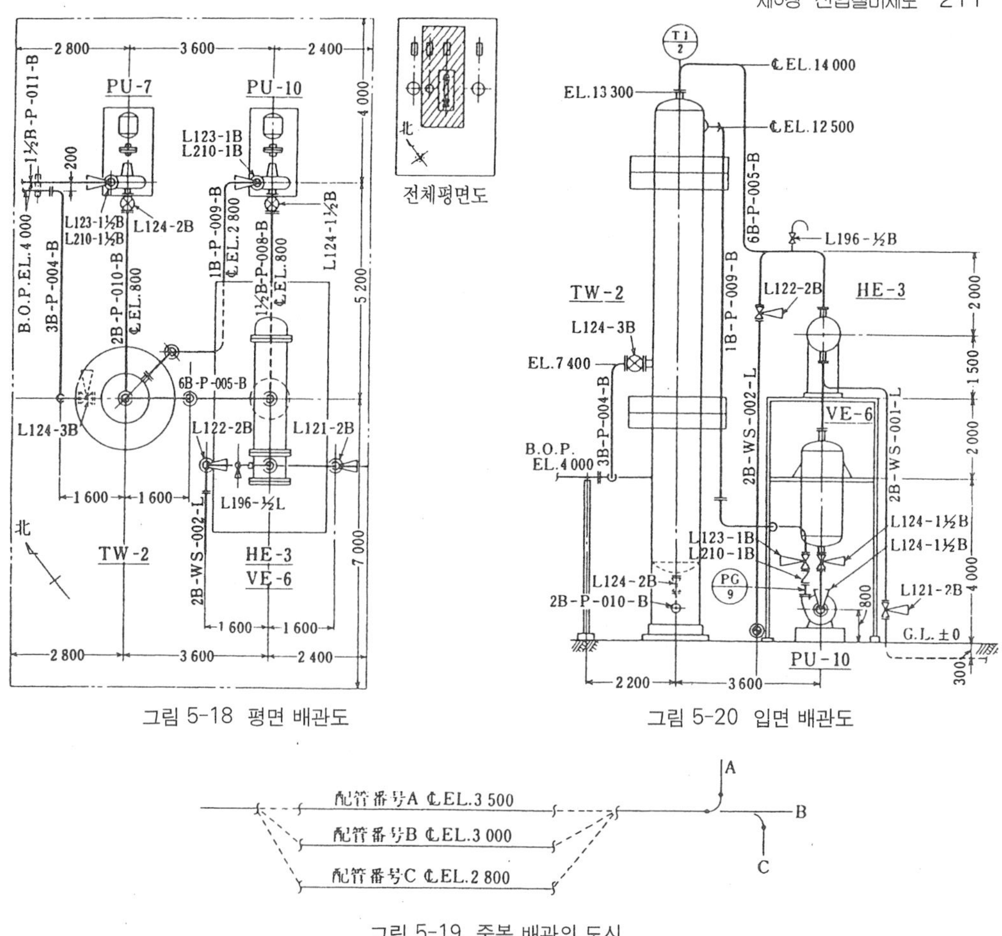

그림 5-18 평면 배관도

그림 5-20 입면 배관도

그림 5-19 중복 배관의 도시

(1) BOP EL 을 사용하는 경우

① 2개 이상의 관이 공동 파이프 랙 위에 병렬로 배관되는 경우

② 보온 및 보냉을 위해 시공되는 관으로서 랙 위에 배관되는 경우

(2) ℄ EL을 사용하는 경우

① 펌프 흡입측 배관, 기기노즐(nozzle)에 직접 접속시키는 배관 등에서 그 접속 대상이 이미 관 중심에 규정되어 있는 경우

② 증기 배관 등에서 단독으로 지지대에 매달려 있는 경우

③ 기타 단독 배관인 경우

2-1-5. 입면 배관도(side view drawing)

측면도라고도 부르며, 배관 장치를 측면에서 보고 나타낸 도면으로서 평면도와 같은 방식으로 3각법으로 그린다. 작은 도면 이외에는 평면도와 같은 도면에 작도하는 경우는 드물므로, 입면도의 위치로 명확하게 나타내기 위해서는 평면도에 입면도의 작도위치를 화살표로

명시한다.

입면 배관도의 높이 표시는 다음 사항을 고려한다.

① 높이 치수는 모두 최저 측정량이 기준선(지표면을 ±0으로 하는 것이 보통이다)을 기준으로 하여 산출하고 탑(塔), 조(槽)의 노즐 높이, 바닥 높이 등 배관에 관계되는 부대시설의 높이도 반드시 그 높이 치수에 명시한다.

② 높이 치수는 EL 기호로 통일되어 있지만, +, - 의 부호는 혼돈되기 쉬운 경우 이외는 사용하지 않는다.

2-1-6. 입체 배관도(isometric piping drawing)

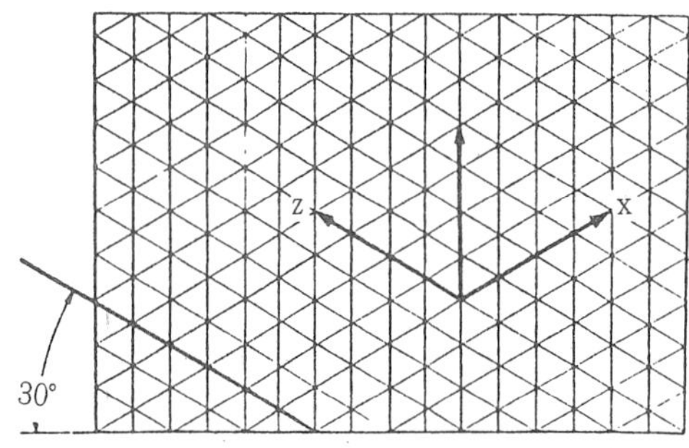

그림 5-21 X, Y, Z 축의 각도

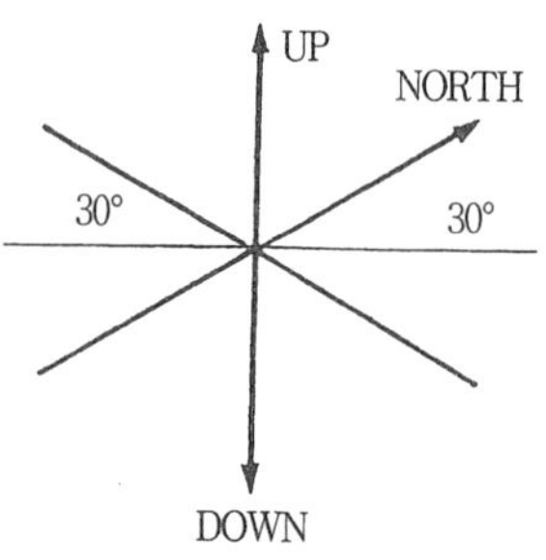

그림 5-22 입체배관도 방위표시

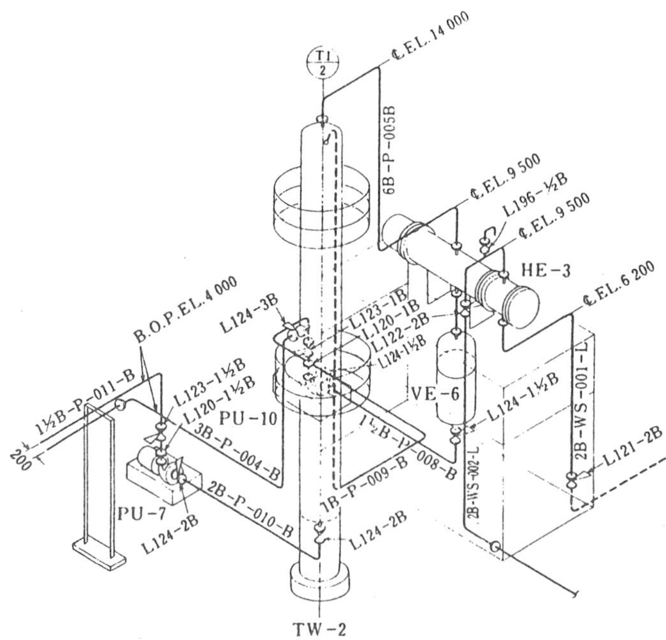

그림 5-23 보통의 입체배관도

입체 배관도에서 사용하는 척도나 분할 방법 또는 배관 요소의 표기법, 치수 기입법도 모두 평면 배관도, 입면 배관도의 방법과 같으나, 입체 배관도에서는 입체 공간을 X, Y, Z 축으로 나누어 입체적인 형상을 평면에 나타낸다. 일반적으로, Y축에 수직배관을 수직선으로 나타내고 X축과 Z축이 120°로 만나게 선을 그어 배관도를 그린다.

입체 배관도는 초보자나 배관을 전공하지 않은 자에게도 배관의 경로를 쉽게 판독할 수 있는 편리한 도면이지만, 정확성이 없으므로 시공도로 사용하는 것은 피하는 것이 좋다.

그러나, 부분 배관도(spool drawing)로서 정확한 배관 요소의 위치 결정, 배관 경로의 방위 결정, 치수 지시를 정확히 할 수 있는 잇점이 있다.

2-1-7. 부분 배관도(spool drawing)

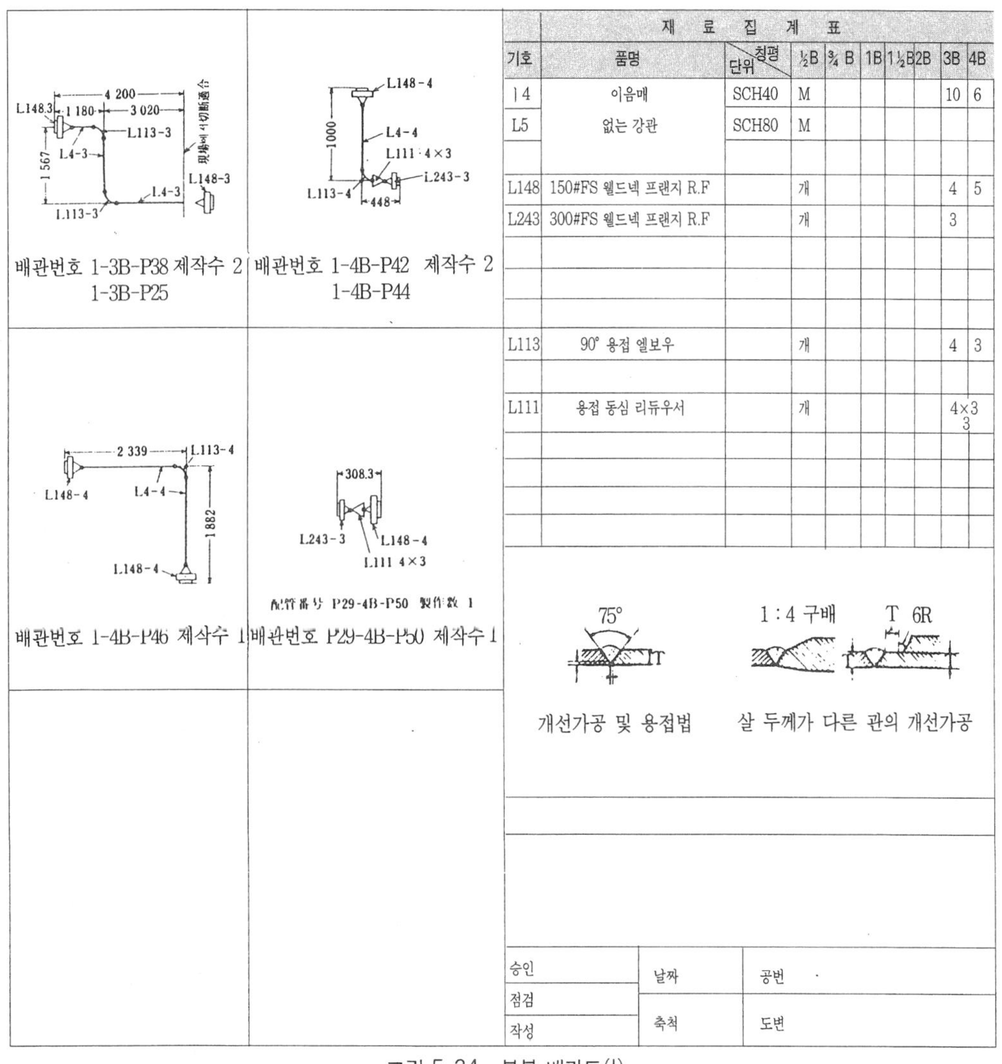

기호	품명	청평 / 단위	½B	¾ B	1B	1½B	2B	3B	4B
재 료 집 계 표									
L4	이음매	SCH40	M					10	6
L5	없는 강관	SCH80	M						
L148	150#FS 웰드넥 프랜지 R.F		개					4	5
L243	300#FS 웰드넥 프랜지 R.F		개					3	
L113	90° 용접 엘보우		개					4	3
L111	용접 동심 리듀우서		개					4×3 3	

그림 5-24 부분 배관도(I)

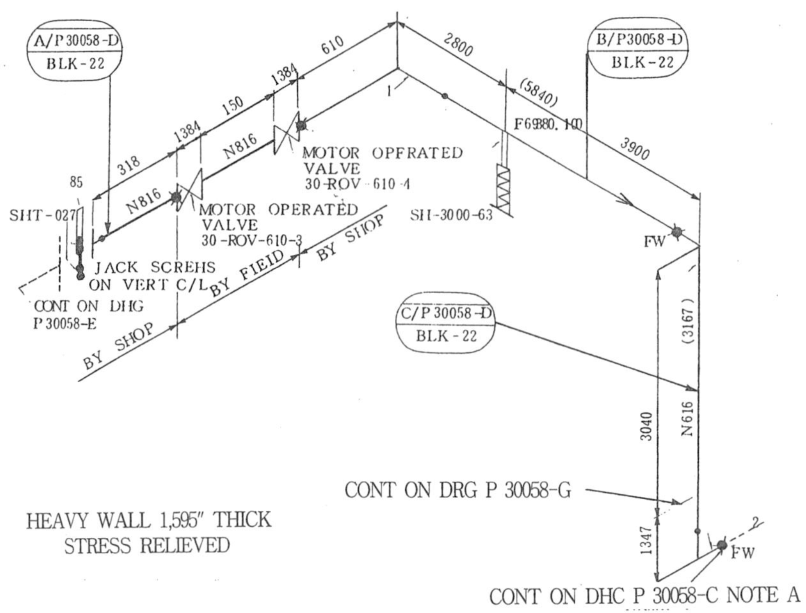

그림 5-25 부분 배관도

부분 배관도는 배관경로 중 일부분을 발췌하여 상세하게 그린 도면으로 공장 제작으로도 이동할 수 있다. 따라서, 부분 배관도는 앞에서 설명한 일반 배관도와 같이 관계통 상호간의 관계나 기기, 설비와의 관계 표시 보다는 주로 지시된 제작 가공법에 표현이 집약된 것이 되어야 한다. 부분 배관도의 표시는 평면 배관도, 입면 배관도의 제도 방법에 따라도 좋고 입체 배관도의 제작 방법에 따라도 좋으나, 부분 배관도를 작성하는 목적이나 의도를 확인한 다음에 그 때마다 제도 방침을 결정해야 한다. 또, 부분 배관도는 정확한 치수 · 방위 · 가공 방법을 기입하기만 하면 척도로, 특히 규정할 필요가 없고, 도면도 프리이 핸드(free hand)로 그려도 된다. 그러나, 어느 경우에도 해당 배관 부분에 대한 상세한 배관 요소 · 재료 시방 · 수량표를 정확히 명시해야 한다.

2-2. 배관부품 표시

각종 도면에 사용되는 배관 및 그 부속품에 대해서는 기본적이고 공통되는 사항에 대해서는 KS B0051에서 규정되어 있으나, 배관 설비를 위한 시공도를 판독하기 위해서는 전반적인 사항을 알아야 한다. 모든 관의 크기는 K.S 규정에 정해져 있으나 관 두께는 스케줄 번호에 따라 매우 다양하다.

그러나 관은 도면상에서 동일한 굵기로 단선과 복선으로 표시되는데, 일반적으로 도면 축척에 다른 관경별 표시법은 다음과 같다.

① 축척 1/20~1/30의 도면에서는 12B 이상은 복선, 10B 이하는 단선으로 표시.

② 축척 1/50~1/60의 도면에서는 14B 이상은 복선, 12B 이하는 단선으로 표시.

③ 축척 1/100 이상의 도면에서는 전부 단선으로 표시.

그러나 각 회사별 약간씩의 차이가 있으며 보통 ②항의 방법을 많이 채택하고 있다.

도면상에서 관을 단선으로 그릴 때 단선은 관 중심을 나타내고, 복선으로 그릴 때 외경은 항상 축척에 따른다. 부속은 용접용, 나사용, 플랜지용, 턱걸이 이음용, 땜 이음용으로 분류되는데, 작업자는 부속의 접합 방법의 용도를 확실히 알고 있어야 하며, 도시기호를 명확히 확인하여 시공하여야 한다.

일반적으로 가장 많이 쓰이는 도면상의 각종 부속 표시법은 다음과 같다.

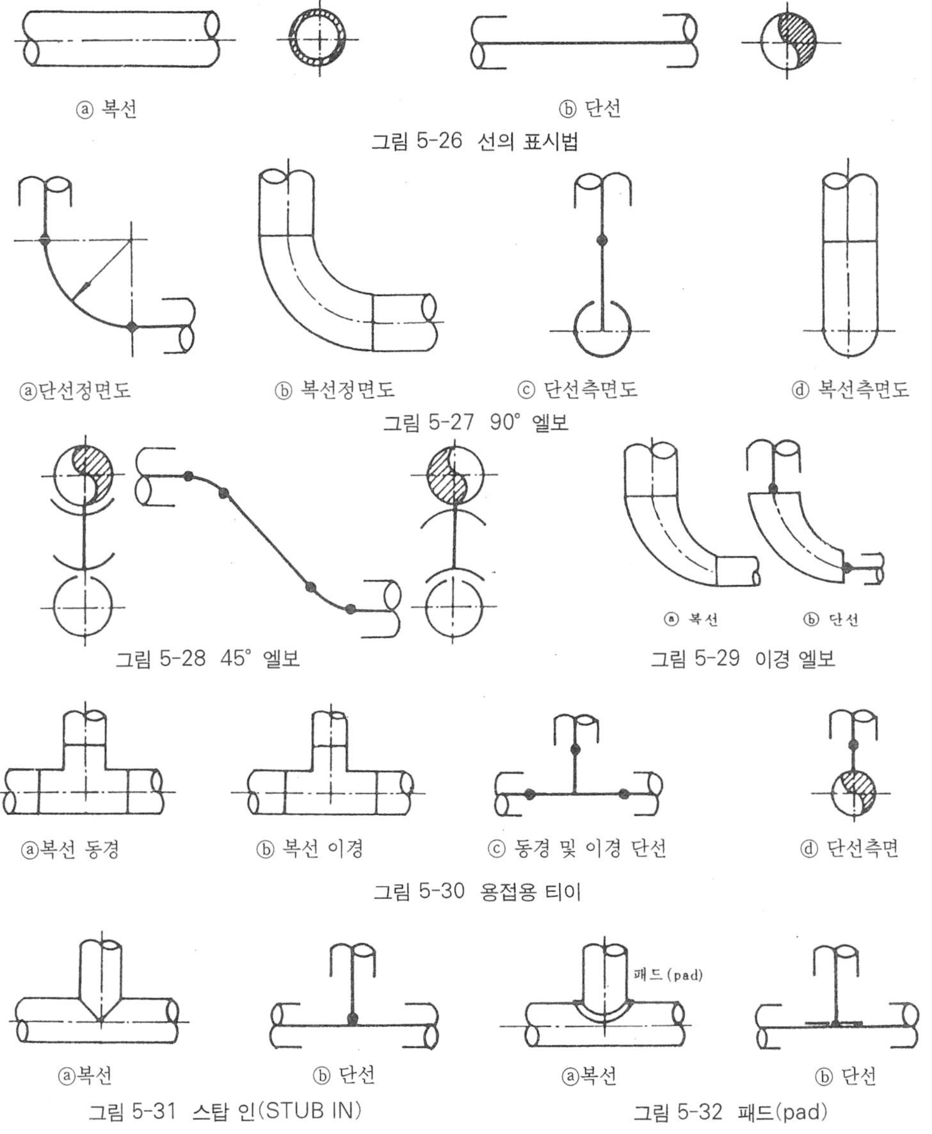

그림 5-26 선의 표시법

그림 5-27 90° 엘보

그림 5-28 45° 엘보

그림 5-29 이경 엘보

그림 5-30 용접용 티이

그림 5-31 스탑 인(STUB IN)

그림 5-32 패드(pad)

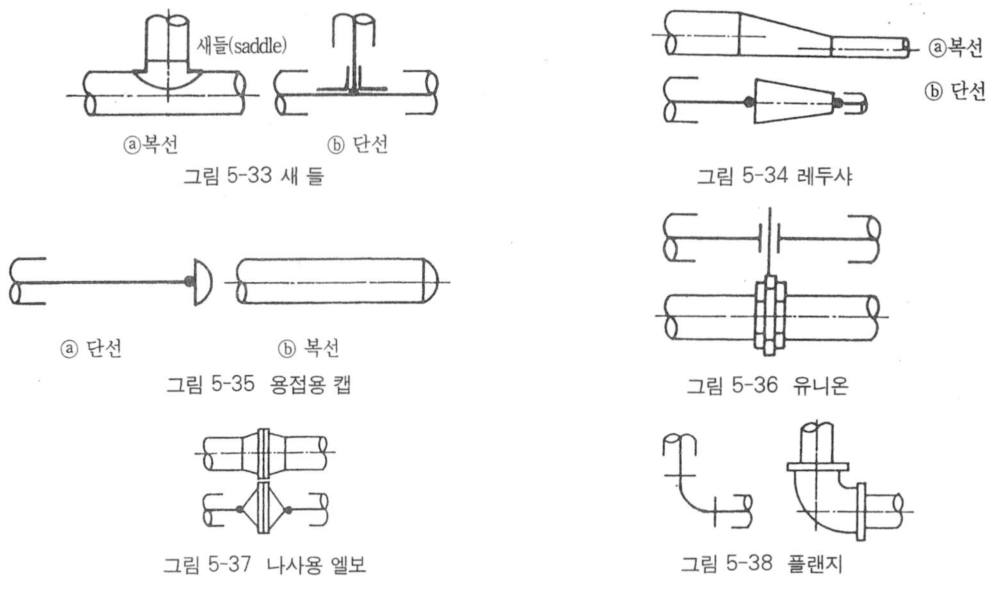

그림 5-33 새 들

그림 5-34 레두샤

그림 5-35 용접용 캡

그림 5-36 유니온

그림 5-37 나사용 엘보

그림 5-38 플랜지

2-3. 설비배관도 실제 (實際)

2-3-1. 라인 인덱스(line index) 결정법

배관 도면에는 각 장치와 유체를 구분해서 번호를 부여하여 번호를 붙인다. 이 번호를 라인 인덱스라고 하며, 라인 인덱스에 의해서 배관의 성격과 위치를 명확히 구별할 수 있고, 또한 배관 재료를 집계할 때에 이 번호에 따라 집계하면 편리하다.

라인 인덱스 결정은 일반적으로 다음과 같은 방법에 의한다.

① 장치와 유체를 구분하여 따로 번호를 붙인다.

② 흐름의 방향에 따라 차례로 번호를 정한다.

③ 배관 경로 도중에서 제어밸브 · 압력 · 온도가 달라질 때에는 배관 번호도 달리 한다.

④ 배관 경로 도중에서 지관(支管)이 갈라지는 경우에는 당연히 번호를 달리한다.

⑤ 배관 경로가 길지 않은 분기관에 장치되어 있는 안전 밸브 · 압력계 · 온도계 등의 작은 지름의 관에는 번호를 붙이지 않는다.

또한, 라인 인덱스의 기재 순서는 다음과 같은 방법에 준하여 사용되고 있다.

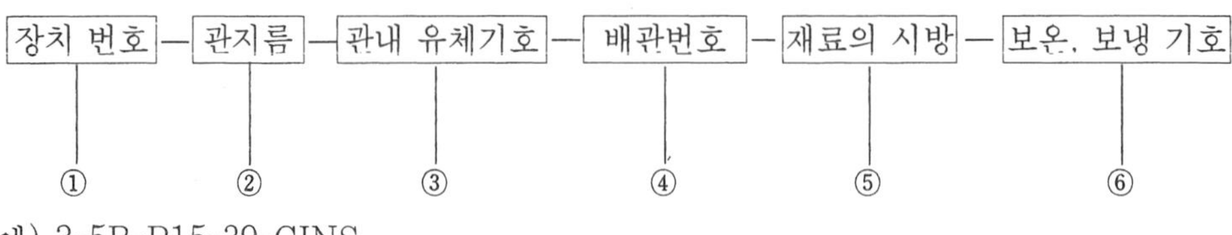

예) 3-5B-P15-39-CINS

<table>
<tr><th>번호</th><th>명 칭</th><th>보 기</th><th>내 용</th></tr>
<tr><td>①</td><td>장치번호</td><td>3</td><td>공장 속에 설치되어 있는 장치에 붙이는 번호이며, 숫자와 로마 문자를 사용하나 붙이지 않는 경우가 많다.</td></tr>
<tr><td>②</td><td>배관의 호칭 지름</td><td>5B</td><td>배관의 호칭지름을 표시하는 것이다.(예 A:mm, B:inch) 장치 공업라인에는 B(inch) 호칭을 많이 사용</td></tr>
<tr><td>③</td><td>유체기호</td><td>P
(프로세스유체)</td><td>유체를 표시하는 기호<table>
<tr><th>기호</th><th>종류</th><th>기호</th><th>종류</th></tr>
<tr><td>P</td><td>프로세스 유체</td><td>PA</td><td>작업용 공기</td></tr>
<tr><td>IA</td><td>계기용 공기</td><td>N</td><td>질소</td></tr>
<tr><td>HS</td><td>고압 증기</td><td>LS</td><td>저압 증기</td></tr>
<tr><td>CW</td><td>재생 냉수</td><td>SW</td><td>해수 등</td></tr>
</table></td></tr>
<tr><td>④</td><td>배관번호</td><td>15</td><td>유체별 배관번호(2~3자리수로 표시하며 장치 번호를 겸하여 표시할 때는 4자리수로 표시해 준다.
(예 P: 15 2자리수 IA205:3자리수 HS2050: 고압증기 장치 프로세스 라인으로서 2번이고 라인 번호가 50이라는 뜻이다.</td></tr>
<tr><td>⑤</td><td>배관재료 종류별 기호</td><td>39</td><td>배관재료 기준의 종류를 나타내는 번호(배관에 사용되는 배관규격 형상)</td></tr>
<tr><td>⑥</td><td>보온·보냉기호</td><td>CINS
보 냉</td><td>배관에 보온·보냉 및 화상 방지 등을 필요로 할 때 사용하는 기호이며, 두께를 함께 표시하는 경우가 있다.
보온:INS(insulation) 또는 HINS(heat insulation), 보냉:CINS(cold insulation), 화상방지:PP(personal protection)</td></tr>
</table>

2-3-2. 배관 시방서의 작성법

배관 번호에 가장 특징을 나타낼 수 있는 것이 배관시방이며, 반대로 시방된 배관 번호로 표현된 관계통은 관내에 포함되는 배관 요소의 많고 적음에 관계없이 자세한 사항을 나타내기가 곤란해진다. 따라서, 취급 유체의 종류·사용조건(주로 온도·압력)별로 각 배관 요소의 재질·형식·등급을 요목별로 정리하여 동일 배관계로서의 시방크라스(spec′class)를 표기하면 편리하다(표 5-17 참조).

또한, 배관 요소마다의 기호 붙이기를 하여 1품 1매식(individual system)의 시방 구분을 하는 경우도 있으나, 배관 도면을 복잡하게 하므로 밸브류 등에 한정하여 사용하는 것이 보통이다.

2-3-3. 배관에 접속하는 기기(機器), 설비류의 표시법

배관 도면을 작성하려면 PID도면 이외에 필요한 자료로서는 우선 기기류 및 건축물, 구조

표 5-17 배관 시방서

부 품 명		상 세	재 질
관		1 1/2B 이하 압력 배관용 강관(Sch 80)	SPPS 38
		2B～12B 압력 배관용 강관(Sch 40)	SPPS 38
		14B 이상 전기 저항 용접판	SBB 42
이음매	엘 보 우	11/2B 이하 단강제 소켓 용접형(Sch 80)	S 25M or S 45 F
		2B～12B 맞대기 용접형(Sch 40)	SSPS 38
	티 이	11/2B 이하 단강제 소켓 용접형(Sch 80)	S 25 Mor S 45 F
		2B～12B 맞대기 용접형(Sch 40)	SPPS 38
	리듀우서	11/2B 이하 단강제 소켓 용접형(Sch 80)	S 42M or S 45F
		2B～12B 맞대기 용접형(동심 및 편심)(Sch 40)	SPPS 38
		10K 관 대평면 시이트	S 25M or SE 25H
개스킷		석면 조인트 시이트(두께 4B 1.5mm 6B 이상 3.2mm)	1500 상당
보울트 · 너트		머시인 보울트	SP 41
슬루우스 밸브		11/2B 이하 600Lb 소켓 용접형	S 42 M 13 Cr
글로우브 밸브		11/2B 이하 600Lb 단강제 osy	S 25 M 13 Cr Th
		2B～8B 10K 주강제 플랜즈형 R.F.	SCPH2 13 Cr Th
첵밸브		11/2B 이하 600Lb 단강제 소켓 피스톤 리프트형	S 25 M 13 Cr Th
		2B 이상 10K 주강제 플랜지 P.F. 스윙형	SCPH2 13 Cr Th

주) SCPH: 고온 고압용 주강품 SE 25 H : 열간 압연 규소강재 SM : 기계 구조용 탄소강재
SPPS: 고압 배관용 탄소강관 SF : 탄소강 단강품

물의 평면도 및 입체도와 기기류, 관련되는 건축물, 구조물, 기초 콘크리이트의 주요 치수들이 필요하다. 따라서, 배관에 직접 관련되는 기기류 표시로서는 간결성이 유지되야 하므로 보통 척도에 의한 윤곽선만을 가는 실선으로 도시하고, 기기 번호 등을 명시하여 그림 5-39와 같은 방법으로 한다.

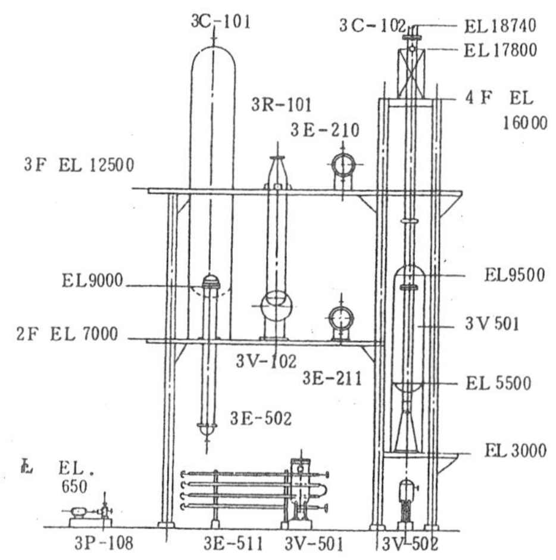

그림 5-39 기기류의 표시도면

2-3-4. 매치라인(mach line)

배관도면에 있어서 매치라인이란 한 개의 라인이 2장 이상의 도면으로 분할될 때 어느 위치에서 절단하지 않으면 같은 라인을 다른 도면에서 중복하여 표시되는 수가 있다. 따라서, 한 도면에서 다른 도면으로 연결된 선을 절단한 것을 매치라인이라고 하며, 다음과 같은 방법으로 나타낸다.

① 평면 및 입면 모두 일정한 장소에 선을 긋고, 그 선을 경계로 하여 도면을 따로 따로 제작하는 방법이다. 따라서, 그 도면이 담당하는 구역의 경계선을 매치라인으로 해도 좋고, 또는 다층 배관인 경우에는 2층, 3층의 바닥면을 매치라인으로 해도 좋으나, 가급적 파이프 받침대(pipe rack)의 중심이나 받침대의 중심과 같이 도면기입상 지시하기 쉬운 장소를 선택하여야 한다(그림 5-40 ⓐ 참조).

② 도면마다 나누어 공사를 한다고 하면 배관의 직관 부분은 절단하지 않아도 되는 곳에서 절단되는 불합리한 점이 있다. 따라서, 매치라인 직관부분에 놓지 않고 플랜지면이나 엘보우, 티이 등의 접속과 직관의 접속 장소를 매치라인으로 하는 방법이 합리적이다(그림 5-40 ⓑ 참조).

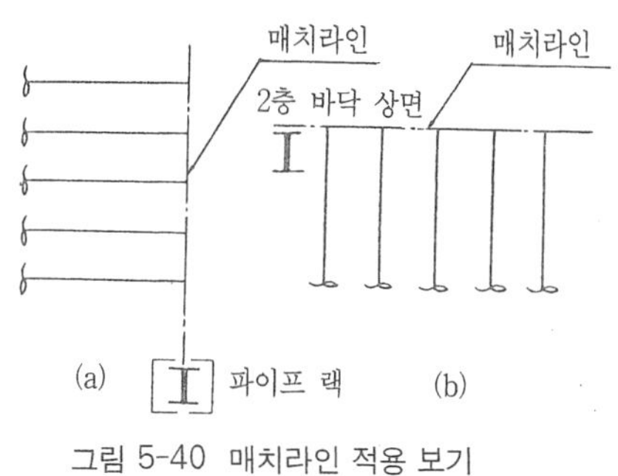

그림 5-40 매치라인 적용 보기

2-3-5. 배관 지지물에 관한 배관도 작성

관의 지지 방법은 배관 설계에서 주요한 문제이므로, 배관 도면에는 배관 지지의 위치와 종류만을 명확하게 도시하여 지지의 현장 설치를 쉽게 하고 그림 5-41과 같이 배관 지지물의 도시 기호는 그 기호의 통일이 어려우므로 그 중 사용 빈도수가 많은 것만 기호화하여 사용하고 있다. 배관 도면에서는 지지물에 번호를 붙이고 배관도면의 우측 공백부에 지지물의 번호와 상세 도면 번호를 기재하여 서포오트의 제작과 설치에 편리를 도모한다.

2-3-6. 전기계장 관계 · 보온 · 보냉 · 도장설계와 배관도의 관계

배관도중 평면배관도 및 입면배관도와 입체배관도는 화학장치의 단위조작을 유기적으로 종합한 공간의 주요부분을 점유하는 결과가 되어, 소위 화학장치의 기능의 전용(全容)을 가장 구체적으로 표시한 도면이 되므로 장치의 전기 · 계장(計裝) · 보냉 · 보온 · 도장설계에 대

종류		평면도	입면도	입체도
파이프슈	자유형	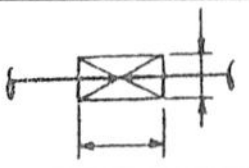	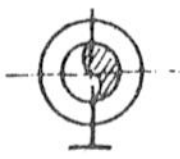	
	고정형		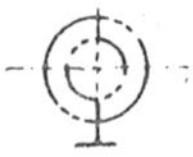	
	유동형	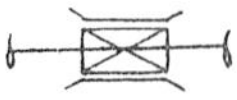	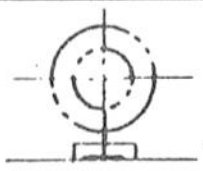	
파이프서포오트		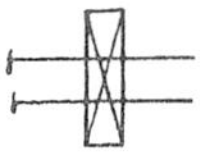	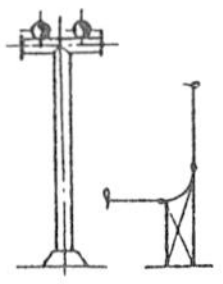	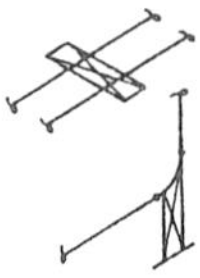
브래킷		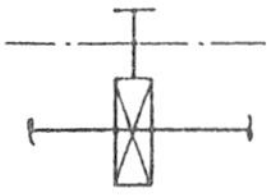	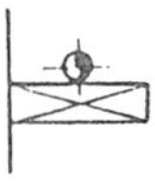	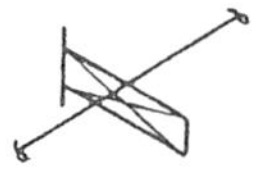
탑조용브래킷		평면도에는 도시하지 않는다.	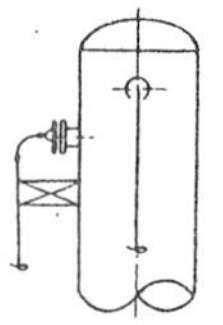	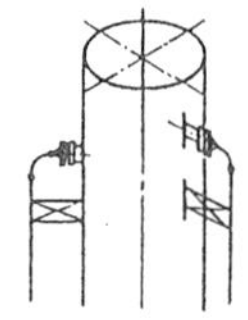
더어미 서포오트		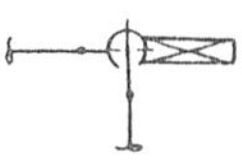	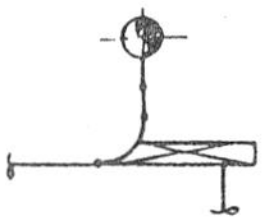	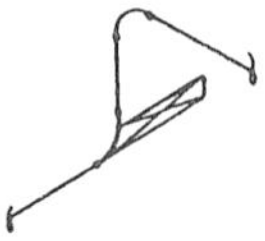
파이프행거			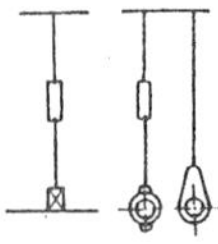	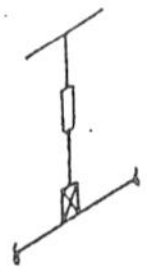
스프링행거		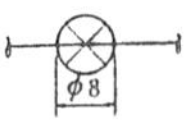 φ8	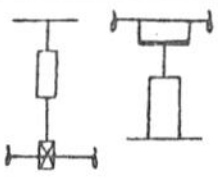 VARIABLE 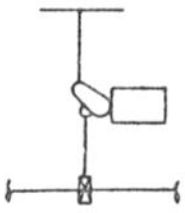 CONSTANT	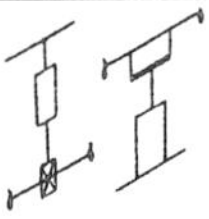 VARIABLE 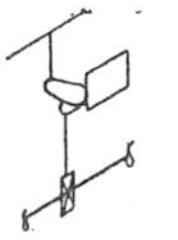 CONSTANT
U보울트		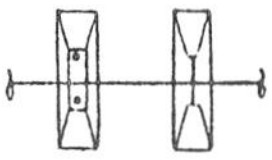	 STRAP.  U BOLT	입체도에는 도시하지 않는다.

그림 5-41 파이프 지지물의 도시기호

해서도 중요한 관련도면이 된다. 따라서 전기 · 계장(計裝) · 보냉 · 보온 · 도장설계에 배관도를 이용하는 것은 당연한 일이며, 바꿔말하면 배관도의 작성에 있어서는 이같은 설계 의도를 감안 · 배려한 것이라야 한다는 결론이 된다. 즉, 적어도 배관 설계자는 배관계통과 관련되는 이들의 설계 의도에 대해서는 충분한 인식을 가져야 한다는 것이다.

(1) 전기,계장(計裝)설계와 배관도의 관계

전기 · 계장은 모두 별도 설계도를 작성하게 되며, 배관계내에 삽입되는 주로 각종 조절밸브 및 현장형 지시계기 또는 각종 측정 · 검출기구의 설치위치 · 취급방법을 잘 알아서 이들의 기능을 충분히 발휘하고 또 조립 · 보수 · 점검시의 소요공간 등에 대해서도 충분한 배려를 행하여야 한다.

그러나 획일적인 단일배관(Unit Piping)의 표시법과 같이 이것도 가급적 마아크화하고, 설치상세도는 별도 표준도 등을 참조하여 필요하다면 계기기호 및 계기번호, 전기기호 및 전기번호만을 표시하는데 멈추는 것이 보통이다.

(2) 보온 · 보냉 · 도장설계와 배관도의 관계

배관계의 보온 · 보냉 및 도장설계에 대해서는 그 시방(示方)을 마아크화하여 배관번호에 부속시킴으로써 그대로 시공도에 대체시킬 수도 있으나, 가장 명확하고 직접적인 방법으로서는 그림 5-42와 같이 관계 배관도를 제2원도로 하여 해당 배관선에 미리 정한 보온시방, 보냉시방 또는 도장시방을 도시하면 효과적이다. 그리고 기호는 다음과 같다.

-----	: 탄산마그네슘	JIS 6000시간
~~	: 규산 칼슘	JIS 6000시간

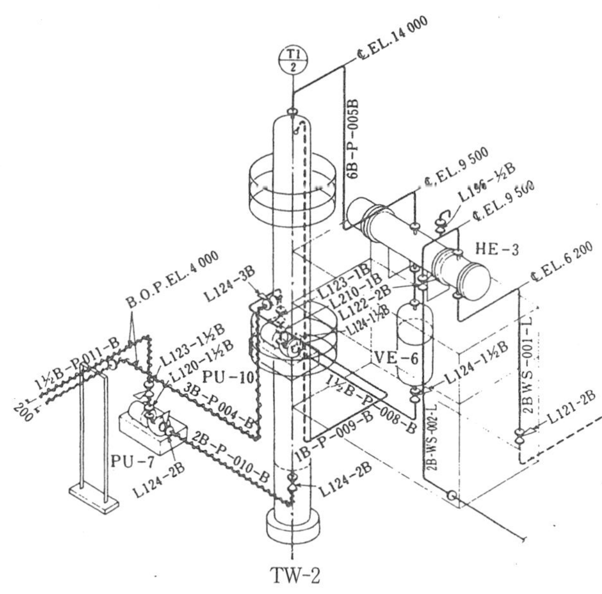

그림 5-42 보온 · 보냉 · 시방기입배관도

2-4. 배관재료의 작성방법

평면 배관도 · 입면배관도 및 입체배관도는 주로 장치의 기능을 표현하는 배관도이지만, 부분배관도는 특정의 배관계의 제작가공법을 정확하게 지시하는 것이므로 반드시 배관재료표를 병기해야 한다. 전체 배관도에 대해서도 배관가공준비, 배관재료의 마련을 위해 배관재료표를 작성해야 한다. 오히려 분할되고 또는 중복된 수십매(數十枚)나 되는 배관도에서 전 배관계(全配管系)의 배관요소를 중복되지 않게 또한 빠진 것이 없는 정확한 수량으로서 파악하는 작업은 배관도작성작업의 마무리로서 가장 중요한 것이다. 따라서 배관재료표의 작성은 미리 작성한 라인인덱스에 등록된 배관번호를 종축으로 해당 배관계를 구성하는 배관요소를 횡축으로 일람표를 작성하여 각기 배관요소별 · 시방 · 사이즈별로 각각 수량을 집계하는 것이 보통이다.

앞에서 배관도작성을 위한 일반적인 준비항목 및 배관도의 종류 또는 그 기하학적인 구도방법에 대해서만 기술하였으나, 본래 화학장치에 있어서의 배관의 역할은 서로 특색을 가진 몇 개의 단위조작 그 자체 또는 이들을 유기적으로 연결시키는 기계부분이므로, 배관 하나하나의 형상이나 배치의 검토에 있어서 단순히 플로우시이트상의 라인관계를 그대로 배관도에 이설(移設)하는 것만으로는 만족한 것이 될 수 없다. 즉, 다종다양한 배관시방마다 그 제작가공법이 다르고 또한, 각 배관은 각각 고유의 유동성상을 가진 유체를 내포하며, 더우기 장치운전 및 보수상의 제배려(諸配慮)를 중복시켜야만 되기 때문이다. 그리고 그 배려를 조금이라도 소홀히하였을 경우 장치 자체에 중대사태를 야기시키게 됨은 물론이다.

배관모형이 화학장치설계에 유효한 것은 결국 이 무한에 가까운 배려를 집약하는데 좋은 방법이기 때문이다. 요컨데 모형은 설계자나 기술자들에게 시각표징(視覺表徵)을 주게되므로 보다 좋은 디자인을 전개하기 위한 프로젝트에 매우 유용하다는 것이다. 또 배관모형을 완성시켜 가는 경과는 입장이 다른 관계자간의 이해차를 최소한으로 압축시키고 특히, 공사부문관계의 기술자나 장치운전원에 설계내용을 시간의 낭비없이 또한 쓸데없이 도면이나 서류를 작성하지 않고도 전달할 수 있는 좋은 재료가 되기도 한다. 요컨데 평범한 수많은 도면이나 서류를 생략함으로써 엔지니어링의 공수(工數)가 허비되지 않고 또 시각에 실물감을 줄 수 있는 결과, 상식적인 과오의 누락이 여러 사람의 눈을 거쳐서 발견되며 특히, 장치 보수상 및 운전상 막대한 배려에 소요되는 공수(工數)가 경감되는 것은 배관모형을 작성하는 최대의의라고 할 수 있다. 그러나 배관모형관으로 각종 다른 시방의 배관의 제작가공을 완수하는 것은 배관도작성의 본론에서 이탈되므로 될 수 있으면 배관모형을 기초로 한 부분 배관도 및 배관가공표 준도면만을 작성, 배관공사를 수행하는 것이 배관설계 공수절감에 꼭 필요한 것이다.

또 최근 전산기의 소프트웨어개발에 따라 플로터에 의한 부분 배관도 및 전체배관도, 배관재료표의 작성이 행해지고 있으며, 그 인푸트 데이터처리에 배관모형을 직접 이용하는 것은 더욱 배관설계공수를 경감시키는데 유효하다. 또 그림 5-43은 컴퓨터를 이용한 플로터에 의해 작성된 배관도의 일예이다.

표 5-18 배관자재조사표

No.	배관개소		유체	온도 (℃)	압력 (#/□kg/cm2	관치수 B(mm)	길이 (m)	보온의 유무	관시방	밸브류					이음및 기타						
	에서	까지								JIS 10KF C.I 슬루스 밸브	JIS 10KF C.I 글로우 밸브	JIS 10KF C.I 채크 밸브	ASA 300SW FS:글로우브 밸브	ASA 300SW FS:채크 밸브	JIS 10K.R.F. SS슬립온 플랜지	JIS 10K.P.F. SS슬립온 플랜지	JIS 10K.R.F. SS블랭크 플랜지	SPP 용접 90° 앨보우	SPP 용접 45° 앨보우	SPP 티이즈	SPP 레듀서
P-1	B.L.	6G-&1A	가솔린	15	0	4	108	—	SPP	5	2	1			30	16	2	8	2	4	
P-2	6CI&1A	6E-1	가솔린	15	7	3	26	—	SPP	2	2	2			12	12	2	6		4	3B×23 2
P-3	6E-1	혼합점	가솔린	32	5	2	8	—	SPP	3		1			2	6		2			
P-4	혼합점	6D-1	가솔린	32	5	2	12	—	SPP	1						2		2			
P-5	6D-1	6D-2	가솔린	32	3.5	2	6	—	SPP	2						4		2			
P-6	6D-2	6D-3	개질가솔린	32	3.5	3	14	—	SPP	2						4		5		2	
P-7	6D-3	B.L	개질가솔린	32	3	3	76	—	SPP	1					16	2		10		2	
P-8	6G-1	6P-19	가솔린	15	7	2	32	—	SPP	2	1	1			8	4		3			
P-9	6D-2	6G-12&12A		32	3.5	3	12	—	SPP	3						6		2	2	3	
P-10	6G-12&12A	혼합점		32	7	2	9	—	SPP	2	2	1				4		5			
P-11	6D-4&S	6G-4&4A	함유가솔린	32	0	1½	16	20㎜	SPP	4					2						
P-12	6G-4	혼합점	함유가솔린	32	6.3	1	8	20㎜	SPP				1	1							

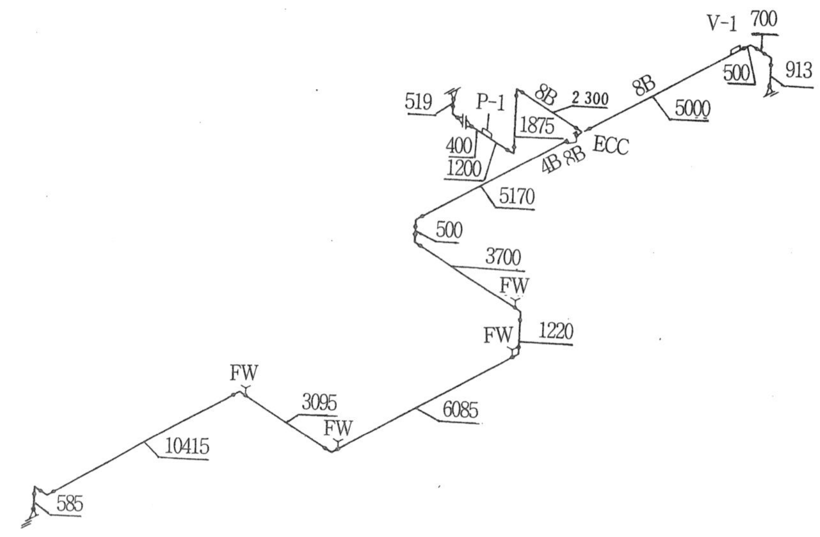

NO.	CODE NO.	SIZE	PART NAME		QUANTITY
	LB1BC	4B	PIPE	SCH40 SMLS STPG38	29
	LB1BC	8B	PIPE	SCH40 SMLS STPG38	11
	GA2ZA	4B	FLANGE	150 13CR WN RF	1
	GA2ZA	8B	FLANGE	150 13CR WN RF	4
	XOBBE	4B	GASKET	PS GSKT WHITE ASBESTOS RF	1
	XOBBE	8B	GASKET	PS GSKT WHITE ASBESTOS RF	3
	VZOZB	4B	90ELBOW(IR)	SCH40 STPG38 BW	8
	VZOZB	8B	90ELBOW(IR)	SCH40 STPG38 BW	5
	VZOZB	8B	TEE	SCH40 STPG38 BW	1
	VZOZB	8B*4B	ECC REDUCER	SCH40 STPG38 BW	1
	V-1	3/4B	VENT		1
	P-1	3/4B	PRESS INST		1
	WA1AC	5/8-11UNC*75	BOLT/NUT	HEX BOLT TBE 2 NUTS S20C S15C 150 RF	8
	WA1AC	3/4-10UNC*90	BOLT/NUT	HEX BOLT TBE 2 NUTS S20C S15C 150 RF	24

그림 5-43 플로터에 의해 작성된 배관도의 일예

제3절 배관공사 적산법(配管工事積算法)

3-1. 적산

우선 배관공사를 적산하는데 있어서 그 목적, 정도에 따라 여러 가지 방법을 생각할 수 있으나, 아주 초기의 단계에 있어서는 전장치건설전액의 10~18%로 잡든가 또는 장치건설전액(제작기기,(機器) 구입기기)만을 어느 정도 상세하게 견적하여 그 액수를 55~65%로 하여 전장치(全裝置)의 금액을 추정하는 경우도 있다. 따라서 그 속에 견적 공사도 포함된다.

또 종래 같은 종류의 배관공사를 시공한 경우에는 그 내부구성비율에서 다른 장치를 추정한다. 또는 그 관 및 밸브 구경 등을 용량에 따라 슬라이드한다.

또는 에어리어의 넓이에 따라 수량을 조정하여 적산한다. 또 일단 P&I다이어그램 및 플로트플랜을 그려서 관중량을 산출한다. 즉, 보통 30~50kg/m²(≒40kg/m²)으로 하여 중량을 산출하든가 또는 가대상(架台上)을 100~200kg/m², 열교환기관계 30~40kg/m², 탑(塔)관계 50~70kg/m², 조(槽)관계 40~55kg/m²으로 잡아 배관을 에어리어별로 집중정도, 관구경 등을 고려하여 관중량을 추정하는 방법도 있다. 이와 같이 하여 구한 중량에 평균단가를 곱하여 관의 금액을 견적하고, 이음류는 그 관금액의 80~130%(고압, 고온용 또는 대구경(大口徑)일수록 %가 높다)로 하여 산출하며, 밸브는 관의 150~250%(대구경에는 특히, 주의가 필요)정도로 잡는다. 또한 상세하게는 밸브, 관은 P&I다이어그램 및 플로트플랜에서 레이아웃까지 하여 조서를 작성해서 다음 일을 추정한다는 등 다종다양하게 나눠지지만 여기서는 일반적인 적산의 조건으로서

① 프로세스 플로우 다이어그램(process flow diagram)

② 플로트 플랜(plot plan)

③ P&I 다이어그램(P&I diagram)

④ 파이핑 클라시피케이숀(piping classfication)

등이 구비되고, 일단 배관을 레이아웃 해본 다음 이에 따라 재료 조서가 작성된 것으로 하여 적산을 시작한다. 이같은 조건 밑에서는 상당히 상세한 적산이 가능하며 이에 따라 충분한 검토를 할 수 있는 것으로 생각된다. 또 적산하려면 표 5-19에 따라 적산하는 것이 보통이다.

3-2. 자재비(資材費)

자재비는 배관공사비 전체의 40~65%에 해당하는 것이며 매우 중요하다. 따라서 단순히 수량×단가로 하여 간단히 처리할 문제가 아니다. 자재, 부품의 선정, 수량의 계산에 있어서 파이핑 클라시피케이숀을 기준으로 하는 것은 물론이다. 가격이 비싼 것은 비싼만큼 충분한 구실을 하게 다시 말해서 가격이 비싼 것을 사용할 경우에는 신중히 재료를 분류(分類)계산하고 또 설계온도, 압력에 따라 충분히 비싼 것이 필요한가의 여부, 품목에 따라서는 상기의 조건이 보오더라인과 비슷하면 다시 플로우시이트의 확인까지 거슬러올라가 생각하도록 한다. 가격이 싼 것은 거기에 해당되게끔 분류 계산하면 되며, 모두에 대해 일율적인 정산으로 견적한다는 것은 무의미한 것으로 생각된다. 기준에 맞다고 해서 무신경하게 비싼 재료, 부품을 채용하는 것은 수주하는데 있어서나 주문처에 대해서도 매우 비경제적인 것을 강요하게 되어, 크게는 각각 기업경쟁에 있어서의 큰 디메리트를 부담하게 된다. 따라서 적산할 때는 물론이지만 재료선정, 수량을 계산할 때에도 재료단가의 구성, 가격체계라는 것을 꼭 염두에 두고 작업하게 해야 한다.

표 5-19 배관공사비적산항목

1. 자재비	(1) 파이프 (2) 밸브 (3) 이음	❶ 프렌지, ❷ 엘보우, ❸ 티이, 레듀서, ❹ 유니온, 보스, 플러그, 니플, 기타, ❺ 가스케트, ❻ 보울트, 너트류	
	(4) 기타	❶ 스팀트랩, ❷ 스트레이너(Y형, 바키트해수 등), ❸ 템포러리스트레이너(코니컬, 플래트), ❹ 엑스팬션죠인트, ❺ 플렉시블호오스, 커플링, ❻ 스프링행거, ❼ 소화전 관계 ❽ 에어포옴관계, ❾ 소화기재, ❿ 포트류 ⓫ 디수우퍼히이터, ⓬ 아이샤워, ⓭ 샘플쿠울러, ⓮ 기타, 기기항목에 없는 잡기기 및 장치에 따라 특히 필요한 기기	배관공사는 장치의 최종마무리의 항목이며 특히 이들 항목이 잊어지기 쉽거나 또 과다해지기 쉬워 견적정도를 떨구므로 주의를 요함
2. 공사비	(1) 공사비	❶ 배관공, 공수×단가(공임+숙박비+식비+일당+여비+중간업자경비) ❷ 용접공, 공수×단가(공임+숙박비+식비+일당+여비+중간업자경비)	} 숙박비 대신이(식당건설비+식당경영비)될 때도 있다.
		❸ 기재손료	· 크레인손료 혹은 리스료(운전수, 연료를 포함) · 용접기손료(1차, 2차의 소모기재비포함) · 테스트용 압축기류 · 기타, 기기, 기재류
		❹ 소모품비	· 용접봉비용 · 아세틸렌가스 및 산소가스 · 이너어드가스(아르곤류) · 프레히이터용 가스(프로판류) · 그라인더석, 웨스, 오일류
		❺ 잡공사비	· 서포오트, 슈, 브래키드류제작공사 · 잡가대제작공사(밸브조작가대(台), 래더어류, 캐트워어크류, 서브래크류) · 상기항목의 기초공사 · 기설플랜트와의 호출, 이음공사 · 슈트 감기 보수공사 · 계기, 안전밸브, 조절밸브, 장착공사 · 지하매설관의 파내기 되메우기공사(흙빼기, 물 바꾸기 포함) · 기타≒200kg/개 이상의 대형밸브류 및 유량계 등의 장착 공사
		❻ X선검사비(자기탐상 등을 포함) ❼ S-R 공사(고온, 고압라인부의 배관재의 응력제거) ❽ 산세(酸洗)공사(SUS 계관재의 산세)	
3. 검사비(내압, 누설, 검사)			
4. 시운전비 혹은 시운전보조비			
5. 현지제경비		❶ 가설건축공사(사무소, 대기실, 작업실, 식당, 기재창고, 변소) ❷ 가설전기, 물공사(가설조명 상수공사, 건축물내 전기공사도 포함) ❸ 감독비 ❹ 현지경비 (현장의 가설물을 설치, 운영하는 제비용) ❺ 안전대책비(안전대책원의 상주, 소화기재의 점검, 창고관리)	
6. 산재보험비			
7. 설계비			
8. 경비(이익도 포함)			

제4절 배관 설비도에 사용되는 용어 및 약어

4-1. 표준 약어

AISI : 미국 철강 협회(American Iron and Steel Institute)
ANSI : 미국 국립 표준협회(American National Standards Institute)
API : 미국 석유 협회(American Petrol Standards Institute)
ASME : 미국 기계 학회(American Society of Mechanical)
ASTM : 미국 재료시험 학회(American Society Testing Meterials)
AWS : 미국 용접학회(American Welding Society)

4-2. 배관 설비도에 사용되는 일반적인 용어 및 약어

약어	단어	약어	단어
APPROX	Approximate	ASSY	Assembly
BCD	Bolted Circle diameter	BD	Blow Down
BF	Blind Flange	BLD	Blind
BLDG(B/D)	Building	B.O.P	Bottom of pipe
BW	Butt Weld	C.A.P	Capacity
CAS	Cast Alloy Steel	Ch. OP	Chain Operated
Ch. PL	Checkered Plate	CHW	Chilled Watter
CL	Center Line	CL to F	Center Line to Face
CO	Clean Out	COL. No.	Colum Number
CONC.	Concentric	CONC.	Concentric
CONN.	Connection	CONT.	Continuation
CPLG	Couling	CS	Carbon Steel(or Cast Steel)
CWR	Cooling Water Return	CWS	Cooling Water Supply
DIA.	Diameter	DISCH	Discharge
DMF	Double Male and Female	DN	Down
DR	Drain	DT	Duct Trim
DWG(DRG)	Drawing	E	East
EA	Each	ECC	Eccentric
EL	Elevation	ELL	Elbow

약어	단어	약어	단어
EXP.JT	Expansion Joint	FD	Floor Drain
FG	Flow Gage	FIG	Figure
FLEX	Flexible	FLG	Flange
FW	Field Weld	GALV.	Galvanized
GEAR OP.	Gear Operated	GR	Grade
HC	Hand Controll	HW	Hot Water
ID	Inside Diameter	ISOME.	Isometric
LR	Long Radius	MAX.	Maximum
M&F	Male and Female	MH	Man Hole
Min	Minimum	MJ	Mechanical Joint
ML	Match Line	MOV	Motor Operated Valve
N	North	NC	Nomally Closed
NO	Normally Open	NOM	Nominal
OD	Outside Diameter	P	Process
PCD	Pitch Circle Diameter	PF	Platform
⅊	Plate	PRESS	Pressure
PSI	Pound per Square Inch	PSIG	Pound per Square Inch Gage
R	Radius	RED	Reducer
RTJ	Ring Type Joint	S	South
SCH	Schedule	SCRD	Screwed
SJ	Steam Jacket	SO	Sliop-on(for flange)
SPEC.	Specification	SR	Short Radius
STD	Standard	STL	Steel
STM	Steam	SUCT.	Suction
SW	Socket Weld	SWG	Swage
T(t)	Thickness	TEMP.	Temperature
TOB	Top of Beam	TOC	Top of Concrete
TOP	top of Pipe	TOS	Top of Steel
V	Vent	VERT	Vertical
W	West	WC	Weld Cap
WP	Welding Point		

제6장

공업계측

제 6 장
공업계측

화학 공장에서는 사용하는 원료, 연료, 중간 제품 등의 유량이나 압력의 크기, 액면의 높이, 온도 등을 정확히 측정하여 항상 원하는 상태의 조건으로 유지시켜야 하는데, 이를 위하여 적절한 계측 기기와 제어 장치를 사용한다.

제1절 계측(計測)과 제어(制御)

공장 설비에 사용하고 있는 여러 종류의 기기 및 기계 장치 등은 인위적인 운전이나 조작에서는 정확성과 신속성이 결여(缺如)되기 쉽기 때문에, 보다 올바른 운전을 하기 위하여 각각의 기계장치와 설비에 알맞은 계측기기와 자동운전장치를 필요로 한다. 이 장치들은 여러 가지의 물리량(온도, 압력, 속도 등)을 계측기기로 측정할 뿐만 아니라 성분 분석, 검사, 선별 및 감시하는 역할을 하는데, 이들의 측정값을 이용하여 자동 운전을 하는 것을 자동제어라고 한다. 공장 설비의 자동제어로 얻을 수 있는 효과는 작업 인원의 감소, 안전운전, 작업 조건의 안전화, 안전위생관리, 생산성 증대, 생산제품의 균질화 및 고효율화(高效率化)를 이룩할 수 있으며, 원료비, 인건비와 같은 변동비(變動費)의 절약, 장치의 내구 연한 연장에 따라 고정비(固定費)를 감소시킬 수 있다.

1-1. 계측기의 특성

설비에 장착된 각종 계측기는 실험용 측정기나 휴대용 측정기와는 달리, 항상 측정된 값을 지시하거나 기록하여 자동제어를 가능하게 하므로 다음과 같은 조건을 구비해야 한다.

① 설치되는 장소의 주위 조건에 대하여 내구성이 충분히 있어야 한다. 즉, 주위 온도, 습도, 진동 등 어떠한 환경에서도 제성능을 발휘할 수 있어야 한다.

② 견고하고 신뢰성이 높아야 한다. 즉, 정도(精度)가 높고 장시간 사용해도 측정값이 변화가 극히 적어야 되며, 섬세하고 복잡한 기구라 할지라도 구조상의 변형이 없이 견고하여야 한다.

③ 경제적이어야 한다. 즉, 구입비, 설치비, 유지비 등이 적게 들어야 한다.

④ 취급과 보수가 용이해야 한다. 즉, 설치 방법이 간단하고 조작이 용이하며, 고장시에는 손쉽게 수리할 수 있어야 한다.

⑤ 원거리 지시 및 기록이 가능하고 연속측정을 할 수 있어야 한다.

1-2. 계측기의 선택 방법

설비 장치에 가장 적합한 계측기를 설치하기 위해서는 측정 범위, 측정 대상, 정도(精度), 사용 조건 등을 고려하여 선정해야 한다.

계측 기기는 측정 대상에 따라 유량계, 액면계, 압력계, 온도계, 농도계 등으로 나누고, 계측 기기의 기능에 따라 지시계, 기록계, 조절계, 적산계, 경보기, 발신기(전송기) 등으로 나눌 수 있다.

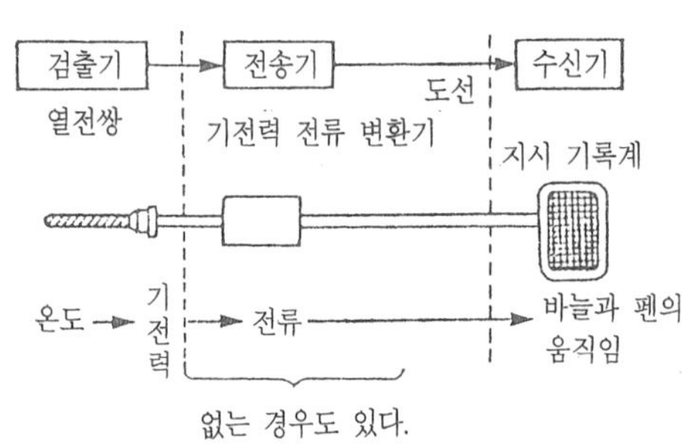

지시계는 바늘, 숫자, 점 등으로 측정값을 나타낸 것이고, 기록계는 측정값을 기록지 위에 펜으로 자동 기록하는 것이며, 조절계는 자동 제어를 위한 장치로 온도, 압력, 유량 등과 같은 조작 변량을 자동 조정하는 것으로, 동시에 측정값을 지시하는 지시 조절계와 기록하는 기록 조절계가 있다.

그리고, 적산계는 유량 및 전기량 등을 적산하여 바늘 또는 숫자로 지시하는 것으로, 대표적인 보기로는 수도 미터, 가스 미터, 적산 전력계 등을 들 수 있으며, 경보기는 온도, 압력, 액면 등이 어느 일정한 범위를 벗어나면, 버저(buzzer)가 울리거나 빨간불이 켜지면서 이상 상태를 알려준 장치이며, 계측기의 선택방법으로는 다음의 조건에 부합되어야 한다.

① 측정 목적에 가장 적당한 것을 선택한다.
② 최대 눈금, 상용 눈금, 최소 눈금 등을 고려하여 선택한다.
③ 설치 및 유지 방법이 쉬운 것을 선택한다.
④ 가격이 저렴하고 사용이 편리하며, 구조가 간단하고 견고한 것을 선택한다.
⑤ 타사 제품과 호환성이 있고, 설치 후 제작자로부터 기술 지원을 받을 수 있는 것을 선택한다.

1-3. 계측기의 유지 관리

설비 장치에서 계측기는 제어 계통이나 작업에 대단히 중요한 역할을 하기 때문에, 유지관리를 철저히 하여 가장 이상적인 상태로 성능을 유지할 수 있도록 해야 한다.

① 정기 점검과 일상 점검
정기적으로 또는 사용할 때마다 외관 검사 및 내부 성능에 대한 이상 유무와 성능 저하의 정도를 확인한다.

② 시험 및 수리
항상 완전한 성능을 발휘하고 측정값의 지시를 신뢰할 수 있도록 정기적으로 성능 시험

이나 교정을 하며, 필요한 경우는 부품 교환 및 급유를 한다.

③ 예비 부품과 예비 계측기의 상비(常備)

예측하지 못한 고장을 대비하여 작업에 대한 지장을 최소화시킬 수 있도록 예비 부품 및 예비 계측기를 항상 준비하여, 호환성을 고려하여 가능하면 동일한 것으로 통일하는 것이 좋다.

④ 보수 요원의 교육 및 관리 자료의 정비

보수 효과를 향상시키기 위하여 계측기의 원리와 취급 방법, 고장 진단에 대한 지식을 충분한 교육을 통해 숙달시키고, 관리가 철저히 되도록 하기 위해서는 각 계측기에 대한 점검표를 만들어 그 내용을 기록하도록 한다.

제2절 온도 측정

어떤 물체의 온도를 측정하는 방법에는 온도를 측정할 물체와 온도계의 검출 소자를 직접 접촉시켜 측정하는 접촉 방식과, 물체의 방사(放射)를 이용하여 그 물체에서 방출되는 에너지(energy)를 이용해 측정하는 비접촉(非接觸) 방식으로 나눌 수 있다.

표 6-1 온도계와 그 사용 범위

측정원리	온 도 계 의 종 류	사용온도(℃)		상용온도(℃)	
		하안	상안	하안	상안
접촉식 접촉원리	가.액체봉입 유리온도계				
	(1) 수은온도계	- 55	950	- 35	350
	(2) 유기액체온도계	-200	200	-100	100
	나.바이메탈온도계	- 50	500	- 20	300
	다.압력온도계				
	(1) 액체팽창식 압력온도계	- 40	500	- 40	400
	(2) 기체팽창식 압력온도계	- 20	200	40	180
	라.저항온도계				
	(1) 백금저항온도계	-200	500	-180	500
	(2) 니켈저항온도계	- 50	350	- 50	120
	(3) 동저항온도계	0	120	0	120
	(4) 서미스터온도계	- 50	300	- 50	200
	마.열전도온도계				
	(1) PR열전온도계	0	1600	1200	1400
	(2) CA열전온도계	0	1200	650	1000
	(3) IC열전온도계	-200	800	400	600
	(4) CC열전온도계	-200	350	200	600
비접촉식 측정방법	바.광고온도계	700	3000	900	2000
	사.방사온도계	50	3000	100	2000
	아.색온도계	600	2500	800	2000

2-1. 접촉식(接觸式) 온도계

2-1-1. 액체 봉입 유리온도계

이 온도계는 가장 일반적으로 사용되는 것으로 물체와의 열평형에 의한 액체의 열팽창 또는 기화 및 응축에 의한 체적 변화로 물체의 온도를 측정하며, 다음과 같은 것이 있다.

(1) 수은(mercury:Hg) 온도계

모세관 내에 봉입한 수은의 열팽창을 이용한 온도계이며, 열전도율이 크고 비열이 작은 수은의 특성을 이용하고 있다. 측정온도의 범위는 -35~350°C이지만 질소가스를 15기압으로 충전할 경우는 500°C까지, 50기압으로 충전할 경우는 700°C까지 측정이 가능하다. 이 온도계의 특징은 응답 속도가 빠르지만 경년변화(經年變化)에 의한 오차가 발생되기도 한다.

(2) 유기(有機) 액체온도계

알콜(-100°C~), 톨루엔(-190°C~), 펜탄(-200°C~), 석유에틸(-190°C~) 등의 유기성 액체를 감온액(感溫液)으로 사용하고, 이 액을 적색으로 착색시켜 읽기에 편리하도록 만든 것으로 비교적 저온(-200~100°C)측정에 사용된다.

2-1-2. 바이메탈(bimetal) 온도계

열팽창계수가 다른 2종의 금속 박판을 밀착시켜 만든 것으로 나선형, 와권형, 요철형, 원호형으로 분류하며, 측정범위는 -50~500°C 정도이고, 150kg/cm² 정도의 압력용기 내부의 온도를 측정할 수 있다.

산업 설비에 일반적으로 많이 사용되고 있는 온도계로 측정온도는 정확하지 않지만, 계전기(relay) 등 전기 접속을 개폐하는 곳 또는 온도의 자동 조절과 계기의 온도보정 장치로 사용된다. 구조가 간단하고 튼튼하며, 온도 변화에 대한 응답이 빠르다.

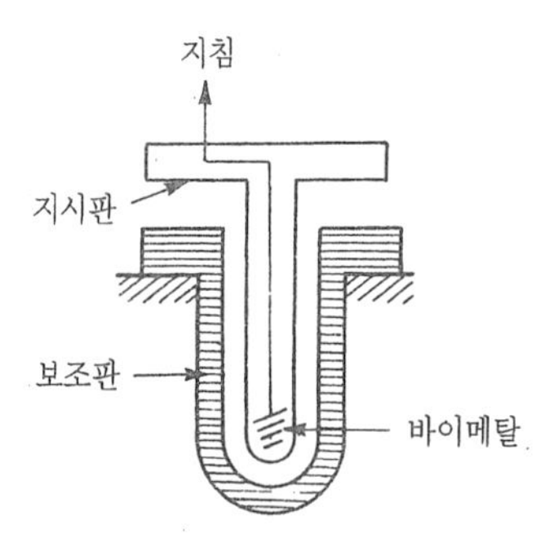

그림 6-1 바이메탈 온도계

2-1-3. 압력식 온도계

액체, 가스 등이 열에 의해 체적 팽창을 할 때 압력이 증가되는 원리를 이용하여 온도를 측정하는 온도계이다.

(1) 액체 팽창식 압력온도계

수은, 알콜, 아닐린 등의 액체를 감압부(感壓部), 도압부(導壓部), 감온부(感溫部)에 봉입하여 온도 변화에 따라 이들 액체가 체적 변화를 일으키면 이를 감압부가 지침의 진각으로 지시하도록 되어 있으며,

그림 6-2 압력식온도계

감도가 좋고 원격 측정(50m)이 가능하다.

(2) 기체 팽창식 압력온도계

일반적으로 프레온, 에틸렌, 톨루엔, 아닐린 등의 기체를 봉입하여 가스의 압력 변화를 검출함으로써 온도를 측정하는 것이 가스 압력식 온도계이다.

측정 범위는 -130~500° C정도이며, 감도는 약간 떨이지나 원격 측정 (50~90m)이 가능하다.

2-1-4. 저항온도계

재료의 전기저항이 온도 변화에 따라서 규칙적으로 변화되는 원리를 이용하여 온도를 측정하는 온도계로, 낮은 온도를 정밀하게 측정하는데 적합하며 원격 측정이 가능하다.

저항온도계에 사용되는 측온저항체(測溫抵抗體)의 구비 조건은 저항온도계수가 크고 온도와 저항과의 관계가 일정하며 내식성과 내열성이 커야 된다. 또 화학적 물리적으로 안정되어야 하며 동일 특성을 얻기 쉬워야 한다.

표 6-2 측온저항체의 종류 특성

종류	기호	사용온도(℃)	저항비(R 100/Ro)	허용오차(℃)
백금측온저항체	Pt	-200~550	1.39	±0.3
니켈측온저항체	Ni	-50~350	1.60	±0.2
구리측온저항체	Cu	0~120	1.425	±0.3

측온저항체 중에서 백금선이 가장 우수하지만 가격이 비싸고, 니켈선은 감도가 좋고 가격이 백금보다 싸지만 사용 범위가 좁으며, 동선은 비례성은 좋으나 고온에서 산화되므로 상온 부근의 온도측정에 사용된다.

그리고 서미스터(thermistor)는 니켈, 망간, 코발트, 철, 구리 등의 금속 산화물을 혼합하여 압축 소결시켜 만든 반도체로 온도 계수가 크고 응답 속도가 빠르며, 가격이 싸고 국부적인 온도측정이 가능하다.

측정 범위는 -100~300° C 정도이며 극히 소형으로 만들 수 있지만, 재현성이 나쁘고 자기가열이나 흡습 등으로 오차가 발생될 수 있으며, 고온 측정이 부적당하다.

2-1-5. 열전온도계

서로 다른 2종의 금속선 양끝을 접합하여 만든 것으로 열전대라고도 하며, 이 양접점을 서로 다른 온도로 유지시켰을 때 발생되는 열기전력을 전위차계(電位差計)나 직류밀리-볼트계로 측정하여 온도를 측정하는 온도계이다.

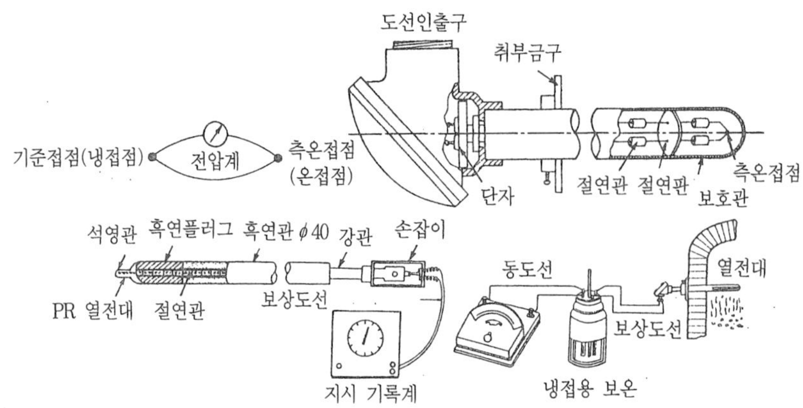

그림 6-3 열전대의 구조와 연결법

열전온도계는 항상 일정한 온도(0°C)로 유지해 주는 냉접점(冷接點)과 온도를 측정하려는 물체 속에 넣는 접점인 열접점(熱接點)이 있으며, 접촉식 온도계 중에서 가장 높은 온도를 측정할 수 있다.

(1) 열전대(熱電帶)의 구비 조건

① 열기전력이 크고 온도에 따른 변화가 직선적이어야 하며, 장시간 사용하여도 오차가 없도록 내구성이 있어야 한다.
② 고온에서도 기계적 강도가 크고 내열성, 내식성이 있어야 한다.
③ 재현성이 높고 전기저항, 온도계수, 열전도율이 적어야 한다.
④ 취급과 관리가 용이하며 가격이 싸고 동일 특성을 얻기 쉬워야 한다.

표 6-3 열전대의 종류와 특성

종류	약호	사용금속		선굵기(mm)	사용온도(°C)	최고측정온도(°C)
		+극	-극			
배금-백금 · 로듐	PR	Pt:87(%) Rh:13(%)	Pt (백금)	0.5	1,400	0~1,600
크로멜-알루멜	CA	크로멜 Ni:90(%) Cr:10(%)	알루멜 Ni:94(%) Al:3(%) Mn:2(%) Si:1(%)	0.65~3.20	650~1,000	0~1,200
철-콘스탄탄	IC	Fe (순철)	콘스탄탄 Cu:55(%) Ni:45(%)	1.0	400~600	-200~800
동-콘스탄탄	CC	Cu(순동)	콘스탄탄	0.62	200~300	-200~350

(2) 열전대의 종류

① 동-콘스탄탄(copper-constantan)

수분으로 인한 부식에 강하므로 저온(-200~300°C) 측정에 적합하다.

② 철-콘스탄탄(iron-constantan)

열기전력이 크고 가격이 저렴하며 환원성이 강하지만 산화의 분위기에 약하다.

③ 크로멜-알루멜(chromel-alumel)

환원성 분위기에 강하고 가격이 싸며 열기전력이 큰 비금속 열전대로 널리 사용된다.

④ 백금-백금 로듐(platinum-platinum rhodium)

고온에서 잘 견디며, 안전성이 크지만 값이 비싸고, 열기전력이 적으나 정도가 높고, 증기에 잘 침식되며 산화 분위기에 강하지만 환원 분위기에 약하다. 그 밖의 고온 측정에는 텅스텐-몰리브덴(2200°C), 텅스텐-이리듐(2100°C), 텅스텐 티타늄(2300°C) 등도 사용된다.

(3) 보상도선(補償導線)

보상도선은 열전대의 보호관 단자에서 냉접점 단자까지 사용하는 도선으로 열전대와 동일한 특성을 가진 전선이며, 주로 동선과 동-니켈 합금선을 조합하여 만든다.

일반용 보상도선은 90°C 이하에 사용되고, 105°C에 견디는 비닐로 피복을 하며, 내열용 보상도선은 150°C 이하에 사용되고, 200°C까지 견디는 글라스울로 피복하여 절연시킨다.

(4) 보호관

열전대를 기계적으로나 화학적으로 보호하기 위하여 사용하는 것으로, 온도의 급변이나 고온에서도 견디어야 하고, 기밀성이 우수하며 부식에 강해야 한다. 또 진동과 충격에 대하여 내압성이 크고, 외부 온도가 신속히 열전대에 전달되어야 하며, 관 스스로가 유해한 가스를 발생시키지 않아야 한다.

(5) 열전온도계의 취급상 주의

① 계기에 충격을 주지 말고 습기, 직사광선, 먼지 등에 주의하고 도선을 접속하기 전에 지시 눈금의 영점을 조정한다.

② 단자와 보상도선의 극성을 일치시켜 배선하고 측정할 위치에 정확히 삽입한다.

③ 사용온도한계에 주의하고 보호관을 알맞은 것으로 선택한다.

2-2. 비접촉식 온도계

2-2-1. 광(光) 고온계(optical pyrometer)

고온의 물체로부터 방사되는 방사선 중의 특정 파장(0.65μ 정도) 에너지의 휘도를 표준전구의 휘도와 비교하여 온도를 측정하는 것으로, 비접촉식 온도계 중 가장 정도가 높고, 측정할 물체와의 사이에 있는 이물질에 대한 방사율의 영향이 적으며 사용이 간단하다.

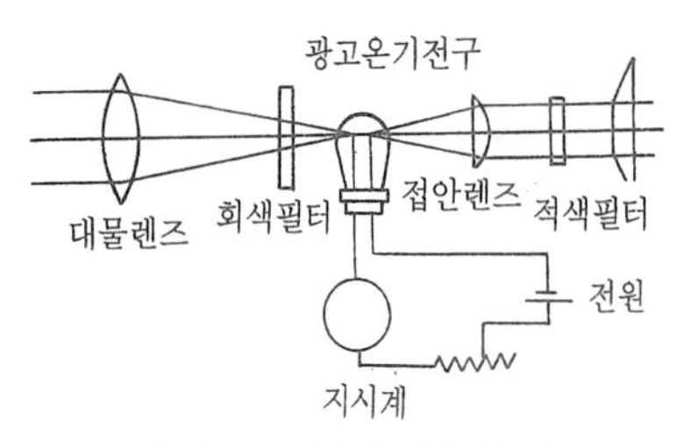

그림 6-4 광 고온도계의 원리

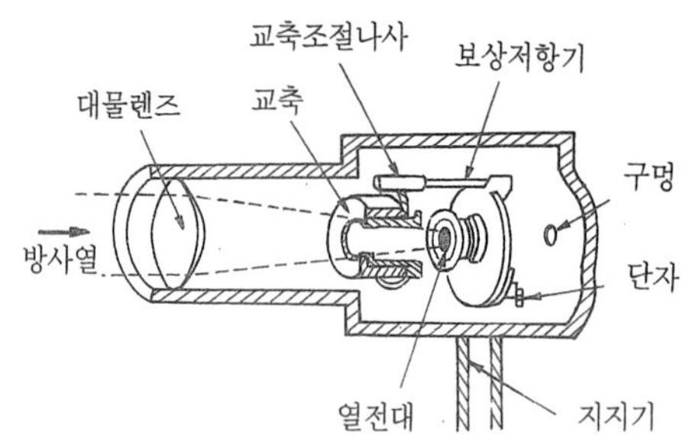

그림 6-5 방사 온도계의 구조

그러나, 낮은 온도(700°C 이하)의 측정이 불가능하고 연속측정이나 자동제어에 응용이 곤란하며, 측정에 시간을 요하고 오차가 발생되기 쉽다. 일반적으로 휴대용에 적합하다.

2-2-2. 복사(방사) 온도계

물체가 고온이 되면 강한 방사에너지 방출하는데 이때의 전방사에너지를 스테판-볼쯔만 법칙인 $Q=4.9\times\varepsilon\times(T/100)^4$ Kcal/m²h식으로 환산하여 온도를 측정하는 온도계로 높은 온도 및 이동 물체의 온도 측정에 적합하여 자동제어나 기록이 가능하지만 복사율 보정량이 크고 측정거리에 제한이 따르며, 측정할 물체 사이에 있는 CO_2, 연기, 수증기 등의 영향을 받는다.

2-2-3. 색(色) 온도계

일반적으로 물체는 600°C 이상이 되면 암적색의 빛을 내며, 온도가 상승함에 따라 짧은 파장의 에너지를 많이 방사하게 된다. 이와 같은 현상은 색으로 구별할 수 있으며, 휘도와 관계없이 일정하기 때문에 고온체의 색과 기준 칼러필터를 비교해서 온도를 측정하는 온도계로 방사율에 의한 영향이 적고, 감도가 빠르며 연속 지시가 가능하다.

표 6-4 온도와 색의 관계

온도	600°C	800°C	1,000°C	1,200°C	1,500°C	2,000°C	2,500°C
색깔	암적색	붉은색	등색 오렌지색	노란색	눈부신 황백색	눈부신 흰색	푸른기가 있는 눈부신 흰색

2-3. 기타 온도계

2-3-1. 제게르콘(seger cone)

점토와 규산염 및 내열성 금속 산화물을 적당히 배합하여 만든 삼각추로, 이것이 가열되어 소정의 온도에 달하면 시험편이 휘어져 꼭지 부분이 바닥에 닿을 때의 상태를 온도로 환산하여 측정하는 방법이다. 특히, 노(爐) 내의 온도측정이나 벽돌의 내화도 측정용으로 사용된다.

표 6-5 제게르콘 번호와 연화온도

제게르콘번호(SK)	18	19	20	26	27	28	29	30	31
연화온도(°C)	1510	1520	1530	1580	1610	1630	1650	1670	1690
제게르콘번호(SK)	32	33	34	36	37	38	40	41	42
연화온도(°C)	1710	1730	1750	1790	1825	1850	1920	1980	2000

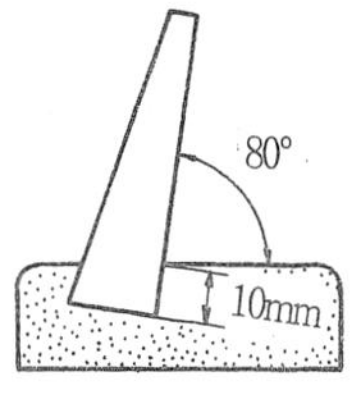

그림 6-6 제게르콘

2-3-2. 시온도료

측정할 물체의 표면에 도료를 칠하여 도료 색이 소정의 온도에서 변화할 때 변화된 색으로, 온도를 측정하거나 표면의 열 분포나 열의 전도 속도를 측정하는데 편리하다.

제3절 압력측정

화학 공장에서는 고압이나 저압, 또는 진공 상태에서 반응을 시키는 경우가 많은데, 이 때 압력을 정확히 측정하여 적당한 반응 압력을 유지시켜 주는 것은 매우 중요한 일의 하나이다.

일반적으로, 압력계는 계기식 압력계와 전기식 압력계로 나뉘는데, 계기식 압력계는 계기적으로 압력을 측정하는 것이고, 전기식 압력계는 압력을 전기량으로 바꾸어 측정하는 것이다.

표 6-6 여러 가지 계기식 압력계

종류		측정범위	정밀도
액기둥 압력계	U자관형	10~2,500 mmH_2O	±0.1 mmH_2O
	단관형	10~2,500 mmH_2O	0.1 mmHg
	경사관형	10~50 mmH_2O	±0.05 mmH_2O
	2액마노미터	0.5~30 mmH_2O	±0.5%
	플로우트식	500~6,000 mmH_2O	±1~±2%
링 벨런스 압력계 (환상 천평식)		25~3,000 mmH_2O	±1~±2%
피스톤 압력계		0.6~100 kgf/cm^2	±0.02~±0.12 kgf/cm^2
침종 압력계		5~300 mmH_2O	±1%
탄성 압력계	부르동관식	0.5 mmH_2O~3,000 kgf/cm^2	±1~±2%
	벨로우즈식	10 mmH_2O~10 kgf/cm^2	±1~±2%
	격막식(금속막)	10 mmH_2O~20 kgf/cm^2	±1~±2%
	격막식(비금속막)	1~2,000 mmH_2O	±1~±2%
전기식 압력계	저항선 압력계	0.01~100 kgf/cm^2	±1~±2%
	자기변형 압력계	0.5~500 kgf/cm^2	±2~±3%
	전압 압력계	5~1,000 kgf/cm^2	±2%

압력은 단위 면적당 수직으로 작용하는 힘의 크기로 나타내고, 단위로는 kg/cm^2(at), Pa(파스칼), mmHg, mAq와 진공의 단위로 torr를 사용하며 그 관계는 다음과 같다.

1at = 1(kg/cm^2) = 98〔KPa〕〔KN/m^2〕 = 10〔mAq〕 = 735.5〔mmHg〕 = 735.5〔torr〕

산업용 설비에 있어서 중요한 계측 중 하나인 압력 측정은 원리적으로는 힘의 측정과 동일하며, 측정 방법에는 다음과 같은 것이 있다.

① 크기를 알고 있는 무게와 평형시키는 방법 : 액주식 압력계, 분동식 압력계, 침종식 압력계, 환상 평형식 압력계

② 탄성과 평형시켜 스프링의 변위로 압력을 재는 방법 : 부르동관식 압력계, 벨로즈식 압력계, 다이어프램식 압력계

③ 압력에 의하여 변화하는 물리적 현상을 이용하는 방법 : 저항선식 압력계, 압전기식 압력계

3-1. 액주식 압력계(液柱式 壓力計)

3-1-1. U자관 압력계

가장 간단한 압력계로, 유리관을 U자형으로 구부려서 그 내부에 액체를 넣어 좌우 관에 각각 다른 압력을 가하면 액면의 차이가 생기는데, 이 때의 높이 차로부터 양쪽의 압력차를 구하는 것이다.

U자관 압력계의 관 지름은 가능한 한 크게 하는 것이 좋으며, 수은을 넣었을 때는 8mm 이상, 물이나 알콜을 넣었을 때는 15mm 정도로 하고, 정밀한 측정이 요구되는 경우에는 온도에 의한 보정, 중력에 의한 보정, 모세관현상의 보정을 해주어야 한다.

이 때 사용하는 유체의 특성으로는 점성이 작고, 모세관 현상과 표면 장력이 작아야 되며, 온도 변화에 따른 밀도 변화가 작고, 화학적으로 안정되고 휘발성과 흡습성이 작아야 한다.

U자관 압력계에서 양측의 압력을 각각 P_1, P_2라 하고 $P_1 > P_2$라 하면 $P_1 - P_2 = \Delta P = rh$로 나타낼 수 있다. 여기서 r는 액체의 비중량이며 단위는 P는 kg/cm^2, r는 kg/cm^3이며 h는 cm이다.

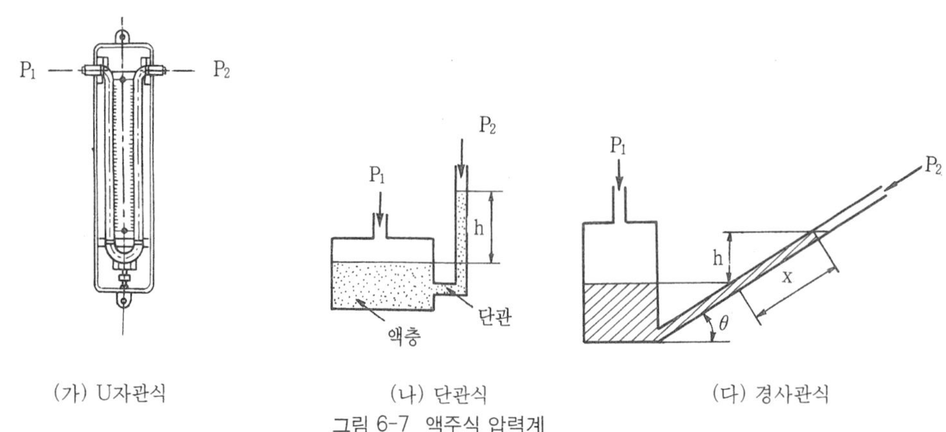

(가) U자관식　(나) 단관식　(다) 경사관식

그림 6-7 액주식 압력계

3-1-2. 단관식 압력계

이 압력계는 U자관 그대로 또는 U자관을 변형시킨 형태의 압력계로 액면체로 액면차로 써 압력을 측정하는 것이며, $\Delta p = rh$로 표시된다. 단위 p는 kg/cm^2, r는 kg/cm^3이며 h는 cm이다.

3-1-3. 경사관식 압력계

50mm보다 작은 압력을 측정하는데 사용한다. 수직관을 $\theta°$ 만큼 경사지게 해서 눈금을 $1/\sin\theta$ 정도 크게 확대하여 읽을 수 있기 때문에 U자관 압력계보다 정밀한 측정을 할 수 있으며, 액면의 높이차 $h = x\sin\theta$이므로 $P_1 - P_2 = rx\sin\theta$로 압력차를 구한다.

그리고, 압력계의 감도를 크게 하고 미소 압력을 측정하기 위해 U자관식 압력계에 경계면이 명확한 2가지 액체(물과 클로로포름, 물과 톨루엔)를 사용하여 그 차압을 측정하는 미압계로 사용되는 2액식 U자관 압력계도 사용된다.

3-2. 판성식 압력계(彈性式 壓力計)

3-2-1. 부르동관 압력계(bourdon tube manometer)

단면이 원 또는 타원형인 금속관을 C형, 스파이럴(나선)형, 헬리컬형으로 구부려서 만든 것으로 일단을 고정하고, 타단을 자유롭게 하여 이것에 내압이 작용할 때 자유단의 움직임을 레버나 기어를 통해서 압력을 지시하는 구조로 되어 있다.

부르동관 압력계의 측정범위는 0.5~3000 kg/cm^2 정도이며, 저압용으로는 인청동 및 황동을 사용하고 고압용에는 강이나 합금강이 사용된다. 스파이럴(spiral)형 부르동관 압력계는 주로 저압 측정에 사용되고, 헬리컬(helical)형 부르동관 압력계는 주로 고압측정에 사용된다.

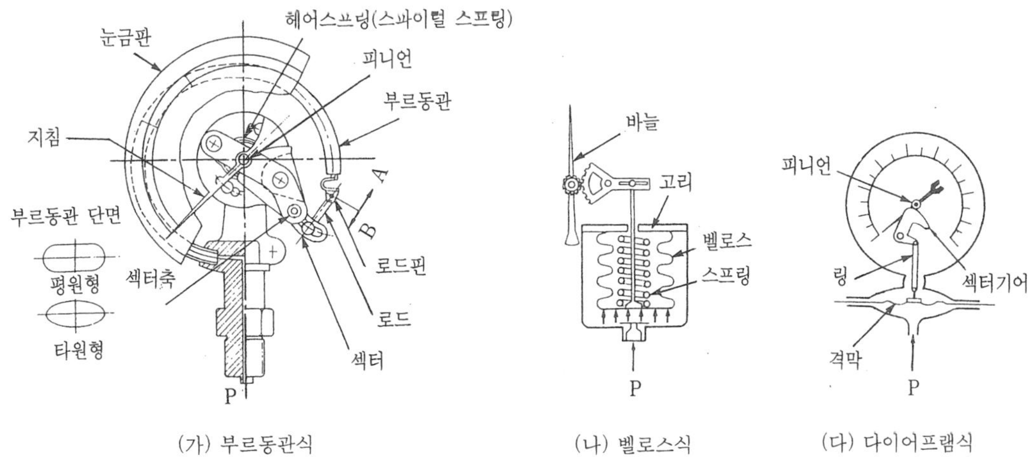

그림 6-8 탄성식 압력계

3-2-2. 벨로즈(bellows) 압력계

얇은 금속판으로 만들어진 벨로즈와 보조 스프링으로 구성되어 있으며, 인청동이나 스테인리스로된 벨로즈가 압력을 받는 부분이며, 측정 범위는10mmAq~10 kg/cm²정도이다.

이 압력계는 작동은 느리나 큰 압력에 견딜 수 있으므로 공기압식 자동제어기의 요소로 이용하는 경우가 많다.

3-2-3. 다이어프램(diaphragm) 압력계

고무, 스테인리스, 황동, 인청동 등의 얇은 판으로 만든 다이어프램이 상하면에 작용하는 압력차에 따라 변형되는 정도를 이용해 압력을 측정한다.

다이어프램이 갖추어야 할 조건은 인장강도가 크고, 내구성, 내열성, 내한성이 좋아야 하며 측정유체에 침식되지 않아야 한다.

측정범위는 금속제 다이어프램일 경우는 10~20,000mmAq 비금속제 다이어프램일 경우는 1~2000mmAq 정도이며, 감도가 좋기 때문에 저압측정에 적합하며, 또한 공기압식 자동제어의 압력검출기구에 사용하며, 점성이 큰 유체 강부식성 유체측정에 사용한다.

3-3. 환상(環狀)평형식 압력계

원형의 측정실 내부에 수은이나 물을 절반정도 넣고 하부에 추를 붙여서 평형을 시키며, 상부에는 격벽을 두어 양쪽에 압력이 작용하면 액의 위치가 변화되어 측정실이 회전하는데, 이때의 회전각을 외부지침으로 지시하거나 전기 신호로 변화시켜 압력을 측정한다.

저압가스의 압력측정에 사용되며, 물 또는 기름을 봉입액으로 하면 20~150mmAq, 수은을 사용하면 500~2,500mmAq까지 측정할 수 있고 원격 전송도 할 수 있다.

설치 장소는 부식성 가스나 습기가 적은 곳, 진동과 충격이 없는 곳, 온도 변화가 적은 장소(0~40° C)에 수평, 수직으로 부착한다.

이 압력계에 의한 압력측정은

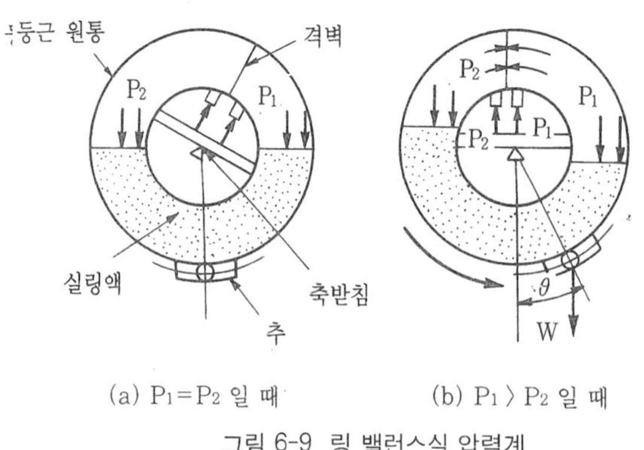

(a) $P_1=P_2$ 일 때　　(b) $P_1 > P_2$ 일 때

그림 6-9 링 밸런스식 압력계

$$P_1\text{-}P_2 = \frac{WR}{Ar}\sin\theta = K\sin\theta$$[kg/cm²]의 식을 사용함

W : 추의 중량(kg) R : 링 중심에서 추의 무게중심까지의 거리(cm)

A : 격벽의 단면적(cm^2)

r : 링의 반지름(cm) θ : 회전각(°)

3-4. 분동식 압력계

펌프, 램, 실린더, 기름 탱크 등으로 구성된 압력계이며, 펌프로 기름의 압력을 높여 분동과 램의 무게에 의한 힘을 평형시켜서 압력을 측정한다.

이 압력계는 다른 압력계를 교정 또는 검정하는 표준기로 사용되며, 2kg/cm^2 이상의 고압측정에 적합하다.

분동식 압력계에 사용되는 기름은 경유(40~100kg/cm^2), 모빌유(3,000kg/cm^2 이상) 스핀들유와 피마자유(100~1000kg/cm^2) 등이며 압력은 Pg=W/A의 식으로 구한다. 여기서, Pg는 게이지 압력(kg/cm^2), W는 분동과 램의 무게(kg), A는 램의 단면적(cm^2)이다.

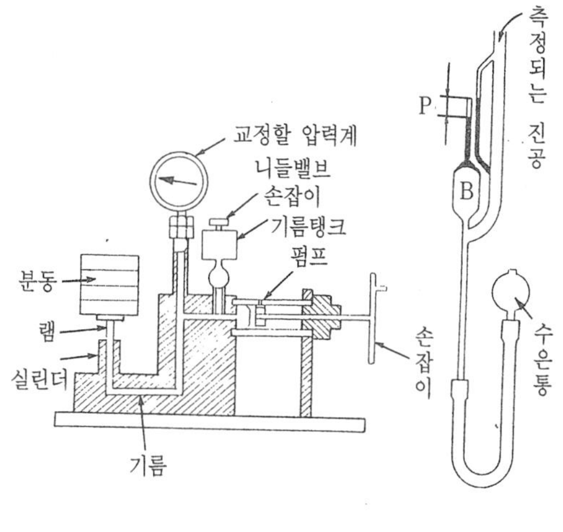

그림 6-10 분동식 압력계와 맥로드 진공계

3-5. 맥로드 진공계

대기압보다 낮은 압력을 측정하는 측정기로 그림 6-10의 (b)와 같은 구조이며, 측정범위는 10^{-4}mmHg 정도이고 다른 진공계의 교정용으로 사용된다.

측정법은 수은통을 상하로 움직여 폐관과 나란히 있는 개관 속의 수은면이 폐관의 선단에 달했을 때 폐관 속의 수은면 높이를 읽어 다음 식으로 구한다.

$$P_v = \frac{P_a \times V_c}{V_t} \text{[mmHg]}$$

Vc : 폐관속의 기체 부피(mm^3)
Vt : 최초에 우상 부분을 밀폐해서 넣은 전체 부피(mm^3)
Pa : 절대압력(mmHg)

이 밖에 피라니(Pirani) 진공계(10^{-4}mmHg), 전리진공계(10^{-2}~10^{-7}mmHg) 등이 기체의 진공측정에 사용된다.

3-6. 압력계의 성능시험

① 시도시험 : 최대 압력에서 30분간 지속할 때 기차는 ±½눈금 이하가 될 것
② 정압시험 : 최대 압력으로 72시간 지속할 때 크리프 현상은 ½눈금 이하가 될 것
③ 내충격시험 : 보통형, 내열형은 30cm에서 낙하하고, 내진형은 50cm에서 낙하하였을 때 이상이 없을 것
④ 내열시험 : 100°C에서 최대 압력의 ⅔압력으로 30분간 방치한 후 온도에서 0~⅔압력으로 시도시험을 하여 이상이 없을 것

제4절 유량측정

유량측정은 공업에 있어서 매우 중요한 것으로 베르누이(bernoulli)의 정리를 응용한 계측기로 측정하며, 다음과 같은 방법이 있다.

① 교축 기구를 이용해서 그의 전후 압력차로부터 유량을 구하는 방법 : 노즐(nozzle), 오리피스(orifice), 벤투리관(venturi tube)
② 체적과 시간으로부터 직접 유량을 구하는 방법 : 로터미터(rotameter), 오벌(oval), 유량계, 습식가스미터
③ 유속분포를 측정해서 단면에 대하여 적분하는 방법 : 피토관
유량에는 단위 시간당 흐르는 유체의 체적으로 나타내는 체적유량(Q=AV=G/r m^3/sec)과 중량으로 나타내는 중량유량(G=**r**AVkg/s)이 있다.

4-1. 차압식 유량계(差壓式 流量計)

4-1-1. 벤투리미터

관로의 도중에 교축부(throat)를 설치하여 그 전후에 생기는 압력차를 측정해서 유량을 구하는 것으로, 구조가 간단하고 정도가 높으며, 압력 손실이 적어 미소 압력측정에 사용되나 설치장소를 많이 차지한다.

일반적으로 축소되는 부분의 경사는 20~30°, 확대되는 부분의 경사는 5~13° 정도로 하며, 유량은 다음 식으로 구한다.

$$V_2 = \frac{1}{\sqrt{1-m^2}} \times \sqrt{\frac{2g}{\mathbf{r}}(P_1-P_2)} \quad (m/s)$$

$$Q_1 = A_2V_2$$

$$= \frac{A_2}{\sqrt{1-m^2}} \times \sqrt{\frac{2g}{\mathbf{r}}(P_1-P_2)} \text{ (이론유량:} m^3/s)$$

$$Q_2 = \frac{CA_2}{\sqrt{1-m^2}}\sqrt{2gh} \text{ (실제 유량:} m^3/s)$$

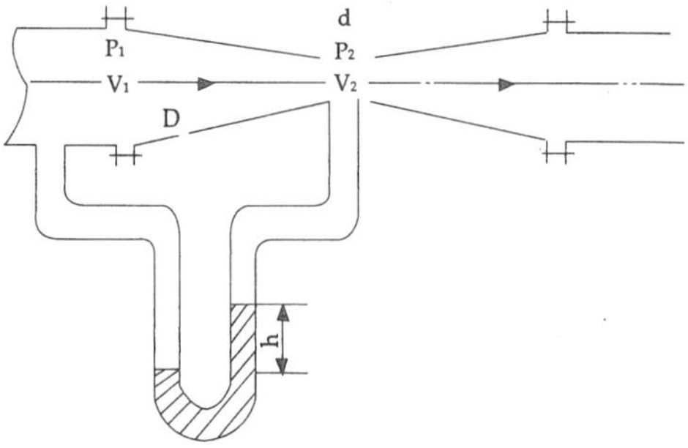

그림 6-11 벤투리미터

$V_2 : A_2$: 목 부분의 속도와 단면적(m/s : m²)
$P_1 : P_2$: 교축 전후의 압력(1g/cm²)
h : 교축 전후의 압력차(m)
m : 교축 전후의 면적비$\{A_2/A_1 = (d/D)^2\}$
C : 유량계수(0.97~0.99)
r : 비중량(kg/m³)

4-1-2. 오리피스

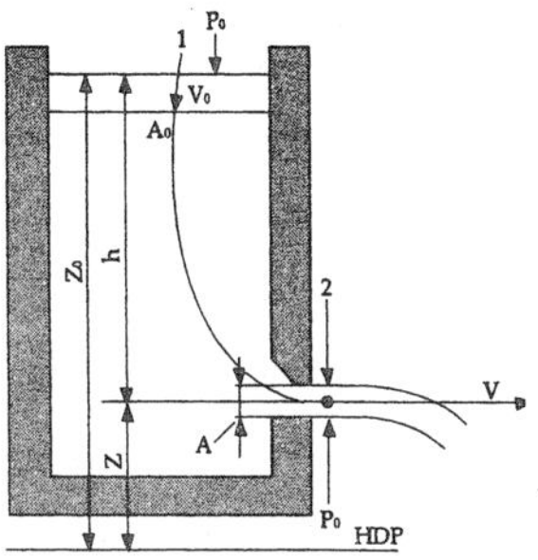

교축기구로서 관 내에 동심원의 얇은 판을 설치하여 그 전후의 압력차로부터 유량을 구하는 방법과 물통의 밑면 또는 측면에 뚫은 구멍으로부터 물을 분출시켜 유량을 측정하는 방법이 있으며, 구조가 간단하나 압력 손실이 큰 유량측정기구이다.

그림 6-12 오리피스

$V_2 = \sqrt{2gh}$ (m/s) : 토리첼리의 정리

$$Va = Cv\sqrt{\frac{2g(P_1-P_2)}{r}}$$

$$Q_a = A_2V_a = C_cC_vA_2\sqrt{\frac{2g(P_1-P_2)}{r}} = CA_2\sqrt{2gh} \ (m^3/s)$$

Va : 실제유속(m/s)
Cc : 수축계수(a_c /a)
Cv : 속도계수(0.98~0.99)
C=Cc, Cv : 유량계수(0.6~0.8)

4-1-3. 노즐

두 종류의 곡률 반지름을 가진 종 모양의 곡면부로 이루어져 오리피스로 측정할 수 있는 유체보다 압력과 속도가 큰 고압유체(50~300kg/cm²)나 고속유체 및 슬러리유체의 유량측정이 적합하다.

가격과 압력 손실은 오리피스와 벤투리의 중간 정도이나 제작이 어렵다. 유량 계산식은 벤투리미터의 계산식과 같다.

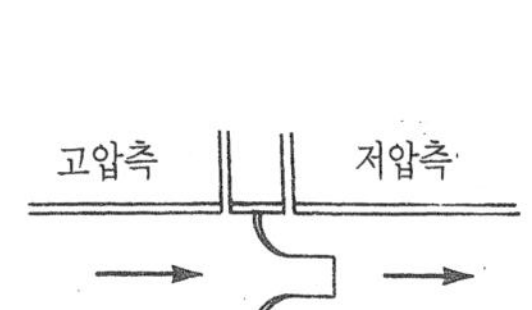

그림 6-13 노즐

4-2. 면적식 유량계(面積式 流量計)

유체의 압력차를 일정하게 유지하고 유체가 흐르는 단면적을 변화시켜 유량을 측정하는 계측기로 로터미터가 대표적이며, 수직 테이퍼관 속에 원뿔 모양의 플로트를 설치하여 관 속을 흐르는 유체의 유량에 의해 밀어올리는 위치를 눈금으로 읽어 순간 유량을 측정할 수 있다.

플로트의 재질은 사용 유체가 기체일 때는 합성수지, 액체일 때는 스테인리스를 사용하며, 측정 범위는 기체인 경우 20㎖/s~60 l /s, 액체인 경우 1㎖/s~4 l /s 정도이다.

로터미터는 고점도유체나 슬러리유체의 유량측정에 적합하며 압력손실이 적고 사용하기는 간단하지만, 압력과 온도의 영향을 받으면 가격이 비싸다.

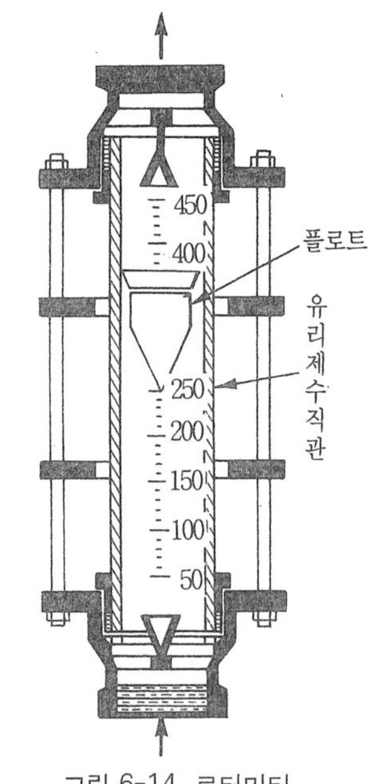

그림 6-14 로터미터

4-3. 체적식 유량계(體積式 流量計)

운동체와 용기 사이에 일정한 체적의 공간을 만들어 그 속으로 유체를 흘려 보내서 유입 및 유출 회수를 측정하여 통과된 유체의 체적을 측정하거나 회전체의 단위 시간당 회전수를 측정하여 유량을 구한다.

체적식 유량계에는 오벌(oval)식, 루트(roots)식, 로터리(rotary) 피스톤식, 원판식 등이 있으며, 고점도 유체나 점성변화가 있는 유체의 측정에 적합하다. 맥동의 영향은 적지만 고형물의 혼입을 막기위해 입구측에는 반드시 스트레이너(strainer)를 설치하여야 한다.

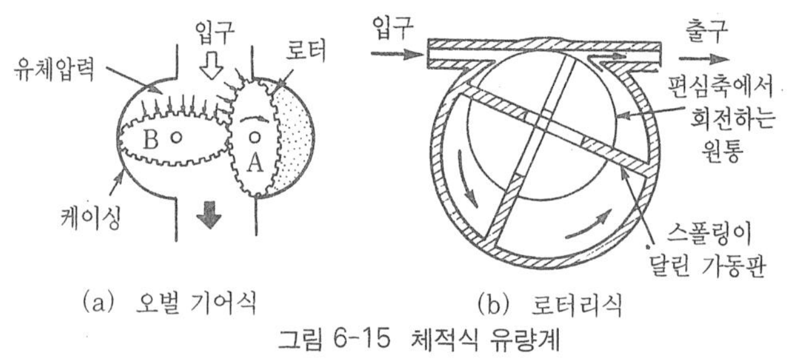

(a) 오벌 기어식 (b) 로터리식

그림 6-15 체적식 유량계

4-4. 유속식 유량계

유체의 흐름중에 터빈(turbine)이나 프로펠러(propeller)를 설치하여 이것의 회전수로 유량을 측정하는 유량계로, 회전속도가 유속과 비례관계가 있으므로 이을 이용하여 유속을 구하고, 유량을 계산한다. 이 유량계는 비교적 소형으로 많은 유량을 측정할 수 있으며, 수도 미터와 풍속계 등에 사용된다.

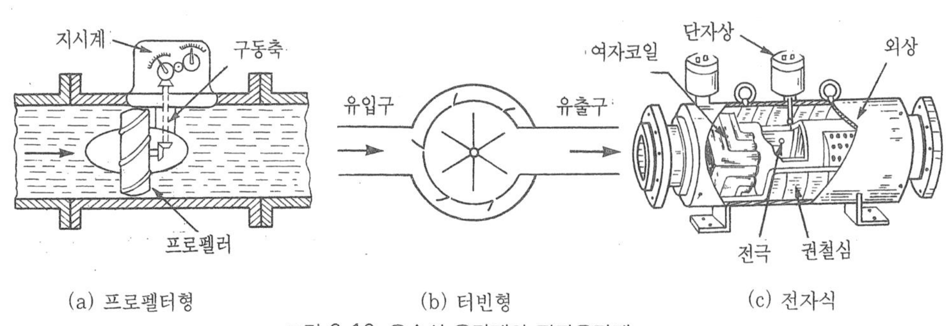

(a) 프로펠터형 (b) 터빈형 (c) 전자식

그림 6-16 유속식 유량계와 전자유량계

4-5. 전자유량계

패러디(Farady)의 전자유도법칙을 이용하여 순간유량을 측정하는 유량계이며, 관로 중 유체의 흐름 방향과 직각으로 자계를 가하고, 다시 이 양자에 직각 방향으로 전극을 붙여서 전극 사이에 기전력을 발생시키는 원리를 이용한 것이다. 전자유량계는 기전력이 적으나 지시의 지연이 없고, 측정 유체의 점도, 비중, 압력 등에 관계가 없지만 도전성 유체에 한하여 사용할 수 있다.

제5절 액면측정(液面測定)

보일러 속의 수면, 프로세스공업에서의 탱크 및 증류탑 속의 액면측정과 제어는 프로세스 조업상 매우 중요한 분야이며, 액체 측정 방법에는 유리관이나 플로트 등에 의하여 액위의 변화를 직접 검출하는 직접법과 액체의 정압이나 부압을 이용해 간접적으로 측정하는 방법으로 분류된다.

액면계의 구비 조건은 연속 측정이 가능하고, 고온 고압에 견디어야 하며, 원격 조정을 할 수 있어야 한다. 또한 조작과 설치가 용이하며, 보수, 관리가 쉽고 내식성이 있어야 한다.

5-1. 직관식 액면계

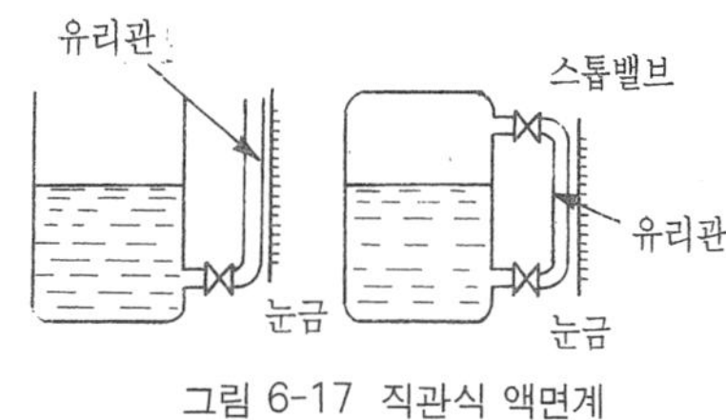

그림 6-17 직관식 액면계

탱크 안의 액면을 외부에서 직접 읽을 수 있도록 안지름 10mm 정도의 경질 유리관을 동체의 외부에 콕(cock)이나 밸브와 함께 설치한 액면계이다.

설치는 나사접합 또는 플랜지접합으로 하며, 구조가 간단하고 정도가 높아 공장의 현장 지시계로 가장 일반적으로 사용되고 있다.

5-2. 플로트식(浮子式) 액면계

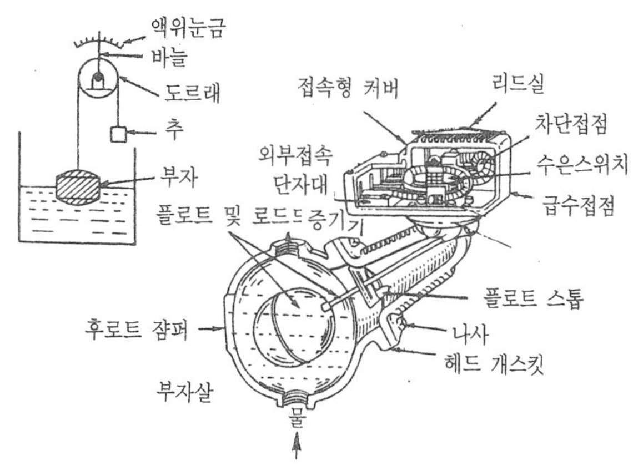

그림 6-18 플로트식 액면계

이 액면계는 액면에 부자를 띄워 그것이 상하로 움직이는 위치로써 액면을 측정하는 것으로 주로 물, 기름 등이 들어 있는 저장 탱크, 개방 탱크 및 고압 밀폐 탱크 등의 액위 측정에 사용된다.

기구가 간단하고 고장이 적으며, 특히 보일러 드럼의 수위 경보용으로는 맥도널드식 액면계가 많이 사용된다.

5-3. 압력식 액면계

탱크의 외부에 압력계를 설치하여 그 압력계에 나타난 압력으로 액위를 측정하는 방법과, 탱크의 밑면에 걸리는 압력과 액상부 압력과의 압력차로써 액위를 구하는 방법이 있다.

이 차압식 액면계는 비교적 정도가 낮은 액체의 액위 측정에 사용된다.

개방탱크의 액위 : $h = \frac{P}{r} - h_0$

밀폐탱크의 액위 : $h = \frac{rgPg}{r} - hg$

P : 압력계에 지시된 압력(kg/cm²)

hg : 액상부와 탱크 저면의 압력차(cm)

h : 액체의 높이(cm)

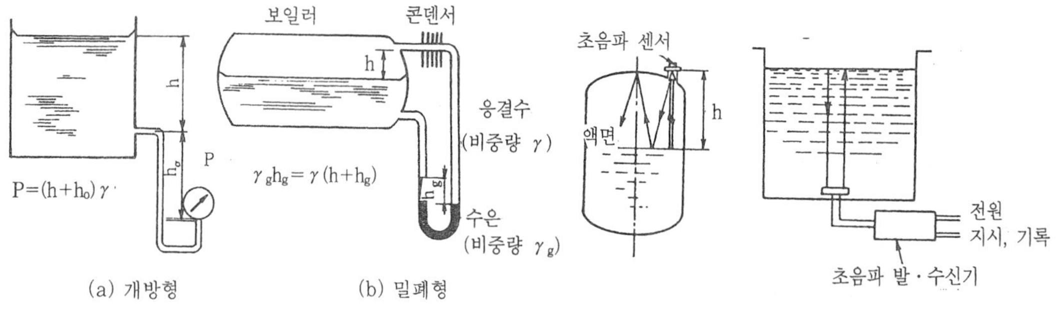

그림 6-19 압력식 액면계

그림 6-20 초음파 액면계

5-4. 초음파 액면계

탱크의 상부 또는 하부에 초음파발신기와 수신기를 설치하고, 발신기로부터 발사된 초음파가 액면에서 반사되어 수신기까지 돌아오는 왕복시간을 측정하여 액위를 측정하는 것이다. 초음파액면계는 액체와 계기가 직접 접촉되지 않고 측정하기 때문에 산, 알칼리, 부식성 유체, 고정성 유체의 액위 측정이 가능하므로 청량 음료 탱크나 우유 탱크 등에 사용된다.

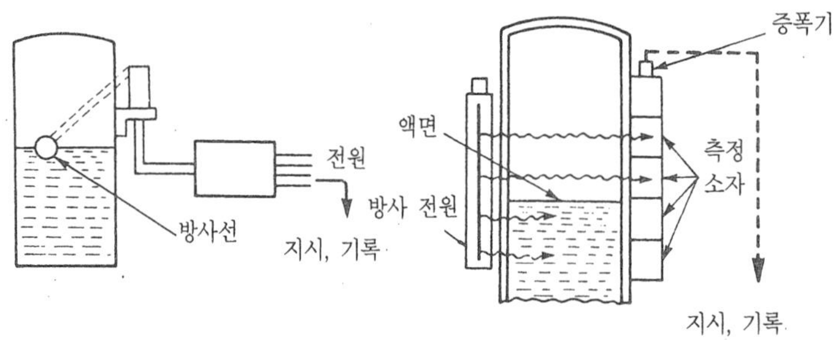

그림 6-21 방사선액면계

5-5. 방사선 액면계(放射線 液面計)

코발트나 세슘(Cs) 등의 r선은 투과력이 강하므로 이러한 방사선을 탱크에 발사 시켜 그 때 흡수되는 정도에 따라 액위를 알아내는 방법이며 고온, 고압, 초저온 탱크 등 내부에 측정자를 넣을 수 없어 액위 측정이 곤란한 용광로, 종합 반응탑, 분상물질용 호퍼(hopper) 등에 사용된다.

제6절 가스분석

가스분석의 목적은 어떤 프로세스의 도중에 유동 유체나 가스가 소요의 농도 또는 적절한 성분으로 되어 있는가를 알고, 설비장치의 안전 관리 및 위험한 사고의 사전 방지를 위하여 실시하는 것이다.

따라서, 가스 채취시에는 다음과 같은 주의를 해야 한다.

① 시료 가스의 채취구 위치에 주의하여 채취한다.

② 가스 성분과 화학 반응을 일으킬 염려가 있는 재료의 배관이나 부품을 사용하지 말아야 하며 고온 가스의 채취관은 석영관, 자기관을 쓰고, 저온 가스의 채취관으로는 동관, 황동관을 사용한다.

③ 배관은 경사(10° 이내)지도록 설치하고, 최저부에는 드레인장치를 하며, 정기적으로 점검이나 청소를 해야되는 필터 등은 보수와 점검이 쉬운 장소에 설치한다.

가스 분석 방법으로는 설비 장치로부터 가스 누설 또는 어느 단일 가스 중에 미량의 불순물이 혼입되어 있는가의 유무를 알아내는 정성분석(定成分析)과, 가스의 분석결과를 체적백분율로 나타내 표준상태에서 어떠한 가스가 얼마나 함유되어 있는가를 측정하는 정량분석(定量分析)이 있다. 표 6-7은 가스 분석계의 종류와 특성을 나타낸다.

6-1. Hempel 분석법

이 방법은 시료가스를 적당한 흡수제에 흡수시켜 흡수 전후의 가스체적 차이로 흡수된 가스량을 측정한다.

즉, 그림 6-22와 같이 흡수피켓(pipet)속에 흡수제를 넣고 각성분의 시료를 차례로 흡수 분리시켜 흡수 전후의 체적 변화량으로 각 성분의 조성을 알아낸다.

가스는 $CO_2 \rightarrow C_mH_n \rightarrow O_2 \rightarrow CO \rightarrow H_2 \rightarrow CH_4$ 순으로 흡수되어 측정하고, 나머지는 질소로 취급한다.

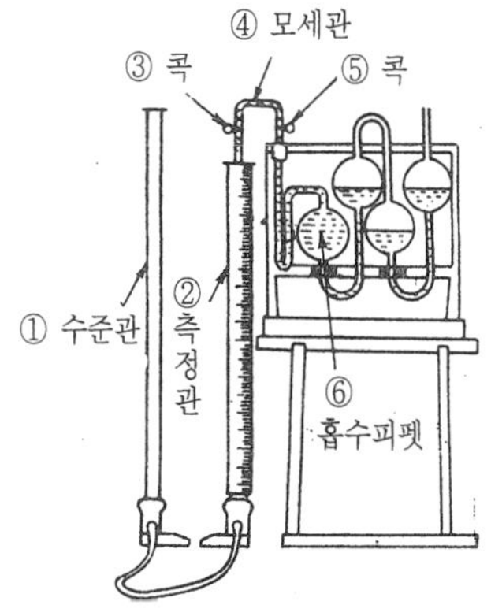

그림 6-22 헴펠분석기

표 6-7 가스분석계의 종류와 특성

	구분	측정법	측정대상	선택성	정량범위	비고
화학적 가스 분석계	화학 반응	자동오르사트법	적당한 흡수액에 쉽게 흡수되는 기체 (CO_2, CO, O_2)	양호	0.5~50% 정도	자동화학식 CO_2 계 간헐자동측정식
	화학 반응	연소열법	H_2, CO, C_mH_n 등의 가연성 기체 및 산소	양호	10^{-2}~25% 정도	미연연소가스계 (CO_2+H_2 계) 연소식 O_2 계
물리적 가스 분석계	물성정수 측정	밀도법	어느 정도 밀도가 다른 2성분 또는 2성분으로 볼 수 있는 혼합기체(연도가스 중의 CO_2)	불량	1~100%	
	물성 정수 측정	열전도율법	어느 정도 열전도율이 다른 2성분 또는 2성분으로 볼 수 있는 혼합기체(연도가스 중의 CO_2)	불량	0.01~100%	전기식 CO_2 계
	물성 정수 측정	가스크로마토그래피법	기체 및 비등점 300°C 이하의 액체	우수	물(mole)비 0.1~100%	간헐자동측정식
	전기	도전율법	물 또는 용액에 녹아서 도전율이 변하는 기체	양호	1ppm~100%	저온도 가스측정
	전기	세라믹법	O_2 가스	양호	0.1ppm~100%	질코니아식
	자기	자화율법	주로 O_2 가스	우수	0.1~100%	자기식 산소제
	광학	적외선흡수법	단원자분자, 대칭성 2원자분자(H_2, O_2, N_2) 이외의 가스	우수	10ppm~100%	

6-2. orsat 분석법

흡수피펫을 흔들어서 가스를 흡수시키는 헴펠법과는 달리, 이 방법은 가스와 흡수액의 접촉이 양호한 구조의 피펫을 사용하여 신속하고 간편하게 가스를 분석하는 것이다. 가스의 분석 순서는 $CO_2 \rightarrow O_2 \rightarrow CO$ 이며, 구조가 간단하고 취급이 용이하다.

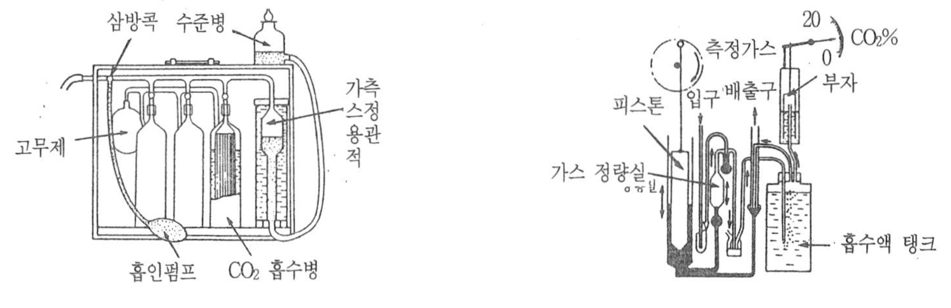

(a) 오르샤트식 (b) 자동화학식

그림 6-23 오르샤트분석기와 자동화학식 분석기

6-3. 자동화학식 CO_2 분석계

오르사트분석법과 같은 원리로 CO_2를 흡수액에 흡수시키고, 유리실린더를 이용하여 시료가스를 연속적으로 흡인하여 시료가스의 체적 변화로부터 CO_2의 농도를 연속해서 측정할 수 있다.

이 분석계는 비교적 선택성이 좋기 때문에 조성가스가 여러 종류인 경우에도 높은 정도(精度)로 측정할 수 있지만, 유리부분이 많으므로 주의를 요한다.

6-4. gas chromatography

실리카겔(silicagel), 활성탄(活性炭) 등의 흡착제를 충전한 가는 관의 한 쪽으로부터 시료가스를 공급하고, H_2, He, Ar, N_2 등의 캐리어(carrier) 가스로 시료를 흡입시키는데, 이 때 각 가스마다 흡착력과 친화력이 다르므로 이동속도차가 발생되어 가는 관 출구에서 각 성분이 시간적으로 다르게 분리되어 나오는 출구가스의 농도를 열전도형 CO_2 측정계로 검출하여 분석하는 방법이다.

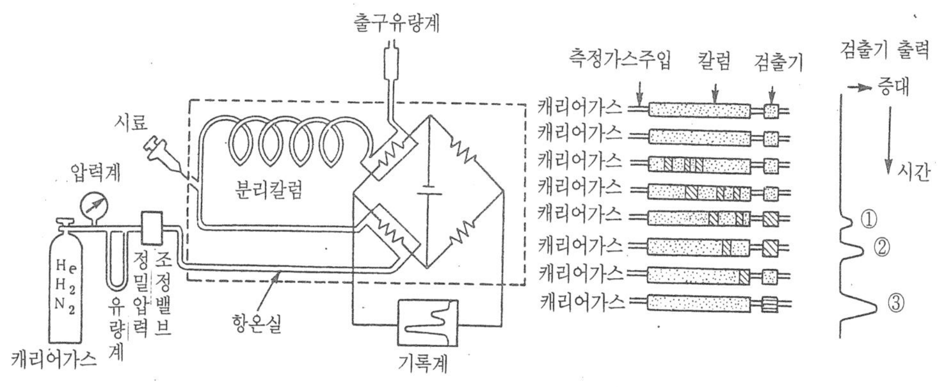

그림 6-24 가스크로마토그래피

가스크로마토그래피 곡선의 각 피크(peak)점이 가스의 성분에 해당되며, 피크점이 나타나기까지의 시간과 피크점의 높이로부터 가스의 종류와 농도를 알 수 있다. 이 분석기는 여러 성분의 모든 분석을 한 대의 장치로써 할 수 있으며, 분리 성능이 매우 좋고 선택성이 뛰어나기 때문에 기체 및 비점 300°C 이하의 액체 시료의 분석에 사용된다.

6-5. 적외선가스분석계

각 가스마다 적외선스펙트럼(spectrum)의 차이가 나는 것을 이용한 분석 방법이며, H_2, N_2, O_2, CI_2, H_e, Ar 등 대칭성 2원자 분자는 적외선을 흡수하지 않기 때문에 분석할 수 없으나, 그 밖에 CO, CO_2, CH_4 등의 다른 가스는 모두 분석이 가능하다.

이 분석계는 선택성이 뛰어나고 측정 농도의 범위가 넓으며 저농도의 가스 분석에도 적합하다.

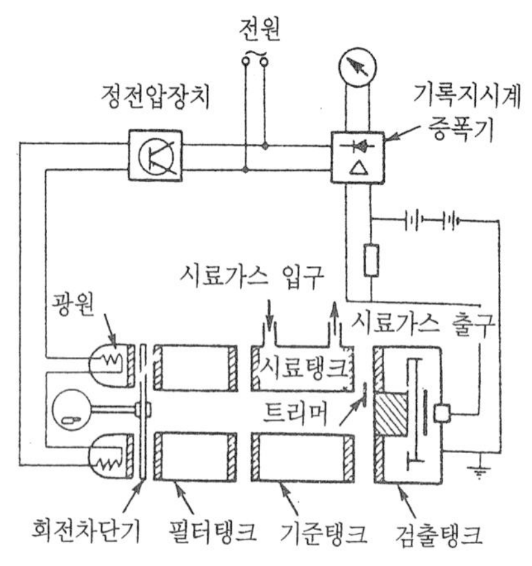

그림 6-25 적외선 가스분석계

6-6. 세라믹 O_2 분석계

지르코니아(zirconia:ZrO_2)를 주원료로한 특수세라믹은 온도를 850°C 이상 높이면 산소이온만 통과시키는 성질이 있다. 이 성질을 이용해 세라믹 파이프의 안쪽과 바깥쪽에 백금 다공질의 전극판을 붙여서 파이프 전체를 850°C 이상 유지시키면 산소이온만이 통과되고, 양극 사이에 기전력이 발생된다.

이 때 생긴 기전력을 측정하여 산소의 농도를 측정하는 방법으로 응답이 빠르고 측정 범위가 넓으며, 측정가스의 유량이나 설치 장소의 주위 온도의 변화에 따른 영향이 적다.

6-7. 자기식 O_2 분석계

일반적으로 가스는 비자성체지만 O_2는 강한 상자성체(常磁性體)이기 때문에 자장에 대하여 흡인되는 특성을 이용하여 산소를 분석하는 계기가 자기식 O_2 분석계이다.

자기풍을 이용한 O_2 분석계는 비자성체로된 측정실 내부에 영구 자석을 설치하고 가스를 흡인시켜 백금으로된 열선을 가열하면, 산소는 자화율의 감소로 상승되고 새로운 가스의 자기풍을 발생시키는데, 이 때 자기풍의 세기는 산소의 농도에 비례하며 열선의 온도는 자기풍의 세기에 반비례한다.

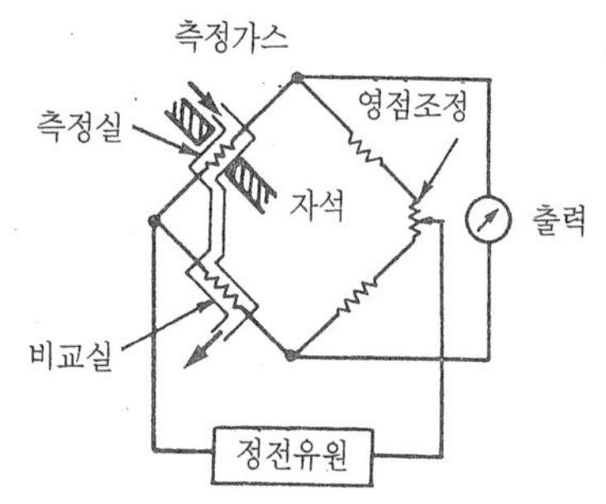

그림 6-26 자기식분석기

이것을 휘스톤브리지(wheatstone bridge)회로를 이용하여 불평형 전압을 측정함으로써 산소의 농도을 알 수 있다.

이 분석계는 가동 부분이 없고 구조가 간단하며 취급도 용이하다.

제 7절 습도측정(濕度測定)

일반적으로 현재의 온도 상태에서 대기 중에 포함할 수 있는 최대 수증기 양에 대한 현재 포함하고 있는 수증기 양과의 비를 상대습도라고 하며, 이것을 측정하는 습도계에는 표 6-8과 같은 것이 이용된다.

표 6-8 습도계의 종류와 특성

종류	장점	단점	비고
모발습도계	구조, 자기장치, 취급이 간단하고 재현성이 좋아 저온 지역에서 편리하다.	응답이 늦고 히스테리시스가 있으며 정도가 좋지 않다.	실내습도 조절용에 사용되며 연속 지시가 가능하고 모발의 유효작용 기간은 2년이다.
건습구습도계	구조, 취급이 간단하고 휴대에 편리하며 값이 싸다.	물이 필요하고 헝겊의 잠긴방향, 바람에 따라 오차가 생기고 상대 습도를 바로 나타내지 않는다.	간이 건습구습도계와 통풍형 습구습도계가 있으며 3~5 m/s의 통풍이 필요하다.
저항식건습구습도계	조절기와 접속이 쉽고 상대습도가 바로 나타나며, 연속기록 원격측정 자동제어에 이용된다.	저습도 측정이 곤란하고, 물이 필요하며 정도가 좋지 않다.	감도가 좋고, 좁은 범위의 상대습도 측정에 적합하다.
냉각식 노점계	구조와 휴대가 편리하고, 저습도의 측정이 가능하다.	냉각이 필요하며 정도가 좋지 않다.	에테르를 사용하여 냉각한다.
광전관 노점 습도계	저습도 측정이 가능하고, 상온 또는 저온에서는 정도가 좋으며 연속기록, 원격 측정, 자동제어에 이용된다.	기구가 복잡하고, 냉각장치가 필요하다.	이슬량의 증감으로 인한 광전효과를 이용한다.
듀셀(Dewcel) 노점계	고압에도 사용 가능하며, 상온 저온에서도 정도가 좋고, 자동제어, 원격 측정, 연속 기록에 이용된다.	저습도의 응답이 늦고, 조열이 필요하며 약간의 정년 변화가 생긴다.	염화리듐과 교류전압을 사용한다.
전기저항식습도계	감도가 크고 저 온도에서 측정이 가능하고 응답이 빠르며 연속 기록, 원격 측정, 자동 제어에 이용된다.	약간의 경년 변화가 있고, 온도계수가 비교적 크다.	염화리듐과 교류전압을 사용한다.

7 1. 수분흡수법

습도를 측정하려는 일정한 체적의 공기를 취하여 그 속에 함유된 수증기를 염화칼슘($CaCl_2$), 오산화인(P_2O_5), 실리카겔(SiO_2NH_2O), 진한 황산(H_2SO_4) 등의 흡습제에 흡수시켜, 그 질량을 측정하므로써 습도를 구하는 방법이다.

7-2. 건습구습도계

2개의 수은유리온도계를 이용하여 1개는 공기 중의 건구온도를 측정하고, 다른 1개는 물에 적신 얇은 헝겊을 씌워서 습구온도를 측정해, 이 2가지 온도로부터 그때의 상대습도를 구하는 것이다.

유리 온도계 대신 바이메탈이나 전기 온도계를 사용하여 기록 및 원격 측정을 하여 자동제어에 이용할 수 있으며, 정확성은 높지 않으나 조작이 간단하다.

7-3. 모발습도계

모발이 공기 중에서 습도의 증감에 따라 규칙적으로 신축하는 성질은 이용한 것이며, 탈지시킨 깨끗한 모발의 신축을 확대 측정하여 습도를 구한다. 10~20개의 머리카락을 묶어서 사용하며 정확성은 낮으나 간편하므로 지시계, 기록계, 자동제어에 이용된다.

7-4. 가열식 노점계(dewcel)

절연된 2개의 전극 사이에 염화리듐($LiCl_2$)을 포함시킨 얇은 막을 끼워 상대습도의 변화에 따라서 전극간의 저항이 변화되는 것을 이용하여 습도를 구하는 방법으로, 포화수증기압이 대기 중의 수증기압과 평형을 이룰 때 그 온도를 브리지(bridge)회로로 측정하여 습도를 구한다. 이 습도계는 응답이 빠르고 기록이나 자동제어에 편리하다.

7-5. 냉각식 노점계

측정하고자 하는 공기 중의 에테르(ether)를 바른 금속 거울을 놓으면 대기 중의 기화열에 의하여 천천히 냉각되며, 어느 온도가 되면 거울면에 이슬이 맺히는데 이 때 온도를 높여 이슬막이 없어질 때의 온도를 측정하여 노점을 구하는 방법이다. 휴대가 편리하고 저습도 측정이 가능하나 정도가 좋지 않다.

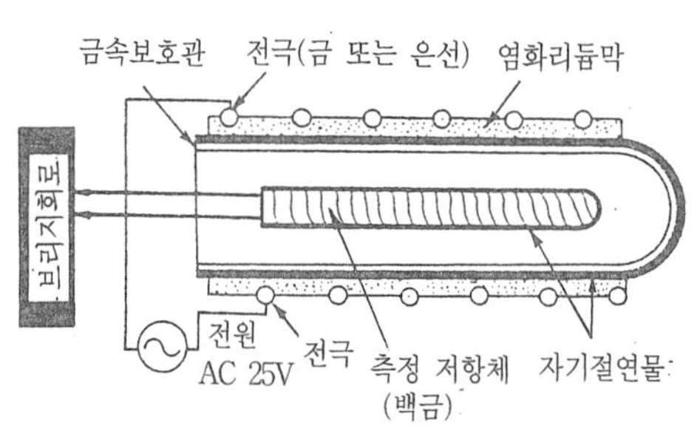

그림 6-27 듀셀 노점계

제 8 절 농도측정(濃度測定)

화학 공정에 있어서는 묽은 용액을 농축하여 진한 용액을 만들거나, 혼합물로부터 높은 농도의 순수 제품을 분리할 때와 같이 정확한 농도를 알아야 하며 더 나아가 이를 제어해야 할 때가 많다. 일반적으로 액체와 기체의 농도 측정 방법은 서로 다르다.

8-1. 비중식 농도계

비중식 농도계에는 플로우트식, 공기 퍼어지식, 천칭식, 압력차식, 무게식 등의 여러 가지가 있는데, 플로우트식은 액체의 비중이 달라짐에 따라 움직인 추의 위치를 측정한 다음, 이 값으

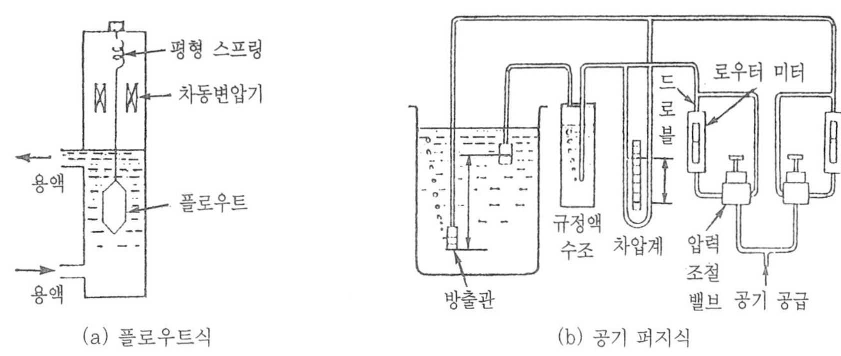

(a) 플로우트식 (b) 공기 퍼지식

그림 6-28 비중식 농도계

로부터 농도를 측정하는 것이며, 공기 퍼어지식은 액체를 증발, 농축시킬 때의 농도 측정에 널리 이용되는 것이다. 그 구조는 그림 6-28과 같다.

8-2. 끓는점법 농도계

끓는점법 농도계는 용액의 농도와 끓는 점 오름과의 관계를 이용한 것으로, 같은 압력에서 순수한 물이 증발 온도아 용액의 증발 온도를 측정하여 그 온도차로부터 농도를 측정하는 것이다. 이 농도계는 두 가지 이상의 용질이 혼합되어 있을 때, 그 혼합비가 시간적으로 변화할 때에는 사용할 수 없다.

8-3. 전극 전위법 농도계

전극 전위법 농도계는 공업적으로 pH를 측정할 때 쓰이는 방법과 같은 원리를 이용한 것으로, 그림 6-30과 같이 얇은 유리막으로 된 그릇 속에 pH를 아는 용액을 넣고, 이것을 측정하고자 하는 용액에 담그면 pH의 차에 따라 기전력의 차가 생기는데, 이 때의 전위차를 측정함으로써 그 용액의 pH를 측정할 수 있다.

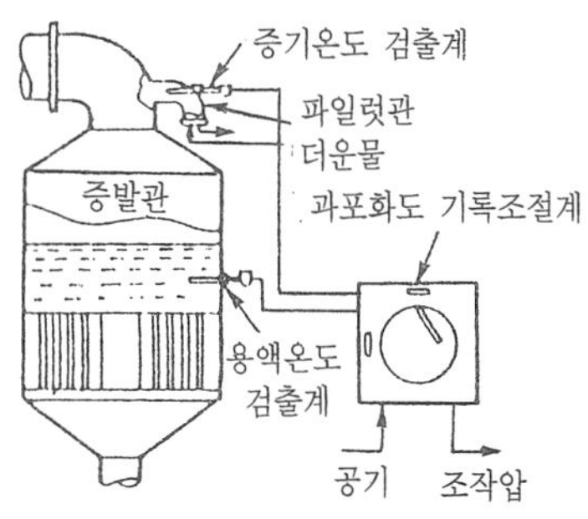

그림 6-29 끓는점법 농도계

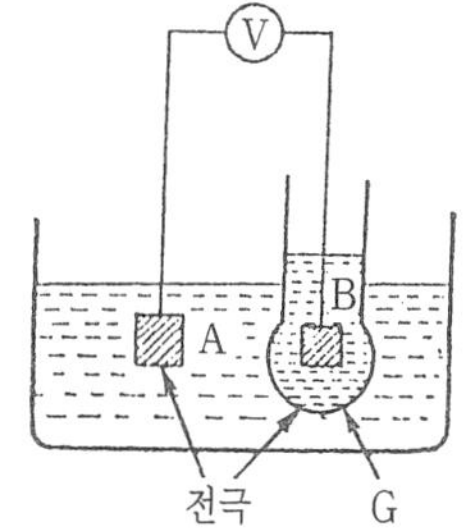

그림 6-30 전극 전위법 농도계

표 6-9 여러 가지 액체용 농도계

종	류	측 정 원 리	측정 농도범위
물성상수의 측정	비중법	액체의 비중 측정	0.1~100%
	끓는점법	용액의 끓는점 측정	1~100%
	점도법	고분자 용액 등의 점도 측정	1~100%
	방사선법	서스펜션 등의 방사선의 흡수율의 측정	1~100%
	음속법	용액, 서스펜션 등의 음파의 투과 속도의 측정	1~100%
	가스크로마토그래피법	가스 상태 물질의 고체에 의한 흡착 흡수에 의한 분리	1~100%
전기화학적 성질의 이용	도전율법	전해액의 도전율의 측정	1ppm~100%
	유전율법	액체의 유전율의 측정	0.1~100%
	전극전위법	전해액 중의 전극 전위의 측정	0.01~0.1%
	플라로그래피법	전해액의 전해 전위의 측정	1ppm~10%
광학적성질의 이용	굴절률법	액체의 빛의 굴절률의 측정	1~100%
	선광도법	당류 용액의 신광도 측정	1~100%
	가시광선 흡수법	용액의 가시 광선의 흡수율 측정	0.1ppm~1%
	적외선흡수법	액체의 적외선의 흡수율 측정	0.01~100%
화학반응의 이용	연속적정법	용량 분석의 연속화	0.01ppm~100%

표 6-10 여러 가지 기체용 농도

종	류	측 정 원 리	측정 농도범위
물성상수의 측정	밀도법	밀도의 측정	1~100%
	열전도율법	열전도율의 차 측정	0.1~100%
	음속법	가스 중의 음파의 전파 속도 측정	1~100%
	가스크로마토그래피법	흡착, 흡수의 속도차 측정	0.1~100%
	질량분석법	이온화한 것의 질량을 전장 또는 자장에 편향시켜 분리 측정	1,000ppm~100%
전자기적 성질의 이용	용액도전율법	용액에 흡수, 반응시켜 그 도전율을 측정	1ppm~10%
	자기법	자화율이 다른 물질의 자화율의 측정	0.1~100%
	이온화 전도법	가스를 이온화하여 이온 전류의 측정	10ppm~10%
광학적 성질의 이용	용액 비색법	시약에 흡수시켜 발색의 정도를 측정	0.1ppm~10%
	광간섭법	2개의 광로의 간섭을 측정	0.1~100%
	적외선법	적외선의 흡수도를 측정	100ppm~100%
	자외선법	자외선의 흡수도를 측정	10ppm~10%
화학반응의 이용	반응열법	반응에 의한 발열량으로부터 농도의 측정	
	공기전지법	산소의 감극 작용을 이용	0.1~10%
	연속적정법	적정의 연속화	1ppm~100%

8-3-1. 물의 PH

물의 조성(組成)은 H_2O이며, $H_2O \rightleftarrows H^+ + OH^-$처럼 수소이온 H^+와 수산(水酸)이온 OH^-가 존재하고 있다. 양이온 농도간(濃度間)에는 $[H^+] \times [OH^-] = 1 \times 10^{-14}$(몰1 l, 25℃)의 관계이며, 다른 이온의 유무(有無)나 농도에 관계없이 온도에 의해 정하는 수치이다. 수중수소

이온 H^+의 농도가 높아지면 산성 또는 수산이온 OH^-의 온도가 높아지면 알칼리성이다. 양이온의 농도가 같을 때는 중성이며 이때의 수소이온 농도는 $[H^+]=1\times10^{-7}$이 되고,

$[H^+]>1\times10^{-7}$의 경우 ······················ 산성(酸性)

$[H^+]=1\times10^{-7}$의 경우 ······················ 중성(中性)

$[H^+]<1\times10^{-7}$의 경우 ······················ 알칼리성

이 된다. 그런데 물의 산성, 알칼리성을 이 수소이온 농도로 나타낼 경우 수치가 극소이므로 실용적으로는 수소이온 농도의 역수(逆數)인 상용 log를 사용, 그 지수의 정수로 구한 것이 pH이다.

$$pH=\log\frac{1}{[H^+]}$$

$[H^+]$:수소이온 농도(mol/ l)

따라서 pH는 수소이온 지수라고 하며, 수소이온의 대소(大小)를 나타낸다. 그림에서처럼 중성수는 pH치로 나타내면 7이 되며, pH치가 7보다 적을수록 물의 산성이 강하며, 커질수록 알칼리성이 강해진다. 음료수로서는 중성의 물이 가장 바람직하며 또 일반적으로 지하수는 산성, 지표수(地表水)는 알칼리성이 많다고 한다.

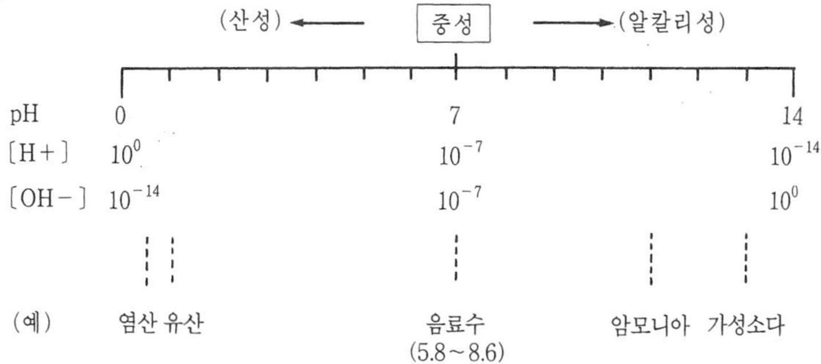

그림 6-31 물의 pH

제 7 장

자동제어

제 7 장
자동제어

어떤 대상물의 상태를 사람이 원하는 목적과 일치하도록 하기 위하여 이에 필요한 조작을 그 대상에 가해주어 조절하는 것을 제어(control)라 하며 물체, 공정, 기계 등의 어떤 양을 외부로부터 주어지는 목표값과 일치시키기 위해 그 양을 검출하여 목표값과 비교하고 정정 동작을 해야 한다.

이와 같이 제어의 판단이나 조작을 사람이 직접 행하는 것을 수동제어(manual control)라 하고, 사람의 힘에 의하지 아니하고 제어장치 또는 기계에 의하여 자동적으로 이루어지는 것을 자동제어(automatic control)라 한다.

제1절 제어 시스템

제어는 수동 제어와 자동 제어로 나눌 수 있는데, 이를 살펴보면 다음과 같다.

1-1. 수동 제어 장치

수동 제어는 작업자가 눈으로 조작상황을 직접 보면서 손으로 기기를 조정하여 제어하는 것으로, 그림 7-1과 같이 용액의 가열 온도를 다음의 순서에 의하여 손으로 직접 조정하는 것을 말한다.

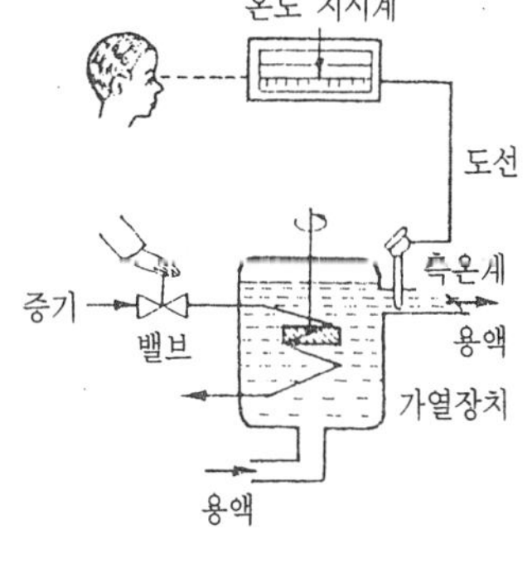

그림 7-1 수동 제어

① 온도계를 보고서 용액의 온도를 안다.
② 용액의 온도가 정해진 목표 온도에 비하여 높은가 낮은가를 판단한다.
③ 작업자는 목표 온도값과 현재의 용액의 온도와의 차이에 따라 밸브를 조절한다.
④ 밸브의 조작으로 가열 증기가 조정되고, 이에 따라 용액의 온도가 조정된다.

1-2. 자동제어장치

자동제어는 제어 대상에서 검출기에 의하여 검출되는 제어량을 항상 목표값과 비교하여 양자사이에 편차가 없어지도록, 제어 대상에 변화를 주는 조작량을 자동적으로 바꾸어 제어량을 목표값에 일치 시키는 작용을 하는 것이다. 이와 같은 동작을 하도록 하는 계를 자동제어계라 하고, 또한 출력신호를 입력측에 되돌려 동작을 결정하는 것을 피드백 시스템(feed back system)이라 하는데, 자동 제어에 있어서 기본이 되는 제어이다.

즉, 피드백에 의하여 목표값에 따라 자동적으로 제어하는 피드백제어계는 주로 양에 관한 것을 제어하므로 정량적인 제어에 속하고, 이와 같은 제어계는 피드백을 하기 위하여 제어계가 닫힌 루프를 구성하므로 폐(閉) 루프제어(closed loop control)라 한다. 피드백 제어계는 어떤 제어계에서 온도, 압력, 유량, 전압, 속도 등과 같은 제어량의 현재값을 시시 각각으로 측정하고, 그 값과 목표값 사이에 차가 발생되면 이것을 자동적으로 수정하여 일정하게 유지하거나 정해진 목표값에 따라 변화하도록 작동시키는 제어계이다.

자동제어장치는 대별하여 공기의 온도, 습도와 물의 온도 등의 실제값을 측정하는 검출부와, 검출부에서 검출한 실제값과 목표값을 비교하여 조작량을 결정하는 조절부 및 조절부로부터의 명령에 따라 밸브나 댐퍼 등을 작동시키는 조작부로 구성된다. 따라서, 자동제어는 제어의 대상과 제어장치와의 상호 작용에 의하여 검출, 비교, 판단, 조작의 단계를 거쳐 제어동작이 이루어진다.

이러한 제어계를 구성하는 각 요소가 어떻게 동작하고 신호는 어떻게 전달되는지를 대략 파악하는데 사용하기 위하여, 이들 구성 요소를 사각형으로 둘러싸고 이 요소에 출입하는 신호를 화살표로 연결하여 나타낸 그림을 블록선도(block diagram)라 한다.

자동제어계(피드백제어계, 시퀀스제어계)를 구성하고 있는 제어 요소와 그 용어의 뜻은 다음과 같다.

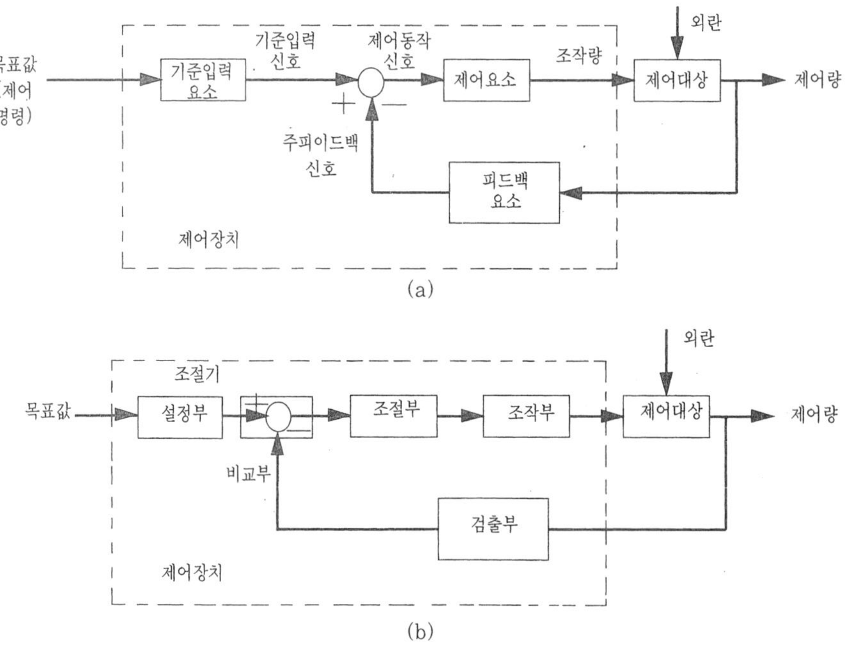

그림 7-2 자동제어계의 블록선도

(1) 제어 대상(controlled variable)

제어하려는 목적의 장치 즉, 기계, 공정, 시스템 등의 전체 또는 일부를 제어 대상이라 하는데, 이것은 설정된 목표값을 유지하도록 하기위한 전류, 전압, 회전수 또는 기계적 변위 등 제어하고자 하는 대상으로서 공정에서는 온도, 압력, 유량, 수위 등이 해당되고 전동기, 펌프, 우물과 물 탱크로 구성되는 양수장치 등이 해당된다.

(2) 목표값(desired value)

어떤 장치에서 제어량에 대한 희망값 또는 외부로부터 이 제어계에 부여된 값을 말하며 위치, 각도, 온도, 유량, 압력, 농도, 전압, 주파수 등이 목표값으로 설정되며, 정치제어의 경우에는 설정값이라고도 한다.

(3) 기준입력(reference input)

목표값과 주피드백 신호를 비교하기 위하여 주피드백 신호와 같은 종류의 신호로 목표값을 변화시켜 제어계의 닫힌 루프에 부여하는 입력신호를 말하며, 이 목표값으로부터 기준 입력으로의 변환은 설정부에서 이루어진다.

(4) 비교부(comparison means)

목표값과 주피드백양을 비교하여 제어동작신호를 구하는 부분을 말하며, 목표값과 주피드백 양을 역방향으로 한 것과 목표값을 직렬로 접속함으로써 비교부의 역할을 하는 것이 있다.

(5) 동작신호(actuating signal)

목표값과 제어량과의 차로서 기준 입력과 주피드백 양을 비교하여 얻은 편차량의 신호를 말하며 조절부의 입력이 된다. 이것은 계기 내의 기계적이 차동링이나 스프링과 공기압에 의한 힘과 평형기구 또는 전류, 전압 등의 비교회로에 의하여 이루어진다.

(6) 조절부(controlling means)

동작신호에 의하여 이에 대응하는 연산출력 즉, 조작신호를 조작부에 보내는 부분으로 검출부로 부터 현재 상태량에 대한 신호를 받아 목표값과 비교하여 조절을 명령하는 부분이다.

(7) 주피드백량(primary feed back variable)

제어량의 값을 목표값과 비교하기 위하여 비교부에 피이드백되는 양을 말한다.

(8) 조작부(manipulated means)

실제로 제어 대상에 대하여 작동을 하는 부분으로서 조작신호를 받아 제어량을 조정하기 위하여 제어장치가 제어대상에 주는 조작량으로 변환시킨다.

(9) 검출부(detecting means)

제어량을 목표값과 비교하기 위하여 목표값과 같은 종류의 물리량으로 변환하여 검출하는 부분 즉 온도, 입력, 유량 등의 제어량을 검출하고 이 값을 기준입력과 비교할 수 있는 주피드백신호를 만드는 부분이다.

(10) 외란(disturbance)

제어량을 목표값으로부터 이탈시켜려는 제어계 외부로부터 오는 영향이며, 외란이 가해지면 제어편차가 생기게 마련인데 원동기의 속도나 부하 변동, 저장탱크의 주위 온도, 가스의 공급 압력, 공급 온도 등이 이것에 해당된다.

제2절 제어요소의 특성

자동제어계에서는 각종의 요소가 접속되어 필요한 조작을 하도록 되어 있으므로, 자동제어계의 특성을 알기 위해서는 각 요소의 동작 특성, 응답특성, 자연특성 등을 충분히 이해하고 있어야 한다.

2-1. 동작특성

목표값과 제어량의 차를 제어편차 또는 단순히 편차라 하는데, 이 편차를 감소시키기 위한 조절계의 동작에는 연속동작과 불연속동작이 있다. 연속동작에는 비례동작, 적분동작, 미분동작이 있으며, 불연속동작으로는 2위치동작, 다위치동작 등이 있다.

2-1-1. 2위치동작(on-off 동작)

조절요소의 위치가 제어 변수의 순간값에 의하여 정해지는 동작방식을 위치동작이라고 하는데, 이 위치동작 중에서 바이메탈과 같이 어떤 목표값을 경계로 그 출력이 단속적으로 나가는 동작이며, ⊕⊖ 값에 따라 조작부를 개(開), 폐(閉)의 2가지 동작 중 하나를 취하여 작동하는 동작을 2위치 동작이라 한다.

2위치동작조절기는 구조가 간단한 반면에 정밀도를 필요로 하지 않을 때 사용한다. 2위치동작의 특성은 설정값 부근에서 제어량이 일정하지 않으며, 사이클링(cycling)을 일으키고 목표값을 중심으로 진동현상이 나타난다. 그리고 제어량이 변화되었을 때 동작신호의 크기에 따라 제어장치의 조작위치가 3위치 이상 있어서 그 제어량 편차에 따라 하나의 값을 취하는 다위치동작과, 제어량 편차의 대소에 의하여 조작단을 일정한 속도로 정작동, 역작동 방향으로 움직이게 하는 불연속속도동작(부동제어)도 있다.

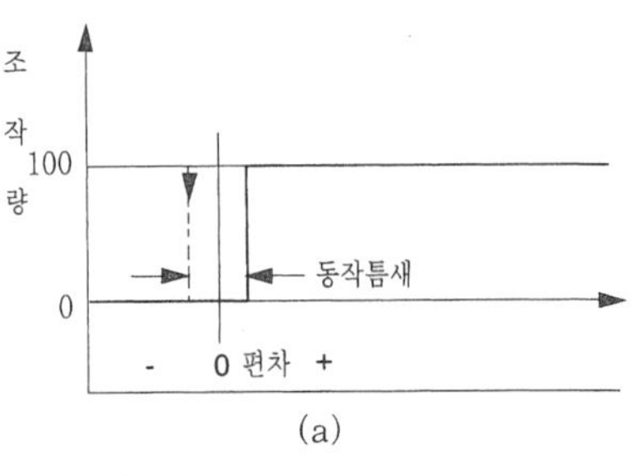

(a)

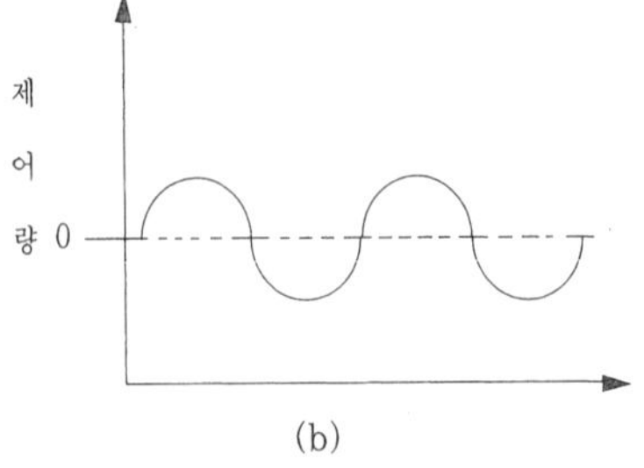

(b)

그림 7-3 2위치동작과 제어특성

2-1-2. 비례동작(proportional action)

P동작이라고도 하며, 제어대상을 제어동작신호의 입력값에 비례하는 조작량으로 출력값을 내는 제어동작이다. 즉, 이와 같은 관계를 식으로 표시하면 $y=K_p x$가 된다.

y : 조작량의 출력변화

K_p : 비례정수

x : 편차

출력의 크기는 조절장치의 비례정수 즉, 비례 이득(gain) K_p의 값에 따라 다르며, 이득의 역수의 100배인 비례대는 출력을 100% 변화시키는데 필요한 편차를 말한다.

P동작에서 K_p를 적절히 선정하면 안정된 제어를 할 수 있지만, 외란이 있으면 K_p값은 수정하지 않는 한 목표값에 완전히 일치시킬 수 없다. 비례대를 작게하면 동작은 강하게 되며 보통 잔류편차가 남기 때문에 수동리셋이 필요하다. 이 동작의 특성은 부하가 변화하는 등 외란이 있으며, 오프셋(off-set)이 생기며 부하변동이 작거나 정밀한 제어가 요구되지 않는 프로세스에 적용된다.

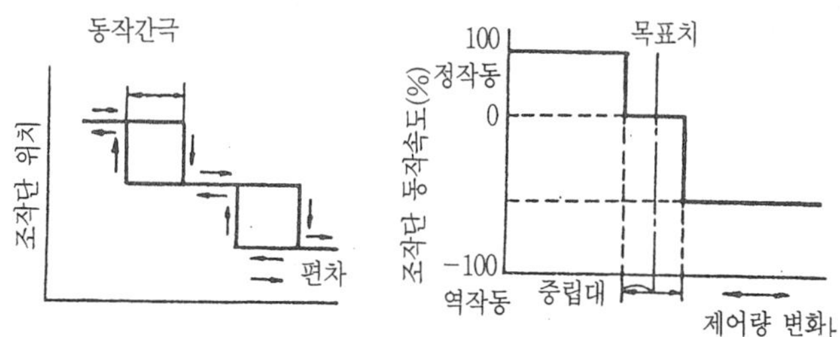

그림 7-4 다위치동작과 불연속 속도동작

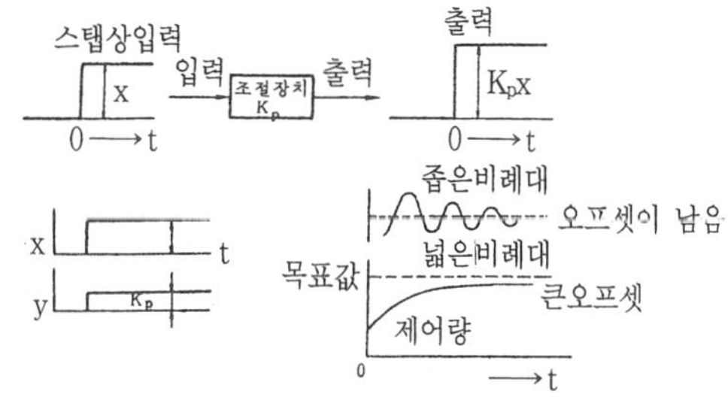

그림 7-5 비례동작과 제어특성

2-1-3. 적분동작(integral action)

I 동작이라고도 하며 제어편차의 크기에 비례하여 조절요소의 속도가 연속적으로 변하는 것으로, 조절기의 출력이 제어편차의 시간 적분에 비례하는 동작을 말한다.

즉, $y=K_i \int x dt$로 표시된다.

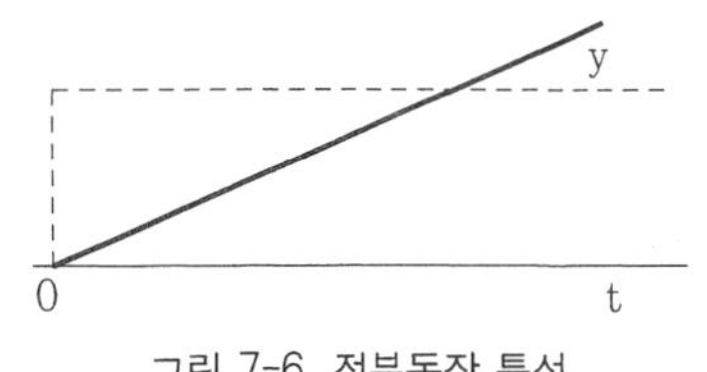

그림 7-6 적분동작 특성

K_i : 비례상수

이 동작은 일반적으로 진동이 있으며, 편차가 남으면 이것을 적분하여 수정함으로써 오프셋이 남지 않지만 제어의 안정성은 떨어진다. 유압식 제어장치의 기본 동작이다.

2-1-4. 미분동작(differential action)

D동작이라고도 하며 제어편차의 변화 속도에 비례한 조작량을 내는 제어동작으로, 외란에 의하여 제어량 편차가 발생되기 시작하는 초기에 편차의 미분값을 가감하여 큰 정정동작을 일으켜서 다른 동작일 때보다 초기에 조작단을 크게 움직이며, 외란이 일정할 때는 미분동작은 소멸된다.

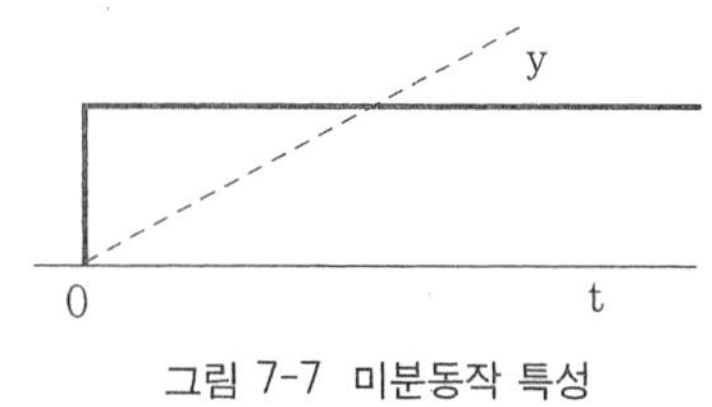

그림 7-7 미분동작 특성

즉, $y = K_d\,dx/dt$로 표시되며 K_d는 비례상수이다.

이 동작은 단독으로는 사용되지 않으나 진동이 제거되어 빨리 안정된다.

2-1-5. 비례적분동작(proportional integral action)

PI동작이라고도 하며 스탭입력에 비례한 출력에 그 출력을 적분한 것을 조합한 모양으로 출력이 나온다. 다시 말하면, 제어동작신호의 현재값과 적분값을 일정한 비율로 합한 신호로 제어동작을 한다. 제어동작신호의 적분값은 적분요소에 의하여 얻을 수 있으며, 적분동작은 제어의 정상편차를 없애주는 역할을 한다.

이 동작을 식으로 나타내면 다음과 같다.

$y = K_p\left(x + \frac{1}{T_1}\int x \cdot dt\right)$

$T_1 = K_p/K_i$: 적분시간(분)

$\frac{1}{T_i}$: 리셋률

윗식에서 단위 입력이 부여될 때 I동작에 의한 출력변화가 P동작 만으로 발생된 출력변화와 같게 될 때까지의 시간이 T_i이며, T_i가 작게 되면 I동작이 강하게 되고 리셋률도 크게 된다.

PI동작은 비례동작의 안정성과 오프셋이 없는 적분동작의 장점을 조합한 것으로 비례대의 위치를 자동적으로 이동할 수 있으며, 부하 변화가 커도 오프셋은 남지 않지만 급변할 때는 큰 진동이 생긴다. 또한 전

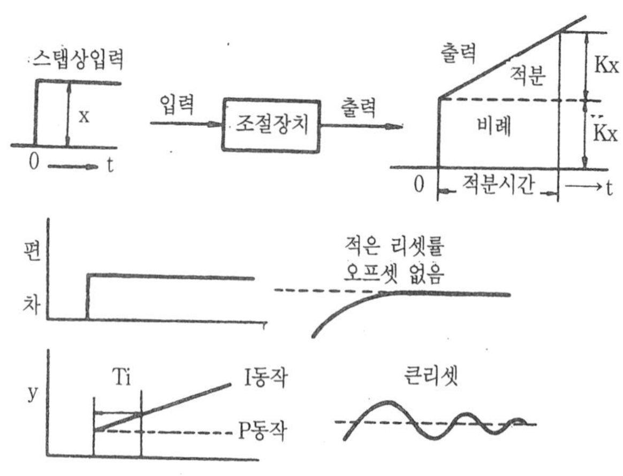

그림 7-8 비례적분동작과 제어특성

달이 느리거나 낭비시간이 길면 사이클링의 주기가 길어지며, 반응 속도가 빠른 프로세스 등에 가장 많이 사용된다.

2-1-6. 비례미분동작(proporitional differential action)

PD동작이라고도 하며 비례동작에서와 마찬가지로 제어동작신호의 현재값으로 제어를 할 뿐만 아니라, 다음 순간에 어떠한 값으로 변할 것인지를 미리 예측하고 제어하도록 하는 동작이며, 이와 같이 하기 위해서는 제어동작신호의 미분값을 계산하고, 이것과 제어신호를 일정한 비율로 합한 것이다.

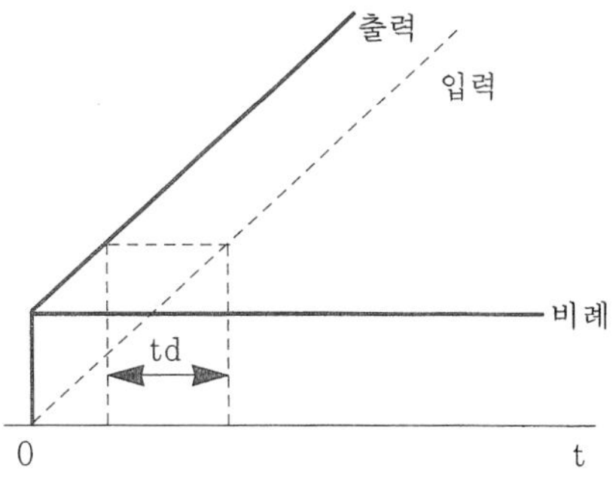

그림 7-9 비례미분동작 특성

이 관계를 식으로 나타내면 다음과 같다.

$y = K_p(x + T_d\ dx/dt)$

$T_d = K_d/K_p$: 미분시간(분)

윗식에서 미분시간 T_d가 크면 클수록 미분동작이 강하게 되지만 별로 사용되지 않는다.

2-1-7. 비례적분미분동작(proportional integral differential action)

PID동작이라고도 하며 스탭입력에 비례한 출력에 그 출력을 적분한 것과 미분한 것을 합한 출력이다. 이 동작의 기본 동작은 P동작이고, I동작으로 오프셋을 제거하며 D동작으로 응답을 촉진시켜 안정화를 꾀하고 있다. 즉, 정상 편차가 생겼을 때 편차가 작은 범위에서는 적분동작으로 이것을 수정하고, 편차가 매우 크게 될 때는 이것을 미분동작으로 수정하는 역할을 한다.

이 동작에서는

$y = K_p(x + 1/T_i \int x dt + T_d\ dx/dt)$의 식이 성립된다.

현재 사용되고 있는 공업용 자동제어장치 중 반응 속도가 매우 느린 온도조절이나 조절범위(range)가 작은 압력조절에 주로 사용된다.

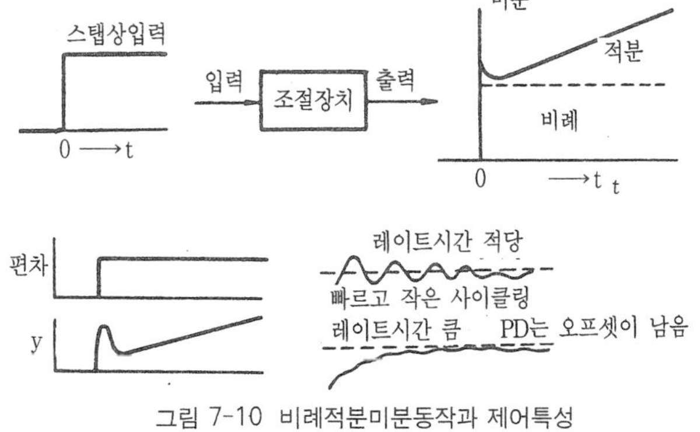

그림 7-10 비례적분미분동작과 제어특성

2-1-8. 정작동과 역작동

정작동은 조절계의 출력과 제어량이 목표값보다 커질 때 출력이 증가하는 방향으로 동작되는 것을 말하며, 역동작이란 조절계의 출력과 제어량이 목표값보다 커짐에도 불구하고 출력이 감소하는 방향으로 동작되는 것을 말한다.

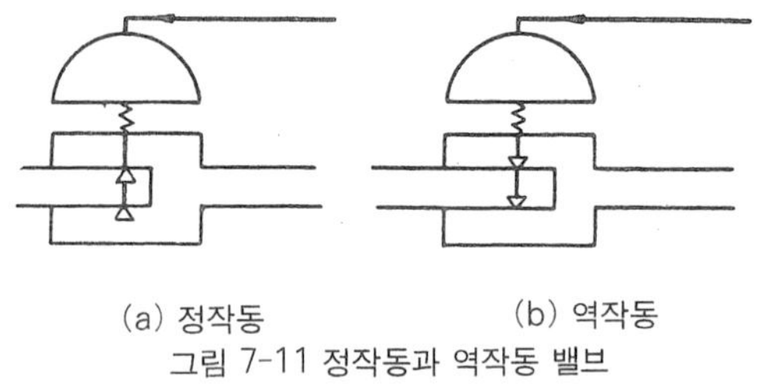

그림 7-11 정작동과 역작동 밸브

일반적으로 수면제어에는 역작동밸브가 많이 사용된다.

2-2. 제어요소와 응담 특성

2-2-1. 제어요소

자동제어계의 요소에는 여러 가지가 있으며, 그 특성에 따라 다음과 같이 분류된다.

(1) 비례요소

입력과 출력이 비례하고 있는 요소를 비례요소라 하며, 이 경우에 입력변화와 출력변화는 동시에 이루어지고 시간 지연이 없다는 의미에서 0차 요소라고도 하며, 증폭기가 이 요소에 속한다.

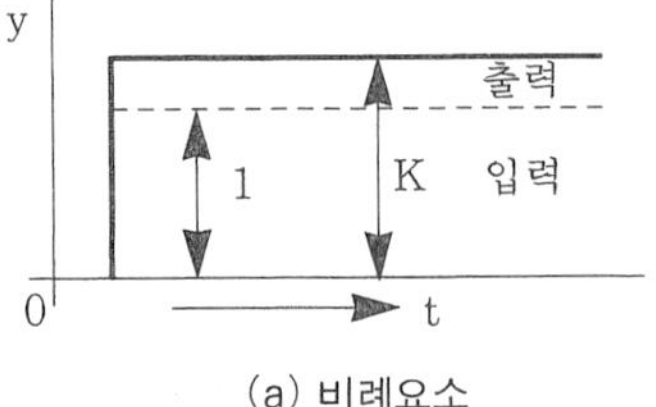

(a) 비례요소

(2) 적분요소

유압실린더에 유입하는 유량을 입력으로 하고 피스톤의 움직임을 출력으로 하면 기름이 유입할 동안 피스톤은 계속 움직이는데, 이와 같이 출력이 입력량의 총합으로 표시되는 요소를 적분요소라고 한다. 또한, 유출량을 일정하게 유지하고 유입량을 증가시키면 액면은 계속 상승하여 평형이 되지 않고 결국 제한된 용량을 초과하는 특성도 가지고 있다.

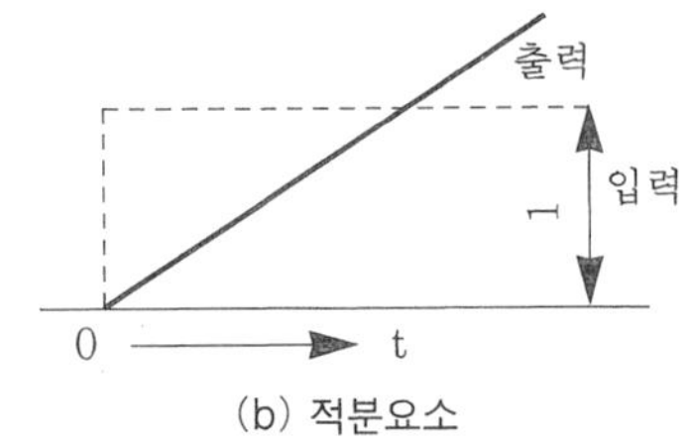

(b) 적분요소

그림 7-12 비례요소와 적분요소의 특징

(3) 시간지연요소와 낭비시간요소

긴 관의 한쪽 끝에서 유입하는 물을 입력으로 하고 관끝에서 흘러 나오는 물을 출력으로 할 때 입력과 출력 사이에는 일정한 시간의 지연이 생긴다.

이와 같이 출력이 입력에 대하여 어떤 시간만큼 늦게 나타나는 것을 시간지연요소라고 한다. 그리고, 어떠한 검출부로부터 멀리 떨어진 상류측의 수관에 증기를 불어 넣었을 때, 수온의 상승이 검출되기 까지는 물의 이동시간만큼의 지연이 생기는데 이때의 지연시간을 낭비시간요소라고 하며, 낭비시간요소만의 지연이 있는 경우에는 신호의 형태변화는 발생되지 않는다.

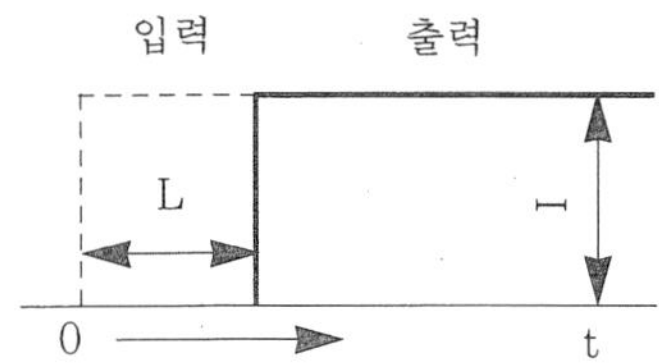

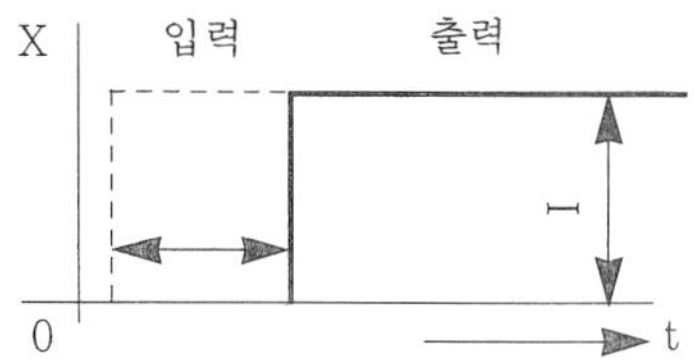

그림 7-13 시간지연 요소와 낭비시간 요소의 특징

(4) 일차지연요소

밸브가 부착된 용기에 압력을 가하면 용기 내의 압력은 점점 높아져 결국은 가한 압력과 용기 내의 압력이 같아지는데, 이와 같이 입력이 급변하는 순간에서 지연이 있기 때문에 출력은 변화되지만, 어느 시간 후에는 정상 상태가 되는 특성을 가지고 있는 요소를 1차지연요소라고 한다. 그림 7-14에서 곡선이 평형값에 대하여 약 63.2%의 값으로 될 때까지 시간 T를 시정수(時定數)라 한다. 이 때 0점에서 곡선에 접선을 그으면 이것과 평형값과의 교점이 되는 시간축은 시정수 T와 일치하며, T가 커지면 응답은 천천히 얻어지고 T가 작아지면 지연이 적어 빠른 응답이 얻어진다. 따라서 시정수의 대소는 응답 속도를 나타내는 목표가 된다.

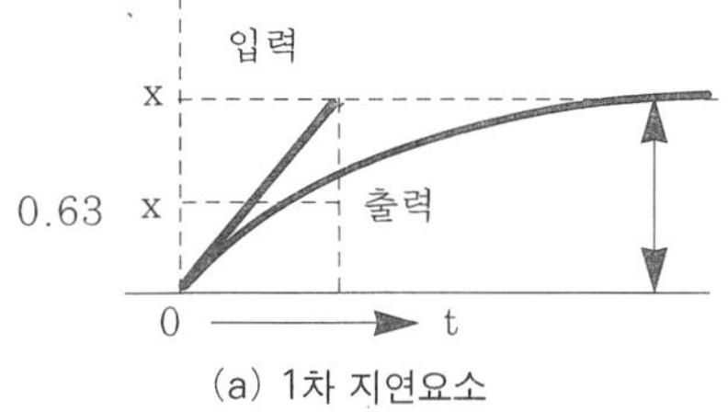

(a) 1차 지연요소

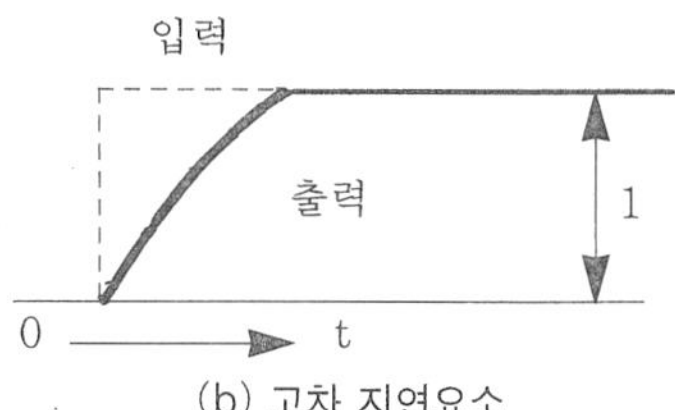

(b) 고차 지연요소

그림 7-14 일차지연 요소와 고차지연요소의 특징

(5) 고차지연요소

2개의 용량에 의한 지연을 2차지연이라고 하며, 일반적으로 2차지연 이상의 지연을 고차지연이라 한다.

2-2-2. 응답 특성

자동제어계에서 어떤 요소에 대하여 입력을 원인이라고 하면 출력은 결과가 되는데, 이와 같이 입력 신호에 대한 출력신호의 변화를 응답(response)이라 한다.

(1) 스텝(step) 응답

인디셜(inditial)응답이라고도 하고, 입력이 단위량만큼 단계적으로 변화될 때의 과도응답을 말하며, 어떤 요소에 스텝신호를 넣었을 때 입력과 출력의 단계로부터 요소의 특성을 파악하는데 사용하는 방법이다.

(2) 주파수 응답

정현파의 입력신호에 대하여 출력의 진폭과 위상각의 지연을 여러 가지 진동수에 대하여 표시하는 응답으로, 어떤 요소에 사인파 신호를 넣었을 때 입력에 대한 출력의 크기 및 위상의 주파수에 따라 변화하는 모양으로부터 요소의 특성을 아는 방법이다.

(3) 과도 응답

정상상태에 있는 요소의 입력측에 어떠한 변화를 줄 때 출력측에 생기는 변화의 시간적인 경과를 과도응답이라고 한다. 그림 7-15는 프로세스의 과도응답곡선을 표시한 것으로 낭비시간요소와 고차지연요소가 함께 작용하여 나타나는 것이며, 응답곡선은 S자 모양이고 일반적으로 프로세스에서 많이 볼 수 있는 예이다. 그림 7-15에서 낭비시간과 일차 지연에 근사하게 생각할 경우 등가낭비시간 L_1과 등가시정수 T를 구할 수 있으며, L_1/T의 값이 크게 됨에 따라 제어가 어렵게 된다. 다시 말하면 T의 값이 커지면 제어가 용이하게 된다.

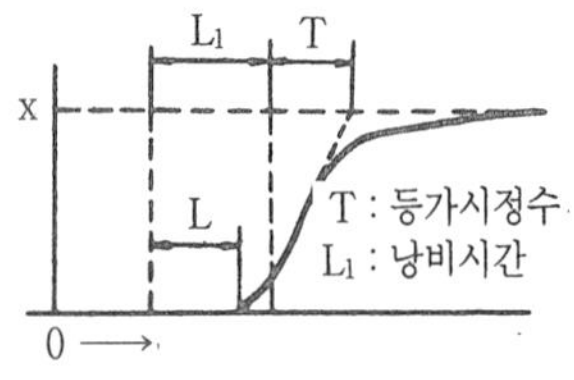

그림 7-15 과도 응답의 특성

(4) 자기평형성(自己平衡性)

응답곡선은 최종적인 평형값에 도달하는 특성을 가지고 있으며, 한 예로서 급수량이 증가할 때에 액면이 상승되고 유출량도 증가한다. 이것은 새로운 적정한 값으로 평형을 유지하기 위하여 제어대상 자신이 입력의 변화에 대해 제어량을 어느 위치에 도달시키는 성질로 자기평형성이라고 한다.

제3절 자동제어의 종류

자동제어의 종류에는 분류 방법에 따라 여러 가지로 구분할 수 있으나 여기서는 피드백제어와 시퀀스제어에 대하여 설명한다.

3-1. 피드백 제어

피드백(feed back) 제어는 온도, 압력, 유량 등과 같은 제어량의 현재값을 연속적으로 측정하고, 그 값과 목표값 사이에 편차가 생기면 이것을 자동적으로 편차가 없어지는 방향으로 출력신호를 조절하며, 출력신호는 다시 입력신호 쪽으로 되돌려 수정하여 정해진 목표값에 맞게 변화시키도록 하는 제어이다.

피드백 제어를 분류하면 목표값의 성질에 따라 정치(定値) 제어와 추치(追値) 제어로 나누어지고, 제어량의 성질에 따라 프로세스(공정) 제어와 서보(servo)기구 및 자동조정 등으로 구분된다.

3-1-1. 정치 제어

목표값이 시간의 변화와 관계없고 외부 조건에 의한 영향을 받지 않으며 항상 일정한 값으로 제어되는 방식이다. 즉, 전기담요의 온도 제어, 보일러와 에어콘 같은 냉·난방장치의 압력 제어 또는 급수탱크의 액면 제어 등이 이것에 해당된다.

3-1-2. 추치 제어

목표값의 크기나 위치가 시간의 변화에 따라 임의로 변화되고 이것을 제어량이 정확히 따라가고 외부로부터의 영향이 없도록 하는 제어이다. 유도탄 발사나 레이더의 자동추적 장치가 이것에 속한다.

① 비율 제어
2개 이상의 제어량 값이 일정한 비율 관계를 유지하도록 하는 제어로, 노의 연료와 공기를 공급할 때 연료량의 변화에 비례해서 공기량을 변화시키는 것이 이에 해당된다.

② 프로그램(program) 제어
제어 대상의 상태와는 독립적으로 제어 동작의 순서를 미리 정해진 프로그램으로 짜두고, 목표값이 시간적으로 변화됨에 따라 저장된 프로그램에서 순차적으로 제어의 단계를 진행해 나가는 추치제어이며, 전기로의 온도제어, 전화용 오르겔(orgel) 등에 이용된다.

3-1-3. 서보(servo) 기구

서보기구는 작은 입력에 대응해서 대단히 큰 출력을 발생시키는 장치이며, 물체의 위치 방향 등의 기계적 변위를 제어량으로 하여 목표값의 임의의 변화에 추치하도록 구성된 제어계이다. 이 장치는 공작기계의 작동장치, 선박 및 항공기의 자동조정장치, 대공포의 포신제어, 미사일의 유도장치에 사용된다.

3-1-4. 프로세스(process) 제어

원료를 물리적 화학적으로 처리하여 목적으로 하는 제품을 만드는 과정을 공정이라고 하는데, 이와 같은 생산 공정의 조건을 일정하게 유지하거나 시간적으로 일정한 변화의 규격에 따르도록 하는 제어 즉, 온도, 유량, 압력, 습도 등의 상태량을 프로세스에 맞도록 조정하는 자동 제어를 말한다. 이 공정 제어는 일반 화학 공장, 석유 공장, 제지 공장 등의 생산과정에서 많이 사용된다.

3-1-5. 자동 조정

제어량이 속도, 회전수, 토크, 전압, 전류 등과 같이 전기적, 기계적인 양 즉, 주로 동력장치에 관계된 양으로써 피드백 제어가 이루어지는 것을 말한다.

3-2. 피드백 제어 예

그림 7-16과 같은 온수조의 출구에서 온수 온도를 측온 저항체로 측정하고 가열 증기량을 온도 조절계로 가감하여 제어하려고 할 경우를 생각해 보면, 우선 온도 조절계는 온수 온도와 이미 결정된 목표 온도를 비교하여 출구 온도가 낮을 때에는 증기 밸브를 열고, 높을 때에는 밸브를 닫아 증기량을 가감하여 목표 온도와 온수 온도가 일치할 때까지 계속 작용한다.

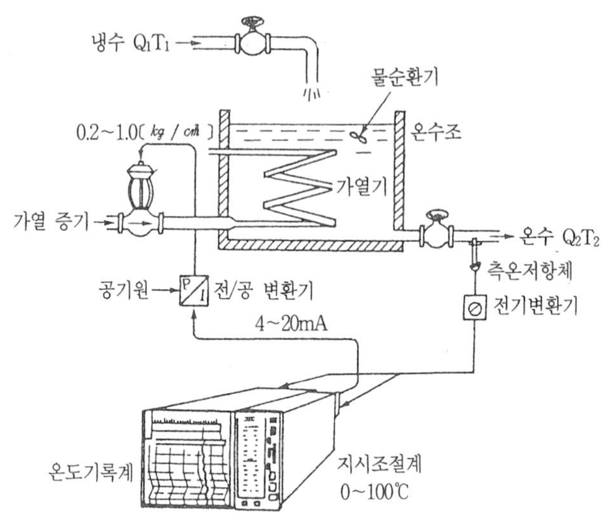

그림 7-16 급탕 제어 장치

다음으로 증기량이 적당한 상태로 흘러서 온수 온도가 목표 온도에 일치하여 안정될 때에 냉수의 유입량이 변화〔이것을 외란(disturbance)이라 함〕하면 즉, 냉수량이 증가하면 즉시 출구 온도가 내려가기 시작한다. 이 때 출구 온도가 목표 온도보다 내려가면 조절계는 증기 밸브를 여는 방향으로 동작시켜 출구 온도가 떨어지는 것을 억제한다. 이와 같이 제어계에서는온수조(제어 대상)에 가해진 증기량(조작량)의 변화에 따라 온수 온도(제어량)의 변동으로 나타나며, 이 온수 온도와 목표 온도(목표값)와의 차(제어편차)에 의해 조절계가 다시 수정 동작을 일으켜 조작량을 가감한다. 이와 같이 제어 대상을 중심으로 입력 신호(조작량)가 변동하여 그것이 출력 신호(제어량)로 되어 다시 입력측에서의 편차로서 돌아가는 방식을 피드백 제어라 한다.

이와 같은 계통을 그림 7-17과 같이 화살표의 방향으로 흐르는 신호를 블록(온수조, 조절계, 증기 밸브 등 신호 전달 요소를 직4각형으로 표시)과 선으로 나타낸 것을 블록 선도

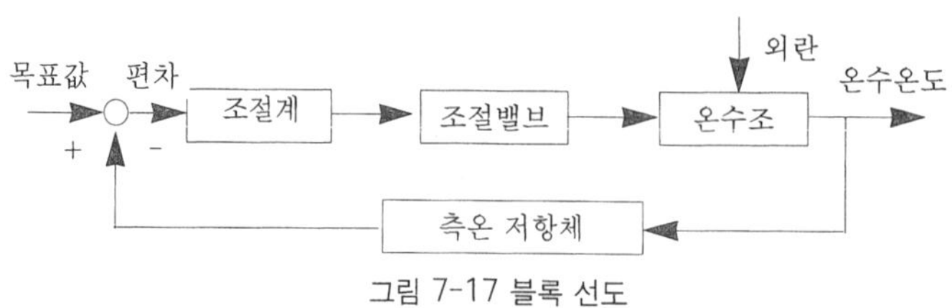

그림 7-17 블록 선도

(block diagram)라고 하며, 제어계를 검토하는데 중요한 수단으로 이용된다.

3-3. Sequence 제어

시퀀스제어는 미리 정해진 순서 또는 조건에 따라 제어의 각 단계를 순차적으로 행하는 제어이며, 동작 대상으로는 전기, 공기압, 유압 등의 동력원을 사용하여 배관, 배선을 통해서 제어의 내용을 전달 시행하는 것이다.

시퀀스제어 방식을 사용하는 목적은 생산, 제조 공정 등에서 시동, 정지 작업이나 가공조립 운반 포장 등과 같은 기계작업을 자동으로 처리하기 위해서이다.

이 제어의 용도는 전기밥솥이나 전기세탁기의 타이머, 수력발전소의 시동, 열차의 운전, 전화교환기나 자동선반의 조작, 특히 자동차 공장 및 화학공장과 같은 생산 제조공정에 꼭 필요한 중요한 것이다.

3-3-1. 시퀀스제어의 분류

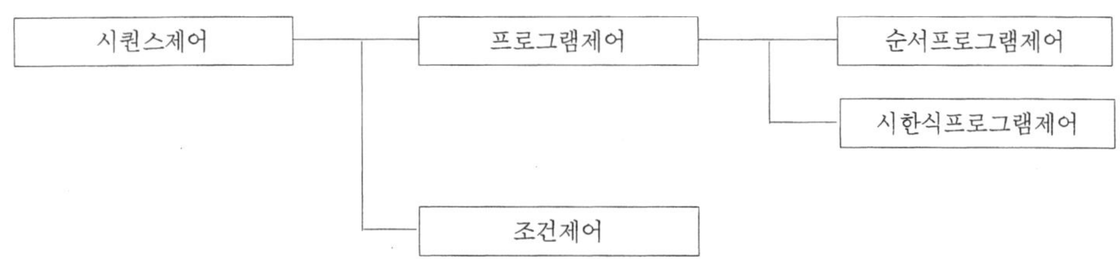

(1) 시한(時限) 제어

제어의 순서와 그 제어의 명령 발령 시각이 기억되고 정해진 시각에 정해진 순서대로 동작하는 제어로 기억과 시한기구를 갖는다. 이것은 공작기계의 왕복운동장치에서 양끝에 설치한 스위치와 같이 앞 단계에서 제어동작이 완료한 후에 다음 동작으로 옮기는 방법이다.

(2) 순서(順序) 제어

제어의 순서만 기억되어 있고 제어를 실시하는 시기는 검출기에 의해 주어지는 제어이며, 기억과 판단 기구를 갖는다. 즉, 전기세탁기와 같이 앞 단계에서 제어동작이 완료된 후에 일정한 시간이 경과되면 다음 동작으로 옮기는 방법이다.

(3) 조건(條件) 제어

검출결과를 종합하여 그 때의 조건으로 제어 명령을 결정하는 제어로 판단기구만을 갖는다. 즉, 엘리베이터처럼 앞 단계에서의 제어 결과에 따라 다음의 할 동작을 선정한 후 다음 단계로 옮기는 방법이다. 실제는 이것들이 복합적으로 조합된 경우가 대부분이며 자동판매기, 자동 엘리베이터, NC 선반, 자동 용접기, 자동차, 선박, 항공기 등에 사용되고 있다.

그림 7-18 시퀀스 제어의 기본 접점회로

회로명칭	접점회로	논리도	논리식	의미	참값표 A	참값표 B	참값표 R
논리적 (AND) 회로	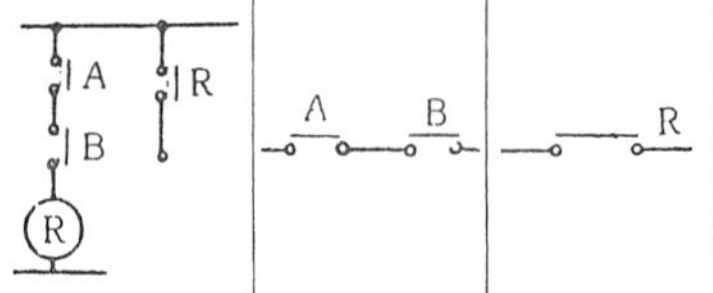	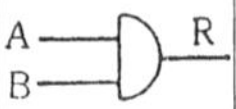	A · B=R	입력신호 A, B가 동시에 가해졌을 때만 출력신호를 낸다. 즉, 이 회로에서 출력 R값이 1이 되는 것은 A 및 B의 값이 모두 1일때 뿐이고 그 밖의 경우에 R값은 0이다.	1 1 0 0	1 0 1 0	1 0 0 0
논리합 (OR) 회로	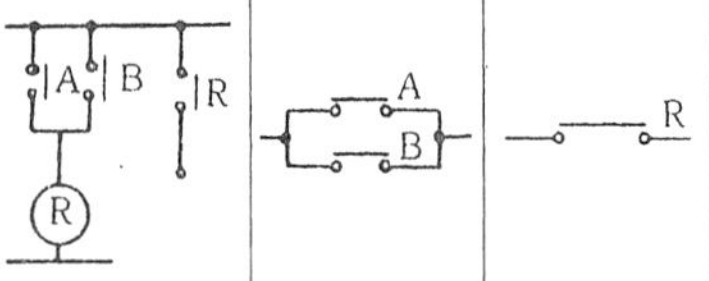	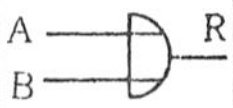	A+B=R	입력신호 A, B의 어느 한편 또는 양편이 가해졌을 때만 출력신호를 낸다. 즉 R이 1이 되는 것은 A가 1또는 B가 1일 때이거나 A, B가 모두 1일 때이며, R이 0이 되는 것은 A,B가 모두 0일 때뿐이다.	1 1 0 0	1 0 1 0	1 1 1 0
논리부정 (NOT) 회로	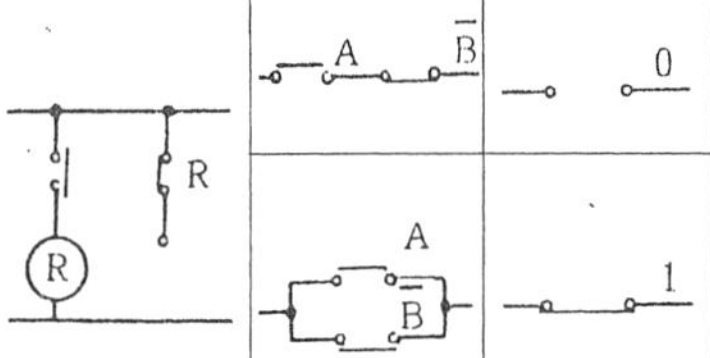	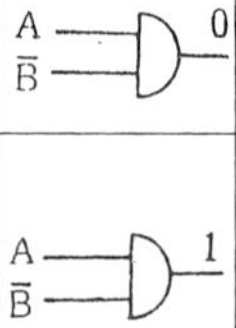	A · $\bar{B}$=0 A+$\bar{B}$=1	입력신호가 가해져 있지 않을 때만 출력신호를 낸다. 즉 R과 A의 신호값은 서로 반대가 되어 A가 1이면 R은 0이되고 A가 0이면 R은 1이 된다.	1 0		0 1
기억 (NOR) 회로	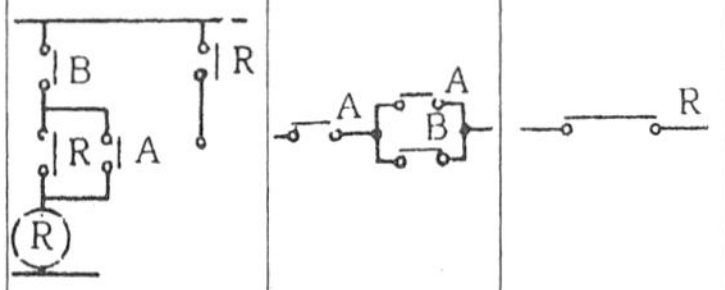	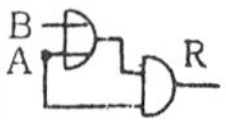	A(A+B)=R	입력신호 A가 가해진 것을 기억한다. 다른 입력신호 B를 가해줌으로써 그 기억을 지운다. 즉 No+회로와 OR회로의 혼합이며 A, B값이 모두 0일 때 R은 1이 되고 그 밖의 경우는 R값이 모두 0이다.	1 1 0 0	1 0 1 0	0 0 0 1
지연 (NAND) 회로	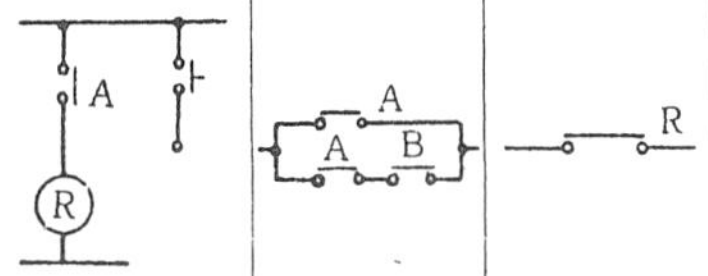	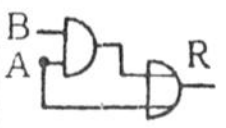	A · B+$\bar{A}$=R	입력신호 A가 가해지고부터 어떤 시간 지연을 경과해서 출력신호를 낸다. 즉 NOT회로와 AND회로의 혼합으로 AND회로의 출력과 반대 값이 나온다.	1 1 0 0	1 0 1 0	0 1 1 1

3-3-2. 시퀀스 제어의 기본 회로

시퀀스 제어계는 릴레이(relay), 캠(cam) 등으로 작동되는 개회로(開回路)로 구성되는데, 이러한 경우에 그 구성이나 동작기구가 복잡하면 기억 오차 및 착오가 일어나기 쉽기 때문에 이것을 회로로 나타내면 신호전달 계통과 구조, 배선 등을 명확히 할 수 있어서 편리한 점이 있다.

제4절 제어기기

제어계를 구성하는 요소 중에서 제어 대상에 포함된 부분을 제외한 검출기, 전송기, 조절기, 조작기, 지시 및 기록계로 구성되는 기기를 제어기기라고 한다.

4-1. 전송기(傳送器)

신호전송을 목적으로 하는 변환기로 검출기에서 검출된 신호가 미약하거나 조절기로 보내는데 적합하지 않을 때, 그 신호를 증폭 또는 다른 신호로 변환하여 전송하는 장치를 전송기(transmitter)라고 한다.

4-1-1. 공기압식 전송기

공기압식 전송기는 검출된 신호를 표준화된 공기 압력으로 변화시켜 지시계, 기록계, 조절기 등에 전송하는 장치이다. 공기압에 의한 전송방법의 특징은 공기압 발생장치의 구조가 직접 회로에 영향을 주지 않으므로 충분한 공기량과 압력(0.2~1kg/cm^2)만 공급해주면 되고, 전송 거리는 100m 정도이며, 전송 지연이 발생되지만 구조가 간단하고 고장이 적으며, 방폭에도 적합하므로 정유공장, 화학 공장 등에서 사용된다.

4-1-2. 유압식 전송기

유압식 전송기는 압력의 증폭이 쉽고 속도 위치 등의 제어를 정확하고 원활하게 할 수 있으므로 공작기계, 산업기계, 선박, 차량, 항공기 등의 자동장치에 사용된다.

전송거리는 300m 정도이며 전송 지연이 적고 구조가 간단하고 내구성이 있으며, 응답속도가 빠르기 때문에 큰 조작력이 필요한 경우에 사용된다.

4-1-3. 전기식 전송기

이 전송기는 공기 신호, 기계적 변위, 유압 등의 변화량을 전류로 변환시켜 전송하는 장치로, 전송 거리(0.3~10km)를 길게 해도 전송 지연이 거의 없으며, 배선이 용이하고 대규모 설비에 적합하지만 가격이 비싸다. 최근에는 공정제어에 컴퓨터를 많이 이용하기 때문에 전기식 전송기의 활용도가 높아지고 있다.

4-2. 조절계(調節計)

조절계는 검출기가 지시하는 신호에 따라 목표값에 신속 정확하게 일치하도록 일정한 신호를 조작부에 보내는 장치이다. 이 장치에는 제어를 위해 보조 동력을 사용하지 않고 프로세스 자체가 가지고 있는 에너지(용기나 탱크의 압력)에 의해 조절밸브를 작동시켜 제어하는 자력식 제어와 제어에 필요한 보조 동력으로 공기압, 전기, 유압 등을 사용하여 제어하는 타력식 제어가 있다.

4-2-1. 공기압식 조절계

노즐(nozzle), 플래퍼(flapper) 등을 이용한 조절계로 신호 전달이 늦고 조작이 느리지만, 고장이 없고 배관이 용이하며, 위험성이 없으므로 규모가 작은 경유 공장, 화학 공장 등에 사용된다.

4-2-2. 유압식 조절계

계측기로부터 나오는 신호를 유압으로 변환시켜 출력을 내는 것으로, 응답 및 신호의 전달이 빠르고 조작력이 크지만 배관이 어렵고 누설로 인한 오염과 화재의 위험성이 있다.

4-2-3. 전기식 조절계

전압이나 전류로 변환된 신호를 이용하는 조절기로 신호의 전송이 빠르고 배선이 쉬우며 적응성이 넓고 정확도가 크다.

4-3. 조작기(調作器)

조절기에서 나오는 조절 신호를 받아서 이를 조작량으로 변환시켜 제어대상을 직접 제어하는 장치이다. 이 장치의 구비 조건으로는 조작기에 가해지는 반력에 대하여 동작하는 조작력이 있어야 하고 가동 부분에 이력 현상(hysteresis)이 없으며 응답속도가 빨라야 한다. 또 동작범위, 크기, 특성이 사용하기에 적당해야 하며 신뢰성이 높고 유지 보수가 쉬워야 한다.

4-3-1. 공기압식 조작기

조절기에서 공기압 출력신호나 별도의 압축공기를 받아서 이 신호에 대응하는 구동축의 위치를 정해주는 동작장치로 스프링식, 피스톤식, 전동식, 다이어프램식이 흔히 쓰인다.

4-3-2. 유압식 조작기

이 조작기는 실린더와 피스톤을 조합한 조작 실린더에 쓰이고 있는데, 고압을 사용하며 조작력이 크고 응답이 빠르다.

4-3-3. 전기식 조작기

전기식 조작기는 전기신호의 압력에 따라 출력을 내는 장치로 전동기, 전동벨브, 전자밸브(solenoid valve) 등이 있다.

4-3-4. 혼합식 조작기

전기신호의 장점과 공기압식 또는 유압식 작동 부분의 장점만을 이용한 것으로, 전류조작 신호를 유압 또는 공기압으로 변환하여 구동시킨다. 따라서 조작장치의 전류를 압력으로 바꾸어 주는 기기가 필요하며, 이 원리는 신호전류를 전자력으로 변환시킨 다음 유압식이나 공기압식의 비례동작장치를 이용한다.

제5절 계장계획(Instrumentation Planning)

5-1. 계장(instrumentation)

오늘날 많은 제품들의 질이나 크기 등이 균일한 제품으로 생산 가능하게 된 것은 기술의 발달로 인한 공장의 자동화가 이루어졌고, 또한 자동화 기술이 발전함에 따라 다양하고 좋은 제품을 다량으로 값싸게 생산할 수 있게 되었기 때문이다. 따라서 화학 공업을 비롯한 시멘트 공업, 섬유 공업 등의 공장은 보다 더 진보된 자동화 기술을 이용하게 되었다.

자동화 공장의 초기에는 약간의 기계들만을 자동화로 동작시키는 것에 불과했으나, 공장의 규모가 커지고 여러 가지 복잡한 공정을 거쳐서 제품을 생산하게 됨에 따라 자동화 기술도 발전하게 되었으며, 여러 가지 계기들도 많이 필요하게 되었다. 따라서 공장 곳곳에 여러 가지의 자동화 기기와 기계들을 설치해야 했고 이것을 조작하고 감사하기 위한 많은 사람들이 필요하게 되었다. 이에 따른 어려움을 덜고 좀더 효율적인 방법으로 조작 · 감시하기 위하여 몇 개의 장소에 계기반을 설치하며, 이곳에 필요한 계기를 장치하는 것을 계장(計裝)이라고 한다.

예를 들면, 석유 화학 공장에 설치된 수많은 배관들과 증류탑이 우뚝 서있는 것을 볼 수 있는데. 이것들은 많은 계기에 의해 자동적으로 동작되며 이 계기들을 한 곳에 모아 집중 관리하고 있는 것이다.

집중 관리실(중앙 제어실:centralized control room)에는 많은 계기가 패널(panel)에 공정 상태를 한 눈에 볼 수 있도록 효율적으로 배치되어 있으며, 공정의 상태가 정상 상태를 벗어났을 때에는 신속하고 적절한 조치를 취할 수 있도록 되어 있다.

5-2. 프로세스(Process)공업

프로세스(process) 공업이란 어떠한 원료를 화학적 또는 물리적으로 가공하여 제품을 생산하는 공업을 말하는 것으로, 제철 공업, 석유 화학 공업 등이 대표적인 예이다.

프로세스 공업의 운전 방식으로 초기에는 배치 조작(batch operation)에 의한 것이었으나, 현재는 대부분이 연속 조작(continuous operation)으로 이루어지고 있다. 연속 조작이란 원료를 일정한 비율로 연속적으로 공급하면 제품도 일정한 용량이 연속적으로 생산되어지는 것을 말한다.

프로세스 공업에서 가장 중요한 것은 자동 제어이며 이것은 클로즈드 루프(closed loop) 제어와 오픈 루프(open loop) 제어로 구분된다. 클로즈드 루프 제어의 대표적인 것은 피드백(feed back) 제어이고, 오픈 루프 제어에는 피드 포워드(feed forward) 제어와 시퀀스(sequence) 제어가 있다.

5-3. 계장 설계의 순서

앞에서 설명한 바와 같이 근대적인 프로세스 공업은 계장 즉, 자동화하지 않고 그 운전을 한다는 것은 불가능하다. 또 계장 기술의 진보는 프로세스 공업의 요구를 만족시킬 수 있도록 그 필요성에 의해 프로세스 공업의 발전과 다투어 오늘에 이르렀다고 할 수 있다.

이와 같이 계장은 프로세스 공업으로부터 분리하여 독립적으로 생각할 수가 없으며, 계장 업무는 계장 시스템의 계획에서부터 공사 완료에 이르기까지 항상 프로세스 공업의 설계 · 공사와 밀접하게 관련되고 있다.

특히 공사에 있어서는 토목, 건축 및 전기, 배관 공사 등과의 유대 관계를 어떻게 능률적으로 처리하느냐가 주요한 과제이다.

5-3-1. 기본 계획

필요한 제품과 원료와의 관계를 설명하여 공장의 규모와 원료에서부터 제품까지의 공정을 결정한다. 그리고 프로세스의 구성과 물질 수지 및 열 수지의 계산 등을 하는 한편, 이 공장에 필요한 비용을 추정하여 경제성을 검토한다. 또한 계장 기술자는 계장상 특히 문제가 될 만한 점이 있는지 없는지를 대략 판단하고 계기 신호의 종류 등 기본안을 작성하며, 필요한 계장비의 개략적 적산을 한다.

5-3-2. 프로세스의 기본 설계

각 공정별로 필요한 운전 조건과 주요 기기류를 선정하고, 재질 등을 결정하여 이 단계에서 부분적으로 중요한 개소에 대해 제어 방식을 결정하고 전체 계장 시스템의 초안을 작성한다.

이러한 경우 공장의 운전 방법, 조업률의 변동 범위, 안전 대책과 보전 관계에 대해서도 충분히 고려해야 한다.

5-3-3. 프로세스 플로 시트(process flow sheet)의 결정

물질 수지나 열 수지를 나타낸 프로세스 플로 시트가 완성되면 그에 따라 공장 전체의 제어 방식을 결정해야 하며, 경우에 따라서는 주요 제어 방식을 표현하는 계장 플로 시트의 작성을 해야 한다.

이 작업과 병행해서 계기의 기종과 형식의 선정, 재질 등을 결정하고, 특히 특수 재질인 조절 밸브에 대해서는 긴 납품 기일을 필요로 하며 대체로 이 시점에서 발주하는 수가 많다.

5-3-4. 배관과 계기 도면의 작성

공장의 운전 개시나 정지시의 조작 방법, 정상 운전시의 운전 조건 또는 긴급시의 조작 등을 고려해서 P&I 도면(piping and instrument flow diagram or mechanical flow sheet)을 작성한다. P&I 도면은 공장의 기기, 배관, 계장 시스템 등의 모든 것을 표현하는 것이므로 그것을 작성하는 경우에는 계장 기술자가 반드시 참여하여야 하며, 동시에 제어 계통의 검토나 계기의 선정 등에도 신중을 기해야 한다.

이 단계에서는 여러 가지 조건하에서의 운전 방식을 생각하면서 제어용 계장뿐만 아니라 감시용 계기의 설치 위치도 결정한다. 모든 계장 시스템은 P&I 도면에 표현되는 것이 원칙이며, 계기 자체의 시방은 포함되지 않지만 이 도면을 봄으로써 플랜트의 제어 방식, 감시점 등이 해석되어야 한다.

5-3-5. 기기 시방의 결정

플랜트의 각 기기류의 상세한 시방이 결정되면 발주를 하게 되며 동시에 배관 공사의 설계도 시작된다. 이것과 병행해서 계기와 조절 밸브 등의 상세한 시방을 결정하고 계기 데이터 시트(data sheet) 혹은 계기 리스트(list)를 작성해야 한다.

납기가 긴 계기나 공사 형편상 초기에 필요로 하는 계기를 차례대로 시방서를 작성하여 발주하고, 또 한편으로는 계기반(panel)의 설계를 진행하여야 하며, 계기반의 상태는 운전에 크게 영향을 미치게 되므로 설계에 신중을 기하여야 한다.

5-3-6. 세부 설계

배관 공사의 설계나 계장의 기본 설계가 진행됨에 따라서 계장 공사의 설계가 시작된다. 계장 공사의 설계는 토목, 건축, 전기, 배관 등의 공사 설계에 맞추어서 진행하여야 하며, 계장 공사와 다른 공사와의 관련 등은 세밀히 검토되어야 한다. 이 때 주요한 작업은 설계와 공사용 자재의 재료표를 작성해서 필요한 자재를 발주하여야 한다.

5-3-7. 각 공사의 시공

토목 공사로부터 시작해서 차례로 각 공사가 수행되며 공장 완성 예정 시기에 맞추기 위해서 토목 공사 등은 P&I 도면작성 이전부터 착수하는 것이 보통이다.

계장 공사는 부대 공사로의 성격이 강하며 다른 공사와 독립해서 시공할 수 있는 부분은 극히 드물다. 계장 공사의 공정은 주로 프로세스 배관 공사의 공정에 크게 좌우되며, 프로세스 배관 공사의 뒤를 연결하여 공사를 진행하게 된다.

5-3-8. 시험

배관 공사나 전기 공사의 시험을 할 때는 계장 공사의 각종 시험(test)을 하고 시공 결과에 대한 판정을 한다.

5-3-9. 시운전

공장의 시운전(trical run)이 시작되면 계기류는 일제히 동작을 시작하게 된다. 그러므로 공장 시운전에 앞서서 계기류의 단독 조정이나 루프(loop) 시험을 할 필요가 있다. 시운전 기간 중에는 공장 운전 조건의 변동이 크기 때문에, 제어성의 검토 등을 필요에 따라서 다시 하거나 계기류의 재점검 또는 조정 등을 한다.

이상과 같은 개략적인 과정을 거쳐 공장의 설계에서부터 시운전까지 한 다음 영업 운전으로 들어가게 된다. 보통 계장 설계가 본격적으로 시작된 후부터 시운전까지 필요한 기간은 1~1년 6개월이며, 이 중 계장 공사의 설계는 4~5개월 현장 공사에 3~6개월이 소요되는 것이 일반적이다. 경우에 따라서 빠른 경우에 계장 설계 시작에서부터 시운전할 때까지 9개월이 소요된 예도 있으나 가능하다면 시간이 지연되더라도 좋은 시공이 되도록 하여야 한다.

5-4. 계장 공사의 설계

공장을 건설함에 있어서 시스템 엔지니어링(system engineering)의 입장에서 볼 때 계획이 합리적이고 경제성, 안전성, 기업의 특성, 공해 대책 등이 충분히 고려되도록 해야 한다. 그리고 이러한 것을 실현시키기 위해서는 각 관련 분야의 기술자와 긴밀한 협력을 해야 하며, 특히 운전에 관한 것 즉, 제어성이나 안전성, 운전 효율면 등에서는 계장 시스템이 가장 중요한 역할을 한다.

계장 기술자는 이 설계에 있어서 계장 시스템이 공장 전체의 계획에 잘 부합되는 것이어야 하고, 공장의 운전에 합리적인 관리가 가능하도록 하지 않으면 안된다. 따라서 공장 건설 계획의 초기 단계에서부터 그 계획에 대한 참여가 필요하며, 또한 계장의 중요성을 충분히 인식하여야 한다.

그러나 시스템 계획에만 중점을 두게 되면 공사 설계나 시공면에서 소홀히 넘어가는 사례가 많다. 계장 공사에서의 시공상 과오는 직접 사고에 직결되는 일이 많고 작은 나사의 풀림, 용접의 부실, 배선 불량 등이 결과적으로 큰 재해를 일으키는 예가 되므로 이 점을 새롭게 인식할 필요가 있다.

큰 사고로 확대되지는 않더라고 신호 회로에서의 배선 공사 불량때문에 계통상에 과대한 압력이 걸려 안전 밸브가 분출되거나, 온도 상승으로 인하여 비상 차단 밸브가 조여져 공장이 정지하는 사례도 흔히 있는 일이다.

예산면에서 보면 일반적으로 계장비가 공장에 차지하는 비율은 토지 조성비를 제외하고 대규모의 공장에서 6~8%, 비교적 소규모적인 공장에서 7~10%이며, 특수한 경우일지라도 대체로 15% 이하이다. 그리고 계장비의 내역은 계기 본체의 비용이 60~70%를 차지하고, 공사 자재비는 20~30%, 노무비는 10~15%, 기타가 2~5%를 차지한다.

그러나 최근에는 노무비가 차지하는 비율이 점차 상승하는 실정이다. 여하간 계장 공사비는 계장비 전체의 30~40%를 차지하게 되므로 금액적으로도 큰 비중을 차지하는 셈이다.

5-4-1. 계장 공사 설계의 분담과 범위

(1) 계장 공사 설계의 분담

① 계장 시스템 설계 : 프로세스 운전 방식, 제어 방식, 안전성 등에 관한 기본 설계 및 P&I 도면의 작성 등 계장 시스템의 설계 업무

② 계장 설계 : 계장 시스템 설계에 바탕을 두고 계기 데이터 시트와 계기 목록을 작성하고 계기, 계기반, 오물림 기구, 프로세스 기기의 검출, 노즐 위치 및 계기용 전원 장치, 공기 장치에 이르는 계장 기기 전체의 시방 확정 및 상세 설계를 하는 업무

③ 계장 공사 설계 : 계기나 계장 기기를 공장의 한 설비로 건설하기 위한 현장 공사 방법과 공사 재료의 시방을 정하거나 다른 공사와의 한계 구분 등의 상세한 시공 도면을 작성하는 설계 업무

이와 같이 계장 관계의 설계는 내용이 서로 다른 담당 부서에서 기간의 경과와 더불어 단계적으로 진행되는 성질을 가지고 있다.

(2) 계장 공사 설계의 범위

① 공사의 시공 및 도면 작성에 관한 시방서 및 자료를 갖추고 공사 설계의 관리 및 표준화 업무

② 계기반이나 전원 장치 등의 계장 기기를 시설하기 위한 제도화 업무

③ 계장 공사 설계에서 가장 중요한 인력(man power)과 시간을 요하는 현장 공사를 위한 시공도 작성 및 공사 재료의 집계 업무

5-4-2. 계장 공사의 설계와 현장 공사의 진행법

계장 공사 설계는 공장 설계, 계장 공사는 건설 공사의 한 부문이다. 공장 건설 공정 내에서 양쪽을 어떻게 진행시켜 나가야 되는가를 알아본다.

(1) 계장 공사 설계의 진행법

계장 공사 설계에 착수하는 시기는 공장의 기본 설계가 끝나고 장치의 전체 배치를 결정하는 단계부터이다. 전체 배치 작성에 있어서는 다음 사항을 관계 부문에 알려주어야 한다.

① 계장 배선 · 배관 주경로의 결정(케이블의 주경로)

② 계기실 내 설치의 계기반 배치(panel layout)

③ 계장 공사 시방서의 확정

④ 계장 공사 설계 공정표의 작성(drawing schedule)

⑤ 표준 도면, 표준 시공 요령서 등의 작성

계장 설계가 진행되고 계기 데이터 시트가 끝나면 계장 공사의 시공도 작성에 들어간다. 우선 계장 시스템 및 계기류를 이해함에 있어 유용한 계기 신호 계통도를 정리하고 다음에 계기 도압 배관 요령도를 작성한다. 도압 배관 요령도는 프로세스 배관 설계에 대하여 검출단 노즐의 방향이나 공사 경계 범위 등의 결정용으로써 필요하다.

프로세스 배관도가 완료되면 계기의 위치가 판명되며 이 때부터 현장 계기 배치도, 계기신호 배선도, 온도계 배선도, 공급 공기 배관도, 신호 공기 배관도 등의 레이아웃도, 그리고 케이블류의 본수가 판명된 시점에서 메인 케이블(main cable) 포설도 및 상세한 케이블 덕트 · 케이블 피트의 배치도를 작성한다. 한편 계장 설계측에서 계기반 등 계장기기설계가 끝나면 현장 계기와 계기반을 연결하는 배선 · 배관 접속도를 작성한다. 이렇게 작성한 도면을 바탕으로 배관이나 배선의 공사 재료를 집계하고 자재를 구입하여 현장 공사의 착수로 옮겨간다. 그러면 계장 공사 설계는 이것으로 일단 끝나게 된다.

현장 공사가 완료되면 완성 도면 작성이 필요하다. 계장 공사 도면은 중요한 개소 이외는 융통성을 갖게 되며, 그것은 계장 설비 그 자체가 프로세스 기기나 프로세스 배관에 부대되는 것이므로 건설 공사에 있어서는 그들의 완성 상태, 공사 진척 상황 등에 따라서 계기의 설치 위치나 배관 · 배선 루트가 크게 좌우되며 적응되지 않으면 안된다.

(2) 계장 현장 공사의 추진 방법

현장 공사는 계장 공사에 임하는 공사 감독자나 작업자를 위한 사무실, 탈의실, 휴게실, 계기나 공사 재료를 보관하는 자재 창고, 작업장 등 가설 설영부터 시작하여 가설 공사가 끝나면 본격적인 공사가 시작된다. 이어서 프로세스 배관도나 현장 계기 배치도에 의하여 계기의 설치 위치를 결정한다. 동시에 계기 스탠천(stanchion) 등의 가대 작업과 계기 둘레의

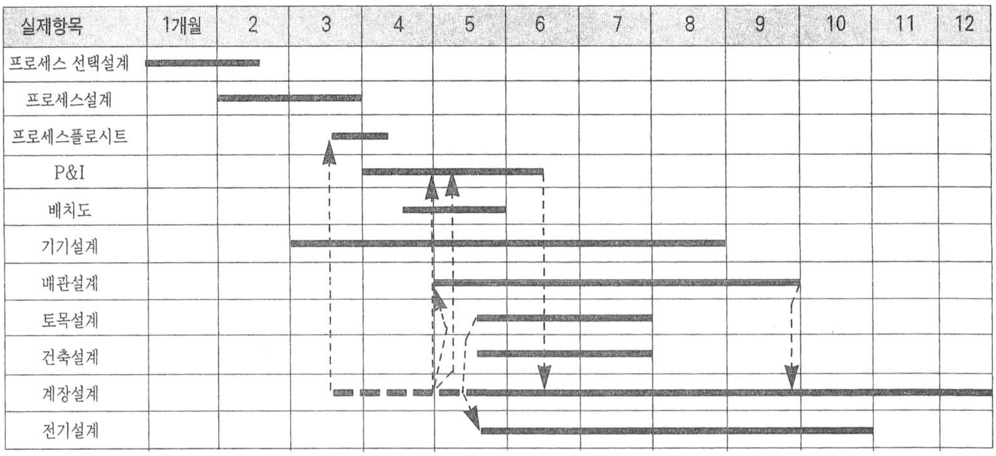

실제항목	1개월	2	3	4	5	6	7	8	9	10	11	12
프로세스 선택설계												
프로세스설계												
프로세스플로시트												
P&I												
배치도												
기기설계												
배관설계												
토목설계												
건축설계												
계장설계												
전기설계												

그림 7-19 공장 설계의 종합 공정표

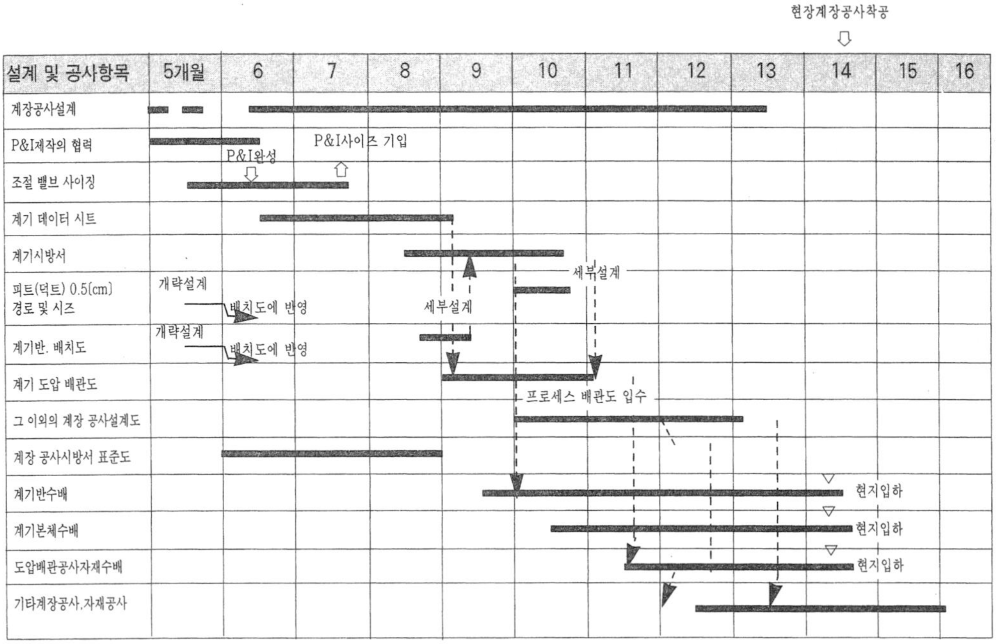

현장계장공사착공
설계 및 공사항목
5개월
6
7
8
9
10
11
12
13
14
15
16
계장공사설계
P&I제작의 협력
P&I사이즈 기입
P&I완성
조절 밸브 사이징
계기 데이터 시트
계기시방서
세부설계
피트(덕트) 0.5(cm)
경로 및 시즈
개략설계
배치도에 반영
세부설계
계기반. 배치도
개략설계
배치도에 반영
계기 도압 배관도
프로세스 배관도 입수
그 이외의 계장 공사설계도
계장 공사시방서 표준도
계기반수배
현지입하
계기본체수배
현지입하
도압배관공사자재수배
현지입하
기타계장공사.자재공사
그림 7-20 계장 공사 설계의 공정표

도압 배관, 액세서리의 장치 등 프리페브(prefab) 작업을 한다.

현장 계기의 위치 선정을 조기에 실시하면 앞으로의 배관 · 배선 공사의 진행에 크게 도움이 되며 케이블 주경로의 공사가 끝나면 접속함을 설치하여 주배선의 포설을 한다.

케이블 포설 전에 계기실 내의 계기반이나 계장 기기류를 설치하는 것이 좋으며, 그 이후는 프로세스 배관 공사의 진도에 맞추어서 각 공사를 병행하여 추진한다.

계장 공사의 기간은 공장의 규모에 따라 다르지만 보통 소규모는 2개월, 중규모는 3~5개월, 대규모는 6~12개월이다.

5-5. 계상 설계의 삭성 도면

5-5-1. 계장 플로 시트(계기 계획도)

공장의 계장 설계를 시작할 때 먼저 제어가 필요한 프로세스 변량, 즉 온도, 압력, 유량, 액면, pH 등의 검출점과 감시가 필요한 프로세스 변량의 검출점을 플로 시트에 기입한다.

다음에 제어단이 될 조절 밸브 등의 부착점을 프로세스 배관상에 선정하여 기입한다. 끝으로 계기의 부착 장소 및 계기의 종류를 선정하여 기입하면 계장 플로 시트가 완성된다.

공장의 계장 계획을 검토하기 위한 계장 프로 시트는 그림 7-21의 (a)에 나타낸 개략도로 충분하지만, 계장 공사의 적산 · 시공에는 그림 (b)에 표시한 상세도가 필요하다.

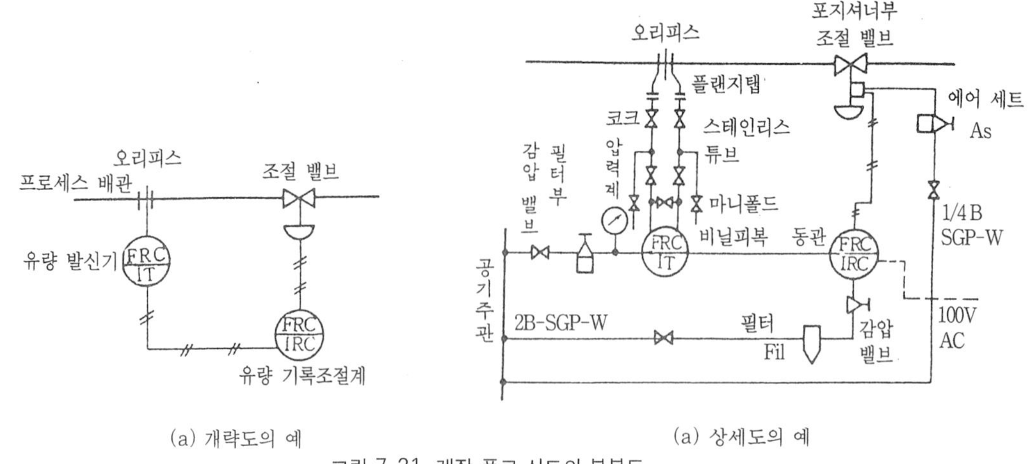

(a) 개략도의 예 (a) 상세도의 예

그림 7-21 계장 플로 시트의 부분도

5-5-2. 계기 일람표

계기 일람표는 계기의 시방과 용도 및 부착 장소 등을 총괄적으로 종합한 표로서 종합용, 검출기용, 조절 밸브용 등이 있으며 여기에 정리하여 기입한다 규모가 작은 계장 공사인 경우에는 종합용 계기 일람표의 양식 한 장에 모든 것을 기입할 수도 있다.

또한, 종합용만을 사용하고 검출기용과 조절 밸브용은 시방서의 양식에 기재하는 방법도 채용되고 있다. 이 경우 계장 공사를 담당하는 기술자는 공사 관리를 능률적으로 수행하기 위해 검출기용과 조절 밸브용의 계기 일람표를 나름대로 작성해야 한다(표 7-1, 7-2 참조).

표 7-1 종합용 계기 일람표

거래선	○○○ 귀하	계기일람표		년 월 일
공사명	ABC			○○ 계장 공사(주)
번호	계기번호	주요사양	부착장소	비고
1	TW-1	IC · SUS 보호관, l =250	1012	
	TRC-1	G사 3045형	1호 제기실	
	V-1	4B, 포지셔너부 RS형	1036	증기용
2	RT-2	G사 3051형 0~5[kg/cm²]	1013	플랜지 부착형
	PRC-2	G사 3045형	1호 계기실	
	V-2	2½B, 포지셔너부, RT형	1018	식물유용

표 7-2 검출기용 계기 일람표

공사명(회사명)						계 기 일 람 표								년 월 일			
공정(공사)명														○○○ 제장 공사(주)			
계기번호	용도	측정량					유체명	사용조건					설계의 기준 조건				기타
		단위	눈금범위	최대	기준	취소		온도	압력	밀도	점도	기타	온도	압력	압력정격	관의지름	

표 7-3 조절 밸브용 계기 일람표

계기번호	용도	유체명	유량				입구	차압		온도	밀도	점도	기타	설계의 기준 조건					
			단위	최대	기준	취소	압력	최대	기준					온도	압력	압력정격	관의지름	KV	밸브의형식

5-5-3. 도면의 실 예

계장 공사에 숙련이 되기 위해서는 계장 도면을 읽는 것부터 시작해야 한다. 그림 7-22는 계장 플로 시트의 그림 기호와 실태를 대조적으로 나타낸 것이다.

5-5-4. 온도제어

그림 7-26은 스팀(steam)을 이용하여 물의 온도를 제어하는 과정을 나타낸 것이다. 그림 (a)는 파이프에 흐르는 찬물을 스팀으로 가열하여 그 출구 온도를 제어한다.가열된 물의 온도는 검출기에 의해 검출되어 온도 지시기에 지시된다. 조작자는 그 온도를 눈으로 보고 읽어서 밸브를 조작하여 원하는 온도를 맞춘다. 이와 같은 밸브의 조작으로 열교환기에 들어오는 스팀의 양을 변화시킴으로써 물의 온도를 조절할 수 있다. 이러한 시스템에 관련된 신호의 흐름을 살펴보면 온도 → 온도 검출기 → 눈 → 머리 → 손 → 밸브 → 스팀의 유량 → 온도로 되어 신호가 한바퀴 돌게 된다.

그림(b)는 수동 제어에 있어서 조작자 대신에 조절기를 설치하여 그것으로 판단 동작한다. 이것은 출구 온도를 온도 검출기로 측정한 다음에 전송기에서 전기 신호로 바꾸어 조절기에 보내진다. 조절기에는 전송기로부디 보내져 온 제이 신호와의 편차에 따라 적딩한 출력

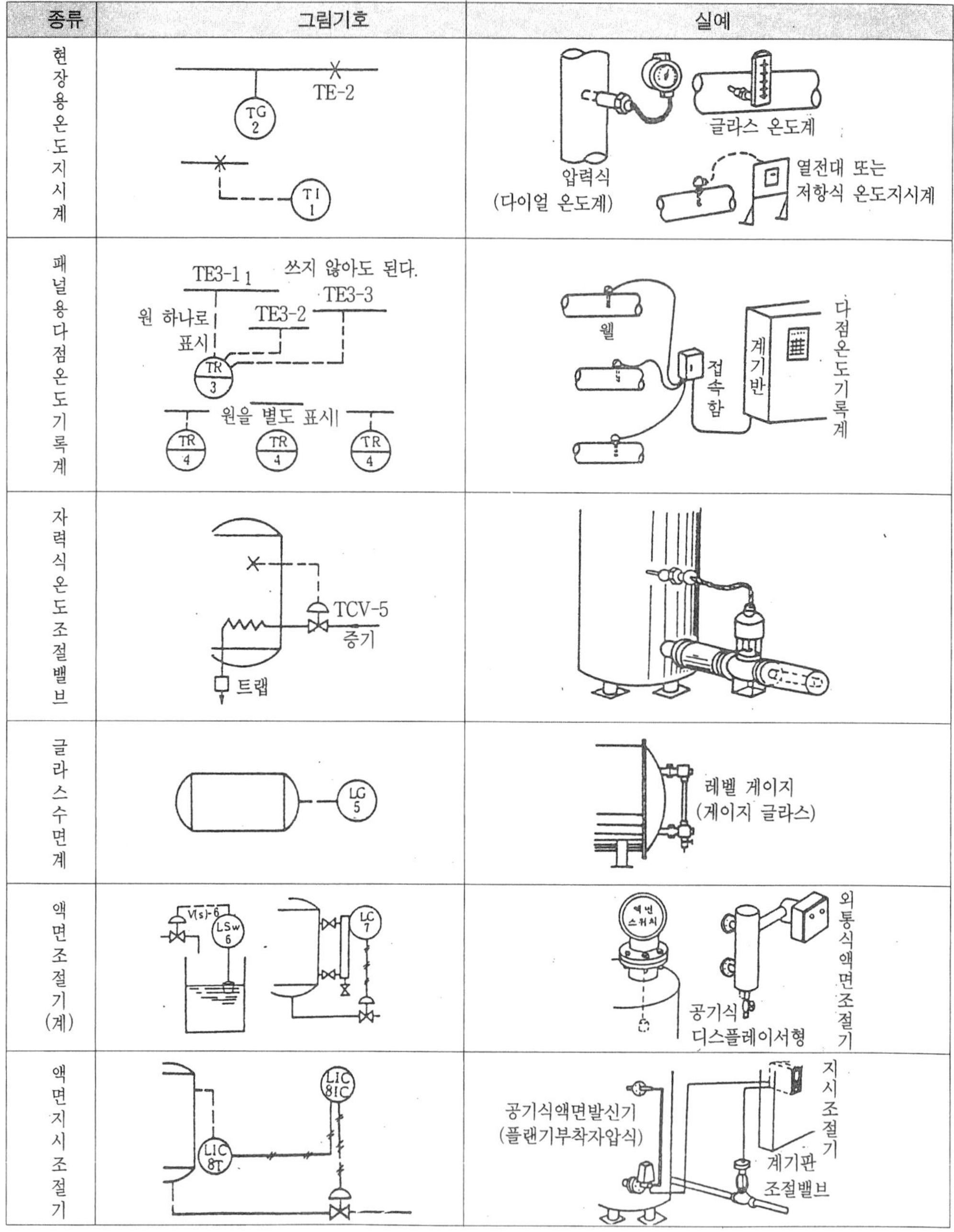

그림 7-22 계장 그림 기호와 실 예의 대조(1)

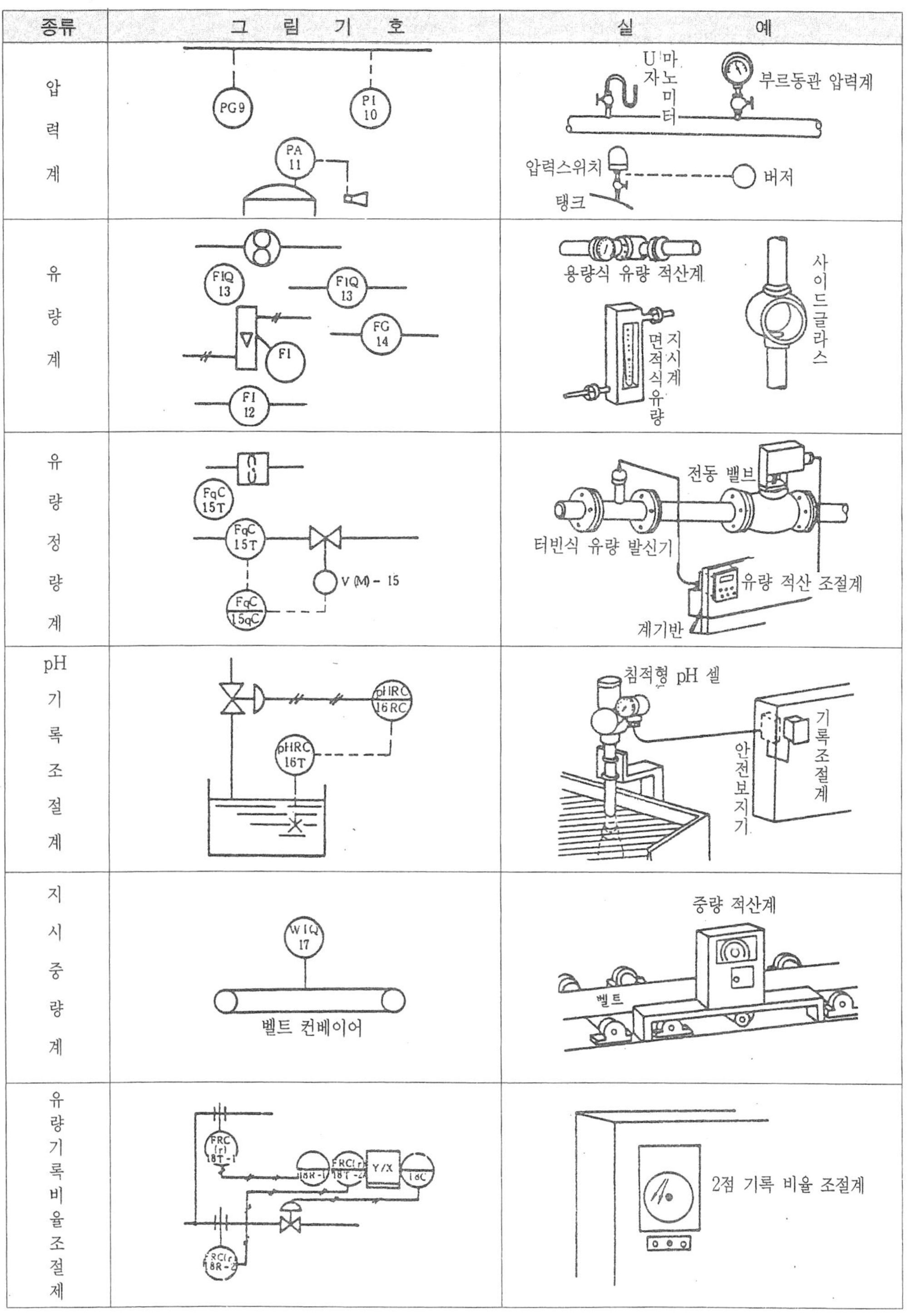

그림 7-23 계장 그림 기호와 실 예의 대조(2)

그림 7-24 문자 기호와 명칭

문자 기호	명칭	문자 기호	명칭
A	경보(alarm), (A) 아날로그	O-F	온 오프 신호 : (ON-OFF0 온 오프 조절
Act	조작부(actuation unit)	P	압력 또는 진공, 시료 채취 또는 측정점 : (P) 피스톤 밸브
Amp	증폭기(amplifier)		
As	에어 세트(air set)	Pos	포지셔너(positioner)
(b)	배칭 조절(batching control)	Pw	동력원(power source)
C	조절, 도전율(control, conductivity)	(P)	프로그램 조절(program control)
D	밀도 또는 비중:(D) 디지털	Q·q	적산 : q 적산 검출
(d)·d	차 또는 편차(difference, deviation)	R	기록(record, recording)
E	검출, 전기적량(detection)	Ry	릴레이(relay)
Ei	전류(electric current)	r·(r)	비율(ratio)
Ev	전압(voltage)	S	속도, 회전수 또는 주파수, 시퀀스 제어 : (S) 전자 밸브
Ep	전력(electric power)		
F	유량(rate of flow, stream flow)	(Sc)	스캐닝(scanning)
FC	고장이 발생했을 때 닫히는 밸브	Set	설정기(setting)
FI	고장이 발생했을 때 개도 정 · 역의 밸브	Sel	실렉터(selector)
FL	고장이 발생했을 때 직전의 상태를 유지하는 밸브	Sw	스위치(switch)
FO	고장이 발생했을 때 열리는 밸브	T	온도, 전송 또는 변환(temperature, trensfer, transmission)
Fil	필터(Filter)		
(f)	피드 포워드 조절	Tm	타이머(timer)
G	감시, 길이 또는 두께	(t)	트렌드(trend)
H	수동:(H) 고위에서 동작	U	불특정 또는 다수의 변량, 불특정 또는 다수의 기능
I	지시(indication)		
K	계산기 제어 시간	(u)	변환기(changer, converter, transducer)
L	레벨, 조깅:(L) 저위에서 동작	V	점도, 밸브 등의 조작 기능
Lsw	리밋 스위치(limit switch)	(v)	시간차 연산
(l)	텔레미터 전송, 개평 연산	W	중량 또는 힘, 웰
M	습도, 수분 또는 습분:(M) 중위에서 동작, 전동 밸브	Wf	순간 중량
		Wt	힘
(m)	평균치 연산	X	기타
N	회수 또는 빈도	Y	연산
(n)	보정 연산	Z	안전 또는 긴급

명칭	그림기호		비고
	a접점	b접점	
일반 접점 및 수동 접점	(a) (b) 	(a) (b) 	손으로 넣고 손으로 끊는 것
수동조작 자동 복귀 접점	(a) (b) 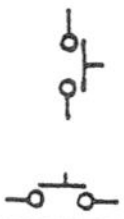	(a) (b) 	손으로 조작하고 손을 떼면 자동으로 복귀하는 접점
기계적 접점	(a) (b) 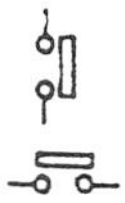	(a) (b) 	접점의 개폐가 전기적 이외의 원인으로 조작하는 접점
잔류 접점	(a) (b) 	(a) (b) 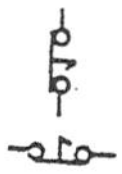	
릴레이 접점	(a) (b) 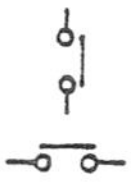	(a) (b) 	a 접점은 무여자 상태에서 개로, b접점은 무여자 상태에서 폐로
한시 동작 접점	(a) (b) 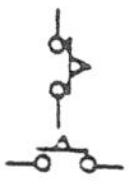	(a) (b) 	한시 접점이라는 것을 나타낼 필요가 있을 경우에 사용함
한시 복귀 접점	(a) (b) 	(a) (b) 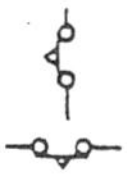	
수동 복귀 접점	(a) (b) 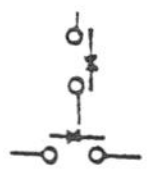	(a) (b) 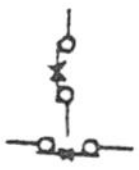	사람의 손으로 복귀시키는 것이나 전자석으로 복귀시키는 것도 포함
전자 접촉기 접점	(a) (b) 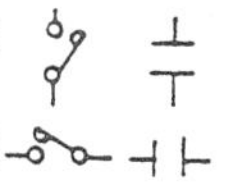	(a) (b) 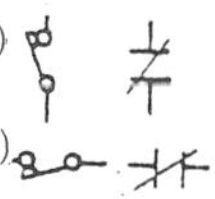	오 동작을 일으킬 우려가 없는 경우에는 릴레이 접점의 기호를 사용함
제어기 접점			1개의 접점을 나타낸다.

그림 7-25 접점의 그림 기호

이 조작 신호로 제어 밸브에 보내지고, 이것은 조작 신호에 따라 동작되어 스팀의 유량을 조절한다.

5-5-5. 조작부 설치

종래에는 조절 밸브가 고장이 났을 때 바이패스 밸브를 수동으로 조작하여 장치의 운전을

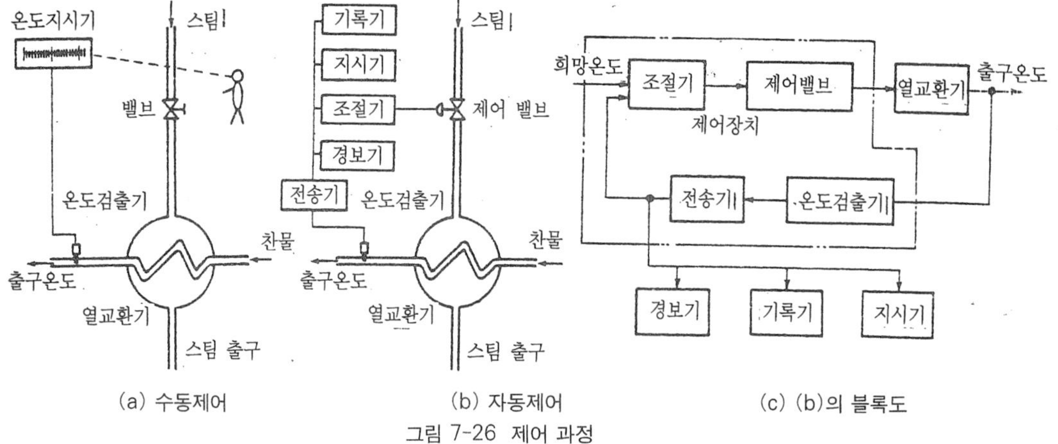

(a) 수동제어 (b) 자동제어 (c) (b)의 블록도

그림 7-26 제어 과정

계속하기 위해서 대부분의 바이패스 밸브를 설치하였으나, 근래에는 다음과 같은 이유로 설치하지 않는 경우가 많다.

① 수동으로 운전 불가능한 장치가 많아졌다.

② 바이패스 밸브를 설치하지 않으면 조절 밸브의 성능이 좋게 되고 고장이 적어진다.

조절 밸브를 설치할 때 주의해햐 할 사항은 다음과 같다.

① 조절 밸브를 유체의 유동 방향으로 맞추어서 배관 중심에 정확하게 설치한다.

② 배관 지름과 밸브의 접속구 지름이 다를 경우에는 리듀서(reducer)를 사용한다.

③ 밸브의 본체를 설치한 채로 분해 · 수리할 수 있도록 밸브의 상하에 공간을 두어야 하고, 설치 및 분해가 쉬운 장소를 선정하여 설치한다.

④ 배관이 수평으로 된 곳에 수직하게 설치한다.

⑤ 진동, 응력, 굽힘 등이 작용하지 않도록 설치한다.

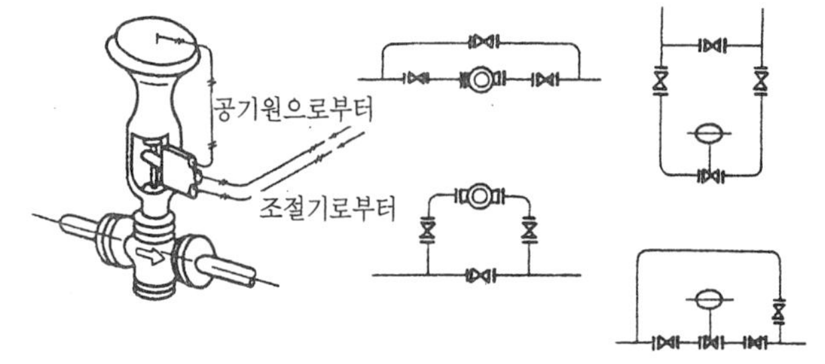

(a) 바이패스가 없는 경우 (b) 바이패스를 설치하는 경우

그림 7-27 조절 밸브의 설치 예

5-5-6. 밸브(valve)의 선정

(1) 유량 계수(Cv)

액체가 흐를 때 밸브 전 · 후에 압력차가 생기며, 이 때의 부피 용량은 다음 식과 같다.

$$Q = CA\sqrt{\frac{2g}{r}\cdot \Delta p}$$

여기서 Q : 부피 용량[m^3/h], C : 유출 계수, A : 구멍의 단면적[m^2],
g : 중력의 가속도[m/sec^2], **r** : 유체의 비중량[kg/m^3], Δp : 압력차[kg/cm^2]이다.

유량 계수 Cv는 상기식을 밸브에 적용하여 밸브의 부피 용량으로 나타내는 지수로 만든 것이며, "1 psi(0.0703kg/cm²)의 압력 강하를 갖는 밸브를 상온의 물이 1분에 흐르는 갤런(gallon)수"라고 정의한다. 예를 들면, 유량 계수 Cv가 20의 밸브라고 한다면 완전 개방상태시 1psi의 압력 강하로 1분당 20갤런(75,704 l)의 물을 흘릴 수 있다는 뜻이 된다.

유량 계수 Cv를 산출하여 부피 용량값보다 크거나 가장 가까운 값을 갖는 밸브를 제조 회사의 규격표에 의하여 선택한다.

액　　　체	$Cv=0.037\,Q\sqrt{\dfrac{r}{P_1-P_2}}$
기　　　체	$Cv=\dfrac{Q_N}{307}\sqrt{\dfrac{r_n(273+t)}{(P_1-P_2)(P_1+P_2)}}$ ($P_2 < 0.5P_1$ 일 때는 $P_2=0.5P_1$로 하여 계산)
증　　　기	$Cv=\dfrac{(1+0.0013S)W}{13.6\sqrt{(P_1-P_2)(P_1+P_2)}}$ ($P_2 < 0.5P_1$ 일 때는 $P_2=0.5P_1$로 하여 계산)
단, Cv : 밸브의 유량 계수 Q : 작업 상태에서의 부피 유량[m³/h] Q_N : 표준 상태에서의 부피 유량[m³/h] W : 중량 유량[kg/h] P_1 : 상류측 압력[kg/cm²] P_2 : 하류측 압력[kg/cm²]	r_n: 표준 상태에서의 비중량[kg/m³] r : 작업 상태에서의 비중량[kg/m³] t : 유체온도[°C] S : 증기과열도[°C](과열 증기의 온도와 같은 압력의 포화 증기의 온도와의 차)

(2) 유량 특성

밸브의 열림 정도와 밸브를 통과하는 유량 관계를 유량 특성, 밸브 전·후의 압력차를 일정하게 하고 비압축성 유체를 흘렸을 경우의 특성을 고유 유량 특성, 실제의 프로세스 특성을 유효 유량 특성이라고 한다.

밸브를 관로에 붙였을 때 일반적으로 관로의 저항은 유량의 제곱에 비례하여 변화하며, 펌프의 출력 특성은 유량이 감소했을 때 압력이 상승하므로, 유효 유량 특성과 고유 유량 특성 사이에는 상당한 차이가 있다. 따라서 밸브는 이들의 특성을 고려하여 적절한 것을 선정하여야 한다.

(3) 밸브의 크기 결정

일반적으로 프로세스를 계획하는 경우에는 밸브의 크기를 가정하므로 실제의 사용 조건을 정확히 파악하는 것이 중요하다. 이들의 결정 방법은 다음과 같다.

① 밸브의 압력 강하 : 제어 밸브로 들어오는 배관의 압력 손실의 1/3을 밸브의 압력 강하로 하고, 압력 강하가 큰 관로의 경우는 15~20[%]로 하며, 작은 압력 강하로도 충분하다고 생각하는 경우는 가능한 한 큰 값으로 한다. 만약 압력 강하의 비율이 작으면 유량 증가시에 제어 능력이 저하된다.

② 최대 유량 : 밸브 크기 산출에 쓰이는 최대 유량을 그 프로세스의 여러 가지 조건 안에서 밸브의 입구와 출구의 차압이 가장 적게 되는 상태일 때 밸브 완전 개방시에 흐르는 유량을 선택하지만, 보통 상용 유량의 1.25~2.0배이다. 펌프, 송풍기 등의 정격치를

그대로 최대 유량으로 하는 것은 위험한 일이 되므로 피해야 한다.

③ 비중 · 점도 : 비중은 유량 계수 계산에서 평방근의 함수가 되므로 엄밀히 할 필요는 없으며, 점도는 레이놀드 수(Reynolds number)가 작은 범위에서는 유량 계수 계산식이 성립되지 않으므로 실험적으로 구해야 된다.

④ 증기성 액체 : 밸브를 통과하는 액체가 밸브 출구에서 증기를 포함한 액체로 될 경우 계산된 밸브 크기보다 큰 것을 선택하고, 출구의 배관 크기를 크게 하여 충분히 흘려보낼 수 있도록 한다.

⑤ 유속 제한 : 벨브 출구 쪽의 유속이 크게 되면 화학적 부식, 물리적 부식 및 잡음 발생 등의 문제가 있기 때문에, 이런 경우는 계산한 유량 계수 값보다 큰 밸브 몸체를 선택해야 한다.

(4) 비율성

어떤 정해진 범위 내에서 유량 특성이 유지되는 범위의 최대 유량과 최소 유량의 비율을 비율성이라고 하며, 일반적으로 플러그형(p-port) 밸브에서는 50:1~30:1, 스커트형(v-port) 밸브에서는 50:1로 하지만 크기가 작은 밸브에서는 약간 작게 한다.

제6절 간이 공조용 계장(簡易空調用 計裝)

6-1. 공조용 계기

공조용 계기는 공업용 계기에 비하여 소형이고 정밀도가 약간 낮지만, 값이 저렴하며 사무실, 주택 등에 설치하여도 미관을 해칠 염려가 없도록 만들어져 있다.

6-1-1. 온도 조절기

온도 조절기는 전기식의 2위치식(ON-OFF)제어 또는 고정 밴드의 비례 제어를 할 수 있다. 또 이것에는 실내 벽 부착용과 덕트 등에 삽입하는 형이 있다. 이 측정 원리는 압력식으로 벨로즈(bellows)압력계가 접점을 개폐하는 기구를 움직이게 되어 있다.

6-1-2. 공기식 조절기

공기 조절기는 공조 장치, 건조기, 항온실 등의 제어에 사용하는 반공업용 계기이며 온도, 습도, 정압 등 3가지의 압력까지 수신하고 조절 밸브, 댐퍼 등의 공기압으로 비례 제어한다.

6-1-3. 조작기

조작기에는 전기식과 공기식이 있다. 전기식 제어의 경우는 전동기 조작기를 쓰고 2위치 동작 또는 비례 동작을 할 수 있으며, 최근에는 전자 제어의 조작기도 만들어지고 있다. 이것들을 밸브 또는 댐퍼에 접속하는 링키지(linkage)를 사용해서 조작기의 축 회전을 왕복 운동이나 소요의 각도 회전으로 변환시킨다.

조작기의 전원은 소형의 경우는 직류 24[V]를 사용하지만 대형은 교류 120[V]가 정격이다. 전기식 조절기와 조작기의 비례 제어는 브리지(bridge)회로와 릴레이를 합성으로 하며 그림 7-28은 그 원리를 나타낸 것이다.

시간 비례식의 전기 조절기와 전자 밸브를 조합하며 거의 같은 비례 제어가 된다. 시판되고 있는 시간 비례식 전기 조절기는 간헐주기 10~30초로 PI동작과 PID 동작이 많다.

6-1-4. 조절 밸브

조절 밸브는 공업용 조절 밸브의 본체를 소형으로 한 것이며, 밸브의 본체는 1/2~6B, 내부 밸브의 안지름은 최소 1/8B까지 만들어지고 있다. 1/2B 이하의 내부 밸브에 대해서는 밸브 본체를 전부 1/2B로 사용한다. 또한 3/8B와 1B는 1B, 1/4B와 1½B는 1½B의 본체를 사용한다.

6-2. 공조 계장의 실 예

6-2-1. 빌딩의 공조

(1) 로컬 제어 그룹

로컬 제어 그룹(local control group)은 각 층 · 각 실의 공기 조화기 또는 각 실의 팬코일유닛(fancoil unit)에 온 · 냉수를 공급하는 열교환기 등을 제어하여 빌딩 내의 공기 온도, 습도, 정압, 통풍량 등을 설정치로 유지시킨다.

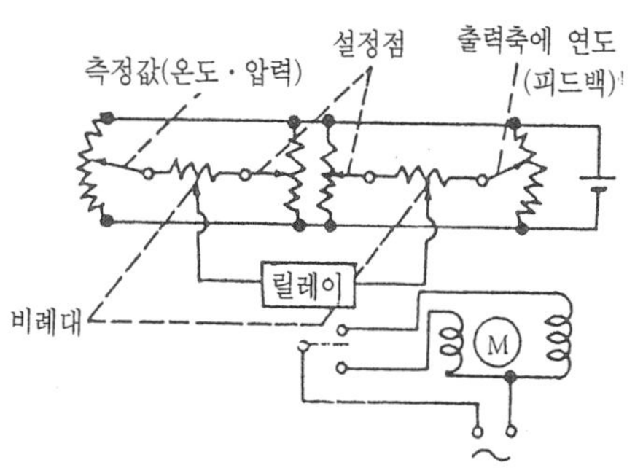

그림 7-28 전기식 비례 제어의 원리

(2) 매드릭스 제이 그룹

매트릭스 제어 그룹(matrix control group)은 공조 기계의 전체 운전을 부하에 대응해서 경제적으로 가장 적합하도록 제어한다. 이것은 공조 기계가 여러 대 있어야 하는 경우, 공조 기계실이 분산 배치되어 있을 때 필요하다.

(3) 데이터 센터 제어 그룹

데이터 센터 제어 그룹(data center control group)은 로컬 제어와 매트릭스 제어를 결합한 중앙 제어 장치이다.

6-2-2. 개별적인 실온 제어

주택, 호텔 등의 각 실은 필요한 때에만 사용할 수 있도록 개별적인 온도 조절기에 의하여 팬코일 유닛을 제어한다. 예를 들면, 침실용 데이나이트 컨트롤러(daynight controller)가 있는데, 이것은 온도 사이클을 외부의 온도 변화에 따라 시계기구로 하여금 설정 온도를 심야에서 아침까지 조절하는 것이다.

그림 7-29는 개별적인 실온 제어의 한 예를 나타낸 것이며, 그림 7-30은 7층 사무실 빌딩의 공조 계장의 모델을 나타낸 것이다.

6-2-3. 냉동기의 제어

냉동 설비가 공랭식인가 수냉식인가 하는 것도 사용자와 협의하여 결정하지만, 수냉식이라면 냉각탑을 어떤 장소에 설치하는 가를 결정해야 한다.

제상(除霜) 방식을 핫가스(hot gas)방식으로 하느냐 살수 방식으로 하느냐에 따라 배관 방식이 달라진다. 따라서 냉동기의 설치에 대해서도 잘 검토해서 조작하기 쉬운 곳에 설치하여야 한다. 냉장고 내에 설치하는 냉각기의 크기는 다음과 같은 식으로 구할 수 있다.

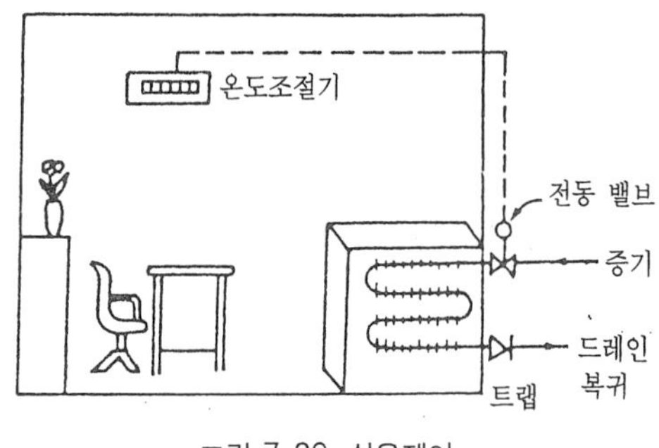

그림 7-29 실온제어

$$A = \frac{\phi}{K \cdot \Delta t_m} \, [m^2]$$

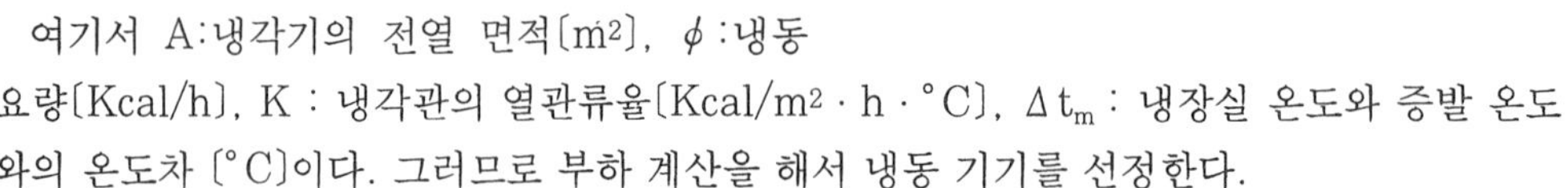

여기서 A:냉각기의 전열 면적[m²], ϕ:냉동 요량[Kcal/h], K : 냉각관의 열관류율[Kcal/m² · h · °C], Δt_m : 냉장실 온도와 증발 온도와의 온도차 [°C]이다. 그러므로 부하 계산을 해서 냉동 기기를 선정한다.

그림 7-31은 냉방용 냉수를 공급하는 장치의 계장 예를 나타낸 것이며, 그림 7-32는 3대의 냉동기를 동시에 제어하며 냉방 부하로 계산하여 매트릭스 제어하는 경우의 예를 나타낸 것이다.

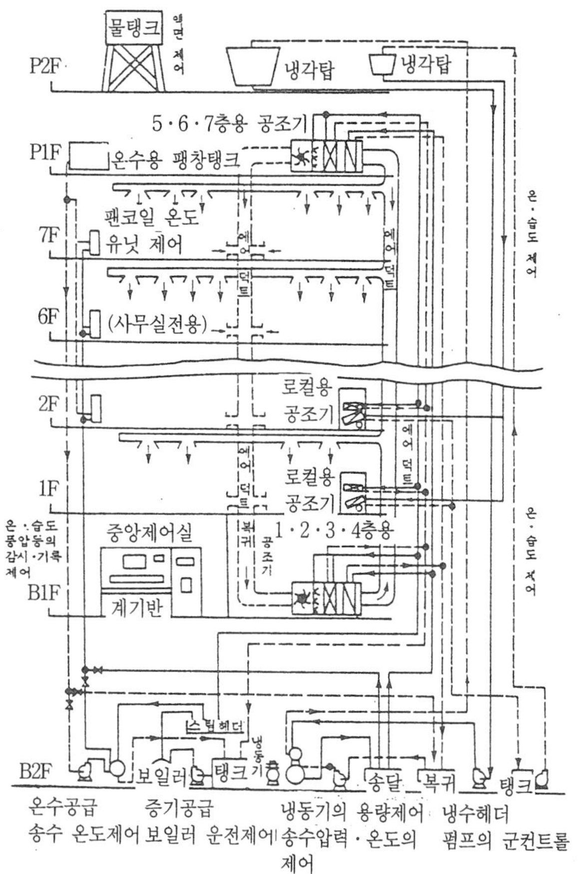

그림 7-30 빌딩의 공조 계장

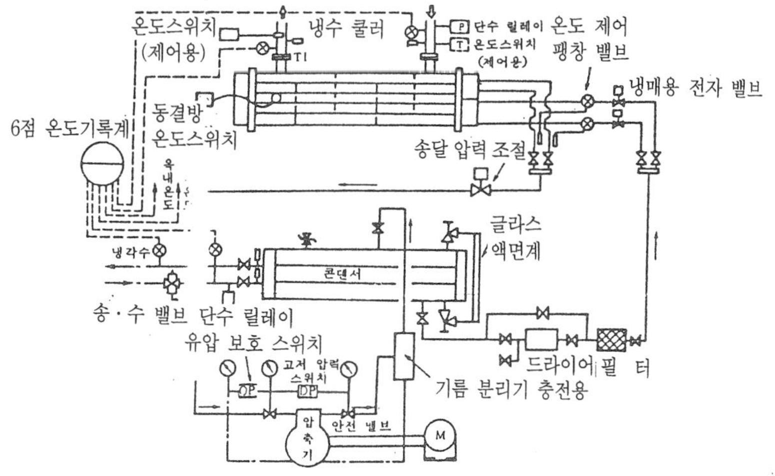

그림 7-31 냉수 공급 장치의 계장

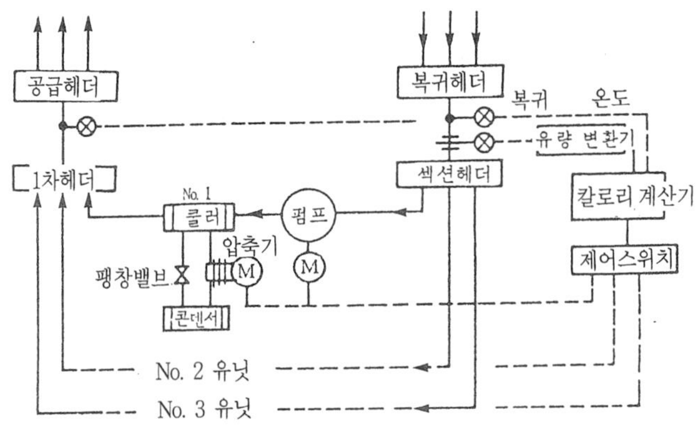

그림 7-32 냉동기의 그룹 제어

제8장

집진장치설비

제 8 장
집진장치설비

제1절 개요

인간이 생활하고 있는 대기 중에는 많은 유해 물질 즉, 매연이 포함 되어 있다. 매연이란 연료 또는 기타 물질의 연소시에 발생하는 미세한 미연탄소(未燃炭素)나 가스류 중에서의 미연소 가스인 CO, CO_2, 황화물(SO_2, SO_3) 및 카드뮴, 염소, 납, 질소 등의 그을음, 분진, 회분 등을 총칭하는 말로, 이러한 성분들의 연소 가스가 대기 중으로 방출되어 인체, 동식물, 기계장치 등에 매우 나쁜 영향을 준다. 인체에 대한 매연의 오염도는 "농도×흡인 시간"으로 측정된다. 고농도의 먼지가 존재하는 것은 인간에게 대단히 비위생적인 환경일 뿐만 아니라 직업병의 주원인을 제공하기도 한다.

1-1. 매연(煤煙) 발생 원인과 농도측정

매연은 통풍력의 부족으로 공급 산소량이 적거나 연소장치용 연료가 부적당할 때, 연료 중에 수분이나 불순물이 혼입되어 있을 때 또는 취급을 잘못하였을 때 주로 발생된다. 이 때 발생된 매연의 농도 측정 방법에는 여러 가지가 있겠으나, 그 중 가장 일반적인 방법은 링겔만(Ringelman) 농도표에 의한 측정법이다. 이 농도표는 14×21cm의 백색 바탕에 10mm 간격으로 검은선을 그어 바둑판과 같은 모양으로 만든 것으로 검은 선의 굵기를 변경시켜 검은 부분이 차지하는 면적의 0%, 20%, 40%, 60%, 80%, 100%가 되도록 각각 0°에서 5°까지 6종으로 분류하여 번호로 표시한 것이다.

매연이 일광을 차단하는 정도를 백분율로 표시한 비율 즉, 매연 농도율은 다음 식에 의하여 구한다.

$$\text{매연농도율}(\%) = \frac{\text{총 매연농도값} \times 20}{\text{총 측정 시간(분)}} = \frac{\text{총 매연농도값} \times 20}{\text{시간당 측정 회수}}$$

위 식에서 총 매연농도값이란 단위 시간 내에 발생된 연기 농도의 연수(延數)를 나타내는 값으로, 링겔만 농도표 번호에 각각의 발생 시간(분)을 곱한 총합이며 20은 상수로 링겔만 농도 1도의 연기가 일광을 차단하는 비율이다.

매연농도의 측정시에는 링겔만 농도표를 16m 정도 관측자의 전방에 놓고, 그림 8-1에 표시한 바와 같이 관측자와 연돌과의 거리는 30~39m로 하고 연돌 상단 30~45cm부뷰의 연기의 색을 비교한다. 관측자와 연돌까지의 거리가 적당하지 않으면 200m 이내로 하면된다.

표 8-1 링겔만 농도표의 도표 번호 구분

도표번호	백폭(mm)	흑폭(mm)	농도(%)	연기색
No. 0	전백	-	-	무색
No. 1	9	1	20	엷은회색
No. 2	7.7	2.3	40	회색
No. 3	6.3	3.7	60	엷은흑색
No. 4	4.5	5.5	80	흑색
No. 5	-	전흑	100	암흑색

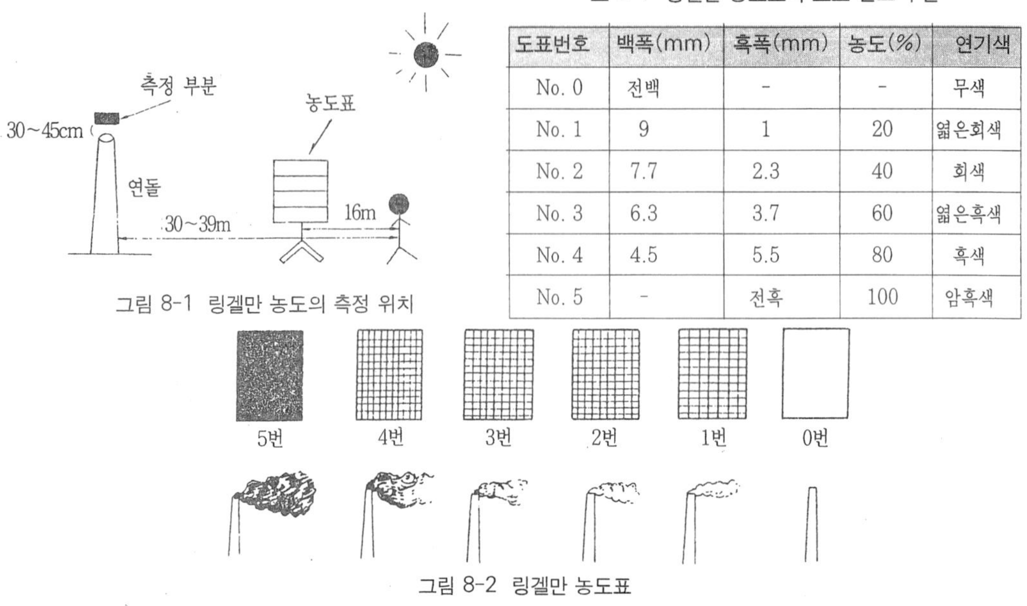

그림 8-1 링겔만 농도의 측정 위치

그림 8-2 링겔만 농도표

표 8-1은 링겔만 농도표의 도표 번호에 따른 농도와 연기의 색을 표로 나타낸 것이다. 표를 통해 알 수 있는 바와 같이 농도가 4°, 5°가 되면 연소 상태가 나쁘고 1°, 2° 이하로 유지되면 연소 상태가 좋다는 것을 뜻한다.

1-2. 집진장치의 필요성과 선택

매연을 적게 발생하게 하려면 설비가동시 공기비를 적절히 조정하고 불순물이 적은 연료를 사용하며 우수한 성능의 연소장치를 선정해야 함은 물론, 대기 속의 먼지나 매연을 한 곳에 모아서 제거하는 시설인 집진장치를 설치하면 된다. 이 집진장치는 가급적 쾌적한 생활환경을 만들어 대기 오염으로 인한 공해 방지에 매우 필수적인 설비라 하겠다.

집진장치는 그 집진하고자 하는 분진의 입자 크기 및 종류에 따라서 중력, 관성력, 원심력, 전기력, 부착력 등을 이용하여 분진을 분리 포집하게 된다. 따라서 그 장치의 종류가 다양해 어떤 것을 선택하는냐 하는 문제가 매우 중요하다.

(집진장치의 선택을 위한 제반 기본 사항)

① 설치 장소 : 옥내, 옥외, 도시, 지방, 공업지대, 상업지대, 시가지역, 외곽지역 등을 고려하며 설치공간, 소음 등에도 유의한다.

② 사업의 종류 : 제조공정의 종류에 따라 다르다. 즉, 목재공장, 제분공장, 화력발전소, 제약공장, 연마재 제조업, 화학약품 제조공장 등 그 사업의 종류에 따라 가장 적당한 방법을 선택한다.

③ 설비 소요 수량 : 가장 경제적인 설비를 하기 위해 가장 적당한 설비 수를 정한다.

④ 집진장치에 유입되는 가스 또는 물의 온도 : 20°C 내외가 표준이므로, 그 표준 온도 이상 또는 미만시 장치 내의 성능에 주는 영향을 고려한다.

⑤ 입자의 크기와 그 양(量) : 집진하고자 하는 분진 입자의 크기 및 입자의 많고 적음을 고려한다.

⑥ 예상 집진 효율 : 사업의 종류에 따른 효율의 정도를 고려한다. 예를 들면 소맥분, 분탄, 시멘트 등을 끌어 올리는 작업 수행시에는 100%의 효율을 요구하지만 공기 조화장치용인 경우에는 분진의 크기 1μ 이상의 것을 75~90% 정도 제거해 주면 된다.

⑦ 기타 : 부식성 물질, 수증기의 유무 및 그 양, 분진 운반 방법, 동력원(動力原) 등을 고려하며 처리 분진 입자의 비중, 전기저항, 분진의 흡착성 등에 따라 선택한다.

제2절 집진장치의 종류

집진장치는 집진 방법에 따라 중력식, 관성력식, 원심력식, 여과식, 세정식, 전기식 등으로 분류할 수 있다.

2-1. 중력식(重力式) 분리법

2-1-1. 원리

공기 중에서 분진이 분리, 하강되는 속도는 주로 입자의 크기와 비중에 관계가 있기 때문에 입자가 크고 비중이 클수록 빠르다. 이 때 속도가 빠르면 분진의 분리는 용이하지만 효율은 떨어진다. 중력식 분리법이란 집진실 내에 함진가스를 도입하고 특별한 장치를 부착하지 않고도 분진 자체의 중력에 의해 호퍼로 자연 침강시켜 분진을 포집하는 장치이다.

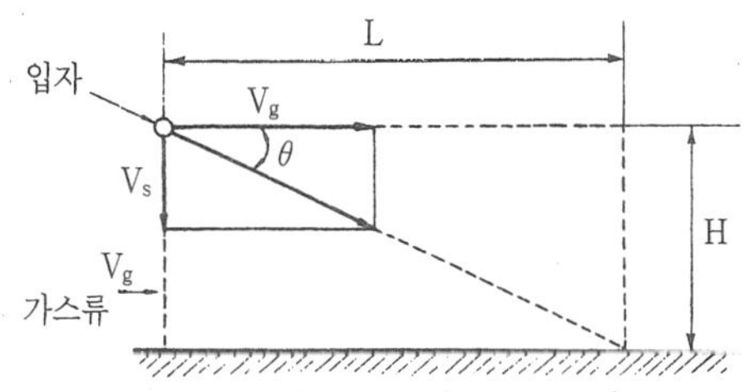

그림 8-3 수평 가스류 중 분진입자의 이상적 중력 침강

그림 8-3은 수평으로 함진가스를 배출시켰을 때의 구상(球狀)에 있는 분진입자의 이상적인 중력침강 현상을 그림으로 나타낸 것이다. 그림에서 입자의 지름이 작아지면 급속하게 입자의 분리속도(V_g)가 떨어지므로 분진의 분리가 어렵게 됨을 알 수 있다. 처리하고자 하는 함진가스의 속도를 V_g라 하고 입자가 높이 H에서 침강을 시작하여 수평거리가 L인 지점에 떨어진 경우에는 다음 식이 성립된다

$$\tan\theta = \frac{V_s}{V_g} = \frac{H}{L}$$

위 식에서 V_g 및 H를 가급적 적게 하고 거리 L을 크게하면 할수록 분진의 침강속도(V_s)가 작아지므로, 분리 가능한 분진의 입자는 더욱 미세한 것임을 알 수 있다.

2-1-2. 형식의 분류

중력식 분리법은 200μ보다 큰 입자의 분진을 침강시키는 데 주로 이용되는 중력침강식과 20μ 정도의 입자까지도 침강시킬 수 있는 다단침강식으로 분류된다.

2-1-3. 특성

① 구조가 간단하다.

② 집진실 내에 들어온 함진가스의 유속을 1~2m/sec 정도로 감소시켜 관성력을 잃어 침강하도록 한다.

③ 압력손실은 대략 5~10mmAq 정도이며 집진효율은 40~60% 정도이다.

④ 함진량이 많은 배기 가스의 1차 집진장치로 많이 이용된다.

⑤ 침강실 내의 처리 가스속도가 작을수록 더욱 미세한 입자의 분진을 포집할 수 있다.

⑥ 침강실의 높이(H)가 적고 길이(L)가 클수록 집진율이 높아진다.

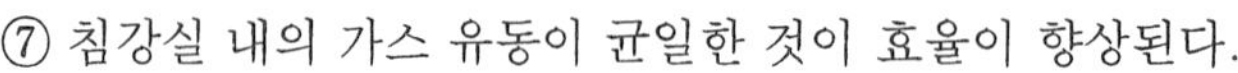

⑦ 침강실 내의 가스 유동이 균일한 것이 효율이 향상된다.

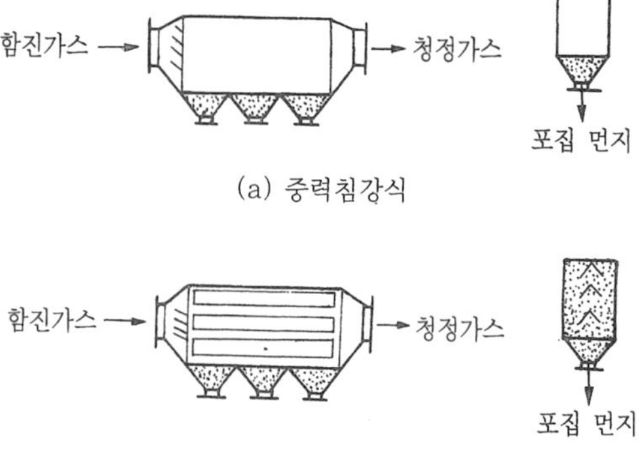

그림 8-4 중력식 집진 장치

2-2. 관성력식(慣性力式) 집진법

2-2-1. 원리

관성력식 집진법은 함진가스를 방해판 등에 충돌시키거나 흐름을 반전(反轉)시켜 기류의 급격한 방향 전환을 행하게 함으로써, 분진에 관성력을 주어 기류에서 떨어져 나가는 현상을 이용하여 분리하는 방법이다

그림 8-5는 2개의 방해판에 함진가스를 충돌시킬 경우의 관성력을 이용한 집진장치의 원리를 나타낸 것이다. 함진가스가 입구를 통해 들어오면 방해판 B1 및 B2에 부딪치게 되며, 기류를 급격히 방향 전환시킴으로써 가스 내에 포함되어 있던 분진의 입자가 관성력에 의하여 침강 분리되고 가스는 상부로 배출된다.

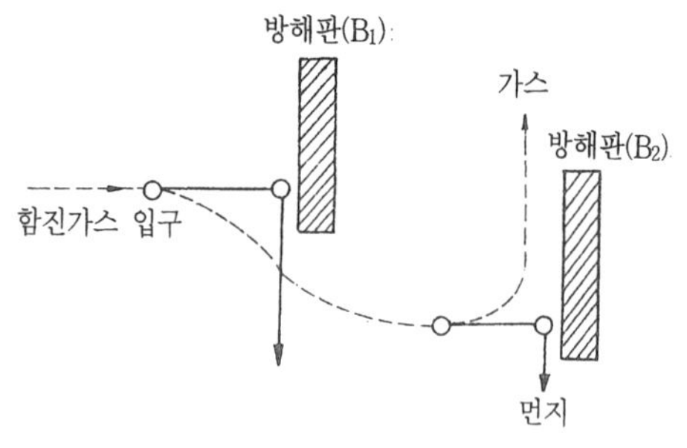

그림 8-5 관성력 집진장치의 원리

2-2-2. 형식의 분류

관성력 집진장치는 집진 방식에 따라 충돌식(衝突式)과 반전식(反轉式)으로 나누어지며, 방해판(baffle)의 수에 따라 일단형(一段型)과 다단형(多段型)으로 분류하기도 한다. 또한 형식에 따라 곡관형, 루버형(louver type), 포켓형(pocket type) 등으로 분류하기도 한다.

2-2-3. 특성

(1) 구조가 간단하다.

(2) 일반적으로 고온가스의 처리가 가능하므로 굴뚝 또는 배관 내에 장착하여 이용될 때가 많다.

(3) 지름 10μ~100μ인 입자의 집진에 이용되며 집진효율은 50~70% 정도이다.

(4) 압력손실은 10~100mmAq로 형식에 따라 많은 차이가 있다.

(5) 액체 입자의 포집시에는 멀티배플형(multibaffle type:다단형)이 많이 이용되며, 분진의 포집을 완전하게 하기 위하여 처리가스 출구에 충전층을 설치하기도 한다(그림 8-6의 (f) 참조).

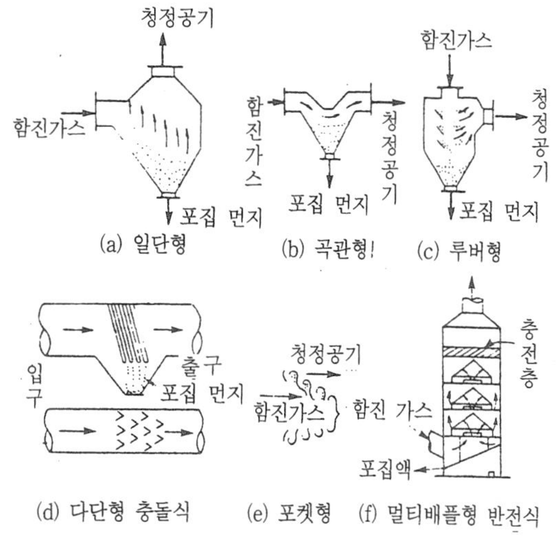

그림 8-6 관성력 집진 장치의 형식

(6) 함진가스의 속도는 충돌 전에 입자의 성상에 따라 적당한 속도로 한다. 충돌 후에는 출구 쪽으로 향한 배기가스의 속도가 늦을수록 분진 미립자를 제거하기가 쉽다.

(7) 기류의 방향 전환 각도가 적고 전환 회수가 많을수록 압력손실은 커지지만 집진효율은 더욱 좋게 된다.

(8) 먼지 포집호퍼(dust box)는 적당한 모양과 크기의 것이 필요하다.

2-3. 원심력식(遠心力式) 집진법

2-3-1. 원리

함진가스에 선회운동을 주어 분진입자에 작용하는 원심력에 의하여 입자를 분리하는 집진장치로서 사이클론법(cyclone method)이라고도 한다.

그림 8-7에서 보는 바와 같이 사이클론에서는 접선 방향으로 위치한 가스 유입구나 유입구 날개(vane)에 의하여 가스에 회전운동이 가해진다. 이 때 함진가스가 하향으로 나선운동을 함에 따라 입자가 사이클론 내벽 쪽으로 이동한 다음, 점차 바닥에 침전하게 된다. 깨끗

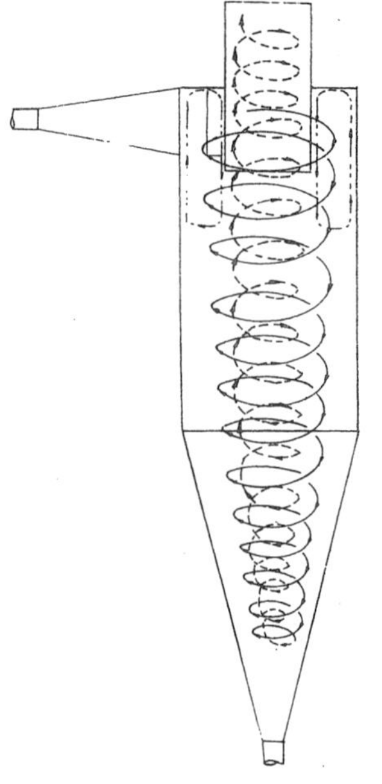

그림 8-7 사이클론의 원리

해진 가스는 하향의 나선운동을 끝마치고 상향으로 나선운동을 하게 되어 마지막으로 중앙의 관을 통하여 밖으로 배출된다.

사이클론에서는 분진에 중력(F_g), 원심력(F_c) 및 마찰 저항력(F_f)의 세 가지 힘이 작용되어 입자의 진로와 집진효율을 결정하게 된다. 이 때 각 힘별 계산식은 다음과 같다.

- 중력 : $F_g = M_d \cdot g$
- 원심력 : $F_c = \dfrac{M_d \cdot V_d^2}{R}$
- 마찰저항력 : $F_f = \dfrac{C_f \cdot A_d \cdot \rho \cdot V_r^2}{2g}$

M_d : 입자의 질량(kg)
g : 중력가속도($9.8 m/s^2$)
V_d : 입자의 원주속도(m/s)
R : 입자의 운동반지름(m)
C_f : 마찰계수
A_d : 입자의 단면적(m^2)
ρ : 입자의 밀도($kg \cdot s^2/m^4$)
V_r : 가스에 대한 입자의 상대속도(m/s)

사이클론에서는 내통경을 적게, 처리 가스 속도를 크게하면 분리 속도도 크게 될 뿐만 아니라 미세한 입자가 분리될 수 있다. 사이클론에서 100% 먼지를 분리 · 포집할 수 있는 입자의 최소 지름을 한계입자 지름 d_l이라 하면, 이 한계입자 지름은 사이클론의 내통 지름 D_2의 제곱근에 비례한다.

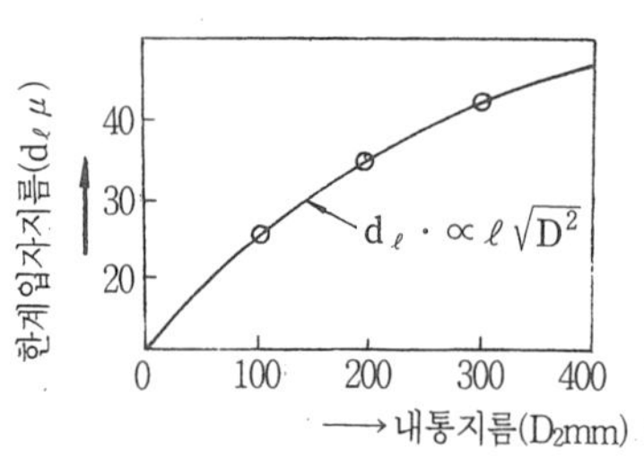

그림 8-8 내통지름과 입자지름의 관계

즉, 내통 지름과 먼지의 한계입자 지름은 그림 8-8과 같은 관계가 있음을 알 수 있다.

2-3-2. 구조 및 형식

원심력식은 일반적으로 사이클론식이 널리 이용되고 있고, 그 형식은 처리할 함진가스를 도입하는 방식에 따라서 접선유입식과 축류식으로 구분된다.

그림 8-9는 사이클론 내의 기류 방향과 내부 구조를 그린 것이다. 그림과 같이 사이클론식은 함진가스가 원통상부 입구부로 들어와 원통부의 내부를 따라 선회하면서 하부의 원추부로 들어가면, 원추부의 회전 반지름이 작아지므로 속도가 빨라지면서 회전 하강을 계속하게 되고, 원추의 아래까지 도달하면 흐름이 반대가 되어 사이클론의 중심부로 향하게 되어 마지막 상부 출구관으로 배출된다. 분진은 자체 원심력으로 인하여 액면에 충돌하면 나선 운동을 하며 집진실로 침강 · 분리하게 된다.

2-3-3. 특성

(1) 분진의 포집입경은 30~60μ 정도로서 효율도 85~95% 정도이므로 여러 종류의 공장용 집진에 많이 이용된다.

(2) 사이클론 입구의 함진가스 속도는 압력 손실의 증가 및 집진율 향상 등을 서로 비교 검토하여 경제성을 고려한 7~15m/sec의 범위가 알맞다.

(3) 사이클론이 소형일수록 성능이 향상된다. 또한 처리 가스량이 많아질수록 내통지름(배기관지름)이 커져서 미세한 입자의 분리가 어렵게 되므로, 집진율을 증대시키기 위하여 소구경의 사이클론을 다수 병렬로 설치하여 내·외통간의 가스 통로에 가이드 베인(guide vane)을 마련하고, 원심력을 주어 수 μ까지의 먼지도 포집 가능한 멀티사이클론(multicyclone)을 사용한다. 멀티사이클론을 간단히 멀티론(multilone)이라고도 한다.

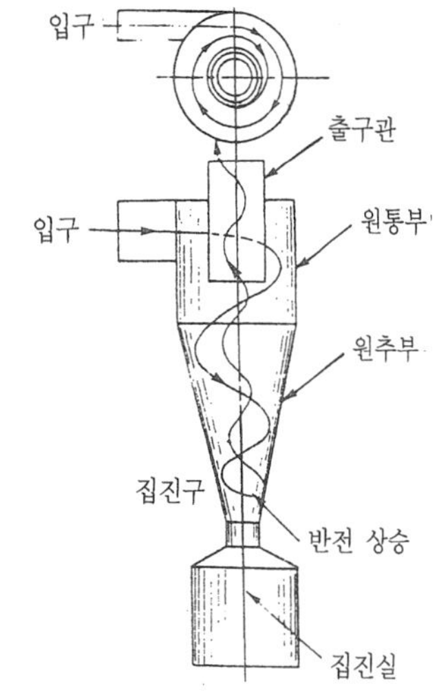

그림 8-9 사이클론 내의 기류 방향

(4) 입구 가스의 속도는 접선유입식이 7~15m/s를 취하며 도익선회식(導翼旋回式)이라고도 하는 축류식(軸流式)은 보통 10m/s 전후로 취한다. 이와 같이 입구 가스의 속도에는 한계가 있으나, 한계속도 내에서는 가스속도가 크면 클수록 압력손실은 커지지만 반대로 집진율은 향상된다.

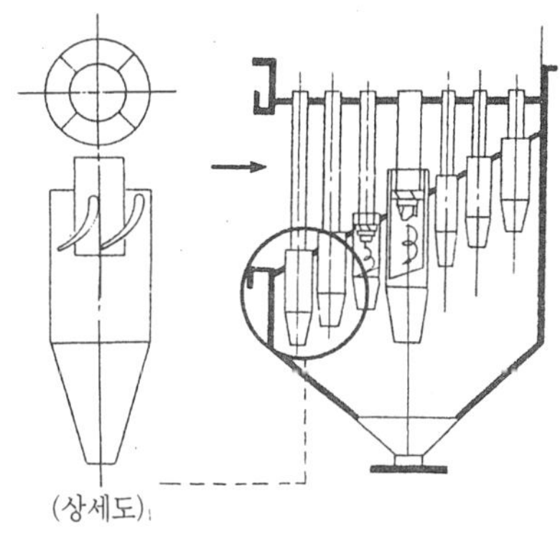

그림 8-10 멀티사이클론

(5) 접선 유입식(接線流入式)은 처리 가스량이 적은 곳에 이용되고 있으며, 압력손실은 보통 100mm Aq 전후이고 축류식은 접선 유입식과 비교하여 동일 압력손실로써 약 3배의 가스량을 집진할 수 있을 뿐만 아니라, 가스의 균일 분배가 용이한 점 때문에 주로 멀티사이클론으로 하고 대용량의 함진가스를 집진하는데 사용된다.

(6) 사이클론의 연결 단수(段數) 및 적당한 집진실(dust box)의 형상과 크기를 택하는 것도 집진율 향상의 크고 작음에 적지 않은 영향을 끼친다.

2-4. 여과식 집진법

2-4-1. 원리

함진가스를 목면, 양모, 유리섬유, 테프론, 비닐, 나일론 등의 여과재(filter)에 통과시켜 분진입자를 분리 · 포착시키는 집진장치로서, 내면여과와 표면여과 방식으로 구분된다. 함진가스가 여러 가지 여과재를 통과할 때 관성 충돌 또는 접촉 등의 형태로 포집된다. 즉, 여과재 충전층 내에 분진이 부착되면 충전층 내의 공간이 작아져서 집진효율이 높아지나, 분진이 과도하게 많이 부착되면 붙어있던 분진도 다시 탈락되어 집진효율이 저하된다. 여과재 충전층의 두께와 충전율이 클수록 충전층의 수명은 길어지며, 충전 여과재 섬유 지름이 커지거나 가스의 속도가 빠를수록 집진장치의 수명은 짧아진다. 집진장치 내에서의 분진의 여과 속도 즉, 백필터(bag filter)내에서의 분진의 여과 속도는 처리 가스량을 가스가 통과하는 여과재의 총 면적으로 나눈 겉보기 속도를 말한다.

즉, $V_f = \frac{Q}{A} \times 100$의 관계식에 의해 결정될 수 있다.

V_f : 외형적인 여과 속도(cm/s)

단, Q : 처리 가스량(m^3/s)

A : 유효 여과재의 총 면적(m^2)이다.

이 여과 속도는 처리 하여야 할 함진가스의 성상, 소요 집진율 등에 따라 다르며, 보통 0.3~10cm/sec의 범위이고 특히 미세한 분진 입자의 경우에는 보통 1cm/sec 전후의 범위를 취한다. 대부분의 분진입자들은 불규칙적인 모양을 하고 있으며, 그 입자의 모양과 무게는 함진가스의 점도와 속도에 따라 여과재 상에서 그 침강 속도가 결정된다.

2-4-2. 형식과 구조

여과식 집진장치의 형식은 여과재의 모양에 따라 원통식(tube type), 평판식(flat screen type) 등으로 분류된다. 또한 완전자동형 여과식 집진장치인 역기류 분사식(pulse air collector)이 있다.

① 원통식 : 일반적으로 흔히 사용되는 집진장치로서 그림 8-11을 통해 알 수 있는 바와 같이 수십 개의 여과재 원통이 내장되어 있으며, 함진가스가 원통내부를 거쳐 통과하는 사이에 분진이 집진되고 청정공기는 상부로 배출된다.

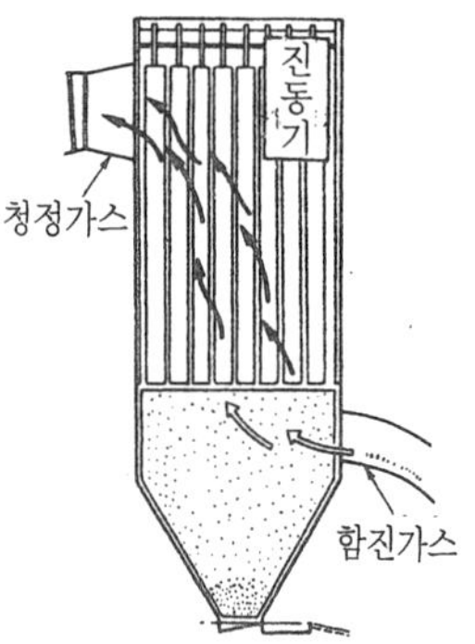

그림 8-11
원통여과식 집진장치

② 평판식 : 여과체의 구조가 평판(flat) 또는 봉투형(envelope type)인 것으로 함진가스의 입구관이 장치 본체의 측면으로 연결되어 있어서 원심분리 효과에 의해 지름이 큰 분진입자는 사전에 제거된 후 나머지 것이 여과재를 통해 청정되어 청정공기를 배출시킨다. 그림 8-12는 역기류 평판식 여과집진장치의 구

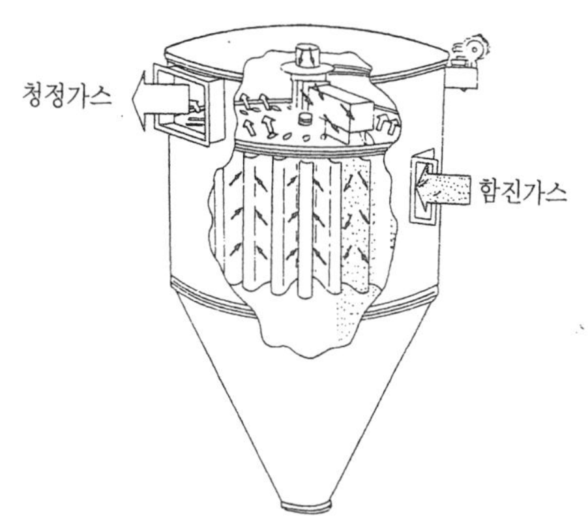

그림 8-12 평판식 역기류형 여과식 집진장치

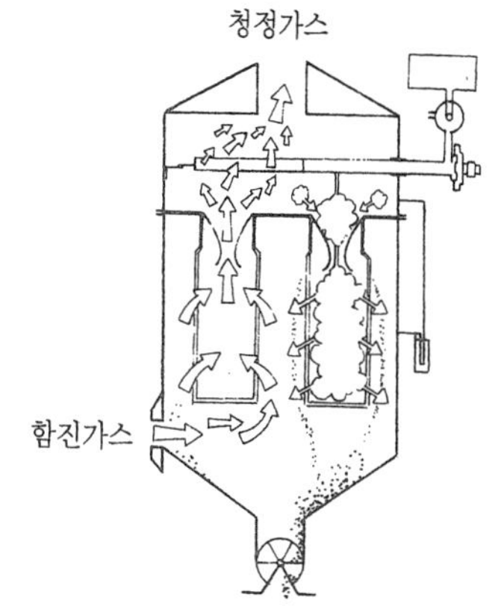

그림 8-13 역기류 분사형 여과식 집진장치

조인 데 그림과 같이 여러 개의 평판이 360°로 연속적으로 회전하면서 여과재에 부착된 분진을 자동적으로 제거해 준다.

③ 역기류 분사형(pulse air system bag filter) : 이 장치는 백필터 상부에 벤투리(venturi)와 고압공기 분사용 노즐(nozzle)이 설치되어 노즐에서 전자밸브 또는 캠(cam)에 의하여 고압공기가 일정 시간에 순차적으로 분사되어 부착된 먼지를 청소하는 완전자동식 백필터이다. 이 때 고속으로 분사된 공기는 백(bag) 내를 고압으로 해주면 역기류에 의하여 여과체의 다공성(多孔性)을 유지해 준다. 이 형식은 용광로, 큐폴라, 전기로, 제약, 제분, 화학 약품, 콘크리트, 시멘트, 유리제조 공장 등의 분진 처리에 주로 사용된다.

2-4-3. 특성

① 여과용 재료는 내열성, 내산성, 내알칼리성, 흡수성, 기계적 강도 등을 고려하여 잘 선택하여야 한다.

② 분진을 분리 · 포집하는 방식에는 여과재를 통 속에 충전하여 그 여과층을 통과할 때 함진가스가 청정되고, 분진입자가 여과재 내면에 포집되는 내면여과 방식과 비교적 얇은 두께의 여과포나 여과지를 써서 표면에 부착된 분진입자층을 여과층으로 하여 미립자를 포집하는 표면여과 방식이 있다. 내면여과 방식은 패키지형 필터(package type filter), 방사성 분진 제거용, 공기 청정기(air filter) 등의 오염이 적은 공기 정화시 주로 사용된다. 흔히 백필터라고 불리우는 일반적인 방식은 표면여과 방식이다.

③ 외형상의 여과속도가 느릴수록 미세한 입자를 포집할 수 있다.

④집진장치의 작동 방식에 따라 간헐식과 연속식으로 분류할 수 있는데, 간헐식은 고집진율을 나타낼 수 있고 연속식은 고농도의 함진가스 처리용으로 적합하다.

⑤ 집진효율이 좋고 설비 비용이 적게 든다.

⑥ 100°C 이상의 고온가스, 습가스의 처리에는 부적합하며 백(bag)의 마모가 쉽다.

2-5. 세정식 집진법

2-5-1. 원리

함진가스를 세정액 또는 액막 등에 충돌시키거나 충분히 접촉시켜 액에 의해 포집하는 습식 집진 방식으로 세정 장치의 입자 포집 원리로는 다음과 같은 것들이 있다.

① 액 방울, 액막 등에 입자가 충돌하여 부착된다.

② 분진의 미립자(dust)가 확산하여 입자가 서로 응집된다.

③ 습기 증가로 입자의 응집성이 증대되고 그 응집성의 증대로 분진입자가 부착된다.

④ 분진 입자를 핵으로 한 증기의 응결에 따라 응집성을 촉진시킨다.

⑤ 액막, 기포 입자가 접촉하여 부착한다.

세정액으로 사용하는 액체는 보통 물이지만 특수한 경우에는 계면 활성제를 혼합하는 경우도 있다. 지금까지 열거한 세정 집진 장치는 "충돌 → 확산 → 증습 → 응집 → 누설" 등의 순서로 작동된다.

2-5-2. 형식의 분리

많은 종류가 있으며 크게 유수식, 가압수식, 회전식으로 분류할 수 있다.

(1) 유수식

S형, 임펠러형(impeller type), 회전형(rotary type), 분수형 및 나선 가이드 베인형(spiral guide vane type) 등으로 구분된다.

유수식에는 집진실 내에 일정한 양의 물 또는 세정액을 보유하여 유지하고, 함진가스가 들어오면 다량의 액방울, 액막, 기포 등을 형성하게 하여 함진가스를 세정한다.

이 방식은 보유액을 순환시켜 사용하므로 보충액 양도 극히 적다.

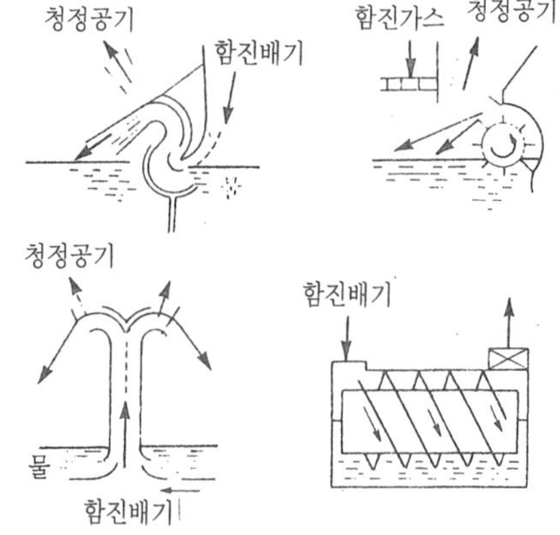

그림 8-14 유수식 세정 집진장치

(2) 가압수식

가압한 물을 분사 · 공급시켜 충돌 또는 확산에 의해 함진가스에 함유된 분진을 포집하는 방식으로 벤투리 스크러버, 제트 스크러버, 사이클론 스크러버, 충전탑 등이 있다.

① 벤투리 스크러버(venturi scrubber) : 가압수식 중에서 가장 집진율이 높아서 그 사용 범위가 넓다. 목(throat)부의 처리가스 속도는 일반적으로 60~90m/sec 정도이며 압력 손실은 200~300 mmAg 전후이다.

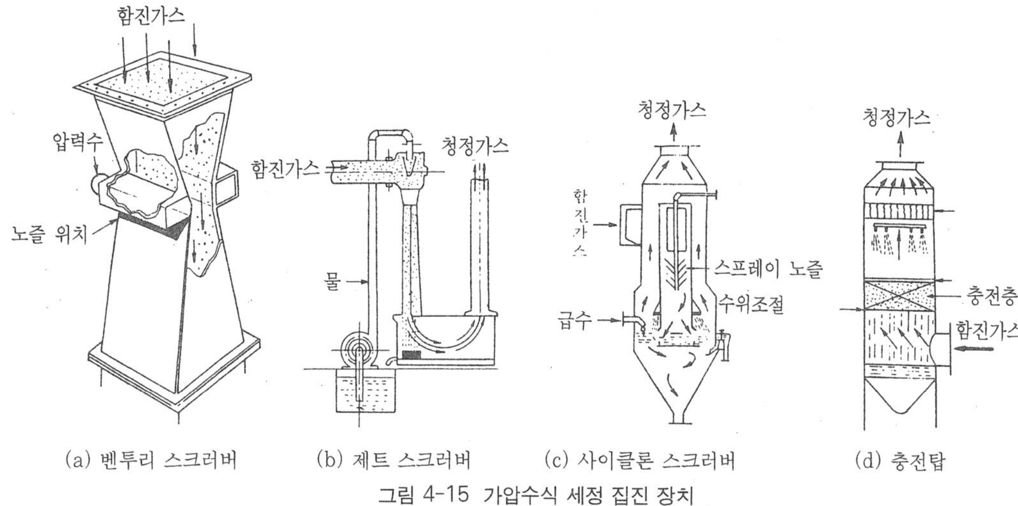

(a) 벤투리 스크러버 (b) 제트 스크러버 (c) 사이클론 스크러버 (d) 충전탑

그림 4-15 가압수식 세정 집진 장치

② 제트 스크러버(jet scrubber) : 분진 입자와 액 방울 등과의 접촉이 좋아 집진효율이 높다. 이젝터(ejector)의 일종으로 압력수를 고압으로 분무시켜 함진가스를 흡인하여 목 부분에서 먼지를 액 방울에 포집한다. 송풍기는 사용 수량이 약 10 l/m^3 전후이므로 유지 관리비가 많이 들어 처리할 가스량이 많은 경우에는 잘 쓰이지 않는다.

③ 사이클론 스크러버(cyclone scrubber) : 탑의 원통 측면에서 원심 효과를 내도록 연결시켜 함진가스는 측벽을 따라 빠르게 선회 이동되며, 중심부에서 동시에 사방으로 압력수를 분사하여 세정할 뿐만 아니라 내관에서 외관으로 빠지는 부분에 축수식으로 세정 집진시킨다. 따라서 집진효율은 우수하나 압력손실이 100～200mmAq 정도로서 높은 편이며, 사용량은 0.5～1.5 l/m^3정도이다.

④ 충전탑(充塡塔) : 충전탑은 많은 종류가 있어서 형식, 충전재, 충전층의 두께, 처리가스의 속도 등에 따라 그 형식을 달리 한다. 탑 내부에 모래, 코크스 입자 또는 플라스틱과 같은 충전재를 충전층에 넣고, 함진가스를 통과시켜 먼지를 세정하거나 물을 분무하여 충전탑 상부에서 하부로 통과시키는 동안, 함진가스와 물을 접촉시켜 포집하는 원리로 되어 있다. 보통 압력 손실은 100～250mmAq 정도이며 사용수량은 2～3 l/m^3정도이다.

(3) 회전식(回轉式)

회전식은 송풍기(fan)의 회전을 이용하여 물방울, 수막, 기포 등을 형성시켜 함진가스를 세정하는 방식으로, 타이젠 워셔(Theisen washer)와 충격식 스크러버(impulse scrubber)가 그 대표적인 세정장치이다.

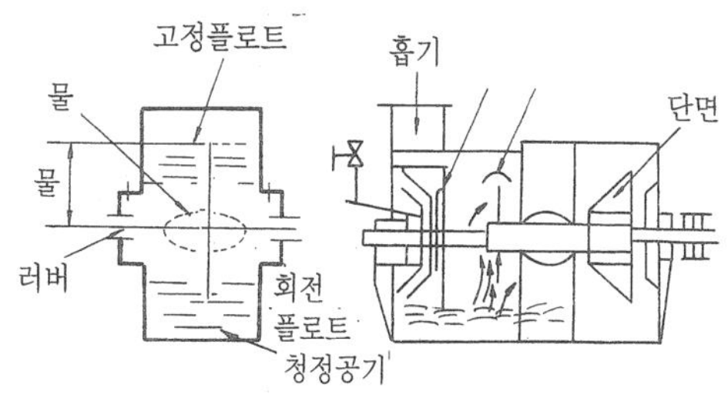

(a) 타이젠 워셔 (b) 충격식 스크러버

그림 8-16 회전식 세정 집진장치

① 타이젠 워셔 : 동력을 이용하여 임펠러를 회전시켜 세정액을 분산시킴으로써 함진가스를 제거한다. 미세한 분진의 입자까지도 99% 제거할 수 있어 성능이 매우 우수한 편이며 고장이 적어서 유지 관리가 편하다.

② 충격식 스크러버 : 크기가 다른 것에 비하여 작고 사용 수량도 0.3 l /m³ 정도로 매우 적으나, 펌프의 마모가 적은 이점을 지니고 있다.

2-5-3. 세정식 집진법의 특성

(1) 장점

① 구조가 대체로 간단하고 처리가스량에 비한 장치의 고정면적도 좁다.
② 가동 부분이 적고 조작이 간단하다.
③ 분리 포집이 가능한 분진이 조건에 따라 미립자에 대하여도 집진효율이 좋다.
④ 포집 분진의 취출이 용이하고 작동시 큰 동력이 필요하지 않다.
⑤ 연속 운전이 가능하여 분진의 입도, 습도 및 가스의 종류 등에 의한 영향을 많이 받지 않는다.
⑥ 가연성 함진가스의 세정에도 매우 편리하게 이용된다.
⑦ 비교적 큰 압력 손실을 견딜 수 있다.

(2) 단점

① 세정용수가 매우 많이 필요하므로 따로 급수 배관을 설비하여야 하며, 오수 처리 설비도 갖추어야 한다.
② 집진물을 회수할 때에는 탈수, 여과, 건조 등을 하여야 하므로 별도의 장치가 필요하다.
③ 물에 잘 녹고 부착성이 높은 분진으로 인해 세정 장치가 막히는 등 장애 발생의 여지가 많다.
④ 한냉시 세정수의 동결 방지 대책이 필요하다.

2-6. 전기(電氣) 집진법

2-6-1. 원리

전기집진 장치의 중앙에 있는 가는 금속선을 (+)로 하고 그것과 같은 간격으로 설치한 전극을 (-)극에 접속하여, 그 사이에 13,000V 정도의 직류전기를 통하면 그 부분의 공기는 이온(ion)화 된다. 여기에 공기가 흐르면 (+)의 금속선에서 (-)의 전극으로 이온의 흐름이 차단되므로 공기 중의 분진은 그 표면에 이온에 의한 전하를 얻어서 (+)로 대전(帶電)되고, 다음의 집진기에 (+) (-)와의 전극판

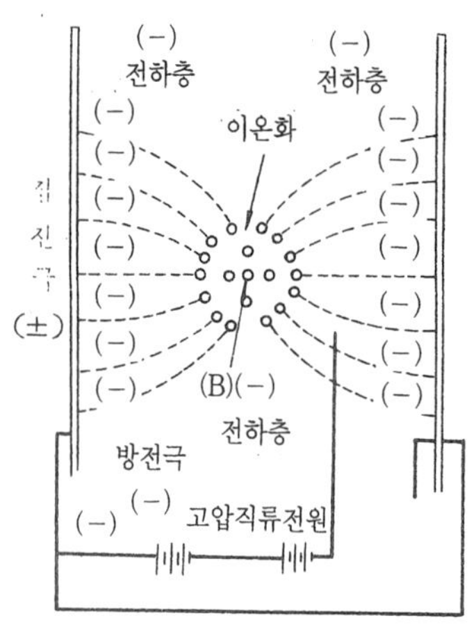

그림 8-17 전기 집진장치

을 서로 등간격으로 배치한 것에 3,000~6,000V 정도의 전압을 주게 된다. 여기에 (+)로 대전 된 분진이 들어오면 (+) 극판으로부터는 반발되고, (-) 극판으로 흡인되므로 (-) 극판에 급속히 부착된다. 동시에 분진은 전하를 잃어 버리고 부착력이 상실되므로 래핑(rapping) 장치 등을 이용하여 먼지를 호퍼에 떨어지게 함으로써 쌓인 분진을 처리하면 된다.

이상의 원리를 간단하게 정리하면 특고압 직류전원을 써서 그림 8-17과 같이 적당한 불평등 전계를 형성시켜, 이 전계에서 발생하는 방전(放電)을 이용하여 함진가스 중의 입자를 하전(荷電)시켜 이 대전 입자를 쿨롱력(Coulomb power)에 따라 제진극(除塵極)에 분압 포집하게 하는 원리이다.

2-6-2. 형식의 분류

이 집진법은 하전 형식(荷電型式), 집진극 형식, 건 · 습식으로 분류된다.

(1) 하전 형식

하전 형식은 1단식과 2단식으로 구분되는데, 1단식은 입자를 회전시키면 하전 작용과 대전 입자의 제진 작용이 동일 단계에서 일어나는 형식이며, 2단식은 하전부와 집진부와의 전계가 분리되어 있는 방식이다.

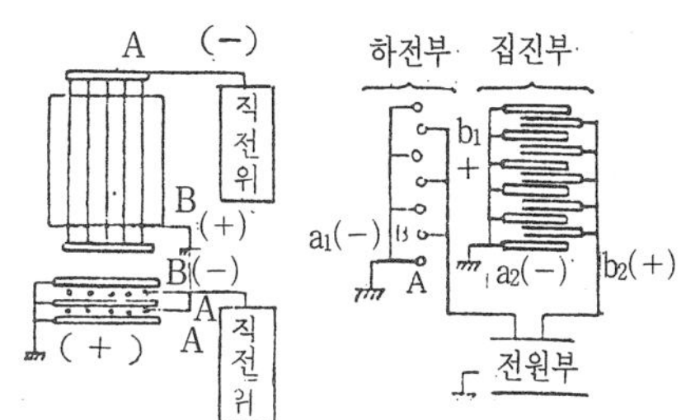

그림 8-18 하전식 전기집진장치

1단식은 산업계에서 일반적으로 많이 응용되는 형식이며, 2단식은 비교적 함진 농도가 작은 배기 처리에 많이 이용된다.

(2) 집진극식

평판형, 관형, 원통형, 격자형으로 구분되며 보통 건식의 평판형과 습식 관형이 많이 이용된다. 유명한 것으로 평판형의 코트렐(cortrel) 집진장치를 들 수 있다.

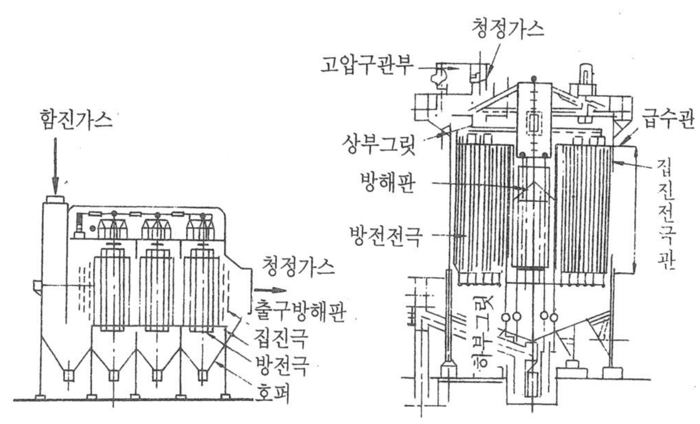

그림 8-19 집진극식 전기집진장치

(3) 습식 · 건식

전기집진 장치 중 집진극의 표면에 연속적으로 수막을 이루게 하여 포집한 분진을 그 수막에 의하여 흘러내리게 만든 구조의 것을 습식이라고하며, 함진가스 중의 분진 또는 포집분진을 젖게 할 목적으로 따로 물을 사용하지 않는 구조의 것을 건식이라고 한다. 특히, 스프레이 등에 의하여 간헐적으로 집진극 표면을 젖게 하여 분진의 재비산을 방지하기 위한 것을 반습식이라 한다.

습식을 이용하였을 경우 건식에 비해 집진극 면이 깨끗하여 항상 강전계(强電界)를 이루며, 처리가스의 속도도 건식의 경우 보다 2배 이상으로 높일 수 있는 이점은 있으나, 다량의 폐기물(slurry)을 생성하므로 그 처리 문제가 대두됨이 큰 결점이다.

2-6-3. 특성

① 집진효율이 99.9% 이상으로 대단히 높으며 0.01μ 정도의 미세한 입자의 포집도 가능하다.
② 압력 손실이 적어(건식은 10mmAq 정도) 송풍기에 따른 동력비가 적게 든다.
③ 보존이 간단하고 손질을 요하지 않아 관리비가 절약된다.
④ 함진가스의 처리가스량이 많아 경제적이어서 대용량의 고성능 집진 장치로서 많이 이용된다.
⑤ 배기가스 온도는 500°C 전후이며 그 밖의 폭발성 가스까지도 처리된다.
⑥ 처리가스의 속도가 크면 재비산이 발생하므로 보통 건식에서는 1~2m/sec 이하로 정한다. 이 속도 범위에서는 하전 시간이 많을수록 더욱 집진율이 높아진다.
⑦ 집진극은 열부식에 대한 기계적 강도, 포집 분진의 재비산 방지 또는 털어서 떨어뜨리는 효과 등에 유의하여 시설하여야 한다.
⑧ 고전압 장치 및 정전설비를 갖추어야 하는 등 시설비가 매우 많이 든다.
⑨ 각종 공기조화 장치나 제약 회사, 병원의 수술실 등에서 많이 이용된다.

제3절 사이클론 집진기 및 덕트의 설계 · 시공법

사이클론 집진기는 모든 종류의 집진장치에 흔히 쓰이는 가장 간단하고 일반화된 집진기이지만, 좋은 성능을 발휘하기 위해서는 그만큼 설계를 잘 하여야 한다.

3-1. 사이클론의 기본형

사이클론은 일반적으로 그림 8-20과 같은 기본 구조로 되어 있다. 보통 집진구, 흡입구 및 배기구의 세 가지 기본 출입구와 원추부, 원통부로 구분할 수 있으나, 그것은 기본형의 명칭이며 변형된 것은 수없이 많다. 최근에는 미세한 분진 입자를 처리하기 위하여 점점 가늘고 길게 그 모양을 변화시킨 것도 많이 출현하고 있으며, 함진가스 중에 포함되어 있는 분진을 더욱 더 많이 제거하기 위하여 사이클론을 2개 이상 병렬로 연결하는 경우도 있다.

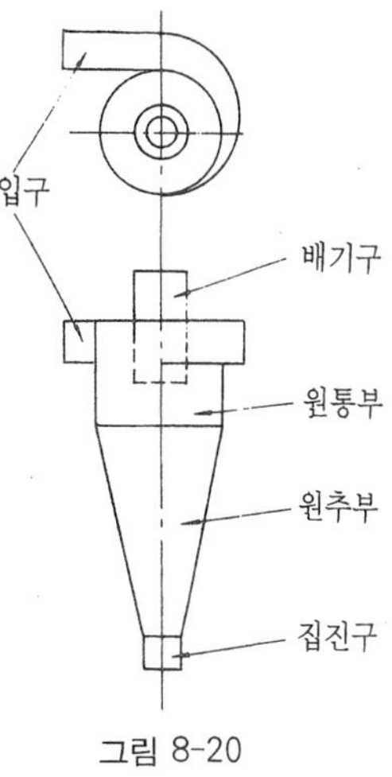

그림 8-20
사이클론의 기본 구조

3-2. 사이클론 집진기의 치수 설계

3-2-1. 사이클론집진기 각부의 치수 결정

사이클론의 성능은 동체길이, 흡입 부분의 형상, 원추각, 원추하단부의 지름, 내통지름, 길이 모양 등에 따라 달라진다.

따라서 그 각부에 대한 치수는 그림 8-21과 같이 지름D를 기준으로 할 때 다음에 열거한 기준에 따라 정한다.

① 원통부의 길이(L)=(1~1.5)D
② 원추부의 길이(H)=(2~2.5)D
③ 입구 높이(h)-=⅔D
④ 내통지름(d)=½D
⑤ 내통깊이(l)=h〈 l 〈L
⑥ 원추 하단의 지름(d_0)=d〉d_0〉½d

3-2-2. 치수 설정시 유의 사항

위에서 열거한 기준은 일반적인 치수의 결정을 위한 식들이며 특히, 설계시에는 다음에 열거한 사항에 유의하여야 한다.

① 큰 함진풍량을 처리하는 경우에는 소형 사이클론 몇 개를 병렬로 조합하여야 한다. 이 때 두 개의 사이클론을 조합한 것을 더블클론(double clone), 네 개의 조합을 테트라클론(tetra clone)이라 일컬으며, 그 이상 조합한 것을 멀티클론(multi clone)이라 한다. 어떠한 것을 취하는가 하는 것은 분진의 성질, 희망 집진율, 설비의 용적 등을 고려하여 결정한다.

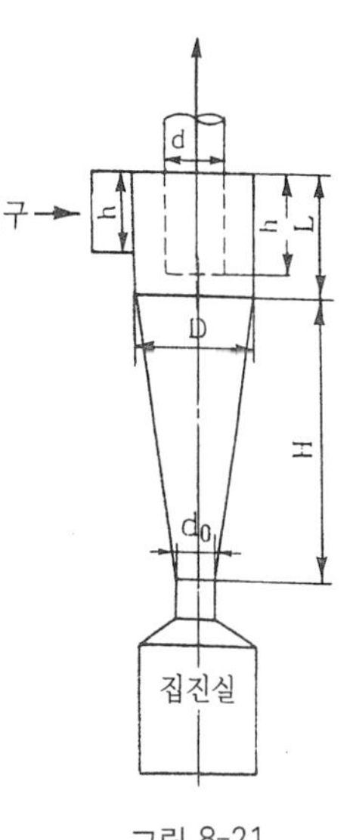

그림 8-21
사이클론의 치수결정

② 사이클론의 내면은 부자연적인 유체의 난류를 피하기 위해 가급적 매끄럽게 처리하여야 한다.
따라서 사이클론 제작을 위한 고도의 숙달이 작업자에게 요구된다.

③ 사이클론의 하단은 원추부로 끝내지 말고 그림 8-21에 나타나 있는 바와 같이 집진실을 설치하여 성능의 안전을 도모한다.

④ 사이클론은 정압측(대기압 이상)에서 사용할 때에는 지장이 없지만 부압측(負壓側:대

기압 미만)에서 사용할 때에는 기밀을 유지하는 일이 가장 중요하다. 작은 누설이 있어도 성능은 현저하게 저하된다. 따라서 어떠한 방법으로든 기밀을 유지하면서 포집한 먼지를 배출할 방법을 모색하는 일이 매우 중요한 문제라 하겠다.

3-2-3. 사이클론의 집진율 향상 조건

사이클론의 집진율은 다음에 열거된 조건에 따라 향상되므로 설계시 주의할 필요가 있다.
① 분진입자의 밀도가 커지면 커질수록 집진율이 향상된다.
② 사이클론 입구의 속도 : 15~25m/sec 때 최대가 된다.
③ 사이클론 본체의 길이
④ 함진가스의 선회 수(평균 1.5)
⑤ 사이클론 본체의 지름과 출구 지름과의 비
⑥ 분진입자의 지름이 크면 클수록 향상된다.
⑦ 사이클론 내부의 매끄러움 상태가 최상일 때 집진율이 최대가 된다.

3-2-4. 집진용 후드(hood)

분진의 발생원에 설치하는 것을 후드라고 한다. 후드를 설계할 때에는 너무 배기용량을 크게 정하지 말고 적당한 크기로 설계하며, 작업에 따라 매우 손쉽게 교체할 수 있도록 하는

표 8-2 사이클론 집진기의 성능

구 분	압 력 손 실	포 집 효 율
입구풍속	작을수록 감소	15~25m/s가 최대
크기	거의 변화 없음	작을수록 증가
출구관 지름	클수록 감소	작을수록 증가
원통부 지름	작을수록 감소	클수록 증가
원추부 길이	길수록 감소	약간 길수록 증가
원통부 길이	길수록 감소	적당
원추각	작을수록 감소	20°~30°
입구 넓이	작을수록 감소	거의 변화 없음
입자 밀도	거의 변화 없음	클수록 증가
입자경	거의 변화없음	클수록 증가
가스온도	높을수록 감소	낮을수록 증가
가스점도	클수록 감소	작을수록 증가
가스밀도	작을수록 감소	거의 변화없음
내부장해물 (내면거칠기)	크고 거칠수록 증가	작을수록 증가
집진실 기밀	거의 변화없음	흡인식에서는 중요하며 기밀할수록 증가
입구 매연농도	클수록 감소	거의 변화없음

것이 이상적이다. 후드는 보통 #16~#24의 아연도금 철판으로도 제작되며, 가장자리에는 평강(平鋼)을 대어 보강해 준다.

(1) 지관의 치수 설정

후드에 연결되는 지관(枝管)의 치수는 용도 및 그 발생원의 용량, 작업의 상태 등에 따라 다르게 설정해야 하는데, 표 8-3은 그라인더 및 버프 작업시 후드에서 연결되는 지관의 치수 예를 나타낸 것이다.

표 8-3 그라인더 및 버프의 후드에서 연결되는 지관의 치수

숫돌 바퀴의 치수(mm)	그라인더(mm)	버프숫돌 바퀴(mm)	재료 두께	
			관	후드
150이하, 두께 : 25이하	75	100	# 26	# 24
175~410, 두께 : 50 이하	100	125	# 26	# 20
430~600, 두께 : 100 이하	125	150	# 24	# 18
630~760, 두께 : 125 이하	150	175	# 24	# 16

(2) 후드의 흡입 압력

후드의 흡입압력을 설정하는 일은 그 집진장치의 집진 처리 능력을 알맞게 설정하는 데 큰 역할을 담당한다. 그 흡입압력은 집진기를 채용한 작업의 종류에 따라 다르다. 표 8-4는 작업의 종류별 흡입압력을 수주(mmAq)로 나타낸 것이다.

표 8-4 작업의 종류에 따른 후드의 압력

(단위:mmAq)

작업의 종류	후드의 흡입 압력	작업의 종류	후드의 흡입 압력
파쇄 작업	50	목공장	50
펠트 및 모피가공	50~75	부피 크고 무거운 것	75~125
그라인더, 버프 작업	13~125	기타, 보통의 공장	50~75

3-3. 집진용 턱트의 치수 결정 및 시공

3-3-1. 덕트의 치수 결정

집진용 덕트의 치수는 다음 식에 의하여 결정된다.

$$A = \frac{Q}{V}$$

이 식에서 A는 덕트의 단면적(m^2), Q는 풍량(m^3/min), V는 풍속(m/min)을 나타낸다.

그러나 위 식은 덕트의 길이가 매우 짧아서 마찰손실이 그렇게 큰 문제가 되지 않을 경우에 응용되는 식이므로, 덕트의 길이가 길어지면 마찰손실이 커지므로 풍로(風路)의 재질, 형상, 공작(工作) 등의 차이에 따른 마찰손실 계수를 곱해준다.

3-3-2. 덕트 내부의 풍속

덕트의 지름이 커지면 터질수록 덕트 내부 유체의 속도는 저하된다. 또한 속도가 떨어지면 떨어질수록 마찰 손실이 작아지고 송풍기의 마력도 작아지게 된다. 특히, 집진 장치에서는 입자의 크기, 종류 등에 따라 소정의 속도를 유지하도록 하여야 하므로 덕트의 지름에 따른 적당한 가스의 흐름 속도를 결정해야 한다. 덕트는 가능한한 지름을 크게 하여 풍속을 낮추어 공기의 누설을 적게하고 풍속에 따른 소음도 방지해주어야 한다.

표 8-5 덕트 내 유체의 용도별 풍속

용도	풍속(m/s)
일반건물의 냉난방 장치에서의 주덕트	10~12
일반건물의 냉반방 장치에서의 지관	3~5
보통 에어필터 통과시	약 2.5

표 8-5는 덕트내 유체의 풍속을 용도별로 구분하여 나타낸 것이다.

3-3-3. 덕트 내의 마찰 손실 계산

(1) 덕트 내 유체의 마찰손실 수두를 계산하려면 다음 식에 의한다.

○ 원형 덕트일 때 : $h_f = \frac{l}{kd} \times h_a = f\frac{l}{d}\frac{rv^2}{2g}$

○ 장방형 덕트일 때 : $h_f = \frac{l}{k}\left(\frac{l_1 + l_2}{2l_1 \cdot l_2}\right)h_a$

위 식에서

h_f : 마찰손실 수두(mmAq), l : 덕트의 길이(m),

d : 덕트의 직영(m) h_a : 덕트 내 평균 동압(動壓:mmAq) = $r^2/2g$

l_1 : 장방형 덕트의 일 변의 길이(m) l_2 : 장방형 덕트의 다른 한 변의 길이(m)

K
- 대단히 매끄러운 경우 : 60
- 아연도금 철제판 : 50
- 매끈한 기와, 벽돌, 콘크리드 : 45
- 거칠은 기와, 벽돌, 콘크리트 : 40

(2) 곡관의 마찰손실 값은 그 곡관의 형상 및 곡률반경에 따라 달라지는데, 보통 동압의 10~50% 정도이고 곡관의 중심 곡률반경이 작을수록 크고 클수록 작다. 이 때 곡률반경은 곡관의 직경 또는 한 변의 길이의 1~1.5배로 하는 것이 적당하다.

3-3-4. 주덕트(main duct)의 크기 결정

주덕트의 크기는 동일 면적법과 조합법의 두 가지 방법으로 결정하여 동일 면적법이 많이 적용된다.

(1) 동일 면적법(equal area system)

가장 널리 이용되는 방식으로 모든 지관 · 단면적의 합계와 본관 단면적을 동일하게 하는 가장 간단한 방식이다. 단지 송풍기의 입구는 각 지관 단면적의 합계보다 20~30% 정도 크게 하는 것이 좋다.

(2) 조합법(combine system)

조합법은 주관의 단면적을 각 지관의 단면적의 합보다 약 20% 크게 결정하는 방식이다. 주덕트 내 유체의 속도는 지관의 83.4%로 되게 하며 흡입압력은 항상 일정하여야 한다. 또한 덕트의 면적을 지나치게 크게 하여 속도가 너무 느려지지 않도록 주의한다.

3-3-5. 집진용 덕트의 판두께

집진용 덕트의 판두께는 그 속을 공기뿐만 아니라 무거운 분진의 분말도 통과하므로 냉 · 난방용 덕트보다 더 두꺼운 것을 사용하고, 직선부보다 곡선부 덕트의 판두께를 더 두꺼운 것을 사용한다. 또한 덕트와 마찰이 심한 물질을 통과할 때에는 강관을 대체 사용한다.

3-3-6. 덕트 내 기류의 속도

표 8-6은 사용 장소에 따른 덕트 속의 기류속도를 나타낸 것이다. 표에서 알 수 있듯이 덕트 속을 흐르는 기류의 속도는 사용 장소 또는 통과 물질의 종류에 따라 다르다. 그러므로 필요 이상의 속도를 가해 동력의 과잉 소비를 초래하지 말도록 하여야 하며, 또한 너무 속도를 느리게 하여 집진용량이 제대로 나오지 않는 것도 큰 문제점이므로 가장 효과적인 기류의 속도를 선정하여 주는 것도 무엇보다 중요하다.

표 8-6 사용 장소 및 통과 물질에 따른 기류의 속도

사용 장소 또는 통과 물질	기류의 속도(m/min)	사용 장소 또는 통과 물질	기류의 속도(m/min)
가 스	600	나무칩, 걸레뉴	1,200~1,500
분말, 건조한 먼지	750	생목재칩, 습기 있는 목재칩	1,500
면, 모, 아마섬유(건조된 것)	900	소맥분, 옥수수알	1,500~1,800
가벼운 연마와 버프	1,050	소금, 설탕	1,800~2,100
톱밥, 건조한 대팻밥	1,050~1,200	모래, 주물에서 떨어진 모래	2,100
분말, 강한 연마 작업	1,200	석탄 찌꺼기	2,400~3,600

3-3-7. 집진배관법(덕트이음법)

① 각 덕트의 이음은 볼트 및 용접 이음 등으로 확실하게 체결하고 공기의 누설이 없도록 조치한다. 아주 작은 양의 누설도 압력을 심하게 저하시키기 때문이다.

② 지관을 주덕트에 연결하는 경우에는 최서 30°C의 각도 이상으로 한다.

③ 지관은 옆 또는 위에 접속하며 비스듬히 위에서 끼우는 것이 분진입자가 자중(自重)으

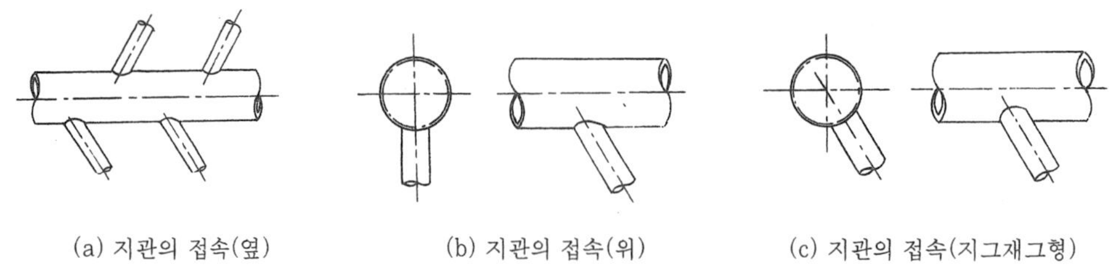

(a) 지관의 접속(옆) (b) 지관의 접속(위) (c) 지관의 접속(지그재그형)

그림 8-22 집진 배관 방법(덕트 이음)

로 인해 주덕트에 용이하게 유입되므로 가장 효과적이다(그림 8-22(a)(b) 참조).

④ 지관을 주덕트에 연결할 때에는 지그 재그형으로 삽입하여야 한다(그림 8-22(c) 참조).

⑤ 3~5m 가량의 간격으로 청소 및 점검용의 삽입형 검사구를 설치한다.

제4절 진공소제기 주변 배관

4-1. 진공소제기의 종류

진공소제기는 진공을 이용하여 먼지를 흡입하는 기기로 휴대식, 이동식, 정치식이 있으며, 각 형식별 구조와 용도는 다음과 같다.

4-1-1. 휴대식

기계 부분, 송풍기 및 모든 장치를 휴대하여 사용할 수 있는 방식으로 작은 주택의 가정에서 많이 사용한다.

4-1-2. 이동식(移動式)

송풍기, 먼지, 여과기, 집진호스 등의 기계 부분을 수레에 장착하여 사용하며 실내 어디에서나 이동 설치가 가능하고, 여기에 청소기를 장착한 호스를 직접 접속하여 사용하는 방식으로 큰 주택이나 호텔에서 사용한다.

4-1-3. 정치식(定置式)

진공 발생기, 분리기 등의 기계 부분을 옥내의 일정 장소에 설치하고 각 처에 흡입밸브를 도관에 연결하여 집진하는 장치로서 호텔, 빌딩, 백화점 등에서 사용한다.

4-2. 배관재료

진공소제기에 연결하는 도관에는 보통 수도용 아연도금강관을 사용하고 이음쇠로는 나사접합용 배관이음쇠를 사용한다. 또한 흡입밸브는 보통 황동제, 경합금제이고 벽 장착용, 바닥용, 노출형 등이 있다.

4-3. 동시 사용 흡입밸브 및 이동식 소제기의 수

4-3-1. 정치식인 경우

정치식의 흡입밸브 위치는 호스의 길이 및 건물의 칸막이 등에 따라 결정된다. 보통 15m 길이의 호스로 청소가 가능하도록 흡입빌브를 장착하면 동시 사용 흡입밸브 수는 다음 식에 의해 계산할 수 있다. 정치식으로 1명이 1시간에 청소할 수 있는 면적은 평균 238m² 정도이다.

$$N = \frac{A}{a \cdot t} = \frac{A}{238 \cdot t}$$

N : 동시 사용 흡입밸브의 수(청소 인원 수)(명)
A : 청소 가능한 전 면적(m^2)
a : 청소 인원 1명이 1시간에 청소하는 면적(m^2)
t : 작업 시간(hr)

4-3-2. 이동식인 경우

이동식일 때의 청소인원 1명이 1시간 평균 약 $140m^2$를 청소할 수 있으므로 다음 식에 의해 계산할 수 있다.

$N = \frac{A}{a \cdot t}$ 의 식에서 $N = \frac{A}{140 \cdot t}$ 으로 변형하여 계산한다.

실제 동시 사용 가능한 흡입밸브 수는 건물의 종류, 사용인원 등에 따라 적당하게 결정한다.

4-4. 진공 발생기의 동력 계산

진공 발생기의 용량은 보통 마력으로 표기한다. 동력 계산식은 다음과 같다.

$$\text{동력(HP)} = \frac{10,000 \cdot Q \cdot D}{4500\eta} \text{ (ps)}$$

Q : 배기량(m^3/min)
D : 진공도(kg/cm^2)
η : 효율(30~40%)

4-5. 도관 관지름의 결정

도관의 관지름은 수직관을 기준으로 동시 사용 흡입밸브 수에 따라 결정된다. 고진공식의 흡입밸브 지름은 25mm로, 저진공식일 때는 40mm로 하며 수직관 관지름은 50mm 이상으로 하고, 1개마다의 흡입밸브에 대한 분기관은 최소한 40mm 이상으로 해야 한다. 도관지름은 관지름 균등표를 이용하거나 도표에 의해 결정한다.

4-5-1. 관지름 균등표에 의한 결정법

관지름 균등표에 의한 방법은 진공 발생기에서 가장 먼 흡입벨브까지의 거리가 120m 이내에일 때, 고,저 양진공식에 모두 이용되는 것으로서 마찰손실도 고려하여 결정한다.우선 한 개의 수직관의 동시 사용 흡입밸브 수를 정하고 표 8- 7 과의 균등 상수에 의해 그 관지름을 결정한다.

표 8-7 관지름 균등표

관지름(mm)	25	40	50	65	75	100	125	200
상수	10	30	60	110	175	380	650	1,052

4-5-2. 도표에 의한 결정법

일반적으로 저진공식에 한해서 사용되는 방법으로 그림 8-23의 그래프는 관지름과 관의 길이 및 동시 사용 흡입밸브 수와의 관계를 나타낸 것이다. 그래프에서 관 길이는 배기구에서 가장 먼 흡입밸브 까지의 전체 길이이며, 이 수직선과 동시 사용 흡입밸브 수의 선과 만나는 점을 좌측으로 취하면 그 조건에 적당한 관지름을 구할 수 있다. 또한 전체 배관 길이를 구할 때에는 90° 곡관 1개에 대해 3m를 가산해 준다.

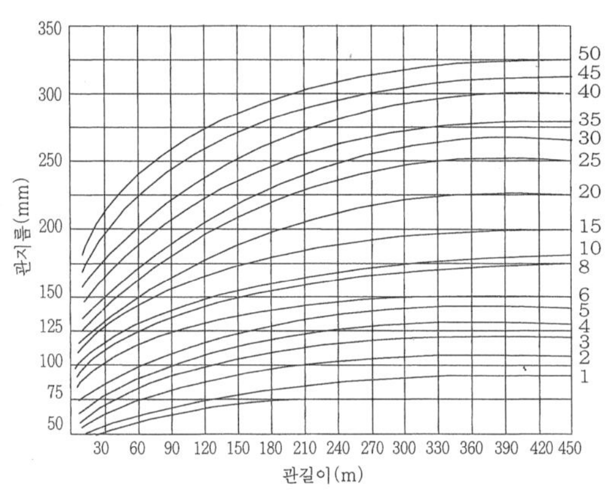

그림 8-23 관지름과 관길이 및 동시 사용 흡입밸브 수와의 관계도

4-6. 진공소제기 주위 배관의 관이음 방법

진공발생기를 중심으로 한 배관의 연결시에는 진공발생기에의 기류가 방해를 받지 않도록 관이음쇠를 사용한다.

그림 8-24는 진송소제기 주위 배관 시공상의 옳고 그름의 예를 그림으로 나타낸 것이다. 배관의 시공에는 특히 그림 8-24의 정상적인 예를 선택하여 이음쇠를 연결해주는 것이 매우 바람직하다.

제5절 집진장치의 유지 관리(維持 管理)

집진 장치는 여러 가지 방식에 따라 그 유지 관리의 요령이 다소 차이가 있겠으나, 여기에서는 어떠한 형식의 집진장치이든 상관없이 공통적으로 적용될 수 있는 가장 일반적인 유지 관리 방법만 서술한다.

5-1. 집진장치의 시동시(始動時) 관리

① 배풍기, 전동기 및 집진기 등 회전부의 주유 상황 및 기밀의 양부를 점검한다.

② 주전동기는 처리가스 온도에 의해 그 출력이 설계되어 있으므로 시동시 가스비중이 커서 주전동기에 과부하가 걸리는 경우가 많다.
그러므로 장치 각부의 댐퍼(damper) 개도(開度)를 조정하고 풍량을 변화시켜서 가동시키는 것이 바람직하다.

5-2. 집진장치의 운전시(運轉時) 관리

집진장치 각 부분의 정압, 온도, 풍압, 배풍기의 전류, 진동 및 포집 분진 등에 관한 일상·정기적 운전기록을 항상 비치하여 둔다.

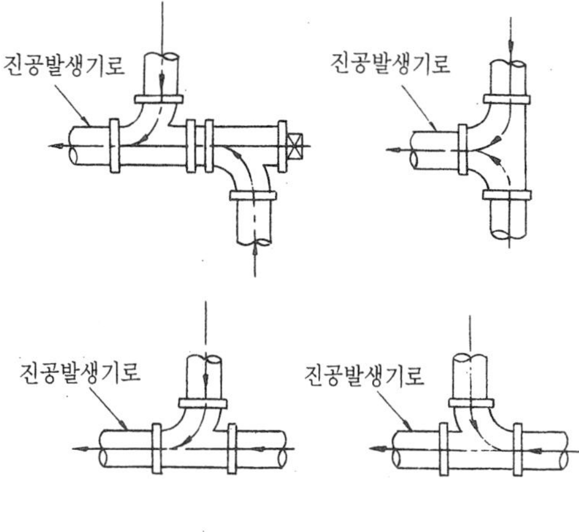

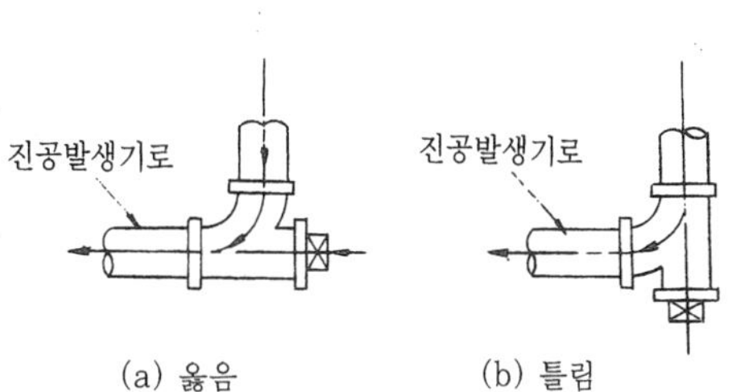

그림 8-24 진공소제기 주위 배관의 이상적인 배관도

5-2-1. 정기적인 운전 사항 기록

정기적인 점검시에는 다음에 열거한 공기부하(air load) 및 가스부하(gas load)의 특성을 기록한다.

① 발생원 설비의 출력 또는 처리 능력
② 원료의 종류, 사용량, 성분 및 혼합 비율
③ 사용 연료의 종류, 사용량, 성분, 혼합 비율, 공기 및 산소 사용량
④ 가스의 성상, 즉 가스량, 성분, 온도, 습도, 로점, 압력 등
⑤ 분진의 성상, 즉 함진 농도, 성분, 입자의 분포, 비중, 전기저항 등
⑥ 하전 특성 : 1차 전압, 2차 전압, 1차 전류, 2차 전류
⑦ 물 · 증기에 관한 사항 : 사용량, 압력, 온도, pH 농도 등

5-2-2. 일상 운전 사항 기록

① 발생 시설의 출력 또는 처리 능력
② 원료 및 연료
③ 가스량, 온도, 압력
④ 하전 특성
⑤ 물 · 증기의 사용량, 온도, 압력 pH 농도 등
⑥ 연료나 연소 등의 전후 가스 온도 및 소요 시간

5-3. 집진 장치의 정지시(停止時) 관리

① 배풍기, 전동기 등의 정지, 확인, 냉각장치, 안전장치 등의 작동을 확인한다.
② 배풍기 분진배출 장치 등의 분진 여부를 정기 점검한다.
③ 압력계, 온도계, 차압계 등의 계측기에 관하여 정기적인 정도(精度)검사를 행한다.
④ 처리가스 중에는 유해 가스, 폭발성 가스, 부식성 가스가 포함되는 경우가 많으므로 작업 정지 후 적어도 10분 이상을 가동하여 배기가스를 완전하게 치환 처리한다.

제9장

수송기계

제 9 장
수송기계

화학 공장에서 공정 사이에는 여러 가지 물질 즉, 원료와 제품의 운반이 반드시 따르게 된다. 수송되는 물질은 액체 및 기체 상태인 유체(fluid)와 고체 상태인 분립체로 크게 나눌 수 있다.

일반적으로, 고체를 수송하는 장치로는 컨베이어(conveyer), 액체의 수송에는 펌프(pump), 기체의 수송에는 압축기(compressor), 송풍기(blower) 등이 사용된다.

유체는 기계적 에너지에 의하여 이동하게 되는데, 기계적 에너지가 커지면 속도, 압력 또는 높이차 등도 커지며, 이에 따라 유체가 수송된다. 가장 일반적인 에너지 전달 방법으로는 유체에 직접 압력을 작용시켜 이동시키는 방법, 회전 짝힘(couple of force)을 이용하는 방법 등을 들 수 있다.

유체에 직접 압력을 가하는 방법에 의한 수송 기계로는 정변위(positive displacement)에 의한 펌프를 들 수 있는데, 이것은 실린더 안에서의 피스톤 운동이나 회전에 의하여 일어나는 압력을 유체 이동의 힘으로 이용하는 것이며, 회전 짝힘에 의한 수송 기계는 회전 짝힘을 유체 이동의 힘으로 이용하는 것으로, 원심 펌프, 송풍기, 원심 압축기 등이 이에 속한다.

일반적으로, 펌프나 그 밖의 수송 장치를 선정할 때 고려하여야 할 기본 요소는 단위 시간당의 유량과 유체에 가하는 힘, 기계적인 효율(efficiency) 등이다.

제1절 액체수송장치(液體輸送裝置)

파이프를 통하여 액체를 수송하는데 가장 일반적으로 사용되는 장치는 펌프이다. 펌프는 수송하려는 액체의 밀도, 점도, 유량, 관의 지름, 관의 길이, 배관 모양 등으로부터 생기는 압력 손실과, 유량, 액체의 성질, 높이의 차 등을 바탕으로 하여 이에 알맞은 것을 선정하여 사용한다.

펌프에는 직접 유출식 펌프, 원심 펌프, 특수 펌프 등이 있다.

1-1. 펌프 (Pump)

펌프는 외부로부터 기계적 에너지를 받아서 액체를 높은 곳으로 끌어올리고, 또 액체에 압력을 가하거나 멀리 수송하는 데 사용되는 기계 중의 하나이다.

수차를 물이 가지는 위치 에너지를 기계적 에너지로 바꾸는 수력 원동기라고 한다면, 펌프는 이와 반대의 작용을 하는 기계이다.

펌프에서 취급하는 액체는 대부분이 물 또는 기름인데, 섬유나 고형물이 섞인 액체를 취급하는 경우도 있다. 이와 같이 펌프는 상온의 물 뿐만 아니라 각종 화학적 성질, 점도, 온도, 압력을 가지는 액체를 취급하게 된다. 따라서, 각 경우에 맞는 형식의 펌프를 사용해야 한다.

그림 9-1은 펌프의 에너지 변환 기능을 수차와 비교한 것으로서, 그림을 통해서 두 기계의 기능의 차이를 알 수 있다.

1-1-1. 펌프의 종류

펌프는 여러 가지 액체를 수송하는데 사용되는 것이므로, 용도에 따라 여러 가지의 종류, 형식, 구조 및 성능을 가지게 된다.

표 9-1 펌프의 종류

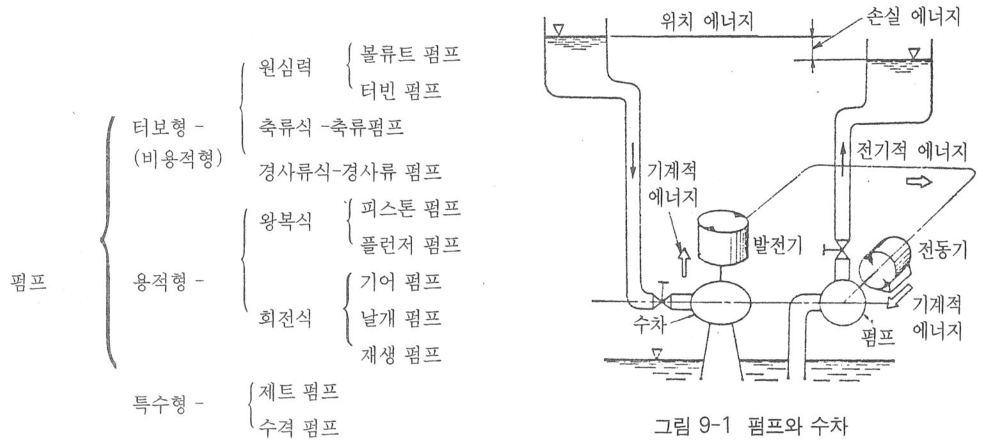

펌프	터보형 - (비용적형)	원심력	볼류트 펌프
			터빈 펌프
		축류식 -축류펌프	
		경사류식-경사류 펌프	
	용적형 -	왕복식	피스톤 펌프
			플런저 펌프
		회전식	기어 펌프
			날개 펌프
			재생 펌프
	특수형 -	제트 펌프	
		수격 펌프	

그림 9-1 펌프와 수차

펌프에는 부하에 따라 1회전에 배출량이 일정하지 않은 비용적형과 배출량이 일정한 용적형이 있다.

터어보형 펌프는 비용적형에 속하는 것으로서, 케이싱 안의 날개차를 돌려서 액체를 배출한다. 이것은 구조가 간단하고 취급하기 쉬우므로 널리 사용되고 있다.

그러나, 유량이 적고 높은 양정(고압력)을 필요로 할 때에는 적합하지 않으므로, 이 경우에는 케이싱 내에서 피스톤이나 기어를 움직이게 하여, 이것으로 생기는 밀폐 공간을 이동시켜서 액체를 밀어 내는 용적형 펌프가 사용된다.

(1) 터보형 펌프(turbo pump)

고속회전이 가능하고 경량소형이며, 구조가 간단하고 취급이 용이할 뿐만 아니라, 효율이 높고 맥동(脈動)이 적어 가장 널리 사용되고 있는 펌프이다.

① 원심펌프(centrifugal pump)

임펠러(impeller)의 회전으로 물에 회전 운동을 일으킬 때 생기는 원심력의 작용으로 물의 압력을 증가시켜서 양수하는 펌프이다. 이 펌프의 양수(揚水)장치는 펌프, 흡입관, 송출관, 스루스밸브 및 흡입관에 들어온 물을 역류하지 못하게 하며 흡입관으로 불순물이 칩입되는 것을 방지하는 푸트밸브(foot valve)로 구성되며, 수m에서 1,000m 정도의 양수에 이용되고 물, 온수, 점성 액체, 가열된 기름, 진흙물이나 고형물이 혼합된 액체 등에 광범위하게 사용된다.

원심펌프에는 임펠러의 외주에 있는 안내깃으로 유체를 케이싱 내부로 유도하는 것으로는 높은 양정에서 사용하는 터빈(turbine) 펌프와 날개차 주위에 안내깃이 없이 직접 날개차에서 케이싱 내부를 유도하는 것으로 낮은 양정에 사용되는 볼루트(volute)펌프가 있다.

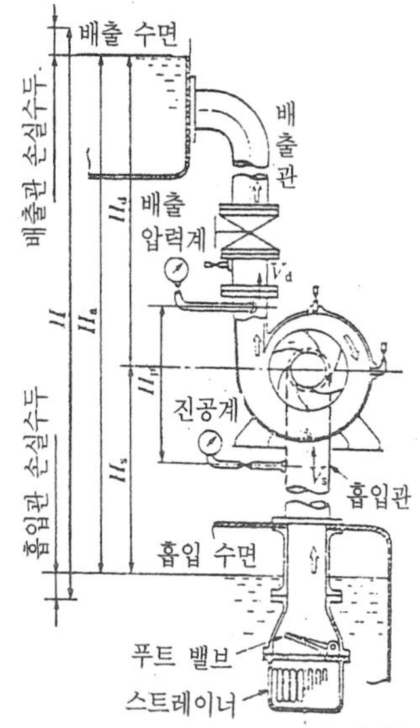

그림 9-2 원심 펌프의 설치도

H : 전양정
Ha : 실양정
Hs : 흡입 실양정
Hd : 배출 실양정
Vs : 흡입 평균 유속
Vd : 배출 평균 유속

② 원심 펌프의 날개차의 이론

펌프 내에서 날개차가 회전하면 날개차 중심부의 수압은 낮아지고, 원주에서는 높아진다는 것을 앞에서 설명하였다. 여기서는 날개차의 회전에 의해서 물에 주는 에너지의 크기를 생각해 보기로 한다.

그림 9-3은 펌프 내에서 회전하고 있는 날개차를 나타낸 것이다. 이 때 물은 날개차의 곡면에 대해서 상대 속도 w로 흐르며, 동시에 날개차의 회전에 의한 각속도 w로 회전하게 된다.

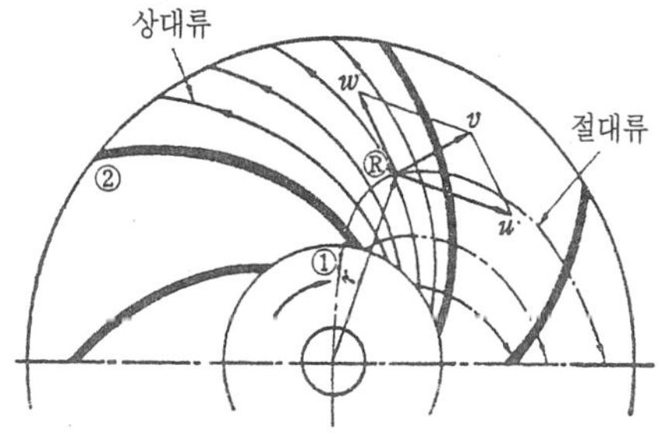

그림 9-3 절대류와 상대류

날개차의 중심에서 반지름 r의 위치에 있는 점 Ⓡ에서 물은 상대 속도 w와 원주 속도 $u(=wr)$를 가지게 된다. 다음에 그림 9-4와 같이 펌프의 날개차 입구 ①, 출구 ②에서의 절대 속도를 각각 v_1 m/s, v_2 m/s라 하면, 원주 방향의 속도 성분은 그림 (b)와 같이 $v_1\cos\alpha_1$ m/s, $v_2\cos\alpha_2$ m/s가 된다.

여기서 유량 Qm³/s인 물이 날개차 내를 흐를 때 날개차의 입구 ① 및 출구 ②회전 방향으로 매초에 생기는 운동량은 각각 다음과 같다.

$$\frac{rQ}{g}\ r_1 v_1\cos\alpha_1(\mathrm{kg_f}),\quad \frac{rQ}{g}\ r_2 v_2\cos\alpha_2(\mathrm{kg_f})$$

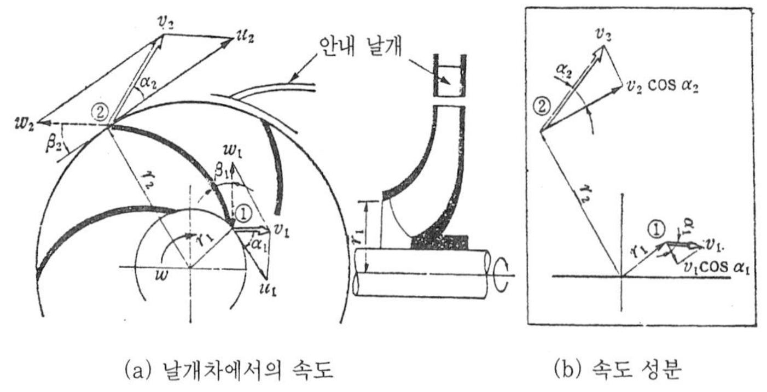

(a) 날개차에서의 속도 (b) 속도 성분

그림 9-4 날개차 내에서의 속도 변화

따라서, 축에 대한 이들의 운동량의 모우먼트 M_1 및 M_2, $kg_f \cdot m$는 각각 다음 식으로 된다.

$$M_1 = \frac{rQ}{g} r_1 v_1 \cos\alpha_1, \; M_2 = \frac{rQ}{g} r_2 v_2 \cos\alpha_2 \quad \text{(9-1)}$$

여기서, 양수를 위하여 날개차를 돌리는 데 필요한 모우먼트 $M kg_f \cdot m$는 두 모우먼트의 차이므로

$$M = M_2 - M_1 = \frac{rQ}{g} (r_2 v_2 \cos\alpha_2 - r_1 v_1 \cos\alpha_1) \quad \text{(9-2)}$$

또, 날개차의 입구 ①과 출구 ②에서의 원주 속도를 각각 u_1 m/s, u_2 m/s, 날개차의 각속도를 ω rad/s라 하면, 날개차가 물에 주는 동력 $N kg_f \cdot m/s$는 $u = \omega r$의 관계에서

$$N = Mw = \frac{rQ}{g} (r_2 v_2 \cos\alpha_2 - r_1 v_1 \cos\alpha_1) \times \omega$$

$$= \frac{rQ}{g} (u_2 v_2 \cos\alpha_2 - u_1 v_1 \cos\alpha_1) \quad \text{(9-3)}$$

펌프 내에서의 여러 가지 손실이나 관로에서의 손실을 생각하지 않는다면, 날개차의 동력 N은 모두 물에 전달된 결과가 된다. 따라서, 이 동력으로 높이 H_{th}m까지 양수된다고 하면 다음의 관계를 얻을 수 있다.

$$rQH_{th} = \frac{rQ}{g} (u_2 v_2 \cos\alpha_2 - u_1 v_1 \cos\alpha_1)$$

$$H_{th} = \frac{1}{g} (u_2 v_2 \cos\alpha_2 - u_1 v_1 \cos\alpha_1) \quad \text{(9-4)}$$

H_{th}를 이론 양정이라 하고, 식 (9-4)를 펌프의 기초식(fundamental equation of pump)이라 한다. H_{th}는 $\alpha_1 = 90°$일 때 최대가 되며, 이것을 H_{max}m로 나타내면

$$H_{max} = \frac{1}{g} u_2 v_2 \cos\alpha_2 \quad \text{(9-5)}$$

$$= \frac{1}{g} u_2 (u_2 - w_2 \cos\beta_2) \quad \text{(9-6)}$$

w_2 : 날 개차의 출구 ②에서 물의 날개에 대한 상대 속도

β_2 : u_2와 w_2가 이루는 각으로,

실제 펌프의 날개차에 이용되며, α_1은 90°, β_2는 보통 18~27°의 범위에 있다.

〔예제〕 펌프 날개차의 출구 지름을 450mm, 회전속도를 1350rpm, $\alpha_1=90°$, $\beta_2=25°$ $w_2=12$ m/s 라 하면, 이 때의 이론 양정 Hth m는 얼마인가?

〔풀이〕 $\alpha_1=90°$이므로 이론 양정 Hth는 최대값 Hmax와 같다. 그러므로, 식 (9-6)을 이용하여 u_2의 값은 알 수 없으므로 먼저 u_2를 구해야 한다. D=450mm=0.45m, n=1350rpm이므로,

$$u_2=\frac{\pi Dn}{60}=\frac{3.14\times0.45\times1350}{60}=31.8\text{ m/s}$$

$\cos\beta_2=\cos25°=0.906$이므로

$$H_{max}=\frac{1}{g}u_2(u_2-w_2\cos\beta_2)$$

$$=\frac{1}{9.8}\times31.8\times(31.8-12\times0.906)=67.9\text{m}$$

③ 축류펌프(axial flow or propeller pump)

이 펌프는 수중에서 회전하는 날개의 양면에 생기는 압력차에 의하여 양수하는 펌프로 구조가 간단하고 소형이지만, 유량이 매우 크며 양정이 낮은(10m 이하) 경우에 적합하다. 축류펌프는 양정의 변화에 대해 유량 변화가 적고 비속도가 크기 때문에, 저양정에서도 회전속도를 크게 할 수 있어서 원동기와 직결이 가능하며, 증기터빈의 복수기용 순환펌프, 농업용의 양수 배수펌프, 상·하수도용 펌프에 사용된다.

④ 사류펌프(diagonal flow pump)

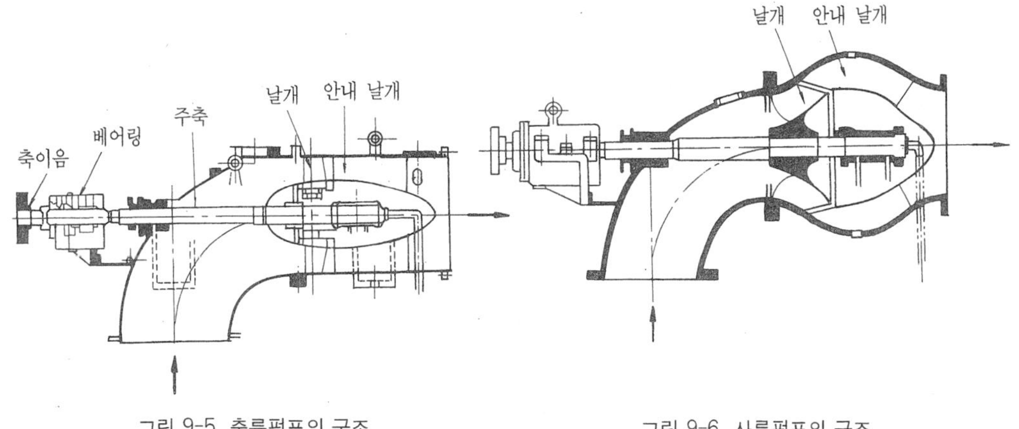

그림 9-5 축류펌프의 구조

그림 9-6 사류펌프의 구조

축류펌프와 비슷한 구조이나 흐름이 축심에 대하여 경사가져 있으며, 축류펌프보다 고양정(3~20m)에 사용되고 원심펌프보다 고속 소형 경량화가 가능하다. 이 펌프는 양정이 5m 이상되면 축류펌프보다 효율이 좋고, 축동력도 거의 변화가 없으며 양정이 내려가면 양수량이 크게 증가되어 긴급 배수가 용이하다. 또, 저속회전이 가능하므로 공동현상(cavitation)에 대한 염려가 없고, 수명이 길며, 유량 조절이 편리하고, 적은 유량으로도 운전이 가능하다.

⑤ 경사류펌프의 특성

㉮ 양수량이 0이라도 축 동력은 설계점과 거의 변하지 않는다(축류 펌프에서는 가동 날개가 되어 구조가 복잡해진다).

㉯ 양정이 내려가면(즉, 흡입 수면이 올라가면) 양수량이 크게 증가한다. 이것은 긴급 배수를 하는데 매우 유리하다.

㉰ 저속 회전이 가능하므로 캐비테이션에 대한 염려가 없으며, 또 수명도 길다.

㉱ 적은 유량으로도 운전이 가능하며 또, 유량을 조정하기가 편리하다.

(2) 용적형 펌프(positive displacement pump)

케이싱 내부에 피스톤이나 기어를 구동시킬 때 생기는 밀폐 공간을 이동시켜 액체를 송출하는 펌프로, 유량이 적고 고양정(고압력)을 필요로 할 때 적합하다.

① 왕복펌프(reciprocating pump)

피스톤 또는 플런저(plunger), 실린더, 흡입밸브, 배수밸브 및 펌프에서 배출되는 유량의 변동을 완화시켜 배출관 내의 유량을 일정하게 하기위한 공기실 등으로 구성되어 있는 펌프이며, 피스톤의 왕복 운동에 의해 액체를 흡입하여 소요압력까지 압축해서 송출하는 펌프이다. 소용량, 고압용에 이용되며 초고압에는 피스톤 대신 플런저를 사용한다. 왕복 펌프에는 일반 가정용에 널리 사용되는 버킷펌프(bucket pump)와 왕복펌프 중에서는 양수량이 많고 압력이 낮을 때 사용하는 플런저펌프 및 양수량은 적지만 고압용에 적합한 플런저펌프가 있다.

② 왕복 펌프의 이론적 배수량

㉮ 단동 펌프

왕복 펌프의 피스톤의 행정을 lm, 실린더의 지름을 Dm라 하면 피스톤 1왕복의 배수량 Vm^3는 $V=\frac{\pi D^2 l}{4}$(m^3)가 되는데, 이것을 구동하는 원동기의 회전수를 n rpm이라 하면 매초의 이론적 배수량 Qm^3/s는 다음과 같다.

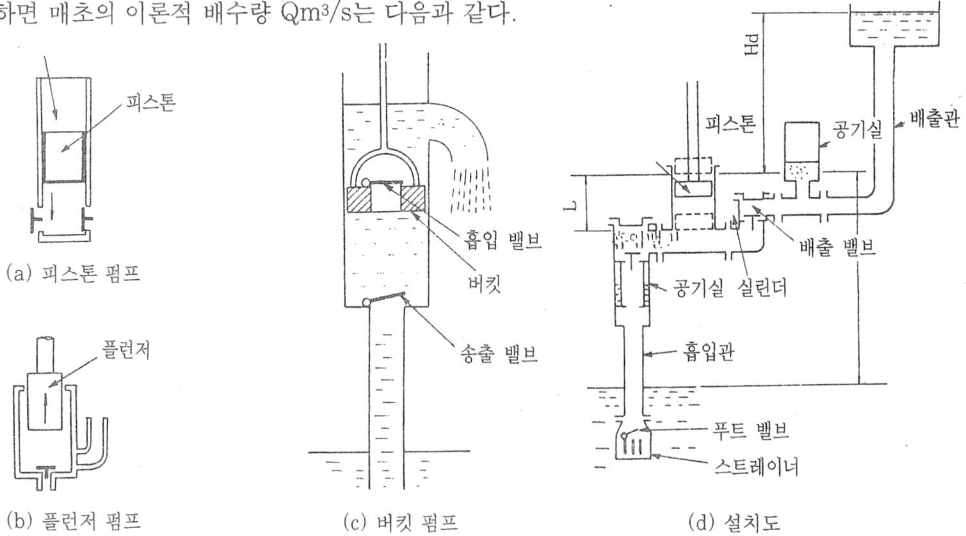

그림 9-7 왕복 펌프의 종류와 구조 및 설치도

$$Q = \frac{Vn}{60} = \frac{\pi/4 \cdot D^2 ln}{60}\ (m^3/s) \quad \cdots\cdots (9\text{-}7)$$

㉯ 복동 펌프

피스톤이 오른쪽으로 이동할 때 왼쪽 실린더에서는 $\pi/4D^2l$ m^3의 흡입을 하며, 오른쪽 실린더에서는 피스톤 로드의 지름을 d m라 하면 $\pi/4(D^2-d^2)l$ m^3의 양을 배수한다. 또, 피스톤이 왼쪽으로 이동하는 행정에서는 왼쪽 실린더는 $\pi/4D^2l$ m^3의 배수를 하며, 오른쪽의 실린더에서는 $\pi/4(D^2-d^2)$ m^3의 흡입만을 한다.

크랭크 1회전의 배수량 V m^3는

$V = \pi/4(D^2-d^2)l + \pi/4D^2l = \pi/4(2D^2-d^2)l\,(m^3)$

그리고, 매분 회전수를 n rpm이라 하면, 이론적 배수량 Q는

$$Q = \frac{\pi/4(2D^2-d^2)ln}{60}\ (m^3/s) \quad \cdots\cdots (9\text{-}8)$$

㉰ 차동 펌프

차동식 플런저 펌프가 복동식과 다른 점은 밸브가 1조뿐이며, 좌우 실린더에 상당하는 부분이 관으로 직결되어 있고, 왼쪽 실린더를 통과하는 물은 반드시 오른쪽 실린더를 통과하게 되어 있다.

플런저가 오른쪽으로 이동할 때에는 왼쪽 실린더에서는 $\pi/4 \cdot D^2l$ m^3의 양을 흡입하고, 오른쪽 실린더에서는 $\pi/4 \cdot (D^2-d^2)l\,(m^3)$의 양을 배수하며, 플런저가 왼쪽으로 이동할 때에는 왼쪽 실린더에서는 $\pi/4 \cdot D^2l$ m^3를 송수한다.

그러나, 오른쪽 실린더에서는 $\pi/4 \cdot (D^2-d^2)l$ m^3의 용적이 증가하므로 실제 배수량은 그의 차 $\{\pi/4 \cdot D^2l - \pi/4 \cdot (D^2-d^2)l\} = \pi/4 \cdot d^2l$ m^3가 배출관으로 나가게 된다.

즉, 크랭크 1회의 이론적 배수량은

$$V = \pi/4(D^2-d^2)l + \pi/4d^2l = \pi/4D^2l\,(m^3) \quad \cdots\cdots (9\text{-}9)$$

이것은 단동식의 경우와 같지만, 이 양은 두 행정에서의 배수량이므로 안정된 송수를 할 수 있다.

표 9-2는 플런서의 이동에 따른 흡입, 배출에서의 차동 펌프의 배수량을 나타낸 것이다.

표 9-2 차동 펌프의 배수량

	왼쪽 실린더	오른쪽 실린더	좌우실린더의 배수량	크랭크 1회전의 펌프 배수량(m^3)
플런저가 오른쪽으로 이동할 때의 체적 V	흡 입 $\pi/4\ D^2l$	배 출 $\pi/4(D^2-d^2)l$	$\pi/4(D^2-d^2)l$	$\pi/4\ D^2l$
플런저가 왼쪽으로 이동할 때의 체적 V	배 출 $\pi/4\ D^2l$	흡 입 $\pi/4(D^2-d^2)l$	$\pi/4d^2l$	

〔예제〕 표 9-2를 보고 배수량이 플런저의 좌우 두 행정에서 갈라지려면 플런저 로드의 지름 d를 얼마로 하는 것이 적당한다?

〔풀이〕 플런저가 오른쪽으로 이동할 때의 배수량과 왼쪽으로 이동할 때의 배수량을 같다고 하면

$$\frac{\pi}{4}d^2 l = \frac{\pi}{4}(D^2 - d^2)l$$

따라서,

$$d = \frac{D}{\sqrt{2}}$$

가 되도록 d를 결정하면 된다.

㉣ 왕복 펌프의 배수 곡선

그림 9-8에서, 피스톤은 크랭크의 회전에 의해서 운동을 한다. 크랭크 아암(crank arm)을 r m, 각속도를 w rad/s, 크랭크의 회전각을 θ라 하면 피스톤의 순간 속도(m/s)는

$V = rw\sin\theta$(m/s)

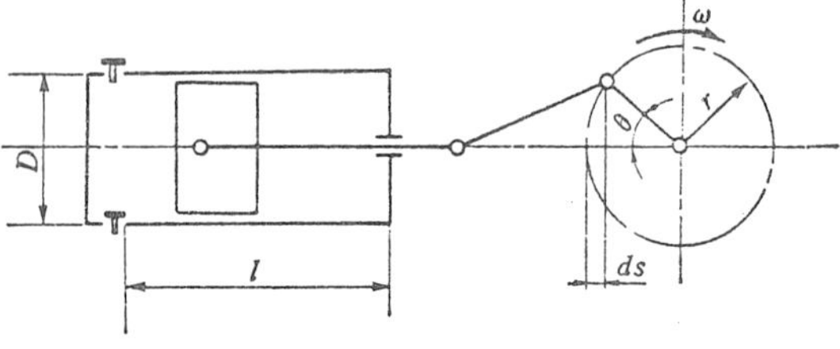

그림 9-8 피스톤 펌프의 작동

이므로, 피스톤의 단면적을 A m^2라 하면 크랭크각이 θ일 때의 순간 배수량 Q m^3/s는 다음과 같다.

$Q = Arw\sin\theta$(m^3/s) ....(9-10)

위의 식에서 단동 펌프의 회전각에 대한 배수량의 변화는 그림 9-10과 같이 시간에 대해서 일정하지 않으며, 사인 곡선(sine curve)에 가까운 곡선을 따른다.

(주) $v = \frac{ds}{dt} = \frac{d}{dt}(r - r\cos\theta) = r\sin\theta\frac{d\theta}{dt} = rw\sin\theta$

는 정확하게는 크랭크 핀의 수평 분속도가 되며, 보통 연결봉의 경사에 의한 약간의 영향은 있지만, 피스톤 속도를 근사적으로 $v \fallingdotseq rw\sin\theta$로 나타낼 수 있다.

굵은 실선은 각각의 순간에서의 배출량을, 일점 쇄선은 평균 배출량을 나타낸 것이다. 이와 같이 그려진 곡선을 왕복 펌프의 배수 곡선(displacement curve)이라 한다. 빗금 친 부분은 각각의 평균 배출량을 기준으로 할 때 동일한 면적이 된다.

복동 펌프에서는 그림 (b)와 같이 크랭크 1회전마다 2회의 배수를 하므로 배수량의

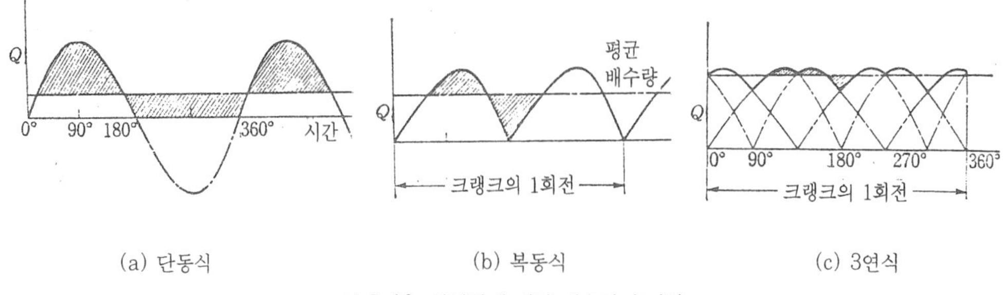

(a) 단동식 (b) 복동식 (c) 3연식

그림 9-10 회전각에 대한 배수량의 변화

변화가 적어지며, 평균 배수량도 단동식의 2배가 된다. 또, 3연식으로 하면 3개의 플런저는 크랭크각이 120°로 배열되므로, 이 경우의 총합 배수 곡선은 그림 (c)와 같이 되어 배수량은 거의 평준화되며, 운전도 원활하게 되어 동력의 변화도 적어진다.

이론적인 배수량 Q와 물의 누설이나 역류로 인한 양을 뺀 실제 배수량 Q와의 사이에는 다음과 같은 관계가 있다.

$$\eta_v = \frac{Q'}{Q}$$

여기서, η_v를 체적 효율(volumetric efficiency)이라 한다. 보통 η_v는 0.85~0.99이며, 대형일수록 체적 효율은 높아진다.

(3) 회전 펌프

회전 펌프(rotary pump)는 케이싱 내에서의 회전자(rotor)의 회전으로 액체를 연속적으로 밀어 내는 펌프로서, 일반적으로 구조가 간단하고 취급하기가 쉽다.

이 펌프는 프라이밍, 공기실 및 밸브를 필요로 하지 않으며, 기름이나 점도가 높은 액체를 압송하는데 적합하다. 회전자의 모양에 따라 기어형, 베인형으로 나누며 형상, 구조에 따라 여러 가지가 있다.

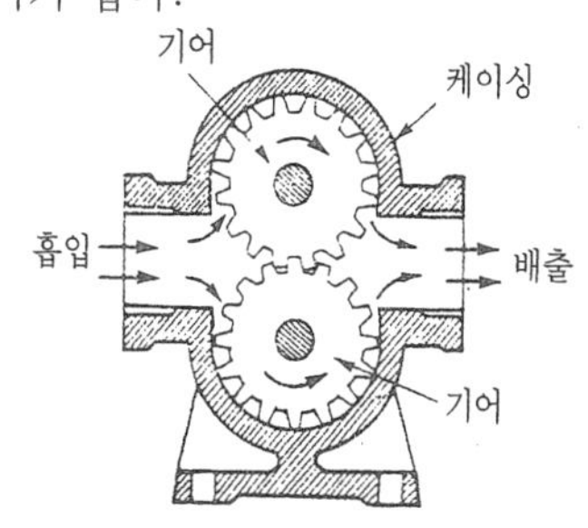

그림 9-11 기어 펌프

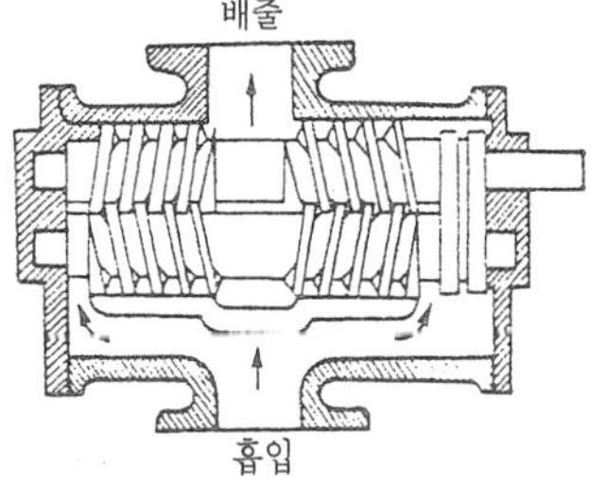

그림 9-12 나사 펌프

① 기어 펌프

기어 펌프(gear pump)는 구조가 간단하고, 윤활유, 중유와 같이 점도가 높은 액체의 압송에 사용된다.

크기와 모양이 같은 2개의 기어를 서로 물리게 하고, 케이싱 내에서 그림 9-11과 같이 화살표 방향으로 회전시키면 액체는 흡입 쪽에서 이(tooth) 사이의 공간에 유입하며, 케이싱 안벽을 따라 송출되어 배출구로 밀려 나간다. 배출 압력이 한계를 넘게 되는 경우에 대비해서 에스케이프 밸브(escape valve)를 갖추고 있는 것이 보통이다. 근래에 와서 각종 유입 장치가 개발됨에 따라 배출 압력이 $100kg_f/cm^2$, 4000rpm 이상 되는 것이 만들어지고 있다. 이밖에 기어형에 속하는 것으로는 그림 9-12와 같은 나사 펌프가 있다.

② 베인 펌프

베인 펌프(vane pump)는 보통 기름 펌프로 사용되며, 많은 양의 기름을 수송하는데 적합하다.

베인 펌프는 원통형 케이싱 안에 편심된 회전자가 들어 있으며, 길이는 케이싱의 길이와 같게 하여 누설이 없도록 해야 한다.

또, 회전자에는 홈이 있어서 홈 속에는 판 모양의 베인이 삽입되어 자유로 출입하게 되어 있다. 회전자의 회전에 의한 원심작용으로 베인은 케이싱의 안벽과 밀착된 상태가 되므로 기밀이 유지된다. 이와 같은 회전자를 1000rpm 정도로 회전을 시키면 회전자의 케이싱 사이의 공간에 의해서 흡수 및 배수를 하게 된다. 이러한 형식의 펌프는 진공 펌프 또는 공기 압축기로서 사용되는 경우도 있다.

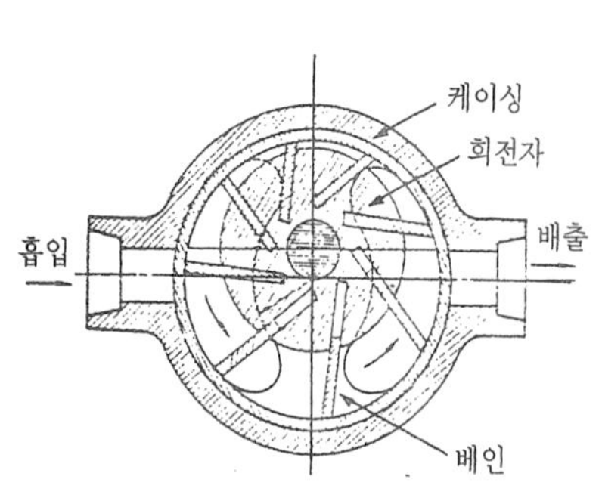

그림 9-13 베인 펌프

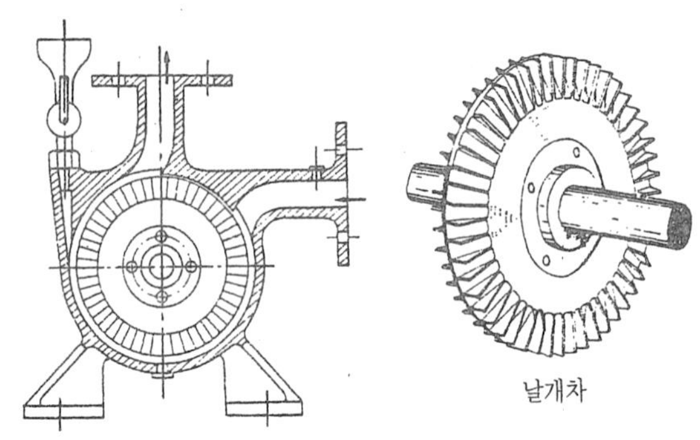

그림 9-14 재생 펌프의 구조

배출 구경 : 25~38mm　　양정 : 10~20m

배출량 : 0.017~0.137m3/min　　출력 : 1/4~1ps

③ 재생 펌프

재생 펌프(regenerative pump)는 많은 홈을 가지고 있는 원판을 날개차로 하고, 날개차와 케이싱 사이에 있는 액체를 고속 회전에 의한 날개차와 액체의 마찰에 의해서 양수하는 펌프이다.

재생 펌프는 소형으로서 원심 펌프보다 몇 배 정도의 높은 양정을 얻을 수 있으므로, 이것은 소용량의 높은 양정에 적합하다.

재생 펌프는 가정용 전동 펌프, 고온수, 석유 그 밖에 화학 약품 등의 수송에 사용되며, 효율은 회전수가 높을수록 좋은데 보통 40% 정도이다.

(4) 특수 펌프(special pump)

① 제트 펌프(와류 · westco · 마찰펌프)

제트 펌프(jet pump)는 그림 9-15와 같이 분류 작용으로 액체를 끌어올려서 송출하는 펌프로서, 보통 물 또는 압축 공기를 분출시켜서 양수한다.

그림과 같이 노즐 ①에서 고압수 또는 압축 공기가 고속 분출하면 ① 부근의 압력이 낮아지고, 물은 아래 수면에서부터 올라오게 된다. 이 물은 분출 유체와 더불어 ②의 확대관에서 에너지로 변환되어 고압이 되어 배출구 ③으로 나간다.

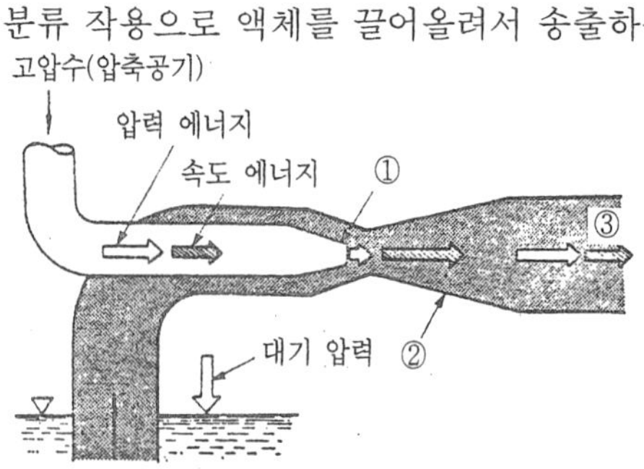

고압수(압축공기)
압력 에너지
속도 에너지
①
③
대기 압력
②

그림 9-15 제트 펌프의 원리

이 펌프는 구조상 운동하는 기계 부분이 없으므로 파손될 염려가 없고, 소형으로 만들

수 있다. 그리고, 이 펌프는 진흙물, 더러운 물에서 사용할 수 있다는 장점이 있으며, 펌프의 효율은 15~20% 정도로서 낮은 것이 결점이다.

② 수격펌프(hydraulic ram pump)

동력 공급이 없이 저수지 등의 낮은 곳에 있는 물을 긴 관으로 유도하여 이 물의 흐름을 긴급히 차단할 때 생기는 수격 작용(water hammering)을 이용해 그 물을 원래의 높이보다 높은 곳으로 송출하는 펌프이다.

③ 기포펌프(air lift pump)

양수관을 물 속에 넣고 압축공기를 공기관을 통해서 양수관 하부로부터 분출시키면 양수관 속은 물보다 가벼운 물과 공기의 혼합체로 되므로, 이 기포의 부력에 의하여 유체를 배출시키는 펌프이다. 구조가 매우 간단하고 고장이 적으며 양수가 확실하며 지하수나 석유 등을 끌어올리는데 사용된다.

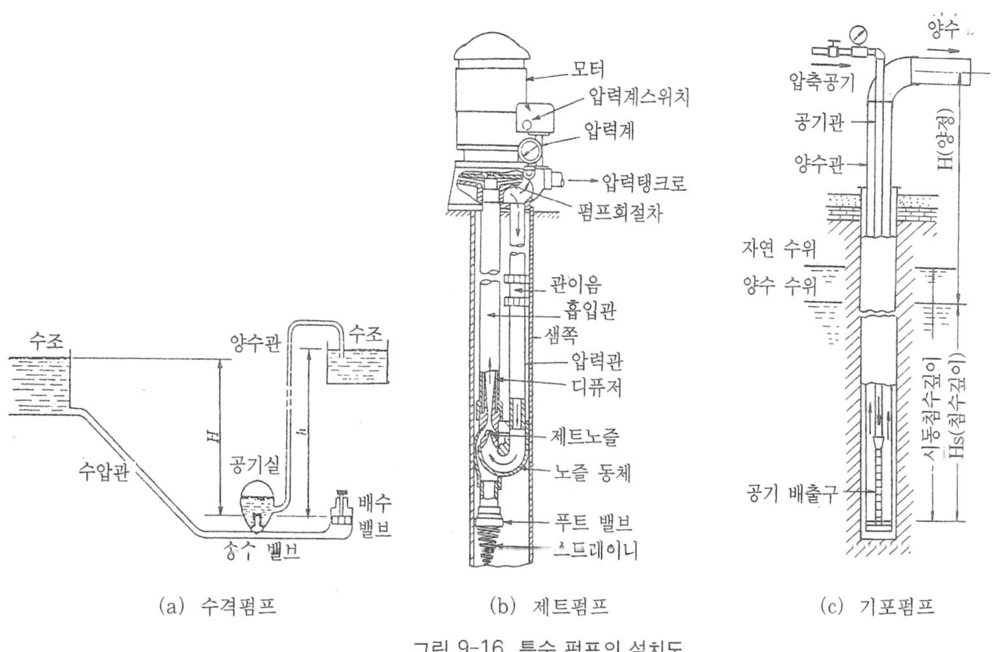

(a) 수격펌프　　(b) 제트펌프　　(c) 기포펌프

그림 9-16 특수 펌프의 설치도

1-2. 펌프의 제현상(諸現狀)

1-2-1. Cavitation(空洞現狀)

수차와 마찬가지로 펌프에서도 날개차 입구의 가장 가까운 날개 표면에서 압력은 크게 떨어지며, 이 압력이 액체의 포화 증기압 이하가 되면 캐비테이션을 일으킨다.

캐비테이션이 발생하면 소음과 진동이 일어남과 동시에 성능이 떨어질 뿐만 아니라, 날개차의 부식이나 파손이 일어나서 사고의 원인이 된다.

(1) 캐비테이션을 일으키기 쉬운 조건

① 흡입 양정이 높은 경우
② 액체의 온도가 높을 경우
③ 날개차의 원주 속도가 클 경우
④ 날개차의 모양이 적당하지 않을 경우(특히, 입구 부분)

이 밖에도 날개차의 입구 부분과 출구 쪽에서는 틈새의 유동부분과 안내 날개의 입구 부분 등에서 가장 많이 일어난다.

(2) 캐비테이션 방지책

① 펌프의 설치 위치를 낮추고 흡입 양정을 짧게 한다.
② 펌프의 회전수를 낮추어서 흡입 · 비교 회전도를 적게 한다.
③ 단흡입 펌프를 양흡입(兩吸入)펌프로 바꾼다.
④ 흡입관 손실을 줄이기 위해서 흡입 배관 관계는 관지름을 굵게 하거나 굽힘을 적게 한다.

1-2-2. 수격 작용(water hammering)

펌프에서 물을 압송하고 있을 때 정전 등으로 급히 펌프를 멈추거나 수량 조절 밸브가 급히 폐쇄되면, 관내 유속이 급속히 변화하여 물에 의한 심한 압력의 변화가 생긴다.

이 현상을 수격 작용이라고 하며, 수격 작용의 방지책은 다음과 같다.

① 관 측의 유속을 낮게 하거나 관의 직경을 크게 한다.
② 펌프에 플라이 휘일(fly wheel)을 설치하여 펌프의 속도가 급격히 변화하는 것을 막는다.
③ 조압수조(調壓水槽 : surge tank)를 설치한다.
④ 밸브는 펌프 송출구 가까이 설치하고 적당히 제어한다.

1-2-3. 서어징 현상(surging : 맥동 현상)

펌프, 송풍기 등의 운전중에 발생하며, 캐비테이션과 비슷한 현상이나 주기적인 변동이 없어도 펌프인 경우 입구와 출구의 진공계, 압력계 등의 침이 흔들리고 동시에 송출 유량이 변화하는 것으로 송출 압력과 송출 유량 사이에 주기적인 변동이 일어나는 현상이다. 펌프의 양정 곡선이 상승 구배이거나 배출량 조절 밸브의 위치가 수조 또는 서어징을 방지하는 방법은 다음과 같은 것이 있다.

① 회전 속도를 줄여서 풍량을 감소시키는 방법
② 흡입관을 드로틀시키는 방법
③ 배출관 도중에 설치한 방출 밸브를 열고, 풍량이 감소하였을 때 이다.

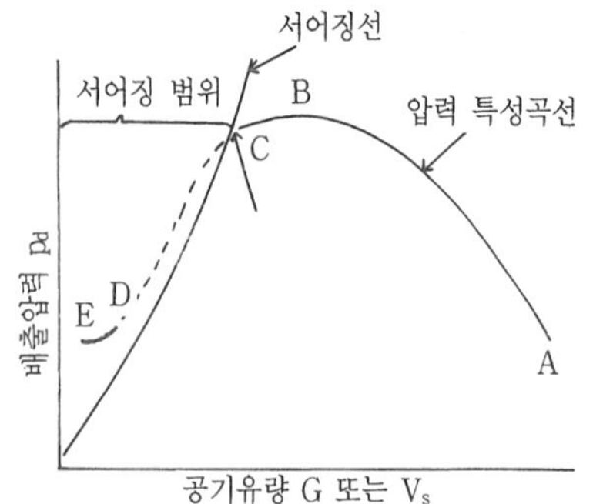

그림 9-17 서어징 설명도

1-3. 펌프의 성능

1-3-1. 펌프의 동력 및 효율

(1) 수동력(water horse power)

펌프에 의하여 구하는 동력(Lw)

$$Lw = \frac{rHQ}{75 \times 60}\ (Hp) = \frac{rHQ}{102 \times 60}\ (kw)$$

r : 비중량(kg/m^3)

Q : 유량(m^3/min)

(2) 축동력(shaft horse power)

원동기에 의하여 펌프를 운전하는데 필요한 동력(L)

$$L = \frac{Lw}{\eta}$$

η : 펌프의 효율

(3) 전효율(total efficiency)

$$\eta = \frac{Lw}{L}$$

$$\eta = \eta h \cdot \eta v \cdot \eta m$$

ηh : 수력 효율(hydraulic efficiency)

ηv : 체적 효율(volumetric efficiency)

ηm : 기계 효율(mechanical efficiency)

1-3-2. 펌프의 특성곡선

펌프는 사용자가 요구하는 펌프의 전양정과 배출량에서의 최고의 효율을 발휘할 수 있도록 설계되어야 하는데, 이러한 조건을 설계점이라 한다. 또, 설계점에서의 전양정, 배출량을 알고 있더라도 설계점 전후의 전양정, 배출량 및 효율이 어떤 변화를 하는지는 알 수 없으며, 또 실제의 운전 조건이 반드시 설계점 조건이 된다고는 할 수 없으므로, 이러한 모든 값을 알고 있다면 펌프의 사용에 있어서 매우 편리할 것이다. 따라서, 제작된 펌프는 실제로 시운전을 하여 여러 가지 측정을 하게 된다.

펌프의 회전 속도를 일정하게 유지하고, 배출량을 증가시키면서 각 배출량에 대한 전양정, 축동력, 효율을 구하여 이것을 그래프에 나타내면 그림 9-18과 같은 곡선이 된다. 이 곡선을 펌프의 특성 곡선이라 하는데, 보통은 펌프의 시험 성적표에 기입하게 된다.

그림에서, 차단 상태(배출량 0)에서 배출량이 증가하면 전양정은 완만하게 떨어지지만, 축동력은 반대로 증가한다. 또, 효율은 설계점에서 최대가 되며, 이 부근에서의 배출량에 대한 효율의 변화는 적고 비교적 안정되어 있다.

〔예제〕 전양정 25m, 배출량 $100kg_f/s$인 펌프가 있다. 효율을 80%라 할 때 축 동력을 구하여라

〔풀이〕 H=25m, rQ=$100kg_f/s$ 이므로

수동력 $Nw = \frac{rQH}{102} = \frac{100 \times 25}{102} = 24.5kW$

효율 80%를 고려하면 축 동력 N은 식에서

$$N = \frac{Nw}{\eta} = \frac{24.5}{0.8} = 31kW ≒ 42PS$$

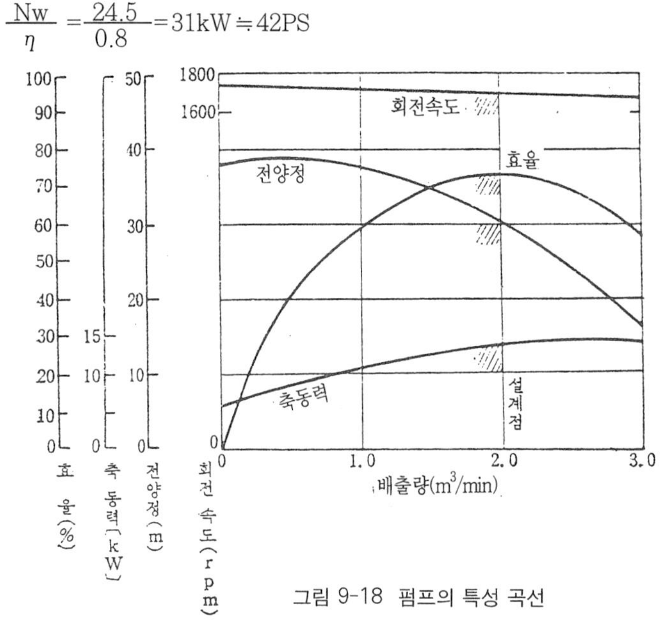

그림 9-18 펌프의 특성 곡선

1-3-3. 펌프의 비속도

펌프의 특성에 대한 연구나 설계를 할 때에는 펌프의 형식, 구조, 성능(전양정, 배출량 및 회전 속도)을 일정한 표준으로 고쳐서 비교, 검토해야 한다. 보통 그 표준으로는 비속도(비교 회전수, specific speed)가 사용된다.

비속도라 함은 한 펌프와 기하학적으로 상사인 다른 하나의 펌프가 전양정 H=1m, 배출량 Q=1m³/min으로 운전될 때의 회전 속도 n_s를 말하며, 다음식으로 나타낸다.

$$n_s = \frac{nQ^{\frac{1}{2}}}{H^{\frac{3}{4}}} = \frac{n}{\sqrt{H}}\sqrt{\frac{Q}{\sqrt{H}}} \cdots\cdots(9\text{-}11)$$

이 식에서 배출량 Q는 양쪽 흡입일 때에는 Q/2로 하고, 전양정 H는 다단 펌프일 때에는 1단에 대한 양정을 적용한다. 따라서, 비속도 n_s는 펌프의 크기와는 관계가 없으며, 날개차의 모양에 따라 변하는 값이다.

〔예제〕 양정 9m, 배출량 4m³/min, 회전수 1450rpm인 펌프의 비속도를 구하여라

〔풀이〕 식 (9-11)에서 다음과 같이 계산한다.

$$n_s = n\frac{Q^{\frac{1}{2}}}{H^{\frac{3}{4}}} = 1450 \times \frac{4^{\frac{1}{2}}}{9^{\frac{3}{4}}} = 558.1$$

1-4. 펌프의 설비 계획

지금까지는 펌프의 종류, 구조 및 펌프에서 발생하는 여러 가지 현상에 대해서 알아보았으

표 9-3 n_s와 날개차의 모양과의 관계 및 이에 상당하는 펌프 이름

날개차의 모양							
n_s	100	150	350	550	800	1,100	1,500
양정(m)	30	20	12	10	8	5	3
상당하는 펌프 이름	고양정 원심 펌프	중양정 원심 펌프	저양정 원심 펌프	경사류 펌프	축류 펌프		

(주) $H^{3/4} = H^{1/2} \times H^{1/4}$이므로 $n_s = \frac{n}{\sqrt{H}}\sqrt{\frac{Q}{\sqrt{H}}}$ 로 계산하는 것이 편리하다.

나, 여기서는 그와 같은 지식을 토대로 하여 실제로 펌프를 설치하는 문제를 다루어 보기로 한다.

1-4-1. 펌프의 형식과 크기의 선정

보통 펌프를 설치할 때 취급 유체의 종류와 필요로 하는 전양정 및 배출량이 주어지므로, 이것을 기준으로 하여 펌프의 형식이나 크기를 결정한다. 여기서, 전양정은 실양정과 배관상의 관로의 저항 등에 의한 손실을 고려하여 결정해야 한다.

필요로 하는 전양정과 배출량이 정해지면 사용 펌프의 형식과 크기를 선정하게 된다. 펌프의 형식 결정은 전양정과 배출량을 기준으로 그림 9-19와 같은 형식 선정표를 사용하여 실시해야 한다.

예를 들면, 60Hz 지역에서 선농기 시설, 배출량 2.0m³/min, 전양정 15m에 사용되는 펌프의 형식을 선정하기 위해서는 그림 9-19에서 가로축의 배출량 2.0m³/min과 세로축의 전양정 15m의 교점에 의하여 소형 한쪽 흡입 원심 펌프로 정할 수 있다.

다음에, 펌프의 크기를 결정할 때에는 펌프의 적용도표에서 정한다.

그림 9-20은 소형 한쪽 흡입 원심 펌프의 적용도표의 예를 나타낸 것이다.

이 도표에서 가로축, 세로축에 각각의 배출량이 2.0m³/min, 전양정이 15m를 취할 때, 이 교점에

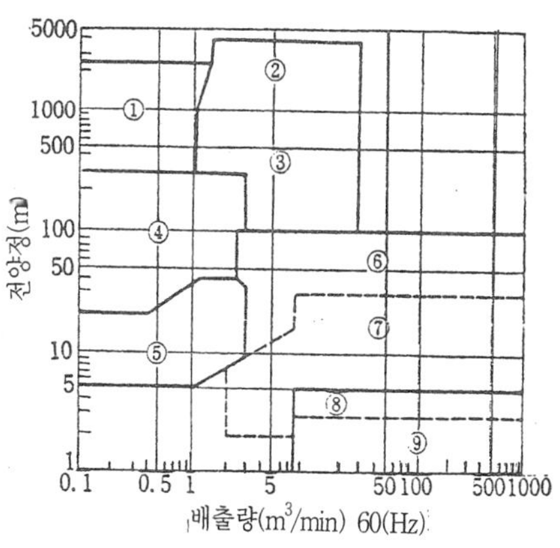

그림 9-19 펌프의 선정도

① 고압 소형 한쪽 흡입 다단 원심 펌프 ② 배럴형 다단 원심 펌프 ③ 다단 원심 펌프 ④ 소형 한쪽 흡입 다단 원심 펌프 ⑤ 소형 한쪽 흡입 원심 펌프 ⑥ 양쪽 흡입 원심 펌프 ⑦ 경사류 펌프 ⑧ 수직축 축류 펌프 ⑨ 수평축 축류 펌프

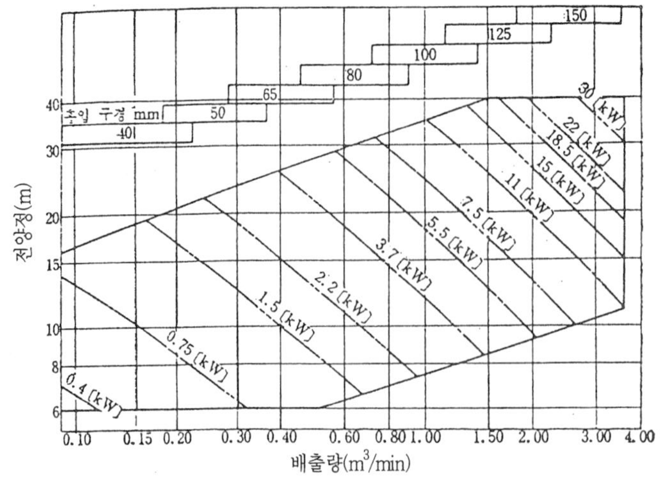

그림 9-20 소형 한쪽 흡입 원심 펌프의 적용 도포(전동기 4극 60(Hz))

의해서 구경은 125mm, 전동기 4극 60Hz에서 11kW의 축동력을 가지는 소형 한쪽 흡입 원심 펌프로 정할 수 있다.

또, 펌프 형식의 선정표에서 두 종류의 펌프 형식이 얻어질 때에는 앞에서 나타낸 여러 가지 펌프의 특성을 참고로 하여 펌프의 설치에 필요한 설비비, 분해, 조립 및 취급의 용이성 등을 고려하여 결정해야 한다.

1-4-2. 펌프의 설비 계획의 예

다음의 보기에서 설비 계획을 해 보기로 한다.

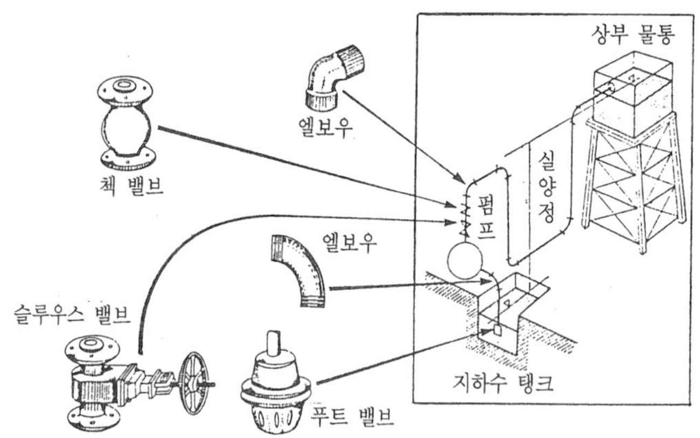

그림 9-21 펌프 설비의 예

〔예제〕 그림 9-21과 같은 배관 입면도에서 지하수 탱크의 물을 매분 $0.2m^3$의 비율로 높은 위치에 있는 물 탱크에 양수하려 할 때, 배관에 생기는 전손실 수두를 계산하고 펌프의 전양정을 구하라 그리

고, 이것에 알맞은 펌프 및 전동기를 선정해 보아라. 단, 배관의 전길이는 25m, 실양정은 9m이다.

〔풀이〕 계산 조건 : $Q=0.2m^3/min$, $l=25m$, $H_a=9m$

표 9-4에서, 유량 $0.2m^3/min$의 경우에 펌프는 구경 50mm인 것을 선택한다. 따라서, 배관에 사용되는 관의 지름도 50mm로 한다. 다음에는 배관 입면도에서 직관 밸브나 각종 이음에서의 손실 수두를 구한다.

관의 마찰 손실 수두 h_f는 식에서 $r=0.03$으로 보고,

$$h_f = r\times\frac{l}{d}\times\frac{v^2}{2g} = 0.03\times\frac{25}{0.05}\times\frac{2^2}{2\times9.8} = 3.06\ m$$

각종 손실 수두는 식 및 표에서,

푸트 밸브의 손실 수두 : $2\times\frac{2^2}{2\times9.8} = 0.408m$

90° 굽은 관의 손실 수두 : $0.20\times0.204=0.0408m$

슬루우스 밸브의 손실 수두 : $0.17\times0.204=0.0347m$

첵 밸브의 손실 수두 : $1.5\times0.204=0.306m$

엘보우의 손실 수두 : $1.0\times0.204\times5=1.02m$

방류의 손실 수두 : $1.0\times0.024=0.204m$

각종 손실 수두의 합 : $h_t=2.01m$

따라서, 이 배관의 전손실 수두 h는

표 9-4 펌프의 구경과 수량

관의 호칭		바깥지름 (mm)	유량(m^3/min)		유속(m/s)	
A	B		최대	표준	최대	표준
20	¾	27.2	0.03	0.025	1.60	1.33
25	1	34	0.06	0.05	2.04	1.70
32	1¼	42.7	0.10	0.08	2.07	1.66
40	1½	48.6	0.15	0.13	1.99	1.73
50	2	60.5	0.26	0.20	2.21	1.70
65	2½	76.3	0.45	0.3	2.26	1.51
				0.4		2.01
80	3	89.1	0.65	0.5	2.46	1.89
				0.63		2.38
100	4	114.3	12	0.85	2.55	1.81
				1.1		2.34
125	5	139.8	1.0	1.4	2.56	1.90
				1.7		2.31
150	6	165.2	2.7	2.1	2.55	1.98
				2.6		2.46
175	7	190.7	3.8	3.3	2.63	2.28
200	8	216.3	5.0	4.0	2.65	2.12
				4.8		2.45
250	10	267.4	8.0	6.0	2.72	2.04
				7.5		2.55
300	20	318.5	12	9.0	2.84	2.12
				11		2.60

$h = h_f + h_t = 3.06 + 2.01 = 5.07\text{m}$

$\therefore \text{H} = \text{Ha} + h = 9 + 5.07 = 14.07 \fallingdotseq 14.1\text{m}$

여기서, 펌프의 설치 지역을 60Hz로 보고 전양정이 14.1m, 배출량이 0.2m³/min이다. 그러므로, 그림 9-19의 펌프의 선정표에서 펌프이 형식을 그림 9-20에서 펌프 및 전동기의 크기를 구해 보면, 흡입 구경이 50mm인 소형 한쪽 흡입 원심 펌프로 결정되며, 전동기는 4극 1.5kW가 된다.

1-5. 펌프의 설치방법

펌프관계배관의 어레인지먼트는 펌프자체가 요구하는 프로세스적 기계적조건을 만족시키는 동시에 배관이 가진 설계기본조건을 만족시켜 주는데 있다.

우선 펌프관계배관 어레인지의 제1단계로서 펌프의 배치를 결정해야 한다. 펌프의 형식에 따라 그 조작에리어의 스페이스와 방향을 고려에 넣는다. 다음으로 메인테넌스에 대한 고려를 한다. 특히, 최근 장치가 대형화되고 있으므로 대형펌프를 사용하게 되어 메인테넌스시의 케이싱이나 샤프트의 분해 등의 스페이스와 함께 트롤리비임 등의 메인테넌스용구도 고려해야 한다. 또, 펌프의 형식에 따라서는 그 흡입배관이 상당한 길이의 직관부가 필요한 경우도 있으므로 주의가 필요하다.

(1) 펌프의 설치는 유효통로 및 다른 기기와 돌출부로부터 600~750mm 정도의 작업 간격을 확보하고, 펌프 흡입측이나 모터측의 어느 한 곳을 유지 공간으로 1,500mm 이상 확보하며, 흡입관의 크기에 따라 50A까지는 1.5m, 65~125A는 2m, 150~250A는 2.5m, 300~350A는 3m, 400~450A는 4m의 간격을 띄운다.

(2) 흡입배관은 최단 길이로 벤딩을 적게 하고 토출배관보다 1~2급 굵은 관으로 하여 마찰저항을 감소시킨다.

(3) 펌프를 설치할 기초 높이는 300mm를 기준으로 하며 침수가 예상되는 장소에는 300~500mm 범위로 한다.

(4) 흡입부가 수평배관일 때 짧은 경우는 1/20~1/50, 긴 경우는 1/50~1/100 정도로 올림 구배를 주어 에어포켓이 생기지 않도록 한다.

(5) 편심 리듀서를 설치할 경우는 하부에서 흡입될 때는 윗면이 수평되게, 상부에서 흡입될 때는 아랫면이 수평이 되도록 설치한다.

(6) 흡입노즐 입구의 최소 직관 길이는 편흡입일 때 2~3D, 양흡입일 때는 7~10D 정도가 되도록 설치한다.

(7) 그밖에 수격작용을 방지하기 위해 서지탱크나 공기밸브 또는 체크밸브를 설치하고 공동 현상, 열응력, 진동 등이 발생되지 않도록 설치한다.

(8) 펌프의 보조 배관으로는 냉각수배관, 스팀배관, 플러싱(flushing)배관, 프라이밍(priming)용 진공배관, 윤활유배관 등이 있다.

(9) 흡수원이 흡입 노즐보다 아래에 있는 경우에 케이트밸브를 설치할 때는 밸브 스템이

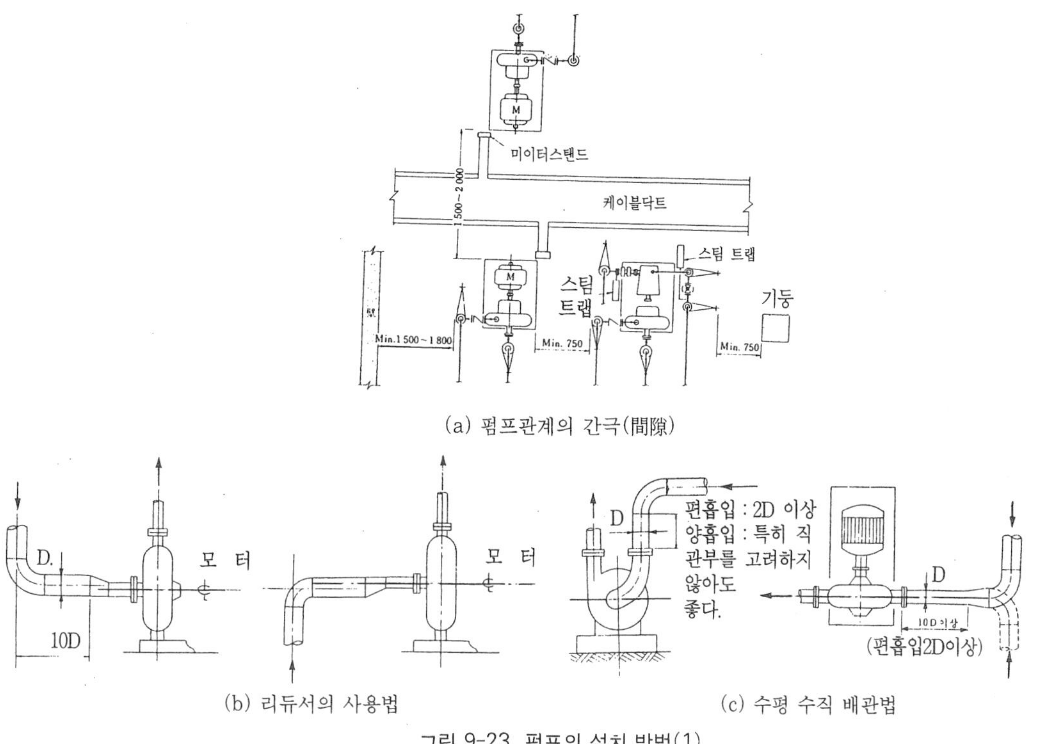

(a) 펌프관계의 간극(間隙)

(b) 리듀서의 사용법

(c) 수평 수직 배관법

그림 9-23 펌프의 설치 방법(1)

수평이 되도록 하며, 토출 배관에 설치되는 게이트 밸브와 체크밸브는 펌프 가까이에 설치한다.

(10) 부득이한 경우 에어포켓(air pocket)이 생기면 다음과 같이 벤트를 설치한다.

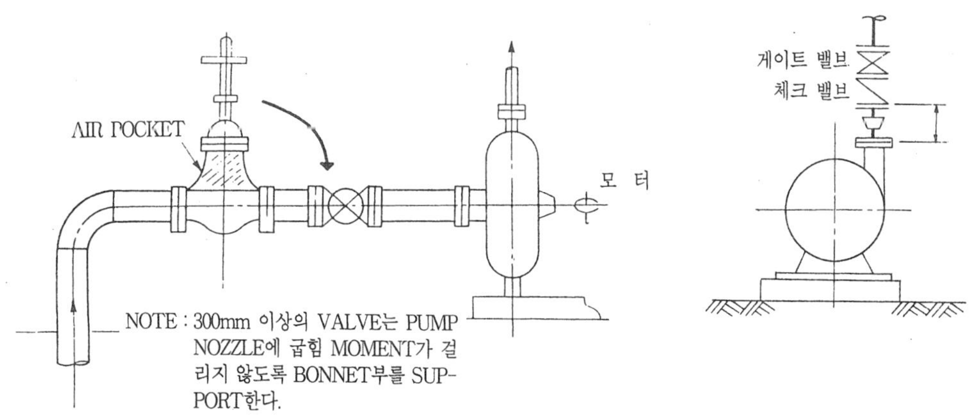

그림 9-24 펌프의 설치 방법92)

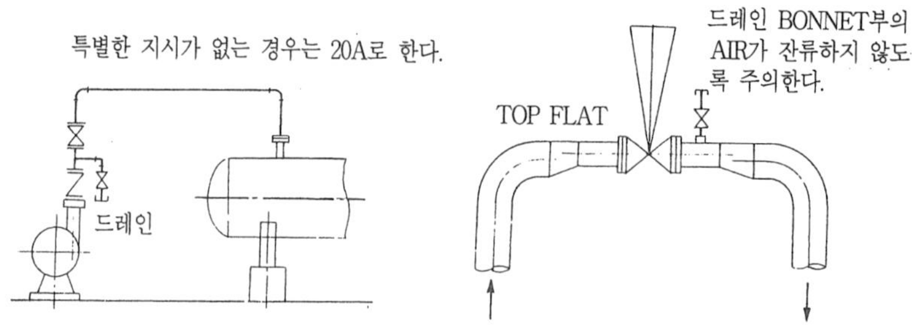

그림 9-25 펌프의 설치 방법(3)

1-6. 수차 및 증기터빈

물이 가지고 있는 위치에너지(potential energy)를 속도에너지와 압력에너지로 바꾸고 다시 기계적 에너지로 변화시키는 기계를 수차(hydraulic turbine)라 하고, 압력을 가진 증기를 보다 낮은 압력으로 자유 팽창시켜 증기가 가지고 있는 열에너지를 기계적인 일로 전환하는 기계를 증기터빈(steam turbine)이라고 한다.

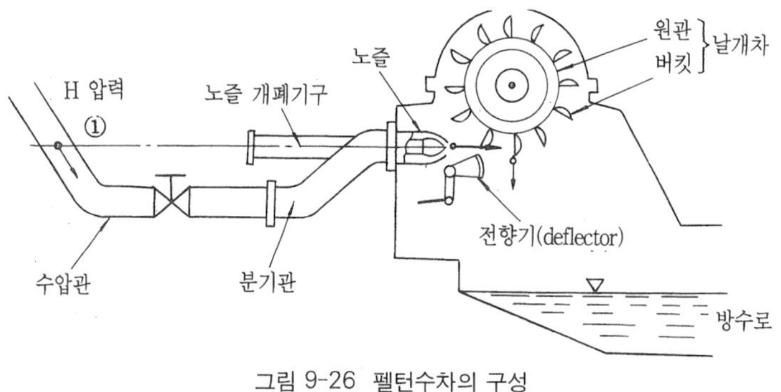

그림 9-26 펠턴수차의 구성

1-6-1. 충동수차(impulse turbine)

높은 곳에 있는 물을 배관으로 유도한 노즐로부터 고속 분류를 분출하여 버킷(bucket)에 충돌시켜 회전력을 발생하게 하는 수차로 펠턴(pelton)수차가 대표적인 것이다.

펠턴수차는 소용량 고낙차(70~1,000m)의 경우에 사용되고 유량이 변화해도 효율(86~91%)이 거의 일정하게 안정되어 있으므로 사용하기 좋으며, 물이 가지고 있는 위치에너지를 운동에너지(kinetic energy)로 전환시켜 기계적인 일을 얻는 것이 특징이다.

1-6-2. 반동수차(reaction turbine)

물이 가진 위치에너지가 도수관(導水管)을 지나는 사이에 압력수두로 바뀌어 수차의 날개차에 유입되고 날개차를 통과할 때 압력수두가 속도수두로 바뀌며, 그 때의 속도에너지와 압

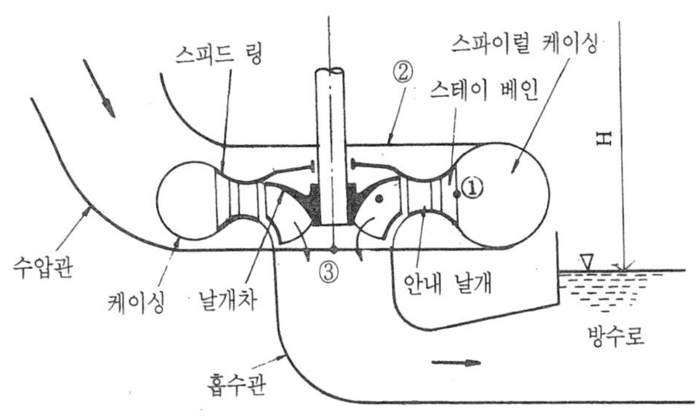

그림 9-27 프란시스 수차의 구성

력에너지를 기계적인 일로 바꾸는 수차이다.

프란시스수차(friancis turbine)가 대표적인 것이며, 가장 널리 사용되고 있는 수차로 저낙차 및 중간낙차(20~400m)에서 유량이 비교적 많은 경우에 사용된다.

이 수차는 수류가 회전차 외주로부터 내측으로 유입하여 축방향으로 유출되고 사용 유량이 적은 범위에서는 효율(84~94%)의 변동이 크다.

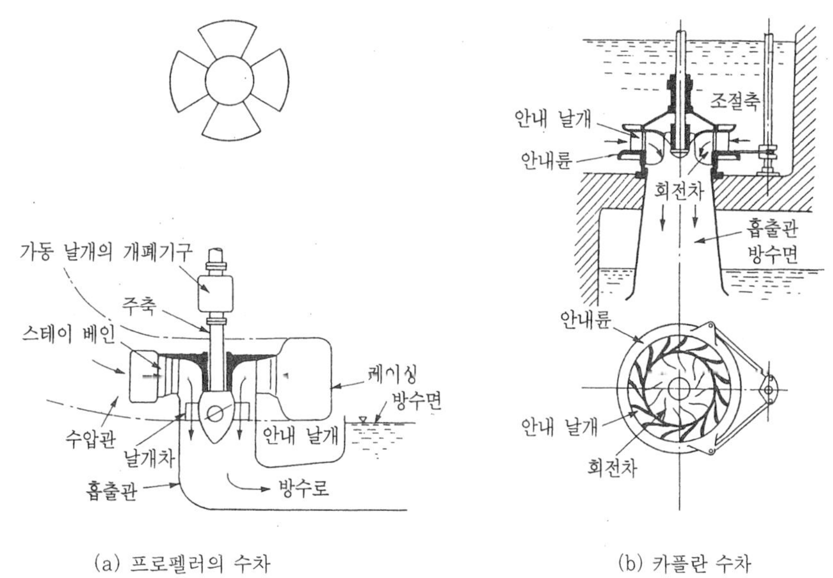

(a) 프로펠러의 수차 (b) 카플란 수차

그림 9-28 프로펠러수차와 카플란수차의 구성

1-6-3. 축류수차(axial flow turbine)

이 수차는 날개차 내에서의 흐름이 주축 방향을 향하여 흐르게 하는 것으로 프로펠러(propeller)수차와 카플린(kaplan)수차가 있다.

프로펠러수차는 날개에 작용하는 양력으로 회전력을 얻는 수차로 저낙차(10~60m)에서 수량이 많은 경우에 적합하며 고속회전을 하는 반동수차이다.

프로펠러수차 중에서 날개차의 날개 설치 각도가 가동(可動)적인 것을 카플란 수차라고 하며, 부하에 따라 운전중에도 날개의 각도를 바꿀 수 있으므로 효율(85~95%)이 좋다.

1-6-4. 펌프수차(reversible pump turbine)

펌프수차는 수차 한 대로 펌프 기능과 수차 기능을 겸용할 수 있도록 만들어진 수차로 구조는 양자의 중간이나 회전자는 펌프에 가깝다.

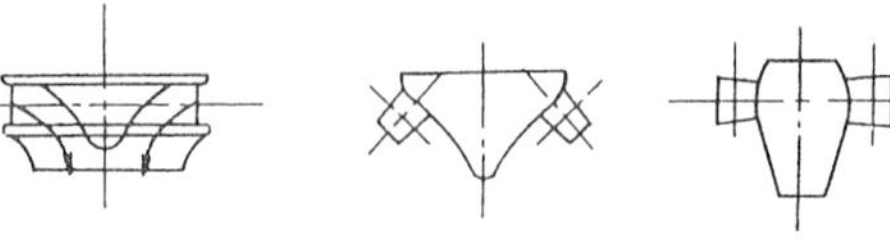

그림 9-29 펌프수차의 날개차 종류

이것은 수요전력의 변동에 대응하기 위하여 부하가 감소하는 야간에는 남는 전력으로 펌프수차를 펌프로써 운전하여 하부 저수지의 물을 상부 저수지에 양수해 두고, 부하가 증가되는 주간에는 이물로 펌프수차를 수차로 운전하여 전력을 발생시켜 전력 수요의 균형을 이루게 하는 양수 발전소에서 사용하며, 수차와 마찬가지로 양정 또는 낙차에 따라 프란시스형 펌프수차(500m 이하), 사류프로펠러형 펌프수차(30~150m), 축류프로펠러형 펌프수차(20m 이하)로 나누어진다.

그리고, 카플란수차와 펠턴수차는 큰 폭의 부하 변동이 수시로 요구되는 발전소에 가장 적합하며, 프란시스수차와 프로펠러수차는 부분 부하에서 효율이 크게 떨어지므로 부분 부하로 장시간 운전할 때는 부적당하다.

1-6-5. 증기터빈

증기 터빈의 특징은 고속회전을 하기 때문에 소형으로 대마력을 낼 수 있고 왕복 기관에 비해 진동이 적으며 설치와 취급이 용이하다.

또 열손실이 적고 효율이 좋지만, 역회전이 곤란하고 예열에 다량의 증기를 필요로 하며 소마력이나 정규 회전속도 이하에서는 효율이 낮아진다.

증기의 작동 방식에 따라 증기터빈을 분류하면, 노즐을 통하여 고압에서 저압으로 팽창된 증기가 회전날개차에 고속으로 분류하여 증기의 충동 작용으로 회전력을 얻는 충동터빈과, 고정날개차로부터 증기 분류에 의해 충동력과 회전날개차 내의 압력 강하에서 오는 증기 속도 증가에 의한 반동력으로 날개차의 회전력을 얻는 반동터빈이 있다.

그리고 사용 증기의 상태에 따라 분류하면 다음과 같다.

(1) 복수터빈(condensing turbine)

터빈의 배기를 복수기(conderser)로 복수시킴으로써 증기는 고진공까지 팽창하게 되며, 가능한 한 많은 기계적 일을 얻을 수 있도록한 터빈이다.

(2) 재열터빈(reheat turbine)

터빈에서 입구의 증기압력을 높이고 고진공까지 팽창시키면 배기의 습도가 한계를 넘어

장애를 일으키므로, 이것을 피하기 위하여 터빈의 팽창 도중에서 증기를 보일러로 되돌려 재열기에서 가열하는 것으로, 사업용 화력발전 터빈에 사용된다.

(3) 재생터빈(regenerative turbine)

터빈 내에서 증기의 팽창 도중에 증기의 일부를 추출하고, 이것으로 보일러의 급수를 예열하여 복수기에서 버리는 증발열 손실을 경감시키는 터빈으로 화력 발전용 및 선박 추진용 터빈에서 사용된다.

(4) 배압터빈(back pressure turbine)

화학 공장 또는 제철 공사 등에서 동력과 함께 저압증기가 필요한 경우에 보일러에서 발생된 고압증기를 먼저 터빈에 보내서, 작업에 필요한 증기압력까지 팽창시켜 동력을 얻은 후 그 배기를 작업에 사용하기 위한 터빈이다.

제2절 기체수송장치(氣體輸送裝置)

기체 수송 장치의 원리 및 구조는 펌프와 비슷한 점이 많으며, 기체 수송에서 고려해야 할 주요 요소는 배출되는 풍량, 수송 장치에 부과되는 소요 동력 및 압력차 등이다.

기체를 수송하는 장치는 그 압력차에 의하여 통풍기(fan), 송풍기(blower), 압축기(compressor) 등으로 크게 나눌 수 있다.

2-1. 압축공기 배관설비

현대 산업 설비 현장이 다변화하고 자동화 됨에 따라 압축공기가 공업상 여러 가지 용도에 이용되고 있다. 예를 들어 극장, 건물의 환기, 백화점, 광산의 갱도, 지하철 등의 환기용으로는 0.1kg/cm^2 이하의 압축공기가 사용되며, 제철 공장의 용광로 및 주물 공장의 용선로에는 0.5~1kg/cm^2 정도의 압축공기가 쓰인다. 또한 통신문을 기송할 때나 신문사에서 원고를 기송할 때나 곡물류, 시멘트류 등 밀폐관에 의한 수송에는 0.5kg/cm^{2}의 압축공기가 사용되고 있다.

광산, 토목, 건축 현장에서 사용되는 착압기, 조선, 자동차, 항공 산업 현장 등에서 사용되는 리베팅머신(riveting machine), 샌드블라스트(sand blast) 등을 운전하려면 상용압력 7kg/cm^2 이하에서 용량 7,000m^3/h, 소요마력 800HP까지를 한도로 한 동력식 공기압축기가 필요하다. 또한 기차, 전동차의 공압식 브레이크 등은 7kg/cm^2 이하의 공기 압축기가 사용되며, 내연기관의 시동시에는 압력 70kg/cm^2 압축공기가 쓰인다. 그밖에 공기분리법에 의한 산소 및 질소의 제조시에는 그 압축 방식에 따라서 30~200kg/cm^{2}의 압축공기가 용도 및 용량에 따라 이용되고 있다.

2-2. 송풍기 · 압축기의 분류

송풍기 · 압축기는 배출압력과 구조, 작동원리에 따라서 펜(fan), 블로우어(blower) 압축기(compressor)로 구분되며, 휀과 블로우어를 총칭하여 송풍기라고 한다. 송풍기 및 압축기는 압력을 높이는 작동 원리에 따라 분류하면 터보형과 용적형이 있다.

터보형은 기체 내에 있는 날개차의 고속 회전으로 날개 사이를 통고하는 기체와 에너지를 증가시켜서 기체의 압력과 속도를 높이는 형식으로서, 이 형식에는 축류식과 원심식이 있다.

송풍기		압축기
팬	블로우어	
0.1kgf/cm²(1,000mmAq)미만	0.1이상 1.0kg5/cm² (1이상 10mAq)미만	1kgf/cm²(10mAq)이상

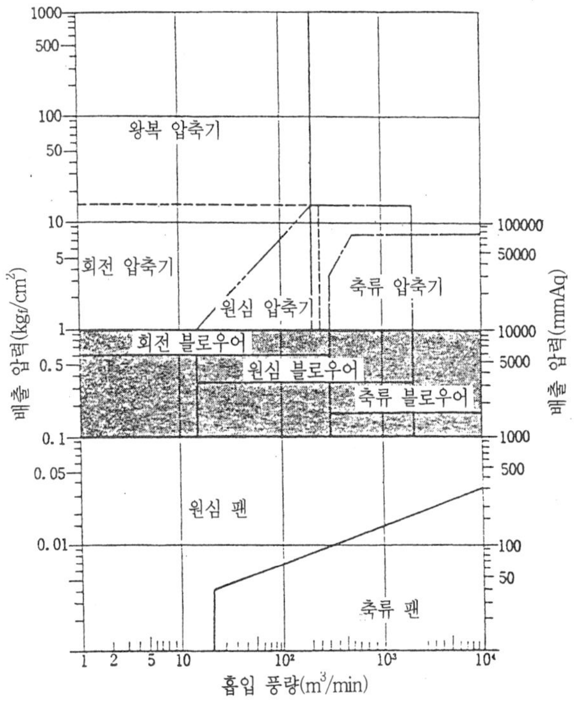

그림 9-30 송풍기 및 압축기의 적용 범위

2-2-1. 압축기

압축기란 공기, 가스 등의 기체의 압력과 속도를 높이기 위해 기계적이 에너지를 기체에 전달하는 기기로서, 압축공기배관 및 기송배관에서 가장 많이 이용되고 있다.

압축기를 작동 방식에 따라 대별하면 용적형(volume)과 터보형(turbo)으로 나눌 수 있으며, 다음과 같이 여러 가지 형식으로 분류된다.

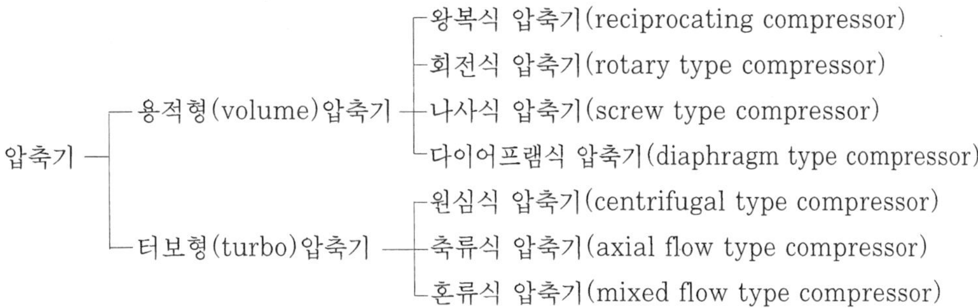

(1) 용적형 압축기

일정한 용적에 흡입되는 기체를 송풍 또는 압축하는 구조로 되어 있다.

① 왕복식 압축기

왕복식 압축기는 실린더 내의 피스톤이 왕복 운동을 하면서 공기나 가스를 흡입밸브를 통하여 실린더 내로 흡입, 압축시킨 후 송출밸브에 의해 압축된 기체를 송출하는 압축기이다.

㉮ 분류 : 실린더의 배치 형식에 따라 횡형(橫型), 입형(立型), L형, V형, W형, 병렬형, 연동형, 대향형(對向型) 등이 있고, 압축 단수에 따라 1단, 2단, 3단, …… 다단(多段)식으로 분류된다.

㉯ 특징

ⓐ 기름 윤활식(oil type) 또는 무급유식(oilless type)이 있다.

ⓑ 압축되면 맥동(pulsation)이 생기므로 사용 목적에 따라 단수(段數) 및 압축량의 결정 등 설계시 세심한 주의가 필요하다.

ⓒ 압축효율이 높고 용량조절 범위가 0~100%로 매우 광범위하며, 그 조절방법도 용이하다.

ⓓ 토출압력 변화에 의한 용량 변화가 적고 기체의 비중에 의한 영향이 적으며, 쉽게 고압의 기체를 얻을 수 있다.

ⓔ 접촉 부분이 많아 가동시 소음이 크고 보수 작업도 어렵다.

ⓕ 지속회전으로 압축기의 형태가 크고 중량도 무거울 뿐만 아니라 가격이 비싸며, 설치 면적도 크게 차지하므로 설치시 경제성을 고려하여야 한다.

ⓖ 압축비가 크게 되면 압축단수를 높이고 각 단 사이에 냉각기를 부착하여 송출기체를 냉각하여 주변 동력을 절약하고 송출 기체의 온도도 낮추어 줌으로써 열팽창 및 열응력에 대한 영향을 최소화한다. 예를 들면, 왕복식 압축기는 7kg/cm²까지의 압력에서 1단형이 쓰이나 7~10kg/cm²에서는 2단, 200kg/cm²까지는 4~5단, 1,000kg/cm² 정도에서는 6~7단으로 점점 더 압축 단수를 높여 간다.

ⓗ 고압 장치에 많이 쓰이며 실린더 내의 피스톤에 의해 기체를 흡입한다. 또한 반드시 흡입 및 토출밸브가 필요하다.

㉰ 왕복식 압축기의 기체 처리 능력 계산

압축기의 기체 처리 능력은 기계의 용량을 결정하는데 매우 중요하다. 이 때 기체의 처리 능력은 피스톤의 압출량(m^3/h)으로 표시하며, 피스톤의 압출량이란 압축기가 단위 시간에 흡입, 압축한 후 토출해 내는 기체의 이론 체적을 말한다.

ⓐ 실린더 내 피스톤의 압출량 계산식

$$V = \frac{\pi}{4} \cdot D^2 \cdot N \cdot \eta_v \cdot L \cdot 60$$

V : 피스톤의 압출량(m^3/h)

D : 실린더의 안지름(m)

L : 피스톤의 행정(m)

N : 압축기의 회전속도(rpm)

η_v : 체적효율(흡입효율)

ⓑ 체적효율(η_v)

$$\eta_v = \frac{Q(\text{실제 기체 흡입량}[kg/h])}{Q_{th}(\text{이론 기체 흡입량}[kg/h])}$$

ⓒ 토출효율(η_d)

$$\eta_d = \frac{V_d(\text{토출 기체의 부피, } m^3)}{V_s(\text{흡입된 기체의 부피, } m^3)}$$

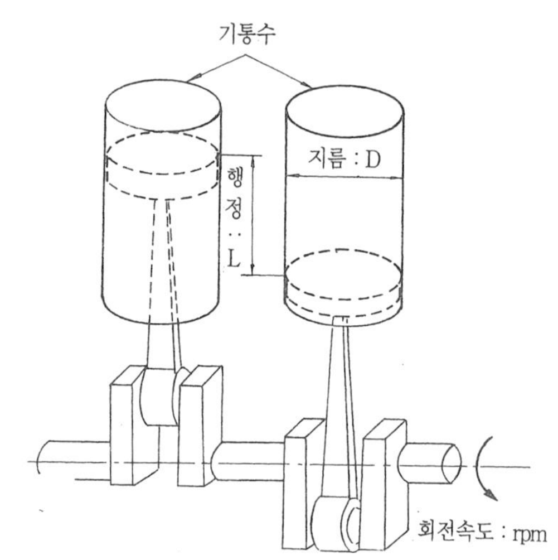

그림 9-31 피스톤 압출량의 계산

② 회전식 압축기

용적형 압축기로서 로터리 압축기라고도 한다. 왕복식 압축기가 피스톤의 왕복운동으로 압축력을 얻는 대신 회전자 로타(rotor)의 회전운동으로서 압축력을 얻는 압축기이다. 원심식 압축기와 다른 것은 압축 작용이 회전 방향에 대하여 연속적이며 기체가 항상 일정한 방향으로 흐를 뿐만 아니라 흡입 및 토출밸브, 크랭크 등의 부품이 불필요하여 회전운동을 빨리할 수 있고 모양을 경량 소형화할 수 있다는 점이다.

㉮ 형식의 분류 : 회전식 압축기에는 고정날개형과 회전날개형의 두 가지 형식이 있다.

ⓐ 고정날개형

그림 9-32와 같이 축에 회전자가 편심으로 조립되고, 편심축의 회전에 의하여 원통형의 회전자가 실린더 벽에 밀착 하면서 편심된 회전자가 돌면 기체가 블레이드(blade)의 우측 공간에 흡입되어 압축되고, 블레이드의 반대쪽에 위치한 토출구를 통하여 토출된다. 이 때 고압과 저압 간의 기체의 흐름을 차단하는 블레이드는 실린더의 홈 속에서 스프링 또는 기체의 압력으로 회전자에 밀착 되어 있다.

ⓑ 회전날개형

그림 9-33과 같이 회전자가 축과 동심(同心)으로 조립되어 있고 회전자와 실린더는 편심으로 놓여 있는 형식이다. 회전자의 홈에 2개 이상의 베인(vane)이 삽입

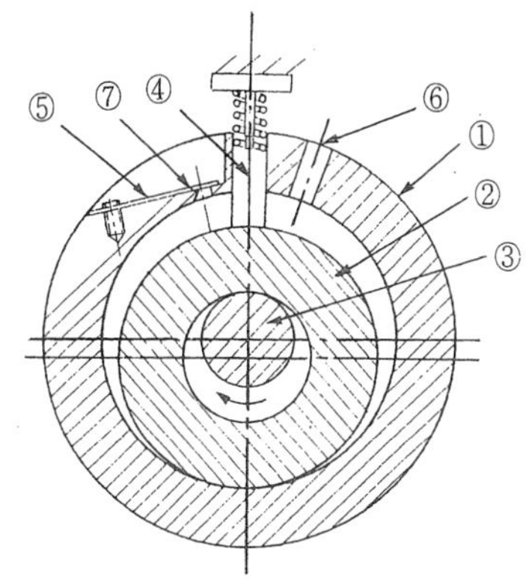

① 실린더 ② 회전자 ③ 회전축 ④ 블레이드
⑤ 토출밸브 ⑥ 흡입구 ⑦ 토출구

9-32 고정날개형 회전식 압축기

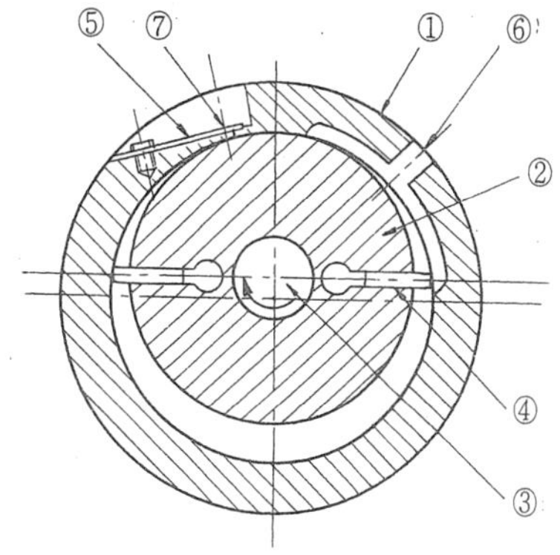

① 실린더 ② 회전자 ③ 편심축 ④ 베인
⑤ 토출밸브 ⑥ 흡입구 ⑦ 토출구

9-33 회전날개형 회전식 압축기

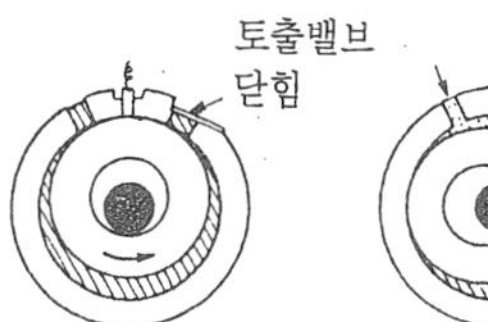

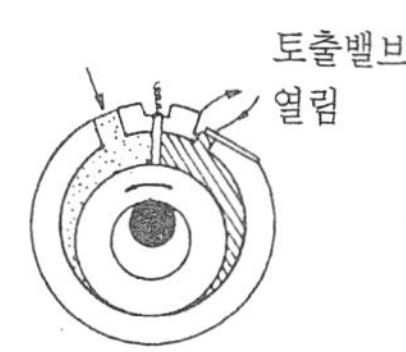

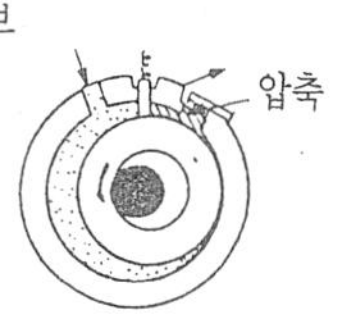

토출종료, 흡입종료 압축개시, 흡입개시 토출개시, 흡입중 토출중, 흡입중

(a) 고정날개형 회전식 압축기의 기체 압축과정

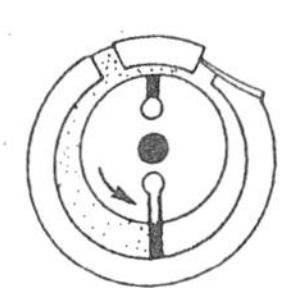

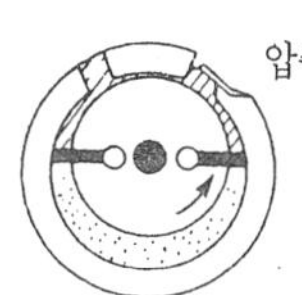

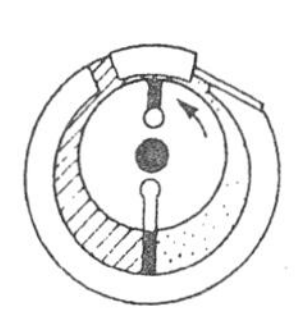

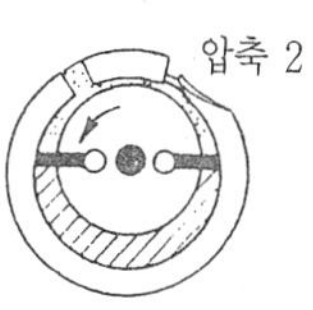

흡입종료, 압축개시 토출밸브 열림 토출종료, 압축개시 토출밸브 열림

(b) 회전날개형 회전식 압축기의 기체 압축과정

그림 9-34 회전식 압축기의 기체 압축과정

되어 있으며 이 베인은 유압, 기체압, 스프링력 및 원심력 등에 따라 실린더 내벽면에 밀착하게 되며, 회전자가 회전함에 따라 반경 방향으로 운동하며 기체는 이 베인과 베인 사이에 흡입되어 압축된다.

그림 9-34는 회전식 압축기의 기체 압축 과정을 단계별로 나타낸 것이다.

㉯ 특징

ⓐ 기름 윤활 방식으로서 소용량이며 널리 이용된다.

ⓑ 왕복식 압축기에 비하여 부품의 수가 적으며 구조가 간단하다.

ⓒ 확실하게 조림 또는 조정 드의 작업을 함으로써 완전하게 고압축비를 얻을 수 있다.

ⓓ 크랭크케이스 내부는 고압 상태로 유지되므로 내부 부품의 마찰에 대한 내마모성이 있어야 한다.

㈐ 피스톤의 압출량 계산식

베인형 압축기를 사용하는 곳에서의 단위 시간당 피스톤의 압출량을 계산하는 식은 다음과 같다.

$$V = \frac{\pi}{4}(D^2 - d^2) \cdot t \cdot N \cdot 60$$

V : 1시간 당 피스톤의 기체 압출량(m^3/h)

t : 회전 피스톤의 기체 압축 부분의 두께(m)

N : 회전 피스톤의 표준 회전 속도(r · p · m)

D : 피스톤 기통의 안지름(m)

d : 회전 피스톤(회전자)의 바깥지름(m)

그밖에 체적효율(η_v)

$$\eta_v = \frac{Q}{V_{th} \cdot N}$$

Q : 흡입 상태로 환산된 송출 기체량(m^3/min), N : 회전속도(rpm) V_{th}: 회전자의 이론적 배출 체적(m^3/rev)

③ 나사식 압축기

스크루 압축기라고도 불리우며 그림 9-35에 나타낸 바와 같이 암(female) 및 수(male)의 치형(齒型)을 갖는 두 개의 회전자의 맞물림에 의하여 기체를 압축하는 기구를 가진 압추기이다.

㈎ 특징

ⓐ 무급유식 압축기로 개발된 것으로 무급유식 또는 급유식이지만 효율은 일반적으로 작은 편이다.

ⓑ 고속회전을 하므로 기체에 맥동이 없고 연속적이고 경량이며, 중용량에서 대용량까지 널리 쓰인다.

ⓒ 기초 설치면적이 작고 기계적 접속부는 베어링 뿐이며 증속 장치를 갖는 경우에는 터보 압축기보다 더 많은 베어링을 요한다.

ⓓ 토출압력에 의한 용량 변화가 적고(70~100%) 소음방지 장치가 필요하며 토출압력은 30kg/cm³까지 실용화되어 있다.

ⓔ 유독성 가스를 압축하더라도 성능이 떨어지지 않는다.

ⓕ 비중이 크든 작든 관계 없으며 압축하고자 하는 기체의 종류에 제한 없이 사용된다.

ⓖ 기계 본체에서 피스톤의 왕복운동이 없으므로 진동이 발생하지 않는다.

㈏ 나사식 압축기의 작동행정

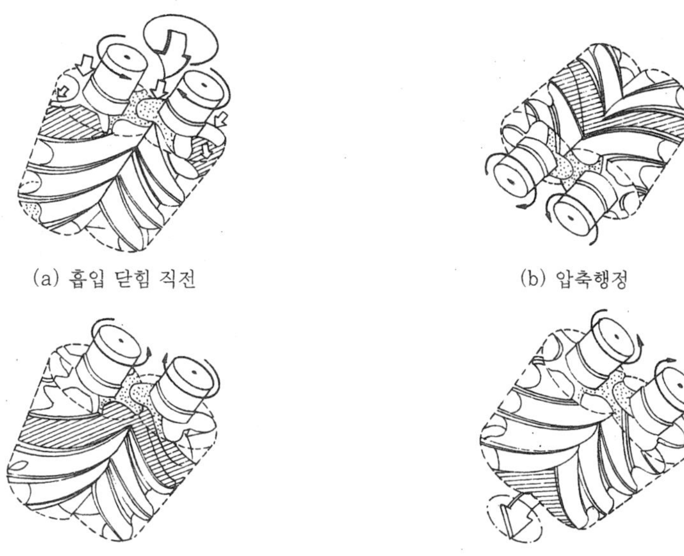

(a) 흡입 닫힘 직전 (b) 압축행정

(c) 흡입 닫힘 후 (d) 토출행정

그림 9-36 나사식 압축기의 작동행정

나사식 압축기의 압축기구는 왕복식의 경우와 마찬가지로 축 방향으로 흡입, 압축, 토출의 3행정을 통하여 기체를 압축한다.

ⓐ 흡입행정 : 흡입측 끝면에 맞물린 두 회전자가 회전하며 맞물림점이 회전자의 회전에 따라 토출측으로 이동한다. 이 때 치형 사이의 공간이 증대되며 그 공간 내에 기체가 흡입되고 회전자가 지속적으로 회전함에 따라 맞물림점이 다른 끝의 토출측에 도달되어 치형의 공간이 닫히게 된다.

ⓑ 압축행정 : 회전자가 계속 회전하면 우선 흡입측에서 회전자의 맞물림이 토출측으로 압축됨으로써 기체의 압력을 높여 준다.

ⓒ 토출행정 : 공간 내의 압력이 토출압력에 도달하면 공간이 토출구와 연락되어 토출행정이 시작된다. 이 행정은 맞물림점이 토출 측 끝에 도달할 때까지 지속되며, 공간 내에 있는 기체를 완전하게 토출한다.

④ 다이어프램식 압축기

임펠러에서 토출된 기체가 다이어프램(격막)에 의하여 다음 단의 임펠러에 흡수될 수 있는 압축기이다. 즉, 다이어프램의 상하 운동으로 기체를 압축하는 방식이다. 이 압축기는 부식성 유체 또는 불활성 기체(He, Ne, Ar)의 압송에 사용된다.

(2) 터보형(원심식) 압축기

원심식 압축기로도 많이 일컬어지며 왕복식 압축기는 피스톤으로 실리너ㄷ 내의 기체를 압축하지만, 원심식 압축기는 벌루트 펌프(volute pump)가 원심력으로 물을 보내는 것과 마찬가지로 원심력을 이용하여 기체를 압축하는 방식의 압축기이다.

① 구조 및 원리

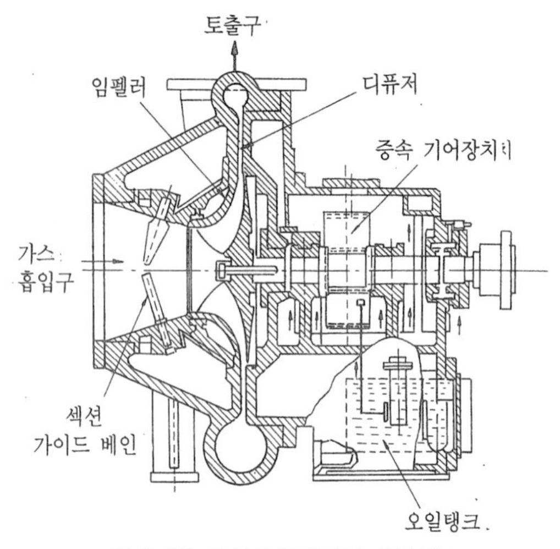

그림 9-37 원심식 압축기의 내부 구조

그림 9-37과 같이 회전축상에 임펠러를 설치하고 축을 4,000~10,000 r·p·m 정도로 고속회전시키면 기체가 축 방향에서 임펠러에 흡입되어 임펠러 안의 베인(vane) 사이를 통과하게 되며 이 때 원심력에 의하여 기체의 속도가 증가하여 임펠러에서 나온다. 임펠러의 주위에는 고정된 디퓨저(diffuser)가 있어 기체가 그곳에 들어가면 속도가 압으로 변화하게 되어 압축된다.

흡입압력과 토출압력의 차 즉, 압축비에 의하여 단수가 변하게 되는데 그 용도에 따라 2단, 3단의 임펠러를 갖게 되어 기체를 단계적으로 압축할 수 있는 구조로 되어 있다. 터보형 압축기는 보통 전동기로 구동하게 되는데 고속회전을 하기 위하여 증속 장치가 필요하다.

② 특징

㉮ 무급유식 압축기이다.

㉯ 고속 회전용으로 이용되며 설치 면적도 자가.

㉰ 경량이고 대용량에 적당하며 일반적으로 효율이 좋지 않다.

㉱ 토출압력의 변화에 의한 용량 변화가 크다.

㉲ 고속 터보 압축기에서는 축봉(shaft seal)부에 대한 고도의 기술이 요구된다.

㉳ 기체에 맥동이 없고 연속적으로 송출되나 1단으로 높은 압축비를 얻기 힘들다.

㉴ 용량 조정은 가능하나 비교적 어렵고 그 범위도 70~100%로 좁다.

㉵ 압력은 속도비의 제곱에, 동력은 세제곱에 비례한다.

㉶ 서징(surging) 현상이 일어나는 경우도 있으므로 운전시 주의를 해야 하낟.

여기에서 서징 현상이란 압축기의 운전중에 기체 유량을 감소시키면 어떤 일정한 유량에 이르러 급격히 압력과 흐름에 격심한 맥동과 진동이 일어나 운전이 불안정하게 되는 현상 즉, 송출유량고가 송출압력 사이에 주기적인 변동이 일어나는 현상을 말하는데 운전시 흡입압력, 토출압력에 특히 주의를 요한다.

(3) 터보식 압축기와 왕복식 압축기의 비교

종류. / 비교항목	터보식 압축기	왕복식 압축기
작동	고속회전을 하여야 임펠러를 통하는 기체에 속도와 압력을 부여할 수 있다.	가스밸브의 개폐에 어느 정도의 시간적 여유가 있어야 하므로 회전속도를 비교적 낮게 하여야 한다.
운전방법	증기터빈이나 전동기에 직결하여 운전할 수 있다.	내연기관과 같은 저속기관에 직결하든가 고속 원동기에서 감속장치를 거쳐서 운전시켜야 한다.
설치면적	원동기가 소형으로 되어 설치 면적도 작다.	원동기, 압축기 모두가 대형이고 큰 관성용 휠이 필요하므로 면적도 커진다.
공사비	공사비가 저렴하다.	왕복운동부에 진동이 발생하므로 공사 비용되 많이 들며 기초도 튼튼해야 한다.
효율	연속적으로 균일한 기체를 송출하므로 송풍이 적당하고 효율도 저하되지 않는다.	밸브의 누설에 따라 효율이 저하된다.
용도	저압이고 대용량의 경우에 사용된다.	고압이고 중 · 소 용량의 경우에 사용된다.

2-3. 압축공기 배관의 부속장치

2-3-1. 분리기 및 후부 냉각기(separator & after cooler)

분리기는 외부에서 흡수된 습기가 압축에 의해 분리된 것이나 윤활유를 공기나 가스에서 분리시켜 제거하는 장치로서, 보통 중간냉각기(inter cooler)와 후부냉각기(after cooler) 사이에 설치한다. 후부냉각기는 압축기의 토출관에 장착하여 증기를 함유한 고온으 압축가스를 냉각하여 줌으로써 분리기에서 수분이 제거되도록 돕는 장치이다. 냉각용 관은 용도에 따라 차이가 나므로 내식성 및 열전도율이 좋은 특수 황동관 또는 인발 강관이 사용된다.

2-3-2. 공기탱크(air receiver)

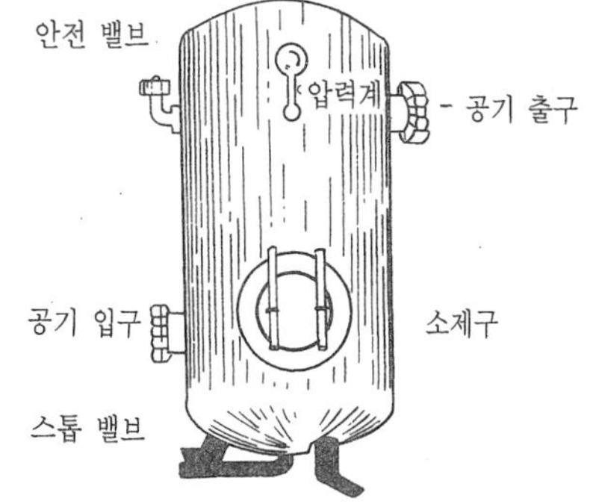

그림 9-38 공기탱크의 구조

왕복식 압축기에서는 불연속적으로 공기를 토출하므로 압력의 고저차가 생기는데 이러한 현상을 맥동이라 한다. 공기탱크는 이 맥동현상을 감소시켜 압력의 고저차를 최소로 줄이기 위해 압축기에서 압축된 공기를 일시적으로 저장하는 탱크이다. 그러므로 공기탱크는 압축기의 토출측에 반드시 설치하여야 한다. 공기탱크의 용량은 압축기의 용도, 압축기의 용량, 압축기의 사용량 및 사용압력 등을 충분히 고려하여야 하며 공기탱크의 직경별 용량은 표 9-5에 나타낸 바와 같다

표 9-5 공기저장탱크의 직경별 용량

직경(mm)	높이(m)	용적(m^3)	적당한 압축기 용량(m^3/min)
480	760	0.12	0~1.8
480	1,700	0.29	1.9~4.3
570	1,800	0.43	4.4~6.4
750	1,900	0.77	6.5~11.5
930	2,000	1.24	11.6~18.6

2-3-3. 공기여과기(Air filter)

공기압축기의 고장 및 수명은 직접 또는 간접으로 흡입된 공기 중의 먼지가 원인이 된다. 그러므로 압축기를 설치할 때에는 먼지 흡착 효과가 좋고 흡입저항이 적은 그림 9-39과 같은 기름탱크식 공기여과기를 흡입측에 부착하여 압축기의 효율을 향상시킬 뿐만 아니라, 압축기의 정기적인 분해 청소에 따르는 노력이나 비용을 절약하여 합리적으로 작동시키는데 큰 역할을 담당한다.

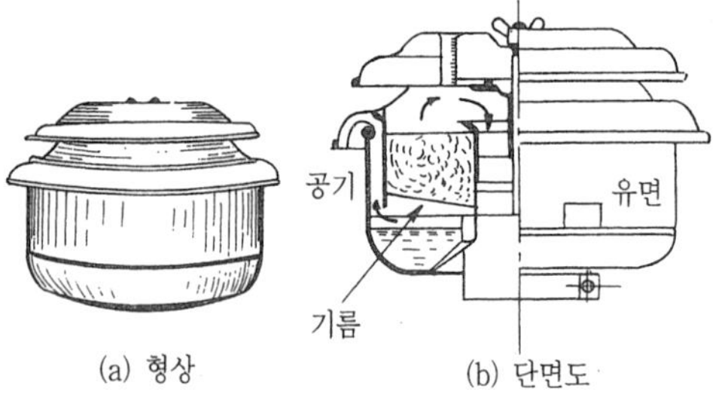

그림 9-39 공기 여과기

2-3-4. 공기흡입관(suction pipe)

공기흡입관은 압축할 공기를 흡입하기 위한 관이다. 보통 흡입관의 단면적은 관 내 마찰저항을 최소로 하기 위해 적어도 실린더 단면적의 1/2 정도는 되어야 한다.

2-3-5. 안전밸브(safety valve)

압축가스관, 압축공기관, 냉각수관, 및 공기탱크 등에는 과잉 압력을 밖으로 배출할 안전밸브를 장착한다. 이 때 아전밸브를 상용압력의 1.1배 정도의 압력에서 작동하도록 조정하여야 하며, 밸브가 작동할 때 넓은 압력의 배출 공간이 있어야 안전밸브의 가스 출구에서 자유롭게 고압의 기체를 배출할 수 있다.

2-4. 압축공기 배관 시공

산업현장에서의 압축공기배관은 계장류에 대한 신호공기배관과 장치에의 압축공기배관으로 분류할 수 있으며, 두 종류의 배관 모두 저압배관, 고압배관 및 부식성이 강한 가스 수송용 특수배관으로 분류할 수 있다.

2-4-1. 저압용 배관(low pressure piping)

(1) 사용관의 종류

10kg/cm² 이하의 저압용 배관에는 보통 가스관(SPP)을 사용한다.
관경이 큰 경우에는 강판을 필요한 형태의 관으로 가공하여 전기용접해서 사용한다.

(2) 관이음쇠 및 밸브

① 관지름이 작을 경우에는 나사이음용 유니언 또는 이형관 등을 사용하며, 관지름이 크고 압력이 높은 경우 또는 교환이나 분해를 자주 할 필요가 있는 경우에는 플랜지이음을 한다.
② 고온의 기체를 수송하는 관은 관의 신축이나 열응력에 의해 관이 휘어지거나 기체가 누설되어 위험하므로 신축이음을 관로의 중간에 설치한다.
③ 저압용으로는 보통 청동제의 밸브를 사용하며 그 사용 목적에 따라 유량 조절용 글로브밸브나 앵글밸브, 유로개폐용 게이트밸브 및 역류방지용 체크밸브 등이 많이 쓰인다.

2-4-2. 고압용 배관(High pressure piping)

(1) 사용 관의 종류

사용 압력 300kg/cm² 미만의 각종 압력 배관용 으로는 전기저항용접 강관, 단접 강관, 이음매 없는 강관 등을 사용하고, 300kg/cm² 이상의 고압배관용으로는 이음매 없는 강관(seamless steel pipe)을 사용한다. 다음의 표9-6은 관의 종류에 따른 사용압력 범위를 나타낸 것이다.

표 9-6 관의 종류에 따른 사용 압력

관의 종류	D/d	사용 압력 범위
인발강관	2	300kg/cm² 이하
	4	500kg/cm² 이하
인발연강관	2	300kg/cm² 이하
	3	300~750kg/cm²
크롬, 모리브덴강관	4	750~1,500kg/cm²
구멍(드릴) 뚫은 합금강관	19/3.2(mm)	1,500~2,500kg/cm²
	28.6/3.2(mm)	2,500~5,000kg/cm²
	38/3.2(mm)	5,000 이상

※ D는 관의 바깥 지름 d는 관의 안지름이다.

(2) 관이음쇠 및 밸브

① 압력탱크 등에 관을 연결하기 위한 이음에는 소요압력의 범위, 사용 재료의 성질 등에 따라 각종 형식이 있다
② 동관을 연결하고자 할 때에는 청동제 관이음쇠를 강관에 대한 이음쇠는 연강제관이음

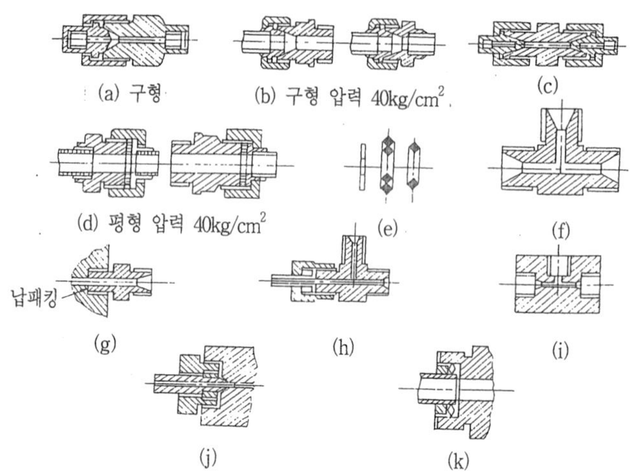

그림 9-40 유니언에 의한 연결 단면도

쇠를 사용한다. 관이음쇠는 관용 나사에 의해 연결한다.

③ 유니언에 의한 연결 작업시 그림 9-40의 (a), (b), (c), (j)에 나타낸 바와 같은 모양의 구나 원추형의 단면을 갖는 유니언으로 연결하여 접촉면적을 작게 하거나, (h)와 같은 T형 등 여러 가지 모양이 있지만 호환성이 있고 교환, 연장 및 수리 등이 용이하도록 만들어져야 한다.

④ 유니언이나 플랜지로 관을 연결할 경우에는 연결부의 기밀 · 수밀을 위하여 패킹을 삽입한다. 가죽제 패킹은 고압에도 패킹이 빠지지 않게 사용하면 매우 효과적이지만, 고온도에서 가죽제 패킹으로는 부적당하므로 부드러운 화이버(fiber)제를 사용하는 것이 좋다.

⑤ 300~500kg/cm²의 고압용 플랜지이음시에는 그림 9-41에 나타낸 바와 같이 플랜지 결합부의 관끝면에 플랜지를 부착시킨 다음, 렌즈와 같이 단면이 볼록한 링 모양의 패킹제 즉, 렌즈패킹을 삽입한 후, 볼트를 끼워 줌으로써 이음 작업을 완료한다. 볼트를 죄어줄 때에는 토크렌치와 같은 공구를 사용하여 플랜지의 체결압력을 일정하게 해주는 일이 중요하다.

⑥ 고압용 밸브는 내식성 및 내구성이 강한 스테인리스제 밸브를 사용하는 것이 좋다. 그러나 스테인리스제 밸브는 가격이 비싸다는 결점을 지니고 있다. 단, 수소나 질소 같은 깨끗한 가스 수송 배관에는 300kg/cm²의 압력까지 청동제 밸브를 사용해도 좋다.

⑦ 그림 9-42는 고압압축 공기배관용으로 쓰이는 밸브의 구조 예를 나타낸 것이다. 그림과 같이 밸브의 각 부품은 청소나 수리를 할 때 시트(seat)를 분해할 수 있도록 되어 있다. 밸브의 끝 및 밸브시트는 5° 가량 경사지게 원뿔 모양으로 가공되어 있다. 이 때 밸브에 사용되는 패킹은 가죽 제품의 글랜드 패킹이며 글랜드는 인청도, 너트 및 밸브핸들은 연강봉으로 만들어졌다. 200kg/cm² 정도 까지의 압축공기 압력배관에는 밸브스템에 패킹을 끼우지 않고도 이종(異種)금속의 표면을 정밀하게 다듬어 줌으로써 면끼리의 접촉에 의해 기밀이 유지되기도 한다.

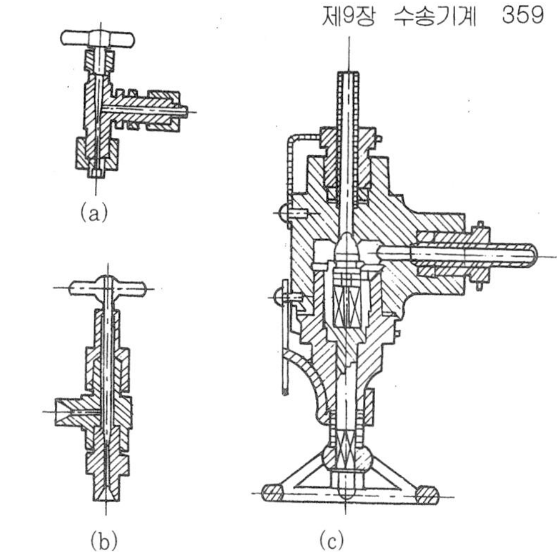

그림 9-42 고압압축공기배관용 밸브 구조

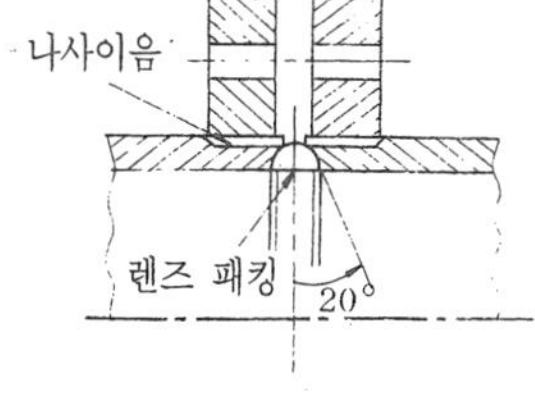

그림 9-41 플랜지 이음

2-4-3. 특수배관

부식성이 강한 가스를 수송할 때에는 내식 처리가 된 18-8 Cr-Ni 또는 13 Cr-STS과 같은 특수강관을 사용하고 산소나 저온가스용 배관에는 인발강관을 사용한다.

2-4-4. 압축공기배관 시공시 일반적인 주의 사항

앞에서 기술한 모든 종류의 압축공기배관은 관 내에 흐르는 공기의 청정도를 유지시키면서 소정의 목적지까지 운반해야 하며, 다음 사항을 유의하여 시공한다.

① 굴곡부가 저고 U형 배관은 피하도록 한다.
② 주관, 분기관의 관끝에는 증설용 또는 과잉의 압력을 제거하기 위한 불어내기(blow)용 게이트 밸브를 달아준다.
③ 주관에서 분기관을 취출할 때에는 그림 9-43에 나타낸 바와 같이 관의 상부 또는 수평위치에 연결하고, 절대로 주관의 하단에 연결하지 않는다.
④ 공기공급배관에는 필요한 개소에 드레인용 밸브를 장착한다.
⑤ 배관은 장치의 운전, 보수 등의 작업에 영향을 끼치지 않는 장소에 확실하게 고정, 지지해 준다.
⑥ 배관 도중에는 적당한 장소에 추후 라인의 분해 결합이 용이하도록 유니언 또는 플랜지를 끼워 준다.
⑦ 가급적 용접 개소는 적게하고 라인의 중간 중간에 여과기를 장착하여 공기중에 섞인 먼지 등의 이물질을 제거한다.

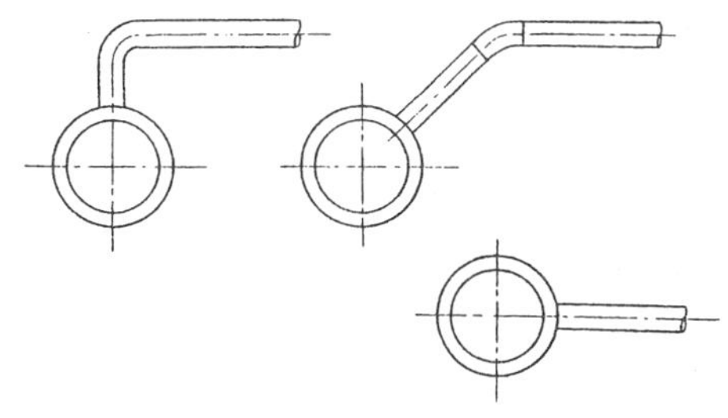
그림 9-43 압축공기배관의 분기 이음법

⑧ 압축공기배관의 배수배관 시공시에는 유체의 흐름 도중에 에어 포켓(air pocket)이 발생되지 않도록 배관하며, 배관 하부에 스케일포켓(scale pocket)과 소구경 관경의 자동식 배수트랩을 설치한다. 특히, 스테일포켓에는 가끔 스케일을 제거하기 위한 취출밸브(blow-down valve)를 설치하는 것이 바람직하다. 이 때 자동식 배수트랩 대신 수동식 드레인밸브를 설치해도 무방하다.

⑨ 공기탱크를 설치할 때에는 저압 또는 중압의 공기저장탱크로부터 액화 응축된 공기를 제거할 수 있도록 배수밸브를 설치한다. 압축공기배관의 시공 거리가 짧을 경우에 소구경 관경의 자동식 배수틀배을 설치한다. 특히, 고압용 공기탱크일 경우에느 작업자의 조작이 쉬운 장소의 입출구에 수동 밸브를 설치해야 한다.

2-5. 압축기의 배치 및 주변 배관 시공

압축기는 건물 내의 압축기실을 그 용도 및 크기에 따라 별도로 만들거나 보일러실과 같이 주위가 밀폐되지 않는 곳이 좋다. 그 이유는 위험성의 압축가스가 체류할 염려가 있어서는 안되기 때문이다. 압축기는 대형의 것이 많으며 그 구조도 복잡하므로 고장율도 높아 그 유지 관리를 위한 충분한 조치가 따라야 한다.

2-5-1. 압축기실의 설치 및 압축기의 배치

① 압축기는 작동, 유지 및 안전 등을 충분히 고려하여 배치한다.

② 위험성 가스가 체류되어 있는 압축기실은 밀폐시키지 않는다.

③ 일반적으로 압축기는 관련 부속 장비가 함께 장착되어 있는 패키지로 구성되므로 배치시에 관련 장비를 포함한 전체 필요 공간을 고려하여 배치한다.

④ 압축기의 형태, 용도 및 크기 등에 따라 기초의 높이를 정한다.

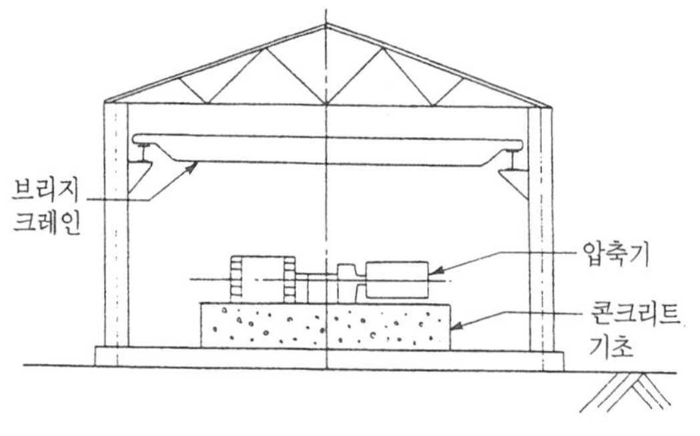

그림 9-44 압축기의 설치도(압축기실)

⑤ 일반적인 소형의 공기 압축기 등은 약 300mm의 기준으로 기초를 낮게 설치한다.

⑥ 압축기실에는 압축기 등 장비의 반입이나 관리 유지를 위해 가장 무거운 장비를 기준으로 한 브리지크레인이나 트롤리 빔(trolly beam) 등을 설치한다.

⑦ 압축기실의 크기를 정할 때에는 압축기와의 관렬 장비 등을 잘 관리할 수 있는 충분한 공간을 확보한다.

⑧ 압축기를 두 대 이상 설치할 때의 설치 간격은 장비간의 상호 간격을 고려하되 터빈, 윤활유냉각기, 실오일냉각기(seal oil cooler) 등의 보조 장비에 대한 충분한 공간도 고려하여 배치한다.

2-5-2. 압축기 설치 주변 배관 시공

다음은 왕복식 및 원심식 압축기를 설치하기 위한 주변 배관 시공 방법 및 주의 사항을 열거한 것이다.

(1) 왕복식 압축기 주변 배관

① 왕복식 압축기는 간헐적으로 흡입, 토출을 행하므로 압력에 의한 맥동 현상이 생기고, 압축기 본체가 기계적으로 불균형할 때 진동이 생겨 그 제반 현상이 주변 배관에 전파되어 관이음부에 균열이 생기거나 압력계 등의 제어용 계기류의 작동을 방해하게 된다. 이 맥동 현상을 감소시키려면 흡입 · 토출 노즐에 가능한한 가까운 위치에 맥동완충용 볼트를 삽입하든지 압력제한용 오리피스를 설치하기도 한다.

② 기계 주변 배관 라인의 진동을 감소시키기 위해서는 여러 개의 서포트(support) 등의 지지쇠를 적당한 위치에 설치한다.

③ 서포트 지점의 관은 원칙적으로 모두 밴드(band)로 서포트에 고정시킨다. 이 때 볼트 및 너트로 체결할 경우에는 로크너트(Lock nut)나 기타의 방법에 의해 너트의 풀림을 막아 준다.

④ 50A 이하의 분기부나 압력계 등에는 보강용 리브(rib)를 붙인다.

⑤ 압축기의 흡입배관은 가스 응결액의 캐리오버(Carry over)현상이 없도록 시공해야 한다

⑥ 압축기 흡입 노즐에 접속되는 배관은 적어도 관경의 2배 이상의 직관부가 필요하며 배관의 관경 줄임용 리듀서(reducer)는 보통 8~12° 정도의 테이퍼 관을 사용함이 바람직하다.따라서 각 부부 부분에 드레인포트를 설치하거나 압축기에 스케일 또는 협작물이 흡입되지 않게 하기위해 배관 도중에 스트레이너(stranier)를 부착하거나 산세정을 할 수 있는 배관으로 시공한다.

⑦ 압축기의 토출배관은 포화 상태에 가까운 가스의 경우 그 압력을 떨어뜨리고자 할 때 응결된 액체가 역류하자 않도록 배관도중 체크벨브를 설치한다. 또한 압축기의 부수 점검,분해 수리시 방해가 되지 않도록 압축기 본체의 위치, 조작용 패널 위치 등을 감안하여 배관을 배열 시공한다.

(2) 원심식 압축기 주변 배관

① 왕복식 압축기는 토출시 압력에 의한 맥동 현상이 있으나, 원심식인 경우에는 연속적으로 기체가 토출되므로 진동에 대한 고려는 거의 하지 않아도 된다.

② 원심식 압축기 축의 중심을 잡으려면 높은 정도(精度)가 요구되며, 압축기 주변 배관의 자중(自重),열에 의한 반력(反力) 및 모멘트(moment)가 가급적 압축기의 노즐에 가해지지 않도록 축의 위치를 정한다.

③ 압축기의 배관은 미관을 고려하며 가능한 한 루프(loop)배관을 취해 주는 것이 매우 바람직 하다.

④ 원칙적으로 압축기의 노즐에 관의 자중이 걸리지 않도록 노즐의 중심상에서 스프링서

포트 등의 지지쇠를 장착함으로써 균형을 유지 시킨다.(그림 9- 45 참조)

⑤ 배관의 자중을 완전히 지지하면 열팽창에 의한 추력(推力)과 모멘트(moment)등이 허용 범위 이하로 되지 않을 때에는 그 대책으로 루프 모양을 여러 가지로 바꾸거나 스토퍼(stopper)등과 같은 지지쇠를 부착한다.

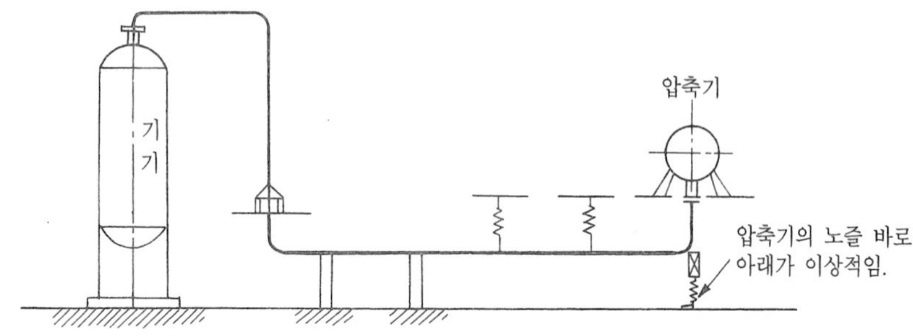

그림 9-45 원심식 압축기의 배관 시공법

⑥ 배관의 열팽창을 흡수하려면 팽창조인트(expansion joint)및 볼조인트(ball joint)등의 신축이음쇠를 설치,시공한다.

⑦ 원심식 압축기 주변의 배관 시공상의 일반적인 주의 사항은 배관에 대한 응결액의 케리오버 현상의 방지를 위해 요소요소에 드레인포트를 설치하고 토출배관에서의 기체의 역류 방지를 위해 체크벨브를 부착하는 등 완복식 압축기의 경우와 동일하다.

⑧ 원심식 압축기의 작동상 원활을 기하기 위하여 장착되는 윤활(lubrication)과 축봉(sealing) 장치에 공급하기 위한 기름은 펌프 작동상 문제가 발생되지 않도록 공급하여야 한다. 특히, 한냉지에서는 기름 온도를 일정하게 유지시키기 위해 보조 기름탱크 하부에 증기코일을 설비하기도 한다. 이 때 기름공급용 펌프는 통상 두 대를 설치하는데 한 대는 주펌프이며, 다른 한 대는 주펌프의 고장에 대비한 대기(stand-by)용으로 쓰인다. 이 대기용 펌프에는 기름의 온도를 일정하게 유지하기 위한 기름 냉각기와 이물질 제거용 여과기를 부착한다. 이 때 여과기에서부터 압축기까지의 주변 배관은 가능한 한 녹의 발생을 방지할 수 있는 스테인리스강관을 사용한다.

2-6. 기체수송배관설비

2-6-1. 개요

기송배관이란 공기수송기(pneumatic conveyor)를 이용하여 고체의 분말 또는 미립자를 수송하도록 시설하여 놓은 배관을 말한다. 이 때 공기 수송기를 이용하면 일반적으로 물체의 수송에 많이 쓰이는 기타의 다른 종류의`콘베이어로는 도저히 수송할 수 없는 물체도 매우 효과적으로 목적하는 장소까지 운송이 가능하다.

① 피수송물의 포장이나 포장을 푸는 일이 없다.

② 장거리의 집중 또는 분산 수송이 가능하다.

③ 날씨에 관계 없이 하역 수송이 가능하다. 특히, 습기를 피해야 하는 물질이라도 비가 오는 날 옥외에서의 수송이 가능하며, 또 먼지가 많은 곳에서 수송을 하더라고 먼지가 재료에 섞여 들어갈 염려가 없다.

④ 피수송물의 손실이 거의 없으며 작업장을 청결하게 유지할 수가 있다.

⑤ 설비가 간단하며 좁은 공간을 이용하여 수송할 수가 있다.

⑥ 보수하기가 쉬우며 인건비가 절약된다.

⑦ 화학 제품은 특수한 가스로 수송할 수 있으므로 안전하다.

⑧ 수송관을 청소하면 여러 가지 재료를 계속 수송할 수 있다.

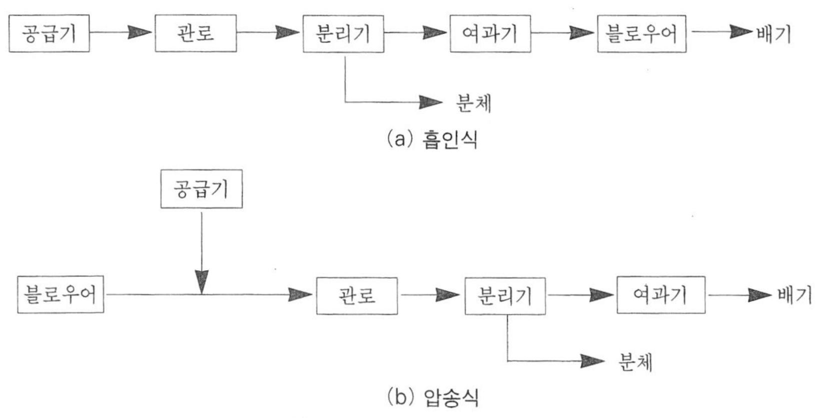

그림 9-46 공기 수송기의 구성 요소와 수송 방식

표 9-7 수송물의 형태에 따른 공기 수송기의 적용 산업 분야

용도 / 수송물의 형태	적용 산업 분야	수송 물체의 종류
입상물(粒狀物)	제분, 주조, 비료 공장 등	쌀, 밀, 콩, 모래, 황산 암모늄 등
분상물(粉狀物)	시멘트, 연탄, 도자기, 광산, 제약, 타일공장 등	시멘트, 재, 산성 백토, 미분탄, 약품 분말 등
괴상물(塊狀物)	광산, 가구 제작, 목재가공 공장 등	석탄, 코크스, 나무 조각 등
섬유상물(纖維狀物)	섬유, 제지 공장 등	원면, 원면 펄프 등
종이류(紙狀類)	은행, 우체국, 회사, 제지, 생산, 백화점 등	전표, 장부, 카드 등

2-6-2. 기송 배관의 형식 분류

기송 배관은 물체를 운송하는 동력원의 종류에 따라 진공식과 압송식 및 진공압송식 배관으로 분류할 수 있다

(1) 진공식 배관(vacuum type piping)

진공펌프로 수송관을 진공 상태로 만든 다음, 대기중의 공기와 운반하고자 하는 물체를 동

시에 흡입, 운송하는데 운반 도중 분리기에서 공기는 대기중으로 다시 배출시켜 버리고 운반물을 수송선까지 취출해내는 방식으로 흡인식(吸引式) 또는 진공흡인식이라고도 한다.

① 용도 : 흡입관이 여러 개 동시에 사용되어 운반물을 일정 장소까지 수송할 때 이용된다.

② 분류 : 진공의 높고 낮음에 따라 고진공식(3~4 mAq 정도)과 저진공식(0.5~1 mAq 정도)으로 분류된다.

③ 운반물의 수송 순서 : 그림 9-47에 나타낸 것을 참고하여 운반물의 수송 경로를 나타내면 다음과 같다.

※ 진공펌프의 작동 → ○공기 및 운반물을 흡입관으로 흡입 → ○수송관으로 운반물 통과 → ○진공 분리기에서 공기와 운반물 분리 → ○배출관으로 운반물 배출(공기는 대기 방출) → ○백필터에서 운반물 중의 먼지 제거 → ○저장탱크에 운반물 저장

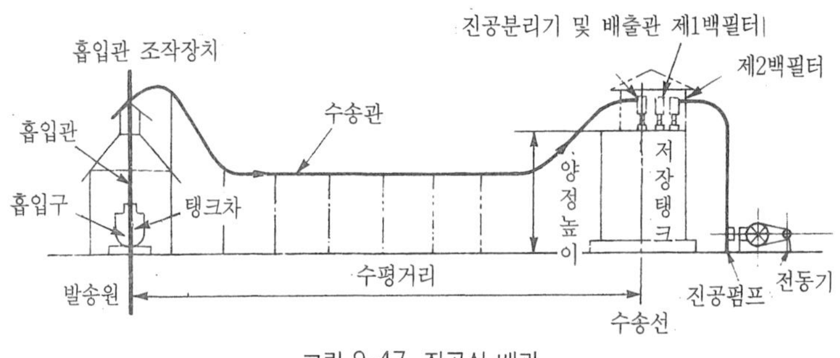

그림 9-47 진공식 배관

(2) 압송식 배관(pressure type piping)

압축기로 공기를 밀어 넣고 피더에서 운반물을 운반하여 공기와 함께 수송선까지 수송한 후, 공기는 따로 배출해 버리는 방식이다.

① 용도 : 물건을 1개소에서 여러 개소에 동시 운반하는 경우나 임의의 장소까지 운반물을 직접 운송하는 경우에 이용된다.

② 분류 : 공기 압송시 압력의 높고 낮음에 따라 고압송식(2~5kg/cm^2 정도)과 저압송식(1kg/cm^2 이하)으로 분류된다.

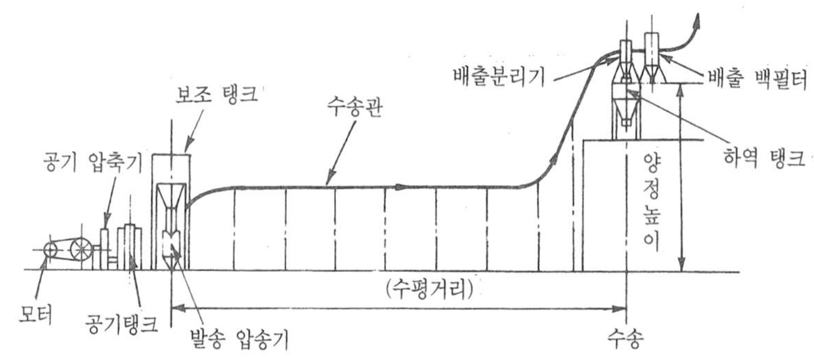

그림 9-48 압송식 배관

③ 운반물의 수송 순서 : ○공기 압축기를 작동시켜 공기 압축 → ○공기 수송기의 피더에서 운반물 흡입 → ○발송 압송기로 수송관으로 공기 및 운반물 이송 → ○배출 분리기 및 여과기에서 공기 배출, 하역물은 하역 탱크로 취출

(3) 진공 압송식 배관(vacuum and pressure type piping)

그림 9-49에 나타낸 바와 같이 진공식과 압송식을 혼합한 방식이다.

① 용도 : 수송원(輸送元)이나 수송선(輸送先)이 여러 개소이거나 수송계통이 많아질 경우 또는 원거리의 경우에 이용된다.

② 분류 : 진공식이나 압송식의 경우와 마찬가지로 고진공 · 고압식과 저진공 · 저압식으로 분류된다.

③ 운반물의 수송 순서 : 진공식 및 압송식의 운반물 수송 순서를 두 가지 다 병합하여 생각하면 된다. 즉, 진공식에서의 순서와 같이 진공펌프를 작동시켜 저장탱크에 운반물을 저장한 후, 공기 압축기를 작동시켜 일시 저장되었던 물건을 최종적인 저장탱크까지 취출한다.

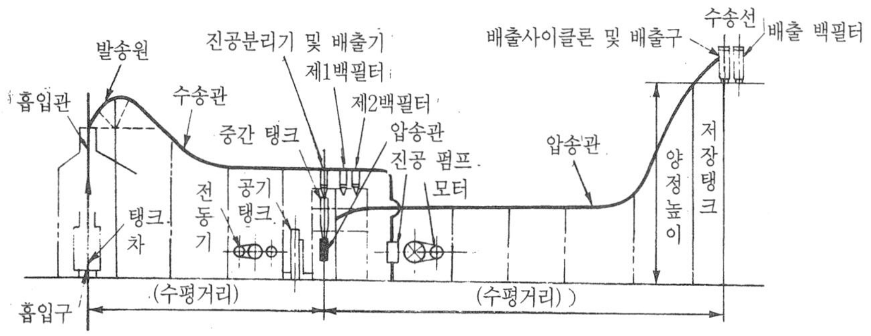

그림 9-49 진공 압송식 배관

2-6-3. 기송배관의 부속 설비

(1) 동력원

① 종류 : 공기수송기에 사용되는 동력원으로는 공기펌프를 들 수 있다. 진공식에는 진공펌프, 압송식의 경우는 공기압축기, 진공압송식일 때는 진공펌프와 압축기를 병용한다.

② 공기 펌프의 소요동력

공기수송기용 공기펌프(blower)의 소요동력은 수송기의 형식, 수송물의 종류, 수송물을 받는 측의 공기펌프 배치 형식 등에 따라서 달라진다. 그림 9-50은 공기의 수송거리(m)에 따른 공기 펌프의 소요마력(ps)을 근사치로 나타낸 표이다.

이 때 그래프에서 수직거리를 수평거리로 환산하려면 보통 도표에서 찾은 값에 3배를 한 값을 대입하면 된다. 예를 들면 수평거리 20m, 수직거리가 30m라 하면 상등 수평거리로 환산하면 $20+30\times3=110$m가 된다.

표 9-8 터보식 진공펌프와 루트식 진공펌프의 비교

비교항목 \ 방식	터보식(turbo blower)	루트식(roots blower)
용도	• 흡입공기 속 먼지에 의해 내부 부품의 마모, 손상을 받지 않아 진공식에 이용된다.	• 흡입공기 속 먼지로 인해 로터가 손산되어 효율이 저하될 염려가 있어 저압송식에 쓰인다. 단, 흡입측에 먼지분리기를 설치하면 진공식에도 사용 가능하다.
구조상의 특징	• 자동제어장치를 설치하여 공기의 흐름을 조정하면 동력의 이상 상승을 방지할 수 있다.	• 이상 압력 상승에 의해 발생하는 전동기의 과부하를 방지하기 위해 압력조정밸브를 설치한다.
압력변화에 따른 기류의 변화	크　다	작　다

(2) 송급기(feeder)

공기수송기에서 분말이나 알갱이를 수송관 쪽으로 공급하는 장치를 말한다. 피더의 종류는 크게 흡입형과 압송형으로 구분된다.

① 흡입형(suction type)

흡입형 피더는 대기속에서 진공 중으로 분립체를 흡입하는 형식으로 비교적 그 구조가 간단하다. 일반적으로 공기를 노즐로 흡입시키면서 분립체

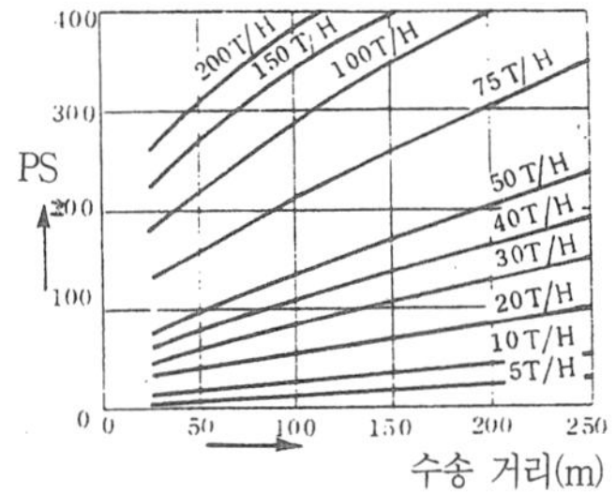

그림 9-50 소요동력곡선

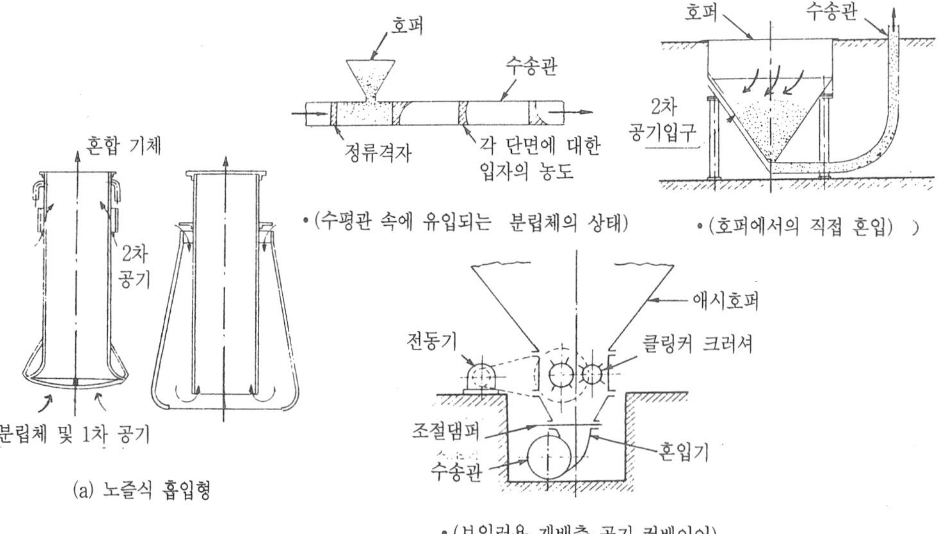

그림 9-51 흡입형 피더의 형식별 내부구조

를 피더 내로 끌어들인 후 혼합기체로 수송관까지 공급하는 놀즐식과 직접식이 있는데 직접식에는 직접호퍼로 분립체를 공급 받은 후 수평의 수송관 내에 그대로 공급하는 방식, 호퍼에서 2차 공기를 계속 받아들여 수송관 쪽으로 직접 분립체를 흡인하는 방식 및 보일러 전용 재배출용 공기 컨베이어의 피더 등을 예로 들 수 있다(그림 9-51 참조)

② 압송형(pressure type)

압송형 피더는 대기 중에서 공기속으로 분립체를 밀어 넣는 형식으로 구조가 복잡하다. 크게 연속식과 단속식으로 분류할 수 있는데 각 형식별 종류에는 다음과 같은 모양의 것들이 있다.

그림 9-52는 각 형식별 구조를 나타낸 것이다.

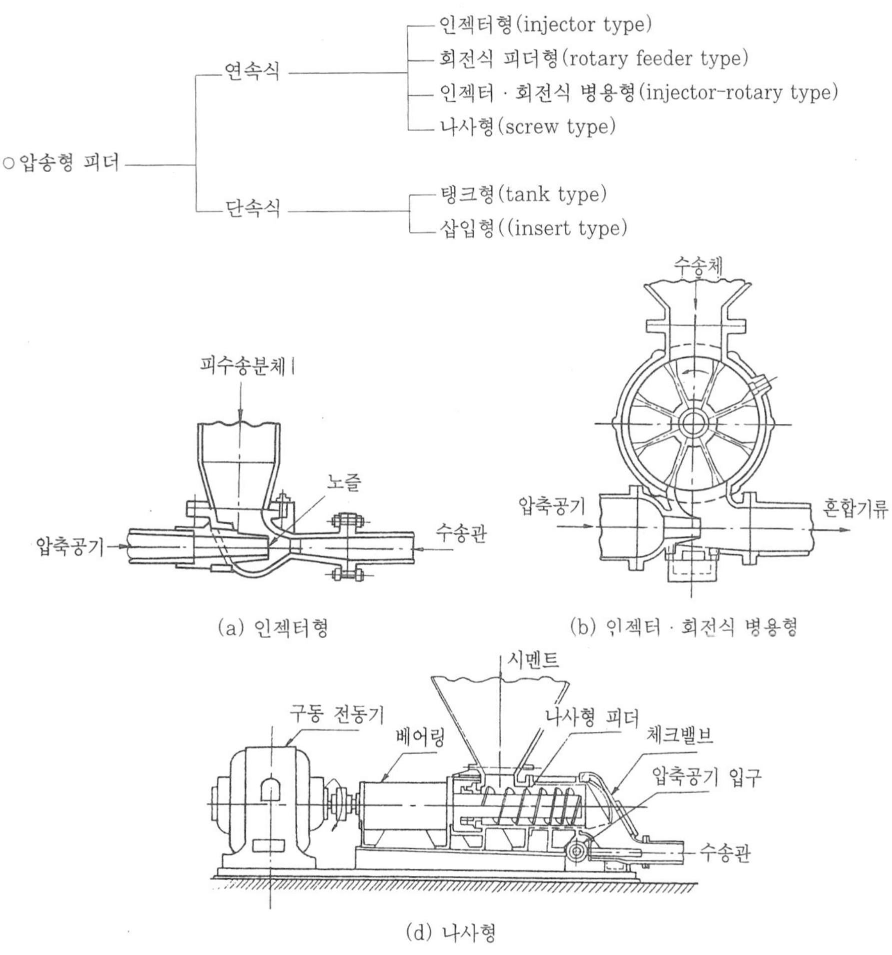

그림 9-52 압송형 피더의 종류별 내부 구조

(3) 수송관(delivery pipe)

저압송식과 진공식일 때 수송 가능 거리는 250~300m이고, 그 이상의 거리로 수송할 필요가 있을 때에는 고압송식을 이용한다. 수송관에 쓰이는 덕트의 재료는 수송물의 종류, 성질에 따라 여러 가지가 쓰이는데 주로 용접강관, 가스관, 스테인리스강관, 황동관, 알루미늄관, 플라스틱관 등을 사용한다. 수송관에는 조작이 용이하도록 여러 가지의 신축관, 프렉시블관, 변환용 콕, 차단밸브 등을 사용한다.

(4) 분리기(separator)

분리기는 공기 수송기의 가장 끝부분에 설치되는 기기로서, 압력 기류 중에서 대기중으로 분립체를 흡출시키는 흡출식과 진공속에서 대기중으로 분립체를 압출시키는 압출식의 2종류가 있다. 흡출식은 그 구조가 비교적 간단하나 압출식은 복잡한 구조로 되어 있다.

분리기는 분리체와 배출체의 두 부분으로 구성되어 있으며, 그 두 부분이 조합되어야 분리기로서의 역할을 담당할 수 있다. 다음은 분리체와 배출체의 각각의 형식 분류이다.

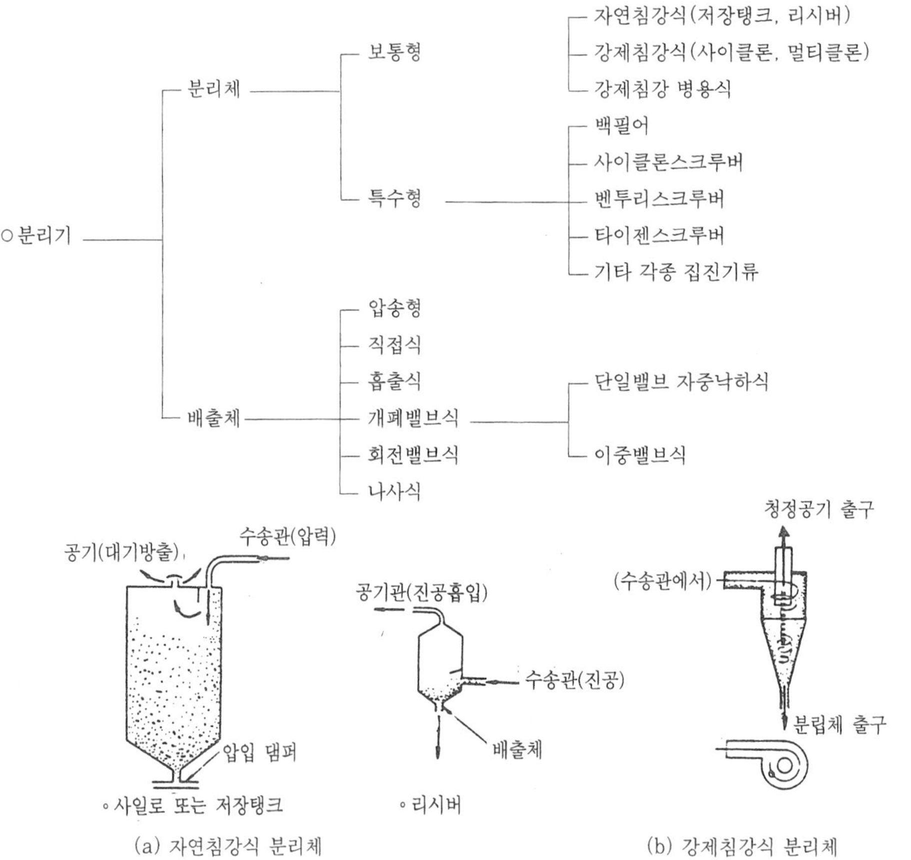

(a) 자연침강식 분리체　　　(b) 강제침강식 분리체

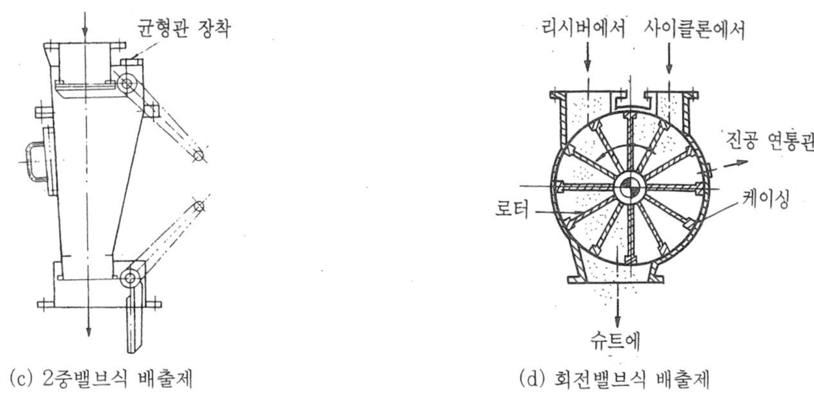

(c) 2중밸브식 배출제 (d) 회전밸브식 배출제

그림 9-53 분리기의 분리체와 배출체의 구조

제3절 고체수송장치(固體輸送裝置)

고체의 수송은 액체나 기체와는 달리 연속적이 수송 조작이 곤란하지만, 화학 공장의 생산 공정 특성으로 볼 때 일정한 흐름을 유지시켜 주는 것이 효과적이므로, 고체 수송에 있어서는 먼저 연속적인 수송 방법을 검토하며, 가능한 한 회분식 수송 방법은 피하도록 한다.

여기에서는 고체의 연속 수송 장치로 많이 이용되는 컨베이어(conveyer), 엘리베이터(elevator) 등에 대하여 살펴보기로 한다.

3-1. Screw Conveyer

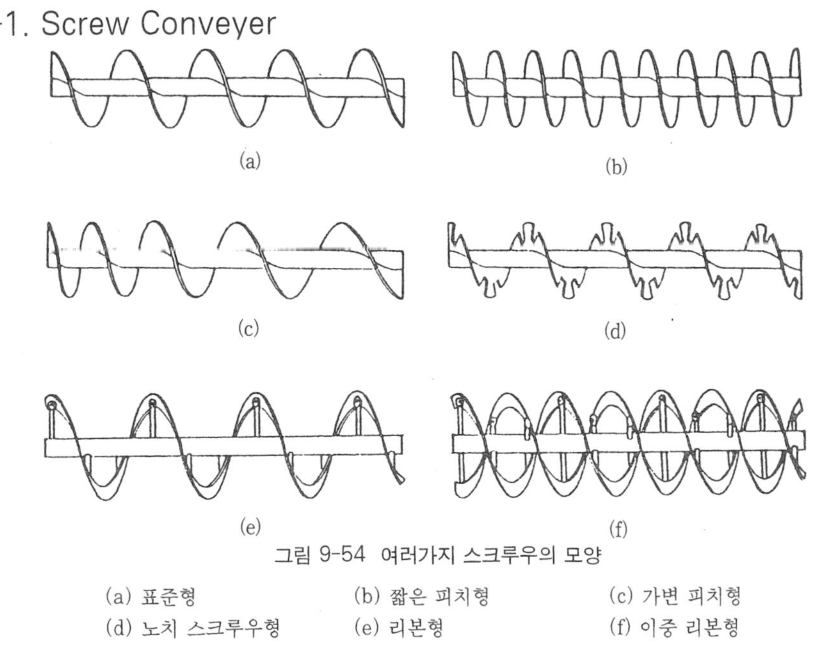

그림 9-54 여러가지 스크루우의 모양

(a) 표준형 (b) 짧은 피치형 (c) 가변 피치형
(d) 노치 스크루우형 (e) 리본형 (f) 이중 리본형

스크루우 컨베이어는 보통 U자 모양의 홈 속에서 스크루우를 회전시켜 분립체에 축 방향

의 추력(thrust)을 가해줌으로써 이를 수송하는 장치로, 설비가 간단하고 운전 유지비도 적게 든다. 수송 거리가 짧고 수송량이 많지 않을 때에 많이 이용된다 그림 9-54는 스크루우의 모양을 몇 가지 보기로 든 것이다.

그림 (a)는 표준형으로, 스크루우의 지름과 피치가 거의 같고, 수평 수송 또는 20° 이하 경사진 곳으로 수송할 때 사용된다. 그림 (b)는 짧은 피치형으로 재료의 유속을 떨어뜨리기 위하여 사용되며, 그림 (c)는 가변 피치형으로 재료가 너무 들어가서 과부하가 되는 것을 막기 위하여 사용된다. 그림 (d)는 노치(notch) 스크루우형으로 곡물과 같이 비교적 가벼운 재료를 수송하면서 혼합 효과를 기대할 때 사용한다. 그리고, 그림 (e)는 리본형으로, 습기가 있고 접착성이 큰 재료의 수송, 또는 청소를 할 때에 사용되며, 그림 (f)는 이중 리본형으로 그림 (e)보다 수송 능력을 크게 하고자 할 때에 이용한다.

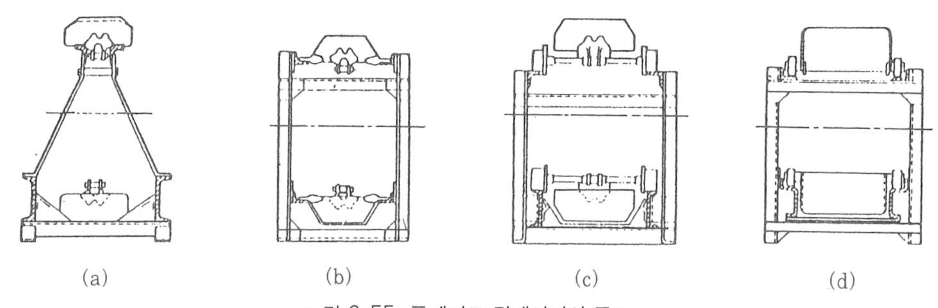

그림 9-55 플레이트 컨베이어의 구조
(a) 긁기판식 (b) 현수식 (c) 로울러식 (d) 로울러 체인식

3-2. Plate Conveyer

플레이트 컨베이어는 1개 또는 2개의 무한 연쇄에 같은 간격으로 장착한 프레이트(긁기판)로 홈통 속의 재료를 밀어 내어 수송하는 장치로서, 재료가 홈통면에서 마찰하므로 모래, 재, 시멘트 등과 같이 마멸성이 큰 재료의 수송에는 적당하지 않으나, 수송 거리 100 정도까지 사용할 수 있을 분만 아니라 기울가° 정도 되는 곳에도 사용할 수 있다. 그림 9-55은 몇 가지 대표적인 플레이트 컨베이어의 구조를 나타낸 것디다.

3-3. Belt Conveyer

벨트 컨베이어는 그림 9-56과 같이 양쪽 로울러에 벨트를 걸고 중간 부분에 아이들러(받침 로울러)를 설치한 것으로, 위 · 아래, 수평, 그리고 기울게도 수송할 수 있으며, 분립체의 성질에 다라 벨트를 고무제, 금속제 등으로 바꿀 수 있다.

3-4. Bucket Elevator

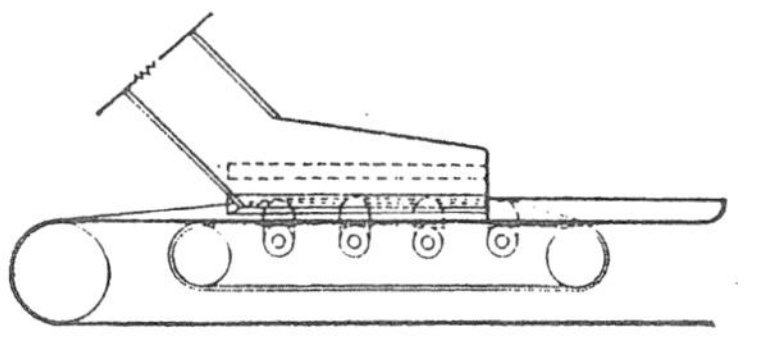
그림 9-56 벨트 컨베이어

버킷 엘리베이터는 무한 연쇄 또는 벨트에 많은 버킷을 부착한 것으로, 보통의 분체, 입체, 또는 덩어리 모양의 재료를 수직 또는 기울기가 큰 곳으로 수송하는 장치이다. 버킷에 달라붙기 쉬운 재료의 수송에는 적합하지 않다. 배출 형식에 따라 원심 배출식, 완전 배출식, 연속 배출식, 중력 배출식 등으로 나눌 수 있다.

3-5. Air Conveyer

공기 컨베이어는 시멘트, 알루미나, 곡물 등과 같은 분립체를 관 속의 고속 공기류에 부유시켜 수송하는 장치로서, 장치의 대부분이 공기관 뿐이므로 설치하기가 수비다. 또, 분립체는 밀폐관 속으로 수송되므로 오손되거나 비산할 염려가 없어 운전, 관리는 쉬우나, 소비 동력이 크고 분립체의 크기 및 무게에 따라 효율이 급격히 변한다.

특히, 대전성 분립체일 때에는 폭발 위험이 따르므로 주의해야 한다.

위에서 살펴본 것 이외에도, 분립체를 통기에 의하여 유동화시켜 수송하는 에어 슬라이드, 분립체를 수력을 이용하여 관속으로 수송하는 수력 컨베이어 등이 있다.

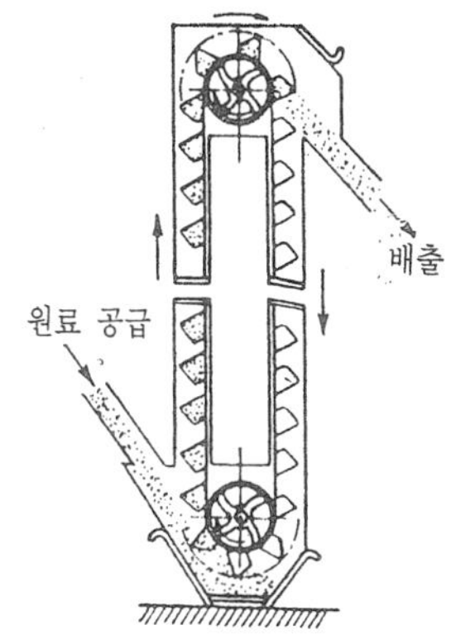

그림 9-57 버킷 엘리베이터

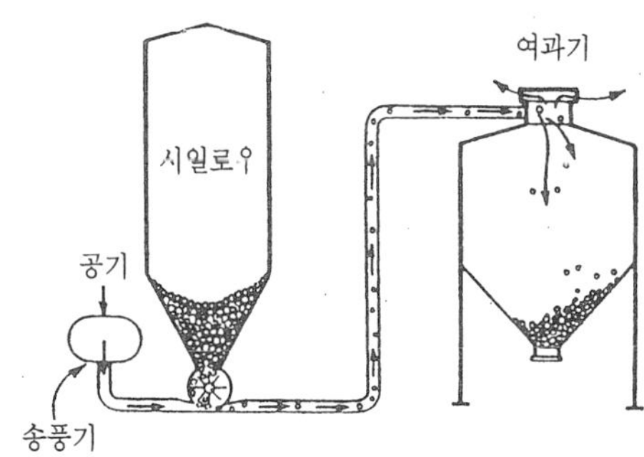

그림 9-58 공기 컨베이어

제10장

화학배관설비

제1절 화학공업일반
제2절 반응장치
제3절 혼합 및 교반장치
제4절 분리 및 정제장치
제5절 저장장치
제6절 탑조류
제7절 화학공장의 공업용수
제8절 하수처리배관

제 10 장
화학배관설비

제1절 화학공업일반

화학 공업이란 화학장치를 이용하여 원료를 화학적, 물리적 방법으로 처리하여 제품을 생산하는 것이다.

즉, 생산의 출발점인 원료로부터 최후의 제품이 나오기까지 어떠한 단위 조작 기기에 의해 단계적인 처리를 받는다. 예를 들면, 원료를 혼합, 가열, 가압, 냉각, 증류, 증발, 추출, 분류, 건조의 공정을 거쳐서 소정의 제품이 이루어진다. 이와 같은 공정에는 반응기, 흡수기, 추출기, 건조기, 열교환기, 펌프, 압축기 및 계장기기 등이 배관으로 연결되어 상호 유기적인 관련 작용을 할 때 비로소 소정의 목적을 달성할 수 있게 된다.

1-1. 화학장치용 재료

화학장치에 쓰이는 재료는 일반적으로 금속 재료와 비금속 재료로 크게 분류되며, 각 장치 재료의 물리적 화학적 성질을 잘 검토하여 선택해야 한다.

먼저 경험적 자료 및 문헌 조사로 사용 능력, 안정성 등을 검토하고 물리적, 화학적 특성 시험을 거쳐서 적당하다고 인정된 재료들에 대한 가격, 유지비 사용 수명 등을 검토 비교한 후 최종적으로 금속 재료의 가장 흔한 부식인 수소에 의한 탈탄, 암모니아에 의한 질화, 일산화탄소에 의한 카보닐화, 황화수소에 의한 부식, 산소 또는 가스에 의한 산화 등을 고려하여 선정한다.

특히 화학장치 재료는 다음과 같은 구비 조건을 갖추어야 한다.

① 접촉 유체에 대하여 내식성이 크며 크리프(creep) 강도가 클 것

② 고온 고압에 대하여 기계적 강도를 갖고, 저온에서도 재질의 열화(劣化)가 없을 것

③ 가공이 용이하고 가격이 싸며 쉽게 구할 수 있을 것

1-1-1. 강관 및 주철관

일반적으로 화학장치 재료의 기본을 이루고 있으며, 주로 보일러, 전열관, 열교환기, 석유화하 설비 등에 보통강관 및 합금강관을 사용하고, 용도와 가공성에 따라 열처리하여 사용한다. 이것들은 가격이 싸며 특히 규소를 함유한 주철은 내식성과 내열성이 좋기 때문에 화학장치에 많이 사용된다.

1-1-2. 동관 및 알루미늄관

동과 그 합금은 기계적 강도가 약하나 염수에 내식성이 강하고, 가공성, 열전도성, 전기전도성이 좋은 우수한 화학장치 재료이다.

알루미늄과 그 합금은 가공성이 좋아 공업용 순수 알루미늄이 화학장치에 많이 사용되며, 비교적 내식성이 높으나 바닷물과 같은 염수에는 약하다.

1-1-3. 합금강관과 연관

니켈합금으로 우수한 재료에는 모넬(monel:Ni+Cu+Fe), 인코넬(inconel : Ni+Cr+Fe), 하스텔로이(hastelloy : Ni+Cr+Fe+Mo) 등이 있으며, 내부식성과 내산화성이 강하고 고온(500~1,150°C)에 잘 견딘다.

납과 그 합금은 기계적 성질이 약하고 독성이 있으나 내산성이 높아서 화학장치의 내장 재료에 많이 사용된다. 즉, 화학 공업 등으로 연관, 수도용관, 경납관 등이 쓰이며 원자로의 방사능 차폐제로도 사용된다. 그리고 비금속 재료로는 고온에서 안정되고 전기화학 작용을 수반하지 않는 무기질 재료와 고무류, 플라스틱 및 화합물에 잘 견디고 온도나 압력에 제한이 적으며 강부식성 유체에 적합한 규산질, 알루미나질, 유리류 등이 화학 공업 재료로 사용된다.

1-1-4. 자기 및 유리관

자기의 진흙을 1,300°C 부근의 고온에서 소결 처리한 것이고, 유리관은 규산염을 고온에서 용융 처리한 것이다. 이것들은 기계적 강도가 낮아 화학장치 재료로 사용하기는 제한이 있으나 강부식성 유체를 취급하는 데는 우수한 재료이며, 주로 금속에 코팅(coating) 또는 내장하여 사용한다.

1-1-5. 고무류 및 플라스틱관

화학 공업장치의 구조물이나 내장 재료로 널리 쓰이는 천연고무와 네오프렌, 스티렌, 부틸고무, 실리콘고무 등의 합성고무가 있으며, 천연고무는 기름, 벤젠에 녹지만 약산 약알칼리, 염류에는 잘 견디고, 합성고무는 기계적, 화학적 성질이 우수하여 용도가 매우 다양한다.

플라스틱관은 가볍고 가공 및 설치가 쉬우며, 전기와 열전연성이 우수하고, 마찰에 잘 견디어 화학 공장의 배관에 널리 쓰이는데, 그 중에서도 테프론은 화학적 저항이 우수하여 강산, 강알칼리 등을 취급하는 주요 장치에 사용하며 나일론, 페놀수지, 에폭시수지 등도 패킹재료로 쓰인다.

1-1-6. 내화물과 흑연

내화재나 단열재로 사용되며 규석질, 내화점토질의 산성 내화물과 알루미나질, 크롬질의 중성 내화물 및 마그네시아질, 돌로마이트질 등의 염기성 내화물이 있고 그 밖에 커버런덤

질, 질코니아질, 티탄질 등이 있다. 흑연은 극심한 산화 조건 이외에는 전열성이 좋아 열교환기에 쓰인다. 인장 강도가 낮으나 흑연과 에폭시수지를 혼합하여 만든 카베이트(carbate)는 우수한 화학장치 재료이다.

1-2. 석유정제설비(石油精製設備)

석유정제장치는 일반적으로 정유소에서 원유를 상압 증류 처리한 후 각종 장치를 통해서 석유가스, 나프타(naphtha), 등유, 경유, 중유 등의 연료를 제품으로 뽑아내는 동시에 나프타를 적당한 방법으로 분해하여 에틸렌, 프로필렌 등 석유화학 공업에 필요한 원료를 공급하기 위한 것이다.

원유의 정제는 비교적 작은 고형물(固形物)과 액상 가스가 혼합된 원유를 원거리 배관 등을 통해 펌프로 수송하고 수송된 원유는 배관으로 연결된 열교환기와 증류탑에서 연속적으로 증류, 분류하여 휘발유, 석유, 중유 등의 완제품을 만든다. 이와 같은 원유와 완성품의 수송은 대부분 배관을 통해서 이루어지기 때문에 배관 설비가 상당히 중요하다.

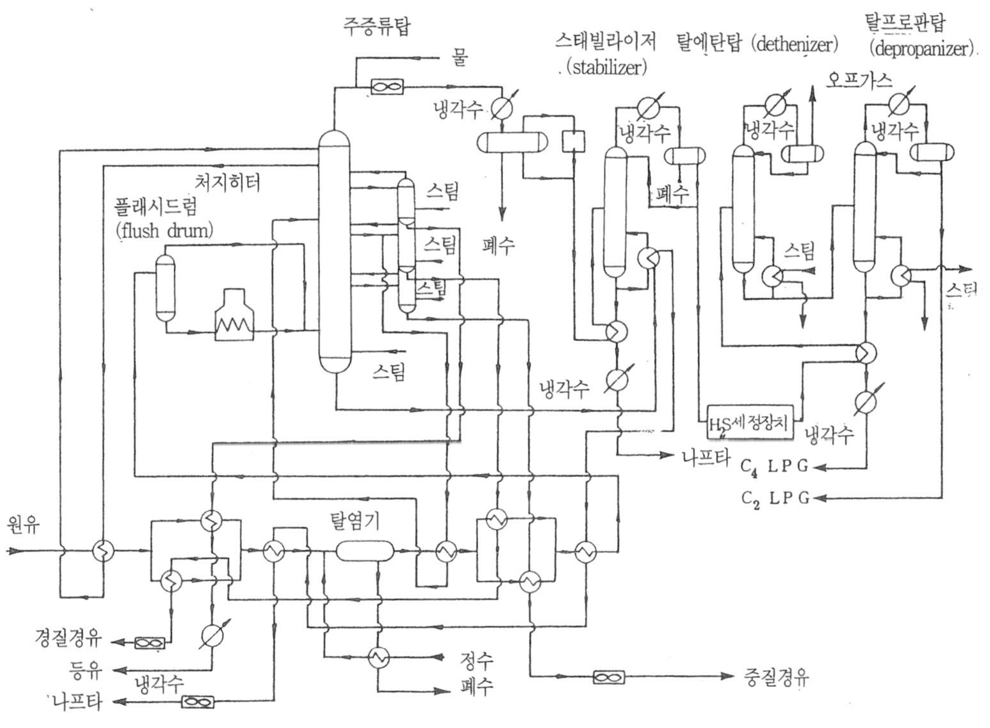

그림 10-1 석유정제장치

1-3. 가스화 설비

가스화 프로세스의 범위는 수소 제조, 도시가스 제조, 합성가스 제조, 중질유 가스 연료화, 석탄 가스화, 가스 정제 등을 들 수 있으며, 이와 같은 가스화 기술은 석유화학비료 합성 및 석유 정제 중에서 응용되며, 발전 플랜드, 화학 공업, 에너지 산업 등에 응용되고 있다.

가스화 프로세스는 탄소, 수소, 일산화탄소, 탄산가스, 메탄, 수증기, 유황화합물, 질소화합물 등의 각 물질간의 열역학적 평형과 화학 반응 속도의 설계를 주축으로 하고, 일련의 반응 공정 등 여러 공정의 배열 순서와 조작 조건의 안정성 및 경제성 양면에서 결정하고 이러한 플로시스템(flow system) 전체를 최적화하는 것이 중요하기 때문에 각 기기의 특성, 장치의 재질 등을 잘 숙지해야 한다.

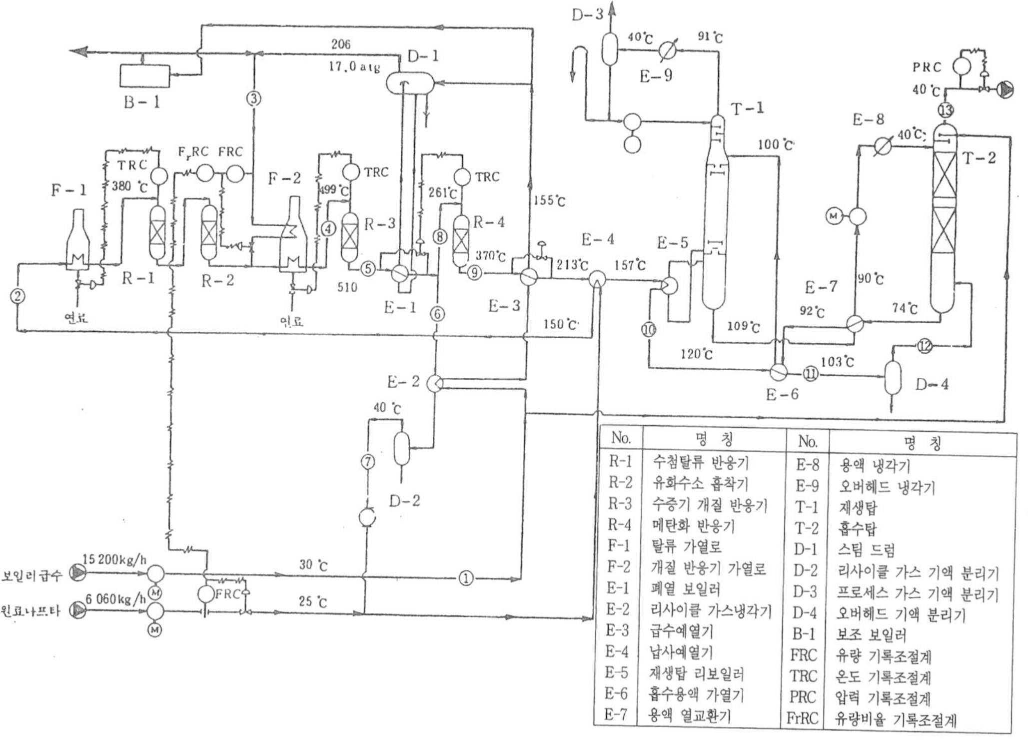

No.	명 칭	No.	명 칭
R-1	수첨탈류 반응기	E-8	용액 냉각기
R-2	유화수소 흡착기	E-9	오버헤드 냉각기
R-3	수증기 개질 반응기	T-1	재생탑
R-4	메탄화 반응기	T-2	흡수탑
F-1	탈류 가열로	D-1	스팀 드럼
F-2	개질 반응기 가열로	D-2	리사이클 가스 기액 분리기
E-1	폐열 보일러	D-3	프로세스 가스 기액 분리기
E-2	리사이클 가스냉각기	D-4	오버헤드 기액 분리기
E-3	급수예열기	B-1	보조 보일러
E-4	납사예열기	FRC	유량 기록조절계
E-5	재생탑 리보일러	TRC	온도 기록조절계
E-6	흡수용액 가열기	PRC	압력 기록조절계
E-7	용액 열교환기	FrRC	유량비율 기록조절계

그림 10-2 가스화 프로세스

1-4. 열교환기(Heat Exchanger)

열교환기는 화학 공정에서 매우 중요한 역할을 하는 것으로, 넓은 범위에 걸쳐 이용되고 있다. 열교환기는, 넓은 뜻으로는 고온과 저온의 두 유체 사이에 열의 교환이 이루어지도록 도와 주는 장치를 말한다. 열을 주고 받는데 있어 가장 간단하도 효율이 높은 방법은 고온과 저온의 유체를 직접 혼합하는 것이지만, 화학 공업에서는 같은 성분의 유체일 때를 제외하고는 이와 같은 직접적인 방법은 사용되지 않는다. 일반적으로 저온과 고온의 유체 사이를 금속 등으로 막아 간접적으로 열을 교환시키는 방법이 이루어지고 있는데, 이러한 장치를 열교환기라고 한다.

1-4-1. 열교환기의 종류

(1) 사용 목적에 따른 분류

유체의 조작 상태는 가열 또는 냉각뿐으로 유체가 상변화(相變化)를 일으키지 않을 경우와 가열 또는 냉각에 의해서 증발, 응축하여 유체가 상변화를 일으킬 경우가 있는데 이들 조작 상태 즉, 사용 목적에 따라 다음과 같이 나누어진다.

① 가열기(heater)
유체를 증기 또는 장치 중의 폐열 유체로 가열하여 필요한 온도까지 상승시키기 위하여 사용하는 열교환기이다.

② 예열기(preheater)
가열기와 마찬가지로 유체를 가열하여 유체의 온도를 상승시키는데 사용하지만, 유체에 미리 열을 줌으로써 다음 공정의 효율을 증대하기 위하여 사용하는 열교환기이다.

③ 과열기(super-heater)
가열기처럼 유체의 온도를 높이는데 사용하나 유체를 재가열하여 과열 상태로 하기 위하여 사용하는 열교환기이다.

④ 증발기(vaporizer, evaporator)
유체를 가열 증발시켜 발생한 증기를 사용하는 열교환기와 증기를 제거한 나머지의 응축수를 사용하는 열교환기가 있다.

⑤ 재비기(再沸器:reboiler)
장치 중에서 응축된 유체를 재가열 증발시킬 목적으로 사용하는 열교환기로, 장치 조작상 증발된 증기만을 송출할 때 사용하는 것과 유체와 발생한 증기의 혼합 유체를 송출할 때 사용하는 것이 있다.

⑥ 냉각기(cooler)
유체를 하수(河水), 정수(井水), 해수(海水) 등의 열매체로 냉각하여 필요한 온도까지 유체 온도를 강하시키는 열교환기이다. 액체 암모니아, 액체 프레온 등의 냉매를 사용하여 빙점 이하의 매우 낮은 온도까지 냉각시키는 것을 심냉기(深冷器)라고 한다.

⑦ 응축기 (condenser)
응축성 기체를 사용하여 잠열을 제거해 액화시키는 열교환기이며, 수증기를 응축시켜 물로 만드는 것을 복수기(復水器), 응축성 기체의 일부를 응축 액화시키는 전축기(全縮器), 응축액 일부를 환류시켜 증류탑 등의 조작, 조정을 도모하는 열교환기인 분축기(分縮器)가 있다.

(2) 구조에 따른 분류

구조상 종류는 사용 목적에 따라 조작 상태에 적합한 성능을 발휘할 수 있도록 전열부의 형식에 의하여 분류되며, 다관식과 2중관식 열교환기가 많이 사용된다.

① 단관식 열교환기(single-pipe heat exchanger)

표 10-1 열교환기의 구조상 분류

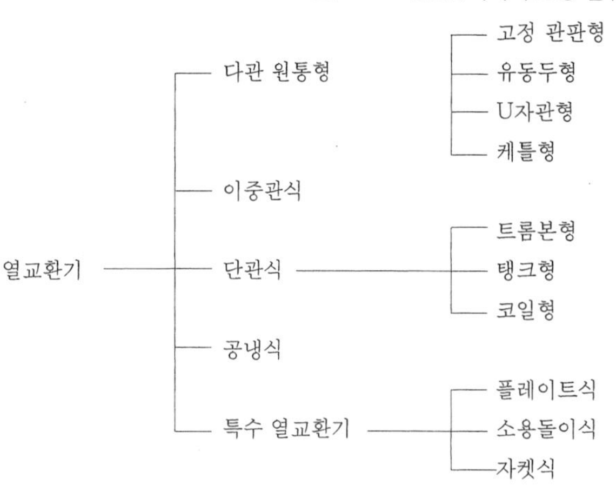

전열부에 직관과 리턴밴드를 조합해서 교환 열량에 필요한 전열 면적의 직관을 사관상(蛇管狀)으로 조립한 것이며, 다음과 같은 종류가 있다.

㉮ 트롬본형 냉각기(trombone cooler)

냉각한 유체를 수평 전열관 내에 흐르게 하고 냉각수를 상부 주수용기(注水容器)에서 적하판의 안내로 전열관에 적하시켜 냉각한다. 제작비와 운전비가 싸며 튜브 외면의 오염을 증대시키는 고온 유체의 냉각에 사용된다.

외면을 청소하기가 용이하며 증발이 쉽고 빠르기 때문에 석유 정제, 석유 화학 공업, 각종 가스 공업, 양조 공업, 제빙 공업 등에 광범위하게 사용된다.

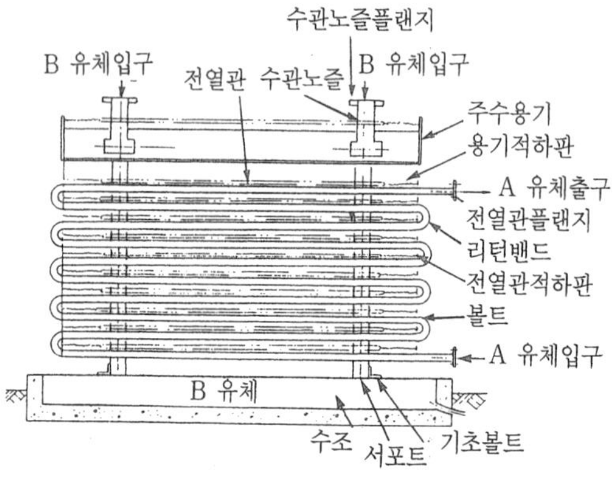

그림 10-3 트롬본형 열교환기

㉯ 탱크 가열기(tank heater)

중유, 벙커-C유 등 고점도 유체의 저장 탱크 저판(低板) 전면 위에 전열관을 설치하고, 가열유체(steam)를 코일형 관 내로 흐르게 해서 탱크내의 유체를 가열하여 저장

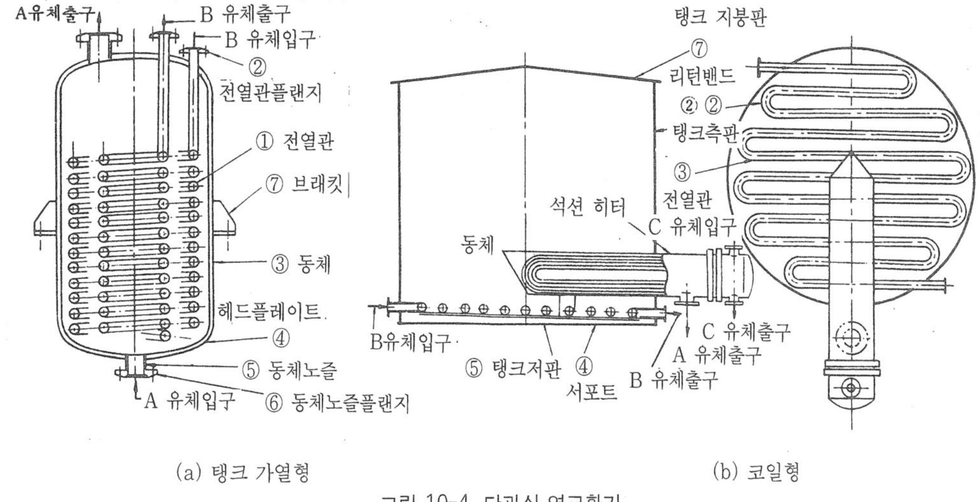

(a) 탱크 가열형　　　　　　　　　　　(b) 코일형

그림 10-4 단관식 열교환기

유체의 유동을 쉽게 하거나 예열시키는데 사용하는 열교환기이다.

㉰ 코일형 열교환기(pipe coil heat exchanger)

전열관을 코일상으로 굽혀서 원통용기에 넣고 전열관 내 유체와 용기내 유체를 열교환시키는 것으로, 슬러리 등 고점도 물질용 탱크의 가열이나 공기, 가스 등을 정화분리하는 심냉(深冷) 가스분리 장치에 많이 사용되는 열교환기이다.

② 2중관식 열교환기(double pipe heat exchanger)

전열관 외에 유체를 통과하는 용기를 설치하여 전열관과 외통의 사이에 유체를 통과시켜 열교환하는 것으로, 구조가 간단하며 가격도 싸고 전열면적의 증감이 자유롭다.

㉮ 2중관 고정형 열교환기(fixed type double pipe heat exchanger)

전열관과 관상(管狀) 동체로 구성되어 있고 동체 양단을 전열관에 용접으로 고정시킨 것으로, 유체의 온도차에 따른 동체 및 전열관의 열응력이 작은 경우와 동체측 유체의 오염이 적고 청소가 필요하지 않을 때 사용된다.

㉯ 2중관 소면형 열교환기(二重管 搔面形 熱交換器)

내면에 회전하는 소취판(搔取板)을 설치한 전열관과 관상(管狀) 동체로 되어 있으며, 회전하는 소취판에 의해 교반 효과를 내는 구조로 석유 정제 공업의 탈연(脫鉛) 장치, 석탄 화학 공업의 탈증류장치, 식품 공업의 마가린 제조장치 등 고점도 유체의 가열 또는 냉각에 많이 사용된다.

㉰ 2중관 헤어핀형 열교환기(hairpin type double pipe heat exchanger)

U자형 전열관과 관상 동체 및 동체커버로 되어 있으며, 전열관은 온도에 따른 신축이 자유롭고 내관을 빼낼 수 있으므로 동체측 유체의 오염이 심해 청소가 필요한 경우에 사용하는 열교환기이다.

③ 다관식 열교환기(multi tube heat exchanger)

부피에 비하여 전열면적이 커서 전열효과가 우수하므로 많이 사용되는 일반적인 열교환

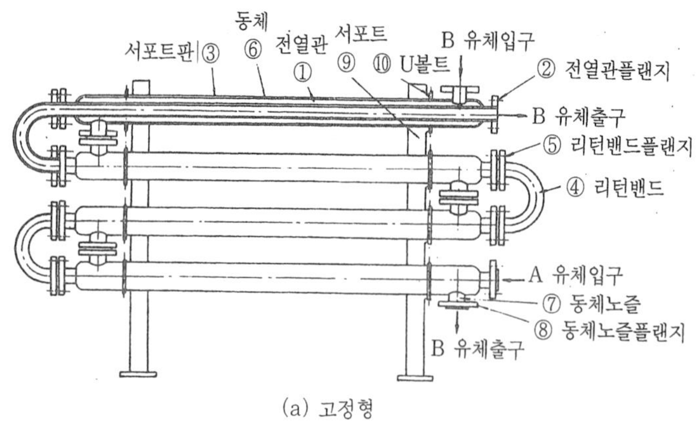

(a) 고정형

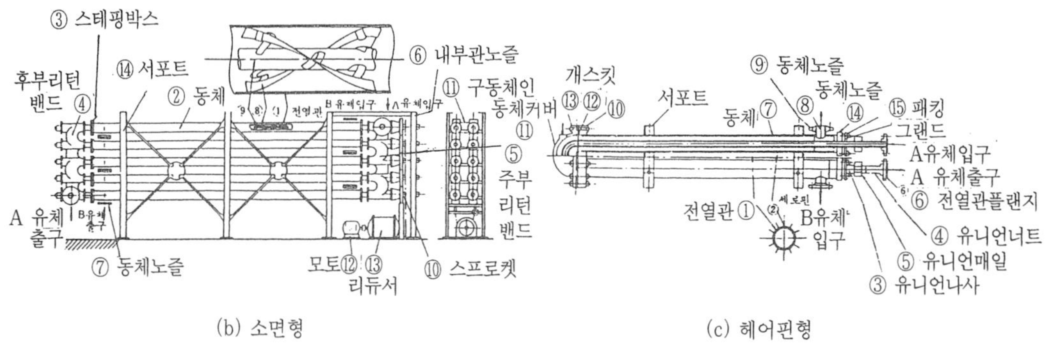

(b) 소면형 (c) 헤어핀형

그림 10-5 2중관식 열교환기

기로 여러 개의 직관 또는 U자관을 원통형 셀(shell)속에 설치한 것이다.

㉮ 고정관판형 열교환기(fixed tube sheet heat exchanger, shell and tube heat exchanger)

여러 개의 전열관을 두 장의 관판에 접합시키고 그 관판을 동체에 고정한 것으로, 유체의 온도가 비교적 낮은 곳에 사용하며 제작비가 싸다.

㉯ 유동두형 열교환기(floating head type heat exchanger)

고정관판형의 관끝 한 쪽을 고정시키지 않고 유동두(遊動頭)를 만들어 자유로이 움직이도록 하여 열패창에 따른 내부응력을 제거할 수 있게 만든 것이다.

㉰ U자관형 열교환기(U-tube type heat exchanger)

U자형 전열관의 관판을 동체에 고정시키고 전열관은 동체와 관계없이 신축이 자유롭게 작동하도록 한 것으로 고온, 고압용에 많이 쓰인다.

U자형 전열관 대신에 일단을 밀폐한 전열관과 내부 도입관이 각각 별도의 관판에 고정된 관속을 원통 용기내에 삽입한 구조인 베이어닛(bayonet)형 열교환기는 동측 유체와 튜브측 유체의 온도차가 심할 때 사용된다.

㉱ 케틀형 열교환기(kettle type heat exchanger : Reboiler)

한 쪽은 관판에 고정하고 한 쪽은 자유단으로 되어 있으며, U자관이나 유동두를 사용하는 경우가 있다. 이것은 증발율을 높일 필요가 있을 때 사용되며 증발 공간이 있

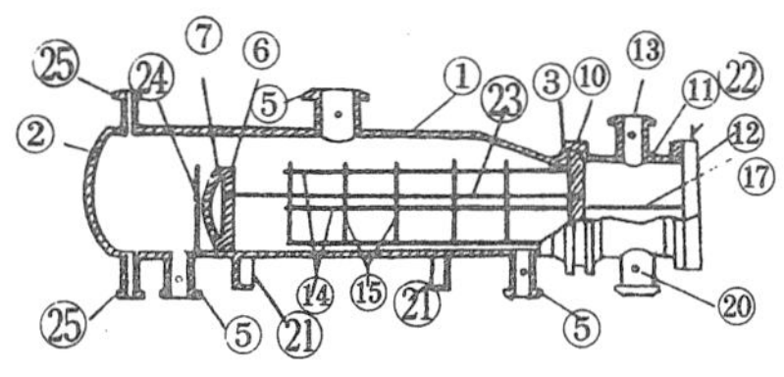

(a) 고정관판형

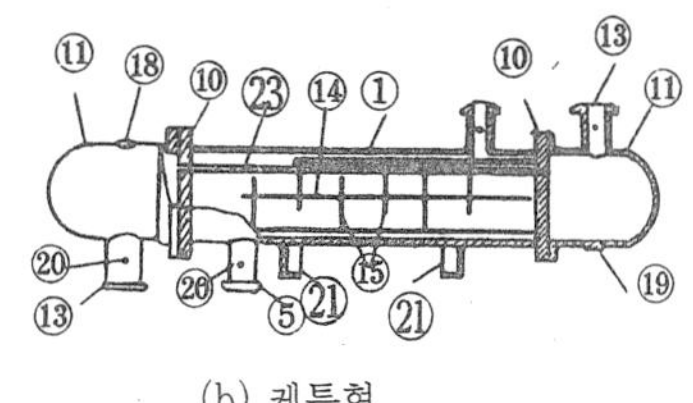

(b) 케틀형

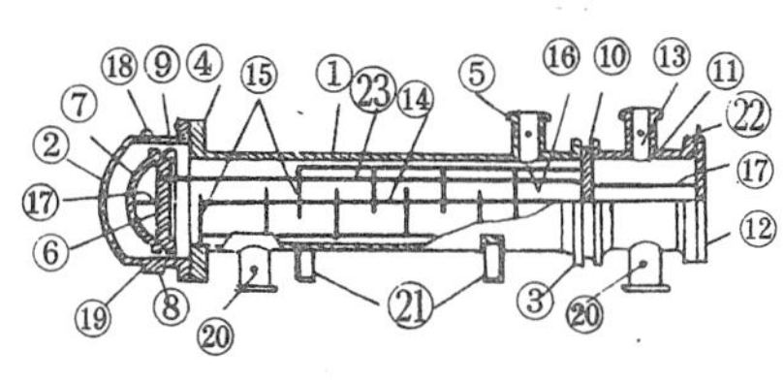

(c) 유동두형

(1) 동체 (2) 동체 뚜껑 (3) 칸막이방 옆 동체 플랜지 (4) 동체 뚜껑측 동체 플랜지 (5) 동체측 노즐 (6) 유동 관판 (7) 유동 머리 뚜껑 (8) 유동 머리 플랜지 (9) 유동 머리 뒷면대기 플랜지 (10) 고정 관판 (11) 칸막이 방 (12) 칸막이방 뚜껑 (13) 칸막이방 옆 노즐 (14) 고정봉 및 스페이서 (15) 방해판 및 지지판 (16) 충돌판 (17) 칸막이판 (18) 가스 빼기자리 (19) 드레인 빼기자리 (20) 계기용 자리 (21) 지지물 (22) 메달구철구 (23) 전열판 (24) 막이판 (25) 액면계 자리

그림 10-6 다관 원통형 열교환기

으므로 기체와 액체를 분리시킬 수 있고, 대부분 증발탑의 바닥 증발용으로 사용하기 때문에 탑의 단수를 줄일 수 있다.

④ 판형 열교환기(plate type heat exchanger)

이 형식의 열교환기들은 관 대신 판으로 열전달을 시키는 것이다.

㉮ 플레이트식 열교환기(plate and frame type heat exchanger)

유로와 강도를 고려해서 서로 연결된 플레이트를 조밀하게 배열시킨 것으로 유체가 그 판층 사이를 흐르게 되어 있다.

청소 및 점검이 용이하고 열교환양을 조정할 수 있지만 유로면적이 적다.

㉯ 플레이트핀식 열교환기(plate and fin heat exchanger)

파형판과 평판을 교대로 겹쳐 배열시켜 두 판 사이로 유체가 흐르도록 한 것으로 전열면적이 크고 무게가 가볍다.

㉰ 스파이럴형 열교환기(spiral plate type heat exchanger)

2장의 전열판을 일정한 간격으로 유지시켜 소용돌이 모양으로 감은 것이며, 오염 저항 및 저유량에서 심한 난류 등이 유발되는 곳에 사용되고 큰 열팽창을 감쇠시킬 수 있는 열교환기이다. 또한, 열전달율이 크고 고형물이 함유된 유체나 고점도 유체에 적합하며 리보일러나 콘덴서로도 사용된다.

⑤ 공랭식 열교환기(air cooled type heat exchanger, air fin cooler)

다수의 전열관을 설치한 관과 연결되어 있으며, 냉각제로 물을 사용할 경우 비용이 비싸지거나 불충분한 장소에서 쓰이는 것으로, 전열관 외면에 공기를 강제 통풍시켜서 내부 유체를 냉각시키는 구조이고 공기 흡입형과 공기 압입형으로 나누어진다.

공기 흡입형의 특징은 공기의 흐름이 비교적 균일하고 비나 눈 등에 의한 온도의 급

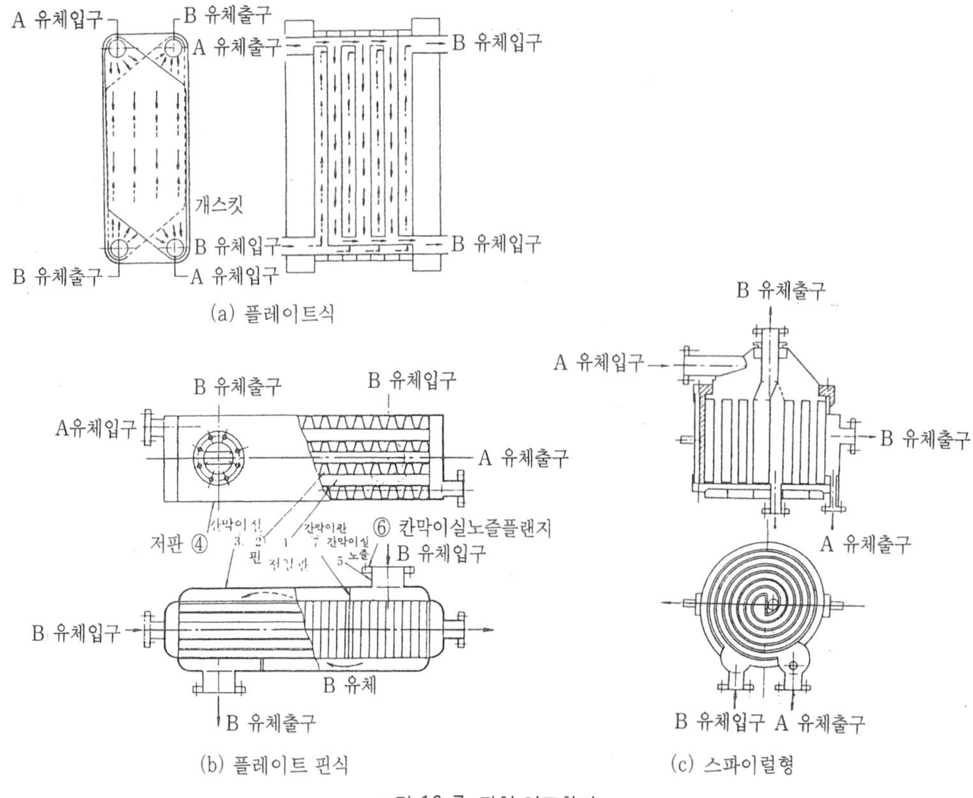

그림 10-7 판형 열교환기

변이 적으며, 팬 출구에서는 공기 유속이 크므로 열풍이 재순환될 염려가 없지만, 공기 출구 온도를 85°C 이상으로 올릴 수 없으며, 진동이 생길 수 있다.

공기 압입형은 팬과 구동장치의 고장이 적고 진동이 적으며, 튜브의 점검이 용이하고 공기의 출구 온도를 높일 수 있지만, 강우 및 강설의 영향을 받기 쉽고 공기의 흐름이 불균일해지기 쉽다.

1-4-2. 열교환기의 설치 방법과 선정기준

여러 가지 사항을 고려하여 계획 설계된 열교환기는 어느 분야에 응용되든지 설치 후에 그 기능을 충분히 발휘할 수 있도록 설치해야 된다.

설치 장소는 콘크리트틀 또는 강제틀을 이용하여 수평 수직으로 운전 및 유지관리가 편리한 곳을 택하여 설치한다.

① 설계자로부터 열교환기의 개략 치수와 틀 제작에 필요한 치수를 먼저 알아본다.
② 기초볼트와 틀을 적당한 위치에 설치하며, 열교환기를 설치 위치로 반입한다.
③ 열교환기의 중량과 주위 상황을 고려하여 중량물 운반기구를 정확히 선정한다.
④ 상기 사항을 충분히 확인하고 작업원에게 철저히 지시한 후 설치한다.

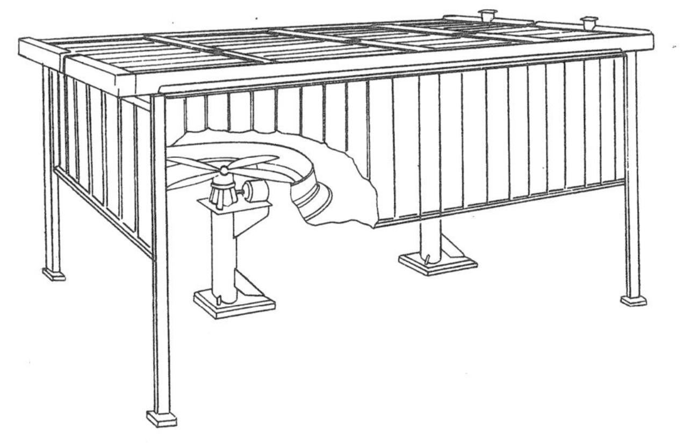

(a)압입 통풍형

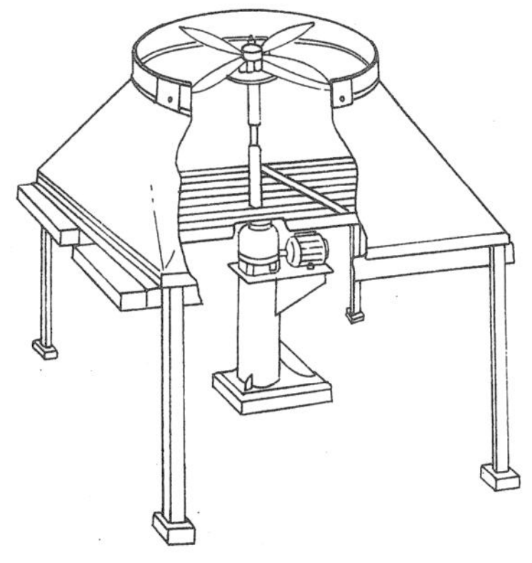

(b)유인(흡입) 통풍형

그림 10-8 공냉식 열교환기

⑤ 일반적으로 열교환기는 일관성 있게 배치한다. 즉, 열교환기의 상부 또는 하부를 통하는 라인을 동일 레벨로 통일하거나 벨브 등의 높이나 핸들 방향을 통일시킨다.

⑥ 콘크리트가대 위에 놓을 경우는 지면에서 가대까지 600~750mm, 강제가대의 경우는 동체하부에 부착된 밸브에서 바닥까지 300mm 이상, 밸브가 없을 때에는 배관에서 바닥까지 최소 150mm를 확보한다.

⑦ 열교환기 사이의 거리는 동체의 대형 플랜지 외측에서 옆 동체의 대형 플랜지 외측까지

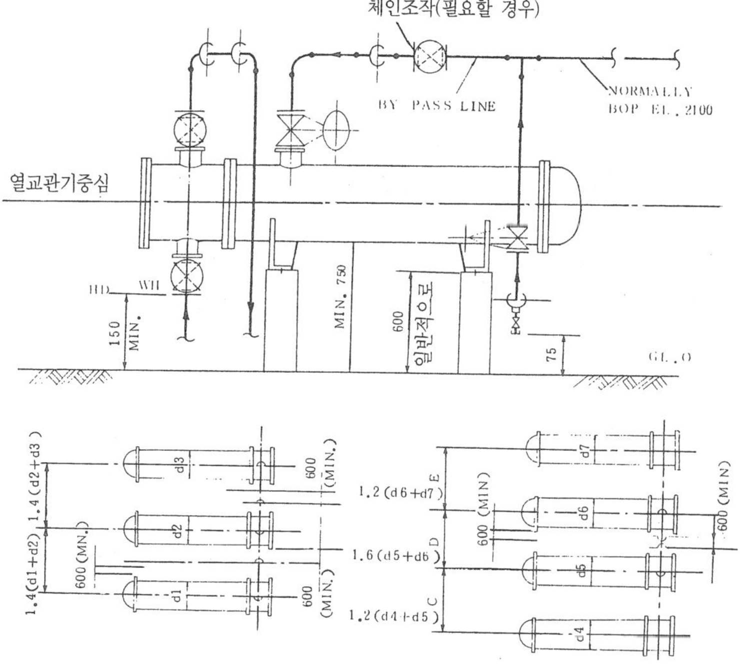

그림 10-9 열교환기 설치방법(1)

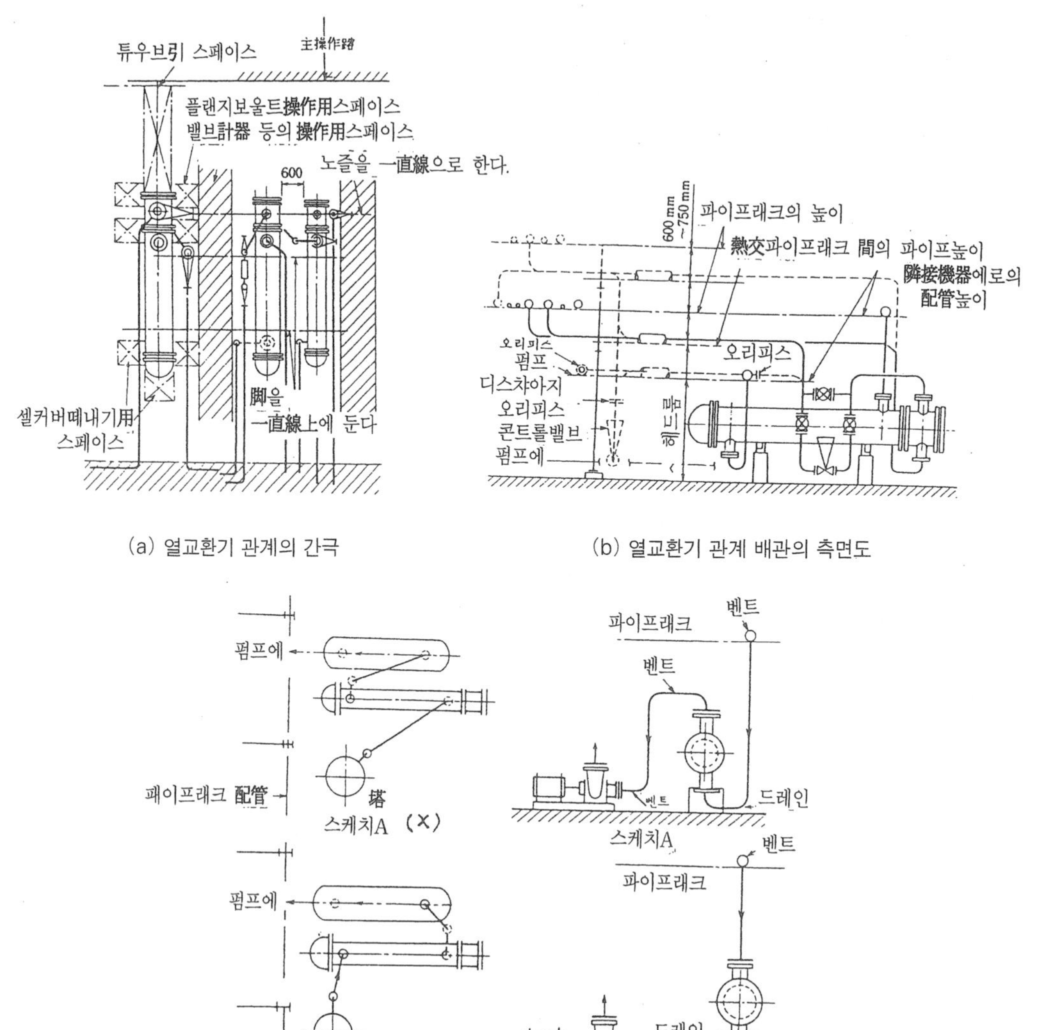

그림 10-9 열교환기의 설치방법(2)

는 600mm 이상 또는 적어도 대형 플랜지의 지름만큼 띄어서 설치한다.

⑧ 가열기는 주위의 인화성 물질과 관련 있는 장치 및 펌프와 같은 장치와 최소 15m, 제어실처럼 조작자가 상주하는 건물들과 최소 15m, 인접 도로 끝에서 최소 3m, 이상의 간격을 유지하며, 배관 라인 사이에는 제어밸브를 설치할 수 있도록 최소 3~4.2m 정도 거리를 두고 배치한다.

1-4-3. 액체상태에 따른 열교환기의 선정 기준

첫째, 오염이 심한 액체를 다룰 때에는 점검이 쉬워야 한다.

둘째, 부식성 유체를 다룰 때에는 내식성 재료를 사용하고, 보수와 교환이 가능한 구조로 되어 있어야 한다.

세째, 두 액체 사이에 온도차가 클 때에는 열교환기 재료의 신축에 따른 구속을 받지 않는 구조로 되어 있어야 한다.

네째, 고온, 고압의 유체나 독성, 위험성 등이 있는 유체를 다룰 때에는 특히 누설의 염려가 없는 안전한 구조로 되어 있는 것을 선정해야 한다.

1-4-4. 열교환기의 응용

그림 10-10은 석유 정제의 증류장치에 사용되는 다관식 열교환기의 원료인 원유는 탑 하부 열교환기 ①에서 폐열로 가열하고 예열기 ②에서 스팀으로 예열된 후 가열로에서 필요한 증발온도까지 가열되어 증류탑 내로 들어간다.

증류탑 상부의 기체는 응축기 ③에 의해 응축되어 축적탱크에 저장되고, 액체 일부는 증류탑으로 환류되지만 대부분이 최종 냉각기 ④, ⑤에 의해 냉각되어 제품이 된다.

증류탑 하부에서 고비점 유체가 축적되므로 탑 하부의 리보일러 ⑥에 의해 증류탑으로 환류시킴과 동시에 고비점 유체는 열교환기 ①에 의해 냉각되며, 다시 냉각기 ⑦에 의해 냉각되어 제품이 된다.

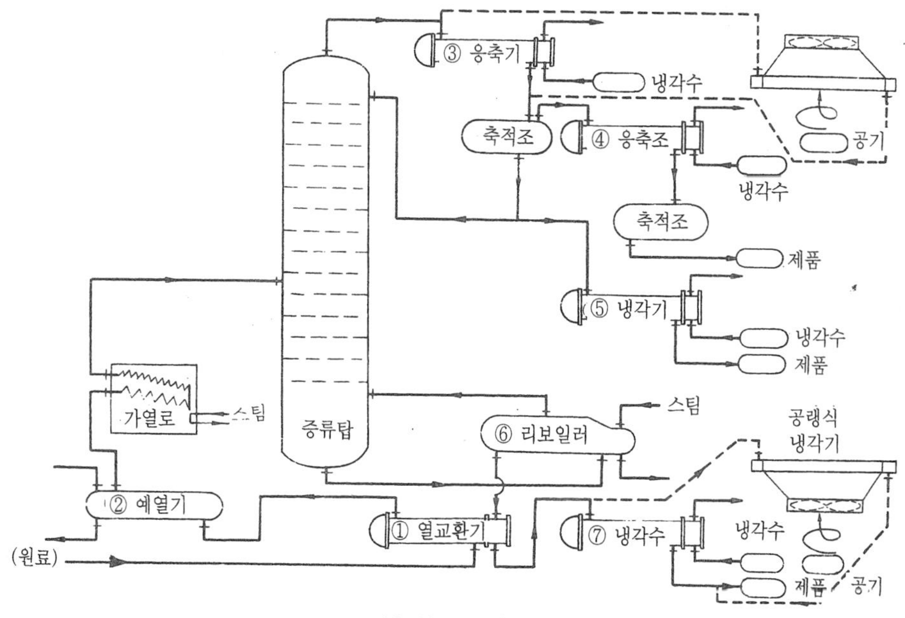

그림 10-10 열교환기의 응용

제2절 반응장치(反應裝置)

단위 반응에는 산화 반응, 환원 반응, 연소 반응, 술폰화 반응 등의 여러 가지가 있으며, 이것은 반응의 성질에 따라 분해 반응, 합성 반응, 중합 반응, 축합 반응 등으로 다시 나눌 수 있다. 단위 반응은 증류, 흡수, 확산 등의 단위 조작과 함께 화학 공장에서 가장 중요한 조작 중의 하나이다.

반응 장치는 단위 반응이 바라는 대로 잘 이루어지도록 뒷받침하는 것으로, 반응 장치의 재료, 구조 등은 각 반응의 온도, 압력, 촉매, 반응상, 반응 속도 등을 미리 연구, 검토하여 이에 가장 알맞은 것을 설정, 제작해야 한다.

2-1. 반응 장치

반응 장치는 반응 물질을 반응에 적합한 환경 즉, 알맞은 온도, 압력, 농도 등을 필요한 시간 동안 유지시켜 주는 장치로서, 화학 제품 생산에서 핵심을 이루는 것이다.

반응 장치는 조작 방법, 전열 형식, 구조 등에 따라 여러 가지로 나눌 수 있다.

2-1-1. 조작 방법에 따른 분류

(1) 회분식 반응기

회분식 반응기(batch reactor)는 실습실에서 실습할 때 사용하는 실험 비이커와 같이, 1회분의 반응 물질을 넣고 반응 조건에 맞추어 제품을 단속적으로 생산하는 데에 쓰는 것이다.

공업적인 회분식 반응기로는 오오토클레이브를 비롯하여 반응에 따라 여러 가지의 것이 사용된다.

일반적으로, 염료나 의약품처럼 한 공장에서 여러 가지 제품을 소량씩 생산하고자 할 때, 그리고 시설비가 적게 들어 새로운 제품의 시험 생산, 값비싼 제품을 소량 생산할 때에는 우선적으로 이 회분식 반응기를 사용한다.

(2) 반회분식 반응기

반회분식 반응기(semibatch reactor)는 반응열의 제어와 반응 물질의 농도를 조절할 목적으로 반응물의 일부를 미리 장치 안에 넣고, 여기에 다른 성분을 천천히 넣어 주면서 반응을 진행하거나, 반응의 진행을 저해하는 생성물의 일부를 배출하는 조작을 하는 장치로서, 실습실에서의 중화 적정, 페니실린의 생산 등이 반회분식 조작의 대표적인 보기이다.

(3) 연속식 반응기

반응할 물질을 한 쪽에서 연속적으로 공급하면서 다른 한 쪽에서 반응 생성물을 연속으로 뽑아 내는 반응기를 연속식 반응기(continuous reactor)라 한다. 이를 선정할 때에는 간단하고 이상적인 것을 생각하게 되는데, 이와 같은 반응기에는 관형 반응기와 연속 교반 탱크형 반응기(continuous stirred tank reactor, CSTR)를 들 수 있다.

① 관형 반응기 : 관형 반응기(tube reactor)는 플러그 흐름 반응기(plug flow reactor)라고도 하는데, 이 반응기는 흐름 방향의 앞 뒤에서 혼합이 일어나지 않고 곧바로 흐르므로, 단면에서의 유체의 흐름 속도가 일정하다.
관형 반응기는 일산화질소의 산화, 에틸렌의 염소화, 올레핀의 술폰화 등에 쓰인다.

② 연속 교반 탱크형 반응기 : 연속 교반 탱크형 반응기는 완전 혼합 반응기, 역혼합 반응기라고도 하는데, 반응기에 원료가 들어오면 순간적으로 균일한 상태로 완전 혼합되며, 배출 흐름의 농도 상태도 반응기 안의 농도 상태와 같다.

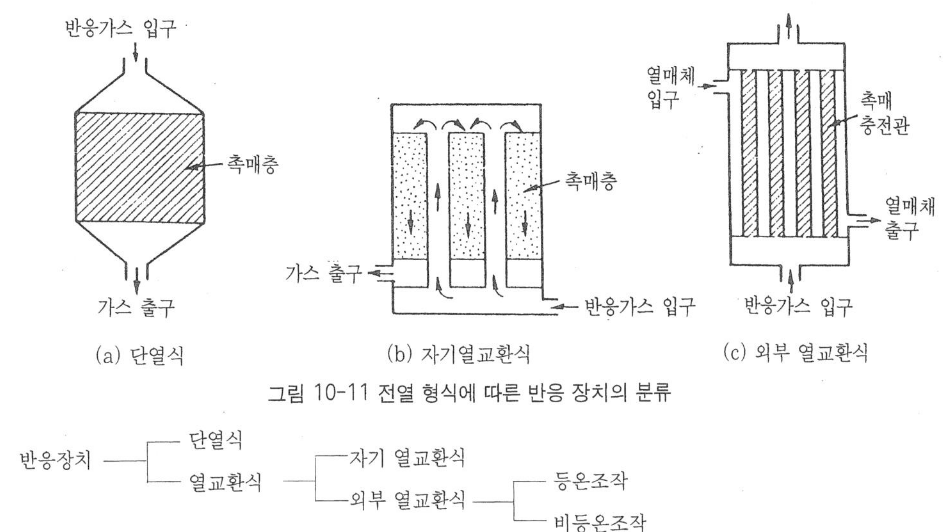

그림 10-11 전열 형식에 따른 반응 장치의 분류

2-1-2. 전열 형식에 따른 분류

반응 장치를 전열 형식에 따라 분류하면 그림 10-11과 같다.

일반적으로 화학 반응은 열의 영향을 크게 받으며, 발열 반응과 흡열 반응에 있어서는 열의 출입도 달라진다. 그러므로, 반응 온도를 알맞게 하여 줌으로써 반응 속도를 알맞게 유지하고 부반응을 억제하며, 촉매의 수명을 연장하고 재질의 약화를 방지해야 한다.

2-1-3. 구조에 따른 분류

(1) 교반 탱크형 반응 장치

교반 탱크형 반응 장치는 교반 날개를 사용하여 반응기 안의 유체를 교반하면서 반응기 밖의 펌프로 액체를 순환시키거나, 반응기 속으로 기체를 넣어 줄 수 있도록 만들어진 것이다.

이 때, 교반은 반응기 안의 반응 물질의 농도 및 온도를 일정하게 하며, 반응기 안에서의 열전달 계수를 늘려 주는 데에도 도움이 된다.

(2) 고정형 반응 장치

고정형 반응 장치에는 다관식과 다단층식이 있는데, 이 장치는 구조가 간단하고 운전 조작이 쉬우며, 제작비가 비교적 싸므로 널리 사용되고 있다.

(3) 유동층형 반응 장치

유동층형 반응 장치는 100~200메시의 고체 촉매를, 원료 가스로 장치 안에서 유동화시켜 주는 것으로, 유동층 접촉 분해법(fluid catalytic cracking, FCC)의 석유 접촉 분해 장치가 실용화된 다음부터 널리 이용되고 있다. 이 장치는 반응열이 크고 폭발 등의 위험이 있는 반응에 적합하다.

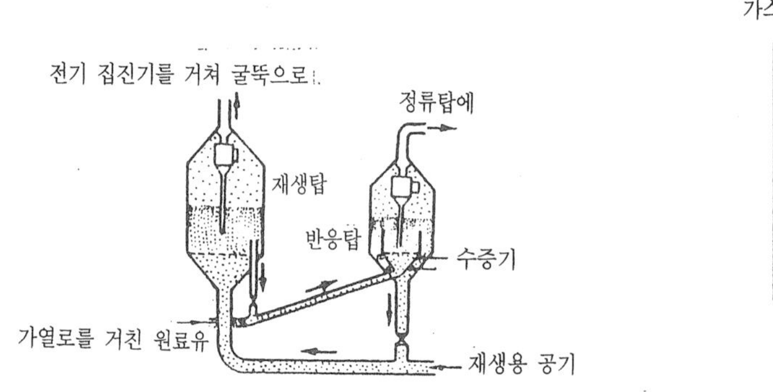

그림 10-12 유동층형 접촉 분해 장치

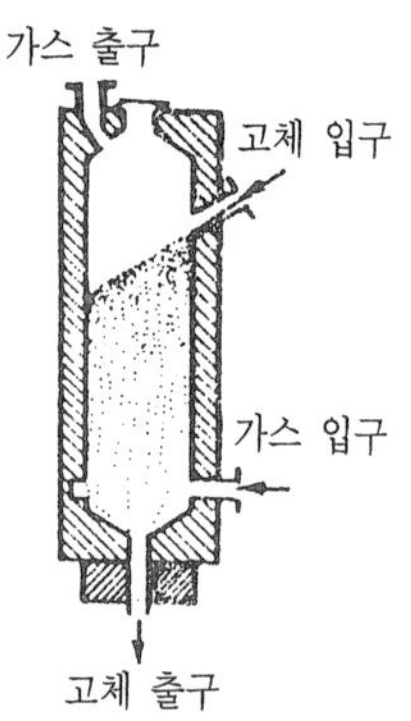

그림 10-13 이동층형 반응 장치

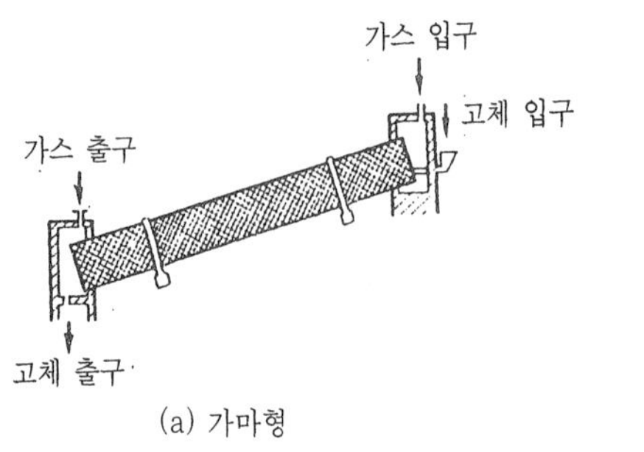

(a) 가마형

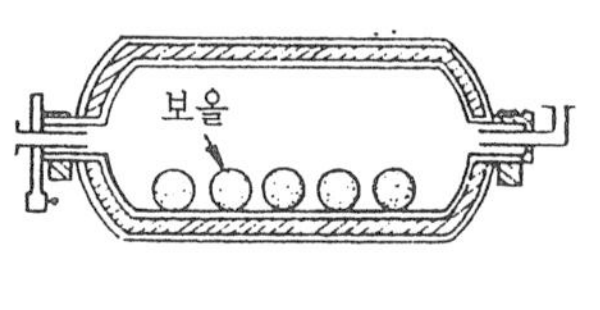

(b) 보올 밀형

그림 10-14 회전 가마형 반응 장치

(4) 이동층형 반응 장치

이동층형 반응 장치는 고체 입자가 집단으로 위 아래로 이동되는 장치에 응용한 것이다.

이 장치는 2,500~25,000kcal/h · m² · K의 열전달 속도를 가진 반응과, 급격히 고체 촉매가 약화되는 촉매 반응 등에 사용된다.

(5) 회전 가마형 반응 장치

회전 가마형 반응 장치는 가마 안에 원료를 넣고 가마를 회전시키면서 반응시키는 것으로, 시멘트의 소성, 황화바륨, 안료 등의 제조에 많이 사용된다.

2-1-4. 그 밖의 반응 장치

반응 장치에는 이외에도 생성물의 일부를 계 밖으로 내보내 줌으로써 반응 평형을 생성물 쪽으로 이동시키는 데에 사용되는 증류탑식 반응 장치, 액체의 점도가 매우 클 때 위와 같은 목적으로 사용되는 회전 원판형 반응 장치, 급격한 반응을 일으키고자 할 때 사용되는 분사형 반응 장치 등을 비롯하여, 스프레이탑식, 젖은 벽탑식, 흔들이 등 여러 가지 반응 장치가 있다.

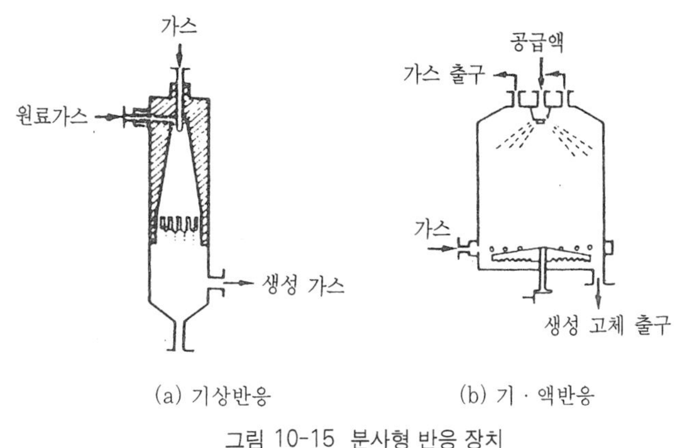

(a) 기상반응 (b) 기 · 액반응

그림 10-15 분사형 반응 장치

제3절 혼합 및 교반장치(混合 및 攪拌裝置)

혼합과 교반은 흔히 혼동하기 쉬운데, 혼합은 두 가지 또는 그 이상의 분리된 상을 균일하게 섞는 것을 말하고, 교반은 회전 기계로써 특정한 방향으로 유체의 운동을 유도하는 것을 말한다.

여기에서는 혼합기 및 교반기의 구조, 조작 방법, 용도 등에 대하여 살펴보기로 한다.

3-1. 혼합기

3-1-1. 회분식 혼합기

(1) 니이더 믹서

니이더 믹서(kneader mixer)는 점도가 큰 재료에도 사용할 수 있지만, 일반적으로 반건조, 반소성체, 페이스트(paste)상 물질에 널리 사용된다. 이 장치에는 필요에 따라 가열 및 냉각 재킷을 설치할 수 있고, 밀폐도 할 수 있으므로, 화학 반응, 건조, 고무 등의 세정, 가열 용융 등에도 사용된다. 이 장치 안에는 제트(Z)자 모양, 또는 시그마(Σ)자 모양의 회전 날개 2개가 나란히 장치되어 있는데, 이들이 서로 반대 방향으로 각각 다른 속도로 회전하면서 재료에 전단 및 압축 작용을 하여 혼합한다.

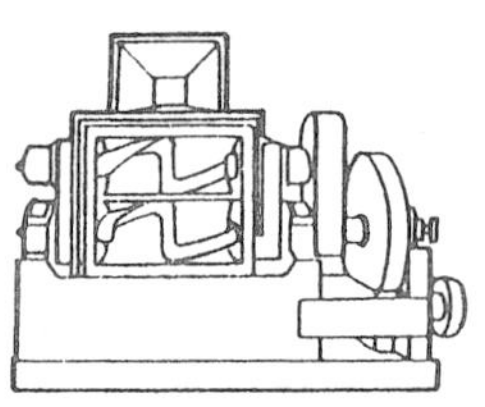

그림 10-16 니이더 믹서

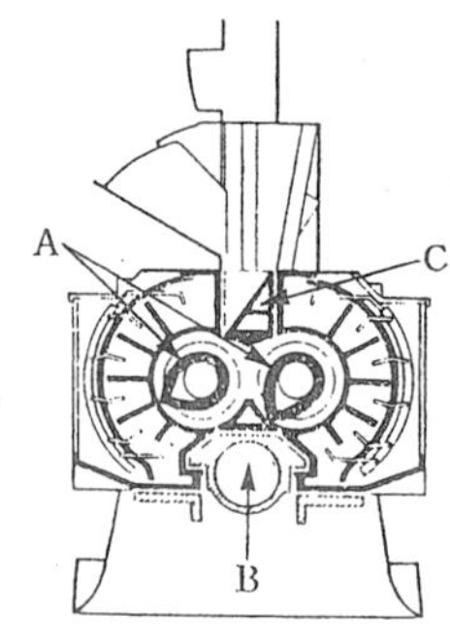

그림 10-17 인터어널 믹서
A:회전 날개 B:배출구
C:무게추

(2) 인터어널 믹서

인터어널 믹서(internal mixer)는 단면의 모양이 도토리 모양과 같은 날개를 나사선 모양으로 붙인 2개의 수평원통이 밀폐된 통 안에서 같은 속도로 반대 방향으로 회전하는 것으로, 회전 속도는 보통 20~40rpm이고, 혼합 작용은 니이더 믹서보다 강력하고 로울 밀보다 빠르다.

(3) 멀러 믹서

멀러 믹서(Muller mixer)는 원통 안에 나비가 넓고 무거운 로울이 수직축의 둘레를 회전하면 스크레이퍼가 계속하여 재료를 공급해 주는 것이다. 이 혼합기는 압축, 전단, 접기 등의 특이한 혼합 작용을 하며, 특히 퍼티(putty)상, 분말상 등의 재료에 적합하다. 대표적인 것으로는 에지 러너 믹서를 들 수 있다.

(4) 그 밖의 회분식 혼합기

회분식 혼합기에는 위에서 설명한 것 이외에도 인쇄용 잉크의 제조, 생고무와 카아본 블랙을 혼합하는 데에 사용되는 로울 밀, 비교적 낮은 점도의 재료에 적합한 포니 믹서(pony mixer), 그리고 크러셔 등이 있다.

3-1-2. 연속식 혼합기

(1) 정지 혼합기

정지 혼합기는 유체의 흐름을 둘로 나누는 짧은 나사선 모양의 요소를 이용하여 흐름을 다시 180° 바꾼 다음, 이 흐름을 다음 요소로 전달하는 것으로서, 정체 유체나 또는 낮은 점도의 페이스트상 유체의 혼합에 효과적이다.

(2) 퍼그 밀

퍼크 밀(pug mill)은 1개 또는 2개의 회전축에 여러 개의 날개를 나사선 모양으로 달아 재료를 한 쪽 방향으로 이송하면서 혼합하는 것으로, 점토의 혼합, 반죽에 널리 사용되고 있다. 제품의 균일성을 높이기 위하여 여러 번 통과시켜야 할 때도 있다.

(3) 코니이더

코니이더(Ko-Kneader)는 단식 스크루우 압출기의 혼합 작용을 한층 강력하게 만든 것으로, 축 방향으로 왕복 운동을 하면서 회전하는 스크루우에 의하여 재료를 이송한다. 플라스틱의 혼합, 반죽, 전극용 카아본의 반죽, 안료의 분산, 이 밖에 셀룰로오스의 아세틸화 반응 등에 많이 사용된다.

그림 10-18 퍼그 밀

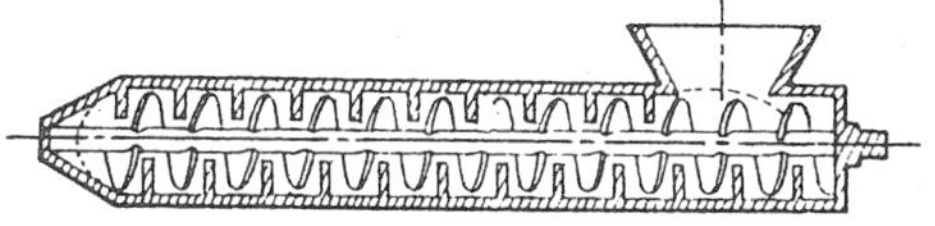

그림 10-19 코니이더

3-1-3. 고체 혼합기

(1) V형 믹서

V형 믹서는 구조가 비교적 간단하며, 중력을 이용하여 입자를 결집, 분리시키는 것으로, 비중이 작은 분립체에 이용된다.

(2) 2중 원뿔형 혼합기

2중 원뿔형 혼합기는 V형 혼합기와 비슷한 점이 많은 것으로, 혼합 시간이 길지만 비교적 혼합도가 크며, 주축의 회전수는 5~20rpm으로 느리게 움직인다.

(3) 역원뿔형 혼합기

역원뿔형 혼합기는 역원뿔 모양의 통 중간에 있는 스크루우가 회전하면서 혼합하는 것으로, 소요 동력이 적고 비교적 짧은 시간에 좋은 혼합 효과를 얻을 수 있다.

화공 제품, 식품, 사료 등의 건식 혼합에 이용된다.

(4) 리본형 혼합기

리본형 혼합기는 U자 모양의 통 중간에 있는 나사선 모양의 리본 날개가 회전하면서 분립체를 혼합하는 것으로, 회전수는 20~60rpm이다. 일반적인 건조 분립체의 혼합, 소량의 액체 첨가 등에 이용된다.

(5) 그 밖의 고체 혼합기

고체 혼합기에는 위에서 설명한 것 이외에도 팬-드럼 혼합기, 원통형, 혼합기, 스크루우 혼합기, 플래시 믹서, 유동화형 혼합기 등이 있다.

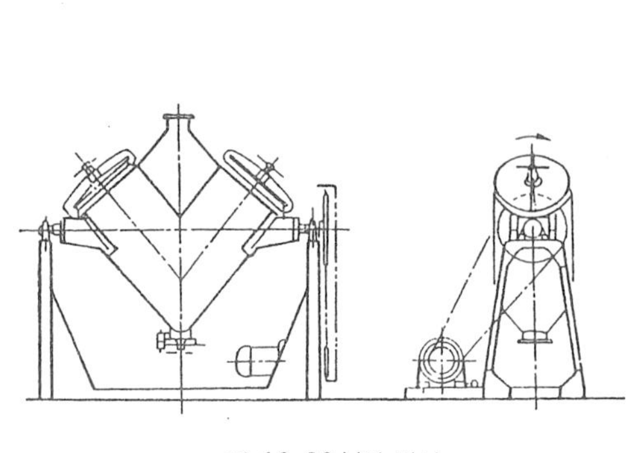

그림 10-20 V형 믹서

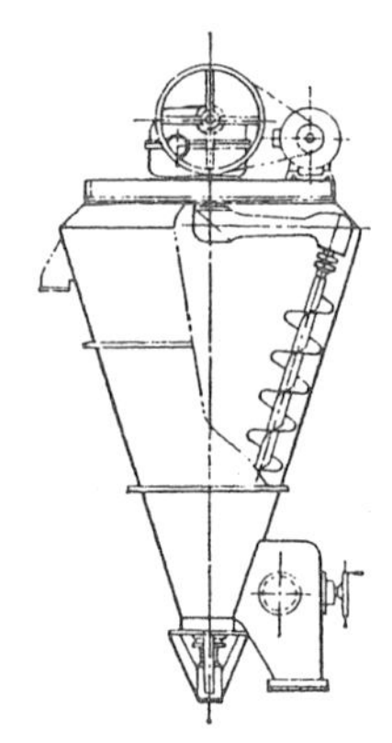

그림 10-21 역원뿔형 혼합기

3-2. 교반기

액체는 대부분 수직축이 있는 실린더 모양의 탱크나 통 안에서 교반된다. 통의 밑부분은 모서리를 제거하기 위하여 둥글게 되어 있으며, 윗부분은 열려 있는 것과 닫혀 있는 것이 있다. 임펠러는 수직축에 설치되어 있는데, 이 축이 전동기에 의하여 회전하면 임펠러가 회전하면서 액체를 흐름 형태로 만들어 통 안에서 순환시킨다.

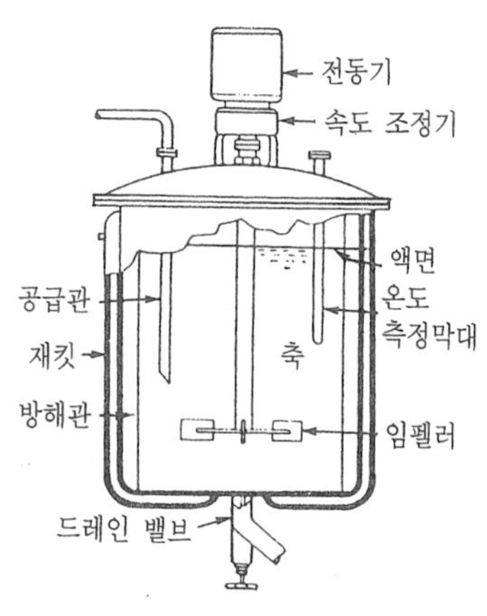

그림 10-22 교반기

3-2-1. 임펠러

임펠러는 축 방향 흐름 임펠러와 방사상 흐름 임펠러로 나뉘는데, 주된 형태는 프로펠러, 패들(paddle) 및 터어빈(turbine) 등이다.

(1) 프로펠러

프로펠러는 낮은 점도의 액체를 축 방향 흐름으로 만드는 데에 알맞은 고속도 임펠러로서, 그 크기는 통의 크기에 관계 없이 46cm를 거의 초과하지 않는다. 프로펠러의 회전 속도는 지름이 작은 것일 때에는 1,150~1,750rpm, 지름이 큰 것일 때에는 400~800rpm으로 하여, 유동의 영속성 때문에 큰 통에서의 교반에 효과적이다.

(2) 패들

패들은 일반적으로 2개 또는 6개의 날개로 되어 있으며, 때로는 날개를 한 쪽으로 기울어지게 만들기도 한다. 공업적으로 사용되는 패들 교반기의 회전 속도는 20~150rpm이고, 패들 임펠러의 총 길이는 통 안지름의 50~80%, 날개의 나비는 길이의 1/6~1/10로 만든다.

(3) 터어빈

터어빈은 작은 날개가 많이 있어 여러 개의 날개를 가진 패들 교반기와 비슷하며, 통의 중심에 설치되어 있는 축에 의하여 회전한다.

날개는 곧은 것, 굽은 것 등이 있으며, 넓은 범위의 점도를 가진 액체에 효과적으로 사용할 수 있고, 특히 낮은 점도의 액체일 때에는 강한 유동을 발생시킬 뿐만 아니라, 정체 포켓(pocket)을 파괴시킨다.

3-2-2. 교반 탱크 안의 유동 형태

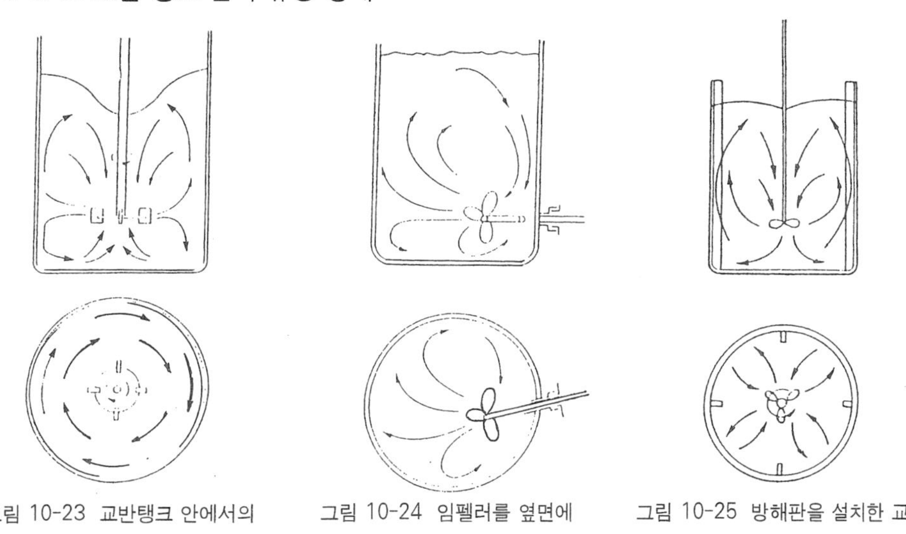

그림 10-23 교반탱크 안에서의 소용돌이 순환형태

그림 10-24 임펠러를 옆면에 설치한 형태

그림 10-25 방해판을 설치한 교반 탱크 안에서의 유동형태

교반 탱크 안에서의 유동 형태는 임펠러의 형태, 유체의 성질, 탱크의 크기와 모양, 방해판의 설치 방법, 교반기의 종류 등에 따라 다르며, 탱크 안의 한 점에서의 유속은 3성분으로 이루어진다. 즉, 임펠러축에 대하여 수직 방향으로 움직이는 방사상 속도 성분, 축과 나란한 방향으로 움직이는 수직 성분 및 축을 중심으로 하는 원에 대하여 접선 방향으로 움직이는 접선 또는 원형적 성분이다.

접선적 유동은 그림 10-22와 같이 축 둘레를 원 모양으로 돌면서 소용돌이를 일으키는데, 임펠러가 고속으로 회전할 때에는 소용돌이가 너무 깊어 임펠러에 다다르게 되며, 이 때 액체 윗부분의 기체를 끌어당겨 채우게 되므로 바람직하지 못하다. 이 소용돌이를 제거하기 위해서는, 임펠러를 중심으로부터 벗어나게 설치하거나, 그림 10-26과 같이 각도 없이 수평면 축과 함께 탱크의 옆면에 설치하거나, 또는 방해판을 설치하는 방법 등이 사용되고 있다.

3-2-3. 교반기의 종류

(1) 탱크 교반기

탱크 교반기는 탱크 안의 액체를 임펠러를 사용하여 기계적으로 교반하는 것으로, 임펠러로는 패들, 프로펠러, 터어빈 등이 사용된다. 탱크 교반기에는 여러 가지로 변형된 것이 많이 있다.

(2) 유동식 교반기

유동식 교반기는 탱크 안의 액체를 유동시켜 그 난류로 재료 자체를 연속 또는 순환 조작으로 교반한다. 가용성 액체의 완전 혼합에 적합하나, 두 상의 긴밀 교반에는 적합하지 않다.

(3) 프로펠러 교반기

프로펠러 교반기는 구조가 간단하고 값이 비싸지 않으므로 많이 사용되는데, 일반적으로 점도가 4,000cP 이하일 때 알맞으며, 2000cP 이하의 점도가 작은 액체에 특히 효과적이다. 그리고, 회분 및 연속 조작을 할 수 있고, 가벼운 고체 알갱이가 있을 때에도 사용할 수 있지만, 비중이 큰 고체가 포함되어 있거나 점도가 큰 액체일 때에는 적합하지 않다.

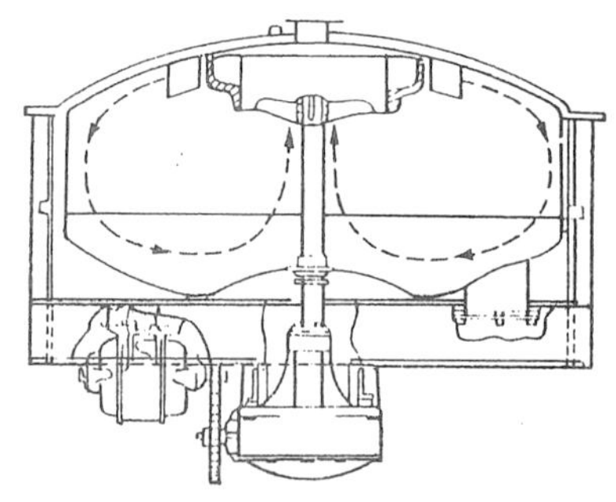

그림 10-26 프로펠러 교반기

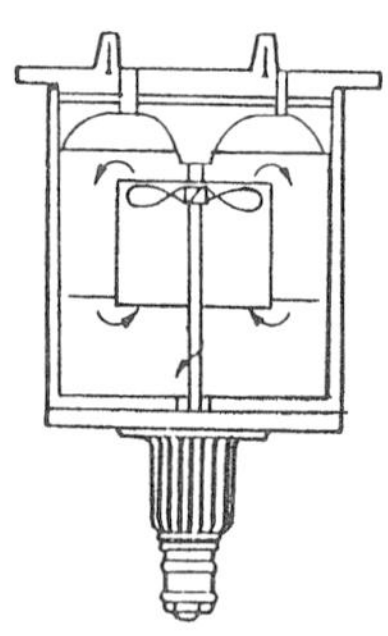

그림 10-27

(4) 터어빈 교반기

터어빈 교반기는 특히 점도가 큰 액체나 중질의 슬러어리상 액체를 서스펜션시키거나 신속 분해할 때, 또는 분산시킬 때에 많이 사용된다. 액 · 액계의 교반에는 터어빈 교반기가 콜로이드 밀과 함께 우수하다고 알려져 있다.

제4절 분리(分離) 및 정제(精製) 장치

화학 공학에서 혼합물의 성분을 분리, 정제하는 조작은 같은 상이나 또는 서로 다른 상 사이에서 물질이 서로 이동되는 물질 전달 조작에 의하여 이루어진다. 물질 전달 조작은 기계적 분리 방법과는 달리 증기압, 용해도, 밀도, 입자의 크기 등의 차이를 이용한다. 이 때 물질 전달을 일으키는 원동력(driving force)은 농도차이다.

4-1. 증류기(蒸溜器)

일반적으로 증류는 증류수를 만드는 방법과 같이 휘발성 액체를 가열, 증발시킨 다음 그 증기를 냉각, 응축시켜 다시 액체로 되돌리는 조작을 말하지만, 공업적으로는 이와는 좀 다른 뜻도 함께 가지는데, 예를 들면 끓는점(휘발도)의 차이가 있는 두가지 종류 이상의 물질을 함유하는 액체를 가열, 기화시켜 각 성분으로 분리하여 각각의 제품으로 회수하는 것이다.

4-1-1. 단증류 및 수증기 증류

단증류는 액체 혼합물을 가지 달린 플라스크에 넣고 가열하면서 발생하는 증기를 냉각기로 응축시켜 끓는 점이 낮은 성분을 얻는 것과 같은 조작을 말하며, 수증기 증류는 증류관 안의 액체 속으로 직접 수증기를 불어넣어 끓는 점이 높은 물질을 분리하는 것과 같은 조작을 말한다. 수증기 증류에 있어서는 분리하고자 하는 물질이 물에 녹거나 섞이지 않아야 한다.

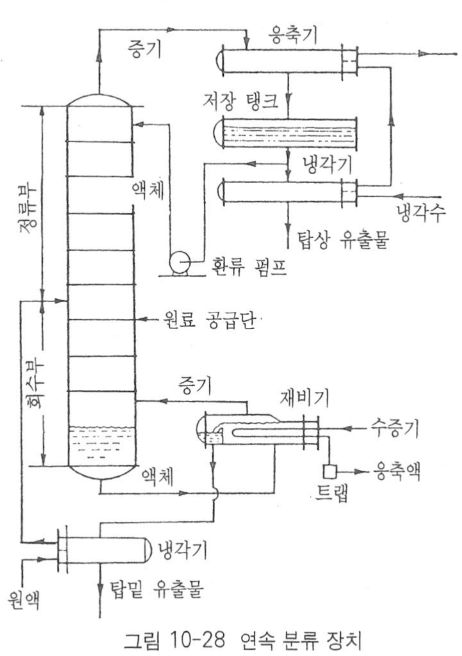

그림 10-28 연속 분류 장치

4-1-2. 연속 정류탑

연속 정류탑은 그림 10-28과 같이 정류부와 회수부로 크게 나눌 수 있는데, 정류부에서는 끓는 점이 낮은 성분, 회수부에서는 끓는 점이 높은 성분을 각각 분리한다. 탑의 윗 부분에는 응축기, 탑의 밑 부분에는 재비기를 각각 부설하여 분리되지 않은 각 성분을 다시 환류시켜 분리하도록 한다. 일반적으로, 탑의 증류 효율을 높이기 위하여 다공판, 포종 그리고 그 밖의 여러 가지 모양의 충전물을 탑 속에 충전한다.

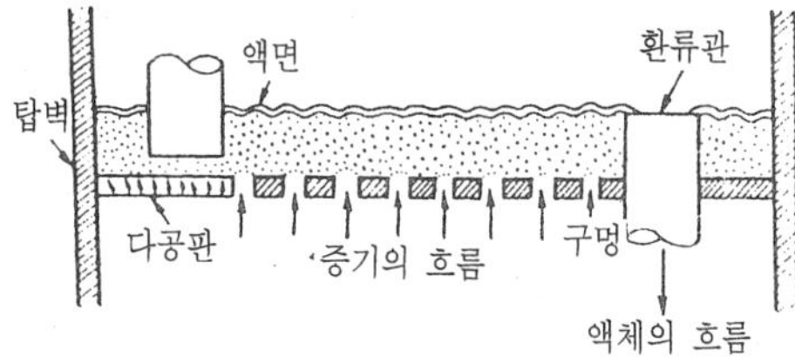

그림 10-29 다공판 단탑

4-2. 흡수 및 흡착 장치(吸着裝置)

4-2-1. 흡수 장치

2성분 이상을 함유하는 기체 중에서 특정 성분만을 액체(용제)에 용해시키는 것을 흡수 조작이라 하며, 혼합 기체 중에서 유효성분의 회수 및 불용 성분을 제거하는데 이용한다. 그리고, 액체 중에 용해된 기체를 발산시키는 조작을 스트리핑(stripping)이라 하는데, 액체(용제) 및 기체를 회수할 때에 이용된다.

흡수 조작에서 기체의 흡수량을 늘리기 위해서는 기체와 액체의 접촉 면적을 크게 하고 접촉 시간을 길게 하며, 또 교반해 주어야 한다. 이 때 농도차, 분압차가 클수록 좋다. 기 · 액의 접촉 방법은 향류 또는 병류로 할 수 있는데, 접촉 면적을 크게 하기 위하여 탑 안에 충전물을 넣기도 한다.

(1) 기포탑

기포탑은 가스를 가스 분사기에 의하여 탑 안의 액체 속으로 연속적으로 불어 넣어 기포과 액체 사이에서 가스 흡수나 반응을 일으키게 하는 장치이다. 이 때 액체를 연속적으로 공급하여 가스와 향류 또는 병류로 접촉시킬 수 있다. 이 장치는 가스의 유량이 비교적 적은 것에 이용하며, 가스의 압력 손실이 크므로 많은 양의 가스 처리에는 적당하지 않지만, 구조가 간단하고 제작하기 쉬우며, 가열 또는 냉각 코일을 탑 안에 설치할 수도 있어 기 · 액 반응 장치로도 사용할 수 있다.

(2) 액적탑

액적탑은 액체를 미세한 방울로 만들어 가스 속으로 분산시켜 흡수시키는 장치로서, 구조가 간단하고 비교적 건설비가 싸며, 가스의 압력 손실이 적은 장점이 있다. 그러나, 액체를 뿜어 주는 데에 큰 동력이 필요하고 액체 방울의 비말 동반(entrainment) 현상이 나타나는 단점이 있다.

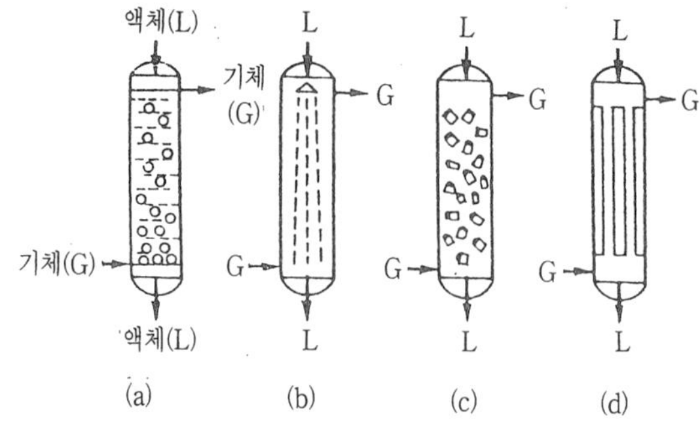

그림 10-30 흡수 장치의 형식
(a) 기포탑 (b) 액적탑 (c) 충전탑 (d) 유벽탑

(3) 충전탑

충전탑은 수직탑 안에 충전물을 채우고, 탑 위의 액체 분사기로 액체를 뿜어 넣어 충전물의 틈새를 흐르는 가스와 향류 또는 병류로 접촉시켜 흡수시키는 장치로서, 탑의 재질은 취급하는 가스와 액체에 대한 부식성을 고려하여 선택한다.

충전물이 갖추어야 할 조건은 공간율이 커서 가스 흐름에 대한 저항이 적고, 넘치거나 흐름이 쏠리지 않아야 할 뿐만 아니라 내식성이 있고 비중이 작으며 기계적 강도가 커야 한다. 그림 10-31은 대표적인 충전물을 나타낸 것이다.

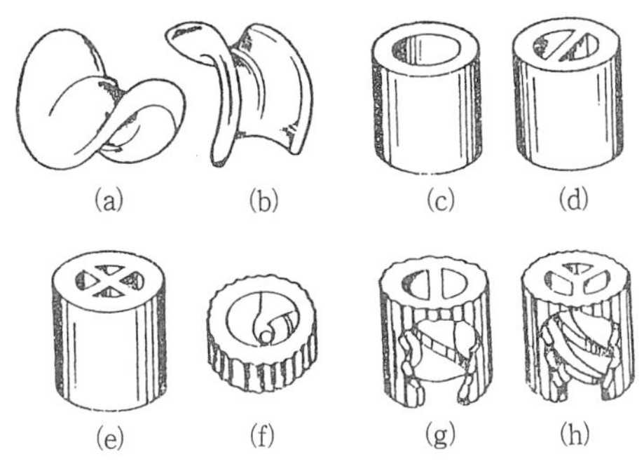

그림 10-31 충전물

(a) 비얼 새들 (b) 인털룩스 새들 (c) 라시히 링 (d) 레싱 링 (e) 크로스 파아티션 링 (f) 단일 스파이어럴 링 (g) 이중 스파이어럴 링 (h) 삼중 스파이어럴 링

(4) 유벽탑

유벽탑은 수직관 내벽을 따라 액체를 얇은 막 상태로 흘려 보내면서 관의 중앙 부분으로 흐르는 가스와 접촉시켜 흡수시키는 장치로서, 외부로부터 냉각하기 쉽기 때문에 염산 제조, 벤젠의 염소화 등과 같이 다량의 발열을 동반하는 발열 반응에도 매우 적합하다.

4-2-2. 흡착 장치

흡착 조작은 기체 또는 액체 혼합물을 다공성 고체의 흡착제와 접촉시켜 특정 성분을 흡착제 표면으로 이동시키는 것을 말하는데, 공업적으로는 다공성으로 내부 표면적이 대단히 크고 흡착성이 좋은 활성탄, 실리카 겔(silica gel), 활성 알루미나(activated alumina) 및 지이얼라이트(zeolite) 등이 흡착제로 많이 사용된다.

흡착 조작은 흡착제와 유체와의 접촉 방법에 따라 회분식과 연속식으로 나누는데, 회분식에는 고정층법, 접촉 여과법 등이 있고, 연속식에는 이동층법, 유동층법 등이 있다.

(1) 고정층 흡착 장치

고정층 흡착 장치는 흡착제의 충전을 고정시킨 가장 간단한 것으로, 투과 면적을 늘리기 위하여 실린더형, 지그재그형 등으로 만든 것도 있다. 이 장치는 주로 용제의 회수, 기체의 건조, 용액 흡착 등에 사용된다.

(2) 접촉 여과 장치

접촉 여과 장치는 분말 또는 입자 모양의 흡착제를 용액에 혼합한 다음, 이를 교반하여 액체를 서스펜션시켜 흡착시키는 것으로, 흡착 조작이 끝나면 가만히 놓아 두어 흡착제를 분리한다. 이 장치는 탈색 등에 많이 이용된다.

(3) 연속 흡착 장치

연속 흡착 장치에는 이동층 흡착 장치, 유동층 흡착 장치 등이 있는데, 이동층 흡착 장치는 흡착제를 충전한 다음, 이것을 유체와 반대 방향으로 움직여 주면서 연속적으로 흡착시키는 것이다.

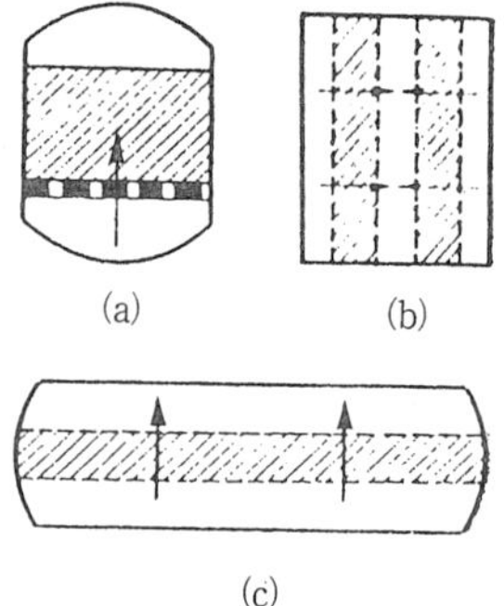

그림 10-32 흡착탑의 충전 형대
(a) 관형 (b) 수직형 (c) 수평형

4-3. 추출(抽出) 장치

혼합물에서 원하는 성분만을 골라서 녹여 내기 위하여 선택성 있는 용매와 접촉시키는 조작을 추출이라 한다.

추출 조작은 그림 10-33과 같이 추출 원료의 공급, 혼합 용액의 정치 방법 등에 따라 회분 추출, 향류 및 병류 추출, 그리고 두 상의 비중차를 이용하여 혼합, 분리를 동시에 하는 연속 추출로 분류할 수 있으며, 또 추출 원료의 상태에 따라 액체 추출, 고체 추출 등으로 분류할 수 있다.

4-3-1. 액체 추출 장치

액체 추출의 공업적인 이용으로는 아세트산 수용액으로부터 벤젠에 의한 아세트산의 추출이나, 고급 알코올의 황산화 공정에서의 가솔린에 의한 미반응 유분의 추출, 분리 등이 있다.

(1) 믹서-세틀러형 추출 장치

믹서-세틀러(mixer-settler)형 추출 장치는 실습에서 사용되는 분액 깔대기에 의한 추출 조작의 원리를 공업적으로 이용한 것이다. 이 장치는 혼합실 및 비중차에 의하여 두 액체를 분리하는 침강 탱크를 직렬로 연결시킨 것으로, 이들을 여러 개 조합하면 병류 또는 향류의

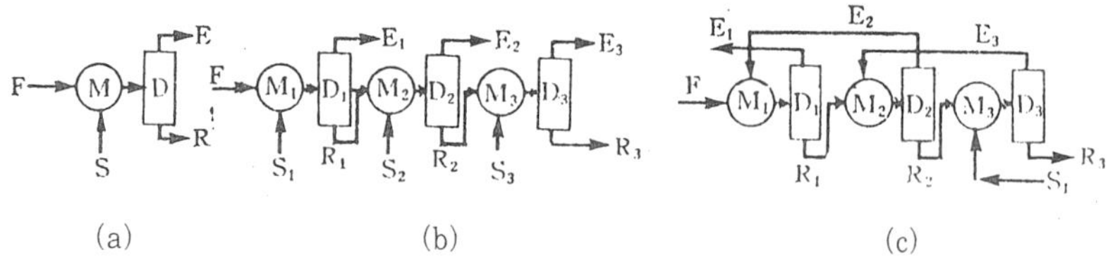

그림 10-33 추출 조작의 분류
(a) 회분 추출 (b) 병류 추출 (c) 향류 추출
F : 추출 원료 S : 용매 M : 혼합 탱크 D : 분리 탱크 E: 추출상(extract) R : 추잔상(rafi finate)

다단 조작도 할 수가 있다.

이 장치는 구조가 간단하고 고정비가 싸며, 조작 조건과 추출 원료, 용매 등의 사용 범위가 넓어 대량 분리에 많이 이용된다.

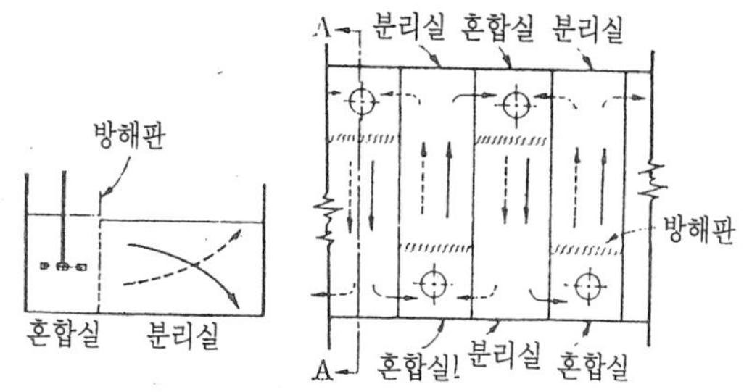

그림 10-34 믹서-세틀러형 추출 장치

(2) 분무탑

분무탑(spray tower)은 탑 안에 한 상을 분산시켜 놓고 다른 한 상(phase)을 연속적으로 분사기를 통하여 위 또는 아래로부터 뿜어 넣어 추출하는 것인데, 그 구조와 조작이 간단하고 효율이 좋으며, 처리량이 큰 것이 장점이다.

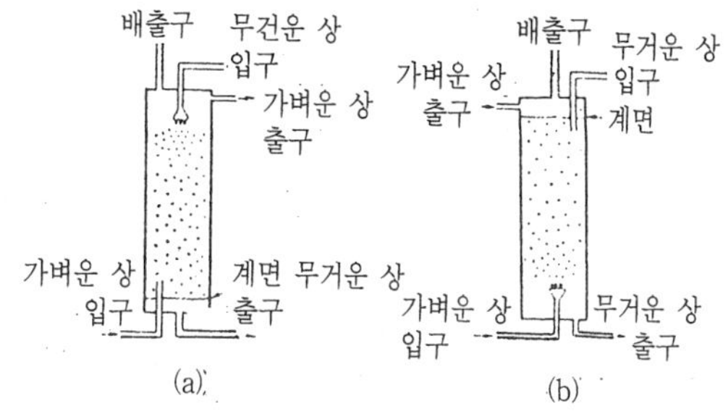

그림 10-35 분무탑
(a) 가벼운 상 분무식 (b) 무거운 상 분무식

(3) 다공판탑

다공판탑(perforated plate tower)은 다공판을 탑안에 설치하여 분사탑의 결점인 액체 방울의 생성, 소멸을 1회에 한하지 않고 여러 번 되풀이시켜 효율을 높인 것이다.

(4) 방해판탑

방해판탑은 두 상의 접촉을 원활히 하도록 방해판을 여러 모양으로 설치한 것이다.

(5) 원심 추출탑

원심 추출탑은 고속 회전에 의한 원심력을 이용하는 것으로, 비중차가 작은 것에 적합하다. 이 장치의 처리량은 크지만, 구조가 복잡하고 설치비가 비싼 것이 결점이다.

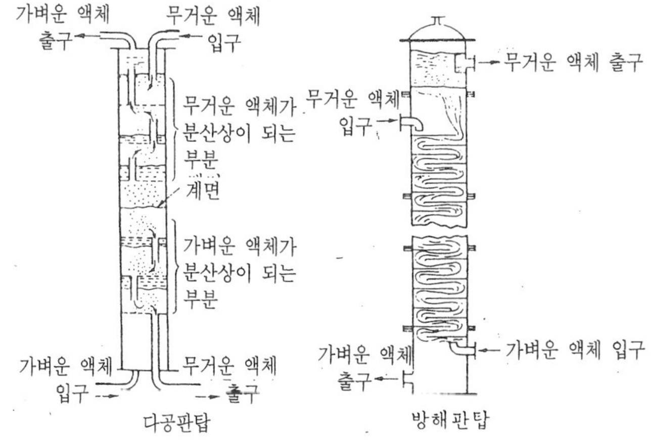

그림 10-36 다공판탑과 방해판탑

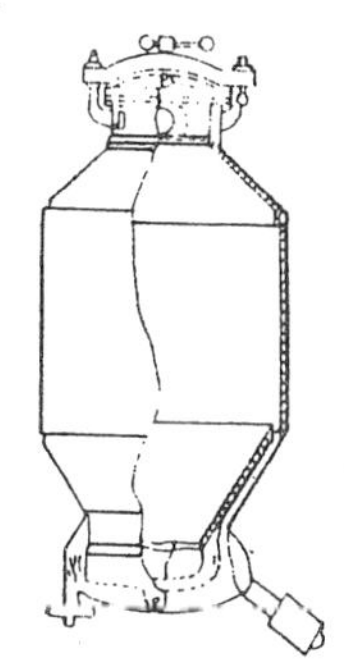
그림 10-37 회분추출기

(6) 기계적 추출탑

기계적 추출탑은 외부로부터 맥동 전달과 충전물의 진동 등으로 분산된 두 액체 혼합이 더욱 잘 되도록 뒷받침하여 주는 것으로, 여러 가지 모양이 있다.

4-3-2. 고체 추출 장치

공업적으로 이용되는 고체 추출의 보기를 들면, 황산에 의한 보오크사이트 중의 알루미나 추출, 진한 황산에 의한 우라늄 또는 토륨의 추출, 물고기 간장으로부터의 간유 추출, 콩이나 땅콩으로부터의 기름 추출 등을 들 수 있다.

(1) 회분 추출기

회분 추출기는 추출 탱크 안에 설치한 다공판 위에 고체 원료를 넣은 다음, 여기에 액체 용매를 고체 원료가 잠길 정도로 하여 추출하는 것이다.

이 장치는 정치시키는 것과 교반시키는 것의 두 가지가 있다.

(2) 연속 추출기

연속 추출기에는 힐데브란트(Hildebrandt) 추출기, 케네디(Kennedy) 추출기, 보울만(Bollmann) 추출기, 보노토(Bonotto) 추출기, 로토셀(Rotocel) 추출기 등 여러 가지 모양이 있는데, 일반적으로 기계적 구조가 복잡하다.

4-4. 증발관(蒸發罐)

증발 조작은 용액을 끓여 비휘발성 물질의 용액으로부터 용매의 일부를 기화시키는 것을 말하는데, 그 결과로 용액은 농축된다. 증발 장치에서 사용되는 에너지원은 주로 수증기이며, 규모가 작을 때에는 직접 가열하고, 규모가 클 때에는 보일러를 사용하여 효율을 높인다.

증발 장치를 선정할 때에는 처리량, 용액의 성질, 스케일 제거 방법, 열원의 비용, 조작 방법 등을 고려하여 적합한 것을 선택한다.

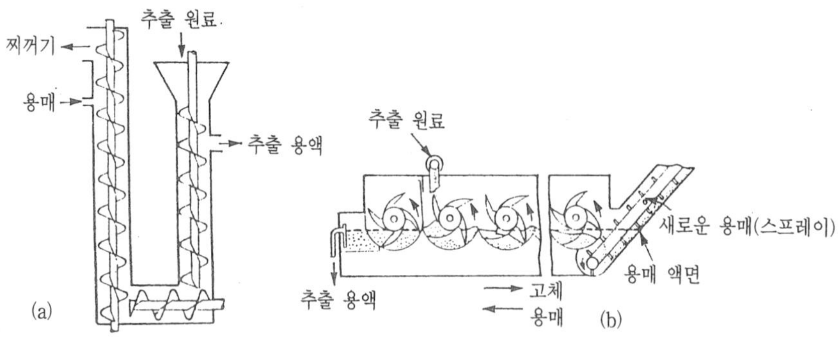

그림 10-38 연속 추출기
(a) 힐데브란트 추출기 (b) 캐네디 추출기

4-4-1. 표준형 증발관

표준형 증발관은 가열관 안에서 용액을 끓여 주면 상승류가 증발관 중앙 부분의 하강관을 통하여 순환하게 된다. 이 때 자연 순환에 의하여 순환 속도가 커져 전열 속도가 좋아지는 것으로, 스케일이나 결정이 많이 생성되는 것에 주로 이용되며, 점성이 큰 유체에는 적합하지 않다.

4-4-2. 장관형 증발관

장관형 증발관은 가열관의 길이를 길게 하여 가열 면적을 넓게 한 것으로, 접촉 방법에 따라 강제 순환형, 상승 박막형, 강하 박막형 등으로 나뉜다. 강제 순환형은 열에 불안정한 용액에, 상승 박막형은 발포성 용액을 농축하는 데에 적합하고, 강하 박막형은 과즙, 우유 등과 같이 열에 민감한 제품을 농축하는데 많이 사용된다.

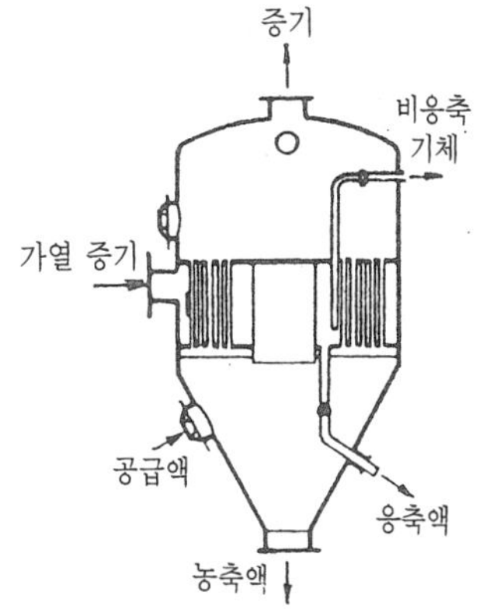

그림 10-39 표준형 증발관

4-4-3. 교반 박막형 증발관

교반 박막형 증발관은 증박관 안에 교반기가 설치되어 있고, 원액은 증발부 윗부분으로부터 넣어 끓이며, 농축 용액은 아랫부분에서 배출시키는 것으로, 점성이 비교적 큰 젤라틴, 라텍스(latex), 과일 쥬스 등을 농축하는데 적합하다.

4-4-4. 그 밖의 증발관

증발관에는 이외에도, 열효율을 높이기 위하여 단일 효용 대신 2중 또는 다중 효용법, 증기 압축법, 다단 플래시 증발법 등을 사용하는 것, 용액과 증기의 공급 순서를 향류, 병류, 혼류로 한것, 그리고 증발관 안에서 직접 불꽃으로 가열하여 증발시키는 액중 연소식 등이 있다.

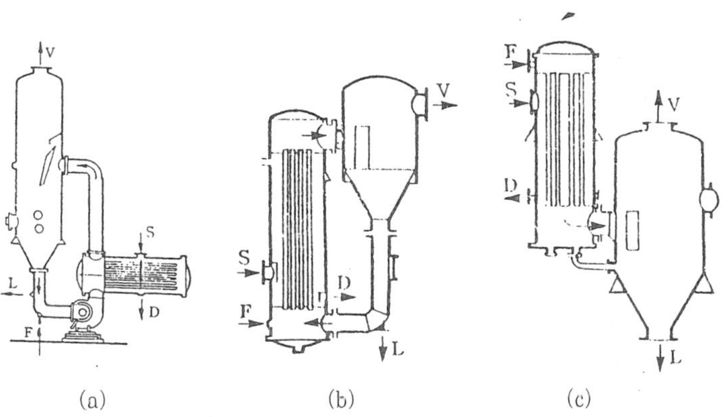

그림 10-40 장관형 증발관
(a) 강제 순환형 (b) 상승 박막형 (c) 강하 박막형
F : 공급액 V : 증기 L : 농축액 S : 가열 증기 D : 응축액

4-5. 건조기와 가습기(乾燥器와 可濕器)

4-5-1. 건조기

건조 조작은 고체 중에 함유된 수분이나 다른 휘발성 물질을 주로 열에 의하여 제거시키는 것으로, 이 조작은 주로 화학 공업의 최종 공정에서 이루어진다. 건조 장치는 재료에 열을 유효하게 전달하여야 하기 때문에, 재료의 허용 온도 및 형태, 물리적, 화학적 성질, 제품량, 건조 조건 등에 따라 열의 도입 방법을 달리한다.

(1) 열풍 건조 장치

① 재료 정치와 재료 반송형 건조 장치

표 10-2 건조 장치의 분류

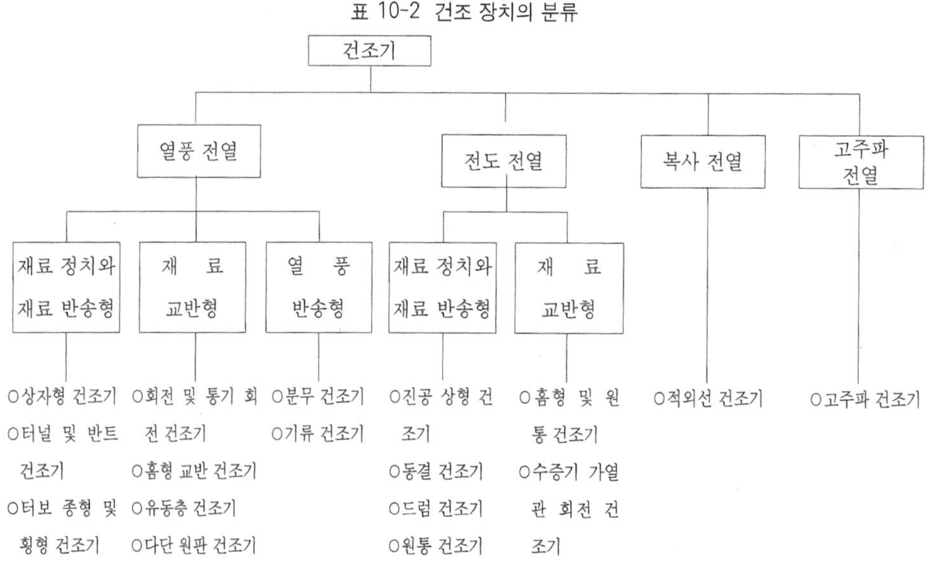

재료를 고정시키거나 이동시키면서 다공판을 통하여 열풍을 병류 또는 통기류 형태로 공급하여 건조시키는 간단한 건조 장치로서, 주로 섬유 재료의 건조에 많이 이용된다. 상자형 건조기, 터널 및 반트 건조기, 터보 종형 및 횡형 건조기 등이 이에 속한다.

② 재료 교반형 건조 장치

재료를 교반, 회전, 유동층 등을 이용하여 움직이면서 열풍을 향류 또는 병류로 접촉시켜 건조하는 장치로서, 특히 수지 분말, 결정성 염 등의 비중이 작은 재료의 건조에 이용되는데, 회전 및 통기 회전 건조기, 홈형 교반 건조기, 유동층 건조기, 다단 원판 건조기 등이 이에 속한다.

③ 열풍 반송형 건조 장치

분립체를 열풍 중에 분산, 부유시켜 건조시키는 장치로서, 분말 식품, 세정제 등의 분말 제품 건조에 많이 이용되는데, 분무 건조기, 기류 건조기 등이 이에 속한다.

(2) 전도 건조 장치

회전하는 원통을 가열하여 그 표면에 재료를 부착시켜 건조시키는 장치로서, 이것은 재료 장치 및 재료 반송형과 재료 교반형으로 크게 나눌 수 있다. 재료 반송형의 보기로는 진공 상형 건조기, 동결 건조기, 드럼 건조기, 원통 건조기 등을 들 수 있고, 재료교반형의 보기로는 홈형 및 원통 건조기, 수증기 가열관 회전 건조기 등을 들 수 있다.

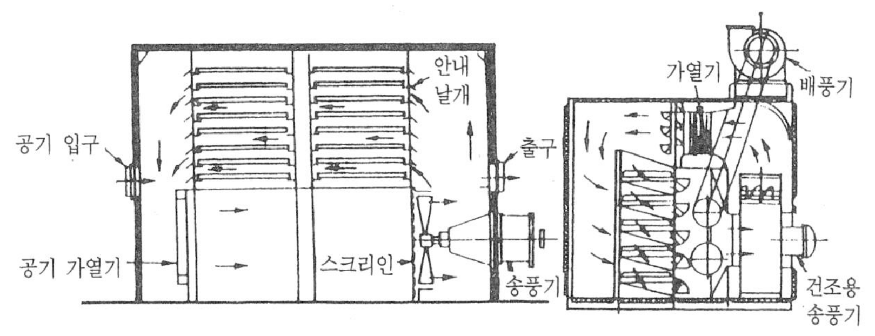

(a) 병행류 상자형 건조 장치　　(b) 통기류 상자형 건조 장치

그림 10-41 상자형 건조 장치

(3) 복사 건조 장치

복사 건조 장치의 대표적인 예로는 적외선 건조기를 들 수 있는데, 이것은 적외선등, 니크롬 가열등 등의 복사원으로부터 복사된 적외선을 재료의 표면에 흡수시켜 재료의 표면 온도를 높여 줌으로써 급속히 수분을 건조시키는 것으로, 자동차 도장 건조 등에 많이 이용된다.

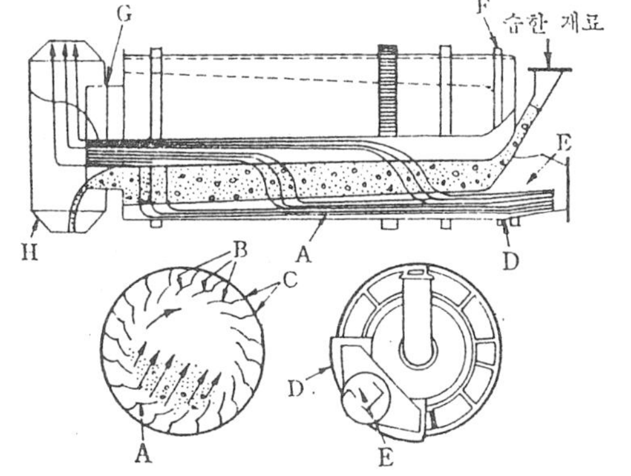

그림 10-42 회전 건조 장치

A : 회전 원통 B : 안내 날개 C : 칸막이벽 D : 열풍 분산실 E : 열풍 송입실 F,G : 회전실 H : 제품 출구

(4) 고주파 건조 장치

고주파 건조 장치의 대표적인 보기로는 고주파 건조기를 들 수 있는데, 이것은 재료를 고주파, 고전압의 전기장에 놓아 건조 물체의 내부에 고루 발열을 일으켜 건조시키는 것으로 건조되기 어려운 두꺼운 판, 열전도가 나쁜 고무의 가황, 합판의 접착 등에 이용된다.

4-5-2. 가습기와 제습기

화학 공장에서는 기체의 습도와 온도를 조정할 때 가열, 가습, 냉각 조작 등을 하게 되는데, 기체의 가습에는 기체 속으로 수증기를 넣어 주는 방법, 기체 속으로 높은 습도의 기체를 넣어 주는 방법, 가열된 기체를 장치 안에서 액체와 접촉시키는 방법 등이 이용된다.

가습기는 그 형식에 따라 수평형 분무실식과 탑식 등으로 분류 할 수 있으며, 기 · 액 접촉

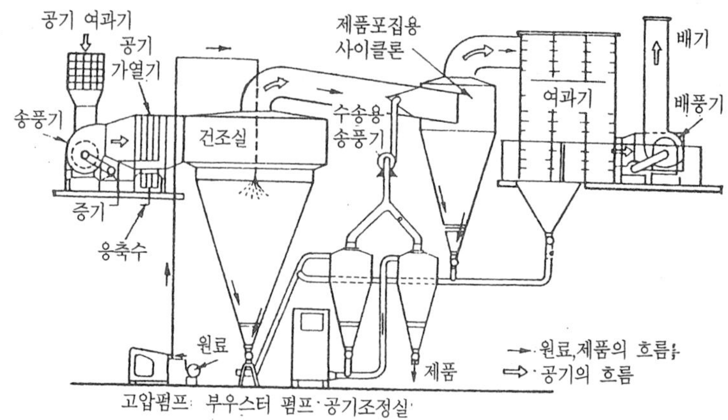

그림 10-43 분무 건조 장치

방법도 향류, 병류, 혼류 등으로 할 수 있다. 한편, 기체 및 액체로부터 습기를 제거할 때에는 실리카 겔, 활성 알루미나, 지이얼 올라이트(zeolite) 등의 흡착제를 채운 제습탑을 이용한다.

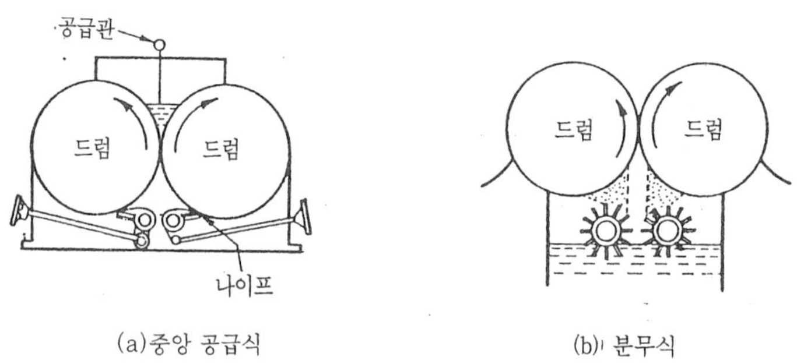

그림 10-44 드럼 및 원통 건조 장치

4-6. 체와 원심 분리기

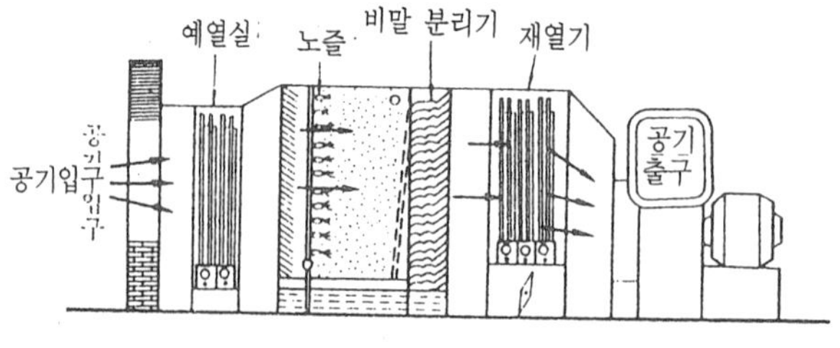

그림 10-45 수평형 분무실식 가습기

4-6-1. 체가름

체가름 조작은 물질을 알갱이의 크기에 따라 나누는 과정이며, 모든 산업 분야에서 이용하고 있다. 체의 눈이 클 때에는 체를 고정시켜 놓아도 굵은 알갱이가 쉽게 빠져 나가지만, 체의 눈이 작을 때에는 체를 흔들어 주어야 한다.

체가름 조작은 고정식과 운동식으로 나눈다. 체의 운동 방법에는 그림 10-46과 같은 여러 가지가 있다.

(1) 고정체

고정체로는 여러 개의 금속이나 나무 막대로 만든 격자를 비스듬히 세워 놓은 형태의 것이 주로 사용된다.

조분쇄기의 분쇄물을 체 윗부분에 떨어뜨리면 자연히 굴러 내리면서 작은 알갱이와 큰 알갱이가 분리된다.

그러나, 고정체는 알갱이가 부착성일 경우에는 적절하지 못하다.

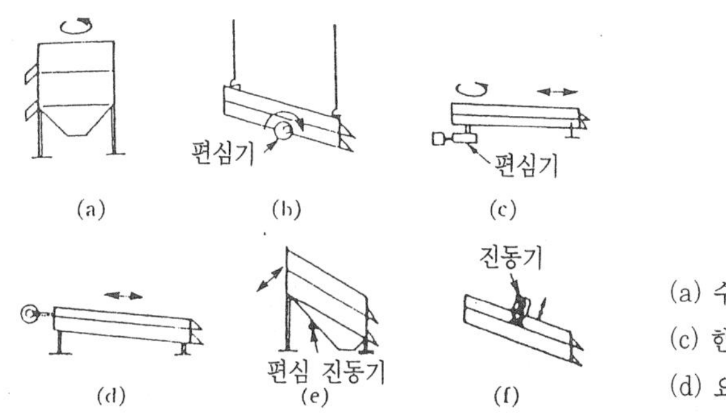

(a) 수평면에서의 선동 (b) 수직면에서의 선동
(c) 한 쪽은 선동하고 다른 쪽은 요동하는 경우
(d) 요동 (e) 기계적 진동 (f) 전기적 진동

그림 10-46 체의 운동

(2) 운동체

운동체는 체의 운동 방법에 따라 선동체, 요동체, 진동체, 회전체 등으로 나눌 수 있다.

선동체는 16~30° 기울어진 채판을 여러 층으로 하여 수평으로 선회시키면서 분리하는 것이고, 진동체는 전기적, 기계적 방법으로 체를 진동시켜 분리하는 것이다.

요동체는 약간 기울거나 또는 수평에서 체를 빠른 왕복 운동을 시켜 재료를 이동시키면서

표 10-3 원심 분리기의 종류

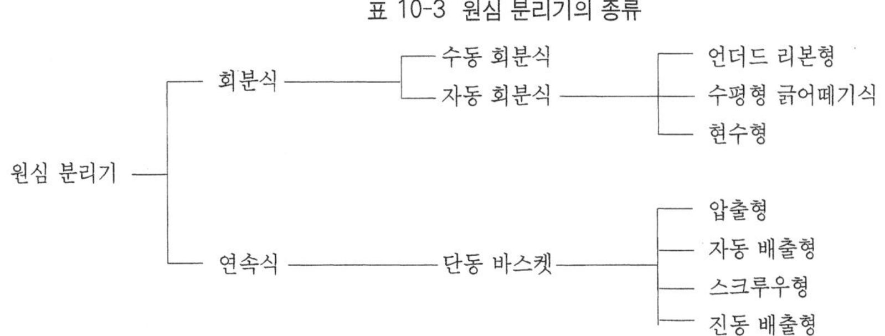

분리하는 것이고, 회전체는 수평에 대하여 약간 기울어진 축에 부착된 원통 모양의 체를 회전시켜 분리하는 것이다.

4-6-2. 원심 분리기

고 · 액 혼합물을 분리할 때에는 분리 효율을 높이거나 분리 시간을 단축시키기 위하여 중력, 압력, 또는 원심력을 이용하는데, 원심력을 이용한 원심 분리기는 조작 방법에 따라 표 10-3과 같이 회분식과 연속식으로 크게 나눌 수 있다.

(1) 회분식 원심 분리기

회분식 원심 분리기는 구동 방법에 따라 수동 회분식과 자동 회분식으로 나누는데, 수동 회분식은 처리량이 적을 때 적합하고, 자동 회분식은 공급, 뿌리치기, 케이크떼기 등이 자동적으로 이루어진다.

자동 회분식 원심 분리기 중에서 하부 전동형은 석고 처리에 적합하고, 수평형 긁어떼기식은 회전축이 수평인 것이 특징으로 대량 처리에 적합하며, 현수형은 제당 공정에서 많이 이용된다.

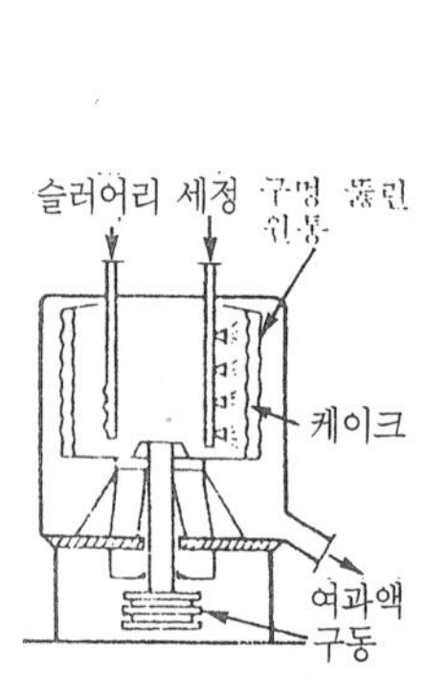

그림 10-47 회분식 원심 분리기

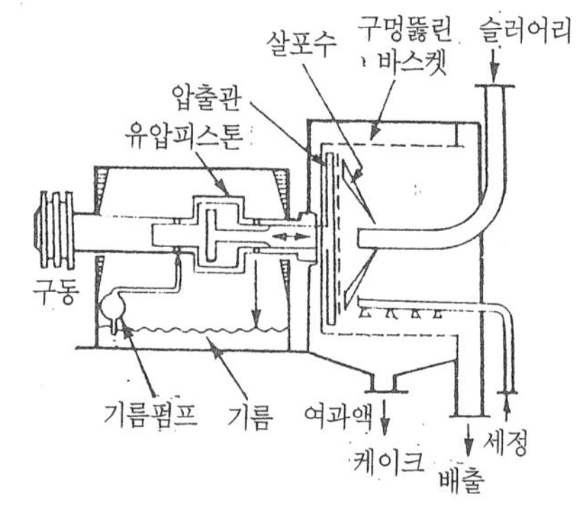

그림 10-48 연속식 원심 분리기

(2) 연속식 원심 분리기

연속식 원심 분리기 중의 단동 바스켓형은 바스켓 위에 체나 다공판을 설치하여 탈수된 케이크를 연속적으로 배출시키는 것이다. 그 중에서 압출형은 큰 결정의 처리에 이용하고, 자동 배출형은 점도가 큰 액체를 분리하는 데에 적합하며, 스크루우형은 스크루우로 케이크의 체류 시간을 조정할 수 있는 것이고, 진동 배출형은 진동을 이용하여 케이크를 배출시키는 것이다.

4-7. 정석(晶析) 및 침강 장치(沈降裝置)

4-7-1. 정석 장치

정석은 액상 또는 기상에서 결정 물질을 생성시키는 조작을 말하는 것으로, 결정 물질의 생성은 결정핵의 발생과 결정핵의 성장으로 이루어진다. 결정 성장은 하나의 확산 과정을 거쳐 이루어진다.

즉, 용질이 용매 속으로 확산하여 성장하는 결정면에 이르게 되면 새로운 용질의 분자나 이온이 결정 격자 형성에 참여하게 된다.

정석 장치는 장치 안에서의 유동 특성에 따라 회분식, 반회분식, 연속식 등으로 분류할 수도 있으나, 일반적으로 조작 특성에 따라 냉각식, 증발식으로 나눈다.

(1) 냉각식 정석 장치

냉각식 정석 장치 중에서 가장 간단한 것은 큰 접시 모양의 그릇에 더운 용액을 담은 다음, 송풍기로 냉각시켜 결정을 얻는 장치이다.

그리고, 높은 온도의 용액을 탱크에 넣고 교반, 냉각시켜서 결정을 얻는 교반 회분식 결정 탱크가 있다. 스웬슨 워어커(Swenson Walker) 정석 장치는 연속식으로, 외부에는 냉각수용 재킷이 있고 내부에는 리본형 교반기가 달려 있다.

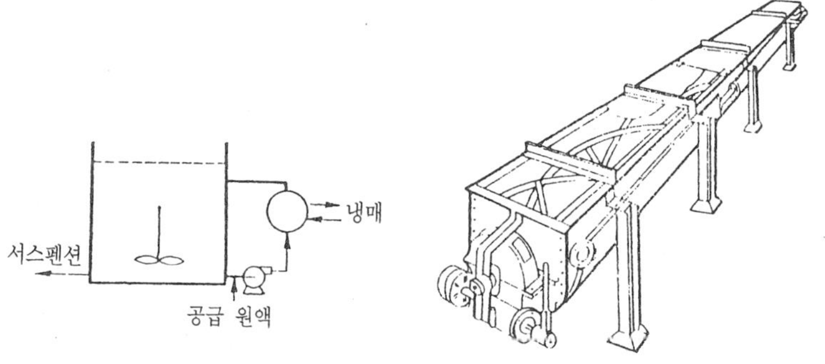

그림 10-49 냉각식 정석 장치

그림 10-50 스웬슨 · 워어커형 정석 장치

(2) 증발식 정석 장치

증발식 정석 장치는 높은 온도의 용액을 증발시켜 결정을 석출시키는 것으로, 이 장치의 대표적인 것은 DTB(Draft tube baffle)형과 크리스털-오슬로(Krystal-Oslo)형 등이 있다.

요즈음에는 냉각식, 증발식 방법 이외에, 화학 반응에 의하여 결정을 생성시키는 방법, 그리고 극히 미세한 결정을 제거시키는 방법 등이 많은 발전을 이룩하였다.

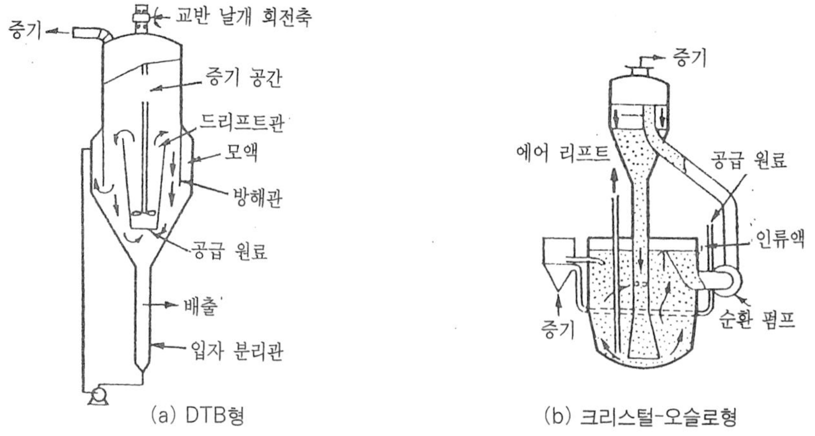

(a) DTB형 (b) 크리스털-오슬로형

그림 10-51 증발식 정석 장치

4-7-2. 침강 장치

침강 조작은 유체 속에 분산, 부유하고 있는 고체 입자 또는 액체 입자를 중력장이나 원심력장에서의 침강 현상을 이용하여 분리하는 것을 말한다. 그러므로, 유체가 정지 상태에 있을 때나 유동 상태에 있을 때 모두 할 수 있다. 그리고, 침강 조작은 유체 중에서 입자를 제거하기 위하여 하거나 입자 혼합물을 크기에 따라 나누기 위하여 할 때도 있다.

(1) 중력 침강 장치

중력 침강 장치는 중력 침강실 또는 중력 침강 탱크를 이용하여 입자를 입자 자체의 중력에 의하여 분리하는 것이다. 예를 들면, 기체 중의 고체를 분리할 때에는 입자가 함유된 기체를 중력 침강실로 도입하여 순간적으로 기체의 유속을 급격히 떨어뜨림으로써 입자 자신의 중력에 의하여 분리되도록 하며, 액체로부터 입자를 분리할 때에는 중력 침강 탱크나 분급기를 사용한다.

특히, 미립자일 경우에는 미립자를 응집시켜서 분리하는 침강 농축기를 사용한다.

(2) 원심 침강 장치

원심 침강 장치는 입자의 중력 대신 원심력을 이용하는 것으로, 입자를 함유하는 기체에 원심력을 가해 주면 침강 속도가 커져서 분리 능력을 높일 뿐만 아니라, 장치의 규모도 줄일 수 있는 잇점이 있다. 일반적으로 기체로부터 입자를 분리할 때에는 사이클론을 이용하고 액 · 액 혼합물을 분리할 때에는 원심 분리기를 이용한다.

4-8. 이온 교환 장치

이온 교환은 흡착과 비슷하지만, 순화학적 반응을 일으키는 점이 다르다. 또한, 이온 교환 장치는 흡착 장치와 비슷하여 분류 방법이 같지만, 흡착제 대신에 이온 교환제를 사용하는 점이 다르다.

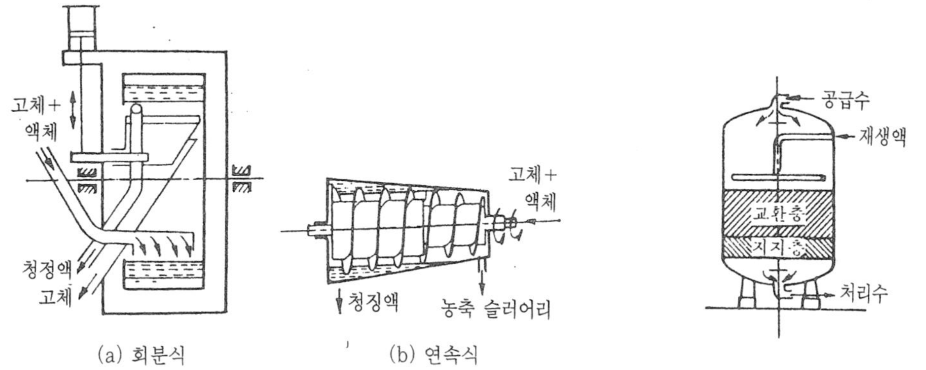

(a) 회분식 (b) 연속식
그림 10-52 원심 침강 장치

그림 10-53 고정층 이온 교환 장치

이온 교환제에는 무기질과 유기질이 있지만, 일반적으로 많이 사용되는 것은 이온 교환 수지이다. 이온 교환 수지는 그 종류가 많은데, 관능기에 따라 강산, 약산, 강염기 및 약염기의 이온 교환 수지로 나눌 수 있으며, 특수한 것으로는 전자 교환제, 키일레이트 수지, 광학 활성 수지 등이 있다. 요즈음에는 액체 이온 교환제의 용도가 차차 늘어나고 있다.

제5절 저장 장치(貯藏裝置)

화학 공장의 저장 설비에는 원료용 저장 탱크, 중간 제품용 저장 탱크, 제품용 저장 탱크를 비롯하여, 고장이나 재해가 생겼을 때 긴급 방출용 저장 탱크 등이 있다. 화학 공장의 저장 시설 중에서 저장 탱크 설치비가 화학 공장 건설비의 20% 이상을 차지하고 있다는 사실로 미루어 보아도 그 중요성을 알 수 있다.

저장 탱크는 기체를 저장하는 가스 호울더, 액체 저장 탱크, 운반용 탱크, 그 밖의 특수 탱크 등으로 크게 나눌 수 있다.

5-1. 기체 저장 탱크

기체를 저장하는 방법에는 상온에서 저압 즉, 대기압과 가까운 압력으로 저장하는 방법, 고압으로 압축시켜 저장하는 방법 및 저온에서 압축, 액화시켜 저장하는 방법 등이 있다.

저압용 가스 저장 탱크에는 건식 저장 탱크, 습식 저장 탱크, 격막식 저장 탱크 등이 있다. 건식 저장 탱크는 무수조식 가스 호울더로서 동체가 고정되어 있으며, 표준 사용 압력은 1.4 기압 정도이고, 용량은 100,000m^3 이상의 큰 것도 제작할 수 있다. 또, 기초 공사비가 적게 드는 잇점이 있다. 습식 가스 저장 탱크는 전부 원통 수조식으로 설계되어 있으며, 수조 중의 가스 저장판의 안팎 수용되며, 석유 공업 분야에서와 같이 천연 가스, LPG 등의 가스를 내량 값싸게 서상하기 위하여 지하에 큰 웅덩이를 파고 저장하는 지하 저장 탱크가 개발되고 있다. 한편, 액체 및 기체의 수송에 이용되는 수송용 탱크에는 진동을 막아주는 장치가 필요

표 10-4 기체 저장 방법의 비교

저장 방법	저압 저장	고압 저장	액화 저장
저장 탱크의 용량(같은 양의 가스 기준)	큼	중간	작음
건설비 및 유지비	중간	적음	많음

하며, 탱크차는 단열재로 피복해 준다.

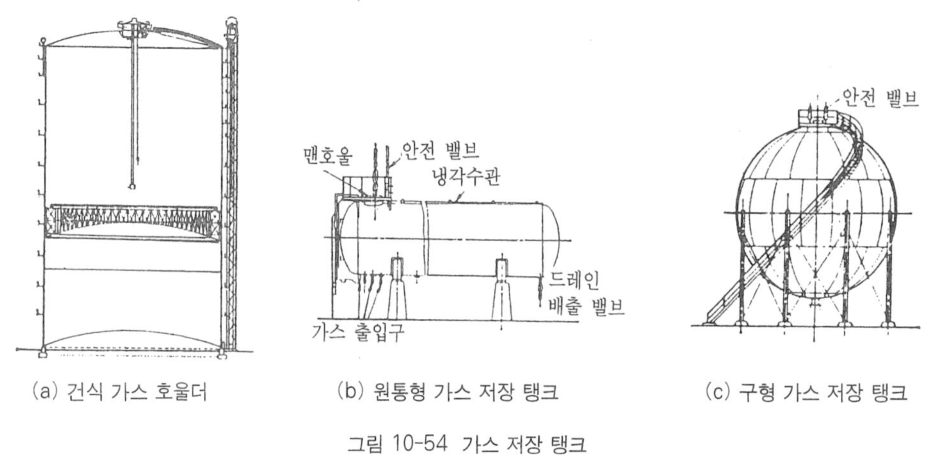

(a) 건식 가스 호울더 (b) 원통형 가스 저장 탱크 (c) 구형 가스 저장 탱크

그림 10-54 가스 저장 탱크

5-2. 분립체(分立體) 저장 탱크

분립체는 시멘트 공장, 맥주 공장, 제유 공장, 양조장 등에서 우리가 흔히 볼 수 있는 사일로우(silo)의 형태로 저장한다. 그림 10-55는 제유 공장의 전경인데, 여기서 왼쪽의 거대한 수직 원통 모양의 저장 탱크가 사일로우이다.

이 사일로우는 콩, 보리 등의 분립체를 대량 저장함으로써 생산량, 계절, 수송 기관 등의 변동에 대비하며, 언제나 안정된 원료의 공급을 유지해 주는 것이다.

5-2-1. 분립체과 특성

분립체의 저장이나 수송에서는 다음과 같은 분립체 특성이 고려되어야 한다.

(1) 입도

입도는 분립체를 다루는 데 있어 중요한 인자로서, 입도에 따라 물성이 변화하는 경우가 있다. 예를 들면, 입자의 지름이 0.5mm 정도까지는 유동성도 좋고 부착이 없는 반면에, 입자의 지름이 0.1mm 이하로 미분이 되면 부착성이 늘어나고 유동성이 줄어든다. 또, 입도가 연속적으로 고르게 분포되어 있는 분립체가 다루기에 좋다.

(2) 겉보기 비중

싸여 있는 분립체의 단위 부피당 무게로서, 실제 비중보다 작으며, 저장 탱크의 크기 결정에 큰 영향을 끼친다.

그림 10-55 제유 공장의 사일로우

(3) 안식각

깔때기를 통하여 분립체를 떨어뜨리면 그림 10-56과 같이 원뿔 모양으로 쌓이게 되는데, 이 때 원뿔 모양으로 쌓인 분립체의 옆면과 수평면이 이루는 각을 안식각이라 한다. 안식각은 분립체의 저장, 수송상의 문제 연구에 있어 중요한 특성이 된다.

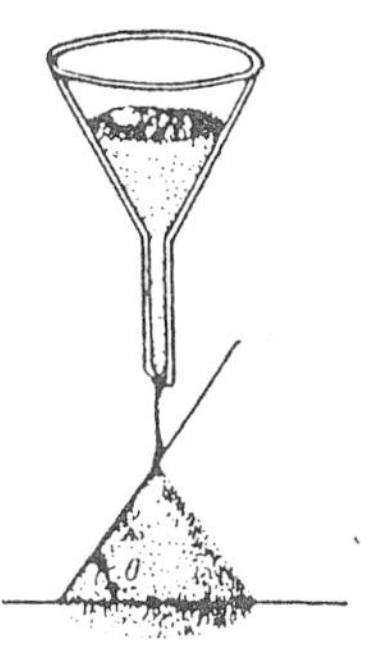

그림 10-56
분립체의 안식각

(4) 부착성, 점착성 및 응집성

분립체의 부착성 및 응집성은 분립체와 저장 탱크의 안벽 간에는 큰 마찰력이 작용하여 저장 탱크로부터 분립체를 꺼내는 데 장애가 된다.

(5) 온도, 습도 및 수분

분립체의 저장에 있어서는 온도, 습도 및 수분에 대하여 충분히 검토해야 한다. 왜냐하면, 곡류 등의 저장에는 이들 요인이 품질을 관리하는데 중요한 영향을 끼치기 때문이다.

(6) 물리적 성질과 화학적 성질

분립체의 물리적 성질, 보기를 들면 분립체의 모양에 따라 저장 탱크 안벽이나 입자 사이의 마멸, 발열 등의 문제가 일어날 수 있다. 또 뷰럽체의 화학적 성질에 따라 저장 중에 변질, 발열, 발화 등의 문제가 생길 수도 있으며, 또 저장 탱크의 부식 등이 일어날 수도 있다.

5-2-2. 분립체 저장 탱크의 종류

분립체 저장 탱크는 사용 목적, 용량 등에 따라 다음과 같이 나눌 수 있다.

(1) 장기간, 대량 저장용

이 때에는 사일로우 또는 벙커로가 사용되는데, 이것은 수직의 각기둥 모양 또는 원통 모양으로 만들어졌으며, 밑으로부터 내용물을 쉽게 배출할 수 있도록 적당한 기울기를 가진 것이다.

(2) 공급량 조정용

이 때에는 빈(bin)이나 또는 탱크가 사용되는데, 대개는 밀폐되어 있다.

(3) 소량 분립체 공급용

이 때에는 호퍼(hopper)가 사용되는데, 그 모양은 원뿔 모양 또는 각뿔 모양이다.

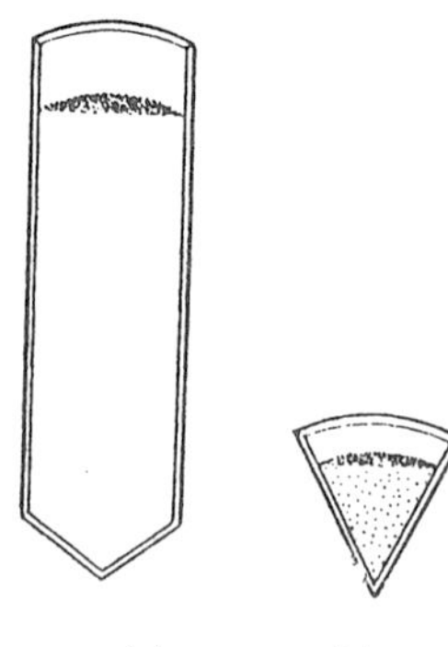

그림 10-57 분립체 저장 탱크
(a) 원통형 사일로우
(b) 원뿔 호퍼

제6절 탑조류(塔槽類) 배관

6-1. 탑(tower)

탑은 내부에서 여러 조작이 이루어지기 때문에 탑의 배치는 특히, 프로세스의 요구에 따른 노즐과 트레이(tray) 등의 탑 내 부속물과의 적절한 관계를 유지하도록 해야 하며, 쉽게 반입하여 설치할 수 있는 위치를 고려하여 선정하고 수리 보수가 용이하도록 한다.

① 탑은 도로를 기준으로 하여 반대쪽에 파이프래크 및 일반기기를 위치하게 하고, 도로쪽에서는 항상 보수, 유지할 수 있는 공간을 확보한다.

② 탑을 배치할 때는 주위에 공간을 확보하여 폭이 700~1,500m 정도의 플랫폼(platform)을 설치하며, 여러 개의 탑을 설치할 경우는 탑 중심에 맞추어 일직선상에 배치하고, 탑과 탑 사이의 간격은 2.5~3m로 유지하거나 장치 상호 간격을 지름의 3배 이상으로 한다.

③ 파이프래크 밑에 펌프를 배치할 때는 기둥에서 탑 중심선까지 6~8m 정도 간격을 둔다.

④ 파이프래크 위에 장치를 설치하고 이를 위해 레일이나 호이스트를 설치할 때는 구조물 끝에서 탑 중심까지 4m 이상 유지한다.

6-2. 용기(vessel)와 탱크

화학 장치 중 유체의 저장, 반응 및 분리의 목적으로 사용되는 것이며, 일반적으로 펌프의 흡입을 갖게 되므로 정미 유효 흡입 수두(NPSH)를 충분히 만족시키는 높이로 설치한다.

① 용기는 종형탑과 거의 비슷하며, 맨홀은 조작상 편리하게 수직 용기의 경우는 바닥면에 가까운 동체에 설치하며, 수평 용기의 경우는 동체 중앙부 측면 혹은 상부에 설치하고, 인체에 유해한 유체 탱크에는 안전상 2개의 맨홀을 설치한다.

② 입구노즐과 출구노즐은 가능한 한 떨어지게 배치하며 드레인노즐도 출구노즐과 떨어지게 배치한다.

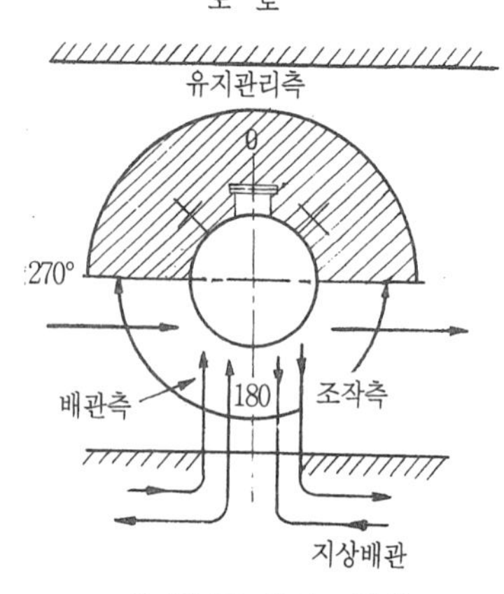

그림 10-58 탑의 조작 분포

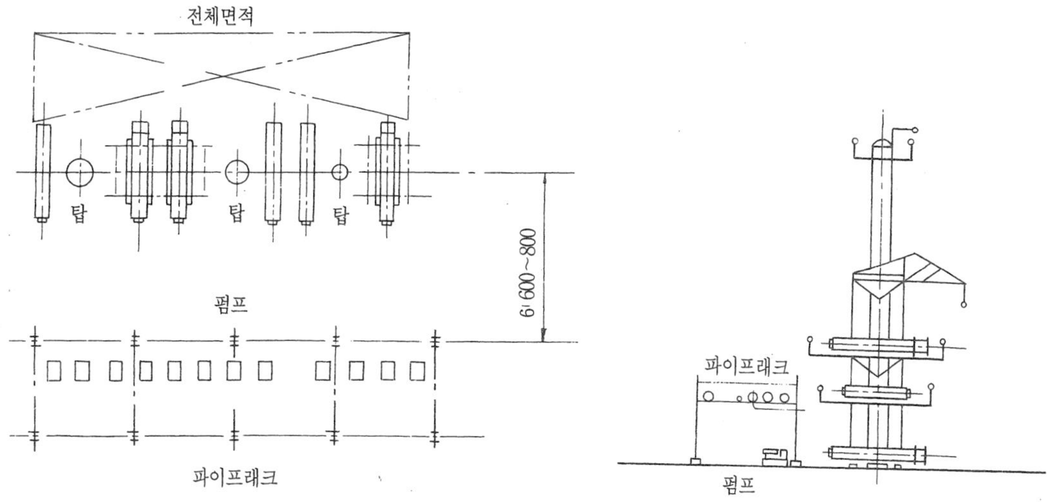

그림 10-59 탑의 설치 방법(1)

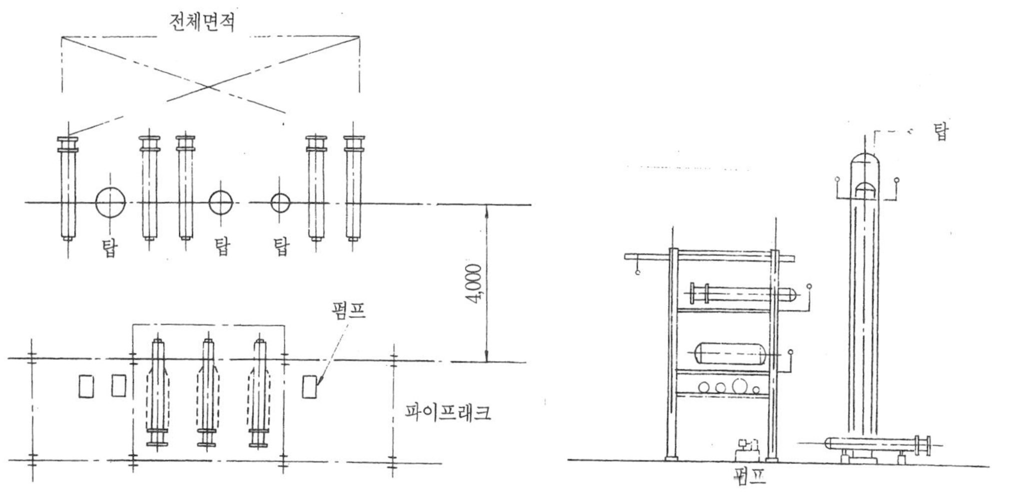

그림 10-60 탑의 설치 방법(2)

③ 용기 배치는 용기의 길이 방향을 중심으로 구조물 스팬 중간에 배치하고, 탑 중심선과 같게 하거나 탑 외경과 용기의 탄젠트라인이 일치해야 한다.

④ 용기의 간격은 내용물에 따라 다르지만 일반적으로 용기 외경으로부터 1~3m를 확보하거나 장치 상호 간격에 기준한다.

⑤ 용기와 펌프 사이의 거리는 용기의 위치에 따라 펌프를 편리한 곳에 위치시키며, 약 4m 이상되게 배치한다.

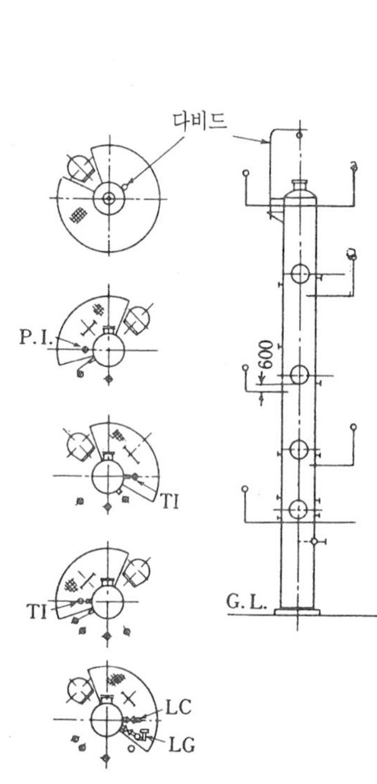

그림 10-61 플래트 포옴 어레인지먼트

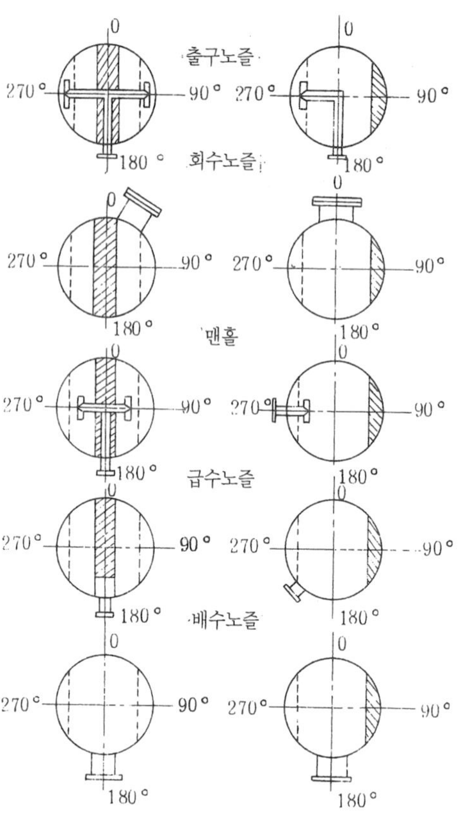

그림 10-62 탑의 일반적인 노즐 위치

제7절 화학공장의 공업용수

공업용수(工業用水)는 모든 공업에 있어서 필요 불가결한 것이라 해도 과언이 아니다. 그 중에서도 화학공업, 철강업에 있어서는 공업용수의 수단방법에 따라 그 입지조건이 좌우된다고 까지 말하고 있다. 사용목적은 냉각용, 보일러용, 음료수용, 소화수용(消火水用) 등이다.

7-1. 공업용수의 종류

7-1-1. 해수(海水)

해안 근처라면 무진장으로 그리고 무료로 사용할 수 있으므로 다량의 냉각수가 필요한 증기복수기 등의 열교환기에 이용되고 있다. 그러나 그 취수설비, 부식에 대한 기기, 배관 등의 살두께증가, 특별한 방식설비, 메인테넌스시의 손질 등 건설비용, 운전비용의 면에 큰 부담이 된다.

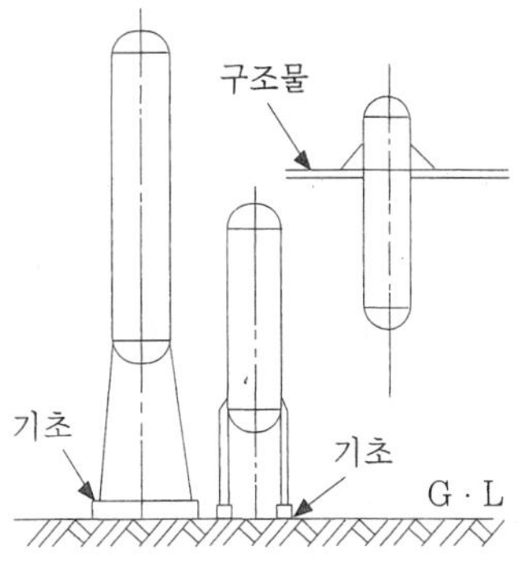

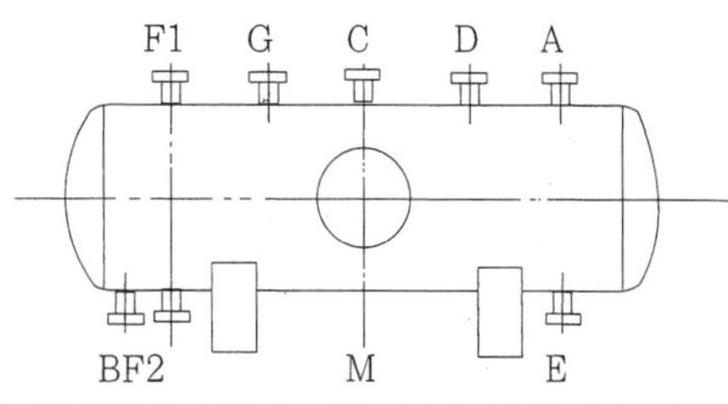

마아크	노 즐	수 량
A	입구	1
B	출구	1
C	안전밸브접속	1
D	벤트	1
E	드레인	1
F1,2	액면계접속구	2
G	압력계접속구	1
M	맨홀	1

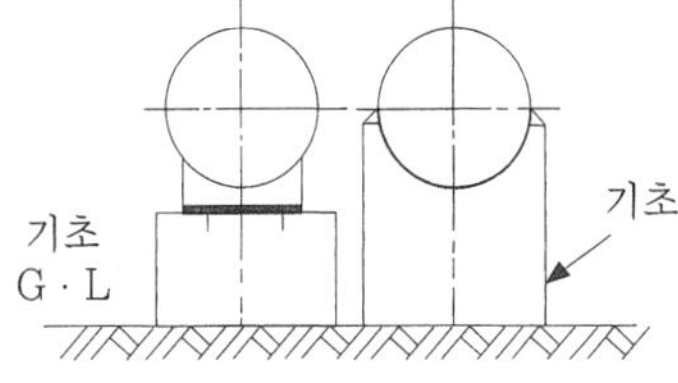

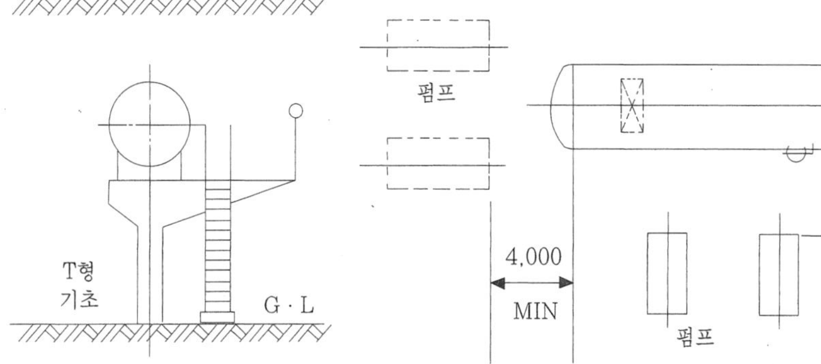

그림 10-63 용기의 설치 방법(1)

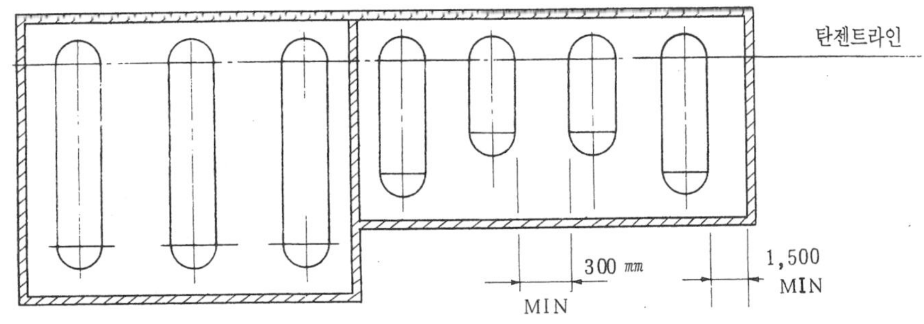

그림 10-64 용기의 설치 방법(2)

7-1-2. 공업용수

하천수는 건설시의 비용이 싼 반면에 운전비용으로서의 용수료가 큰 비중이 되며, 또 공업지대의 발전에 따라 용수부족이 큰 문제가 되고 있다. 이 때문에 공냉열교환기, 공업용수의 냉각탑 등이 대폭적으로 채용되고 있다. 보통 공업용수는 장치 등에서 한번 사용된 물이 냉각탑에 보내져서 약 30°C(계절에 따라 다소 차이가 있다)까지 냉각되어 순환재사용되는 것이 많다. 이 때문에 방식제(防蝕劑), 방충제(防蟲劑) 또는 겨울의 동결에 대해 부동결제 등의 첨가제가 투여된다. 냉각탑의 냉각원리는 물을 세분할하여 그 표면적을 크게한 다음 공기와의 접촉을 잘 되게 하여 증발열을 탈취하는 것이다. 보통 석유화학공업의 냉각탑의 증발손실은 2% 정도이다.

7-1-3. 보일러 용수

공업용수에 침전, 여과의 기계적조작 및 이온교환수지, 약품투입의 화학적 처리를 행하여 만들어진다. 또, 스팀콘덴세이트도 재사용된다.

음료수 공장내에서 순수설비로 제조되는 경우도 있으나, 보통으로는 시수(市水)가 사용되고 있다. 이것은 음료수 외에 위험물을 취급하는 경우의 아이샤워, 세트티샤워 등에 이용된다.

7-1-4. 소화용수

소화용수는 항시 필요한 것은 아니지만 공장에 있어서 저수조의 용량을 결정할 때 큰 요인이 되는 수가 있다. 소화용수의 배비(配備)방법은 소방법에 의해 정해져 있으나 각 지방에 따라 다소의 차이가 있다. 소화용수로서는 해수도 사용되는 경우가 있으나, 일반적으로는 공업용수를 이용하고 소화용수의 전용 펌프를 배치하고 있다. 소화용수의 이용방법에는 여러가지가 있으나 위험물 탱크 등에는 포말소화제를 접속시켜 사용된다.

7-2. 배관재료

공업용수에 이용되는 송수관에는 석면 시멘트관, 콘크리이트관, 주철관, 각종 라이닝관(시멘트, 아스팔트, 수지 등), 합성수지관, 강관 등이 있다. 석면시멘트관, 콘크리이트관, 주철관, 시멘트라이닝관, 합성지수관 등은 지하매설관으로 사용되며, 지상배관에는 보통강관과 수지(樹脂),라이닝관 등이 사용된다.

① 해수관에는 내식성의 문제때문에 주철관, 시멘트라이닝관, 합성지수라이닝관 등이 사용되며, 강관을 사용하는 경우에는 부식을 고려하여 관살두께를 결정한다. 또, 동계통(銅系統)의 것은 사용해서는 안되며, 13Cr계라도 부식을 일으킬 염려가 있으므로 그 장소마다의 해수의 상태를 충분히 조사하여 재료를 선정해야 한다.

② 기타의 공업용수관은 SPP(일반배관용강관), 대구경관에는 SS41의 용접관(5TPY)이 사용되고 있다. 보일러용수관으로서는 그 온도, 압력에 따라 SPPS38(압력배관용강관)

이 사용되는 경우도 있다.

③ 음료수배관은 보통 SPP에 아연도금을 한 것이 사용되지만 염화비닐관 등도 사용되는 경우가 있다.

7-3. 배관상의 문제점

공업용수관은 보통 대구경이 되는 경우가 많으므로 매설관으로 하는 것이 유리하지만, 가대상의 기기에의 배관 또는 세지관(branch Line)의 발취가 비교적 많은 경우에는 지상배관으로 하는 것이 유리한다.

① 매설배관 지하에 매설하는 배관의 복토는 장소와 관의 종류에 따라 각각 다르지만, 보통 중량물이 가중되는 도로횡단부분 등에서는 최소 1.2m, 장치내 등 중량물이 가중되지 않는 장소라도 최소 0.3m는 필요하다. 매설관의 하부토양은 자갈 등으로 보강함과 동시에 지반의 상태에 따라서는 말뚝박기 등을 행하여 그 침하의 대책을 강구해야 할 경우도 있다. 특히, 지상과의 접속부분에 대해서는 침하 등을 일으키지 않게 충분히 보강하여 접속기기 또는 가대에 과도의 하중이 가해지지 않게끔 주의가 필요하다. 외면이 강관인 경우에는 미주전류(迷朱電流) 등에 의한 부식이 생기므로 보통 관외주(管外周)에 지이트감기 등의 방식(防蝕)대책을 행한다. 매설배관에 유량계 등이 있는 경우에는 그 부분을 콘크리이트의 피트 등을 만들어서 메인테넌스를 쉽게 한다. 밸브는 직매설로 하고 핸들을 연장시켜 조작하는 경우가 많다.

② 해수펌프의 흡입측에는 토출측(吐出側)의 압력을 이용하여 염소를 송입하여 배관내에 조개, 해초 등의 부착을 방지한다. 또, 해수배관의 장치 입구부분에 스트레이너 등을 설치하여 먼지를 제거시킨다.

③ 해수펌프, 재냉수(再冷水) 펌프 등 대용량의 것은 토출측을 진공펌프에 접속시켜 그 시동을 용이하게 하는 경우가 있다.

④ 열교환기 등에서 밸브에 의해 액(液)이 밀폐되고 더우기 프로세스측에서의 입열(入熱)에 의해 액팽창의 염려가 있는 경우에는, 파손 등의 사고를 방지하기 위해 안전밸브를 설치한다.

⑤ 열교환기에서 수측(水側)보다 프로세스측이 고압인 경우, 튜브로부터의 누설물을 감지하기 위해 물의 출구측에 샘플링노즐을 설치하는 경우가 있다.

⑥ 지상배관의 경우 드레인부분에는 반드시 드레인밸브를 설치하여 사용을 안할 때의 동결에 의한 파손을 방지한다.

⑦ 1½B 이하의 소구경의 지관은 반드시 헤더의 위에서 뽑아내고 또, 벤트부분에는 반드시 벤트밸브를 설치한다.

⑧ 상시 흐름이 없는 부분, 예컨대 오리피스의 도압배관(導壓配管)에는 스팀트레스를 시공하여 그 동결을 방지한다.

⑨ 탱크에서의 소화배관의 원(元)밸브는 탱크군에서 떨어진 안전한 장소에 설치하고 또,

에어호옴체임버와의 접속배관의 도중에 플렉시블호오스를 삽입한다.

7-4. 공기(空氣)배관

① 플랜트에어는 파아지용 기타에 이용되며, 보통 호오스스테이숀(H·S·)으로서 설치되고 있다. 압력은 10kg/cm² 이하이며 배관은 SPP가 사용되고 비틀어넣기 배관이 되는 경우가 많다. 관의 지관(枝管)은 헤더의 상면에서 뽑는다.

② 테스트에어의 배관은 건설시에 반배관으로서 시설되는 수가 많으나, 메인테넌스 등을 위해 파이프래크상에 배관되는 경우도 있다. 이 경우에는 장치내에 수 개의 밸브를 헤더의 가까이에 적당한 간격을 두고 설치한다.

③ 계장용(計裝用) 공기배관은 SPP에 아연도금한 것이 사용되며, 원칙적으로 비틀어넣기 배관을 사용한다. 압력은 보통 7kg/cm²이며 콤프레서에서 토출된 공기는 건조된 다음 스트레이너를 설치하여 에어레시이버를 통해 각 장치에 배송된다. 에어레시이버는 공장 전체로서 계획되는 경우와 각 장치별로 설치되는 경우가 있으나, 어느 것이나 긴급시의 유지시간에 따라 그 크기가 결정된다. 지관은 헤더상면에서 뽑고 반드시 원밸브를 설치하며 건설시에는 관내의 청소를 충분히 하여 먼지 등에 의한 사고가 없게 한다.

7-5. 질소(窒素)배관

보통 배관기기 등의 파아지용, 탱크의 시일용 기타에 이용된다. 배관은 플랜트에어 등과 거의 동일하지만, 고압의 것에는 그 압력에 따라 재질, 레이팅 등을 선택한다.

7-6. 연료

보통 C 중유(重油) 등 점성이 높은 기름이 사용되므로 스팀트레스배관이 되는 경우가 많고, 이 때문에 열응력을 고려한 엑스팬숀 및 서포오트를 계획한다. 체류부(滯留部)에는 응고 등이 일어나기 쉬우므로 배관의 끝에는 압력조절밸브 또는 소구경의 밸브를 설치하여 체류부가 없는 배관으로 하고, 헤더의 반환관에도 유량계를 달아서 장치에서의 사용량을 명확하게한다. 압력은 낮으므로 SPP가 사용되고 있다.

7-7. 연료가스

온도, 압력이 모두 낮으므로 SPP가 사용되는 경우가 많으며, 버어너의 원밸브는 유량조절에 편리하게끔 코크밸브를 사용하고 있다.

제8절 하수 처리 배관

가술 혁신에 의한 공업의 급격한 발전은 대기 오염이라든지 하천이나 바다의 수질 오염이라는 공해 문제를 대두시켰으므로, 우리는 이러한 배수에 함유된 유해 물질, 공장의 폐수 폐기물 등을 잘 처리하여, 인간의 생활 환경을 정비해서 현재는 물론 장래까지도 건강하고 쾌적한 생활 환경을 유지하고, 문화적인 활동을 할 수 있도록 공해를 방지하는 것이 필요하다.

8-1. 유독물 및 유해물

8-1-1. 유해 물질(有害 物質)

하수가 하천이나 바다 등의 지역에 방류되었을 때, 인간이 단지 불쾌감을 느낄 정도에서부터 주위 생활 및 사회 활동에 직접 · 간접으로 해를 끼칠 정도로 피해나 괴로움을 주는 물질을 말한다.

8-1-2. 유독 물질(有毒物質)

인체 또는 동물의 신체에 접촉하거나 체내에 섭취된 경우, 어떠한 장애나 병에 대하여 해독을 미치는 것 또는 배수로서 대량의 공공 시설인 하수도에 방류되면 관을 부식시키는 등 인간의 사회 생활에 간접적으로 심한 장애를 일으키는 물질을 말한다. 특히, 주의해야 될 유독 물질을 함유한 배수로는 도금 공업의 배수, 석탄 가스 공업의 가스액 배수, 농약이나 살충제 제조 등의 화학 공업 배수, 방사성 물질이 포함되어 있는 원자력 공업 배수, 중금속 염류가 유출되는 광산 배수 등이 있다.

8-2. 폐기물(廢棄物)

폐기물은 종류나 양에 따라서 처리하는 방법과 그 용량도 달라진다. 즉, 배수의 오일트랩 또는 오수(汚水) 처리 설비로 설치할 경우에는 공장 내의 배수 흐름을 고려하여 가장 낮은 곳으로 배수구를 정하여 설치를 하며, 폐기물을 소각 처리할 때는 매연, 악취 등이 생길 우려가 있으므로 공장의 한 쪽 구석이나 영향이 없는 지역에 집진소, 소각로 등을 설치하여 처리한다.

그리고 독극물은 다음과 같은 방법으로 폐기해야 한다.

① 중화, 가수분해(加水分解), 산화, 환원, 희석(稀釋), 기타 방법으로 유해물 또는 유독물 어느 것에도 해당되지 않는 것으로 변화시킨다.

② 가스체(體) 또는 휘발성 및 가연성 독극물은 보건 위생상 위해가 발생할 염려가 없는 장소에서 소량씩 연소시킨다.

③ 상기 방법으로 처리가 곤란할 때는 지하 1m 이상, 또한 지하수를 오염시킬 염려가 없는 지중에 정확히 매몰하거나, 해면상에 인양 또는 뜨게 할 염려가 없는 방법으로 해수

속에 가라앉게 하거나, 보건 위생상 위해를 발생할 염려가 없는 방법으로 처리한다.

8-3. 기타 처리 방법

협잡물 또는 부유물은 스크린 자연 침전, 약품 응집 침전, 모래층 여과, 약품 응집 부상분리 등으로 처리하고, 용해 물질은 진공 탈기, 침전 생성, 반응 이온교환 흡착, 포말 분리, 약품 응집 침전 흡착, 중화 침전 등으로 처리하며, 오물질은 농축, 탈수, 건조, 연소 등으로 처리한다.

오물 처리 공장 및 종말 처리 공장은 도시 중심지에서 멀리 떨어진 하천이나 바다에 설치하지만, 대도시의 배수 계통이 여러 계통으로 나누어진 경우에는 중심지 가까이에 설치하기도 한다. 이 경우 처리장의 형식은 냄새 등 위생적인 면을 고려해서 시민에게 불쾌감을 주지 않도록 처리해야 한다.

오물 처리의 일반적인 방법은 고속으로 정화한 소화 오물을 세정하여 약품을 첨가한 다음 기계탈수하여 필요에 따라 소각한다. 그러나 소화의 과정을 거친 생오물을 기계탈수하여 건조 소각하는 방법도 있으며, 그 밖의 침전 오물을 그대로 연소시키는 습식연소법도 사용되고 있다.

8-4. 하수 시설(下水施設)

8-4-1. 관거(管渠)

하수관거를 목적에 따라 분류하면, 분류식인 경우에는 우수관(雨水管)과 오수관(汚水管)으로, 합류식인 경우에는 합류관(合流管), 우수관, 오수관으로 나눌 수 있다. 여기서 오수관은 우수를 하천이나 바다에 방출한 잔여 오수만을 하수로 수송하는 관이고, 우수관은 우수를 방류 수역의 끝까지 수송하는 관이다.

하수관거는 도로에 매설하므로 다른 지하 매설물에 대한 점유 위치, 면적 등을 고려하여 이것들에 영향을 주지 않아야 하며, 관거의 형상은 유속이 유량의 변화에 비례해서 변화하지 않도록 만들어야 한다. 일반적으로 안지름이 180~200cm 까지는 원형관이 사용되고 그 이상의 큰 것은 거의 직사각형 관거가 이용되며 이 밖에 반원형, 계산형 등도 이용된다.

관거의 종류는 도관, 철근 콘크리트관, 원심력 철근 콘크리트관, 현장 축조 철근 콘크리트관이 있으며, 관 단면을 필요로 하는 경우에는 현장 축조 철근 콘크리트관거를 사용하고, 그 밖의 대부분 하수관거는 원심력 철근 콘크리트관거가 사용된다.

관거의 이음에서 지름이 다른 관을 이음하는 방법에는 수면이음, 관 중심 이음, 관 밑이음, 관 꼭지 이음 등이 있으며, 수리학상 가장 이상적으로 수위에 변화가 없이 흐르는 것은 수면이음이지만 보통은 관 중심 이음이나 관 꼭지 이음이 사용되고, 지표의 기울기가 완만하여 관거가 하류에 있는 경우에는 관 및 이음을 한다.

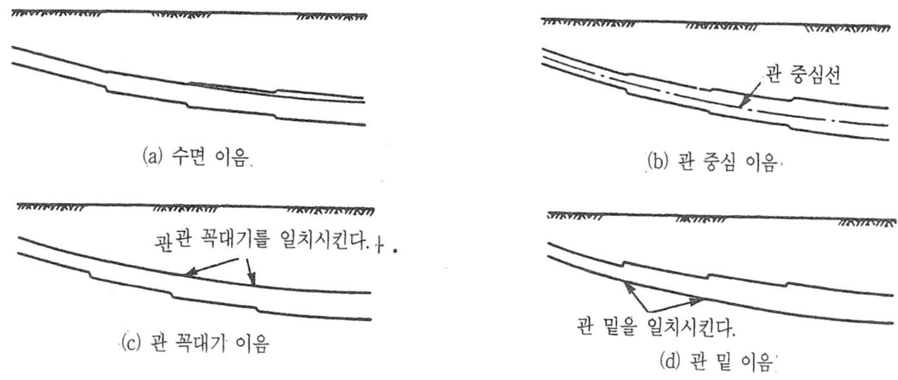

그림 10-65 관거의 이음

8-4-2. 부속 설비

(1) 측구(側溝)

도로의 노면 배수와 택지 내의 우수를 배제하기 위하여 도로를 따라서 실치된 배수구를 말하며, 차도와 보도가 구별된 도로에는 그 경계에 L형 측구를 설치하고, 구별이 없는 도로에는 민유지와의 경계에 설치한다.

L형 측구의 크기는 도로의 폭이나 기울기에 따라 다르나, 보통 도로폭이 6m 이하인 경우에는 250mm, 6m 이상인 경우에는 300~350mm 크기의 것을 사용한다.

U형 측구는 우수와 오수의 겸용 측구로 보통 공장 제품의 철근 콘크리트를 사용한다.

제11장

보일러 설비

제 11 장
보일러 설비

보일러는 일반적으로 강철재 용기 안의 물을 가열하여 압력이 높은 수증기를 발생시키는 장치로서, 보일러 본체와 가열 장치가 주요 부분이다. 보일러 본체는 물과 수증기를 다루는 내압 용기로 만들어져 있다. 가열 장치로는 보통 연소로를 사용하는데, 여기에서 발생된 고온의 연소 가스를 열원으로 하여 보일러 전열면을 가열함으로써 보일러수를 가열, 수증기를 발생시킨다.

보일러의 본체 및 가열 장치 이외의 부속 설비로는 다음과 같다.

① 급수 장치
보일러 본체 안으로 물을 공급하는 펌프이다.

② 통풍 장치
연소 가스를 전열면으로 유동시키는 동시에, 연소에 필요한 공기를 연소로에 공급하는 장치로서 송풍기 등이 있다.

③ 과열기
보일러 동체 안에서 발생한 포화 수증기를 동체 밖에서 다시 가열하여 과열 수증기로 만드는 장치이다.

④ 공기 예열기
보일러에서 배출되는 배기 가스의 남은 열을 일부 회수하여 다시 사용하도록 하여 줌으로써, 보일러의 열효율을 높이는 장치이다.
즉, 폐열을 이용하는 장치이다.

⑤ 급수 처리 장치
보일러용수를 공급하기 전에 될 수 있는 한 깨끗하게 정화함으로써 스케일의 생성을 방지하고, 보일러의 부식을 막아 주는 장치이다.
이 밖에도, 보일러를 안전하게 운전하기 위하여 여러 가지 설비가 장착된다.

제1절 보일러 설비

1-1. 보일러의 종류

보일러를 구조에 따라서 분류하면 원통 보일러와 수관 보일러로 크게 구분되어지며, 원통 보일러는 보일러 본체가 원통형의 동체(胴體)로 되어 있는 것이며, 수관식 보일러는 직경이 작은 수관이 대부분을 차지하고 있다.

표 1-1 보일러의 종류와 형식

종류		형식
원통 보일러	수직형 보일러	횡관식, 수직 연관식, 수평 수관식, 노우 튜우브식
	가마통 보일러	코로니시 보일러, 랭커셔 보일러
	연관 보일러	횡형 연관 보일러, 기관차형 보일러, 기관차용 보일러
	가마통 연관 보일러	가마통 연관 보일러(육용), 스코티 보일러(선박용)
수관 보일러	자연 순환식 수관 보일러	직관식, 곡관식, 조합식 등
	강제 순환식 수관 보일러	라몬트식, 베룩스식, 조정 순환식 등
	관류 보일러	벤슨식, 스르저어식, 그밖의 소형 보일러
그밖의 보일러	난방용 보일러	주철제 조합식, 수관식 등
	특수 보일러	발열 보일러, 특수 연료 보일러, 특수 유체 보일러, 간접 가열 보일러, 그밖의 보일러

1-1-1. 원통형 보일러(cylindrical boiler)

(1) 노통 보일러(flue tubeboiler)

원통형의 통내에 1개 또는 2개의 노통을 횡형으로 설치한 것이다. 노통(연소실)이 1개인 것을 코오니시(cornish) 보일러, 2개인 것을 랭커셔(langcashire) 보일러라 한다.

노통 내에서 발생한 연소 가스는 노통을 통하여 연도를 지나서 보일러 몸통 하부를 거쳐 양쪽으로 나누어져 후방의 굴뚝으로 나간다. 통 내의 수면은 노통의 상부로부터 30~50cm 정도의 높이를 유지한다. 노통은 애덤슨 조인트(Adamson joint) 또는 파형 노통을 사용하여 외압에 저항하고 열팽창에 따른 신축성을 갖게 한다.

노통 보일러의 특징은 다음과 같다.

① 구조가 간단하여 내부 청소와 점검이 쉽다.

② 수부가 크므로 보유 열량이 크고, 증기부가 크므로 부하 변동에 응하기 쉽다.

③ 부하 변동에 따른 압력 변동은 작으나, 크기에 비해 전열 면적이 작아 증기 발생 소요 시간이 길며, 보일러 효율이 적다(50~60%).

④ 연소실 크기에 제한을 받고 보유 수량(保有數量)이 많아 파열사고시 피해가 크다.

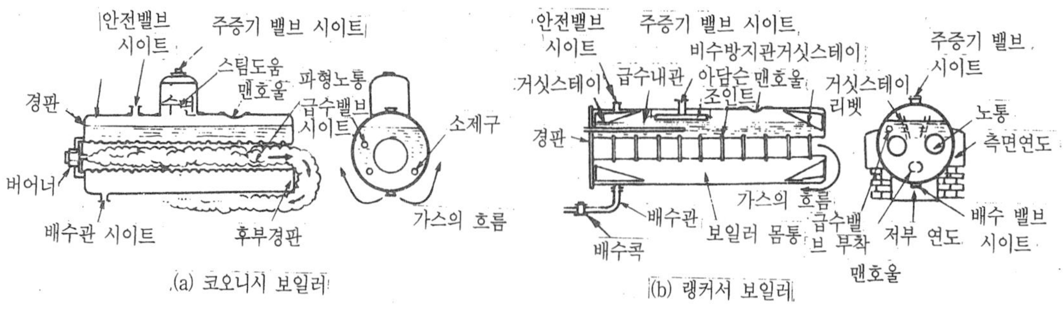

그림 11-1 원통 보일러

(2) 연관 보일러(smoke tube boiler)

수평으로 된 보일러통의 하부에 연소실을 만들어 연소 가스가 통의 하부를 가열하고, 후부의 연기실, 다음에 연관을 지나서 통의 측면을 가열하고 연도로 배출된다.

연관 보일러의 특징은 다음과 같다.

① 전열 면적이 커서 증발량이 많고 효율이 좋다.
② 노통 보일러에 비해 증기 발생시 소요 시간이 적게 든다.
③ 구조가 복잡하여 연관부에 고장 발생이 쉽고, 양질의 물을 공급해야 한다.
④ 청소나 점검이 곤란하다.
⑤ 사용 압력과 증발량이 제한된다.

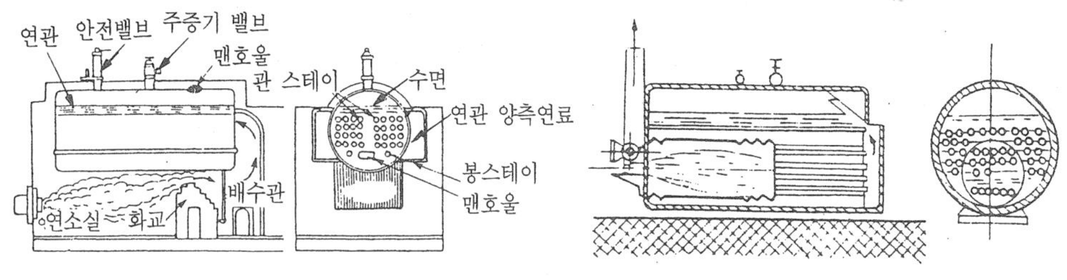

그림 11-2 연관 보일러   그림 11-3 노통 연관 보일러

(3) 노통 연관 보일러(flue-smoke tube boiler)

노통 보일러와 연관 보일러를 조합하여 서로의 장점을 이용한 것으로, 보일러의 설치가 매우 간편하며 사용 압력은 10kg/cm^2, 전열 면적 20~200m^2, 효율 80~85% 정도로서 널리 사용된다.

노통 연관 보일러는 다음과 같은 특징이 있다.

① 제작과 취급이 쉽다.
② 전열 면적이 커서 열효율이 좋다.
③ 패키지형(package type)으로 설치 공사의 시간과 비용을 절약할 수 있다.
④ 자동화 할 수 있어 인건비가 절약된다.
⑤ 다른 원통 보일러에 비해 내부구조가 복잡하여 청소 및 점검이 곤란하다.

(4) 입형 보일러(vertical boiler)

원통을 수직으로 세운 보일러로서 보일러 설치 넓이가 좁은 곳에 적합하며, 소규모의 가내 공장용, 취사, 난방용에 사용되고 횡관식, 다관식, 횡연관식 등이 있다.

입형 보일러의 특징은 다음과 같다.

① 소형으로 좁은 장소에 설치가 가능하다.
② 내부구조가 간단하고 제작이 쉽다.
③ 취급이 쉽고, 운반이 편리하다.
④ 보일러 효율이 낮아 열손실이 많다.

⑤ 연료의 완전 연소가 어렵다.

⑥ 증기부가 적어 습증기가 발생하기 쉬우며, 내부 청소 및 검사가 어렵다.

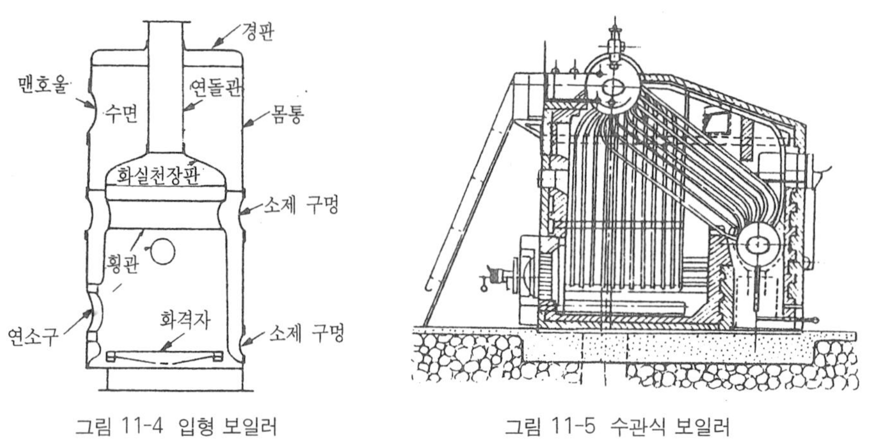

그림 11-4 입형 보일러

그림 11-5 수관식 보일러

1-1-2. 수관식 보일러(water tube boiler)

수관식 보일러는 다수의 수관을 전열면으로 하는 보일러이다. 즉, 연소에 의한 열을 이용하여 수관 내의 물을 증기로 변화시켜 준다.

수관식 보일러는 구조상 고압 대용량에 적합하고, 보일러 수의 순환이 좋을뿐 아니라 효율이 가장 높다. 그러나, 스케일(scale)로 인하여 수관이 과열되기 쉬우며, 구조가 복잡하고 부하 변동에 대해서 압력 변화가 크다.

수관식 보일러의 종류는 자연 순환식 수관 보일러, 강제 순환식 수관 보일러, 관류 보일러 등이 있다.

(1) 자연 순환식 수관 보일러(natural circulation boiler)

드럼과 많은 수관으로 보일러 수의 순환 회로를 만들어 구성된 것으로, 가열에 의해 펌프의 도움 없이 관속의 물 또는 기수 혼합물의 밀도차에 의해 자연 순환을 일으키게 하는 보일러이다.

자연 순환식 수관 보일러는 다음과 같은 특징이 있다.

① 전열 면적이 커지므로 증발량이 많다.

② 작은 관 내에 물과 증기가 유동하므로 고압 증기를 발생시킬 수 있다.

③ 물의 순환을 위한 특별한 설비는 필요없다.

④ 노통 보일러에 비해 증발량당 수부가 적기 때문에 부하 변동에 따르는 압력 변화가 크다.

⑤ 급수의 순도에 따른 스케일이 문제가 되며, 자연 순환이므로 임계점과 같은 고압 증기를 발생시킬 수 있다.

(2) 강제 순환식 수관 보일러

자연 순환식과 같이 물의 밀도차에 의해 순환되지 않고 순환 회로 중에 펌프를 설치하여 보일러 수를 순환시키는 것으로, 대표적인 것은 라몬트(LaMont) 보일러와 베록스(Velox) 보일러가 있다.

강제 순환식 수관 보일러의 특징은 다음과 같다.

① 수관의 배치가 자유롭고 증발 비율이 자연 순환식에 비해 크다.
② 가는 수관을 사용할 수 있으므로 관 두께가 얇아지고, 열전도율이 좋다.
③ 순환 속도를 빨리 할 수 있으므로 열전도율이 높으며, 소형으로 제작이 가능하다.
④ 순환용 펌프의 동력이 필요하며 운전 취급에 세심한 주의가 필요하다.
⑤ 보일러 수의 순도를 항상 높게 유지해야 한다.

(3) 관류 보일러(once through boiler)

관류 보일러는 긴 관계(管系)로 구성되어 급수 펌프에 의하여 들어온 물이 예열부, 증발

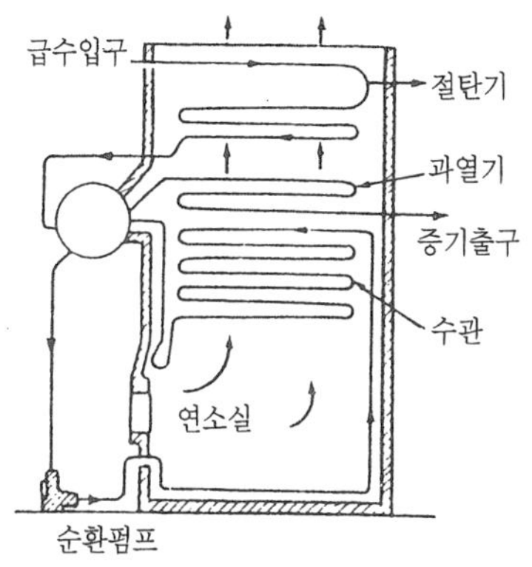

그림 11-6 강제 순환식 보일러 계통

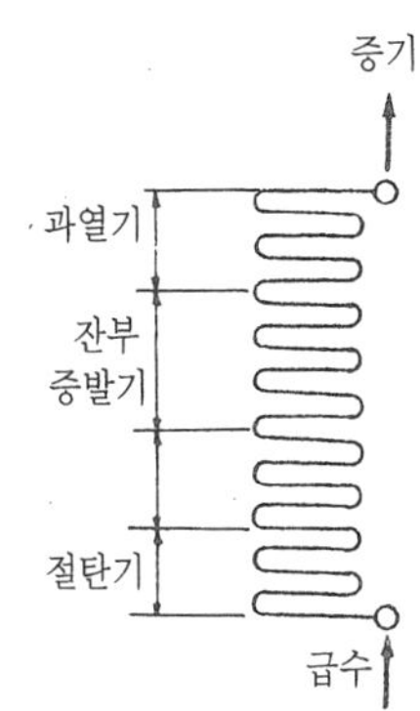

그림 11-7 관류 보일러의 원리

부, 과열부를 거쳐 순차적으로 관류하여 과열 증기 상태로 송출하는 것으로, 벤슨(Benson) 보일러와 슐저(Sulzer) 보일러가 있다.

관류 보일러의 특징은 다음과 같다.

① 관계(管系)만으로 구성되어 있어 기수 드럼이 필요 없고, 고압 보일러에 적합하다.
② 관 배열이 자유로와 전체를 밀착형 구조로 할 수 있다.
③ 고순도의 급수가 필요하다.
④ 부하 변동에 따른 압력 변동이 있어 자동 조절 장치가 필요하다.
⑤ 전열 면적에 비해 보유 수량이 적어서 시동 시간이 짧다.

1-1-3. 특수 보일러

(1) 간접 가열 보일러

연소 가스와 접하는 수관에는 순수에 가까운 물 또는 증기를 흐르게 하고, 이 때 갖는 열을 가지고 증발 드럼 내의 물을 열교환시켜 가열 증발시키는 보일러를 간접 가열 보일러라 하며, 승발관 내의 스케일 부착 문제는 해소되나 발생 증기 압력에는 한계가 있다는 특징을 지니고 있다. 간접 가열 보일러의 종류에는 레플러(Löffler) 보일러와 슈밋트(Schmidt)보일러가 있다.

(2) 폐열 보일러

가열기, 용해로, 시멘트 킬른(cement kiln) 등에서 나오는 폐기가스의 열을 이용하여 증기를 발생시키게 한 보일러이다.

(3) 특수 연료 보일러

버개스(baggasse:사탕수수의 설탕을 짜낸 찌꺼기), 바아크(bark:나무껍질) 등을 연료로 한 보일러이다.

(4) 특수 열매체 보일러

물 대신 유체(다우삼, 카네크롤, 수은)를 가열하여 낮은 압력에서도 고온도의 증기 및 액체를 얻을 수 있는 것으로, 섬유 공업이나 화학공업에 많이 사용된다.

1-2. 보일러의 부속 장치 및 부속품

1-2-1. 부속장치

(1) 과열기(super heater)

발생 증기 중의 수분을 완전히 증발시키고, 높은 온도를 갖게 하여 운전장애를 제거하고 사이클 효율을 높여 주기 위한 장치이며, 증기와 가스의 흐름에 따라서 분류하면 병행류식, 대향류식, 혼류식 등으로 나눌 수 있다.

(2) 재열기(reheater)

과열 증기를 사용함에 따라 포화 증기가 된 것을 재가열함으로써 열효율을 높이고 부식, 마찰 손실 등을 감소시키는 장치이다.

(3) 절탄기(economizer)

연소 가스의 여열을 이용하여 보일러의 급수를 예열하는 장치이다. 급수 예열을 할 경우 급수 온도 8°C 상승마다 1% 정도의 연료 절감 효과가 나타난다.

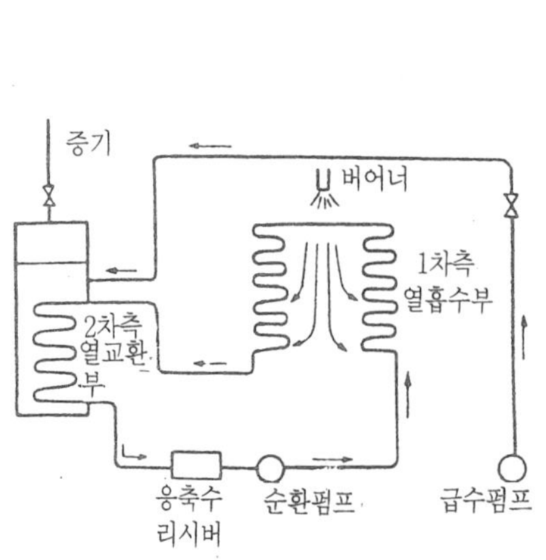

그림 11-8 간접가열 보일러 원리

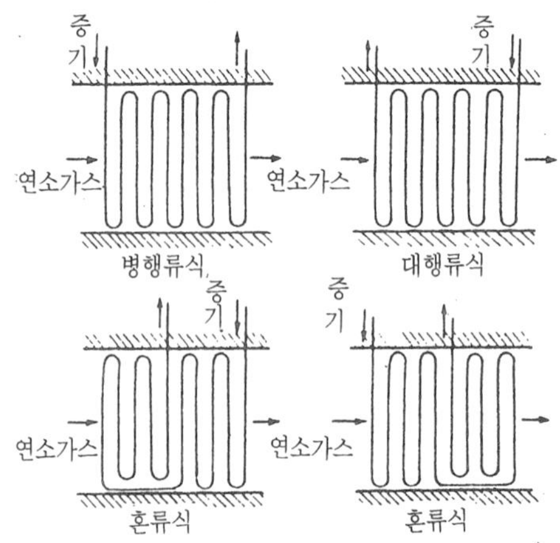

그림 11-9 과열기

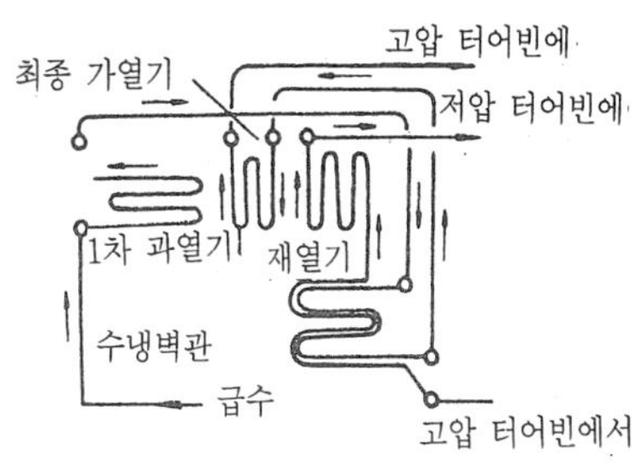

그림 11-10 재열기

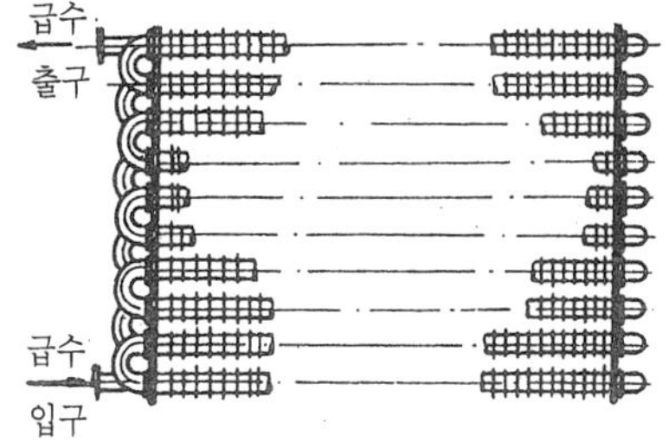

그림 11-11 절탄기(fin 부착형)

(4) 공기 예열기(air preheater)

연소 가스의 폐열을 이용하여 연소용 공기를 예열하는 장치이다.

(5) 환원기(return tank)

응축수를 모아 다시 보일러에 회수하는 경제적인 급수설비이다.

(6) 탈기기(deaerator)

보일러 급수에 함유되어 있는 공기, 산소, 탄소 및 탄산 가스 등의 활성가스를 제거하는 장치를 탈기기라 한다.

(7) 증발기(evaporator)

물에 다량 함유된 염화물(choride)을 제거하는 설비이다.

(8) 급수 장치

보일러의 계속적인 운전으로 감소된 보일러 수를 급수하는 장치를 말한다.

1-2-2. 부속품

보일러를 설비하는 데 필요한 부속품에는 안전 밸브 · 압력계 · 온도계 · 수면계 · 감압밸브 · 고저 수위 경보 장치 · 체크밸브 · 급수량계 · 급수 조정기 등이 있다.

1-3. 보일러 보존법

보일러 사용을 중지하고 방치해 두면 부식이 촉진되어 안전도 저하 · 수명 단축 등의 영향을 미친다. 이러한 영향을 감소시키기 위해 적당한 보존 방법이 필요하다.

1-3-1. 건조 보존법

관내의 물을 전량 배출시킨 후 청소를 하고 완전히 건조시켜 밀폐 보존한다. 휴지 기간이 장기간(6개월 이상)이거나 동결의 위험이 예상될 때 이용한다.

1-3-2. 만수 보존법

휴지 기간이 단기간(2개월 이내)일 때 보일러 내면에 물을 충만시켜 밀폐 보존하는 방법으로 이 때의 pH는 약 12 정도를 유지토록 한다.

1-4. 보일러의 성능

1-4-1. 보일러 용량

보일러 용량은 정규 부하 상태에서 단위 시간에 발생하는 증발량(kg/hr)으로 표시하며, 보일러 크기나 보일러의 최대 증발량으로 표시한다.

(1) 상당 증발량(Ge)

보일러의 실제 증발량(100°C 포화수로부터 100°C의 건포화 증기로 증발할 경우)

$$Ge = \frac{Ga(h_2 - h_1)}{539} \ (kg/hr)$$

여기서, Ga : 실제 증발량(kg/hr) h2 : 발생증기 엔탈피(kcal/kg)
h_1 : 급수의 엔탈피(kcal/kg) 539 : 환산 기준치로서 대기압 1.033kg/cm^2 에서의 물의 증발 잠열

(2) 증발 계수(증발력)

증발계수는 그 보일러의 증발 능력을 표준 상태와 비교하여 표시한 값이다.

$$\text{증발력} = \frac{(h_2 - h_1)}{539}$$

1-4-2. 보일러 효율

연소실에서 연료가 연소해서 발생했을 때의 총 입열량에 대한 발생 증기가 흡수한 총열량의 백분율을 보일러 효율이라 한다.

$$\text{보일러 효율}(\eta) = \frac{Ga(h_2 - h_1)}{G_f \times (Hl + \text{공기 현열} + \text{연료현열})} \times 100(\%)$$

여기서, G_f : 시간당 연료 소모량(kg/hr), Hl:연료의 저위 발열량(kcal/kg)

1-4-3 연소율

화격자 단위 면적당 단위 시간에 연소하는 연료의 중량을 구하는 것이다.

$$\text{화격자 연소율 } b = \frac{G_f}{A} \ (kg/m^2hr)$$

단, A: 화격자의 면적

1-4-4. 증발률

보일러의 주 전열면 즉, 본체의 전열면 단위 면적당 단위 시간에 발생하는 증기량이다.

$$증발률 = \frac{Ga}{Fc+Fr} \ (kg/m^2hr)$$

여기서, Fc:접촉 전열 면적(m^2), Fr:복사 전열 면적(m^2)

1-4-5. 연소실 열발생율

연소실 열부하율이라고도 하는데, 미분탄, 중유, 기체 연료 등은 화격자를 사용하지 않으므로, 화로의 단위 용적당 단위 시간에 발생하는 열량을 가지고 나타낸 값이다.

$$연소실\ 열부하율 = \frac{Gf\times(Hl+공기현열+연료현열)}{Vc} \ (Kcal/m^3 \cdot hr)$$

여기서, Vc:연소실 용적(m^3)

1-4-6. 전열면 열부하율

전열면 단위 면적당 단위 시간에 발생 증기에 전달되는 열량값을 표시한 것.

$$전열면\ 열부하율 = \frac{Ga(h_2-h_1)}{A} \ (Kcal/m^2 \cdot hr)$$

여기서, A:전열 면적(m^2)

1-4-7. 보일러 부하율

보일러의 정격 연소 상태에서 정격(최대) 증발량에 대한 가동 상태인, 실제 증발량의 백분율(%)로서 표시한 값을 보일러 부하율이라 한다.

$$보일러\ 부하율 = \frac{실제\ 증발량}{정격\ 증반량} \times 100$$

1-4-8. 보일러 마력

보일러의 경우에는 증기를 발생시킬 뿐이고, 일을 하지 않기 때문에 기관에서처럼 역량을 표시하는 마력(HP)과 달라서 1보일러 마력은 다음과 같다.

① 1보일러 마력은 압력 4.9kg/cm²·g하에서 급수 온도 37.8°C에서 시간당 증발량이 13.6kg의 능력을 가진 보일러를 말한다.

② 100°C의 물 15.65kg을 표준상태(0°C, 760mmHg)에서 1시간당 같은 온도의 증기 15.65kg로 바꿀 수 있는 능력을 가진 보일러이다.

③ 상당 증발량(=환산증발량)이 15.65kg/hr인 보일러

④ 1시간당 8435kcal의 열량을 흡수할 수 있는 능력을 가진 보일러(15.65×539≒8435 kcal/hr)

$$보일러\ 마력 = \frac{Ge}{15.65}$$

1-4-9. 상당 방열 면적(E.D.R)=레이팅(rating)

난방용 방열기의 방열 면적 $1m^2$당 1시간의 표준 방열량은 650kcal이며, 이러한 능력의 보일러를 레이팅 $1m^2$의 보일러라 한다. 또 온수보일러의 경우는 450kcal이다.

제2절 용수 처리 설비

2-1. 용수 처리 방법

일반적으로 화학 공장에서 사용하는 물은 냉각용수, 세척용수, 가공용수 등으로 나눌 수 있는데, 냉각용수 세척용수에 있어서는 수질보다 수량이 더 중요한 요소이고, 가공용수는 수량보다 수질이 더 중요한 요소가 된다. 수증기를 발생시키기 위하여 공급되는 보일러용수는 가공용수에 포함된다.

일반적으로, 공업용수는 표 11-2와 같이 그 용도에 따라 여러 가지 수질 기준을 마련해 놓고, 이 기준에 알맞은 것을 사용하도록 하고 있는데, 대개는 이 표에 나타낸 값 이하로 유지하도록 처리된다.

용수 처리 방법에는 폭기, 침전, 응집, 여과, 활성탄 처리, 경수 연화, 이온 교환 처리 등 여러 가지가 있다.

2-2. 용수 처리 장치

2-2-1. 폭기 장치

폭기는 공업 용수로서 장애가 되는 기체를 제거하거나 철, 망간 등을 제거하기 위하여 용수 속에 공기를 불어 넣는 것으로, 이 때 사용되는 장치로는 분수식 폭기 장치와 폭기 탱크가 있다.

2-2-2. 탈기 장치

일반적으로 탈기는 용수 속에 녹아 있는 기체 성분인 산소, 이산화탄소, 암모니아 등을 제거하는 것으로, 여기에는 기계적 탈기 방법과 화학적 탈기 방법이 있다. 그리고, 이 때 사용되는 탈기장치로는 트레이(tray)형, 분무형, 가열식, 진공식 등 여러 가지가 있다.

2-2-3. 침전 장치

침전은 용수 속에 섞여 있는 부유 물질을 가라앉히는 조작으로, 여과, 연화, 탈염 등의 용수 처리 조작의 기초 조작이다. 일반적으로, 용수 중의 부유 물질은 모래나 점토 입자가 대부분이며, 유기물도 함유되어 있다.

표 11-2 각종 공업용수의 수질 기준

업종별 용수	탁도	색도	COD	냄새	경도	알칼리도	pH	총고형분	Ca	Fe	Mn	Fe+Mn	Al_2O_3	SiO_2	Cu	F	$CaSO_4$	H_2S
	ppm	ppm	ppm		ppm	ppm		ppm	ppm	ppm	ppm	ppm	ppm	ppm	ppm	ppm	ppm	ppm
빵	10	10		흔적						0.2	0.2	0.2						0.2
엷은색 맥주	10			흔적		7.5~80	6.5~7.0	500	100~200	0.1	0.1	0.1				1	100~200	
검은색 맥주	10			흔적		80~150	6.5~7.0	1000	200 500	0.1	0.1	0.1					200~500	
콩류 통조림	10			흔적		25~75				0.2	0.2	0.2						1.0
일반 통조림	10			흔적						0.2	0.2	0.2						
탄산음료	2	10		0		250	50		850	0.2	0.2	0.3				0.2		
식품공업일반	10			흔적	30~50					0.2	0.2	0.2						
제빙	1~5	5	3	0	70			300		0.03~0.2	0.2	0.2		1.0		1.0		
세탁					50					0.2	0.2	0.2						
플라스틱	2	2						200		0.02	0.02	0.02						
펄프 GP	50	20			180					1.0	0.5	1.0						
펄프 KP	25	15			100			300		0.2	0.1	0.2						
펄프 SP	15	10			100			200		0.1	0.05	0.1						
고급지	5	5			50			200		0.1	0.05	0.1						
비스코오스레이온펄프생산	5	5			8	50		100		0.05	0.03	0.05	8	25				
제조	0.3				55					0.0	0.0	0.0	7.8~8.3					
제당					Mg 10				20									
유피	20	10~100			50~135	135	6.0~8.0			0.2	0.2	0.2						
작물	흔적	흔적	8		0~50					0.05~1.0	0.05~1.0							

2-2-4. 응집 장치

응집은 용수 중에 들어 있는 불필요한 서스펜션 입자를 응집제에 넣어 제거하는 것인데, 상수도 및 공업용수의 응집제로는 황산알루미늄이 많이 사용되며, 이 때 응집제의 첨가량을 줄이고 응집 시간을 단축시키기 위하여 응집 보조제가 사용된다. 응집 조작으로는 혼합 단계와 플록(floc) 형성 단계, 그리고 침전 단계가 연결된다.

고속 응집 침전 장치에는 슬러어리(slurry) 순환형, 슬러지 블랭킷(sludge blanket)형 및 이들의 복합형이 있다.

2-2-5. 여과 장치

여과는 용수 중의 서스펜션 물질이나 고형 물질을 적당한 다공질층을 통과시켜 제거하는 것으로, 이것은 급속 여과와 완속 여과로 나눌 수 있다.

급속 여과는 1시간에 4~6m의 유속으로, 완속 여과는 하루에 2.5~6m의 유속으로 여과시키는 것이다.

공업용수 처리에는 주로 급속 여과 방법이 쓰이며, 여과 장치에는 중력식 급속 여과 장치, 자동식 중력 여과 장치, 압력식 급속 여과 장치, 진공 여과 장치, 그밖에 특수 여과 장치 등이 있다.

2-2-6. 활성탄 용수 처리 장치

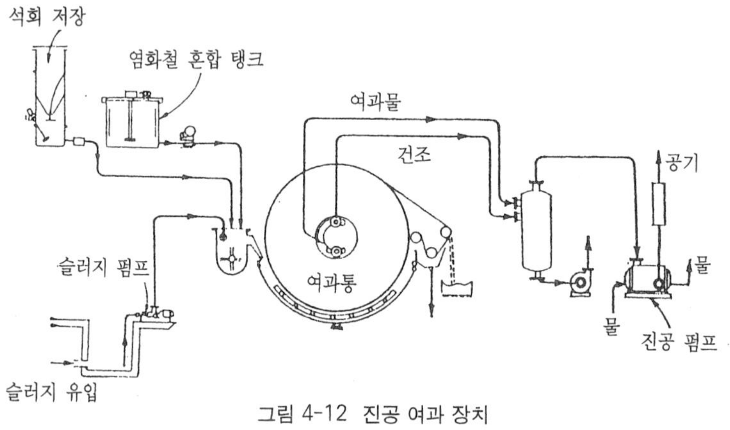

그림 4-12 진공 여과 장치

활성탄은 겉모양에 따라 분말상과 과립상으로 나뉘어질 수 있는데, 이것은 매우 큰 표면적 (800~2000m²/g)과 우수한 흡착성을 가지므로 흡착제로 많이 쓰인다.

활성탄 용수 처리 장치는 활성탄을 처리탑 안에 충전시킨 다음, 처리하려는 용수를 접촉시킴으로써 제거하고자 하는 물질이 활성탄에 흡착되어, 이를 제거하는 것인데, 이 때 사용된 활성탄을 재생시켜 다시 사용한다.

활성탄 용수 처리 장치에는 여러 가지 모양의 활성탄 흡착탑이 이용되는데, 그림 11-13은 그 중에서 대표적인 고정층 흡착탑을 나타낸 것이다.

2-2-7. 경수 연화 장치

경수 연화 조작은 공업용수에 화학 약품을 넣어 물 속에 들어 있는 경수 성분을 분리시킨 다음, 기계적 조작에 의하여 침전 또는 여과시킴으로써 용수를 연화시키는 것으로, 이 때 쓰이는 약품에 따라 석회법, 소오다회법, 석회소오다회법, 인산소오다법, 석회인산소오다법 등으로 나누어진다.

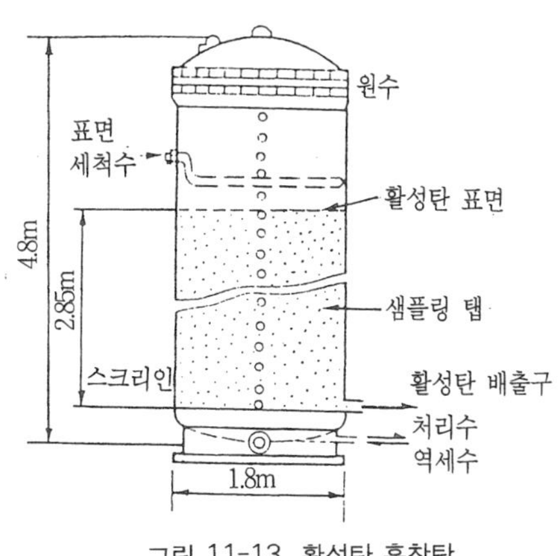

그림 11-13 활성탄 흡착탑

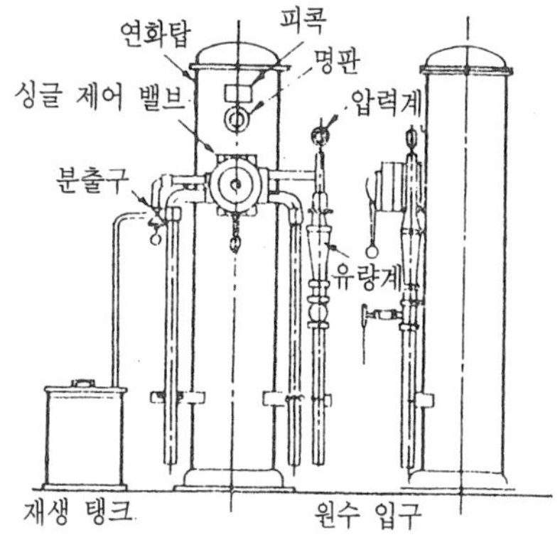

그림 11-14 경수 연화 장치

2-2-8. 이온 교환 처리 장치

이온 교환 처리는 공업용수 중의 유해성 이온을 이온 교환 수지를 이용하여 제거하는 것으로, 이 때 쓰이는 이온 교환 수지로는 폴리스티렌계의 것이 가장 많이 사용되며, 음이온 교환 수지와 양이온 교환 수지로 나뉜다.

일반적으로, 이온 교환 처리 방법은 다음과 같이 네 가지로 크게 나누어질 수 있다.

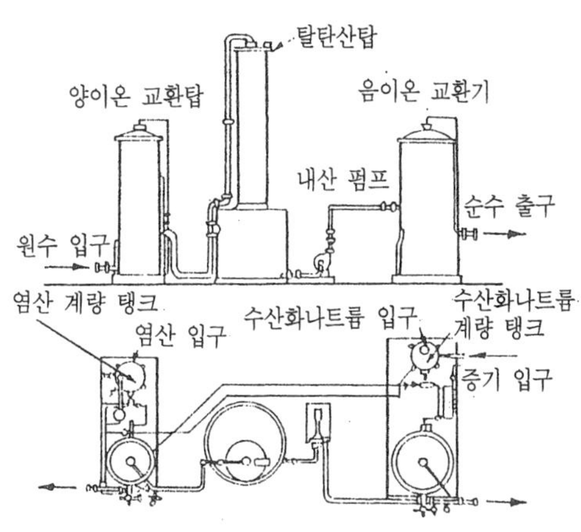

그림 11-15 이온 교환 처리 장치

① 단상식

경수 연화, 유기물 제거, 산소 제거 등에 사용된다.

② 다상식

탈알칼리 연화나 고도의 경수 연화 등에 사용된다.

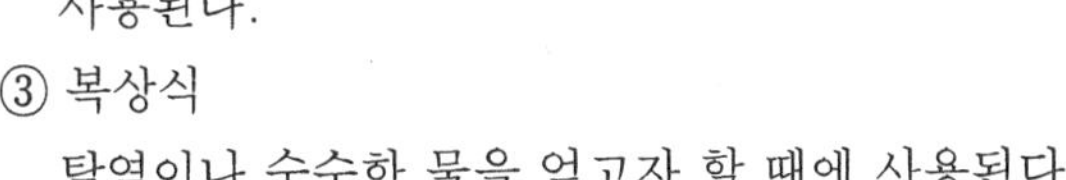

③ 복상식

탈염이나 순수한 물을 얻고자 할 때에 사용된다.

④ 혼상식

순수한 물을 얻고자 할 때에 사용된다.

그림 11-15는 혼상식 이온 교환 수지 장치를 나타낸 것이다.

2-2-9. 보일러용수 처리

보일러의 효율을 높이고 안전하게 운전하기 위해서는 보일러용수를 잘 처리한 다음 사용해야 한다.

표 11-3 용수 중의 불순물에 의한 장애 및 처리 방법

장애의 종류	용수 중의 불순물	장애의 현상	처리 방법
스케일 장애	○ 전 경도 ○ 실리카 ○ 철분 ○ 서스펜션 고형물	○ 드럼 내면 전열면에 부착되어 열효율이 떨어진다. ○ 증발관이 팽출, 과열하게 한다. ○ 드럼 안에 침강, 증발관 폐색	○ 탈철 처리 ○ 여과 처리 ○ 연화 처리 ○ 청관제, 분산제의 사용 ○ 블로우 관리
부식 장애	○ 용존 가스 (O_2, CO_2) ○ 철분 ○ M 알칼리도	○ 용존 가스에 의해 급·복수 계통 및 보일러 본체의 부식 ○ 전열면에 금속 산화물이 퇴적하여 2차적 부식	○ 탈기 처리 ○ 탈염, 탈알칼리 연화 처리 ○ 제철 처리 ○ 탈산소제의 사용 ○ 복수계 방식제의 사용
캐리오우버 장애	○ 유지분 ○ 용해 고형물 ○ 서스펜션 고형물	○ 증기 순도의 저하 ○ 제품에 대한 영향 ○ 터어빈 가열기가 있는 경우에 터어빈 효율이 저하, 과열 기관의 파손이 일어난다.	○ 블로우 관리 ○ 청관제의 사용 ○ 소포제 사용
기타	○ 서스펜션 고형물 ○ 철분 ○ 유리 염소 ○ 망간	○ 이온 교환수지의 오염 ○ 성능 열화 ○ 배관 등의 마멸, 폐색	○ 여과 처리 ○ 제철제 망간 처리 ○ 환원제 사용

제3절 공해 처리 설비(公害 處理 設備)

오늘날 산업의 급속한 발달과 함께 우리 생활 주변에 나타난 커다란 문제는, 우리가 늘 마시는 공기와 물이 여러 가지 공해 물질로 오염되고 있다는 사실이다. 특히, 화학 공장에서는 공해 물질을 배출하는 경우가 많기 때문에, 우리는 더욱 이 문제에 관심을 가져야 한다.

한편, 화학 공장에서는 폭발 사고, 유독 물질의 유출 중독 사고, 화재 발생 사고, 전기 사고, 기계에 의한 사고 등이 뜻밖에 일어나는 수가 많으며, 이와 같은 사고로 인하여 발생되는 인명과 재산의 피해는 매년 증대하고 있는 실정이다.

여기에서는 공해 처리 방법과 안전 관리에 대하여 살펴보기로 한다.

3-1. 폐가스 처리 설비

화학 공장에서 발생되는 폐가스에는 일산화탄소, 황 산화물, 질소 산화물, 분진, 매연 등을 비롯한 20여 종류의 유해성 물질이 들어 있다.

이와 같은 유해성 물질을 처리하는 방법에는 흡수법, 연소법, 촉매 산화법, 응축법, 집진법 등 여러 가지가 있으며, 또 각 처리 방법에 따라 여러 가지 장치가 있다.

3-1-1. 흡수 장치

흡수 장치는 액체에 기체 또는 분진 등을 흡수시켜 제거하는 것으로, 세척 장치와 분무 장치도 여기에 포함시킨다.

그림 11-16은 삼염화인을 사용하는 흡수 장치를 나타낸 것이다.

표 11-4 흡수 장치의 비교

장치 명칭	기 · 액 분산 형식	가스 족 물질 이동 계수	액쪽 물질 이동 계수	중요한 가스의 종류
충전탑	액	중	중	SO_2, H_2S, HCI, NO_2 등
분무탑	액	소	소	HF, HCI
마이크론-스크러버	액	중	소	분진을 함유한 가스
벤튜리-스크러버	액	대	중	HF, H_2SO_3 미스트
제트-스크러버	가스	중	중	CI_2
단탑	가스	소	중	CI_2, HF
하이드로필터	액	중	중	HF, NH_3, H_2S
기포탑	가스	소	대	CI_2, NO_2
기포 교반 탱크	가스	중	대	CI_2, NO_2

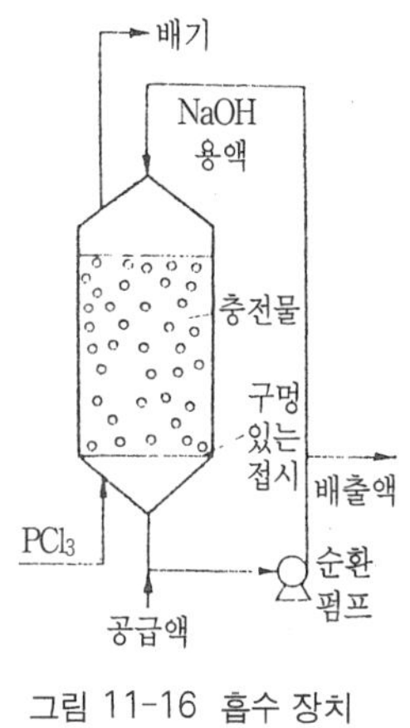

그림 11-16 흡수 장치

3-1-2. 연소 장치

연소 장치는 오염 폐가스 중의 가연성 가스, 증기 또는 악취 등을 태워 제거하는 것으로, 이 장치는 주로 배기량이 많고 유독성 폐가스가 비교적 적을 때 많이 사용된다.

그림 11-17은 단식 배기 연소 장치의 구조를 나타낸 것이다.

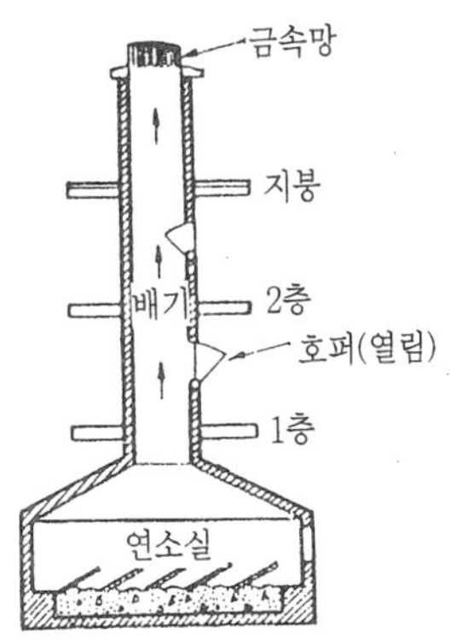

그림 11-17 연소 장치

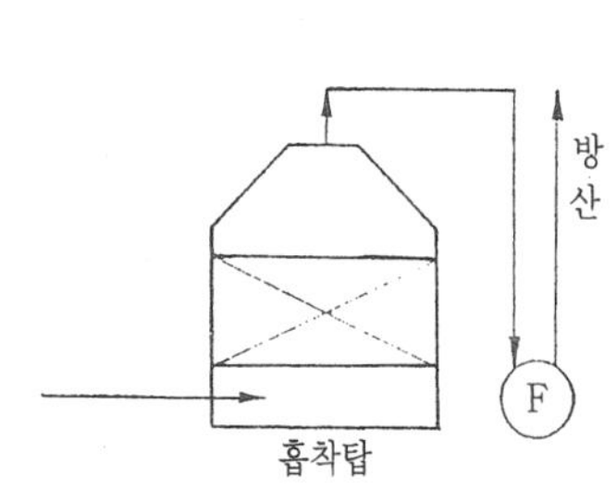

그림 11-18 활성탄 흡착법

3-1-3. 흡착 장치

흡착 장치는 기체의 분자나 원자가 고체 표면에 달라붙는 성질을 이용하여 오염 폐가스와 악취를 함께 제거하는 것을 말하며, 이 때 흡착제로는 활성탄, 실리카 겔, 활성 알루미나, 합성 지이얼 라이트 등이 쓰이는데, 요즈음은 SOx, NOx, 수은 오염물을 흡착, 제거시키는 분자체(molecular sieve)라는 새로운 흡착제(Mg의 실리콘산염)가 개발되었다.

3-1-4. 세척 장치

세척 장치는 장치 안에서 물 또는 물과 계면 활성제를 혼합한 액체를 이용하여 오염 폐가스가 용액 방울, 용액막 또는 기포 등과 접촉하도록 함으로써 유해성 물질을 응집시켜 제거하는 것으로, 유수식, 가압수식, 회전식 등이 있다.

그림 11-19는 가입수식 세척장치의 구조를 나타낸 것이다.

3-1-5. 제진 장치

제진(또는 집진) 장치는 작은 먼지나 분진 같은 고체 입자를 함유하는 폐가스를 처리하여 이들을 분리, 제거하는 방법을 이용한 것인데, 이것에는 중력, 관성력 및 원심력을 이용하는 방법, 필터를 이용하는 방법, 그리고 전기를 이용하는 방법 등이 있다.

그림 11-20은 전기를 이용하는 제진 장치인 코트렐의 구조를 보기로 든 것이다.

또, 그림 11-21은 보일러 배기 가스 처리에 사용되고 있는 전기 집진 장치를 나타낸 것이다.

3-2. 폐수 처리 설비

일반적으로, 폐수 처리 방법은 물리적 처리 방법, 화학적 처리 방법, 그리고 생물학적 처리 방법으로 크게 나누어질 수 있으며, 이것은 다시 다음과 같이 나누어질 수 있다.

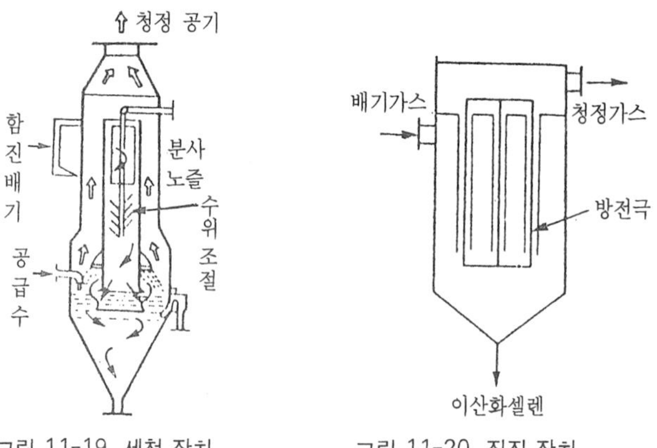

그림 11-19 세척 장치 / 그림 11-20 집진 장치

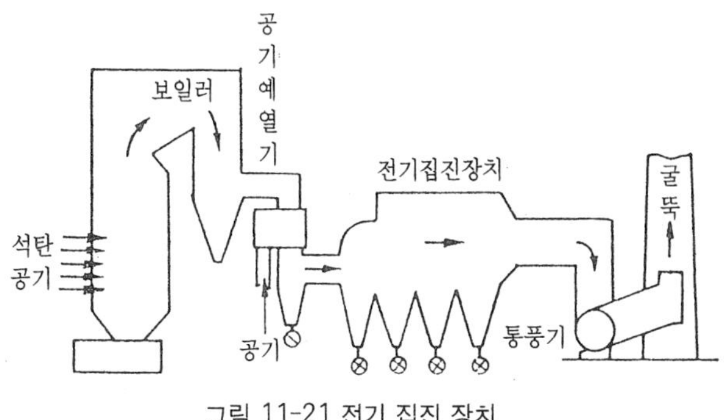

그림 11-21 전기 집진 장치

3-2-1. 물리적 처리 방법 : 스크리이닝법, 침강 분리법, 부상 분리법, 여과법, 응집 처리법

3-2-2. 화학적 처리 방법 : 중화법, 응집 침전법, 산화 · 환원법, 폭기법, 흡착법 등

3-2-3. 생물학적 처리 방법 : 호기성 처리법(활성 오니법), 혐기성 처리법(소화법) 등

그리고, 공장 폐수의 근원적 조치 및 단위 조작적 처리의 보기를 들면 다음과 같다.

(1) 배출 폐수량의 근원적 조치

① 생산 공정을 바꾼다.
② 제조 설비를 개량한다.
③ 배수를 분리시킨다.
④ 부산물을 회수한다.

표 11-5 공장 폐수의 종류 및 처리 방법

공장 폐수의 종류	처 리 방 법
식품 가공	스크리인, 유지 제거, 응집 침전 탱크, 침전 탱크, 산화지, 살수 여과상, 활성 오니법, 소화 탱크, 사료, 비료화, 압력 여과, 감압 농축
섬유 제조	중화, 침전, 응집 침전, 산화지, 살수 여과상, 활성 오니법, 스크리인, 유지 분리, 여과, 화학 처리(황산, 염산)
종이 및 펄프 제조	방류 희석, 중화, 침전, 응집 침전, 약품 회수, 살수 여과상, 활성 오니법
광업	중화, 구리 회수, 침전, 응집 침전, 부상 분리, 여과, 지하 주입, 유분 분리, 살수 여과상, 소각
정련 야금	침전, 응집 침전, 황산철 회수, 황산 농축, 중화, 회수, 농축, 염소산화 분해, 전해 산화, 산성화, 이온 교환, 환원, 알칼리성화, 탈수, 건조
기계공업	부상 분리, 응집 침전, 여과
코우크스 및 가스제조	회수 자원화, 부상 분리, 응집 침전, 추출, 살수 여과상, 활성 오니법
약품 제조	중화, 침전, 응집 침전, 흡착, 추출, 산화, 살수 여과상, 활성 오니법
가죽 제조	중화, 침전, 응집 침전, 살수 여과상, 활성 오니법

(2) 공장 폐수의 단위 조작적 처리

① 중화(pH의 조정)

② 부유 물질 및 콜로이드 물질 제거(응집, 흡착, 침전, 부상 분리 여과)

③ 용해성 유기물 및 무기물의 제거(산화, 환원, 흡착, 이온 교환, 탈기, 추출)

④ 오니 처리
- · 산화 · 환원 처리(연소, 소각, 생물학적 산화 및 환원)
- · 농축(응집, 침전, 원심 분리, 여과)
- · 매립

그림 11-22는 물리적 폐수 처리 장치를 나타낸 것으로, 그림 (a)는 고형 부유물을 침강시켜 처리하는 것이고, 그림 (b)는 작은 서스펜션 부유물을 응결 처리하는 것이다.

또, 그림 11-23은 화학적 폐수 처리 장치의 보기를 든 것으로, 그림 (a)는 폐수 중에 함유되어 있는 휘발성 물질, 기체, 그리고 악취를 제거하는 데 사용되는 폭기 장치이고, 그림 (b)는 폐수 중의 환원성 물질(아황산염, 아질산염, 2가 철염 등)을 산화 처리하여 화학적 산소 요구량(COD) 및 생물학적 산소 요구량(BOD)을 감소시키는데 사용되는 오존 접촉 장치이다.

그리고, 그림 11-24는 생물학적 폐수 처리 장치 중에서 회전식 살수 여과 장치를 나타낸 것이다.

폐수 처리 과정에 생기는 침전성 오니는, 그 물량도 많고 부패성이 크며, 악취를 발생하는

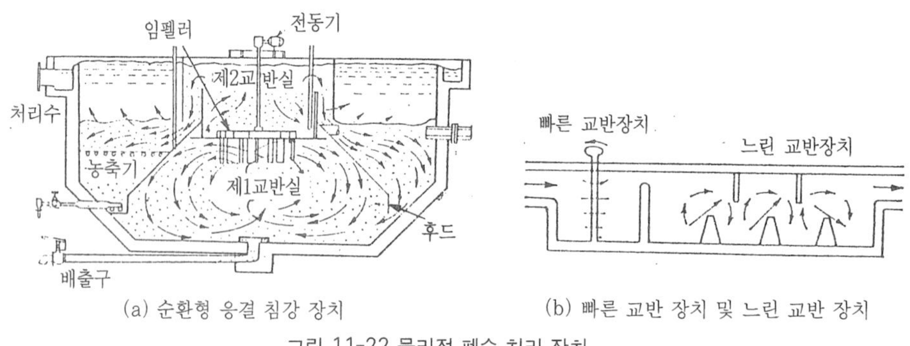

(a) 순환형 응결 침강 장치　　(b) 빠른 교반 장치 및 느린 교반 장치

그림 11-22 물리적 폐수 처리 장치

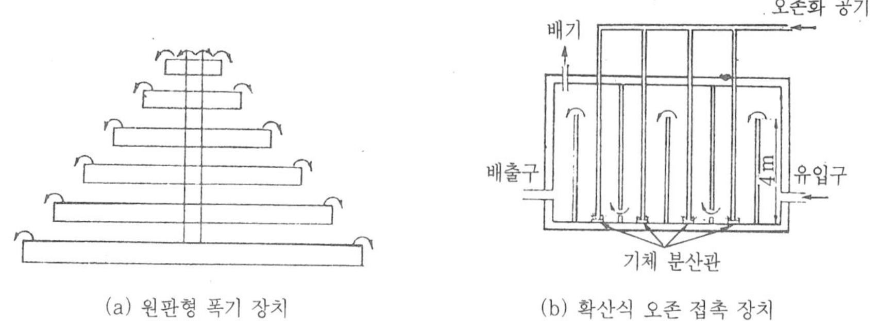

(a) 원판형 폭기 장치　　(b) 확산식 오존 접촉 장치

그림 11-23 화학적 폐수 처리 장치

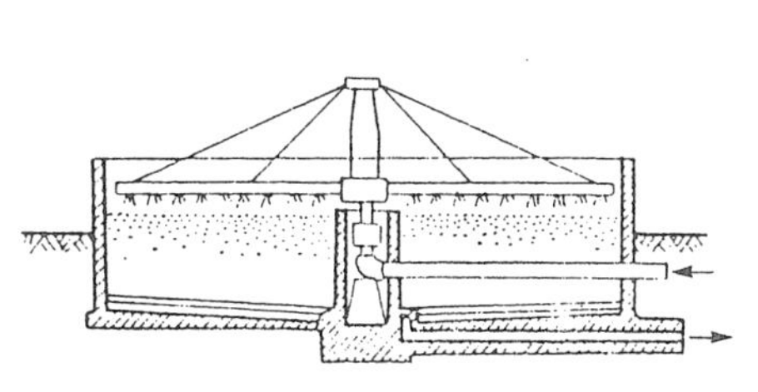

그림 11-24 생물학적 폐수 처리 장치

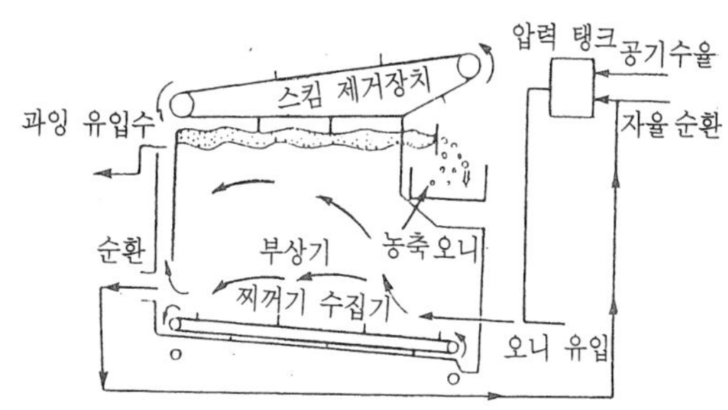

그림 11-25 공기 부상 오니 농축기

데, 이 오니의 처리 방법에는 압착 농축 처리, 안정화 처리, 탈수 처리 등이 있다.

이밖의 폐수 처리 장치로서 널리 사용되는 것에는 그림 11-25와 같은 공기 부상 오니 농축기가 있다.

3-3. 안전 설비

화학 공장에서의 안전 관리는 매우 중요한 일 중의 하나인데, 안전 관리에 있어서는 무엇보다도 사고가 나기 전에 이를 철저히 예방하는 것이 가장 중요하다. 그러기 위해서는, 종사자에 대한 안전 교육을 실시하여 안전 관리에 대한 인식과 자세를 올바로 가지도록 하며, 작업 환경을 개선해야 할 뿐만 아니라, 치밀한 사고 예방 및 사고 처리 방안을 수립해 놓아야 하며, 항상 정밀한 점검을 철저히 실시해야 한다.

제12장

도시가스 설비

제 12 장
도시가스 설비

가스 설비는 석탄, 납사, LNG, LPG, 오프가스(off gas) 등의 원료를 건류, 정제, 가스화, 기화, 개질처리 하여 열량을 조절하여,압축기 등으로 주로 지하에 매설된 배관을 통해 압송한 후 가스 홀더에 저장했다가, 수요에 따라 각 소비처에 적당한 압력으로 조정해서 공급하기 위한 것이다. 이것은 최근 급속한 경제발전과 더불어 보다 편리함을 주는 문명의 이기가 되고 있으며, 그 사용도는 급속도로 증가되고 있는 실정이다.

현재 널리 사용되는 액화석유가스(Liquefied petroleum gas:LPG)는 주로 용기나 탱크로 공급되지만, 도시가스는 대부분 지하 · 배관을 통해 공급되며, 그 가스의 사용압력에 따라 저압, 중압, 고압으로 분류되고, 관의 부설방법에 따라 본관, 공급관, 내관으로 구분된다.

배관은 본관, 공급관을 총칭하는 것이며, 본관은 도시가스 제조공장의 부지 경계에서 정압기까지의 배관으로 주로 도로 밑에 평행하게 배관한 것이다.

공급관은 정압기에서 가스 사용자가 소유하거나 점유하고 있는 토지 경계까지의 배관으로, 본관으로부터 분기하여 여러 소비자에 공급하기 위한 것이다.

내관은 가스 사용자가 소유하거나 점유하고 있는 토지의 경계로부터 연소기까지의 배관으로, 특정한 장소에 공급하기 위하여 공급관에서 분기되어 가스계량기에 이르는 옥외내관과, 가스계량기에서 중간 밸브에 이르는 옥내배관 및 중간밸브에서 연소기구 콕(cock)에 이르는 실내관으로 각각 구분된다.

이와 같은 가스배관은 가장 안전하고 유효하게 가스를 공급하는데 그 목적이 있으며, 따라서 안전한 설계와 시공 및 검사가 필요하기 때문에 가스배관설비 기준에 의거하여 철저한 공사가 이루어져야 한다.

제1절 도시 가스

1-1. 도시 가스의 원료와 특성

도시 가스란 도시 가스의 원료인 석탄 · 코크스 · 나프타 · LPG · 천연가스를 제조 · 정제 · 혼합하여 소정의 발열량으로 조정한 것을 말한다. 그러므로, 도시 가스는 조성이 원료별로 서로 달라서 비중 뿐만 아니라 연료의 특성이 달라지므로 가스의 배관 설계나 기구 선정에 특히 주의를 해야 한다.

도시에서 사용하고 있는 가스는 LNG와 LPG가 주종을 이루고 있다.

표 12-1 연료용 가스의 종류

원 료	명 칭	제 법	비 고
석탄 (코크스)	석탄가스 발생로가스	석탄의 건류 공기와 수증기의 혼합기를 코크스 밑에 불어 넣는다	석탄을 원료로 하는 방법은 고체 연료에서 액체 연료로의 에너지 혁명으로 인해 점차 줄어드는 추세에 있다.
석유	기름가스	석유 분해의 방법에 따라 열분해식 기름 가스와 접촉 분해식 기름 가스 2종류가 있다.	현재 주류를 이루고 있는 가스나 원료의 저경황화(低硬黃化)가 강요되고 있는 등 문제가 있다.
	나프타가스	나프타란 석유 중의 경질유분 총칭으로, 가스화 방법에 따라 ICI식 개질 가스, CRG식 개질 가스, 사이클릭식 나프타 분해 가스 3종류가 있다.	
	LPG	석유 제품의 제조시 부생하는 프로판 · 부탄 등을 액화한 것이다.	
	SNG	나프타에 특수 촉매를 사용하여 스팀 분해한 것이다.	
천연가스	천연 가스	주로 메탄을 주성분으로 한 가스로 가스정 · 석유정에서 산출한다.	가스 원료 무공해성 및 열량이란 점에서 장차 위의 가스에 대신해야 할 성질의 것이다.
	LNG	1기압, -162° C에서 액화한다. 위의 가스를 액화한 것이다.	

1-1-1. LP 가스(Liquefied Petroleum Gas)

LP 가스는 석유의 탄화수소(炭化水素) 가스 중 액화하기 쉬운 탄소수(炭素數) 3과 4의 탄화수소로서 프로필렌(C_3H_6), 부탄(C_4H_8), 부틸렌(C_4H_8), 에틸렌(C_2H_6)을 포함하고, 가스는 발열량이 크며, 비중이 공기보다 크고, 연소시 이론공기량이 많다. 그러므로 가벼운 도시가스와는 다르기 때문에 배관 설계와 기기 사용시에는 특별한 주의를 요한다. 천연 가스와 같이 공급 가스 탄소가 포함되어 있지 않다는 점에서는 안전하나, 연소가 불완전하면 일산화탄소가 생성하기 때문에 완전 연소시켜 사용하는 것이 좋다. 우리 나라에서는 도시 가스 중 나프타와 LP 가스가 주를 이루었으나, 점차 LNG를 주원료로 하는 시설로 전환해 가고 있다.

1-1-2. LN 가스

LN 가스(Liquefied Natural Gas)는 액화 천연 가스를 말하는 것으로, 주성분이 메탄인 천연 가스를 냉각하여(1기압하에서 -162° C) 액화시킨 것이다. 이 가스의 장점은 공기보다 가볍기 때문에 누설이 된다 해도 공기 중에 흡수되기 때문에 안전성이 높다. 그러나, 작은 용기에 보관할 수가 없고 반드시 대규모 저장 시설을 갖추어 배관을 통해서 공급해야 하는 단점도 있지만, 현재 연료로 사용되는 가스 중에서 발열량이 높고 무공해성이어서, 연료용으로는 최적합한 장점을 지니고 있기 때문에 LN 가스의 사용이 확대되고 있다.

1-1-3. 나프타

나프타(naphtha)는 원유를 상압 증류해서 얻어지는 비등점 200°C 이하의 유분으로서 도시가스, 석유, 화학, 합성 비료의 원료로 사용되는 가솔린을 말한다.

가스용 나프타로서 필요한 성상(性狀)으로는 가스화가 용이해야 하고, 탄화물성 경향이 적어야 한다.

가스화 효율은 분해가 쉬운 파라핀계 탄화수소의 함유량이 많은 것이 좋고 탄소 석출이 많으며, 효율의 저하 및 촉매의 노화를 가져오는 올레핀계, 나프텐계는 함유량이 적은 것이 좋다. 나프타는 저장과 취급이 쉽고 타르나 탄소 등의 부산물이 거의 생성되지 않기 때문에 수질 오염, 대기 오염 등 환경 오염이 적으며, 불순물이 적어서 정제 설비를 필요로 하지 않는 대신 개질 장치가 필요하고, 도시가스의 증열용 연료로도 사용된다.

표 12-2 나프타의 성질

구분 \ 종류	light naphtha	heavy naphtha
비중(15°C/4°C)	0.679	0.756
발열량(Kcal/kg)	11450	11250
증기압(Kcal/cm²)	0.56	0.03
비점(°C)	43~120	138~192
유황분(%)	0.015	0.066
옥탄가	60	32

탄화수소분석값

	light naphtha	heavy naphtha
P : 파라핀(%)	82.3	57.9
O : 올레핀(%)	0.1	0.2
N : 나프텐(%)	15.6	25.6
A : 방향족(%)	2.0	14.5

표 12-3 오프가스의 발생 공정과 성상

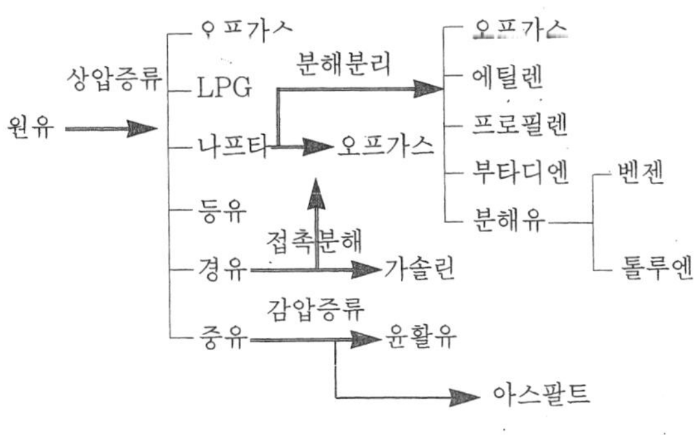

구분 \ 종류		석유정제 오프가스	석유화학 오프가스
조성 (%)	수소	66	13
	에틸렌	0	3
	C2, C3	14	14
	메탄	20	70
발열량(kg/Nm³)		9,800	6,700
비중		0.33	0.57

1-1-4. 오프 가스

이 가스는 석유 정제 공정중 상압증류, 감압증류, 가솔린 생산을 위한 접촉 개질 처리할 때, 석유화학의 나프타 분해 공정 중 에틸렌, 벤젠 등을 제조할 때 발생되는 수소와, 메탄 등

탄화수소를 주 성분으로 하는 가스이다.

오프 가스(off gas)는 액화 석유가스를 기화시킨 후 도시가스 원료로 사용되며, 저온 저장 설비, 기화장치가 필요하지만, 냉열을 이용할 수 있고 환경 오염의 문제가 없으므로 개질용 원료 또는 증열용 가스로 사용된다.

제2절 가스 제조 설비

2-1. 상압증류 공정(Topping Process)

증류란 여러 가지 혼합 용액이 갖고 있는 각 성분의 비점차를 이용해서 증발, 응축 조작하여 분리하는 것을 말하며, 증류에 의해 효율을 높일 수 있도록 분리하는 조작을 정제라 한다. 상압증류법은 저비점에서 고비점까지 많은 종류의 탄화수소 혼합물이 존재하고 있는 원유를 정제해서 나프타, 등유, 경유, 중유 등으로 분류하여, 가스회수장치의 상부로부터 가스를 추출하는 방법이다.

2-2. 열분해 공정(Thermal Cracking Process)

원유, 중유, 나프타 등 분자량이 큰 탄화수소 원료를 고온(800~900°C)하에서 가열하여 수소, 메탄, 에틸렌, 프로판, 부탄 등의 가스와 벤젠, 톨루엔, 타르, 나프탈렌 등으로 분해해서 10,000 Kcal/Nm^3 정도의 고열량 가스로 제조하는 방법이다.

2-3. 접촉분해 공정(Steam Reforming)

도시 가스에 사용되는 접촉분해 반응은, 촉매를 사용하여 반응 온도 400~800°C에서 탄화수소와 수증기를 반응시켜 수소 일산화탄소, 탄산가스, 메탄, 에탄, 에틸렌 등의 저급 탄화수소로 변화시키는 증기 개질 반응을 말한다.

분해 가스는 불포화분이 많아서 액화 석유가스로는 거의 사용되지 않지만, 높은 옥탄가의 가솔린 원료 및 석유 화학용 연료로 이용된다.

2-4. 부분 연소 공정(Partial Combustion Process)

이 방법은 탄화수소의 분해에 필요한 열을 노내에 산소나 공기를 취입함으로써, 원료의 일부를 연소시켜서 보충하여, 질소분이 많고 연소 속도가 느린 2,000~3,000Kcal/Nm^3 정도의 가스를 제조하는 공정이다. 즉, 원료로서 원유에서 메탄까지의 탄화수소를 가스화제로 탄소 또는 공기, 수증기를 사용하여 메탄, 수소, 일산화탄소, 탄산가스로 변환시키는 방법이다.

2-5. 수소화 분해 공정(Hydrogenation Cracking Process)

수소화 분해 공정은 저온 수증기 개질 공정에서 생성된 가스와, 탈황나프타의 나머지가 혼합된 광범위한 가스류를 고온 고압하의 수소기류 중에서 촉매를 사용하여, 열분해 또는 접촉분해하여 메탄을 주성분으로 하는 경질 고열량 고품질의 가스를 얻는 방법이다.

2-6. SNG 공정(Synthetic Natural Gas)

SNG는 대체 천연가스를 말하며 천연가스와 대체할 수 있는 가스로 합성천연가스라고도 한다. 수소, 질소, 산소, 일산화탄소 가스를 메탄올, 암모니아 등의 합성에 대응하여 그것의 합성비로 조성한 가스이다.

SNG 공정은 석탄, 원유, 나프타, LNG 등의 탄화수소 및 수소, 산소, 물 등의 가스화 제품을 원료로 해서 주성분인 메탄을 합성함으로써, 천연가스와 물리 화학적 성질(발열량, 연소성,조성)이 일치되는 가스를 제조하는 방법이다.

제3절 가스 공급 설비

원료를 가지고 연소할 수 있는 상태로 제조한 가스를 연소기까지 공급하는데, 필요한 설비로, 압송기를 통하여 일단 저장탱크에 저장한 후 필요한 양만큼 압력조정을 하여 각각의 용도에 적당하게 공급하는 것을 말한다. 일반적으로 액화 석유가스는 석유 정제 과정에서 생산되지만 도시 가스는 여러 가지 원료로부터 만들어져 공장에서 사용장소까지 배관에 의하여 공급된다. 즉, 액화 석유 가스는 대부분 용기나 탱크로 공급되지만 도시 가스는 지하에 매설된 배관을 통하여 각 수용가에 공급된다.

3-1. 가스 저장 설비

3-1-1. 액화 석유 가스 저장 설비

(1) 용기의 종류

용기의 종류에는 용접용기, 무계목 용기, 저온 용기, 초저온 용기가 있다.

(2) 저장탱크의 종류

저온저장탱크와 상온저장탱크로 대별된다.

(3) 고압가스의 저장 능력 및 충전량 산출식

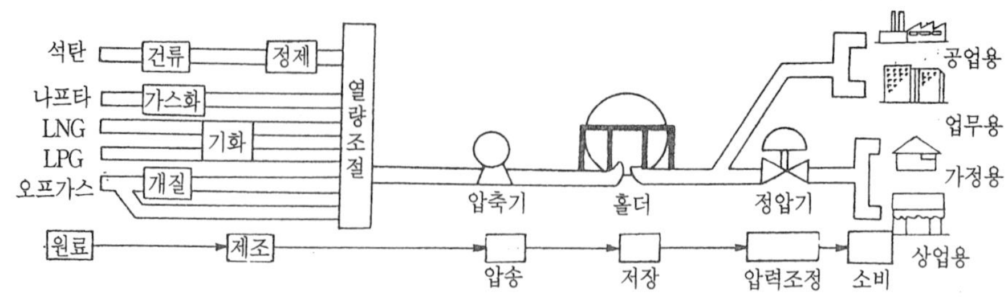

그림 12-1 도시 가스의 공급 계통도

① 압축가스의 저장탱크 및 용기	Q : 저장 능력(m^3)
$Q=(P+1)V_1$	P : 35° C에서 최고 충전압력(kg/cm^2)
② 액화 가스의 저장 탱크	V_1 : 대기압 상태의 가스체적(m^3)
$W = 0.9S \cdot V_2$	V_2 : 내부체적(l)
③ 액화 가스의 용기 및 차량용 탱크	W : 저장능력(kg)
$W=\frac{V_2}{C}$	S : 상용 온도에서 액화가스의 비중(kg/ l)

C는 액화가스의 상수로 에틸렌 3.5, 에탄 2.8, 프로판 2.35, 부탄 2.05, 암모니아 1.86, 질소 1.47, 탄산가스 1.34, 산소 1.04, 아르곤 0.87, 염소 0.8의 값을 취한다.

3-1-2. 도시가스 저장 설비(貯藏設備)

(1) 액화 천연가스 저장탱크

이 탱크는 수요 변동에 대비하기 위해 저장하는 피크로드(peak load)용 탱크와, 생산지에서 멀리 떨어진 소비 지역까지 수송하여 육상에 저장하는 베이스로드(base load)용 탱크가 있으며, 주로 액체 산소나 액체 질소 저장에 이용된다.

① 지상 저장탱크

지상식 저장탱크로는 금속 2중벽 탱크가 대표적이고, 내부탱크에는 -162° C의 초저온에 견딜 수 있는 알루미늄과 9% 니켈강이 사용되며, 외부탱크는 연강으로 만들어진다. 그리고, 그 사이에 펄라이트 분말 단열재나 불활성 기체인 질소를 봉입하여 누설에 의한 폭발 사고를 방지하도록 되어 있다.

그리고 탱크의 수축을 흡수하기 위하여 신축흡수장치를 부착하고, 탱크의 중량을 지지하는데 충분한 강도를 갖도록 앵커볼트를 사용하여 기초에 고정시킨다.

② 지하 저장탱크

동결식 지하 저장탱크는 천연 동굴을 이용하여 단열 시공한 구조이며, 지상식 저장탱크보다 저렴하고 안전하게 액화 천연가스를 저장할 수 있도록 한 것이다.

그리고 냉동지하탱크는 토양을 굴착해서 만든 갱의 주위에 동결 토양이라는 견고하고 불침투성의 단열벽을 만들고, LNG의 확산을 방지하기 위해 지붕을 설치하지만, 증발가스량이 지상식저장 탱크보다 많은 것이 단점이다.

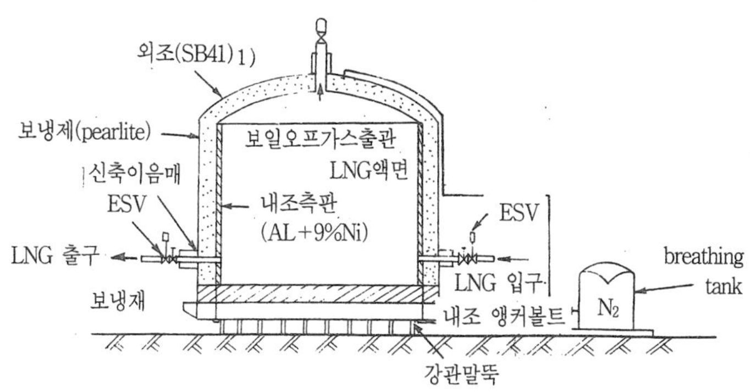

그림 12-2 지상식 저장 탱크

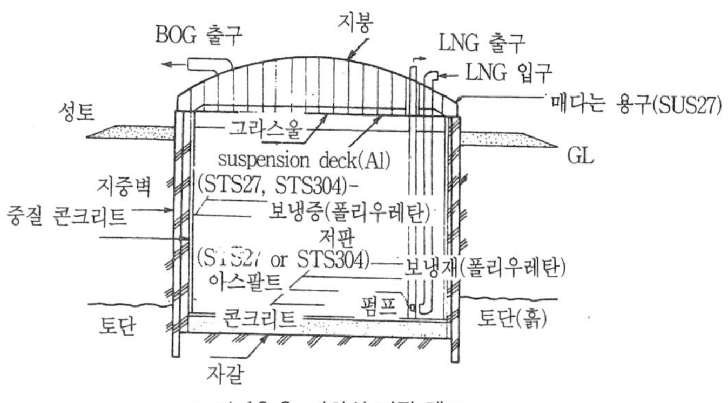

그림 12-3 지하식 저장 탱크

(2) 가스홀더(gas holder)

공장에서 제조 정제된 가스를 저장했다가 공급하기 위한 압력탱크로 가스압력을 균일하게 하며, 급격한 수요 변화에도 제조량과 소비량을 조절하는 것인데, 여기에는 가스홀더와 서지탱크(surge tank)가 있다.

가스홀더는 내부체적을 변화시켜 가스압력을 일정하게 하는 체적가변압력 일정형이며, 서지탱크는 밀폐된 원통형이나 구형의 탱크로 체적은 일정하지만 압력을 변동시키는 체적일정 · 압력 가변동이다.

가스홀더는 다음과 같은 기능을 가지고 있다.

① 가스 소비량의 시간적인 변화에 대하여 제조량이 순응할 수 없는 가스량을 공급할 수 있으며, 조성이 다른 제조가스를 수입하여 공급 가스로서의 성분, 열량, 연소성 등의 성질을 균일하게 할 수 있다.

② 배관 공사나 정전 등 제조 공급 설비의 일시적인 중단에 어느 정도 대처할 수 있고, 소비처 근처에 설치하기 때문에 피크시에 공장으로부터 배관에 의한 수송량을 그만큼 적게 할 수 있다.

(3) 가스홀더의 종류

① 습식(有水式) 가스홀더

제조된 가스압력이 저압인 경우에 사용되는 것으로, 일정량의 물이 채워져 있는 물탱크와 가스탱크로 되어 있으며, 가스탱크는 단층식과 다층식으로 분류된다.

즉, 단층식은 가스 출입관이 물탱크부에 입상관으로 수면 위까지 연결되고, 다층식은 각층의 연결부를 수봉(水封)에 의해 기밀을 유지하도록 하여 가스를 저장하는 구조이며, 가스의 출입에 따라 상하로 움직여 가스량이 많아질 때는 내부체적이 커지면서 압력을 일정하게 유지한다.

이 가스 홀더의 특징은 기초 설비비가 많이 들고 구형 가스홀더보다 유효 가동량이 크며, 한랭지(寒冷地)에서는 물의 동결 방지장치를 필요로 한다.

② 건식(無水式) 가스홀더

고정된 실린더 모양의 탱크 내부에 피스톤이나 다이어프램을 설치하여, 그 밑에 저장된 가스량의 변화에 따라 피스톤 또는 다이어프램이 상하운동을 하면서 가스압력을 일정하게 유지시켜 준다. 이 가스홀더는 기초가 단단하고 시설비가 적게들며, 습식 가스홀더에 비해 작동 중에는 가스압력이 거의 일정하며, 건조한 상태로 가스를 저장할 수 있다.

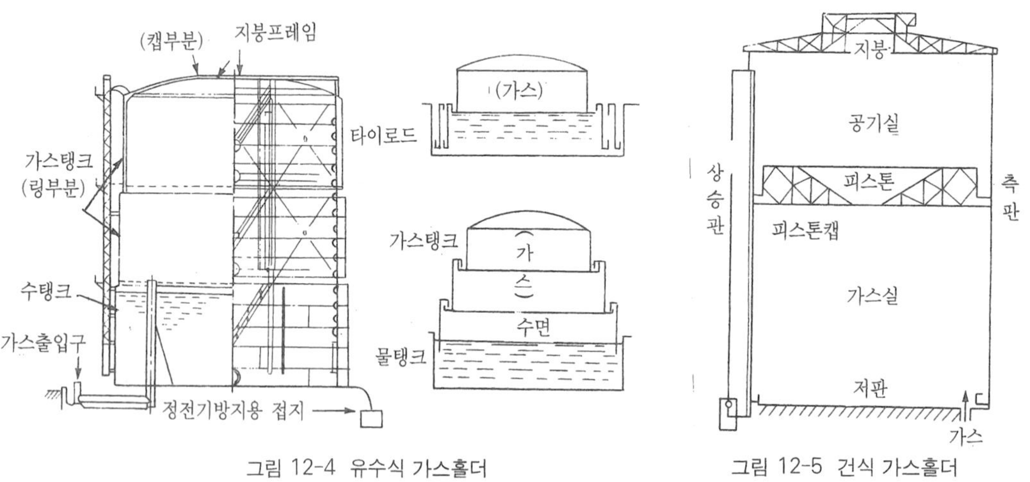

그림 12-4 유수식 가스홀더

그림 12-5 건식 가스홀더

③ 고압 가스홀더(Surge Tank)

일정한 용량의 기체를 저장하는데 가장 적합한 가스홀더로 압축하여 저장하는 구형 또는 원통형 탱크이며, 강재를 용접하여 만들고 자중, 풍압, 지진 등의 하중에 따른 팽창 수축, 외력에 대한 변형과 온도 압력 변화에 견디도록 설비해야 한다.

구형 고압식 가스홀더의 저장가스량은 다음 식으로 계산한다.

$Q = 1\frac{1}{3}\pi r^3 p/1.0332$

d : 구의 안지름(cm)

P : 구 내부 절대압력(kg/cm^2)

r : 구의 내부 반지름(cm)

(4) 가스홀더의 가동 용량

제조가스량이 일정한 경우에 공급과 수요의 균형을 유지하기 위하여 가스 제조량보다 공급량이 많이 필요한 시간에는 가스홀더에서도 공급을 하며, 소비량이 적은 시간에는 가스홀더에 저장하여 공급량과 제조량의 차를 없애기 위해 가스홀더의 가동 용량을 다음 식으로 결정한다.

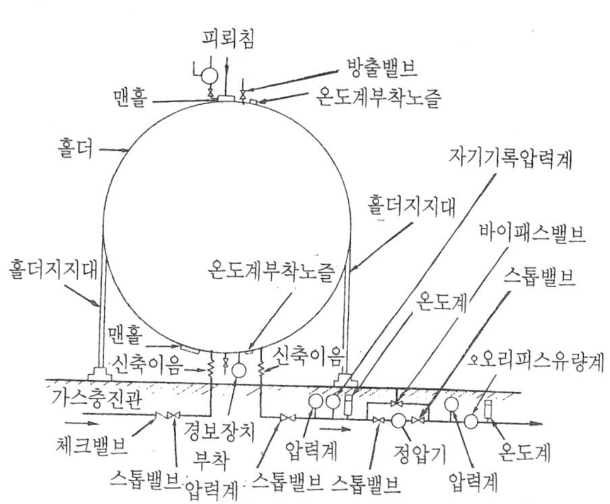

그림 12-6 구형(球形) 고압가스홀더

ΔV: 가스홀더의 가동용량(m^3/일)

M : 최대 가스공급량(m^3/일)

$\Delta V = M \cdot a - Q \cdot t$

a : t시간 동안의 가스공급율(%)

Q : 최대가스 제조능력(m^3/일)

t : 시간당 공급량이 제조능력보다 많은 시간(hr/24)

3-2. 도시가스 부취(付臭) 설비

가스 부취의 목적은 가스가 누설될 경우 초기에 발견하여 중독 및 폭발사고를 미연에 방지하기 위함이다. 위험농도(1/1,000, 1/600) 이하에도 냄새로써 충분히 누설을 감지할 수 있도록 했다.

현재 사용되는 부취제는 가스의 종류와 공급 지역에 따라 차이가 있지만, 터셔리 부틸메캅탄(TBM : tertiary butyl mercapthane), 테트라 하이드로 티오펜(THT:tetra hydro thiopene), 디메틸 설파이트(DMS:dimethyl sulphite) 등이 있으며, 단일 또는 적당히 혼합해서 가스저장탱크에 주입하여 사용한다. 그리고, 그것은 다음과 같은 성질을 갖추어야 한다.

① 독성이 없고 낮은 농도에서 냄새 식별이 가능할 것

② 화학적으로 안정되어 가스 설비나 기구의 재료에 흡착 및 부착되지 않으며, 상용 온도에서 응축이 되지 않을 것.

③ 완전연소가 가능하고 가격이 저렴하며, 토양에 대한 투과성이 클 것

부취제 주입 설비는 항상 일정한 냄새의 정도를 유지하도록 하고, 부취제 누설시 광범위한 지역에 확산되는 것을 막기 위해 부취제 저장탱크, 주입장치 등은 밀폐된 건물 내에 설치하는 것이 이상적이다.

주입 방법에는 다음과 같은 것들이 있다.

3-2-1. 액체 주입식

부취제를 액체인 상태 그대로 직접 가스 중에 주입하여 기화, 확산하게 하는 방식으로, 가스량 변동에 대응하여 주입량을 변화시켜서 일정한 냄새의 농도를 유지하도록 되어 있다.

(1) 적하 주입 방식

가스 유량의 변동이 적고 부취제 첨가율을 일정하게 유지하기 곤란한 소규모 설비에 사용되는 방법으로 가장 간단한 액체 주입식이다. 즉, 부취제 주입탱크를 가스압력으로 평형시키고 중력에 의하여 부취제를 가스 흐름 중에 낙하시키는 것이며, 니들밸브나 전자밸브로 주입량을 조정하지만 정밀도가 낮다.

(2) 펌프 주입 방식

비교적 큰 규모 · 설비에 적합한 방법이며, 소용량의 다이어프램펌프 등으로 부취제를 직접 가스 흐름 중에 주입하는 방법이며, 가스량 변동에 따라서 펌프의 행정(stroke), 회전수 등을 변화시켜 농도를 일정하게 유지한다.

3-2-2. 증발식

증발식 부취 설비는 부취제의 증기를 가스 흐름중에 혼합하는 방식으로, 시설비가 싸며 압력과 온도 변화가 적고, 관 내의 가스유속이 빠른 곳에 설치하는 것이 좋지만, 부취제의 첨가율을 일정하게 하기 곤란하여 가스량 변동이 적은 소규모 설비에 사용된다.

그림 12-7의 (b)는 증발식의 대표적이 바이패스 방식으로 가스량의 변화로 부취제 농도를 조절하므로 조절 범위가 한정되고 혼합 부취제는 쓸 수 없다.

3-3. 가스 공급 방식

3-3-1. LPG 공급 방식

액화 석유가스 공급 방식은 용기의 설치 장소가 용이하고 부하변동이 비교적 적으며, 연간

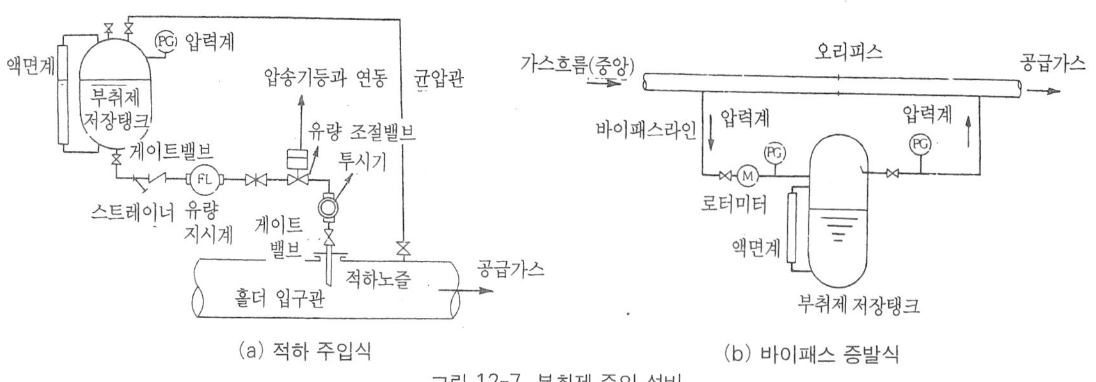

(a) 적하 주입식 (b) 바이패스 증발식

그림 12-7 부취제 주입 설비

기온차가 적을 때 사용하는 자연기화식과 부하변동이 심하고 한랭지 등과 같이 자연기화가 어려울 때 사용하는 강제기화식이 있다.

(1) 자연기화식

한 개의 용기나 집합장치로 용기 내의 LPG가 대기 중의 열을 흡수하며 기화하는 가장 간단한 방법으로, 소량의 소비처에서 사용되며 외부의 기온에 따라서 증발량이 변화된다.

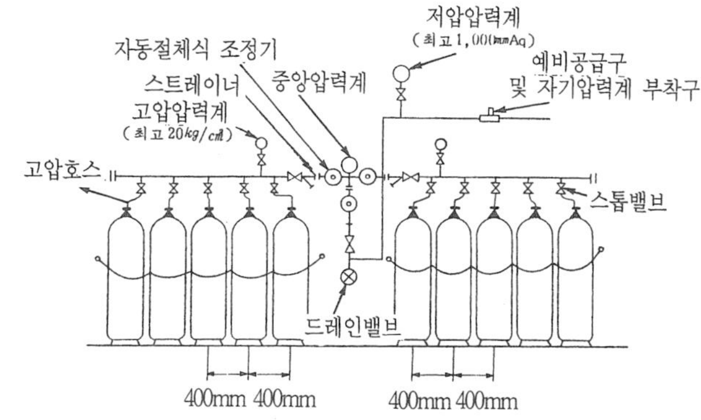

그림 12-8 자연기화 방법

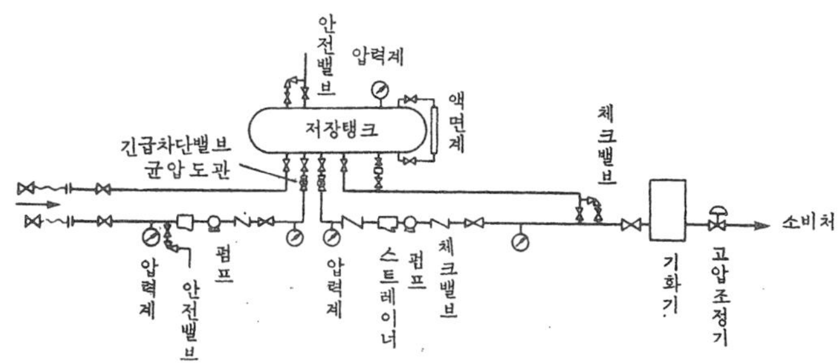

(a) 생가스 공급 방식

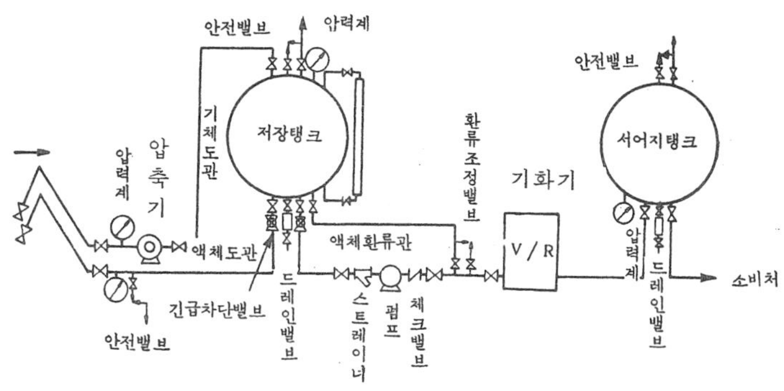

(b) 깅제기화 빙법

그림 12-9 강제기화 방법

(2) 강제기화식

저장탱크나 여러 개의 용기군에 기화기를 설치하여 LPG액을 기화시켜서 공급하는 방법으로, 기화능력 10~4,000kg/h 정도의 다량 소비처에 사용된다.

① 생가스 공급 방식

기화기에서 기화된 가스를 생가스라고 하며, 배관을 통해 이 생가스를 직접 연소기에 공급하는 방법으로, 부탄같은 경우는 0°C 이하가 되면 재액화의 우려가 있으므로 배관의 보온이 필요하다.

② 혼합가스 공급 방식

재액화 방지 및 발열량 조정을 목적으로 혼합기와 기화기에서 기화된 부탄에 공기를 혼합하여 만든 혼합가스(air dilute gas)를 공급하는 방법으로, 다량의 가스를 사용하는 장소에 적합한 방식이다.

③ 변성가스 공급방식

고온의 촉매를 사용하여 부탄을 분해시켜 메탄, 수소, 일산화탄소 등과 같은 경질가스로 변성시켜 공급하는 방법으로, 재액화 방지 및 특수 제품 가열소성, 금속 열처리 도시가스 등에 이용된다.

3-3-2. 도시가스 공급 방식

공장에서 고압, 중압, 저압 중 소비처의 사용압력과 소비량에 알맞게 배관을 통하여 공급하는 방식이며, 일반 가정으로 공급되는 압력은 도시가스는 100~250mmAq, LPG는 230~330mmAq 정도이며, 연소기구도 각각 다르다.

(1) 저압 공급 방식(1kg/cm^2 미만)

가스홀더로부터 직접 홀더의 압력을 이용하여 주택 등에 공급하는 방법으로, 가스홀더 출구에서 정압기로 조정된 후 저압배관을 통하여 50~250mmAq의 압력으로 수요자에게 공급한다.

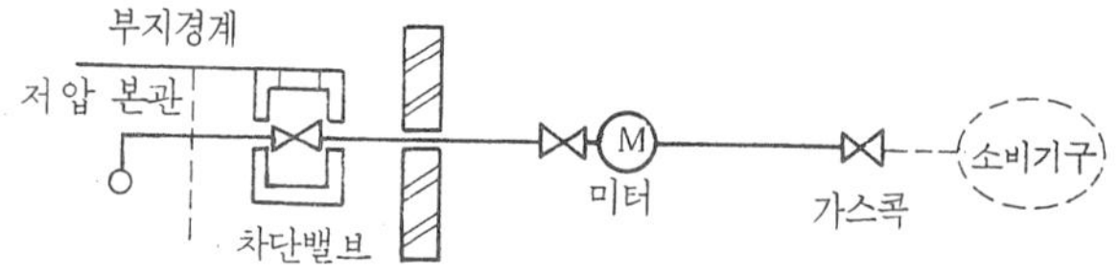

그림 12-10 저압 공급 방법

(2) 중압 공급 방식(1~10kg/cm^2 미만)

공장으로부터 압송기를 통해 중압으로 송출하여 공급 구역 내에 설치된 지구 정압기에 의하여 저압으로 감압해 수요자에게 공급하는 방법으로, 압력은 1~2.5kg/cm^{2}정도이다.

① 기구 정압기 방식

지하에 매설된 중압 본관으로부터 건물 내에 공급하는 방식으로, 보일러나 온수기 등

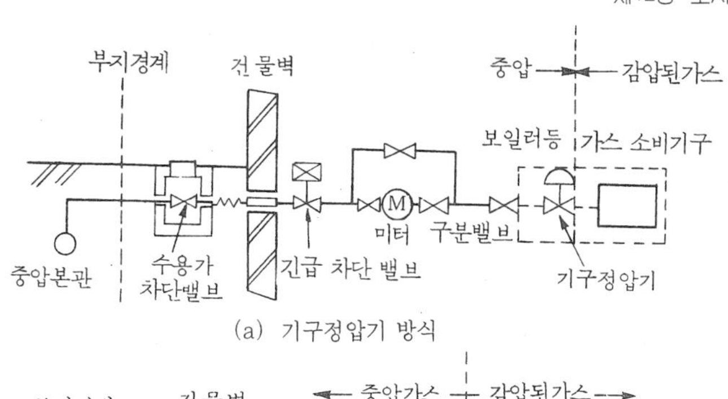

(a) 기구정압기 방식

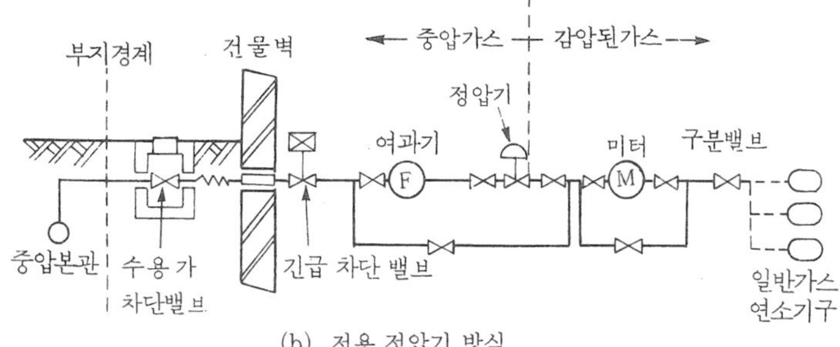

(b) 전용 정압기 방식

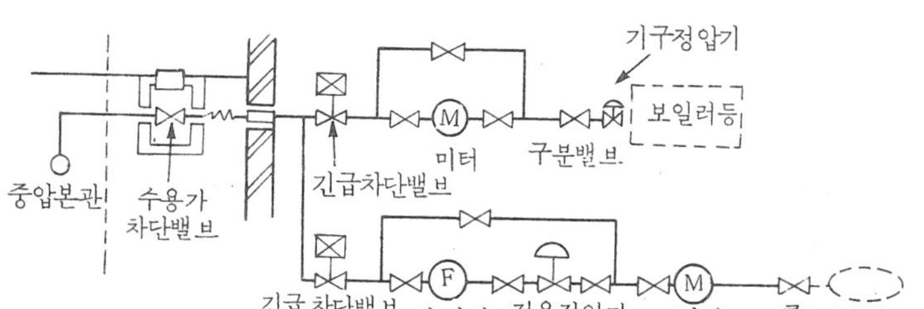

(c) 병용방식

그림 12-11 중압 공급 방법

에 부착된 정압기에서 연소에 적당한 압력까지 감압하여 사용하고 빌딩 냉 · 난방에 사용된다.

② 전용 정압기 방식

보일러 냉동기 이외의 일반 저압가스 기구의 가스 소비량이 많을 때나 건물 부근에 저압 공급 본관이 없을 경우에, 수용가 건물 내에 전용 정압기를 설치하여 중압에서 저압으로 감압시켜 공급하는 방식이다.

③ 병용 공급 방식

기구정압기 방식과 전용정압기 방식을 혼합하여 사용하는 방법으로 업무용 건물 등에서 사용된다.

(3) 중간압 공급방식

저압 공급식과 중압 공급식을 혼합하여 공급하는 방식으로, 지하에 매설된 중압 본관에서 공급관을 분기하고 수요자의 부지 내에 정압기를 설치하여 대형 연소기에 적당한 압력

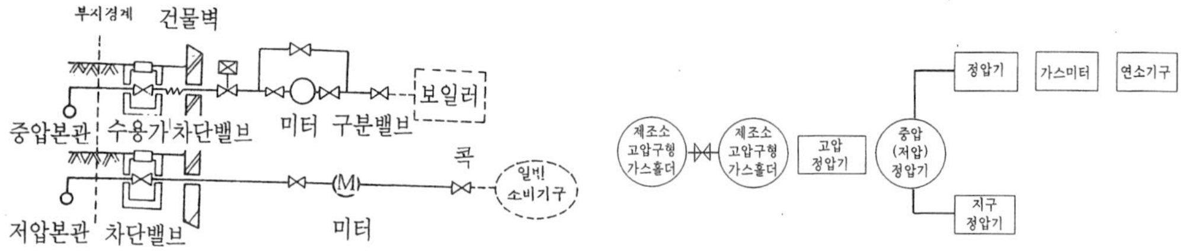

그림 12-12 중간압 공급 방법

그림 12-13 고압 공급 방법

(500~1,500mmAq)으로 감압하여 공급하며, 일반 가스기구는 저압 본관에서 별도로 분기해 감압한 후 연소기에 맞는 압력으로 공급하는 방식이다.

(4) 고압 공급 방식(10kg/cm³ 이상)

가스 수송량이 많고 수송압력이 높을 때 사용하는 방법으로, 공장에서 고압으로 압송된 가스를 고압정압기에 의해 중압으로 감압하여 공장 등에 공급하고 또 지구 정압기에서 저압으로 감압하여 일반 수요자에게 공급하는 방식이다. 따라서 여러 형태의 소비처의 압력에 맞게 다양한 공급을 할 수 있으며 공급의 안정성도 다른 방법보다 증가된다.

표 12-4 공급 방법의 종류와 특징

	저압공급방식	중압공급방식	고압공급방식
공급시스템	간단	복잡	가장복잡
도관	도관지름이 크며, 도관 건설비가 많이 든다.	저압 공급에 비해 도관 지름이 작아도 되며, 도관 설비비가 적게 든다.	소구경의 도관으로 대량 공급이 가능하며, 도관 건설비가 적게 든다.
공급압력	수요량의 변동과 거리에 따라 공급압력이 변동한다.	지역 정압기에 의해 수요량의 변동과 거리에도 불구하고 비교적 공급압력이 안정된다.	대용량, 원거리에도 안정된 공급압력을 유지할 수 있다.
유지관리	저압도관의 유지관리는 간단하고 비용도 저렴하나, 유수 가스홀더를 사용하는 경우 가스나 습가스로 되어 도관, 가스미터 내에 물 퍼내기(추수:抽水)가 필요하다.	중압, 저압도관, 압송기, 정압기 등이 있어 유지관리가 복잡하고 비용도 많이드나, 압축되어 재팽창하기 때문에 가스 중의 습분에 의한 장애는 적다.	2단계 정압(고압→중압→저압), 고압 압송기, 고압 도관, 고압 정압기, 차단장치 등의 유지관리가 복잡하고 비용도 많이 들고 방음조치를 해야한다.
정전 등의 외부요인의 영향	가스홀더의 압력으로 송출하기 때문에 영향을 적게 받는다.	압송기의 운전 정지 등으로 영향을 받는다. 그러나 중압 가스홀더를 보유하면 단시간의 정전에는 영향을 받지 않는다.	좌(左)와 유사함.
용도	공급량이 적고 공급 구역이 좁은 소규모의 가스 사업소	공급량이 많고 공급처까지의 거리가 길며 저압 배관으로는 도관 비용이 많아질 경우	공급구역이 넓고 다량의 가스를 원거리에 송출할 경우

3-3-3. 가스 압력 조정기

(1) 압력 조정기(pressure regulator)

저장탱크와 용기로부터 연소기에 공급되는 가스압력을 그 연소기구에 알맞게 강하시키며, 가스소비량에 따라 발생되는 용기 및 저장탱크 내의 압력변화에 대응하여 공급압력을 일정하게 유지하는 장치 즉, 가스 조성, 온도, 소비량, 소비 시간, 잔류 가스량 등의 변화에 따라 감압 작용과 정압 작용을 동시에 하는 것이 조정기이다.

또한 조정기는 가스 소비를 중단했을 때 압력이 상승하면 자동으로 가스를 차단하도록 되어 있는데, 이 때의 압력을 폐쇄압력이라 하고, 한 시간에 감압할 수 있는 LPG의 질량을 조정기의 용량이라고 한다.

① 1단 감압식 조정기

가장 많이 사용되는 것이며, 1번의 조정으로 0.7~15.6kg/cm²의 압력을 280±50mmAq로 감압하는 일반 가정용과 같은 저압조정기와 대중 음식점에 사용하는 것으로서, 1~15.6kg/cm²을 500~3,000mmAq로 감압하는 연소기구 전용 조정기인 준저압조정기가 있다.

표 12-5 조정기의 종류와 성능

규격 \ 종류		단단감압식		2단감압식		자동절체식	
		저압조정기	준저압조정기	2차용조정기	1차용조정기	분리형조정기	일체형조정기
입구압력	상 한	15.6kg/cm²	15.6kg/cm²	3.5kg/cm²	15.6kg/cm²	15.6kg/cm²	15.6kg/cm²
	하 한	0.7kg/cm²	1.0kg/cm²	0.25kg/cm²	1.0kg/cm²	1.0kg/cm²	1.0kg/cm²
출구압력	상 한	330mmAq	500~3,000mmAq	330mmAq	0.83kg/cm²	0.83kg/cm²	330mmAq
	하 한	230mmAq	500mmAq	250mmAq	0.57kg/cm²	0.32kg/cm²	255mmAq
	최대닫힘	350mmAq	조정압의 2배	350mmAq	0.95kg/cm²이하	0.95kg/cm²이하	350mmAq이하
안전장치 작동압력	개 시	560~840mmAq	-	560~840mmAq	-	-	560~840mmAq
	닫 힘	506~840mmAq	-	506~840mmAq	-	-	506~840mmAq
내 압	입 구 측	30kg/cm²이상	30kg/cm²이상	8kg/cm²이상	30kg/cm²이상	30kg/cm²이상	30kg/cm²이상
	출 구 측	3kg/cm²이상	3kg/cm²이상	3kg/cm²이상	8kg/cm²이상	8kg/cm²이상	3kg/cm²이상
기 밀	입 구 측	15.6kg/cm²이상	15.6kg/cm²이상	5kg/cm²이상	18.0kg/cm²이상	18.0kg/cm²이상	18.0kg/cm²이상
	출 구 측	550mmAq	조정압의 2배	550mmAq	1.5kg/cm²	1.5kg/cm²이상	550mmAq

② 2단 감압식 조정기

고층 건물과 같이 고저차가 큰 경우에 입상배관에 의한 압력을 적게하여 공급압력을 안정시키는데 적합한 조정기로, 1~15.6kg/cm²을 중압 조정기로 1차 감압(0.57~0.83kg/cm²)하고 배관 말단에서 0.25~3.5kg/cm²을 230~330mmAq로 2차 감압하여 연소기구에 공급하는 조정기이다.

③ 자동 절체식 조정기

2단 감압 방식으로 사용측과 예비측 2개의 집합장치를 설치하여 사용측의 압력만으로는 소요 가스를 공급할 수 없을 때, 자동으로 예비측으로 전환되어 가스 공급을 중단 없이 하는 것으로, 수동교체식의 불편과 가스 공급의 중단을 방지하며, 잔액이 극히 적게될 때(사용측 입구압력 1kg/cm^2 미만과 용기내 가스압력 0.5kg/cm^2)까지 소비가 가능하므로 용기 수를 적게할 수 있는 잇점이 있다. 표 12-5는 각종 조정기의 성능을 나타낸다.

(2) 정압기(governor)

정압기는 시시 각각으로 변하는 수요에 대응에서 효율적인 공급과 연소기구에 알맞게 감압하여 공급하는 장치로, 1차 압력 및 사용량의 변동에 관계없이 2차 압력을 일정하게 유지하는 기능을 가지고 있으며, 수요량과 가스압력과의 관련 작용에 의하여 자동적으로 작동된다.

① 정압기의 작동

정압기는 다이어프램과 스프링 및 메인밸브로 구성되며 조정압력 설정은 다이어프램의 유효 단면적과 추의 무게에 의하여 정압기 출구압력을 조정하게 된다.

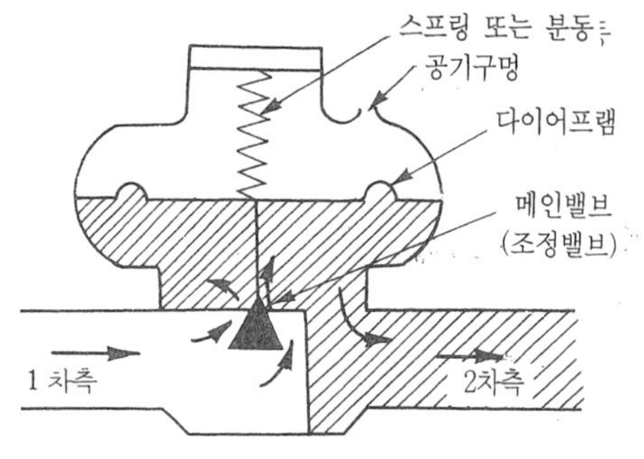

그림 12-14 직동식 정압기의 구조

㉮ 2차 압력이 설정압력을 유지할 때는 다이어프램에 작용하는 2차 압력과 스프링의 힘이 평형을 이루기 때문에 메인밸브는 움직이지 않고 일정량의 가스가 2차측으로 흐른다.

㉯ 가스 사용량이 증가하여 2차 압력이 설정 압력보다 낮을 때는, 스프링의 힘이 다이어프램을 받치고 있는 힘보다 커져서 메인밸브를 많이 열어 가스량을 증가시켜 2차 압력을 높이므로 설정압력과 같아지게 된다.

㉰ 2차 압력이 설정압력보다 높을 때는 다이어프램을 밀어올리는 힘이 스피링의 힘보다 크게 되어, 메인밸브가 가스 통로를 좁게 함으로써 가스량을 제한하여 2차 압력과 일치시킨다.

② 정압기의 종류

정압기는 조정압력에 따라 공장에서 공급된 고압가스를 중압으로 감압하는 고압용과, 중압을 저압으로 낮추는 중압용 및 가스홀더에서 공급되는 압력을 소요의 연소압력으로 조정하는 저압용으로 분류된다.

또, 용도에 따라 제조 공장이나 공급소에 설치하는 원(元)정압기 또는 기(基)정압기와 어떤 공급지역에 설치하는 기구(地區)정압기 및 수용가나 특수한 연구소 등에 설치하는 수요자 전용 정압기(연소기구에 설치하는 기구)로 구분되며, 구조에 따라서는 다음과 같은 종류가 있다.

㉮ 피셔(fisher)식 정압기

파일럿로딩(pilot loading)형 정압기와 같은 원리이며, 닫힘방향의 응답성을 향상시킨 것으로 단좌(single seat)밸브형과 복좌(double seat)밸브형이 있고, 정특성 및

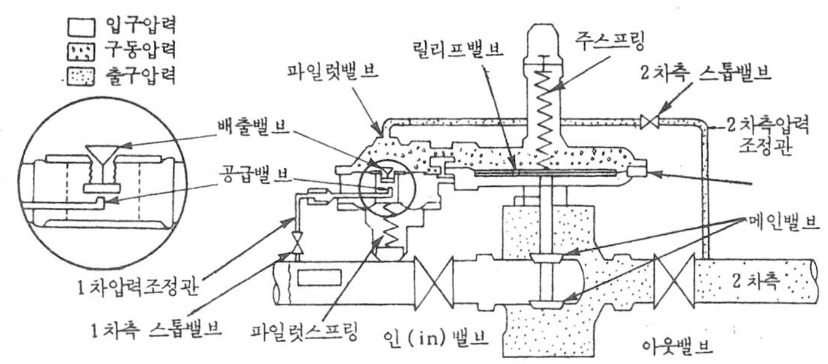

그림 12-15 피셔식 정압기

동특성이 양호할 뿐만 아니라 비교적 간단하다.

작동은 2차측에 부하가 발생되면 파일럿스프링이 작용하여 공급밸브가 열림과 동시에 배출밸브가 닫히므로 메인밸브를 통해 2차측으로 흐르는 수요량을 충당하며, 2차측에 부하가 없을 때는 반대 현상이 일어나 메인밸브가 닫혀 가스 흐름을 정지시킨다.

㉯ AFV(axial flow valve)식 정압기

메인밸브와 주다이어프램 역할을 고무슬리브 1개로 하므로 매우 간단하고, 차압이 클수록 동특성과 정특성이 양호하다.

파일럿언로딩(pilot unloding)형 정압기와 같은 작동 원리로 2차측에 부하가 발생하면 파일럿밸브가 열려 고무슬리브 내외에 압력차가 생기므로, 고무슬리브가 바깥쪽으로 확장되어 가스가 흐른다. 2차측 부하가 감소되면 반대 작용이 일어나 고무슬리브가 수축하므로 가스량이 감소된다.

㉰ 레이놀드(reynolds)식 정압기

일반 소비 기기용이나 지구 정압기에 널리 사용되며, 구조와 기능이 우수하고 정특성이 좋지만 안정성이 부족하고 대형이다.

정압 작용은 주로 주정압기의 주다이어프램에 의하여 이루어지는데, 2차측에 수요가

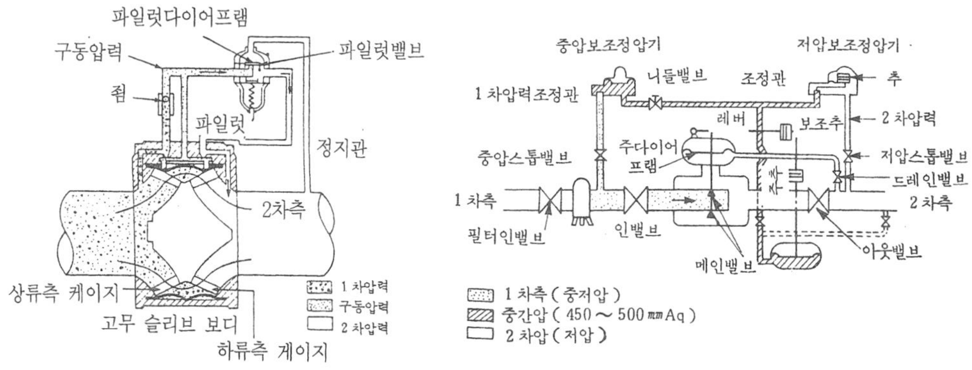

그림 12-16 AFV식 정압기

그림 12-17 레이놀드식 정압기

표 12-6 정압기의 종류와 사용 압력

종류	용도	지름(mm)	2차압(입압)	2차압(출압)
피셔고압정압기	고압용	50 75 100 150	최대 9.5kg/cm² 최소 1.8kg/cm²	최대 2.0kg/cm² 최소 0.1kg/cm²
레이놀드정압기	중압용	50 75 150 200 300	최대 3.0kg/cm² 최소 0.1kg/cm²	최대 250mmAq 최소 80mmAq
피셔166-2형정압기	중압용	50	최대 4.2kg/cm² 최소 2차압+80mmAq	최대 510mmAq 최소 75mmAq
서비스정압기	중압용	25 50	최대 3.0kg/cm² 최소 2차압	최대 160mmAq 최소 80mmAq

발생되면 저압보조정압기의 작동으로 메임밸브를 열어 가스가 흐르게 하고 수요가 감소되면 중간압력이 상승하여 메인밸브를 닫아서 가스를 차단시키며, 2차 압력은 저압보조정압기에 설치된 추의 무게로 조정한다.

㉱ 서비스(service)정압기

주로 소용량의 수요자 전용 정압기로 레이놀드식 정압기에 설치된 중압 보조정압기와 같은 구조이며, 소형이기 때문에 부근에 고압관이 설치되어 있으면 간단히 장착할 수 있다.

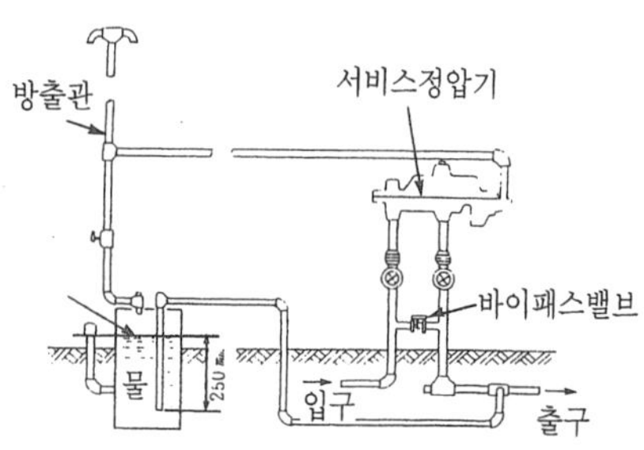

그림 12-18 서비스 정압기

③ 정압기의 부속 설비

㉮ 가스필터(gas filter)

정압기 장애의 원인이 되는 먼지, 흙, 녹, 가스 중의 불순물 등이 정압기의 메인밸브나 노즐에 부착되지 않도록 미리 제거하기 위하여 정압기 입구의 1차측 배관에 질산비닐, 스펀지, 강철망, 스테인리스망 같은 여과체를 설치해야 한다.

㉯ 이상압력 상승 방지장치

스프링이나 밸브시트의 파손 등 정압기의 고장으로 2차 압력이 상승되어 연소 불량, 누설, 가스 미터의 고장과 같은 위험 상태를 일으킬 수 있기 때문에, 이러한 사고를 방지하기 위하여 안전장치를 설치한다.

즉, 정압기의 2차 압력이 규정압력 이상으로 되면 대기 중으로 방출시키는 가스 방출장치와, 가스를 완전히 차단하는 가스차단장치 및 가스의 공급 정지나 방출을 시키지 않고 압력 상승을 방지하는 승압방지장치 등이 있다.

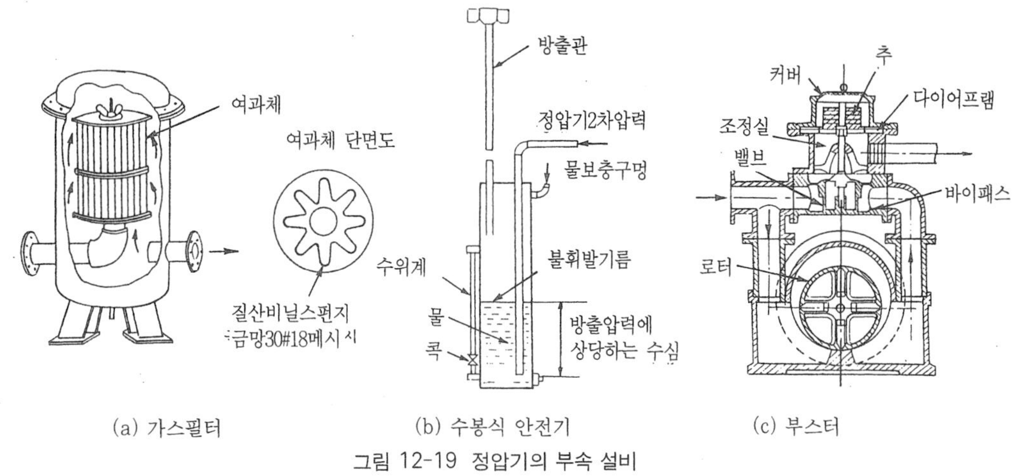

(a) 가스필터 (b) 수봉식 안전기 (c) 부스터

그림 12-19 정압기의 부속 설비

㉰ 자동승압장치(booster)

전구 제조, 유리 용융 등 특별한 용도로 쓰이는 곳이나 가스 수요량이 급격히 증가하여 일시적으로 일반 공급압력 이상의 압력이 필요한 경우에 사용하는 장치로, 타이머에 의한 소정 시간만 승압하는 방법과 차압을 이용하는 방법 및 원격조작 방법이 있다.

3-3-4. 가스미터

가스미터(gas meter)는 가스 소비량을 계산하고 요금 산출을 하기 위한 것으로 최대가스 사용량에 적합한 능력이 있어야 하며, 사용 중 오차가 없고 정확한 계량을 할 수 있도록 내구성, 내열성, 기밀성 등이 좋고 시설 및 유지 관리가 용이해야 한다.

또 감도가 예민하고 내압에 충분히 견디어야 하며, 가격이 저렴하고 구조가 간단해야 좋다.

(1) 가스미터의 종류

가스미터는 일정한 양의 부피가 통과했을 때 그 양을 측정하여 적산하는 직접식(실측식)과 통과량과 관계있는 다른 양을 측정하여 계산하는 간접식(추정식)으로 분류되며, 실측식에는 다이어프램식, 루트식의 건식과 습식 가스미터가 있고, 추정식에는 오리피스식, 벤투리식, 터빈식, 와류식 가스미터 등이 있다.

(2) 가스미터의 선정

배관에 의해서 공급된 가스는 가스미터를 통과하여 가스기구에 이르기 때문에, 동시 사용률을 고려한 시간당 최대 사용량을 통과시킬 수 있도록 압력 강하를 고려해 배관지름과 미터의 크기를 적절하게 선정해야 한다.

소형 가스미터의 경우에는 가스 사용량이 미터 용량의 60% 정도가 되도록 택하며, 1개의 가스 기구가 최대 통과량의 80%를 초과할 때는 한 단계 큰 미터를 선택한다.

선택된 가스미터는 기밀시험압력 1,000mmAq에 합격하고 사용공차가 ±4%, 검정공차

표 12-7 가스미터의 종류와 특성

	다이어프램 가스미터	습식 가스미터	루트미터
장점	값이 싸고, 설치 후의 유지관리에 시간을 요하지 않기 때문에 저압용에 사용된다	계량이 정확하며, 사용중에 기차(器差)의 변동이 적다.	대유량의 가스 측정이 적합하며, 중압가스의 계량이 가능하고, 설치면적이 작다.
단점	대용량의 것은 설치면적이 크다.	사용중에 수위조정 등의 관리가 필요하고, 설치면적이 크다.	스트레이너의 설치 및 설치후의 유지 관리가 필요하며, 소유량(0.5m³/h 이하)의 것은 부동의 우려가 있다.
일반적 용도	일반수용가	기준기, 실험실	대수용가
사용범위	1.5~200m³/h	0.2~3,000m³/h	100~5,000m³/h

표 12-8 가스 미터의 규격

미터의 형식	미터의 크기		
	호칭	최대통과량 (m³/h)	접속지름 (mm)
T형미터 · N형미터 (W, D, H)	N 2	2	20
	N 3	3	20
	N 5	5	20
B형미터 (3 ~ 50호) (W, D, H)	N 7	7	25
	N 10	10	32
	N 15	15	40
	T 3	3	20
	T 5	5	20
B형미터 (90 ~ 200호) (W, D)	T 7	7	25
	B 3	2.3	15
	B 5	4.5	20
	10	5.5	25
H형미터 (W, H)	30	11.4	40
	60	24	40
	100	34.1	50
	200	56.9	80
	300	94.8	100
M형미터 (W, D)	400	132.6	125
	500	170	125
	H 3	3	15
	H 5	7.5	20
	M 4.1	4.1	15

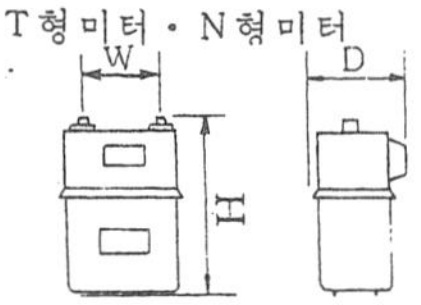

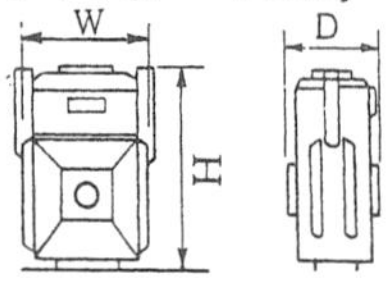

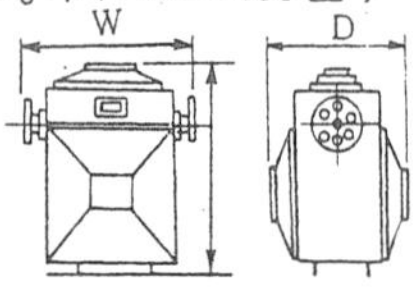

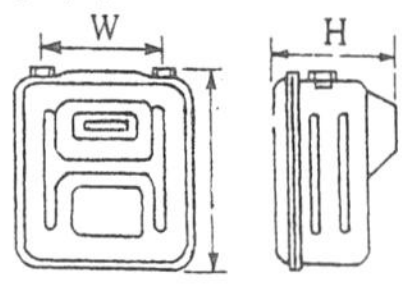

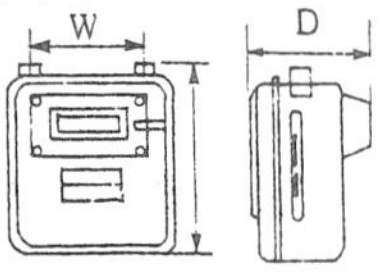

는 최대유량의 1/5 이상~4/5 미만일 때 ±1.5%, 그 외에는 ±2.5% 범위에 있어야 한다.

가스미터의 유효 기간은 검정 받은 다음 달 1일부터 만 5년이며, 지름 25cm를 초과하는 회전식 미터와 압력이 1mAq를 넘는 가스의 계량에 사용하는 건식미터 및 추정식 미터를 제외하고는 외관검사, 구조검사, 기차검사 등에 합격한 것을 사용해야 하며, 유효 기간이 지난 것과 수리한 것은 재검정을 받아야 사용할 수 있다.

(3) 가스미터의 관리

가스가 미터를 통과하지만 지침이 작동되지 않는 부동(不動)은 계량막 파손, 밸브 탈락 누설이 발생하는 경우이며, 가스가 미터를 통과하지 못하는 불통(不通)은 축이 녹슬었거나 밸브시트에 이물질의 정착, 동결 및 기타 회전장치에 고장이 발생한 경우이고, 실(seal)부분과 패킹 재료의 파손으로 발생되는 내부 누설과 접합부 파손 및 케이스 부식 등은 외부 누설의 원인이 된다.

그리고, 사용공차를 초과하는 기차 불량은 계량실의 체적이 변화되었을 때나 누설에 의하여 일어나며, 기타 외관 손상, 압력 손실에 따른 규정 압력 미달, 이상 소음 발생, 감도불량 등이 발생될 수 있으므로 철저한 관리가 필요하다.

3-3-5. 감압방법

LPG배관은 최단거리로 구부러지거나 오르내림을 적게 직선으로 하고, 은폐나 매설을 피해 노출시켜서 옥외에 배관하며, 검사 수리에 편리한 장소를 선택하여 밸브 · 콕 등을 쉽게 조작할 수 있도록 설치한다.

이 때 최종소요압력, 최대가스소비량, 배관거리 등에 따라 가스 원압으로부터 한번에 소요압력 280±50mmAq로 감압하는 1단 감압법과, 저압 장거리 배관 또는 다량의 가스를 공급

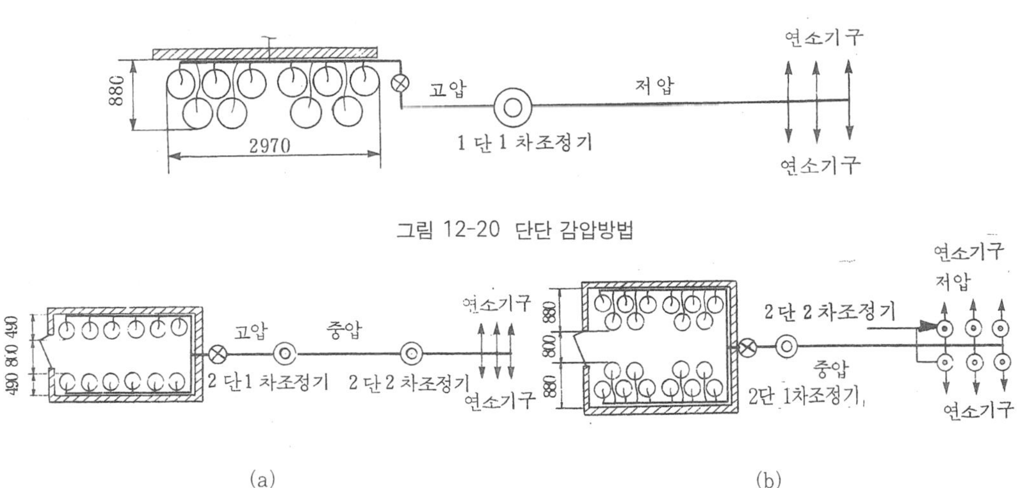

그림 12-20 단단 감압방법

(a) (b)

그림 12-21 2단 감압방법

하기 위하여 가스 원압으로부터 소요압력보다 약간 높은 압력을 감압하고, 다음 단계에서 소요압력으로 감압하는 2단 감압 방법이 사용된다.

그림 12-20은 1단 감암법의 가장 일반적인 것으로, 배관 길이가 짧고 가스 소비량이 적으며 말단 압력의 변동이 비교적 적은 경우에 사용된다.

그림 12-21의 (a)는 가장 일반적인 2단 감압 방법으로, 연소기구까지의 거리가 멀고 가스 사용량이 적으며 각 연소기구의 소요압력이 비슷한 경우에 사용된다.

그림 12-21의 (b)는 배관 거리가 멀고 연소기구의 가스 소비량과 소요압력이 각각 다른 경우에 사용하는 2단 감압 방법이다.

제4절 가스배관 설비기준

4-1. LPG 배관

① 배관을 지하에 매설할 경우는 지면으로부터 1m 이상 깊게 매설하되, 차량이 통행하는 도로일 때는 1.2m 이상으로 하거나 2중관으로 해야 한다.

② 배관용 밸브는 8~50A의 나사식 볼 밸브, 15~80A의 플랜지식 볼 밸브, 20~50A의 플랜지식 글로우브 밸브 중에서 적당한 것을 선택하여 배관한다.

③ 염화비닐호스를 사용할 경우는 1종(안지름6.3mm), 2종(안지름 9.5mm), 3종(안지름 12.7mm) 중 용도에 맞는 것을 사용한다.

④ 가스미터는 화기로부터 8m 이상의 우회거리를 유지할 수 있도록 설치해야 한다.

4-2. 도시가스배관

(1) 전선, 상수도관, 하수도관, 다른 가스관 등이 매설된 도로에서는 이것들의 최하부에 매설해야 한다.

(2) 배관 외부에는 사용가스명칭, 최고사용압력, 가스흐름방향 등을 표시하고, 지상배관은 황색, 매설배관은 적색으로 표시해야 한다.

(3) 배관접합은 용접을 원칙으로 하며, 용접이 곤란한 경우는 기계적 접합 또는 나사접합(관용 테이퍼 나사)으로 할 수 있다.

(4) 건물내의 배관은 외부에 노출시켜 시공하며, 동관이나 스테인리스관 등 이음매 없는 관은 매몰하여 설치할 수 있다.

(5) 배관과 전기계량기 및 전기 안전기와의 거리는 60cm 이상, 전기 개폐기 및 전기 콘센트와는 30cm 이상을 유지시키고, 전선과는 15cm 이상의 거리를 띄어서 시공해야 한다.

(6) 가스계량기의 설치 높이는 지면으로부터 1.6m 이상 2m 이내의 높이에 수직, 수평으로 설치하고, 화기로부터 2m 이상, 저압 전선으로부터 15cm 이상, 전기 개폐기 및 전기 안전기로부터 60cm 이상의 거리를 두어 설치해야 한다.

(7) 입상배관의 밸브는 분리 가능한 것으로 지상으로부터 1.6m 이상 2m 이내의 높이에 설치하며, 배관은 움직이지 않도록 관지름 13mm 미만은 1m마다, 13~33mm 미만은 2m 마다, 33mm 이상은 3m마다 고정장치를 부착해야 한다.

(8) 배관을 지상에 설치할 때, 불활성가스 이외의 가스배관 양측에는 사용압력 2kg/cm^2 미만일 경우 5m, 2~10kg/cm^{2}일 경우 9m, 10kg/cm^2 이상일 경우 15m 폭 이상의 공지를 유지해야 한다.

(9) 지하에 매설하는 배관은 그 외면으로부터 다른 시설물과 30cm 이상, 산이나 들에서는 1m 이상, 그밖의 지역에서는 1.2m 이상 깊게 매설해야 한다.

(10) 도로 밑에 매설할 경우는 배관외면으로부터 도로경계까지 수평거리로 1m 이상, 차량이 통행하는 폭 8m 이상의 도로에서는 1.2m 이상 깊게 매설해야 한다.

(11) 시가지 도로 밑에 매설할 경우는 노면으로부터 1.5m 이상으로 하되, 방호 구조물로 되어 있거나 시가지 외에서는 1.2m 이상 깊이로 매설해도 된다.

(12) 시가지 도로 밑에 매설할 때는 배관 정상부로부터 30cm 이상 떨어진 직상부에 관외경에 10cm를 더한 폭 이상의 방호판을 설치해야 한다.

(13) 포장된 차도에 매설할 경우에 노반 최하부와 배관의 거리는 50cm, 노면 밑 이외의 도로에서는 지면과 배관의 거리를 1.2m 이상, 방호 구조물 내에 있는 배관은 60cm 이상, 시가지 도로 밑에 매설할 때는 90cm 이상으로 해야 한다.

(14) 지하에 매설하는 배관 중 독성가스나 고압가스인 경우에는 건축물(1.5m 이상), 지하가와 터널(10m 이상), 수도시설로 독성가스가 혼입될 우려가 있는 것(300m 이상 등과 안전한 수평거리를 유지해야 한다.

① 철도부지 밑에 매설하는 배관은 궤도 중심으로부터 4m 이상, 철도부지 경계로부터 1m 이상 수 거리를 유지해야 하며, 지면으로부터 1.2m 이상 깊게 매설해야 한다.

② 하천이나 수로를 횡단하는 매설 배관인 경우는 고압가스의 종류(아황산 가스, 암모니아, 염소, 염화 메탄, 산화 에틸렌, 시안화 수소, 포스겐, 황화수소)에 따라 2중관으로 하거나 방호구조물내에 설치해야 한다.

③ 하천이나 수로 밑을 횡단하는 배관의 매설은 하천의 경우 4m 이상, 수로의 경우 2.5m 이상, 기타 좁은 수로인 경우 1.2m 이상 깊게 매설해야 한다.

④ 해저에 설치하는 경우는 다른 배관과 교차하지 않도록 하며, 수평거리 30m 이상 유지해야 하고 매설을 해야 한다.

4-3. 설비 검사

(1) 가스설비에 부착되는 압력계는 최소 눈금이 사용압력의 1.5~2배 이상 되는 것을 사용해야 한다.

(2) 충전용 주배관의 압력계는 매월 1회 이상, 기타 압력계는 3월에 1회 이상 표준 압력계로 그 기능을 점검해야 한다.

(3) 압축기의 최종단에 설치한 안전밸브는 6월에 1회 이상, 기타의 것은 1년에 1회 이상 내압시험압력의 8/10 이하에서 작동되는가를 점검해야 한다.

(4) 고압가스설비는 상용압력의 1.5배 이상의 내압시험 및 상용압력으로 실시하는 기밀시험에 합격해야 한다.

(5) LPG 사용시설의 저압부 배관은 $8kg/cm^2$ 이상, 용기와 압력조정기 입구까지의 고압부 배관은 충전용기 내압시험압력이 이상의 내압시험 압력에 견디어야 한다.

(6) 특정가스 사용시설은 840~1,000mmAq의 기밀시험에 합격해야 한다.

(7) LPG저장탱크 및 배관은 18 kg/cm^2 이상의 기밀시험에 합격해야 한다.

(8) 가스공급시설은 최고사용압력의 1.5배 이상의 내압시험과 1.1배 이상의 기밀시험에 견디어야 한다.

(9) 정압기에는 설치 후 3년에 1회 이상 분해점검해야 한다.

(10) 도로에 매설된 배관으로 최고사용압력이 고압인 것은 매몰한 날 이후 1년에 1회 이상 기타의 것은 3년에 1회 이상 누설 검사를 해야 한다.

제5절 가스배관 설계

가스배관 설계는 계속 증가되는 수요와 공급의 확대를 예측하여 항상 양질의 가스와 안정된 압력으로 소비자에게 원활히 공급할 수 있도록 계획을 세우고, 경제적이며 용이한 시공은 물론 취급 및 유지관리가 편리하고 안전하게 사용할 수 있도록 설계해야 한다.

5-1. 파이프내의 가스유동(流動)

유체의 흐름에는 층류와 난류로 구분되는데 가스관에 의한 가스의 수송은 난류에 해당된다. 이 난류에 있어서의 마찰저항은 유속의 제곱에 비례하고, 유체가 접촉하는 표면적과 표면조도에 관계되며, 유체의 점도 및 비중에 따라 변화된다.

유체가 관내를 충만해서 흐르는 경우 마찰에 의한 손실 수두를 h(m), 마찰저항에 의한 압력손실을 가스수주 H(m)로 하면, 다음과 같은 식이 얻어진다.

$$H = f \cdot \frac{l}{K} \cdot \frac{v^2}{2g} \text{ (m) } (K = d/4)$$

l : 관의 길이(m)

d : 관의 안지름(m)

v : 유체의 유속(m/s)

g : 중력 가속도($9.8m/s^2$)

K : 수력 반지름($\frac{\text{단면적}}{\text{접수길이}} = \frac{\pi d^2/4}{\pi d} = \frac{d}{4}$)

f : 관 마찰 계수

이 식에서 f의 값은 대략 0.00415~0.00117 정도이며 안지름 또는 유속의 함수로 나타낸다. 또한, 다음식은 압력 강하가 심하지 않을 경우 저압유량에 대한 일반식이다.

$f=0.0027(1+\frac{0.0915}{d})$ …… Un win, $f = 0.005(1 +\frac{1}{12d})$ …… Weisbach

$f = K(\frac{1}{d})^{1/7} (\frac{1}{v})^{2/7}$ …… Fritz,

로 구할 수 있다.

또, 관로에 의한 유량 $Q = AV=\frac{\pi}{4}d^2V$, $V =\frac{4Q}{\pi d^2}$ 를 위 식에 대입하면

$$H=f\frac{l}{d} \cdot \frac{V^2}{2g}= f\frac{Q^2 l}{2g\pi^2 d^5}$$

$$\therefore Q = \sqrt{\frac{2g\pi^2 d^5 H}{f\,l}} =K'\sqrt{\frac{d^5 H}{l}}$$ 이며,

가스 수주 H를 수주 h로 바꾸어 놓고 정리하면

$mSH=Gh$

$$\therefore Q = K'\sqrt{\frac{d^5 hG}{mS\,l}} =K\sqrt{\frac{d^5 h}{S\,l}}$$ 이며

m : 공기 $1m^3$의 중량(kg)

S : 가스의 비중

G : 물 $1m^3$의 무게(kg)

K, K′ : 상수

그리고 수평배관을 기준으로 상승되거나 하강된 경우에 상하단에는 가스의 비중 대문에 압력차가 발생되는데, 고층건물 등에서는 무시할 수 없는 양이므로 다음 식으로 보정을 해주어야 한다.

$H_f = h_1 - h_2 \mp 1.293\Delta H(S-1)$

H_f : 보정 압력(mmAq)

h_1 : 초압(mmAq)

h_2 : 종압(mmAq)

ΔH : 고도차(m)

S : 가스의 비중

일반적으로 가스배관의 허용압력손실은 공급원에서 연소기구까지 30mmAq 이내를 표준으로 하고, LPG일 경우 표준압력 280mmAq의 5%인 14mmAq, 도시가스일 경우 공급주관 분기부에서 가스 미터까지 5mmAq, 가스미터에서 15mmAq, 가스미터로부터 연소기구까지 5mmAq 정도이다.

그러나, 자동 절체식 조정기 또는 집합공급장치를 사용하는 LPG일 때는 압력손실이 50mmAq 정도 발생되는 것으로 고려한다

표 12-9 상승배관에 의한 압력손실

(15°C, 280mmAq)

상승높이(m)	압력손실(mmAq)		상승높이(m)	압력손실(mmAq)	
	프로판	부탄		프로판	부탄
1	0.72	1.38	40	28.9	55.3
3	2.13	4.15	50	36	69
5	3.61	6.91	60	43	83
10	7.20	13.8	70	51	97
15	10.8	20.7	80	58	111
20	14.4	27.6	90	65	124
30	21.7	41.5	100	72	138

표 12-10 관 부속품의 종류와 상당 직관 길이

호칭지름 A(B)	게이트밸브 (gate valve)	티이(곡방향·장반경)엘보우	45° 엘보우	중반경엘보우의 1/4첫수축소티이	표준엘보우의1/2 첫수축소티이	티이 (축방향)	글로우브 밸브
10(⅜)	0.05	0.1	0.1	0.15	0.2	0.4	1.0
15(½)	0.1	0.15	0.2	0.25	0.3	0.7	1.5
20(¾)	0.15	0.25	0.3	0.35	0.45	1.0	2.5
25(1)	0.2	0.35	0.4	0.5	0.6	1.3	3.0
32(1¼)	0.25	0.45	0.55	0.6	0.8	1.7	4.0
40(1½)	0.3	0.56	0.7	0.7	1.0	2.1	5.0
50(2)	0.4	0.7	0.85	1.0	1.3	2.6	6.0
65(2½)	0.5	0.9	1.0	1.3	1.7	3.2	8.0
80(3)	0.7	1.1	1.2	1.5	2.12	4.0	10.0
100(4)	1.0	1.5	1.6	1.8	3.0	5.4	15.0

또한, 관 연결 부속품에 따른 압력손실은 직관에 상당하는 길이로 환산하여 계산한다. 즉, 지수가 분명한 엘보우와 티이는 강관일 때 각각 1m, 동관일 때 각각 0.2m로 하며, 글로우브 밸브와 콕은 강관일 때 각각 3m, 동관일 때 각각 1m에 상당하는 직관길이가 된다.

5-2. LPG 설비의 용기수 계산

LPG 배관은 구버러짐이나 오르내림이 적게 최단직선거리로 은폐 또는 매설을 피해 노출시켜 옥외에 배관하며, 밸브와 콕 등은 검사, 수리 및 조작이 쉽도록 설치한다.

감압방법에는 최종소요압력, 가스 소비량, 배관거리 등에 따라 가스원압으로부터 한번에 소요압력 280±50mmAq로 감압시키는 1단 감압법과, 장거리 저압배관 또는 많은 가스를 공급하기 위하여 가스원압으로부터 소요압력 보다 약간 높은 압력으로 강압하고, 다음 단계에서 소요압력으로 감압하는 2단 감압법이 있다.

이와 같이 배관경로와 감압방법이 결정되면 최대가스소비량을 충족시킬 수 있도록 사용지

표 12-10 10kg 용기와 50kg 용기의 증발량

(단속사용:g/h)

용기 중의 잔류가스량 (kg)	기온 -5°C	0°C	5°C	10°C	15°C	20°C	25°C
1	360	410	450	510	565	615	670
2	440	510	565	625	690	750	805
3	490	560	630	690	760	830	890
4	525	610	680	750	825	895	910
5	565	650	725	805	880	960	1,035
6	605	690	775	860	945	1,030	1,110
7	650	740	830	925	1,010	1,110	1,190
8	700	795	885	985	1,080	1,175	1,270
9	750	850	950	1,050	1,115	1,254	1,355
10	800	905	1,010	1,120	1,230	1,335	1,440

(단속사용:g/h)

용기 중의 잔류가스량 (kg)	기온 -5°C	0°C	5°C	10°C	15°C	20°C	25°C
5.0	550	625	700	775	850	922	1,000
10.0	750	850	950	1,050	1,155	1,250	1,355
15.0	970	1,100	1,225	1,355	1,480	1,620	1,737
20.0	1,170	1,325	1,480	1,640	1,800	1,952	2,110
25.0	1,357	1,560	1,750	1,935	2,120	2,320	2,500
30.0	1,595	1,810	2,025	2,240	2,410	2,670	2,882
35.0	1,800	2,045	2,290	2,530	2,770	3,017	3,261
40.0	2,010	2,285	2,555	2,830	3,100	3,370	3,644
45.0	2,235	2,540	2,845	3,155	3,455	3,765	4,047
50.0	2,460	2,790	3,135	3,470	3,805	4,140	4,480

역의 최저기온을 고려하여 필요한 가스량보다 용기에서 증발되는 가스량이 많도록 용기의 크기나 수량을 결정한다.

〔예제〕 어떤 지방의 식당에서 0.5kg/h의 버너 8대를 설치하고 하루에 평균 6시간 사용한다면 50kg 용기를 몇 개가 필요한가?

단, 용기 교환시 잔액은 20%이고, 그 지방의 최저기온은 0°C로 한다.

〔풀이〕 최대 가스 소비량은 24kg/day이고, 잔액은 10kg이므로 표에서 50kg 용기 1개의 기화능력이 0.85kg/h이므로, 필요한 용기수는 약 5개이다.

그리고 용기교환주기는 잔액이 10kg이므로 50kg 용기 1개당 40kg을 소비할 수 있어 총 200kg을 사용할 수 있기 대문에 50kg 용기 5개를 설치하면 8일간 사용할 수 있다.

5-3. 관 지름 설계

가스의 공급 압력이 높고, 공급량이 많으며, 공급지역이 광범위 할 때는 매설배관을 통하여 가스를 수송하기 때문에 공급량, 공급압력, 관 길이 압력손실 등을 충분히 고려하여 가장 경제적으로 공급목적을 달성할 수 있도록 관 지름을 설계해야 한다.

즉, 공급할 지역의 규모나 상황에 따라 배관노선을 결정한 다음 수용가의 분포상태를 고려하여 적당한 곳에서 집중부하를 예상해 설계하며, 노선 분할은 도로, 교량, 철도 등을 기준으로 미래의 확장계획 및 정압기끼리 가까운 지역으로 구역을 나누고, 관 매설은 기존밀집지역에 우선 공급하되 배설물이 복잡하게 있는 곳이나 어려운 곳은 피하도록 한다.

관의 크기는 수용가에서 사용하는 가스기구의 종류, 수량, 소비량 등을 조사하여 시간당 최고소비량을 추정하는데, 이 경우에 가스기구의 동시 사용률은 상황에 따라서 다르지만, 가스기구의 종류가 많거나, 수용가 수가 증가될수록 전체 동시 사용률은 증가되나, 보통, 일반

주택의 경우 70%, 100가구 정도의 밀집주택에서는 60%, 가스레인지나 난로는 30%, 온수기는 45%, 식당처럼 일시에 집중적으로 사용하는 곳은 80% 정도로 동시 사용률을 추정하여 다음 식으로 최대가스소비량을 결정한다.

$Q = \alpha q$

Q : 최대가스수요량(m^3/h)

α : 가스기구의 동시사용률(%)

q : 수용가의 총 가스소비량(m^3/h)

5-3-1. 저압 배관의 설계

가스홀더로부터 직접홀더의 압력을 이용하여 수송된 가스를 정압기로 조정된 후 저압배관($12kg/cm^2g$ 미만)을 통해 수요자에게 공급하는데, 연소기구에서의 압력은 50~250mmAq이며, 가정용 주택에 사용된다.

소(小), 중(中) 가스배관의 가스량 및 관 지름은 다음의 폴(pole) 식을 사용하여 구한다.

$$Q = K\sqrt{\frac{D^5h}{SL}}$$

Q : 유량(m^3/h)

L : 관 길이(m)

D : 관의 내경(cm)

H : 압력차(mmAq)

S : 가스 비중(공기 1, LNG 0.65, 도시가스 0.64, 프로판 1.52)

K : 유량 계수(0.7055)

계산에 의한 값보다 부정확하지만 다음의 표나 선도에 의해서도 구할 수 있다.

표 12-11 저압 가스관의 공급 유량표

길이(m) / 호칭지름(A)	5	10	20	30	40	50	80	100
20	6.05	4.28	3.03	2.47	2.14	1.91	1.51	1.35
25	11.1	7.82	5.53	4.51	3.91	3.49	2.76	2.47
32	21.2	15.0	10.6	8.67	7.51	6.72	5.31	4.75
40	31.1	22.0	15.6	12.7	11.0	9.84	7.78	6.96
50	56.8	40.1	28.4	23.2	20.1	10.0	14.2	12.7

〔예제〕 관 지름 50A, 배관 길이 80m인 가스설비에서 입구 압력이 120mmAq인 가스를 공급할 때, 출구압력이 115mmAq이고 비중이 0.64이면 공급한 가스량은 얼마인가?

〔풀이〕 유량 표 12-11에서 50A란과 관 길이 80m 란이 만나는 값을 찾으면 $14.2m^3/h$를 구할 수 있고, 유량선도에서 관 길이 80m의 세로선과 호칭 지름 50A의 사선이 만나는 점을 찾으며 약 $14m^3/h$를 구할 수 있다.

또, Pole의 유량공식을 이용하면,

$$Q = K\sqrt{\frac{d^5h}{Sl}} = 0.7055\sqrt{\frac{5.295\times5}{0.64\times8}} = 14.2\text{m}^3/\text{h}$$ 이 됨을 알 수 있다.

그리고 배관 길이가 비교적 짧은 PG 배관일 경우는 다음 표를 사용하면 편리하게 관지름을 구할 수 있다.

표 12-12 저압 가스관의 공급 유량표

길이(m) / 호칭지름(A)	50	110	200	500	800	1000	1200	1500
80	69.7	51.6	36.5	23.1	18.2	16.3	14.9	13.3
100	142	100	70.9	44.9	35.5	31.0	29.0	25.9
150	373	264	186	118	93.2	83.4	76.1	68.1
200	748	529	374	236	187	177	153	137
250	1280	905	642	406	321	287	262	234
300	2020	1430	1011	639	505	452	413	369

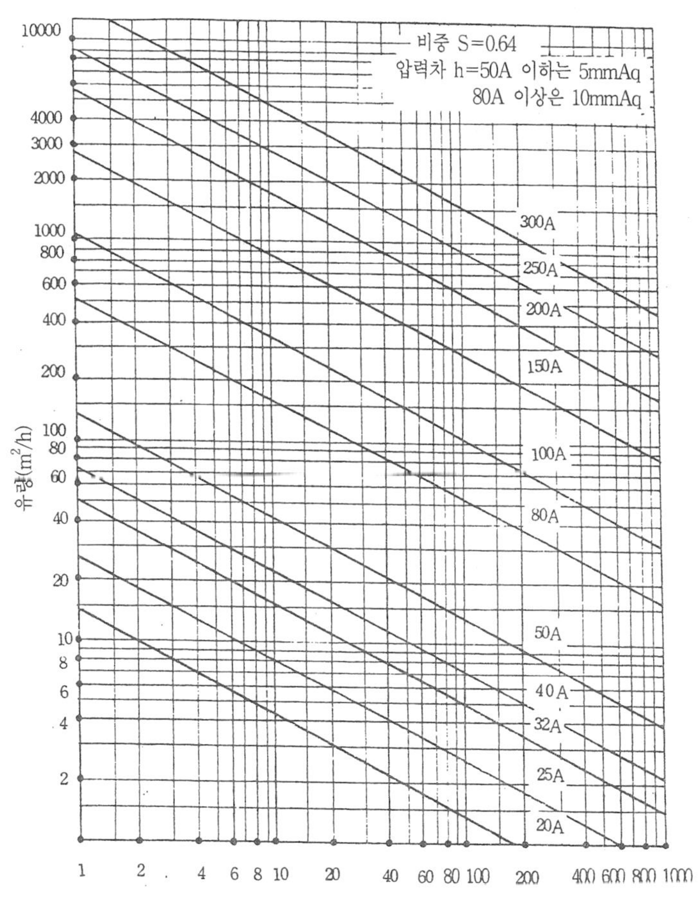

그림 12-22 저압가스관의 유량 선도

표 12-13 프로판가스 저압배관의 유량

배관길이 (m)	관속의 허용압력손실(mmAq)																					
2.5	0.3	0.5	0.8	1.0	1.3	1.5	1.8	2.0	2.3	2.5	3.0	3.5	4.0	4.5	5.0	6.0	7.0	8.0	10.0	12.0	14.0	16.0
5	05	0.9	1.3	1.7	2.2	2.5	3.0	3.4	3.8	4.2	5.0	5.9	6.7	7.5	8.4	10.0	11.7	13.4	16.7	20.0	23.4	26.7
7.5	0.7	1.3	1.9	2.5	3.2	3.8	4.4	5.0	5.7	6.3	7.5	8.8	10.0	11.3	12.5	15.0	17.5	20.0	25.0	30.0		
10	0.9	1.7	2.5	3.4	4.2	5.0	5.9	6.7	7.5	8.4	10.0	11.7	13.5	15.0	16.7	20.0	23.4	26.7				
12.5	1.1	2.1	3.2	4.2	5.3	6.3	7.4	8.4	8.5	10.5	12.5	14.6	16.7	18.8	20.9	25.0	29.2					
15	1.3	2.5	3.8	5.0	6.3	7.5	8.8	10.0	11.3	12.6	15.0	17.5	20.0	22.5	25.0	30.3						
17.5	1.5	3.0	4.4	5.9	7.4	8.8	10.3	11.8	13.3	14.7	17.5	20.5	23.4	26.3	29.2							
20	1.7	3.3	5.0	6.7	8.4	10.0	11.7	13.4	15.0	16.7	20.0	23.5	26.7	28.0								
22.5	1.9	3.8	5.7	7.5	9.5	11.3	13.2	15.0	16.9	28.8	22.5	26.3	30.0									
25	2.1	4.2	6.3	8.4	10.5	12.5	14.6	16.8	18.8	20.9	25.0	29.2										
27.5	2.3	4.6	6.9	9.2	11.2	13.8	16.1	18.4	20.7	23.0	27.5											
30	2.5	5.0	7.5	10.0	12.5	15.0	17.5	20.0	22.5	25.0	30.0											
관지름(A)	프로판 가스 유량(kg/h)																					
10	0.60	1.85	1.04	1.20	1.34	1.47	1.58	1.70	1.80	1.90	2.08	2.26	2.40	2.54	2.68	2.94	3.18	3.40	3.80	4.16	4.50	4.80
15	1.08	1.54	1.88	2.16	2.43	2.66	2.87	3.08	3.26	3.43	3.76	4.00	4.35	4.61	4.84	5.32	5.75	6.16	6.88	7.52	8.14	8.69
20	2.26	3.20	3.92	4.52	5.06	5.55	5.99	6.40	6.79	7.16	7.84	8.52	9.08	9.61	10.1	11.1	12.0	12.8	14.3	15.6	16.9	18.1
25	4.18	5.91	7.26	8.36	9.34	10.2	11.0	11.8	12.8	13.2	14.5	15.7	16.7	17.7	18.6	20.4	22.1	23.7	26.4	29.0	31.3	33.4
32	7.96	11.2	13.7	15.9	17.8	19.4	21.0	22.5	23.8	25.1	27.4	29.9	31.9	33.7	35.6	38.8	42.1	45.1	50.3	54.8	59.6	63.6
40	11.6	16.5	20.2	23.2	26.0	28.4	30.8	33.0	34.9	36.8	40.4	43.8	46.9	49.4	52.0	56.8	61.7	66.1	73.8	80.8	87.4	93.3
50	21.2	30.1	36.8	42.4	47.5	52.0	56.2	60.2	63.8	67.2	73.6	80.0	85.2	90.2	95.0	104	102	120	134	147	159	170
80	57.4	81.2	99.4	114	128	140	151	162	174	181	198	216	230	243	256	280	304	325	363	396	430	459

표 12-14 도시가스 저압배관의 유량

길이(mm) 호칭 지름(A)	5	10	20	30	40	50	80	100	길이(mm) 호칭 지름(A)	50	100	200	500	800	1,000	1,200	1,500
20	6.05	4.28	3.03	2.47	2.14	1.91	1.51	1.35	80	69.7	51.6	36.5	23.1	18.2	16.3	14.6	13.3
25	11.1	7.82	5.53	4.51	3.91	3.49	2.76	2.47	100	142	100	70.9	44.9	35.5	31.0	29.0	25.9
32	21.2	15.0	10.6	8.67	7.51	6.72	5.31	4.75	150	373	264	186	118	93.2	83.4	76.1	68.1
40	31.1	22.0	15.6	12.7	11.0	9.84	7.78	6.96	200	748	529	374	236	187	177	153	137
50	56.8	40.1	28.4	23.2	20.1	10.0	14.2	12.7	250	1,280	908	642	406	321	287	262	234
									300	2,020	1,430	1,011	639	505	452	413	369

(주) 비중 = 0.64, 압력차 = 지름 50mm 이하는 5mmAq, 지름 80mm 이상은 10mmAq로서 계산

〔예제〕 최대가스 소비량이 40kg/h, 허용압력손실 14mmAq, 배관길이 24m인 LPG 설비에 엘보우 5개, 글로우브 밸브 2개를 설치하고 1단 감압시켜 공급할 때 관 지름을 구하시오(프로판 가스일 경우).

〔풀이〕 위 표에서 관 길이 24m에 가깝고 큰 25m란의 우측으로 가면 14mmAq에 가깝고, 작은

12.5mmAq란을 밑으로 보고 40kg/h에 가깝고 큰 값을 찾으면 52kg/h가 있는데, 이것에 해당되는 관 지름을 구하면 50A가 됨을 알 수 있다.

다음 풀(Pole) 식을 사용하여 구하면,

$$d = \{(\frac{Q}{K})^2 \frac{S\,l}{h}\}^{1/5} = \{\frac{20^2 \times 1.52 \times 35}{0.7055 \times 14}\}^{1/5} = 4.99\ \text{cm} \rightarrow 50\text{A}$$

가 되어 표에서 구한 값과 같음을 알 수 있다.

5-3-2. 중·고압 배관의 설계

중압배관(1~10kg/cm²g)은 공장에서 중압 본관에 가스를 수송하고, 공급지역의 적당한 위치에 설치된 지구 정압기로 저압까지 조정하여 수요자에게 공급하기 위한 것으로, 공급량이 많거나 공급지역이 넓어서 저압관으로 할 경우는 비용이 많이 드는 경우에 사용된다.

고압배관(10kg/cm²g 이상)은 수송 가스량이 많고 배관길이가 길 때는 수송압력을 높이면 큰 배관을 사용하지 않아도 많은 양의 가스를 수송할 수 있으므로 배관 시설비가 절약되어 경제적이며, 공장에서 고압으로 압송된 가스를 다른 공장 또는 공급소에 수송되든가, 지역정압기에 의해 감압되어 중압 또는 저압 본관으로 공급하는 것이다.

고압공급의 경우는 압력변동에 수반해서 그 체적변화, 기체의 밀도 변화에 따라 가스 상태가 변화하므로, 고압 가스 유량의 식은 저압 가스식 보다 복잡하지만 일반식으로는 다음과 같다.

$$Q = K\sqrt{\frac{(P_1^2 - P_2^2)D^5}{S\,l}}$$

Q : 유량(m^3/h)

D : 관의 내경(cm)

L : 관의 길이(m)

P_1 : 처음 압력($kg/cm^2 \cdot abs$)

P_2 : 끝 압력($kg/cm^2 \cdot abs$)

S : 가스비중(공기=1)

K : 유량계수(52.31)

실용식으로는 다음의 Coxe 식과 Oliphant 식이 사용된다.

$$Q = 52.31\sqrt{\frac{(P_1^2 - P_2^2)D^5}{S\,l}} \cdots\cdots\cdots\cdots (\text{Coxe})$$

$$Q = 51.12(1+\sqrt{\frac{D}{47.81}})\sqrt{\frac{(P_1^2 - P_2^2)D^5}{S\,l}} = 53.4\sqrt{\frac{(P_1^2 - P_2^2)D^5}{S\,l}} \cdots\cdots\cdots (\text{Oliphant})$$

〔예제〕 배관길이 500m의 가스설비에서 공급압력 1.5kg/cm², 도착압력 1.4kg/cm²으로 150m³/h의 프로판 가스를 공급할 때 관 지름은 얼마 정도 되어야 하는가?

〔풀이〕 $d = \{(\frac{Q}{K})^2 \frac{S\,l}{(P1^2 - P2^2)}\}^{1/5} = \{(\frac{150}{52.31})^2 \frac{1.52 \times 500}{(2.5^2 - 2.4^2)}\}^{1/5} = 6.6\text{cm}$

따라서 호칭 지름 65A 관을 사용하면 된다.

5-3-3. 가스 홀더(Gas holder)의 용량 설계

가스의 공급량이 제조량보다 많은 시간에는 홀더에서 가스를 공급하게 되며, 적은 시간대에서는 홀더에 저장하여 공급량과 제조량의 차를 조절하게 된다. 그러므로, 제조 가스량이 주야 일정한 경우에는 수요와 공급의 균형을 유지하기 위해서 가스 홀더의 가동용량이 충분해야 한다.

$$G \times \alpha = \frac{t}{24} \times Q + \Delta V$$

G : 최대가스공급량(m^3/일)

Q : 최대가스제조능력(m^3/일)

α : t시간의 공급률

t : 시간당 공급량이 제조 능력 보다 많은 시간(hr)

ΔV : 가스 홀더의 가동 용량(m^3/일)

〔예제〕 어떤 공장에서 5~8시 사이에서 가스 공급량이 최대공급량의 40%이고, 가스 홀더의 활동량이 하루 공급량의 10%일 때 하루 최대 공급량이 500m^3이라면 제조능력은 어느 정도인가?

〔풀이〕 $Q = \frac{24}{t}(G \times \alpha - \Delta V) = \frac{24}{3}(0.4 \times 500 - 0.1 \times 500)$

$= 1,200\ m^3$/일

5-3-4. 배관 설계상의 주의 사항

① 초고층 건물의 경우 위층에 있어서는 가스 공급압력이 변화하므로, 영향이 큰 경우에는 배관 설계시에 충분한 고려를 한다(공기보다 무거운 가스에서는 압력강하가, 공기보다 가벼운 가스에서는 압력상승이 일어나다)

② 배관 도중에 신축 흡수를 위한 이음을 할 것

③ 건물의 규모가 크고 배관 연장이 길 경우는 계통을 나누어 배관할 것

표 12-15 각 고도에서의 압력차(mmAq)

가스비중 / 높이(m)	0.5	0.65	1.2	1.5
0	0	0	0	0
50	+32.3	+22.7	-12.9	-32.3
100	+64.7	+45.3	-25.9	-64.7
150	+97.0	+68.0	-38.8	-97.0
200	+129.3	+90.6	-51.7	-129.3

제6절 가스의 연소

가스의 연소는 가스 중의 가연성 성분이 산소와 화합하는 산화반응이다. 각 가스성분은 산소와 화합해서 수증기와 탄산가스가 된다. 이 반응은 상온에서 일어나지 않고, 어떤 일정한 온도 이상이 아니면 진행되지 않는다. 따라서 가스가 연소하기 위해서는

① 충분한 산소(보통 공기에 의해서 공급된다)

② 착화원이 필요하다.

또한 이 반응은 발열반응이므로 연소에 의해서 반응열을 발생한다. 이 열을 이용하기 위해서 여러 가지 모양의 가스 기구가 사용되는 것이다.

최후까지 이 화학반응이 완전히 완결되고 있는 상태를 완전 연소의 상태라고 하고, 어떤 이유(공기가 부족한 것 등)로 반응이 최후까지 완결되지 않고 반응도중 중간 생성물(일화 탄소 등)을 발생하는 상태를 불완전연소의 상태라고 한다.

표 12-16 도시가스 성분의 연소 화학방정식

성분	분자식	연소의 화학방식	注 1 산소당량 Nm^3/Nm^3	注 2 총발열량 $kcal/Nm^3$	연소생성물 생성비 注 3	
					CO_2	H_2O
일산화탄소	CO	$2CO+O_2=2CO_2$	0.5	3,016	1	0
수소	H_2	$2H_2+O_2=2H_2O$	0.5	3,053	0	1
메탄	CH_4	$CH_4+2O_2=CO_2+2H_2O$	2.0	9,537	1	2
에틸렌	C_2H_4	$C_2H_4+3O_2=2CO_2+2H_2O$	3.0	15,180	2	2
에탄	C_2H_6	$2C_2H_6+7O_2=4CO_2+6H_2O$	3.5	16,830	2	3
프로필렌	C_3H_6	$2C_3H_6+9O_2=6CO_2+6H_2O$	4.5	22,380	3	3
프로판	C_3H_8	$C_2H_8+5O_2=3CO_2+4H_2O$	5.0	24,230	3	4
부틸렌	C_4H_8	$C_3H_8+6O_2=5CO_2+4H_2O$	6.0	30,080	4	4
부탄	C_4H_{10}	$2C_4H_{10}+13O_2=8CO_2+10H_2O$	6.5	32,020	4	5
	$CmHn$	$CmHn+(m+\frac{n}{4})O_2 =mCO_2+\frac{n}{2}H_2O$	$m+\frac{n}{4}$		m	$\frac{n}{2}$

(주) ① 성분가스 $1Nm^3$를 연소시키는 데 이론상 필요한 산소량

② 각 화학반응에 있어서 성분가스 $1Nm^3$에 대해서 발생하는 열량

③ 성분가 $1Nm^3$를 연소시키는 경우 발생하는 생성물의 양

④ 기체는 온도, 압력에 따라서 용적이 달라진다.

제7절 가스배관 시공

7-1. 가스관의 명칭

가스관은 사용압력에 따라 저압, 중압, 고압으로 분류되며, 관의 부설 위치에 따라서 다음과 같이 구분된다.

① 배관 : 본관, 공급관 및 내관을 말한다.

② 본관 : 도시가스 제조 공장의 부지 경계에서 정압기까지의 배관으로, 주로 도로와 평행하게 지하에 설치되는 관이다.

③ 공급관 : 정압기에서 가스 사용자가 소유하거나 점유하고 있는 토지의 경계까지에 이르는 배관으로, 본관에서 분기하여 여러 장소에 공급하는 배관이다.

④ 내관 : 가스 사용자가 소유하거나 점유하고 있는 토지의 경계에서 연소기까지 이르는 배관으로, 특정 장소에 공급하기 위하여 공급관에서 분기하여 가스 계량기에 이르는 옥외 내관과 가스 계량기에서 중간밸브 사이에 이르는 옥외 내관 및 중간 밸브에서 연소기 콕에 이르는 실내관으로 각각 구분된다.

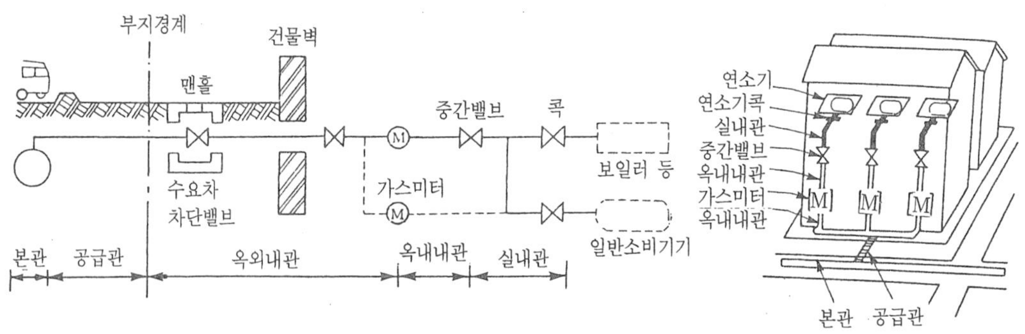

그림 12-23 가스관의 명칭

7-2. 가스관의 재료

가스관은 가스를 원활하게 수송 공급하기 위한 것으로 사용장소와 사용압력에 따라서 강관, 주철관, 동관, 폴리에틸렌관 등이 사용되며, 흔히 사용되는 가스관으로서 지름 50mm 이하의 것은 강관, 75mm 이상의 것은 주로 주철관이 사용되지만, 고압수송용의 비교적 큰 관지름의 것에는 강관이 사용된다.

그리고 연관, 동관, 폴리스틱관 등이 공급관이나 실내관으로 사용되기도 하는데, 연관은 주로 실내관이나 소형 가스미터의 장착에 사용되고, 동관은 실내 배관에서 특히 미관을 주로 하는 경우에 사용된다.

7-3. 도관의 접합

7-3-1. 접합방법

도관의 접합방법은 가스의 최고사용압력, 도관의 재료, 용도 등에 적합한 접합방법을 선택해야 한다.

이음매 부분에 있어서, 첫째로 요구되는 성능은 기밀성인데, 도관의 최고 사용압력, 토질, 노면하중 등을 고려해서 결정된 도관사용재료에 가장 적당한 접합방법을 선택해야 한다.

또한, 매설도관은 지반의 부등침하, 온도변화 등에 의해서 주위로부터 큰 외력이 가해지기 때문에, 가요성(可撓性) 신축성이 큰 배관을 하는 것이 중요하다.

도시가스사업법에서는, 사용압력 및 도관의 종류에 따라서 도관의 접합방법을 표 12-17과 같이 규정하고 있다.

표 12-17 도시가스 사업법에 정하는 도관재료의 종류 및 접합방법

최고 사용압력의 구분		도관 재료의 종류	접합 방법
고압		강관	용접, 플랜지 접합 또는 기계적 접합
중압	$3kg/cm^2$ 이상 $10kg/cm^2$ 미만	강관	용접, 플랜지 접합 또는 기계적 접합
		주철관(구상 흑연 주철관에 한한다)	플랜지 접합 또는 기계적 접합
	$1kg/cm^2$ 이상 $3kg/cm^2$ 미만	강관	용접, 프랜지 접합, 기계적 접합, 나사 접합, 가스형 접합 또는 인납형 접합(압륜을 사용한 것에 한한다.)
		주철관	플랜지 접합, 기계적 접합, 나사 접합, 가스형 접합 또는 인납형 접합(압륜을 사용한 것에 한한다.)
저압		강관	용접, 플랜지 접합, 기계적 접합, 나사 접합, 가스형 접합, 인납형 접합, 유니온 접합, 끼워맞춤 접합, 또는 테이퍼 조인트 접합관(경질염화 비닐관 또는 폴리에틸렌관과의 접합에 한한다.)
		경질염화비닐관 또는 폴리에틸렌관	용접, 플랜지 접합, 기계적 접합, 나사 접합, 유니온 접합, 융착, 끼워맞춤 접합 또는 테이퍼 조인트 접합
		주철관	플랜지 접합, 기계적 접합, 나사 접합, 가스형 접합 또는 인납형 접합

7-3-2. 정압기 및 가스미터 설치

(1) 정압기 설치

정압기를 설치할 때는 수요량을 추정해서 지름을 정하고 공급압력과 출구압력을 고려하여 정압기 능력에 상당하는 저압 본관에 이것을 설치하는 것이 가장 좋다. 설치장소 주변에

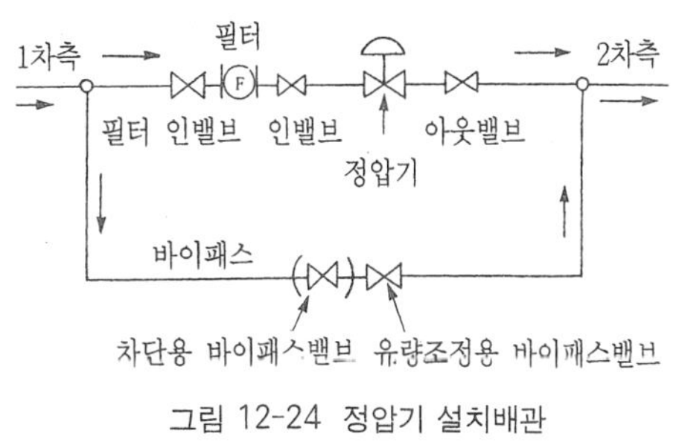

그림 12-24 정압기 설치배관

장애물이 없어야 하고, 장착 수리는 편리해야 한다.

7-3-3. 현장 도복장(塗覆裝) 공사

현장 도복장은 용접 이음부 및 기타 접속부에 관 부식을 막기 위하여 실시하는 것으로 엘보, 티, 리듀서, 맹판, 캡, 인공 관통구, 전기 방식 터미널, 직관 보수 등에 피복을 하는 공사이다.

(1) 도복장에 사용되는 재료

① 직관용 방식고무 : 보강용 고무시트와 방식용 부틸 고무계, 접착용으로된 방식 고무시트를 사용한다.

② 엘보용 방식고무 : 직관용 방식 고무시트를 엘보에 맞도록 재단하여 사용한다.

③ 슈링크튜브(shrink tube) : 열에 의하여 75% 정도 수축되는 폴리에틸렌관의 내면에 방식용 접착제를 바른 것을 사용한다.

④ 슬리브(sleeve) : 고무라이닝 또는 폴리에틸렌 분체 도복장을 할 때 사용한다.

⑤ 터미널용 고무커버와 고무캡 : 강도와 신축성이 우수한 고무 성형품을 사용한다.

⑥ 보호 테이프 : 한 쪽에 접착력이 있는 염화비닐 테이프 또는 폴리에틸렌 테이프를 사용한다.

⑦ 보호 시트 : 직관부는 폴리에틸렌 시트를 사용하고, 이형관부는 보호 시트를 사용한다.

(2) 도복장 작업 순서

① 도복장부의 전처리로 용접 후 처리 즉, 와이어브러시 등으로 슬랙, 스패터 등을 제거하고 토사, 먼지, 수분 등의 이물질을 제거한다.

② 엘보 이음부 등 모따기가 필요한 부분에는 시트 끝부분을 30~45° 정도로 모따기한다.

③ 도복장을 상하지 않도록 하여, 시공하는 범위의 1.5배 정도로 전 주위에 80°C 이상 관 표면을 예열한다.

④ 오버랩(overlap) 되어 있는 부분에는 100mm 정도 크기로 히트실 테으프(heat seal tape)를 접착한다.

⑤ 피복 순서는 연결 커버 중앙 밑부분으로부터 위쪽으로 가열 수축하며, 리듀서의 경우는 큰 쪽에서 작은 쪽으로 수축시켜 접착한다.

⑥ 시온도료의 색이 변하지 않도록 골고루 히트실 테이프를 가열한 후 장갑낀 손으로 잘 문질러 피복한다.

⑦ 커버 밀착이 덜된 부분은 토치램프로 수평으로 가열하고 롤러를 사용하여 완전히 밀착시켜 마무리 한다.

제8절 가스배관 검사와 보수

8-1. 설비 검사 기준

(1) 고압가스 설비는 상용압력의 1.5배 이상 압력으로 실시하는 내압시험 및 상용압력 이상의 압력으로 실시하는 기밀시험에 합격할 것

(2) 충전용 주배관의 압력계는 매월 1회 이상, 그밖의 압력계는 3개월에 1회 이상 표준압력계로 그 기능을 검사할 것

(3) 안전밸브 중 압축기 최종단에 설치한 것은 6개월에 1회 이상, 그밖의 것은 1년에 1회 이상 내압시험 압력의 8/10 이하의 압력에서 작동되는가를 검사할 것

(4) 안전밸브 또는 방출밸브에 설치된 스톱밸브는 항상 완전히 열어 놓고, 긴급 차단장치는 원격조작이 가능하도록 설비 외면으로부터 5m 이상 떨어진 곳에 설치하며, 용기 또는 이에 접속되는 배관 외면의 온도가 110°C일 때 자동적으로 작동될 것

(5) 가스 공급 설비에는 가스 종류에 적합한 기능을 가지고 있는 가스누설 경보기를 가스가 체류할 우려가 있는 장소에 적절히 설치할 것

(6) 가스 공급 시설은 고압 또는 중압일 때 최고 사용압력의 1.5배 이상의 내압시험과 가스가 통하는 부분은 최고 사용압력의 1.1배 이상의 기밀시험에 견딜 것

(7) 가스 발생 설비 및 그 외에 필요한 설비에는 역류방지장치를 할 것

(8) LPG 저장탱크 및 배관은 18kg/cm^2 이상 압력의 기밀시험에 합격할 것

(9) 정압기는 설치 후 3년에 1회 이상 분해 점검을 해야 하며 정압기 입구에는 수분 및 불순물 제거 장치를 설치하고, 검지경보장치를 1일 1회 이상 점검할 것

(10) 도로에 매설된 배관으로서 최고 사용압력이 고압인 것은 매몰한 날 이후 1년에 1회 이상, 그밖의 것은 3년에 1회 이상 누설검사를 할 것

(11) 특정 가스 사용 시설은 사용 개시 및 종료시에 이상 유무를 점검해야 되며 840~1,000mmAq의 기밀시험에 합격할 것(도시가스와 LPG 사용 시설 포함)

(12) 가스 설비에 장착하는 압력계는 최소 눈금이 상용압력의 1.5~2배일 것

(13) LPG 사용 시설의 저압부 배관은 8kg/cm^2 이상, 용기와 압력조정기 입구까지의 고압배관은 그 충전 용기의 내압시험 압력 이상의 내압시험에 견딜 것

8-2. 설비 검사 요령

8-2-1. 고압가스의 제조 저장 및 사용시설의 사용 전 · 후 이상 유무 점검 준비

① 안전 관리 총괄자는 점검 계획을 작성하고 안전 관리 담당자에게 철저히 주지할 것

② 점검원에게 실시 요령 및 주의 사항을 주지하고 점검 계획에는 지시, 보고 체제를 명시할 것

③ 점검에 사용하는 공구, 측정 기구, 보호구 등을 준비하고 확인할 것

8-2-2. 제조 설비 등의 개시 전 점검 사항

① 내용물의 상황과 계기류의 기능 특히, 인터록(Interlock), 긴급용 시퀀스경보 및 자동 제어장치
② 긴급차단장치 및 긴급방출장치, 통신 설비, 제어 설비, 정전기 방지 및 제어 설비, 기타 보안 설비의 기능
③ 각 배관 계통에 부착된 밸브 등의 개폐 상황, 맹판의 탈착 상황, 회전 기계의 윤활유 보급 상황, 회전 구동 상황
④ 제조 설비 등 당해 설비의 전반적인 누설 유무와 가연성 가스 및 독성 가스가 체류하기 쉬운 곳의 당해 가스농도
⑤ 보안용 불활성 가스 등과 보안용 전력 등의 준비 상황
⑥ 전기, 물, 증기, 공기 등 부대 지원 시설의 준비 상황과 기타 필요한 사항의 유무

8-2-3 제조 설비 등의 사용 종료시 점검 사항

① 사용 종료 직전에 있어서의 각 설비의 운전 상태 및 종료 후의 제조 설비 등에 있는 잔유물의 상태
② 제조 설비내의 액화가스 등의 가스 등에 의한 치환 상황, 특히 수리 점검 작업상 설비내에 사람이 들어갈 경우에는 공기로의 치환 상황
③ 개방하는 제조 설비와 다른 제조 설비 등과의 차단 상황 및 제조 설비 등의 전반에 대하여 부식, 마모, 손상, 폐쇄 결합부의 풀림, 기초의 경사, 침하 기타의 이상 유무

8-2-4. 운전 후의 점검 사항

① 제조 설비 등으로부터의 누설 점검, 계기류의 지시, 경보, 제어 상태, 회전기계의 진동, 소음, 이상 온도 상승 기타의 작동 상태
② 제조 설비 등의 온도, 압력, 유량 등 조업 조건의 변동 사항 및 외부 부식, 마모, 균열, 기타의 손상 유무와 탑, 저장탱크류,배관 등 진동 및 이상 소음
③ 가스 누설 경보장치, 저장 탱크 액면의 지시 상태 및 접지 접속선의 단선, 기타 손상 유무

8-2-5. 점검 결과

점검 결과 이상이 발견되었을 때는 이상이 발견된 설비에 대한 원인 규명과 제거, 예비기로 교체, 또는 운전 정지 후의 보수 등 당해 설비의 보수는 물론, 위험 방지 조치를 강구하고 미리 각각의 조치 방안 작업 기준 등을 작성 비치하며, 각 설비의 특성을 파악해 자기 점검,

보수 등의 계획과 설비 개선 등에 활용할 것

8-3. 배관 설비 보수

8-3-1. 가스 차단

가스배관의 보수 또는 연장을 위하여 가스를 차단할 경우 가스팩(gas pack : 유효 기간 2년)을 사용하고, 에어펌프나 압축기를 이용하여 100A는 0.7kg/cm^2, 150A는 0.5kg/cm^2, 200~300A는 0.35kg/cm^2, 400~750A는 0.2kg/cm^2 정도의 압력으로 팩에 공기를 넣는다.

가스팩을 삽입할 때는 높이 2m 이상 방출량 2.5m^3/h(400mmAq) 이하의 방출관을 설치한 다음 하류측을 삽입한 후 상류측을 삽입하고, 팩을 제거할 때는 상류측을 먼저 빼내고 차단 부분의 공기를 방출시키고 나서 하류측을 제거한다.

중 · 고압의 가스 차단은 절단부에서 가장 가까운 곳의 밸브를 닫고 정압기로부터 저압측으로 가스를 보내어 저압(150~200mmAq)까지 강하시킨 다음 작업을 실시한다.

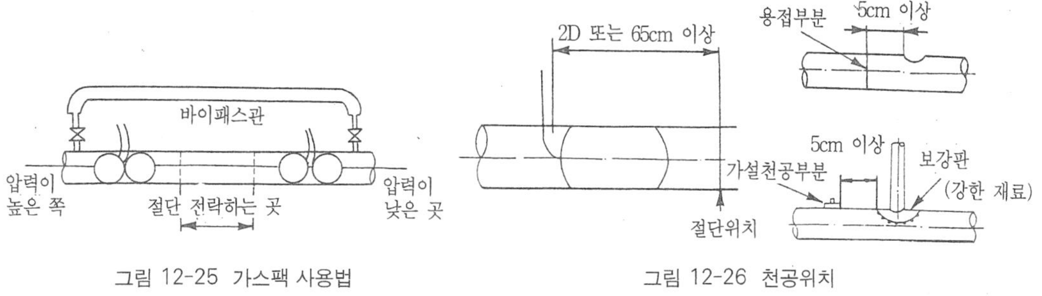

그림 12-25 가스팩 사용법

그림 12-26 천공위치

8-3-2. 천공 작업

천공 작업은 천공기 부착 위치의 도복장을 떼어 내고 관을 깨끗이 청소하여 천공기가 움직이거나 가스 누설이 없도록 하여 본관 용접부, 기존 배관 천공부, 절단부, 바이패스관부 등과의 간격은 65cm 이상 또는 관지름의 2배 이상으로 팩 삽입용의 천공지름을 정한다.

팩 삽입 구멍 이외의 경우는 용접부와 기천공부와 5cm 이상 되게 천공 위치를 정하며, 벤딩부, 티, 이형관 용접부 등은 천공을 하지 않는다.

가스 차단을 위한 최대 천공지름과 팩 삽입용 천공지름은 표 12-18과 같으며 천공 후에는 칩(chip) 등을 완전히 제거한 후 이물질 침입 방지를 위해 캡을 부착한다.

표 12-18 천공 지름

본관지름(mm)	100	125	150	175	200	250	300	350	400	500	550	600	750
최대천공지름(mm)	25	32	40	40	50	50	65	80	80	100	100	100	125
팩구멍천공지름(mm)	25		32		40		50		80			100	

8-3-3. 연결 공사

관 부설, 교체 등의 공사를 할 때는 천공 차단 절단시에 가스 분출로 인한 중독, 화재, 압력 변동, 정지 등의 돌발 사고가 일어나지 않도록 공사 방법 및 안전 대책에 만전을 기해 한다.

8-3-4. 압력시험

연결 공사가 끝나면 자기압력계와 지시압력계를 설치하고 공기 또는 불활성 기체(질소 가스)를 사용하여 실시한다.

압력을 단계적으로 상승시키면서 각부의 이상 유무를 점검하고, 이상이 없으면 기밀 시험 압력까지 감압하여 기밀시험을 실시한다.

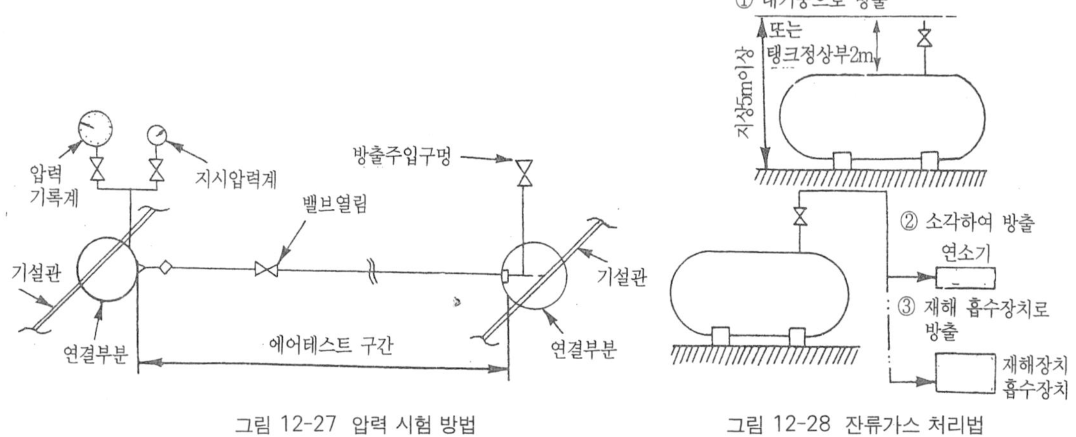

그림 12-27 압력 시험 방법

그림 12-28 잔류가스 처리법

8-3-5. 잔류 가스의 처리 및 방출

(1) 대기 방출

가스방출관은 지상 5m의 높이 또는 탱크 정상부의 2m 높이 중 높은 위치로서 주변의 건축물보다 높고 화기가 없는 안전한 위치에 설치하고 가스를 서시히 방출시킨다.

(2) 연소 처리

잔류가스의 연소 방식은 가연성인 암모니아, 시안화수소 등에 유효하며 연소로, 플레어스텍(flare stack), 보일러 등을 이용해 연소시켜 처리하고 역화방지장치를 설치한다.

(3) 흡수처리

독성가스 등을 대기에 방출하면 대기오염을 시키므로 이러한 가스는 중화 흡수 흡착 등의 방법을 이용하여 처리한다. 이렇게 해서 설비 내의 압력은 대기압으로 낮아졌지만, 관 내부에 가스가 남아 있어서 수리, 청소를 위하여 출입할 수 없을 때는 물이나 불활성 가스로 다음과 같이 치환한다.

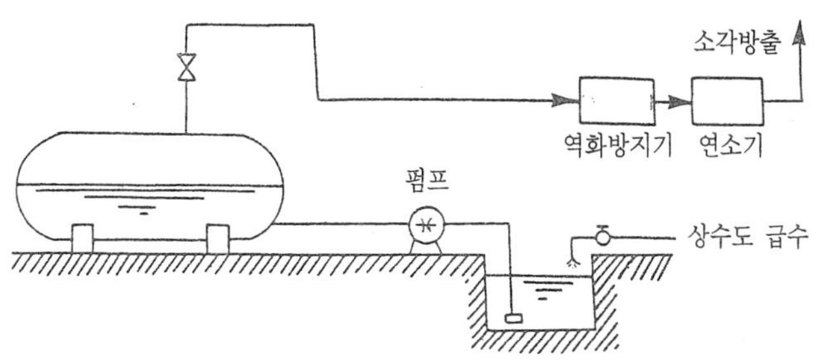

그림 12-29 물로 치환하는 방법

(4) 물로 치환하는 법

설비 하부로부터 물을 주입하면서 상부에서 잔류가스를 방출하여 상술한 방법으로 처리하는 것이다.

이 때 기초의 침하에 유의하며 배수 및 공기와 재치환을 하고 배수중 설비 내의 가스가 흡착되지 않게 하거나 잔류 탄화수소가 물과 함께 배출되어 수질 오염을 시키지 않도록 한다.

(5) 불활성 가스로 치환하는 법

설비 하부로부터 질소, 이산화탄소 수증기 등의 불활성 기체를 압축기로 압입하면서 설비 상부에서 가스방출밸브를 열어 혼합가스를 방출시킨다.

이어서 같은 방법으로 불활성 가스를 공기로 재치환하여 잔류가스 치환을 완료시킨다.

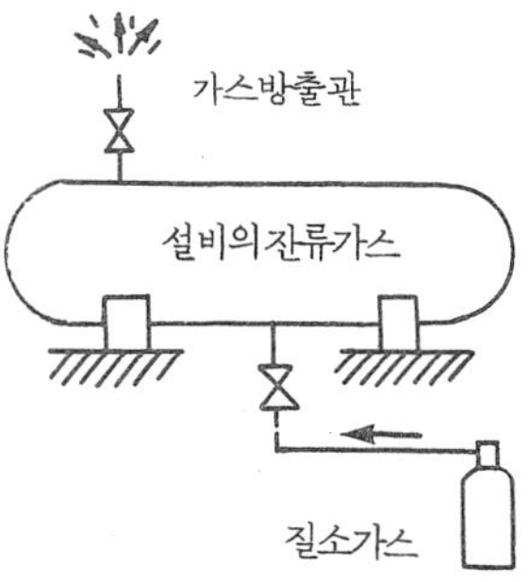

그림 12-30 불활성 가스로 치환하는 방법

대기압 이하의 가스치환을 생략할 수 있는 경우는 다음과 같다.

① 당해 가스 설비의 내부체적이 $1m^3$ 이하인 것

② 출입구의 밸브가 확실히 폐지되어 있고 또 내부체적이 $5m^3$ 이상인 가스 설비 사이에 2개 이상의 밸브가 설치된 것

③ 사람이 그 설비 밖에서 작업하는 것과 화기를 사용하지 않고 작업하는 것

④ 설비의 간단한 청소 또는 개스킷의 교환 기타 이에 준하는 경미한 작업의 것

8-3-6. 공기 방출 및 가스 공급

복구 공사로서 매립전에 굴착구 내의 재료 및 오물 등을 제거하고 배수처리를 완전히 하며, 도복장에 손상이 없도록 하고 관이 편차가 생기지 않도록 매립을 한다.

그리고 나서 신설관이나 일시적으로 가스를 차단한 관의 전 배관망에 걸쳐 기설치관의 가스압력이 저하되지 않도록 주의하면서 가스를 유입시키는 한편 다른 쪽에서는 공기를 방출한다.

공기 방출이 끝나면 관 내에 가스를 채취하여 점화시험을 해서 가스치환이 완료된 것을 확인한 다음 가스를 정상적으로 공급한다.

제13장

산업설비시공일반

제 13 장
산업설비시공일반

제1절 배관설비공사

프로세스 배관의 설계가 끝나면 드디어 공사에 착수하게 되며, 이 배관공사는 실내에서 도면을 그리는 것과는 달리 현장에서 관을 가공하여 설치하고 용접하여 충분히 신뢰할 수 있는 공사를 하는 것이므로, 설계와는 또 다른 의미로 고충도 많고 여러 가지 문제도 야기된다.

일반적으로 석유화학 공장의 배관 설비는 프로세스(process) 배관과 유틸리티(utility)배관으로 분류될 수 있다.

프로세스란 생산의 출발점인 원료로부터 최후의 제품까지 취급하는 물질이 어떠한 단위의 조작 기기에 의해 단계적 처리를 받는 일련의 공정을 말한다. 즉, 원료를 정제해서 반응의 조건에 맞추며, 반응에 있어서는 혼합, 가열, 가압, 냉각 조작에 의하여 반응의 목적을 달성하고, 반응 생성물은 증류, 증발, 추출, 분리, 건조 등의 조작으로 정제되며, 미반응 물질은 원료로 되돌려서 순환시키는 공정으로, 이에 따른 관공사 분야가 프로세스 배관(processing piping)이다.

그리고, 반응에는 직접 관여하지 않지만 프로세스 반응에 필요한 열을 공급하는 증기, 가열로의 연료유, 연료가스와 열 흡수를 위한 냉각수, 계통 내의 가스배출을 위한 질소, 증기, 공기, 청소 등에 사용되는 물 등, 장치의 운전에 중대한 영향을 미치는 유체를 수송하기 설비가 유틸리티배관이다. 예를 들면, 각종 압력의 증기 및 응축수, 냉각 및 세정 용수, 공기, 질소, 연료유, 연료 가스 등이 유틸리티에 해당된다.

이와 같은 프로세스 설비와 유틸리티 설비에 적당하게 납기 공정을 세우고, 작업원의 확보는 물론 공수(工數)를 줄이기 위한 기계나 치공구의 준비, 작업원의 안전관리 등을 고려하여 순조롭게 공사를 진행해야 한다.

제2절 시공방법(施工方法)

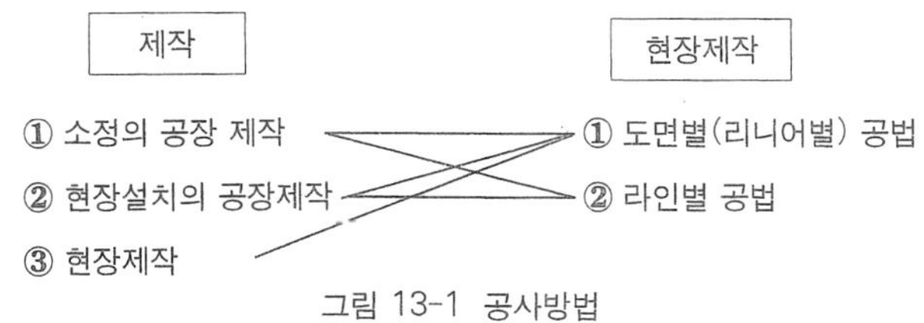

그림 13-1 공사방법

배관 공사는 배관의 제작과 현장의 설치 공사의 두 가지 요소로 완성되므로, 공사 현장의 지리적 조건 및 플랜트의 성격 등에 따라서 최적의 방법을 선택하여야 한다.

2-1. 공사 방법

2-1-1. 공장에서의 배관 제작법(shop fabrication system)

이것은 이미 정해진 공장에서 어느 정도 미리 제작해 현장으로 운반하여 직접 설치하는 방법으로, 저합금(低合金), 강관 또는 스테인리스강관 등의 특수 재료의 경우는 전체 배관을 선제작(先製作) 하며, 탄소 강관의 경우는 50~500A관에 대하여 적용한다. 그 이유는 40A 이하의 배관은 소켓 용접 및 잡배관이 많기 때문이며, 또 500A 이상의 배관은 규모가 크고 수송상 문제가 되므로 현장 제작이 유리할 때가 많다.

배관 제작 공장은 절단, 용접 등 일반 생산공장과 같은 형태이므로 주로 기계에 의한 작업이 이루어지기 때문에 대량 생산이 가능하다.

① 기계를 사용하므로 작업이 빠르고 품질이 좋으며, 배관량이 많을 경우에는 현장에 투입하는 작업 인원을 줄일 수 있다.

② 배관 재료의 부족량은 조기 발견할 수 있으며, 다른 방법보다 잔재(殘材)가 적다.

③ 현장에서 가설 부지를 확보하지 않아도 되지만 공장 제작품을 수송하는 경비가 소요된다.

④ 배관재료가 공장과 현장으로 분리되어서 관리가 복잡하고 획일적인 공사 진행이 어렵다.

2-1-2. 현장 설치의 공장 제작법(unit shop fabrieation system)

현장의 지리적 조건 때문에 미리 정해진 공장에서 선제작을 하면, 제작된 제품 수송 조건이 불리한 경우에 기계류를 현장에 반입하여 단위 공장 형태로 플랜트에 인접한 곳에 설치해 제품(spool)을 제작하는 방법이며, 선제작 작업원과 현장 작업원을 구분하여 업무를 담당하게 하기도 한다.

현재 석유 화학 공장 건설에 많이 사용되는 방법으로 다음과 같은 특징이 있다.

① 현장에 설치되는 공장이고 동일 감독자에 의하여 관리되므로 공정 파악이 용이하다.

② 재료 관리를 현장 공사와 같이 할 수 있으므로 간편하다.

③ 현장에 인접한 부지 확보가 어렵고, 공장 건설의 가설비가 많이 든다.

2-1-3. 현장 제작 시공법(Field Fabrication system)

소형 플랜트와 같이 배관의 규모가 작고, 직선 부분이 많으며, 정밀도가 높지 않아도 되는 경우에 사용하는 방법으로 모든 배관재료가 현장으로 직송되기 때문에 관리가 쉽다.

배관도에 의해 절단 치수를 산출하여 스케치도를 작성하고,그 부근의 지상에서 선제작을 하며 특징으로는 다음과 같은 것들이 있다.

① 재료의 분산이 없으므로 자재 관리가 용이하지만 기후의 영향을 받기 때문에 공사가 지연될 수 있다.
② 작업 규모가 작아서 배관의 평균 크기가 80A 이하의 소형 플랜트에 유리하다.
③ 많은 작업원이 현장에 투입되므로 숙소, 취사장 등의 부대 시설비가 증가된다.

2-1-4. 도면별(Area) 공법

이 공법은 도면별로 배관공사를 시공하는 것이며, 배관공 몇 사람의 일조(一組)가 그 구역의 배관을 완전히 시공하고 다음 구역으로 옮겨가는 공법이다. 그 장 · 단점은 다음과 같다.
① 대개 배관공이 조(組) 단위로 조직되어 있으므로 구역별로 책임분담이 명확해진다.
② 배관공의 한 조가 다른 조와 같은 장소에서 혼잡을 이루는 일이 없다.
③ 도면상의 매치라인이 반드시 조끼리의 접속점이 되는 것이 아니므로 관리가 필요하다.
④ 에리어별로는 마무리가 잘 지어지지만 라인별로는 마무리가 잘 지어지지 않는다. 따라서 테스트계획이 복잡하게 되어 뒤처리 작업이 필요 이상으로 많아진다.
⑤ 에리어별 공법에서는 배관공사의 계획을 세우기 쉽고 기기반입(機器搬入) 등의 계획도 이에 따르면 된다.
⑥ 배관 재료의 출고가 도면단위가 되므로 분실, 파손 등의 손실이 많아진다.
⑦ 배관공사가 소구역에 집중되므로 건기(建機)나 가설(假設)의 유효적인 사용이 가능하다.

2-1-5. 라인별 공법

이 공법은 라인별로 배관공사를 시공하는 것이며, 배관공의 조가 일군(一群)의 라인을 완전히 시공하고 다음 라인으로 옮아가는 공법이다. 그 장 · 단점은 다음과 같다.
① 라이별로 완전 시공한다는 관념을 갖을 수 있으므로 테스트를 포함한 계획을 세우기가 쉽다.
② 라인의 중요도에 따른 품질의 관리를 계획적으로 할 수 있다
③ 배관재료의 출고를 라인별로 하게 되므로 손실이 적다.
④ 배관공의 한 조가 다른 조와 공사시공 중에 어떤 장소에서 겹쳐서 공사하기가 어렵다.
⑤ 라인 전수중(全數中) 넓은 범위의 라인은 약 20~30%라고 한다. 따라서 건기(建機)나 가설(假設) 등의 이용에 손실이 많다.

이상과 같으며 배관공이 조기화가 진행되어 있는 곳에서는 구간별 공법이 채용되는 경우가 많다.

2-2. 시공 준비

배관 공사는 복잡하고 다양하며 계장, 전기, 보온, 보냉 등과 연관되는 최종 단계의 작업이므로, 그 준비 정도에 따라 공사에 큰 영향을 미친다.

2-2-1. 착수 준비

① 배관 공사의 방법 및 완공 시기를 결정한다.
② 현장 조직의 배원표(配員表)를 작성한다.
③ 작업원의 수급 및 작업원별 업무계획을 작성한다.
④ 가설계획 및 세부적인 공사공정표를 작성한다.
⑤ 건설 기계의 수급 및 안전관리 계획을 수립한다.
⑥ 유자격 용접사의 확보 및 특수 배관 재료의 용접 순서를 정한다.
⑦ 배관재료 창고의 관리계획을 수립한다.
⑧ 감독 관청의 입회 검사계획을 수립한다.

2-2-2. 자료 준비

Piping Layout의 실시에 앞서 필요한 자료로서 구비되어야 할 것은 다음과 같다.

① 배관설계기본조항	(Basic Piping Design Data)
② P&I 플로우다이어그램	(P&i Flow Diagram)
③ 유틸리티플로우다이어그램	(Utility Flow Diagram)
④ 배관도(配管圖)	(Plot Plan)
⑤ 라인인덱스	(Line Index)
⑥ 배관재료기준	(Piping Material Specification)
⑦ 기기설계도	(Equipment Skeleton Drawing)
⑧ 계기시방서(計器示方書)	(Instrument Specification)

2-2-3. 공사수행 준비

(1) 작업 공정과 예산 확보

자재의 반입과 기기의 설치 시기를 분석하여 공정표를 작성하고, 이것에 의해 인원 배치와 최대 수요 인원 및 전체 작업 시간과 장비 동원 계획을 결정하며, 하루의 작업 시간과 작업이 많을 경우의 잔업을 예상하여 예산을 편성한다.

(2) 작업원의 확보

공정과 공수의 예상이 끝나면 작업원을 확보해야 되는데 특히, 숙련된 배관공이나 용접공을 충분히 확보할 수 있도록 하여 예정기간 내에 공사를 완료하는 것은 물론 신뢰성 있는 공사를 해야 한다.

(3) 장비의 확보

공사에 필요한 운반기계, 절단가공기계, 용접기, 기타, 측정기구 등을 공사 진행에 차질이 없도록 준비한다.

(4) 공사전의 가설(假說)

공사현장의 가설물은 사무실, 작업원의 대기실, 공사용 가옥, 창고 등이며, 작업원이 작업하기에 편리하도록 좋은 환경을 만들어 주고, 다음 공사에도 사용할 수 있도록 너무 조잡하지 않고 경제적인 것으로 설치한다.

2-3. 배관제작

2-3-1. 선제작 공장의 규모와 설비

공장의 크기는 사무실, 대기실 등을 제외하고, 하루의 배관량 1,000kg에 대하여 1,500m^2 정도로 하며, 다른 공지를 이용하는 재료나 제품의 하역장 크기는 공장의 약 5배 정도가 필요하다. 일반적으로 하루의 배관능력이 3,000kg 정도의 공장이 많으며, 이러한 공장의 대지면적 약 5,000m^{2}와 기타 하역장 면적 25,000m^{2}을 합하여 약 30,000m^2 정도가 필요하다. 그리고 배관 3,000kg/day의 공장에 필요한 설비 기계는 다음과 같다.

(1) 운반기계

호이스트, 포크리프트, 모빌크레인, 지브크레인, 켄베이어 등

(2) 절단기계

일반 절단기, 지석 절단기, 지관 절단기, 홈 절단기 등

(3) 용접기

직류 · 교류 아크용접기, 불활성가스(Ar, He) 특수 아크 용접기(TIG, MIG 용접기), 용접 포지셔너(positsoner), 가스용접기 등

(4) 기타

관 벤딩기, 정반, 검사기구, 열처리기구, 그라인더, 드릴머신, 지그(jig), 클램프 등

2-3-2. 절단(cutting)

배관의 가접합, 조립, 용접 시공전에 재료의 준비, 절단, 벤딩, 용접홈의 가공 등을 해야 한다. 관의 절단 중 기계적 절단에는 자동가스 절단기, 기계톱(hack saw), 고속지석 절단기, 동력나사 절삭기의 커터 등을 이용하는 방법이 있으며, 수동 절단에는 쇠톱, 파이프 커터 등으로 절단하는 방법이 있다. 그리고, 열에너지에 의해 금속을 국부적으로 용융 절단하는 방법에는, 산소가스와 금속과의 산화반응열을 이용하여 절단하는 가스절단법과 전극과 모재 사이에 아크를 발생시켜 아크열로 모재를 용융시켜 절단하는 아크절단법이 있다. 일반 강관의 절단에는 보통 가스절단기나 고속지석절단기를 사용하고, 고정된 관은 치공구를 사용하여 절단하며, 분기관은 전개한 도면을 대고 마킹하여 절단하거나 특수한 기계를 사용하여 절단한다.

2-3-3. 벤딩(bending)

일반적으로 엘보, 티는 규격품이 여러 종류가 제작되어 판매되고 있으므로 적정한 것을 사용하면 되지만, 규격품이 없을 경우 즉, 굽힘각도가 너무 작거나 너무 클 때는 수동롤러벤더, 램식 벤더, 로터리벤딩머신 등을 이용한 냉간벤딩 또는 토치램프나 가열토치로 가열하여 알맞은 치수로 굽히는 열간벤딩 방법을 이용해 제작하여 사용한다. 또, 특히 큰 관의 경우는 벤딩이 곤란하므로 여러 편의 조각을 맞대어 접합한 마이터(Miter)를 제작하여 사용한다.

2-3-4. 홈가공

홈은 좋은 접합 결과를 얻고 경제적인 용접을 위하여 적절한 홈을 선택하여 잘 가공해야 한다. I형 홈은 가공은 쉽지만 6mm 이하의 얇은 관두께일 때 사용하고, 6~20mm 두께의 관에는 V형 홈을 사용하며, 그 이상의 두꺼운 관에는 U형 홈, 대구경 관에는 X형 홈을 사용한다. 이와 같은 홈가공은 보통 수동가스 절단기나 소형 자동가스 절단기를 사용하고, 특수강이나 고온 고압관의 홈은 홈가공 전용기 등으로 가공한다.

2-3-5. 조립 및 가설

절단된 관, 굽힘된 관, 플랜지, 엘보, 티, 노즐 등을 정반 위에 놓고 치공구를 사용하여 중심, 수평, 수직, 루트 간격 등을 맞추어 조립하고 치수가 적정하면 설치 위치에 임시로 부착한다. 임시 부착 방법으로는 대구경 관의 경우 틀을 사용하고, 중구경 관 이하에는 클램프를 사용한다.

2-3-6. 용접(welding)

용접은 이음 구조가 간단하고 재료의 절감, 중량 경감, 공정 단축 및 이음효율이 높은 장점이 있어 리벳이음보다 많이 사용되지만, 변형과 잔류응력이 발생되며 용접부의 품질검사가 곤란한 점이 있다.

용접시 고려할 사항으로는 모재의 재질 확인, 용접기의 선택, 용접봉의 선택, 용접공의 기능, 용접지그의 사용법 등과 이음 준비 사항으로 홈가공, 조립, 가접 및 이음부의 청소 등이 있다. 본 용접에서는 용접 순서, 용착법, 운봉법 등을 고려하여 용접부에 결함이 생기지 않도록 하고, 가능한 한 변형을 적게 하며, 이음 효율을 좋게 해야 한다. 배관용접은 한 면 용접으로서 완전한 접합부가 얻어지기 때문에 1층용접이 가장 중요하므로 될 수 있는 한 기능이 뛰어난 용접공이 담당하는 것이 좋다. 선제작 공장에서는 수동용접, 반자동용접, 전자동용접 등이 사용되며, 전자동용접은 현재 극히 한정된 분야에서만 이용이 가능하다.

(1) 피복아크 용접법(shielded metal arc welding)

현재 가장 많이 사용되는 용접법으로 피복제를 입힌 용접봉과 모재 사이에 발생하는 전기

아크열을 이용하여 모재의 일부와 용접봉을 녹여서 접합하는 방법이며, 보통 연강용 피복아크 용접봉이 사용된다.

(2) 가스 용접봉(gas welding)

가연성 가스의 연소열을 이용해 금속을 가열하여 용접하는 방법으로, 가열할 때 열량 조정이 쉬우므로 균열 발생의 우려가 있는 금속이나 얇은 파이프, 박판, 비철금속 및 특히 용융점, 비등점이 낮은 금속을 접합하는 데 적당하다.

(3) 특수 아크용접법

① 불활성 가스 아크용접법(inert gas arc welding)

고온에서도 금속과 반응하지 않는 아르곤, 헬륨 등의 불활성 가스 분위기 속에서 전극선과 모재 사이에 아크를 발생시켜 용접하는 방법으로, 알루미늄과 마그네슘 용접에 적합하다. 전극선으로 텅스텐 봉을 사용하는 경우를 불활성가스 텅스텐 아크용접(TIGwelding)이라 하고, 전극선으로 금속봉을 사용하는 경우를 불활성가스 금속 아크용접(MIG welding)이라 한다.

② 서브머지드 아크용접법(submerged arc welding)

자동 금속아크 용접법으로 모재의 이음 표면에 미세한 입상의 용제를 공급관을 통해 공급하고, 그 용제 속에 연속적으로 전극 와이어를 공급하여 용접봉 끝과 모재 사이에 아크를 발생시켜 용접하는 것이다. 잠호용접이라고도 하며 저합금강, 스테인리스강의 용접에 적합하다. 그 밖에 플라즈마(Plasma) 아크용접, 이산화탄소(CO_2)아크용접 등이 있다.

(4) 전기저항 용접법(electric resistance welding)

가스용접이나 금속아크용접으로는 접합이 어려운 경우 용접부에 대전류를 직접 흐르게 하여, 이 때 생기는 줄열(Joule's heat)을 열원으로 접합부를 가열하고 동시에 큰 압력을 가하여 접합하는 방법이며, 자동차, 항공기, 차량, 가전 제품 등 광범위하게 사용된다.

(5) 테르밋 용접법(thermit welding)

철과 산화알루미늄 분말의 혼합제인 테르밋의 반응에 의해 생성되는 열을 이용하여 금속을 용접하는 방법으로 차축, 선박의 선미프레임, 레일 접합 등 비교적 큰 단면을 가진 구조나 단조품의 용접에 사용된다.

(6) 플라스틱 용접법(plastics welding)

경질염화비닐관, 폴리에틸렌관, 폴리프로필렌관 등의 접합에는 열풍용접기, 열기구용접기, 마찰용접기, 고주파용접기 등을 사용하여 용접을 한다.

2-4. 현장 공사 요령

작업 현장은 전기 배선공사, 급수공사, 배수공사 등의 각종 공사가 한 장소에서 거의 동시에 이루어져 매우 복잡하고 또한, 불완전 요소가 많이 있기 때문에 될 수 있는 한 선제작으로 하여 안정된 배관을 해야 한다. 선제작을 한 경우에는 각종 기기 설치나 지하 공사 등이 완료되어 큰 장비가 들어갈 수 있을 때 일제히 시공을 하며, 배관 장비를 적재 적소에 배치하여 능률적으로 관을 각종 기기에 연결시키고 볼트 등으로 임시 체결한다. 이 때 선제작한 배관은 기기의 제작 오차나 기초의 오차로 가끔 잘 맞지 않는 경우가 있으므로, 무리하게 연결하지 말고 수정을 한 후 패킹 등을 완전히 체결하며 특히, 다음과 같은 사항을 염두에 두고 시공한다.

① 시공전에 관속의 토사(土砂), 슬랙(slag) 등의 이물질을 제거한 다음 수준기를 사용하여 수평 수직을 유지하도록 설치한다.
② 나사이음 배관에서는 체결전에 나사 부분을 청소하여 이물질을 제거한 다음 체결 후 보통 1~2산이 남도록 체결한다.
③ 개스킷(gasket)면은 완전히 청소하여 녹, 먼지, 흠 등이 없는가를 확인한 후 용도에 맞는 것을 선택하여 부착한다.
④ 밸브류의 시공은 반드시 닫혀진 상태에서 블로어(blower)로 내면을 청소한 다음 부착한다.
⑤ 밸브를 설치할 때는 유체의 흐름 방향, 핸들 위치 등을 배관로와 확인한 다음 부착한다.
⑥ 펌프류나 밸브의 플랜지 맞춤은 중심이 맞는 지를 확인한 후 플랜지면을 정확히 맞추고 패킹을 넣어 완전히 체결한다.
⑦ 플랜지의 볼트구멍은 도면에 특별한 지시가 없는 한 중심선을 기준으로 대칭이 되도록 배치하며, 볼트를 체결할 때는 시계 방향으로 할 경우 0°, 180°, 270°, 450°의 순으로 2~3회 나누어서 완전히 체결한다.
⑧ 고온부에 사용하는 볼트는 소손(燒損) 방지제를 도포하여 체결한다.
⑨ 보스(boss)에 의한 지관(枝管)배관에서는 용접 보스에 대해 본관에 천공되어 있는 것을 확인하여 시공한다.

2-5. 관의 배치

배관은 많은 구조물(structure)이나 기기 등의 사이에 유체수송을 목적으로 한 공간 구조물로 설치되기 때문에, 그 배치는 이러한 것들을 포함한 종합적인 관점에서 이루어져야 한다. 따라서 그 프로세스를 잘 이해하고 배관 제작 설치에 요구되는 사항을 정확히 파악하여 모든 상황의 전체 흐름을 염두에 두고 배관의 배치(piping layout)를 하는 것이 중요하다.

① 장치 전체가 미관상으로 균형이 맞도록 배치한다.
② 안전성과 경제성을 충분히 고려하여 배치한다.
③ 모든 장치는 운전이 쉽도록 배치하고 설치 후 보수관리가 편리하도록 배치한다.
④ 공정 과정과 공학적인 면에서 무리가 없도록 배치한다.
⑤ 각종 법규 등에 위반되지 않도록 배치한다.

2-5-1 배관의 기본 사항

① 배관은 가급적 그룹(group)화 되게 한다. 이것은 파이프 서포오트(pipe support)의 경제성과 미관을 고려한다는 점을 들 수 있다.
② 배관은 가급적 최단거리로 함과 동시에 굴곡부를 적게 하여 유체에 대한 손실수두를 적게 하고, 불필요한 에어 포켓(air pocket)이 생기지 않게 한다.
③ 고온, 고압배관은 기기와의 접속용 플랜지 이외는 가급적 플랜지 접합을 적게 하고 용접에 의한 접합을 시행한다. 플랜지는 리이크에 대한 보정치(保證値)가 낮기 때문이다.
④ 고압관 또는 고유속의 배관은 특히, 굴곡부나 분기관을 최소가 되게 해야 한다. 이것은 그 부분에서의 충격파에 의한 진동의 발생을 적게 하기 위함이다.

2-5-2. 파이프 래크(pipe rack)상의 배관 배치

(1) 파이프 래크상(上) 배관의 종류

① 프로세스 배관
㉮ 병열로 배치된 기기의 간격이 6m 이상되며, 그 사이에 또 다른 기기를 설치하여 노즐을 접속시키는 배관
㉯ 열교환기, 펌프, 용기(vessel) 등에서 단위 기기(unit) 경계까지의 생산(product) 배관
㉰ 단위 기기를 통과하여 열교환기, 가열로 등의 기기에 연결되는 원료 등의 수송배관
② 유틸리티 배관
증기헤더(header), 응축수헤더, 냉각수 공급 및 순환헤더, 플랜트용 압축공기헤더, 계기용 공기헤더, 불활성 가스헤더, 공업용수헤더 등 장치 전체의 기기에 공급하는 배관과 연료유배관, 연료가스배관, 보일러 급수배관, 약품처리배관 등 특정한 기기에만 공급되는 배관이다.

(2) 파이프래크상 배관의 배치 방법

① 배관의 크기가 주요 요인이 되는 경우
일반적으로 파이프래크는 구조 설계상 등분포 하중을 받도록 되어 있지만, 지름이 큰 관은 중량이 무거우므로 집중 하중을 고려하여 보의 굽힘모멘트를 적게 하고, 구조 설계가 유리하도록 파이프래크의 기둥 위나 그 가까이에 배치한다.
② 기기의 위치가 주요 요인이 되는 경우
소규모의 프로세스장치에서는 파이프래크의 한쪽만을 프로세스배관으로 하고, 대규모의 프로세스장치에서는 그 양쪽에 프로세스배관을 배치하는 경우가 많다. 즉, 대규모의 프로세스장치에서는 프로세스 배관을 양쪽에 배치하고, 중앙부에 유틸리티배관을 배치하여 차후의 배관라인 부설이나 유지관리에 편리하도록 한다.
③ 열응력이 주요 요인이 되는 경우

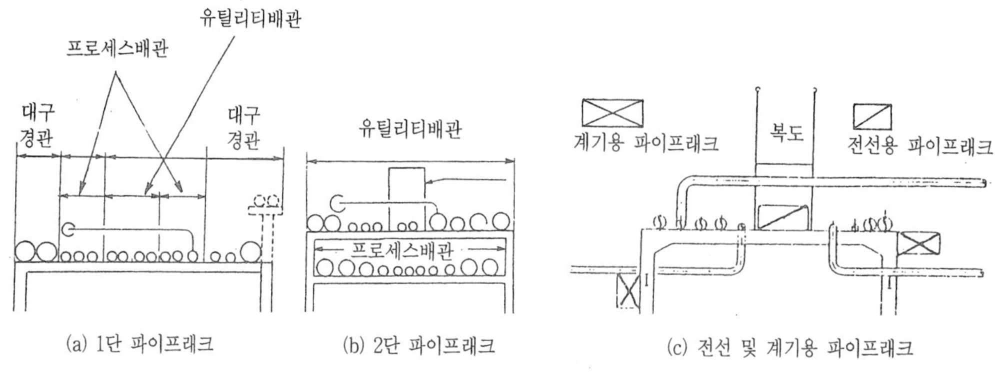

(a) 1단 파이프래크 (b) 2단 파이프래크 (c) 전선 및 계기용 파이프래크

그림 13-2 파이프래크상의 배관 배치 방법

증기배관과 같은 고온배관에는 열응력을 고려하여 루프(roof)형 신축관을 많이 사용하며, 파이프래크상의 다른 배관보다 500~700mm 정도 높게 배치하고, 관지름이 크고 온도가 높은 배관일수록 외측(外側)에 배치한다.

④ 2단식 파이프래크의 경우

프로세스장치의 대형화와 더불어 파이프래크의 폭도 큰 것이 필요하지만, 대지면적이 충분하지 못할 경우에는 파이프래크를 상하 2단으로 하여 상단에는 비교적 가벼운 유틸리티배관을 배치하고, 중량이 비교적 무거운 프로세스배관은 하단에 배치하는 것이 유리하다.

⑤ 전선 및 계기용 파이프래크의 경우

계기용 배관을 파이프래크상에 설치한 경우는 복도(cat way) 아래의 파이프래크 최고 외측에 설치하며, 동력용 전선은 안전상 프로세스 지역내의 지하에 설치하지만 부식성 유체가 바닥에 흐를 경우는 공중덕트를 설치하여 계기용 배관과 같은 방법으로 배치한다.

(3) 파이프래크(pipe rack)의 높이

① 관련 장치들이 인접하여 설치되어 있을 때는 공장 전체의 미관을 고려하여 파이프래크를 일직선상에 가지런히 두는 것이 좋으며, 다음 조건 중 가장 높은 것을 선택한다.

② 파이프래크가 도로를 횡단할 경우 2급 도로는 4.5m 이상, 1급 도로는 6m 이상, 철도의 인입선에서는 7m 이상 높이로 한다. 보통 유닛 내의 도로는 2급에 해당된다.

③ 파이프래크 밑에 펌프와 같은 기기가 설치되는 경우에 주위의 작업 공간을 고려하여 최소 2.5m 이상의 높이가 필요하며, 파이프래크배관과 유닛배관이 접속되는 경우에는 파이프래크상의 배관을 중심으로 상 · 하 500~700mm 범위에서 접속하고, 또한 파이프래크의 기둥과 기둥 사이에 이것을 지지하는 보를 넣는 경우에는 그 보의 높이를 고려하여 최소 3.5m 이상으로 한다.

④ 유닛내에 기기가 설치될 경우는 유닛과 접속되는 배관이 항상 상하 500~750mm 정도로 접속되므로 2단 파이프래크의 상단과 하단의 간격은 1~1.5m 정도가 되어야 한

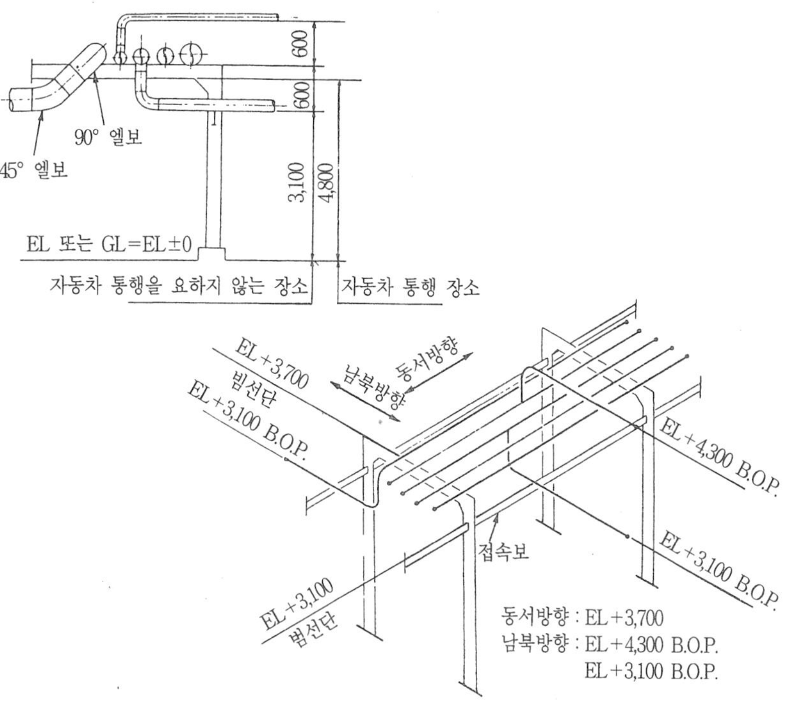

그림 13-3 파이프래크의 높이

다. 또, 동서 방향과 남북 방향이 서로 직각으로 교차되는 파이프래크의 간격을 500~750mm 정도로 하면 150A까지의 파이프는 직각엘보 2개로 그 사이를 접속시킬 수 있으며, 그 이상의 파이프도 45° 엘보 등을 사용하면 어느 정도 큰 파이프는 접속이 가능하다.

(4) 파이프래크의 폭

파이프래크의 폭은 래크상의 배관 수가 결정되면 자동적으로 산출되지만, 다음과 같은 사항을 고려해야 한다.

① 파이프래크의 실제 폭은 신규 라인이나 잘못된 배치에 대비하기 위하여 계산된 폭보다 20% 정도 크게 한다.

② 고온 배관에 대해서는 열팽창에 의하여 인접 라인에 접촉되어 과대한 구속을 받지 않도록 충분한 간격을 둔다.

③ 파이프래크상의 배관 밀도가 작아지는 부분에 대해서는 파이프래크의 폭을 좁게 한다.

상술한 내용을 참고로 하여 일반적으로 다음과 같이 파이프래크의 폭을 결정한다.

㉮ 인접하는 파이프의 외측과 외측과의 간격을 최소 75mm로 하여 래크의 폭을 결정한다.

㉯ 인접하는 플랜지 외측과 외측과의 간격을 최소 25mm로 하여 래크의 폭을 결정한다.

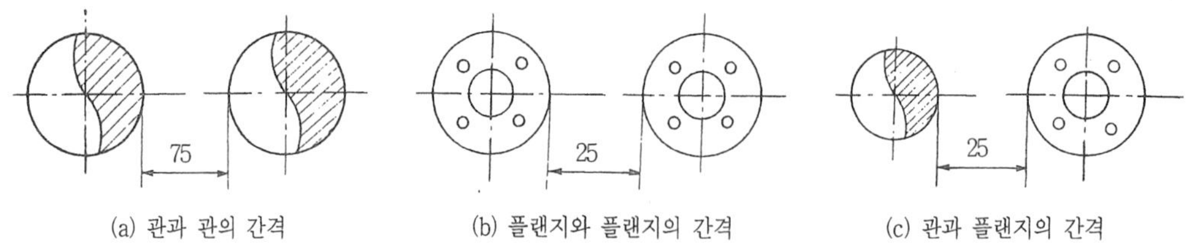

(a) 관과 관의 간격　(b) 플랜지와 플랜지의 간격　(c) 관과 플랜지의 간격

그림 13-4 파이프래크의 폭 산출 방법

㉯ 인접하는 파이프와 플랜지의 외측과의 간격을 최소 25mm로 하여 래크의 폭을 결정한다.

이상의 어떠한 방법으로 파이프래크의 폭을 결정하든지 파이프에 보냉, 보온을 할 경우는 그 두께를 가산하여 결정한다.

(5) 파이프래크의 간격

파이프래크의 설치 간격을 결정할 때는 관지름의 크기, 유체의 종류, 관 내 유체의 온도, 보온, 보냉의 유무에 따라 굽힙응력과 휨량을 고려하여 결정하며, 일반적으로 관지름이 작을 경우는 4~6m 정도, 관지름이 클 경우는 8~10m 정도의 간격이면 좋다.

굽힘 응력과 휨의 계산식은 같다.

단순지지(單純支持)보: $l = \frac{8\sigma Z}{W}$

연속(連續)보: $l = \frac{12\sigma Z}{W}$

단순지지(單純支持)보: $\delta = \frac{5 \cdot W l^4}{384 \cdot E \cdot I}$

연속(連續)보: $\delta = \frac{W l^4}{384 \cdot E \cdot I}$

표 13-1 표 13-1 최대지지간격 및 휨량

관 호 칭 경	지지간격(m)	휨(mm)
12B	12	3.0
10B	11	3.0
8B	10	3.3
6B	9	3.3
4B	8	4.3
3B	7	4.6
2B	6	4.6
1½B	5.5	7.8
1B	4.5	4.6
¾B	4	4.3
½B	3.5	4.0

비고 : STPG38의 SCH4° 파이프를 만수연속보로서 계산했다.

여기서 l : 지지간격(cm)

σ : 파이프의 허용응력(kg/cm^2)

Z : 단면계수(cm^2)

W : 단위길이당의 관내외물의 총중량(kg/cm^2)

δ : 최대휨량(cm)

E : 파이프의 영율(kg/cm^2)(21×10^6)$^-$

I : 파이프의 단면이차 모우먼트(cm^4)

위식에 의해 계산한 예를 표 13-1에 나타내었다.

2-5-3. 유틸리티배관의 배치

(1) 유틸리티배관의 기본사항

① 특유한 장치의 유틸리티를 제외한 보통의 유틸리티는 동일 공장내에서 몇 가지 다른 장치가 있어도 한 개소에서 집중 관리되어 각 장치에 공급되므로, 유지관리 및 경제성을 고려하여 그 배관에 사용되는 설계 기준, 규격 등은 통일된 것을 사용한다.

② 탱크실(tank seal)을 위한 초저압의 질소배관 또는 감온, 감압이 필요한 증기배관 등의 특수한 장치는 그 장치마다 특성을 고려하여 설치한다.

③ 하나의 장치에 사고가 발생했을 때 다른 장치에 영향을 미치지 않도록 각 장치의 출구와 입구에 메인밸브를 설치한다.

④ 필요에 따라 각 장치마다 압력계, 온도계, 유량계 등을 설치한다.

⑤ 각 장치 내 유틸리티레더의 끝부분은 미래의 배관을 고려하여 블라인드(blind) 플랜지로 막는다.

⑥ 공기가 괼 염려가 있는 배관에는 공기빼기(air vent)밸브(20A 글로브밸브)를 설치하며, 용액이 괴거나 가끔 시험이 필요한 배관에는 드레인 방출밸브(20A 게이트밸브)를 설치한다.

(2) 증기배관

일반적으로 석유장치나 화학장치에 사용되는 증기의 압력은 60kg/cm^2 정도이지만, 발전설비 등에서는 135kg/cm^2, 535°C 정도의 고압·고온의 증기도 사용된다.

① 증기배관은 사용되는 스팀의 압력이나 온도에 따라 각 조건에 적합한 재료와 규격을 선택하며, 30kg/cm^2 이상의 고압증기 배관의 접속은 용접으로 하고 플랜지를 사용할 경우는 웰드 넥(weld neck)형 용접플랜지를 사용하는 것이 좋다.

② 고온의 증기배관에는 열응력을 고려하여 배관 자체나 기기를 보호할 수 있도록 신축이음을 설치한다.

③ 분기관은 반드시 주관의 상부에 설치하며, 증기의 응축에 의한 소음을 방지하기 위하여 증기트랩과 드레인 방출밸브를 설치한다.

④ 증기트랩 주위의 배관은 응축수를 회수하는 경우와 회수하지 않는 경우가 있으며, 일반

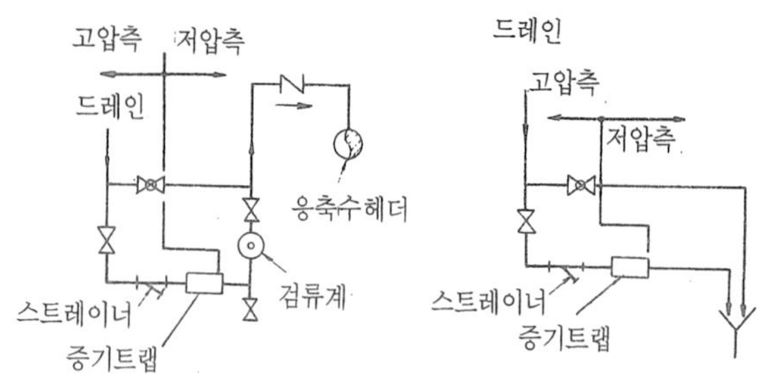

(a) 응축수를 회수할 경우　　(b) 대기 방출일 경우

그림 13-5 증기트랩 주위 배관

적으로 응축수 헤더는 응축수 압력이 다를 때마다 설치하지만, 압력차가 적을 경우는 증기트랩 출구배관이 응축수 주관으로 들어가는 부근에 체크밸브를 설치하여 다른 압력 변동에 의한 영향을 미치지 않도록 한다.

⑤ 증기배관 중에 조절밸브가 설치되어 있을 경우는, 증기응력에 의한 장해가 일어나지 않도록 주관 및 기기측에 기울기를 주거나 트랩으로 드레인을 완전히 제거한다.

⑥ 조절밸브의 하류측에는 안전밸브를 설치하여 조절밸브 등의 불완전한 작동에 의한 위험을 방지하며, 안전밸브의 방출은 작업원에게 위해를 미치지 않는 안전한 장소에서 실시한다.

⑦ 증기배관을 다른 프로세스에 접속하여 항상 사용하는 경우는 프로세스의 유체가 증기측으로 유입되는 것을 방지하기 위해 접속부 가까이에 체크밸브를 설치하며, 퍼지

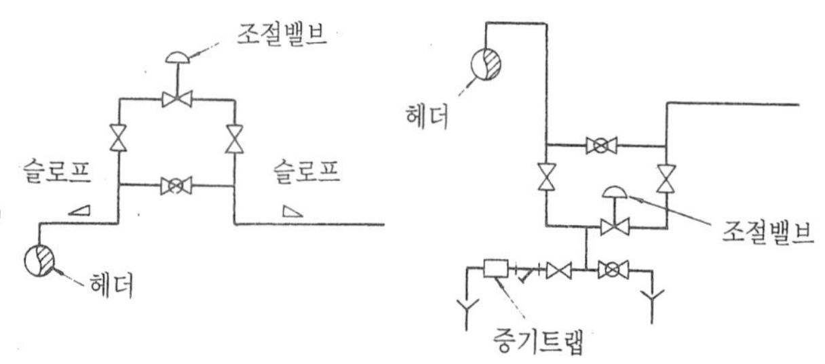

그림 13-6 조절밸브 주위 배관

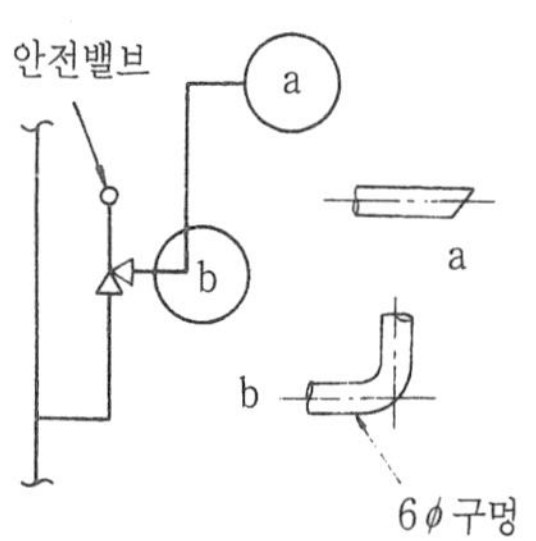

그림 13-7 안전밸브 주위 배관

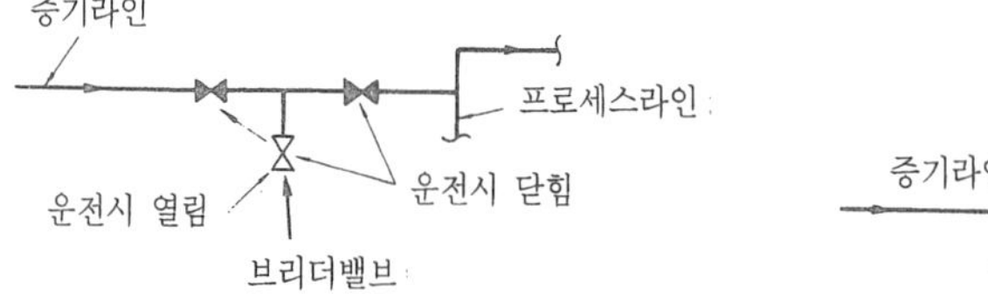

(a) 항상 사용하지 않는 경우　　(b) 항상 사용하는 경우

그림 그림 13-8 프로세스배관과 접속되는 스팀배관

(purge) 등 특별한 경우에만 사용할 때는 배관을 따로 분리시켜 블리더(bleeder) 밸브를 설치해 프로세스 유체가 증기측에 혼입되는 것을 방지한다.

㉮ 증기 트레이스(steam trace) 배관

증기 트레이스 배관은 고점도 유체 및 응고성 유체가 흐르는 배관의 경우 동결 방지와 온도 유지 등을 위하여 프로세스 유체를 가열할 필요가 있을 경우에 프로세스 유체를 통하는 배관에 증기를 통하는 가열관을 설치하여 가열시키는 배관으로 프로세스 배관의 내부에 가열관을 설치하는 방식과 외부에 설치하는 방식이 있으며 중유, 배관 등에 사용된다. 트레이스용 증기 압력은 보통 10kg/cm^2 이하의 것이 사용되며, 트레이스관의 재질은 12mm 이하의 관에는 동관, 그 이상에는 강관이 많이 사용된다. 트레이스 관의 크기는 프로세스 배관의 내부 유체의 종류, 상태에 따라 다르지만 일반적으로 사용되는 가열관의 굵기, 길이, 개수는 다음 표와 같다.

표 13-2 주관 및 가열관의 크기와 본(本) 수

프로세스 주관	가열관					
	동관		강관			
	10mm	12mm	15A	20A	25A	40A
40A 이하	1		1			
50~150A 이하		1	1			
200A, 250A		2	1			
300A		2		1		
350A		2	2	1		
400A, 450A		3	2		1	
500A		3	2			1

표 13-3 1본의 가열관의 최대길이

가열관		증기압력	
		7kg/cm^2	2.5kg/cm^2
10A	동관	30mm	15mm
12A	동관	60mm	30mm
15A	강관	60mm	30mm
20A	강관	75mm	38mm
25A	강관	75mm	38mm
40A	강관	90mm	45mm

트레이스 배관의 설치 방법은 일반적으로 프로세스 배관에 평행하게 설치하여, 수위계, 플랜지, 밸브, 기타 복잡한 형상의 부분에는 나선형으로 설치한다.

프로세스배관과 가열관 사이에 열팽창에 의한 신축이 생길 경우는 가열관에 직관부 20~30m 마다 1개소 또는 신축량 50mm가 생기는 길이마다 1개소의 비율로 신축루프를 설치하며 가열관의 각 말단에 증기트랩을 설치한다.

그리고 가열관 주관에서 분기를 할 때는 분기관 지름을 최소 20A 이상으로 하여 분기 가능한 범위에서 일괄하여 공급헤더를 설치하는 것이 좋다.

㉯ 재킷(jacket:2중관)배관

재킷배관은 증기 트레이스배관과 같은 목적으로 사용되는 것이며, 내관에 프로세스유체를 흐르게 하고 외관에 증기나 기타 열매체를 흐르게 한 2중관의 구조로 되어 있다. 재킷배관에는 프로세스유체의 상태에 따라 직관부만을 2중관으로 하는 방식과 내관계통 전체를 2중관으로 하는 방식이 있으며, 아스팔트, 유황 등 응고하기 쉬운 유체를 수송하는 배관에 사용된다. 재킷배관에서 내관의 경우는 프로세스유체의 압력, 온도, 외압(外壓)을 고려해 재질과 관 두께를 정하며, 외관은 재킷부에 흐르는 증기의

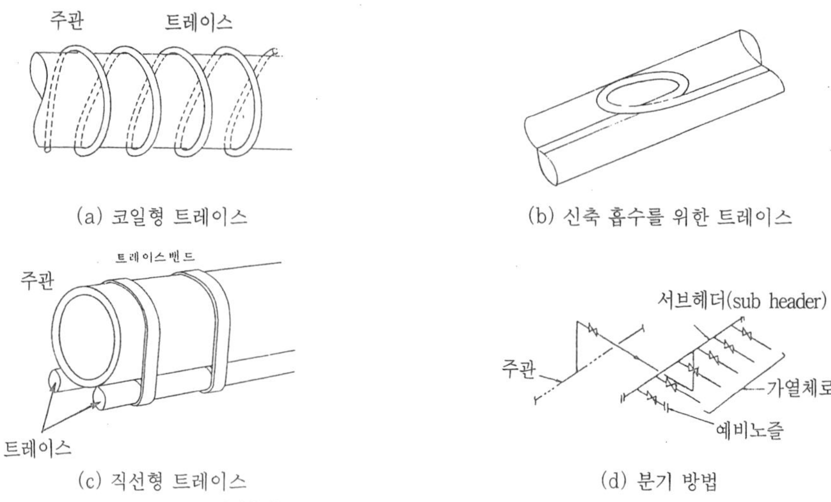

(a) 코일형 트레이스　　(b) 신축 흡수를 위한 트레이스

(c) 직선형 트레이스　　(d) 분기 방법

그림 13-8 트레이스 배관의 설치 방법과 분기 방법

온도, 압력 등에 따라서 재질과 관 두께를 선정하지만 일반적으로 배관용 탄소강관(SPP)을 많이 사용한다.

표 13-4 2중관의 크기

주관 안지름	15A	20A	25A	40A	50A	65A	80A	100A	125A	150A	200A	250A	300A
재킷관안지름	40A	40A	50A	65A	80A	100A	125A	150A	200A	200A	250A	300A	300A
증기 연결관	15A	15A	15A	20A	20A	25A	25A	25A	32A	40A	40A	50A	50A

재킷배관은 운전이 용이하도록 계통을 단순화시키며 내관에는 안내판을 설치하여 내관과 외관의 편심을 막고 외관에서 분기관을 설치한 경우는 티관을 사용하지 않고 단관에 노즐을 용접하여 설치하며 플랜지도 용접하여 설치한다.

(3) 공업용수배관

공업용수는 냉각용, 보일러용, 음료수용, 소화용 등에 사용되며, 그 종류에는 증기복수기 등의 열교환기에 사용되는 해수(海水), 공냉식 열교환기, 냉각탑 등에 사용되는 공업용수,

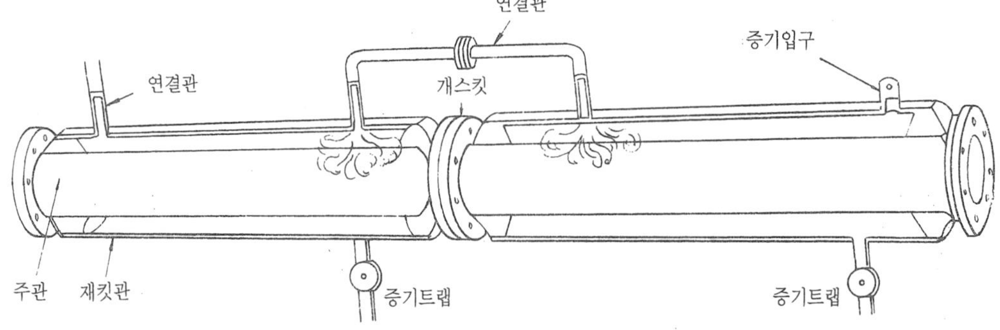

그림 13-9 증기재킷 배관

침전 여과 등의 기계적 처리와 이온교환수지, 약품 투입 등의 화학적 처리를 하여 사용하는 보일러용수, 공장 내에서 순수(純水) 설비로 제조되거나 시수(市水)가 사용되는 음료수 및 위험물 탱크 등에 포말 소화제를 접속시켜 사용하는 소화용수 등이 있다. 공업용수배관의 송수관은 지하 매설을 할 경우 부식에 강한 석면 시멘트관, 콘크리트관, 주철관, 시멘트라이닝관, 합성수지관 등을 사용하며 0.3m 이상, 도로 횡단 부분에서는 1.2m 이상 깊게 매설한다. 지상배관은 일반 배관용 탄소강관, 대구경관에는 배관용 아크용접강관, 보일러용수관에는 압력배관용 탄소강관, 음료수배관에는 아연도금강관과 염화비닐관 등을 사용하며, 거의 사용하지 않을 경우를 대비하여 동절기에 동결을 방지할 수 있도록 드레인 밸브와 증기 트레이스배관을 설치하며, 40A 이하의 소구경 분기관은 반드시 헤더의 상부에서 분기하여 벤트 밸브를 설치한다.

대용량 해수펌프 등의 출구에는 진공펌프를 설치하여 시동이 용이하도록 하며, 열교환기 등에서 파손과 같은 사고를 방지하기 위하여 안전밸브를 설치한다.

(4) 공기 및 질소 배관

압축공기는 퍼지(purge)용, 설비의 유지 관리용 등에 사용되며 일반적으로 집합장치를 설치하여 사용한다. 계장용 공기배관은 아연도금배관용 탄소강관을 사용하며 보통 압축기에서 토출된 7kg/cm^2 정도의 압축공기를 에어 리시버(air receiver)를 통해 각 장치에 공급한다. 질소는 배관 · 기기 등의 퍼지(purge)용, 탱크의 실(seal)용 등에 사용되며 그 배관은 압축공기배관과 거의 유사하다.

(5) 연료유 및 연료가스 배관

벙커-C유 등 점도가 높은 기름이 사용되는 배관은 응고 방지 및 적정한 온도를 유지할 수 있도록 증기 트레이스배관을 설치하며, 기름이 체류할 우려가 있는 부분에는 응고가 되기 쉽기 때문에 배관말단에 압력조절밸브 또는 소구경의 밸브를 설치하여 체류 부분이 없도록 배관하고, 배관 재료는 압력과 온도가 비교적 낮으므로 배관용 탄소강관을 사용한다.

제3절 각종 계기 및 밸브 장착법

프로세스의 탱크류나 배관 등의 검출부에서 측정기까지 프로세스 유체의 압력을 유도하도록 하는 배관을 도압배관이라고 하며, 계장 공사의 대표적인 공사로 설비에서 중요한 역할을 한다. 이것에 필요한 계기로는 압력계, 유량계. 온도계, 액면계 등이며 이들 계기의 성능을 충분히 발휘할 수 있도록 설치하여 작업 효율을 최대로 높이도록 해야 한다.

계장기기를 설치할 관재료는 프로세스와 같거나 그 이상의 내식성이 있는 것으로 하며, 가스분석용 관은 스테인리스관이 많이 사용된다.

관의 크기는 25A를 원칙으로 하나 점도가 높은 액위측정 등에는 그 이상의 관도 사용되며, 가스분석용 관은 보통 안지름 4mm 정도의 것이 사용된다.

관 접속은 커플링 수를 적게 하며 유니언, 엘보, 티 등을 사용하여 소켓용접 또는 플랜지로 하고, 최고굽힙 반지름은 100mm 이하이며, 커터를 사용하여 절단한다.

관 지지는 다른 기기나 장치 및 프로세스배관의 보수 점검이 쉽도록 하되, 직선 부분은 2m 이하, 곡선부는 1m 이하, 차압 측정용 도압관은 2개를 평행시켜 1m 이하의 간격으로 U볼트, 밴드 등으로 고정시킨다. 계기의 설치 높이는 지면에서 1.8m를 초과하지 않도록 하며, 초과시에는 사다리 등을 설치한다.

3-1. 압력계 설치

현장 지시용 압력계는 1.5m 높이에 설치하는 것이 바람직하며, 가급적 상온(65°C 이하)에 가깝게 설치하고, 고온, 고압 배관에는 지름 10mm 정도의 원형으로 된 사이펀관(syphon tube)을 부착하여 설치한다.

또, 저압 또는 부압의 증기용 도압배관에는 벤트용(vent)밸브를 부착하며, 맥동(脈動) 유체배관에는 압력계에 맥동이 전달되지 않도록 맥동 댐퍼(pulsation damper)를 부착하고, 부식성 유체일 경우는 실(seal)을 하여 그 유체가 압력계에 유입되지 않도록 한다.

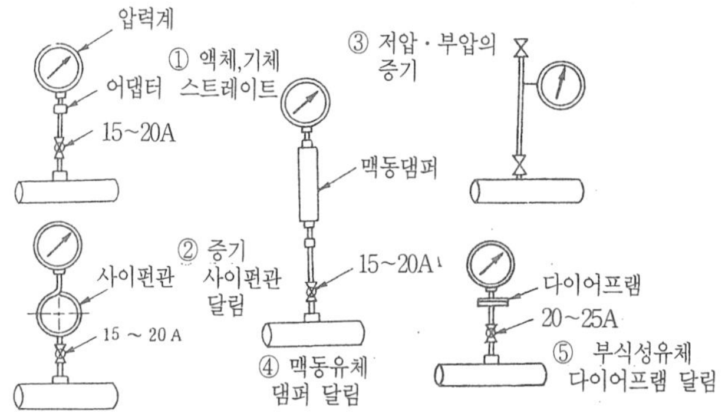

그림 13-10 압력계 설치방법

3-2. 온도계 설치

현장지시온도계의 설치 위치는 일반적으로 1.5m 높이로 하며 직관부 배관의 최소지름은 150A로 하고, 배관에 직각되게 설치한다. 곡관부 배관에 부착시킬 경우는 그 배관의 최소지름을 40A로 하고 내부 유체의 흐름에 직각으로 설치한다. 플랜지 부착용 온도계는 25A, 나사형 온도계는 20A 및 25A로 분기관을 추출하여 설치한다. 단순히 다른 계기를 보호하는 케이스인 서모웰(thermowells)은 배관 크기나 측정 장소에 따라 다르지만, 삽입 및 분리가 쉬운 장소에 설치한다.

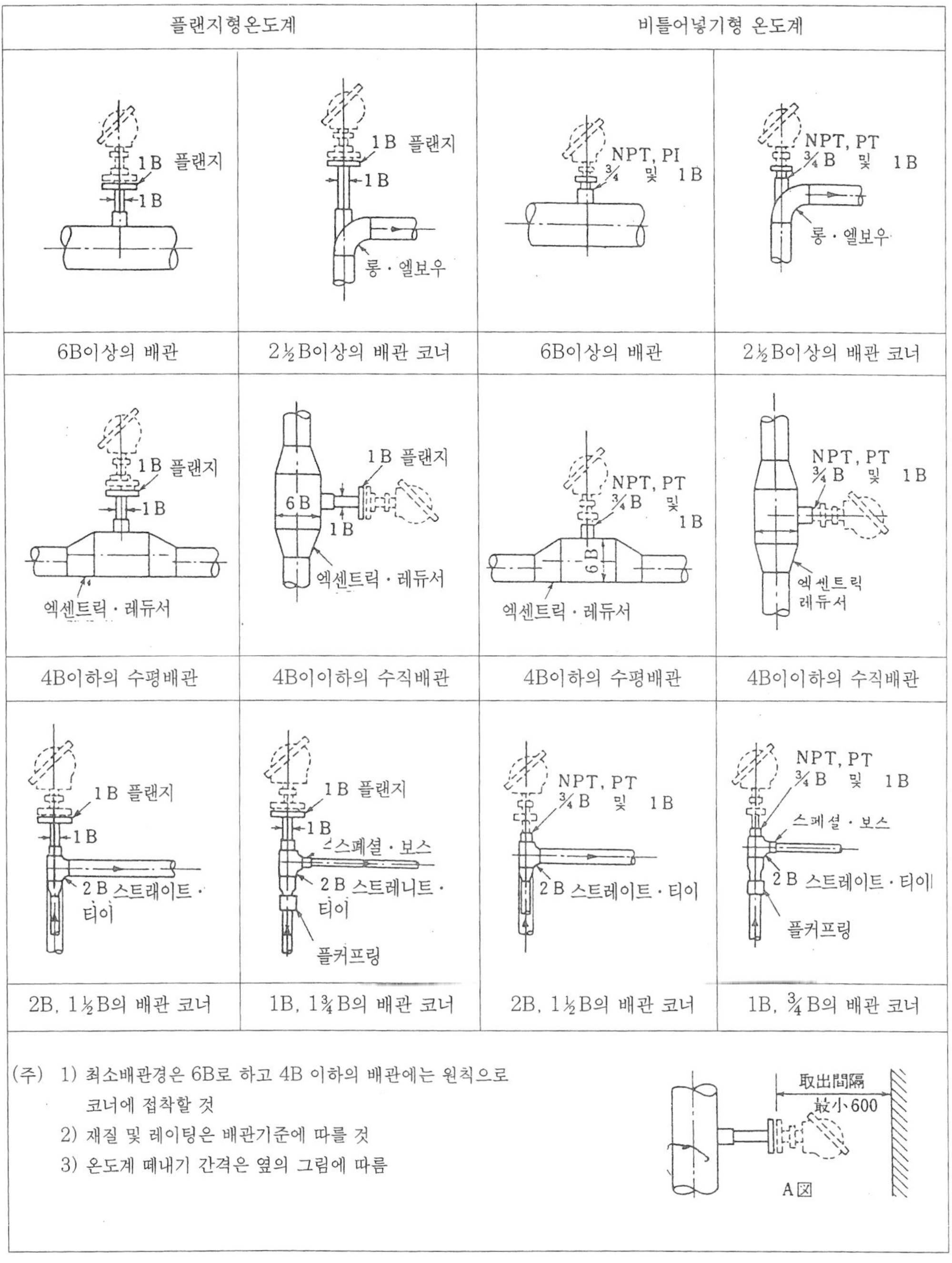

그림 13-11 온도계 장착법

3-3. 유량계 설치

차압식 유량계 중 오리피스는 원칙적으로 수평배관에 설치하지만 액체인 경우는 하향으로, 증기인 경우는 상향 또는 수평으로, 기체일 경우는 상향으로 노즐을 취출하여 부착한다.

체적식 유량계와 면적식 유량계는 조작 및 보수가 쉽도록 지상이나 층계참 위에 설치한다.

증기배관에는 고온의 증기가 유량계에 유입되는 것을 방지하고, 차압에 대해서는 일정한 액주의 높이

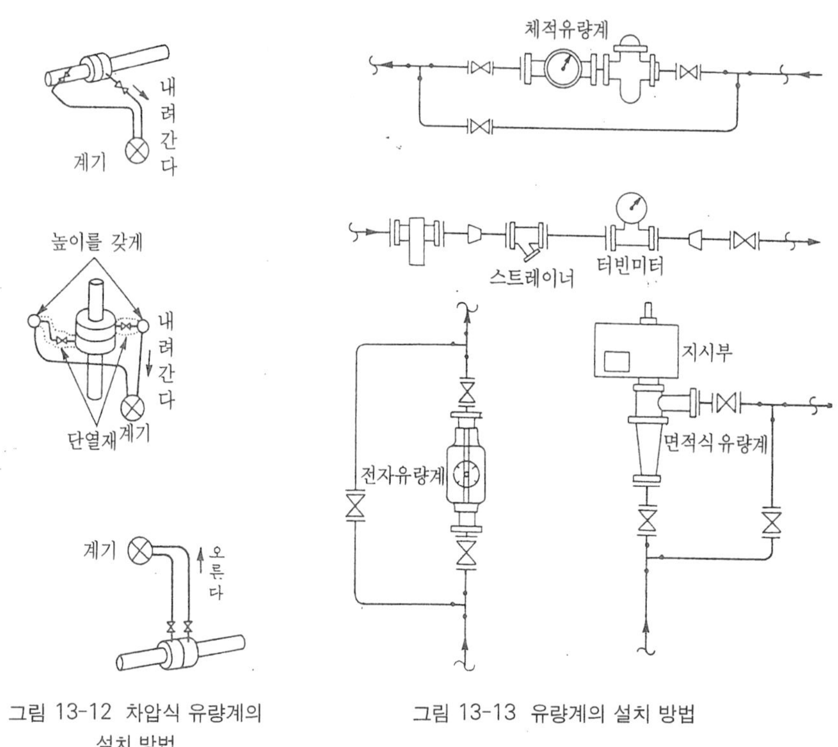

그림 13-12 차압식 유량계의 설치 방법

그림 13-13 유량계의 설치 방법

3-4. 액면계 설치

액면계는 글라스(glass) 게이지가 많이 사용되며, 액면과 기기 사이에 플랜지 또는 유니언과 밸브를 함께 설치하여 운전중에도 수리나 설치가 가능하도록 한다. 2열 이상의 액면계를 설치할 경우는 200mm 정도의 간격을 두고 설치한다. 액면계의 부착 배관은 20A이나, 직접 기기 본체에 부착이 어려울 때는 40A 또는 50A의 헤더를 설치하여 부착한다.

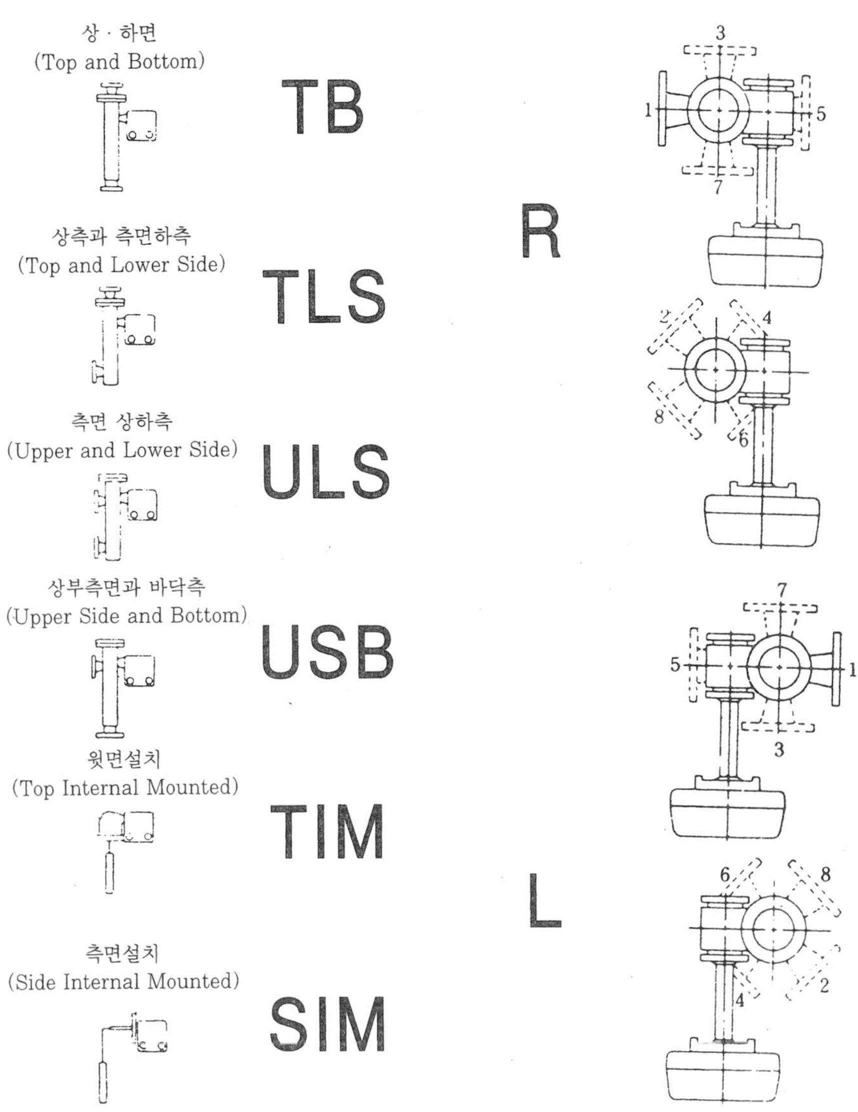

그림 13-14 액면계의 접속 방향

3-5. 밸브 설치

모든 밸브의 설치는 조작과 보수가 용이한 장소로서 공간이 넓을 때에는 조작면에서 밸브 중심까지의 높이는 1.1m가 적당하며, 밸브 중심까지의 높이가 1.8m 이상이 될 경우는 조작가대를 설치하고, 3m 이상이 되면 체인휠(chain wheel)을 설치한다.

그리고 밸브의 핸들이 조작면보다 낮은 경우에는 조작면 위에 600~800mm 정도의 가대(extension stem)을 설치하며, 유틸리티 배관계에서 헤더로부터 분기되는 배관의 주밸브는 양측에 유체가 흐를 수 있도록 높은 위치의 수평부에 부착한다.

조절밸브는 감압용일 때는 진동 방지상 지상에 설치하는 것이 가장 좋으며, 리듀서는 조절밸브에 가깝게 설치하는 것이 좋다. 조절밸브를 분해할 때 드레인 빼기는 특히 위험한 유체로서 증기 퍼지(steam purge)가 필요한 경우를 제외하고는 상류나 하류측 한 곳에만 설치하고, 바이패스밸브를 위쪽으로 하여 밸브의 높이가 높아질 때는 수평 방향에 설치한다.

또한 조절 밸브는 조작부가 수직 상방이 되도록 부착하며, 그 밸브 전후 및 바이패스에는 배관의 지름과 같은 지름의 스톱밸브를 부착한다. 안전밸브는 그것이 부착되는 용기 또는 주배관에 가깝게 설치하며, 그렇지 못한 경우에는 압력 강하를 방지하기 위하여 안전밸브 입구의 배관을 크게 한다.

안전밸브의 분출이 대기 방출인 위험한 유체는 13m, 증기는 7.5m 이상 떨어진 층계 또는 기기보다 3m 이상 높은 곳으로 분출시키며, 이 경우 분출관 최하부에는 지름 9m 정도의 웅덩이(weep hole)를 설치한다.

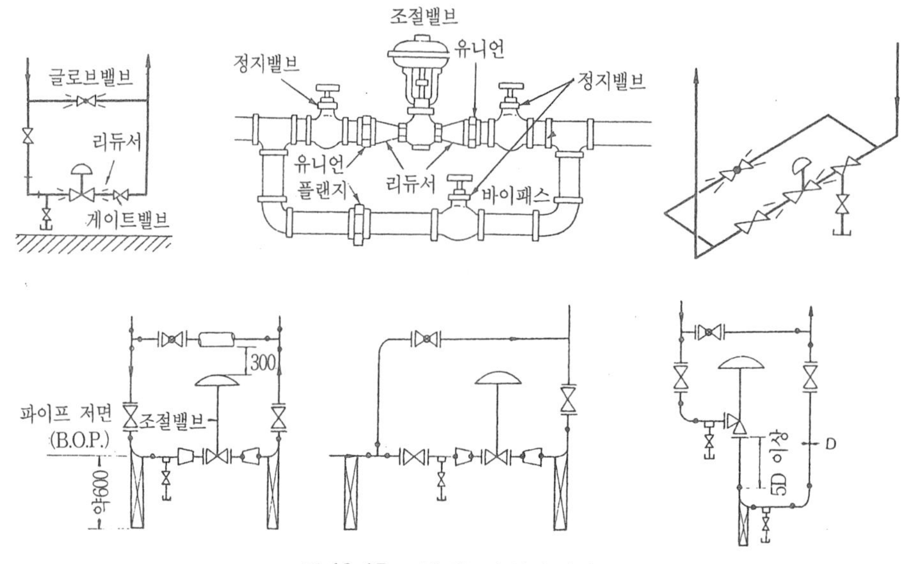

그림 13-15 조절 밸브의 설치 방법

표 13-5 배관의 어레인지먼트

항목 / 종류	오리피스플래이트에서 취출탭까지의 거리		비 고
	상류측	하류측	
플랜지탭	25mm	25mm	오리피스플랜지는 1½B까지의 클라스 300이상의 웰드네크, 단 링죠인트의 경우는 10B이상에도 쓰인다.
베너어탭	1.0D	별도지시	10B이상의 라인에 쓰이는 웰드네크플랜지는 불가
파이프탭	2.5D	8.0D	주로 저압라인에 쓰인다.

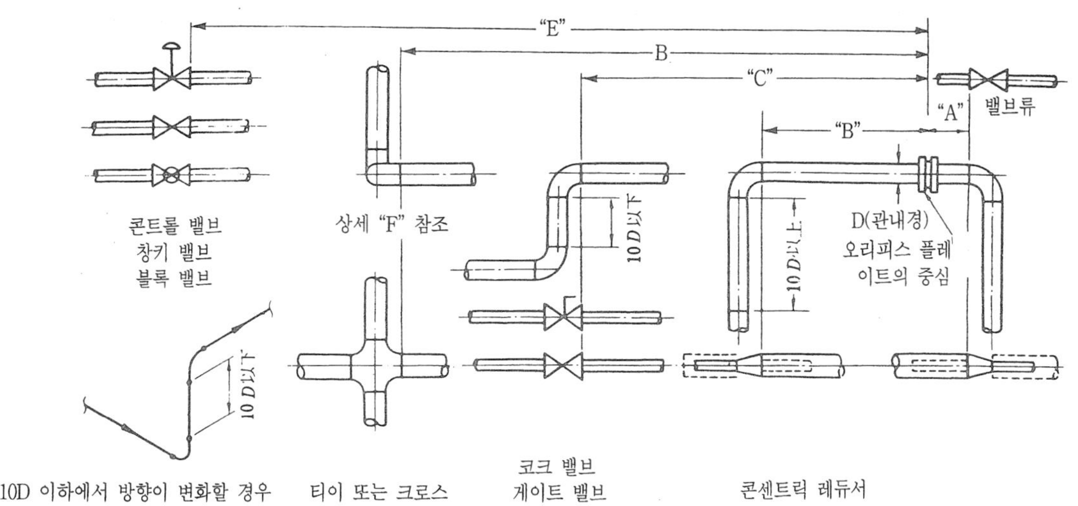

단위 mm

기호 / 배관경	A(5D)	B(14D)	C(19D)	D(31D)	E(39D)
1/2B 이하	210	580	790	1290	1620
2B	265	740	1005	1640	2065
3B	405	1135	1535	2510	3155
4B	530	1475	2000	3265	4105
6B	775	2175	2950	4810	6105
8B	1025	2270	3890	6340	7985
10B	1270	3560	4830	7880	9915
12B	1525	4270	5790	9450	11885

(주) (1) 위의 그림은 동일평면으로 본 경우이다.
(2) 표의 오리피스비 d/D(d:오리피스경, D : 관내경의 0.9를 표준으로 한다.
(3) 오리피스비가 0.7이외일 경우 및 정류기(整流器) 등을 사용할 경우의 최소치수는 JGS SPEC-3147를 참고할 것
(4) 엑센트식 · 레듀서를 사용할 경우에는 콘센트릭 · 레듀서보다도 약간 길게 치수를 취하는 것을 원칙으로 한다.
(5) 본표의 치수는 모든 탭의 종류에 적용한다.

그림 13-16 오리피스 직관부최소길이 일람표

제4절 배관 지지(支持) 및 피복시공(被覆施工)

4-1. 배관 지지 방법

관의 무게를 지탱하여 휨을 방지하고 신축이나 진동에 의해 관이 움직이는 것을 방지하기 위하여 관을 지지하거나 매달아 고정하는 방법으로, 도면상에 표시되어 있는 사항 또는 다음과 같은 사항을 고려해 설치해야 한다.

① 지지점은 가능한 한 관의 양쪽 끝부분을 택하고, 밸브나 수직관이 있는 부분 및 집중 하중이 걸리는 부분을 택한다.
② 건물의 기둥, 기초, 가대 등의 기존 시설물을 이용한다.
③ 휨에 의한 과대응력의 발생이나 드레인 배출, 밸브 조작 등에 지장이 없도록 지지 간격을 적절히 선택한다.
④ 장치의 용도에 가장 적당한 지지 장치를 선택하여 설치한다.
⑤ 스프링을 제외한 모든 관 지지물의 인장강도를 기준하여 안전율을 5이상으로 한다.

4-1-1. 서포트(support)와 행거(hanger)

배관계(配管系)의 중량을 지지할 목적으로 설치하는 장치이며, 관을 위에서 매다는 데 사용하는 것을 행거라 하고, 아래에서 받치는 데 사용하는 것을 서포트라 한다.

행거는 고정력을 가지고 있지 않으므로 관을 자유로이 이동시킬 수 있으며 수직 방향의 변위가 없는 부분에 리지드(rigid) 행거와 변위가 적은 부분에 사용하는 또는 베어리어블 스피링행거 및 변위가 큰 부분에 콘스탄트 스프링행거가 있다.

(1) 콘스탄트행거(constant hanger)

일반적으로 콘스탄트행거는 열팽창에 의한 배관 이동량이 25% 이상인 곳, 또는 기기에의 접속조건에 따라 변동률을 적게할 필요가 있는 개소에 사용되는데 이동거리를 결정하려면 배관의 계산이동량에 20% 이상의 여유를 두어야 한다. 콘스탄트 행거에 대한 표시방법은 일반적으로 다음과 같은 방식을 택하고 있다.

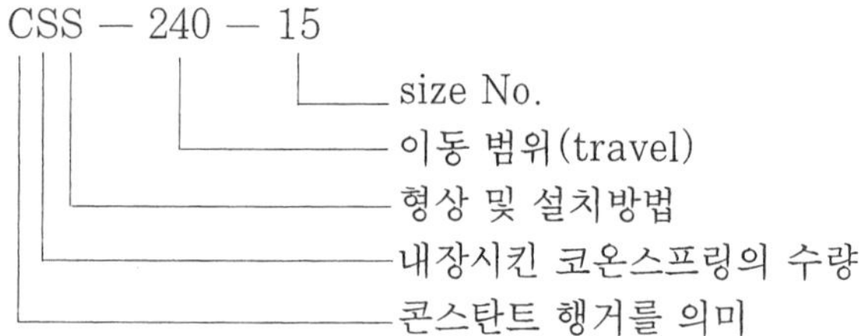

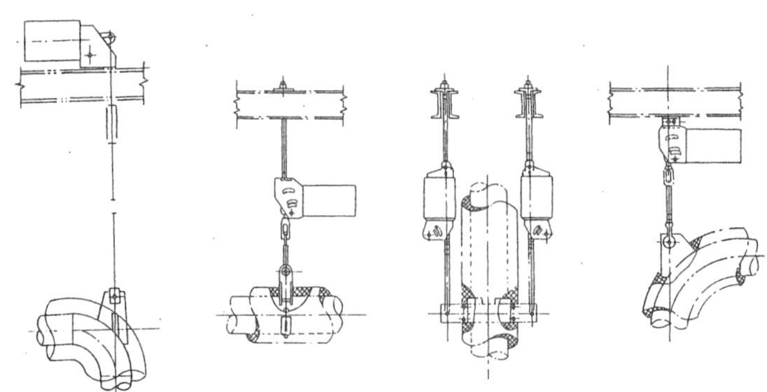

그림 13-17 콘스탄트행거의 설치 방법

(2) 리지드 행거(rigid hanger)

리지드 행거는 13-18과 같이 환봉(rod)과 터언 버클(turn buckle)을 사용하는데 하단의 그림과 같이 설치한다.

이 형식은 다른 종류에 비해 가격이 극히 저렴하여 배관지지 경비를 절감할 수 있다는 점과 다소의 방진효과도 갖는다는 장점이 있으나 그림에서와 같이 파이프와 지지 보 사이에 긴 간격을 가져야 한다.

리지드행거는 상하 방향의 변위가 없는 개소에 사용되지만 배관 지지에는 가급적 많이 사용하는 것이 경제적으로 유리하다. 또한 이 행거의 설치시는 로드(rod)의 상단을 수평 변위가 큰 배관의 길이 방향으로 회전가능토록 핀 죠인트를 하여야 하며 로드의 경사가 한쪽으로 지나치게 쏠리면 미관상 좋지 않으므로 경사각이 4°를 넘으면 정지시와 운전시에 경사를 배분할 수 있는 위치에 설치하는 것이 좋다.

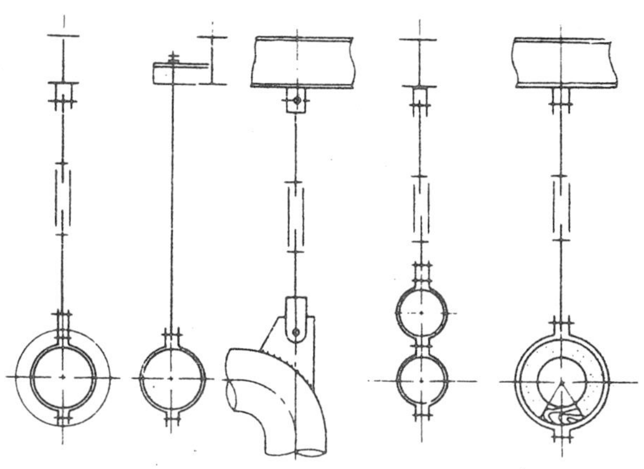

그림 13-18 리지드 행거의 설치

(3) 스피링 행거(spring hanger)

일명 베어리어블행거(variable hanger)라고도 하며 그림 13-19와 같이 스프링을 내장한

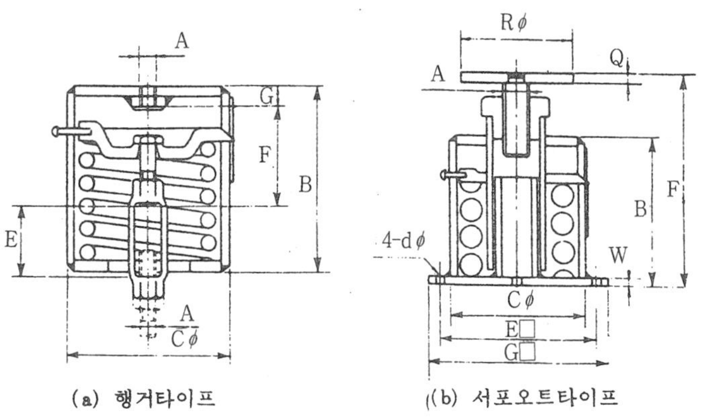

그림 13-19 스피링 행거

것으로 사용빈도가 아주 높은 것으로 관의 수직이동에 대해 지지하중이 변화하는 행거로서 코일스프링이 내장된 것을 현재는 많이 사용하고 있다. 일반적으로 부하용량은 35~1400kg이며, 이동거리(travel) 0~120mm의 것이 많이 사용되고 있으며, 스프링행거의 표시 방법은 다음과 같다.

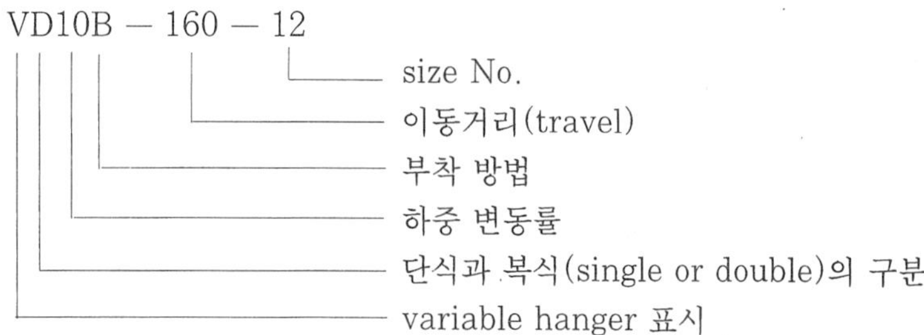

4-1-2. 리스트레인트(restraint)

관의 열팽창에서 의한 기기의 손상 방지와 배관계의 응력을 감소시키기 위하여, 열팽창에 따른 관의 움직임을 제한하거나 고정하는 장치를 리스트레인트라고 한다.

(1) 앵커(anchor)

열팽창이나 진동에 의한 관의 이동과 회전을 방지하기 위하여 지지점을 완전히 고정시키는 장치이며 주관에서 분기되어 열팽창이 생기는 부분에 설치하며 보통 관 길이 30m 마다 한 개 정도 설치하면 된다.

(2) 스토퍼(stopper)

관이 회전을 할 수 있으나 직선운동을 방지하는 장치이며 밸브에서 분출되는 유체의 추력을 받는 곳이나 신축 이음과 내압에 의한 축 방향의 힘을 받는 곳에 사용된다.

(3) 가이드(guide)

관이 응력을 받을 때 휘어지는 것을 방지하고 팽창에 운동을 바르게 유도하는 장치이며 파이프래크상 배관의 벤딩부와 신축이음 부분에 설치하여 관의 회전을 방지하는 역할을 한다.

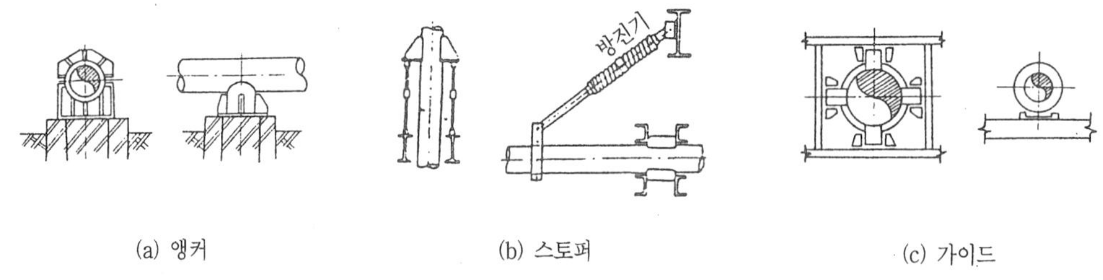

(a) 앵커　(b) 스토퍼　(c) 가이드

그림 13-20 리스트레인트의 설치 방법

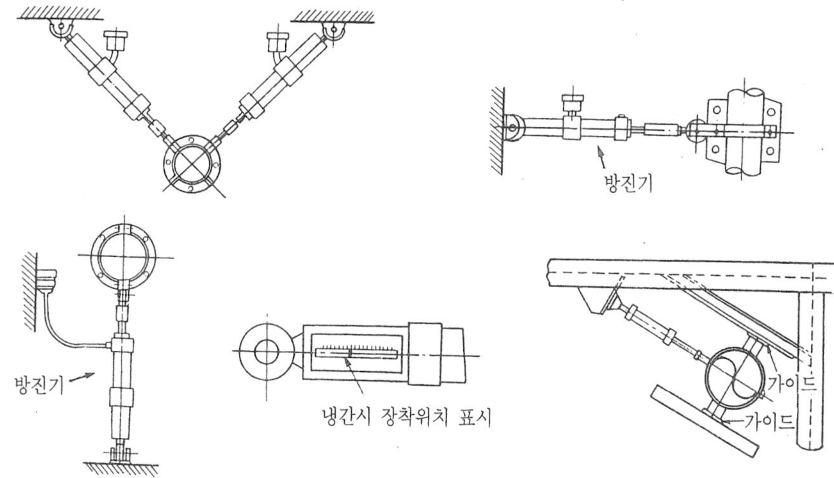

그림 13-21 방진기의 장착 방법

4-1-3. 브레이스(brace)

열팽창, 펌프, 콤프레셔, 터빈 등의 회전이나 왕복 기계에 의한 진동, 유체의 불규칙한 흐름에 따른 수격작용(water hammering) 등에 의한 충격, 풍압, 지진 등에 의한 진동 충격으로 관이 움직이는 것을 제한하는 장치이며, 주로 진동을 방지하는 방진기와 충격을 완화시키는 완충기가 사용된다.

4-1-4. 파이프 슈(pipe shoe)

파이프슈는 관이나 밸브 등의 보온 시공한 부분의 서포트부에 설치되며 관의 자중 또는 열팽창, 기타 이동이 생기는 경우 보온재의 파손을 방지하기 위하여 사용한다.

파이프슈의 높이는 보온재의 두께에 따라 결정되지만 일반적으로 75mm, 90mm, 100mm, 125mm, 150mm의 것이 사용되며, 길이는 각 서포트의 위치에서 관의 이동량에 따라 결정되지만 300mm 정도의 것이 사용된다.

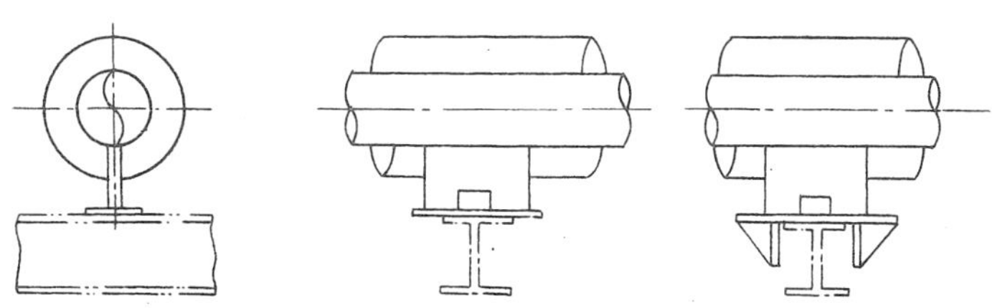

그림 13-22 파이프슈의 설치 방법

4-2. 지지장치설계에 있어서의 필요 자료

4-2-1. 배관도(전체 배관도도 포함)

이중에 포함되는 필요사항은 ① 관의 치수, 재질, ② 내부유체의 종류(비중), 온도, 압력, ③ 보온보냉재 두께, 부피비중 ④ 플랜지, 밸브 등 배관에 부속된 부품의 시방(중량), ⑤ 배관계의 단말조건 예컨대 타워접속점의 이동량, 반력(反力), 모우먼트 등의 제한치 등이다.

4-2-2. 건축물도

이것은 지지점의 설정에 필요한 것으로서 ① 보일러, 터어빈 건물도, ② 기기가대(機器架台), 파이프래크 등의 도면, ③ 기타 배관 주위에 설치되는 설비류의 도면 등이다.

4-2-3. 각종기술자료

① 관 및 보온재의 중량표, ② 밸브, 플랜지중량표, ③ 관의 열팽창량,

4-2-4. 설계순서

상기의 도면, 자료에 따라 지지장치의 계획순서를 기술한다.

(1) 입체배관도의 작성(Isometric piping sketch)

배관도에서 작성하는 것으로서 축척으로 그릴 필요는 없으나 대개 비례적(比例的)으로 그리는 것이 원칙이며 배관의 시방, 단말조건 등을 기입한다.

지지하중, 지지점 이동량계산의 기본이 되는 것이다.

표 13-6 최대지지 스팬(span)

관 사이즈 [in(mm)]	물라인 [ft(m)]	증기, 가스, 공기 라인 [ft(m)]
1(34.0)	7(2.12)	9(2.74)
2(48.6)	10(3.04)	13(3.95)
3(89.1)	12(3.65)	15(4.56)
4(114.3)	14(4.26)	17(5.17)
6(165.2)	17(5.17)	21(6.4)
8(216.3)	19(5.75)	24(7.3)
12(318.5)	23(7.0)	30(9.12)
16(406.4)	27(8.2)	35(10.60)
20(508.0)	30(9.12)	39(11.85)
24(609.6)	32(9.74)	42(12.8)

(주) (1) 수평배관이고 스텐다드관(Sch. 40), 및 그보다 무거운 관의 온도 750°F(399°C)의 것에 적용한다.
(2) 중간에 집중질량(플랜지, 밸브 등)이 있는 배관에는 적용되지 못한다.
(3) 굽힘응력, 전단응력의 합성이 1500psi(105kg/cm^2), 스팬중앙휨이 0.1in(2.54mm)를 계산의 기초로 하고 있다.

(2) 지지점의 설정

이것은 주로 배관도, 건물도를 기본으로하여 지지점(hanger point)을 설정해 나가는 것으로서 이 경우 고려해야 할 것은 ① 배관계의 양단의 지지점은 가급적 단말 가까이 설정하고 밸브나 수직관 등과 같이 집중하중이 있는 근처에 지지점을 설정한다. ② 가급적 건물, 기기가대 등의 기존설치된 보를 이용한다. ③ 지지간격(support span)을 적절히 잡아서 배관의 자중의 휨에 의한 과대압력의 발생이나 드레인 배출에 지장이 없게끔한다. 표 13-6은 각 관경에 대한 최대 지지간격이며 ASA규격에서 인용했다. 지지 간격이 규정보다 커지는 경우에는 적당히 지지용보조보를 설치할 필요가 있지만 특히 컨티레버식으로 브래킷을 내는 경우에는 기설의 보가 굴곡변형되지 않게끔 주의할 필요가 있다. ④ 지지하는데 장해가 되는 근접배관, 설비기기의 유무를 체크한다.

이상과 같이 하여 설정한 지지점을 입체배관도 중에 플로트한다.

4-2-5. 지지하중의 계산

여기서는 지지하중의 계산법의 일례로서 모우먼트, 밸런스법(Moment Barance method)에의 한 계산법을 소개한다. 이 계산법은 배관계를 하나의 강체(剛體)로 간주하여 계산을 진행시켜 나가는 것을 전제로 하고 있으며 다음의 조건을 만족시키는 것을 필요로 한다.

① 배관의 계산중량의 합계와 지지하중의 모우먼트의 합계는 제로이다.

이상의 조건을 기초로하여 당초 계획한 인접된 지지접에 대해 각각 모우먼트, 반력을 산출하여 순차로 각 지지접에 가해지는 하중을 계산한다.

만약 어느 지지점의 하중을 증감시킬 필요가 있을 경우 예컨대 단말기기에 미치는 반력에 제한이 있어서 당초 계획한 지지점으로서는 그 제한을 넘는 경우 또는 각 지지점의 하중에 심한 차이가 있는 겨우에는 지지점의 위치변경 또는 지지점을 추가함으로써 배관계 전체를

표 13-7 배관계중량표

관사이즈 (O.D×t)	관중량 (kg/m)	액체중량 (kg/m)	보온		총중량 (kg/m)	관시방			비고
			중량 (kg/m)	두께 (mm)		재질	보온(C)	열팽창 (mm/m)	
관 267.4×15.1	93.9	-	35	100	128.9	STPA24	416	5.5	유체:증기, 부피비중 0.3g/cm³
밸브, 플랜지									
V-101	790kg	-	166kg	-	956kg				보온계수 4.75
F-301	140kg	-	35kg	-	175kg				보온계수 1.0
90° 밴드					81kg				R=0.4m, l=0.628m
90° 벤드					263kg				R=1.3m, l=2.04m

(주) 밸브의 보온재중량은 관의(보온재중량)×(보온계수)이므로

V-101:35×4.75=166kg

F-301:35×1.0=35kg

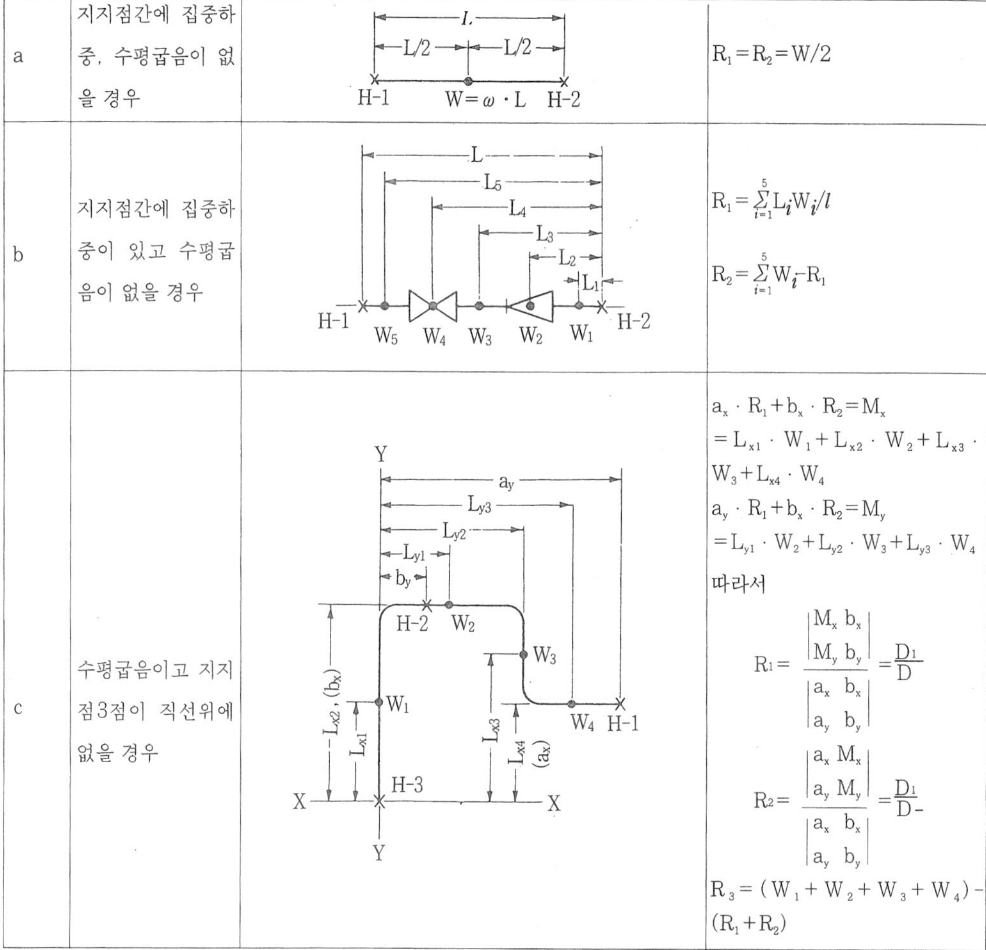

a	지지점간에 집중하중, 수평굽음이 없을 경우	L, L/2, L/2, H-1, W=ω·L, H-2	$R_1=R_2=W/2$
b	지지점간에 집중하중이 있고 수평굽음이 없을 경우	L, L5, L4, L3, L2, L1, H-1, W5, W4, W3, W2, W1, H-2	$R_1=\sum_{i=1}^{5} L_i W_i / l$ $R_2=\sum_{i=1}^{5} W_i - R_1$
c	수평굽음이고 지지점3점이 직선위에 없을 경우	Y, ay, Ly3, Ly2, Ly1, by, H-2, W2, W3, W1, W4, H-1, Lx2,(bx), Lx1, Lx3, Lx4 (ax), H-3, X, X, Y	$a_x \cdot R_1 + b_x \cdot R_2 = M_x$ $= L_{x1} \cdot W_1 + L_{x2} \cdot W_2 + L_{x3} \cdot W_3 + L_{x4} \cdot W_4$ $a_y \cdot R_1 + b_x \cdot R_2 = M_y$ $= L_{y1} \cdot W_2 + L_{y2} \cdot W_3 + L_{y3} \cdot W_4$ 따라서 $R_1 = \frac{\begin{vmatrix} M_x & b_x \\ M_y & b_y \end{vmatrix}}{\begin{vmatrix} a_x & b_x \\ a_y & b_y \end{vmatrix}} = \frac{D_1}{D}$ $R_2 = \frac{\begin{vmatrix} a_x & M_x \\ a_y & M_y \end{vmatrix}}{\begin{vmatrix} a_x & b_x \\ a_y & b_y \end{vmatrix}} = \frac{D_1}{D}$ $R_3 = (W_1+W_2+W_3+W_4) - (R_1+R_2)$

기호 R_1 : H-1의 반력, R_2 : H-2의 반력, R_3 : H-3의 반력, ω : 배관의 단중(kg/m), M_x:X-X 축관계의 모우먼트, M_y : Y-Y 축관계의 모우먼트

그림 13-23 지지하중계산식

통해 각 지지점의 하중이 거의 균일하게 분포되게끔 하는 것이 바람직하다.

계산방법의 일반식은 그림 13-23과 같이 되며 1차원연립방정식을 푸는데 귀착된다. 그림 13-25에 실제의 계산예를 도시하였다.

4-2-6. 지지점(支持點) 이동량계산

지금은 배관계의 지지점이동량의 계산에는 거의 전자계산기가 이용되고 있으나 비교적 심플한 배관에서 손쉽게 계산할 수 있는 방법을 다음에 소개한다. 이 계산기초는 어디까지나 비례계산에 의한 것이며 복잡한 배관, 예컨대 도중에서 관경이나 온도가 바뀌는 것, 분기가 있는 것 등에 확대 적용하는 것은 바람직하지 못하다. 계산방법의 일반식을 그림 13-25에

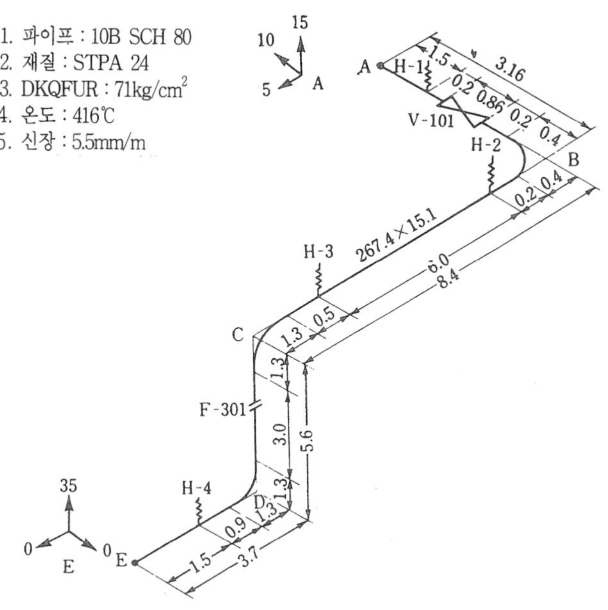

그림 13-24 배관입체도(단위m)

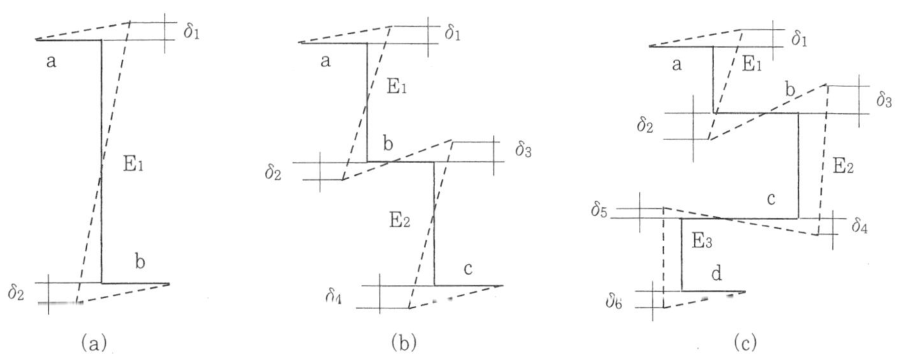

$\delta_1 = \dfrac{aE_1}{a+b}$ | $\delta_1 = \dfrac{a(E_1+E_2)}{a+b+c}$ | $\delta_4 = \dfrac{c(E_1+E_2)}{a+b+c}$ $\delta_4 = \dfrac{a(E_1+E_2+E_3)}{a+b+c+d}$ $\delta_3 = \dfrac{(a+b)\delta_1}{a} - E1$ $\delta_6 = \dfrac{d(E_1+E_2+E_3)}{a+b+c+d}$

$\delta_2 = E_1 - \delta_1$ | $\delta_2 = E_1 - \delta_1$ | $\delta_3 = E_2 - \delta_4$ $\delta_2 = E_1 - \delta_1$ $\delta_4 = E_2 - \delta_3$ $\delta_5 = E_3 - \delta_6$

기호 δ_1 δ_2…… :신장량(mm), E_1, E_2…… : 수직부분의 열팽창량(mm), a, b,…… : 수평부분의 길이(mm)

그림 13-25 지지점이동량계산식

도시한다.

계산예(1) 지지하중

(a) A~H-3간

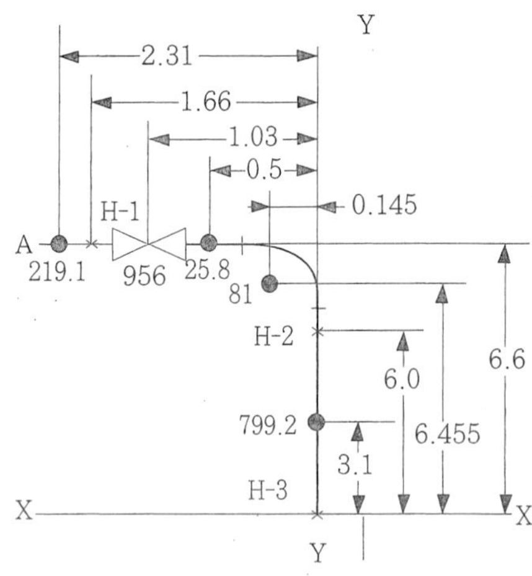

H-1, H-2, H-3의 반력을 각각 R_1, R_2, R_3으로 하면

X-X, Y-Y 축관계의 모우먼트를 취하면

$6.6R_1+6R_2=10926$

$=(3.1\times799.5)+(6.455\times81)+6.6(25.8+956+219.1)$

$1.66R_1 = 1515=(0.145\times81)+(0.5\times25.8)+(1.03\times956)+(2.31\times219.1)$

$$D=\begin{vmatrix}6.6 & 6.0\\1.66 & 0\end{vmatrix}=-9.96$$

$$D_1=\begin{vmatrix}10926 & 6.0\\1515 & 0\end{vmatrix}=-9.090$$

$$D_2=\begin{vmatrix}6.6 & 10\ 926\\1.66 & 1\ 515\end{vmatrix}=-8138$$

$\therefore R_1=D_1/D = -9090/-9.96=913$ H-1의 지지하중

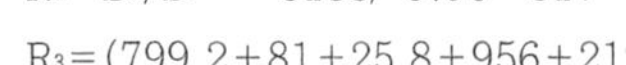

$R_2=D_2/D = -8138/-9.96=817$ H-2의 지지하중

$R_3=(799.2+81+25.8+956+219.1)-(913+817)=351$

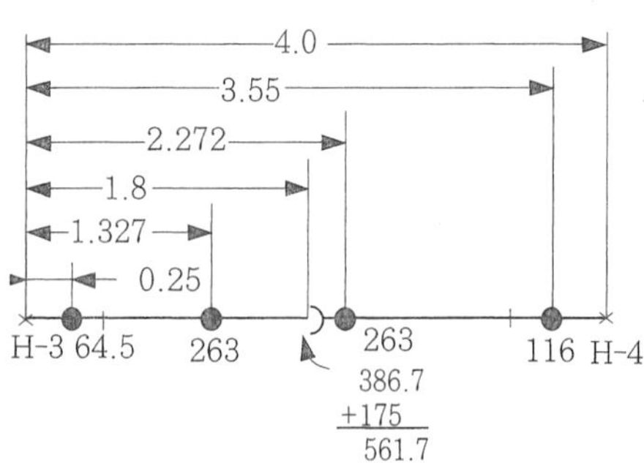

(b) H-3~h-4 간

H-3, H-4의 반력을 R'_3, R_4로 하면

$R_4=\{(0.25\times64.5)+(1.327\times263)+(1.8\times561.7)+(2.272\times263)+(3.55\times116)\}/4.0=596.4$

$R'_3=(64.5+263+561.7+263+116)-596.4=672$

$\therefore$ H-3의 지지하중 $= R_3+R'_3=351+672=1023$

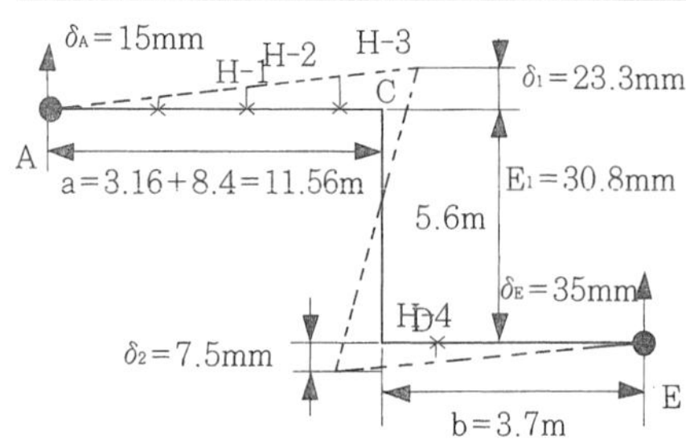

(c) H-4~E 간

$R'_4=R_E=193.4/2=96.7$ …… 단점(端点)X에 남는 반력

$\therefore$ H-4의 지지하중 $= R_4+R'_4=596.6+96.7=693$

(최종행거하중은 사사오입)

계산예(2) 지지점이동량

δA=15mm H-2 H-3 H-1 C δ1=23.3mm A a=3.16+8.4=11.56m E1=30.8mm 5.6m δE=35mm H-4 δ2=7.5mm E b=3.7m

(a) C, D 점의 상하방향의 신장 δ_1, δ_2에 의한 각 지지점의 이동량

δ_{aA}, : 터미널 A(기기)의 신장(mm)

δ_{bE}, : 터미널E (기기)의 신장(m)

δ_1, δ_2, : C~D에 의한 수직방향의 신도(伸度)(mm)

E_1 : C~D간의 열팽창량(mm)

E_1은 416°C에서 5.5mm/m 이므로 $E_1=5.6\times5.5=30.8$mm

$$\delta_1=\frac{aE_1}{a+b}=\frac{11.56\times30.8}{11.56+3.7}=23.3$$

$\delta_2 = E_1-\delta_1 = 30.8-23.3=7.5$

1) A~C 간에 있어서의 각점의 이동량

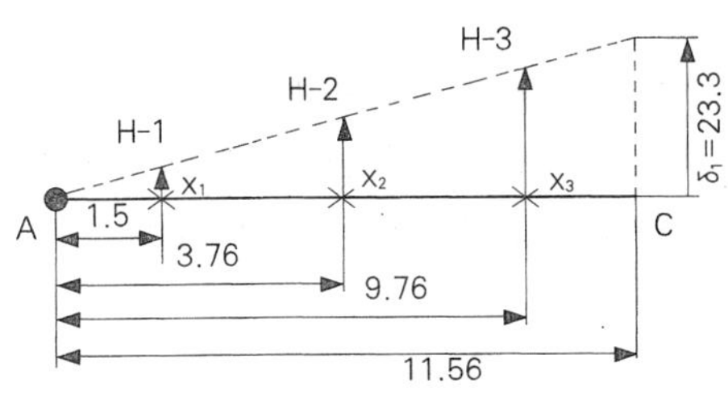

$$X_1=\frac{1.5\times 23.3}{11.56}=3.02\uparrow$$

$$X_2=\frac{3.76\times 23.3}{11.56}=7.58\uparrow$$

$$x_3=\frac{9.76\times 23.3}{11.56}=19.67\uparrow$$

2) D~E간에 있어서의 각지점간의 이동량

D

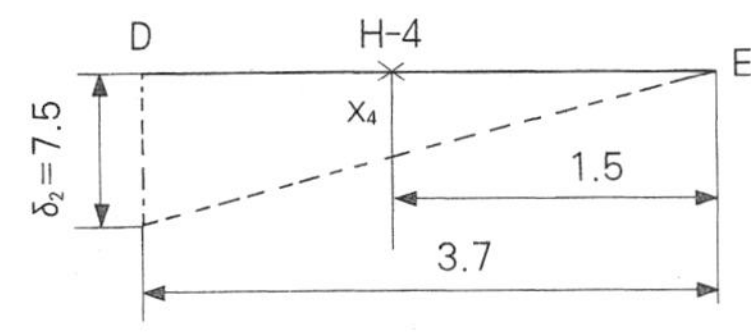

$$x_4=\frac{1.5\times 7.5}{3.7}=3.04\downarrow$$

(b) 터어미널 A, E의 신장 δ_A, δ_E에 의한 각지지점의 이동량

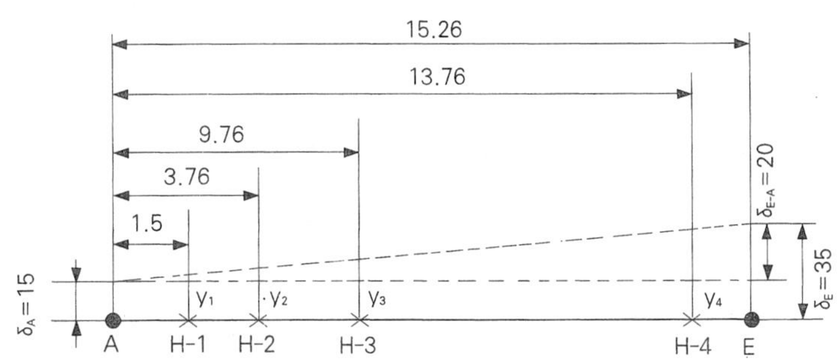

$$y_1=\frac{1.5\times 20}{15.26}+15=1.97+15=16.97\uparrow$$

$$y_2=\frac{3.76\times 20}{15.26}+15=4.9+15=19.94\uparrow$$

$$y_3=\frac{9.76\times 20}{15.26}+15=12.8+15=27.8\uparrow$$

$$y_4=\frac{13.76\times 20}{15.26}+15=18.0+15=33\uparrow$$

(a), (b)의 계산결과 각지점의 이동량은 아래와 같다.

행거번호	x	y	x+y
H-1	+3.02	+16.97	+20
H-2	+7.58	+19.94	+27.5
H-3	+19.67	+27.80	+47.5
H-4	-3.04	+33.00	+30

(주) +기호는 상방으로, -기호는 하방으로 이동함을 나타냄

4-3. 배관의 피복

배관의 피복은 열의 출입을 차단하여 관을 보온, 보냉함으로써 열손실을 방지하는 것과 관의 방식 및 결로(結露)를 방지하는 것으로 급수 배관의 방로피복과 방식피복 및 급탕배관, 난방배관, 증기배관의 보온피복, 그리고 가스배관, 냉동배관의 보냉피복 등을 실시한다.

4-3-1. 피복재의 종류와 구비 조건

보온은 증기관이나 온수관에 대한 단열로 불필요한 방열을 방지하고 인체에 화상을 입히는 위험의 방지나 실내 공기의 이상 온도 상승 방지 등을 목적으로 한다.

단열은 기기, 관, 덕트 등의 고온 유체에서 저온 유체로 열이 이동하는 것을 차단하는 것을 말한다.

(1) 피복재의 구비 조건

보온재로서 가장 중요한 성질을 열전도율이며, 보온재가 보온에 영향을 미치는 요소로는 밀도(비중), 열전도율, 기공의 층, 기공의 크기와 균일 정도, 흡습성 등이 있다.

① 보온 능력이 크고 열전도율이 적을 것
② 비중, 흡습성, 흡수성이 적을 것
③ 장시간 사용에도 견디며 변질되지 않고 어느 정도의 기계적 강도가 있을 것
④ 시공이 용이하며 값이 싸고 보온이 확실하게 될 수 있을 것

(2) 피복재의 종류

보온재의 종류는 재질에 따라서 유기질 보온재, 무기질 보온재, 금속 보온재 등으로 분류되며 안전 사용 온도에 따라서는 저온용, 상온용, 고온용으로 분류된다.

① 유기질 보온재 : 펠트류, 텍스류, 폼(form)류, 탄화코르크 등
② 무기질 보온재 : 탄산마그네슘, 유리섬유, 폼글라스, 규조토, 석면(asbestos), 암면, 규산칼슘 펄라이트(pearlite), 실리카화이버, 세라믹화이버, 마스틱(mastic) 등
③ 금속 보온재 : 알루미늄박(泊) 등
④ 저온용 : 펠트류, 쌀겨, 톱밥, 탄화코르크, 면, 폼류 등
⑤ 상온용 : 탄산마그네슘, 유리섬유, 규조토, 암면, 석면 등
⑥ 고온용 : 펄라이트 규산칼슘, 세라믹화이버, 실리카이화이버 등

4-3-2. 피복 시공시 주의 사항

① 보온재의 이음 부분, 팽창, 수축 조절 부분의 상태를 확실히 한다.
② 보온재 지지부는 보온재의 기능과 강도에 맞도록 한다.
③ 시공 작업 중 비나 이슬 등을 맞은 보온재는 정상 상태로 건조시켜 시공한다.
④ 방습 또는 방수처리를 완전히 한다.

⑤ 외장의 파이프밴드, 슬라이드 부분, 행거 등을 포함한 전체적인 팽창 대책을 완전히 한다.
⑥ 특히 염분이나 부식성 가스가 발생되는 환경에서도 전식, 방식 조치를 정확히 한다.
⑦ 외장재의 굴곡 및 균열이나 간격이 없이 매끈하게 하며, 시공 후 청소 등으로 손상이 되지 않도록 한다.

4-3-3. 피복 시공 방법

보온 시공비, 감가 상각비, 열손실, 관리비, 보온 효과 등을 고려하여 가장 경제적인 두께로 시공하며, 일반적으로 80~100mm 두께까지는 보온 능력이 크게 향상되지만 그 이상에서는 증가 비율이 감소된다.

① 물반죽 보온재는 먼저 25mm 두께로 바르고 수분이 보온재에 10~15% 정도 남을 때까지 건조시킨 후 소정의 두께로 다시 바른다.
② 판상 보온재는 소정 두께의 보온판을 강선으로 고정시키고, 두께가 75mm를 초과할 때는 2층으로 분리 시공한다.
③ 입상, 섬유상 보온재는 소정의 두께로 케이스를 만들고 그 속에 공간이 생기지 않도록 보온재를 채워서 시공한다.
④ 펠트상 보온재는 소정 두께의 펠트를 강선으로 감아 밀착시킨 후 두꺼운 종이로 외부를 싸서 시공한다.
⑤ 보온통은 소정 두께의 보온통을 강선으로 밀착시키며, 두께 75mm로 초과할 때는 2층으로 나누어 시공한다.
⑥ 고온부의 경우 1층에는 보온 효과보다 내열성이 좋은 보온재를 사용하고 2층에는 보냉 효과가 좋은 보온재를 사용하는 방법으로 2층의 보온재를 사용한다.
⑦ 알루미늄박 보온재는 공기층을 중첩시켜 그 표면은 열복사에 대한 방사능을 이용한 것이며 공기층의 두께는 효율이 가장 좋은 10mm 이하로 한다.
⑧ 보온 보냉재를 옥외에 시공했을 경우는 보온 보냉을 외부의 화학적 물리적 접촉으로부

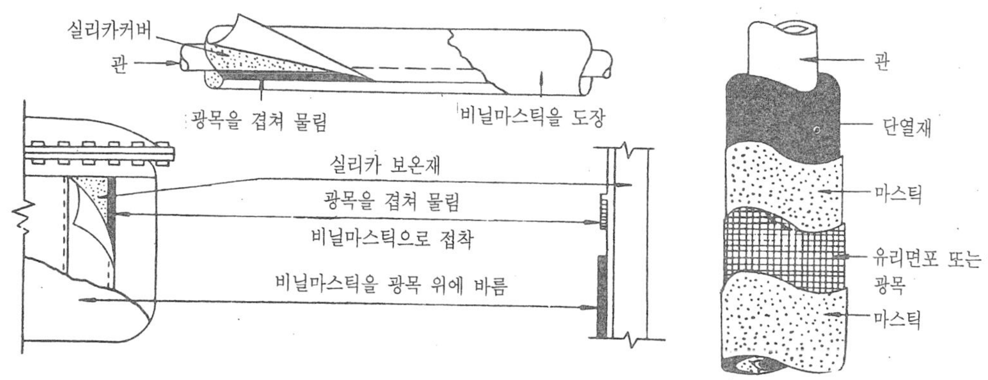

그림 13-26 일반적인 보온재 시공 방법

터 보호하기 위하여 내구성 및 기계적 강도가 우수한 마스틱 시공을 한다.

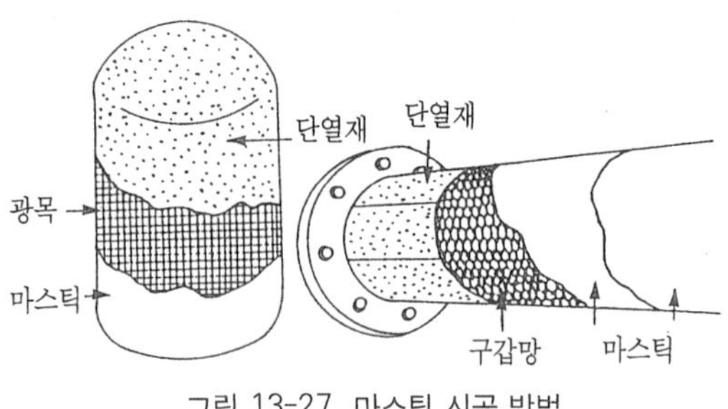

그림 13-27 마스틱 시공 방법

4-3-4. 배관의 종류와 피복방법

(1) 급수배관

우모펠트를 사용하여 피복을 한 다음 면포, 마포, 비닐테이프 등으로 감고 철사도 동여맨다. 콘크리드 속이나 지하 매선시는 아스팔트로 감으며 두께가 10mm 미만일 때는 1단, 20 이상일 때는 2단으로 시공한다.

(2) 급탕배관

저장탱크나 보일러 주위에는 석면 또는 시멘트와 규조토를 섞어 물반죽을 하여 2~3회 나누어 50mm 정도로 피복하고 한번 피복 후 철사로 감은 다음에 피복을 하며, 곡면부에는 피복재의 균열을 방지하기 위하여 석면로프로 감아주고, 다른 부분은 면포나 마포로 감은 후 페인팅하여 마무리한다.

(3) 난방배관

증기트랩의 상류측 배관에 피복을 하며, 하류측은 응축수를 회수하는 경우에만 피복을 하지만 화상을 방지하기 위해서 사람이 접촉하는 통로 등에는 2.1m 높이까지 피복을 하여 위험을 방지한다.

(4) 냉동배관

냉 · 온수관은 원통형의 글라스울, 암면 등을 사용하여 피복하고, 냉각수관과 배수관 및 급수관은 우모펠트를 사용하여 피복한 후 철사나 테이프로 감고 방수지를 씌운 후 면테이프 등으로 감은 다음 페인팅하여 마무리 한다.

냉매관은 폼 폴리스티렌이나 탄화코르크로 피복하고 밸브, 플랜지 등은 밸브, 플랜지용 보온 덮개를 사용하여 피복한다.

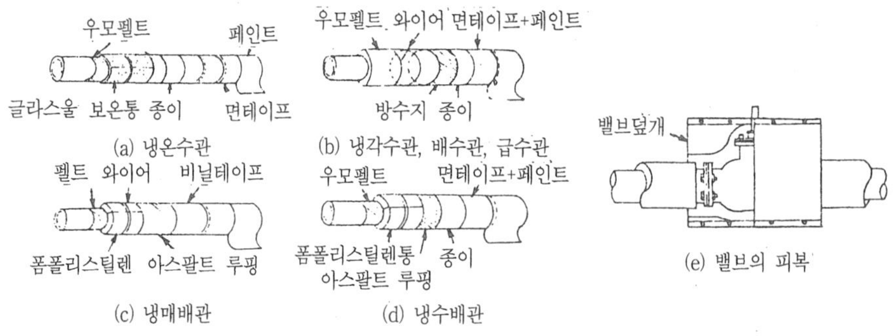

그림 13-28 냉동 배관의 피복 방법

(5) 가스배관

기기의 피복에는 성형 피복재를 사용하고, 복잡한 형상일 경우는 섬유 피복재를 사용하여 피복하며, 외장에는 시멘트, 모르타르 등을 사용한다.

가스관은 1개씩 각각 피복하며, 관 지지부는 목재로 절연하고, 피복재를 충분히 밀착시킨 후 방습 시공을 철저히 한다. 배관의 말단부나 플랜지, 밸브 등은 피복후 저온용 마스틱(mastic)을 바른 후 아스팔트루핑을 하여 완전히 방습 조치한다.

제5절 플랜트의 세정(洗淨)

5-1. 세정(洗淨)의 목적

5-1-1. 건설시의 세정

플랜트의 제작, 설치시에 발생된 녹이나 관계통에 침입된 분진, 유지분(油脂分), 기타 유기물을 제거하고 플랜트의 고효율 및 안전 운전을 하기 위하여 세정을 실시한다.

플랜트의 출하 전에 실시하는 공장 세정과 설치 완료 후에 실시하는 현장 세정이 있지만 비용면에서 볼 때 공장에서 세정하고 설치시에 관리를 잘하여 현장 세정의 부하를 적게 하는 것이 바람직하다.

5-1-2. 가동후의 세정(점검 세정, 응급 세정)

플랜트의 운전 중에 생성된 산화철, 동, 유화철(硫化鐵), 실리카, 경도 성분, 유기물, 기타 스케일 등을 제거하여 플랜트의 효율을 운전 개시의 상태로 함과 동시에 스케일 자체가 플랜트의 재질을 부식시키는 것을 방지하기 위하여 세정을 실시한다.

5-2. 세징의 종류

5-2-1. 기계적(물리적) 세정방법

플랜트 내부의 이물질을 물리적으로 제거하는 방법으로 각종 세정기기를 사용하여 실시한다. 복잡한 장치나 손이 미치지 않는 범위까지 세정이 필요한 경우에는 적용할 수 없으며 실제 작업에 있어서 장치의 해체 등 부대 공사가 수반되며 비용이 많이 든다.

(1) 물분사기(water jet) 세정법

고압펌프(100～700kg/cm^2)를 설치해서 압송하는 제트차를 사용해 고압의 가스 상태로 분사하여 스케일을 제거하는 방법으로 석유플랜트에 널리 사용되며 비교적 연질의 스케일에는 미니제트(20～100kg/cm^2)가 사용된다.

(2) 샌드블라스트(sand blast) 세정법

공기압송장치 등으로 모래를 분사하여 스케일을 제거하는 방법으로 100A 이상의 대구경 배관이나 탱크 등의 대용적 장치에 사용하며 주로 건설시의 세정에 이용된다.

(3) 쇼트블라스트(shot blast) 세정법

샌드블라스트 세정법의 모래 대신 강구(steel ball)를 사용하는 방법으로 작업에 위험성이 수반되며 주로 공장세정 후 강구를 회수하여 다시 사용하는 세정장치로 플랜트 자체에 설치해서 압송하므로 프랜트의 운전중에 세정되도록 한다.

(4) 피그(pig) 세정법(배관류의 세정에 한함)

배관내에 공기, 질소, 물 등의 압력으로 피그를 사용해서 피그와 관의 마찰로써 스케일을 제거하는 방법이다. 2개의 피그 사이에 화학세정액을 샌드위치시켜 화학세정과 병행해서 사용하는 경우도 있으며, 피그는 폴리에스터코팅 외에 강선을 감은 것 등 여러 가지가 있으며 관 내의 밀스케일(mill scale)을 제거하는 데 최적의 방법이다.

5-2-2. 화학세정 방법

플랜트 내부의 스케일을 그 목적에 적합하게 화학적으로 용해 제거시킴으로써 플랜트에 유해한 스케일을 거의 전부 제거할 수 있는 방법이다. 화학세정은 공해 방지상 배수처리를 해야되며 다른 작업과 관련도 있기 때문에 조심성있게 실시해야 된다. 기계적 세정에 비하여 다음과 같은 장점이 있다.

① 장치를 개방하지 않아도 세정이 가능하며, 손이 미치지 못하는 장치의 구석구석까지 세정을 할 수 있다.
② 보통의 스케일은 완전히 제거되며 불용성(不容性) 스케일도 물리적 세정과 조합해서 제거할 수 있다.
③ 스케일이 거의 제거되므로 플랜트의 운전 개시 때에 스케일에 대한 문제가 적다.
④ 산세정을 하는 경우 방청 처리도 동시에 실시하므로 세정 후에 장치를 개방해도 녹이 다시 슬지 않으며, 기계적 방법보다 장치의 손상이 적다.

(1) 순환세정법

탑조류(塔槽類), 열교환기, 가열로, 보일러, 배관 등에 사용되는 방법으로 세정액을 순환시켜 온도, 농도를 균일하게 하고 약액을 효과적으로 이용하여 유속에 따라 스케일을 박리(剝離)시켜 세정한다.

(2) 침적 세정법

짧고 작은 배관, 평판 등에 사용하는 방법으로 주로 공장 세정에 이용된다. 대형의 풀(pool) 중에 세정액을 조정하여 넣고 장치에 설치하기 전에 세정할 재료를 침적시켜 세정한다.

(3) 스프레이(spray)세정법

대형, 대용량의 탱크류 등에 사용하는 방법으로 피세정부의 면적이 전체 용적에 비해 작을 경우에는 세정액을 충만하여 세정하는 것은 비경제적이므로 스프레이 노즐을 사용해서 세정액을 분무시켜 세정한다.

(4) 페이스트(paste) 세정법

배관의 외면, 탱크의 내 · 외면 등에 사용하는 방법으로 손이 미치는 장치의 표면은 페이스트상의 세정액을 발라서 세정하므로 소량의 약품으로 세정이 가능하다.

5-3. 화학세정 작업

5-3-1. 화학세정의 종류

(1) 알칼리세정(탈지세정:脫脂洗淨)

알칼리성 용액에 계면활성제(界面活性劑)를 첨가시켜 유지분(油脂分)을 제거하는 방법으로 약액 조성은 제3인산소다+소다회(灰)+계면활성제이며, 처리 온도는 60~80°C, 처리 시간은 6~8시간 정도이다.

(2) 소다(soda)세정(탈지 세정)

건설시에 생긴 유지분과 산화실리콘(SiO_2)를 제거할 목적으로 주로 보일러 세정에 사용한다. 5~20kg/cm^{2}의 압력과 150~210°C의 온도에서 가성알칼리 용액중의 유지분과 실리카(silica)를 용출시켜 제거한다.

(3) 유기용제 세정(탈지세정)

일반적으로 유지류를 용해하는 능력이 뛰어나며 비점이 낮기 때문에 세정은 상온으로 하고 세정후의 건조작업도 용이하다.

① 4염화탄소(CCl_4)는 불연성의 액체이며 물에는 거의 불수용성으로 유지류나 유기성 스케일 제거에 많이 사용된다.

② 트리클로에틸렌(C_2HCl_3)는 난연성의 액체로서 불수용성으로 석유계 유기물 제거에 사용된다.

(4) 중화(中和) 세정

오스테나이트강을 사용한 석유플랜트 등에는 검사를 하기 위하여 장치를 개방할 때 입계부식(粒界腐蝕)이 급격히 진행된 배관에 클링커(clinker)가 침입하여 손상을 주므로 이것을 방지하기 위하여 장치의 개방 전에 소다회(Na_2Co_3)와 암모니아수(NH_4OH)를 사용해 중화시키는 세정이다.

(5) 암모니아 세정

스케일 중에 구리 성분이 많은 경우 산세정만으로는 제거할 수 없으므로 1~4% 암모니아에 산화제와 용해촉진제를 첨가해서 산세정의 진처리로 실시한다.

(6) 유화처리(油化 處理)

스케일이 경질일 때, 경도 성분, 실리카 등이 많을 때 산세정 단독으로는 용해가 불가능한 경우에 산세정의 전처리로 실시한다. 또 카본, 타르(tar), 산화철 등이 혼합된 스케일인 경우 그것을 연화시켜 점착 성분을 용해해서 원형을 분해하고 플러싱(flushing), 산세정, 물리적 세정 등을 조합하여 제거한다.

(7) 산(酸) 세정

산세정은 무기산과 유기산에 부식억제제를 첨가해서 모든 금속 스케일을 제거하므로 플랜트 재질의 부식을 어느 정도 방지하지만 금속과 산의 반응($Fe + 2HCl \rightarrow FeCl_2 + H_2\uparrow$)으로 수소가스가 발생된다. 그러므로 불의의 폭발사고 산액 누설 등에 의한 사고를 예방하기 위해 관계자 이외에는 출입을 제한시킨다. 산세정한 모재의 표면은 특히 발청(發錆)이 용이하지 않도록 산액의 공급을 공기와 접촉하지 않는 불활성 가스 가압하에서 실시하기 때문에 물로 강제치환을 해야 하며 수세(水洗)를 한 후에 하이드라진(N_2H_4), 아질산염(NO_2), 인산염(PO_4) 등에 의해 모재 표면에 치밀한 산화철(Fe_3O_4) 방청피막을 형성시켜 재발청(再發錆)을 방지해야 한다.

5-3-2. 화학세정 약품

산세정에 사용하는 약품은 주로 산과 다른 조제(助劑)로 분류되며 몇 개의 약품을 합리적으로 배합해서 스케일의 양, 조성, 플랜트의 구조, 재질 등에 따라 선택하여 사용한다.

(1) 무기산(無機酸)

무기산은 높은 스케일 용해 능력과 가격이 적당하므로 배수 처리가 비교적 간단한 경우에 유리하다.

① 염산(HCI)

스케일의 용해능력이 크고 가격이 적당하므로 많이 사용되지만 염소이온이 오스테나이트강에 입계부식을 일으키므로 스테인리스 재료를 사용한 플랜트의 세정에는 충분한 대책이 필요하다.

② 설퍼민산(NH_2SO_3H)

성상이 분말이므로 취급이 용이하고 비교적 저온(40°C 이하)에서도 물의 경도 성분을 제거할 수 있는 능력이 있으며 수도 설비 등의 세정에 적당하다.

③ 질산(NHO_3), 불산(HF)

산화력, 부식력이 크므로 부식 억제제가 효과적이지 못한 탄소강 등에 사용되며, 스테인리스강의 용접부 등에 발생되는 이중 금속의 용해에는 질산과 불소를 혼합하여 사용한다. 원자력 플랜트 등의 스테인리스 강재의 세정에 효과적이며 산화실리콘의 제거에는 산성불화암모니아($NH_4F \cdot HF$)와 불화나트륨(NaF)이 사용된다.

④ 인산(H_3PO_4)

인산은 스케일 용해력은 작지만 금속과 반응된 후 금속염으로서 방청제가 되기 때문에 샌드블라스트 등의 물리적 세정이나 페이스트 세정 후의 방청제로 적당하다.

(2) 유기산(有機酸)

유기산은 장치나 관계통 내에 잔류하면 열분해하여 고형물이 남지 않으며, 스케일 용해시에도 슬러지(sludge)가 매우 적게 발생된다.

① 구연산($C_6H_8O_7$: citric acid)

분말 성상이므로 취급이 용이하고 용해 효과가 높으며 유기산 중에서 가장 많이 사용된다. 구연산은 다른 유기산과 혼합한 구연산암몬을 많이 사용하며 하나의 세정액으로 산세정에서 방청 처리까지 실시하는 시트로 솔브법(citro solve)은 방청 처리 중에 구리 성분의 스케일을 용해 제거시키는 이점이 있다.

시트로 솔브법은 산세정 후에 수세(水洗) 공정이 필요없고, 사용 수량을 감소시켜 공정을 단축하므로 산액 자체의 pH를 9~10 정도로 상승시켜 방청처리를 하기 때문에 산세정에서 방청 공정 사이에 재발청(再發錆)을 방지하며, 다른 방청법보다 강인한 방청 피막이 형성되므로 건설시의 세정에 종종 사용된다.

② 히드록시(hydroxy) 초산($HOCH_2$ $COOH$)

주로 관류형 보일러 세정에 구연산이나 의산과 혼합해서 사용하는 경우가 많다. 이 혼합산은 용해력이 높고, 세정시에 발생하는 슬러지가 적으므로 슬러지를 싫어하는 플랜트의 세정에 적합하다.

③ 포름알데히드(formaldehyde : HCOOH)

분자량이 적고 유기산 중에서는 최고 강한 산으로 스케일의 용해 능력도 크며, 구연산이나 히드록시 초산과의 혼합산으로 사용한다.

(3) 산세정 조제(助劑)

산세정을 할 때는 모재 보호 및 용해 촉진을 위하여 어느 정도의 조제가 필요하다.

① 부식억제제(腐蝕 抑制劑)

일반적으로 인히비터(inhibitor)라고 부르며 모재와 산액 사이에 일종의 피막을 형성하여 부식을 저하시키며, 1회의 산세정에 의한 부식량은 $5mg/cm^2$ 정도이고, 두께 감소도 10~20μ 정도까지 방지된다.

② 환원제(還元劑)

산세정중에 생성된 산화성 이온은 다음과 같은 반응으로 모재를 부식시키므로 이것을 환원시키기 위하여 첨가한다.

$$Fe + 2Fe^{3+} \rightarrow 3Fe^{2+}$$

(모재) (산화성 이온) (모재의 용출 2부식)

③ 기타 조제

기타 첨가제로서 실리카를 용해하는 불화물, 동(銅) 성분을 용해시키는 동이온 봉쇄제

탈지세정을 동시에 실시하는 계면활성제 등이 있다.

5-3-3. 화학세정 실시

세정을 실시하는데 있어서는 먼저 세정하고자 하는 목적물을 확실히 하여 적합한 세정액을 선정한다. 건설시의 세정 순서는 일반적으로 물세척→탈지세정→물세척→산세정→중화방청→물세척→건조의 순으로 실시되는데 물세척은 세정계통내에 순수한 물을 넣어 끓여서 배수가 깨끗해질 때까지 실시하고 산세정 및 유지세정은 세정액을 채우고 8~10시간 정도 80~90°C로 끓인 후 약제를 회수한다. 또한 가동시의 세정은 스케일의 부착 상태가 다르므로 충분한 사전검사를 실시하여 건설시의 세정순서와 동일하게 한다.

세정시의 주의사항으로서는 산화성 이온에 의한 부식이 생기지 않도록 유의하여야 하며, 스케일의 종류에 따라서는 세정제와 접촉하면 폭발성 가스 또는 유독성 가스를 발생하는 경우가 있으므로 충분한 대비가 이루어져야 한다. 또한 온도 및 농도관리를 확실히 하여 한 부분만이 집중적으로 이루어지지 않도록 하여야 한다.

모든 화학 세정의 공정은 순환법이 대표적이며, 다음과 같은 절차에 따르지만 필요에 따라서는 일부를 생략하고 합리적으로 조합해서 실시한다.

- 가설 공사(假說 工事)
- 수세(water flushing), 누설 시험(leak test)
- 탈지세정 또는 소화 처리 암모니아세정
- 수세(2~3회)
- 산세정(酸洗淨)
- 수세(2~3회)
- 체류부(滯留部) 세정
- 중화, 방청(中和 防錆)
- 최종 수세(最終 水洗)
- 체류부 세정(flushing)
- 건조(乾燥)
- 점검, 복구(復舊)
- 휴관(休管)

(1) 수세

현재는 플랜트 건설에 필요한 각 장치 배관은 설치 전에 공장세정을 하는 경우가 많으며 또 관리도 잘 되고 있으므로 다시 세정할 필요가 없는 플랜트도 많다. 수세 중에는 발청(發錆)을 방지하기 위하여 하이드라진(hydrazine) 등의 탈황소제나 방청제를 첨가한다.

(2) 최종 수세(最終 水洗)

화학세정 중에 사용하는 약품은 플랜트에 해로운 경우가 많으므로 플랜트의 지관부(支管

部), 체류부, 계장 배관 등은 최종적으로 세정해야 한다.

(3) 건조(乾燥)

화학세정 후 계통내는 습기를 제거하는 방청 처리를 하여도 녹이 슬기 쉬운 상태이므로 최종 수세수(水洗水)를 승온(昇溫)시켜 신속히 방출하여 건조하거나 건조공기 또는 질소가스를 불어 넣어 수분을 제거해야 한다.

(4) 점검(點檢)

세정 결과가 유효한가를 판정하는 것으로 검사 기준은 각 플랜트에 따라 여러 종류가 있지만 대표적인 것은 다음과 같다.

① 목시 검사(目視 檢査)

눈에 보이는 부분은 지관 검사에 의하여 목시로서 스케일의 제거 상태를 검사한다.

② 샘플(sample)검사

미리 재취해 놓은 스케일 샘플을 세정계통 내에 삽입하여 제거 상태를 검사한다.

③ 시험편(test piece)의 검사

미리 세정계통 내에 설치한 시험편에 부식 등의 이상이 없는가 확인한다.

④ 운전 개시 후의 확인 검사

스케일이 제거된 경우에 계통 내의 유체 유량 검사 등 운전 상황을 조사, 확인한다.

⑤ 분석 데이터의 검사

세정시의 분석 데이터(유지, 철, 동, 실리카, 염소 등의 이온 농도, 노점(露點))에 따라 확인 검사한다.

5-3-4. 세정 폐액 처리

이상의 세정 작업의 성패는 플랜트의 수명과 관계되고 안전 운전, 고효율 운전의 유지에 크게 작용되므로 소규모 공사라 할지라도 등한시 해서는 안된다. 특히 공해 발생의 원인이 되는 물질을 취급하는 작업 및 세정 공사에서 배출시킨 세정액, 슬러지 등은 모두 산업폐기물로 공해 발생 방지 처리를 해야만 하며, 처리할 때는 관계 법령에 위반되지 않게 하고 전문 업자와 협의하여 실시하는 것이 바람직한다.

5-4. 휴관보존법(休管 保存法)

설비 장치를 당분간 또는 장시간 사용하지 않을 경우, 나중에 다시 사용할 때 가능하면 양호한 상태로 유지하기 위한 방법이다.

5-4-1. 건조보존법(乾燥保存法)

이 방법은 한랭(寒冷)지나 동절기 등에서 물이 동결할 우려가 있을 때나 급수에 부식성 성분이 함유되어 있을 때 또는 6개월 이상 휴관시 사용하는 것으로 보통밀폐건조법과 석회밀폐건조법이 있다.

보통밀폐건조법은 설비장치의 내부를 건조시킨 후 코크스나 목탄 등을 용기에 넣고 태워서 장치내의 산소를 탄산가스로 변화시켜 보존하는 방법과 질소가스로 퍼지(purge)시키는 방법으로 보존하는 동안 물 또는 증기가 유입되거나 누설되지 않도록 하며, 검사 및 재사용시 내부에 들어갈 때는 충분히 환기하여 중독의 위험을 예방해야 한다.

석회밀폐건조법은 휴관 중 자연히 발생하는 습기를 방지하기 위하여 여러 곳에 생석회나 염화칼슘 실리카겔 등의 흡습제를 넣고 밀폐하며 흡습제 양은 생석회(CaO)는 물 1000kg에 약 2~5kg, 염화칼슘은 1kg의 비율로 하고, 실리카겔은 내용적 1m^{3}에 약 0.1kg 비율로 한다. 이 때 3개월에 1회 정도 내부 상태를 점검하고 흡습제가 변질된 것이 있으면 바꾸어 넣으며, 부족할 경우는 몇 군데 더 넣는다.

5-4-2. 만수보존법(滿水保存法)

휴관 기간이 비교적 짧을 때 사용하는 방법으로 보통만수보존법과 소다만수보존법이 있다.

보통만수보존법은 2~3개월 휴관시 사용하며, 내부 청소 후 장치에 물을 완전히 채우고 0.15~0.3kg/cm^{2}까지 보급수(補給水)를 넣는다.

1주일에 1회 정도 공기 빼기 밸브를 열어 만수 여부를 확인하고 공기가 찼을 경우는 충만된 물을 약간 가열하여 공기를 뺀 다음 자연 냉각시킨다.

소다만수보존법은 5~6개월 휴관시 사용하며, 물 대신 300ppm의 NaOH 수용액을 사용하여 보통만수법과 같은 방법으로 실시하고, 물 1000kg에 0.8~1kg 정도의 제3인산나트륨(Na_3PO_4)을 희석하여 사용하면 재사용시 수세를 하지 않아도 된다.

제6절 배관의 시험

플랜트 배관에 대한 검사는 제작가공 부분에 대한 접합상태를 비파괴 검사에 의한 접합상태 검사와 관내 청소상태, 세정상태, 배관라인의 체크 및 각 기기에 대한 성능검사 등 행하게 되며 배관계 전체 계통에 대한 수압 및 가스압에 의한 기밀시험을 행하게 된다.

일반적으로 비파괴 검사방법으로는 X-Ray 검사, 초음파 탐상검사, 자기 탐상검사법 등이 이용되고 있으며 때에 따라서는 육안검사만을 행하기도 한다.

6-1. 라인 체크(line check)

배관라인에 대한 체크시에는 도면과 시방서를 지침하여 다음과 같은 사항을 검사하게 된다.

- 설계조건에 맞도록 되어 있는가?
- 파이프, 밸브, 부속 등은 시방서 내용과 동일한 규격품을 사용하였는가?
- 서포트, 행거 등은 완전하게 되어 있는가?
- 고정부분, 유동부분을 검사하여 신축을 자유롭게 하고, 신축량을 충분히 흡수하도록 되어 있느나?
- 밸브, 계기 등 운전원이 조작하거나 점검하여야 하는 것은 조작과 점검이 쉽도록 되어 있는가?
- 체크 밸브 등은 유체의 흐름방향에 대해 정확히 연결되어 있는가?
- 플랜지 접합부에 대해서는 볼트, 너트가 균일하게 조여져 있는가?
- 각 라인에 대한 구배는 올바로 이루어져 있으며 불필요한 에러 포켓부가 생기지 않았는가?
- 드레인 배출은 완전하게 이루어지도록 되어 있는가?
- 기타 시방서에 대한 누락 부분은 없는가?

6-2. 기밀시험

주로 수압 및 기압시험을 행하게 되는데 기압시험은 질소가스 또는 압축공기를 사용하는데 일정한 압력에 도달한 후 누설되는가의 여부를 비눗물을 사용하여 검사한다. 수압시험시의 검사압력은 일반적으로 사용압력의 1.5배 압력을 택하지만 주로 다음 식에 의한다.

$$P_T = 1.5 \times P \times \frac{\sigma_1}{\sigma_2}$$

P_T : 최소 시험압력(kg/cm^2)
P : 설계압력(kg/cm^2)
σ_1 : 상온에서의 허용응력(kg/cm^2)
σ_2 : 상용 온도에서의 허용응력(kg/cm^2)

그러나 시험압력이 $7kg/cm^2$ 이하일 때는 원칙적으로 시험압을 $7kg/cm^2$를 택하며 수압시험은 다음과 같이 행한다.

① 수압시험 이전에 서포트 및 행거 등이 수압시험시의 하중에 견딜 수 있는지를 검사한다.
② 소정의 압력에 견디지 못하는 기기가 있을 경우는 이것을 제거하고 행하며 펌프, 콤프레샤, 안전 밸브 등에는 수압이 걸리지 않게 한다. 이 때는 브라인드 플랜지를 사용하며 외관상 손쉽게 구별이 되는 것을 택하고 도면에 기재하여 뒤에 참고한다.
③ 시험용의 압력계는 2개 이상을 사용하여 정확을 기하는 동시에 소정압을 넘지 않게 한다.

6-3. 용접부의 검사

용접부의 검사는 양호한 시공을 하기 위하여 용접 전과 후 또는 시공중에 검사하는 작업검사와 용접이 완료된 후에 실시하는 완성 검사가 있다.

6-3-1. 용접 작업검사와 완성검사

(1) 용접전의 작업 검사

① 용접 설비로 용접기기, 부속기구, 보호기구, 지그, 고정구 등의 적합성을 조사한다.
② 용접봉은 외관, 치수, 용착 금속과의 성질, 작업성 등을 조사한다.
③ 모재의 표면상태와 결함의 유무 및 기계적, 화학적 성질을 조사한다.
④ 용접 준비로 홈, 각도, 루트 간격, 이음부의 표면상태, 가접상태 등을 조사한다.
⑤ 용접 시공은 용접조건, 홈 모양 및 용접공의 기능 수준을 확인한다.

(2) 용접 중의 작업검사

용접중에 용접봉의 보관과 건조상태 이음부의 청정상태, 비드(bead) 상태, 여러 가지 용접 결함 및 변형상태 등을 조사함과 동시에 용접전류, 용접순서, 용접속도, 운봉법, 용접자세 등을 확인 점검한다.

(3) 용접후의 작업검사

변형교정 적당한 온도 유지시간, 가열냉각속도, 기타 작업 조건의 확인과 균열, 변형치수 등을 용접이 끝난 후에 조사한다.

(4) 완성검사

용접부가 결함 없이 용접되어 있고, 소정의 성능을 보유하는 지의 여부와 구조물 전체의 결함 유무를 조사한다.

6-3-2. 용접부의 비파괴시험

비파괴시험은 재료나 제품의 재질, 형상, 치수에 변화를 주지 않고 투과 흡수, 반사, 누설 등의 현상 변화를 검출하여 표준품과의 비교에 의하여 시험물을 파괴하지 않고 이상 유무나 그의 크기, 분포상태 등을 조사하는 시험법으로 널리 사용되고 있다. 이 방법은 제품의 성질 상태, 내부구조 등을 조사할 수 있으므로 재료의 선택이나 가공법의 결정 및 제품의 균일화와 신뢰성 등을 확인할 수 있다.

(1) 육안검사

용접부의 표면을 육안이나 확대경으로 비드의 높이와 폭, 용입상태, 크레이터(crater) 등을 조사하며 언더컷(under cut), 오버랩(over lap), 표면균열, 피트(pit) 등의 용접결함을 검사한다.

육안검사는 간편하고 한번에 다량의 용접부를 검사할 수 있으므로 널리 행하여진다.

(2) 누설검사

탱크, 용기 등의 기밀, 수밀 등을 요하는 용접부에 대하여 실시하는 방법으로 수압 또는 공기압이 사용되며 원자로 부분 등과 같은 특수한 경우에는 검출 감도가 우수한 할로겐가스, 헬륨가스 등을 사용한다.

(3) 초음파검사

사람이 귀로 들을 수 없는 파장이 짧은 음파(0.5~15MHz)를 검사물 내부에 발사시켜 내부의 결함이나 불균일층의 존재를 검지하는 방법으로 투과법, 펄스(pulse)반사법, 공진법이 있으나 일반적으로 펄스 반사법이 널리 사용된다.

초음파 탐상법은 두께와 길이가 큰 물체의 탐상에 적합하며 검사 기기가 작고 가벼워서 높은 장소, 현장 검사 등이 용이하고 검사자에게 위험이 없지만 표면이 거친 것과 얇은 것의 결함 검출은 곤란하다.

(4) 방사선 투과검사

방사선 투과 검사는 비파괴 방법 중에서 가장 널리 사용하고 있는 방법으로 물질을 투과하기 쉬운 X선,r선 등과 같은 짧은 파장의 방사선을 검사물에 조사(照射)하여, 투과 중에 방사선의 흡수나 산란에 의한 투과 후의 방사선 강도의 차이를 사진 촬영해서 검사물 내부의 이상을 검출하는 것이다.

이 방법에 의하여 검출되는 결함은 균열, 융합 불량, 용입 불량, 기공(blow hole), 슬랙(slag)섞임, 비금속 기재물, 언더컷 등이다.

X선으로 투과하기 힘든 두꺼운 판에 대하여는 X선보다 파장이 짧고 투과력이 강한 r선이 사용되며, r선에는 천연 방사선 동위원소 라듐(Ra)과 인공 방사선 동위원소 코발트(Co^{60}), 세슘(Cs^{134}), 이리듐(Ir^{192}) 등이 있다.

r선 투과 검사는 장치가 단단하고 운반이 용이하며 취급이 간편하므로 현장에서 널리 사용된다. 방사선 투과 검사는 사진 촬영중에 강한 방사선이 방사되어 신체에 장애를 주기 때문에 취급시에는 특히 주의를 해야 하며 자주 전문의에게 검사를 받아야 한다.

제7절 배관 설비의 유지 관리

7-1. 개요

공장설비는 주로 액체, 기체를 운반하기 위한 가동 부분이 많으며, 이것들이 서로 연관되어 정상적으로 작동할 때 그 기능을 충분히 발휘하게 된다. 그러나 보수 관리를 올바르게 하지 않고 방치한다면, 회전 기기는 진동이나 발열 등을 일으키고, 연소기기는 불완전 연소나 폭발의 위험이 있으며 여과기, 밸브, 배관 등은 작동 불량이나 누설 등을 일으켜 기기나 부품은 손상, 노화되어 유체의 흐름에 장애가 발생되어 결국은 효율이 감소된다.

공장설비 중 배관설비 부분은 다른 기기에 비하여 구조가 간단하며 보전 방법도 용이하지만 신설배관 검사, 사용중 검사, 사용 정지중 검사 및 수리 등은 꼭 필요한 것이다. 따라서, 보수관리는 설비 전체의 흐름과 기기장치에 관한 기초 지식, 수리 방법 등을 충분히 알고, 이에 적당한 관리 체제와 관리 기준을 갖추어야 한다.

보수 사항은 크게 분류하여 운전, 감시, 점검, 정비 등으로 나누어진다.

운전 감시는 눈으로 보는 계기류의 감시이며 감시 항목을 표로 작성하여 감시 주기와 운전시의 적정값을 정해두면 운전시의 이상을 조기에 발견할 수 있다.

점검은 온도, 진동 등을 계기로 측정하거나 간단한 공구를 사용하여 보수하는 것이며, 매일 실시하는 일상 점검과 일정한 기간을 정해놓고 주기적으로 실시하는 정기 점검으로 나누어 표를 작성하고 점검 주기나 점검 기준을 정해 놓는다.

정비는 소모품의 교환이나 여과기의 청소 및 누설 부분의 보수 등 비교적 작은 수리를 하는 것이다.

7-2. 신설 배관의 검사

설계 단계에서 충분히 검토된 후 작성된 배관도를 가지고 실제 시공할 경우 현장의 상황 변화, 치수차, 위치의 어긋남 등으로 반드시 도면대로 되지 않기 때문에, 공장 내에서 제작된 배관은 큰 문제가 없으나 현장에서 시공한 부분은 공장 제작품보다 정밀도 면에서 떨어지기 때문에 고장 발생 가능성이 높다.

따라서, 검사 중점은 현장 시공 부분에 두고 완공 후에 내압시험, 기밀시험, X선 검사, 플랜지나 밸브 장착부, 나사 및 용접연결부 등을 점검한다. 특히 나사부에 마를 감거나 페인트를 도포하는 경우에는 고온 · 고압 유체나 탄화 수소계 등 용해력이 있는 유체가 흐를 때는 누설 방지력이 없으므로 주의해야 하며, 플랜지부에서는 플랜지면을 검사하여 홈 등이 있는가 점검하고, 사용 유체에 적합한 개스킷을 사용하고 있는지를 확인하며, 볼트구멍 및 죔은 일정한가 등을 중점적으로 점검한다.

열에 의한 기기 및 관의 수축, 팽창은 설계상 고려되어 있으나 실제 공사가 이루어져 탑조류(塔槽類)와 기기 등이 배관으로 완성되면 정상 운전 상황에서 상호간에 위치적 관계나 설계시의 미비점이 발견되는 경우가 있다. 즉 플랜트의 시운전시의 열팽창으로 관이 휘어지거나 취약 배관 부분에 누설이 생기며, 밸브, 콕, 플랜지, 계기 등이 고장을 일으키는 경우도 있으므로 이런 때는 플랜트 내의 전체를 상세히 점검하여 이상부의 발견 및 수정에 노력해야 한다. 그러므로, 신설 배관의 검사는 배관 시공이 끝나면 일정한 간격으로 블라인드 플랜지를 설치하여 내압시험을 실시하고, 보온 공사나 도장공사가 병행될 때는 플랜지, 용접부, 노즐, 밸브 등은 미보온(未保溫), 미도장(未塗裝) 상태로 시험한다.

용접부는 해머로 두드려 슬랙 등을 제거한 후 수압시험을 하여 누설이 없음이 확인되면, 즉시 내부의 용수를 배출시키고, 공기나 질소가스를 이용하여 기밀시험을 실시해서 이상 유무를 확인하고 불활성 가스로 관 계통 내에 공기를 배제하며, 증기 등으로 건조시킨다. 최종적으로 블라인드 플랜지를 제거하고, 플랜지를 재연결한 다음 배관계의 종합 기밀시험을 실시하며, 본격적인 사용 가능 상태가 되도록 한다.

7-3. 플랜트 운전중의 점검

운전중 관리는 누설, 파손, 작동 불량 등의 사고방지와 이러한 사고가 발생했을 때 운전에 영향을 주지 않고 수리하는 것이 주목적이므로 취약 장소, 취약점 등을 파악해야 한다. 즉, 플랜트의 운전 중에는 진동이나 열팽창 등에 의한 플랜지부, 기타 체결부의 볼트 등이 느슨해져 누설이 생기거나 밸브, 콕 등이 작동 불량을 일으키므로 이것을 예방하고 조기 발견하기 위하여 부착물을 포함한 관계통의 운전중 점검 보수가 필요하다. 이러한 목적을 달성하기 위하여 기기의 수명이나 운전 시간 등을 기준으로 일상 점검 또는 정기 점검을 실시하며, 각 부분에 대한 점검표를 작성하여 기록하고 정비, 수리반을 상설 운영하는 것이 바람직하다.

7-4. 정기 점검시의 수리

배관계통의 정기 검사는 부식, 마모 등에 의한 두께 감소상태와 내부에 이물질의 누적 상태 및 용접부의 균열, 조직 변화 등을 정밀 조사하여 기록함과 동시에 필요한 경우는 보강이나 교환을 하여 양호한 상태로 하는 것이다.

예를 들면, 두께 측정은 두께의 감소가 많은 것으로 예상되는 부분에 구멍을 뚫고 마이크로미터(micro meter)로 측정하거나 일정한 중량의 해머로 외측을 두드려서 그 자국의 상태로 두께를 측정하며, 이물질의 누적상태는 이물질이 많이 낀 부분을 절단하여 내부에 쌓인 이물질의 상태를 점검하고, 용접부의 결함은 X선 투과시험이나 r선 투과시험 또는 초음파시험 등으로 균열 등을 검사한다.

이와 같은 방법으로 공장 내 배관의 부식, 마모 상황 등의 자료와 운전중의 이상발생 상황 자료를 모아 계통도를 만들어 취급 유체의 운전 조건, 부식성 등에 따른 감도를 색으로 구별해 놓고 이러한 부분을 중점적으로 점검하여 안전 운전을 할 수 있도록 관리해야 한다.

7-5. 응급 조치법(應急 措置法)

7-5-1. 코킹법(caulking)과 밴드 보강법

관 내의 압력과 온도가 비교적 낮고, 누설 부분이 작은 경우에는 정을 대고 때려서 기밀을 유지하는 코킹법과 목적, 연강 전(栓)을 누설 구멍에 박어서 막는 방법이 있으며, 구멍이 클 경우는 누설 부분에 맞는 모양의 철제 밴드를 제작하여 패킹을 넣고 볼트를 죄어서 누설을 방지하는 방법이 있다.

7-5-2. 인젝션법(injection)

부식, 마모 등으로 작은 구멍이 생겨 유체가 누설될 경우 다른 방법으로는 누설을 막기가 곤란할 때 사용하는 방법으로 인젝션 용기에 스펀지, 고무제의 각종 크기로 된 볼을 일정량

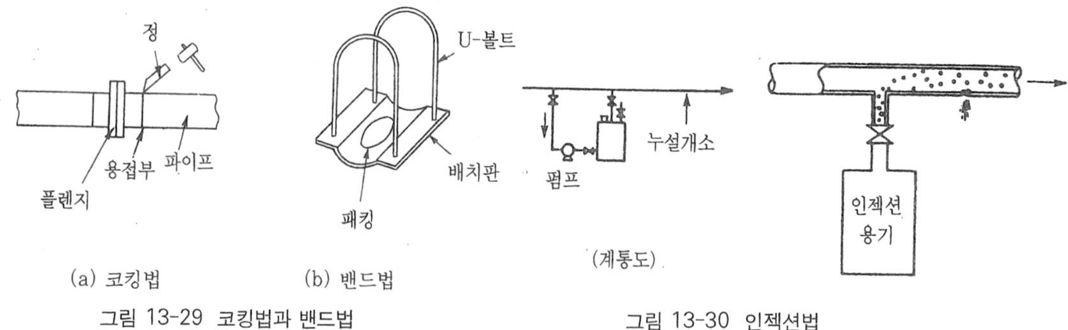

그림 13-29 코킹법과 밴드법　　　　그림 13-30 인젝션법

넣고, 관 내 유체의 일부를 채운 후 용기 출구밸브를 열고 펌프를 작동시켜 볼을 본관 내에 주입시킨다. 이 때 누설 부분을 통과하려는 볼이 누설부분에 정착하여 유체의 누설이 미량으로 되거나 정지된다.

7-5-3. 박스 설치법(box-in)

내압이 높고 고온인 유체가 누설될 경우 사용하는 방법으로 누설 부분의 형태에 맞도록 2~3개 분할의 상자를 만들어 누설 부분을 용접하고 최후에 벤트밸브를 설치하여 누설을 방지하는 방법이다.

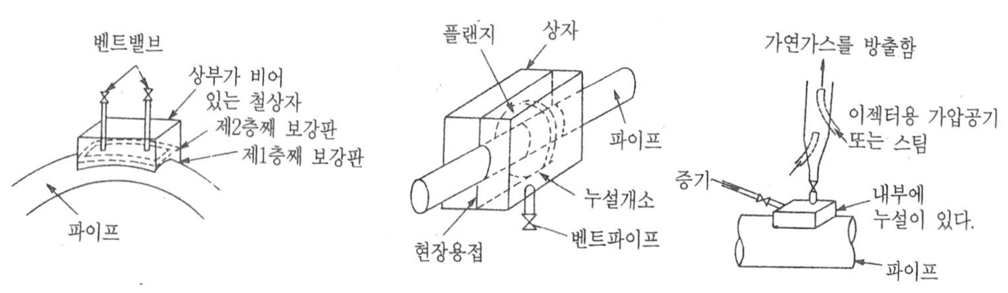

그림 13-31 박스 인법

7-5-4. 스토핑 박스법(stopping box)

밸브, 콕 등의 글랜드(gland)부에서보충 죔을 해도 누설이 계속되고 더 이상 죔 여분이 없을 경우에 스토핑 박스를 그 위에 설치하여 누설을 막는 방법으로 제작시간이 걸리지만 밸브나 콕의 기능을 해치지 않으며 화기를 사용하지 않고 수리하는 방법이다.

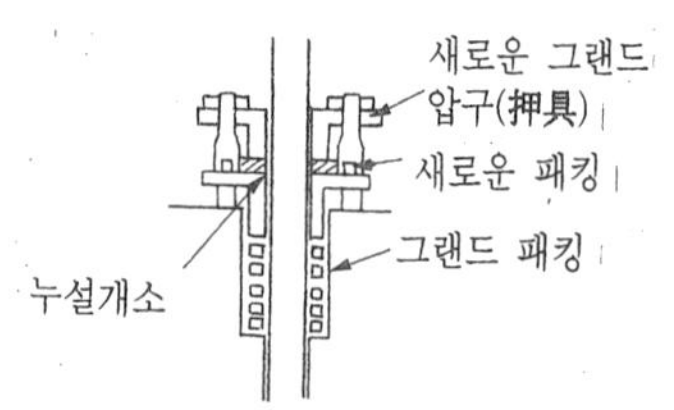

그림 13-32 스토핑박스법

7-5-5. 하트태핑(hot-tapping)법과 플러깅법(plugging)

이것은 장치의 운전을 정지시키지 않고 유체가 흐르는 상태에서 고장을 수리하는 것으로 밸브 등이 고장나서 바이패스를 시키거나(하트 태핑법) 분기하여(플러깅법) 유체를 우회통과시키는 방법이다. 하트태핑법은 밸브 등이 고장으로 유체가 흐르지 않을 때 사용하며 플러깅법은 흐르고 있는 유체를 막을 수 없을 때 사용한다.

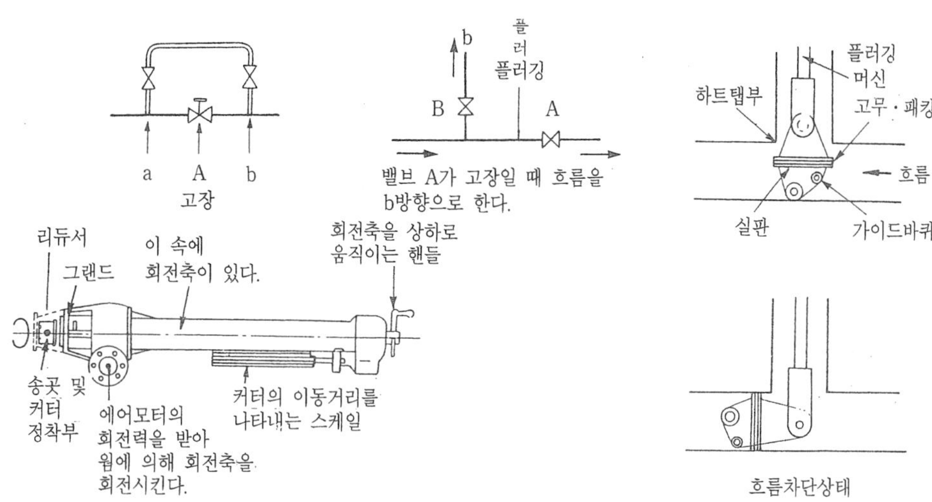

그림 13-33 하트 태핑법과 플러깅법

7-6. 유지 관리 방법

석유화학 공장 등에 사용되는 기기 및 장치는 복잡하고 섬세한 부분이 많기 때문에 이를 고장 없이 원활하게 가동시키기 위해서는 미리 고장이 발생되기 쉬운 부분을 철저히 정비하여 고장에 대비해야 한다.

즉 탑, 탱크, 열교환기, 펌프, 밸브, 계측기, 배관 등에서 고장과 누설이 많이 발생하므로 특히, 이들 기기 장치에 대하여 철저한 정비를 하고 때때로 정밀한 점검을 해야 한다.

7-6-1. 기기 · 장치류의 고장과 대책

기기 · 장치에서는 가동부분 고장 및 그 부분에서의 누설이 가장 많이 발생한다.

(1) 펌프(pump)

일반적으로 사용되는 펌프로는 물 및 용액 펌프, 냉유 펌프, 열유펌프 등이 있는데, 물펌프는 담수나 해수에서 전해 부식이 일어나므로 내부 방식 처리를 해야하며, 냉유펌프는 황화합물로 인한 본체 밸브시트, 런너(runncr)축의 부식과 축슬리브의 미열 등으로 누설이 생기므로 이것에 알맞은 재료를 선정해야 한다.

그리고, 열류(熱流) 펌프는 열팽창에 의한 고장 즉, 클리어런스(clearance)감소에 의한 작동불량과 이완(弛緩)이 생기지 않는 재료를 선택하고, 링에 이물질이 끼어 작동이 안 되는 경우는 적당한 청정액으로 세척한다.

(2) 압축기(compressor)

압축기는 서징(surging)에 의해 운전이 잘 안 되거나 고장 및 파손될 우려가 있을 때는 배출압력을 감소시키거나 작동을 정지하고 적절한 조치를 취한다.

(3) 탑 및 탱크류(tower and tanks)

탑 및 탱크류의 고장이나 파손은 내부에 이물질, 부식 생성물, 중합 분해 생성물 등이 쌓여 계측기의 노즐이 막혀 작동되지 않을 때에 많이 발생하며 이 경우에는 재질의 개선, 운전조건의 개선, 이물질 발생 방지제 주입 등으로 이를 방지한다.

(4) 열교환기류(heat exchangers)

화학 공장에서 많이 사용되는 열교환기는 다관식이며 튜브와 유동두 부분에서 누설이 잘 된다.

튜브의 누설은 부식에 의한 크랙(crack), 구멍뚫림, 이음 부분의 누설이 대부분인데 이 때는 적당한 방식재료를 사용하고 이음부 등에 무리한 응력이 걸리지 않도록 한다.

유동두 부분의 누설은 주로 개스킷 불량이나 운전의 개시와 정지할 때 온도 및 압력의 급상승 또는 급강하로 인한 충격 때문에 볼트가 풀려 발생하는 경우가 많으므로 철저한 내부점검을 해야 한다. 이 밖에 튜브 내외의 스케일(scale)로 고장이 발생했을 때는 적당한 용제를 사용하여 용해 제거시키거나 제트노즐(Jet nozzle)로 고압의 물, 용제 등을 분사하여 제거하는 화학적, 기계적 제거 방법을 사용한다.

7-6-2. 배관 계통의 고장과 대책

배관 계통(piping system)의 경우는 나사홈 부분, 용접 부분, 플랜지 부분, 밸브 부분, 배관 본체 등에서 누설이나 고장이 일어나기 쉽다.

(1) 관 접합 부분

나사접합을 할 때는 실링(sealing)제와 도포제를 정확히 사용하고, 나사홈 부분은 나사홈의 깊이만큼 관 두께가 얇아지므로 두꺼운 관을 사용하거나 보강을 해준다. 용접 부분은 올바른 용접으로 균열을 방지하고 적합한 재질의 용접봉을 사용하여 부식을 막도록 한다.

(2) 밸브 및 플랜지 부분

밸브의 고장중 내부 누설은 게이트나 글로브의 불량이 원인이고, 개폐 불량은 스템의 절단, 휨, 디스크(disc)의 탈락 등이 원인이다. 글랜드 부분의 누설은 패킹 재질 불량, 치수 부적합 등이 원인이기 때문에 밸브의 구조와 제작 상태를 정확히 점검하고, 항상 보수에 유의해야 한다.

플랜지 부분에서는 패킹의 재질, 플랜지 내면과 패킹과의 접촉 상태 불량에 따른 누설이 가장 많으므로 알맞은 재질의 패킹을 선택하거나 플랜지 접촉면의 흠, 결합 플랜지의 나사 골수, 깊이, 양면의 평행도 등에 주의해야 한다.

(3) 배관 본체

배관 본체 에서는 부식, 마멸 등에 의한 구멍 뚫림이나 수격작용 등에 의한 관 연결 부분이 느슨해지는 경우가 있으므로 이것을 방지하기 위해서는 해머테스트 및 비파괴검사 등으로 항상 검사하는 동시에 관의 두께와 재질을 검토하여 적합한 것을 사용해야 한다.

제14장

건축설비시공일반

제1절 일반사항
제2절 인허가서류제출
제3절 시공공통사항
제4절 냉·난방공사
제5절 위생공사
제6절 덕트공사
제7절 소화공사
제8절 가스공사
제9절 자동제어공사
제10절 용어해설 및 도면해석

제 14 장
건축설비시공일반

제1절 일반사항(一般事項)

일반적으로 현장에 배치된 담당자는 주어진 시방서 및 도면을 면밀히 검토한 후 타 시설물에 방해 되지 않도록 설비 배관 공사의 단계를 사전에 주의 깊게 검토하고 시공하여야 하고, 시방서, 도면 또는 내역서가 각각 상이할 경우에는 발주처 감독관과 타당성 여부를 확인하고 수정 시공부분에 대하여는 감독관의 승인을 득한 후 시공해야 한다.

제2절 인허가 서류제출(認許可書類提出)

인허가내용	기준일정	취급관서	비고
1 위험물			
가) 위험물 설치허가(유류탱크)	제작전	관할소방서	
나) 중간검사(수압시험)	탱크매몰전	관할소방서	
다) 준공시험	D-15일	관할소방서	
2 검사대상기기 설치허가			
가) 검사대상기기 및 검사신청	제작(설치) 전		
-냉동기(20R/T 이상왕복동식만 해당)		한국가스안전공사	
-온수보일러(50만 KCAL 이상)		에너지관리공단	
-스팀보일러, 열교환기		(시 · 도지부)	
-스팀헷다(300ϕ 이상)		(시 · 도지부)	
온수가열기(400L 이상)			
관류형 스팀보일러는 제외			
나) 중간검사		(시 · 도지부)	
다) 중공검사	D-15일	(시 · 도지부)	
3 배출시설 설치허가			
가) 배출시설 설치허가 신청	시공전	구 · 시청(환경과)	
(가스, 먼지, 매연, 소음, 진동)			
나) 준공검사	D-15일	시보건연구소	
4 소방시설 설치허가			
가) 소방시설 시공신고	착공 10일전	관할소방서	
나) 준공검사	D-10일	관할소방서	
5 가스공사 설치허가		3TON 이상: 특별시장, 도지사	
가) 가스시설 시공신고		3TON 미만 : 시장, 군수, 구청장,	
나) 준공검사		한국가스안전공사	
6 상 · 하수도 준공검사	D-15일	시, 군, 구청공사과(신고처리)	

제3절 시공 공통사항(施工共通事項)

3-1. 스리이브의 재질 및 시공 기준

재질은 탄소강 흑강관(방청 페인트)을 사용하며 시공은
① 통과될 피복보다 13mm 큰 것
② 바닥면에서 25mm 이상의 높이이어야 하고,
③ 각 배관의 구배 확인한다.
④ 콘크리트 타설전에 시공한다.

3-2. 각 배관의 구배

증기관 : 순기울기 1/250, 역기울기 1/100
환수관 : 환수측 1/200~1/300
휀코일 유니트관 : 물이 흐르는 방향으로 1/150
급수관 : 물이 흐르는 방향으로 1/250
급탕, 환탕급 : 자연 순환식 1/150, 강제 순환식 1/200
배수관 : 75mm 이하 1/50, 100mm 이상 1/100 이다.

3-3. 배관나사의 길이

관경(A)	15	20	25	32	40	50
유효길이	15	17	19	22	22	26

(주) 통산 7-12 나사정도 이다.

3-4. 관의 접합

관접합은 나사접합과 후렌지 접합이 있으며 특별한 명기가 없는 한 50A 이하는 나사 접합, 65A 이상은 후렌지 접합으로 한다.

3-5. 각종 패킹류 규격

(1) 냉난방공사
KSL 5203 석면 조인트 시트 규격품으로서 압력, 온도에 적응하는 내구성이 있는 것
(2) 위생공사
고무 KSM-6613 수압, 온도 등에 적응하는 내구성이 있는 것

3-6. 강관 용접시 유의사항

(1) 용접봉은 건조한 곳에 보관한다.
(2) 피복제가 탈락 또는 변질된 재료는 사용하지 않는다.
(3) 작업중 누전, 전격, 아크광 등에 의한 사고, 용융금속, 아크 등에 의한 화재에 주의할 것
(4) 절단한 부분은 그라인다로 매끈하게 갈고 용접한다.
(5) 용접부분은 결함이 없고 표면이 매끈하여야 한다.
(6) 용접후 심한 녹이 발생할 우려가 있는 곳은 방청처리를 한다.
(7) 용접하기 전 모재의 용접면에 물, 기름, 도료 등 용접에 지장이 있는 것을 제거 후 용접한다.
(8) 재질, 두께, 기온 등을 고려하여 예열을 한다.
(9) 용접부의 결함을 확인하기 위하여 감독관 지시에 따라 필요한 개소에 비파괴 시험을 시행한다.

3-7. 동관 및 스테인리스 용접시 유의사항

(1) 동관의 용접재료는 솔더링(Soldering)과 브레이징(Brazing) 용접봉 2가지가 있다.
(2) 솔더링 용접은 관경 50A 이하 또는 온도가 120°C 이하인 경우에 사용하며 브레이징 용접은 고온 및 사용압력이 높은 곳, 특수한 조건 65A 이상 관에 사용한다.
(3) 관 및 부속품의 접합부에 산화물이나 기름기 등 이물질이 묻어 있으면 용접재가 잘 빨려 들어가지 않으므로 용접부의 내,외면을 미세한 샌드페이퍼, 와이브러쉬, 나이론 천 등으로 깨끗이 닦고 연마한 후 용접한다.
(4) 산화물 제거 및 용접도중의 표면 산화 방지와 용접재의 유동을 좋게 하기 위하여 적절한 후락스를 도포한 후 용접한다.
(5) 용접 접합부에 10~30mm 떨어진 곳을 예열하고 접합부를 적정 온도까지 가열한 후 솔더링 및 브레이징 용접봉을 녹여 넣는다.
(6) 가열방법은 프로판토치, 산소, 아세틸렌, 가스토치, 전기가열기 등으로 관을 가열한다.
(7) 스테인리스 용접은 TIG 용접과 MIG 용접이 있는데 TIG 용접은 MIG 용접에 비해 ARC의 열 집중이 적으나 ARC 길이는 용이하게 변화시킬 수 있어 모재 가열시 강약의 조절이 가능하다.
(8) 용접 전류는 교류, 직류의 어느 것도 사용되고 있으나 보통 직류로 하며 전극을 마이너스에 접속시킨다.
(9) 본 용접을 실시하기전 관의 중심선을 정확히 맞추고, 최소한의 입열로 적당한 용입의 깊이로 가용접을 하여 본 용접시 용이하게 한다.

(10) 스테인리스관 용접시 주의점은 용접봉을 사용전에 250°C~300°C에서 1시간 건조시킬 것, 용접 전 용접부위를 청결하게 할 것, 용접 전류는 가능한 저 전류를 사용하고 ARC 길이는 짧게 할 것, 과열과 변형을 방지하기 위해 짧고 단독적인 용접을 할 것, 용접 작업시 과도하게 위빙하지 말 것 등이다.

3-8. 행거(Hanger) 설치 간격

(1) 냉난방 위생공사 행거설치(강관)

구경	간격	환봉	인써트	평철
15~20A	2M	9ϕ	9ϕ	행가
25~50A	2M	9ϕ	9ϕ	KS규격 참조
65~100A	3M	9ϕ	9ϕ	
100A 이상	3M	12ϕ	12ϕ	

(2) 소화설비공사 행거설치(강관)

구경	간격	환봉	인써트	평철
25A	2M	9ϕ	9ϕ	행가
32~40A	3M	9ϕ	9ϕ	KS규격 참조
50A	3M	9ϕ	9ϕ	
65~80A	3.5M	9ϕ	9ϕ	
100A이상	4M	12ϕ	12ϕ	

(3) 동관, 스테인리스관 및 PVC관 행거설치

구경	간격	환봉	인써트	평철
15~20A	1.8M	9ϕ	9ϕ	행가
25~40A	2.5M	9ϕ	9ϕ	KS규격 참조
50~80A	3M	9ϕ	9ϕ	
100A이상	4	12	12	

(4) 각형 닥트 공사 행거설치

함석두께	행 거		
	형 강	환 봉	간 격
#26	25×25×3	9ϕ	3M
#24	25×25×3	9ϕ	3M
#22	30×30×3	9ϕ	3M
#20	40×40×3	9ϕ	3M
#18	40×40×5	12ϕ	3M

(5) 주철관(납코킹) 시공시의 행거는 냉난방 위생공사 행거설치 간격에 준하며, 화장실의 경우는 분기관 마다 1개소씩 설치한다.
(6) 동관 및 스테인리스관은 행거설치를 하기 전 행거와 파이프 사이에 절연재를 댄다.
(7) 상기 행거설치 규격은 감독관 지시 및 시방서에 의하여 변경 시공될 수도 있다.
(8) 기계실의 행거는 수개의 배관을 지지하기 위하여 100mm 이상의 앵글 및 챈널(ㄷ형강)로 가대를 제작 설치한다.
(9) 각 행가의 볼트는 견고하게 고정한다.

3-9. 기기 기초 및 앵커(anchor) 볼트의 고정

(1) 기기 기초는 (무근)콘크리트로 하되 감독관 지시 및 도면에 표시된 규격에 의해 시공한다.
(2) 앵커볼트는 설치될 기기의 앵커볼트 구멍(제작회사 제작도면)에 의하여 콘크리트가 굳기 전에 1mm 오차도 없이 견고하게 정확히 고정한다.
(3) 기기설치 전에 물 수평으로 기초의 정확한 수평을 책크한 후 기기진동이 일어나지 않도록 방진고무를 넣은 후 앵커볼트를 견고하게 고정한다.

3-10. 수압 시험 및 기밀 시험

(1) 각종 배관의 수압은 사용압력의 2배로 24 시간 시행함을 원칙으로 한다.
(2) 동절기에는 공기압시험이 바람직하나 부득이 수압시험을 할 경우에는 동과방지를 위하여 1차 드레인 시킨 후, 콤프레샤로 엘보, 티 등 굴곡된 부분에 고여 있는 물을 불어낸다.
(3) 배수 및 오수배관수압 시험은 상단 부분에서 1.5m 이상 배관을 올려서 자연수압으로 시행한다.
(4) 닥트 공사의 기밀시험은 불빛 시험 및 연막 시험을 시행한다.

3-11. 배관 보온재

(1) 보온 재료의 종류는 유리솜 보온커버, 암면 보온커버, 아티론 보온커버, 스티로폴 보온커버 등이 있다.
(2) 시공시는 시방서 및 감독관에 의하여 재질이 변경될 수 있으며 불연성 재질을 사용할 것
(3) 배관 종류별 보온 두께는 다음의 표에 따른다.
(4) 배관보온의 시공순서는 아래와 같다.

옥내노출배관 : A) 보온재
B) 아연철선

공 종	배 관 경		
	15~20A	65~100A	100이상
옥외노출관	75	75	75
냉수관	40	40	40/50
온수증기관	20/25	25/40	40/50
급수관	25/25	25/40	40/50
소화관	25	25/40	40
정수공급관	20/25	25/40	40

C) 원지 및 아스팔트 휄트
D) PVC 피팅커버
E) 알미늄밴드

옥내은폐배관 : A) 보온재
B) 아연철선
C) 원지 및 아스팔트 휄트
D) 은박지 및 PVC 피팅커버
E) 알미늄 테이프
F) 알미늄 밴드

옥외배관 : A) 보온재
B) 아연철선
C) 아스팔트 휄트
D) 함석 및 알루미늄 씨트커버
E) 표면 도장처리

(5) 기계실 배관 및 보온은 시방서 및 감독관 요청에 의하여 광목을 감고 페인트로 마무리 할 경우도 있고 각종 밸브류는 보온을 한 후 탈착이 가능한 아연철판 및 알루미늄판으로 마감 처리할 경우도 있다.
(6) 상기 보온재 두께 및 보온 순서는 각 시방서 및 감독관 요청에 의하여 변경될 수 있다.

3-12. 덕트공사의 보온재

(1) 보온재의 종류는 유리솜 보온재, 암면 보온판이 있다.
(2) 유리솜 보온관은 24K, 25mm 두께를 사용한다.
(3) 암면 보온판은 1호로써 25mm 두께를 사용한다.
(4) 닥트 보온의 시공순서는 아래와 같다.

옥내노출닥트 : A) 보온판
B) 아연철선
C) 원지

D) 면포 및 은박지
E) 도장 및 밴드

옥내은폐닥트 : A) 보온판
B) 아연철선
C) 원지
D) 면포 및 은박지
E) 도장 및 밴드

(5) 상기 보온 시공순서 중 은폐닥트 및 노출닥트 공히 시방서 및 감독관 요청에 의하여 D)항과 E)항이 바뀌어 질 수 있다.

3-13. 연도의 보온재

(1) 보온재는 암면 부라켓 1호 또는 규조토 보온재를 사용한다.
(2) 암면 부라켓을 사용할 시는 암면 브라켓을 감은 후 철선으로 보호하고 외부는 함석 마감 후 도장한다.
(3) 규조토 보온할 시는 메탈라스를 감은 후 규조토를 물에 반죽하여 시공하고 규조토에 손상이 가지 않게 함석 마감 후 도장한다.
(4) 상기 사항은 감독관 지시에 의하여 시공할 것

3-14. 헷더(header), 열교환기(heat exchanger), 온수 가열기, 온수 탱크의 보온재

(1) 보온재는 암면 부라켓 1호 또는 유리솜 보온재 24K를 사용한다.
(2) 두께 50mm 보온재를 사용한다.
(3) 보온 마감은 요구에 따라 함석 및 알루미늄 씨트 커버 후 도장 처리 한다.
(4) 각 탱크 보온은 규조토 보온으로 하는 경우도 있다.

3-15. 강판제 물탱크의 보온

(1) 보온재는 암면 부라켓 1호 또는 유리솜 보온재 24K를 사용한다.
(2) 옥내 설치일 경우 25~50mm 두께로 보온한다.
(3) 옥외 노출일 경우 50~75mm 두께로 보온한다(동절기 고려).
(4) 보온 후 외부 마감은 함석 또는 알루미늄 씨트 커버로 마감한 후 도장 처리한다.
(5) 상기 사항은 시방서 및 감독관 요구에 의하여 변경될 수 있다.

제4절 냉난방 공사(冷,煖房工事)

4-1. 배관의 구배 및 이음부

(1) 연결부의 시공은 공통사항 참조
(2) 관의 절단은 구경을 축소하거나 관의 원형이 변형되지 않도록 한다.
(3) 관을 절단할 때는 직각으로 절단하여야 하며 절단측 내부를 리머질 한다.
(4) 관을 연결하기 전에 관 내부를 점검하고 관 내부의 쇠가루, 먼지 등 이물질을 완전히 제거한 후 접합한다.
(5) 배관을 일시 중단할 경우 이물질이 들어 가지 않도록 봉한다.
(6) 배관을 재차 연결할 때는 필히 봉한 것을 제거하고 점검 후 배관한다.
(7) 배관 연결부 나사부분에 테프론 테이프를 감은 후 압을 가하지 말고 서서히 충분히 조여준다.

4-2. 배관 공사중 보수가 필요한 장소의 시공

(1) 관 길이가 10m 정도 또는 보수가 필요하다고 인정되는 곳에는 플랜지 및 유니온 이음을 한다.
(2) 플랜지 및 유니온 접합시에는 내수압에 견딜 수 있는 패킹을 삽입하고 볼트, 너트를 균등하게 체결한다.

4-3. 분기관(branch) 시공 및 슬래브(slab) 관통시

(1) 분기될 경우 엘보 3개 이상을 사용한다.
(2) 슬래브 또는 벽을 통과할 경우 석면 및 기타 불연재로 충전한다.

4-4. 수직관의 지지

(1) 진동의 전달을 막기 위하여 1개층에 1개소를 지지하며 경우에 따라 앵글가대를 제작 설치한다.

4-5. 증기 · 응축수, 온수관의 지지

(1) 배관의 신축량이 크므로 신축을 도울 수 있도록 롤러 행거를 설치한다.

4-6. 증기관 온수관의 신축접수 시공

(1) 저압일 때는 단식 신축접수로 시공한다.

(2) 중압, 고압일 때는 복식신축 접수를 통상직관길이 30m 마다 1개씩 설치한다.

4-7. 기기(機器)의 진동방지

(1) 펌프 및 냉동기의 진동 전파를 막기 위하여 흡입, 토출측에 필히 후렉시볼 죠인트를 설치한다.
(2) 공조기는 감독측의 요구에 따른다.
(3) 각 기기 공히 방진가대를 설치한다.

4-8. 방열기 및 휀코일(fan coil) 유니트의 설치 위치

(1) 방열기나 휀코일 유니트의 설치 위치는 열손실이 가장 많은 외벽의 창 밑에 설치한다(부득이한 경우는 제외임).
(2) 방열기 설치시 미관을 고려하고 카다로그를 참조하여 벽마감 선에서 슬래브 중심까지의 거리를 110~120mm로 한다.
(3) 휀코일 유니트는 3개의 슬래브 중 가운데 슬래브 센터 위치를 벽마감선에서 110~120mm로 한다.
(4) 휀코일 유니트를 발주할 때는 발주위치(연결구 위치)가 좌축인지 우측인지, 상부도출인지 전면도출인지 정확히 명기한다.
(5) 방열기에는 목대를 필히 설치한다.

4-9. 난방배관에 있어서 증기나 공기를 차단하고 응결수를 보내기 위한 장치

(1) 증기난방일 때는 증기트랩을, 온수난방일 때는 유니온 엘보를 방열기 리턴측에 설치한다.
(2) 배관의 구배하단에 증기트랩(steam trap)을 설치한다.

4-10. 배관라인의 공기빼기 시설

(1) 각 기기의 토출배관이 수직으로 진행하다 수평으로 바뀔 경우 또는 온수배관의 최상단부에는 에어 방지를 위한 공기변을 설치함을 원칙으로 한다.

4-11. 각종 밸브(Trap, P.R.VControler)의 바이패스 배관에 필요한 부속

(1) 각종 밸브의 바이패스 배관은 각각 다르나 통상 압력계, 온도계, 공기변, 스트레이너, 책크밸브 등이 부착되어야 하며 도면에 표기된 상세도 및 표준상세도에 의하여 시공한다.

4-12. 소방법에 규정된 벙커유, 경유 탱크 등의 설치 기준

(1) 보일러 설치는 외벽으로부터 1.5m 거리를 유지하여야 하고 보일러와 보일러와의 간격은 1m의 거리를 유지하여 설치한다.

(2) Bunker-C oil 및 경유 탱크는 옥외에 매몰시킬 경우 벽과의 거리는 0.5m, 슬래브와의 거리는 1m 정도를 유지하여야 하며 탱크의 맨홀은 슬래브까지 올려주고 건사로 채워주어야 하며 4개소의 오일 누수점검구를 설치하고 오일 벤트는 100A 리이상 파이프로 2m 정도 지상으로 올려 설치한다.

(3) 실내외 저장실에 설치할 경우 벽의 두께는 300mm로 하고 갑종 방화문을 설치하여야 하며 벽과 탱크와의 거리는 500mm를 유지하고 필히 외벽으로 벤트를 설치한다.

4-13. 각 기기의 배수 밸브의 위치

(1) 펌프 및 냉동기의 배관에 차여 있는 물을 퇴수시키기 위한 밸브를 배관 하단에 설치한다.

(2) 그 외에 각 기기의 작동 밸브가 천정에 설치될 경우 사다리 또는 트랙을 설치하는 것이 관례이다.

4-14. 각 기기의 조작 밸브의 위치

(1) 펌프 및 냉동기, 햇다 등의 밸브는 지면에서 최소 1.5m에 밸브핸들이 위치하도록 설치한다.

(2) 그 외에 각 기기의 작동 밸브가 천정에 설치될 경우 사다리 또는 트랙을 설치 하는 것이 관례이다.

4-15. 벽 또는 바닥을 관통하는 노출배관의 마감처리

(1) 벽 또는 바닥을 관통하는 노출배관에는 활자금을 설치한다.

(2) 노출배관의 흑관에는 광명단 1회 도장 후 지정 페인트로 마감하고 배관은 지정페인트 2회칠로 마감한다.

4-16. 벽 또는 지하에 매설되는 배관의 시공

(1) 부득이 벽 또는 슬래브에 매몰되는 파이프는 감독지시에 따른다.

(2) 지하매설관은 공기가 들어가지 않도록 래핑 테이프를 감거나 콜탈칠을 한 후 굴토 바닥에 건사를 채워 신축에 지장이 없도록 매몰한다.

4-17. 난방코일을 설치할 경우의 구배 및 피치(pitch) 몰탈 마감까지의 두께

(1) 코일재료는 동관, 강관, X-L관, 등을 사용한다.
(2) 코일은 관경 15~20mm를 사용하며 핏치는 200~250mm 간격을 유지하고 상향 구배로 한다.
(3) 코일의 바닥고정은 목대 또는 철구조물을 사용하여 고정한다.
(4) 슬래브 바닥에서부터 몰탈 마감까지의 두께는 150mm를 기준하여 ① 스치로폴 50mm ② 루핑 3mm ③ 자갈층 62mm ④ 몰탈 마감 35mm로 한다.
(5) 상기 마감은 조정될 수 있다.

4-18. 천정속 또는 핏트(pit)내에 설치되는 조작밸브의 위치

(1) 점검하기 용이한 곳에 설치하여야 하며 필히 점검구를 설치한다.

제5절 위생공사(衛生工事)

5-1. 배관의 구배 및 이음부

(1) 관을 절단시 구경을 축소하거나 관의 원형이 변형되지 않도록 한다.
(2) 관을 절단할 때는 직각으로 절단하여야 하며 절단측 내부를 리마질 한다.
(3) 관을 연결하기 전에 관내부를 점검하고 관내부의 쇠가루, 먼지 등 이물질을 완전히 제거 후 접합한다.
(4) 배관을 일시 중단할 경우 이물질이 들어가지 않도록 봉한다.
(5) 배관을 재차 연결할 때는 봉한 것을 제거하고 점검후 배관한다.
(6) 배관연결부 나사부분에 테프론 테이프를 감은 후 압을 가하지 말고 서서히 충분히 조여 준나.
(7) 주철관을 연결할 때는 주철관 이음에 양을 다져 넣은 후 납 코킹을 25mm 정도 충격을 가하지 않도록 다져 넣을 것
(8) PVC 배관시는 접합부분을 청소한 후 본드를 완전히 주입 시킬 것

5-2. 배관 공사중 보수가 필요한 곳의 시공

(1) 관 길이가 10M 정도 또는 보수가 필요하다고 인정되는 곳에는 후렌지 및 유니온 이음을 한다.
(2) 후렌지 및 유니온 접합시에는 내수압에 견딜 수 있는 패킹을 삽입하고 볼트 너트를 균등하게 조인다.

5-3. 분기관 시공 및 슬래브 관통시 시공

(1) 온수라인이 분기될 경우에는 엘보 3개 이상을 사용한다.
(2) 슬래브 또는 벽을 관통할 경우 석면 및 기타 불연재로 충진한다.

5-4. 백관(아연도금 강관)을 사용시 엘보, 티 등 부속의 재질

(1) 냉난방 · 위생 공히 백관으로 시공할 시에 사용되는 부속은 전기 도금재는 사용치 못하며 용융도금재를 사용한다.

5-5. 수직관의 지지

(1) 진동의 전달을 막기 위하여 1개층에 1개소를 지지하며 경우에 따라 앵글 가대를 제작 설치한다.

5-6. 배관의 신축량이 많은 관의 지지

(1) 신축을 도울 수 있도록 롤러 행거를 설치하여 시공한다.
(2) 펌프 또는 각종 기기를 운전시 진동전파를 막기 위하여 플래시볼 죠인트를 설치한다.

5-7. 각종 위생기구나 배관의 충격압(water hammer) 방지를 위한 시공

(1) 배관에서의 수류를 급속하게 폐지하면 순간적으로 충격압이 발생하므로
(2) 펌프의 토출관이나 기구의 세정 밸브에 있는 배관 연결부에 에어참바 및 에어밴트를 설치하여 충격을 방지한다(기구의 세정 밸브측에 설치할 경우 파이프를 300mm 정도 올린 후 설치한다).

5-8. 화장실 내의 악취 방지 및 원활한 물흐름을 위한 시공

(1) 배수관에 통기구를 설치하여 대기에 개방시키면 공기 교환이 쉽게 이루어져서, 배수의 흐름이 원활해지고 악취가 제거될 수 있다.
(2) 통기배관과 주철관을 연결할 때는 Y-T 관을 사용한다.
(3) 통기관은 통상 백강관을 사용한다(P.V.C 배관일 때는 예외임).

5-9. 방수공사 전 화장실 내의 바닥 및 벽에 설치되는 배관의 시공

(1) 바닥이나 벽에 매몰되는 배관은 배관과 수압시험이 완전히 끝난 뒤 방수액이 파이프에 묻지 않도록 몰탈 마감한 후에 방수액을 시공하도록 한다(건축과 협의).

5-10. 소제구(CO) 및 바닥 드레인을 설치하기 전에 고려할 사항

(1) 물 흐름의 구배에 맞추어 배관을 하고, 소제구 및 드레인의 설치 높이를 측정하여 마감한다.
(2) 타일과의 죠인트 부분은 가능한한 미관을 고려해서 마감한다.
(3) 상기 사항은 건축과 협의하여 시공한다.

5-11. 연관 배관시 주의할 점

(1) 연관을 구부릴 때는 원형이 변형되지 않도록 가공하고 구부러진 연관은 주철관에 연결하지 않는다.
(2) 주철관과 연관을 연결할 경우에는 황동제칼라를 삽입하고 연관의 관단(管端)을 씌워 납땜한다.
(3) 배관의 방향이 변경될 경우에는 Y형관에 45 곡관 한 개를 연결하여 시공한다.

5-12. 각종 위생기구의 설치기준

(1) 세면기 설치기준

기구명	설치높이
세면기	바닥면에서 720~760M/M
조절밸브	바닥면에서 450~585M/M
화장경	바닥면에서 1,100~1,170M/M 거울 및 부분
비누갑	바닥면에서 720~900M/M
물비누통	바닥면에서 900M/M 통밑부분
수건걸이	바닥면에서 1,100M/M

(2) 플래쉬 밸브용 양변기 설치기준

기구명	설치높이
변기배수기	후면벽과 배수구 245~490M/M 센터
플래쉬 밸브	바닥면에서 425~630M/M
휴지걸이	바닥면에서 710M/M

(3) 플래쉬 밸브용 화변기 설치기준

기구명	설치높이
변기배수구	후면에서 배수구 495~595 M/M 센터
플래쉬밸브	바닥면에서 160~550M/M
휴지걸이	바닥면에서 380M/M

(4) 하이탱크용 화변기 설치기준

기구명	설치높이
변기배수구	전면벽에서 배수구 595 M/M 센터
하이탱크	바닥면에서 1,600~1,780M/M
휴지걸이	바닥면에서 380M/M

5-13. 지하매설배관의 시공방법

(1) 동절기 동파를 고려하여 그 지역의 동결선 이하로 매몰한다.
(2) 매몰하기 위한 굴도작업이 끝나면 굴토바닥면에 건사를 채운 후 부식의 원인 되는 공

기가 유입되지 않도록 래핑테이프를 감거나 핏치(콜탈)을 칠한 후 매몰한다.
(3) 옥외에 설치된 수도꼭지에는 부동전을 설치하여 동절기에는 급수를 하지 않도록 한다.

5-14. 각 기구 주문시 유의점

(1) 도면을 면밀히 검토한 뒤 각 기구의 모델을 선정하면 정확한 모델 번호를 기입하여 자재 청구를 한다.

제6절 덕트(duct)공사

6-1. 덕트공사용 재료

(1) 함석규격은 통상 다음과 같다.

덕트장변의 길이	고속덕트	저속덕트
450M/M 이하	#22(0.8M/M)	#26(0.5M/M)
450~750M/M	#20(1.0M/M)	#24(0.6M/M)
750~1,500M/M	#20(1.0M/M)	#22(0.8M/M)
1500~2,250M/M	#18(1.2M/M)	#20(1.0M/M)
2,250M/M 이상	#18(1.2M/M)	#18(1.2M/M)

(2) 접합규격은 다음과 같다.

#	후렌지간격	접합용 동리벳		접합용 볼트	
		직경	핏치	직경	핏치
#26	3,600M/M	4.5M/M ϕ	65M/M	6M/M	80M/M
#24	3,600M/M	4.5M/M ϕ	65M/M	6M/M	80M/M
#22	2,700M/M	4.5M/M ϕ	66M/M	8M/M	100M/M
#20	1,800M/M	4.5M/M ϕ	65M/M	8M/M	100M/M
#18	1,800M/M	4.5M/M ϕ	65M/M	8M/M	100M/M

6-2. 플랜지 접합부의 패킹과 볼트 너트의 고정

(1) 패킹은 석면사를 이용하며 두께 3mm의 석면테이프나 석면판을 앵글 한 면에 접착한 후 볼트너트를 완전히 조여 고정한다.

6-3. 흡음엘보 및 참바(chamber) 흡음 재료 및 제작과정

(1) 흡음재료는 불연성 및 난연성인 재료로, 흡수성이 적고 부패나 곰팡이가 생기지 않는

재료를 사용하며, 공기 속도로 인해 먼지가 나거나 소재가 떨어지는 재료는 사용하지 말 것

(2) 제작과정

현장 제작사는 흡음재를 댄 후에 엷은 가재를 씌우고 녹이 슬지 않는 동망이나 스텐망으로 마감한다.

6-4. 덕트 분기부분의 시공방법

(1) 공기 흐름의 분포가 원활히 되기 위하여 터어닝베인(날개깃)을 알루미늄 제품으로 제작하여 덕트통 내부에 설치한다.

(2) 분기부분은 바르게 제작 · 시공해야 한다.

(3) 기존 제품의 스프릿트 댐파(split damper)를 설치하여 공기 흐름과 풍량을 조절할 수 있게 하며, 담파헨들은 조정이 쉽도록 시공하고 주위에는 점검구를 반드시 설치한다.

6-5. 덕트 설치 후 진동과 소음을 방지하기 위한 조치

(1) 기계 작동시 진동이 발생하지 않도록 기기와 덕트 연결부에 최소 300mm 폭으로 캔버스를 설치하여야 한다.

(2) 소음을 방지하기 위해 소음챔바 및 흡음 엘보를 제작 설치한다.

6-6. 방화댐퍼(fire damper)의 설치

(1) 방화벽을 관통하는 덕트에는 방화댐퍼를 설치한다.

(2) 화재시 연기가 발생할 때 온도가 급격히 상승할 때, 자동적으로 폐쇄되는 구조를 갖춘 것으로 설치한다.

(3) 케이싱 및 안내깃은 1.6mm 이상의 강판제를 사용한다.

(4) 댐퍼에 사용하는 스프링, 기타 재료는 부식하지 않는 것으로 한다.

(5) 퓨스는 외부에서 교환할 수 있게 설치하며 동작온도는 72°C로 한다.

6-7. 각종기구(diffuser, gril 등)의 설치

(1) 천정에 부착되는 기구는 덕트통에 밀착시켜 설치하며, 천정텍스 및 기타 천정재료에 손상이 가지 않도록 피스나 기타 가구설치에 적합한 재료로써 기밀을 유지시켜 견고하게 고정한다.

(2) 벽에 설치되는 기구는 건물의 외벽이나 내벽에 견고하게 설치하고, 건물 본체와의 틈새는 몰탈, 코킹재 등으로 원상 복구하여 기밀을 유지한다.

(3) 내장과 조화되도록 미관을 고려하여 설치한다.

제7절 소화공사(消火工事)

7-1. 옥내 소화전 설치

(1) 소화전 앵글밸브(개폐밸브)의 높이는 바닥면으로부터 0.8M 이상 1.5M 이하가 되도록 설치한다.

(2) 각층 1개 소화전의 호스접결구까지의 수평거리는 25M를 초과할 수 없다.

(3) 방수압력은 소화전이 5개 초과시 5개의 소화전을 동시에 방수할 경우 1.2kg/cm^2 이상 7kg/cm^2 이하가 되어야 한다.

(4) 소화전 2개 초과시는 2개의 소화전을 동시에 방수할 경우 2.5kg/cm^{2}의 수압을 유지하여야 한다.

(5) 방수량은 40M/M의 호스를 사용할 경우 130L/min 이상을 유지하여야 한다.

(6) 소화전함은 1.5mm 이상의 철판으로 제작하여야 하며 문짝은 시방서에 준하여 철판 또는 스테인리스로 제작할 수 있으며 표면에 '소화전'이라 표시하여야 한다.

(7) 소화전밸브의 접속구는 40M/M로 하여야 한다.

(8) 옥내 소화전은 일반적으로 통로의 벽쪽에 매입 또는 부착 · 설치하여야 한다.

(9) 표시등은 함의 상부에 설치하되 그 불빛이 부착면과 15° 이하의 각도로 발산하여 10M 거리에서 쉽게 식별할 수 있는 적색등 발광식 표지로 한다.

7-2. 옥외 소화전의 설치

(1) 옥외 소하전함에는 '호스격납함'(소화전함)이라 표시하고 소화전으로부터 5M 이내에 설치한다.

(2) 방수압력은 2개의 소화전을 동시에 개방했을 때 2.5kg/cm^2 이상이 되어야 하며 방수량은 350L/min 이상이어야 한다.

(3) 직경 40M의 원으로 건물의 외벽을 완전히 커버되도록 그린 원의 중심점에 소화전을 설치하여야 한다.

7-3. 연결 송수구의 설치

(1) 송수구는 건물 외벽에 설치하여야 한다.

(2) 설치 높이는 지면위로 0.5~1M 이어야 한다.

(3) 송수구 위치는 소방차가 활동하기 쉬운 장소이어야 한다.

(4) 11층 이상에 설치하는 방수구는 쌍구형이어야 하며, 방수용 기구는 3층 이상의 3개층마다 방사형노즐 2개와 15M 길이의 호스 5본을 '방수용 기구'라 표시한 방수용 기구함에 보관한다.

7-4. 소화기 설치

(1) 소화기구는 통행 또는 피난에 지장이 없고 사용시 용이하게 반출할 수 있는 곳에 설치한다.

(2) 소화기 설치 위치는 보행거리가 20m 이하가 되도록 하고,바닥면에선 1.5M 이하가 되는 곳에 설치하여 쉽게 눈에 띄게 하고, 그 부근에는 "소화기구"라 표시한다.

(3) 보일러실에는 자동확산소화기와 대형소화기를 설치하여야 한다.

(4) 상기 설치요령은 소방법을 충분히 숙지한 후 법규에 저촉되지 않는 범위내에서 설치함이 원칙이다.

7-5. 스프링클러(Spring Clinker)의 소화설비

(1) 스프링클러는 화재새 실내온도가 일정온도에 도달하면 스프링클러가 감지하여 자동적으로 방수를 하는 설비이다.

(2) 스프링클러의 감지온도는 아래 표와 같이 설치한다.

(3) 스프링클러 설치시는 열감지기 또는 연감지기를 설치하고 화재시 작동하여 각층에 화재발생이 전달되도록 시공한다.

실내 주위 최고 온도	헤드의 표시 온도
39°C 미만	79°C 미만
39°C 이상 64°C 미만	79°C 이상 121°C 미만
64°C 이상 106°C 미만	121°C 이상 162°C 미만
106C 이상	162C 이상

(4) 수평 주행배관은 헤드를 향하여 상향으로 1/200 이상 기울기로 한다.

(5) 행거는 스프링클러 헤드 1개에 1개소 씩 설치한다.

(6) 슬래브와 천정공간이 1.5M 이상이 되는 곳엔 상향 스프링클러를 설치한다.

7-6. 폐쇄형 스프링클러 헤드 설치

(1) 천정면이 수평인 경우 설치간격

헤드의 간격	정방향배치	장방향배치
수평거리가 2.1M 경우	3M 이하	4.2M 이하
수평거리가 2.3M 경우	3.2M 이하	4.6M 이하

(2) 스프링클러 헤드의 설치허용수

관지름	25	32	40	50	65	80	100	125	150
해드설치수	2	3	5	10	30	60	100	160	275

(3) 지그재그로 헤드를 설치하는 경우는 배치간격이 달라진다.

7-7. 개방형 스프링클러 헤드 설치

(1) 천정면이 수평인 경우 설치간격

헤드의 간격	정방향 배치	장방향 배치
수평거리가 1.7M 경우	2.4M 이하	3.4M 이하

(2) 지그재로 헤드를 설치하는 경우는 배치간격이 달라진다.

7-8. 스프링클러 설비기준과 폐쇄형의 종류와 작동형태

(1) 종류는 폐쇄형과 개방형이 있다.
(2) 스프링클러 설치기준은 소방법에 의하여 방호 대상물의 설치장소 또는 지역조건에 따라 폐쇄형과 개방형으로 구분된다.
(3) 종류는 습식과 건식이 있다.
(4) 습식인 경우는 보통 표준방식으로 사용되며 열감지기(정온식)을 겸하고 있고 항시 관내에 물이 충만되어 헤드까지 가압되고 있으며 감열에 의해 살수를 시작하는 스프링클러 헤드를 말한다.
(5) 건식인 경우는 관로의 도중에 건식밸브를 설치하여 밸브의 2차측에는 공기 압축장치로부터 압축공기를 봉입하고 물을 가압하여 밸브 1차측까지 충만시켜 두고 스프링클러 헤드가 감열에 의하여 작동되면 건식밸브 2차측의 물의 분출을 누르고 있는 압력공기가 헤드로부터 빠져나가 건식밸브가 수압에 의해 개방되고 물은 관로를 통해 헤드로부터 분출되는 타입이다.(물을 넣어두면 동결할 우려가 있는 장소에 설치한다.)
(6) 폐쇄형 스프링클러 헤드 설치시는 필히 메인관에서 슬래브쪽 상향수직으로 300mm, 수평으로 300mm, 천정속 하향수직으로 400mm 정도의 배관을 하여 헤드를 설치한다.

7-9. 개방형 스프링클러의 작동형태

(1) 개방형이라 함은 헤드가 개방된 그대로의 것을 말하며 감열에 의해 개구하는 부분이 없다.
(2) 자동화재 탐지장치와 병용하고 일제 개방밸브를 설치하고 밸브 1차측까지 물을 충만하여 둔다.
(3) 제어밸브(전자밸브 또는 수동 개발밸브)가 개방되어 가압에 의해 일제개방 밸브(가압개방식이라 함)를 열고 헤드측에 송수하는 방식이다(설치 장소는 무대부, 공장, 창고, 준위험물의 저장소 등).

7-10. 하로겐 소화설비

(1) 차고, 주차장, 전기실, 통신 기기실, 전산실 등 기타 이와 유사한 전기설비가 되어 있는 부분에 설치한다.

제8절 가스(gas) 공사

8-1. 액화석유가스의 사용신고

(1) 250kg 미만인 경우
  ① 가스사용시설 완공후 구청산업과에 액화석유가스 사용신청을 한다.
  ② 신고필증을 교부받아 한국가스안전공사에 검사신청을 한다.
  ③ 검사를 받은 후 가스보험에 가입한다.
  ④ 법규의 보안벽 규격에 해당되지는 않으나 불연재를 사용한다.
(2) 250~3,000kg 미만인 경우
  ① 시공전에 도면 및 제반서류를 작성하여 한국가스안전공사에 기술검토를 의뢰한다.
  ② 기술검토 승인을 득한 후 시공한다.
  ③ 관경 및 위치 변경시 도면을 수정하여 재검사 신청시 첨부한다.
  ④ 법규상의 보안벽 높이는 2미터이며 두께는 120mm 이상의 철근 콘크리트 또는 이와 유사한 강도를 갖추어 시공한다.
(3) 액화석유가스의 신고대상은 다음과 같다.
  ① 수용인원 50인 이상의 영업장
  ② 건축면적 1,000m^2 이상인 건물에서 사용할 시
  ③ 저장능력 250~3,000kg 미만인 저장설비를 갖추고 사용하는 자

8-2. 도시가스 배관시공시의 검사항목

(1) 시공전 배관도면 및 관경산출근거 등을 작성하여 해당 도시가스 공급사에 기술검토를 의뢰한다.
(2) 기술검토를 득한 후 한국도시가스공사에 기술검토를 재차 의뢰한다.
(3) 상기 기술검토를 득한 후 배관공사를 시행하면서 중간검사를 받는다.
(4) 배관시 자체검사(누수검사)를 철저히 하고(중감검사 3일 전에 도시가스 공급자에게 통보하여 도시가스 담당자가 참가한다)자체검사 기록표는 완공검사 신청시 첨부한다.
(5) 완공검사는 도시가스공급사에 신청한 다음 한국가스안전공사에 신청하는 순서로 한다.

8-3. 가스배관의 시공

(1) 배관의 행거는 13mm 미만은 1M에 1개, 13mm 이상 33mm 미만은 2M에 1개, 33mm 이상은 3M에 1개씩 설치한다.

(2) 입상관의 밸브는 분리가 가능한 것으로, 높이 1.6~2M 이내에 설치하고 화기의 가능성이 있는 곳을 통과할 때는 불연성 재료로 차단 조치한다.

(3) 건축물의 벽 또는 슬래브를 통과할 때는 슬래브를 넣고 부식방지 피복을 한다.

(4) 매몰시에는 적색, 노출시에는 황색으로 배관을 도장한다.

(5) 물이 고일 우려가 있는 배관에는 수취기 콘크리이트 박스 안를 설치한다.

(6) 도로를 횡단하는 배관은 이중 보호관 또는 방호 구조물내에 설치한다.

(7) 배관 매설시 타배관(전기, 상하수도 등)과 같이 매설할 경우 최하부에 매설하고 다른 시설물과는 300mm 이상 유지한다.

(8) 배관 매설시 건축물과는 1.5M, 도로의 경계와는 1M 이상 수평거리를 유지한다.

(9) 배관 매설시 8M 이상 도로에는 1.2M 깊이, 그 밖에는 1M 이상 깊이에 매설한다.

(10) 배관과 굴뚝, 전기콘센트와의 거리는 300mm 전기계량기, 안전기와의 거리는 600mm, 전선과는 150mm 이상 유지한다.

(11) 배관을 도로에 매설할시는 배관 외경보다 100mm 이상 큰폭의 적색 비닐테이프를 배관 외경거리 이상 이격시켜(최소 300mm)배관 직상부에 설치하여 매설위치를 확인할 수 있도록 한다.

(12) 배관의 재질은 저압부에는 KSD-3507, 고압관에는 KSD-3562, 매설관에는 KSM-3514, 저압매설관에는 KSM-3514(도시가스용 에틸렌관)을 사용한다.

(13) 가스설비의 전기시설은 방폭구조로 한다.

(14) 배관공사의 비파괴검사는 중압 이상 배관에선 100%, 80A관 이상의 저압관에는 10%이상 실시한다.

(15) 저장실의 통풍구 면적은 자연통풍시 바닥면적의 3% 이상되도록 두곳에 환기구를 설치하고 강제 통풍시는 바닥면적 $1m^2$ 당 $0.3m^3$ 이상으로 바닥면 가까이에 흡입구를 설치하며 방출구는 지상 5M 이상 위치에 설치한다.

(16) 가스기구 용량산정 기준은 계량기 및 기구일 경우 최대 사용량의 1.2배 이상 되야 하며 기화기는 최대 사용량의 $\sqrt{2}$ 이상 되야 한다.

(17) 가스계량기는 지면에서 1.6~2M 이내에, 수직 · 수평으로 설치하여야 하며, 빗물 및 직사광선을 받을 우려가 있는 곳에는 격납상자안에 설치한다.

(18) 저장실에는 공업용가스경보기, 사용장소에는 공업용 또는 단식 가스경보기를 설치하고 누설시 자동으로 차단되는 구조로 한다.

(19) 가스사용시설의 저압부는 840~1,000m/mAq로 기밀 시험을 행한다.

(20) 가스사용시설의 저압부는 $8kg/cm^2$, 고압부는 내압시험 압력 이상의 압력으로 내압시험에 합격한 자재를 사용한다.

(21) 저장능력이 300kg 이상인 설비에는 압력상승 방지시설을 한다.
(22) 250kg 이상의 용기 저장실은 화기사용 장소에서 8M 우회거리를 유지하여 선장한다.

제9절 자동제어 공사(自動制御工事)

9-1. 제어기기 설치

(1) 실내형 온도 조절기 및 검출기
① 통상 바닥면에서부터 1.5M 정도까지의 실내온습도를 검출할 수 있는 곳에 설치한다.
② 실내의 가구집기가 있는 곳, 취출구로부터 기류 · 칩입외기 · 일사 등의 영향이 있는 곳, 외기에 면한 벽면, 진동이 있는 곳 등에 설치해서는 안된다.
(2) 삽입형 온도조절기 및 검출기
① 배관 : 보온관을 사용하여 검출부를 유체내에 완전히 끼운다.
② 덕트 : 턱트의 보온두께를 고려하여 시공하며 보온을 따낸 부분은 미관상 보수하고 노점 온도검출기 및 습도검출기에는 바람이 직접 검출부에 닿지 않게 할 것이며 수리 및 교환용 점검구를 설치한다.
③ 축열조 : 측온체의 헤드부분은 축열조 바닥위에 노출해서 설치하며 수류가 있는 곳을 골라서 설치하고 물이 고여 있는 부분은 피하여 설치한다.
(3) 조절밸브
조절밸브 주위에는 점검 보수에 필요한 공간을 두고 조절밸브의 유입측에 스트레이너를 설치한다. 밸브조작기는 원칙적으로 수직으로 붙이고 부득이한 경우 전동모터의 축이 수평이 되도록 한다.
밸브의 흐름 방향은 유체의 흐름 방향과 반드시 일치시킨다. 천정 내부에 설치할 경우 점검구를 설치한다. 밸브 전후의 차압이 큰 경우에는 상하류의 직관부를 길게 한다.
(4) 콘트롤 댐퍼
덕트와의 접속은 덕트가 변형되지 않도록 설치한다. 전기식의 경우에는 댐퍼축과 모터축을 평행으로 설치한다.
공기식의 경우에는 작동이 원활하게 될 수 있도록 설치위치를 확인 후 설치한다.

9-2. 자동제어방식 선택

(1) 제어방식은 전기식, 전자식, 공기식, 전자공기식 등이 있다.
(2) 제어방식 선택은 제어특성과 환경조건을 고려하여 선택하며, 특히 다른 설비와의 밸런스를 고려해서 결정한다.

9-3. 전기식, 전자식, 공기식, 전자공기식, 자동제어의 일반사항

(1) 전기식제어

① 전원공급을 쉽게 얻을 수 있다.
② 구조 및 원리가 간단하고 고장이 적다.
③ 다른 기계에 비하여 가격이 저렴하다.
④ 공사가 간단하며 유지보수가 쉽다.
⑤ 간단한 제어장치에 적당하다.

(2) 전자식

① 감도와 점도가 높다.
② 연속제어가 되므로 중앙식 공조장치에 적합하다.
③ 간단한 보상제어를 할 수 있으므로 경제적인 운전이 가능하다.
④ 평균온도 제어가 가능하다.
⑤ 보수가 비교적 쉽다.

(3) 공기식

① 에너지원이 깨끗하고 건조된 압축 공기이다.
② 간단한 릴레이류의 조합으로, 융통성있는 연속제어 및 순차적 제어가 가능하다.
③ 동작이 원활하며 비례동작에 적합하다.
④ 완전 방폭형이고 큰힘을 낼 수 있으므로 대형 장치에 적합하다.

(4) 전자공기식

① 검출단으로 전자식을 사용하므로 감도가 높다.
② 조절부도 전자식이므로 전자식의 모든 장점을 갖추고 있다.
③ 조작부는 공기식이므로 공기식의 장점을 갖추고 있다.

9-4. 자동제어 장치의 선정기준

① 공조의 목적과 일치할 것
② 설비비가 저렴할 것
③ 운전이 경제적일 것
④ 운전 인원이 적을 것
⑤ 안전성을 확보할 것
⑥ 간단화하며 조작이 쉬울 것
⑦ 유지보수가 용이할 것
⑧ 부품구입이 용이할 것

제10절 용어해설 및 도면해설

10-1. 용어 해설 및 도면해석

(1) 용어해설

H.V.A.C.	: HEATING, VENTILATING & AIR CONDITIONING	(냉난방 환기)
A.C.C.U.	: AIR COOLED CONDENSER UNIT	(공냉식 응축기)
A.H.U.	: AIR HANDLING UNIT	(공기조화기)
C.T.	: COOLING TOWER	(냉각탑)
F.C.U.	: FAN COIL UNIT	(휀코일 유닛트)
B-1.	: BOILER	(보일러 No 1)
P-1.	: PUMP	(펌프 No 1)
T-1.	: TANK	(탱크 No 1)
F-1.	: FAN	(휀 No 1)
CH.	: CHILLER	(냉동기)
H.X.	: HEAT EXCHANGER	(열교환기)
L.H.L.	: LATENT HEAT LOAD	(잠열부하)
S.H.L.	: SENSIBLE HEAT LOAD	(현열 부하)
C.F.M.	: CUBIC FEET PER MINUTE	(풍량을 피트 분당 나타낸 것)
C.M.M.	: CUBIC METER PER MINUTE	(풍량을 미터 분당 나타낸 것)
C.M.H.	: CUBIC METER PER HOUR	(풍량을 미터 시간당 나타낸 것)
G.P.M.	: GALLON PER MINUTE	(유량을 가론 분당 나타낸 것)
L.P.M.	: LITTER PER MINUTE	(유량을 리터 분당 나타낸 것)
R.P.M.	: REVOLUTION PER MINUTE	(회전수를 분당 나타낸 것)
V.D.	: VOLUME DAMPER	(풍량 조절 담파)
F.D.	: FIRE DAMPER	(화재시 풍량차단 담파)
E.A.	: EXHAUST AIR	(배기)
F.A.	: FRESH AIR	(신선공기)

S.A.	: SUPPLY AIR	(급기)
R.A.	: RETURN AIR	(환기)
T.V.	: TURNING VANES	(공기분사기)
O.A.	: OUT AIR	(외기공기)
S.D.	: SPLIT DAMPER	(분기조절 담파)
D.F.	: DIFFUSER	(디퓨저)
S.T.	: SOUND TRAP	(소음 방지 박스)
B.C.P.	: BOILER CONTROL PANNEL	(보일러 자동에어반)
D.T.A.	: DRIP TRAP ASSEMBLY	(관말트랩)
P.R.V.	: PRESSURE REDUCING VALVE	(감압변)
T.R.V.	: TEMPERATURE REGULATING VALVE	(온도조절변)
S.T.A.	: STEAM TRAP ASSEMBLY	(증기트랩)
W.C.	: WATER CLOSET	(양변기 및 화변기)
LAV.	: LAVATORY	(세면기)
UR.	: URINAL	(소변기)
S. & SK.	: SINK & SERVICE SINK	(취사씽크, 소제 씽크)
D.F.	: DRINKING FOUNTAIN	(수음기)
S.H.	: SHOWER	(샤워)
B.T.	: BATH TUB	(욕조)
C.I.P.	: CAST IRON PIPE	(주철관)
C.O.	: CLEAN OUT	(벽 및 천정속 소제구)
F.C.O.	: FLOOR CLEAN OUT	(바닥소제구)
F.D.	: FLOOR DRAIN	(바닥배수구)
V.T.R.	: VENT THRU ROOF	(지붕위 통기관)
V.T.W.	: VENT THRU WALL	(벽통과 통기관)
F.H.C.	: FIRE HOSE CABINET	(소화전)

(2) 도면해석

① HEATING, VENTILATING & AIR CONDITIONING DRAWING SYMBOLS

——/——/——/——	LOW PRESSURE STEAM PIPE	(저압증기관)
——//——//——//——	MEDIUM PRESSURE STEAM PIPE	(증기압기관)
——///——///——///——	HIGH PRESSURE STEAM PIPE	(고압증기관)
—/— —/— —/—	LOW PRESSURE CONDENSATE RETURN PIPE	(저압응축수관)

—//— —//— —//—	MEDIUM PRESSURE CONDENSATE RETURN PIPE	(중압응축수관)
—///— —///— —///—	HIGH PRESSURE CONDENSATE RETURN PIPE	(고압응축수관)
------H.W.S ------	HEATING WATER SUPPLY PIPE	(온수난방 공급관)
—— H.W.R ——	HEATING WATER RETURN PIPE	(온수난방 환수관)
—— CH.W.S ——	CHILLED WATER SUPPLY PIPE	(냉수 공급관)
------CH.W.R-----	CHILLED WATER RETURN PIPE	(냉수 환수관)
——H.C.S. ——	COMBINED HEATING OR CHILLED WATER SUPPLY PIPE	(난방 및 냉수 겸용 공급관)
----- H.C.R ------	COMBINED HEATING OR CHILLED WATER RETURN PIPE	(난방 및 냉수 겸용 환수관)
—— C.S. ——	CONDENSED WATER SUPPLY PIPE	(응축수 공급관)
—— C.R. ——	CONDENSED WATER RETURN PIPE	(응축수 환수관)
—— C.W.S ——	COOLING WATER SUPPLY PIPE	(냉각수 공급관)
——C.W.R——	COOLING WATER RETURN PIPE	(냉각수 환수관)
—— D ——	DRAIN PIPE FROM COOLING COIL	(냉각수 배수관)
—— G ——	GAS PIPE	(가스관)
—— R ——	REFRIGERANT PIPE	(냉동관)
—— DOS ——	DIESEL OIL SUPPLY PIPE	(경유관)
—— BOS ——	BUNKER OIL SUPPLY PIPE	(벙커유관)
————○	PIPE RISING UP(ELBOW)	(파이프 입상관)
————Ð	PIPE TURNING: DOWN(ELBOW)	(파이프 하향관)
——‖|——	UNION	(연결유니온)

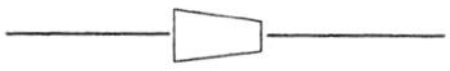 REDUCER	(파이프 줄임 레듀샤)
 STRAINER	(스트 레이너)
 GATE VALVE	(게이트 밸브)
 GLOVE VALVE	(글로브 밸브)
 CHECK VALVE	(체크 밸브)
 PRESSURE REDUCING VALVE	(감압변)
 PRESSURE RELIFE VALVE	(안전변)
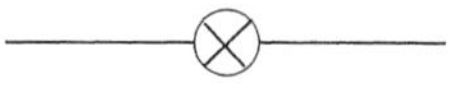 PIPE ANCHOR	(파이프 앵커)
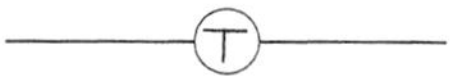 STEAM TRAP	(스팀 트랩)
 ANGLE VALVE	(앵글 밸브)
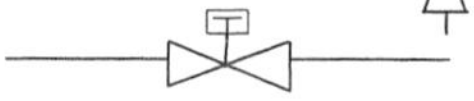 THERMOSTATIC VALVE	(온도조절 밸브)
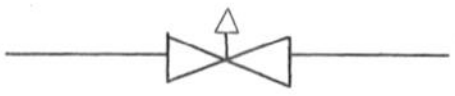 2-WAY CONTROL VALVE	(전동 2방면)
 3-WAY CONTROL VALVE	(전동 3방면)
 THERMOMETER	(온도계)
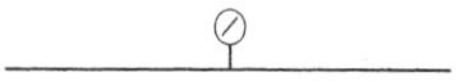 PRESSURE GAGE	(압력계)
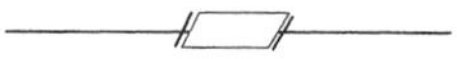 EXPANSION JOINT	(신축접수)
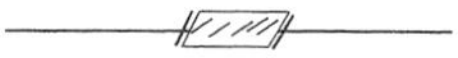 FLEXIBLE CONNECTOR	(진동방지 조인트)
 SUPPLY AIR DUCT SECTION(UP)(급기덕트)	(상향)
 SUPPLY AIR DUCT SECTION(DOWN)(급기덕트)	(하향)
RETURN AIR DUCT SECTION(UP)(환기덕트)	(상향)
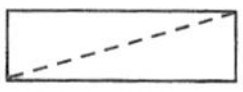 RETURN AIR DUCT SECTION(DOWN)	(환기덕트 하향)
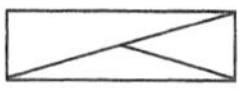 EXHAUST AIR DUCT SECTION(UP)	(배기덕트 상향)
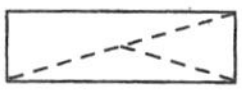 EXHAUST AIR DUCT SECTION(DOWN)	(배기덕트 하향)
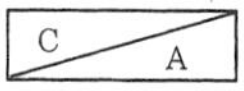 OUT AIR DUCT SECTION	(외기덕트)

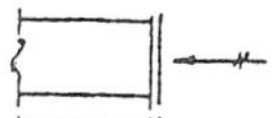	AIR INTO REGISTER(RETURN)	(흡입 레지스터)
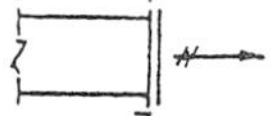	AIR OUT REGISTER(SUPPLY)	(공급 레지스터)
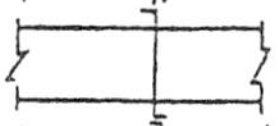	AIR VOLUME DAMPER	(풍량조절 담파)
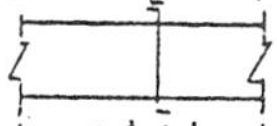	FIRE VOLUME DAMPER	(화재시 차단 담파)
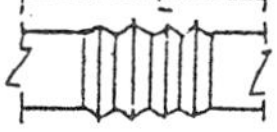	DUCT CANVAS	(덕트 진동방지 캔버스)
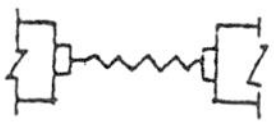	FLEXIBLE DUCT	(덕트 기구 연결 죠인트)

② PLUMBING DRAWING SYMBOLS & FIRE PROTECTION DRAWING SYMBOLS

	COLD & CITY WATER PIPE	(급수 및 시수관)
	DOMESTIC HOT WATER SUPPLY PIPE	(급탕관)
	DOMESTIC HOT WATER RETURN PIPE	(환탕관)
V	VENT PIPE	(통기관)
T	AIR CHAMBER	(압력방지용)
S	SOIL & WASTE PIPE	(오수 및 잡수관)
D	DRAIN PIPE	(배수관)
RD	ROOF DRAIN	(지붕 배수관)
ATV	AUTO SPHERIC VENT PIPE	(자동 통기관)
+	POND LINE PIPE	(정수관)
	ROOF VENT	(통기구)
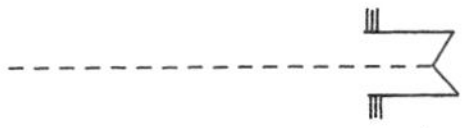	FLOOR CLEAN OUT	(바닥 소제구)
	CLEAN OUT	(벽과 천정속 소제구)
	FLOOR DRAIN	(바닥 배수구)
	45° Y-BRANCH	(45° 방향전환관)
	90° Y-CROSS BRANCH	(90° 방향전환관)
	45° Y-CROSS BRANCH	(45° 십자관)
	90° Y-CROSS BRANCH	(90° 십자관)
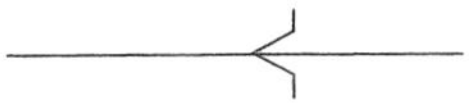	FIRE PROTECTION PIPE	(소화관)

기호	명칭	
—— F ——	FIRE PROTECTION PIPE	(소화관)
	FIRE HOSE CABINET	(소화전)
	FIRE HOSE CONNECTION	(연결송수 및 방수구)
——○——○——	UP RIGHT FIRE SPRINKLER HEAD	(천정형 스프링클러 헤드)
	SIDE WALL FIRE SPRINKLER HEAD	(벽체형 스프링클러 헤드)
—— HG ——	HALON GAS PIPE	(하론 개스관)
—— A ——	AIR LINE	(에어 파이프)
—— G ——	GAS LINE	(가스 파이프)

Appendices

부 록

1. 강관의 종류 및 용도

분류	KS 번호 (JIS)	규격명칭	KS 기호 (JIS)	비고
배관용	D3507 (G3452)	배관용 탄소강 강관 (S: steel, P: pipe, P: piping)	SPP (SGP)	증기, 물, 가스 및 공기 등의 사용 압력 10kg/cm²이하의 일반 배관용, 호칭경은 6~500A, 흑관, 백관이 있다.
	D3562 (G3454)	압력 배관용 탄소강 강관 (S: steel, P: pipe, P: pressure, S: service)	SPPS (STPG)	350℃이하, 사용 압력 10~100kg/cm²의 압력 배관용, 외경은 SPP와 같고 두께는 스케줄을 치수 계열로 Sch# 80까지 호칭경 6~500A
	D3564 (G3455)	고압 배관용 탄소강 강관 (S: steel, P: pipe, P: pressure, H: high)	SPPH (STS)	350℃이하, 사용압력 100kg/cm²이상의 고압배관, 암모니아 합성 공업 등의 고압배관, 내연기관의 연료 분사관용, SPPS와 동일, Sch# 80~160
	D3570 (G3456)	고온배관용 탄소강 강관 (S: steel, P: pipe, H: high, T: temperature)	SPHT (STPT)	350℃ 이상의 고온 배관용, 외경은 SPPS와 동일, Sch# 10~160까지
	D3583 (G3457)	배관용 아크 용접 탄소강 강관 (S: steel, P: pipe, W: welding)	SPW (STPY)	호칭경은 350~1500A의 대경관, 사용압력 15kg/cm² 이하의 수도, 도시가스, 공업용수 등의 일반 배관용, 두께는 6.0~15.1mm
	D3573 (G3458)	배관용 합금강 강관 (S: steel, P: pipe, A: alloy)	SPA (STPA)	Mo강, Cr-Mo강의 이음매 없는 관으로 고온도의 배관에서 스테인리스 관을 사용하는 것 이외의 곳, 외경은 SPP와 같고, 두께는 스케줄 치수계열에 따르고 고온강도가 크고 내산화성 · 내식성이 강하여 고온 고압 보일러의 증기관 · 석유 정제용 고온 고압의 유관등에 사용
	D3576 (G3459)	배관용 오스테나이트 스테인리스 강관 (steel tube stainless)	STS.xT (SUS-TP)	내식 · 내산 · 고온용으오 저온용에도 사용, 외경은 SPP와 같고, Sch# 80까지, 6~300A
	D3569 (G3460)	저온 배관용 강관 (S: steel, P: pipe, L: low, T: temperature)	SPLT (STPL)	빙점 이하의 특히 저온용이고, SPHT와 같은 외경으로 Sch# 160까지
	D3507 (G3442)	수도용 이언도금 강관 (S: steel, P: pipe, P: piping, W: water)	SPPW (SGPW)	정수두 100m이하의 수도용으로 SPP에 아연 도금(600g/m²이상)
	D3565 (G3443)	수도용 도복장 강관 (S: steel, T:tube, P: pipe, W: water A: asphalt, C: coltar)	STPW-A -C (-)	SPP 또는 SPW관에 피복한 것으로 정수두 100m 이하의 수도용, 80~1500A
	(G4903)	배관용 이음매 없는 니켈크롬, 철, 합금관	(NCF-TP)	내식 · 내열 · 고온용을 대상으로 원자력 기기용 외 화학 공업용, 석유 공업용
	(G5202)	고온 고압용 원심력 주강관	(SCPH-CF)	용접성이 우수한 주강관, 특히 고장력으로 토목, 건축용 기둥 · 석유 화학용의 고온 고압관, 가열로의 관에 쓴다. 탄소강계 2종, 저합금강계 3종류의 5종류

분류	KS 번호 (JIS)	규 격 명 칭	KS 기호 (JIS)	비 고
열전달용	D3563 (G3461)	보일러 · 열교환기용 탄소강 강관 (S: steel, T: tube, H: heat)	STH (STB)	관내외에서 열교환이 목적인 보일러의 수관, 연관, 과열관, 공기예열관, 화학공업, 석유공업의 열교환기관, 콘덴서관, 촉매관, 가열로관용에 쓴다. 관경 15.9~139.8mm, 두께1.2~12.5mm
	D3572 (G3462)	보일러 · 열교환기용 합금강 강관 (S: steel, T: tube, H: heat, A: alloy)	STHA (STBA)	
	D3577 (G3463)	보일러 · 열교환기용 스테인리스강 강관 (ST: stainless, S: steel, T: tube)	STSx TB (SUSx TB)	
	D3571 (G3464)	저온 열교환기용 강관 (S: steel, T: tube, L: low, T: temperature)	STLT (STB)	빙점(0℃)아래 특히 저온에 사용, 냉동창고, 스케이트 링크 등의 배관에 사용
	(G4904)	열교환기용 이음매 없는 Ni-Cr 철합금관	(NCT-TB)	주로 원자력 발전, 원자력서의 증기 발생기용, 화학 공업, 석유 공업의 각종 장치의 열교환기용에도 사용
구조용	D3566 (G3444)	일반 구조용 탄소강 강관 (S: steel, P: pipe, S: structure)	SPS (STK)	일반 구조용 강재로 사용되며 관경은 21.7~101.6mm, 두께1.9~16.0mm
	D3517 (G3445)	기계 구조용 탄소강 강관 (S: steel tube, M: machine)	SM (STKM)	자동차, 자전거, 기계, 항공기 등의 기계부품으로 절삭해서 사용
	D3574 (G3441)	구조용 합금강 강관 (S: steel tube, A: alloy)	STA (STKS)	항공기, 자동차, 자전거, 기타 구조물에 사용
	D3536	구조용 스테인리스강 강관 (ST: stainless, S: steel, T: tube)	STST (SUS)	
	D3568 (G3466)	일반 구조형 각형 강관 (S: steel, P: pipe, S: structural, R: rectanguler)	SPSR (STKR)	토목, 건축, 기타 구조물용이고, 표준 길이는 6, 8, 10, 12m이다.
	(G5201)	용접 구조용 원심력 주강관	(SCW-CF)	압연강재, 단강품, 주조품과 용접해서 사용한다. 용접성이 우수하고, 고장력 이어서 토목 건축용 기둥, 석유 화학용 고온고압관, 가열로관에도 사용
기타	D3575 (G3429)	고압가스 용기용 이음매 없는 강관 (S: steel, T:tube, H: high, G: gas)	STHG (STH)	고압 가스, 액화 가스 또는 용해 가스를 충전하고 용기의 제조에 쓴다.
	(G3439)	유정용 이음매 없는 강관	(STO)	유정 굴삭 및 채유 등에 사용하는 관
	(G3465)	시추용 이음매 없는 강관	(STM-C)	시추용 케이싱, 코어튜브, 시추 로드에 사용

2. 관내(管內) 기준 속도

액 체 배 관			기준속도 (m/s)
공장 일반 급수			1~3
상수도	일반용		1~2.5
	공공용		0.6
고압수(50~100kg/cm²)			0.5~1
원심펌프	흡입관		0.5~2.5
	송출관		1~3
왕복펌프	흡입관		1 이하
	송출관		1~2
수력발전소 철관			2~5
소화용 호스			3~10
보일러 급수			1.5~3
난방용 온수관			0.1~3
바다물			1.2~2.0
점도가 작은 것	1~10kg/cm²		1.5~3.0
	200~300kg/cm²		3~4
	고급 재료관		3~4
수력 수송	모래(평균 입자 ϕ0.44)		2.5~4
	점토(농도 20% 이하)		1 이하
	점토(농도 30% 이하)		2 이하
고점도액	50cp	ϕ25	0.5~0.9
		ϕ50	0.7~1
		ϕ100	1~1.6
	100cp	ϕ25	0.3~0.6
		ϕ50	0.5~0.7
		ϕ100	0.7~1
		ϕ200	1.2~1.6
	1000cp	ϕ25	0.1~0.2
		ϕ50	0.16~0.25
		ϕ100	0.25~0.35
		ϕ200	0.35~0.55

기 체 배 관				기준속도 (m/s)
송풍기	흡입관			7~15
	송출관			10~30
압축기	흡입관			10~20
	송출관(저압)			20~30
	송출관(고압)			10~15
압축 공기	2~3kg/cm²			16~32
	5~7kg/cm²(공장내)			7~114
	5~7kg/cm²(지하배관)			6~30
고압 가스(200~300kg/cm²)				5~10
암모니아	흡입관			5.5~10
	송출관			7~13
탄산가스	흡입관			1.25~4
	송출관			2.7~8
연소 배기 가스	연도내			2~3
	연돌내			4~8
환기	저속	주 duct	주택	3.5~4.5
			공장	6~9
		분기 duct	주택	3
			공장	4~5
		분기입상 duct	주택	2.5
			공장	4
		외기 흡입구		2.5
	고속	주 duct		20~30
포화 증기	75 이상			25
	100 이상			30
과열증기	과열기 내			15~20
	ϕ75 이하			30
	ϕ100~200			40
	ϕ250 이상			50
	ϕ고급 재료관			65~80

3. JIS-ANSI 강관 치수 비교표

호칭경		외경			호칭두께			두께			내경			중량(kg/m)	
B	A	JIS	ANSI		(1)	(2)	(3)	JIS	ANSI		JIS	ANSI			(4)
		(mm)	(mm)	(in)	a	b	c	(mm)	(mm)	(in)	(mm)	(mm)	(in)	JIS	ANSI
1/8″	6	10.5	10.3	0.405			5S	1.0		0.049	8.5			0.234	
							10S	1.2	1.24	0.049	8.1	7.8	0.307	0.275	0.284
						Std	20S	1.5			7.5			0.333	
					40	Std	40S	1.7	1.73	0.068	7.1	6.83	0.269	0.369	0.368
					SGP			2.0			6.5			0.419	
					60			2.2			6.1			0.450	
					80	XS	80S	2.4	2.41	0.095	5.7	5.48	0.216	0.479	0.495
1/4″	8	13.8	13.7	0.540			5S	1.2			11.4			0.376	
							10S	1.2			11.4			0.376	
						Std	20S	2.0			9.8			0.587	
					40	Srd	40S	2.2	2.24	0.088	9.4	9.25	0.364	0.629	0.626
					SGP			2.3			9.2			0.652	
					60		2.4			9.0			0.675		
					80	XS	80S	3.0	3.02	0.119	7.8	7.67	0.302	0.799	0.805
3/8″	10	17.3	17.1	0.675			5S	1.2			14.9			0.476	
							10S	1.65	1.65	0.065	14.0	13.84	0.545	0.637	0.630
							20S	2.0			13.3			0.755	
					40										
					SGP	Std	40S	2.3	2.31	0.091	12.7	12.52	0.493	0.851	0.850
					60			2.8			11.7			1.000	
					80	XS	80S	3.2	3.20	0.126	10.126	10.74	0.423	1.11	1.10
1/2″	15	21.7	21.3	0.840			5S	1.65	1.65	0.065	18.4	18.03	0.710	0.816	0.802
							10S	2.1	2.11	0.083	17.5	17.12	0.674	1.02	0.998
							20S	2.5			16.7			1.18	
					40										
					SGP	Std	40S	2.8	2.77	0.109	16.1	15.80	0.622	1.31	1.27
					60			3.2			15.3			1.46	
					80	XS	80S	37	3.73	0.147	14.3	13.87	0.546	1.64	1.62
					160			4.7	4.78	0.188	12.3	11.79	0.464	1.97	1.95
						XXS		7.5	7.47	0.294	6.7	6.40	0.252	2.63	2.55
3/4″	20	27.2	26.7	1.050			5S	1.65	1.65	0.065	23.9	23.37	0.920	1.04	1.02
							10S	2.1	2.11	0.083	23.0	22.45	0.884	1.30	1.28
							20S	2.5			22.2			1.52	
					SGP			2.8			21.6			1.68	
					40	Std	40S	2.9	2.87	0.113	21.4	20.93	0.825	1.74	1.69
					60			3.4			20.4			2.00	
					80	XS	80S	3.9	3.91	0.154	19.4	18.85	0.742	2.24	2.19
					160			5.5	5.56	0.219	16.2	15.54	0.612	2.94	2.89
						XXS		7.8	7.82	0.308	11.6	11.02	0.434	3.73	3.64

(주) (1) 숫자는 Sch. 번호, SGP는 JIS Gas관을 나타낸다. (2) Std는 Standard XS는 Extra Strong, XXS는 Double Extra Strong.
(3) Stainless 강관에 대한 Sch. 번호를 나타낸다. (4) Lb/ft를 kg/m로 환산한 값이다.

강관 치수 비교표

호칭경		외경			호칭두께			두께			내경			중량(kg/m)	
B	A	JIS	ANSI		(1)	(2)	(3)	JIS	ANSI		JIS	ANSI			(4)
		(mm)	(mm)	(in)	a	b	c	(mm)	(mm)	(in)	(mm)	(mm)	(in)	JIS	ANSI
1″	25	34.0	33.4	1.315			5S	1.65	1.65	0.065	30.7	30.10	1.185	1.32	1.30
							10S	2.8	2.77	0.109	28.4	27.90	1.097	2.15	2.09
							20S	3.0			28.0			2.29	
					SGP			3.2			27.6			2.43	
					40	Std	40S	3.4	3.38	0.133	27.2	26.60	1.049	2.57	2.50
					60			3.9			26.2			2.89	
					80	XS	80S	4.5	4.55	0.179	25.0	24.30	0.957	3.27	3.23
					160			6.4	6.35	0.250	21.2	20.70	0.815	4.36	4.23
						XXS		9.1	9.09	0.358	15.8	15.20	0.599	5.59	5.45
1½″	40	48.6	48.3	1.900			5S	1.65	1.65	0.065	45.3	45.0	1.700	1.91	1.91
							10S	2.8	2.77	0.109	43.0	42.7	1.682	3.16	3.11
							20S	3.0			42.6			3.37	
					SGP			3.5			41.6			3.89	
					40	Std	40S	3.7	3.68	0.145	41.2	40.9	1.610	4.10	4.05
					60			4.5			39.6			4.89	
					80	XS	80S	5.1	5.08	0.200	38.4	38.1	1.500	5.47	5.40
					160			7.1	7.14	0.281	34.4	34.0	1.338	7.27	7.25
						XXS		10.2	10.2	0.400	28.2	27.9	1.100	9.66	9.56
2″	50	60.5	60.3	2.375			5S	1.65	1.65	0.065	57.2	57.0	2.245	2.39	2.40
							10S	2.8	2.77	0.109	54.9	54.8	2.157	3.98	3.93
					20			3.2			54.1			4.52	
							20S	3.5			53.5			4.92	
					SGP			3.8			52.9			5.31	
					40	Std	40S	3.9	3.91	0.154	52.7	52.5	2.067	5.44	5.43
					60			4.9			50.7			6.72	
					80	XS	80S	5.5	5.54	0.218	49.5	49.2	1.939	7.46	7.48
					160			8.7	8.74	0.344	43.1	42.8	1.687	11.1	11.1
						XXS		11.1	11.1	0.436	38.3	38..2	1.503	13.5	13.4
2½″	65	76.3	73.0	2.875			5S	2.1	2.11	0.083	72.1	68.8	2.709	3.84	3.68
							10S	3.0	3.05	0.120	70.3	2.635	66.9	5.42	5.26
							20S	3.5			69.3			6.29	
					SGP			4.2			67.9			7.47	
					20			4.5			67.3			7.97	
					40	Std	40S	5.2	5.16	0.203	65.9	62.7	2.469	9.12	8.62
					60			6.0			64.3			10.4	
					80	XS	80S	7.0	7.01	0.276	62.3	59.0	2.323	12.0	11.4
					160			9.8	9.53	0.375	57.3	54.0	2.125	15.6	14.9
						XXS			14.0	0.552		45.0	1.771		20.4

강관 치수 비교표

호칭경		외경			호칭두께			두께			내경			중량(kg/m)	
B	A	JIS	ANSI		(1)	(2)	(3)	JIS	ANSI		JIS	ANSI			(4)
		(mm)	(mm)	(in)	a	b	c	(mm)	(mm)	(in)	(mm)	(mm)	(in)	JIS	ANSI
3″	80	89.1	89.9	3.800			5S	2.1	2.11	0.083	84.9	84.7	3.334	4.51	4.51
							10S	3.0	3.05	0.120	83.1	82.8	3.260	6.37	6.45
							20S	4.0			81.1			8.39	
					SGP			4.2			80.7			8.79	
					20			4.5			80.1			9.39	
					40	Std	40S	5.5	5.49	0.216	78.1	77.9	3.068	11.3	11.3
					60			6.6			75.9			13.4	
					80	XS	80S	7.6	7.62	0.300	73.9	73.7	2.900	15.3	15.3
					160			11.1	11.1	0.438	66.9	66.6	2.624	21.4	21.3
						XXS			15.2	0.600		58.4	2.300		27.7
3½″	90	101.6	101.6	4.000			5S	2.1	2.11	0.083	97.4	97.4	3.834	5.15	5.19
							10S	3.0	3.05	0.120	95.6	95.5	3.760	7.29	7.40
							20S	4.0			93.6			9.63	
					SGP			4.2			93.2			10.1	
					20			4.5			92.6			10.8	
					40	Std	40S	5.7	5.74	0.226	90.2	90.1	3.548	13.5	13.6
					60			7.0			87.6			16.3	
					80	XS	80S	8.1	8.08	0.318	85.4	85.4	3.362	18.7	18.7
					160			12.7			76.2			27.8	
4″	100	114.3	114.3	4.500			5S	2.1	2.11	0.083	110.1	110.1	4.335	5.81	5.84
							10S	3.0	3.05	0.120	108.3	108.2	4.260	8.23	8.35
							20S	4.0			106.3			10.9	
					SGP			4.5			105.3			12.2	
					20			4.9			104.5			13.2	
					40	Std	40S	6.0	6.02	0.237	102.3	102.2	4.026	46.0	16.1
					60			7.1			100.1			18.0	
					80	XS	80S	8.6	1.56	0.337	97.1	97.2	3.826	22.4	22.4
					120			11.1	11.13	0.438	92.1			28.2	
					160			13.5	13.5	0.531	87.3	8733	3.438	33.6	33.6
						XXS		17.1	0.674			80.1	3.152		41.0
5″	125	139.8	141.3	5.563			5S	2.8	2.77	0.109	134.2	135.8	5.345	9.46	9.49
							10S	3.4	3.40	0.134	133.0	134.5	5.295	11.4	11.6
					SGP			4.5			130.8			15.0	
							20S	5.0			129.8			16.6	
					20			5.1			129.8			16.9	
					40	Std	40S	6.6	6.55	0.258	126.6	128.2	5.047	21.7	21.8
					60			8.1			123.6			26.3	
					80	XS	80S	9.5	9.53	0.375	120.8	122.3	4.813	30.5	30.9
					120			12.7	12.7	0.500	114.4	115.9	4.563	39.8	40.2
					160			15.9	15.9	0.625	108.0	109.6	4.313	48.6	49.2
						XXS			19.1	0.750		103.2	4.063		57.5

강관 치수 비교표

호칭경		외경			호칭두께			두께			내경			중량(kg/m)	
B	A	JIS	ANSI		(1)	(2)	(3)	JIS	ANSI		JIS	ANSI			(4)
		(mm)	(mm)	(in)	a	b	c	(mm)	(mm)	(in)	(mm)	(mm)	(in)	JIS	ANSI
6″	150	165.2	168.3	6.625			5S	2.8	2.77	0.109	159.6	162.7	6.407	11.2	11.3
							10S	3.4	3.40	0.134	158.4	161.5	6.357	13.6	13.8
					SGP		20S	5.0			155.2			19.8	
					20			5.5			154.2			21.7	
								5.6			154.0			21.7	
					40	Std	40S	7.1	7.11	0.280	151.0	154.1	6.065	27.7	28.3
					80	XS	80S	11.0	11.0	0.432	143.2	146.3	5.761	41.8	42.6
					120			14.3	14.3	0.562	136.6	139.7	5.501	5.32	54.2
					160			18.2	18.2	0.719	128.8	131.8	5.189	66.0	67.4
						XXS			21.9	0.864		124.4	4.897		79.1
8″	200	216.3	219.1	8.625			5S	2.8	2.77	0.109	210.7	213.5	8.407	14.7	14.8
							10S	4.0	3.76	0.148	208.3	211.6	8.329	20.9	20.0
					SGP			5.8			204.7			30.1	
					20			6.4	6.35	0.250	203.5			33.1	
							20S	6.5			203.3			33.6	
					30			7.0	7.04	0.277	202.3	205.0	8.071	36.1	36.8
					40	Std	40S	8.2	8.43	0.332	199.9	202.2	7.961	42.1	42.6
					60			10.3	10.3	0.406	195.7	198.5	7.813	52.3	53.2
					80	XS	80S	12.7	12.7	0.500	190.9	193.7	7.625	63.8	64.6
					100			15.1	15.1	0.594		188.9	7.437	74.9	75.8
						XXS			22.2	0.875		174.6	6.875		10.8
					120			18.2	18.3	0.719	179.9	182.5	7.187	88.9	90.5
					140			20.6	20.6	0.815	175.1	177.8	7.001	99.4	101
					160			23.0	23.0	0.906	170.3	173.1	6.816	110	111
10″	250	267.4	273.1	10.75			5S	3.4	3.40	0.134	260.6	266.2	10.482	22.1	22.6
							10S	4.0	4.19	0.165	259.4	264.7	10.420	26.0	27.8
					20			6.4	6.35	0.250	254.6	260.4	10.252	41.2	42.5
							20S	6.5			254.4			41.8	
					SGP			6.6			254.2			42.4	
					30			7.8	7.80	0.307	251.8	257.6	10.14	49.9	51.0
					40	Std	40S	9.3	9.27	0.365	248.8	254.5	10.020	59.2	60.5
					60	XS	80S	12.7	12.7	0.500	242.0	247.7	9.7752	79.8	80.1
					80		80S	15.1	15.09	0.594	237.2	242.9	9.563	93.9	95.9
					100		80S	18.2	18.3	0.719	231.0	236.5	9.311	112	115
					120			21.4	21.4	0.844	224.6	230.2	9.062	127	133
					140	XXS	25.4	25.4	1.000	216.6	222.3	9.75	152	155	
					160			28.6	28.6	1.125	210.2	215.9	8.500	168	173

강관 치수 비교표

호칭경		외경			호칭두께			두께			내경			중량(kg/m)	
B	A	JIS	ANSI		(1)	(2)	(3)	JIS	ANSI		JIS	ANSI			(4)
		(mm)	(mm)	(in)	a	b	c	(mm)	(mm)	(in)	(mm)	(mm)	(in)	JIS	ANSI
12″	300	318.5	323.9	12.75			5S	4.0	3.96	0.156	310.5	315.9	12.438	31.0	31.3
							10S	4.5	4.57	0.180	309.5	314.7	12.390	34.8	36.1
					20			6.4	6.35	0.250	305.7	311.2	12.252	49.3	50.8
							20S	6.5			305.8			50.0	
					SGP			6.9			604.7			53.0	
					30			8.4	8.38	0.330	301.7	307.1	12.090	64.2	65.2
						Std	40S		9.53	0.375		304.8	12.000		74.0
					40		40S	10.3	10.3	0.406	297.9	303.2	11.938	78.3	80.0
						XS	80S		12.70	0.500		298.5	11.750		97.5
					60			14.3	14.3	0.562	289.9	295.3	11.626	107	109
					80		80S	17.4	17.4	0.687	283.7	289.0	11.376	129	132
					100			21.4	21.4	0.844	275.7	281.1	11.062	157	160
					120	XXS		25.4	25.4	1.000	267.7	273.1	10.75	184	186.5
					140			28.6	28.6	1.125	261.3	266.7	10.500	204	209
					160			33.3	33.3	1.312	251.9	257.3	10.126	234	239
14″	350	355.6	355.6	14.00				6			343.6			51.7	
					10			6.4	6.35	0.250	342.8	342.9	13.500	55.1	62.5
					20										
					SGP			7.9	7.92	0.312	339.8	339.8	13.378	67.7	68.1
								9.0			337.9			77.0	
					30	Std		9.5	9.53	0.375	336.6	336.6	13.252	81.1	81.5
					40			11.1	11.1	0.438	333.4	333.3	13.124	94.3	94.4
								12			331.6			102	
						XS			12.7	0.500		330.2	13.000		107
								15.1	15.1	0.594	325.4	325.4	12.812	127	127
					60			19.0	19.1	0.750	317.6	317.5	12.500	158	158
					80			23.8	23.8	0.938	308.0	308.0	12.126	195	195
					100			27.8	27.8	1.094	300.0	300.0	11.812	227	227
					120			31.8	31.8	1.250	292.0	292.0	11.512	254	254
					140			35.7	35.7	1.406	284.2	284.1	11.188	284	284
16″	400	406.4	406.4	16.000				6			394.4			59.2	
					10			6.4	6.35	0.250	393.6	393.7	15.500	59.1	62.9
					20										
					SGP			7.9	7.92	0.312	390.6	390.6	15.378	77.6	78.1
								9			338.4			88.2	
					30	Std		9.5	9.53	0.375	387.4	378.4	153.250	93.0	93.5
								12			382.4			117.6	
					40	XS		12.7	12.7	0.500	381.0	381.0	15.000	123	123
								14			378.4			135	
					60			16.7	16.7	0.656	373.0	373.1	14.689	160	161
					80			21.4	21.4	0.844	363.6	363.5	14.312	203	203
					120			30.9	31.0	1.219	344.6	344.4	13.559	282	286
					160			40.5	40.5	1.594	325.4	325.4	12.811	365	365

2. 원소의 장주기형 주기표

(1975년 IUPAC에 따름)

족 / 주기	1A	2A	3A	4A	5A	6A	7A	8A			1A	2A	3A	4A	5A	6A	7A	0	족 / 주기
	알칼리금속원소	알칼리토금속원소						철족원소(위 3) 백금속원소(아래6개)			구리족원소	아연족원소	붕소족원소	탄소족원소	질소족원소	산소족원소	할로겐족원소	비활성기소	
1	1 H 1.00797 수소 (1)																	0 He 58.9332 코발트 (0)	1
2	3 Li 6.939 리듐 (1)	4 Be 9.0122 베릴륨 (2)											5 B 10.811 붕소 (3)	6 C 12.01115 탄소 (2, ±4)	7 N 14.0067 질소 (±3, 5)	8 O 15.9994 산소 (-2)	9 F 18.9984 플루오르 (-1)	10 Ne 58.9332 코발트 (0)	2
3	11 Na 22.9898 나트륨 (1)	12 Mg 24.312 마그네슘 (2)											13 Al 26.9815 알루미늄 (3)	14 Si 28.086 규소 (4)	15 P 30.9738 인 (±3, 5)	16 S 32.064 황 (-2, 4, 6)	17 Cl 35.453 염소 (-1, 3, 5, 7)	18 Ar 39.948 아르곤 (0)	3
4	19 K 39.098 칼륨 (1)	20 Ca 40.08 칼슘 (2)	21 Sc 44.956 스칸듐 (3)	22 Ti 47.90 티탄 (3, 4)	23 V 50.942 바나듐 (3, 5)	24 Cr 51.996 크롬 (2, 3, 6)	25 Mn 54.9380 망간 (2, 3, 4, 6, 7)	26 Fe 55.847 철 (2, 3)	27 Co 58.9332 코발트 (2, 3)	28 Ni 58.70 니켈 (2, 3)	29 Cu 63.546 구리 (1, 2)	30 Zn 65.38 아연 (2)	31 Ga 69.72 갈륨 (2, 3)	32 Ge 72.59 게르마늄 (4)	33 As 74.9216 비소 (±3, 5)	34 Se 78.96 셀렌 (-2, 4, 6)	35 Br 79.904 브롬 (-1, 3, 5, 7)	36 Kr 83.80 크립톤 (0)	4
5	37 Rb 85.47 루비듐 (1)	38 Sr 87.62 스트론튬 (2)	39 Y 88.905 이트륨 (3)	40 Zr 91.22 지르코늄 (4)	41 Nb 92.906 니오브 (3, 5)	42 Mo 95.94 몰리브덴 (3, 4, 6)	43 Tc [97] 테크네튬 (6, 7)	44 Ru 101.07 루테늄 (3, 4, 6, 8)	45 Rh 102.905 로듐 (3)	46 Pb 106.4 밀라듐 (2, 4, 6)	47 Ag 107.868 은 (1)	48 Cd 112.40 카드뮴 (2)	49 In 114.82 인듐 (3)	50 Sn 118.69 주석 (2, 4)	51 Sb 121.75 안티몬 (3, 5)	52 Te 127.60 텔루르 (-2, 4, 6)	53 I 126.9044 요오드 (-1, 3, 5, 7)	54 Xe 131.30 크세논 (0)	5
6	55 Cs 132.905 세슘 (1)	56 Ba 137.34 바륨 (2)	57~71 ☆ 란탄 계열	72 Hf 178.49 하프늄 (4)	73 Ta 180.948 탄탈 (5)	74 W 183.85 텅스텐 (6)	75 Re 186.2 레늄 (1, 4, 7)	76 Os 190.2 오스뮴 (2, 3, 4, 8)	77 Ir 192.2 이리듐 (3, 4)	78 Pt 195.09 백금 (2, 4)	79 Au 196.967 금 (1, 3)	80 Hg 200.59 수은 (1, 2)	81 Tl 204.37 탈륨 (1, 3)	82 Pb 207.19 납 (2, 4)	83 Bi 208.980 비스무트 (3, 5)	84 Po [209] 폴로늄 (2, 4)	85 At [210] 아스타틴 (1, 3, 5, 7)	86 Rn [222] 라돈 (0)	6
7	87 Fr (223) 프란슘 (1)	88 Ra (226) 라듐 (2)	89~ ◎ 악티늄 계열																

계열															
☆ 란탄 계열	57 La 138.91 란탄 (3)	58 Ce 140.12 텅스텐 (3, 4)	59 Pr 240.907 텅스텐 (3)	60 Nd 144.24 텅스텐 (3)	61 Pm [145] 텅스텐 (3)	62 Sm 150.35 텅스텐 (2, 3)	63 Eu 151.25 텅스텐 (2, 3)	64 Gd 157.25 텅스텐 (3)	65 Tb 158.925 텅스텐 (3)	66 Dy 162.50 다스프로슘 (3)	67 Ho 164.930 홀뮴 (3)	68 Er 167.26 에르븀 (3)	69 Tm 168.934 툴륨 (3)	70 Yb 173.04 이테르븀 (2, 3)	71 Lu 174.97 루테튬 (3)
◎ 악티늄 계열	89 Ac [227] 악티늄 (3)	90 Th 232.038 텅스텐 (4)	91 Pa [231] 텅스텐 (5)	92 U 238.03 텅스텐 (4, 6)	93 Np [237] 텅스텐 (4, 5, 6)	94 Pu [244] 텅스텐 (3, 4, 5, 6)	95 Am [243] 텅스텐 (3)	96 Cm [243] 텅스텐 (3)	97 Bk [247] 텅스텐 (3, 4)	98 Cf [251] 칼리포르늄 (3)	99 Es [254] 아인시타이늄	100 Fm [257] 페르뮴	101 Md [258] 멘델레븀	102 No [259] 노벨륨	103 Lr [260] 로렌슈

(범례)
- 금속 원소
- 양쪽성 원소
- 비금속 원소
- 전이 원소, 나머지는 전형 원소
- [ ] 안의 원자량은 가장 안정한 동위체의 질량수

원자번호 ← 26, 원소기호 ← Fe, 원자량 ← 55.847, 원소명 ← 철; 2, 3 → 원자가 (고딕 글자는 보다 안정한 원자가)

4. 계장용 상세기호

4-1. 요소기호

(1) 계측설비의 요소기호

요소 기호	계측설비요소	요소 기호	계측설비요소
A	경보기	Q	적산기
C	조절기	R	기록계
E	검출기	S	시이퀀스 제어장치
G	감시기	T	전송기 또는 변환기
H	수동조작기	U	불특정 또는 다종의 기능을 가진 요소
I	지시계	V	밸브 등의 조절부
K	제어용계산기	Y	연산기
L	로거	Z	안전 또는 긴급 동작기
P	시료채취(점) 또는 측정점	X	그밖의 계측 설비 요소

(2) 부속품 또는 부품의 요소 기호

요소 기호	계측설비요소	요소 기호	계측설비요소
Act	조작부	Ry	계전기
Cmp	증폭기	Set	설정기
As	공기원 세트	Sel	선택기
Fil	필터	SW	스위치
Lsw	리밋 스윗치	Tm	타이머
Pos	포지셔너	W	웰
Pw	동력원 장치		

비고: 계측 설비 요소 기호는 필요한 경우에 변량 기호와 조합시켜도 된다.
예를 들면, 유량 전송기를 FT로 나타낸다.

4-2 그림 기호

(1) 검출기의 모양을 나타내는 그림 기호

종류	심벌	종류	심벌
면적 유량계		전자 유량계	
피이토우관	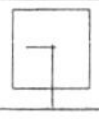	외통식 액위계	
용적식 유량계		내통식 액위계 (상부 설치형)	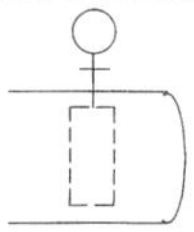
벤츄리관 또는 플로우 노즐			
터어빈식 유량계		측온계	

(2) 조절부의 부속 기기를 나타낸 그림 기호

종류	심벌	종류	심벌
포지셔너 붙이		라밋 스위치 붙이	
스동식 핸들 붙이 (측면핸들)		밸브 개도 전송기 붙이	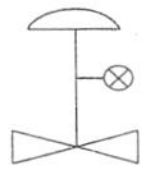
수동식 핸들 붙이 (상면 핸들)		비고 : 다이어프램식 조절 밸브에 대한 예이다.	

4-3 보충 기호

(1) 변량 기호의 보충 기호

변량 기호 및 보충 기호	변량
E_i	전류
E_v	전압
E_p	전력
E	무게
E_f	순간 무게
E_t	힘

(2) 기능 기호 또는 요소 기호의 보충 기호

기능 기호 또는 요소기호	보충 기호	보충 내용	기능 기호 또는 요소기호	보충 기호	보충내용
A, Z, Sw 또는 Lsw	H	높은 위치에서 동작	T	l	높은 위치에서 동작
A, Z, Sw 또는 Lsw	L	낮은 위치에서 동작	T	u	낮은 위치에서 동작
A, Z, Sw 또는 Lsw	M	중간 위치에서 동작	V	M	중간 위치에서 동작
A, C, I, R 또는 Lsw	Sc	주사(scanning)	V	S	주사(scanning)
C	b	배치(batch) 조절	V	P	배치(batch) 조절
C	f	피이드 포오워드 조절	C, I 또는 R	A	피이드 포오워드 조절
C	P	프로그램 조절	C, I 또는 R	D	프로그램 조절
C	O-F	개폐 조절	Y	n	개폐 조절
C, I, R 또는 Set	r	비율	Y	l	비율
C, I, R 또는 Set	d	차 또는 편차	Y	v	차 또는 편차
I 또는 R	t	트렌드(trend)	Y	m	트렌드(trend)

(3) 조작부의 동작을 구별하는 보충 기호

동작의 종류	보충기호와 그림 기호의 조합	동작의 종류	보충기호와 그림기호의 조합
동력원 정지시에 열리는 밸브	 FO 또는 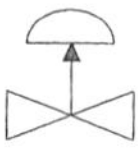	동력원 정지시의 밸브 개도가 부정임	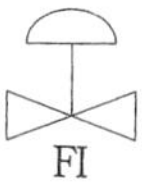 FI
동력원 정지시에 닫히는 밸브	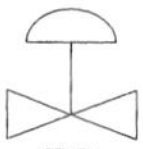 FC 또는 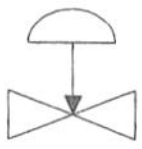	동력원 정지시에 하측으로부터의 입구 닫힘	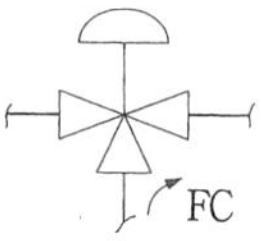 FC
동력원 정지시에 직전의 개도를 유지	 FL 또는 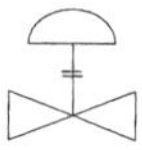	동력원 정지시의 하측으로의 출구가 닫힘	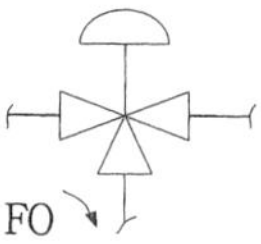 FO

(4) 변환기의 신호의 종류를 나타내는 보충 기호와 기입 방법

보충기호	종류
A	아날로그량
D	디지털량
V	전압
I	전류
P	공기압
H	유압
M	기계량

보충기호 의 기입 예	보충 내용
 V / P	전압~공기압 변환기 (현장설치)
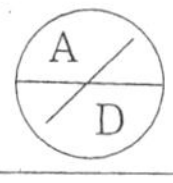 A / D	아나로그~디지털 변환기 (패널 설치)

(5) 연산기의 연산 내용을 나타내는 보충 기호

보충 기호	연산내용
$\surd$	개평
Σ	총합산
Π	총 승산
+	가산
- 또는 △	감산
× 또는 *	승산
÷ 또는/	제산
d/dt	미분
$\int$	적분

비고 : 입력 수가 많은 경우에 연산 내용을 명확히 할 필요가 있을 때에는 수식의 형태로 나타내도 된다.
예를 들면, 입력이 X, Y, Z이고 출력이 $X\sqrt{Y+Z^2}$일 때에는 다음과 같이 표기해도 된다.

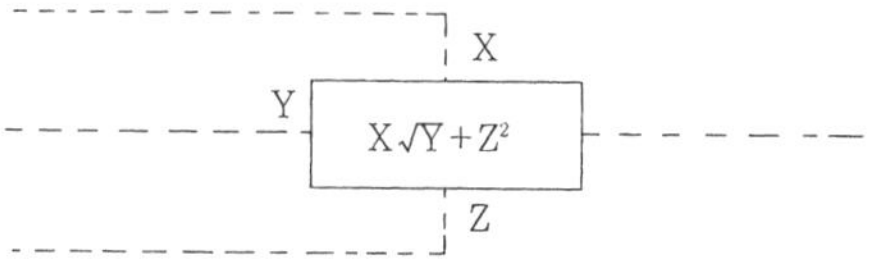

X
Y $X\sqrt{Y+Z^2}$
Z

5. 유량에 대한 기호의 사용 보기

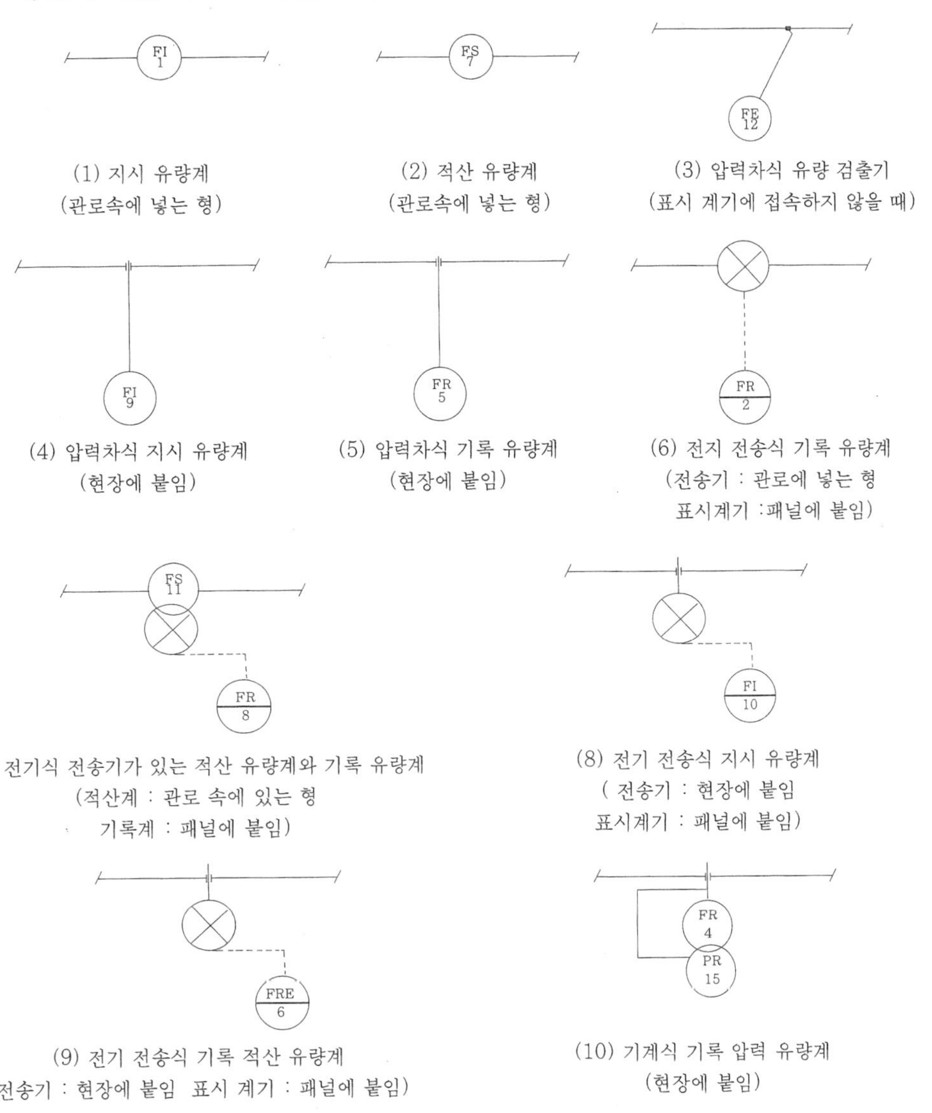

(1) 지시 유량계
(관로속에 넣는 형)

(2) 적산 유량계
(관로속에 넣는 형)

(3) 압력차식 유량 검출기
(표시 계기에 접속하지 않을 때)

(4) 압력차식 지시 유량계
(현장에 붙임)

(5) 압력차식 기록 유량계
(현장에 붙임)

(6) 전지 전송식 기록 유량계
(전송기 : 관로에 넣는 형
표시계기 :패널에 붙임)

(7) 전기식 전송기가 있는 적산 유량계와 기록 유량계
(적산계 : 관로 속에 있는 형
기록계 : 패널에 붙임)

(8) 전기 전송식 지시 유량계
(전송기 : 현장에 붙임
표시계기 : 패널에 붙임)

(9) 전기 전송식 기록 적산 유량계
(전송기 : 현장에 붙임 표시 계기 : 패널에 붙임)

(10) 기계식 기록 압력 유량계
(현장에 붙임)

FR 3 / PR 13

(11) 공기압 전송식 기록 압력 유량계
(전송기 : 현장에 붙임 표시 계기 : 패널에 붙임)

FRE 14

(12) 공기압 전송식 기록 조절 유량계
(전송기 : 현장에 붙임 표시계기 : 패널에 붙임)

6. 온도에 대한 기호의 사용 보기

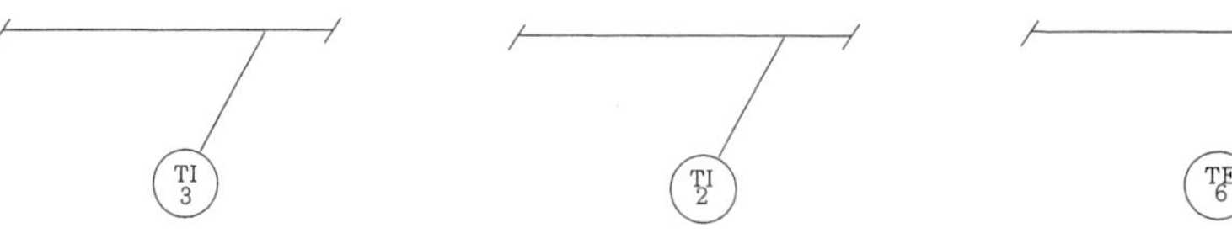

(1) 온도측정점
(축은 요소가 붙어있지 않을 때)

(2) 지시 온도계
(온도계가 관로에 넣어져 있을 때)

(3) 온도 검출기(표시 계기에 접속하지 않을 때)

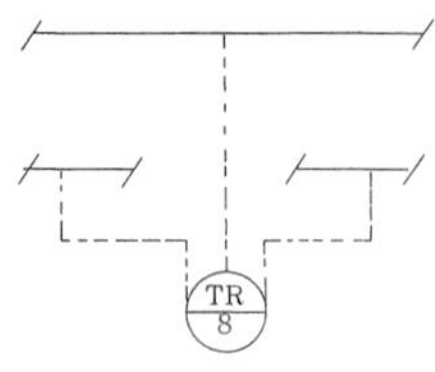

(4) 여러 점 기록 온도계
(패널에 붙임 3점의 보기를 나타냄)

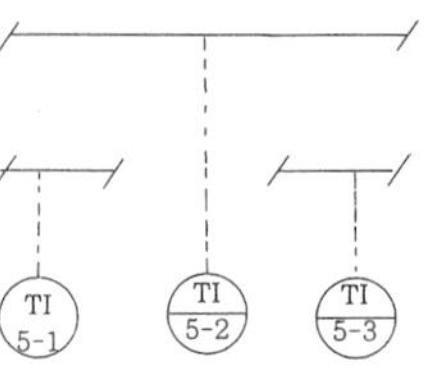

(5) 여러 점 지시 온도계
(측정 요소별로 나타낼 때 패널에 붙임 3점의 보기를 나타냄)

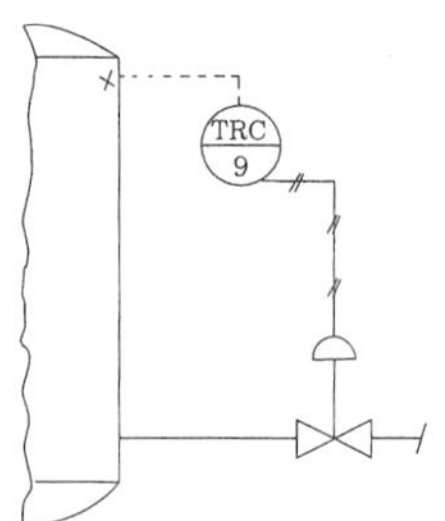

(6) 기록 조절 온도계
(패널에 붙임)

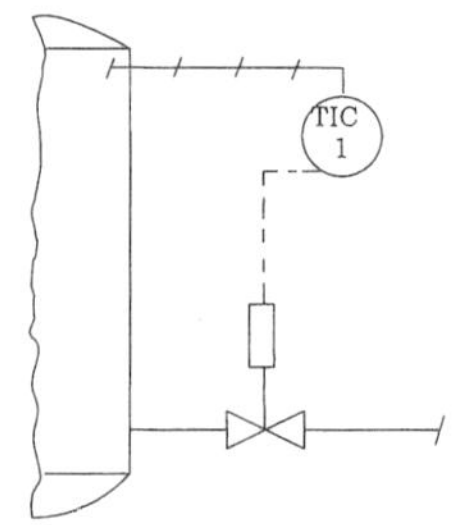

(7) 액체 팽창식 지시 조절 온도계
(현장에 붙임)

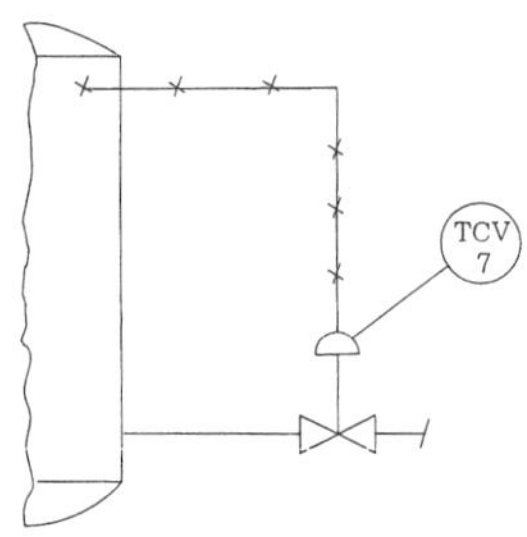

(8) 자동식 온도 조절 밸브

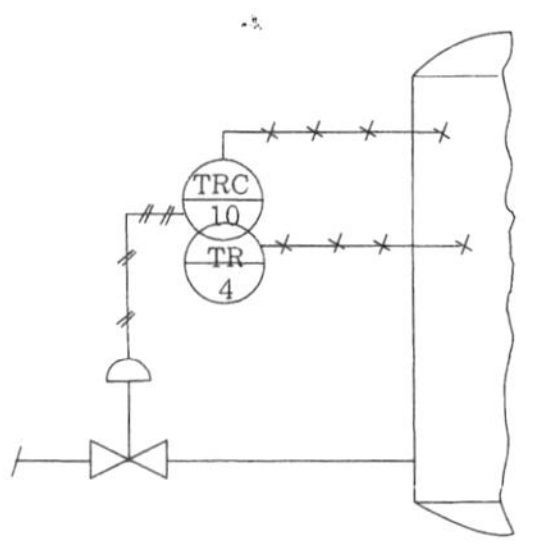

(9) 기록 온도, 기록 조절 온도계
(패널에 붙임)

7. 액위에 대한 기호의 사용 보기

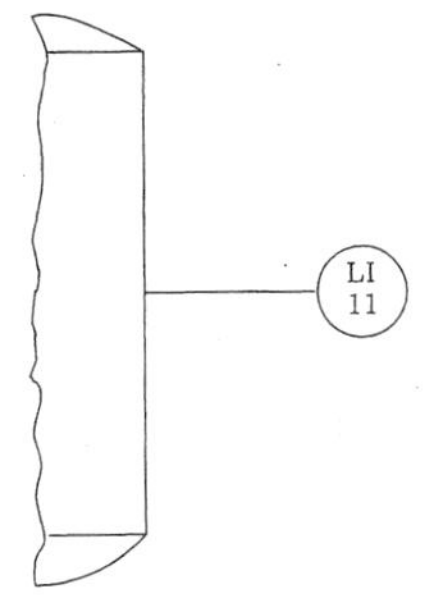

(1) 내부 검출식
지시 액위계

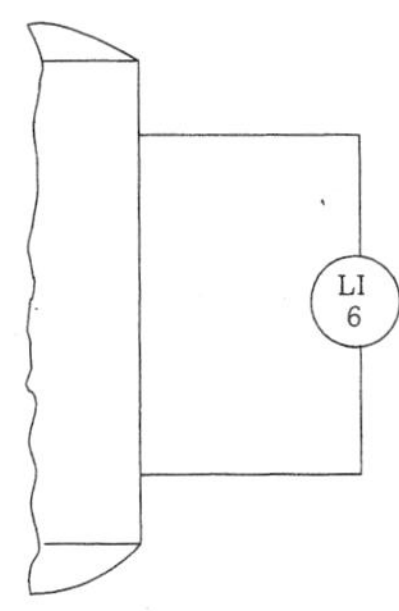

(2) 외부 검출식
지시 액위계

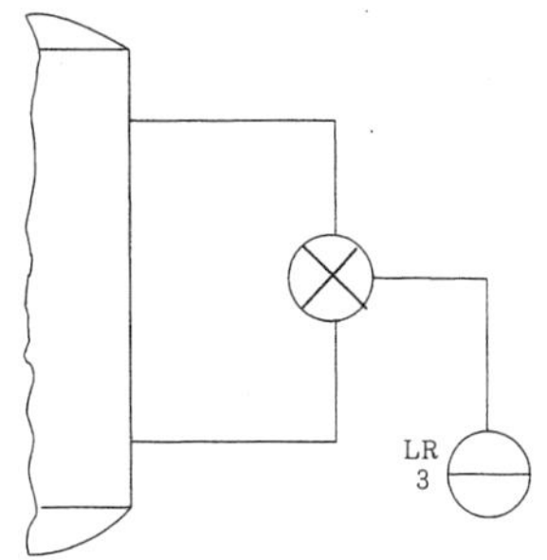

(3) 공기압 전송식 기록 액위계
(전송기 : 외부 검출식
표시 계가 : 패널에 붙임

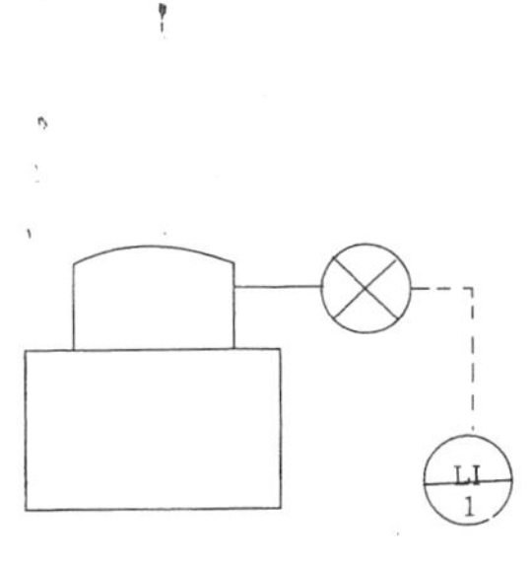

(4) 기체 그릇의 지시 액위계

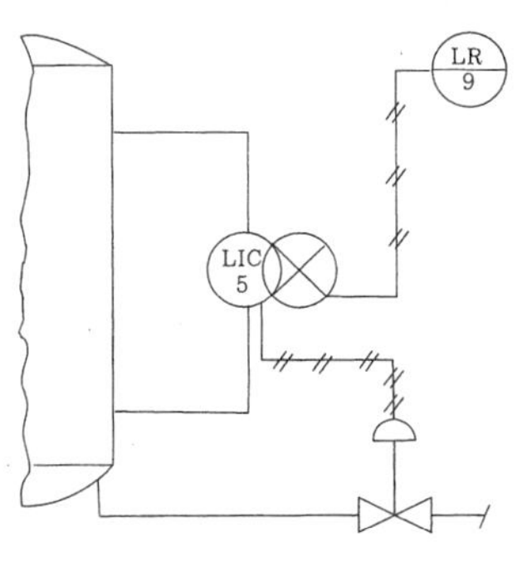

(5) 공기압 전송기가 있는 지시 조절 액위계와 기록 액위계
(조절계 : 현장에 붙임)
기록계 : 패널에 붙임)

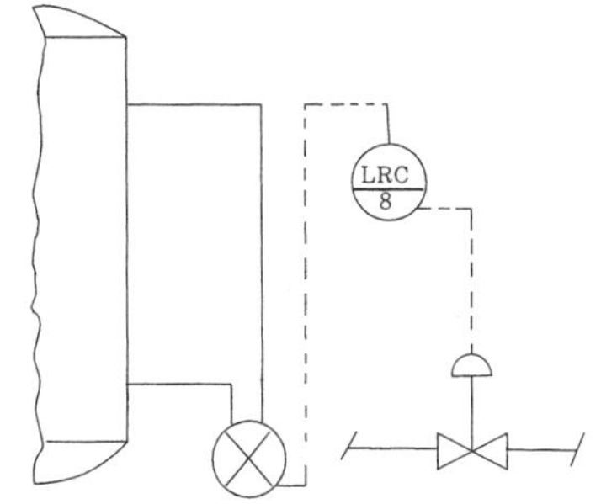

(6) 전기 전송식 기록 조절 액위계
(전송기 : 압력과 검출식
표시 계기 : 패널에 붙임)

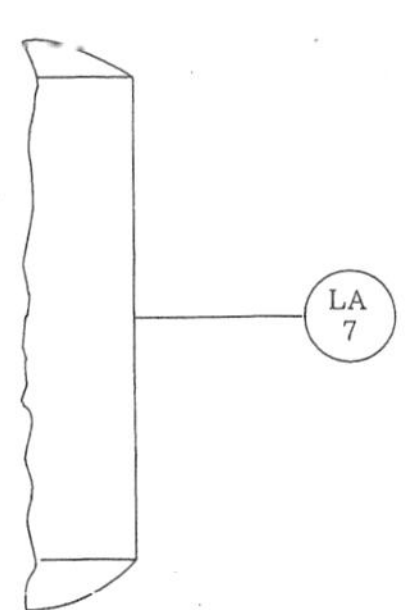

(7) 액위 경보계
(내부 검출식)

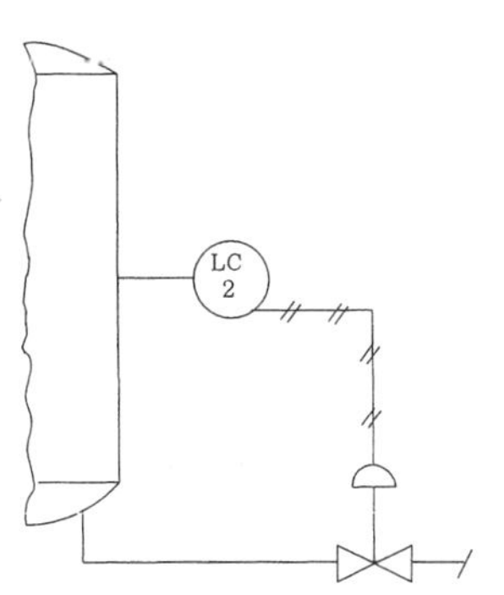

(8) 액위 조절계
(내부 검출식)

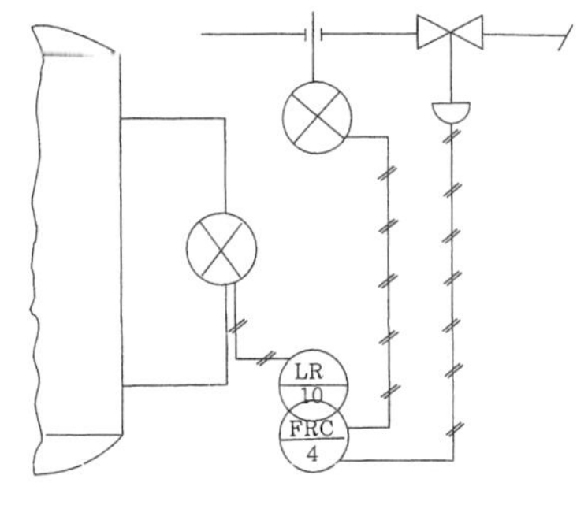

(9) 액위와 유량의 공기압식 전ㅅ송기와
기록 액위, 기록 조절 유량계

8. 압력에 대한 기호의 사용 보기

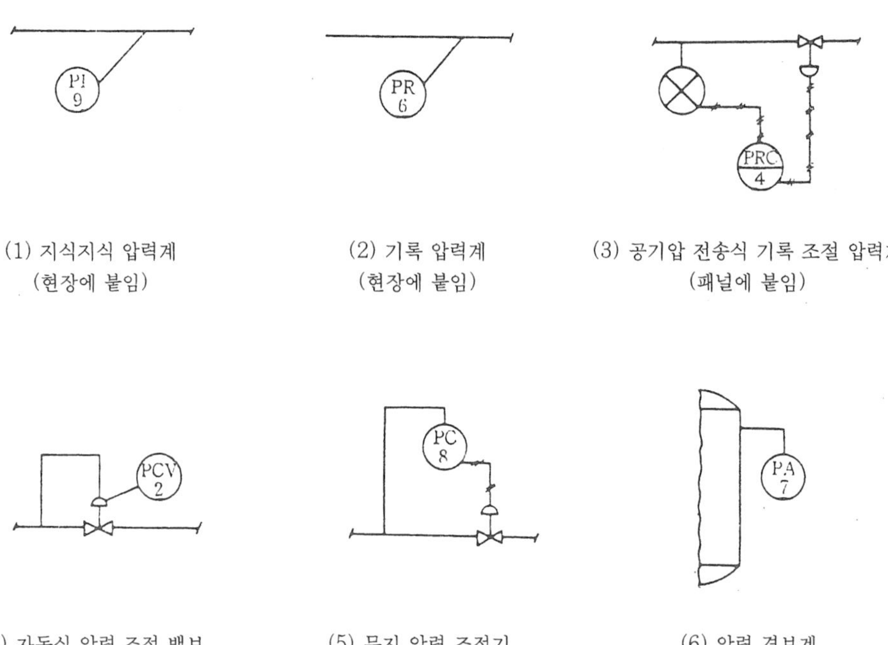

(1) 지식지식 압력계
(현장에 붙임)

(2) 기록 압력계
(현장에 붙임)

(3) 공기압 전송식 기록 조절 압력계
(패널에 붙임)

(4) 자동식 압력 조절 밸브

(5) 무지 압력 조절기

(6) 압력 경보계
(현장에 붙임)

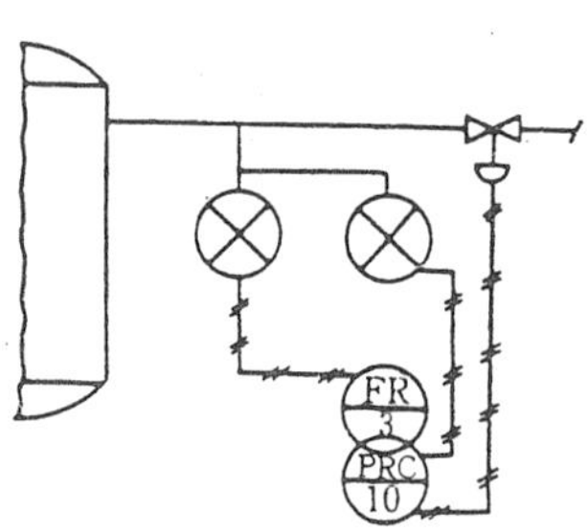

(7) 유량과 압력의 공기압
전송기와 기록 유량,
기록 조절 압력계

9. 그 밖의 다른 기호의 사용 보기

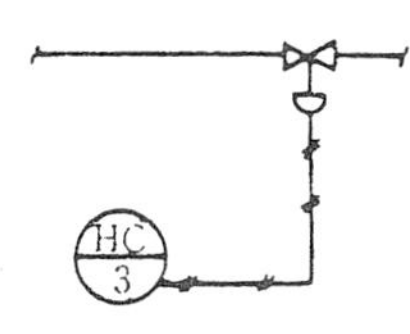

(1) 공기압식 수동 조작기
(패널에 붙임)

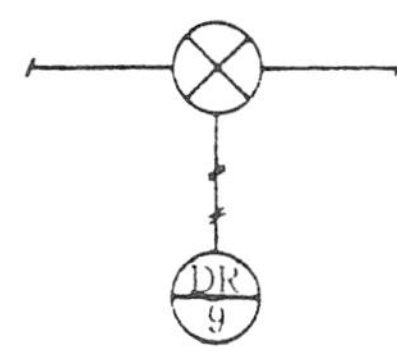

(2) 공기압 전송식 기록 밀도계
(전송기 : 관로에 넣는 형
표시 계기 : 패널에 붙임)

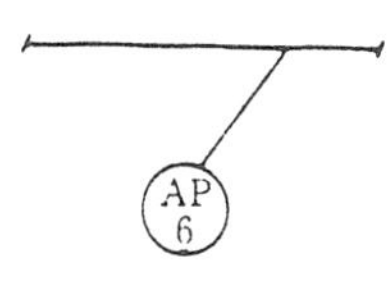

(3) 조성 분석용 시료 채취점
(표시 계기에 접속하지 않을 때)

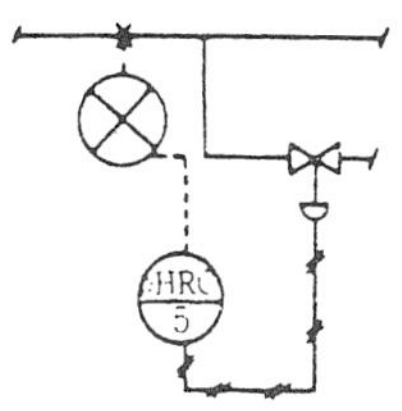

(4) 기록 조절 pH계
(전송기 : 현장에 붙임
표시 계기 : 패널에 붙임)

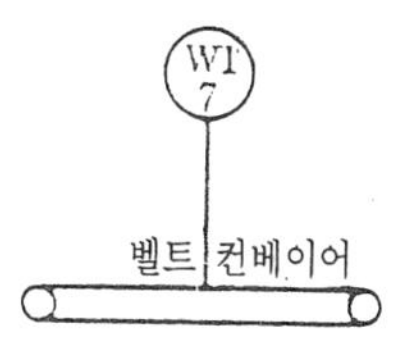

(5) 지시 무게 청량계
(현장에 붙임)

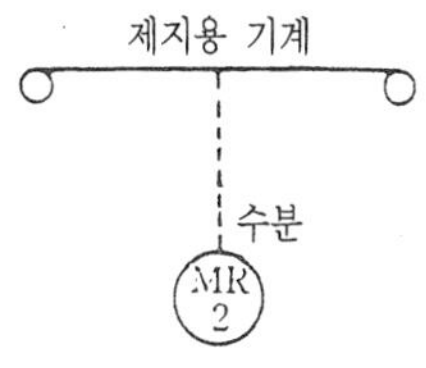

(6) 기록 수분계
(현장에 붙임)

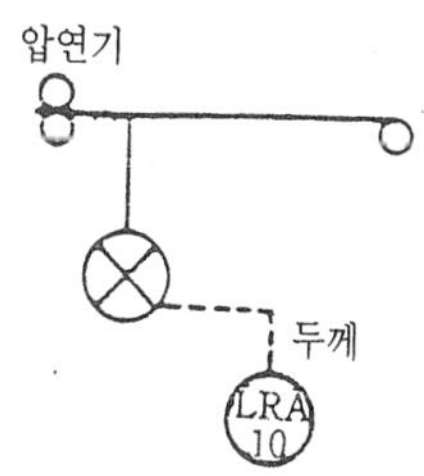

(7) 전기 전송식 기록 경보계
(현장에 붙임)

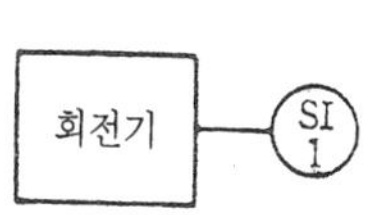

(8) 지시 속도계
(현장에 붙임)

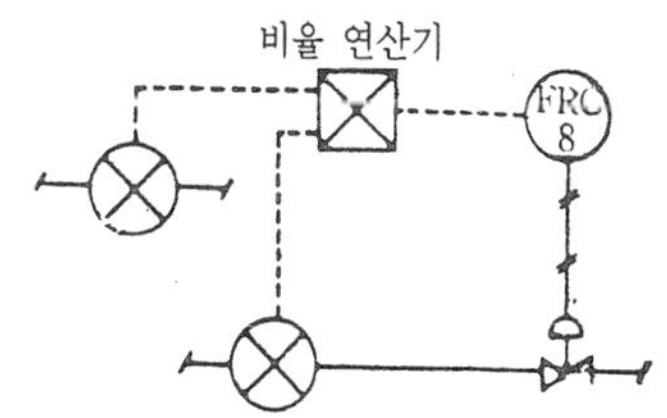

(9) 유량 비율 조절기
(전송기 : 관로에 넣음
연산기 : 현장에 붙임
조절기 : 현장에 붙임)

10. 공정 계장도의 보기

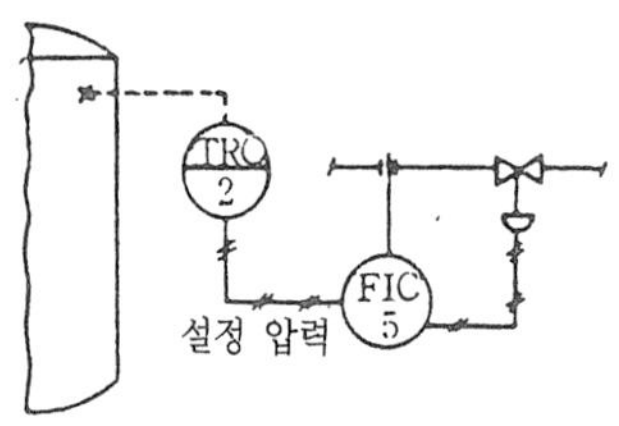

(1) 기록 조절 온도계와
지시 조절 유량계의 결합

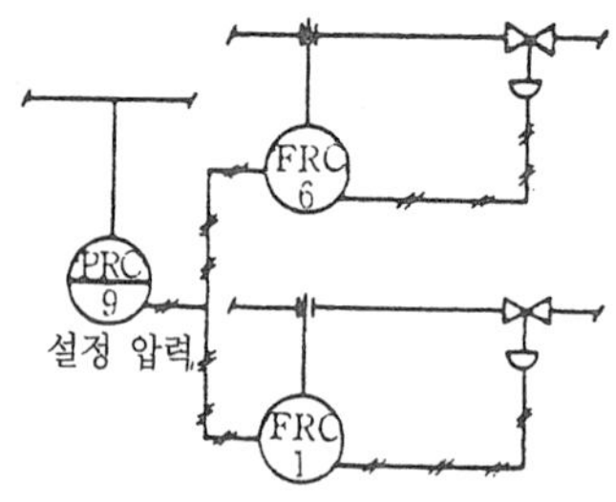

(2) 1개의 기록 조절 압력계와 2개의
기록 조절 유량계의 결합

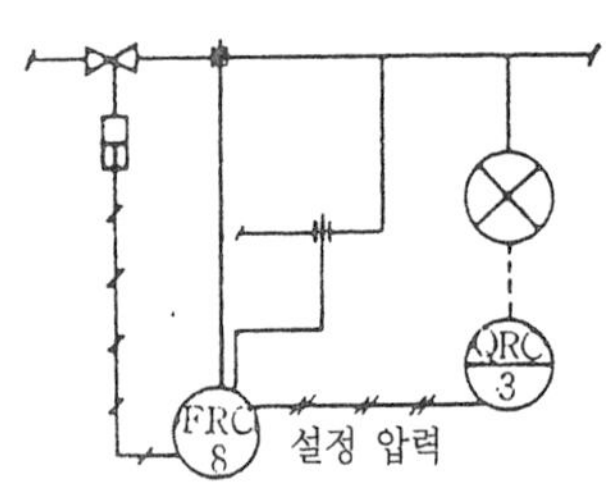

(3) 전기 전송식 기록 조절 열량계와
유량 비율 조절기의 결합
(조절부는 유압식

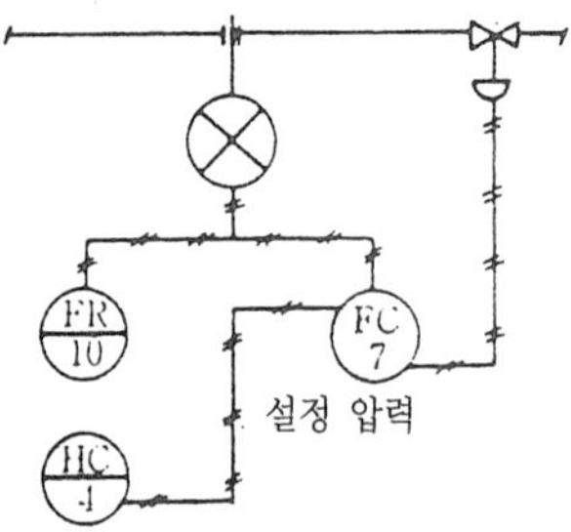

(4) 유량의 공기압 전송기와 기록 유량계(패널에 붙임)
및 원격 수동 조작기가 있는 유량 조절기
(조작기는 패널에 붙이고,
조절기는 현장에 붙임)의 결합

11. 관이음 도시법

		평면도	입면도	입체도
맞대기용접형	90° 엘보우	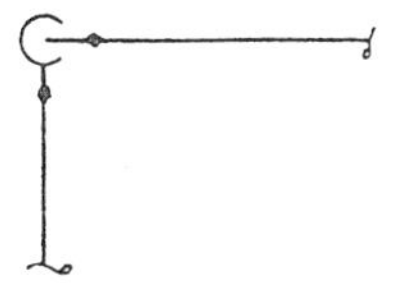	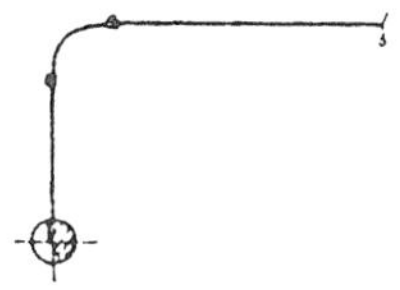	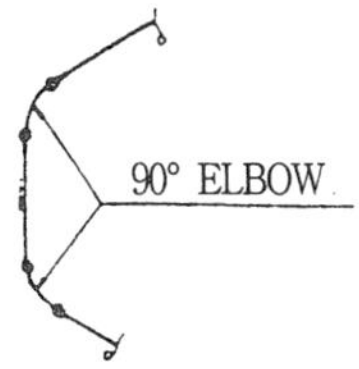 90° ELBOW
	45° 엘보우	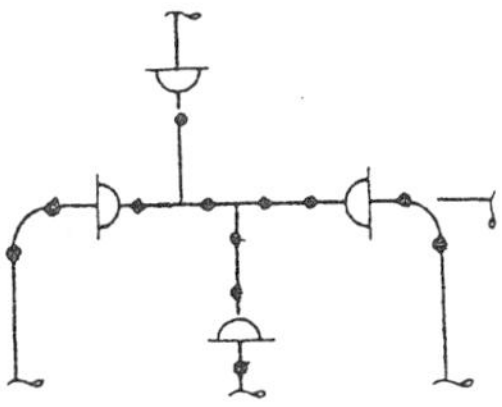	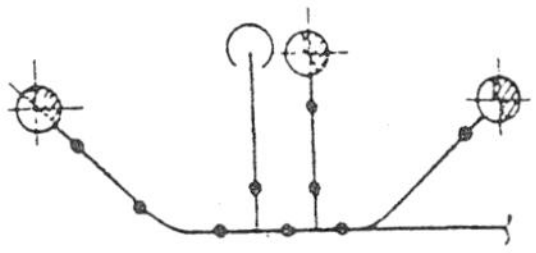	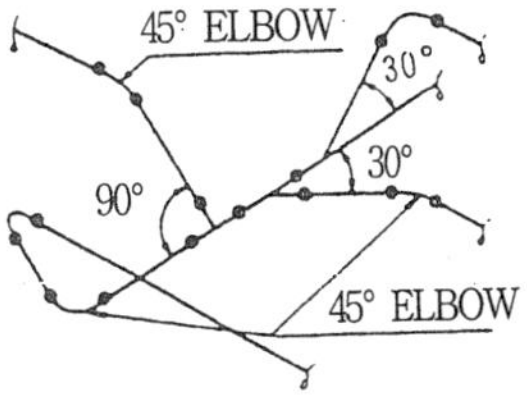 45° ELBOW 30° 90° 30° 45° ELBOW
	티이	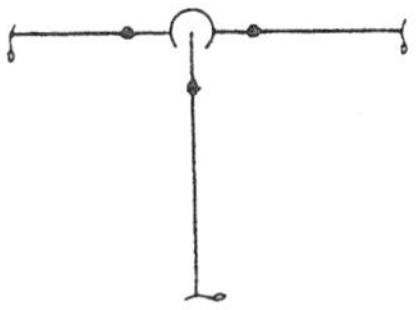	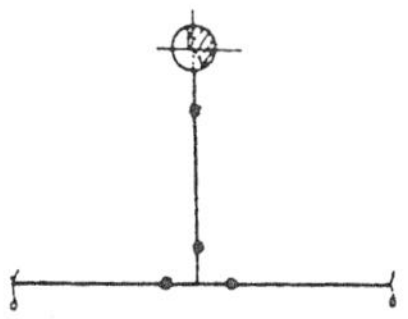	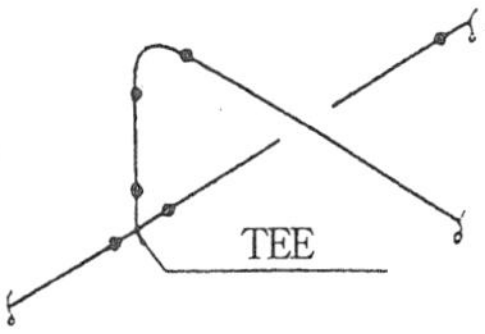 TEE
	리듀서	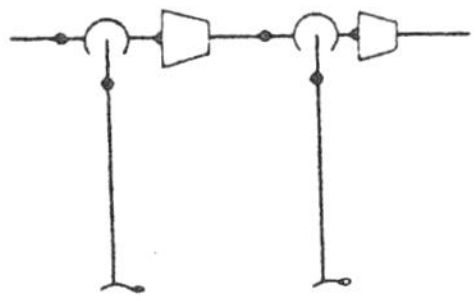	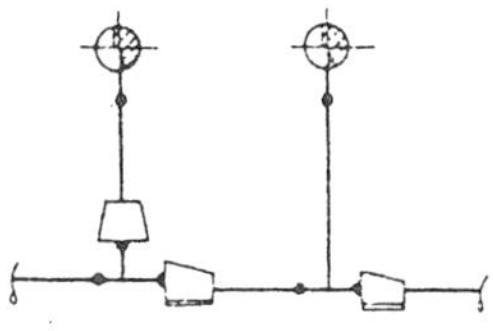	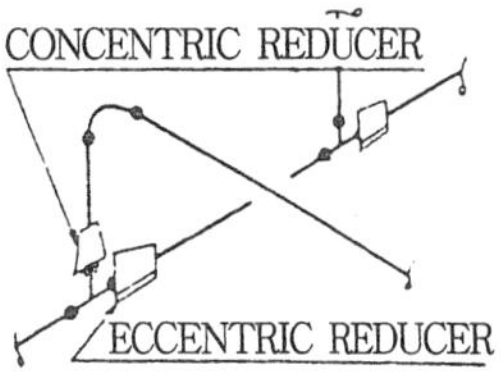 CONCENTRIC REDUCER ECCENTRIC REDUCER
삽입용접형	90° 엘보우	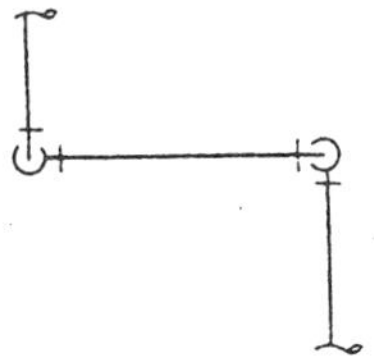	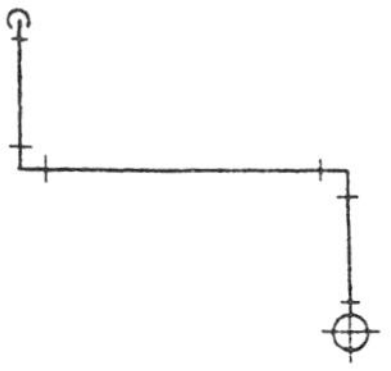	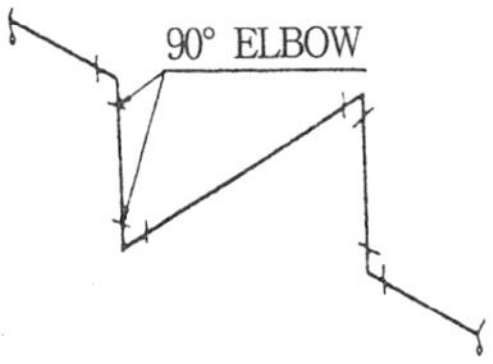 90° ELBOW
	티이	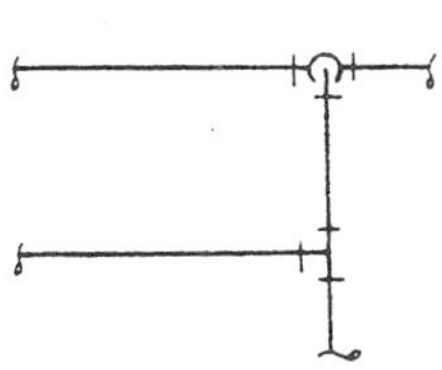	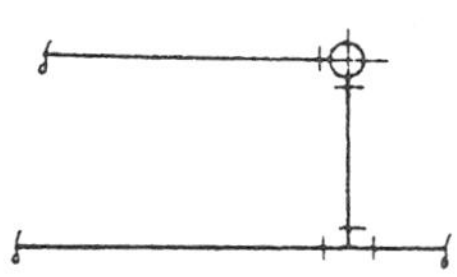	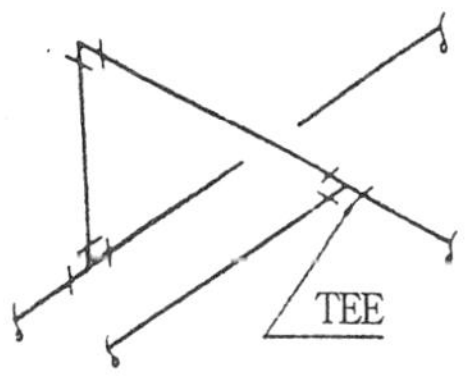 TEE

		평면도	입면도	입체도
삽입용접 또는 나사박음형	커플링	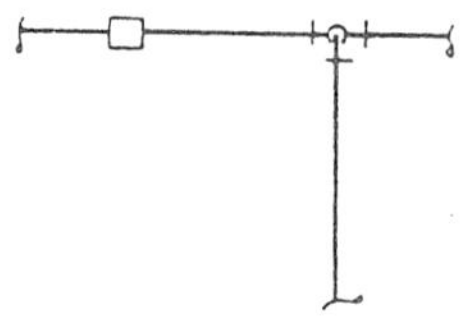	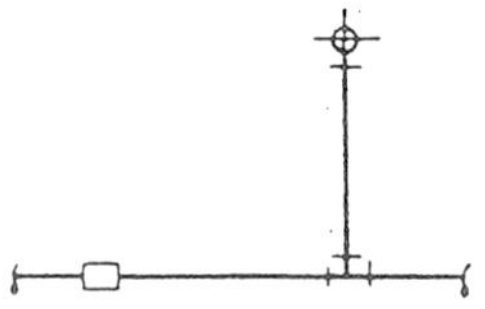	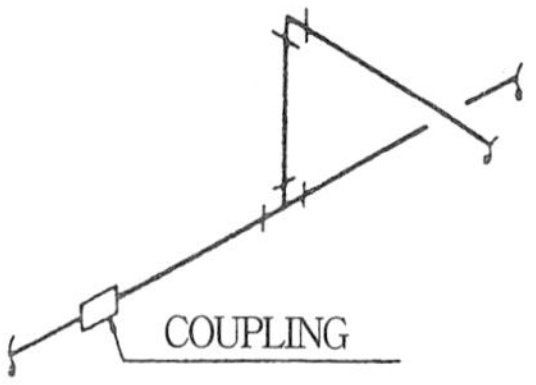 COUPLING
	유니언	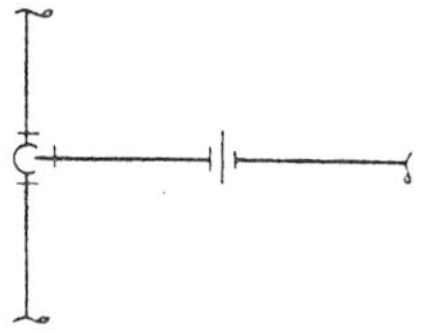	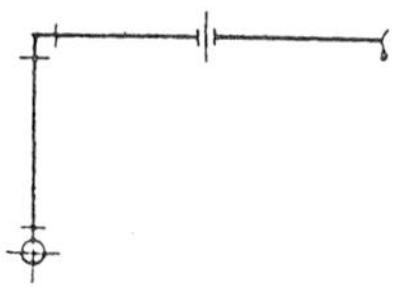	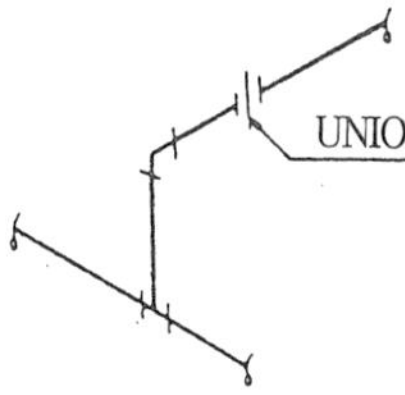 UNION
	캡	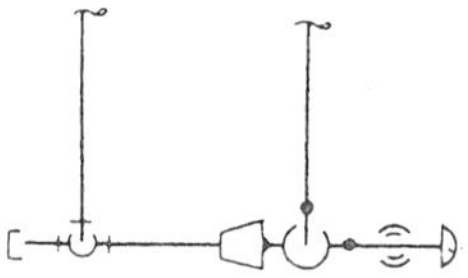	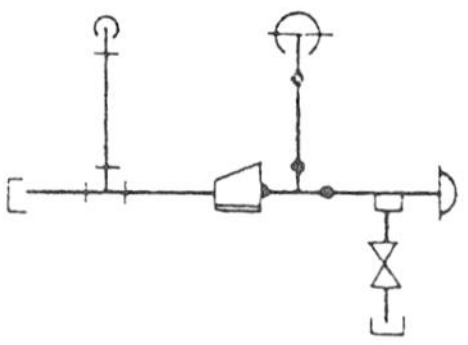	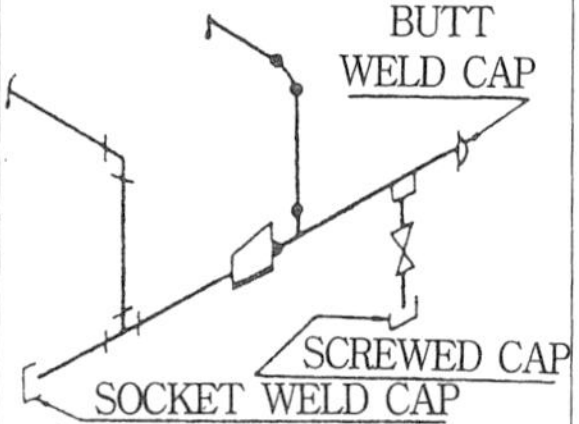 BUTT WELD CAP SCREWED CAP SOCKET WELD CAP
	보스 및 플러그	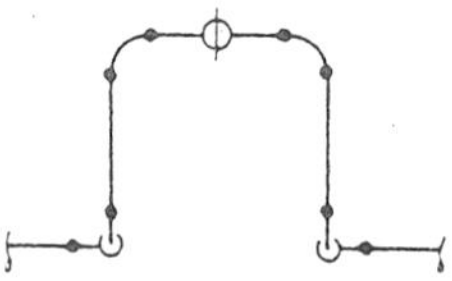	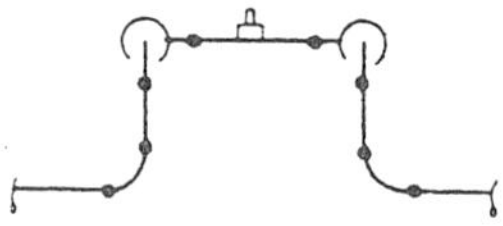	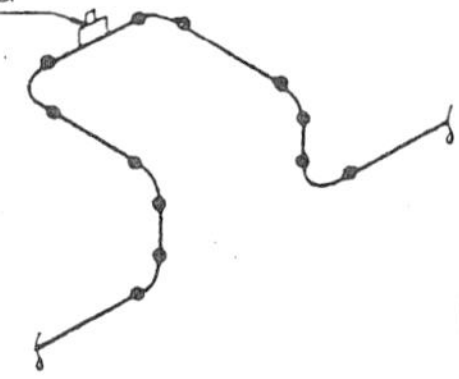 PLUG
	스웨이지블록	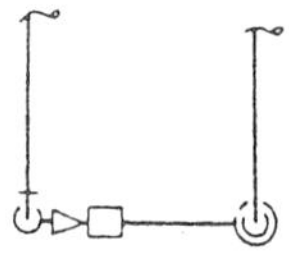	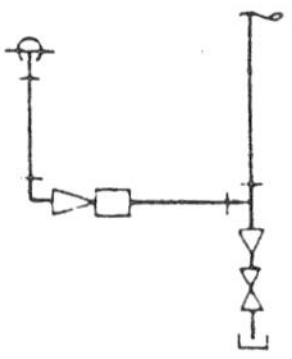	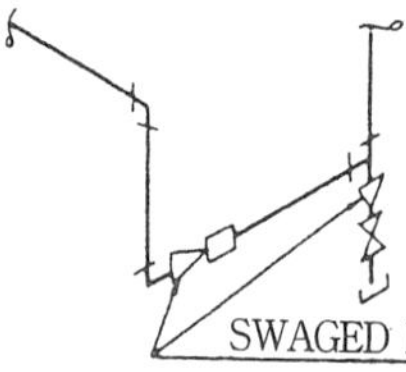 SWAGED NIPPLE
및 보스	로우렛보강관	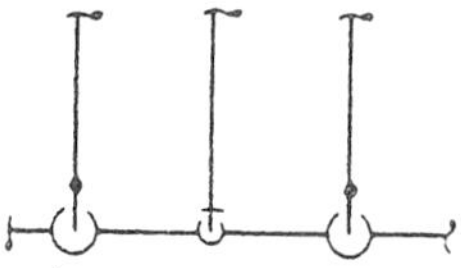	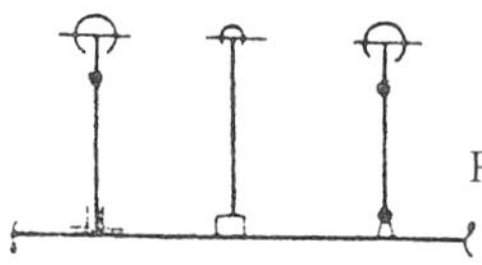	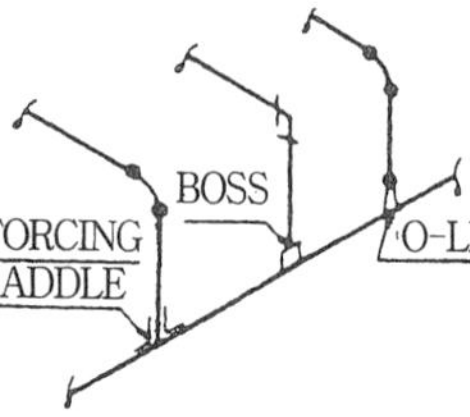 BOSS PFINFORCING SADDLE O-LET

12. 밸브류의 도시법

플랜지 형식	적용범위	평면 및 입면도예		입체도예 좌와 동일
		재료집계가 필요한 것	재료집계가 불필요한 것	
용접 이음	14B 이하			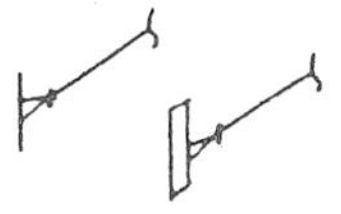
	16B 이상	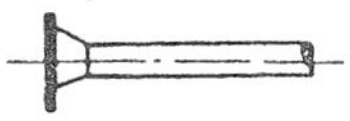		
슬립온	14B 이하			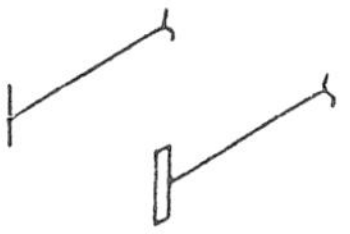
	16B 이상	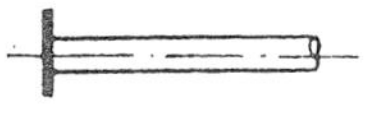	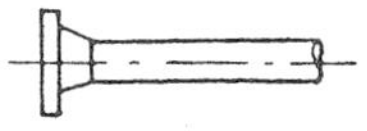	
랩 조인트	14B 이하			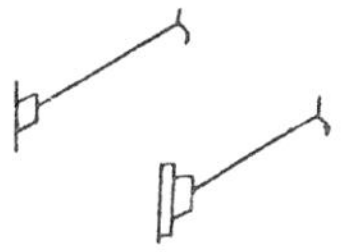
	16B 이상			
나사이음	——			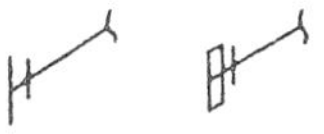
캡	——		——	

플랜지 도시법

종류	기본형	입면도예	평면도예	입체도예
GATE VALVE		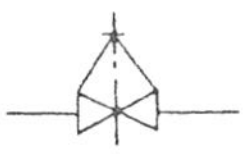	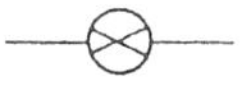	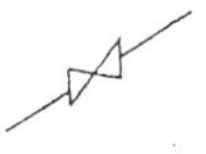
GLOBE VALVE	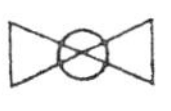	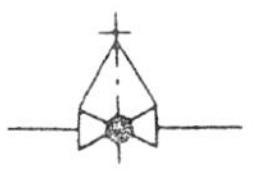	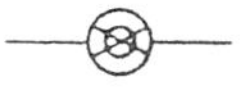	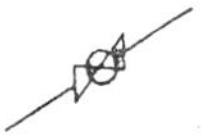
CHECK VALVE				

종류	기본형	입면도예	평면도예	입체도예
2 WAY COCK				
3 WAY COCK				
ANGLE VALVE				
DIAPHRAGM VALVE				
BUTTERFLY VALVE				
BALL VALVE				
MOTOR VALVE	M	M	M	M
SOLENOID VALVE				
조절밸브 (DIAPHRAGM)				
조절밸브 (유압식)	T	T		T
SAFETY VALVE				

13. 배관부품의 도시법

		평면도	입체도	부호
신축이음	벨로우즈형		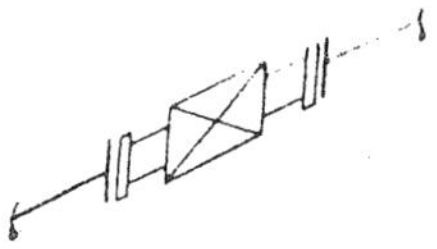	EX -
	드레서형	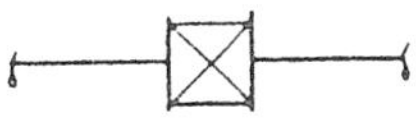	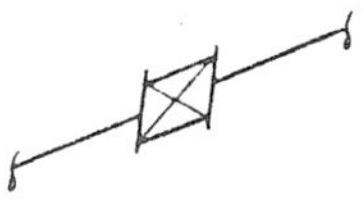	DR - PIPESET 상세 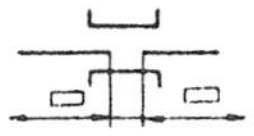
스트레이너	"Y"형	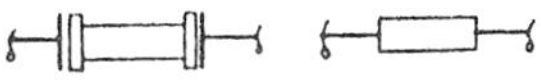 FLANGE TYPE SCREWED TYPE	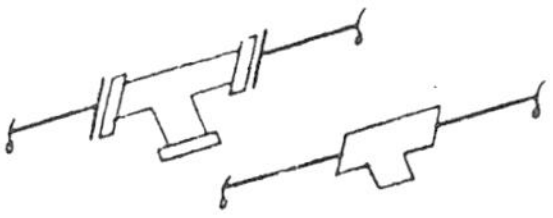	SPY
	"T"형	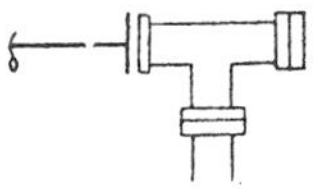	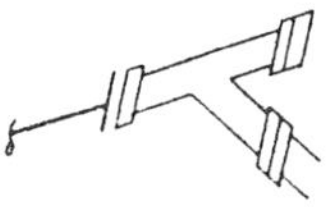	SPT
	버키트형	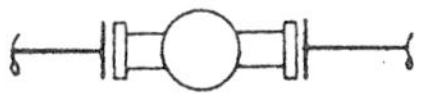		SRB
	템퍼럴리형	 30°		SR -
스팀트랩			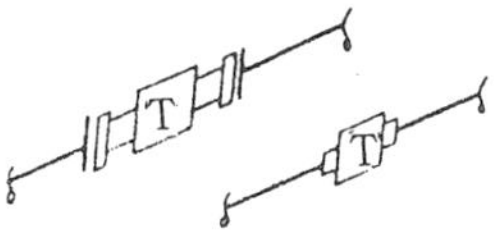	ST -
사이트 그라스		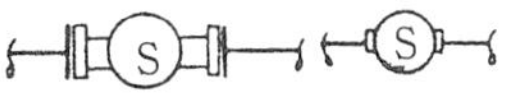	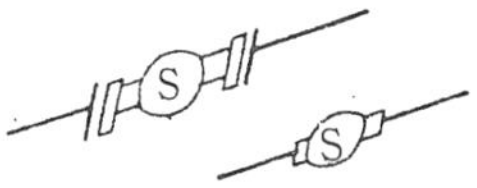	SG -
제한 오리피스		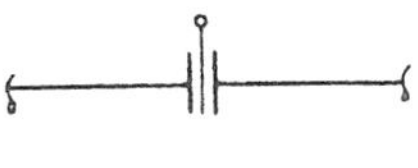	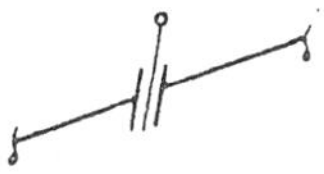	RO -
스팩터클 브라인드		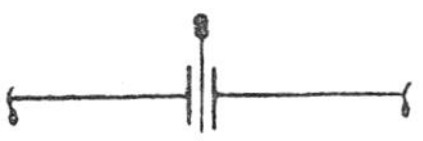		SB -

배관 부품의 도시법

14. 기기류의 도시법

종류	평면도	입면도	입체도
탑견형조	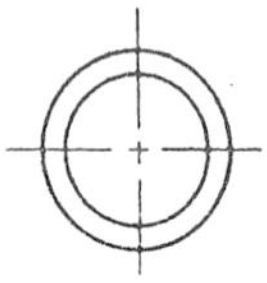	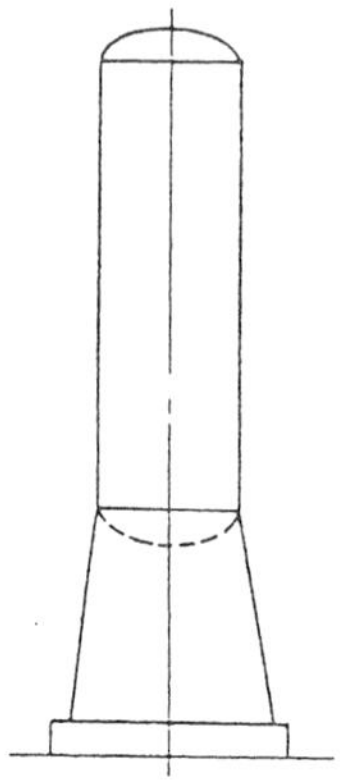	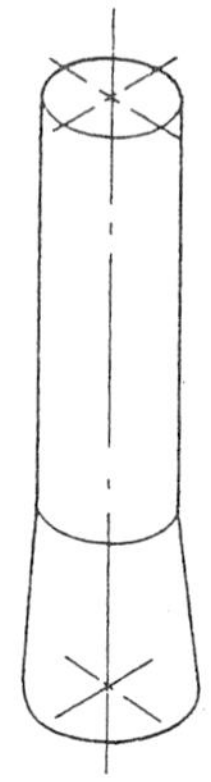
횐치조	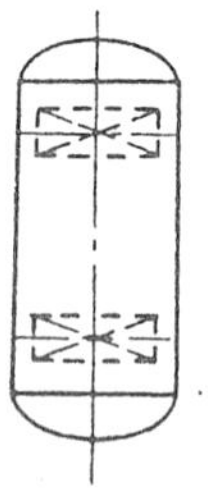	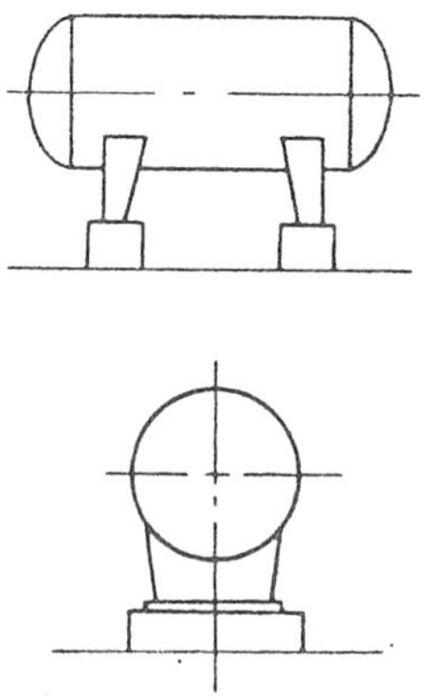	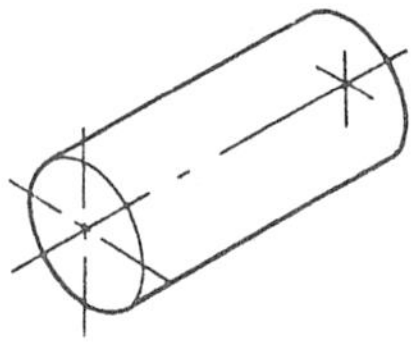
열교환기	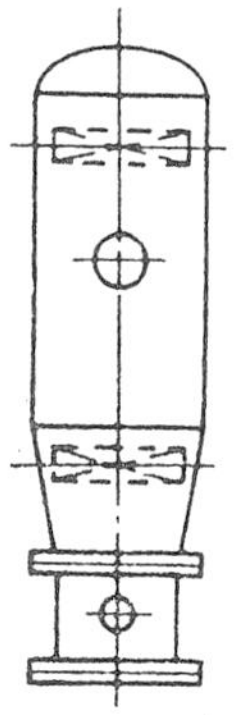	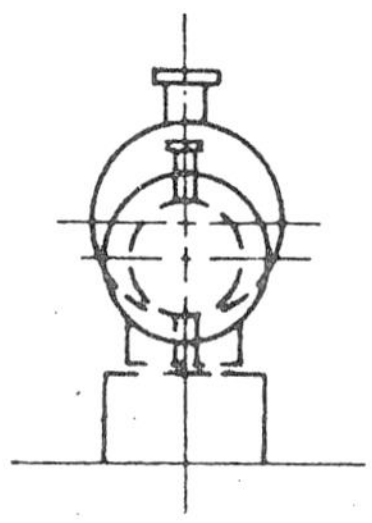	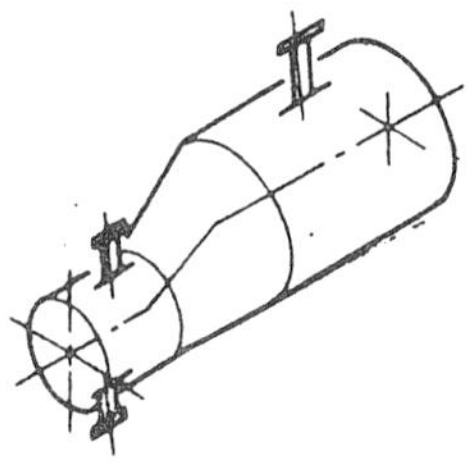

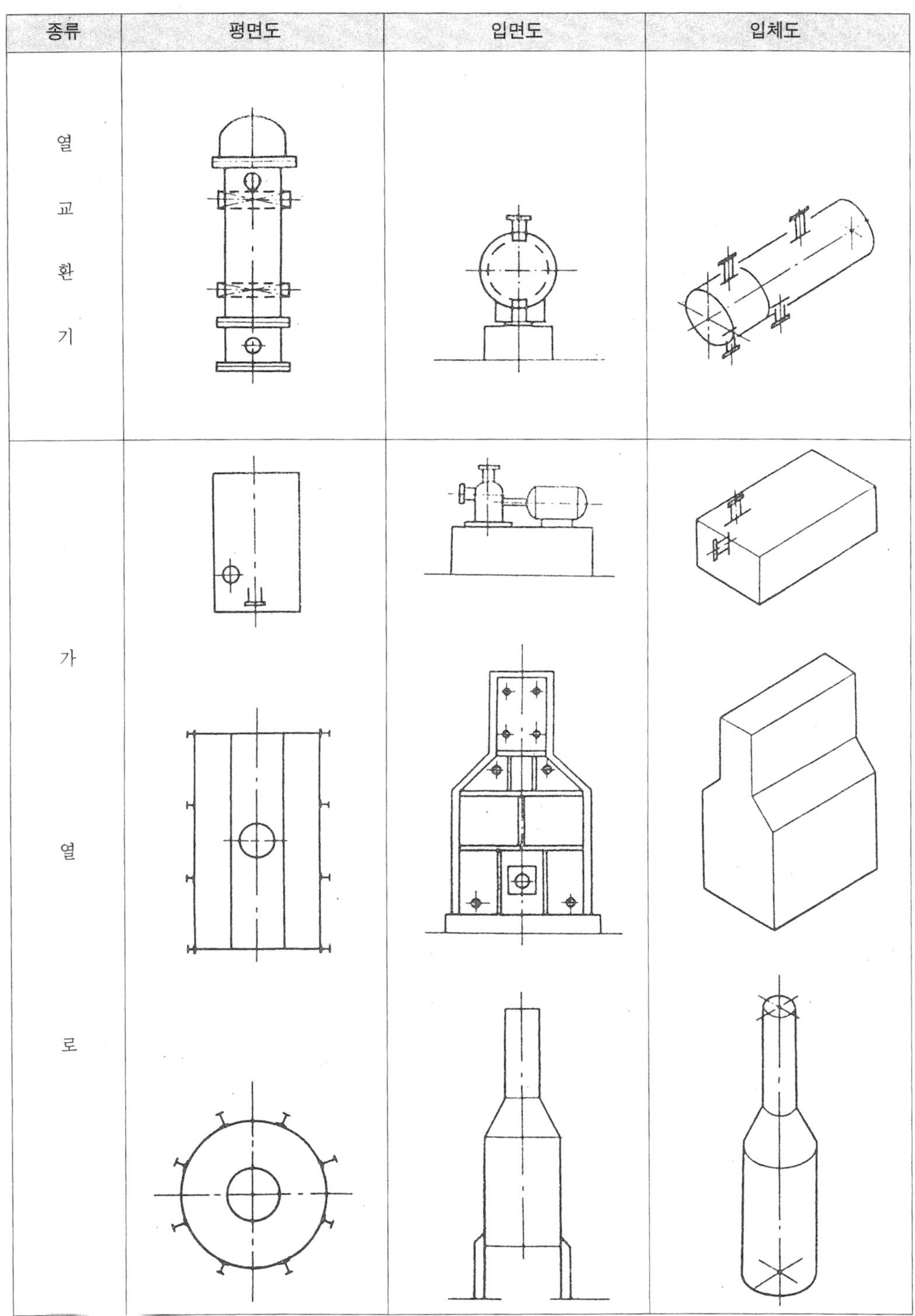

기기류의 도시법

15. 계기류의 도시법

종류		평면도	입면도	입체도
유량계	차압식	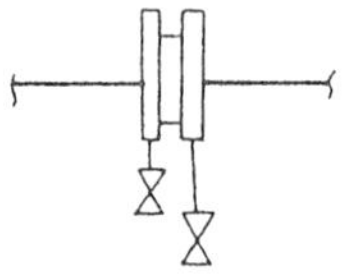	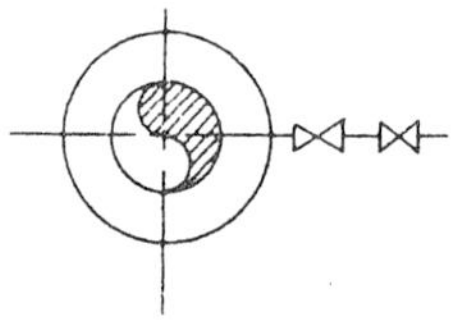	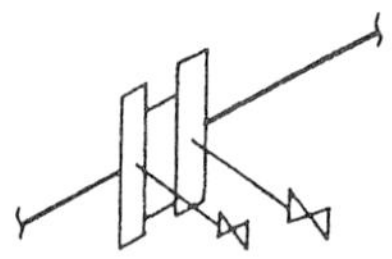
	용적식	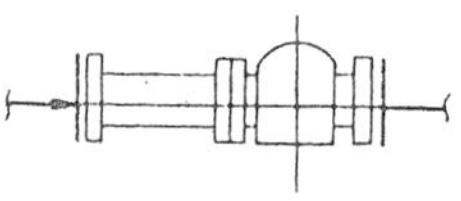	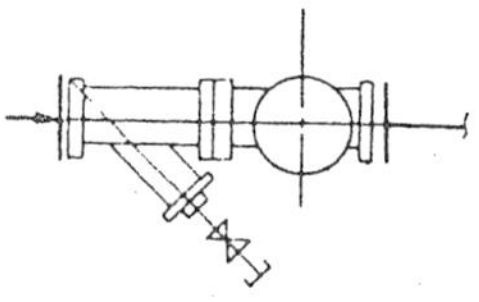	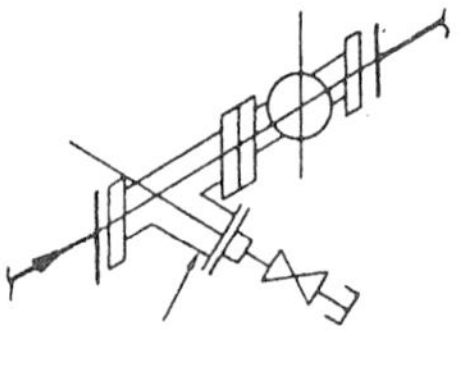 스트레이너
	면적식	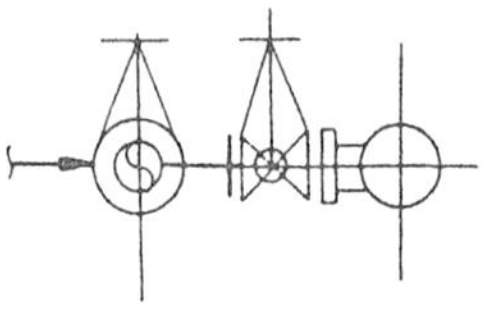	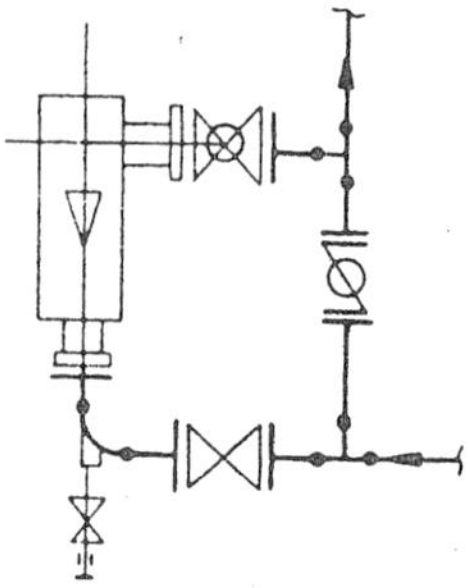	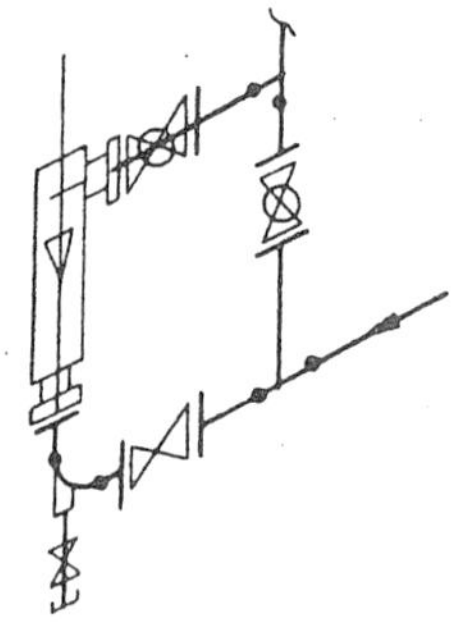
압력계		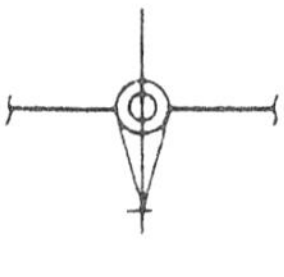	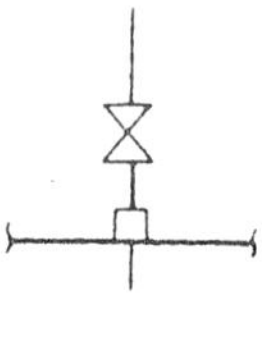	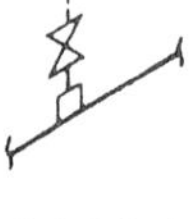 나사박음형 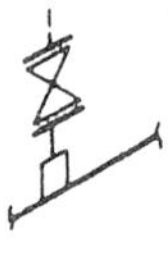 플랜지형

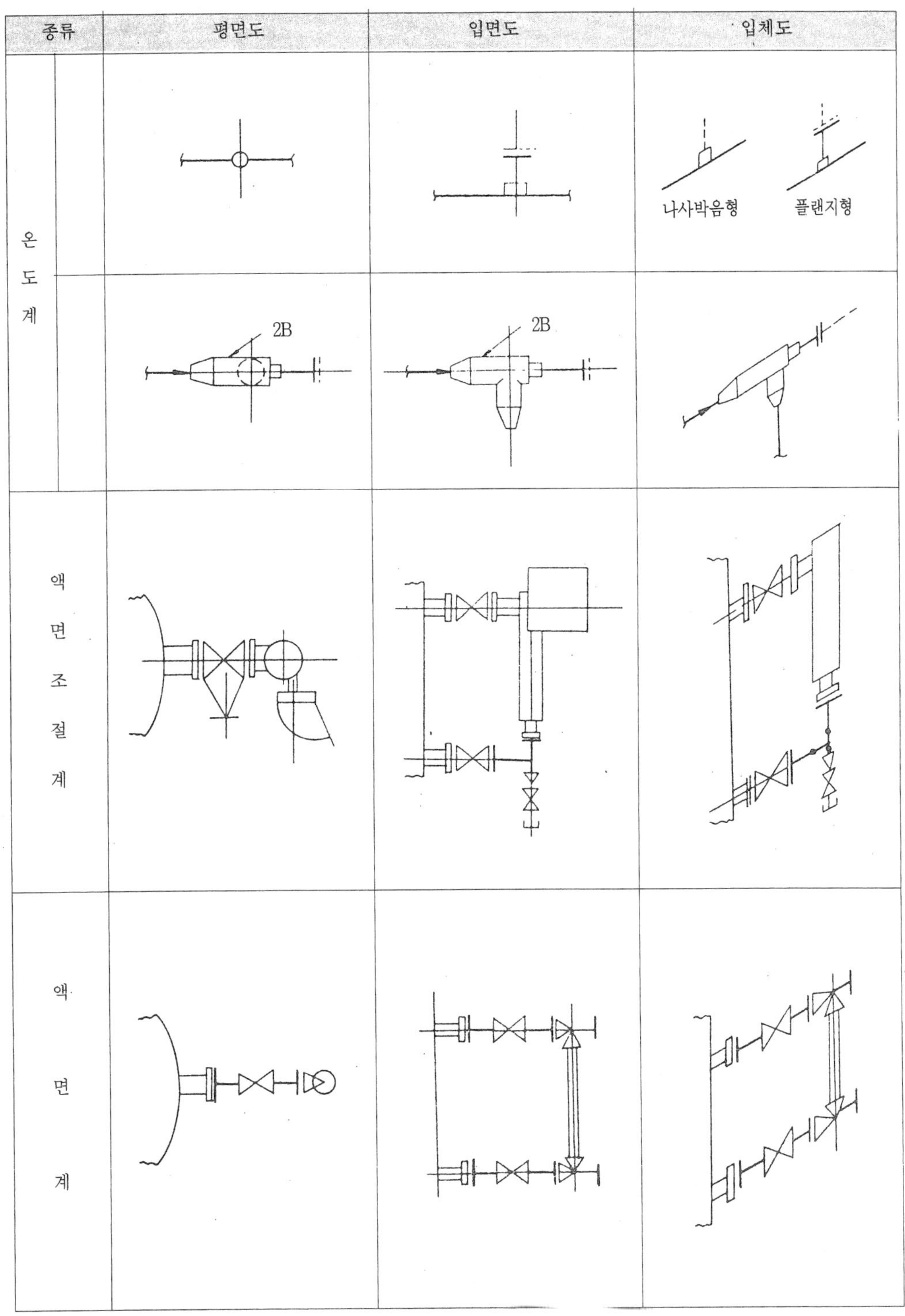

계기류의 도시법

종류		평면도	입면도	입체도
파이프슈	자유형	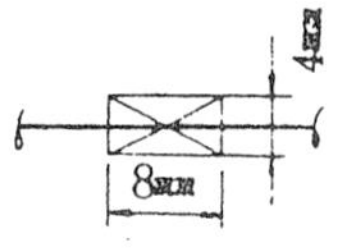 4mm 8mm		
	고정형	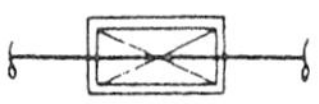	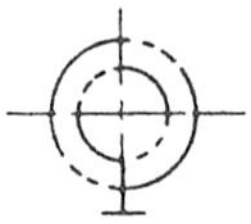	
	유동형	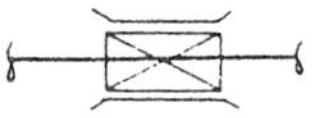	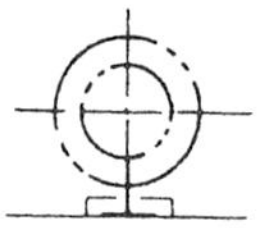	
스프링행어		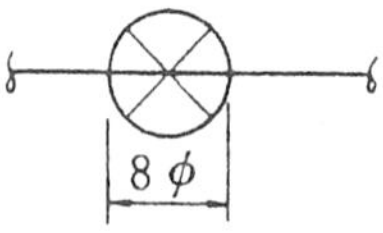 8 φ	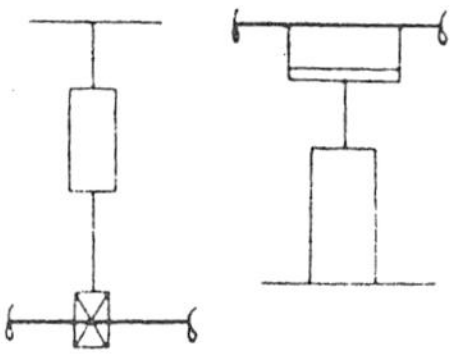 VARIABLE 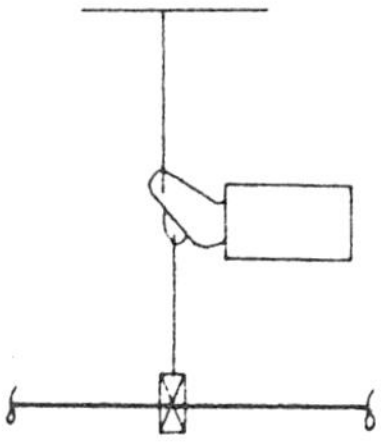 CONSTANT	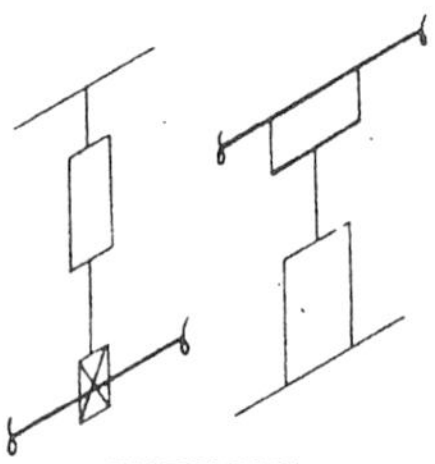 VARIABLE 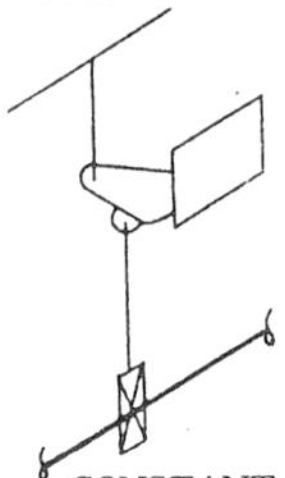 CONSTANT
U볼트		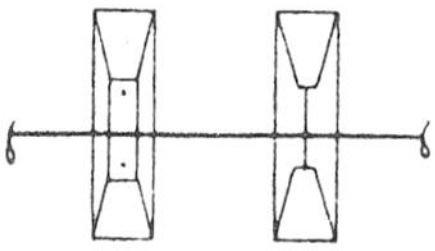	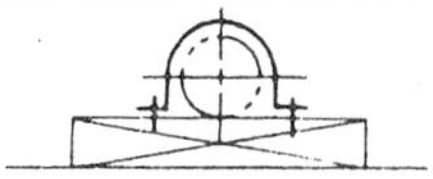 STRAP 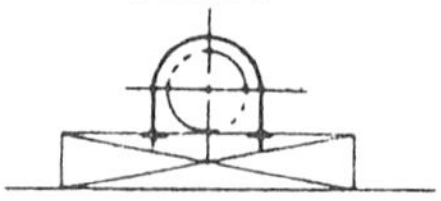 U BOLT	입체도에는 도시하지 않는다.

서포트류의 도시법

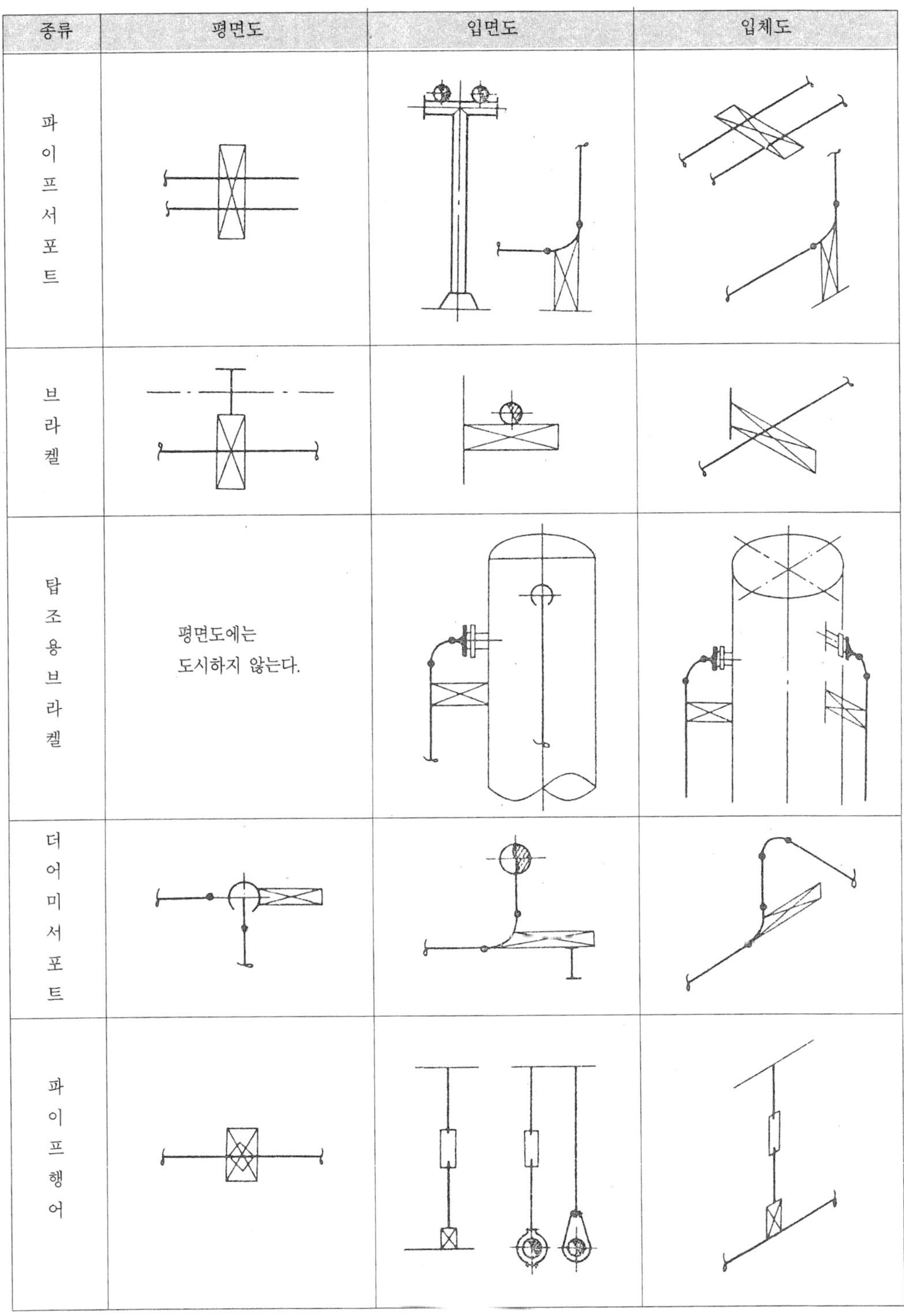

서포트류의 도시법

| 저자 소개 |

• 김 동 우
한국폴리텍Ⅳ대학 녹색산업설비과 설비기술전공 교수

• 김 선 정
국립 한밭대학교 설비공학과 교수

• 국 정 한
한국기술교육대학교 기계공학부 교수

최신 **산업배관공학** 값 20,000원

저 자 김 동 우
김 선 정
국 정 한

발행인 문 형 진

1996년 10월 15일 제1판 제1쇄 발행
2007년 8월 27일 제1판 제2쇄 발행
2013년 9월 5일 제1판 제3쇄 발행
2016년 9월 21일 제1판 제4쇄 발행
2018년 9월 12일 제1판 제5쇄 발행

판 권
검 인

발행처 **세 진 사**

㊃02859 서울특별시 성북구 보문로 38 세진빌딩
TEL : 02)922-6371~3, 923-3422 / FAX : 02)927-2462
Homepage : www.sejinbook.com
〈등록. 1976. 9. 21 / 서울 제307-2009-22호〉